合成橡胶技术丛书

主　编　曹湘洪

副主编　张爱民

第六分册

配位聚合二烯烃橡胶

张爱民　姜连升　姜森 等　编著

中国石化出版社

内 容 提 要

本书介绍了配位聚合二烯烃橡胶中的主要工业化产品顺式1,4-丁二烯橡胶（顺丁橡胶）、顺式1,4-异戊二烯橡胶、高乙烯基丁二烯橡胶、低结晶间同高1,2-丁二烯橡胶、反式1,4-异戊橡胶的结构与性能、聚合理论、催化剂和聚合工艺、工业化生产技术、产品的加工和应用。并论述了国内外技术现状和发展趋向。对丁二烯橡胶性能的特殊要求和生产技术，本分册也作了阐述。

本书可供从事合成橡胶专业的科研、生产、设计、教学及管理人员借鉴参考。

图书在版编目（CIP）数据

配位聚合二烯烃橡胶 / 张爱民等编著 .
—北京：中国石化出版社，2016. 10
（合成橡胶技术丛书 / 曹湘洪主编；6）
ISBN 978-7-5114-3797-6

Ⅰ.①配⋯ Ⅱ.①张⋯ Ⅲ.①聚丁二烯橡胶 Ⅳ.①TQ333.2

中国版本图书馆 CIP 数据核字（2016）第 199292 号

中国石化出版社出版发行
地址:北京市朝阳区吉市口路 9 号
邮编:100020 电话:(010)59964500
发行部电话:(010)59964526
http://www.sinopec-press.com
E-mail:press@sinopec.com
北京科信印刷有限公司印刷
全国各地新华书店经销
*
787×1092 毫米 16 开本 42 印张 1059 千字
2017 年 1 月第 1 版 2017 年 1 月第 1 次印刷
定价:150.00 元

序

　　合成橡胶是一种极为重要的合成材料。尽管在三大合成材料产量中，它占有的比例最小，但是在经济和社会发展中的重要地位是无法由其他材料取代的。大到数吨重的巨型工程轮胎，小到不足一克的人工角膜，合成橡胶在汽车、建筑、机械、电器仪表、信息、航空航天、医疗卫生、生活用品等各个领域中都有极为广泛的应用，而且往往是不可或缺的重要材料，也被公认是一种重要的战略物资。

　　从20世纪初期开始用金属钠催化剂聚合二甲基丁二烯生产甲基橡胶至今，经过近百年的发展，世界已形成了丁苯橡胶、丁腈橡胶、氯丁橡胶、丁二烯橡胶、乙丙橡胶、丁基橡胶、异戊橡胶、苯乙烯类嵌段共聚物热塑性弹性体等生产规模较大的通用合成橡胶和以聚氨酯、氟橡胶、硅橡胶为代表的特种橡胶等种类齐全的合成橡胶研究开发和生产应用体系。2007年世界合成橡胶的总产量已超过1300万吨。

　　我国合成橡胶工业的起步较晚，但是经过近50年的努力，合成橡胶的生产能力及总体技术水平已跃居世界前列。生产的品种也覆盖了除异戊橡胶外的所有胶种。2007年我国合成橡胶的产量已达到200万吨以上，我国已成为名列世界第二位的合成橡胶生产大国和名列世界第一位的合成橡胶消费大国。

　　更为重要的是我国从事合成橡胶研究开发的科技人员经过半个多世纪的努力，相继实现了氯丁橡胶、镍系顺丁橡胶、稀土系顺丁橡胶、SBS、SIS、SEBS、溶聚丁苯橡胶、羧基丁苯胶乳和多种特种合成橡胶的工业化，并且形成了自主知识产权。同时对引进的乳聚丁苯橡胶、丁腈橡胶、丁基橡胶、乙丙橡胶的生产技术在消化吸收的基础上进行了再创新，使生产技术水平不断提高。目前国产化技术生产的合成橡胶的生产能力已占我国合成橡胶总生产能力的50%以上，合成橡胶生产技术成为我国石油化工领域中自主研究开发并取得重大成就的范例，为我国炼油、石化及化工领域加强科技创新、实现科技成果产业化积累了宝贵的经验。

　　经济全球化的大趋势促使世界合成橡胶企业不断进行业务重组和整合，我国汽车工业的大发展为合成橡胶工业的发展提供了广阔的市场空间，汽车节能、环保和安全要求制造车用轮胎的合成橡胶具有更优异的综合性能，使我国合成橡胶工业面临新的发展机遇和严峻挑战。世界合成橡胶科学技术的重大进步，使具有特定几何结构的茂金属催化剂在合成弹性体中得到了应用，大幅度提高了聚合活性位的可设定性和催化剂的生产效率，大大扩展了包括单烯烃在内的合成弹性体单体的种类，使橡塑合流技术的发展有了新的推动。双锂、多锂引发剂及载体催化剂气相聚合的研究开发，官能团、多官能团在活性负离子聚合物端基上的精确定位技术，实现了多种功能化、高性能化，大范围扩展了活性负离子聚合物的应用范围。质子阱技术的发现，大大提高了正离子聚合的可控性。离子聚合和茂金属催化剂等方面的进展使合成橡胶领域中的大分子设计，无论在研究开发，还是工业应用上都有了突破。钕系等新催化体系的发展和工业应用，显著提高了二烯烃类合成橡胶的性能。乙丙橡胶气相聚合工艺实现工业化、系列反应器或多元催化剂直接合成聚烯烃热塑性弹性体的新工艺，标志着合成橡胶生产技术取得了重大进展。而节约能源和资源，环境友好日益成为重要的技术发展要求。这些都是我国从事合成橡胶技术开发和产业化的科技人员必须面对和回应的课题。

为了适应世界合成橡胶工业依靠科技进步取得不断发展的形势，进一步推动我国合成橡胶领域科技创新和产业发展，中国石油化工集团公司和中国合成橡胶工业协会组织编写了这套《合成橡胶技术丛书》。全面系统收集和评估了国际合成橡胶的最新科学理论和技术成就，汇集总结了中国合成橡胶工业生产、科研开发各领域所取得的主要成果和成熟经验。"丛书"初选了《橡胶弹性物理及合成化学》《锂系合成橡胶及热塑性弹性体》《乙丙橡胶及聚烯烃类热塑性弹性体》《配位聚合二烯烃橡胶》《乳液聚合丁苯橡胶》《丁腈橡胶》和《氯丁橡胶》七个分册。其中第一分册是以橡胶的结构-性能为主线，从橡胶弹性原理、橡胶合成化学、聚合方法和加工技术等方面论述，并对合成橡胶发展前景进行了前瞻性的讨论。第二至第七分册基本上按合成橡胶胶种分卷，系统讨论各个胶种生产技术所涉及的合成化学、结构和性能、生产工艺技术原理、聚合反应工程、产品改性、加工应用技术、世界最新的技术和发展势态。《合成橡胶技术丛书》力求使读者对现有合成橡胶科学技术的有关基础理论、制约提高现有技术水平的实质问题和世界最新最先进技术及其发展趋势能有全面的了解和掌握，从而对引进技术的消化吸收和改进提高，对自主创新、研究开发具有自主知识产权的先进技术工作有所裨益。

参加本"丛书"编撰的有科研、高等院校和生产企业等二十多个单位的作者，他们都是合成橡胶技术领域的资深专家、教授。在编著过程中，他们查阅了大量文献资料，进行了浩繁的归纳整理；总结了自己从事和参与合成橡胶相关理论研究和技术开发的成果。各分卷的稿件都经过"丛书"编审组和编著者认真讨论，反复修改和审查，力求使丛书具有较高的质量和学术水平。我发自肺腑地对他们为此书的成稿所付出的辛勤劳动表示敬佩和感谢。

对本丛书的编写，我们力求高起点、高水平，既具有前瞻性、指导性，又具有实用性，但是由于内容多，涉及面广，又由于我们的水平有限和经验不足，书中可能会有错误和不妥之处，恳请读者指正。

前　言

　　早在 1879 年，德国、前苏联已开始了双烯烃合成橡胶的工业化生产，采用金属钠催化剂以气相块状聚合方法得到聚丁二烯橡胶，但是产品性能低劣、工艺落后。所以在 20 世纪 50 年代以前，二烯烃合成橡胶生产技术发展缓慢。直到 1954 年，德国学者 K. Ziegler 和意大利学者 G. Natta 首次应用烷基铝和过渡金属化合物组成了 Ziegler-Natta 催化体系，合成出了二烯烃的等规和间规聚合物，从此开辟了配位聚合新领域，引发了二烯烃从无规聚合向立构规整聚合发展，得到了性能更为优异的配位聚合二烯烃橡胶，从而使配位聚合二烯烃橡胶获得了大发展。1956 年，就实现了丁二烯橡胶、异戊橡胶等立构规整配位聚合二烯烃橡胶工业化生产。美国、欧洲众多化工公司分别采用钛、钴、锂催化体系相继建成了顺式 1,4-聚丁二烯橡胶(顺丁橡胶)生产装置。1965 年，日本公司开发了镍系催化剂。到 1970 年，全世界已有 34 套生产装置，分别采用上述 3 种 Ziegler-Natta 催化体系和锂系催化剂生产顺式 1,4-聚丁二烯橡胶，总生产能力达到 1660kt/a。采取钛催化体系和锂催化体系生产的异戊橡胶有 9 套生产装置，总生产能力达到 830kt/a。

　　中国根据国情，一直致力于开发配位聚合二烯烃橡胶生产技术。早在 20 世纪 60 年代，中国科学院长春应用化学研究所几乎与日本同时开发了镍催化体系聚丁二烯橡胶技术。1970 年，在有关生产、科研、设计单位的共同参与下，建成了中国第一套万吨级工业装置，投入运行后针对存在的问题又组织了联合技术攻关，解决了相关工艺、工程、设备、环保、质量问题，形成了成熟的成套工业化技术。到 2013 年，在中国采用此技术已建成 14 套顺丁橡胶工业生产装置，总生产能力达到 1660kt/a。

　　中国也是最早发现和研究开发稀土催化体系聚丁二烯橡胶技术的国家之一，1964 年在世界上最早以论文形式公开发表了其技术内容，并率先实现稀土催化体系异戊橡胶的合成，是继德国 Lanxess 公司、意大利 Polymeri Europa 公司第三个建立稀土催化体系丁二烯橡胶工业化装置的国家。目前是世界首先建立稀土催化体系异戊二烯橡胶工业化装置的国家，国外只有前苏联在 20 世纪 80 年代，开始批量生产性能优异的稀土异戊橡胶 СКИ-5。

　　为了适应世界合成橡胶工业依靠科技进步取得不断发展的形势，进一步发挥中国在配位聚合二烯烃橡胶生产技术的已有优势，特组织有关专家系统总结中国生产配位聚合二烯烃橡胶技术的基础理论研究、科研开发、工业化生产的科技成果，对当今世界在这一领域的现状、发展趋势作出全面的综述和评估，撰写了《配位聚合二烯烃橡胶》一书。

全书共分10章。第1章扼要介绍了配位聚合二烯烃橡胶的发展史、配位聚合的基本概念、配位聚合二烯烃橡胶的生产技术现状和技术进步动向。第2章扼要介绍了聚合用主要单体的理化性质、生产方法和最新技术进展。全面比较了三种丁二烯抽提技术的优缺点，讨论了降低异戊二烯生产成本的重要性和必要性。第3章介绍了"二烯烃配位聚合基本概念"、"配位聚合的催化体系"、"配位聚合反应动力学及机理"、"影响聚合物立构的主要因素"。配位聚合理应归属于配位反应类别，系由可以给出孤对电子或多个不定域电子的离子或分子（配体）和具有接受上述电子的空轨道的中心原子（通常是过渡金属原子或离子）通过电子授受作用形成一定组成和空间构型的新化合物。这种电子授受作用的表现形式为呈现不同极性的配价键合，但一般认为仍属于共价键合本质，并通常将配位时形成的活性种以 $M^{\delta+} \cdot R^{\delta-}$ 形式表示，以有别于离子型和自由基型聚合。编者认为：从广义上理解配位聚合，它既有别于离子聚合和自由基聚合，而且配位的活性种也有可能经常处于不同程度的"离子化"状态，在某些特定条件（如低温或一定介质存在下等）下可能产生离子对，向离子聚合性质转化。本书第3章作者武冠英教授根据近年来国内外对配位聚合活性种特性的讨论提出了自己的观点，为本书在技术层面上增添了新意，请读者审读研究。第4章介绍了用于顺丁橡胶聚合的 Ziegler-Natta 催化体系有钛系催化剂、钴系催化剂、镍系催化剂、π-烯丙基催化剂、稀土（钕系）催化剂、茂金属催化剂等国内外的研究成果，镍系和稀土系催化剂聚合反应机理及反应动力学研究，顺丁橡胶有关分子结构、聚集态结构、黏弹性能的各种表征技术。后者应是本章一个亮点。第5章全面讨论了镍系、钴系、钛系、稀土系顺丁橡胶的工艺技术、流程特点、产品性能。讨论既重视理论依据又极为强调工厂实践经验，有很大实用价值。内容包括工艺配方、工艺条件、产品质量控制、严重挂胶的生成机理、聚合物支化度的控制、微量水的理论依据和工业实际经验，以及国外顺丁橡胶工艺技术介绍。第6章介绍为了推动我国合成橡胶生产装置有关工程问题的研究，从工程技术角度审视中国顺丁橡胶聚合反应器目前存在的问题，并提出几种改进提高的可能性，对耗能重点装置凝聚工序及设备也进行较详尽的工程解析。第7章介绍了顺丁橡胶、稀土顺丁橡胶、高乙烯基丁二烯橡胶的加工技术及其应用领域，详尽讨论了两胶种的性能特点、配合技术中各个体系、加工工艺中各个工序的技术要求。第8章系统论述了乙烯基聚丁二烯橡胶的基本性能，包括玻璃化转变温度与橡胶性能、橡胶动态性能、中乙烯基丁二烯橡胶硫化胶性能、高乙烯基丁二烯橡胶独特性能。介绍了采用 Ziegler-Natta 型配位铁系催化剂合成中乙烯基丁二烯橡胶的聚合规律、聚合机理、结构表征、橡胶性能。重点讨论了钼系、铁系的高乙烯基聚丁二烯橡胶的聚合催化剂类型、聚合规律、聚合动力学及活性中心结构、橡胶性能和特点，铁系催化剂合成的高乙烯基聚丁二烯在微观结构上的特点。第9章系统介绍了顺式异戊橡胶的结构和性能及天然橡胶优于异戊橡胶的技术原因。全面论述了合成锂系、钛系、稀土系异戊橡胶的引发剂、生产工艺、生产设备、聚合规律、聚合反应动力学、聚合机理及其加工应用技术。还讨论了顺式异戊橡胶在合成、官能化、分子量降解、配合加工阶段的改性技术。第10章介绍的反式异戊橡胶是中国自主研究开发的科技成果，它使本属于高生产成本、塑料性质的反式异戊橡胶降低了生产成本，并能用于制造轮胎、热塑性弹性体、热塑体。论述了该技术的原理、和其他合成橡胶共混合加工技术、共混胶所具有特别适用高性能轮胎的性能及该技术的工程开发过程，并介绍了反式异戊橡胶的环氧化改性、丁二烯和异戊二烯的反式共聚、反式异戊橡胶和异戊二烯的共聚、复合胶等改性橡胶的生产、产品特性、加工、应用技术。

在本分册的编写过程中得到中国石油化工集团公司、中国合成橡胶工业协会、中国科学院长春应用化学研究所、中国石油兰州化工研究中心、北京化工大学、浙江大学、烟台大学、青岛科技大学、北京橡胶研究设计院、中国石化北京燕山分公司、中国石化上海石化分公司、中国石化北京化工研究院等单位领导的大力支持和有关同志的鼎力相助。丛书主编对本书的编写方针给予了及时的指导，丛书编委会部分成员及编审组的专家反复审阅和校改了书稿的全文，在此一并表示谢意。

由于编著者的水平所限，本分册中谬误之处在所难免，恳请读者批评指正。

编著者于北京

目　　录

第1章 概　　论

1.1 配位聚合二烯烃橡胶的发展史

1.1.1 概述

目前已实现工业化生产的配位聚合二烯烃橡胶主要有顺式 1,4-丁二烯橡胶(顺丁橡胶)、顺式 1,4-异戊二烯橡胶、高乙烯基丁二烯橡胶、反式 1,4-异戊橡胶。它们都是立构规整聚合物，各具特有的优越性能，非常适用于消耗量占合成橡胶总生产量 60%~70% 的轮胎制造工业，因此发展很快。至 2013 年，世界丁二烯橡胶总生产能力已达到 4718kt/a。顺式 1,4-异戊二烯橡胶总生产能力达到 806kt/a，两者之和已达到 5524kt/a，仅次于丁苯橡胶的 6620kt/a，居世界合成橡胶产能排名第二位，已超过乳聚丁苯橡胶的 4928kt/a。以烷基锂为引发剂和以 Ziegler-Natta 催化剂合成的高 1,2-丁二烯橡胶和反式 1,4-异戊橡胶一样都具有特别适用于高性能轮胎和绿色轮胎的独特性能，正越来越受到合成橡胶工业界的重视。聚苯乙烯改性专用丁二烯橡胶，因其消耗量约占丁二烯橡胶总生产量的 20%，是仅次于轮胎的一大应用领域，应受到必要的关注。因此在本书中对以上几个胶种均进行了专门的论述，其中顺式 1,4-丁二烯橡胶的生产能力占配位聚合二烯烃橡胶总生产能力的 82%。其所涉及的基本理论、催化剂体系、工程工艺技术内容较多，因此在本书中占有较多篇幅。以烷基锂为引发剂的乙烯基丁二烯橡胶中的低顺式丁二烯橡胶、中乙烯基丁二烯橡胶、高乙基丁二烯橡胶因在《丛书》的第二分册《锂系合成橡胶及热塑性弹性体》中已有详尽论述，因此在本分册中只在聚合物乙烯基结构和性能关系的讨论中及采用铁系催化剂合成的中乙烯基丁二烯橡胶部分有所提及，其他方面均未作重点讨论。

1.1.2 配位聚合二烯烃橡胶的开发应用

虽然早在在 1930 年前后，德国、前苏联已采用金属钠催化剂以气相块状聚合方法实现了聚丁二烯橡胶工业化生产，但是它们的产品性能低劣、工艺落后，所以在 20 世纪 50 年代以前，二烯烃合成橡胶生产技术发展很慢。直到 1954 年，德国学者 K. Ziegler 和意大利学者 G. Natta 首次应用烷基铝和过渡金属化合物组成了 Ziegler-Natta 催化体系，合成出了二烯烃的等规和间规聚合物，开辟了配位聚合(或称为定向聚合)新领域，推动了配位聚合二烯烃橡胶工业的大发展。

1956 年，Stavely 和 Korotkov 各自发表了以锂或烷基锂为催化剂合成聚异戊二烯的实验结果，Goodrich Gulf 公司公布了用 Ziegler-Natta 催化体系 AlR_3-$TiCl_4$ 制取高顺式 1,4 结构含量为 96% 异戊橡胶的专利。第二次世界大战期间，天然橡胶供不应求，促进了合成异戊橡胶的开发。1963 年前后，美国 Shell Chemical 公司、Goodyear 公司分别实现了以丁基锂和 AlR_3-$TiCl_4$ 催化剂合成异戊橡胶的工业化。随着异戊二烯来源的多样化，前苏联、意大利、法国、日本的异戊橡胶生产装置相继投产，生产能力、产量成倍增加，至 2000 年，世界总生产能力达到 1400kt/a 最高值，异戊橡胶成为合成橡胶领域中的一个重要品种。但由于异戊橡胶性能仍略低于天然橡胶，已工业化的异戊二烯生产技术均有生产成本过高问题，即使是生产成本最低的裂解碳五抽提技术，其裂解产品必须大部分都能实现高附加值化工利用，才能降低异戊二烯的生产成本，因此严重影响了异戊橡胶的竞争能力。尤其每当天然橡胶产能过剩、价格低落时，就严重制约了异戊二烯橡胶的发展速度。苏联解体、两次石油危机和天然橡胶的生产技术进步，天然橡胶发展过快，它们不但影响了异戊二烯橡胶的发展速度，而且已建成的装置中有的也因生产成本过高而停产甚至拆除，致使 2008 年世界异戊橡胶总生产能力降低到 610kt/a 历史最低点。从 2010 年开始中国民营合成橡胶企业的兴起，至 2013 年新建的异戊二烯橡胶生产装置有 7 套之多，新增生产能力 170kt。但由于近年天然橡胶价格不断下降，中国新建的异戊橡胶装置均受到生产成本过高而无法和天然橡胶竞争的困难，生产前景很不乐观。但从总体而言，异戊二烯橡胶产品分子结构与天然橡胶相同，基本性能大致接近，因此除了在航空及重型轮胎制造中不能取代天然橡胶外，可在其他很多领域中代替天然橡胶。所以它在大量依靠进口天然橡胶的国家仍有发展空间，将随着异戊二烯生产技术进步、生产成本降低而得到一定的发展。

Ziegler Natta 催化剂在丁二烯配位聚合取得了重大进展，获得了高顺式 1,4、高反式 1,4、全同和间同 1,2 结构的全部可能的四种规整聚丁二烯异构体。特别是高顺式 1,4-丁二烯橡胶同天然橡胶、丁苯橡胶相比，具有弹性好、耐磨性好、耐寒性好、在负荷下生热小、耐屈挠性和动态性能好以及耐老化和耐水性好等优点。这些都是轮胎最需要的特性，使其成为具有优异性能的通用型合成橡胶，而石油化工的发展又为其提供更多更廉价的原料丁二烯，汽车工业的发展为其创造了巨大的生产需求，因此发展较快。

1956 年，Phillips 石油公司[1]用 TiI_4-AlR_3、Hüls 公司用 $TiBr_4$-AlR_3，Goodrich-Gulf 公司、Montecalini 公司、Shell 公司用 Co-化合物-AlR_2Cl 等不同的催化体系，几乎在同一时期分别制得了顺式 1,4-丁二烯橡胶[2]。1959 年，日本 Bridgestone 公司又研制成功以芳烃或芳烃-庚烷为溶剂的 $Ni(naph)_2$-AlR_3-BF_3·OEt_2 三元催化体系，中国于 1962 年研制成功以脂肪烃为溶剂的 $Ni(naph)_2$-$Al(iBu)_3$-BF_3·OEt_2 三元催化体系制得顺式 1,4-聚丁二烯。1970 年，中国又研制成功制备高顺式聚丁二烯的稀土(钕)羧酸盐、烷基铝和氯化烷基铝组成的三元钕系催化体系[3]。20 世纪的 80 年代，德国 Bayer 公司[4,5]和意大利 Enichem 公司[6,7]，1998 年中国石油公司先后将稀土顺丁橡胶实现了工业化，进一步提高了丁二烯橡胶的总体性能及在高性能轮胎的原料胶地位，促进了丁二烯橡胶的发展。到 2013 年，全世界已建有聚丁二烯橡胶生产装置 60 套，总生产能力达到 4718kt/a。

由于高乙烯基聚丁二烯橡胶(HV-BR)在高温下湿滑阻力大、动态生热低，改善了合成橡胶低油耗和安全性这一对矛盾，特别适用于高性能轮胎，从而推动了其工业技术开发。日本 JSR 公司、Zeon 公司[8,9]、俄罗斯 Efremov 公司、美国 Firestone 公司、意大利 Enichem 弹性体公司以及德国、法国等公司[10]均研发和生产了 HV-BR。

自 20 世纪 70 年代起，中国科学院长春应用化学研究所(以下简称中科院长春应化所)[11,12]、青岛科技大学等先后开展了 Mo、Fe 等络合催化剂合成乙烯基聚丁二烯橡胶(V-BR)的研制工作。2006 年，中科院长春应化所的铁系络合催化剂在新疆独山子石化公司 20L 的三釜连续聚合生产高乙烯基聚丁二烯橡胶结果显示，转化率 90%以上，在 70~110℃ 的高温条件下聚合平稳，不堵不挂，合成出性能超过国外同类型的工业化产品[13]。

反式聚异戊二烯由于高结晶度、无弹性，仅能作为塑料代用品、医用夹板、形状记忆功能材料，需求量有限，生产工艺要求苛刻、生产成本高。从 1955 年公开制造专利至 1974 年，全球只建成 3 套、规模仅数百吨/年的工业装置，分别属于 Dunlop 公司、Polysar 公司、

Kurary 公司。20 世纪 80 年代，中国科学院发现反式聚异戊二烯经过过硫化处理或与其他橡胶并用硫化后，显示出弹性性能，可作为橡胶用于橡胶制造工业。20 世纪 90 年代，中国青岛科技大学采用配位聚合催化剂负载型 $TiCl_4/MgCl_2-Al(iBu)_3$ 体系和本体沉淀聚合工艺，制成粉末状产品，其工艺简单，合成成本大幅下降。中国的研究结果表明，反式聚异戊二烯和天然胶共混后还具有滚动阻力小，动态生热降低，耐疲劳性能好，耐磨性能提高，这些正是制造高性能轮胎所需要的宝贵性能，为其在橡胶轮胎中的应用创造了良好条件。2013 年，中国的 30kt/a 反式聚异戊二烯工业生产装置建成投产。

1.2　二烯烃配位聚合的基本概念

1.2.1　配位聚合历程[14]

配位聚合是指含富电子 C ═C 双键的共轭二烯烃或 α-烯烃首先与活性种中显正电性、并具空位的过渡金属($Mt^{\delta+}$)配位，形成 $\sigma-\pi$ 络合物而被活化，随后被活化的共轭二烯烃或 α-烯插入过渡金属-碳键($Mt-R$)中进行增长。而具有空位的过渡金属，再次与共轭二烯烃配位。这两步反应反复进行，就形成长链大分子。其增长反应为

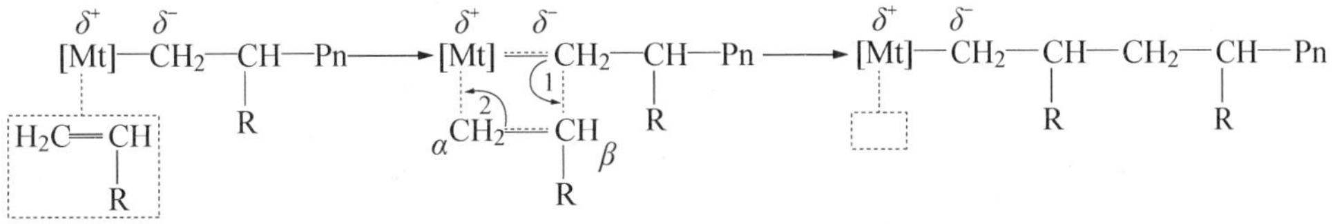

式中：[Mt]为过渡金属；虚方框为空位；Pn 为增长链。

1.2.2　二烯烃配位聚合的特点

① 单体首先在嗜电性过渡金属上配位并形成 π-络合物。

② 反应通常具有阴离子聚合性质。

③ 反应需经过四元环(或六元环)过渡态实现单体插入，插入反应包括两个同时进行的化学过程：一是增长链端阴离子对 C ═C 的 β-碳原子的亲核进攻(下图中的反应 2)；二是反离子 $Mt^{\delta+}$ 对烯烃 π 电子的亲电攻击(图中反应 1)。

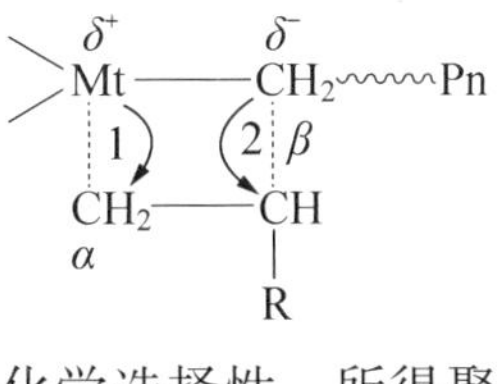

④ 二烯烃配位聚合具有高度的化学选择性。所得聚合物几乎只含有一种结构的单体单元，如 1,4、1,2 或 3,4 结构，其含量达到 90% 以上，有的最高可达到 99%。如稀土催化剂体系所得到的顺式 1,4-聚丁二烯橡胶[15]。

⑤ 聚合物具有高度的立构选择性。所得聚合物有很高的有序构型，而其他方法对二烯烃的聚合均不具有上述特点，如自由基聚合只得到无规聚合物；阳离子聚合反应则生成交联型无规聚合物[15]。

⑥ 产品的多样性。同一单体采用不同的配位聚合催化剂可以得到多种立构规整聚合物。丁二烯配位聚合可得到四种立构规整聚合物：顺式 1,4(cis-1,4)、反式 1,4($trans$-1,4)、1,2-全同(1,2-isotactic)和 1,2-间同(1,2-syndiotactic)结构聚合物；异戊二烯配位聚合可得

到 cis-1,4-聚异戊二烯和 $trans$-1,4-聚异戊二烯以及 1,2- 和 3,4-聚异戊二烯。

⑦ 大多采用溶液聚合工艺。已工业化的二烯烃配位聚合多采用溶液聚合的实施方法，因为所用的单体在聚合温度下均为气体，为使单体与催化剂均匀接触并有助于排散聚合热，故其生产均采用溶液聚合方法。而 Ziegler-Natta 催化体系的组分遇水后立即分解而失效，所以一般不能用水作分散介质进行溶液或乳液聚合，而是采用非极性溶剂进行溶液聚合。所选溶剂必须不含质子性化合物，并严格除去不饱和烃、炔和 CO 等有害杂质。

1.2.3　关于配位聚合活性种特性的讨论

1. 学术界流行的认识——配位聚合的活性种是标准极性共价键 $\overset{\delta+}{M}$—$\overset{\delta-}{R}$

较长时期，学术界根据 Natta 提出、后经不断完善确立的配位聚合历程认为，配位聚合的活性种是标准极性共价键 $\overset{\delta+}{M}$—$\overset{\delta-}{R}$，单体在正电性 M 的空位处配位。M 一般低于其最高氧化态，$\overset{\delta+}{M}$—$\overset{\delta-}{R}$ 键为极性共价键、显部分极性（而非离子键），M 上需有供烯烃配位的空位（即 d 空轨）；R—CH＝CH$_2$（单体）需带富电子基团，富电子 C—C 对 M 配位后活化了 $\overset{\delta+}{M}$—$\overset{\delta-}{R}$ 键；单体对 M 的配位需具"介稳性"，即它能活化 $\overset{\delta+}{M}$—$\overset{\delta-}{R}$ 键以利于插入反应，但不能太稳定，否则将形成稳定的配位络合物（如与带独对电子的 O、N、P 化合物配位），使之难以发生插入增长[16]。

2. 对 Mt—R 键的性质与命名的不同认识

近年来，一些中外文献则将配位聚合与离子型聚合归并一起讨论，称本质上配位聚合属于离子型聚合历程，因此称配位离子型聚合更为明确[17]，或将配位聚合划归为配位阴离子聚合。

在本分册第 3 章 3.5 节"对配位聚合活性种特性的讨论"中认为："配位键的本质是介乎离子键与共价键间的"；"它是以离子键与共价键为极限的中间状态"；"在络合的离子或分子中，既不会有纯粹的离子键，也不会有纯粹的共价键"；"极性共价键是休眠体（dormant），是没有聚合活性的，只有将它'拉伸'或'活化'才具有活性。处于极性共价键及自由离子之间过渡态的活性阴阳离子聚合的活性种为'活化的极性共价键'及'紧、松离子对'。离子对中的络反离子或反离子除了有平衡正离子成为无电导的活性种外，实际上它也是一种络离子配体，通过与 M$^+$—R$^-$ 中的 M$^+$ 配位，调节 M—R 间的键距并起到控制聚合物立构的作用。绝大多数的活性种皆存在于离子对中，在这种情况下可以说没有离子对，活性种 M—R 也就起不到活性种的作用"。

对两种 Mt—R 键的性质与命名的不同认识，本分册编著者未作判别，谨请读者参阅有关参考文献后自行判断。

1.3　配位聚合二烯烃橡胶的技术现状和发展动向

1.3.1　生产技术现状

1. 顺式 1,4-丁二烯橡胶

（1）品种和产能

顺式 1,4-丁二烯橡胶（简称顺丁橡胶）是二烯烃合成橡胶中生产能力、消费量最大的品种。由于采用的催化体系不同又可分为钛系、钴系、镍系和稀土系顺丁橡胶，并于开发早期在各国建立了一大批生产装置。随着技术进步，它们的产能所占份额也各有消长，而且目前还在变化中。2013 年统计，其中钛系占 10%、钴系占 21%、镍系占 42%、稀土系占 27%。钛系催化剂效率较低[18]，橡胶的生产成本较高，且有颜色，其生产装置已逐渐改为生产稀土系顺丁橡胶。欧洲市场轮胎用的顺式 1,4-丁二烯橡胶大部分为稀土系和钴系产品；北美市场以稀土系和钴系为主，保持一部分镍系产品；亚洲市场以镍系和钴系为主，开始生产稀土系产品。

（2）工艺技术

以 TiI_4-$AlEt_3$ 为代表的钛系催化体系、以 $CoCl_2$ - $AlEt_2Cl$ - H_2O 为代表的钴系催化体系、以 $Ni(naph)_2$-$AlEt_3$-$BF_3 \cdot OEt_2$ 为代表的镍系催化体系及近年发展迅速以 $Nd(Versatate)_3$-$AlH(iBu)_2$-$tBuCl$ 为代表的稀土系催化体系的顺式 1,4-丁二烯橡胶的生产工艺均采用溶液聚合，并根据各自的聚合技术特点选用不同的溶剂。钛系催化剂不溶于脂肪烃溶剂，所以采用甲苯或苯作溶剂；钴系催化剂在脂肪烃和甲苯溶剂的活性和聚合物的顺式 1,4 含量都没有苯溶剂中高，所以采用了苯溶剂。由于脂肪烃溶剂低毒、胶液黏度低、节能，对稀土系、镍系催化剂溶解性能好，这两体系均采用脂肪烃溶剂。采用镍系催化剂在脂肪烃溶剂中合成的聚合物分子量远大于在芳烃溶剂中所合成的，有的公司采用脂肪烃和甲苯混合溶剂调节分子量。

丁二烯橡胶的生产工艺过程基本相似，它包括催化剂、单体、溶剂的配制、聚合、胶液凝聚、溶剂和未反应单体的回收和精制、胶粒的脱水、干燥后处理等工序。在聚合反应器、凝聚、溶剂回收等方面均有不同程度的改进，但尚无重大进展。

聚合反应器的撤热方式有三种，一是采用夹套内冷系统和刮刀，二是采用结构复杂的 Craw-ford-Russell 刮壁式聚合釜，三是利用低沸点组分汽化；凝聚系统为多釜（三釜或四釜）串联；溶剂回收系统根据溶剂的情况分别有三塔流程和回收溶剂碱洗、四塔流程；采用热泵技术回收凝聚釜顶和脱重塔顶热量，胶液闪蒸提浓；绝热聚合等。后处理技术有三种脱水干燥设备，它们分别是 Anderson 型、Welding 型、French 型。其中 Anderson 型采用较多。

（3）产品性能和应用

同天然橡胶、丁苯橡胶相比，顺式 1,4-丁二烯橡胶具有弹性好、耐磨性好、耐寒性好、负荷下生热小、耐屈挠性和动态性能好以及耐老化和耐水性好等优点。虽然它也有抗湿滑性差、撕裂强度和拉伸强度低、生胶冷流性大以及加工性能稍差等缺点，但因其与天然橡胶、丁苯橡胶、丁腈橡胶、氯丁橡胶等都能良好相容相混而得到改善。而耐磨性好和生热小是轮胎最需要的特性。因此顺式 1,4-丁二烯橡胶是具有优异性能的通用型合成橡胶，已成为仅次于天然橡胶、丁苯橡胶的第三大通用胶种，主要应用于轮胎工业、建筑工业和塑料改性等领域，其中轮胎领域的用量超过 60%。顺丁橡胶还可用于制造胶板、运输带、胶管、胶鞋、密封圈及其他橡胶制品，还可制作胶黏剂等。

钴系顺丁橡胶生产工艺因具有独特的调控产品支化度的技术、并掌握了支化度对橡胶各种性能影响的规律，其所生产的高抗冲聚苯乙烯改性胶有很低的溶液黏度、极低的凝胶含量，特别适用于 HIPS 和 ABS 制造。有的公司产品的 40% 都用于该领域。

稀土顺丁橡胶，具有较高的顺式 1,4 结构含量和较低的 1,2 结构含量，几乎无支化，很少的凝胶，其生胶强度大，自黏性高，硫化胶的抗疲劳性优异、低生热、高耐磨性、较好的抗湿滑性和低滚动阻力，优于钛系、钴系、镍系顺丁橡胶等特点，是生产高性能轮胎的较为理想的胶料。催化剂用量较大、橡胶生产成本较高是其缺点。

2. 顺式异戊二烯橡胶

（1）品种和产能

异戊橡胶是目前已工业化的共轭二烯烃配位聚合橡胶中产能排位第二的胶种。2013 年，全世界总产能为 806kt/a。其中顺式 1,4-异戊橡胶为 775kt/a、反式 1,4-异戊橡胶为 30.4kt/a。由于采用的催化体系不同，顺式 1,4-异戊橡胶又可分为钛系、锂系、稀土系异戊橡胶，它们的产能分别为 620kt/a、20kt/a、135kt/a，其中以钛系异戊橡胶为主。近年稀土系异戊橡胶的开发建设渐成为热点。

（2）工艺技术

顺式 1,4-异戊橡胶聚合工艺不论以 $TiCl_4$-$AlEt_3$ 为代表的钛催化剂体系、以 BuLi 为代表的锂催化体系及以 $Ln(naph)_3$-iBu_3Al-$Et_3Al_2Cl_3$ 为代表的稀土催化体系，均采用溶液聚合，采用己烷、异戊烷、丁烷作溶剂。中国近年新研究开发的反式 1,4-异戊橡胶则采用本体沉淀聚合，并因此大幅度降低了生产成本。顺式 1,4-异戊橡胶的生产工艺过程与顺式 1,4-丁二烯橡胶基本相似，在某些公司同一套装置既可用于生产后者也可用于生产前者。

在采用钛系催化剂体系的聚合工艺中，$TiCl_4$-AlR_3 是非均相体系，其活性组分主要集中于棕褐色的固体部分。因此，在配制过程中要有适当搅拌。在使用过程则须保证催化剂浓度的均一性，防止沉淀，以免堵塞输送管线和计量泵，制得接近于均相的络合催化剂。这是和顺式 1,4-聚丁二烯橡胶生产工艺的不同点。该工艺单体收率 85% ~ 90%、聚合温度 50 ~ 65℃、聚合时间 3~5h。聚合反应器撤热、胶液凝聚、溶剂和未反应单体的回收和精制、胶粒的脱水、干燥等后处理等工序均和顺式 1,4-丁二烯橡胶生产工艺相似。

锂系异戊橡胶生产工艺由于其催化剂呈均相体系，活性高，用量小，分子量分布窄而且聚合物分子量易控制，在较理想的反应条件下其分子量分布指数可小于或等于 1.10；聚合温度 55~65℃，聚合反应速度快，单体转化率很高，可接近 100%；可以省去较为复杂的单体回收工序。由于催化剂用量少，采用非变价金属，即使残留在橡胶中，其对橡胶的颜色及老化性能也没有多大影响。因此，在生产过程中可以省去对胶液水洗脱灰的工序。有时为了获得分子量高、分子量分布窄的异戊橡胶，采用间歇操作的聚合反应釜进行生产。锂系异戊橡胶的顺式 1,4 结构含量只有 92% 左右，是其主要缺点。

稀土催化剂在溶剂中呈均相。催化剂的配制和使用均比锂系和钛系催化剂简便，对系统中杂质的抗干扰能力强，聚合反应引发速度快，诱导期极短。聚合物的分子量及其分布主要取决于催化剂配方，随单体转化率变化很小；受聚合釜停留时间分布影响小，特别适于连续聚合。

由于稀土异戊橡胶聚合反应物料的黏度非常高，在聚合转化率达到 70% 时，其表观黏度可达几十万厘泊（cP，$1cP = 10^{-3} Pa·s$），从而降低了聚合速度和反应器夹套的传热系数[19]、大幅度增加了聚合釜的搅拌热，给聚合釜的撤热和温度控制带来极大的困难。鉴于稀土胶液稳定，凝胶少，不易挂胶，故采取抽出釜内物料经反应器外板式换热器冷却后再返回釜内，即"外循环冷却法"代替反应器的夹套换热[20]，这是与顺式 1,4-丁二烯橡胶生产工艺撤热方法的重要区别。

稀土异戊橡胶生产该工艺的聚合反应温度 30~60℃，反应时间 3~4h，转化率>70%。为了减少聚合胶液高黏度带来的困难、提高聚合反应速度、保证 3 个串联聚合反应器的容积效率能大于 80%、保持最终聚合物浓度为 12%，将单体投料浓度从 $100kg/m^3$ 提高为 $120kg/m^3$、转化率要求从 80% 降低为 70%，这在装置的技术经济上更为合理。这是该工艺的另一特点。

（3）产品性能和应用

顺式1,4-异戊橡胶是位于丁苯橡胶、顺丁橡胶、丁基橡胶之后的第四个大品种的轮胎用合成橡胶，其性能与天然橡胶性能相近，综合性能良好。在未硫化胶的撕裂强度、滞后现象和拉伸强度，尤其在高温下（100℃）的拉伸强度以及自黏性等方面均优于丁苯橡胶和顺丁橡胶。是天然橡胶的替代物，大量地用于制造轮胎和其他橡胶制品。目前异戊二烯及异戊橡胶的生产成本过高、综合性能又略低于天然橡胶，因此其价格是否低于天然橡胶价格仍然是异戊橡胶发展速度的制约因素。因此只有在天然橡胶供不应求、价格不断攀升远高于异戊橡胶时，后者才能发展。但市场规律又必然要促进天然橡胶发展、价格回落，当价格低于异戊橡胶时，后者就将陷于滞销困境。

钛系异戊橡胶的顺式1,4-结构含量较高，在96.7%~98%之间，可以单独使用，也可以与天然橡胶和其他通用合成橡胶并用。大约60%的异戊橡胶用于制造轮胎，替代天然橡胶，轮胎的综合性能与纯天然橡胶或大部分为天然橡胶的轮胎性能相当，而且还有生热小，耐寒性和耐磨性好的优点。异戊橡胶与丁苯橡胶并用可改善丁苯橡胶的撕裂强度、滞后性能，并增加其回弹性和拉伸强度以及流动性。与顺丁橡胶并用可改善异戊橡胶的硫化返原性和减小过炼软化。异戊橡胶与乙丙橡胶并用后具有优良的耐臭氧老化性，从而扩大了异戊橡胶的应用。但从其整体性能和天然橡胶相比，两者在微观结构、分子参数以及极性基团等方面存在着一定差异。这些差异导致异戊橡胶的生胶强度、屈服强度和拉伸强度均低于天然橡胶，使其挺性差、易变形，给加工工艺带来一定困难。其硫化胶的拉伸强度、定伸应力、撕裂强度、高温强度、耐磨性及疲劳寿命等也都低于天然橡胶，因此在航空轮胎和大型轮胎中仍不能完全替代天然橡胶。

锂系异戊橡胶的顺式1,4-结构含量较低，一般在92%左右，不能像钛系高顺式异戊橡胶那样可替代较多的天然橡胶。但它具有许多特殊应用性能，如产品结构可以随意调整，制品颜色浅、均匀、几乎无杂质、流动性好，可以改善产品加工性能，在许多场合可代替天然胶用作食品及制药行业的包装和密封、婴儿用品、计生用品、胶黏剂、橡胶和特别浅色或透明物品的添加剂和光刻胶等。另外用锂系催化剂合成的3,4-异戊橡胶，可以提高轮胎的抗湿滑性，降低轮胎生热，合成的液体异戊橡胶（LIR）可用作橡胶加工增塑剂等。

根据国外的报道，稀土系异戊橡胶具有的高立构及高区域有序性使它有更高的结晶趋势，更接近天然橡胶，性能优于钛系异戊橡胶，分子量高，产品基本不含凝胶，产品质量稳定，用于轮胎制造，有较高炭黑填充能力，能耗较低；在使用高分子量橡胶时仍能使橡胶混合料保持良好的工艺性质；加工降解率较低，黏合性好，动态疲劳强度较高。按照卫生毒理指标，含不着色抗氧剂的稀土系异戊橡胶可用于医疗、食品，生产日用品及儿童玩具。

中国的研究成果也表明，稀土系异戊橡胶的顺式1,4结构含量大于96%并与天然橡胶有相同的序列构型。与钛系异戊橡胶相比，在微观结构上更接近天然橡胶，而且在相同的门尼黏度下具有更高的分子量。研究试验样品已成功替代天然橡胶用全钢子午胎胎面、斜交胎的生产。

稀土系异戊橡胶的发展速度目前仍取决于其价格能否低于天然橡胶。

3. 反式异戊橡胶

（1）品种和牌号

反式1,4-异戊橡胶又可分为溶液聚合产品和本体沉淀工艺产品。其产能分别为0.4kt/a和30kt/a。溶液聚合法在英国、加拿大和日本三家公司生产，由于应用范围太小、生产成本过高多年来没有发展。本体沉淀法在中国已有 30kt/a 规模的生产装置。产品牌号有 TPI-1、TPI-2、TPI-3、TPI-4、TPI-5、TPI-6，其中 TPI-4、TPI-5 两个主牌号可用于生产高性能轮胎。

（2）工艺技术

反式聚异戊二烯在 20 世纪 80 年代前采用溶液聚合，反应器聚合物的浓度只能保持在 5%~6%，成本特高，产品售价是通用橡胶的 10 倍，因此历年来基本没有发展。80 年代后中国发明了反式聚异戊二烯过硫化技术、开发了负载型 $TiCl_4/MgCl_2-Al(iBt)_3$ 催化体系本体沉淀聚合工艺，催化剂效率高达 50kgTPI/gTi，大幅度降低了反式聚异戊二烯生产成本，产品可用于高性能轮胎，推动了反式聚异戊二烯新的发展。

（3）产品性能和应用

中国生产的反式异戊橡胶的反式 1,4 结构含量大于 98%，产品为粉状，方便使用。用中国开发的技术将其硫化或与其他橡胶并用共硫化，可使其成为弹性体，具有滚动阻力小、动态生热低和耐疲劳性能好的特点[21]。动态黏弹谱测试结果表明，其滚动阻力和生热是所有轮胎用胶中最低的。是制造高速节能轮胎的最佳材料。

4. 乙烯基聚丁二烯橡胶、低结晶间同高 1,2-丁二烯橡胶

（1）品种和牌号

乙烯基聚丁二烯橡胶是用锂系催化剂制得的无规聚合物，用 Ziegler-Natta 催化剂，则可制得无规和间同、全同等不同异构体的 1,2-聚丁二烯，目前仅有无规乙烯基聚丁二烯和低结晶间同 1,2-聚丁二烯（LC-1,2-SPBd）用作橡胶原料。高结晶间同聚丁二烯（HC-1,2-SPBd）能以微粒或短纤维形态提高胶料性能，有成为橡胶重要填料的趋势，全同 1,2-聚丁二烯至今未见有实用合成催化剂的报道。

由于人们发现了高乙烯基聚丁二烯橡胶（HV-BR）在高温下，湿滑阻力增大、动态生热降低、回弹性良好，解决了合成橡胶低油耗和安全性这一对矛盾，使其特别适用高性能轮胎，由此推动高乙烯基聚丁二烯橡胶的工业技术开发。日本 JSR 公司的 JSR-RB10、RB20、BR30 牌号，Zeon 公司的 Nipol BR-1240 及改性的 Nipol BR-1245 牌号[22,23]，俄罗斯 Efremov 公司的 SKDSR-SH 牌号，美国弗尔斯通公司的 FCR-1261HV-BR 牌号，意大利 Enichem 弹性体公司的 Intolene-80 HV-BR 牌号，以及德国、法国等[24]均研发和生产了 HV-BR，但只有 JSR 公司是目前世界唯一用钴络合催化剂合成有规 HV-BR（乙烯基含量在 80%~90%）的公司[25]。

（2）工艺技术

高乙烯基聚丁二烯橡胶可采用 Ziegler-Natta 型配位催化剂合成[26]，配位催化剂都是以有机铝化合物与 Ti、V、Cr、Fe、Co、Ni、Nb、Mo、Ru、Pd、W 等过渡金属的无机或有机化合物，或添加第三组分的催化体系。此类催化剂可以制得无规、间同和全同等多种异构体，这是优于烷基锂引发剂的最大特点。虽然目前已发现近百种可制得乙烯基含量高的聚丁二烯，但多数催化剂制得的为间同立构物，结晶度高、凝胶含量大、分子量低，不是弹性体。目前仅发现 Co、Mo、Fe 等金属化合物与烷基铝组成的少数催化体系具有实用价值。日本 JSR 公司用二价钴催化剂研发了高乙烯基、低结晶度、间同热塑性弹性体，日本宇部公司则用三价钴催化剂研发了高乙烯基、高结晶度、高熔点的间同聚丁二烯，这是目前仅有的用于工业上生产高乙烯基聚丁二烯的 Ziegler-Natta 型催化剂。法国石油研究院（IFP）首先报道了用 Mo 催化剂研制成功乙烯基含量为 96% 的高分子量无规高乙烯基聚丁二烯橡胶，但未进

行工业化研究。中国科学院长春应化所于 1979 年开展了 Mo、Fe 等元素组成的 Ziegler-Natta 催化剂合成高乙烯基聚丁二烯橡胶的研制工作，20 世纪 80 年代曾与锦州石化公司合作共同进行了中试模拟连续聚合试验[27]。20 世纪 90 年代后，中国石化齐鲁橡胶厂继续研发了 Mo 系高乙烯基聚丁二烯橡胶。Mo 系催化剂可以制得高分子量、无凝胶的高乙烯基聚丁二烯橡胶。Fe 系催化剂可以制得 1,2/顺式 1,4-等二元新型中乙烯基聚丁二烯橡胶，硫化胶具有较高强度和抗湿滑性能[28]。进入 21 世纪后，长春应化所继续开展 Fe 系催化剂合成高乙烯基聚丁二烯的研发工作。

（3）产品性能和应用

高乙烯基聚丁二烯橡胶可作为轮胎胎面胶中的并用组分，其最大特点是抗湿滑性能好、耐老化、生热低。高乙烯基聚丁二烯橡胶与顺丁橡胶（CBR）及乳聚丁苯橡胶（ESBR）并用，抗湿滑性、生热等性能均优于 ESBR 与 CBR 并用胶[29~31]。高乙烯基聚丁二烯橡胶与天然橡胶（NR）或异戊橡胶（IR）并用胶料用于胎体中，可提高胎体的抗老化性能和抗硫化返原性[32]。在胎体钢丝帘线黏合胶中用含有 80% 乙烯基的 HV-BR 替代 10 份 NR 后，其关键性能如拉伸强度、撕裂强度、老化黏合指数、孟山都 FTF 均有提高，回弹性能保持不变。

低结晶性高乙烯基聚丁二烯橡胶（LC-HV-SPBd）可与多种橡胶混用，并且具有生胶强度大、压出加工性能好、耐候、耐臭氧、挺性大、弹性高等特点，不仅可用于轮胎，还能用于制取各种异型压出硫化胶制品，以及胶管、实芯轮胎、缓冲器、胶带、胶布、高硬度橡胶制品等。采用多于 3 份，特别是 6~7 份硫黄硫化的 LC-HV-SPBd 硫化胶，具有加工性能好、对温度依赖性小、质量轻、生热低、硫黄喷出小、弹性高等特点。可以制成各种微孔软质海绵体，比用液态 1,2-聚丁二烯效果更佳，质量轻而坚固，已被广泛用于制鞋工业。

1.3.2　技术发展动向

1. 稀土系顺丁橡胶

由于稀土系顺丁橡胶具有较高的顺 1,4 结构和较低的 1,2 结构含量，几乎无支化，很少的凝胶，其生胶强度大，自黏性高，硫化胶的抗疲劳性优异、低生热、高耐磨性、较好的抗湿滑性和低滚动阻力，均优于钛系、钴系、镍系顺丁橡胶，是生产高性能轮胎的较为理想的胶料，近年来增长率达到 10%[33]。和传统催化剂体系相比，虽然目前尚存在催化剂用量较大、橡胶成本较高的缺点，但其技术改进空间很大，成为配位聚合双烯烃橡胶中技术发展前景良好的研究开发课题，是各国合成橡胶研究开发的热点。其技术发展动向如下。

（1）催化剂体系

① 从以羧酸钕为基础的三元催化体系向以氯化钕为基础的二元催化体系发展。目前世界主要稀土系顺丁橡胶生产商均采用三元催化体系。由于二元催化体系简易、可控，因此受到关注。二元催化体系 $LnCl_3$-AlR_3 中的 Ln-Cl 是离子键性质的，难于被 AlR_3 烷基化。需配位能力较强的配体减弱 Ln-Cl 键离子性，有利于烷基化作用，导致活性的提高。新型脂肪烃可溶性氯化稀土催化剂具有与新癸酸钕相似的催化活性，聚合丁二烯顺式含量可达 99.9% 以上[34]。

② 开发了有机磺酸稀土催化体系。该体系具有不使用含卤化合物作为催化剂组分的特点，高聚合活性，聚合物的顺 1,4 结构含量大于 99.9%。使用不同结构的助催化剂烷基铝可生产含有可调反式 1,4 链段含量的稀土顺丁橡胶，首次克服了影响顺丁橡胶应用性能的冷流问题，接近于天然橡胶的优异的力学性能。

③ 降低烷基铝用量的稀土催化剂。一般情况，稀土催化剂体系中烷基铝的用量几乎要

比镍系、钴系催化剂体系大一个数量级。采用 $MgCl_2$ 与 P_2O_4 的作用产物为氯源，与 $Nd(vers)/MAO/Al(iBu)_2H$ 组成的催化剂，与 $Nd(vers)/MAO/Al(iBu)_2H/AlEt_2Cl$ 组成的催化剂相比，催化聚合产物中的铝含量有大幅度的降低，为 $51\mu g/g$ 对 $190\mu g/g$。表明通过调节催化剂的组成，可以在现有的后处理工艺条件下，有效地降低聚合产物的灰分[35]。

（2）窄分子量分布稀土系顺丁橡胶的开发

窄分子量分布的稀土聚丁二烯仍具有较好的加工性能，而且还具有优异的使用性能，如高的撕裂强度、高的动态力学性能。羧酸钕、烷基铝和氯代烷基铝，在单体存在下，通过改进催化剂的制备工艺，可以获得均相的稀土催化剂溶液。采用该均相催化剂可以获得门尼黏度为40左右、分子量分布指数为2左右的聚丁二烯。聚合物的分子量分布曲线为单峰，表明该稀土催化剂具有单一活性中心的性质。

（3）新型 HIPS 和 ABS 改性稀土系顺丁橡胶的研究开发[36]

稀土催化剂在苯乙烯溶液中优先选择性地聚合丁二烯；待反应完成后，再加入自由基引发剂进行苯乙烯的聚合反应，可以原位制备 HIPS，所得产品具有优异的性能。这是稀土催化剂体系区别于锂系催化剂的一个独特的反应特征。

用于 ABS 的聚丁二烯不仅要求窄的分布和低的溶液黏度，还要具有一定量的支化结构。最近发展了支化稀土聚丁二烯，将有可能用于 ABS 改性。

（4）稀土系顺丁橡胶和白炭黑的相容性

现代轮胎的发展趋势是用白炭黑替代传统的炭黑，在降低滚动阻力的同时，大大改善抗湿滑性能。但由于白炭黑的极性与非极性聚丁二烯不相混容问题必须解决，韩国 Kumho 公司[37]在稀土催化剂聚合丁二烯后，与硅氧烷化合物作用，可获得聚合物链末端为硅氧烷的高顺式聚丁二烯，作为白炭黑相容性橡胶，具有高的耐磨性。日本 JSR 公司[38]，在稀土催化剂聚合丁二烯后，用含有官能团①环氧基团或②异氰酸酯或③羧基的烷氧基硅烷进行末端改性，然后在碱性溶液中进行烷氧基硅烷的缩合反应，得到改性顺丁橡胶。它与白炭黑混合组成的混炼胶具有优异的加工性能、抗撕裂性能、低生热、耐低温性能及耐磨耗性能。

（5）稀土系顺丁橡胶的极性化

高性能化及多功能化是聚丁二烯的发展趋势。稀土催化剂具有强的共聚合能力，可以进行共聚合改性，具有准活性的聚合反应特征，可以进行末端极性化改性，还可以通过原位作用生成新的高分子材料或高分子共混材料。如和异戊二烯共聚的耐寒、耐疲劳、耐撕裂的丁戊橡胶[39]，在稀土橡胶胶液中加入氯化试剂引发阳离子环化反应生成具有高黏着性、抗腐蚀性、抗湿滑性的环化顺丁橡胶[40]，与己内酯共聚合生成嵌段聚合物[41]用于绿色轮胎。

2. 镍系支化丁二烯橡胶的开发

镍系支化丁二烯橡胶是美国 Goodyear 公司特有的一个品种，在镍催化体系中加入烷基化二苯胺开发出支化丁二烯橡胶 Budene1280，门尼黏度40，玻璃化转变温度 T_g $-104℃$，顺式 1,4 含量98%。Budene1208 和普通镍系顺丁橡胶相比，其硫化胶具有很多优越性能，支化镍系顺丁橡胶既具有和钕系顺丁橡胶相当的较高的顺式 1,4 含量、较高的机械物理性能、较高的黏性和较低的滚动阻力，而且有比钕系顺丁橡胶更好的加工性能，更高的抗撕裂性能和低胶液黏度。

3. 异戊橡胶

（1）稀土系异戊橡胶的技术发展动向

稀土系异戊橡胶的催化体系及其聚合物在微观结构、宏观结构、加工性能和物理机械性能都表现出和钛系锂系异戊橡胶不同的特点，开发时间不长，技术发展前景很广，是各国研究开发的重点。

① NCN-亚胺钳型三价稀土催化体系。中科院长春应化所崔冬梅等在2006年发明了该双组分催化体系[42,43]。该催化体系是由NCN-亚胺钳型稀土配合物，分子式为[2,6-$(CH=N-R^1)_2-4-R^2-1-C_6H_2]LnX_2(THF)_n$与烷基化试剂双组分构成。采用该催化体系，在烷烃溶剂或芳烃溶剂中，或本体条件下，在$-20\sim120℃$聚合温度范围内，催化共轭双烯烃聚合，制备数均分子量可以调控的、分子量分布小于3.0的、顺式1,4含量高于95%以上，最高大于99%的聚异戊二烯和聚丁二烯。其中聚异戊二烯的生胶和硫化胶强度高，且具有拉伸结晶性和透明性。

② 性能接近天然橡胶的三元稀土系异戊橡胶。美国Goodyear公司采用三元催化体系[44]，用新癸酸钕、辛基铝和氯气制备的均相催化剂制取高立构规整性聚异戊二烯，其顺式1,4结构含量可达98%以上，分子量分布指数低于2.0。据称这种异戊橡胶的性能优于钛系异戊橡胶，接近天然橡胶。但氯气的腐蚀性大，显然对环境有较大污染[45]。

③ 顺式1,4含量高达100%的茂稀土催化剂。日本理化所采用茂稀土催化剂合成了顺式、质量分数高达100%、分子量分布指数低于2.5的聚异戊二烯。该聚合物具有弹性高、耐磨性好的特点，预期可作为下一代高性能轮胎用合成橡胶。使用的催化剂为稀土钆元素，聚合反应需在甲苯溶剂及0℃以下进行，但茂及其助催化剂价格较为昂贵[46]。

④ 稀土磷酸盐催化体系。法国Mechelin公司提出的用特殊配制方法制成的稀土磷酸盐/烷基化试剂/卤素给予体/共轭单体催化体系，用于异戊二烯聚合，可得到分子量分布指数低于2.5、顺式1,4结构含量98%以上的聚合物；如若得到顺式1,4含量大于99%的聚合物，则需降低聚合温度至-55℃。据称这种橡胶100℃的门尼黏度值不超过80[47~50]。

（2）钛系异戊橡胶催化剂体系的技术发展动向

① 四元体系的钛系异戊橡胶。前苏联开发了$TiCl_4-(iC_4H_9)_3Al-$给电子添加剂-不饱和化合物(1∶1∶0.3∶0.5)四元体系。于25℃的异戊烷溶剂中引发聚合反应的速度约比三元体系快70%，而且聚合物的分子量高（特性黏数$[\eta]=5.0dL/g$），凝胶含量低（1%～4%），顺式1,4-构型含量可达98.3%。

② $TiCl_4-$聚亚胺基铝烷催化体系[51]。意大利SNAM公司开发的聚亚胺基铝烷系氯化铝在乙醚中与氢氧化铝和异丙胺反应制得，不含Al—C键，最佳Ti/Al摩尔比为0.65。低温下配制才能得到高活性。它在空气中不自燃，遇水不爆炸，使用比较安全。用该催化剂可制得分子量高（$[\eta]=5.08\sim6.14dL/g$）、凝胶含量低于1%、顺式结构含量高于96%的异戊橡胶。

（3）锂系异戊橡胶催化剂体系的技术发展动向

① 提高顺式结构含量。Shell公司在仲丁基锂的烃溶液中加入少量水，使顺式结构含量提高到96%，并改善了硫化胶的性能。添加间二溴苯和三苯基胺的nBuLi则可使顺式结构含量高达98%[52]。

② 利用阴离子活性聚合的特点开发新型锂系异戊橡胶。荷兰Kraton聚合物公司利用阴离子活性聚合的特点开发并生产了两种新品种，一种是呈透明状、基本是纯聚异戊二烯，用于医疗制品；另一种为黄色的充油品种用于工业制品。用Kraton异戊橡胶替代高尔夫球中的顺丁橡胶，可使其性能稳定、回弹性增高。透明Kraton异戊橡胶的主要优点是性能与天然橡胶相似，但滞后损失较低，无胶臭味，其加工和使用性能重复性好，可提供全透明品级。其潜在应用领域包括汽车驾驶内仓及汽车悬挂减振件和手套等[53]。

（4）工程技术的发展动向

异戊橡胶生产成本始终是其发展的制约因素。因此其工程技术的发展方向均与节能、提高生产效率、降低生产成本有关。

① 带有扩散-收缩段的管式湍流预反应器。俄罗斯采用的带有扩散-收缩段的管式湍流预反应器[54]（由六段组成，体积小于 0.5m³），使反应混合物的湍流扩散系数提高 5~10 倍，形成高效催化剂体系——高度湍流的微分散悬浮液，使引发活性中心增加，顺式 1,4 结构含量提高 3%~5%，低聚物含量减少 8%，催化剂消耗量下降 2~4 倍，生产能力从 34t/h 提高到 40t/h，而且明显降低了设备内表面结皮速度。这种新工艺对于生产钛系 СКИ-3 和稀土系 СКИ-5 都是非常有效的。

② 防老剂和胶液的混合。防老剂和胶液的混合是最困难的，两种物料不仅其黏度差高达 15700 倍，而且流量也相差 20 倍。在异戊橡胶生产中一般均采用体积与聚合釜相当的搅拌釜进行胶液与防老剂溶液的混合，其能耗很高，与串联聚合釜的末釜相当。通过研究测试，采用 Kenics 型静态混合器的混合效果良好，能耗只有釜式搅拌的 1/50。

③ 无返混的高效聚合反应器。该反应器由中国青岛伊科思公司开发[55]，采用长/径比较大的卧式圆筒形反应器代替传统的立式搅拌釜，用无返混的平推流型代替完全返混的全混流型。由此较大地增加了单位容积聚合釜拥有的传热面积，同时在螺旋推进式刮壁搅拌器内通入冷剂，强化了聚合反应过程和传热过程，使反应器体积和能耗显著减小。这种聚合反应工艺更加符合聚合反应动力学、化学反应工程学和传热学原理，生产成本较低，生产效率较高。

④ 卧式凝聚釜。长期以来困扰传统的立式搅拌凝聚釜正常运行的问题是在高/径比较大的凝聚釜内的胶粒上下混合不均，其中重度相对小的胶粒集中漂浮在凝聚釜液面上部，易于结成大的胶团或胶块，不仅影响凝聚效果，甚至使凝聚釜无法正常操作。中国青岛伊科思公司开发的卧式凝聚新技术是将传统的两个或多个串联的立式搅拌凝聚釜改为单一的卧式搅拌凝聚釜，并在釜的中间用隔板分为两个或多个凝聚区，在达到双釜或多釜凝聚效果的同时可节省设备投资和能耗，简化工艺操作控制。

4. 反式异戊橡胶技术进步动向

反式异戊橡胶（TPI）作为通用橡胶使用具有一系列特点，如低滚动阻力、低生热、耐磨和耐疲劳等，但也存在硬度高、黏合性能差、现有橡胶加工工艺难适应以及抗湿滑性能较差等问题，因此改性技术成为反式异戊橡胶技术进步的热点。

（1）反式异戊橡胶的环氧化改性

中国青岛科技大学以开发的负载钛催化异戊二烯本体沉淀聚合成的粉粒状 TPI 为原料、过氧乙酸水溶液为介质进行水相悬浮反应，直接制得了环氧度 10%~30% 的环氧化反式异戊橡胶（ETPI）[56]。该法不存在有机溶剂的使用和回收问题，环氧化程度容易控制，副反应少，工艺简单，成本低廉，有较好的工业价值。

环氧度低于 25% 的 ETPI 综合性能较好，与反式异戊橡胶相比，有两大突出特点：一是具有优良的抗湿滑性能，二是具有优良的与轮胎帘线的粘接性能，另外其耐油性、耐磨性都优于 TPI。

耐磨性测试也表明，环氧化反式异戊橡胶的磨耗低于 TPI 和 NR，即并用 ETPI 的胶料具有低滚动阻力（生热）、抗滑移、耐磨三大行驶性能的良好综合平衡。这些都是高性能胎面胶料所需的宝贵性能。作为胎面胶使用时还有一个好处，即在加用白炭黑的情况下，由于

ETPI 中极性环氧基团的存在，可以减少价格昂贵的硅烷偶联剂的用量，因此适用于轮胎的胎面胶和带束层胶料。

（2）低分子反式聚异戊二烯蜡（LMTPIW）

采用 $MgCl_2$ 负载的 $TiCl_4$ 为催化剂，$Al(iBu)_3$ 为活化剂，H_2 为分子量调节剂，通过本体聚合（以单体异戊二烯自身作稀释剂），使异戊二烯聚合生成低分子反式聚异戊二烯蜡。工艺较简单，产率很高。低分子反式聚异戊二烯蜡分子量低，流动性好，可代替芳烃油等操作油改善加工性能，作为橡胶组分直接在橡胶配方中应用。参与共硫化，防止像其他低分子操作油那样在使用中从制品中析出。是医用或食品用橡胶，或者浅色橡胶制品的理想的加工助剂。它还延长了焦烧时间和正硫化时间（老化后强度提高，说明在继续硫化），提高胶料的硬度和回弹性，最突出的是耐屈挠疲劳性能，比用芳烃油时提高了数十倍。随着环境保护要求的加强，芳烃油等逐渐被限用，低分子反式聚异戊二烯蜡将发挥它越来越重要的作用。

LMTPIW 常温下呈固体蜡状，可作为预分散体对各种橡胶的粉状助剂如硫黄、氧化锌、各种硫化促进剂、各种填料等，先行预分散造粒，再于橡胶混炼时加入，不仅可以提高混炼效率，改善劳动条件，还同时能改善上述加工性能[57]。

（3）反式 1,4 结构聚二烯烃复合橡胶

该复合橡胶由质量分数为 10%~80% 的反式 1,4-聚异戊二烯和 20%~90% 的反式 1,4-丁二烯-异戊二烯共聚物组成，复合橡胶中所有二烯烃的结构单元 90% 以上为反式 1,4 结构。其制备方法是，采用二氯化镁负载钛和有机铝化合物组成的 Ziegler-Natta 催化体系，先使异戊二烯均聚制得反式 1,4-聚异戊二烯，然后加入丁二烯合成反式丁二烯-异戊二烯共聚物。复合橡胶具有滚动阻力小、生热低、耐磨、特别耐疲劳裂口增长等优异性能，适用于轮胎、减震材料等动态使用橡胶制品。该技术要采用强制搅拌或螺杆挤出反应和输送的方法，但技术难度较大。据报道合成反式丁-戊共聚复合橡胶（TBIRR）[58] 已在青岛科技大学完成 100L 聚合釜模试，并在山东省东营市建设千吨级工业试验装置。

5. 高乙烯基丁二烯橡胶的技术进步动向

低结晶高乙烯基聚丁二烯（LC-HV-PBd）能否作为橡胶应用，取决于它的硫黄交联反应性，即可硫化性。经研究得知，LC-HV-PBd 的硫化交联反应活化能为 592kJ/mol，在 151~180℃ 时的硫化温度系数为 2.0，表明 LC-HV-PBd 的硫化特性与通用橡胶相似。LC-HV-PBd 是一种容易硫化的高硬度橡胶材料，与高苯乙烯橡胶（现有高硬度橡胶材料）相比，在伸长、永久变形、耐屈挠、耐磨耗、耐候、耐臭氧、耐热老化和挺性、弹性等诸多方面均较为优良。填充剂对 LC-HV-PBd 补强性能与通用橡胶相近，只是随着炭黑用量增加，结晶度有降低的倾向，但 T_g 却不受填料种类和用量的影响[59]。

（1）钼系催化剂

日本合成橡胶公司对 $MoCl_3(OEt)_2$-$AlOEt(iBu)_2$ 体系引发丁二烯聚合进行了详细研发，使得每克钼可制得 2000g 1,2-聚丁二烯[60]。

中科院长春应化所、锦州石化公司及青岛科技大学先后都开展了钼系催化剂合成高乙烯基丁二烯橡胶的研发工作。采用加氢抽余油为溶剂，催化剂含有芳氧基可显著提高催化活性[61]，每克钼可制得 5000g 1,2-聚丁二烯。烯丙基卤化物、聚合温度是调节分子量及分子量分布有效手段，曾在 30L 连续聚合装置上连续运转 1500h 未发生堵管和挂胶现象，也无凝胶生成。胶的抗湿滑性能是 C-BR 的 2~4 倍，是 NR 的 1.3~2.5 倍。

传统方法制备的钼系催化聚丁二烯橡胶存在分子量大、分子量分布窄、门尼黏度高、不

易加工等问题。青岛科技大学和齐鲁石化公司合作开发新的制备方法，采用含磷化合物 D 作配体，并在聚合中引入可控的结构改性剂 E，能有效地调控分子量及其分布，降低门尼黏度，聚合工艺产品加工性能达得到明显改善。

（2）铁系催化剂

20 世纪末，StevenLu 等人先后发现 Cr、Mo、Fe 等金属化合物，用亚磷酸二烷基酯类化合物作第三组分组成的三元催化体系，可在脂肪烃溶剂中制得高分子量、无凝胶的高间同 1,2-聚丁二烯。其中 $Cr(2\text{-}EHA)_2/HP(O)(OR)_2/AlH(iBu)_2$ 催化体系可以制得熔融温度低于 120℃、间同度在 70% 左右、1,2 结构含量大于 80% 的间同 1,2-聚丁二烯。Mo 与 Fe 等化合物组成的催化体系制得的间同 1,2-聚丁二烯都具有较高的结晶熔融温度[62~67]。

中科院长春应化所开发了亚磷酸酯作配体的铁系三元催化体系[68,69] $Fe(R'CO_2)_3\text{-}HP(O)(OR^2)_2\text{-}AlR^3_3$。式中的 R^1、R^2、R^3 是相同或不同的烷基。该三元催化体系在脂肪烃溶剂中，可制得间同度和结晶度不同的间同 1,2-PBD，并有较高的催化活性。主催化剂为普通的羧酸铁盐，原料来源方便价廉、易于合成。另外两组分也是市场易购的常用试剂，较钼系催化剂多了一个组分，但钼系的二个组分均需用专有技术特殊合成，同时需要外加分子量调节剂，铁系催化剂的成本应低于钼系催化剂。铁系催化剂合成的 HV-BR 在微观结构上与钼系 HV-BR 有较大差异，从 ^{13}C-NMR 谱的—CH＝CH$_2$ 与乙烯基碳谱的比较可知，1,2 结构中铁系胶间同和无规立构含量较高而全同含量很少，而钼系胶是全同与无规含量较高，而间同含量相对较少。由此可推，铁系与钼系是两类不同的乙烯基聚丁二烯橡胶。由于铁系胶间同含量较高，可能有较好的力学性能。

参 考 文 献

［1］British pat848065(to phillips petroleum Co. April16. 1956)

［2］黄葆同，欧阳均，等著. 络合催化聚合合成橡胶. 北京：科学出版社，1981

［3］张爱民，等. 丁二烯橡胶. 赵旭涛，刘大华主编. 合成橡胶工业手册(第二版). 北京：化学工业出版社，2006

［4］G. Sylveste and B. Stolltuss，at 133rd meeting of the Rubber Division of ACS. 1988

［5］H. Fires and B. stolltuss at 133rd meeting of the Rubber Division of ACS. 1988

［6］L Colombo，etal. Kautschuk Gummi Kunststoffe，1993，(6)：458-461

［7］E Laurerri，et al. Tire Technology Internataional，1993.72-78

［8］Takeuchi Y，Senimoto A，Abe M. ACS Symposium Series 4. New industrial polymer symposium，15(1974)

［9］吉冈明，上田明男，渡边浩志，永田仲夫. 分子末端变性ゴムの开発. 日本化学会志，1990(4)：341-351

［10］王德充，梁爱民，韩丙勇，等编著. 锂系合成橡胶及热塑性弹性体. 北京：中国石化出版社，2008：110-133

［11］闫春珍，郭玉刚，唐学明. 合成无定形 1,2-聚丁二烯的研究，Ⅱ. MoCl$_5$-R$_2$AlOEt 催化体系. 合成橡胶工业，1982，5(1)：19

［12］章哲彦，陈启儒，张洪杰，等. 中乙烯基聚丁二烯橡胶-铁胶的合成. 合成橡胶工业，1982，5(5)：378

［13］武爱军. 合成橡胶工业，2010，7(4)：29

［14］焦书科编著. 橡胶弹性物理及合成化学. 北京；中国石化出版社，2008：165

［15］L Porri，A Glarrusso，G Ricci. Prog. Polym Sci.，1991，16：405

［16］焦书科. 烯烃配位聚合理论与实践. 北京：化学工业出版社，2004

[17] 王淮，王亚宁等. 高分子化学教程(第三版). 北京：科学出版社，2011

[18] British pat 848065(to Phillips Petroleum Co. April 16. 1956)

[19] 虞乐舜. 合成橡胶工业，1988，11(1)：15

[20] 虞乐舜. 合成橡胶工业，1986，9(4)：239

[21] Sng J S, Huang B C, Yu D S. Progress of synthesis and application of trans-1,4-polyisoprene. J. of Appl. Polymer Sci. 2001, 82(1)：81-89

[22] Takeuchi Y, Senimoto A, Abe M, ACS Symposium Series4(New industrial polymer symposium, 15(1974)

[23] 吉冈明，上田明男，渡边浩志，永田仲夫. 分子末端变性ゴムの开发. 日本化学协会志，1990(4)：341-351

[24] 王德充，梁爱民，韩丙勇，等编著. 锂系合成橡胶及热塑性弹性体. 北京：中国石化出版社，2008：110-133

[25] Takeuchi Y, Senimoto A, Abe M. ACS Symposium series 4(New industrial polymer symposium, 15(1974)

[26] Щалгтанова В Г, 等. 各种乙烯基含量的聚丁二烯. 合成橡胶译丛，1980，1(2)：131

[27] 邢作人，杨思毅，王松波，任守经. 钼系1,2-聚丁二烯橡胶扩大实验. 合成橡胶工业，1989，12(1)：2-214

[28] 王风江. 中国科学院长春应用化学研究所硕士论文，1981

[29] A Yoshioka, et al. Structure and physical properties of high-vinyl polybutadiene rubbers and their blends. Pure & Appl. Chem. , 1986, 58(12)：1697-1706

[30] Nippon Zeon Co. Ltd. , Akio Ueda, Shuichi Akita. GB 2029839A

[31] JSR Co, Tsutomu Tanimoto, Mutsuo Nagasawa, et al. GB 2011917A

[32] Surnner A J M 等. 刘丽等摘译. 聚丁二烯橡胶在轮胎中应用趋势. 轮胎工业，1997，17(9)：520

[33] Pire N M T, Ferreira A A, Lira C H, et al. J Appl Polym Sci. , 2006, 99：88-89

[34] 张学全. 稀土催化剂研究的新进展. 中国合成橡胶工业协会第20次年会技术交流文集，2011

[35] US 255416

[36] US 5096970(1992)

[37] US 6624256(2003)

[38] US 7202306(2005)

[39] US 5504140(1996)

[40] ZL 97111089(1997)

[41] US 6734257(2004)

[42] Wei Gao, Dongmei Cui. J. Am. Chem. Soc. , 2008, 130, 4084-4991

[43] 中国专利 200710056309. 2

[44] Ger. Offen2011543(1970)

[45] 吕红梅，白晨曦，蔡小平. 弹性体，2009，19，(1)：61

[46] Shoj kaita, Yoshiharu Doi. Macromolecules, 2004, 16(37)：5860-5862

[47] US 6838534B2(2005)

[48] US 6858686B2(2005)

[49] US 6949489B1(2005)

[50] US 6992157B2(2006)

[51] BP 852627. 1958

[52] US 3699055(1972)

[53] European Rubber Journal, 2002, 184(1)：16

[54] МинскерKC, идр. , Журнал прикляаной химии1999, 72(6)：996

[55] 中国专利 ZL200710014319X(2008)

［56］中国专利　ZL00123985.6(2000)

［57］刘方彦，杜爱华，黄宝琛.橡胶工业，2005，52(6)：347

［58］ZL 200910249956.7(2009)

［59］竹内安正.新型高分子材料1,2-聚丁二烯及其应用.日本橡胶协会志，1979，52(8)：481-492

［60］日本合成橡胶公司.特许公报48-781

［61］倪少儒，唐学明.化工学报，1983，1：84-89

［62］E A Di Marzio, J H Gibbs. Glass temperature of copolymers. J. Polymer Sci. 40. 121(19590)

［63］倪少儒，余赋生，沈联芳，钱保功.1,2-聚丁二烯橡胶的动力学性能.合成橡胶工业，1987，10(1)：41

［64］E F Eugel. IISRP 13th Annual Meeting, 1972

［65］Duck E W. IISRP 15th Annual Meeting Proceedings, 1974

［66］A Yoschioka, et al. Structure and their blends. Pur & Appl Chem, 1986, 58(12)：1697-1706

［67］Shan K, White J L. Polym. Eng. Sci. , 1988, 28(20)：1277

［68］中国专利 CN1343730A(2002)

［69］中国专利 CN101434672A(2009)

［70］占部诚亮.ポリマーダイジエスト.1994.46(1)：116

第 2 章　配位聚合二烯烃橡胶的合成单体——丁二烯和异戊二烯

2.1　丁二烯

丁二烯有 1,2-丁二烯和 1,3-丁二烯两种同分异构体。一般所说的丁二烯均指 1,3-丁二烯(通称丁二烯，下同)，是一种重要的石油化工基础有机原料和合成橡胶单体，是 C$_4$ 馏分中最重要的组分之一，在石油化工烯烃原料中的地位仅次于乙烯和丙烯。由于其分子中含有共轭双烯，可以发生取代、加成、环化和聚合等反应，使其在合成橡胶和有机合成等方面具有广泛的用途，可以合成顺丁橡胶(BR)、丁苯橡胶(SBR)、丁腈橡胶(NBR)、苯乙烯-丁二烯-苯乙烯弹性体(SBS)、丙烯腈-丁二烯-苯乙烯(ABS)树脂等多种产品，此外还可用于生产己二腈、己二胺、尼龙 66、1,4-丁二醇等有机化工产品以及用作胶黏剂、汽油添加剂等。其中，合成橡胶是丁二烯最主要的应用领域，其消费量占丁二烯消费量的 96%。

2.1.1　性质

1. 物理性质[1~3]

丁二烯常压下沸点为 -4.4℃，在常温、常压下为无色的气体，具有一种适度甜感的芳香味道丁二烯的主要物理性质见表 2-1。

表 2-1　丁二烯的主要物理性质

性　　质	数值	性　　质	数值
分子量	54.09	闪点/℃	<-6
沸点(101.325kPa)/℃	-4.413	爆炸界限(空气中)/%(体积)	
冰点(101.325kPa)/℃	-108.92	下限	2.0
溶化热/(J/g)	147.6	上限	11.5
汽化热/(J/g)		气体比热容(27℃)/[J/(mol·K)]	111.8
25℃	386	液体比热容(20℃)/[J/(mol·K)]	143
在常压下的沸点时	406	燃点温度/℃	450
燃烧热(气相25℃，101.325kPa)/(kJ/mol)	-2545	临界温度/℃	152
		临界压力/MPa	4.33
生成热/(kJ/mol)		临界密度/(kg/m³)	
气相(25℃，101.325kPa)	112.4	20℃	621
液相(25℃，101.325kPa)	88.79	25℃	615
生成自由能(气相，25℃)/(kJ/mol)	150.7	50℃	582
折射率 η(-25℃)	1.4293	膨胀系数(-5~20℃)/℃$^{-1}$	0.00184

丁二烯在加压下，常作为液体处理，便于贮存和运输。其液体丁二烯为无色透明，极易挥发，闪点低，属于易燃易爆物质。丁二烯微溶于水，易溶于乙醇、甲苯、乙醚、氯仿、四

氯化碳、汽油、乙腈、二甲基甲酰胺、N-甲基吡咯烷酮等有机溶剂中。液体丁二烯的蒸气压、汽化热、比热容以及密度与温度关系见表2-2；表面张力、黏度、热导率与温度关系见表2-3。气体丁二烯的定压比热容、黏度、热导率与温度关系见表2-4；液体丁二烯与水的互溶度见表2-5。

表 2-2 液体丁二烯的蒸气压、汽化热、比热容、密度数据

温度/℃	蒸气压/kPa	汽化热/(kJ/mol)	比热容/[J/(mol·K)]	密度/(kg/m³)	温度/℃	蒸气压/kPa	汽化热/(kJ/mol)	比热容/[J/(mol·K)]	密度/(kg/m³)
-50	11.2	24.748	107.8	700.7	50	0.568	19.146	133.3	581.3
-40	19.73	24.279	109.3	690.1	60	0.729	18.418	137.0	566.8
-30	33.06	23.798	110.9	679.4	70	0.922	17.639	141.3	551.6
-20	62.84	23.295	112.8	668.3	80	1.151	16.797	146.1	535.6
-10	81.05	22.790	114.7	657.0	90	1.420	15.881	151.7	518.3
0	119.94	22.240	117.0	645.4	100	1.733	14.863	158.1	499.5
10	172.00	21.679	119.8	633.4	110	2,069	13.716	165.3	478.9
20	0.240	21.093	123.4	521.1	120	2.517	12.380	173.6	455.5
30	0.327	20.478	127.3	608.3	130	3.001	10.752	183.0	427.7
40	0.435	19.833	130.1	595.1	140	3.558	8.545		391.6

表 2-3 液体丁二烯的表面张力、黏度、热导率

温度/℃	表面张力/(mN/m)	黏度/mPa·s	热导率/[mW/(m·K)]	温度/℃	表面张力/(mN/m)	黏度/mPa·s	热导率/[mW/(m·K)]
-50	22.85	0.319	171.7	50	9.91		121.4
-40	21.47	0.280	167.5	60	8.74	0.121	115.6
-30	20.11	0.247	162.4	70	7.59	0.110	109.7
-20	18.77	0.221	157.3	80	6.48	0.100	103.4
-10	17.44	0.199	152.8	90	5.39	0.091	96.7
0	16.14	0.181	148.2	100	4.35	0.081	89.5
10	14.85	0.166	143.2	110	3.35	0.073	87.5
20	13.58	0.152	137.7	120	2.40	0.065	74.6
30	12.33	0.141	132.3	130	1.52	0.057	65.3
40	11.11	0.131	126.9	140	0.72	0.050	54.2

表 2-4 气体丁二烯的定压比热容、黏度、热导率

温度/℃	定压比热容/[J/(mol·K)]	黏度/mPa·s	热导率/[mW/(m·K)]	温度/℃	定压比热容/[J/(mol·K)]	黏度/mPa·s	热导率/[mW/(m·K)]
250	70.1	0.0064	11.08	600	132.8	0.0153	53.6
300	81.5	0.0078	16.3	650	139.0	0.0164	59.9
350	92.0	0.0091	21.5	700	144.7	0.0174	66.6
400	101.7	0.0104	27.3	750	149.8	0.0185	72.9
450	110.5	0.0117	33.6	800	1S4.5	0.0195	79.1
500	118.7	0.0129	40.6	850	158.7	0.0205	85.4
550	126.1	0.0141	47.3				

表 2-5　液体丁二烯与水的互溶度

温度/℃	丁二烯在水中的溶解度(分子分数)	温度/℃	水在丁二烯中的溶解度/(g/100g 溶液)	温度/℃	丁二烯在水中的溶解度(分子分数)	温度/℃	水在丁二烯中的溶解度/(g/100g 溶液)
38	0.00065	10	0.045	72	0.0008	30	0.082
55	0.0007	20	0.065	85	0.0009	40	0.11

2. 化学性质

丁二烯是最简单的共轭二烯烃,其结构式为:$CH_2=CH-CH=CH_2$。它拥有两种化学键(σ 键和 π 键)和两种构型(顺式和反式),由于其结构上的特殊性,化学性质非常活泼,除了具有碳-碳双键的一般性质外,反映在化学性质上,也与单烯烃和孤立的双键二烯烃有所不同。它与烯烃相似,也可以与卤素、卤化氢进行亲电加成反应,而且比烯烃容易进行,不仅可以进行 1,2-加成反应,也可以进行 1,4-加成反应。1,4-加成聚合时,既可以顺式聚合,也可以反式聚合:

$$CH_2=CH-CH=CH_2 + HBr \xrightarrow{1,2-加成} CH_3-\underset{|}{\overset{}{CH}}-CH=CH_2 \quad (3-溴-1-丁烯)$$
$$\underset{Br}{}$$

$$CH_2=CH-CH=CH_2 + HBr \xrightarrow{1,4-加成} CH_3-CH=CH-\underset{|}{\overset{}{CH_2}} \quad (1-溴-2-丁烯)$$
$$\underset{Br}{}$$

丁二烯显著的化学性质是容易进行聚合反应,生成高分子化合物,既可以自身聚合,也可以与其他化合物发生共聚。工业上利用这一性质生产合成橡胶、合成树脂和合成纤维等。

丁二烯长时期贮存时能生成二聚体(乙烯基环己烯)及聚合体,故须在低温下保存;它与空气接触时易生成爆炸性的过氧化物和端聚物,故要在生产过程中加入 $(30\sim60)\times10^{-6}$ 的阻聚剂,例如对叔丁基邻苯二酚(TBC)。

2.1.2　丁二烯工业生产方法

丁二烯是 1863 年由 E. Caventou 热解戊醇时首先发现的[4]。丁二烯的制备方法,1944 年有 81 种,到现在已经有 200 种以上的化学反应可以得到丁二烯。但是由于原料来源的限制,工业生产丁二烯技术只有几种,并经历了三次主要的结构变革。

第一种是由乙醇采用列别捷夫法,在 400~450℃以氧化铝-氧化锌为主并含有硅、铁、钛、镁和钠的氧化物、碳酸盐、硫酸盐的催化剂作用下生成丁二烯。这一方法在第二次世界大战期间曾是占优势的方法,但到 20 世纪 50 年代已被丁烷丁烯石油气路线所取代。

第二种是用炼油厂催化裂化装置副产的丁烯和丁烷为原料,丁烷在 593~670℃通过氧化铬/氧化铝催化剂脱氢转化为丁二烯的丁烷催化脱氢技术和丁烯在空气存在下在 350~570℃通过铁-锌催化剂转化成丁二烯的丁烯氧化脱氢技术。它们都曾经是美国重要的丁二烯生产方法,分别在 20 世纪 50 年代和 70 年代在美国得到较大发展。其中 Peto-Tex 公司的 OXOD 丁烯氧化脱氢生产丁二烯技术,在 1980 年前曾在美国五家公司及罗马尼亚、墨西哥被大规模采用,最大生产装置的能力为 350kt/a,总生产能力曾达 1060kt/a[5]。在中国它也曾经是顺丁橡胶的原料丁二烯的主要生产方法。80 年代后它被流程简单、投资少、生产成本更低的乙烯裂解副产碳四通过以萃取精馏为主的丁二烯抽提技术所取代。中国到 90 年代后丁烯氧化脱氢也同样为丁二烯抽提技术所取代。

第三种是乙烯裂解副产碳四通过以萃取精馏为主的丁二烯抽提技术。由于所用溶剂种类不同,故有多种抽提工艺。其中最通用的三种丁二烯抽提工艺为 BASF 公司的 N-甲基吡咯烷酮(NMP)抽提工艺、Zeon 等公司的二甲基甲酰胺(DMF)抽提工艺和 Shell 等化学公司(包括中国自己研究开发的)的乙腈(ACN)抽提工艺。目前中国丁二烯的生产也使用这三种丁二烯抽提工艺。

乙烯裂解副产碳四馏分中有丁二烯、丁烯、丁烷、丁炔、丙炔、乙烯基乙炔等多种烃类。由于它们的沸点相近,还可能形成共沸物,用普通精馏方法难以分离出高纯度的丁二烯。因此必须采用以萃取精馏为主的抽提工艺,目前最主要的三种丁二烯抽提工艺分别采用 DMF、NMP、ACN 为萃取精馏溶剂,以增大碳四馏分中各组分间的相对挥发度。通过两级萃取精馏,除去碳四馏分中的丁烯、丁烷及碳四炔烃,得到粗丁二烯。再经两级普通精馏除去碳五、丙炔等轻、重组分,最终得到聚合级丁二烯产品。

萃取精馏实质上是多组分非理想溶液的精馏。精馏过程的基本关系是相平衡关系、物料衡算和热量衡算的平衡关系。由于要使全塔的极大部分塔板上都能保持适当的溶剂浓度,溶剂需从原料液进口以外的其他位置进入。有的工艺还有侧线出料,所以系统又是一个多股进料和出料的复杂塔。这些使丁二烯抽提工艺更为复杂。

2.1.3 丁二烯抽提工业生产方法的比较

目前世界最主要的三种丁二烯工业生产工艺(NMP 抽提、DMF 抽提、ACN 抽提)总生产量占世界丁二烯生产量的96%。其中 NMP、ACN 抽提工艺各约占30%,DMF 抽提工艺约占40%。

1. NMP、DMF、ACN 三种溶剂物性参数优缺点的讨论

溶剂的性能对工艺性能起决定性影响。因此必须先对溶剂的性能进行比较。表 2-6 中三种溶剂分别用①②③表示。以优/差表示性能最好和性能最差的溶剂。从中可以看出这三种溶剂的优缺点。

表 2-6　DMF、NMP 和 ACN 溶剂的技术性能比较[6~8]

溶剂性能	NMP①	DMF②	ACN③	优/差	评　价
50℃反式 2-丁烯对丁二烯相对挥发度	1.42	1.48	1.49	③/①	50℃、溶剂浓度 0.7 工业条件下,三种溶剂基本处于同一水平
50℃顺式 2-丁烯对丁二烯相对挥发度	1.30	1.30	1.30	同	
分子量	90	73	41	③/①	分子量,低溶剂用量少,能耗少
黏度(25℃)/mPa·s	1.666	0.802	0.327	③/①	黏度小,板效率高,实际板数少
对丁烷的溶解度/(g/100g)	<12	26	14	②/①	溶解度大,不易分层液泛
沸点/℃	205	153	82	③/① ①/③	沸点低,可加压冷凝,不需压缩机,但溶剂损失大
液体比热容/[MJ/(kg·K)]	117.20	154.88	92.09	③/①	比热容低,加热耗蒸汽少
密度(25℃)/(g/cm³)	1.0279	0.9439	0.7766	①/③	密度大,体积小,液相负荷小
蒸气在空气中的允许浓度/(mg/m)	400	60	70	①/②	允许浓度大,毒性小
价格/(元/kg)	18	8.5	10	②/①	DMF 和 ACN 均合适
蒸气在空气中的爆炸范围/%	1.3~9.8	2.2~16	3~16	③/①	爆炸范围愈大安全性越差
水溶液的腐蚀性	无	有	无	①③/②	NMP 最稳定不腐蚀,工业上对 ACN 还能接受
来源	不很容易	较容易	容易	③/①	ACN 最易得
LC₅₀鼠吸入半数致死浓度/(mg/L·4h)	>5.1	>5.9	>27.3	③/①	吸入毒性 NMP>DMF>ACN
LD₅₀兔皮肤半数致死浓度/(mg/kg)	8000	>3160	998	①/③	皮肤吸收毒性 ACN>DMF>NMP
LD₅₀鼠口服半数致死浓度/(mg/kg)	3600	3040	2700~3800	③/②	口服毒性 DMF>NMP>ACN
稳定性	稳定	分解量	稳定	①③/③	NMP 最稳定,ACN 能接受

ACN 的优点：来源容易，价格低；分子量、黏度、比热容、密度最小；废水易于生化处理，再生时不生成焦油；中国国内技术可满足 ACN 工艺；对丁烷和顺式 2-丁烯的溶解能力、稳定性、腐蚀性虽不是最好的，但在工业上可接受。ACN 的缺点：溶剂选择性较低，LD_{50} 皮肤毒性最大。ACN 的沸点低是优点也是缺点。由于 ACN 的分子量最小，弥补了溶剂选择性较低的缺点。虽然 ACN 溶剂的恒定浓度要求较高，而实际的溶剂与碳四馏分质量比反而不大，有利于节能。ACN 的选择性较低，虽要求的理论塔板数较多，但由于溶剂的黏度小，塔板效率高，可降低实际塔板数，且传热系数大。ACN 的密度最小，溶解碳四馏分的量多，弥补了溶解度低的缺点。ACN 的沸点低，使系统温度也最低，即使在压力高达 0.44MPa 的汽提塔内，系统温度最高也只有 134℃，毋需使用压缩机减压。但 ACN 的沸点低也使产品携带少量的溶剂，产品需水洗处理。ACN 溶剂的选择性较低，使用 ACN 工艺的回流比大于其他两种抽提工艺，加大了气相负荷。

DMF 的优点：来源容易，价格低；分子量、黏度居中；溶剂的选择性较好，对丁烷、丁烯和丁二烯的溶解能力最强；中国国内技术可满足 DMF 工艺。DMF 的缺点：稳定性较差，易水解，易腐蚀设备；比热容高，废水不易生化处理，LD_{50} 口服毒性最大。DMF 的沸点较高既是优点又是缺点。由于 DMF 的选择性较高，回流比较小，有利于节能。增加塔板数，可较大幅度提高产品质量。由于 DMF 的分子量、黏度小于 NMP，所以塔板效率高于后者，实际的溶剂与碳四馏分质量比低于后者。由于 DMF 的稳定性差，不能采用加水的方式降低沸点，但仍有少量的二甲胺生成，故产品需水洗处理；易生成较多焦油，对环境造成污染。DMF 的沸点较高，丁烯和丁炔产品可不需水洗处理，但汽提塔必须设置压缩机减压，电耗大。DMF 工艺的塔底温度仍高达 163℃，对防止丁二烯自聚不利。

NMP 的优点：来源较困难，价格较高；溶剂的选择性和稳定性最好，无腐蚀性，废水易于生化处理。NMP 的缺点：分子量和黏度最大，对丁烷和顺式 2-丁烯的溶解能力低，LD_{50} 吸入毒性最大。NMP 的沸点高既是优点又是缺点。由于 NMP 的选择性最好，弥补了其分子量和黏度大的缺点。通过提高溶剂的恒定浓度，达到在"1 萃取"时以最少的理论塔板数完成对丁烯和丁二烯分离的目的。因 NMP 的稳定性好，不易生成焦油，并可采用在溶剂中加水的方法降低沸点，减少自聚物的生成量。由于 NMP 的黏度大，"1 萃取"和"2 萃取"时的实际塔板数仍与 ACN 工艺的实际塔板数相似。NMP 的分子量大，在"1 萃取"时实际的溶剂与碳四馏分的质量比是 3 种丁二烯抽提工艺中最大的。NMP 的沸点最高，丁烯和丁二烯产品可不需水洗处理，但汽提塔必须设置压缩机减压。NMP 工艺的塔底温度为 146℃。

由于丁二烯具有很大毒性[9]，而三种溶剂毒性大小则随其进入人体方式不同而异[10]，因此三种溶剂毒性的比较已失去大部分原有的意义。

由于丁二烯的挥发性大，且易燃、易爆，三种溶剂的燃爆性的比较对装置安全性的影响已处于次要位置。因此，三种工艺装置界区内部的环保和安全水平实际处于同一水平。

通过以上对萃取蒸馏的溶剂物性参数有关问题的讨论和分析可以看出，三种溶剂各有优缺点，而其各自的缺点可依靠优点和工业流程的安排得到较大幅度弥补。故三种溶剂都能达到较好的分离和提纯丁二烯的目的。

2. NMP、DMF、ACN 抽提工艺流程技术的分析对比

传统的丁二烯萃取蒸馏工艺为"1 萃取→1 汽提→2 萃取→2 汽提→1 精馏→2 精馏"6 个单塔系列组合的流程。物料要经过 6 次加热、6 次冷凝、6 次相变，流程长、设备多、耗能

大。如日本和中国的原 ACN 工艺和现有的 DMF 工艺流程都属于这样类型。随着技术进步、流程集成技术（HIDF）[11]的发展，推动丁二烯萃取蒸馏的工艺流程发生了重大变革。其具体做法是通过计算机的调优运算及人工智能法对原工艺进行 HIDF 技术的研究，在满足应有的约束条件的前提下，确定目标函数，按照下列规则进行集成：①物流尽可能采用气相进料，尽可能做到汽化前物流未被液化，减少相变的次数，尽可能少用蒸汽加热进料，尽最大可能利用物流已有的热源换热。②按浓度分布归并同类分离塔，采用复杂塔技术，采取侧线采出方式，为了保证采出产品质量，一般加一侧线精馏塔，从而减少了塔系，减少了多塔间的反复冷热加工。③将精馏分离单元排在一起，尽量避免被液-液过程分割开。④尽量减少蒸汽加热的再沸器数量。在这样改进下，原流程中需要多个塔系完成的分离任务，由于采用了复杂塔技术和热集成技术，将其改进成只用一个或几个复杂单元（塔）来完成。减少了相变次数，缩短了流程，采用冷热物流匹配换热，达到了大幅度降低能耗的目的。

实现流程集成技术最重要的是有正确有效的热力学性质模型、丁二烯抽提合成热集成精馏流程模型、各溶剂体系的完整可靠的相平衡数据、各种溶剂的物性数据、对萃取蒸馏塔内的浓度和温度分布及变化规律的掌握和验证。

NMP 工艺最早采用了流程集成技术，国外 A 公司开发的节能 ACN 工艺和中国开发的节能 ACN 工艺都是采用流程集成技术。DMF 工艺虽还没有实施流程集成技术，但广泛利用了物料换热也降低了能耗。现分别分析对比这三种工艺流程的技术。表 2-7 是这三种工艺的主要工艺参数对比。

表 2-7 NMP、DMF、ACN 抽提工艺主要工艺参数对比

对比项目		ACN	NMP	DMF
1 萃取	溶剂/烃（质量比）	6	10	8
	回流比	2.3	0.5	1.4
	塔板数	135	104（+81）	242
	理论板数	67.5	61.05	96.8
	估算溶剂体积流率比	7.72	9.72	8.47
汽提塔	塔底温度/℃	130	148	163
	塔顶压力/MPa	3.9	0.72	0.25（1 汽顶）
塔板总数	1 萃+1 汽+2 萃+2 汽+炔蒸（炔洗）	305	324+25m 填料	350
塔数	萃取蒸馏系统	4	4	5
	丁二烯精制系统	2	2	2
	烃类水洗系统	2	2	1
	溶剂再生系统	2	1+1（再生釜）	1+1（再生釜）
	总数	10	10	10
再沸器	萃取蒸馏系统	1	1	4
压缩机		无	950kW/75kt	590kW/50kt
设备总台数		121	91	142
估计板效率/%		50	33	40
技术来源		国内技术	进口	国内技术
国内装置综合能耗/（TEO t/t）		吉化：0.227	东方：0.267	扬子：0.234
国外装置综合能耗/（TEO t/t）		JSR：0.182	BASF：0.217	ZEON：0.189

续表

对比项目		ACN	NMP	DMF
工艺复杂程度		无压缩机	有压缩机	相变多有压缩机
环保水平	废水/(m³/t)	0.972	0.041	0.53
	BOD	200	2000	800
	COD	66	3000	1600
	生化处理难易	非常容易	非常容易	非常困难
	废渣/(kg/t)	无	0.3	2
	对人体的危害	一般危害	很小危害	很大危害

（1）BASF 公司的 NMP 工艺

NMP 工艺的流程见图 2-1。

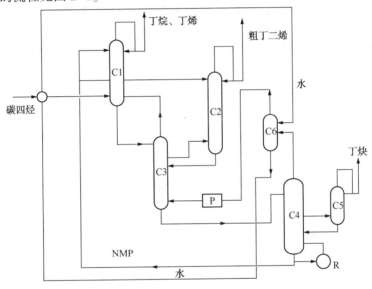

图 2-1　NMP 工艺的流程

C1—主洗塔；C2—后洗塔；C3—精馏塔；C4—脱气塔（即蒸出塔）；
C5—炔烃水洗塔；C6—冷却塔；P—压缩机；R—再沸器

1）NMP 工艺流程的技术特点

① 采取流程集成技术、复杂塔技术，使主洗塔和精馏塔上下气液相串联形成一个塔系，精馏塔通过压缩机又和脱气塔上下气液相串联形成一个塔系。精馏塔中部开侧线引至后洗塔形成气液相侧线连接，脱气塔中部开侧线引至炔烃洗涤塔又形成气液相侧线连接，从而使主洗塔（第一萃取塔的上部）、后洗塔（第二萃取塔的上部）、精馏塔（第一萃取塔和第二萃取塔共有的下部）、脱气塔、炔烃洗涤塔 5 塔气液互通形成一个整体。因此实现了共用脱气塔的一个再沸器供热，大幅度降低了蒸汽消耗量。与传统抽提流程相比，节了第一汽提塔的一个塔系，节省了第一萃取塔、第二萃取塔、洗炔塔的 3 台再沸器，节省了第二汽提塔的冷凝器；由于 NMP 的沸点高，产品毋需水洗处理，省去了水洗设备。因此，NMP 工艺的设备总台数最少、流程最简单、占地面积最小。

② 利用 NMP 选择性高的特点和尽可能提高溶剂的恒定浓度（达到 0.93），因此减少了塔板数，第一萃取塔板数只有 185 块，是 3 种丁二烯抽提工艺中塔板数最少的。因塔板数

少，降低了塔压降，实现了多塔串联，减少了相变次数。由于 NMP 的选择性高，降低了回流比(为 0.91~1.10)，是 3 种丁二烯抽提工艺中回流比最小的，从而达到了降低能耗和气相负荷的目的。

③ 充分利用溶剂的余热，脱重塔再沸器、蒸出塔再加热器、碳四馏分蒸发器所需热量全部由脱气塔塔底贫 NMP 的显热提供，使 NMP 的温度由 146℃降至 54℃。脱轻塔再沸器所需热量由蒸汽冷凝液提供。

④ 采用碳钢(IMTP)填料，避免了板式塔板效率显著低于 ACN 工艺和 DMF 工艺的塔板效率缺点，使萃取塔具有低压降、高通量、高效率的优点。由于进一步减少了塔压降，从第一萃取塔顶至精馏塔底压力降仅为 0.03MPa，只相当其他工艺的 30%~50%，使实现多塔串联的流程集成技术具有更大的空间。第一萃取塔和第二萃取塔的平均温度是三种丁二烯抽提工艺中最低的，减弱了萃取系统内丁二烯自聚的程度。BASF 公司敢于大量采用碳钢(IMTP)填料也间接表明，NMP 工艺在防止丁二烯自聚方面有较高的可靠性。

⑤ 采用全面气液连通式的流程集成使 5 个塔形成一个整体，各塔的塔板分离能力能相互备用，从而提高了装置对原料组成和含量波动的适应能力。产品质量的控制不但可通过工艺条件进行调节，还可通过主洗塔顶、后洗塔顶和脱气塔侧线出口的产出量进行调节，所以非常灵敏且有效。

⑥ NMP 沸点最高(205℃)，但利用 NMP 化学性能稳定的特点，在 NMP 中添加 8.3%(质量分数)的水，并用压缩机将汽提塔压降至 0.06MPa，因此使汽提塔塔底温度降至 146℃[比 DMF 工艺的汽提塔塔底温度(153℃)还低]，降低了丁二烯自聚的可能性。

⑦ NMP 的沸点高，带出溶剂少，第一萃取塔、第二萃取塔塔顶采出物不需使用水洗塔，但脱气塔侧线和塔顶采出仍需各设一个水洗塔。

⑧ 装置开车具有非常严格的酸清洗和钝化操作过程。装置运转中对系统中的氧浓度进行严格多点的分析监视，若氧气的体积分数超过 1.5×10^{-6} 时，立即采取置换措施。流程集成技术设计了装置中温度的合理分布。这些技术特点保证了装置的长周期运转。

⑨ BASF 公司开发了间壁塔技术和无压缩机 NMP 技术，为 NMP 工艺进一步降低建设投资和大幅度降低电耗做了技术准备。

2) NMP 工艺流程的技术缺点

① 由于精馏塔和脱气塔的串联，增加了汽提塔返回精馏塔的气态物料，因此也增加了压缩机的功率，NMP 工艺的电耗是三种丁二烯抽提工艺中最高的。

② 由于采取溶剂的恒定浓度高的工艺条件，溶剂的分子量大，溶剂与碳四馏分的质量比达到 10:1，是三种丁二烯抽提工艺中最大的，因此增加了能耗。

③ 若因某种原因在萃取精馏部分丁二烯发生自聚时，粘满自聚物的填料清理非常困难。

(2) 国外 A 公司节能型 ACN 工艺

国外 A 公司节能型 ACN 工艺的流程见图 2-2。

1) 国外 A 公司公司节能型 ACN 工艺流程的技术特点

① 扬弃了原来的"1 萃取→1 汽提→2 萃取→2 汽提→脱轻烃→脱重烃"的传统流程，采用了类似 NMP 工艺的基本流程，并根据乙腈的特性使流程具有新的技术特点。

② 采取流程集成技术、复杂塔技术，使第一萃取塔的 A 和 B 侧线与汽提塔上下气液相串联形成一个塔系，第一萃取塔下部侧线引至"2 萃取"形成气液相侧线连接。汽提塔中下部开侧线引至炔烃闪蒸塔又形成气液相侧线连接，从而第一萃取塔的 A 侧线、第一萃取塔

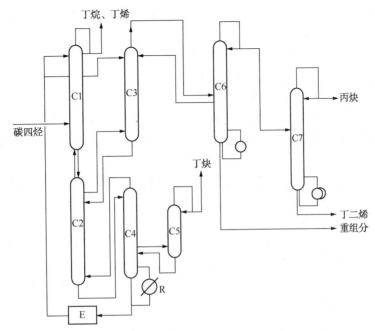

图 2-2 国外 A 公司节能型 ACN 工艺的流程

C1—第一萃取上塔；C2—第一萃取下塔；C3—第二萃取塔；C4—汽提塔
C5—炔烃蒸发塔；C6—脱重塔；C7—脱轻塔；R—用蒸汽再沸器；E—热溶剂换热器

的 B 侧线、第二萃取塔、汽提塔、炔烃闪蒸塔 5 个塔的气液互通形成一个整体。因此实现了共用汽提塔一个再沸器供热的目的，大幅度降低了汽耗。采用热耦合技术，取消了第二萃取塔顶的冷凝器，使第二萃取塔顶热气相物料直接进入脱重塔中部，减少了相变次数，利用了这部分的热量使脱重塔的再沸器减少了 40% 的热负荷，节省了冷却用水。利用了脱重塔中部以下多余的回流，从脱重塔中部引出多余的回流作为第二萃取塔顶的回流，使脱重塔和第二萃取塔又连成为一整体。这是不同于 NMP 工艺的一个特点。

③ 流程集成技术、复杂塔技术和热耦合技术使 ACN 工艺节省了第一汽提塔的一个塔系，节省了第一汽提塔、第二汽提塔、炔烃闪蒸塔的 3 台再沸器，节省了第二汽提塔、第二萃取塔的两台冷凝器，缩短了流程，减少了设备投资。

④ 与 NMP 工艺一样，采用全面气液连通式的流程集成，使第一萃取塔的 A 侧线、第一萃取塔的 B 侧线、第二萃取塔、脱重塔、汽提塔、炔烃蒸发塔 6 个塔形成一个整体，比 NMP 工艺多连接了一个塔，具有更大的节能空间。由于各塔间都是气液连通的，使各塔塔板的分离能力能相互备用，从而提高了装置对原料组成和含量波动的适应能力。产品质量的控制不但可通过工艺条件进行调节，还可通过第一萃取塔顶、第二萃取塔顶、汽提塔侧线产出量进行调节，所以非常灵敏且有效。

⑤ 利用 ACN 沸点低的特点，6 个塔进行了并联和串联，热气相物料完全靠自身压力由后往前输送，不需使用压缩机，溶剂料最后端的汽提塔内压力已达到 0.44MPa，总系统压力降至 0.12MPa，汽提塔底的温度为 138℃，比依靠压缩机降低汽提塔内压力的 NMP 工艺（0.06MPa）和 DMF 工艺（0.03MPa）分别低 10℃ 和 25℃，对防止丁二烯自聚、保持溶剂的稳定性、方便简化操作有利。

⑥ 利用 ACN 工艺塔板效率高的特点，采用的溶剂与碳四馏分质量比（6∶1）是三种丁二

烯抽提工艺中最低的，降低了能耗。由于 ACN 的分子量小，ACN 与碳四馏分的摩尔比达到 0.87 时仍可得到相同的产品质量。

⑦ 溶剂余热和蒸汽冷凝水热量被充分利用。

⑧ 增加了第二种溶剂，降低了混合溶剂的沸点，降低了能耗。

2）国外 A 公司公司节能型 ACN 工艺流程的技术缺点

① 由于 ACN 的选择性略低，回流比较大，增加了塔的气相负荷和热负荷。

② ACN 的沸点低，为防止萃取精馏系统各塔顶带出溶剂所造成的溶剂损失，需增设 3~4 个水洗塔，延长了流程。

③ 回收大量水洗塔水中的乙腈，增加了能耗。外排废水量是三种丁二烯工艺中最大的。

（3）DMF 工艺

DMF 工艺流程见图 2-3。

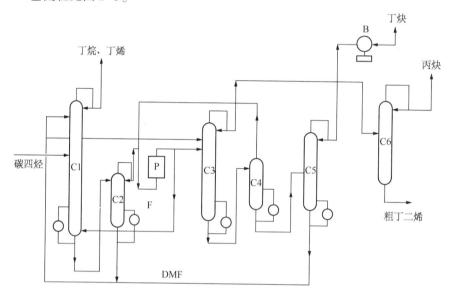

图 2-3　DMF 工艺的流程

C1—第一萃取塔；C2—第一汽提塔；C3—第二萃取塔；C4—丁二烯回收塔；
C5—第二汽提塔；C6—脱轻塔；B—鼓风机；P—压缩机

1）DMF 工艺流程的技术特点

① 采用常规的萃取精馏抽提工艺，由"1 萃取→1 汽提→2 萃取→2 汽提→1 精馏→2 精馏"6 个单塔系列组织的流程。

② 将第一萃取塔的塔板数增至 242 块，并利用 DMF 选择性高的特点，适当增大溶剂与碳四馏分的质量比，以达到降低回流比，降低了能耗，提高了产品的质量水平的目的。

③ 依靠压缩机和燃气鼓风机将第一汽提塔、丁二烯回收塔和第二汽提塔内的压力降至 0.03MPa，将 DMF 的沸点控制在 163℃，以降低丁二烯自聚的可能性，克服了因 DMF 沸点高所带来的困难。

④ 从第一萃取塔底物料至第一汽提塔和从第二萃取塔底物料至丁二烯回收塔都采取直接引入的方式，压力分别从 0.45MPa 降至 0.03MPa 和从 0.395MPa 降至 0.03MPa，实现了减压闪蒸，较好地利用了第一萃取塔和第二萃取塔塔底的 130~135℃物料的显热，从而降低了第一汽提塔和丁二烯回收塔再沸器的热负荷。且第一汽提塔顶部气相物料的绝大部分和丁

二烯回收塔顶的碳四馏分都没有发生相变，而直接以气相状态进入压缩机被输送到下一工序，因此节省了能源。

⑤ 在流程中增设了丁二烯回收塔。调节丁二烯回收塔底温度，以控制随炔烃外排而损失的丁二烯数量，另外又保证有一定量的丁二烯进入第二汽提塔的馏出气中，使炔烃的质量分数在混和稀释丁二烯前低于 50%，以确保安全。

⑥ 充分利用溶剂的余热，第一萃取塔塔底的再沸器、第一萃取塔中间的再沸器、脱重塔第一再沸器、脱轻塔再沸器、原料蒸发器所需热量全部由第一汽提塔和第二汽提塔塔底贫DMF 的显热提供，使 DMF 温度由 163℃分段被换热降温，直至与原料蒸发器换热后至 40℃，这是萃取塔溶剂的进料温度，几乎回收了溶剂全部应回收的热量。充分利用蒸汽冷凝水余热和汽提塔顶物料的部分潜热和显热。脱重塔的第二再沸器由蒸汽冷凝液供热。

⑦ DMF 的沸点高，带出溶剂少，第一萃取塔顶采出物不需水洗处理，可不设水洗塔。但由于 DMF 工艺中生成了二甲胺，在第二萃取塔出口需设置丁二烯水洗塔。

2）DMF 工艺流程的技术缺点

① 萃取系统有 5 个塔系、5 套再沸器（全流程有 8 台蒸汽再沸器）、4 套冷凝器和回流罐、5 套控制仪表、多套机泵，因此设备总台数在三种丁二烯抽提工艺中是最多的，增加了建设投资，占地面积最大。

② 第一萃取塔的实际塔板数最多（242 块），已接近工程上的极限。压力降最大（0.16MPa），很难再采用流程集成技术降低能耗，减少设备台数。

③ 丁二烯物料要经过第一萃取塔、第一汽提塔、第二萃取塔、丁二烯回收塔 4 次 100℃以上的高温加热。第一汽提塔塔底温度达到 163℃，增加了丁二烯二聚物的生成量，增大了结焦的可能性。

④ 环保毒性和对人体的危害较大，废水量虽不是最大，但不易生化处理。废渣量最大，焦油废渣外排时对环境污染很大。

（4）中国节能型 ACN 工艺

中国节能型 ACN 工艺流程见图 2-4。

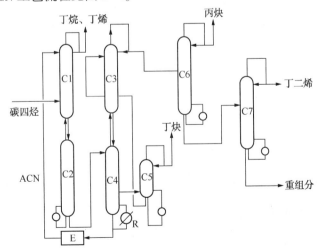

图 2-4　中国的节能型 ACN 工艺核心流程

C1—第一萃取上塔；C2—第一萃取下塔；C3—第二萃取塔；C4—汽提塔；C5—炔烃蒸发塔

C6—脱重塔；C7—脱轻塔；R—用蒸汽再沸器；E—热溶剂换热器

1）中国节能型 ACN 工艺流程的技术特点

① 将原来的传统流程作了大幅度的改造，采用了一定量的流程集成技术和复杂塔技术。

② 不设第一汽提塔，第一萃取塔塔底物料直接进入第二汽提塔。第二萃取塔与第二汽提塔上下气液相串联形成一个塔系，第二汽提塔采用复杂的塔技术，汽提塔中下部开侧线引至炔烃闪蒸塔形成气液相侧线连接，从而减少了两次相变，节省了第一汽提塔、第二萃取塔两台再沸器，使整个萃取精馏系统只用 2~3 台用蒸汽再沸器，较大幅度降低了能耗。蒸汽单耗只相当于原工艺的 47%，电耗只相当原工艺的 53%。

③ 充分利用 ACN 工艺塔板效率高的特点，采用较低的溶剂与碳四馏分的质量比（5.6∶1），节省了能源。由于 ACN 的分子量小，当溶剂 ACN 与碳四馏分的摩尔比达到 0.83 时仍可得到相同的产品质量。

④ 由于 ACN 的沸点低，汽提塔塔底压力虽已达到 0.44MPa，但塔底温度仍最低（138℃），有利于降低丁二烯自聚的可能性，延长装置运转周期。

⑤ 利用 ACN 沸点低的特点（汽提塔塔底压力允许达到 0.44MPa），不需压缩机为系统减压和输送气态烃至第二萃取塔塔顶，简化了操作步骤。

⑥ 为克服 ACN 沸点低各塔顶带出少量乙腈造成损失的问题，设置了丁烯、丁二烯、炔烃和二聚物等水洗设备进行回收。

⑦ 对比国外某公司节能型 ACN 工艺，我国节能型 ACN 工艺技术改进的空间还很大，进一步提高竞争能力的可能性是存在的。

2）中国节能型 ACN 工艺流程技术缺点

① 萃取部分仍需 3 台蒸汽再沸器，有的装置（如第二萃取塔和脱重塔）还未采用热耦合技术，与国外 A 公司节能型 ACN 工艺相比，蒸汽单耗增加 27%~63%，电耗增加 7%。

② 只有第二萃取塔、汽提塔两个塔形成气液连通式的流程集成，与国外 A 公司节能型 ACN 工艺六塔气液相互串联或连接形成一个整体相比，流程集成程度远低，能量消耗大，在调节灵活性和对原料组成和含量变化的适应能力还较低。

③ 设备和流程均较国外某公司节能型 ACN 工艺多和复杂。

3. NMP、DMF、ACN 三种抽提工艺的整体技术经济水平的对比分析

（1）产品质量

三种工艺的丁二烯产品质量都处于同一水平，都能满足乳聚丁苯橡胶、镍系顺丁橡胶等合成橡胶聚合的质量要求。

（2）技术经济指标

三种工艺技术持有者公司宣布的技术经济指标大致相当，丁二烯收率以及蒸汽、冷却水和溶剂的消耗基本相同，但电耗相差较大，国外 A 公司的节能型 ACN 工艺的电耗只有 DMF 工艺的 1/2、NMP 工艺的 1/3。因此，以综合能耗比较，国外 A 公司的节能型 ACN 工艺最低，DMF 工艺与之相比高出 8%，NMP 高出 12%。

（3）设备台数、占地面积的比较

NMP 工艺设备台数最少，只是 DMF 工艺的 77%；流程简化，布局紧凑，占地面积也最小，只是国外 A 公司节能型 ACN 工艺的 76%，DMF 工艺的 60%。ACN 工艺也采用流程集成技术和复杂塔技术，大量减少了换热设备，但由于多设了两台水洗塔和相关机泵，所以设备总台数多于 NMP 工艺，少于 DMF 工艺。

（4）环保和三废排放水平的比较

由于丁二烯毒性的影响，使三种丁二烯抽提工艺处于同一环保水平，它们的废气排放量和组成基本上也处于同一水平。ACN 工艺的废水排放量最大，但废水绝对 COD 小时排放量的大小顺序为 DMF>NMP>ACN。ACN 和 NMP 工艺排放的废水均能生化处理，其可生化性 BOD/COD 分别为 89.8%、92.3%；DMF 工艺的废水生化处理很困难，其可生化性 BOD/COD 只有 6.5%。DMF 工艺生成的焦油量最大，外排时严重污染环境。

（5）生产成本和建设投资的比较

据有关文献报道，美国 1993 年三种丁二烯抽提工艺的生产成本的比较，为 DMF>NMP>ACN（ACN 工艺全部采用 Shell 公司的技术，其蒸汽单耗指标比 JSR 公司的节能型 ACN 工艺高 60%）。以综合能耗进行比较，国外 ACN 工艺、DMF 工艺、NMP 工艺的综合能耗（kJ/g）比为 5.2∶5.6∶5.8，丁二烯收率三者基本相同。因此成本的高低顺序为 NMP>DMF>ACN。

我国的 ACN 工艺的综合能耗虽比国外 A 公司的节能型 ACN 工艺高，但国内三种丁二烯抽提工艺生产成本的高低顺序仍为 NMP>DMF>ACN（见表 2-8）。

表 2-8　我国现有的引进丁二烯抽提装置的技术经济指标的比较

工艺	制造商	丁二烯收率/%	溶剂损失/（kg/t）	公用工程消耗			能当量消耗/（t/t）
				水/（t/t）	电/（kW·h/t）	蒸汽/（t/t）	
DMF	A	98.34	0.87	248	125	2.25	0.272
	B	98.12	1.36	284	151	2.10	0.234
ACD	A	98.89	1.20	103	64	2.51	0.227
	B	96.07	3.17	187	90	4.02	0.334
	C	97.58	1.68	297	63	2.95	0.277
NMP	A	95.0		279	218	2.69	0.267
	B	96.87	0.92	231	238	2.29	0.270
	C			173		2.48	

（6）整体技术经济水平的对比小结

NMP、DMF、ACN 三种丁二烯抽提工艺技术的全面评价汇总见表 2-9。

表 2-9　NMP、DMF、ACN 三种丁二烯抽提工艺技术的全面评价汇总

工艺	NMP	DMF	ACN	
			A 公司	中国
溶剂	各有优缺点，作用互补，因此均为萃取精馏的良好溶剂			
装置环保安全水平	丁二烯及碳四烃均是其最主要有毒和易燃爆物料，故装置环保安全水平相同			
工艺流程先进性	先进	一般	最先进	一般
产品质量	产品质量水平相同。丁二烯>99.5%，炔烃<$20×10^{-6}$，乙烯基乙炔<$5×10^{-6}$，水<$20×10^{-6}$ 均能满足顺丁等合成橡胶聚合的质量要求			
提余碳四中丁二烯含量	可满足 1-丁烯生产	可满足 1-丁烯生产		
生产成本	略高	低	最低	低
丁二烯收率/%	98.1	98.24	98.0	98.0
电耗指标/（kW·h/t）	150	100	59	63

续表

工　艺	NMP	DMF	ACN	
			A 公司	中国
蒸汽指标/(t/t)	1.7	1.8	1.8	2.5
水/(t/t)	180	200	150	103
综合能耗/(kJ/g)	5.8	5.6	5.2	
实际成本/(元/t)	3510.9	3278.6	3248.9	3120
建设投资/10^7元(规模 kt/a)	13946(50) 高	13455(49) 较高	4433(40) 低	3757 最低
设备总台数	102	132	108	121
占地/m^2(规模 t/a)	4400(18×10^4) 最少	7200(9×10^4) 较大	5760(18×10^4) 少	少
三废对环境影响	小	有污染	小	小
操作复杂性	有压缩机操作较复杂	有压缩机操作较复杂	无压缩机操作较简易	无压缩机操作较简易
连续运行时间/a	4	1~2	4	1~2

① 国外 A 公司节能型 ACN 工艺的流程组织合理先进，毋需压缩机，综合能耗最低，生产成本最低，设备总台数少，建设投资低，操作温度低，运转周期长，环保安全水平与其他两种工艺相同，三废对环境的影响小，技术进步有一定的空间。

② BASF 公司 NMP 工艺的流程组织合理先进，设备总台数最少，流程最短，占地面积最小，分离效果好(除生产聚合级丁二烯外，抽余丁烯可直接满足 1-丁烯的生产要求)，溶剂稳定性好，无腐蚀，运转周期长，三废排放量最少，对环境影响最小，技术进步有很大的空间。但目前仍必须设置压缩机，电耗最高，导致综合能耗较高，技术目前尚需引进，技术转让费和基础设计费高，装置的建设投资费用最高。

③ DMF 工艺由于溶剂对碳四馏分的溶解度和相对选择性高于 ACN 工艺，分离效果、产品收率、纯度均高于 ACN 工艺(除生产聚合级丁二烯外，抽余丁烯可直接满足 1-丁烯的生产要求)。蒸汽压低，溶剂不易与碳四馏分形成共沸物，因此再生溶剂易于精制和回收。流程无侧线，操作容易，分离效果好。流程有压缩机，电耗较高。添加化学品多，设备台数较多，占地大。溶剂口服毒性相对较大，废水不易生化处理，外排焦油量大，对环境的污染较严重。DMF 工艺的优点不很突出，且对环境有一定的影响。

④ 中国节能型 ACN 工艺的流程组织已采用一定的流程集成和复杂塔技术，技术水平较原工艺有很大提高，降低了综合能耗和生产成本。毋需压缩机，设备总台数少，建设投资费用比上述三种丁二烯抽提工艺都低。操作温度低、运转周期长。环保安全水平与 DMF 工艺和 NMP 工艺相同，三废对环境影响小。产品丁二烯的质量能满足实际生产要求。与国外 A 公司的节能型 ACN 工艺相比，流程集成程度较低，因此蒸汽单耗比前者高 27%~63%，电耗高 7%，设备和流程均较多和复杂。中国节能型 ACN 工艺将具有最大的竞争力。

⑤ 为了解决碳四馏分和丁二烯在抽提工艺中的环保和安全水平的问题，建议对我国丁二烯抽提装置有关的管线、垫片、阀门、机泵密封等设计规范做一次审定。

2.1.4　丁二烯抽提技术的进展

1. NMP 工艺再改进

日本 JSE 公司对 NMP 工艺进行改进，改变了后洗塔溶剂进料口位置，由塔顶部第 7 块板下移到第 52 块板，使溶剂入口上部具有 52 块板的精馏段。其技术实质是将后洗塔的关键组分由丁二烯、重组分和炔烃改变成为丁二烯和炔烃，使后洗塔顶只引出丁二烯。而重组分和丁二烯的分离在溶剂入口上部 52 块塔板的精馏段内进行。重组分在溶剂入口上部的侧线口引出。关键组分的改变，可大幅度降低后洗塔溶剂用量，使后洗塔的 NMP 用量比改前减少 38%，使脱汽塔的蒸汽用量减少 26.6%，压缩机的负荷也因此而减少，减少了用电。重组分从侧线引出液减少脱重塔的负荷，总的节能效果非常显著[12]。

2. DMF 工艺的流程热集成技术

青岛化工学院研究了 DMF 工艺的流程热集成技术，如图 2-5 所示。提出降低将第二萃取塔顶物料气相直接进入脱重塔，省掉了第二萃取塔顶冷凝器，降低了脱重塔再沸器负荷，降低用汽量，将丁二烯回收塔和第二汽提塔合并。并在该塔中部开侧线，将炔烃引出。有可能将 DMF 蒸汽消耗降低到 1.596t/t[13]。

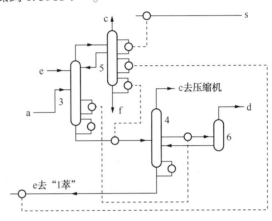

图 2-5　DMF 工艺的流程热集成技术

3—第二萃取精馏塔；4—第二解吸塔+丁二烯回收塔；5—脱重塔(第二精馏塔)；6—炔烃蒸出塔；
a—丁二烯+炔烃+轻重组分；c—丁二烯+轻组分甲基乙炔；d—乙烯基乙炔烃；e—DMF；
f—重组分顺 2-丁烯，1,2-丁二烯；s—蒸汽冷凝水

3. ACN 工艺的流程热集成技术再集成

青岛化工学院研究了 ACN 工艺的流程热集成技术，对 SHELL/JSR 乙腈(ACN)萃取精馏工艺提出可以进一步集成的技术方案[14]，如图 2-6 所示。第二萃取塔溶剂进口下移，在其溶剂进口上部开侧线，引出热的丁二烯和和重烃进入脱重塔进行脱重。重组分从脱重塔底部产出。顶部引出丁二烯气相返回第二萃取塔侧线附近，经第二萃取塔的溶剂进口上部塔板的精密分馏。丁二烯和轻组分从塔顶产出，再经水洗塔、脱轻塔脱水脱轻组分，从脱轻塔塔底得到聚合级丁二烯。该技术使第二萃取塔的溶剂用量可降低 1/3。整个流程只用蒸出塔的一台蒸汽加热再沸器，其他塔的加热靠串联热源和 7 台热溶剂换热器。因此每吨丁二烯蒸汽消耗定额降低至 1.68t。

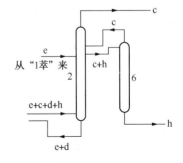

图 2-6　ACN 工艺的流程热集成技术

2—第二萃取精馏塔；6—脱重塔；c—丁二烯；
d—炔烃；e—乙腈；h—重组分

4. 新萃取剂的开发

德国 Uhde 公司开发了采用 N-甲酰吗啉(NFM)为抽提剂的称为"BUTENEX"的 C₄ 烯烃分离技术，可从

乙烯裂解或催化裂化(FCC)装置的 C_4 烯烃/烷烃混合物中用抽提精馏的方法将纯 C_4 烯烃分离出来[15,16]。在抽提精馏过程中采用 NFM 或 NFM 与吗啉衍生物的混合物为溶剂,可改变分离物中各组分的蒸气压。由于烯烃溶解度大于烷烃,因此,烯烃蒸气压的降幅较大,烷烃蒸气从精馏塔顶逸出,而烯烃与溶剂的混合物则从精馏塔底流出。将精馏塔底产物送入汽提塔,使烯烃与溶剂分离。废溶剂经充分换热后循环至精馏塔。NFM(或含 NFM 的混合物)用作溶剂具有优良的特性,如选择性高、稳定性好及沸点适中等。采用该技术,每吨来自 FCC 装置的 C_4 原料,消耗蒸汽量为 $0.5 \sim 0.8t$,冷却水($\Delta T = 10^\circ C$)$15.0 m^3$,耗电 $25.0 kW \cdot h$,产品正丁烯纯度 $\geqslant 99\%$,其中溶剂含量 $\leqslant 1 \times 10^{-6}$。1998 年以来全球已经采用该技术建成两套工业装置。

5. 炔烃选择加氢技术的开发

随着乙烯裂解深度的增加,乙烯裂解副产的 C_4 馏分中炔烃的含量也在逐步增加,乙烯基乙炔含量从约 0.5% 增长至约 1.2%。炔烃含量的增大和丁二烯纯度要求的提高使得抽提装置二级萃取部分的能耗增大,物料损失增多。目前该部分能耗约占装置总能耗的 15%,所需溶剂量占 20%,脱除炔烃的气相馏分中带走的 C_4 占 C_4 馏分总量的 2%。同时,当炔烃馏分的浓度超过 40%,会自行分解爆炸,危及乙烯工程的安全。炔烃选择加氢技术通过选择加氢反应将 C_4 馏分中的乙烯基乙炔、乙基乙炔转换为丁二烯、丁烯和少量的丁烷,使得 C_4 炔烃得到利用。采用选择加氢除去炔烃后,可取消原来的二级萃取精馏塔,C_4 分离流程得以简化,能耗也随之降低,同时,没有炔烃的排放,用于排放高炔烃物流的稀释用抽余液也被取消,物耗随之降低。

炔烃加氢除炔技术可分为前加氢和后加氢两种工艺。前加氢是将 C_4 馏分全部进行选择性加氢除去炔烃,然后进行丁二烯的抽提,该工艺省去二萃系统,能耗降低 15%,丁二烯产品纯度可达 99.8%,炔烃总含量 $\leqslant 5 \times 10^{-6}$。美国 Dow 化学公司、日本瑞翁公司、法国石油研究院(IFP)也都成功开发出 C_4 馏分的选择性加氢除炔技术,国内中国石化北京化工研究院、燕山石油化工研究院也进行了前加氢工艺的研究。其中 Dow 化学公司的 KLP 工艺和 IFP 公司的工艺均已经有工业化装置。所谓的后加氢,就是将二萃系统分离的高浓度的炔烃进行选择性加氢,然后返回原料的 C_4 馏分重新进行丁二烯的抽提,使丁二烯的收率提高到 98% 以上。国内中国石油兰化研究院进行过后加氢的研究,但至今未工业化。目前世界已有 10 多套 C_4 馏分选择加氢脱除炔烃的装置,分别采用 IFP 技术或 KLP 技术。

IFP 技术已建有 3 套工业装置,应用 LD277 型钯基双金属催化剂,以氧化铝为载体。双金属可以有效减少钯的流失,延长催化剂的寿命,催化剂使用 1.5 年后再生。

KLP 技术原为美国 Dow 公司开发并于 1984 年工业化。1991 年 UOP 公司从 Dow 公司获得该工艺,现正在全球范围内进行转让。近年来,UOP 公司和 BASF 公司共同开发了抽提联合工艺[17~19],即将 UOP 公司的炔烃选择性加氢工艺(KLP 工艺)和 BASF 公司的丁二烯抽提蒸馏工艺结合在一起,先将 C_4 馏分中的炔烃选择加氢,然后利用抽提蒸馏技术从丁烷和丁烯中回收 1,3-丁二烯。

在加氢工序中,原料 C_4 馏分与化学计量的氢气混合,进入装有 KLP-60 催化剂(铜基催化剂)的固定床反应器中,反应在 $40 \sim 60^\circ C$ 反应温度下和足以使反应器混合物保持液相的压力($2.52 MPa$)下进行。随后 KLP 反应器流出物送入蒸馏塔中进行汽化,并作为抽提工序的原料,同时除去工艺过程中形成的少量重质馏分。

KLP-60 催化剂是 UOP 公司原来的 KLP 催化剂的改进型,基于铜的一种催化剂,呈球形，强度比原来催化剂高，具有较长的寿命，对乙烯基乙炔加氢成为丁二烯具有较高的选择性(可将 50%的乙烯基乙炔加氢成为 1,3-丁二烯)，因而可使丁二烯收率达到最大值。在正常情况下，反应器的工作周期为 1 个月，在工作周期最后切换备用反应器，并只需采用一种普通溶剂将失活的催化剂进行冲洗，即可使之再生。

在丁二烯抽提工序中，从蒸馏塔塔顶馏出蒸汽送入主洗涤塔，在那采用 NMP 作为溶剂进行萃取蒸馏。丁烯和丁烷在塔顶放出，而富含丁二烯的塔釜液被送往精馏塔，然后进入一个蒸馏塔，从塔顶得到纯度高于 99.6%的产品 1,3-丁二烯。工艺流程见图 2-7。

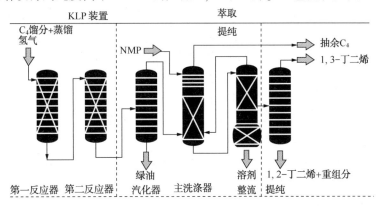

图 2-7　UOP 公司和 BASF 公司的 1,3-丁二烯抽提联合工艺流程

该工艺与传统的两步抽提工艺相比，丁二烯产品纯度高，丁二烯回收率高，公用工程费用低，设备维护费用低，操作安全高效。另外由于联合工艺所需设备少，因而投资相对也较低，据称可使投资费用降低 12%。

目前全世界共有 7 套 KLP 装置在运转，丁二烯生产能力约为 1000kt/a。

但上述方法中需要单独用于预先选择加氢的装置。最近 BASF 公司公布了一种加氢反应与萃取蒸馏在一个塔或热耦合塔中进行的方法[20]：将选择加氢催化剂(优选为薄层催化剂)涂覆到一常规蒸馏器的内件中，或装在金属丝网袋中并绕成卷，进一步了降低了设备投资。在该方法中还采用将一种中沸物物料加入到塔下部或塔底部汽化器中来降低塔底液体的温度的方法。

6. 分壁式分离技术的应用

分壁式精馏技术(Divided-wall Technology)是 BASF 公司开发以改进传统的 NMP 抽提工艺，降低装置能耗和投资成本的新技术[21~24]，即将一个垂直的壁装入一个精馏塔中，让两步精馏工序在一个装备中进行，这样就可节省 1~2 个交换器和外围设备。虽然这一技术思想早在 1946 年就申请了有关专利，但由于存在诸多问题使之经历了近 40 年的时间都没有实现工业化。

到了 20 世纪 80 年代，一系列问题得到了解决。1985 年首套分壁式精馏塔建立起来，目前有 40 多套采用这种分壁式技术的装置在运行中。

NMP 抽提工艺采用分壁式精馏技术后，可使两步精馏并入一个装备中进行操作，在同等条件下只需少量热交换器和较少外围装备的情况下就能进行运作。分壁式精馏塔由 6 个区域组成，如图 2-8 所示。分别为第 1 区域(精馏段，重组分和轻组分/丁二烯分离)、第 2 区域(提馏段，轻组分和重组分/丁二烯分离)、第 3 区域(精馏段，丁二烯和轻组分分离)、第 4 区域(提馏段，丁二烯和重组分分离)、第 5 区域(提馏段，丁二烯和轻组分分离)、第 6 区

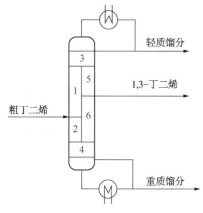

图 2-8　分壁塔结构分布

域(精馏段，丁二烯和重组分分离)。对这几个区域进行优化设计，如调整分壁的垂直和水平位置、分壁长度、进料塔板位置、侧线抽出纯丁二烯塔板位置、塔顶回流比、液相物流从第 3 区到第 1 区和第 5 区的分配和气相物流从 4 区到第 2 区和第 6 区的分配等，可进一步降低精馏的投资和操作成本。

在该塔设计中应用了计算机软件模拟技术，按照装置的实际运行条件进行了模拟试验，其整个过程的物料平衡达到了 99.99%以上，中试实验成功地证实了模拟结果。与传统工艺相比，这种设计可使装备数量减少一半。

除精馏工序外，分壁式技术还可应用于吸收工序的设计，将精馏器和后洗涤器结合在一个分壁塔中。将设计的分壁接近于塔的顶部，以使粗丁二烯和 C₄ 气相混合物流从塔顶溢出。

在丁二烯抽提工艺的主单元部分采用了分壁式技术后(详见图 2-9)，可以省略两个分别位于吸收工序和精馏工序的精馏塔。这种设计与传统的工艺相比，降低了投资成本。对采用上述两种工艺的大规模装置所作的经济评价表明，新工艺比传统工艺的界区内投资费用降低了 10%。因设备减少，降低了维修费用。由于所需的装备减少，故新工艺的维修成本比传统的工艺降低了约 15%，并降低了能耗。在精馏工序，能耗下降了 16%；提高了安全性和灵活性。传统工艺在精馏工序产生的"爆玉米花"现象是一个主要问题。危害性很大的丁二烯聚合反应会导致设备的连锁爆炸。

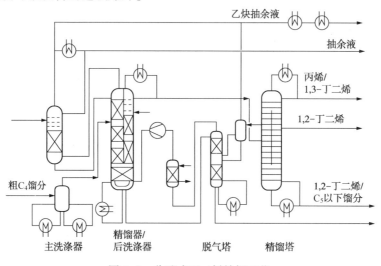

图 2-9　分壁式丁二烯抽提工艺

而新工艺首先是省去了易形成爆米花状聚合物的设备，从而降低了这种险情出现的机率。其次是选用专门的设备和 1 套改进的防阻聚系统，使装置连续运转时间可达到 5 年。

7. 无壁式分离技术的开发

虽然分壁式分离塔技术具有许多优点，但也存在不够灵活的缺点，即假如进料性质发生改变，则很难保证产品质量。美国 RCD 工程公司设计的无壁式分离塔解决了上述问题[25]。该塔与分壁式塔一样，三组分从塔中部注入，分离后分别从顶部和底部流出，并通过一个侧

线抽出段(S)。关键的差异在于 S 段位于进料段(F)
的上部,分壁式塔中 S 段则与 F 段平行分布在分壁
的两侧。因此在新设计的塔中,从蒸馏段(D)流下
的液体可按需要在 S 段与 F 段之间分流。两段之间
流体静压差有利于将流体按所需比例通过"液体分
流"阀进行分流,因此流体比例可根据进料情况的改
变而改变。同样,从再沸器中出来的蒸汽流也可分
为两股蒸汽,分别进入 F 段和 S 段。

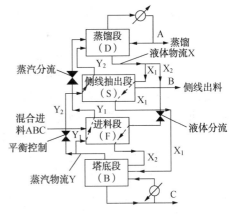

图 2-10 无壁式分离塔

将液体和气体分成两股可使热力效率提高 10%,
其原因是物流中侧线抽出组分含量不同。因此可通
过将两股液体物流从不同位置进入 B 段,且将两股
蒸汽流从不同位置进入 D 段来提高效率。详见
图2-10。

2.1.5 安全和环保问题

1. 丁二烯的毒性

丁二烯是丁二烯抽提装置中毒性最大、危害性最大的物质。根据美国职业安全与健康管
理局(OSHA)标准 1910、1915,丁二烯被列为致癌物质,美国已于 1997 年 2 月 3 日对丁二烯
实行新的职业卫生标准[9],对 8 小时工作制员工,工作场所空气中的丁二烯允许浓度(PEL)由
原来的 $1000mL/m^3$ 调整为 $1mL/m^3$,而 15min 短时接触允许浓度(SPEL)则为 $5mL/m^3$。丁二
烯在 40℃下的饱和蒸气压为 428kPa,其挥发性是乙腈的 19 倍,而丁二烯的允许浓度仅为
$1mL/m^3$。因此在装置泄漏的情况下,最有害的物质是丁二烯,溶剂不是丁二烯装置职业卫
生的关键因素。要安全卫生生产,装置的密封必须达标。

2. 丁二烯自聚问题的危害和防止

丁二烯在生产和使用过程中常发生自聚,产生聚合物,聚合物的种类有二聚物、橡胶状
聚合物、海绵状聚合物、端基聚合物(也称作米花状聚合物)和丁二烯过氧化聚合物等。除
二聚物可视为单体的杂质、对聚合反应有影响以外,其余的聚合物都能对生产造成危害,轻
者堵塞管路和设备,重者涨裂管线、阀门等设备,甚至于会发生爆炸造成事故。除二聚物
外,丁二烯自聚无论生成何种聚合物,聚合在开始时必须要有氧、过氧化物、水及铁锈等物
质存在,一旦聚合生成并形成"种子",即使在无氧存在的情况下,自聚反应也能照常进行。
现就几种自聚物分述如下。

(1) 丁二烯热自聚物

丁二烯热自聚物是一种橡胶状聚合物,主要是热自聚产生的聚合物,多发生在萃取精馏
塔的塔板上、丁二烯塔的提馏段和塔釜再沸器。另一种为海绵状聚合物,是一种质地松软,
具有弹性的海绵状物质,分子链具有一定的交联度,因而不溶于碳四烃和丁二烯中,微观结
构类似于米花状聚合物,但交联度较低。此两种聚合物易堵塞设备和管路。因此要严格控制
丁二烯物料的塔温指标,特别是解吸塔的塔釜温度,按规定加入阻聚剂,防止系统氧含量
超标。

(2) 丁二烯端基聚合物

丁二烯端基聚合物是一种高度交联的树脂状聚合物,在纯度较高的丁二烯中形成的端基
聚合物为无色透明的固体,大块状的丁二烯端聚物酷似爆米花,又称爆米花状聚合物。其质

地十分坚硬，加热时不熔化，且不溶于丁二烯和任何有机溶剂。该端聚物一经形成，就会以此为中心，发生链增长，自身支化蔓延，不易终止。

丁二烯端基聚合物的形成是由于丁二烯在氧的作用下生成丁二烯过氧化物，在系统内的水、铁锈和铁离子的催化作用下，使生成的过氧化物断裂产生自由基，发生自由基连锁聚合使链渐渐增长，并生成高交联度的块状聚合物，生成米花状聚合物的聚合热为79.55kJ/mol，反应速度又随聚合热不易散而使温度增加和过氧键的断裂而提高；这样，恶性循环导致激烈反应，甚至于会发生"爆聚"生成大面积米花状聚合物，堵塞管路，对设备产生内压力以致设备变形、胀破，发生事故，这是很危险的！

在丁二烯精制、精馏工序，塔板、塔釜再沸器、塔顶冷凝器、贮罐都能生成米花状聚合物。防止丁二烯端基聚合物在系统内的形成，在投料前要采取如下几个措施：

① 严格排除系统中的氧，用99.9%的氮气进行置换，要使系统的氧含量在10^{-3}以下。

② 再对系统进行化学清理，先进行除锈，再用5%~6%的$NaNO_2$水溶液于60~70℃循环1~2天，以脱去残氧和吸附氧，并破坏遗留下的端基聚合物的活性中心以钝化系统和设备。

③ 除去设备积存的水。

④ 萃取精馏和丁二烯精制及回收系统应加入阻聚剂。如加入具有脱氧与阻聚双重作用的复合阻聚剂，1∶1的$NaNO_2$和2,5-二叔丁基氢醌。在丁二烯精制系统应加入（TBC）阻聚剂。

⑤ 如果系统已产生过米花状聚合物，要及时清理。首先对贮罐、设备应进行处理，用0.5%的$FeSO_4$水溶液在80~90℃下进行蒸煮，蒸煮24h以除去过氧化物，也可用$NaNO_2$水溶液浸泡1~2天，然后进行彻底清理，对难以清除的缝隙可以采取水焊火烧掉的办法。

⑥ 要避免长期贮存高浓度丁二烯，最好随生产随使用，丁二烯的贮罐最好倒罐使用。为了减少二聚物的生成也要求丁二烯应在适宜的低温和短时间贮存。

（3）丁二烯过氧化聚合物

丁二烯过氧化聚合物是浅黄色糖浆状黏稠性液体，相对密度比丁二烯大，在丁二烯中几乎不溶解而沉积在容器的底部，但可溶于苯和苯乙烯中。丁二烯过氧化聚合物的量累计增加具有潜在的危险，其组成为$(C_4H_6O_2)_n$，分子量在1000~2000左右。

丁二烯过氧化聚合物极不稳定，受热摩擦或撞击时，极易发生爆炸，其爆炸能量估计相当于TNT黄色炸药的二倍多，爆炸后生成丁二醛。

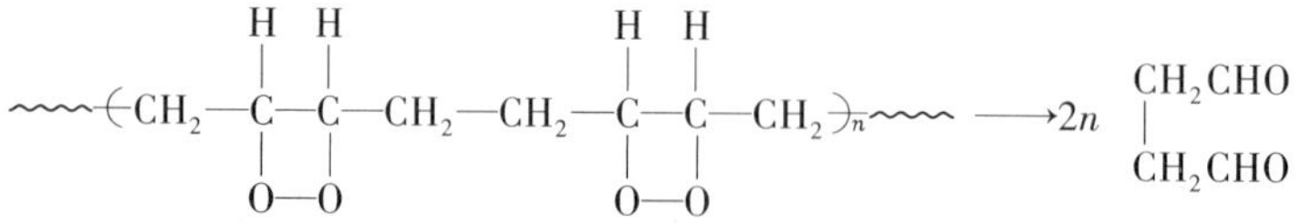

丁二醛在高温下，还可以进一步分裂成低分子量的烃、氢和一氧化碳以及羰基化合物，并放出更多的热量。在足够大体积的过氧化聚合物或在米花状聚合物中氧化作用导致的升温，到80~105℃常常发生爆炸分解，尤其是事前丁二烯吸收多于0.6%~0.8%的氧时，爆炸威力更大，几公斤的过氧化聚合物就能导致一场破坏性爆炸！

丁二烯过氧化聚合物的生成是游离基型反应，氧与丁二烯反应可生成过氧化单体，溶于丁二烯中，游离基反应可导致聚合形成油状（或糖浆状）过氧化聚合物。

有文献报道在50℃、氧的分压大于4.933kPa时，丁二烯主要生成过氧化物；当氧的分压小于4.933kPa时，则主要生成带过氧根的端基（米花状）聚合物；氧的分压在0.267kPa

时，丁二烯单元与过氧根单元的比约为 2 时，链增长很长，成为大块端基聚合物。当温度低于 27℃时，丁二烯过氧化聚合物相当稳定，很容易积累增多。当温度低于 20~27℃时氧化速度迅速降低，但氧在丁二烯中的溶解速度大大增加，所以在低温下丁二烯仍可形成爆炸性的过氧化聚合物。防止丁二烯过氧化聚合物的生成的措施：

① 彻底除净与丁二烯接触的氧，控制氧含量<10^{-3}。

② 使用 TBC 以控制更低的氧含量。

③ 定期升高液面或采用喷入的方式以抑制表面活性中心的形成以解决气相的抗氧化问题。

④ 20%的 NaOH 水溶液能与各种类型的过氧化物反应或使之破坏，反应温度大于 49℃能使过氧化物全部反应。如果在 NaOH 溶液中再加入 TBC 效果就更好。

⑤ 对聚合过氧化物生成的抑制，降低温度的效果不理想。因为温度降低使溶解氧含量增加，抵消了温度降低控制氧化速度的作用。

⑥ 兰州石化公司合成橡胶厂采用分解法破坏丁二烯过氧化聚合物，效果较好。将破坏剂配成 5%~8%的水溶液，然后在 65℃下浸泡含有过氧化聚合物的端基聚合物；在破坏剂的催化作用下，过氧化聚合物将缓慢分解而被破坏，在分解过程中，不断放出氧气形成孔隙不断深入和扩大；这样，破坏溶液就会不断向内部渗入，深层的过氧化聚合物也可被完全破坏；放出的氧气可使端基聚合物膨胀成极易碎裂的海绵状物质，给清理操作带来方便。另外复合破坏剂的复合组分有抑制作用，使处理后的系统不再产生端基聚合物，从而免除了端基聚合导致自发爆炸的危险性。

⑦ 要避免丁二烯与氮的氧化物接触，尤其是 NO_2，以免反应生成不稳定的易爆炸的化合物。

⑧ 防止丁二烯在低处积累，丁二烯的蒸气密度是空气的 1.87 倍，不易扩散，与空气混合易形成爆炸性气体，造成事故。

2.2　异戊二烯

2.2.1　概述

异戊二烯的学名为 2-甲基-1,3-丁二烯，分子式为 C_5H_8，分子量为 68.119，结构式为

$$CH_3=\overset{\overset{\displaystyle CH_3}{|}}{C}-CH=CH_2$$

1860 年，G. Williams 首先通过天然橡胶热解得到异戊二烯。1884 年，W. Tilden 提出异戊二烯的结构式。1943 年，美国 Enjay 公司建成半工业装置，用丙酮作溶剂，从裂解 C_5 馏分中抽提异戊二烯，用于生产丁基橡胶，从此开始了异戊二烯的工业生产。

20 世纪 50 年代，Ziegler-Natta 催化剂的出现，为合成有规立构异戊橡胶开辟了广阔前景，从而促进了异戊二烯工业生产技术的开发。60 年代以后，各种异戊二烯工业生产方法相继出现。70 年代，大规模的异戊二烯生产装置陆续建成投产。

由于异戊橡胶的性能与天然橡胶相似，而制备异戊二烯的原料又大都来自石油裂解副产，故异戊二烯生产的发展深受石油价格和天然橡胶供求状况的影响。目前世界高纯度异戊二烯生产能力为 850~980kt/a。全球异戊二烯生产装置一览列于表 2-10[26~28]。

表 2-10 全球主要异戊二烯生产装置(不包括俄罗斯)

国家	公司	地址	生产能力/ (kt/a)	投产日期/年	技术路线	备注
美国	Goodyear	Beaumont, Texas	118	1962	ACN 萃取精馏	生产聚异戊二烯,特种弹性体和化学品。1996 年和 1998 年两次扩能
	Shell 化学	DearPark, Texas	60	1990	ACN 萃取精馏	生产聚异戊二烯、SIS,1999 年扩能
	ExxonMobil	BatonRouge, Louisiana	14	不详	ACN 萃取精馏	生产 SIS、丁基橡胶
		Baytown, Texas	14	不详	ACN 萃取精馏	
	Equistar	Channelview, Texas	48	不详	ACN 萃取精馏	原属 Lyondell 公司
		ChocolateBayou, Texas	15	不详	ACN 萃取精馏	原属 Occidental 公司
	Dow 化学	Freeport, Texas	16	不详	不详	—
		Plaquemine, Louisiana	16	不详	不详	—
荷兰	Shell	Pernis	25	1980	ACN 萃取精馏	—
日本	Zeon	Mizushima	80	1972	DMF 萃取精馏	生产聚异戊二烯、SIS、特种弹性体和化学品,1996~1998 年扩能 3.5kt/a
	JSR	Kashima	36	1973	ACN 萃取精馏	生产聚异戊二烯、SIS、丁基橡胶
	Kuraray	Kashima	30	1973	烯醛法	生产 SIS、特种弹性体、共聚物和化学品
巴西	COPENE	—	19	不详	DMF 萃取精馏	
加拿大	Nova	Sarnia, Ontario	15~20	1996	不详	—
中国	上海石化	上海	1.0 2.1	1992 年(开始试车)2009 年投产	DMF 萃取精馏	生产异戊二烯、间戊二烯、双环戊二烯、甲基庚烯酮、芳樟醇等
总计	—	—	355	—	—	

各厂家生产和销售的异戊二烯具有不同浓度。通常粗异戊二烯的纯度为 15%~65%,精制级异戊二烯的浓度为 65%~95%,高纯度异戊二烯的浓度为 95%~99.5%。聚合级异戊二烯不仅对纯度有要求,更重要的是对其中有害杂质有一定要求。

1997~1999 年,Shell 公司增加了苯乙烯类热塑性弹性体和异戊二烯装置能力,并根据需要进一步扩能。

Zeon 公司在 1998 年和 1999 年大幅度提高异戊二烯及其衍生物装置能力。JSR 公司与 KratonPolymers 公司合资生产 SBS/SIS,与 ExxonMobil 公司合资生产丁基橡胶。日本其他公司包括 Idemitsu、Mitsubishi 和 Sanyo 等也具有异戊二烯生产能力,表中未列出。

俄罗斯异戊二烯生产能力约 500kt/a,占世界异戊二烯总生产能力的 60%。俄罗斯因地理资源所限,对异戊二烯生产技术的开发一直比较重视,先后建成了烯醛二步法、异戊烷二步脱氢法等生产装置。俄罗斯异戊二烯生产装置见表 2-11。

表 2-11　俄罗斯主要异戊二烯生产装置(不包括转产和闲置装置)

公司	地址	原料	生产能力(2001年初)/(kt/a)	技术路线及其他
KauchukSterlitamak Co.	Sterlitamak (Стерлитамак)	异/正戊烷	200	脱氢法
Novokuibishevski NXK	Novokuibishevski (Новокуйбышевск)	异戊烷	65	脱氢法
Togliattisyntezkauchuk Co.	Togliatti(Тольятти)	异丁烯/异戊烷	60	脱氢法,原能力为 240kt/a, 1994 年一套装置转产 MTBE
Nizhnekamskneftechim	Nizhenekamsk	异丁烯/异戊烷	80 122	烯醛法 脱氢法
能力总计	—	—	527	—

美国生产异戊二烯的公司曾有 Shell 化学、Goodrich Gulf、Goodyear Tire & Rubber、Atlantic Richfield(Arco)等公司,现主要是 ExxonMobil 化学、Goodyear Tire & Rubber 和 Shell 化学等公司,生产能力约 300kt/a。曾采用的方法有异戊烯脱氢、丙烯二聚和 C$_5$ 馏分抽提等,但由于原料异戊烯价格上涨以及天然橡胶竞争等因素,脱氢法和丙烯二聚法已相继停产,现主要采用乙腈萃取法。

日本高纯度异戊二烯的生产主要集中在 Zeon、JSR 和 Kuraray 三家公司,粗异戊二烯的生产集中在 Idemitsu、Mitsubishi 和 Sanyo 等公司。异戊二烯的生产能力为 146kt/a,其中 79%以上采用萃取精馏法工艺。

据报道,俄罗斯的 Sibur 已与日本 Kuraray 等公司签订改造合同,将采用 Kuraray 公司的技术改造俄罗斯 Samara 地区的 Tolyattikauchuk、Tchaikovsky 地区的 Uralorgsintez 和 Volgograd 地区的 Kauchuk 三个公司的异戊二烯生产装置[29]。

中国从 20 世纪 60 年代开始,以开发异戊橡胶为目的,先后进行了烯醛合成法、C$_5$ 馏分萃取精馏、共沸精馏、异戊烯脱氢、乙炔丙酮合成、丙烯二聚合成工艺的研究,并曾设计建成千吨级的烯醛二步合成法试生产装置。为了充分利用 C$_5$ 烃资源,扩大异戊二烯原料来源,国内相关单位对乙腈法、二甲基甲酰胺法等萃取精馏工艺及共沸精馏生产异戊二烯的技术进行了研究[98]。1984 年,北京化工研究院开发了用 DMF 作为溶剂的萃取精馏法分离 C$_5$ 馏分工艺技术,并进行了模试。在此基础上,上海石化总厂、北京化工研究院、中国石化北京石油化工工程公司联合开发了 25kt/a 裂解 C$_5$ 馏分分离工业性试验装置,1991 年建成投产,年产 3.5kt/a 异戊二烯并联产间戊二烯和环戊二烯。随后经扩能改造,C$_5$ 馏分分离能力扩大至 35kt/a,2006 年达 65kt/a。然后于 2009 年 10 月又建设了一套 21kt/a 异戊二烯(C$_5$ 馏分分离能力 150kt/a)生产装置。半年运行后生产负荷提高至设计能力的 120%。这套装置在技术和经济上均达到国际先进水平。

国内除上海石化外,山东淄博鲁华同方化工公司也建有 50kt/a C$_5$ 馏分全分离生产装置;广东茂名建设的 60kt/a C$_5$ 分离和 12kt/a 异戊橡胶装置已于 2010 年投产;吉林有 C$_5$ 分离和合成橡胶装置;山东玉皇化工集团有 120kt/a C$_5$ 全分离装置;江苏金浦集团有限公司有 100kt/a C$_5$ 全分离装置;濮阳市新豫石油化工有限责任公司有 C$_5$ 全分离装置等。

2.2.2 异戊二烯的性质

1. 物理性质

异戊二烯在常温下为无色油状易挥发性液体，有特殊气味，难溶于水而易溶于醇、醚和一般烃类化合物。其主要物理性质见表 2-12。

表 2-12　异戊二烯的主要物理性质

性　　质	数值	文献	性　　质	数值	文献
沸点(101.325kPa)/℃	34.067	[30]	折射率(n_D)		[33]
熔点/℃	-145.96	[30]	30℃	1.41524	[33]
密度(液相)/(g/cm³)		[30]	25℃	1.41852	[33]
0℃	0.6984	[30]	20℃	1.42194	[33]
20.0℃	0.6809	[30]	13℃	1.42245	[33]
25.0℃	0.6759	[30]	分子扩散系数(15℃，在空气中)/(m²/s)	0.905×10^{-6}	[31]
30.0℃	0.6707	[30]	临界温度/K	484	[31]
闪点/℃	-48	[31]	临界压力/MPa	3.85	[31]
自燃点/℃	220	[30]	临界体积/(cm³/mol)	276	[31]
偶极矩(液相)/C·m	9.4×10^{-31}	[30]	临界压缩因子	0.264	[31]
膨胀系数(-20.6~21.1℃)/℃⁻¹	0.0016	[30]	偏心因子	0.164	[31]
在水中的溶解度(25℃)	641×10^{-6}	[32]	黏度(液相，20℃，101.325kPa)/mPa·s	0.216	[33]
介电常数	2.02	[33]			

异戊二烯能与甲醇、甲胺、甲酸甲酯、溴乙烷、二甲硫、环氧丙烷、丙酮、亚硝基异丙酯、甲缩醛、甲醛、乙醛和氟代三乙胺等形成二元共沸物[6]，部分共沸物数据如表 2-13 所示。

表 2-13　异戊二烯(组分 A)-组分 B 二元共沸物的共沸数据

组分 B	共沸点/℃	共沸组分 B 含量/%(质量)	文献	组分 B	共沸点/℃	共沸组分 B 含量/%(质量)	文献
甲醇	30.45	95.9	[34]	环氧丙烷	31.6	40	[33]
二硫化碳	<34.15	<93	[33]	甲酸乙酯	<32.5	>76	[33]
甲胺	有最低共沸点		[33]	亚硝基异丙酯	33.5	72	[33]
甲酸甲酯	22.5	50	[35]	甲缩醛	32.8	70	[33]
甲酸甲酯	25.75	48.5	[36]	乙醚	33.2	52	[32]
溴乙烷	32	>65	[33]	氟化三乙胺	30.2	82.0	[33]
乙醇	32.65	97	[33]	乙腈	33.5~33.6	97.5	[33]
二甲硫	32.5	65	[33]	水	30.45	95.9	[34]
丙酮	30.5	80	[33]				

异戊二烯能与丙酮-水、乙腈-水、甲醇-水、以及甲酸甲酯-溴乙烷等形成三元共沸物。部分三元共沸物的共沸点及组成列于表 2-14。

表 2-14　异戊二烯三元共沸物的组成及共沸点

组 分			共沸物组分/%（质量）			共沸点/℃	文献
A	B	C	A	B	C		
异戊二烯	甲醇	水	94.0	5.4	0.6	30.2	[34]
异戊二烯	丙酮	水	92.0	7.6	0.4	32.5	[33]
异戊二烯	乙腈	水	96.6	2.32	1.08	32.4	[33]

异戊二烯的主要热力学性质如表 2-15 所示。

表 2-15　异戊二烯三元共沸物的物性数据[37]

相态	燃烧热		生成热		蒸发热		绝对熵		生成自由能		融化热		聚合热	
	kJ/mol	kcal/mol	kJ/mol	kcal/mol	kJ/mol	kcal/mol	kJ/mol	kcal/mol	kJ/mol	kcal/mol	kJ/mol	kcal/mol	kJ/mol	kcal/mol
气相	−3186.45	−761.58	75.56	18.06	—	—	315.06	75.30	146.34	34.98	—	—	—	—
液相	−3159.67	−755.18	48.79	11.66	26.78	6.40	228.28	54.56	144.98	34.65	4.81	1.15	−74.9	−17.9

注：1kcal = 4.1868kJ。

异戊二烯不同温度下的物理性质见表 2-16。

表 2-16　不同温度下异戊二烯的物性[38]

温度/℃	蒸气压		汽化热		密度	比热容		表面张力	黏度	导热系数	
	Pa×10⁻⁴	mmHg	J/mol	cal/mol	g/cm³	J/(mol·K)	cal/(mol·℃)	mN/m	mPa·s	W/(m·K)	×10⁻⁵cal/(cm·s·℃)
0	2.639	197.99	26594	6351	0.7003	144.92	34.634	20.43	0.253	0.1469	35.1
10	4.073	305.56	26114	6241	0.6906	148.091	35.393	19.28	0.229	0.1432	34.2
20	6.075	455.71	25624	6124	0.6808	151.10	36.112	18.13	0.209	0.1394	33.3
30	8.789	659.32	25114	6002	0.6709	152.28	36.395	17.00	0.192	0.1356	32.4
40	12.377	928.49	24574	5873	0.6607	153.47	36.678	15.88	0.177	0.1314	31.4
50	17.013	1276.3	24005	5737	0.6503	156.62	37.431	14.77	0.165	0.1277	30.5
60	22.389	2.210atm	23411	5595	0.6396	158.93	38.199	13.68	0.153	0.1239	29.6
70	29.329	2.895atm	22779	5444	0.6286	163.13	39.986	12.60	0.144	0.1193	28.5
80	37.758	3.727atm	22118	5286	0.6172	166.52	39.798	11.53	0.135	0.1151	27.5
90	47.888	4.727atm	21423	5120	0.6055	170.06	40.644	10.48	0.127	0.1109	26.4
100	59.893	5.912atm	20682	4943	0.5933	173.78	41.533	9.45	0.125	0.1063	25.4

R. W. Gallant[39] 曾对异戊二烯的许多物理性质进行了归纳和整理，并绘制了蒸气压，蒸发潜热，气、液态比热容，液相密度，气、液相黏度，表面张力和气体导热系数等随温度变化的曲线图，为设计计算提供了依据。

2. 化学性质

异戊二烯含有一个共轭双键，化学性质活泼，能参与表征二烯烃的一切反应。例如，可与卤素和卤化氢进行加成反应，在光和热的作用下，与双键化合物发生 Diels-Alder 双烯合成反应，生成环状化合物。异戊二烯最重要的化学性质是能在 1,4 或 1,2 位置上进行加成聚合。例如，在四卤化钛/三乙基铝催化体系作用下，异戊二烯可聚合得到顺式-1,4-聚异戊二烯(异戊橡胶)。异戊橡胶在结构和性质上与天然橡胶相似，有"合成天然橡胶"之称。

异戊二烯还可与其他不饱和烃发生共聚反应。如与异丁烯共聚生成丁基橡胶，与苯乙烯嵌段共聚生成 SIS 热塑性弹性体等。

3. 安全及毒性

异戊二烯的闪点为-48℃，燃点为 220℃，爆炸范围为 1.6%～11.5%(体积)，属易燃易爆化学品。异戊二烯遇明火易燃烧，在空气中存放易氧化，并生成爆炸性的过氧化物。异戊二烯与臭氧反应很危险，即使在-78℃低温下也可能爆炸[14]。

为防止氧化和聚合，异戊二烯在贮存和运输中，应采用惰性气体保护，并加入 $50×10^{-6}$ 以上的对叔丁基苯二酚或对苯二酚阻聚剂。由于阻聚剂的缓慢消耗，还应定期检查容器中阻聚剂的含量和异戊二烯的聚合量。最好存放于室外远离火源处，若于室内贮存，则应有可燃物标准库房。发生火警时，可用二氧化碳、干粉或泡沫灭火器。用水灭火无效，但可用其冷却接近火场的容器。处理废品时，可将其喷入焚烧炉烧掉。

异戊二烯对老鼠的致死浓度是 5%。对人体的毒性反应是：浓度低时，对眼、鼻和上呼吸道黏膜有刺激作用；浓度高时，有麻醉作用，对造血器官的慢性刺激比丁二烯强烈，能使人出现心悸、头部充血、血压降低、白血球减少、淋巴细胞增多等症状，因刺激眼、鼻、咽部和肺部黏膜而引起咳嗽。厂房内的允许浓度为 $40mg/m^3$，在水中的极限允许浓度为 $5mg/m^3$。

2.2.3 异戊二烯的工业制备方法

合成异戊二烯的方法多达 100 余种[19]，工业上采用的仅有萃取精馏法、脱氢法和合成法三类。就萃取精馏法而言，依采用萃取溶剂的不同，又有二甲基甲酰胺萃取精馏法(DMF)、乙腈萃取精馏法(ACN)和 N-甲基吡咯烷酮(NMP)萃取精馏法。脱氢法则可分为异戊烷两步脱氢和异戊烯脱氢两种，合成法则有异丁烯甲醛二步合成法、乙炔丙酮合成法和丙烯二聚合成法等。另外，还有从 C_5 馏分直接精馏的精密精馏法等。

异戊二烯生产的特点是工艺过程复杂，产品质量要求高，且需要进行化学和化学工程以及自动化技术的综合运用。不同生产方法各具特点，各国需根据各自的资源、技术条件和产业链来确定生产技术路线。总的看来，脱氢法投资较高，合成法生产成本较高。

20 世纪 70~80 年代，天然橡胶价格的下降及其可获得性的提高，迫使许多异戊二烯合成装置关闭，基于乙炔、丙烯和异戊烯的生产工艺越来越显得不够经济。目前，美国、西欧日本和中国都采用由从 C_5 烃原料生产异戊二烯的萃取精馏法；以异丁烯和甲醛合成的烯醛法用于日本和俄罗斯；异戊烷两步脱氢法仅用于俄罗斯，20 世纪末期约占该国异戊二烯生产能力的 60%。

1. 溶剂萃取精馏法

溶剂萃取精馏法用的原料为石油裂解 C_5 馏分，是蒸汽裂解制乙烯过程产生的副产物，由 30 多种组分构成。其中利用价值较高且含量较多的组分是异戊二烯(IP)、环戊二烯(CPD)和间戊二烯，三者约占裂解 C_5 馏分的 40%～55%，可用以合成许多重要的高附加值产品，而异戊二烯是其中利用价值最高的组分，其含量占裂解 C_5 馏分的 15%～25%。

C_5 馏分中异戊二烯的产率随裂解原料和裂解条件的不同而异。表 2-17 是在不同的操作条件下，某裂解原料裂解后 C_5 馏分中各种组分的构成。

表 2-17　不同裂解苛刻度下 C_5 馏分典型构成　　　　　%(质量)

组　分	裂解苛刻度		
	低	中	高
戊烷	26.70	34.36	14.12
正戊烯	5.15	6.60	4.21
甲基丁烯	6.95	9.17	5.76
戊二烯	10.90	9.40	19.46
异戊二烯	14.20	18.00	23.25
环戊烷和环戊烯	4.40	3.30	5.76
环戊二烯(包括二聚体)	16.70	15.97	24.91
2-丁炔	0.40	0.40	1.03
其他	平衡	平衡	平衡

由表 2-17 可见，当裂化苛刻度较高时，C_5 中异戊二烯的含量较高，但由于裂解汽油产率相对较低，因而基于乙烯的异戊二烯的产率几乎相同。对于规模为 800kt/a 的乙烯裂解装置来说，异戊二烯的产量约为 16kt/a，因而需要寻求更多的异戊二烯原料来源。

表 2-18 为不同裂解原料的 C_5 馏分产率[40]。

表 2-18　不同裂解原料 C_5 产率　　　　　t/100t 原料

裂解原料	乙烷	丙烷	正丁烷	石脑油	粗柴油
二烯烃总量	0.139	0.965	0.965	3.453	2.752
异戊二烯	0.044	0.308	0.308	1.102	0.878
环戊二烯	0.060	0.415	0.415	1.486	1.184
间戊二烯	0.035	0.242	0.242	0.865	0.690

由表 2-18 可见，当以较轻烃类作为裂解进料时，可以获得较多的异戊二烯，但由于总体上裂解汽油产率降低，因此异戊二烯的产量并不高。

C_5 烃的组分繁多，沸点相近，而且还能形成共沸物。部分 C_5 烃的二元共沸物及其性质列于表 2-19。

表 2-19　C_5 烃二元共沸物的组成及共沸性质

组　分		共沸性质		文献
A	B	共沸点/℃	组分 A 含量/%(摩尔)	
异戊二烯	正戊烷	33.6	72.5	[41]
异戊二烯	正戊烷	33.78	74.0	[41]
正戊烷	环戊二烯	35.29	69±1	[42]
正戊烷	环戊二烯	33.6	71.6	[43]
2-甲基-2-丁烯	环戊二烯	38.04	63±1	[42]
2-甲基-1-丁烯	环戊二烯	37.7	70.00	[41]
顺 2-戊烯	环戊二烯	36.00	87.00	[41]
异戊烷	3-甲基-丁炔	24.00	42.00	[41]
异戊烷	3-甲基-丁烯-3-炔	26.3	63.8	[41]
2-甲基-1-丁烯	2-甲基-丁烯-3-炔	30.0	64.0	[41]
2-甲基-1-丁烯	2-丁炔	26.60	14.00	[41]

续表

组　　分		共沸性质		文献
A	B	共沸点/℃	组分 A 含量/%（摩尔）	
2-甲基-2-丁烯	1-戊炔	37.8	67.0	[44]
2-甲基-2-丁烯	1-戊炔	37.7	61.5	[41]
2-甲基-丁烯-3-炔	2-甲基-2-丁烯	32.75	87.5	[41]
2-甲基-丁烯-3-炔	正戊烷	30.40	59.60	[41]
2-甲基-丁烯-3-炔	异戊二烯	32.75	70.00	[41]
1-戊炔	正戊烷	34.40	30.50	[41]
3-甲基-1-丁烯	正戊烷	25.90	90.00	[41]
2-丁炔	异戊烷	24.1	61.9	[41]
环戊烯	反 1,3-戊二烯	43.52	46.00	[41]

　　用无限稀释下的活度系数 γ^∞ 可表征 C_5 烃各二元系统与理想系统的偏离程度。现将 C_5 烃各二元系统的 γ^∞ 值及其 $\lg\gamma^\infty$ 值列于表 2-20[44]。

表 2-20　C_5 烃二元系统的 γ^∞ 和 $\lg\gamma^\infty$

组分		无限稀释下的活度系数及其对数值			
A	B	γ_A^∞	γ_B^∞	$\lg\gamma_A^\infty$	$\lg\gamma_B^\infty$
异戊烷	正戊烷	1.070	1.068	—	—
异戊烷	2-甲基-2-丁烯	1.096	1.096	0.040	0.040
异戊烷	异戊二烯	1.175	1.175	0.014	0.014
异戊烷	环戊二烯	1.245	1.245	—	—
异戊烷	1-戊炔	1.460	1.420	—	—
异戊烷	2-戊炔	1.460	1.400	—	—
异戊烷	2-甲基-1-丁烯-3-炔	1.678	1.590	—	—
异戊烷	2-甲基-1-丁烯	1.080	1.070	—	—
异戊烯	异戊二烯	1.070	1.070	0.030	0.030
异戊二烯	2-甲基-2-丁烯	0.038	1.041	0.014	0.014
1-甲基-2-丁烯	环戊二烯	1.196	1.217	0.082	0.076
3-甲基-1-丁炔	2-甲基-1-丁烯	1.082	1.088	—	—
2-甲基-2-丁烯	1-戊炔	—	—	0.090	0.098
2-甲基-1-丁烯	2-甲基-1-丁烯-3-炔	—	—	0.095	0.104
2-甲基-2-丁烯	2-甲基-1-丁烯-3-炔	1.082	1.088	—	—
异戊二烯	反 1,3-戊二烯	1.029	1.027	—	—
异戊二烯	环戊二烯	1.095	1.089	0.034	0.039
1-戊炔	异戊二烯	—	—	0.036	0.040
异戊二烯	3-甲基-1-丁烯	1.050	1.045	—	—
异戊二烯	3-甲基-1-丁烯-3-炔	1.170	1.135	0.0558	0.0674
1-戊炔	2-戊炔	1.057	1.054	—	—

　　由表 2-20 所列数据加上各组分的饱和蒸气压，即可估计分离 C_5 烃的难易程度。一般说来，用精馏法从 C_5 烃中分离出异戊二烯，原则上是可行的。只是异戊二烯与某些 C_5 烃沸点相近，它们之间的相对挥发度很小，接近于 1，因此要制得高质量的异戊二烯，必须采用精

密分馏，即用多塔板和在大回流比下操作。因此，分离 C_5 烃目前更多的是采用加入溶剂的萃取蒸馏分离法（抽提法）。溶剂的加入改变了 C_5 烃各组分间的相对挥发度，使分离变得容易一些。不同萃取溶剂对 C_5 烃相对挥发度的影响如表 2-21 所示。

表 2-21　不同溶剂对 C_5 烃相对挥发度[①]的影响[28]

	沸点/℃	乙腈（ACN）	二甲基甲酰胺（DMF）	N-甲基吡咯烷酮（NMP）	二甲基亚砜（DMSO）
异戊烷	27.9	2.92	3.02	3.00	2.72
正戊烷	36.1	2.37	2.39	2.40	2.07
3-甲基-1-丁烯	20.1	2.58	2.63	2.65	2.51
2-甲基-1-丁烯	31.2	1.71	1.73	1.75	1.62
2-甲基2-丁烯	38.1	1.68	1.39	1.40	1.29
反 2-戊烯	36.6	1.56	1.55	1.56	1.45
顺 2-戊烯	36.9	1.49	1.54	1.53	1.41
1-戊烯	30.0	1.89	1.90	1.88	1.73
异戊二烯	34.1	(1.00)	(1.00)	(1.00)	(1.00)
环戊二烯	41.3	0.62	0.62	0.62	0.62
顺 1,3-戊二烯	44.2	0.70	0.70	0.71	0.70
反 1,3-戊二烯	42.0	0.77	0.76	0.78	0.77
二甲基乙炔	26.7	0.96	0.90	1.00	1.08

①C_5 各组分与异戊二烯的相对挥发度的比值是在 50℃下测定的。

从表 2-21 可以看出，无论使用何种萃取精馏系统，溶剂都能大幅度提高烷烃-异戊二烯的相对挥发度，其次是烯烃-异戊二烯，再其次是其他二烯烃-异戊二烯。另一方面，不同溶剂对 C_5 烃相对挥发度的影响也不尽相同。总之，选择溶剂时除要考虑溶剂对 C_5 烃的相对挥发度的影响外，还要考虑到溶剂对 C_5 烃的溶解度，以及溶剂的沸点、化学稳定性、腐蚀性、毒性和对精馏塔板效率的影响等因素。目前工业上采用的溶剂主要有三种，即二甲基甲酰胺（DMF）、乙腈（ACN）和甲基吡咯烷酮（NMP）。

（1）二甲基甲酰胺萃取精馏法

此法为日本瑞翁公司（现 NipponZeon）首先开发并于 1971 年实现工业化。与二甲基甲酰胺萃取精馏丁二烯的 GPB 法类似，故亦称 GPI 法，用于聚合级异戊二烯单体的生产。此法的工艺流程如图 2-11 所示。

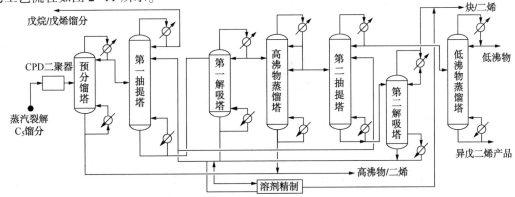

图 2-11　二甲基甲酰胺抽提法工艺流程

整个生产流程可分为以下几个部分：

① 预分馏部分。原料 C_5 馏分首先进入预分馏段，除去其中大部分 C_6^+ 不纯物，从塔底排出，塔顶馏分进入第一抽提塔。

② 第一萃取精馏部分。塔顶除去溶解性较差的不纯物（主要是戊烷和戊烯）。溶剂从第一萃取精馏塔塔顶下部进料，含有异戊二烯和溶解性较好的炔、二烯的富吸收萃取精馏溶剂进入第一解吸塔，在第一解吸塔，贫吸收萃取精馏溶剂从塔底排出，经冷却后，循环至第一萃取精馏塔。第一解吸塔塔顶馏分冷凝后部分作为回流，其他进入后续装置。

③ 高沸物蒸馏部分。通过直馏，大部分高沸物（间戊二烯和环戊二烯等）从塔底除去。塔顶（主要是异戊二烯）进入后续装置。

④ 第二萃取精馏部分。萃取精馏过程与第一萃取精馏部分类似，塔顶为不含环戊二烯和炔烃不纯物（ C_4 炔烃除外）的异戊二烯。

⑤ 低沸物蒸馏部分。虽然经过第四步的萃取精馏，但异戊二烯中仍含有少量的低沸点不纯物。这些不纯物通过本部分的直馏塔除去，聚合级产品异戊二烯从塔底抽出并送往存储单元。

⑥ 溶剂精制部分。少量的溶剂经精制装置处理后，其中的水和聚合物被除去，精制后的溶剂再进入系统。

该法的异戊二烯纯度可达 99.5%，回收率可达 95%。

中国从 20 世纪 70 年代开始对 C_5 馏分分离二烯烃技术进行研究，最初只分离环戊二烯，随后研究了以 DMF 为溶剂的萃取精馏分离工艺技术，包括气液平衡的测定、阻聚剂的评选、数学模型的建立以及模试放大等。1989 年开始在上海石化总厂精细化工研究所建设 25kt/a 裂解 C_5 馏分工业性试验装置，标志着我国裂解 C_5 馏分分离及其综合利用进入工业规模开发利用阶段。[45]

该装置系以乙烯生产装置副产的裂解 C_5 馏分为原料生产异戊二烯，同时联产间戊二烯和双环戊二烯。整个工艺分为五个单元，即原料预处理单元、第一萃取精馏单元、第二萃取精馏单元、间戊二烯和双环戊二烯分离单元以及溶剂系统。工艺流程示意见图 2-12。

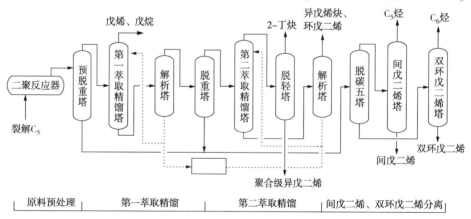

图 2-12 裂解 C_5 分离工艺流程

① 原料预处理单元。原料 C_5 馏分首先进入预脱轻塔，塔顶除去其中 C_4、部分 C_5 轻组分，塔底物料进入二聚反应器，物料中的环戊二烯在此生成双环戊二烯，再进入预脱重塔。塔顶馏分进入第一萃取精馏塔，塔底馏分送间戊二烯和双环戊二烯分离单元。

② 第一萃取精馏单元。塔顶除去溶解性较差的不纯物(主要是戊烷和戊烯)。溶剂从第一萃取精馏塔塔顶下部进料,含有异戊二烯和溶解性较好的炔、二烯的富萃取精馏溶剂进入第一解吸塔,在第一解吸塔,贫吸收溶剂从塔底排出,经冷却后,循环至第一萃取精馏塔。第一解吸塔塔顶馏分冷凝后部分作为回流,其他进入脱重塔。通过精馏,大部分高沸物(间戊二烯、环戊二烯和双环戊二烯等)从塔底送去间戊二烯和双环戊二烯分离单元。塔顶物料(主要是异戊二烯)进入第二萃取精馏单元。

③ 第二萃取精馏单元。脱重塔顶的物料进入第二萃取精馏塔。萃取精馏过程与第一萃取精馏部分类似,塔顶为不含环戊二烯和炔烃不纯物(C_4炔烃除外)的异戊二烯,但仍含有少量的低沸点杂质。此物料进入脱轻塔精馏,由塔顶脱去低沸点微量杂质。聚合级异戊二烯产品从塔底产出。

④ 间戊二烯和双环戊二烯分离单元。由预脱重塔和脱重塔塔底送来的物料进入脱碳五塔蒸馏,塔顶物料进入间戊二烯塔,蒸脱轻杂质,得间戊二烯产品;脱碳五塔塔底物料进入双环戊二烯塔蒸馏,除去杂质,得到双环戊二烯产品。

⑤ 溶剂精制单元。少量的溶剂经精制装置处理后,其中的水和聚合物被除去,精制后的溶剂再进入萃取精馏系统。

这套装置与日本 Zeon 装置的不同点,主要是原料在进入二聚反应器前先进行精馏以脱除大部分炔烃和 C_4 等轻组分,这样处理有两大好处:其一是安全,可以保证在这个系统中炔烃不至于会在某处积累到引起爆炸;二是可以在后续工序中降低负荷及萃取溶剂的使用量并较易于达到异戊二烯产品中炔烃含量小于 $50\mu g/g$。

该装置可分离出聚合级和化学级异戊二烯、间戊二烯及双环戊二烯等产品。其中异戊二烯的产品质量见表 2-22[45]。

表 2-22　异戊二烯产品质量

组　　分	异戊二烯产品	
	聚合级	化学级
异戊二烯/%	≥99.3	≥98
烷烃及单烯烃/%	<0.7	—
异戊二烯二聚物/%	<0.1	—
总炔烃/($\mu g/g$)	<50	—
间戊二烯/($\mu g/g$)	<80	—
环戊二烯/($\mu g/g$)	<1	<1500
硫/($\mu g/g$)	<5	—
羰基化合物/($\mu g/g$)	<10	—

采用二甲基甲酰胺为萃取溶剂的工艺具有如下特点:

① 对 C_5 烃的溶解度较高,溶剂与 C_5 烃可完全混合而无分层现象,操作稳定性好。

② 选择性好,能大幅度地改变 C_5 烃的相对挥发度,使萃取蒸馏可在较小的回流比下操作,基建费用和操作费用较低。

③ 化学性质稳定,无腐蚀性,设备可用普通钢材。

④ DMF 的沸点远比 C_5 烃的任一组分高,又不形成共沸物,分离容易。

⑤ 由于不用工艺水,故无废水排出,废弃物均可用作燃料,三废处理问题容易解决。

25kt/a C_5 分离工业性试验装置建成后,尚进行了以下技术改进和优化:

① 加大进料段板间距，提高 C_5 烃进料温度，加大消泡剂用量，在确保分离效率前提下适当减少气液相负荷，有效解决了萃取精馏塔的液泛问题。

② 通过降低循环溶剂含水量和优化阻聚剂，抑制了黑渣的生成，减缓了设备堵塞，提高了运行质量和运行周期。

③ 对二聚反应流程中的换热器进行调整，将二聚反应控制在适当的温度范围内，确保二聚反应流出口环戊二烯控制指标合格。

④ 增加双环戊二烯精制塔尾气冷凝器，采用-10℃冷冻盐水，尾气在新增加的尾气冷凝器里冷凝下来，尾气排放量大大减少，塔的真空度亦达到设计值。

⑤ 间戊二烯精制塔、双环戊二烯精制塔均改为塔釜气相采出产品，使产品的品质有了显著提高。

⑥ 不开萃取精馏单元，可直接生产间戊二烯和双环戊二烯产品，降低了成本。

⑦ 通过采用高效导向筛板、优化操作条件等措施，进一步提高了装置的处理能力，运转周期进一步延长，溶剂单耗大幅降低，产品质量稳步提高。

（2）乙腈萃取精馏法

20 世纪 50 年代，美国 Esso 公司开发的乙腈法，是国外最早工业化的 C_5 馏分分离工艺。美国 AtlanticRichfield 公司则开发了 Arco 法，1977 年美国 Goodyear 公司采用此法建成一套 80kt/a 工业装置。

JSR 公司于 1972 年开发并建成 30kt/a 装置，以鹿岛三菱油化乙烯装置副产的 C_5 馏分为原料，C_5 中含异戊二烯 12%～16%，环戊二烯 9%～13%，间戊二烯 5%～9%。1985 年，JSR 对乙腈法作了重大改进，工艺流程见图 2-13。改进的乙腈法工艺采用乙腈、丙烯腈、丙酮和水的混合溶剂，改用二次萃取蒸馏，不再用金属钠去除微量环戊二烯。由第一萃取精馏塔分出 C_5 馏分中的烷烃与烯烃，C_5 二烯烃和溶剂一起送汽提塔进行分离，溶剂循环使用。分出的二烯烃进入第二萃取蒸馏塔，塔顶得到粗异戊二烯送水洗塔除去残余溶剂后，再经脱轻和脱重组分即得聚合级异戊二烯产品。通过进一步提纯，新工艺还可回收纯度为 95%的环戊二烯及 70%的间戊二烯。改进工艺完善了能量回收系统，可充分利用溶剂回收塔塔顶馏出物的热量，进而降低能耗。改进后的消耗定额见表 2-23。

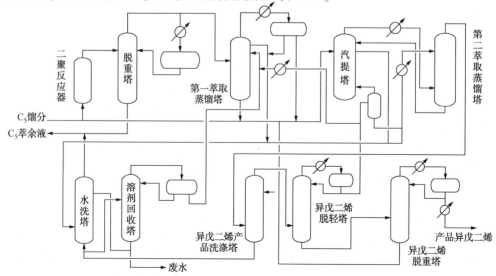

图 2-13　改进的 JSR 公司乙腈抽提法工艺流程

表 2-23　乙腈抽提法生产异戊二烯的消耗定额

项　　目	指　标	项　　目	指　标
异戊二烯生产能力/(kt/a)	17.3	公用工程消耗	
年操作时间/h	8000	蒸汽/(t/t)0.49MPa	5.23
C_5 损失/%(为原料)	0.4	1.079MPa	0.24
异戊二烯收率/%(占原料异戊二烯)	94	电/(kW·h/t)	130
C_5 馏分消耗/(t/t 产品)	5.766	冷却水/(t/t)	628
溶剂/(kg/t)	0.65	操作人员：工人	2 人
化学品(以 1984 年价计)/(日元/t)	715	班长	1 人
副产 C_5 萃余液/t	4.743	估计投资(以 1984 年价计)/亿日元	20

　　乙腈萃取精馏法的特点是：由于乙腈的黏度较低，故萃取精馏塔塔板效率较高；乙腈对碳钢设备腐蚀性小，贮存及回收较方便。但生产过程产生的含腈废水必须经处理后才能排放。这些都增加了过程的复杂性。

　　此项工艺不足之处是：乙腈对 C_5 烃的选择性较低。早期用一次萃取精馏制得的异戊二烯如作为聚合级单体，尚需经化学处理。日本合成橡胶公司用金属钠处理，前苏联用加氢法处理，还有用顺丁烯二酸酐或其苯溶液过滤去除环戊二烯，在 125℃ 下用分子筛处理，以及用活性炭脱除硫、氮化合物法。

　　国内青岛伊科思技术工程有限公司也开发了乙腈法裂解 C_5 分离技术，并已于 2012 年实现工业化。其异戊二烯质量指标见表 2-24。异戊二烯用于生产工业用途和浅色产品两种规格的稀土异戊橡胶。

表 2-24　异戊二烯产品质量指标

项　　目		指　　标	项　　目		指　　标
异戊二烯含量/%(质量)	≥	99.5	乙腈含量/(mg/kg)	≤	8
2-丁炔含量/(mg/kg)	≤	10	水分/(mg/kg)	≤	200
环戊二烯含量/(mg/kg)	≤	1	硫/(mg/kg)	≤	5
间戊二烯含量/(mg/kg)	≤	10	羰基化合物/(mg/kg)	≤	10

（3）N-甲基吡咯烷酮萃取精馏法

　　此法由德国 BASF 公司提出，故称 BASF 法。其流程如图 2-14 所示。

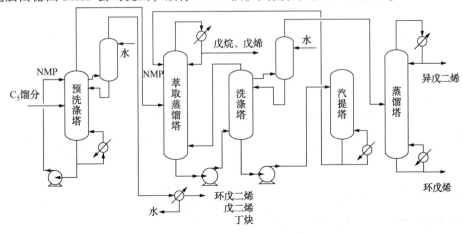

图 2-14　BASF 法 N-甲基吡咯烷酮抽提工艺流程

原料 C_5 馏分先在预洗涤塔中用 N-甲基吡咯烷酮溶剂洗涤，以除去 C_5 馏分中的环戊二烯、戊二烯和丁炔等。经预洗涤的 C_5 馏分进入萃取蒸馏塔，用 N-甲基吡咯烷酮溶剂进行萃取蒸馏，戊烷和戊烯从塔顶分出，溶解于溶剂中的异戊二烯等馏分则进入逆流洗涤塔，经洗涤后溶剂从塔底放出，经汽提塔回收后循环使用。富集的异戊二烯从洗涤塔中部侧线引出，经蒸馏后即得异戊二烯成品。产品纯度可达 97% 以上，产品中含环戊二烯和炔烃分别小于 50mg/kg 和 100mg/kg。该法可不经加氢及其他化学处理即可使用。

BASF 法的特点是：不用二聚法除环戊二烯，故异戊二烯收率较高，达 95% 以上；N-甲基吡咯烷酮无毒，排污问题容易解决；流程中不需加氢设备或其他化学处理装置，故流程较简单。BASF 公司曾用此法建过生产装置，后因原料集中及下游产业链等问题影响其经济效益，在 20 世纪 80 年代停产。

（4）其他萃取精馏法

除上述主要工艺外，据文献报道，还有意大利斯纳姆（Snamprogetti）公司开发的 N-甲酰吗啉法[46]、N-甲基咪唑法[47]、德国拜耳公司开发的 1-氧代-1-甲基二乙氧膦酰硫胆碱（1-oxo-1-methylphospholine）法[48]和苯胺法[49]、美国孟山都（Monsanto）公司开发的糠醛（furfural）法[50]等。此外，美国 Goodyear 橡胶公司开发了混合溶剂法，系以按一定比例混合的乙腈、NMP、DMF 等作为萃取溶剂[51]。意大利斯纳姆（Snamprogetti）公司开发的 N-甲酰吗啉法已完成基础设计，其工艺为经过脱轻脱重后进行两次萃取蒸馏，再进行普通精馏得到聚合级异戊二烯。其特点是第一和第二萃取蒸馏塔后的解吸塔合并为一个塔，以便节省溶剂与能量。但以上各工艺的综合技术经济水平均未超过 ACN 和 DMF 工艺。

2. 精密精馏法

该工艺由美国 Goodyear 公司开发，其基本原理是利用异戊二烯和正戊烷形成的二元共沸物与异戊二烯本身相比较易与杂质分离的特性，将杂质从异戊二烯中分离出去。但其产物并非纯异戊二烯，而是异戊二烯与其共沸组分正戊烷的共沸物。不同温度时，异戊二烯与正戊烷的共沸组成并不相同。表 2-25 为不同温度时异戊二烯-正戊烷的共沸组成。

表 2-25　异戊二烯-正戊烷共沸组成

温度/℃	异戊二烯含量	温度/℃	异戊二烯含量
33.6	72.5%（质量）	1.0	68.8%（摩尔）
37.4	73.1%（质量）	15.0	69.5%（摩尔）
33.8	78±1%（摩尔）	30.0	71.0%（摩尔）

该工艺系首先从 C_5 馏分中蒸出沸点低于共沸物的组分，再利用 C_5 馏分中的正戊烷（也可补加一定量的正戊烷）与异戊二烯形成沸点为 33.6℃ 的共沸物，共沸物组成一般为异戊二烯 73%，正戊烷 27%。

该法的特点是工艺简单，能耗较低。由于相对挥发度小，共沸蒸馏塔的塔板数需 118 块，回流比达 100∶1。该法适用于正戊烷对异戊二烯进一步加工无影响的情况（如用于制异戊橡胶，正戊烷在聚合中可作为溶剂使用）。在法国 Hawre 曾建有一套 40kt/a 的工业装置，但已停产。

共沸精馏法与萃取蒸馏法相比，较好地解决了由于使用溶剂而引起的以下问题：

① 溶剂损失以及相关的毒性、回收、分解、环保等。

② 不存在高温下（溶剂的存在使体系处于较高温度）异戊二烯、间戊二烯以及环戊二烯、

炔烃等的聚合。

③ 不会出现浓缩炔烃的爆炸。

④ 不存在溶剂中有害杂质的积累。

共沸精馏得到的产品为异戊二烯和正戊烷的共沸物，如欲得到纯的异戊二烯，必须进一步提纯。

我国南京化工大学等单位曾研究开发共沸超精馏和溶剂萃取蒸馏耦合流程[52]。即先采取共沸超精馏法得到异戊二烯-正戊烷共沸物，再通过萃取蒸馏将二者分离。同时，还将共沸超精馏异戊二烯脱重塔釜采出的粗间戊二烯浓缩物通过精馏获得纯度较高的间戊二烯浓缩物。

本技术的特点在于：

① 可得到高纯度异戊二烯。

② 溶剂用量不到萃取精馏法的 1/10。

③ 由于萃取蒸馏的物料仅仅是异戊二烯和正戊烷的混合物，而非组成复杂的裂解 C_5 烃类，从而大大缓解了使用溶剂带来的种种问题，萃取蒸馏过程的操作条件也较缓和。

④ 生产异戊二烯的同时可以得到正戊烷产品。

3. 脱氢法

（1）异戊烯脱氢法

1961 年，美国 Shell 化学公司首先用异戊烷-异戊烯脱氢法建成生产能力为 18kt/a 的异戊二烯装置。到 20 世纪 60 年代末，此法的生产能力已达 190kt/a，一度成为产量最大的异戊二烯生产方法。

该法所用原料是炼油厂催化裂化装置副产的 C_5 馏分，约含 30%异戊烯。20 世纪 70 年代以后，由于炼油厂普遍采用分子筛代替原来的硅铝球催化剂，裂解油中的异戊烯含量降低，仅含 16%左右，所以采用该法的装置面临原料来源不足困境，目前已全部停产。

美国 Shell Chemical 公司的异戊烯脱氢工艺主要包括三部分：由炼油厂 C_5 馏分中分离异戊烯、异戊烯催化脱氢以及由脱氢产物中分离精制异戊二烯。其流程如图 2-15 所示。

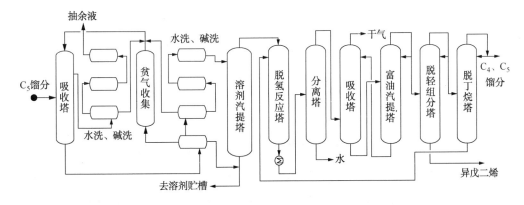

图 2-15　美国 Shell 公司的异戊烯脱氢法流程

1）异戊烯抽提

炼油厂催化裂化 C_5 馏分在吸收塔中用 65%的硫酸吸收萃取，萃取液经水洗、碱洗后再用 $C_6 \sim C_{10}$ 直链烷烃溶剂萃取，抽提出其中的异戊烯，收率约为 85%。

2）异戊烯催化脱氢

异戊烯在氧化铁、氧化铬和碳酸盐催化剂存在下，于600℃脱氢生成异戊二烯：

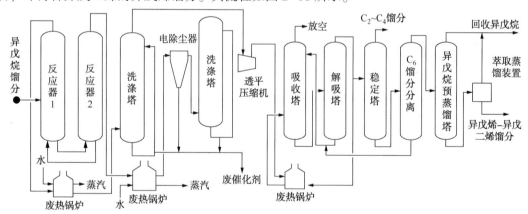

异戊二烯的单程收率为35.5%。

3）脱氢产物的分离精制

脱氢得到的粗异戊二烯，用乙腈溶剂进行萃取蒸馏和提纯，得到纯度为99.2%~99.7%的异戊二烯。

此法的特点是：可以处理异戊二烯浓度范围很宽（10%~30%）的原料，大部分设备可用碳钢制造。

（2）异戊烷脱氢法[27]

该法为前苏联开发，采用二步催化脱氢工艺，于1968年建成工业装置，以后又陆续兴建新装置。

异戊烷脱氢法的第一步，是采用直馏汽油分出的或正戊烷异构化所得的异戊烷馏分为原料，用微球状铝铬型催化剂，在类似催化裂化的Ⅳ型流化床反应器中，于540~610℃、空速100~300h^{-1}下，异戊烷脱氢为异戊烯。异戊烯和异戊二烯的总收率28%~33%，选择性66~73%。反应系统包括反应器和再生器，二者用两根U形催化剂输送管联接。再生温度为610~650℃。催化剂起载热体作用，在两器中循环。反应产物经洗涤、压缩、吸收和分离后，即得含异戊二烯的异戊烯馏分。其流程如图2-16所示。

图2-16 异戊烷脱氢法第一步工艺流程

上述异戊烷脱氢反应系可逆吸热反应，生成三种异构体：2-甲基3-丁烯、3-甲基2-丁烯、3-甲基3-丁烯，其在800K时吸热量分别为133.6kJ/mol、114.3kJ/mol、123.9kJ/mol。因此，须在高温和减压的条件下方可得到较高的转化率。

异戊烷脱氢反应有副反应发生：一类是裂解生成小分子的烷烃和烯烃，另一类是烯烃和二烯烃聚合生成的聚合物及焦炭。此外还可能有异构化反应。

第二步脱氢采用片状钙-镍-磷型催化剂，用大量蒸汽稀释，于550~650℃下，异戊烯在绝热式固定床反应器中脱氢生成异戊二烯，收率为33%~38%，选择性82%~87%。

异戊烯脱氢生成异戊二烯是吸热可逆反应（120.2kJ），其平衡转化率与温度及稀释度有关，为了得到高的转化率，必须在高温下进行反应，加入稀释剂以降低烃的分压也可使转化率得到进一步的提高。

其流程如图 2-17 所示。

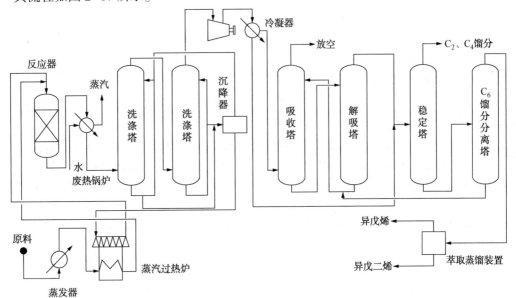

图 2-17　异戊烷脱氢法第二步工艺流程

脱氢产物经两个萃取蒸馏塔，用无水二甲基甲酰胺溶剂进行萃取蒸馏而得粗异戊二烯。粗异戊二烯用环己酮和丁醇在苛性碱存在下进行化学处理，除去环戊二烯，再在催化剂存在下，经加氢反应除去炔烃，分离后即得异戊二烯产品。其规格见表 2-26。

表 2-26　异戊烷两步脱氢法的异戊二烯规格

项　　目	指　标	项　　目	指　标
异戊二烯/%	>99	羰基化合物/(mg/kg)	9
C$_4$ 馏分/%	1.0	环戊二烯/(mg/kg)	5
二甲基甲酰胺/(mg/kg)	5	二甲胺/(mg/kg)	5
炔烃/(mg/kg)	4	水/(mg/kg)	10
硫化物/(mg/kg)	5		

此法的优点是原料廉价易得，缺点是工艺流程复杂，能耗较高。

前苏联异戊烷脱氢装置，采用大型电子计算机进行控制，可保证装置的可靠运行。

4. 合成法

（1）烯醛二步合成法

以异丁烯和甲醛为原料合成异戊二烯的方法称为烯醛合成法；按制取步骤的不同，可分为一步法和二步法。二步法工业化较早，一步法的单程转化率及选择性均较低，仍处于研究阶段。

烯醛二步法的第一步是异丁烯和甲醛在稀硫酸催化剂存在下进行 Prins 反应，合成 4,4-二甲基-1,3-二氧杂环己烷（DMD）：

$$H_3C \atop H_3C \!\!\diagdown\!\! C\!=\!CH_2 + 2CH_2O \xrightarrow{\text{稀 } H_2SO_4} \text{(4,4-二甲基-1,3-二氧杂环己烷 DMD)}$$

第二步是 DMD 在酸催化剂(均相或非均相)存在下裂解生成异戊二烯:

$$\text{DMD} \longrightarrow CH_2\!=\!C(CH_3)\!-\!CH\!=\!CH_2 + CH_2O + H_2O$$

分离出来的甲醛返回第一步循环使用。

此法的原料异丁烯可采用不同来源的 C_4 馏分,包括炼油厂 C_4 馏分和裂解 C_4 馏分或两者的混合物。原料甲醛则采用 37%~40% 的甲醛水溶液。

无论第一步或第二步反应,都伴有多种副反应发生,生成许多不同组成和结构的副产物。例如,C_4 馏分中的不饱和烃与甲醛反应,生成各种 1,3-二氧杂环己烷衍生物,其反应能力和反应产物如表 2-27 所示。

表 2-27　C_4 馏分中不饱和烃与甲醛的反应

烃组分	生成的 1,3-二氧杂环己烷衍生物	1,3-二氧杂环己烷衍生物分解得到的二烯烃	与甲醛反应的相对速度	相对水合反应速率
异丁烯	4,4-二甲基-1,3 二氧杂环己烷(DMD)	异戊二烯	100	100
1-丁烯	4-乙基-1,3-二氧杂环己烷	1,3-戊二烯	0.35	0.0125
反 2-丁烯	反 4,5-二甲基-1,3-二氧杂环己烷	异戊二烯	1.25	0.056
顺 2-丁烯	顺 4,5-二甲基-1,3-二氧杂环己烷	异戊二烯	0.80	—
1,3-丁二烯	4-乙烯基-1,3-二氧杂环己烷	1,3-环戊二烯	0.76	—

由表 2-27 可见,各种 C_4 不饱和烃与甲醛的反应能力为:异丁烯 > 2-丁烯 > 1,3-丁二烯 > 1-丁烯。由于 1,3-丁二烯和甲醛反应生成的产物能裂解成环戊二烯,而环戊二烯乃是异戊二烯单体主要的有害杂质,故必须严格控制原料 C_4 馏分中的 1,3-丁二烯含量。1-丁烯与甲醛反应生成的杂环产物,经裂解而成戊二烯,也是影响聚合的杂质,亦须在原料中加以控制。而 C_4 馏分中的烷烃则能萃取水相中的 DMD,可防止 DMD 水解和提高 DMD 的回收率。

以下分别叙述采用烯醛二步合成工艺生产异戊二烯的主要公司的生产过程及其特点。

1) 前苏联烯醛二步法

新鲜甲醛先经脱甲醇塔使其甲醇含量低于 1.0%,然后在进入缩合反应器之前加入 1.3%~1.5% 的硫酸催化剂。异丁烯可采用炼油厂 C_4 馏分、裂解 C_4 馏分和异丁烷脱氢 C_4 馏分,但前两者的 1,3-丁二烯和正丁烯含量较高,需经抽提 1,3-丁二烯后方可使用。前苏联的生产装置采用后者,其 1,3-丁二烯含量在 0.2% 以下。

烯醛合成反应在两台串连的塔式反应器内按逆流接触方式进行,在 85~95℃ 和 1.8~2.0MPa 表压下,异丁烯转化率为 88%~92%,甲醛转化率为 92%~96%,DMD 收率(按甲醛计)为 80%~83%,按异丁烯计为 68%~88%。反应产物经蒸馏分出未反应 C_4 馏分和粗 DMD,后者分离出高沸点副产物后送去裂解。

裂解反应采用磷酸盐催化剂,在 370~390℃ 和空速 $1.2h^{-1}$ 下进行,用蒸汽作稀释剂,蒸汽与 DMD 的质量比为 2。由于裂解为吸热反应(反应热约 146.5kJ/mol),故作为载热体的蒸汽部分要过热至 700℃ ，再与补充的磷酸同时加入反应器。裂解反应器有立式分段型和卧式隔板型两种，以前者性能较好。催化剂放置在每一分段的框架上。反应操作 3h 后催化剂需再生。再生时先用蒸汽吹扫，再用 400℃的蒸汽-空气混合物再生 3h ，以烧除沉积在催化剂表面上的结炭和焦油。为保证生产的连续性，反应器至少需要两台。DMD 的转化率为 90%～92%。异戊二烯的收率以通过的 DMD 计为 43%～45%，以转化的 DMD 计为 47%～50%。裂解产物经多次冷凝，分离成水相和有机油相，然后分别回收有用组分，循环利用。工艺流程见图 2-18。

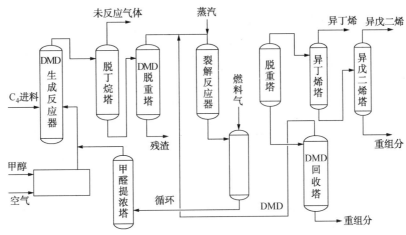

图 2-18　前苏联烯醛二步法合成异戊二烯示意工艺流程

粗异戊二烯经精制得最终产品，其规格见表 2-28。消耗定额见表 2-29。

表 2-28　前苏联烯醛二步法所得异戊二烯产品规格

组　　分	规格/%	组　　分	规格/%
异戊二烯	>99.6	异戊烯	0.18
异丁烯	0.006	亚甲基环丁烷	0.0002
异戊烷	0.002	炔烃	0.00015
2-甲基-1-丁烯	0.015	环戊二烯	0.0001
2-甲基-2-丁烯	0.10	羰基化合物	0.00033

表 2-29　前苏联烯醛二步法的消耗定额

项　　目	指　标	项　　目	指　标
异丁烯(100%)/(t/t)	1.19	冷却水/(t/t)	765
甲醇(100%)/(t/t)	1.05	工艺用水/(t/t)	9.84
电能/(kW·h/t)	730	蒸汽/(t/t)	9.3

2）IFP 二步法[53]

法国石油研究院(IFP)于 20 世纪 50 年代开始研究烯醛二步法，其工艺过程与前苏联烯醛二步法基本相同，不同之处仅在于反应器的结构。IFP 法第一步采用装有冷却和加热夹套的"喷射轮"式反应器，而裂解反应则用流化床反应器。

IFP 法采用的原料与前苏联烯醛法相同，为工业上经由甲醇氧化制得的甲醛和含异丁烯的 C_4 馏分。2～3 台搅拌/沉降反应器用于将异丁烯和甲醛转化为 DMD(图中仅标示出一组反应/沉降器），含硫酸的甲醛溶液进入第一台反应器，而新鲜 C_4 馏分与甲醛流向相反，进入最后一台反应器。反应产物在沉降器中沉降分层，形成有机相和水相。DMD 合成反应在液-液系统中进行。所生成的 DMD 进入分解反应器。DMD 分解产物再经蒸馏、脱轻、脱重、洗涤等一系列步骤，最终得到纯度较高的异戊二烯产品。IFP 法工艺流程见图 2-19[44]。

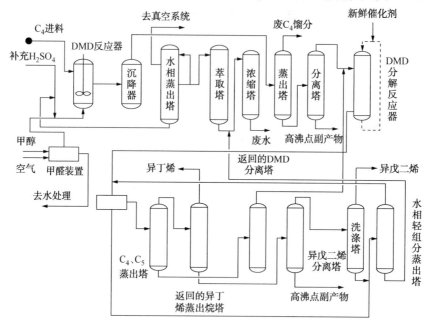

图 2-19　IFP 异戊二烯生产工艺流程

该法的工艺操作参数见表 2-30。

表 2-30　IFP 烯醛二步法工艺操作参数

第一步反应		第二步反应	
项　　　目	指　　标	项　　　目	指　　　标
硫酸催化剂浓度/%	1.5~15	反应温度/℃	250~300
反应压力/kPa	980.6	DMD 转化率/%	80~90
异丁烯转化率/%	95~99	异戊二烯选择性/%	80~85
异丁烯生成 DMD 的选择性/%	86	产品异戊二烯纯度/%	>99.2
甲醛转化率/%	90		

3）Kuraray 二步法

日本 Kuraray 公司曾对烯醛二步法进行了十余年的研究，于 1972 年建成 30kt/a 工业装置，1973 年正式投产。其过程与前苏联烯醛二步法略同。

Kuraray 公司烯醛二步法生产的异丁烯，是经抽提丁二烯后的裂解副产 C_4 馏分，其中含 45% 异丁烯。甲醛也由甲醇氧化制得，浓度约为 50%，其中甲醇含量小于 1%。

Kuraray 公司烯醛二步法第一步的反应条件是：烯醛摩尔比 0.75，反应温度 60℃，压力 0.98MPa（10kgf/cm²）。用浓度约为 20%~25% 的硫酸作催化剂，异丁烯的转化率控制在 65%~70%，以减少副反应。甲醛的转化率可达 80%~85%，DMD 对甲醛和异丁烯的选择性均达 90% 以上。反应器分为 4 段：下部为沉降分离段，用于分离水相；中间两段为带搅拌的反应段；上段为分离油相段。

该法第二步的裂解反应采用硅藻土为载体的磷酸型催化剂，于 220℃和常压下进行。裂解反应器为流化床反应器，夹套加热。催化剂可以在反应器和再生器之间循环，再生温度为 750~800℃。DMD 转化率为 80%~90%，选择性 85%。精制异戊二烯的杂质含量和该法的消耗定额分别列于表 2-31 和表 2-32。

表 2-31　Kuraray 公司烯醛二步法异戊二烯产品的杂质含量

项　目	指标/（mg/kg）	项　目	指标/（mg/kg）
环戊二烯	<1	过氧化物	<10
水分	<5	二聚体	<10
1,3-戊二烯	<100	炔烃	<50
羰基化合物	<10	烯烃	<1000

表 2-32　Kuraray 公司烯醛二步法消耗定额

项　目	指　标	项　目	指　标
甲醇/（t/t）	0.9~1.0	磷酸/（kg/t）	10
C_4 馏分（45%异丁烯）/（t/t）	1.0	蒸汽/（t/t）	7.95

4）Bayer 公司烯醛二步法[54]

20 世纪 60 年代末，德国 Bayer 公司完成烯醛二步法的中间试验和工业装置设计。此法与前苏联烯醛二步法的区别是：用粒径 0.1~500μm 离子交换树脂代替硫酸作为缩合反应的催化剂，反应器为装有搅拌器的混合沉降式。裂解采用流化床反应器。其工艺参数见表 2-33。

表 2-33　Bayer 公司烯醛二步法工艺参数

第一步反应		第二步反应	
项　目	指　标	项　目	指　标
树脂催化剂浓度/%	20	DMD 转化率/%	93~96
异丁烯转化率/%	40~70	异戊二烯选择性/%	80~90
甲醛转化率/%	>90	产品异戊二烯纯度/%	99.6

Bayer 烯醛法的特点是：粗 DMD 不必精制即送去裂解，第一步反应生成的水相经浓缩后也可送去裂解。由于不用硫酸作催化剂，故设备腐蚀不严重，但第一步反应转化率较低。

目前，Bayer 公司和 Lurgi 公司共同提供异戊二烯工艺的专利许可。该工艺与 IFP 工艺相似，仅在催化剂选择和操作方案方面略有不同，如异丁烯的单程转化率约为 60%~70%时，该法可作为生产纯异戊二烯和纯异丁烯的方法。

（2）烯醛一步合成法

1）British Hydrocarbon 化学公司气相烯醛一步法

该公司开发的这种工艺[100,101]用异丁烯和甲醛作为原料，以硼磷酸盐、硼-钨酸、负载磷酸等为催化剂，但未见工业化报道。一步法的时空产率较低，故需要较大的反应器。

2）Marathon Oil 公司的氯化法[75]

该法是在 HCl 存在下，甲醛和甲醇反应生成氯甲基甲醚，然后在金属氯化物（$TiCl_4$）存在下与异丁烯反应生成 3-氯-3-甲基-丁基甲醚，随后在 NMP 存在下裂解生成异戊二烯、HCl 及甲醇，甲醇进行循环。

3）Sun Oil 公司气相一步法

Sun Oil 公司改进的一步法[57,58]采用二甲氧基甲烷而不是甲醛与异丁烯在沸石等固体催化剂作用下反应：

$$CH_2O + 2CH_3OH \rightleftharpoons CH_2(OCH_3)_2 + H_2O$$

$$\begin{array}{c} H_3C \\ \diagup \\ C=CH_2 \\ \diagdown \\ H_3C \end{array} + CH_2(OCH_3)_2 \longrightarrow CH_2=\overset{\overset{\displaystyle CH_3}{|}}{C}-CH=CH_2 + 2CH_2O$$

4）Takeda 公司一相单步法

Takeda 公司于 20 世纪 70 年代开发的气相一步法工艺[59,60]采用负载磷酸铅、氧化锑和铋-氧化铝催化剂。反应温度约 300℃。反应式如下：

$$\begin{array}{c} H_3C \\ \diagup \\ C=CH_2 \\ \diagdown \\ H_3C \end{array} + CH_2O \longrightarrow CH_2=\overset{\overset{\displaystyle CH_3}{|}}{C}-CH=CH_2 + H_2O$$

该工艺采用冷酸萃取或甲基叔丁基醚（MTBE）裂化后的异丁烯为原料，系统设置两个反应器，其中一个用于催化剂再生。反应系放热反应，产生的蒸汽可用于产品分离提纯。Takeda 公司称，在所有烯醛法工艺中，该工艺每生产 1t 异戊二烯所消耗的甲醇量最少。但该工艺并未工业化。

5）Kuraray 公司液相一步法

Kuraray 公司于 20 世纪 80 年代研究开发了液相一步法制取异戊二烯工艺[61]。在酸性水溶液中，异戊二烯由烷基叔丁基醚（ATBE）和甲醛反应制得，反应温度为 150~220℃，压力为 13.0~18kg/cm²，酸性水溶液为 15%~30% 磷酸和 0.5%~5% 硼酸的混合物，pH 值为 0.5~2.5。甲醛转化率最高可达 98.4%，基于甲醛的异戊二烯选择性最高达 75.0%，ATBE（实验为 MTBE）的转化率为 94.5% 左右。反应可在低温、低压下进行，从而降低了设备投资。工艺流程见图 2-20。

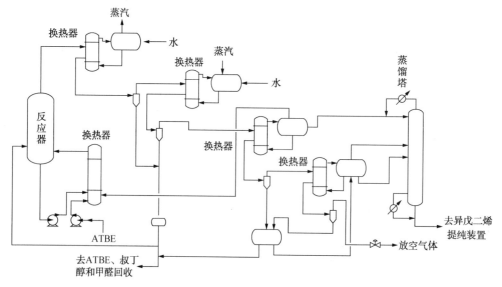

图 2-20　Kuraray 公司液相一步法异戊二烯生产工艺

该工艺的特点为：①酸性水溶液存在于多个连续反应区内；②ATBE 以连续或间歇式进入第一反应区，而甲醛和水以连续或间歇方式进入每一个反应区；③异戊二烯、水、未反应原料、异丁烯、叔丁醇和其他组分从每一反应区中蒸出，然后进入后续反应区；④异戊二烯、水、未反应原料、异丁烯、叔丁醇和其他低沸点组分从最后一个反应区蒸出。反应后的物流经过多个换热器以回收利用其热量，在滗析器内分成油层和水层，有机层在换热器内预热后进入蒸馏塔，塔低异戊二烯、叔丁醇物流再进入异戊二烯提纯装置；水层送往 ATBE、叔丁醇和甲醛回收单元。

（3）丙烯二聚法

此法为美国 Goodyear/SD 公司所开发，仅用三年时间，不经中试，直接从小试一步放大到工业装置，于 1962 年投产。丙烯二聚法的工艺过程分为三个阶段。

第一阶段，丙烯二聚为 2-甲基-1-戊烯：

$$2CH_3-CH=CH_2 \xrightarrow{AlR_3} CH_3-CH_2-CH_2-\overset{\overset{\displaystyle CH_3}{|}}{C}=CH_2$$

第二阶段为异构化反应：

$$CH_3-CH_2-CH_2-\overset{\overset{\displaystyle CH_3}{|}}{C}=CH_2 \xrightarrow{异构化} CH_3-CH_2-CH=\overset{\overset{\displaystyle CH_3}{|}}{C}-CH_3$$

第三阶段为裂解反应：

$$CH_3-CH_2-CH=\overset{\overset{\displaystyle CH_3}{|}}{C}-CH_3 \xrightarrow{HBr} CH_2=CH-\overset{\overset{\displaystyle CH_3}{|}}{C}=CH_2$$

各阶段反应的工艺参数见表 2-34。

表 2-34　丙烯二聚法的工艺参数

第一阶段反应		第二阶段反应		第三阶段反应	
项目	指标	项目	指标	项目	指标
催化剂	三丙基铝	催化剂	酸性固体	催化剂	溴化氢
反应温度/℃	150~200	反应温度/℃	150~300	反应温度/℃	650~800
反应压力/MPa	200	转化率/%	70~75	接触时间/s	0.05~0.35
丙烯转化率/%	60~95	选择性/%	99	异戊二烯总收率/%	50
选择性/%	95				

丙烯二聚法的消耗定额和产品规格列于表 2-35。

表 2-35　丙烯二聚法消耗定额和产品规格

产品规格				消耗定额	
组分	指标	组分	指标	项目	指标
异戊二烯/%	>99.4	环戊烯/(mg/kg)	<100	丙烯/(t/t)	1.52
环戊二烯/(mg/kg)	<50	烯烃	很低	蒸汽/(t/t)	27
α-烯烃/(mg/kg)	<50	二烯烃	很低	冷却水/(m³/t)	1000
2-丁炔/(mg/kg)	<50	硫/(mg/kg)	<5	电/(kW·h/t)	300

此法的缺点是收率低，原料消耗高。投产后不久因丧失竞争力而停产。

（4）炔酮法

该工艺为意大利 Snamprogetti 公司开发，反应过程分为以下几步。

第一步为炔化反应和3-甲基丁炔醇的提纯，反应式如下：

$$(CH_3)_2C{=}O + CH{\equiv}CH \longrightarrow CH_3\underset{OH}{\overset{CH_3}{\underset{|}{\overset{|}{C}}}}C{\equiv}CH$$

第二步为选择加氢，生成甲基丁烯醇，反应式如下：

$$CH_3\overset{CH_3}{\underset{CH_3}{\overset{|}{\underset{|}{C}}}}C{-}CH{\equiv}CH + H_2 \longrightarrow CH_3\overset{CH_3}{\underset{OH}{\overset{|}{\underset{|}{C}}}}C{-}CH{=}CH_2$$

第三步为脱水反应，3-甲基丁烯醇脱水生成异戊二烯，反应式为：

$$CH_3\overset{CH_3}{\underset{OH}{\overset{|}{\underset{|}{C}}}}C{-}CH{=}CH_2 \longrightarrow CH_2{=}\overset{CH_3}{\overset{|}{C}}C{-}CH{=}CH_2 + H_2O$$

第四步为异戊二烯的提纯。

前三个步骤的工艺参数见表2-36。

表2-36 炔酮法各步反应的工艺参数

第一步反应		第二步反应		第三步反应	
反应温度/℃	10~40	反应温度/℃	50~80	反应温度/℃	260~300
反应压力/MPa	1.96	反应压力/MPa	—	反应压力	常压
催化剂	KOH	催化剂	胶态 Pd	催化剂	Al₂O₃
溶剂	液氨	载体	CaCO₃	转化率/%	97
以丙酮计的收率/%	96	收率/%	99.2	选择性/%	99.8

炔酮法工艺流程见图2-21。其产品规格和消耗定额分别见表2-37和表2-38。

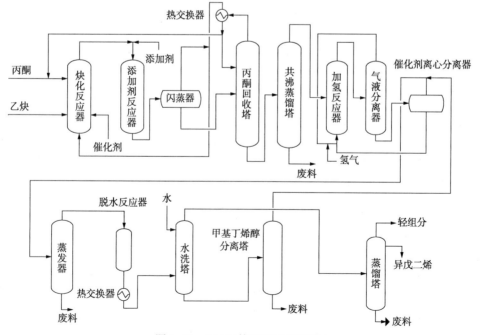

图2-21 SNAM 炔酮法工艺流程

表 2-37　炔酮法的异戊二烯产品规格

项　目	规　格	项　目	规　格
异戊二烯/%	>98.5	炔烃/(mg/kg)	<50
烯烃/%	<1.5	含氧、硫或氮的有机物/(mg/kg)	<100
饱和烃/(mg/kg)	<100	环戊二烯	无
氧/(mg/kg)	<100	戊二烯	无
异戊二烯二聚体/(mg/kg)	<100		

表 2-38　炔酮法生产异戊二烯的消耗定额

项　目	指　标	项　目	指　标
丙酮(100%)/(kg/t)	970	蒸汽(600kPa)/(t/t)	5.0
乙炔(100%)/(kg/t)	430	冷却水(25℃)/(m³/t)	350
氢(100%)/(m³/t)	400	电/(MJ/t)	1800
氨(100%)/(kg/t)	5	燃料甲烷/(m³/t)	40

炔酮法的特点是：异戊二烯的收率高(约 89%)；操作条件缓和；对设备无特殊要求，可用碳钢制作，但原料价格及生产成本较高。

5. 其他

除上述方法外，制取异戊二烯还有丁烯-合成气法、异戊烷液相氧化法、异戊烯环氧化法(ОКСЭП)、烯烃置换脱氢法、甲乙酮与甲醛缩合脱氢法、乙烯-丙烯共二聚再脱氢法、2-乙基丙烯醛法以及生物化学法等。由于其技术及经济性均不理想，故均未实现工业化。

2.2.4　阻聚剂

异戊二烯含有不饱和共轭双键，极容易自聚，在光和热的作用下尤为迅速，温度对异戊二烯自聚速度的影响如表 2-39 所示。

表 2-39　温度对异戊二烯自聚速度的影响[31]

温度/℃	异戊二烯自聚量/(%/h)	温度/℃	异戊二烯自聚量/(%/h)
20	0.000017	80	0.023
40	0.00019	100	0.25
60	0.0021	—	—

正因如此，在异戊二烯的分离、提纯、贮存和运输过程应加入一定量的阻聚剂。良好的阻聚剂既应对异戊二烯有一定的溶解度，且应有一定的挥发度。前者可保证阻聚剂不因冷却而析出，堵塞管道，后者可使阻聚剂随气相进入蒸馏塔顶的回流液。此外，阻聚剂应易于从异戊二烯中除去，以免残存于单体中使聚合引发剂中毒。

乙二胺作为异戊二烯的阻聚剂时，在 100℃时也有很大活性，既有挥发性又易于洗涤除去。贮运中则以加入对叔丁基邻苯二酚较好，但其挥发性差，不能抑制气相物料的聚合。还可用 1% 的 N-甲基吡咯烷酮和 0.1% 的亚硝酸钠作二甲基甲酰胺萃取蒸馏用阻聚剂，效果很好。此外尚可选用二乙羟胺-水杨醛-硝基乙烷复合型阻聚剂[62,63]。

前苏联在烯醛二步法生产异戊二烯的精馏塔所用阻聚剂为对叔丁基邻苯二酚或烷基胺芳香族化合物。异戊烯脱氢法萃取蒸馏塔加入的阻聚剂为亚硝酸钠水溶液和环己酮的混合物。二甲基甲酰胺抽提法则用 1% 的邻硝基苯酚和 1500mg/kg 的亚硝酸钠作阻聚剂。日本乙腈抽提工艺中加入的阻聚剂为高级醇混合物。

BetzDearborn 公司[64]则提出利用维生素 E 作为异戊二烯和丙烯腈的阻聚剂，阻聚效果与传统的阻聚剂相同，毒性更小。

2.2.5 各种生产工艺的技术经济比较

表 2-40 为异戊二烯各种合成方法技术经济性的比较，从中可以看出，以烷烃为原料者的原料费用较低，但固定投资费用较高。

表 2-40 异戊二烯生产工艺技术经济指标[65]

工艺	异戊二烯生产能力/(kt/a)	生产费用/t(异戊二烯)						投资/百万美元		t(副产物)/t(异戊二烯)
		基于俄罗斯的费用				基于欧洲的费用		新建装置固定投资费用	改扩建费用	
		总计		原材料费用/千卢布	公用工程费用/千卢布	总计/美元	原材料费用/美元	公用工程费用/美元			
		千卢布	美元①								
异戊烷两段脱氢法	120	5300	1060	2170	3470	1000	450	650	160	—	1,3-戊二烯，0.13
负压脱氢法	120	3700	740	2300	1600	790	470	300	130	60~70	模拟装置
Pt 催化脱氢法	120	3750	750	1840	2190	800	390	400	120	25~30	模拟装置
异戊烷液相氧化和、异戊烯环氧化法(ОКСЭП)	120	2250	450	1470	1570	540	310	315	130	50~60	МИПК②，0.25 乙酸，0.12 丙酮+乙醇，0.3
两段(经由二甲基二氧六环中间物)烯醛法	60	4750	950	3240	1880	930	630	340	75	—	"绿油"，0.1 "草酸"，0.35
一段烯醛(ОИФ)法	60-	2850	570	2730	560	590	550	110	50	6~7	高沸物，0.27 渣油，0.14
丁烯-合成气法	60	2800	560	1820	1200	610	410	220	75	30~40	三甲基乙烯，0.1 МИПК②，0.1
异戊烯脱氢法	60-	>6500	>1300	7070(4500)③	2400	>1300	1420(900)③	530	65	20~25	丁烯，0.5 己烯，0.8

① 根据 1996 年 1 月 6 日卢布兑换美元汇率计算。
② 副产物为甲基异丙酮(МИПК)；总消耗数据为以 1t 总产物(异戊二烯+МИПК)计。
③ 括号内的数据为扣除原料消耗和丁烯和己烯后的指标。

2.2.6 三废治理

在异戊二烯生产过程中，无论是所用的原料、溶剂，或者中间产物、最终产物和副产物，都有一定毒性，这些物质扩散到空气中能污染大气，排放于水中则污染水体。表 2-41 列出了前苏联和美国制定的某些有害物质在空气或水中的允许浓度[66]。

表 2-41 某些有害物质的最高允许浓度

有害物质	车间空气的含量/(mg/m³)		前苏联卫生生活用地面水(1971 年)/(mg/L)
	前苏联(1971 年)	美国(1973 年)	
异戊二烯	40	—	0.005
异丁醛	100	—	0.5
甲醛	0.5	3	0.5

续表

有害物质	车间空气的含量/(mg/m³)		前苏联卫生生活用地面水(1971 年)/(mg/L)
	前苏联(1971 年)	美国(1973 年)	
甲醇	5	260	—
二甲基甲酰胺	10	30	10
N-甲基吡咯烷酮	—	—	0.5

对于废气，治理方法主要是防止泄漏，当需要排放时，可用火炬燃烧处理。对于高沸点废渣，一般可用焚烧法处理。对于废水，其预处理和一级处理依生产方法和所含有害物质的不同而异。一般可选用萃取、蒸馏、吸附、沉降、离子交换、膜分离、液相催化氧化和燃烧等方法处理。

例如，异戊烷脱氢法，其废水中含有催化剂粉尘、C_5 馏分、羰基化合物和抽提溶剂二甲基甲酰胺等。前苏联对此采用沉降、反应、中和，最后用活性炭吸附的方法进行一级处理。其废水处理流程如图 2-22 所示[67]。

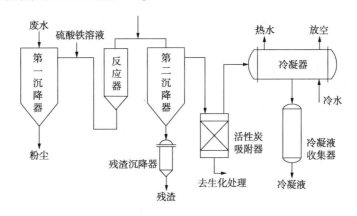

图 2-22　异戊烷脱氢法废水一级处理

大部分催化剂粉尘在第一沉降器中分出，剩余部分再用硫酸铁和石灰乳处理并清除之。含有难以生化处理的有机物废水再用活性炭吸附净化。当活性炭吸附器的过滤速度为 5m/h 时，化学需氧量 COD 的去除率约为 97%。1kg 活性炭的废水吸附量约为 0.85kg(按 COD 计)。失活的活性炭可用 300~400℃的过热蒸汽再生。经处理后的废水即可排入生化设施进行二级处理。

烯醛二步法的废水，由于组成复杂、有害物含量高，处理比较困难。前苏联曾采用蒸馏和燃烧相结合的处理法[68]。首先用加压蒸馏法分别回收第一步和第一步反应所产生的废水中的甲醛，回收率可达 95%~98%。经回收甲醛后的裂解废水即可送去生化处理。而含有多种其他有机物的第一步反应废水，则送入焚烧炉烧掉，同时利用燃烧的烟道气产生蒸汽，以提高过程的经济性。

前苏联还开展了用液相氧化法处理烯醛二步法废水的试验[69,70]。用含钯 0.7%(摩尔)，粒度为 0.04~0.1mm 的木炭作催化剂，用空气进行液相氧化处理。其操作条件见表 2-42。在该条件下操作，废水中的高沸点副产物几乎全被分解。处理后的废水可返回使用或送生化净化设施。其处理流程见图 2-23。

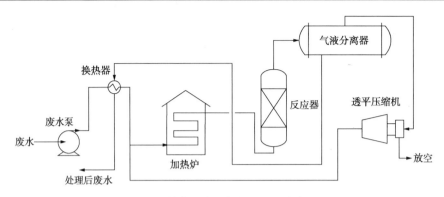

图 2-23　前苏联液相氧化法处理废水流程

表 2-42　前苏联液相氧化法处理烯醛二步法废水的操作条件

项　　目	指　　标	项　　目	指　　标
操作温度/℃	200	催化剂用量/%	8
操作压力/MPa	5.0	接触时间/s	300

烯醛二步法废水的另一处理方法是用反渗透法。即采用一种醋酸纤维素膜,将废水中的二元和三元醇及其他有机物分离出来。经分离后的废水,化学需氧量减少79%~81%,可以排放至生化装置处理。

采用溶剂抽提法时,其废水处理方法与丁二烯抽提法类似。

异戊二烯废水的二级处理,普遍采用生化处理法。经生化处理后的废水,生化需氧量可降低95%以上,剩余量约20mg/L,符合排放要求。

2.2.7　技术进展

1. DMF 萃取精馏工艺的改进

萃取精馏法生产异戊二烯的技术已十分成熟,中国近年来对该工艺技术主要进行了以下的创新和改进。

(1)液相进料新工艺

上海石化将"液相进料萃取精馏法分离石油裂解 C_5 馏分新方法"应用于 C_5 分离装置[71]。第一及第二萃取精馏塔均采取液相进料,可有效地解决物料进料时烯烃在再沸器中易于自聚及由此导致二烯烃收率下降的问题[72]。

(2)DMF 水解的抑制

DMF 中加入 250~5000mg/kg 的戊二醛,可较好地抑制 DMF 水解,对整个体系无不良影响[73]。

(3)新阻聚剂的应用

采用易于分离的高沸点高效新阻聚剂代替原二乙羟胺(A)/叔丁基邻苯二酚(B)阻聚剂[74,75],保证了装置长周期运转。

(4)改进工艺,增加联产副产品,提高综合利用水平

将 C_5 馏分分离得到的粗间戊二烯进行萃取精馏,然后将富集环戊烯和环戊烷的塔顶混合物料和富集间戊二烯和萃取剂的塔釜物料加以分离、精制,得到纯度大于95%的间戊二烯以及环戊烯、环戊烷副产物。这样使整个过程的废液排放量大为减少,有利于环境保护,所用萃取剂得以充分回收利用[76~82]。

（5）采用共沸蒸馏代替第二萃取精馏去除炔烃

原 C_5 分离工艺中第二萃取精馏单元系脱除环戊二烯和炔烃，以便得到聚合级异戊二烯。但因此造成大量溶剂循环、能耗增大。北京化工研究院提出一种采用仅与炔烃形成共沸物而与异戊二烯不形成共沸物的共沸剂通过共沸精馏脱除炔烃的工艺，含炔烃的共沸剂加氢除去炔烃后循环使用，用精馏的方法脱除环戊二烯。聚合级异戊二烯单元的热量能耗仅约为原有第二萃取单元的 20%[83~85]。

（6）利用反应精馏和萃取精馏工艺的 C_5 馏分分离二烯烃

北京化工研究院[86,87]采用一个反应精馏塔代替原工艺的二聚反应器和预脱重塔，由于反应精馏塔的操作压力远远低于二聚反应器的压力，因而减少了设备投资。该方法在环戊二烯二聚生成双环戊二烯的同时，异戊二烯由塔顶分离出，避免了异戊二烯在环戊二烯二聚过程中发生自聚反应和与环戊二烯的共聚反应，减少了除双环戊二烯外的其他二聚物的生成，双环戊二烯的纯度可达 97% 以上，同时，也减少了环戊二烯和异戊二烯的损失。在此基础上，该院研究开发了反应精馏和选择性催化加氢联合工艺，包括脱轻、预脱重反应精馏、催化加氢、萃取精馏、汽提、脱重等步骤。

（7）悬挂式环戊二烯二聚反应器的应用

中石化上海工程公司在 C_5 混合物精馏塔塔身上设置悬挂式二聚反应器，使由塔引出物流中环戊二烯在其中进行液相二聚反应，然后再返回精馏塔，从而减少了环戊二烯除二聚外的其他聚合反应发生，提高双环戊二烯产品质量，降低异戊二烯损失率和尽可能地降低物料中环戊二烯含量[88]。

（8）不需要选择加氢的一段萃取分离裂解 C_5 馏分

由北京化工研究院开发。包括步骤：①裂解 C_5 原料在预脱重塔 1 中经过反应精馏过程分离出包含异戊二烯的物流，然后在预脱轻塔 2 中分离出 C_4 和炔烃等轻组分，塔釜得到包含异戊二烯的物流；②来自预脱轻塔 2 的包含异戊二烯的物流经过萃取塔 3 和解析塔 4，得到异戊二烯物流；③异戊二烯物流在脱重塔 5 中经过分离得到聚合级异戊二烯产品。该技术具有流程短、能耗低、建设和运行成本低、产品品质高等优点[89]。

2. 乙腈法萃取精馏的技术改进

（1）热耦合式萃取精馏工艺

JSR 公司开发了热耦合式乙腈萃取精馏 C_5 分离新工艺。即将第二萃取精馏塔和脱重塔耦合在一起，第二萃取精馏塔的塔顶不设冷凝器，塔顶蒸气不经冷凝直接进入脱重塔，回流则来自于脱重塔。为了回收第二萃取精馏塔的塔顶带来的溶剂，在脱重塔的塔顶注水洗除乙腈，并在塔釜将其回收。采用热耦合技术后能耗可大大降低。就 4640.5kg/h 异戊二烯生产装置而言，热负荷可降低 40% 左右。

为了提高溶剂的选择性，可在萃取剂乙腈中加入少量（2%~20%）沸点高于乙腈（沸点 82℃）的极性物质，如二甲基甲酰胺、N-甲基吡咯烷酮、二甲亚砜、吗啉、糠醛等组成的混合溶剂。

（2）北京化工大学的乙腈萃取精馏 C_5 分离工艺[90]

其工艺流程主要包括热二聚脱除双环戊二烯、原料预分离、第一萃取精馏、第二萃取精馏、水洗塔以及精制单元：原料粗 C_5 馏分先进入脱 C_4 塔，然后塔釜 C_5 馏分及 C_4 馏分 2-丁炔进入双戊二烯系统进行精馏得到双环戊二烯组分，此系统主要包括热二聚反应器、脱 C_5 塔、脱 C_6 塔、DCPD 解聚脱重塔、再热二聚后脱轻、脱重的过程，得到精制的双环戊二烯，在脱 C_5 塔塔顶得到的组分进入异戊二烯系统，先进行 C_5 原料的预分离后进入第一萃取精馏塔，以乙腈为溶剂进行萃取精馏，由塔釜得富含异戊二烯、炔烃等 C_5 二烯烃的溶剂物料；接着进入第二萃取精馏塔，通过控制塔的操作条件及萃取剂的加入量，主要进行炔烃的萃取精馏，塔釜物料进入闪蒸塔，然后进入水洗系统，同时，塔顶异戊二烯等组分也进入水洗系统，萃取剂经过回收塔后可以回收循环利用，经过萃取过程及水洗过程后，进入精制系统，也就是异戊二烯的脱轻、脱重塔，得到高纯度的异戊二烯。

3. 烯醛合成法的改进

（1）烯醛二步法的改进

将甲醛与异丁烯及叔丁醇的反应分两个阶段（第一阶段反应温度 30~110℃，反应压力 0.4~2.5MPa，第二阶段反应温度 110~200℃，反应压力 0.3~2.5MPa）进行。中间产物为 4,4-二甲基-二噁烷及甲基丁二醇；由于二者在裂解时的转化率不同（分别为 <80% 和 ~90%），故此工艺可提高异戊二烯收率[92]。

烯醛二步法中裂解用催化剂的制备工艺可采取如下方法：钙盐与磷酸反应，经磷酸处理、过滤、洗除氯离子、挤压成形、干燥，再经蒸汽处理。这样可提高催化剂的强度和活性以及异戊二烯产品的收率[95]。

（2）烯醛一步法新工艺的探索

有不经 DMD 中间产物合成异戊二烯的报道，即在两个串联的反应器中，先以异丁烯和甲醛催化合成甲基二羟基丁烷，然后不经分离直接进入第二反应器脱水生成异戊二烯。合成甲基二羟基丁烷的反应温度为 60~80℃，甲基二羟基丁烷的脱水温度为 100℃，压力为 1.2~1.4MPa。

另一一步法生产异戊二烯工艺为：异丁烯和甲醛在叔丁醇过量的条件下和催化剂的作用下，进入反应蒸馏塔，塔顶为异戊二烯和异丁烯物流，塔釜温度为 130~170℃，压力高于同样温度下水蒸气压力的 20%~30%。叔丁醇的转化率为 20%~60%[96]。

目前工业生产均采用二步法，但其流程复杂，投资和操作费用较高。一步法固然具有吸引力，但仍未解决产品收率及设备利用率低、水电耗量较大的弊病，有待创新。

4. 异戊烷一步脱氢合成异戊二烯新工艺

异戊烷一步脱氢制异戊二烯新工艺采用 Pt-Sn 类催化剂，于固定床反应器内在水蒸气存在下进行。反应周期 7.5min，再生周期 7.5min，两器切换交替使用。据称俄罗斯雅罗斯拉夫合成橡胶科研生产联合体已掌握了反应器的切换操作技术。新工艺的研究重点在催化剂方面，目前尚处于中试阶段。一步法反应温度为 650~680℃，反应系统异戊烷与水和氢的摩尔比约为 1:5:0.5，异戊二烯收率为 15%~16%，选择性为 64%，催化剂预计寿命 1.5 年，但需解决催化剂上杂质和铁离子的累积问题。消耗指标（以 1t 异戊二烯计）如表 2-43 所示。

表 2-43　一步法消耗指标[97]

	消　耗		消　耗
水蒸气/t　（0.6MPa）	6.5	工业水/m³	1900
（12.5MPa）	7.0	燃料气/kJ	$3.77×10^{10}$
电/kW·h	750		

与异戊烷两步脱氢法相比，该法估计投资可降低约 20%~25%，能耗也有所降低。

5. 异戊烷液相氧化制取异戊二烯新技术

异戊烷液相氧化制异戊二烯新工艺是俄罗斯雅罗斯拉夫合成橡胶科研生产联合体所开发。其基本过程为：异戊烷被氧化成异戊烷过氧化物，然后与异戊烯作用生成环氧化物异戊烯和异戊醇，环氧化物分解后即得异戊二烯，异戊醇脱水又生成异戊烯。此法已在 450kg/h 进料规模的实验装置上运行，尚未工业化。

该工艺的三步反应分别在三个反应器中进行，过氧化物不需提浓，其在异戊烷中的浓度不超过 50%。该方法以空气为氧化剂，第一步转化率为 8%～10%，第二步环氧化物和醇的收率为 78%～80%。生产过程产生的污水量为 1.5t/t 异戊二烯。此工艺前两步氧化为放热反应，只有第三步催化分解（300℃）为吸热反应，故能耗很低，一般情况下比二步脱氢法低50%。中间产品甲基-异丙基酮可作为脱蜡溶剂，亦可再循环送回反应器脱水产生异戊烯。其他副产品为丙酮-乙醇混合物、乙酸等。

6. 生物法合成异戊二烯

目前关于异戊二烯合成途径的研究在生物学水平上已取得进展，科技工作者成功克隆了可由低（聚）核苷酸放大基因片断的微生物，这些含有异戊二烯合成基因的微生物经过培养并释放出异戊二烯，再经冷凝分馏就得到异戊二烯产品。由于微生物具有的环保清洁性、产品纯度高以及资源的可重复利用，生物法合成异戊二烯具有重要意义。

据国际能源网报道：Genencor 公司和 Goodyear 公司于 2010 年 3 月 25 日宣布组建联合体，开发一体化发酵、回收和提纯系统，用可再生原材料生产异戊二烯，利用工程细菌使来自农作物、林业等废弃生物质转化成异戊二烯。其要点在于新陈代谢路径的优化，形成3,3-二甲基烯丙基焦磷酸酯，然后再通过酶的催化作用，转化为生物异戊二烯产品。

2.2.8　异戊二烯的发展前景

生产异戊二烯的技术，无论是烯醛法、脱氢法还是萃取精馏法，均已日趋成熟。我国异戊二烯生产已有一定规模，但多数装置开工不足，也未达到经济规模，产品质量亦参差不齐，有些只用于生产低端产品。从长远来看，应该优先考虑集中原料兴建大型的生产装置，先分离环戊二烯和间戊二烯，就地利用，然后将浓缩的异戊二烯集中建设萃取精馏分离装置，并就近建设下游产品的生产装置。

对于如何提高异戊二烯生产的经济效益问题，在此仅对以裂解 C_5 为原料，采用萃取精馏法生产异戊二烯的路线略作分析。作为原料的裂解 C_5 中异戊二烯含量多在 15% 左右，如果仅仅分离出异戊二烯为产品，其他仍作燃料，其生产成本必然很高。如同时联产与异戊二烯含量相当的间戊二烯和双环戊二烯，则可由裂解 C_5 中分离出来大约 45% 的产品，遂可相应降低异戊二烯的生产成本。另外，从分离过程的某些馏分中尚可比较容易地分离出其他某些有用的副产品。如上海石化已将第一萃取精馏塔顶馏分作为回收异戊烯生产装置的原料，这样也可提高异戊二烯生产装置的整体效益。

逐级分离出来的产品，其下游产品亦须同步开发，如此形成产业链，方可保证异戊二烯生产的整体效益。如上海石化仅有 C_5 分离、芳樟醇和异戊烯的生产，另有三个产品在其他厂家建了装置，均取得良好的经济效益。

另一问题是集中原料带来的运输成本问题。从上海石化的 21kt/a 异戊二烯生产装置来看，其原料有相当部分需外购，从江浙到京津，运费不菲。但由于产品市场开发已有基础，因此其经济效益仍很好。从国外来看：日本的 Zeon、JSR 公司分别集中了水岛和鹿岛各蒸汽裂解装置的副产裂解 C_5 或经浓缩的粗异戊二烯，作为其 C_5 萃取精馏装置的原料生产异戊二烯；而美国，特别是 Goodyear 公司则主要是购入浓缩的粗异戊二烯，作为其萃取精馏装置的原料，生产异戊二烯。同时为了满足异戊橡胶等产品生产需要，还要购入各种规格的异戊二烯，再根据其不同产品的技术要求进行进一步的精制。这不菲的运输成本，仍可使他们得到很好的经济效益。

目前全球异戊二烯生产是脱氢和分离工艺并重，采用合成路线者较少。我国应该注意原料来源的多样性，对脱氢技术予以关注。

参 考 文 献

[1] W J 贝利著. 丁二烯. 北京：石化工业出版社，1976：42-81

[2] 罗焕章著. 石油化工基础数据手册. 北京：化学工业出版社，1982：262-254

[3] American Petroleum Institute, Technical Data Book-Petroleum Refining. Port City Press, Inc., Baltimore Md., 1971：9-19

[4] 山川积. 基本有机合成译丛，第七期. 上海市科学技术编译馆，1965：10

[5] Petro-Tex Chemical Co. Process Evaluation/Research Plan, 1989

[6] 张爱民，中国合成橡胶工业协会第 16 次行业年会技术交流文集，2003

[7] SRI, CEH, Butadiene, 1994. 3

[8] 碳四烃及有关溶剂的化工数据汇编，浙江大学化学工程组

[9] 丁文有，陈茂春. 丁二烯工艺技术开发和进展. 丁二烯生产工艺技术和市场研讨会论文，2006：108-126

[10] MERCK. Safety Data Sheet, 2004; BASF. Safety Data Sheet, 2004

[11] 方自真等. 裂解碳四烃分离过程集成优化控制. 现代化工，1997，17(10)：21-26

[12] 日特-昭 63-27441

[13] 韩方煜，等. DMF 法抽提丁二烯流程集成的研究. 青岛化工学院硕士论文，2000

[14] 方自真，等. 乙腈法抽提丁二烯流程集成节能的研究. 过程系统工程 2001 年会议论文集，2000

[15] Hydrocarbon Processing, 2002, 81(11)：138

[16] Hydrocarbon Processing, 2003, 82(3)：109

[17] European Chemical News, 2001, 74(1940)：27

[18] Hydrocarbon Processing, 2001, 80(2)：34

[19] Chemical Engineering, 2001, 108(2)：17

[20] US 2003181772

[21] Hydrocarbon Processing, 2002, 81(3)：50

[22] WO 02/40434

[23] WO 02/062733

[24] Noni Suk-Chin Lim, PEP Review2002-12(2003 年 9 月)

[25] Chemical Engineering, 2002, 109(2)：15

[26] N Alperowicz. Russian Rubber Producers Convert Plants to MTBE. Chemical Week, September28, 1994：21

[27] A Chauvel, G Lefebvre, L Castex. Petrochemical Processes Volume 1：Synthesis-Gas Derivatives and Major Hydrocarbons(translated from the French by Nissim MARSHALL). Paris：Editions Technip, 1989：351

[28] Hans Martin Weitz, Eckhard Loser. Ullmann's Encyclopedia of Industrial Chemistry. Wiley-VCH Verlag Gmbh & Co. KGaA, Federal Repulic of Germany, 2002

[29] ECN, 2002. 1. 7

[30] Mark H F, et al. Kirk-Othmer Encyclopedia of Chemical Technology, 3rd Ed., Vol. 13. N. Y.：John Wiley & Sons, 1981：818-834

[31] Reid R C, et al. The Properties of Gases and Liquids, 3rd Ed. N. Y.: McGraw-Hill, 1977

[32] McAuliffe C J. Phys. Chem., 1996, 70(4): 1267

[33] Leonard E C. Vinyl and Diene Monomer, Part 2. N. Y.: John Wiley & Sons, Inc. 1971: 997-1119

[34] Weast R C, et al. Handbook of Chemistry Physics, 63rd, D-9. CRC Press, Inc., 1983

[35] Horsley L H. Azeotropic Data-11, Am. Chem. Soc., Washington D. C., 1962

[36] Огородников. с. к. и д., п. х., 1961, 34: 581

[37] 马沛生. 石油化工, 1980, 9(2)

[38] 卢焕章, 等. 石油化工基础数据手册. 北京: 化学工业出版社, 1982: 260-261

[39] Gallent R W. Hydrocarbon Processing, 1967, 46(9): 155

[40] 张旭之, 马润宇, 王松汉, 等. 碳四碳五烯烃工学. 北京: 化学工业出版社, 1998: 590

[41] Лестева, Огородников, Морозова, Аю И., Ж. Х., 1967, 40(4): 891

[42] Gothard F, et al. Chemie & Industrie, 1971, 104(11): 1454

[43] Шестакова, Л. А., и др., Хим. Пром., 1967, (4): 17

[44] C K 奥戈罗德尼科夫著. 吴棣华, 吴祉龙译. 异戊二烯生产. 北京: 化学工业出版社, 1979

[45] 谢克令. 对我国裂解碳五馏分分离和利用的探讨. 石油炼制与化工, 1995, 26(12): 14~20

[46] Snamprogetti. Process for the Separation of Isoprene. US Pat Appl, US 3851010. 1974

[47] Snamprogetti. Solvent Separation of Diolefins from Mixtures Containing the Same. US Pat Appl, US 3980528. 1976

[48] Farbenfabriken Bayer Aktiengesellschaft. Process for Recovering Cyclopentadiene, Isoprene and A Diolefin Stream from the C_5 Cut Obtained by the Petroleum Cracking. US Pat Appl, US 3686349. 1972

[49] Farbenfabriken Bayer Aktiengesellschaft. Process for Recovering Cyclopentadiene, Isoprene and A Diolefin Stream from the C_5 Cut Obtained by the Petroleum Cracking. US Pat Appl, US 3686349. 1972

[50] Monsanto Company. Extractive Distillation of Hydrocarbon Mixtures of Varying Unsaturation. US Pat Appl, US 3350283. 1967

[51] Monsanto Company. Extractive Distillation of Hydrocarbon Mixtures of Varying Unsaturation. US Pat Appl, US 3350283. 1967

[52] 合成橡胶工业(特刊), 1978: 19

[53] 石油化工技术, 1974, (5~6): 53

[54] Bayer A G. Process for preparation of isoprene. US: 3972955, 1976-08-03

[55] Marathon Oil Co. Preparation of polyenes via chloroether. isoprene from formaldehyde and isobutene. US: 3360583, 1967-12-26

[56] Sumitomo Chemical Co. Method for producing isoprene. US: 3890404, 1975-06-17

[57] Sun Oil Co. Preparation Of Isoprene From Isobutylene And Methylal. US: 3758610, 1973-09-11

[58] Sun Oil Co. Vapor Phase Isoprene Process. US: 3773849, 1973-11-20

[59] Takeda Chemical Industries Ltd. Method For Producing Isoprene And Apparatus Therefor. US: 3607964, 1971-09-21

[60] Takeda Chemical Industries Ltd. Catalyst For The Production Of Isoprene. US: 4092372, 1978-05-30

[61] Kuraray Company Limited. Process for Producing Isoprene. US: 4593145, 1986-06-03

[62] 兰州大学化学系. 合成橡胶工业, 1978, 1(4): 23

[63] 徐筱姜, 等. 石油化工, 1983, 12(6): 323

[64] BetzDearborn Inc. Methods for Inhibiting the Polymerization of Vinyl Monomers. US: 5859280, 1999-01-12

[65] ХИМ. ПРОМ. 1997, 7(471): 17

[66] 上海科学技术情报所. 化工污染及其防治, 1976: 351

[67] Куралъеин А В, Себекин И С. Очистка стсчнин вод Дроиэводства Синтетического Каучука. Москва

Стройиздат，1983：43-46

[68] Иванов В И，Иванова О И. Ж. В. Х. О.，1972，17(2)：189

[69] 石油化工环境保护，1981，(1)：1

[70] 石油化工环境保护，1981，(11)：1

[71] 中国石油化工总公司，中国石化北京石油化工工程公司，化学工业部北京化工研究院，上海石油化工股份有限公司. 液相进料萃取精馏法分离石油裂解碳五馏份的方法. CN：1160035，1997-09-24

[72] 上海石化股份有限公司. 液相进料萃取精馏法分离石油裂解碳五馏分的方法. 96116289. 9，1996-03-20

[73] 上海石化股份有限公司. 抑制二甲基甲酰胺的水解的方法. 01126746. 1，2001-09-13

[74] 上海石化股份有限公司. 用于抑制二烯烃自聚或共聚的阻聚剂. 200410018518. 4，2004-05-20

[75] 上海石化股份有限公司. 石油碳五馏份分离过程中抑制碳五二烯烃自聚或共聚的方法. 200410018517. X，2004-05-20

[76] 上海石化股份有限公司. 由石油裂解乙烯副产碳五馏分制取高纯度间戊二烯的方法. CN 01132138. 5，2001-11-08

[77] 上海石化股份有限公司. 一种间戊二烯提纯精制的方法. CN 02111085. 9，2002-03-19

[78] 上海石化股份有限公司. 粗间戊二烯的精制方法. CN 200410093599. 4，2004-12-24

[79] 上海石化股份有限公司. 粗间戊二烯的精制分离方法. CN 200410093598. X，2004-12-24

[80] 上海石化股份有限公司. 一种粗间戊二烯的精制分离方法. 200410093597. 5，2004-12-24

[81] 上海石化股份有限公司. 一种精制粗间戊二烯的方法. 200510025919. 7，2005-05-18

[82] 上海石化股份有限公司. 间戊二烯顺式、反式异构体的分离方法. 200510025920. X，2005-05-18

[83] 北京化工研究院. 脱除高纯度异戊二烯中炔烃的方法. 200710063958，2007-02-15

[84] 北京化工研究院. 脱除高纯度异戊二烯中炔烃的方法. 200710099078，2007-05-11

[85] 北京化工研究院. 前加氢一段萃取分离异戊二烯的方法. 200710099078，2007-05-11

[86] 中国石油化工股份有限公司、北京化工研究院. 一种裂解碳五馏分的分离方法. 02131463，2002-10-16

[87] 北京化工研究院. 反应精馏分离裂解碳五馏分中环戊二烯的方法. 2008100577，2008-02-15

[88] 中国石化集团上海工程有限公司. 分离裂解碳五馏分中环戊二烯的方法. 00710178913，2007-12-07

[89] 濮阳市恒润石油化工有限公司. 萃取精馏分离碳五用溶剂组合物及其应用.

[90] 北京化工大学. 乙腈溶剂法的碳五馏分分离与综合利用. 200610000659，2006-01-11

[91] Churkin V N, Pavlov S Ju, Surovtsev A A, et al. Isoprene Production Process. RU2128638, 1999-04-10

[92] Churkin M V, Churkin V N, Pavlov S Ju, et al. Method of Preparing Isoprene by Liquid Phase Reaction of Isobutene and Formaldehyde. RU2131863, 1999-06-20

[93] Dykman A S. Method of Preparing Isoprene Production Catalyst. RU2135281, 1999-08-27

[94] Andreev V A, Churkin V N, Pavlov S Ju. Method for Production of Isoprene from Formaldehyde and Isobutene. RU2164909, 2001-04-10

[95] Andreev V A, Churkin V N, Pavlov S Ju. Method for Production of Isoprene from Formaldehyde and Isobutene. RU2164909, 2001-04-10

[96] Ooo EVR, Okhim SPB Trejding. Isoprene Production Process. RU2184107, 2002-06-27

[97] 赵万恒. 俄罗斯异戊橡胶生产技术. 化工技术经济，2000，18(3)：26

[98] 秦卫平. 碳五馏分综合利用技术进展. 石油化工设计，2000，17(3)：10-16

[99] 南京工业大学. 采用共沸超精馏和萃取蒸馏耦合分离裂解碳五的方法. 200410041022，2004-06-18

[100] British Hydrocarbon Chemical Ltd. Production Of Conjugated Diolefines. GB：914288，1963-01-02

[101] British Hydrocarbon Chemical Ltd. Production of conjugated diolefines. GB：929073，1966-02-22

第3章 二烯烃配位聚合基础理论

3.1 二烯烃配位聚合的基本概念

3.1.1 配位聚合历程

1954 年，意大利学者 G. Natta 和德国学者 K. Ziegler 首次应用烷基铝和过渡金属化合物组成了 Ziegler-Natta(简称 Z-N)催化体系，合成出等规聚丙烯，继而合成出了烯烃、二烯烃和非碳氢单体的等规和间规聚合物。这一发现成为高分子科学和工业领域的开创性重大事件，它不仅促进了聚烯烃工业的大发展，开辟了配位聚合(或称为定向聚合)新领域，同时也推动了二烯烃配位聚合的大发展。

为了解释 α-烯烃在过渡金属催化剂的聚合机理，Natta 于 1957 年提出了配位聚合概念，后经不断完善和应用范围的扩展，确立了配位聚合历程，即[1]：含富电子 C $=$ C 双键的 α-烯烃或共轭二烯烃第一步首先与活性种中显正电性、并具空位的过渡金属($Mt^{\delta+}$)配位，形成 σ-π 络合物而被活化；第二步，被活化的 α-烯烃或共轭二烯烃插入过渡金属-碳键(Mt-R)中进行增长。在增长后的分子链端的过渡金属又具备了空位，新单体又进行上述的两步反应。这两步反应反复进行，就形成大分子长链。其增长反应为

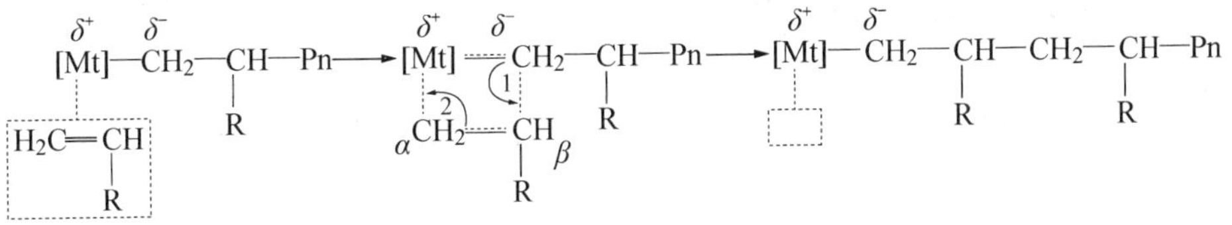

式中：$[Mt]$ 为过渡金属；虚方框为空位；Pn 为增长链。

3.1.2 共轭双键的化学结构及特性

1. 化学结构

有机分子中的碳链以双键与单键交替排列，且双键数不小于 2 的分子，统称为共轭双键分子。

碳-碳双键的形成除由于相邻的两个碳原子各以一个 sp^2 杂化轨道结合，形成相应的 σ 键外，还由于这两个碳原子上剩下的两个 p 轨道平行且同垂直于上述 σ 键平面，并以 p 轨的侧面相重叠，这样形成的键叫做 π 键。

当两个 π 键被一个 σ 单键隔开，则由于 C—C σ 单键相距甚近，足容两个 π 键平行轨道以侧面交叠，这样两个 π 键平行且同处于一个垂直于 σ 键的平面上，形成两个 π 键彼此重叠的统一轨道。四个 p 轨道连成共轭轨道，其上的四个 π 电子均可离开原来碳原子的位置，在统一的 π-π 共轭轨道上移动，这种共轭则称作 π-π 共轭，如图 3-1 所示。

2. 双键共轭后的化学特性

以 1,3-丁二烯为例，共轭键长呈均匀化现象。分子中的双键增长，单键缩短，键长趋于平均化，见表 3-1。

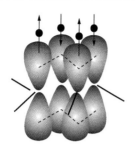
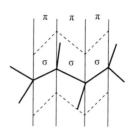

图 3-1　丁二烯中的 π-π 共轭双键

表 3-1　双键共轭后键长的变化

键长	共轭二烯烃(1,3-丁二烯)	非共轭双键(乙烯)
双键	0.137nm	0.134nm
单键	0.146nm	0.157nm(乙烷)

四个碳上的活性可用自由价来表示，令 F_1、F_2、F_3、F_4 代表 1,3-丁二烯中 C_1 至 C_4 上各原子的自由价，则由于对称，所以 $F_1 = F_4$，$F_2 = F_3$。

$$
\begin{array}{cccc}
F_1 & F_2 & F_3 & F_4 \\
0.8378 & 0.3905 & 0.3905 & 0.8378
\end{array} \quad \text{自由价指数} F_n
$$

$$
\underset{\pi\text{-}\pi\text{共轭}}{H_2C \overset{1.8942}{=\!=\!=} HC \overset{1.4473}{-\!\!-\!\!-} HC \overset{1.8942}{=\!=\!=} CH_2} \quad \text{键级}
$$

由于均化，往往聚合后会同时出现 1,2、1,4 等多种结构的产物。

3.1.3　共轭二烯烃配位聚合的特点

配位聚合是一离子过程，叫做配位离子聚合更为明确。按增长链端的荷电性质，原则上可分为配位阴离子聚合和配位阳离子聚合。但实际上增长的活性链端所带的反离子经常是金属(如锂)或过渡金属(如钛)，而单体经常在这类亲电性金属原子上配位，因此配位聚合大多属阴离子型。

配位聚合的特点[1,12c] 是：

① 单体首先在嗜电性过渡金属上配位并形成 π-络合物。

② 反应通常是阴离子性质。

③ 反应需经过四元环(或六元环))过渡态实现单体插入，插入反应包括两个同时进行的化学过程：一是增长链端阴离子对 C=C 的 β-碳原子的亲核进攻(图中的反应 2)；二是反离子 $Mt^{\delta+}$ 对烯烃 π 电子的亲电攻击(图中反应 1)。

$$
\begin{array}{ccc}
\overset{\delta+}{>Mt} & - & \overset{\delta-}{CH_2}\text{\scriptsize\textasciitilde\textasciitilde\textasciitilde} Pn \\
\vdots_1 & & \circlearrowleft 2 \mid \beta \\
CH_2 & - & CH \\
\alpha & & \mid \\
& & R
\end{array}
$$

④ 共轭二烯烃配位聚合具有高度的化学选择性。所得聚合物几乎只含有一种结构的单体单元，如 1,4、1,2 或 3,4 结构。其含量达到 90%以上，有的最高可达到 99%。如稀土催化剂体系所得到的顺式 1,4-聚丁二烯橡胶。

⑤ 聚合物具有高度的立构选择性。所得聚合物有很高的构型有序，而其他方法对二烯

烃的聚合均不具有上述特点。如自由基聚合，普通二烯烃只得到无规聚合物；阳离子引发的聚合反应生成交联型无规聚合物。

⑥ 产品的多样性。同一单体采用不同的催化剂通过配位聚合可以得到多种立体规整聚合物。丁二烯配位聚合可得到四种立体规整聚合物：顺式1,4（cis-1,4）、反式1,4（$trans$-1,4）、1,2-全同（1,2-isotactic）和1,2-间同（1,2-syndiotactic）结构，其中反式1,4和1,2-间同结构为结晶型聚合物，异戊二烯配位聚合可得到两种结晶性聚合物，它们是顺式1,4-聚异戊二烯，与天然胶相似，和反式1,4-聚异戊二烯，等同于天然杜仲胶。

⑦ 大部分都采用溶液聚合的实施方法。配位聚合常在配位催化剂作用下进行，而且本质上常是单体对增长链端络合物的插入反应。故配位聚合常称络合聚合或插入聚合；还由于配位聚合可借以制取立构规整的聚合物，故又称定向聚合。

3.2　配位聚合催化体系

按照催化剂的组成和性质，二烯烃配位聚合催化剂可分为四类，即 Ziegler-Natta 催化剂、π 烯丙基金属催化剂、茂金属催化剂、锂系催化剂。其中锂系催化剂虽然具有能引发二烯烃形成立构规整聚合物、链增长或1,2结构都是通过二烯烃与增长链端的 C—Li 链配位来实现等配位聚合特征，但在学术习惯上这一类催化剂常被归属于负离子聚合范畴。配位聚合催化体系一般都包括主催化剂、助催化剂两组分或再加上配体三个组分。其中主催化剂是核心，多为含有 d 电子轨道的Ⅳ~Ⅵ族前过渡金属化合物、Ⅷ族（即新10族）后过渡金属化合物以及含有 f 轨道的稀土金属。

① 主催化剂必须具有空轨道才能配位，而大多数过渡金属不仅有 d 空轨且由于$(n-1)$d，ns，np 轨道能量接近，易形成杂化空轨道。

② 配位聚合催化体系中的助催化剂多采用Ⅰ~Ⅲ族的金属有机化合物。

③ 配体是从极性及空间位阻两方面调节配位聚合反应及控制聚合物立构。例如用 π 烯丙基镍（η^3-C_3H_5NiX）催化体系时，仅改变负离子配体 X 就可使聚丁二烯中的顺式1,4含量为96%~97%（X = CF_3COO^-）转变为反式1,4含量为93%~99%（X = I^-）的聚丁二烯[31]。

下面按开发时间先后分别讨论已实现工业化生产的二烯烃配位聚合催化剂：Z-N 催化剂、稀土催化剂、茂金属催化剂、后过渡金属催化剂、π 烯丙基催化剂。

3.2.1　Ziegler-Natta 催化剂[3b,4a,5a]

典型的 Z-N 催化剂是双金属非均相催化体系 MtX_n-AlR_nCl_{3-n}，其中 Mt 多为Ⅳ~Ⅵ族前过渡金属，例如 $TiCl_4$（或 $TiCl_3$）与 AlR_nX_{3-n} 配伍，它不溶于烷烃，其活性中心结构曾有双金属及单金属两种说法[5a]：

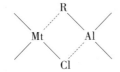

双金属催化活性中心（Natta）　　单金属活性中心（Cossee Arlman）

X—卤素；R—烷基；□—空轨道

双金属 Ti-Al 络合物曾由 Natta 分离出来，开始用于 α-烯烃和二烯烃聚合，但对后者活性甚低。Cossee-Arlman 则提出单金属活性中心模型，认为只有含 Ti—C 键的化合物才是有效的催化剂。空轨道□处于 $TiCl_3$ 晶体的边、角、棱上的空位。Arlman 等根据计算，还解释层状晶型结构的 α-$TiCl_3$ 只有一个氯空配位活性中心，故只适合生成反式 1,4 结构，而链状晶型结构的 β-$TiCl_3$ 则兼有单座、双座两种空配位的活性中心，由此既可生成反式 1,4 又能生成顺式 1,4-聚丁二烯[6a]。

关于链增长，Cossee 等人提出下列反应途径[6a]：

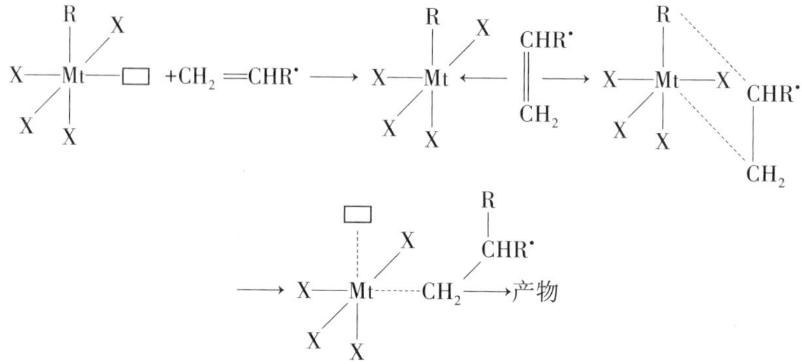

其中，□为空配位，R 为增长的聚合链。在每增长一个单体分子的前后，空位与 R 基均有对换位置的过程。

但这种说法后来被一些学者质疑，因为空配位在每一次链增长中位置均有转移，而每次连续链增长中的空间位阻可能不尽相同，即在立体化学上不等价，因而不能说明得到等规聚合物的事实。有的学者则认为，当烯烃分子接近金属 Mt 时，先是高度极化的 Mt—C 键可使前者极化，而极化的烯烃反过来又使 Mt—C 键变长有利于烯烃单体插入 Mt—R 键间，此即极化吸附插入模型。

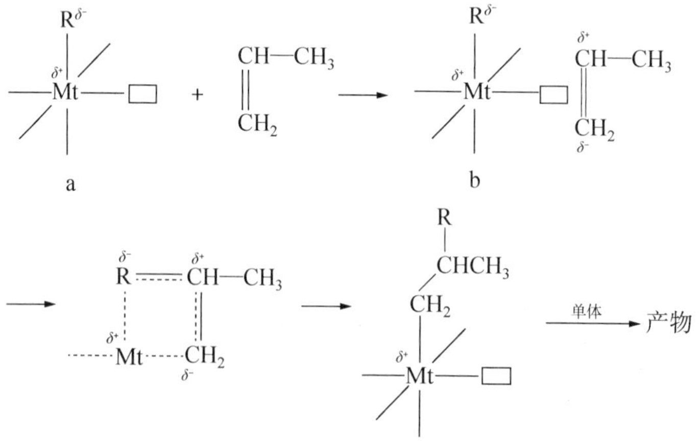

3.2.2　茂金属催化剂[7a]

此类催化剂因用茂类配体与过渡金属组成催化剂而得名。茂（Cp）即环戊二烯之简称。实际上这类配体还包括茚、芴及它们具有取代基结构的同系分子。Kaminsky 首先报道的催化体系是 Cp_2ZrCl_2/MAO。

茂金属催化体系的典型结构如下[7]：

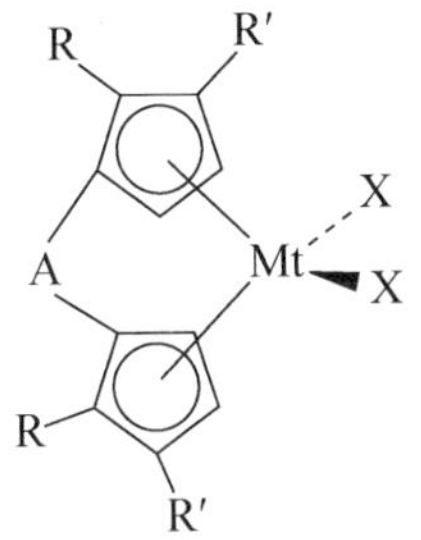

Mt 主要是 Ti、Zr、Hf 等前过渡金属；X 为卤素，如 Cl、Br 等；R、R′是相同或不相同的烷基。改变取代基的结构、体积以及它们的数目、取代位置并与不同过渡金属配合就可以组成一系列茂金属催化体系。有桥联与无桥联两类，桥联键由 C 或 Si 等元素组成，可以改变其种类、长短等调节其键角。此外还有单茂、双茂，取代与未取代茂，对称与非对称等及限制几何、手性构型等一些区别。

茂金属催化体系的特点大致如下：

① 茂催化剂是单金属催化剂，能溶于非极性溶剂如烷烃中，可充分体现均相催化剂的优点，如催化体系在溶剂中分布均匀、催化效率大幅度提高。聚合物分子的微观结构及形态规整，所以其最终产品的物性也明显改善。

② 配体体积庞大且具有刚性，它们与中心金属配位后在金属周围形成特定的微反应区，可对进入单体的配位、活化、插入等过程起到空间"限航"的作用。

③ 这类配体多具大 π 键，具有共轭传递取代基极性的优良性能。

④ 具有广泛深层次的可调性，不仅配体体积大小可调，且取代基大小、数目、位置、种类、极性均可调，还可通过茂间桥联键的长短及不同元素(如 Si 代替 C 原子)调节键角的大小。因此茂金属催化体系有集中极性及空间阻碍两个主要调控空间立构因素于一体的优点。这就是它可形成"单(专)一活性种"(single active site)的原因。

茂金属化合物起初用烷基铝作助催化剂，活性甚低没有实用价值，经加水、醇等活性有所提高。最后发现低分子铝氧烷(MAO)是最佳的"助催化剂"之一，其近似结构如下：

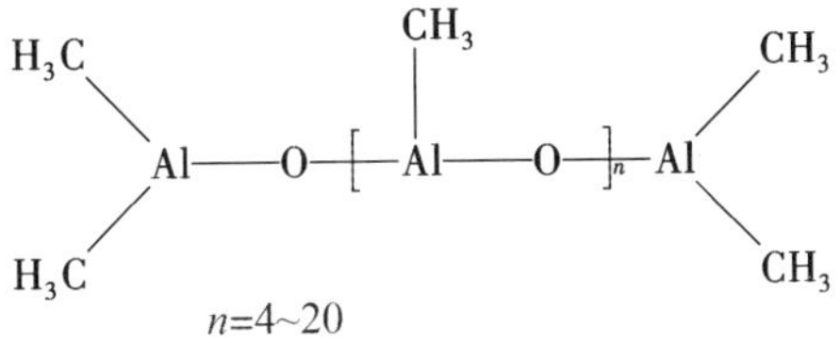

$$n=4\sim20$$
MAO(methylaluminoxane)

MAO 的作用主要为：①使茂金属氯化物烷基化，即以烷基取代其中一个氯原子并移去另一个氯原子，形成络正离子 Cp_2M^+。②维持催化剂正离子的活性使之稳定。当单体接近此烷基含金属的离子时，就形成与单体组成的过渡态络合物。

3.2.3　后过渡金属催化体系[5b]

较早(1956)的后过渡金属配位聚合催化体系有 $CoCl_2 \cdot 2py$ $AlEt_2Cl$，$Ni(naph)_2$-BF_3OEt_2-$Al(iBu)_3$ 已用于共轭二烯烃聚合制得了高顺式 1,4(>97%)的聚丁二烯，性能优异的通用合成橡胶。

后过渡金属主要指Ⅷ族(或新十族)的元素。它们与改性的新型配体配位的体系，有许多全新的特点，它集中了过去一些催化体系的特点，并发挥了后过渡金属体系本身的优势。通过后过渡金属元素与不同配体的搭配使原本不适于乙烯聚合的后过渡金属转变为乙烯类单体的高效催化体系。所用的配体主要有共轭芳氮基如：芳二亚胺、芳三亚胺及含 N、P、O 等异原子且能与金属螯合的配体分子基团。其活性中心结构仅举下列几种[5b]。

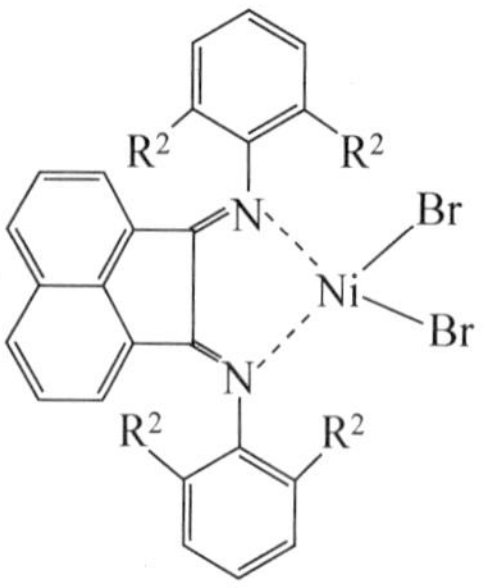

（Ⅰ）

芳二亚胺系列与MAO配位

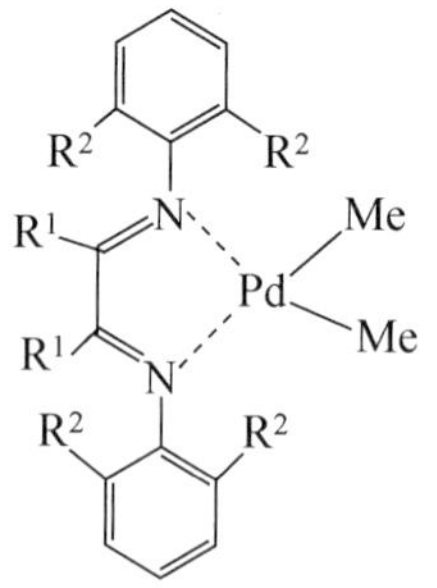

（Ⅱ）

芳二亚胺系列与 $Et_2 \cdot OBA_4^-H^+$ 配位

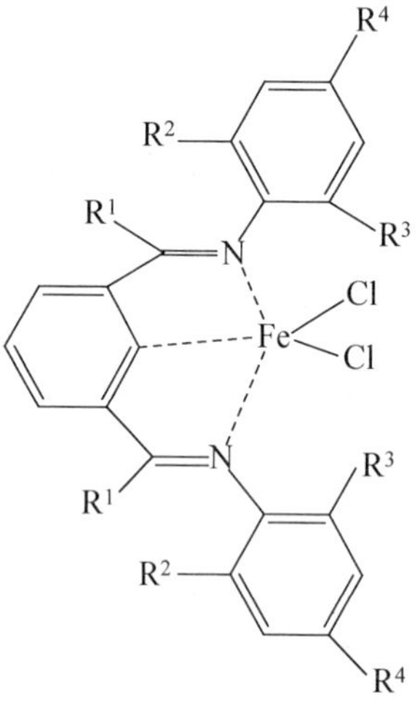

（Ⅲ）

芳三亚胺系列与MAO配位

（R¹=H，Me；R²=iPr，Me等）

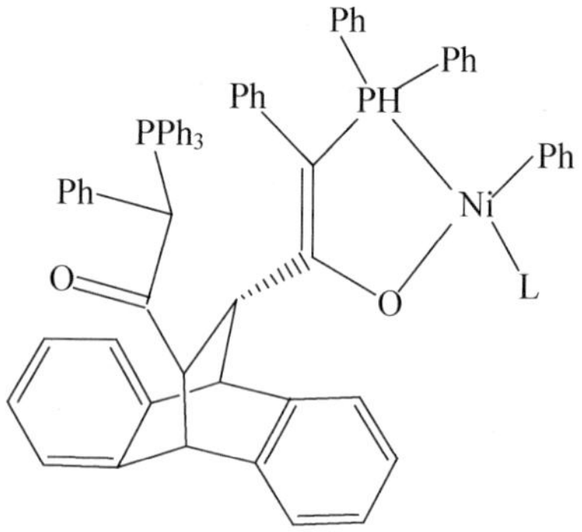

（Ⅳ）

桥键为亚丁基桥联二苯基

—$(CH_2)_4$—ph_2 芳烃系列

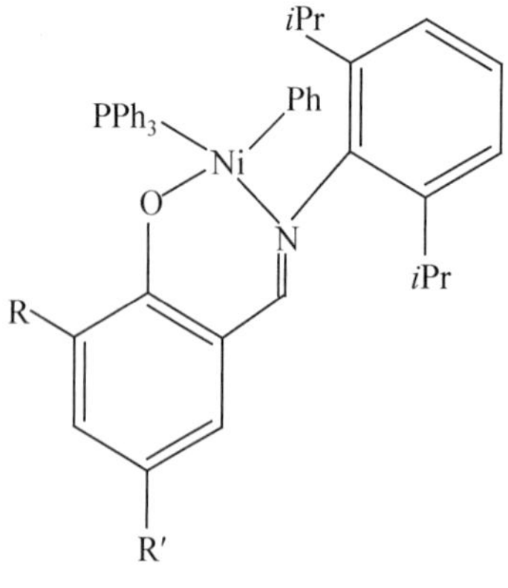

（Ⅴ）

芳二亚胺系列

（例西佛碱类催化剂）

其中：

（Ⅰ）型芳二亚胺镍与 MAO（或 $Et_2O \cdot BAr_4^-H^+$）配伍后，通过改变聚合温度、压力及芳环上的取代基体积大小等，即可制得高密度聚乙烯及以甲基支化为主的中等支化（7～300 甲基/1000C）的聚乙烯。25℃时催化活性高达 $1.1×10^4$ kgPE/molNi・h。聚乙烯 T_g 为 -78℃，$T_m = 129$℃。

（Ⅱ）型催化体系与 MAO（或 $Et_2O・BAr_4^- H^+$）配位后可用于 α-烯烃（C_2H_4、C_3H_6）与极性单体如丙烯酸甲酯（MA）共聚。聚合物分子量分布（MWD）为 1.6，支化为 100 个支链/1000C，产物为高分子量共聚物。

（Ⅲ）型三亚胺铁催化体系与 MAO 配位后，则在 90℃，4MPa 条件下令乙烯齐聚，合成长链 α-烯烃。催化活性远高于其他催化体系。

（Ⅳ）型西佛碱催化剂即引入含 N、O 原子配体与 $Ni(COD)_2$ 配伍，在烷烃类溶剂中可用于合成高分子量聚乙烯，不仅活性高且对氧、醚、酯、酮稳定性好。在水相中还可形成半晶态聚乙烯[35]。

（Ⅴ）型催化体系中引入了含 P、O 原子配体与 $Ni(COD)_2$ 配伍，并在 O 原子附近引入位阻较大的亚丁基桥联二苯基 $-(CH_2)_4-Ph_2$ 键后可极大地提高催化剂活性。用于乙烯聚合时活性高达 $3.49×10^7$ gPE/molNi・h。$M_n = 5000～10000$，MWD = 2.0～3.7。

后过渡金属催化体系主要有下列特点：

① 具备茂金属催化体系的一些优点，诸如单金属均相体系，有庞大的多种可调措施的配体，可形成高活性催化体系。

② 可合成以甲基（CH_3-）为短侧链，支化度（密度）可调的系列聚乙烯，由此可取代过去需乙烯与其他 α-烯烃共聚的工艺。

③ 使乙烯齐聚，制得较长链的 α-烯烃。

④ 可用于极性单体的共聚，由此不仅拓宽了单体使用的范围，且增多了新材料的品种。

⑤ 可在水乳液中进行 1,3-丁二烯聚合，得高反式 1,4-聚丁二烯，顺、反 1,4-聚丁二烯及间同 1,2-聚丁二烯。

用 Rh、Ir、Co 金属卤化物或盐在某些特定乳化剂[如十二烷基苯磺酸钠（烷基>C_5）、十二烷基硫酸钠]存在下，可催化丁二烯在水乳液中聚合。活性中心是由二烯烃与 Rh、Ir 或 Co 配位形成的 π 烯丙基络合物，故有控制聚合物的能力[8]。

聚合反应在乳液中进行有下列一些现象：①对乳化剂结构及后过渡金属用量的配比有最优化要求。例如用 $RhCl_3・3H_2O$ 时乳化剂用十二烷基苯磺酸钠，且乳化剂/Rh ≥ 2 时才有活性。②乳化剂量随着聚合反应进行相应减少。③经测定平均每一聚合物分子上均有一个硫原子。根据这些特征推定：所用乳化剂实际上起着特殊配体的作用，可使该催化剂对水稳定。并提出如图 3-2 所示的反应过程[5c]。

还有用 $RhCl_3$ 在十二烷基苯磺酸钠乳化剂存在下，制得反式 1,4 结构为 96%～99% 的聚丁二烯，在 $IrCl_3$ 的水乳液中则可得反式 1,4 高达 99%～100% 聚丁二烯。而用 M_2PdCl_4（M = Na、K、NH_4）在水乳液中则得到 1,2-聚丁二烯。

总之，后过渡金属催化剂体系的开发拓宽了可用单体的范围，提高了产品的质量，扩充了产品的品种。并将配位聚合与价廉、环境友好的水乳聚合工艺结合起来，无疑是值得重视的。但目前还存在着分子量偏低、乳化剂用量大、立构调整及技术经济等问题，有待研究提高。

3.2.4　稀土催化体系[9a～12a]

稀土元素具有 f 电子空轨道可供配位，这一点与具有 d 轨道的过渡金属催化体系相似。

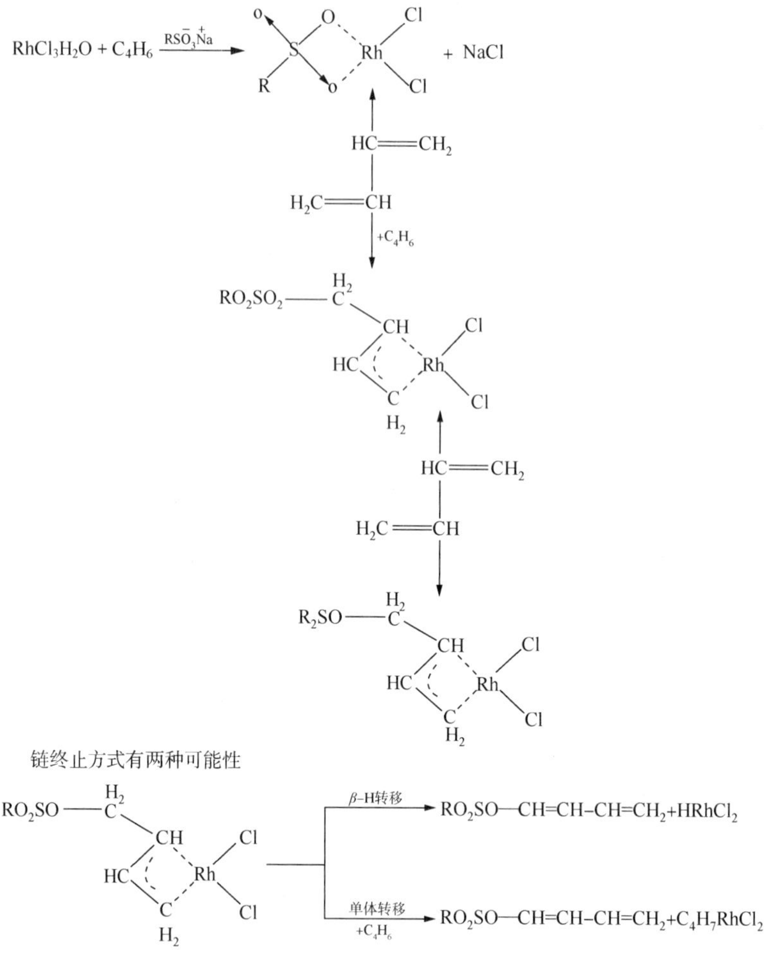

$RhCl_3H_2O + C_4H_6 \xrightarrow{RSO_3^-Na^+}$ [结构] $+ NaCl$

链终止方式有两种可能性

$\xrightarrow{\beta\text{-H转移}} RO_2SO-CH=CH-CH=CH_2 + HRhCl_2$

$\xrightarrow[+C_4H_6]{\text{单体转移}} RO_2SO-CH=CH-CH=CH_2 + C_4H_7RhCl_2$

图3-2 在负离子型乳化剂中 RhCl₃·3H₂O 催化丁二烯聚合的反应历程

但其中镧系元素 4f 轨道受到 5s 轨道的屏蔽较大,因此受外界配位场的影响相对较小,表现在一定范围内改变配体对立构影响相对较小,但却具有性能稳定的优点。20 世纪 60 年代初即有 U(η^3-allyl)$_4$·AlEt$_2$Cl、U(OR)$_4$·AlEtCl$_2$ 等体系用于二烯烃聚合的报道。不仅活性高且顺式 1,4 可高达 98.5%~99% 以上。但由于其残存的放射性而被放弃。铈(Ce)系催化剂虽也有高的立构控制能力,但由于其残留 Ce 会促使聚合物氧化变质也被放弃。70 年代下半叶研发工作主要选择 Nd 系催化体系。此体系没有上述 U、Ce 催化体系的缺点,同时还由于它较同系的 Pr、Gd、Tb 等催化剂活性更高而受青睐。我国沈之荃等在这方面也做了开创性的工作[11]。根据具体情况稀土催化体系的活性中心也有两种说法:

① 稀土金属(Mt)化合物与烷基铝配位组成的双金属活性中心。

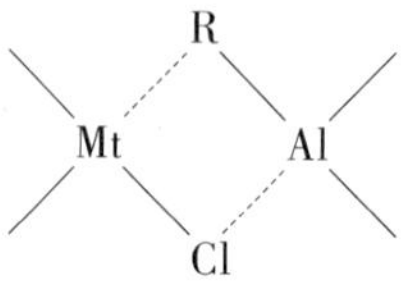

[Mt—Al 结构,含 R 和 Cl 桥]

② π 烯丙基配体与 Mt 形成单金属活性中心(η^3-C$_4$H$_6$)NdCl$_2$。

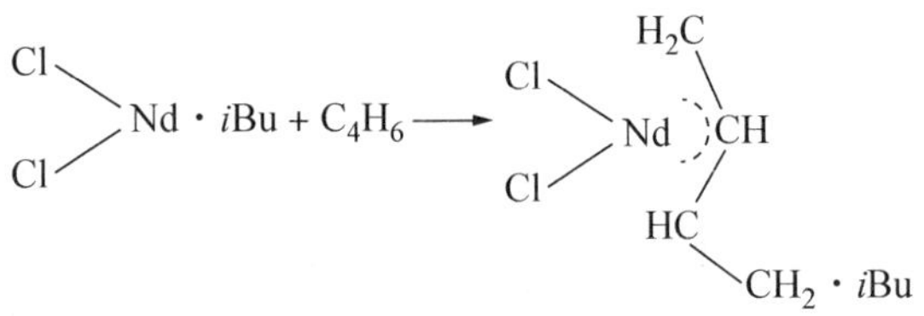

关于 Nd 的活性价态说法不一，包括 Nd(Ⅲ)、Nd(Ⅱ)、Nd(0)，但多数的学者则认为起作用的主要是 Nd(Ⅲ)。

Nd 系催化体系的研究开始为二元催化体系，目前工业用三元体系，如：$Nd(OCOR)_3$-$AlEt_2Cl$-$Al(iBu)_3$[1:(2.7~3):(20~30)摩尔比]，Nd 的利用率一般约为加入量的 5%~7%。溶剂则宜用烷烃，因为芳烃溶剂会与单体竞争与 Mt 配位，从而影响聚合。

Taube 曾提出在 $Nd(\eta^3C_3H_4R)_3$ 体系中只有引入氯原子后才能合成高顺式 1,4-聚丁二烯，并指出最后均以 π-烯丙基钕氯 $Nd(\eta^3C_3H_4R)Cl_2$ 或

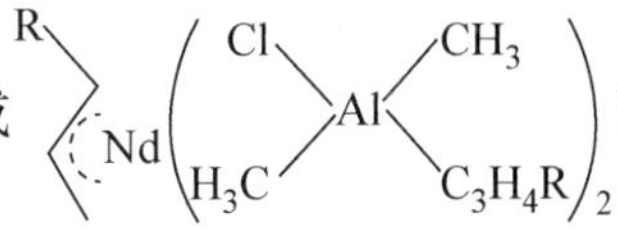

引发聚合。

表 3-2 为我国用稀土有机化合物合成的二烯聚合物的微观结构，证实了催化体系中卤素对聚合物立构的重要影响[12a]。

表 3-2　在稀土有机化合物作用下二烯聚合的数据

序号	单体	催化体系	微观结构/%			
			顺式 1,4	反式 1,4	1,2 结构	3,4 结构
1	丁二烯	$[C_6H_5CH_2]_3Nd$	0	95	5	
2		$[C_4H_9(C_4H_6)_n]_3Nd$	0	96	4	
3		$[C_4H_9(C_4H_6)_n]_3Pr$	0	97.5	2.5	
4		$[C_4H_9(C_4H_6)_n]_3Sm$	0	93.5	6.5	
5		$[C_6H_5CH_2]_3Nd+HCl$	85	13	2	
6		$[C_6H_5CH_2]_3Nd+SnCl_4$	97	2	1	
7		$R_3Nd+(C_6H_5)_3CCl$	98	1	1	
8		$R_3Nd+(C_6H_5)_2SiCl_2$	83	12	5	
9		$C_6H_5CH_2(C_5H_8)_nNdCl_2$	82	18	0	
10		$HNdCl_2/NdCl_3$	94.5	2.5	3	
11	异戊二烯	$[C_6H_5CH_2]_3Nd$	0	95	0	5
12		$[C_6H_5CH_2]_3Nd+HCl$	87	6	0	7
13		$[C_6H_5CH_2]_3Nd+1/2SiCl_4$	81	10	0	9
14		$R_3Nd+2[C_6H_5]_3CCl$	74	20	0	6

根据上表数据，也充分证明催化体系中有否卤素（极性原子）对聚合物立构的影响是十分明显的。无卤素时顺式 1,4 接近于零，而有卤素时顺式 1,4 含量>80%，此处卤素的影响应与极性有关。

3.2.5　π 烯丙基金属催化体系[3c,5d]

π 烯丙基金属催化体系主要作为配位聚合机理模型引人注目，这是因为多年来学者们在研究中发现共轭二烯烃均相配位聚合的增长链端多为 π 烯丙基结构。

π 烯丙基金属为模型催化体系,所以它所研究的金属原(离)子对象较广。包括前后过渡金属,也包括第四及部分第五、第六周期的过渡金属(如 Ru,Rh,Pd,Ir 等)及部分稀土金属。

烯丙基的结构是 $RCH\!=\!CH\!-\!CH_2\!-$,当它与过渡金属配位后,根据配位方式的不同可形成 $[\eta^1\text{-}C_3H_4R]Mt\cdot X$ 及 $[\eta^3\text{-}C_3H_4R]Mt\cdot X$ 两种活性络合物。表示如下:

<table>
<tr><td>$RHC\!=\!CH\!-\!CH_2\!-\!MtX$</td><td></td></tr>
<tr><td>$Mt\!-\!\big[\eta^1\text{-}C_3H_4R\big]X$</td><td>$Mt\!-\!\big[\eta^3\text{-}C_3H_4R\big]X$</td></tr>
<tr><td>σ- 烯丙基MtX</td><td>π- 烯丙基MtX</td></tr>
</table>

以三个电子配位较以一个电子配位的络合物稳定。故都称这类催化剂体系为 π 烯丙基过渡金属催化体系,如 $[\eta^3\text{-}C_3H_4R]MtX$(即 π 烯丙基·MtX)催化剂,当然此处还包括甲基 $CH_3\!-$(或 R)在不同位置取代的烯丙基,如 $CH_2\!=\!C(CH_3)\!-\!CH_2\!-$ 及 $CH_3CH\!=\!CH\!-\!CH_2\!-$ 催化体系,其结构式如下:

$Mt\!-\!\big[\eta^3C_4H_7\big]$ β位取代-CH_3^- Mt-(π-methallyl)	$Mt\!-\!\big[\eta^3C_4H_7\big]$ α位取代-CH_3^- Mt-(π-crotyl)

20 世纪 60 年代 Natta 等曾报道用 $(\eta^3\text{-}C_3H_5\text{-}NiBr)_2$ 催化剂进行丁二烯聚合,后经 NMR 分析证明 $(\eta^3\text{-}C_3H_5\text{-}Mt)$ 为配位聚合的活性中心。60 年代报道还有均相 $U(\eta^3\text{-}allyl)_4\text{-}AlEt_2Cl$ 催化体系,它具有高活性,且所得聚丁二烯之顺式 1,4 含量高达 98.5% 以上。

π 烯丙基金属催化剂特征:

① 属均相体系,在用于研究反应机理-动力学时可避免两相催化剂中"相"的干扰;

② 是单金属催化剂,说明助催化剂并非必不可少,但却从另一方面说明了助催化剂可起到辅助或配位"活化"作用;

③ 通过研究三个催化成员 $(\eta^3\text{-}allyl)$、(Mt)、(X)(此处设 X=配体)对配位聚合反应的影响,可对聚合反应机理、动力学及聚合物立构控制过程的本质有较深入的认识。

烯丙基稀土催化体系用于丁二烯配位聚合的反应历程如图 3-3 所示[10b]。

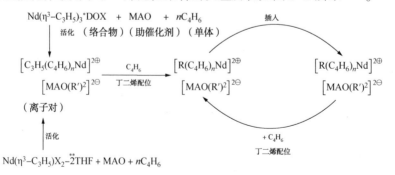

图 3-3　MAO 活化的 $Nd(\eta^3\text{-}C_3H_5)_3DOX$ 及 $Nd(\eta^3\text{-}C_3H_5)X_2\cdot THF$
催化体系用于丁二烯引发插入链增长的反应过程

上式中: * DOX=$C_4H_8O_2$(二氧六环); ** THF=C_4H_8O(四氢呋喃);

R′=被抽出的烯丙基或卤素 X; R* =逐步增大的聚合链

3.3　配位聚合反应动力学及机理[3c,9b,5e]

3.3.1　聚合动力学方程和参数[9a,5e]

1. 烯丙基镍催化剂

(1)（π-C_3H_5NiX）$_2$（X = Cl、Br、I）催化剂体系催化剂体系

$$-\frac{d[M]}{dt} = k[C]^n[M] \qquad E_a = -66.88\text{kJ/mol}, \quad n = 1/2$$

(2) π-C_3H_5Ni（$OCOCCl_3$）催化体系

$$-\frac{d[M]}{dt} = k[C]^n[M] \qquad E_a = 45.98\text{kJ/mol}, \quad n = 1$$

(3)（π-C_4H_7NiX）$_2$ 加对四氯醌体系（强受电子体）

$$-\frac{d[M]}{dt} = k[C]^n[M] \qquad E_a = 25.9\text{kJ/mol}, \quad n = 2$$

说明加入配体对四氯醌能使 E_a 降低及速度变快，即对聚合热力学、动力学皆有影响。

(4) π-C_4H_7NiX+$SnCl_4$体系（$SnCl_4$也为较强的受电子体）

$$-\frac{d[M]}{dt} = k[C]^n[M] \qquad E_a = 26.7\text{kJ/mol}$$

式中，k 为表观速率常数，$[C]$ 为烯丙基镍络合物浓度即表观活性种浓度，$[M]$ 为单体浓度，E_a 为表观活化能。

在(1)式中 $[C]^n$，$n = 1/2$ 可解释为活性中心是（π-C_3H_5NiX）$_2$ 二缔合体解缔后成为真正起活化作用的单量体（π-C_3H_5NiX）活性中心，此处 $E_a = -66.88\text{kJ/mol}$ 偏高可能与解缔有关。

在(2)式中速率与 $[C]$ 的一次方成正比（$n = 1$），说明 π-C_3H_5Ni（$OCOCCl_3$）可能由于（$OCOCCl_3$）的体积较大，在该具体条件下不易形成缔合物，即直接以单量体的形式 π-C_3H_5Ni（$OCOCCl_3$）起配位引发作用。故对 $[C]$ 的反应级数为 1，E_a 也接近一般配位聚合活化能的水平，在 40~60kJ/mol 之间。

在(3)式中（π-$C_4H_7NiX_2$）与对四氯醌配位体系。实际上在有四氯醌存在下，（π-$C_4H_7NiX_2$）$_n$ 多已解缔为单分子（π-C_4H_7NiX），而且由于四氯醌的强受（吸）电子性，活化能降低至约 25kJ/mol，比较接近阴离子聚合 E_a 的水平，其摩尔比 1:1 时活性最高，说明该醌已进入催化体系之中。$SnCl_4$ 也为受电子体，情况与此接近，对 $[C]$ 均为二级反应。

2. 稀土催化剂

有关 Nd 系聚丁二烯的报道，将配体（X）也列入动力学方程的范围[9a]。

$$r_p/k_p = C_{Bd}^a C_{Nd}^b C_{Al}^c C_X^d$$

式中，r_p 为聚合速率，k_p 为聚合速率常数，$C_{Bd}^a \cdot C_{Nd}^b \cdot C_{Al}^c \cdot C_X^d$ 分别为单体丁二烯、主催化剂 Nd 化合物、Al 助催化剂及配体 X 等的浓度，a、b、c、d 则分别为它们的反应级数。当然随着催化前驱物组成的不同，反应级数也颇有差异。但在大多数情况下 $a = 1$（极少数情况下为 2），$b = 1$（或<1），$c < 1$（0.5；033），而 d 则无法用简单方次表达。因为配体通常是通过与 Nd 配位而施加其影响，不仅与催化剂 Nd 的相对用量有关而且还与助催化剂（如有机铝 AlR_nX_{3-n}）的相对用量及其加料次序有关，不仅与其极性（供、受电子数）之大小有关且还与其体积（空间位阻、离子半径等因素）有关。例如在（π-C_4H_7NiX）$_2$ 体系中，(1)、(2)由

于 X 为卤素或 $OCOCCl_3$ 两类配体之不同或外加配体对四氯醌的影响，因此 b 就有 1/2、1、2 之变化，表观活化能相应地有 66.88kJ/mol、45.89kJ/mol、25.9kJ/mol 的变化。这些数据说明影响配位聚合活性种的因素较多。其中配体的影响不可忽略，但目前还不十分清楚其具体规律，有待深入研究阐明[9a]。

3.3.2 聚合反应机理

1. 由催化剂前驱物通过配位反应生成活性中心

催化剂前驱物 $TiCl_4$、$TiCl_3$ 等与 $AlEt_3$ 在一定条件下，通过配位反应便可形成活性中心。

例：

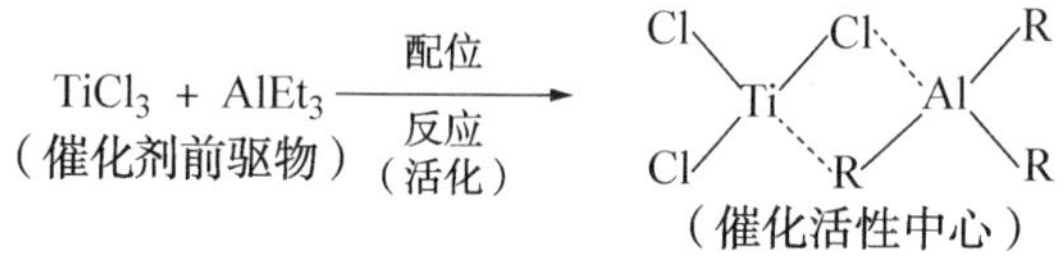

$$TiCl_3 + AlEt_3 \xrightarrow[\text{反应（活化）}]{\text{配位}}$$

（催化剂前驱物）（催化活性中心）

式中催化剂前驱物 $TiCl_3$ 中 Ti—Cl 的键能与形成活性中心后 Ti—C 的键能，Ti—Cl 键为 335kJ/mol，而 Ti—C 键则为 170~250kJ/mol，显然反应后的 Ti—C 键要活泼得多。

活性中心不稳定，不易保存，故往往是由几种催化剂前驱物"就地"配制，反应形成活性中心的过程常称作"陈化"（ageing）。

Nd 系催化剂在前驱物为 $NdCl_3 + Al(iBu)_3$ 时，可形成单金属或双金属两种活性中心[9b]。

① 形成单金属活性中心

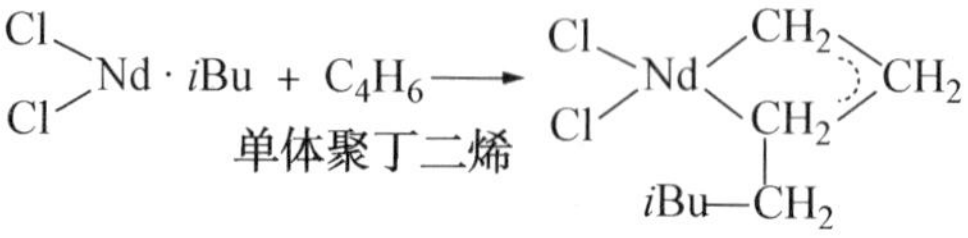

单体聚丁二烯

② 形成双金属活性中心

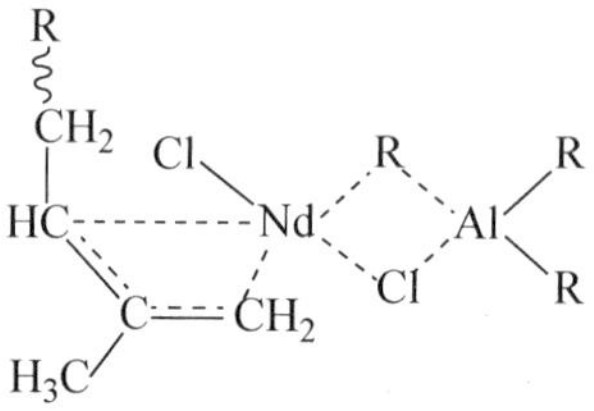

Monakov 等人还提出 $NdCl_3$ 催化体系有四种可能的活性中心：

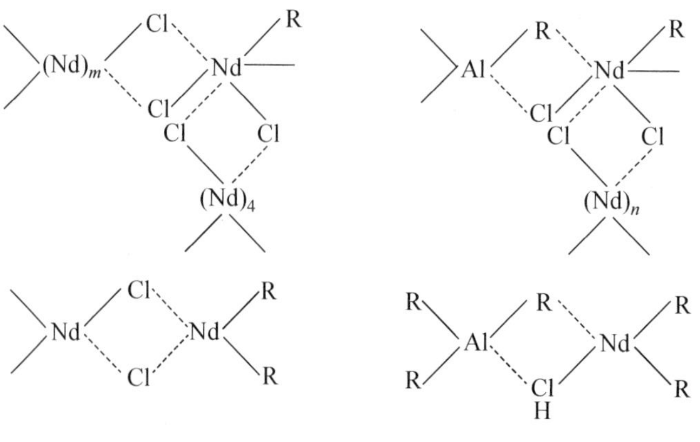

其中的共同点是所有这些催化活性中心均含 $\overset{+}{M}$—$\overset{-}{R}(C)$。

2. 链引发反应

含双键的单体与作为主催化剂中的过渡金属配位时会生成 σ、π 反馈配键，这是双键配位的一个特点，它与形成 σ-配键不尽相同。

σ-π 反馈配键络合物中的过渡金属多为等电子与多电子，原子且也多处于低氧化状态。例 Fe、Co、Ni、Cu、Rh、Pd、Ag、Os、Ir、Pt、Au 等原(离)子均有上述配位作用。而"前"过渡金属则往往需要在供电子配体协助下才能有较高的活性。

在配位聚合中，双键与 $\overset{\delta+}{Mt}—\overset{\delta-}{C}$ 配位十分重要，这是配位聚合中链引发与链增长的关键反应。

共轭双键与 $\overset{\delta+}{Mt}—\overset{\delta-}{R}$ 配位有三种配位形式：

① 单座配位，即以一个双键与 Mt 配位。

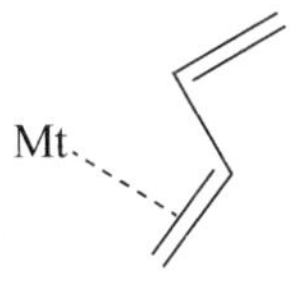

② 双座配位，即同时以两个双键与 Mt 配位

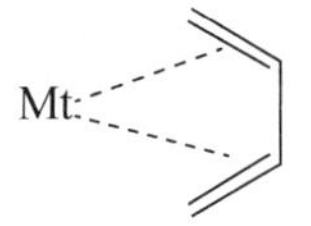

③ 双座配位还倾向于转化为 π 烯丙基(η^3-C_3H_5)配位的形式[6b]。

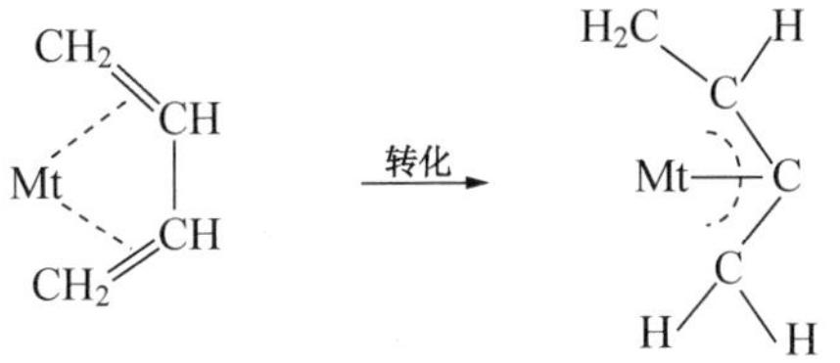

双座配位　　　　　π 烯丙基配位（即η^3-C_3H_5）

这种由双座配位转变为 π 烯丙(丁)基配位的反应已由 H-NMR 测试证明。第一个单体是插入 Ni-η^3-C_4H_7键之间形成活性中心，进一步的单体插入 $\overset{\delta+}{Mt}—\overset{\delta-}{R}$键的链增长过程也已用 H-NMR 观察 1,3-丁二烯与[Pd(η^3-C_4H_7)I]$_2$反应的情况证实[3c]。

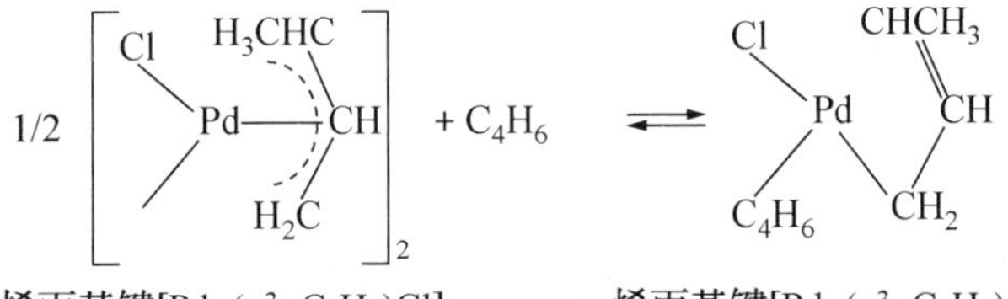

π 烯丙基键[Pd-(η^3-C_4H_7)Cl]$_2$　　　σ 烯丙基键[Pd-(η^3-C_4H_7)Cl]

1,3-丁二烯配位插入 Pd-C 键，同时烯丙基键移至配位的单体，后续的链增长反应可认为只是重复上述过程。

烯丙基(η^3-C_3H_5)、烯丁基(η^3-C_4H_7)过渡金属络合物作为过渡形式已用于配位聚合反应机理、动力学及控制聚合物立构等方面的模型反应研究。

3. 链增长反应

包括单体之依次配位于 Mt$^+$上活化并插入 Mt$^+$-R$^-$间，同时分子量也逐次增大的过程。见图 3-4。

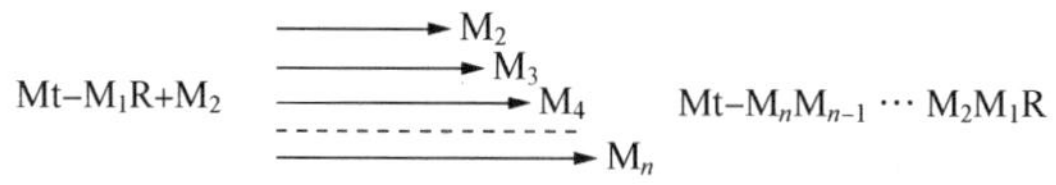

$$Mt-M_1R+M_2 \xrightarrow{\begin{array}{c} \longrightarrow M_2 \\ \longrightarrow M_3 \\ \longrightarrow M_4 \\ ------ \\ \longrightarrow M_n \end{array}} Mt-M_nM_{n-1}\cdots M_2M_1R$$

图 3-4 M_2 配位于 $Mt-M_1R$ 上活化并插入 $Mt-M_1R$ 之间成为 MtM_2M_1R 的过程

4. 链终止

配位聚合的终止大致有下列几种可能的历程。

（1）向单体的链转移终止

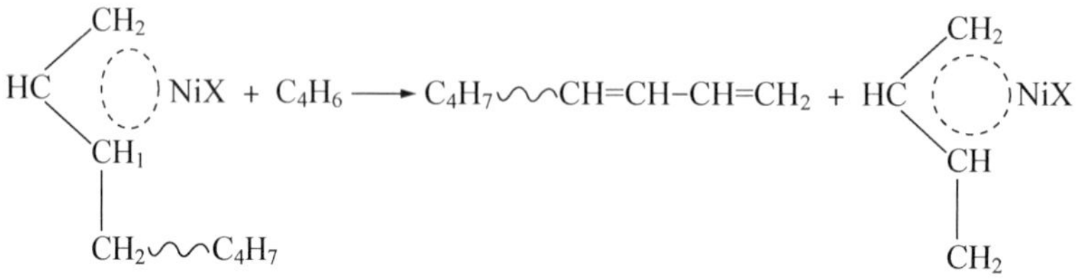

（2）向活化剂 AlR_3 链转移（可用于调节分子量）

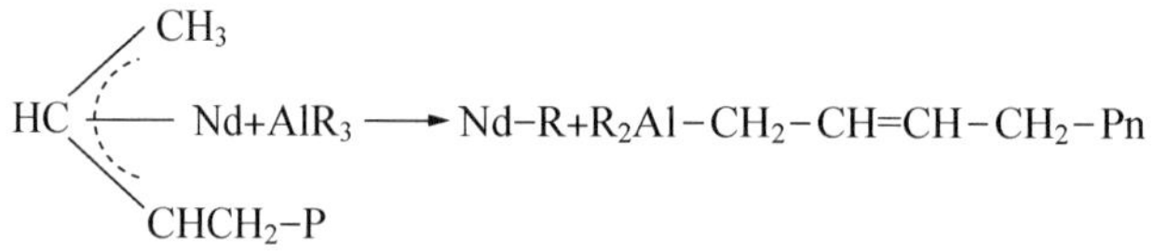

（3）自发终止

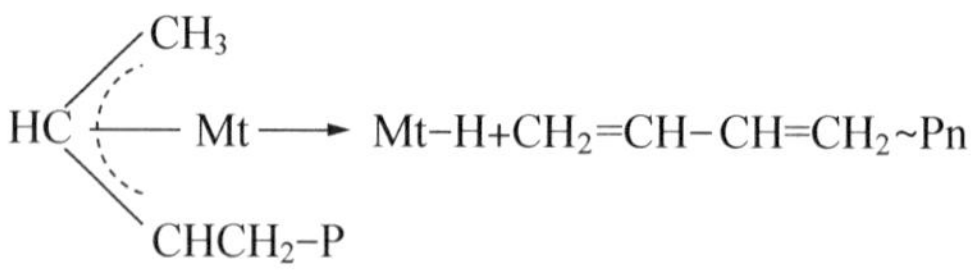

此外还有聚合链经歧化、热分解等反应导致链终止。

（4）已生成的聚合物与体系中残留的 π 烯丙基金属络合并进一步分解

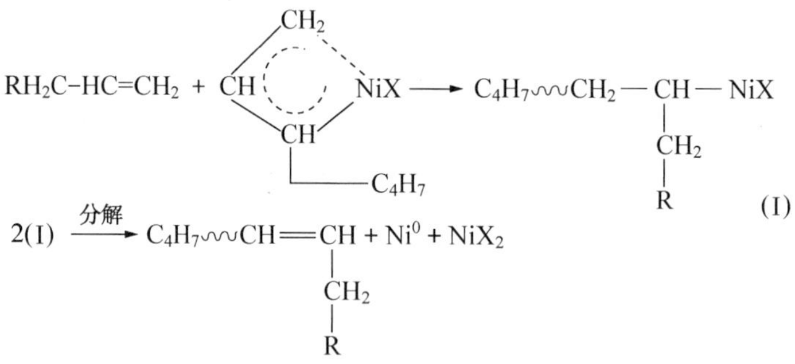

$$2(I) \xrightarrow{\text{分解}} C_4H_7\text{\textasciitilde}CH=CH + Ni^0 + NiX_2$$

（Ⅰ）中（$C^- —^+NiX$）σ 键不稳定，而进一步分解终止。

对 Nd 系配位聚合反应机理可简单绘成如图 3-5[10a] 所示。

3.4 影响聚合物立构的主要因素

迄今控制聚合物立构的因素还不甚清楚，但多数学者认为聚合物的立构主要应发生于链增长阶段。其影响因素错综复杂很难绝然分开，今且根据加入聚合体系的物料归纳为以下三方面：①配位活性种对聚合物立构的影响。②单体等配位方式的影响。③配体调控在聚合物立构中的作用。除此之外，聚合物的反应条件如温度、压力、溶剂极性对聚合物立构也有影响。

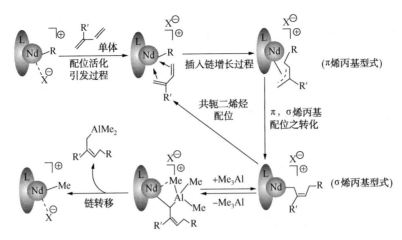

图 3-5 π 烯丙基钕系丁二烯配位聚合反应机理，包括烷基铝参加的链转移、终止过程

3.4.1 配位聚合活性种

配位聚合活性种 Mt^+-R^- 是由 M 及 R 两个电荷不同的原子或分子片通过它们之间的"键"联结组成，单体插入 Mt^+-R^- 后两端皆相对固定。因此配位聚合活性种的结构本身就为控制立构创造了有利条件。对聚合物立构影响的各种学说简介如下：

1. 活性种（Mt^+-R^-）中 Mt^+ 的影响[5c]

（1）过渡金属 Mt 原子半径及配位间距的影响

Mt 原子半径或 $TiCl_3$ 晶体中 Ti—Ti 间距与单体构象尺寸匹配学说[5c,5e]。丁二烯单体有两种构象：

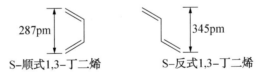

S-顺式1,3-丁二烯 287pm S-反式1,3-丁二烯 345pm

Saltman W. M. 等通过测定 α-$TiCl_3$ 晶型中 Ti—Ti 间距为 345pm，β-$TiCl_3$ 中 Ti—Ti 间距为 291pm，过渡金属原子半径如表 3-3 所示。

表 3-3 过渡金属原子半径及配位间距

过渡金属	Ti	V	Cr	Mn	Fe	Co	Ni
原子半径/pm	147	135	129	137	126	125	125
配位座间距/pm	315	310	290	294	288	287	284

注：取配位数为 6 时的数据。

根据尺寸匹配学说 Fe、Co、Ni 原子配位间距为 288pm、287pm、284pm，β-$TiCl_3$ 中 Ti-Ti 间距为 291pm 时，均可与顺式 1,4 丁二烯构象尺寸匹配，故可合成顺式 1,4-聚丁二烯。α-$TiCl_3$ 则可合成反式 1,4-聚丁二烯。此说最先解释非均相 Z-N 催化体系中主催化剂金属元素对聚合物立构的影响。

Arlman 则根据计算得出 α-$TiCl_3$ 为层状结构，晶体的边、角、棱上只有一种空配位活性种，只允许单体以一个双键（单座）配位，故只能得到反 1,4 链节。而 β-$TiCl_3$ 为链状晶，相应的空配位有两种，既有单座又有双座（两个双键）配位活性种，因此，既可生成反式

1,4-聚丁二烯又可生成顺式 1,4-聚丁二烯。Arlman 的观点实际上已将单座、双座配位方式的影响联系起来。

（2）Mt 金属价态的影响[5a]

在 Z-N 催化体系中，要求过渡金属应处于较低价态时才能得到所期望的规整立构聚合物，例如钒-铝（V-Al）催化体系用于丁二烯聚合时，反式 1,4 含量按下列钒的价态（+3，+4，+5）顺序递减：

$$V^{3+}Cl_3(\sim99\%)>V^{4+}Cl_3(95\%\sim97\%)>V^{5+}Cl_3(95\%\sim96\%)$$

该体系用于聚异戊二烯时，也有类似的规律：

$$V^{3+}Cl_3(99\%)>V^{5+}OCl_3(91\%\sim93\%)$$

这可能是因为金属的价态与极性有关，若用电负性（χ）来衡量，则 $\chi_{V^{3+}}=1.4$，$\chi_{V^{4+}}=1.7$，$\chi_{V^{5+}}=1.9$。即钒（V）的价态越高，极性越大，反式 1,4 含量越低。

（3）周期表中不同族过渡金属 Mt 的影响

相同的烯丙基金属催化体系用于 1,3-丁二烯聚合时，大致结果为：Fe、Ni、Co、Rh 和 U 的 π 烯丙基络合物倾于生成 1,4-聚丁二烯，含 Cr、Mo、W、Nb 等的 π 烯丙基络合物则多形成 1,2-聚丁二烯。V 系则偏向于生成反 1,4 结构。稀土金属如 Ce、Nd 等生成高顺式 1,4-聚丁二烯。目前工业上生产高顺式 1,4-聚丁二烯橡胶多用 Co、Ni 及 Nd 催化体系。Nd 催化体系，因为它不仅能合成高达 98% 以上的顺式 1,4-聚丁二烯，且催化剂性能稳定，聚合温度范围较宽，故有最佳的综合性能。

2. Mt^+-R^- 活性种中 R^- 配体的影响

活性种中 Mt^+-R^- 中的 R^- 主要是烷基或烯丙基，它们多为单体（烯烃、共轭二烯烃）插入链增长后形成的反离子。

共轭二烯烃与活性种 Mt^+-R^- 配位后生成 π 烯丙基链端，但在供电子配体作用下，π 烯丙基链端会向 σ 烯丙基链端方向转化，而在受电子配体作用下则 σ 会向 π 烯丙基方向转化。

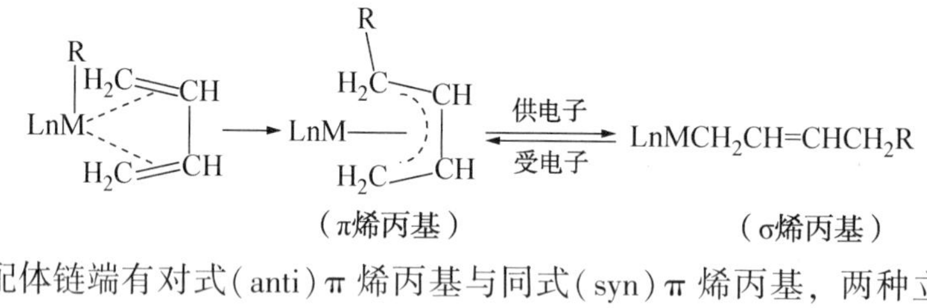

π 烯丙基配体链端有对式（anti）π 烯丙基与同式（syn）π 烯丙基，两种立体排列，如图所示：

anti-η^3-(C_3H_4R)-对式 Π 烯丙基   syn-η^3-(C_3H_4R)-同式 Π 烯丙基

对式及同式 π 烯丙基配位链端对聚合物立构影响的报道多集中于对式 π 烯丙基（anti-η^3-C_3H_4R）与同式 π 烯丙基（syn-η^3-C_3H_4R）影响的探讨：有的学者认为对式 π 烯丙基配位链端有利于顺式 1,4-聚丁二烯，而同式 π 烯丙基配位链端则有利于反式 1,4-聚丁二烯生成。

松本毅[13a]曾用[1]H-NMR 测定活性中心烯丙基镍卤（C_3H_4RNiX）（$R=CH_3$，$X=Cl$ 或 I）相关数据，由此得知催化体系在未进入聚合反应前均以同式 π 烯丙基镍卤二缔合体形式存在 $\left[\left(syn-\eta^3C_3H_4R\right)NiX\right)_2\right]$

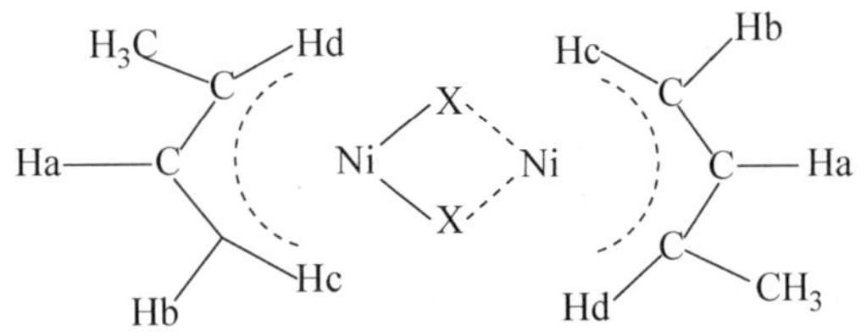

式中R=CH_3，X=Cl 或 I

当用于丁二烯聚合时，用（$syn-\eta^3-C_3H_4(CH_3)NiCl$）$_2$时，得到的丁二烯中含顺式 1,4 为 76%～79%，而用［$syn-\eta^3-C_3H_4(CH_3)NiI$］$_2$时则得到的聚丁二烯中含反式 1,4 为 96%。说明用［$syn-\eta^3-C_3H_4(CH_3)NiX$］$_2$体系聚合时，由于 X 不同可得到顺式 1,4 或反式 1,4 为主的聚丁二烯。

3.4.2 单体配位方式及与活性链端碳原子连接位置

1. 共轭二烯烃单体是以一个双键（单座）两个单键（双座）还是以 π 烯丙基的形式与金属配位及它们对聚合物立构的影响

共轭二烯单体与活性中心金属配位有三种形式：

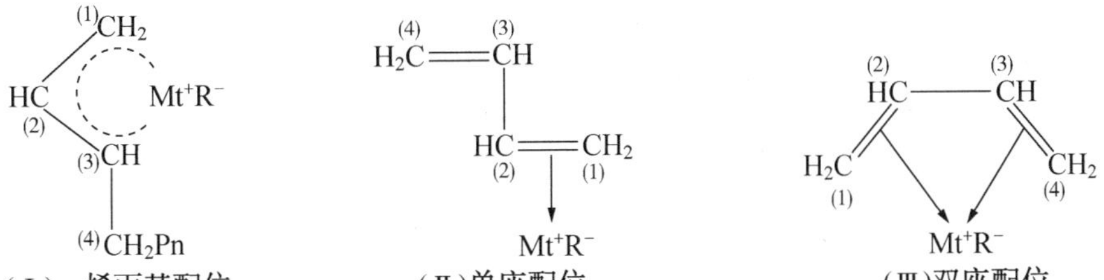

（Ⅰ）π 烯丙基配位　　（Ⅱ）单座配位　　（Ⅲ）双座配位

对应的加成位置有 $C^{(1)}$ 或 $C^{(3)}$（Ⅰ）；$C^{(1)}$ 及 $C^{(2)}$（Ⅱ）；$C^{(1)}$ 及 $C^{(4)}$（Ⅲ），依次介绍如下：

（1）R-为烯丙基活性链末端时，σ、π 烯丙基链端对聚丁二烯微观结构的影响

Natta、Porri[5f]20 世纪 60 年代年用 $V(acac)_3$ 作主催化剂和不同助催化剂引发丁二烯聚合，通过 π 烯丙基端配位反应时，提出如下历程：

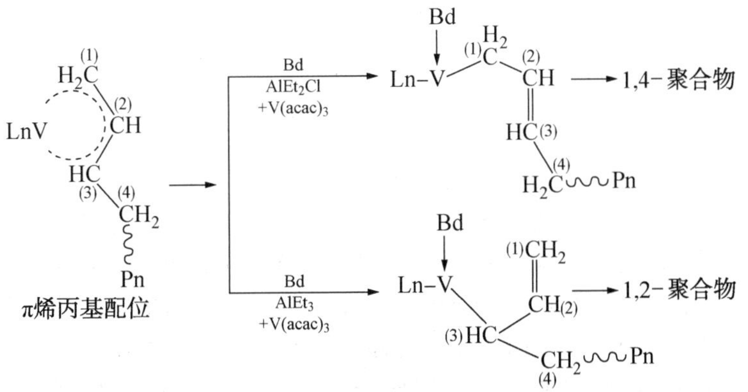

π烯丙基配位

认为这两种催化体系皆为均相，聚丁二烯皆以单座配位，故配位方式应与聚合物立构无关。当用含氯的 $AlEt_2Cl$ 则有利于 V-$^{(1)}$C 连接，故得（顺式或反式）1,4-聚丁二烯。而用不含氯的 $AlEt_3$ 时则为 V-$^{(3)}$C 连接，故得 1,2-聚合物。此即在烯丙基活性链端中，不同碳原

子序数(例$^{(1)}$C 或$^{(3)}$C)与钒连接是决定聚丁二烯微观结构的说法。Porri、Glaiasse(1991年)等又报道[12b]：

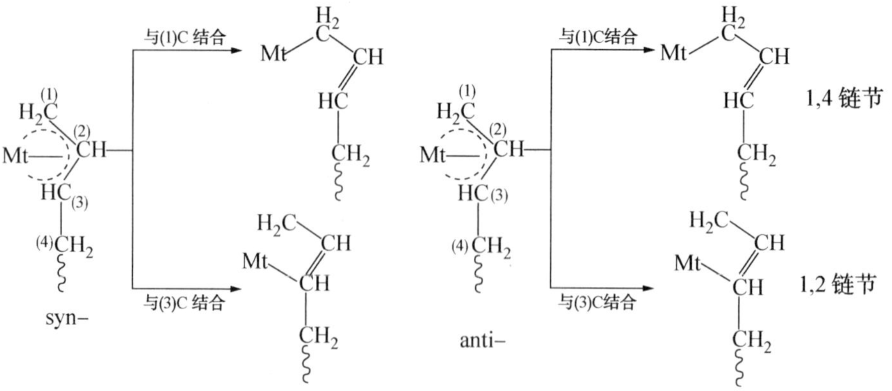

强调在未取代的丁二烯中，形成 Mt—$^{(1)}$C 或 Mt—$^{(3)}$C 链才是决定聚丁二烯 1,4 与 1,2 的关键，且认为与原来 π 烯丙基链端是 syn-或 anti-的形式无关。

近年来还有学者将上述学说拓展，即不仅烯丙基上碳原子中 Mt—$^{(1)}$C 与 Mt—$^{(3)}$C 键的差异有影响，而且后来的新单体上不同序数的碳原子与烯丙基上不同碳原子的结合也有影响[3b]。而这些则与单体的取代基性质、位置、数目与活性链端的性质有关，例：

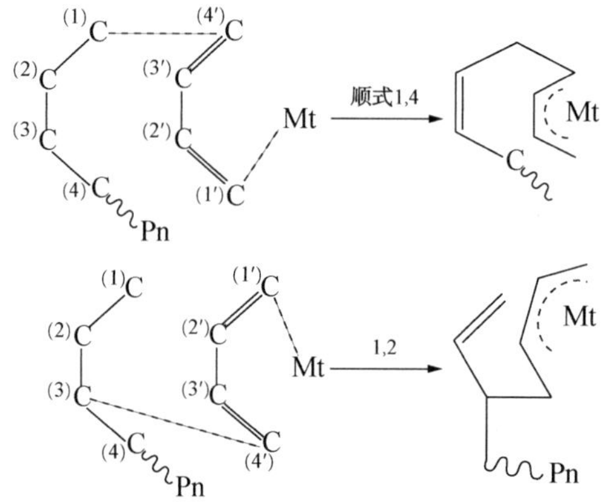

设 n 为烯丙基链端碳原子的序号，n' 为新进入配位单体上碳原子的序号。当 C$^{(1)}$—C$^{(4')}$ 连接时，则得反式 1,4 链节(若单体终端有单取代基时则取全同结构)。当 C$^{(3)}$—C$^{(4')}$ 连接时，则得间同 1，2(syndiotactic)聚合物。当用 Ti(OR)$_4$-AlEt$_3$ 催化体系时，则可得到顺 1,4/1,2 等二元聚丁二烯[3a]。

在研究 Nd 系聚丁二烯中则有报道，认为同式(syn)与对式(anti)π 烯丙基仍对聚丁二烯的立构起重要作用，并绘制了反应历程，见图 3-6[9c]。

研究证实 1,3-丁二烯与过渡金属或稀土如(Nd)催化剂配位后均有 Mt—C 键生成，且单体插入后均以 π 烯丙基的形式键含于金属上。只是当双座配位时则得到对式 π 烯丙基键端，由此再继续插入链增长可得顺 1,4 及部分 1,2-聚丁二烯，而当单座配位时则单体插入后得到同式 π 烯丙基链端，再进一步插入链增长后可得反式 1,4 及部分 1,2-聚丁二烯，因此，认为单体与同式或对式 π 烯丙基金属配位是生成反式 1,4 或顺式 1,4-聚丁二烯的决定性因素，即通过 syn-η^3-allyl-Nd 可合成反式 1,4 及部分 1,2-聚丁二烯，而通过 anti-η^3-allyl-Nd 则可合成顺式 1,4 及部分 1,2-聚丁二烯。但是，这里也提到 π 烯丙基对式与同式间的异构互变反应使得上述情况变得复杂。

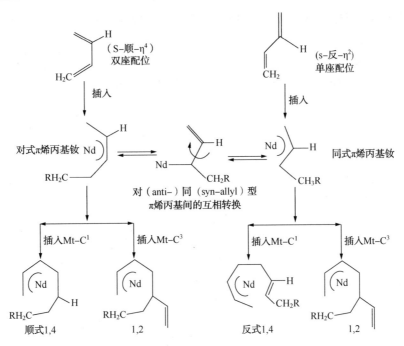

图 3-6　π 烯丙基钕催化体系合成 1,2 及 1,4-聚丁二烯反应机理(电荷及配体皆暂略去)

还有实验证明共轭二烯烃插入"M—H"的反应初始产物多为对式(anti)，但随着反应进行及温度升高后位阻影响变小时，则热力学上有利的同式(syn)烯丙基会逐渐增多[6c]。

共轭二烯烃如 1,3-丁二烯单体在聚合中的同式 π 烯丙基链端热力学上较稳定。这样，反应前期单体浓度较大，插入链增长速度快于对式-同式重排的速度，有利于插入链增长反应进行，故多得顺式 1,4-聚丁二烯，而聚合反应后期单体浓度越来越小，故易生成反式 1,4-聚丁二烯。这就是当链增长速度快于同式-对式转化的速度则得顺式 1,4，反之，则得反式 1,4-聚丁二烯的观点[9c]。

（2）单座配位双座配位对聚合物立构的影响

Porri 和 Natta 60 年代还曾用 Co 盐分别与 $AlEt_2Cl$ 或 $Al_2Et_3Cl_3$ 配位催化 1,3-戊二烯聚合，得到下列结果[5g]：

并解释为双座配位则得顺式 1,4 链节，单座配位则得 1,2 链节产物。但对形成单座或双座配位的根本原因则报道较少。松本毅等提出过渡金属 M 上 d 轨道与 1,3-丁二烯中 π 轨道能量匹配的说法。他们经过简化量子化学计算得出 1,3-丁二烯及过渡金属（如 Ni）中 d 轨道的能级（Energy level）数据，见图 3-7[13b]。

① 离域(或共轭双键，双座)时已占轨道能级 $E_{Bd\ deloc}$ 为 9.1eV；最低空轨为 3.4eV。

② 定域(非共轭双键，单座)，此处以乙烯 π 轨能级 E_T 近似代替 $E_{Bd.\ deloc}$ 已占轨道能级为 10.5eV，空轨为 3.0eV。

过渡金属 Ti、V、Cr、Mn、Co、Ni 的 d 轨能级(E_M)大致在 6.5~8.0eV 之间。

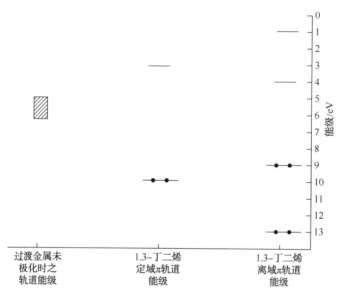

图 3-7　过渡金属 d 轨道和丁二烯 π 轨道的能级

可用不同电负性的配体来调节 E_M，调节后 E_M 的结果如下：

① 若 $E_M \gg E_{Bd\ deloc}$(9.1eV)，则多出现单座配位，此时有利于反式 1,4 及 1,2 链节之生成。

② 若 $E_M \approx E_{Bd\ deloc}$(9.1eV)，则为双座配位，此时聚合物多为顺式 1,4 链节。

③ 若 $E_M \approx E_{ET}$(10.5eV)，则出现单座配位，聚合物多为 1,2 或反式 1,4 链节。

从实践中得到的半经验规律与上述情况一致；

① 若中心过渡金属 Mt 不变，所选用配体的电负性由小变大或 Mt 的价态由低到高时则聚合物的产物多倾向于由 1,2 或反式 1,4 转变为顺式 1,4。但当极性超过一定极限后情况又会逆转。

② 若中心过渡金属 Mt 改变，则 Mt 的电负性越大时要求配体的电负性也越大，才能得到顺式 1,4 链节的聚合物。

Matsuzaki 等人则提出与松本毅等相似的观点[5g]。认为过渡金属非键电子和丁二烯分子 π 轨道增长链间电子相互作用的能量匹配对形成聚合物立构有重要影响。若过渡金属原子为中性，电子云为球形分布(如 V 中心)，可与 s-反式丁二烯配位生成反式 1,4-聚丁二烯。在 Ni(或 Co)络合物中，电子分布偏离球形对称，使 d_{xy} 轨道屏蔽效应减小，能级低于 $d_{x^2-y^2}$ 轨道。因此，丁二烯的 π 电子将有选择地进入 d_{xy} 轨道与 Ni(或 Co)形成双座配位，因此生成顺式 1,4-聚丁二烯。

但在有配体存在下则会引起单座与双座配位间的相互转化。例如，在 Nd 系引发丁二烯的聚合中，双座配位得顺式 1,4-聚丁二烯，单座配位得反式 1,4-聚丁二烯，若加入供电子配体则双座配位减少，顺式 1,4 降低，见图 3-8[9c]。

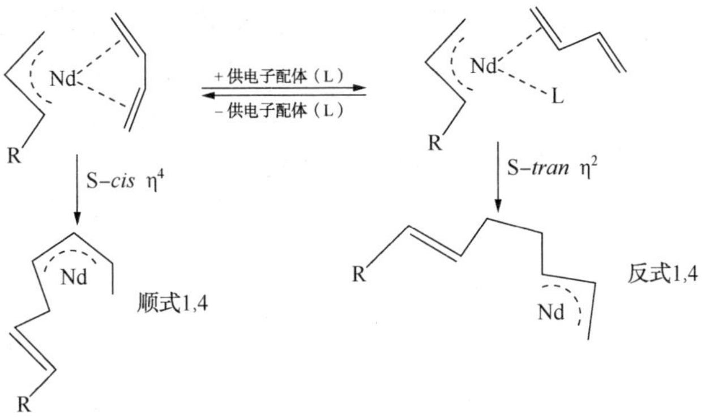

图 3-8　供电子配体(三苯基膦及烷基金属，如 $(iBu)_2AlH$，$(iBu)_3Al$ $ZnEt_2$)等对聚合物微观结构的影响

因为加入给电子配体，故使钕配位趋于饱和，即由 η^4(双座)降为 η^2(单座)配位方式，因此生成反式 1,4 链节。

在 Ni、Co 系 Z-N 催化体系中加入供电子配体 CS_2、PPh_3 也有上述相同的效果。用甲苯(供电子性质)作溶剂时也有类似的情况，关于这方面的综合性报道可参考文献[2]。

2. 共轭二烯烃单体分子上取代基对配位方式及聚合物立构的影响

在有非对称取代基的共轭二烯烃，例如 2-甲基-1,3-丁二烯(即异戊二烯)与 4-甲基-1,3-丁二烯(即 1,3-戊二烯)均聚的情况下，则由于取代基导致 π 烯丙基及新进入单体结构的改变，而对聚合物立构产生影响。根据 ^1H-NMR 研究异戊二烯及 1,3-戊二烯，配位插入后，对应的取代 π 烯丙基呈结构(Ⅰ)、(Ⅱ)及(Ⅲ)、(Ⅳ)结构。

—CH_3 取代 π 烯丙基有下列结构[3b]：

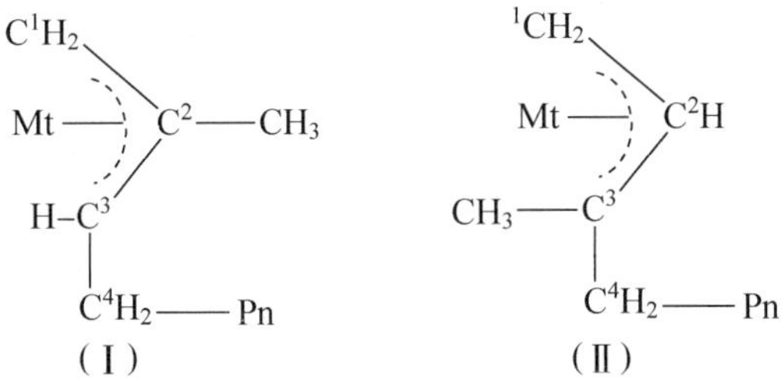

(Ⅰ)　　(Ⅱ)

Syn-　　Syn-

(Ⅰ)、(Ⅱ)由异戊二烯形成的同式 π 烯丙基链端

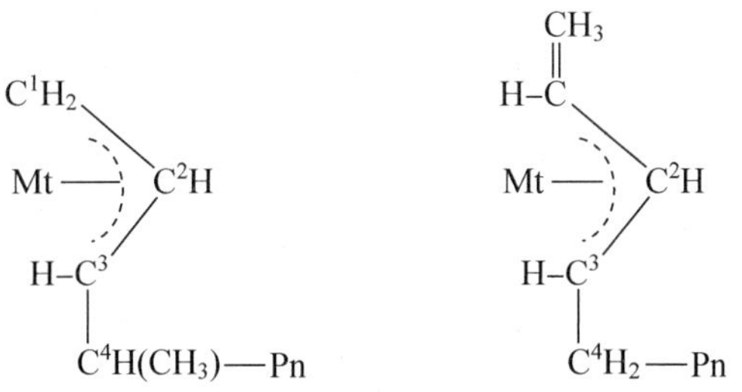

(Ⅲ)　　(Ⅳ)

Syn-　　Syn-

(Ⅲ)、(Ⅳ)则为 1,3-戊二烯形成的同式 π 烯丙基链端

这些结构中 C_1、C_3 原子上的位阻不同，必然与新配位插入的单体联结时，就会得到不同

的微观结构的产物。明显的例子是用 4-甲基-1,3-戊二烯聚合时，则只能得 1,2-聚(4-甲基戊二烯)，此时并无 1,4 链节出现，这种现象是因为 4-甲基-1,3-戊二烯中 C 原子上取代基，使 ^{2}C 更加活泼，故得 1,2-聚合物。显而易见，是取代基空间因素影响配位方式以及立构结果。

若将共轭二烯烃上取代基的极性(即电子性质)及空间位阻两个因素结合到一起，则还有"四元环"、"六元环"过渡态的假说。认为"四元环"导致 1,2 链节，"六元环"导致 1,4 结构(图 3-9)[5f]。

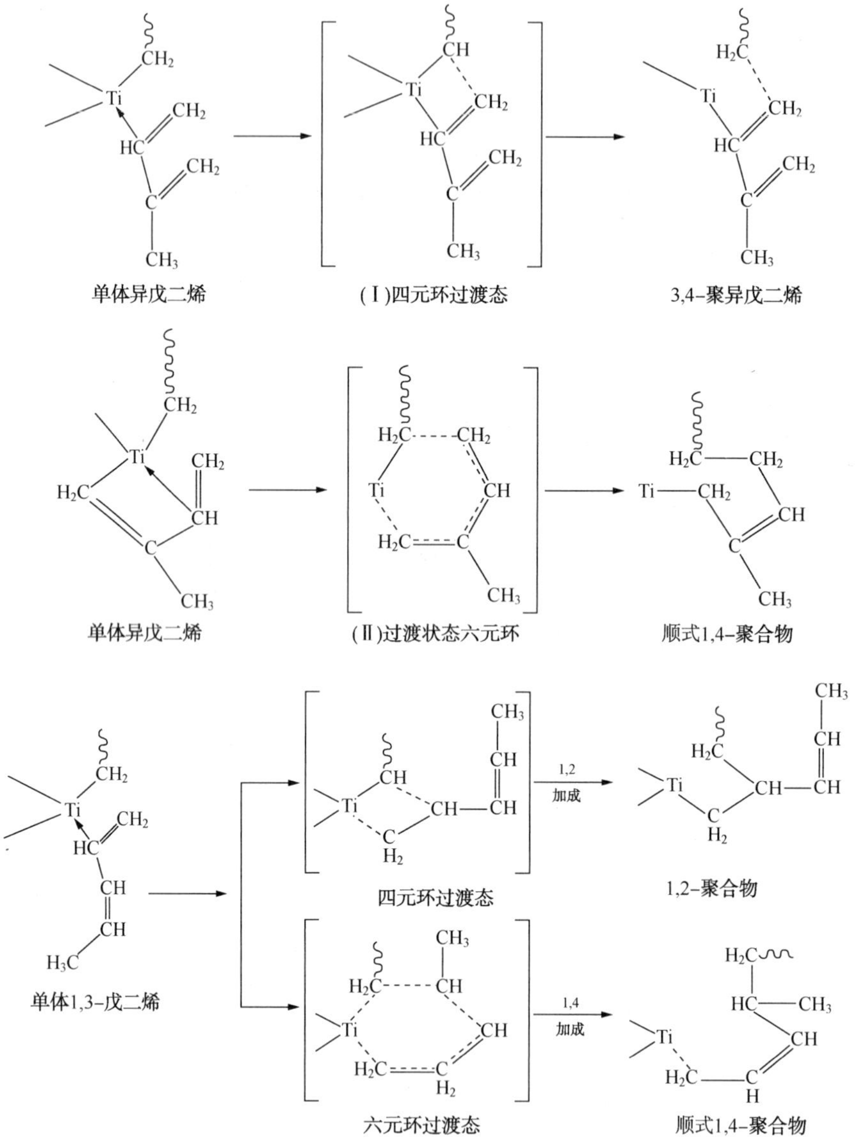

图 3-9 配位聚合反应过渡态与立构的关系

Natta 认为在 Ti(OR)$_4$-AlEt$_3$ 催化异戊二烯聚合时，由于 CH$_3$ 的空间及极性诱导效应均有利于形成过渡态 I(四元环)，而不利于形成过渡态 II(六元环)，因此就易形成 3,4-聚合物。而在相同的催化体系中进行 1,3-戊二烯聚合，由于—CH$_3$ 取代在 ^{4}C 原子上，空间阻碍有利于四元环过渡态，促使 1,2 加成，而极性诱导效应有利于 ^{4}C 与增长链结合，故也能通过六元环过渡态生成一些 1,4 加成聚合物。

用 CpTiCl₃-MAO 于 1,3-丁二烯聚合得到顺式 1,4(80%) 及反式 1,4(2%)、1,2(18%) 的微观结构，用于 2,3-二甲基-1,3-丁二烯时，得到顺式 1,4(>99%) 的产物，这两种单体结构均对称，极性相差较小，故顺式 1,4 的差异主要与 ^2C、^3C 上两个甲基的空间位阻有关[3d]。

3. 单体插入后形成增长链末端双键与过渡金属反扣配位作用对聚合物立构的影响

古川淳二[5f]反扣(back-biting)配位说的要点是"插入"后增长链"前末端"或"前-前末端"双键是否回过头来再与 M 配位才是决定立构的关键。例如聚合物链前末端为 π 烯丙基结构，单体为丁二烯时有如下箭头反扣形式：

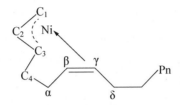

式中，C₁、C₂、C₃ 是 π 烯丙基-Ni 配位端，而 β、γ 间则为前末端双键碳原子序号，只有当前末端双键取顺式结构时位阻较小，才能反扣配位，生成顺式 1,4-聚丁二烯。若前末端取反式构型"反扣"配位，就会阻止下一个单体的配位，导致聚合终止反应。

给电子配体可占据空配位轨道，从而减少反扣的几率，因此使顺式 1,4 及活性均下降。在丁二烯-苯乙烯的配位共聚中，产物顺式 1,4 含量低于相应均聚中的水平也缘于此。

3.4.3　配体

配体主要从极性及空间位阻两方面通过与 Mt⁺R⁻ 中之 Mt⁺ 配位调节配位聚合反应，影响聚合物立构。

1. 配体极性对聚合物立构的影响[5d,h,13c]

卤素配体极性大小可由其电负性 χ_X 大小得知

$$\chi_{Cl} = 3.1;\ \chi_{Br} = 2.8;\ \chi_I = 2.5(即\chi_{Cl} > \chi_{Br} > \chi_I)$$

表 3-4　催化剂中极性组分对聚丁二烯立构的影响

催化体系		配体、卤素等	聚丁二烯的微观结构/%		
			顺式 1,4	反式 1,4	1,2 结构
1	TiCl₄+AlR₃	Ti-Cl	21~57	31~69	2~11
	TiBr₄+AlBu₃	Ti-Br	88	3	9
	TiI₄+AlR₃	Ti-I	95	2	3
2	(π 烯丙基-NiX)₂				
	X=Cl	Ni-Cl	92	6	2
	X=Br	Ni-Br	45~72	25~53	3
	X=I	Ni-I	4	93	3
3①	(π 烯丙基-NiI)₂				
	供电子体	pMeO-BPO	0	96	4
	受电子体	pNO₂-BPO	84	11	5

① 3 的聚合条件：(π 烯丙基-NiI)₂ 1mmol；pMeO-BPO 或 p-NO₂-BPO 1mmol；C₄H₆ 10mL；C₆H₆ 16mmol；T_p = 40℃，室温陈化，15~30min。

表 3-4 中 Ti 为前过渡金属，TiX₄上的 X 为 Cl→Br→I 电负性由大变小，2 中 Ni 为后过渡金属，3 中 BPO 为过氧化苯甲酰，pMeO-（对甲氧基）为供电子体，pNO₂-（对硝基）为受电子体

表中数据显示：[5a]①在 TiX₄体系中，助催化剂基本类似的情况下，$\Delta\chi$ 代表极性（粗略用电负性χ_x表示）由χ_{Cl}→χ_{Br}→χ_I按序减小，顺式 1,4 则逐步上升。②在后过渡金属如 π 烯丙基 NiX 催化体系$(\eta^3\text{-allyl-NiX})_2$时，则随着配体电负性按$\chi_{Cl}$→$\chi_{Br}$→$\chi_I$依次减少而顺式 1,4 则逐步下降。

比较表中 1、2 的结果可知：代表极性的电负性与顺式 1,4 含量变化虽均有规律，但对前过渡金属 Ti 系与后过渡金属 Ni 系规律是相反的，即前过渡金属电负性（χ_M）增大则顺式 1,4 下降，而后过渡金属电负性增大则顺式 1,4 上升。在 3 中，若后过渡金属体系$(\eta^3\text{-allyl-}$NiI$)_2$不变，当外加供电子配体[如对甲氧基过氧化苯甲酰（p-MeO-BPO）]时，合成的聚丁二烯中顺式 1,4 接近于零，而若加入受电子配体[如对硝基过氧化苯甲酰（p-NO₂-BPO）]时，则顺 1,4 高过 80%。据称此时空阻的影响可以忽略，故主要为极性影响聚合物的立构。

2. 配体的体积空间结构及排列对聚合物立构的影响[14]

在配位化学中除了配体的电子状态外，配体的体积与空间排列等对产品的立构（包括大分子和部分小分子）也颇有影响。

在茂金属催化剂体系丙烯聚合中[15]与金属络合的茂系配体体积较大，在一定程度上可限制配体的转动，形成一个刚性的空间微环境。利用不同空间排列桥联的双茚催化体系时，其配体空间结构和几何构型对产物聚丙烯立构有明显影响：

① 用内消旋（meso）桥联茚锆体系催化剂与 MAO 配伍于丙烯聚合得到无规聚丙烯。

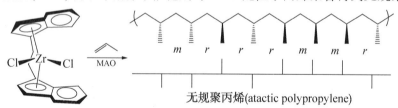

无规聚丙烯(atactic polypropylene)

② 用外消旋（racemic）桥联茚锆体系催化剂与 MAO 配伍于丙烯聚合则得到全同（isotactic）聚丙烯。

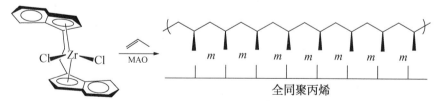

全同聚丙烯

③ 用茂蒽桥联锆系催化剂与 MAO 配伍于丙烯聚合则得到间同（syndiotactic）聚丙烯。

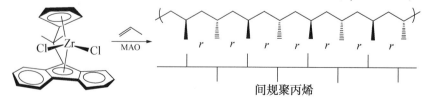

间规聚丙烯

上述结果说明配体的化学组成虽相同但空间排列不同的旋光异构体对聚合物立构有明显控制作用。均相茂金属的催化体系通过旋光异构可控制全同聚丙烯的生成，即使在反应过程

中偶尔出现"错误"的链接，也可由手性催化剂立刻予以纠正，间同则是由聚丙烯交替插入相反的旋光对映而生成的[15]。

3.5　对配位聚合活性种特性的讨论

近年来多数学者提出 MtR 是配位聚合的活性种，其中 Mt 主要是过渡金属或稀土金属，R 则为烷基、H、烯丙基等。Mt 与 R 具有不同的电荷，但对 Mt—R 键的性质与命名则尚有一些不同的报道。

3.5.1　对 Mt—R 键性质的不同看法

波兰学者 Witold Kuran[3e] 曾报道配位聚合活性种并明确以标准极性共价键 $\overset{\delta+}{Mt}—\overset{\delta-}{R}$ 的形式代表。

我国也有学者认可此说，并根据词条"配价键是一种特殊的共价键"[14]定性 Mt—R 的性质。

但络合物化学中描述："配位键的本质是介乎离子键与共价键间的"。"它是以离子键与共价键为极限的中间状态。""在络合的离子或分子中，既不会有纯粹的离子键，也不会有纯粹的共价键"[16]。

近年来不少中外书刊都将配位聚合与离子型聚合归并一起来讨论，称"本质上配位聚合属于离子型聚合历程，因此称配位离子型聚合更为明确。"[17]或将配位聚合划归为配位阴离子聚合[18]。

当代著名的控制阳离子聚合学者 Kennedy. J. P 则明确指出极性共价键是休眠体（dormant），是没有聚合活性的，只有将它"拉伸"或"活化"才具有活性。他从控制阳离子角度出发，在 Winstein 谱的基础上将处于共价与自由离子之间的均相反应活性种谱图绘制成如图 3-10[19]所示。

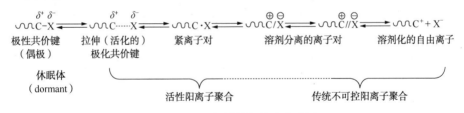

图 3-10　活性种的极性变化谱图

谱图最左从极性共价键开始，极性由左至右逐渐增大，最右为自由离子。处于极性共价键及自由离子之间过渡态的活性阴阳离子聚合的活性种为"活化的极性共价键"及"紧、松离子对"。

著名学者、活性聚合的奠基人 Szwarc M. 也认为"休眠体"在休眠中不直接参与聚合反应，但它并未"死"去，而是与活性种处于平衡状态，也可适时部分转呈活性。

有的学者认为 M—R 间键的性质是介于共价键与离子键间的性质，在均相络合催化剂中也提到"金属原子和配体，如烷基或氢原子或卤原子之间的共价键在定性上类似有机化合物中那些共价键。最主要的差别在于配位体分子轨道和金属原子轨道之间的配位键。"[22]

3.5.2　离子对和 M⁺—R⁻ 的命名

1. 目前文献报道的观点

① "离子对"作为活性中心参与了整个活性络合物(或络离子对)出发的化学分子结构。

图 3-3 所示离子对为 $[\eta^3\text{-}C_3H_5(C_4H_6)_n Nd]^{2+}[MAO(R')_2]^{2-}$ [其中 R′=取代的烯丙基或卤素 X，R(C_4H_6)=增长链端]，它全面描绘了整个络合活性中心及突出反离子平衡正负离子的作用，但未反映络离子中有不同的键型及它们的作用。

② $M^+\text{—}R^-$ 则是从配位聚合反应，例如调节活性、控制聚合物结构的关键键型出发提出的名称。例如链增长插入反应指的并非是插入上述的 $[\eta^3\text{-}C_3H_5(C_4H_6)_n Nd]^{2+}$ 与 $[MAO(R')_2]^{2-}$ 正负离子对之间，而是插入 $\eta^3\text{-}C_3H_5(C_4H_6)$ 与 Nd 之间的聚合反应。

2. 对 M—R 命名的几种情况

① 当 M=Li，R=烷基时，则称之为离子对。

② 当 M=过渡金属或稀土时，R=烷基或烯丙基时，则罕见正式命名者。这是由于"活性种"及"活性中心"并未明确区分，故也有一些离子对活性种的报道[5b,5c]。此外，"……如果认定催化聚合过程是单体的富电子双键首先在 Zr^+ 的空位处配位，并在 Zr^+C 间插入增长链，则增长链端理应为 $Zr^+\text{-}C^-H\text{-}CH(R)\sim Pn$，此时 L_2Zr^+ 可看作是增长链端 $ECH_2\text{-}CHR\sim Pn$"的反离子。如果这样来理解活性种的荷电性质和增长链荷电属性的话，那么茂金属催化剂催化 α 烯烃活性种性质和聚合机理就和 Z-N 催化剂的单金属模型完全一样了。[5a,5b] 据此，则 $M^+\text{—}R^-$ 似也符合"离子对"的内涵。

3.5.3 $M^+\text{—}R^-$ 与离子对的关系

目前文献中所报道离子对中的络反离子或反离子除了有平衡正离子成为无电导的活性种外，实际上它也是一种络离子配体，通过与 $M^+\text{—}R^-$ 中的 M^+ 配位，调节 M—R 间的键距及键矩并起到控制聚合物立构的作用。绝大多数的活性种皆存在于离子对中，在这种情况下可以说没有离子对，活性种 M—R 也就起不到活性种的作用。

活性种 $M^+\text{—}R^-$ 是由具有不用电荷的 M^+ 与 R^- 组成，它在聚合反应中具有下列特点：

① 组成上的特点。配位聚合活性种是由具有不同电荷的两个原子[或"正"(M^+)离子、"负"(R^-)离子]组成的整体($M^+\text{—}R^-$)。它与活性仅集中于一个离子的 M^+ 或 R^- 上的自由离子或活性仅集中于单一个原子上的自由基($R\cdot$)不同。即自由离子 M^+ 与 M^+R^- 中的"M^+"性质及作用均不相同。现用下式表示它们的形成过程：

$$RR'(\text{分子}) \xrightarrow{\text{均裂}} R\cdot + R'\cdot \qquad \text{形成两个自由基活性种}$$

$$RR'(\text{极性分子}) \xrightarrow{\text{异裂}} R^{\oplus} + R'^{\ominus} \qquad \text{形成两个自由离子活性种，一个正离子，一个负离子}$$

$$RR'(\text{极性分子}) \longrightarrow R^{\oplus}R'^{\ominus} \qquad \text{仅形成一个活性种，由一对电荷不同的原子对组成}$$

② 链增长方式。自由基及自由正负离子聚合的链增长为"接上"的方式，链增长后仍有自由链端。而在配位活性种 $M^+\text{—}R^-$ 中链增长则取"插入"的方式，单体插入活性种 $M^+\text{—}R^-$ 后两端皆相对固定，故亦称"插入聚合"。

③ $M^+\text{—}R^-$ 在反应中为中性，不导电，不离解，有共价的特征。但对极性试剂如配体等又十分敏感。当加入强路易斯酸、H_2O 等配体，甚至可使之转化为自由离子活性种。这里配体起到调节 M—R 键间极性的作用。

④ 活性种($M^+\text{—}R^-$)键间的极性及距离均有一定的范围，在此范围内，它们处于平衡状态，极性可调可变。由于极性不同则活性不同，所以 $M^+\text{—}R^-$ 活性种是一类多活性种的体系。调节配位聚合反应的目的之一就是要使多活性种变为少活性种，或单一活性种。

⑤ $M^+\text{—}R^-$ 中的 M^+ 与 R^- 在反应中均可用于约束对方，相互影响。表现在一方面金属(M^+)的种类、价态，另一方面反离子(或配体)R^- 的结构、极性、体积等任一方或任一因素

变化均会对聚合活性、活化能、聚合物的立构等产生影响。这些影响与自由离子聚合显然不同。

⑥ M^+—R^-有偶极，故在一定条件下会"缔合"，形成不同程度的缔合体$(M$—$R)_n$，常见的缔合度有$n=2,4,6$等。n越大活性越小，n很大时也会形成休眠体，$n=1$时活性最佳。

⑦ 离子对中尚有紧离子对与松离子对之分[23a]。紧离子对是一对正负离子直接接触的离子对。而松离子对则是指这一对正负离子间并不直接接触而是为溶剂分子所隔开的离子对。松、紧离子对的活性相差甚远，例如9-芴基钠所显示的光谱数据：在四氢呋喃（THF）中，温度由25℃逐渐下降至−30℃最大吸收峰红移，其紧、松离子对的最大吸收波长分别为$\lambda=$356nm（紧对）和$\lambda=373$nm（松对）。据报道松离子对的活性与自由阳离子活性相近，聚合反应已难于控制。

离子对除会缔合外，尚可与自由离子结合形成三重离子（triple ions），如$A^+\cdot B^-\cdot A^+$或$B^-\cdot A^+\cdot B^-$，它们也有一定活性，详情请参阅Szwarc. M的专著[23b]。

参 考 文 献

[1] 韦军，刘方. 高分子合成工艺学. 上海：华东理工大学出版社，2011：322−323

[2] Porri L，Giarrusso A，Ricci G. Prog. Polym. Sci.，1991，16：405

[3] Witold Kuran. Principles of Coordination polymerazation. Washaw，Washaw \ University of Technology，2001：a. 292页，b. 283−287页，c. 291−300页，d. 290−291页，e. 9−14页

[4] Carraher. Polymer Chemistry（英文8版）CRC出版社，2001：161−163

[5] 焦书科. 烯烃配位聚合理论与实践. 北京：化学工业出版社，2004：a. 200−236页，b. 63−70页，137−139页，c. 251−253页，200−236页，246页，d. 237−251页，e. 241−249页，f. 214−216页，g. 213−214页，h. 217页

[6] 徐志固，蔡启瑞，张乾二等. 现代配位化学. 北京：化学工业出版社，1987：a. 378页，b. 410页，c. 411页，d. 378−379页

[7] Carraher. Polymer Chemistry（英文8版）163−166页，CRC出版社，2001：163−166

[8] Jian Qiu. Bernadetts Charleux，Krzystof Matyjaszewski. Polimery. 2001：454−474，575−662

[9] Lars Friebe，Oskar Nuyken，Obsrecht. Adv. Polym. Sci. 'Nd Based Z−N Catalysts and their Applications in Diene Polymerization'. 2007：a. 99−100页，b. 99−133页，c. 112−115页

[10] Andreis Fischbach，Reiner Anwander. Adv. Polym. Sci. 2006：a. 271页，b. 220页，'Rare Earth Metals and Aluminum Getting close to Z−N Organometallics'，2007

[11] 中国科学院长春化学研究所第四研究室. 稀土催化合成橡胶文集. 北京，科学出版社，1980

[12] 黄葆同，沈之荃. 烯烃、二烯烃配位聚合进展. 北京：科学出版社，1998：a. 207页，b. 197页，c. 172页

[13] Tsuyoushi Matsumoto（松本毅）. Stereospecific Polymerization of Butadiene with Transition Metal Catalysis. Tokyo，Japan Synthetic Rubber Company Ltd.，1972：a. 141页，b. 166−181页，c. 151页

[14] 王箴主编. 化工词典（第三版），北京：化学工业出版社，1991：578

[15] Krzysztof Matyjaszewski，Yves Gnanou，Ludwik Leibler. Micromolecular Engineering Precise Synthesis，materials，properties，applications，Vol. 1. Wiley−VCH，Verlag GmbH and Co. KgaH，2007：224−226

[16] 严志弦. 络合物化学. 北京：人民教育出版社，1961：25−27

[17] 王淮，王亚宁，寇小康. 高分子化学教程（第三版）. 北京：科学出版社，2011

[18] 潘祖仁主编. 高分子化学（第五版）. 北京：化学工业出版社，2011：198

[19] J P Kennedy，B Ivan. Designed Polymers by Carbocationic Macromolecular Engineering Theory and Practice.

Munich Vienna, NewYork and Barcelona：Hanser Publisher，1992：41-42

[20] А В Якиманский，Выс/Соединений，Серия С＊，2005，Том 47，No. 7 с. 1241-1301

[21] Szwarc Michael. Ionic polymerization and living polymerization(1993)，New York，London：Chapman and Hall，1993：21

[22] 徐光宪，王祥云. 物质结构(第二版). 北京：高等教育出版社，1987：332

[23] Michael Szwarc. Ionic Polymerzation and Living Polymerzation. New York and London：Chapman and Hall，1993：a. 21 页，b. 65-70 页

第4章　顺丁橡胶合成用催化剂、聚合反应机理及结构性能表征

4.1　概述

4.1.1　聚丁二烯橡胶的发展[1~3]

早在1910年前后，英国、德国和前苏联等国家的科学家先后发现用金属钠的分散体可将丁二烯制得类橡胶状聚合物，但凝胶含量高，聚合物的性能远比天然橡胶低劣。20世纪30年代前后，德国、前苏联采用金属钠催化剂以气相聚合方法实现了聚丁二烯橡胶工业化生产，产品称为Buna橡胶（Bu和na分别为丁二烯和钠的德文Butadien和natrium的词头），这是以1,2结构为主的聚丁二烯橡胶。

20世纪30年代后，自由基引发聚合技术研究取得了突破性进展。丁二烯可以采用自由基乳液聚合方法制得分子量高、凝胶少的乳聚丁二烯橡胶，但性能仍远不及天然橡胶。1933年德国法本（I. G. Farben）公司发现丁二烯与少量苯乙烯的共聚物，凝胶含量少，物性优于乳聚丁二烯橡胶，于1937年开始工业生产这种新胶种，产品名称为Buna S，由此开始进入合成橡胶时代。第二次世界大战中美国政府将合成橡胶纳入国防计划管理，并改进了德国的技术，于1942年实现了丁苯橡胶工业化生产，取名GR-S（1961年后改为SBR），到1945年产量已达670kt。经过不断改进，丁苯橡胶今天仍为合成橡胶中第一大通用橡胶。若将此新胶种看作是用少量苯乙烯共聚改性的聚丁二烯橡胶，那么自由基乳液聚合技术的研制成功，促使聚丁二烯合成橡胶出现了第一次飞跃发展。1950年美国Rubber公司对乳聚丁二烯进行深入开发研究，美国Taxas-US. Chemical公司[4]于1964年又在乳聚丁苯橡胶装置上实现了乳聚丁二烯橡胶的工业生产，产品名称为Synpo E-BR。这是以反式1,4结构为主的聚丁二烯橡胶，并有充油和充油充炭黑等多种牌号胶。1971年，日本三菱化成化学公司也引进Taxas Co技术生产乳聚丁二烯橡胶。经改进后生产的乳聚丁二烯橡胶具有优良的抗屈挠、耐磨和动态力学性能，目前美国、日本、印度、意大利等国均有生产。

1936年，美国Morton曾发现活性极高的醇烯[Na、$C_5H_{11}Cl$、（CH_2）$_2$CHOH、$CH_3CH=CH_2$等摩尔混合物]催化剂，1959年，U. S. I公司研究所对醇烯催化剂进行研究改进，并找到了1,4-二氢化萘等分子量调节剂，合成了多种均聚物和共聚物。1971年日本阿尔芬（Alfin）橡胶公司采用此方法建成年产25kt醇烯胶生产装置，产品牌号为AR1510H和AR1530，分别为含有5%和15%苯乙烯的丁苯共聚橡胶。该胶种硫化胶机械强度大体与丁苯橡胶相当，特点是定伸应力低、伸长率高、硬度比其他橡胶低。该橡胶还具有高填充性，适合制备高炭黑和高充油量填充胶。硫化胶耐屈挠性、抗撕裂性、耐龟裂和耐磨性优良，抗外伤和抗湿滑性能好，适用于制造轮胎，但因价格高等商业的原因无法与丁苯橡胶竞争而停止生产[5]。

1954年，德国化学家K. Ziegler在长期对烷基金属的研究过程中发现，AlR_3和$TiCl_4$二元体系催化剂在常压下可使乙烯聚合成线型高分子聚合物，这个发现引起世界各国学者的注意，并立即开展了广泛的研究。意大利科学家G. Natta用$TiCl_3$代替$TiCl_4$与AlR_3组成的二元

体系催化剂制得了固体丙烯聚合物，并发现聚合物的分子结构具有立体规整性，于 1955 年发表了立体有规聚合方法[6]。这一催化剂被用于共轭二烯烃聚合，美国固特里奇-海湾公司实验室[7,8]首先用这种催化剂制得了橡胶状的异戊二烯聚合物，发现其分子结构与天然橡胶相似，其组成为 98% 顺式 1,4-聚异戊二烯，但用 Ziegler 催化剂仅能制得的是反式 1,4-结构为主的聚合物。后经改进后，于 1956 年，菲利浦公司[9]用 TiI_4-AlR_3、许耳斯公司用 $TiBr_4$-AlR_3、固特里奇-海湾公司、蒙特卡蒂尼公司、壳牌公司用 Co-化合物-AlR_2Cl 等不同的催化体系，几乎在同一时期分别制得了顺式 1,4-聚丁二烯[1]，1959 年日本乔石公司又研制成功 $Ni(naph)_2$-AlR_3-BF_3·OEt_2 三元催化体系，也制得顺式 1,4-聚丁二烯[10]。

$TiCl_4$-AlR_3 二元体系是典型的 Ziegler 催化剂（有称 $TiCl_4$ 与 AlR_3 为 Ziegler 催化剂，$TiCl_3$ 与 AlR_3 或 AlR_2Cl 为 Natta 催化剂，后统一称为 Ziegler-Natta 催化剂），实际上，Ziegler 催化剂出现后，它的组成范围很快地迅速扩大到一种有机金属化合物与一种过渡金属化合物组成的催化体系，已由原来的二元体系发展到三元体系、多元体系。对 Ziegler-Natta 催化剂的深入广泛的研究，促使聚丁二烯合成橡胶出现了第二次飞跃发展。1960 年，美国 Phillips 石油公司首先建成世界第一套顺丁橡胶生产装置[9]，采用 TiI_4-$AlEt_3$ 催化体系开始生产牌号为 Cis-4 的钛系顺丁橡胶。1961 年，美国 Firestone 轮胎和橡胶公司建成锂系顺丁胶生产装置，生产牌号为 Diene 低顺橡胶[1]。1962 年，美国 Goodrich-Bay 公司建成钴系顺丁胶生产装置，生产牌号为 Ameripol CB 高顺式聚丁二烯橡胶[1]。由于新装置不断建成投产，到 1964 年短短的几年内，顺丁橡胶年生产量仅低于乳聚丁苯橡胶，成为第二大通用合成橡胶，1965 年日本合成橡胶公司引入美国菲利普公司的生产技术，采用镍系催化剂生产牌号为 JSR-BR 镍系顺丁橡胶[10]。到 1970 年，全世界已有 22 家生产厂家，分别用 4 种不同的催化体系生产顺丁橡胶，年产量达 940kt 以上[11,12]。

1970 年中科院长春应化所研制成功制备高顺式聚丁二烯的稀土羧酸盐、烷基铝和氯化烷基铝组成的三元催化体系[13]，并与锦州石油六厂共同完成了稀土顺丁橡胶和稀土顺丁充油橡胶的工业化实验。20 世纪 80 年代，德国 Bayer 公司[14,15]和意大利 Enichem 公司[16,17]先后生产了稀土顺丁橡胶及充油胶。稀土催化剂的研究和工业化生产，进一步提高了聚丁二烯橡胶的总体性能，促进了聚丁二烯橡胶的发展。

20 世纪 70 年代由于两次石油危机的冲击，使燃料油和化工原料的生产受到极大影响，由于苯乙烯的短缺，直接影响到丁苯橡胶的生产。欧洲有关学者根据结构与性能方面的研究成果经高分子设计，利用改性锂催化剂研制成功乙烯基含量在 30%~60% 的中乙烯基聚丁二烯橡胶，中乙烯基橡胶可以代替丁苯橡胶单独用于制造轮胎，与顺丁橡胶有同样的低生热和低滚动阻力，而又比顺丁橡胶有好的抗湿滑性，故有人称为第二代溶聚有规橡胶。1973 年英国国际合成橡胶公司首先将锂系低顺胶生产装置改为生产中乙烯基聚丁二烯橡胶，商品牌号为 Intolene-50，有乙烯基含量为 42%、48% 及 63% 等三种不同的商品胶。第二次石油危机后，为节约能源减少油耗，美国建立了"CAFE 法规"，要求汽车燃料消耗标准为 11.8km/L[18]。中乙烯基聚丁二烯橡胶成为美国生产节能轮胎的首选胶种[19]。1981 年，日本瑞翁公司又生产了高乙烯基聚丁二烯橡胶乙烯基含量大于 70%，商品牌号为 Nipol BR1240 及改性 Nipol BR1245[20]。高乙烯基橡胶在滚动阻力和抗湿滑性方面有更好的平衡，成为 20 世纪 80 年代开发的具有突破意义的新型胶种之一。

由于 Ziegler 催化剂的发现，开发了丁二烯制有规立构橡胶，尤其是顺式 1,4-聚丁二烯，一跃成为第二大合成胶种并保持至今，顺丁橡胶与天然橡胶、丁苯橡胶一起成为当今轮胎工业不可替代的主要原料胶种。

4.1.2　聚丁二烯的结构与性能

1. 聚丁二烯的单元构型与大分子链结构

聚丁二烯的单体丁二烯，由于中心单键具有 18% 的双键特性，使围绕 C—C 单键的自由旋转受到一定障碍，在常温下存在着 S-反式及 S-顺式两种构象(S 表示单键受阻旋转)，见图 4-1。

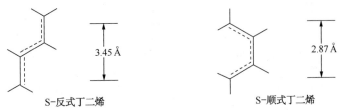

S-反式丁二烯　　　3.45 Å　　　　S-顺式丁二烯　　　2.87 Å

图 4-1　丁二烯两种构象键长[1]

(1Å=0.1nm)

两种构型自由能相差约 9.6kJ/mol，在常温下，S-反式较稳定，约占 96%，S-顺式约占 4%，但打开化学键所需能量相差不大。在不同类型的催化剂作用下，便以顺式 1,4、反式 1,4 及 1,2 的右旋或左旋式构型单元(见图 4-2)，以不同的方式进行加成聚合，生成大分子聚合物。

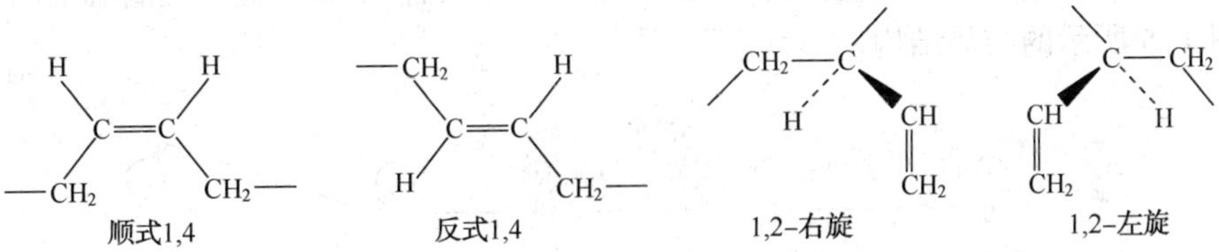

顺式1,4　　　反式1,4　　　1,2-右旋　　　1,2-左旋

图 4-2　聚丁二烯的四种单元构型

在 Ziegler-Natta 催化剂作用下的配位聚合，已合成单一单元构型组成的两类立构聚合物，一类是 1,4 加成聚丁二烯，通式为 $\pm CH_2—CH=CH—CH_2 \xrightarrow{}_n$，又有顺式及反式两种几何异构体。另一类是 1,2 加成聚丁二烯，通式为 $\pm CH_2—CH \xrightarrow{}_n$，又有全同及间同两种有规
$\quad\quad\quad\quad\quad\quad\quad\quad\quad\quad\quad\quad\quad\quad CH=CH_2$

立构异构体(见图 4-3)。

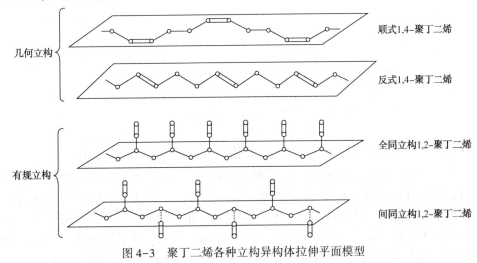

几何立构 — 顺式1,4-聚丁二烯

反式1,4-聚丁二烯

有规立构 — 全同立构1,2-聚丁二烯

间同立构1,2-聚丁二烯

图 4-3　聚丁二烯各种立构异构体拉伸平面模型

Natta[21]首先合成了这四种高单一构型单元组成的高纯聚合物，并探讨了它们的微观结构。从 X 射线衍射仪分析，得知顺式 1,4-聚丁二烯在室温下，为无定形，在拉伸到 300%~400%状态下，结晶性显著增加。冷却到-30℃低温下极易结晶，能显示尖锐的 X 射线图形。推测顺式 1,4-聚丁二烯的分子链可能有如图 4-4 所示的两种构型。

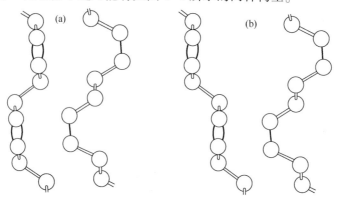

图 4-4　顺式 1,4-聚丁二烯的分子链模型的侧面图[22,23]

测得的纤维恒等周期是 0.86nm，其中构型(b)较适宜。Natta 等进行详细的结晶解析，得出如图 4-5 所示的结晶结构。

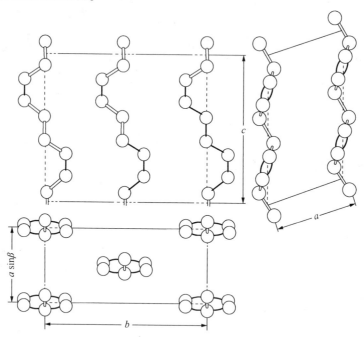

图 4-5　顺式 1,4-聚丁二烯的结晶结构[22,23]

另三种单一构型聚合物在常温下均为结晶体。结晶解析结果见表 4-1。

反式 1,4-聚丁二烯是结晶物质、呈纤维状，常温下不溶于苯，但溶于热甲苯。用 X 射线衍射方法可以看到反式 1,4-聚丁二烯有两种结晶状态，一种是在 75℃以下是稳定的，纤维恒等周期是 0.49nm，有与古塔波(qutta perch)树胶相近似的结晶结构。另一种是在 60℃以上(145℃以下是稳定的)，纤维恒等周期是 0.47nm，其分子链呈螺旋状。全同立构 1,2-聚丁二烯的熔点为 125℃，纤维恒等周期是 0.65nm，有与聚丙烯同样的三回螺旋的结构，见图 4-6(a)。间同立构 1,2-聚丁二烯的熔点是 155℃，纤维恒等周期为 0.514nm，相当于延伸平面的聚乙烯锯齿链的四个碳原子。由 X 射线及电子衍射方法确认间同立构 12-聚丁二烯的分子链结构如图 4-6(b)所示。

表 4-1　结晶性聚丁二烯结构参数[22]

聚合物	纤维恒等周期		空间群晶格常数	相对密度(X 射线)	熔点/℃
	长度/Å	单体数	单元晶格单体数		
反式 1,4	4.90	1	拟六方晶 $a=b=4.54$Å $c=4.90$Å，$z=1$	1.22	148
顺式 1,4	8.60	2	单斜晶系 C_{2h6}-C_2/C $a=4.60$Å，$b=9.50$Å $c=8.60$Å，$\alpha=\gamma=90°$，$\beta=109°$，$z=4$	1.01	(1)
1,2 全同	6.50	3	三方晶系 R_{3c} $a=b=17.3$Å，$c=6.50$Å $\alpha=\beta=90°$，$\gamma=120°$，$z=18$	0.96	125
1,2 间同	5.14	2	斜方晶系 D_2h^{11}-P_{cam} $a=10.98$Å，$b=6.60$Å $c=5.14$Å，$\alpha=\beta=\gamma=90°$，$z=4$	0.96	155

注：1Å = 0.1nm。

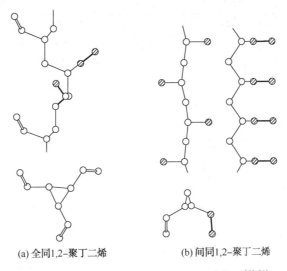

(a) 全同1,2-聚丁二烯　　　　　(b) 间同1,2-聚丁二烯

图 4-6　有规立构 1,2-聚丁二烯分子链构型[22,24]

　　制备完全纯的规整聚合物实际上是比较困难的。一般规整结构在 90%～100% 就称为规整结构聚丁二烯。多数催化剂制得是以某一构型为主的多种构型单元组成的复杂聚合物，本质上可视为四种构型单元组成的共聚物，或者再作不同成分组成的共聚物，其中以顺式 1,4 构型为主的聚丁二烯，由于等同周期较长(0.86nm)，高分子量聚丁二烯的分子链也较长，分子中大量碳-碳单键可以自由旋转，尤其是处于双键旁的单键在双键的影响下更容易内旋转，所以链的柔性较好。通常状态下分子处于卷曲状态，这也是橡胶产生高弹性形变的根本原因。从结构上看，高顺式 1,4-聚丁二烯(简称顺丁橡胶)具有现有的橡胶品种中最好的弹性性能，在它问市后，很快就成为重要的通用橡胶品种，目前工业上已成功地使用钛、钴、

镍、钕等四种不同催化剂生产高顺式含量的有规立构聚丁二烯橡胶。

2. 聚丁二烯的转变温度

固体材料发生物理状态变化的温度称作转变温度，最重要的转变温度是无定形高聚物从硬脆的玻璃态转变为柔软的橡胶态(或反之)的玻璃化转变温度 T_g，和结晶性高聚物的熔融温度 T_m，这两个转变温度容易测定，且对高聚物的使用性能影响最大。

(1) 顺丁橡胶玻璃化转变温度

Kraus 等[25]通过差热分析首先测得三种单一构型聚丁二烯的玻璃化转变温度，顺式 T_g = -106℃，反式 T_g = -107℃，乙烯基 T_g = -15℃，并发现聚丁二烯的玻璃化转变温度 T_g 受乙烯基含量影响较大，所以聚丁二烯的玻璃化转变温度 T_g 可用式(4-1)表示：

$$T_g(℃) = -106 + 91V \tag{4-1}$$

式中，V 为乙烯基含量。聚丁二烯的 T_g 与 V 成线性关系。

玻璃化转变温度与弹性体许多物理性质有关，如链的挠曲性、耐磨性、弹性、耐低温性等性能，随着 T_g 的降低而明显上升，而抗湿滑性或摩擦系数则相反[26]。

目前工业上已在采用锂、钛、钴、镍、钕等五种不同催化剂生产顺式含量在 35%~98% 的不同类型的顺丁橡胶，他们的微观结构与转变温度见表4-2。

表4-2　顺丁橡胶的微观结构与转变温度[①]

顺丁橡胶	微观结构/%			转变温度/℃		
	顺式 1,4	反式 1,4	1,2	T_g	结晶 T_c	T_m
锂系	35~40	50~60	5~10	-93(-90.1)	—	—
钛系	90~93	2~4	5~6	-105(-102.1)	-51	-23(-22.5)
钴系	96~98	1~2	1~2	-107(-101.2)	-54	-11(-6.8)
镍系	96~98	1~2	1~2	-107	-65	-10
钕系	96~98	1~4	0.5~1	-109(-102.1)	67	-7(-4.2)

① Bayer 产品说明书，括弧内为 Eni Chem 公司数据。

在乙烯基含量为 35% 时 T_g 达到-70℃，即含有 35% 乙烯基的聚丁二烯可代替 S-SBR 或 60 份 E-SBR 与 40 份顺丁橡胶的掺和物。

(2) 顺丁橡胶熔融温度

结构规整的顺式聚丁二烯在常温无负荷状态下是一种橡胶状的聚合物，但在拉伸到 300%~400% 状态下结晶性显著增加，或当冷却到-30℃ 以下的低温时也极易形成结晶。可见，顺丁橡胶实质上是含有微晶区的聚合物。

高聚物的大分子的非结晶与结晶性，可由一级转变点(或熔点) T_m 加以判断[2,27]。亦即 T_m 在使用温度以下时，在自然状态(即常温下)为无定形态；若 T_m 在使用温度以上时，则为结晶态聚合物，熔点 T_m 可用式(4-2)表示：

$$T_m = \Delta H_m / \Delta S_m \tag{4-2}$$

式中，ΔH_m 为熔融热(焓的变化)，为结晶形态与无定形态的内能的差，表示由于分子间力而产生的内聚能；ΔS_m 为熵变，为结晶形与无定形分子形态之差，主要表示分子排列之差别。由关系式可知，降低 ΔH_m 或提高 ΔS_m，均会使 T_m 降低。用该关系式可以解释不同结构的聚丁二烯必然有不同的熔点(T_m)[27]。顺式 1,4-聚丁二烯的等同周期(0.86nm)是反式 1,4-聚丁二烯(0.49nm)的 2 倍，为了使其呈现结晶周期排列，反式 1,4 构型的排列数少，亦即 ΔS_m 小。反式 1,4-聚丁二烯的 T_m 高，常温时即已结晶化，呈树脂状。顺式 1,4-聚丁

二烯的 T_m 低，为无定形，具有高弹性的物质，即橡胶的特征。全同与间同 1,2-聚丁二烯，其单体单元是规整排列的，等同周期短而 ΔS_m 小，因而 T_m 高，为结晶性。

顺式 1,4-聚丁二烯的顺式含量与熔点及结晶速度的关系如图 4-7、图 4-8 所示。从图中曲线可知，顺式含量增加，熔点升高，结晶速度越快。

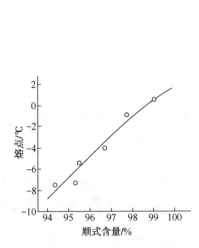

图 4-7　高顺式聚丁二烯的顺式含量
与熔点的关系[28]

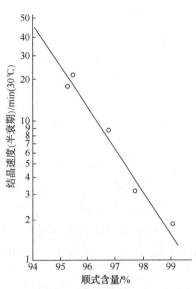

图 4-8　高顺式聚丁二烯的顺式含量
与结晶速度的关系[28]

顺丁橡胶的熔点取决于聚合物制备时的催化剂和聚合工艺条件。不同催化体系制备的顺丁橡胶的熔点与顺式含量的关系不同且较复杂(图 4-9)。

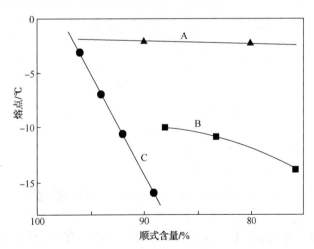

图 4-9　不同催化剂顺丁橡胶的熔点与顺式含量的关系[12]
A—AlR$_2$Cl/CoCl$_2$；B—AlR$_3$/TiI$_4$；C—高顺式 BR 异构化样品

钴系顺丁橡胶的顺式结构的变化对熔点影响较小，而钛系顺丁橡胶则变化较大。高顺式聚丁二烯通过异构化反应引进无规反式 1,4 结构[29]，反式 1,4 含量低于 20%左右时，顺式 1,4 结构将出现低温结晶。若反式 1,4 含量大于 75%时，样品能在室温下产生结晶，但反式

1,4 含量低于此值时，则在室温下没有结晶作用。反式 1,4 含量对熔点及不同温度下的结晶速度的影响见表 4-3。

表 4-3　反式 1,4 含量对顺式 1,4-聚丁二烯结晶速度的影响[12]

反式含量①/%	T_m/℃	半衰期 $t_{1/2}$/min				
		-35℃	-32℃	-28℃	-26℃	-22℃
3.6	-8.0	18	32	87	100	1200
4.5	-10.5	30	60	170	—	—
4.9	-12.5	52	100	300	—	—
6.9	-16.0	350	650	—	—	—
21.7	—	不结晶				

① 乙烯基含量均为 5%。

从表 4-3 可知，无规反式 1,4 结构对熔点（T_m）、结晶速度均有明显的影响。熔点随着反式 1,4 含量增加而降低，结晶速度则随着反式含量增加而变慢。

工业生产的几种顺丁橡胶的熔点见表 4-2。

用铀催化剂制得的顺式 1,4 结构 99% 以上的样品最高熔点（T_m）值为 12.5℃，熔点为 2.2℃ 的铀系聚丁二烯（顺式 1,4 为 99%）在 -20℃ 的结晶半衰期是 5min，含有 40% 的结晶[12,30]。

3. 硫化聚丁二烯橡胶的基本性能

Kraus G.[31] 采用表 4-4 的配方，首先对不同顺式含量的聚丁二烯的硫化胶的基本物理性能进行了全面的研究测试。

表 4-4　硫化配方

组成	合成胶	天然胶	组成	合成胶	天然胶
橡胶	100	100	酮胺反应物	1	1
炭黑	0 或 50	0 或 50	硫黄	变化	变化
氧化锌	3	4	促进剂①	1	0.5
硬脂酸	2	4	硫化温度/℃	153	138
树脂731#	3	—	硫化时间/min	30~40	30~40

① N-环己基-2-苯并噻唑亚磺酰胺。

（1）不加炭黑的硫化聚丁二烯的性能

1）物理机械性能与顺式含量的关系

顺式 1,4 含量不同，而其余结构为反式 1,4 结构的纯胶的硫化胶的物理机械性的变化见图 4-10。

拉伸实验结果清楚地表明，1,4 构型聚丁二烯的力学性能明显依赖于链的规整性、定向性和结晶现象。对于硫化的橡胶材料要求有低的模量和适中的伸长率。较高反式聚丁二烯是结晶的，硫化胶虽有很高的拉伸强度，但模量和伸长率均较高，是塑料而不是橡胶。顺式含量在 36%~82% 之间有恒等的拉伸强度和伸长率，但随着顺式含量的增加拉伸性能急速提高。在低谷处与已有的乳聚丁苯胶和乳聚丁二烯橡胶相似，但对于两个极端的反式与顺式结构的硫化胶极类似天然胶和杜仲胶。顺式 1,4 含量大于 95% 的顺丁橡胶有些像合成天然橡胶，但在胶的强度上远低于天然橡胶。

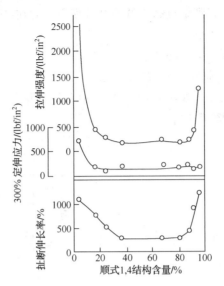

图4-10 硫化胶物理机械性能与顺式含量的关系[31]

(1lbf/in² = 6.895×10³Pa)

2）动态性能与顺式含量的关系

硫化顺丁橡胶的回弹性在−10~80℃范围内，随着顺式含量增加而平稳地升高。但在低温时，如−40℃下，先是随着顺式含量增加而增高，到顺式为85%以上而其余结构为反式1,4时回弹性急剧下降（见图4-11）。顺式含量较高时的回弹性可达到与天然橡胶一样。E-SBR、E-BR的回弹性类似低顺式胶，即高反式聚丁二烯橡胶。

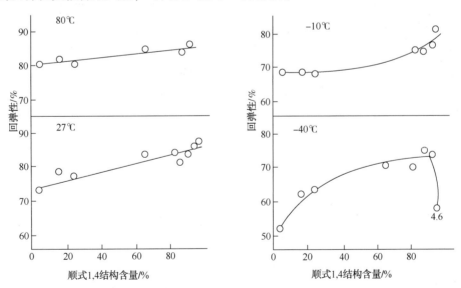

图4-11 回弹性与顺式含量的关系[31]

顺式含量对硫化胶生热的影响见图4-12，图中的数据虽然由于交联网络影响很分散，但总的趋势是随着顺式含量的升高而降低，这与高顺式聚丁二烯有高的回弹性能是一致的。

回弹性和生热性是橡胶的两项重要的动态性能，也是与动态损耗有关的性能，可作为轮胎滚动阻力和抗湿滑性的量度。顺丁橡胶中的顺式含量高，可提高回弹性，降低内生热，适用于制作轮胎；但顺式含量高则熔点高，低温弹性变坏。故在某种程度上的不规整性因素的存在仍是必要的。

（2）炭黑补强的硫化顺丁橡胶的性能

1）顺式 1,4 含量对硫化胶物理机械性能的影响

1,4-聚丁二烯很容易由添加炭黑补强。添加 50 份高耐磨炭黑的不同顺式含量的硫化顺丁橡胶的应力-应变曲线见图 4-13。

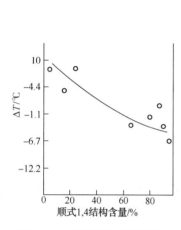

图 4-12　硫化胶的生热性[31]

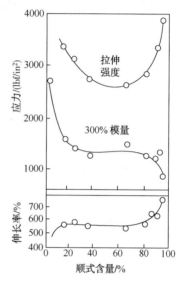

图 4-13　炭黑补强硫化胶物理机械性能与顺式含量关系[31]

（1lbf/in² = 6.895×10³Pa）

与未加炭黑硫化胶（图 4-10）相比，拉伸强度曲线有相似的形式，但升高了 2500～3000lbf/in²，最低值范围比不加炭黑硫化胶窄。300% 定伸模量随反式 1,4 含量增加而升高。伸长率则随着反式 1,4 含量增加而降低直到破裂。在顺式含量 20%～80% 之间两条线相当平直。1,4-聚丁二烯的性能同 NR、SBR、E-BR 相比，较高顺式含量聚合物与 SBR 粗略相等，在强度方面好于 E-BR。

Dingle[32]首先研究了添加补强炭黑的硫化顺丁橡胶的物理机械性能并与 NR、SBR、IR 等主要通用胶进行了对比（见表 4-5），经炭黑补强的硫化顺丁橡胶的主要物理机械性虽然不如天然橡胶，但与 IR、SBR 相近。

表 4-5　通用橡胶的物理机械性能及配方[35]

项　　目	NR	IR②	SBR	BR③
物理机械性能				
拉伸强度/MPa	23.4	20.0	20.0	20.7
300%定伸强度/MPa	19.3	8.3	10.3	9.0
伸长率/%	450	550	550	600
硬度	68	63	63	60
硫化配方①				
硬脂酸	3.0	3.0	1.0	5.0
松焦油（pine tar）	3.0	3.0	—	5.0

续表

项　目	NR	IR②	SBR	BR③
操作油	—	—	10	—
氢化松香树脂	—	—	—	5.0
促进剂 NOBS	0.5	0.5	1.2	0.9
硫黄	1.75	2.25	1.75	1.75

① 原料胶 100，炭黑 50，ZnO 3.0，硫化条件 153℃×30min。

② Shell chemical Co 锂系异戊胶，顺式 1,4 含量 91%~92%。

③ Phillips chemical Co 钛系顺丁胶，顺式 1,4 含量 90%~93%。

2）炭黑补强的硫化顺丁橡胶的动态性能

对上述配方制得的硫化橡胶，在恒定的 20kg 负荷下及 10% 的恒定应力下测得的动态性能随温度的变化曲线见图 4-14。

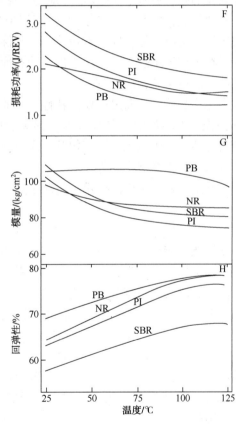

图 4-14　损耗功率、模量、回弹性与温度的关系[32]

在 25~125℃ 温度范围内天然橡胶的回弹性能、损耗角正切均优于丁苯橡胶。顺丁橡胶与异戊橡胶有相近的损耗角正切和回弹性，异戊橡胶的动态模量稍低于天然橡胶，而顺丁橡胶的动态模量却高于天然橡胶。

4.1.3　顺丁橡胶的性能与应用

Engel E. F. [26,27] 对工业生产的钛系顺丁橡胶、乳聚丁苯橡胶和天然橡胶的硫化胶的物理机械性能进行了测试比较（表 4-6）。

表 4-6　顺丁橡胶与丁苯橡胶、天然橡胶物理机械性能比较[1]

项　　目		顺丁橡胶(HÜIS 11)	丁苯橡胶(Buna HÜIS 150)	天然橡胶
拉伸强度/MPa		17.2	25.5	22.6
伸长残率/%		570	540	570
300%定伸应力/MPa		5.9	10.3	8.3
伸长率/%		10	12	20
硬度(邵尔 A)		58	60	60
撕裂强度/(kN/m)		16.7	17.6	39.2
回弹性/%	20℃	48	38	43
	75℃	52	50	55
磨耗/%		52	100	130
屈挠生热/℃		135	150	125

①填充 45 份炭黑,顺丁橡胶为 Ti 系催化剂,顺式 1,4 含量 91%,ML = 44~50。

从表中数据可知,顺丁橡胶的拉伸强度、300%定伸应力、撕裂强度等均低于丁苯橡胶和天然橡胶,但有显著的耐磨性优点,以及在动态下生热小的特点,尤其是顺式含量越高,发热性越低,是合成橡胶中比较优良的性能。同天然橡胶、丁苯橡胶相比,顺丁橡胶具有弹性好、耐磨性好、耐寒性好、在负荷下生热小、耐屈挠性和动态性能好以及耐老化和耐水性好等优点,因此是具有优异性能的通用型合成橡胶。

顺丁橡胶的耐磨性好和生热小是轮胎工业最需要的特性。对油类和补强填充剂也表现出良好的亲和性,适于生产充油充炭黑橡胶。与其他弹性体如天然橡胶、丁苯橡胶、丁腈橡胶、氯丁橡胶等都有良好的相容性,易于混用。顺丁橡胶的主要缺点是抗湿滑性差,撕裂强度和拉伸强度低,生胶冷流大以及加工性能稍差等。

顺丁橡胶早已成为第三大通用胶种,已广泛应用于轮胎工业、建筑工业和塑料改性剂等各个不同领域。

(1)轮胎

顺丁橡胶因具有独特优良性能,特别适合作轮胎,已广泛应用于轮胎工业,制造军用车胎和卡车胎,已与天然橡胶、丁苯橡胶并列为轮胎制造三大原料。顺丁橡胶用于胎面胶能显著地改善轮胎的耐磨性;用于胎侧改进耐疲劳性;用于胎体降低了生热性,从而延长轮胎的使用寿命。顺丁橡胶不能单独用于轮胎,常与天然橡胶并用,但比例不能超过 50%,若比例过大,则轮胎易于崩花掉块,且抗湿滑性下降。顺丁橡胶在轮胎方面的用量已超过 60%。

(2)塑料增韧改性剂

利用顺丁橡胶具有高弹性、耐低温等优异性能来提高聚苯乙烯、聚丙烯、聚乙烯及聚氯乙烯等热塑性塑料的抗冲击强度、耐候性、耐热性及耐应力开裂等性能,用于制作电器外壳、家具、玩具、包装等模塑制品。

(3)其他

顺丁橡胶还可用于制造力车胎、胶板、运输带、胶管、胶鞋、密封圈及其他橡胶制品,还可制作胶黏剂及涂料等。

4.2　配位聚合催化剂及其聚合规律

4.2.1　丁二烯配位聚合催化剂研发

20 世纪 50 年代初,K. Ziegler 发现 $TiCl_4$-AlR_3 催化剂可在常温低压下将乙烯聚合成线型高分子量聚合物[34~36]。这个典型的二元 Ziegler 催化剂虽然未能制得高顺式聚丁二烯，但很快发现用 TiI_4 代替 $TiCl_4$ 组成形式相近的催化剂 TiI_4-AlR_3 也同样制得高顺式 1,4-聚丁二烯[11]。在此启发下该类催化剂迅速扩大到用一种有机金属化合物同一种过渡金属化合物（有时也可能有些添加剂）组合成多种多样的配位聚合催化剂，此类催化剂可在较缓和条件下将一些碳氢或非碳氢化合物单体聚合成为微观结构规整聚合物。由于该催化剂合成的顺式 1,4-聚丁二烯呈现出一些引人入胜的性质，如较低的玻璃转化温度、较高的弹性，与丁苯橡胶及天然橡胶的并用能力，以及炭黑补强后硫化橡胶的高耐磨性等，激发了人们的广泛的研究兴趣。到 20 世纪 60 年代末，人们已发现多种可制得顺式有规聚丁二烯的催化剂[37]（表 4-7），其中含有钛、钴、镍的催化剂先后实现了工业化生产。

表 4-7　丁二烯配位聚合催化剂

催化体系	摩尔比 （Al/Ti）	微观结构/%		
		顺式 1,4	反式 1,4	1,2 结构
（1）含 Ti 催化体系				
$TiCl_4-AlR_3$	<1	6	91	3
	>1	49~70	49~25	2~5
$-AlEt_2I$	6	89	10	
$-TiI_4-AlR_3$		89	4	7
$-I_2-AlR_3$	1/10/10	85	10	5
$-I_2-LiAlH_4$		93	3	4
$-AlI_3-AlR_3$		92	4	4
$-MgR_2$		0	88	12
$-CdR_3$		0	98	2
$TiBr_4-AlR_3$		88	3	9
TiI_4-AlR_3		92	3	5
$-AlHCl_2 \cdot OEt_2$		94	2	4
$-LiAlH_4$		9	86	4
$Ti(OR)_4-AlR_3$		0	0~10	100~90
$Ti(NEt_3)_4-AlEt_3$	8	12	2	85
$-AlHCl_2 \cdot OEt_2$	10	0	99	1
$TiCl_3(\alpha)-AlEt_3$	1~2.5	3~4	87~90	8~6
$TiCl_3(\beta)-AlEt_3$	1	37	60	3
$TiCl_3(\gamma)-AlEt_3$	2	8	92	—
（2）含钴催化体系	（Al/Co）			
$CoCl_2-AlR_2Cl$		93~94	3	3~4
$-AlCl_3$		97		
$-Al_2Et_3Cl_3-AlCl_3$	1/24/3	92	2	6
$-Al_2Et_3Cl_3-AlCl_3-H_2O$		98	1	1
$-AlR_3$		—	—	>98
$CoBr_2-AlR_2Cl$		95~97	2~3	1~2
CoI_2-AlR_2Cl		94~95	3~5	2~4
$CoCl_2 \cdot 2py-AlEt_2Cl$	1/1/10	98	1	1
$Co(acac)_2-AlEt_2Cl$		98	1	1
$-AlHCl_2 \cdot OEt_2$		95	2	3
$Co_2(CO)_8-AlEt_2Cl$		94	3	3
$-MoCl_5$		0	2	98

续表

催化体系	摩尔比（Al/Ti）	微观结构/%		
		顺式 1,4	反式 1,4	1,2 结构
（3）含 Ni 催化体系	Ni/助催化剂			
羧酸 Ni-BF$_3$OEt$_2$-AlR$_3$		97	2	1
兰尼 Ni -BF$_3$OEt$_2$-AlR$_3$		96	4	0
-BF$_3$OEt$_2$		96	2	2
Ni(acac)$_2$-BF$_3$OEt$_2$-AlR$_3$	1/4/4	98	1	1
-LiBu		94~96	5~3	1
-CdEt$_2$		97~98	2	
（π-C$_4$H$_7$）$_2$Ni -NiCl$_2$	10	93~95	3~4	1~2
-NiBr$_2$	10	4	82	4
-NiI$_2$	10	0	95~96	4~5
（π-环戊二烯基）$_2$Ni -TiCl$_4$	0.5~2	89~94	3~8	2~3
-TiI$_4$	0.5~2	0	96~97	3~4
-AlCl$_3$	0.5~2	94	4	2
-SnI$_4$	2	0	95	5
-VOCl$_3$	1	93	5	2
（π-环戊二烯基）Ni(CO)$_2$-TiCl$_4$	0.25~1	91	6	3
-VOCl$_3$	0.5~1	92~94	4~5	2~3
Ni(CO)$_4$-AlEt$_3$-BF$_3$		82~88	16~10	1~15
-AlCl$_3$	2	87	10	3
-AlBr$_3$	2	90	8	2
（π-allyl NiBr）$_2$-AlBr$_3$	0.5~1	84	12	4
-BF$_3$	1/10	86	10	4
（4）含 V 催化体系	（Al/V）			
VCl$_4$-AlEt$_3$	0.5~8	1	97~95	2~3
-AlEt$_2$Cl	1~8		97~95	3~5
-MgR$_2$		0	86	14
-CdR$_2$		0	92	8
VCl$_3$-AlR$_3$		0	99	1
VOCl$_3$-AlEt$_3$	0.5~8	1	95~96	1~5
-AlEt$_2$Cl	1~10		97~98	2~3
（5）含有其他元素催化体系				
Cr(acac)$_3$-AlEt$_3$		12	18	70
Cr(CNC$_6$H$_5$)$_6$-AlR$_3$	1/5	0~25	25~5	70-80
PdCl$_2$-AlEt$_2$Cl	1/10	90~92	6~8	2
Ce octoate-AR$_3$-AlEt$_2$Cl		98.0	1.2	0.8
-AlEt$_2$Br		98.1	1.5	0.4
-AlEt$_2$I		97.4	2.2	0.4
-AlEt$_2$F		97.4	1.8	0.8

　　1958 年中科院长春应化所开始对过渡金属组成的 Ziegler-Natta 催化剂进行广泛的探索性研究，到 1964 年的下半年对将近 110 多种催化体系进行了聚合实验，其中含有钛化合物的有 7 种，钴 55 种，镍 13 种，稀土 22 种，其他过渡金属元素 13 种，从 d-轨道的金属元素

扩展到 f-轨道稀土元素。发现多种催化剂可以制得高顺式聚丁二烯，并选择下述 5 种催化体系进行全面、重点的研究[38]：

$TiI_4-Al(iBu)_3$　苯溶剂催化体系

$CoCl_2.4py-AlEt_2Cl-H_2O$　苯溶剂催化体系

$CoCl_2.4py-Ni(naph)_2-AlEt_2Cl$　苯/加氢汽油混合溶剂催化体系

$CoCl_2.4py-Ni(naph)_2-Al_2Et_3Cl_3$　苯溶剂催化体系

$Ni(naph)_2-Al(i-Bu)_3($ 或 $AlEt_3)-BF_3.OEt_2$　加氢汽油溶剂催化体系

到 1963 年完成了钛系催化剂合成顺丁橡胶的研究，制得的顺丁橡胶的加工行为和硫化胶的物理机械性能与美国 Phillips cis-4 和意大利 Europrene-cis 两种钛系顺丁橡胶的性能相近。考虑到我国碘来源较困难，及世界上又出现有关均相钴催化剂的研究报道，便于 1963 年上半年停止了该催化剂的研究工作。到 1964 年又相继完成了钴系和镍系催化剂的研究。钴系催化剂的研究虽开展得较晚，但对于催化剂的配方、凝胶及分子量的控制，加工性能的改善、硫化配方和条件等方面的大量研究工作，取得了较好的结果，合成的钴系胶在性能上好于苏、美、意等国的同类产品，与加拿大 Taktene1220 牌号胶性能相近。从对镍系催化剂的研究发现可合成顺式含量较 Ti、Co 系催化剂高的顺式聚丁二烯，并有好的加工性能和耐老化性能，又可使用来源丰富、价低、无毒的加氢汽油作溶剂。镍系催化剂已是中国生产顺丁橡胶的重要催化剂。

4.2.2　钛系催化剂

以四氯化钛为基础的催化剂仅能制得顺式含量为 60% ~ 70% 的聚丁二烯[39]，而且条件稍有变化不仅结构产生变化，还易于生成低分子量齐聚物和凝胶。四溴化钛与 AlR_3 体系可以合成顺式含量在 80% ~ 90% 的聚丁二烯[40]，但仍易于生成凝胶。在含有钛过渡金属的催化剂中能制得高顺式聚丁二烯的体系都含有碘元素。第一个含碘催化剂是由四碘化钛及三烷基铝所组成的，是由美国 Phillips 石油公司于 1956 年首先研制成功，可以制得顺式含量为 90% ~ 95%，基本不含凝胶[11]，1960 年实现工业化生产，到 1967 年在 8 个国家建成 9 套生产装置，生产能力约为 55.7 万多吨(见表 4-8)。

表 4-8　用钛系催化剂生产顺丁胶的公司

生产公司	投产时间	催化体系	顺式 1,4/%	产品牌号
Phillips 石油公司(美)	1960 年	TiI_4-AlR_3	90 ~ 93	Cis-4
ANIC 公司(意大利)	1961 年	TiI_4-AlR_3	90 ~ 93	Europrene Cis
Goodyear 轮胎与橡胶公司(美)	1962 年	TiI_4-AlR_3		Budene
Michelin E Cie(法)	1964 年	TiI_4-AlR_3		
SNAM 公司(意大利)	1967 年	$AlHCl_2.OEt_2-AlI_4-TiCl_4$	92 ~ 95	
沃龙涅什合成橡胶厂(前苏联)	1964 年	TiI_4-AlR_3	87 ~ 93	SKD(с к д)
通用轮胎橡胶公司(美)	1963 年	TiI_4-AlR_3		DURAGEN
美国合成橡胶公司(美)	1962 年			Cisdene
Bayer 公司(德)	1965 年		>91	BunaCB

中国从 1958 年开始，首先对含有钛元素的催化剂进行了广泛的探索性研究，发现可制得顺式聚丁二烯的钛系催化剂，见表 4-9[41~45]，对其中 $TiI_4-Al(iBu)_3$ 体系的组分配比、聚合条件及可能存在的杂质[46,47]等对聚合活性和产物结构的影响进行全面深入的研究，确定

了聚合配方、聚合工艺条件，以及分子量调节方法、胶液后处理方法[48]和加工工艺条件[49]。在 Al/Ti 摩尔比为 6~22，TiI_4 对单体质量比为 0.2%~0.05%，单体浓度 20%(质量)，加料顺序为：Bd+Al+Ti，在温度为 20~60℃，经 1~8h，可制得顺式含量为 95%，分子量在 25 万~35 万之间，分子量分布在 1.8~2.0 之间，转化率大于 85%，其加工行为和硫化胶的物理机械性能均达到世界同类产品水平。

表 4-9　钛系催化剂

催化剂	Al(Li)/Ti (摩尔比)	微观结构/%			参考文献
		顺式 1,4	反式 1,4	1,2 结构	
$TiI_4-Al(iBu)_3$	6~20	87~95	1~8	4~5	[41]
$TiCl_4-I-Al(iBu)_3$	8	~90			[42]
$TiBu_4-Al(iBu)_3$(或 $AlEt_3$)	3	27~64	36~66	2~7	[43]
$TiBr_4-LiBu$	1.5~2.5	~90	6~15	4~5	[43]
TiI_4-LiBu	2~3	~90	6~11	4~5	[44]
$Ti(OBu)_4-AlEt_2I$	8~10	>90			[45]
$Ti(OBu)_4-AlEt_2Br$	6~12	>90			[45]

$TiI_4-Al(iBu)_3$ 催化体系的催化活性取决于 Al/Ti 摩尔比。催化活性在某一 Al/Ti 摩尔比最高，反应液呈棕褐色并浑浊；低于这一 Al/Ti 比催化活性完全消失，反应液呈四碘化钛的紫色。最高活性的铝钛比取决于 TiI_4 的用量。TiI_4 用量越小，Al/Ti 越大(见图 4-15、图 4-16)。当 TiI_4 用量为 0.05% 时，Al/Ti 比增加到 20，则反应缓慢，但最终转化率仍然很高(图 4-16)，故可用 Al/Ti 比调节聚合速率。后来文献[50]也报道了 Al/Ti 比对聚合速度的影响(图 4-17)，最高聚合活性的 Al/Ti 比值在 1.5~5 之间。Al/Ti 比值较低时，产物为反式含量较高的低分子量树脂，Al/Ti 比值增加、聚合物 1,2 结构也随之增加。

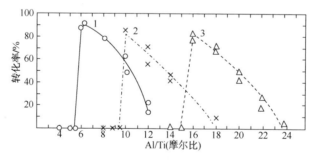

图 4-15　铝钛摩尔比对催化活性的影响

1—TiI_4 0.20%；2—TiI_4 0.10%；3—TiI_4 0.05%

聚合温度 20℃，聚合时间 2h

对 $TiI_4-Al(iBu)_3$ 体系的聚合动力学和两组分之间反应的研究，得知 TiI_4 在引发丁二烯聚合时，当活性较高时，钛是以二价态为主，有少量三价态[51]，在 Al/Ti 摩尔比较低时则以三价态为主，有少量二价钛。不同于 $TiCl_4$ 在引发异戊二烯顺式聚合时是以三价态的钛为主。从动力学研究得到聚合速率方程[52]：

$$-\frac{\mathrm{d}M}{\mathrm{d}t}=3.22[\mathrm{M}][\mathrm{Ti}]\mathrm{e}^{565\left(\frac{1}{283}-\frac{1}{T}\right)} \tag{4-3}$$

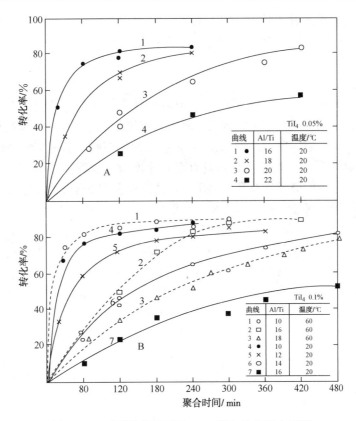

图 4-16　不同温度下不同 Al/Ti 摩尔比的聚合速度

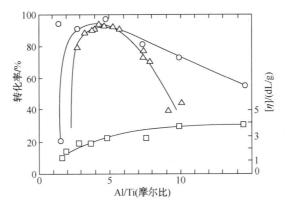

图 4-17　Al(iBu)$_3$-TiI$_4$ 催化剂制备的聚丁二烯的产率和特性黏数[1]

催化剂用量：□，○—2.2mg 原子钛/100g 丁二烯；

△—0.5mg 原子钛/100g 丁二烯

在 Al/Ti 摩尔比固定为 6.6 时，聚合速率与单体、TiI$_4$ 的浓度均为一级关系，求得聚合活化能(47±2)kJ/mol。

由于 TiI$_4$ 密度太大(4.3g/cm^3)，又不溶于烃类溶剂，使用不便，工业上也有用 TiCl$_4$-I$_2$-AlR$_3$(Al/I=5~10，I/Ti=1.5)，及 TiCl$_2$I$_2$-AlR$_3$(TiCl$_2$I$_2$ 是 TiCl$_4$ 与 TiI$_4$ 等摩尔混合物)催化体系代替原 TiI$_4$-AlR$_3$ 体系，它们最后均形成三价钛和烷基碘化铝，与原两元体系是等同的。由于钛系催化剂是非均相体系，催化剂活性较低(50~120g 聚合物/mmol TiI$_4$)[9]，故催化剂用量较大，胶的生产成本较高，且有颜色。在 20 世纪 80 年代钕系顺丁橡胶开发成功后，钛系橡胶生产装置已逐渐改为生产钕系顺丁橡胶。

4.2.3 钴系催化剂

1. 钴系催化剂的组成及特点

钴系催化剂发现于 1957~1958 年间[53]，略晚于钛系催化剂，是当代生产顺丁橡胶的重要催化剂之一。按钴化物能否溶于烃溶剂中而有均相与非均相体系，均能制得顺式 1,4 结构含量较高的聚丁二烯(表 4-10)。具有实际工业意义的是那些含有可溶性钴化物与烷基氯化铝组成的均相催化体系[54]。均相催化剂具有聚合速度快、过渡金属用量低、易实现连续聚合过程、易制得宽范围的分子量及其聚合速度和结果可以重复等优点。氯元素是钴系催化剂合成高顺式聚丁二烯的必要元素。非均相钴系催化剂活性较低，通常聚合物收率约为 150~200g PB/g Co 左右。可溶性均相钴系催化剂的催化效率可达 300kg PB/g Co[55]。常用的可溶性钴化物主要有羧酸钴如辛酸钴或环烷酸钴、乙酰基丙酮钴以及氯化钴吡啶络合物等[12]，氯化烷基铝可以是 AlR_2Cl、$AlRCl_2$、$Al_2R_3Cl_3$ 以及相应苯基化合物，常用的是 AlR_2Cl。以 $AlEt_2Cl$ 作为可溶性钴化物的助催化剂，Al/Co 摩尔比在 1~1000 之间，并需加入水、氧、醇、卤素、卤化氢、氯化铝、有机过氧化物、烯丙基氯等类化合物作为活化剂。多用水作活化剂，添加量(H_2O/Al 摩尔比)在 0.1~0.5 之间。低于或高于这个范围聚合速度均下降，而在低于 0.1 时得到低分子量聚合物，而高于 0.5 时则易生成凝胶[56](表 4-10)。水可将一部分氯化二乙基铝转化成为一种较强的路易斯酸[$O(AlEt_2O)_2$]，此路易斯酸是高催化活性的关键因素。用 $Al_2Et_3Cl_3$ 或 $AlEt_2Cl$ 作助催化剂的钴系催化剂也有较高聚合活性，但易生成凝胶。当添加微量水等活化剂时更增加了聚合物形成凝胶的趋向[57]，但这些催化剂加入路易斯碱如乙醚、硫醇等也可制得无凝胶聚合物[58]。

表 4-10　Co-Oct-AlEt₂Cl-H₂O 体系丁二烯聚合[56]

H_2O/AlEt$_2$Cl（摩尔比）	H_2O/（mg/kg）	转化率/%	微观结构/%			[η]/(dL/g)	凝胶/%
			顺式 1,4	反式 1,4	1,2 结构		
0	0	—	—	—	—	—	—
0.5	1.8	9.9	92.4	1.8	5.8	0.9	0
1.0	3.6	52.5	94.5	1.5	4.0	1.5	0
2.5	9.0	92.7	96.5	1.7	1.8	3.2	0
5.0	18.0	93.8	97.5	1.2	1.3	4.9	0
10.0	36.0	92.8	97.8	0.9	1.2	6.2	0
25.0	90.0	85.3	97.7	0.8	1.5	7.6	0
50.0	180.0	60.2	97.8	1.0	1.2	8.4	5.0
100.0	360.0	7.3	94.4	4.2	1.4	4.9	28.0
110.0	396.0	2.6	—	—	—	—	—

注：AlEt₂Cl=20mmol，Co-Oct=0.04mmol，丁二烯 100g，聚合温度 5℃，聚合时间 19h。

许多钴化合物与 AlEt₂Cl 反应都能得到活性和立体规整性相似的催化剂，表明钴化合物的种类虽不同，但与 AlEt₂Cl 反应得到的实际上是同一种结构物质。催化反应的第一步是交换反应：

Porri L 已经证明，不论是什么钴化合物（例如，$CoSO_4$，2-乙基己酸钴，二乙酰基丙酮钴，三乙酰基丙酮钴等），在四氢呋喃中与 $AlEt_2Cl$ 反应后，溶液浓缩后析出的总是 $CoCl_2 \cdot THF$。在芳烃溶剂中也可证明有上述反应，在 Al/Co = 30 或更多的条件下，按上述反应得到的 $CoCl_2$ 很快被烷基化成为不稳定的 $EtCoCl$。均裂后转化成一价钴化合物 Co-Cl，由于铝化合物的配位作用，被稳定在一价。一价钴的结晶配合物可以使丁二烯聚合而不必加烷基铝，证明对上述反应产物的推测是正确的。例如把等物质的量 $Ph_2AlCl \cdot PhAlCl_2$ 与 $CoCl_2$ 在苯中回流 10~20min，趁热过滤，得到淡黄色结晶，其组成正是一价钴的配合物 $(PhAlCl_2) \cdot CoCl \cdot 0.5C_6H_6$，对丁二烯顺式 1,4 聚合有催化活性，可见，卤化烷基铝与钴化合物在烃类溶剂中反应的活性种是 CoCl 与铝化合物的配合物。

从聚合动力学的研究得知，聚合速度对单体和钴都是一级关系。辛酸钴-$AlEt_2Cl$ 体系活化能为 57.8kJ/mol[59]。

2. 钴系催化体系聚合规律

中国于 1960 年开始对可溶性钴化合物与氯化烷基铝或烷基铝所组成的 50 多个催化体系对丁二烯的催化聚合进行了广泛的研究探索，见表 4-11。对其中三种催化体系的组成配比、聚合条件、杂质的影响以及凝胶的控制和放大胶样的物理机械性能均进行了全面深入研究，为进一步进行工业化提供了科学依据。

表 4-11　可溶性钴化合物催化体系

催 化 剂	Al/Co（摩尔比）	微观结构/%			参考文献
		顺式 1,4	反式 1,4	1,2 结构	
$CoCl_2 \cdot 4py-Al(CH_3)_2Cl$	300	96	2	2	[60]
$CoCl_2 \cdot 4py-Al(C_2H_5)_2Cl$	500	97	2	1	[61]
$CoCl_2 \cdot 4py-AlEtCl_2$	500	96	2	2	[64]
$CoCl_2 \cdot 4py-Al(iBu)_2Cl$	500	92	4	4	[62]
$CoCl_2 \cdot 4py-AlEt_2Br$	500	92	2	6	[62]
$CoBr_2 \cdot 4py-Al(CH_3)_2Cl$	300	95	3	2	[60]
$CoBr_2 \cdot 4py-Al(C_2H_5)_2Cl$	500	93	5	2	[62]
$CoBr_2 \cdot 4py-AlEt_2Br$	500	97	2	1	[62]
$CoBr_2 \cdot 4py-Al(iBu)_2Cl$	500	97	3	0	[62]
$CoBr_2 \cdot 4py-AlEtCl_2$	500	100	0	0	[64]
$CoI_2 \cdot 6py-Al(CH_3)_2Cl$	300	94	3	3	[60]
$CoI_2 \cdot 6py-Al(C_2H_5)_2Cl$	500	92	3	5	[62]
$CoI_2 \cdot 6py-AlEt_2Br$	500	94	2	4	[62]
$CoI_2 \cdot 6py-Al(iBu)_2Cl$	500	98	1	1	[62]
$CoI_2 \cdot 6py-AlEt_2Br$	500	100	0	0	[62]
$Co(AcAc)_2-Al(CH_3)_2Cl$	300	94	3	3	[60]
$Co(AcAc)_2-Al(C_2H_5)_2Cl$	500	97	2	1	[62]
$Co(AcAc)_2-AlEt_2Br$	500	97	2	1	[62]
$Co(AcAc)_2-Al(iBu)_2Cl$	500	97	2	1	[62]
$Co(AcAc)_2-AlEtCl_2$	500	96	1	3	[64]
$Co(AcAc)_3-Al(CH_3)_2Cl$	300	95	3	2	[60]
$Co(AcAc)_3-Al(C_2H_5)_2Cl$	500	98	1	1	[62]
$Co(AcAc)_3-AlEt_2Br$	500	95	2	3	[62]
$Co(AcAc)_3-Al(iBu)_2Cl$	500	95	2	3	[62]

续表

催 化 剂	Al/Co（摩尔比）	微观结构/%			参考文献
		顺式 1,4	反式 1,4	1,2 结构	
$Co(AcAc)_3$-$AlEt_2Cl$	500	99	1	1	[64]
$Co(C_{18}H_{35})O_2 \cdot 2py$-$Al(CH_3)_2Cl$	300	94	3	3	[60]
$Co(C_{18}H_{35})O_2$-$Al(C_2H_5)_2Cl$	500	95	2	3	[62]
$Co(C_{18}H_{35})O_2$-$AlEt_2Br$	500	90	4	6	[62]
$Co(C_{18}H_{35})O_2$-$Al(iBu)_2Cl$	500	97	2	1	[62]
二水杨醛钴-$AlEt_2Cl$	500	98	1	1	[62]
二水杨醛钴-$AlEt_2Br$	500	97	1	2	[62]
二水杨醛钴-$Al(iBu)_2Cl$	500	97	1	2	[62]
乙二胺缩水杨醛钴-$AlEt_2Br$	500	98	0	2	[62]
乙二胺缩水杨醛钴-$Al(iBu)_2Cl$	500	99	1	0	[62]
$CoCl_2 \cdot 4py$-H_2O-$Al(iBu)_3$	600	98	0	2	[63]
$Co(AcAc)_3$-H_2O-$Al(iBu)_3$	300	94	4	2	[63]

（1）$CoCl_2 \cdot 4py$-$AlEt_2Cl$-苯溶剂催化体系

通过 10 余种钴络合物与 6 种烷基铝组合成 40 多个催化体系对丁二烯的聚合实验[60~62]，发现烷基铝与外轨型钴络合物，如吡啶、乙酰基丙酮、水杨醛等钴络合物组成的催化体系，对丁二烯都有非常高聚合活性，而内轨型钴络合物，如乙二胺缩水杨醛、二甲基乙二肟等钴络合物组成的催化体系，对丁二烯的催化活性都很低。助催化剂对催化聚合活性大小顺序是：$AlR_2Cl>AlR_2Br>AlR_2I$。除 AlR_2I 作助催化剂顺式含量较低外，其顺式含量均在 95% 以上。催化剂用量与钴的浓度和 Al/Co 摩尔比均有关，当固定钴的浓度时，随 Al/Co 摩尔比增加聚合转化率随之增加，达到最大值后又逐渐下降[61]，见图 4-18。但在催化剂中加入适量的苯基-β-萘胺后，Al/Co 摩尔比对转化率影响不大，见图 4-18 曲线 5。在钴的浓度较高时，低 Al/Co 比下也有较高活性[65]。

溶剂的性质对聚合速度（图 4-19）和聚合物分子量、分子量分布均有较大的影响。由图 4-19 可看出聚合速度依下列顺序递减：苯>庚烷＝环己烷>甲苯>二甲苯>三甲苯。

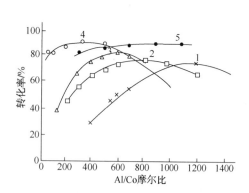

图 4-18　催化剂不同用量与转化率的关系[61]

1—Co 的用量为 6mg/kg；2—Co 的用量为 8mg/kg；

3—Co 的用量为 10mg/kg；14—Co 的用量为 20mg/kg；

5—Co 的用量为 20mg/kg；添加苯基-β-萘胺

D/Co＝50（摩尔比）

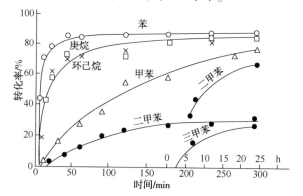

图 4-19　在不同溶剂中时间与转化率的关系[61]

图中标示为"二甲苯"和"三甲苯"的

短线表示时间单位为 h 的坐标

从图 4-20 可看出庚烷和环己烷等脂肪烃作溶剂时，转化率对分子量影响不大。甲苯、二甲苯、三甲苯作溶剂时，高聚物的平均分子量随着转化率的提高而逐渐增大。当添加苯基-β-萘胺后，聚合物分子量与转化率关系介于芳烃与脂肪烃之间，由此可用混合溶剂或胺类等第三组分来调节分子量。

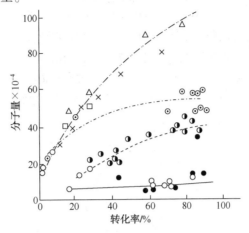

图 4-20　转化率与分子量的关系[61]

●—庚烷；○—环己烷；⊙—苯；△—甲苯；×—二甲苯；

□—三甲苯；◐—添加苯基-β-萘胺(苯为溶剂)

从实验中发现，丁二烯苯溶液中水分含量对催化聚合行为影响非常大(表 4-12)。由表中数据可知，在一定水值内有较高聚合活性，而聚合物分子量随着水含量增加而迅速地提高。表明可用体系中水含量来调节控制聚合物分子量。

表 4-12　H_2O 对聚合的影响[61]

$H_2O/Al(C_2H_5)_2Cl$（摩尔比）	转化率/%	$[\eta]/(dL/g)$	分子量 $M \times 10^{-4}$	凝胶/%	结构/% 顺式 1,4	1,2 结构	反式 1,4
0.03	65	2.04	19	4	97	0	3
0.10	95	3.67	48	3	97	2	1
0.32	93	3.98	57	10	97	2	1
0.50	85	4.87	76	84	96	4	0
0.75	70	5.05	81	77	—	—	—
1.00	55	2.85	32	82	—	—	—
1.20	<1	—	—	—	—	—	—

从无水存在时催化剂几乎无活性的实验事实，有理由推测 $Al(C_2H_5)_2Cl$ 不能与 $CoCl_2 \cdot 4py$ 形成活性中心。通过水解实验[66]，已知 H_2O 与 $AlEt_2Cl$ 会发生如下的反应：

当 $H_2O/Al(C_2H_5)_2Cl < 0.5$ 时，体系中无水存在。

$$H_2O + Al(C_2H_5)_2Cl \longrightarrow Al(C_2H_5)_2OHCl + C_2H_6$$

（Ⅰ）

当 $H_2O/Al(C_2H_5)_2Cl = 0.5$ 时，产物绝大部分为：

$$2(C_2H_5)_2AlCl + H_2O \longrightarrow (C_2H_5)_2AlCl + AlC_2H_5(OH)AlCl + C_2H_6$$

$$\longrightarrow C_2H_5-\underset{Cl}{Al}-O-\underset{Cl}{Al}-C_2H_5 + C_2H_6$$

（Ⅱ）

当 $0.5 < H_2O/Al(C_2H_5)_2Cl \le 1$ 时，组分比较复杂，水解产物可能是混合物：

$$C_2H_5 \underset{\underset{Cl}{|}}{Al} - O \underset{\underset{Cl}{|}}{\overset{}{\big)_{\!n}} Al} - C_2H_5 \quad 和 \quad C_2H_5 \underset{\underset{Cl}{|}}{Al} - O \underset{\underset{Cl}{|}}{\overset{}{\big)_{\!m}} Al} - OH$$

当 $H_2O/Al(C_2H_5)_2Cl > 1$ 时，C_2H_5—全部被水解掉：

$$(C_2H_5)_2AlCl + H_2O \longrightarrow OAlCl + 2C_2H_6$$

从实验数据来看，聚合活性较高的 $H_2O/AlEt_2Cl$ 摩尔比是在 $0.1 \sim 0.5$ 之间，水解产物是以（Ⅱ）为主。推测活性中心有可能由（Ⅱ）与 $CoCl_2 \cdot 4py$ 形成。

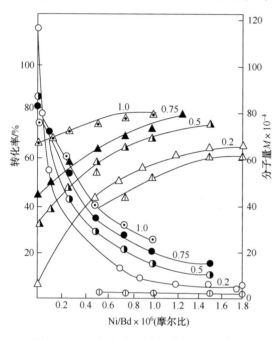

图 4-21　Co/Bd、Ni/Bd 比对转化率的影响
注：$CoA_2 - NiA_2 - AlEt_2Cl$-苯体系，$Al/Bd = 8 \times 10^{-3}$，
$Co/Bd = 0.2$、0.5、0.75、1.0×10^{-5}，改变 Ni/Bd：
$10g/100mL$，$20℃$聚合 $3h$

（2）$CoCl_2 \cdot 4py - Ni(naph)_2 - AlEt_2Cl -$ 苯/加氢汽油混合溶剂催化体系

由于 Ni 化合物与 $AlEt_2Cl$ 组成的催化体系可以制得低分子量聚丁二烯，Ni 化合物参与链转移过程[67]，因此用 $Ni(naph)_2$ 作为催化剂组分，来调节分子量及分子量分布以便改善钴系胶的加工性能，并有可能减少钴的用量进而可能改善钴系胶的耐老化性能。

当在苯溶剂中采用乙酰丙酮镍时，Co/Ni 摩尔比以及其用量对聚合影响规律见图 4-21。可以看出，在不同钴用量下，改变 Ni 用量时，单体转化率随着 Ni 用量的增加而升高，聚合物分子量则随着降低，这表明 Ni 也在起着催化作用，用 Ni 取代部分 Co，不仅不会影响聚合收率还能有效地调节分子量和分子量分布。

当以加氢汽油和苯的混合物作溶剂（苯/汽油=5/5），采用 $CoCl_2 \cdot 4py - Ni(naph)_2 - AlEt_2Cl(Ni/Co = 7/3)$ 催化体系时，催化剂用量的变化对聚合的影响见表 4-13。由表可见，随着 Mt 及 Al 用量增加，转化率增加，但分子量与链结构变化不大，分子量在 20 万左右，顺式含量在 95% 以上。该胶具有较好的加工工艺特性及物理机械性能。

表 4-13　催化剂用量对聚合的影响

$(Mt/Bd) \times 10^5$（摩尔比）	$(Al/Bd) \times 10^3$（摩尔比）	Al/Mt（摩尔比）	转化率/%	凝胶/%	$[\eta]/(dL/g)$	$M \times 10^{-4}$	微观结构/%		
							顺式 1,4	1,2 结构	反式 1,4
1.2	6	500	63	2	2.36	23	95	2	3
1.4	6	430	58	1	2.00	19	95	2	3
1.6	6	375	65	1	2.03	19	95	2	3
1.8	6	333	70	1	2.27	22	96	2	2
2.0	6	300	75	0	2.15	21	96	2	2
2.0	3	150	55	1	2.07	20	95	2	3
2.0	4	200	73	1	2.26	22	95	2	3
2.0	6	300	75	0	2.15	21	96	2	2
2.0	8	400	75	1	2.07	20	96	2	2

注：$[Bd] = 12g/100mL$，$Ni/Co = 0.7$，$H_2O/Bd = 1.08 \times 10^{-3}$，$20℃$聚合 $3h$。

（3）$CoCl_2 \cdot 4py-Ni(naph)_2-Al_2Et_3Cl_3-$苯溶剂催化体系

1）催化剂组分的变化对聚合的影响

催化剂（Ni+Co＝Mt）总用量固定，改变 Ni 的用量，不仅大大地改变聚合物的分子量，而且也使所得胶的门尼黏度及加工行为呈现巨大差异（表4-14），从表中可见，由 Ni/Mt＝0.7 时所制得的顺丁橡胶，即使其分子量较高，但其门尼黏度要比 Ni/Mt＝0.5 的低得多，而加工性能也要优异得多；门尼黏度相同的样品，Ni/Mt 摩尔比大者，具有较高的分子量及较好的工艺性能。

表4-14　$Ni(naph)_2$在催化剂中的含量对聚合的影响

(Mt/Bd)×10^5 (摩尔比)	Ni/Mt (摩尔比)	(Al/Bd)×10^3 (摩尔比)	[Bd]/ (g/100mL)	转化率/%	$M×10^{-4}$	微观结构/% 顺式1,4	微观结构/% 1,2结构	微观结构/% 反式1,4	100℃ ML_{1+4}	加工性能
2.0	0.80	6.0	12.5	88.3	25.1					
2.0	0.65	6.0	12.5	88.3	33.7					
2.0	0.60	6.0	12.5	87.0	37.6					
2.0	0.50	6.0	12.5	88.8	47.8					
1.7	0.80	5.1	15.0	81.5	18.0	94	4	2	29	良
2.2	0.60	6.6	10.0	84.0	19.1	94	4	2	57	次
2.2	0.50	6.6	8.0	83.0	25.9	97	2	1	74	次
1.4	0.70	4.2	12.5	70.0	27.9	95	3	2	52	良
2.0	0.70	6.0	12.5	84.0	24.8	—	—	—	56	中良

注：Ni/Mt＝300，$H_2O/Al＝0.15$，苯，10℃聚合3h，前4个在100mL反应瓶中，后4个在1000mL厚壁玻璃瓶中进行。

2）聚合工艺条件对聚合的影响

聚合工艺条件变化对聚合影响见表4-15。由表4-15可知，当固定 Al 的用量时，H_2O/Al 摩尔比从0.1增加到0.25时，聚合转化率，凝胶及分子量及聚合物微观结构均几乎无可见的影响。对水分不敏感性是这一催化体系的一个很大的特点。

单体浓度增大转化率也随着增加，但聚合物分子量及结构无变化。聚合温度在10~20℃范围内，活性、分子量、结构均无变化，而高于此温度，聚合物分子量及顺式1,4含量会随之降低。

表4-15　水分、单体浓度、温度对聚合的影响

试验条件		转化率/%	分子量 $M×10^{-4}$	微观结构/% 顺式1,4	微观结构/% 反式1,4	微观结构/% 1,2结构
H_2O/Al (摩尔比)	0.10	88	32.1			
	0.15	89	27.2	96	2	2
	0.20	89	32.3			
	0.25	86	30.9			
	0.30	82	20.3	95	3	2
	0.40	63	6.1			
单体浓度/(g/100mL)	10	80	28			
	12.5	87	28	96	2	2
	15.8	93	29		3	1
	16.0	94	25	96		
聚合温度/℃	0	74	25	96	2	2
	10	87	28			
	20	90	25			
	30	87	21	95	3	2

注：Mt/Bd＝$2.0×10^{-5}$，Ni/Mt＝0.7，Al/Bd＝$6.0×10^{-3}$，Al/Mt＝300，[Bd]＝12.5/100mL，$H_2O/Al＝0.15$，苯，10℃聚合3h。

3）转化率、分子量与聚合时间的关系

图 4-22 表明，随着时间的增长，转化率急剧增加，增加的速度与 Mt/Bd 摩尔比有关，Mt/Bd 越大，速度越快。2h 后转化率增加不大，在 2～3h 之间转化率仅增加 2%～8%。3h 内转化率大于 80%。在半小时前分子量随聚合时间的增加而增大，半小时后基本不变。

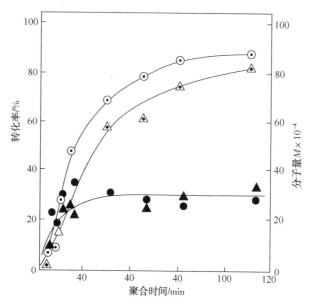

图 4-22　聚合时间与转化率、分子量的关系

钴系橡胶是世界顺丁橡胶工业生产中产量最大、品种最多的胶种。由于该催化体系适应性强，可调性大，易生产高顺式高分子量、不同分子量分布及支化度适合于用户需要的产品品种，加之生产钴系橡胶的这些公司（日本宇部、美国固特里斯、西德汉尔许等）都有技术协定，可互相使用各自技术与专利，促进了钴系橡胶的发展。

4.2.4　镍系催化剂

1. 镍系催化剂的发现及其特点

在开始寻找顺式 1,4 聚合催化剂方面的研究，日本学者没有跟随欧美各国的研究者后面去改良 Ziegler 催化剂，而是把注意力放在探索新的催化剂上。经多年的研究，终于发现了载体上的还原镍可引发丁二烯顺式 1,4 聚合[68]，顺式 1,4 含量高达 93% 以上。1964 年又发现可溶性镍与三乙基铝及三氟化硼乙醚络合物组成的高活性的三元催化体系[69]，三元催化剂可以合成很高顺式 1,4 构型的聚丁二烯。一般含量在 90%～97%，也可达 97% 以上。三元镍系催化剂的发现，使 Ziegler 的二元系开始向多元系扩展。三元系在广泛的组成范围内具有非常高的顺式 1,4 定向特征。提高聚合温度或某些杂质存在对此几乎没有影响。虽然仍需避免与水、氧、醇或酸等接触，但这些杂质对三元系的聚合活性和顺式 1,4 定向能力的影响远没有像对二元 Ziegler-Natta 型催化剂那么敏感。也无需严格控制聚合温度，一般不发生导致生成凝胶的副反应，聚合物分子量可通过改变催化剂制备条件来控制，催化剂用量少，无须分离。总之，与二元系相比较，三元系具有显著的优点[70,71]。

日本合成橡胶公司采用日本桥石轮胎公司发明的三元镍系催化剂，并引进美国菲利普公司的生产工艺技术，于 1965 年实现了镍系顺丁橡胶（Ni-BR）工业生产。与 Ti-BR、Co-BR 的生产技术相比较，Ni-BR 的生产技术是较为经济有效的方法。该方法具有如下一些特点[72]：

① 催化剂活性高、用量低，无需洗涤脱除。

② 催化剂各组分均溶于溶剂中，有利于计量、输送、配制。催化剂配制容易，配制的催化剂仍溶于溶剂中。

③ 单体浓度的变化对生成聚合物无不利影响，高单体浓度可提高装置生产能力，减少溶剂回收。而 Co-BR 生产时，单体浓度高顺式含量降低，凝胶增加，对聚合有不利影响。

④ 聚合温度对聚合物顺式含量几乎无影响，高温聚合可节约冷冻费用、降低能耗。而 Co-BR 生产时聚合温度大于 50℃，顺式含量就会低于 94%，凝胶含量增加。

⑤ 聚合反应平稳，易于操作，聚合物分子量容易控制，分子量分布适中。产品外观无色。

⑥ 改变催化配制条件，即可生产充油高门尼基础胶。

JSR 公司开发的 Ni-BR 生产技术，是当时最先进、最有效的制备顺式橡胶的方法，故开发成功后，先后转让给德国化学装置进出口有限公司（1967 年，柏林），意大利联合树脂公司（1968 年，SPA），美国古特异轮胎和橡胶公司（1971 年，阿克伦），韩国锦湖公司（1979 年）和印尼（1991 年）等多个国家公司。

前苏联科学院石油化学合成研究所在对 π 烯丙基镍络合催化剂广泛深入的研究基础上[73]，于 20 世纪 70 年代开发成功均相 π 烯丙基镍络合物为催化剂，氯醌为电子受体，脂肪烃为溶剂，制备了高顺式聚丁二烯橡胶[74]，并在沃尤涅什合成橡胶厂实现了工业生产。顺式 1,4 含量为 95%，反式 1,4 含量为 3%，乙烯基 2%，具有较高的支化度和宽的分子量分布（$M_w/M_n = 5 \sim 8$），加工性能好，在某些方面胜过通用型镍胶[75]。

中国在开展 Ti、Co 系催化剂研究的同时，也对镍等过渡金属组成的催化剂进行了探索研究，几乎是与日本同时，发现了环烷酸镍、三异丁基铝和三氟化硼乙醚组成的三元高活性催化剂[76]。中国从 1965 年开始独立自主地进行生产工艺技术的研究开发，于 1971 年建成第一套万吨生产装置，镍系催化剂成为中国生产顺丁橡胶的重要催化剂。

继日本桥石轮胎公司和 JSR 公司之后，固特异和德国布纳等世界各大有关公司也广泛开展了镍系催化剂的研究，出现了大量的相关专利和文献，对镍系催化剂进行了大量改进研究工作，出现不同组成的新型镍系催化剂专利，典型催化体系见表 4-16。

目前世界除前苏联采用 π 烯丙基镍络合催化剂生产镍系顺丁橡胶外，生产镍系顺丁橡胶的厂家均采用环烷酸镍或辛酸镍与三烷基铝和路易氏酸三氟化硼醚络合物或 HF 组成的催化体系，这种催化剂的活性首先取决于各组分的配比和催化剂的制备条件。

表 4-16　典型的镍系催化体系

催化剂	微观结构/%			参考文献
	顺式 1,4	反式 1,4	1,2 结构	
镍-硅藻土-AlEt$_3$-BF$_3$·OEt$_2$	98.1	1.5	0.4	[77]
羰基镍-TiCl$_4$	96.0			[78]
过氧化镍（Ni$_2$O$_3$）-AlCl$_3$	91.2	4.2	4.6	[79]
过氧化镍（Ni$_2$O$_3$）-BF$_3$ 醚	32.4	64.1	3.5	[80]
Ni（BF$_4$）$_2$·xH$_2$O-LiAlEt$_4$				[81]
乙酰乙酸乙酯镍-AlEt$_3$-BF$_3$·醚	99.1	0.7	0.2	[82]
乙酰基丙酮镍-AlEt$_3$-BF$_3$·醚	94.8	4.4	0.8	[82]
乙酰基丙酮镍-AlEt$_3$-对氯醌	94.1	4.1	5.2	[83]

续表

催化剂	微观结构/%			参考文献
	顺式 1,4	反式 1,4	1,2 结构	
环烷酸镍–AlEt₃–BF₃·OEt₂	96.7	3.0	0.3	[84]
环烷酸镍–AlEt₃–三氯甲苯	90.2	6.1	3.7	[85]
–H(C₂F₄)₁₋₃CH₂OH				
环烷酸镍–Al(iBu)₃–烷氧基氟化硼	97			[86]
环烷酸镍–LiBu–BF₃·OEt₂	94			[87]
环烷酸镍–AlR₃₋ₙFₙ(n=1、2)				[88]
辛酸镍–AlEt₃–BF₃·络合物				[89]
辛酸镍–Al(iBu)₃–HF·OBu₂				[90]
辛酸镍–AlEt₃–HF·OEt₂				[91]
辛酸镍–AlEt₃–Ni(BF₄)₂·xH₂O	90			[92]
辛酸镍–AlEt₃–AlF₃·Al₂(SO₄)₃	97			[93]
(RCOONiO)₃B–Al(iBu)₃–BF₃·OEt₂	95.9	2.8	1.3	[94]
(RCOONiO)₃Al–Al(iBu)₃–BF₃·OEt₂				[95]

2. 三元镍系催化剂聚合基本规律

（1）催化剂各组分以单加方式与丁油混合

1）烷基铝用量变化对聚合活性和分子量的影响

当镍和硼组分固定，随着铝组分用量增加聚合活性略有降低，分子量也随之下降。

当镍组分用量固定时，在 Al/B 摩尔比低于 1.0 时，活性随着 Al/Ni 摩尔比增加，聚合活性略有降低，分子量也随之下降。在 Al/B 摩尔比大于 1.0 时，聚合活性略有增加，而分子量仍然随之降低、聚合物结构无变化。

2）硼组分变化对聚合活性和分子量的影响

当镍和烷基铝组分固定，即 Al/Ni=10（摩尔比）时，随着硼组分用量减少，分子量随之增加，聚合活性的变化与加料方式有关，采用 Ni+B+Al 的方式聚合活性随着硼组分用量减小而降低，分子量高于 Ni+Al+B 方式。而采用 Ni+Al+B 方式，转化率在 Al/B 摩尔比为 0.8~0.9 时出现峰值，聚合活性高于前种加料方式。顺式 1,4 含量为 97%，反式为 2%。

3）水分对聚合的影响

在催化剂用量固定时，H₂O/Al 摩尔比在 0.2~0.5 之间变化时，对聚合活性及分子量几乎无影响（表 4-17）。

表 4-17　水分对聚合的影响

H₂O/Al（摩尔比）	水含量/（g/mL）	转化率/%	[η]/（dL/g）	M×10⁻⁴	凝胶/%
0.24	0.022	85.0	2.23	21.4	1
0.30	0.027	87.5	1.94	17.0	1
0.35	0.031	90.0	2.30	22.3	1
0.40	0.036	92.5	2.24	21.5	1
0.50	0.045	90.0	2.31	22.5	0

注：[Bd]=13.5g/100mL，Ni/Bd=2×10⁻⁴，Al/Ni=2×10⁻⁴，Al/B=0.9，30℃聚合 5h，加料顺序：Bd+Ni+Al+B。

4）氧的含量对聚合的影响

当聚合配方及条件不变时，随着氧含量增加，聚合活性下降，达到烷基铝两倍时，则完全失去活性（表 4-18）。但无凝胶生成，微观结构会随氧含量增加而提高。

表 4-18　氧对聚合的影响

O/Al (摩尔比)	$[H_2O]=2.53\times10^{-5}$ g/mL		$[H_2O]=2.3\times10^{-5}$ g/mL		微观结构/%		
	转化率/%	$M\times10^{-4}$	转化率/%	$M\times10^{-4}$	顺式 1,4	反式 1,4	1,2 结构
0	100	33.0	86	38.0	96	2	2
0.3	100	50.0	72	56.0	97	2	1
0.6	96	57.0	70	54.0			
1.0	100	62.0	62	57.0	97	2	1
1.3	26	70.0	60	59.0			
1.6	26	77.0	6	19.0	98	1	1
2.0	0	—	0	—			

注：$Ni/Bd=1.5\times10^{-4}$，$Al/Bd=2\times10^{-3}$，30℃聚合 5h，加料顺序：Bd+Ni+Al+B，$[Bd]=13.5$ g/100mL。

5) 含氧化合物对聚合的影响

在同一配方和相同的聚合条件下，醇、醚、酮、醛化合物不同的添加量对聚合影响见表 4-19，从表中数据可知加入量超过烷基铝用量后才对聚合活性有明显的影响，分子量略有升高，而对结构无明显影响，顺式 1,4 含量均在 97% 以上。

表 4-19　含氧化合物对聚合的影响

名　　　称	杂质/AlR_3（摩尔比）	转化率/%	$[\eta]$/(dL/g)	凝胶/%
乙醇	0	78	1.75	1
	0.2	85	2.25	1
	0.4	85	2.13	1
	0.6	87	2.51	1
	0.8	91	2.46	2
	1.0	93	3.52	2
	1.5	87	4.81	0
	2.0	30	6.50	17
乙醚	0	78	1.75	1
	0.2	76	1.82	<1
	0.4	76	2.14	<2
	0.6	80	2.17	<1
	1.0	52	1.99	1
	1.5	17	2.38	<1
丙酮	0	78	1.75	1
	0.2	76	1.82	2
	0.4	76	2.14	1
	0.6	80	2.17	0
	1.0	52	1.99	1
	1.5	17	2.38	<2
乙醛	0	72	1.84	3
	0.2	80	2.36	3
	0.4	91	2.24	0
	0.6	94.5	3.16	1
	0.8	100	2.96	1
	1.0	100	3.16	1
	1.5	93	3.12	1

6) 聚合温度对聚合的影响

当聚合配方固定时，随着聚合温度升高，转化率随之增加，表明反应速度增加。Ni+Al+B

加料方式，对分子量影响不明显，随温度升高略有降低，而 Ni+B+Al 方式，活性增加明显，分子量下降也显著，表明此种方式适于较高温度下聚合。在试验的温度范围内，聚合物微观结构无变化(表 4-20)。

表 4-20 温度对聚合的影响

加料方式	温度/℃	转化率/%	$[\eta]/(dL/g)$	$M \times 10^{-4}$	微观结构/%		
					顺式 1,4	反式 1,4	1,2
Ni+Al+B Al/Ni=10	10	30	2.2	21.0	97.1	1	2
	20	43	2.1	19.6	97.1	1	2
	30	70	2.23	21.2	97.1	1	2
	40	80	2.07	19.0	97.1	1	2
	60	88	1.92	17.4	97.1	1	2
Ni+B+Al Al/Ni=6	8	45	4.90	63.0			
	20	78	3.60	33.6			
	40	91	2.85	29.9			
	60	100	2.0	18.4			

注：$[Bd]=13.5g/100mL$，$Ni/Bd=2 \times 10^{-4}$，$Al/B=0.9$，30℃聚合 5h。

7) 单体浓度的变化对聚合的影响

当聚合配方固定不变时，随着单体浓度增加，也即溶剂用量减少，聚合转化率增加，分子量降低(表 4-21)。

表 4-21 单体浓度对聚合的影响

加料方式	$[Bd]/(g/100mL)$	Al/Ni(摩尔比)	转化率/%	$[\eta]/(dL/g)$	$M \times 10^{-4}$	凝胶/%
Ni+B+Al	5.4	6	26.3	4.76	60.6	0
	8.0		79.0	4.15	50.1	0
	10.4		94.0	—	—	—
	16.2		99.0	3.55	40.8	0
Ni+Al+B	5.0	10	72.5	4.4	54.4	1
	10.0		75.0	2.63	26.7	0
	12.0		78.0	2.50	25.0	1
	13.5		88.0	2.30	22.3	1
	15.0		83.0	2.00	18.4	0

注：$Ni/Bd=2 \times 10^{-4}$，$Al/B=0.9$，30℃聚合 5h。

(2) 催化剂组分预混合陈化加料方式

1) 预混合陈化的加料方式对聚合活性的影响[96,97]

由环烷酸镍(Ni)、三异丁基铝(Al)和 $BF_3 \cdot OEt_2$(B)三组分组成的催化剂可有多种顺序预混合。由于烷基铝可与另两组分发生反应而生成不同产物，从而影响聚合活性。研究发现，Ni 与 Al(或有少量丁二烯存在)先混合陈化，陈化宜在低温下进行，B 组分单独加入丁油溶液中，聚合活性较 Al+B+Ni 或 Ni+B+Al 两种加料顺序混合陈化方式更高，分子量也适中(见图 4-23、图 4-24)。

由图 4-23 可见，Al-B-Ni 混合陈化方式的催化活性比稀 B 单加低得多，而平均分子量则比较高。此加料方式，在 Al/B 摩尔比小于 1 的条件下，会发生如下反应：

$$AlR_3 + BF_3 \cdot OEt \longrightarrow AlR_2F + RBF_2 + OEt_2 \qquad (I)$$
$$\longrightarrow AlRF_2 + R_2BF + OEt_2 \qquad (II)$$
$$\longrightarrow AlF_3 + R_3B + OEt_2 \qquad (III)$$

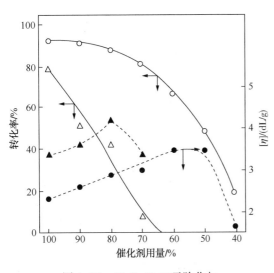

图 4-23 Al-B-Ni 三元陈化与
（Al+Ni）二元陈化 B 单加聚合活性的比较

Al-B-Ni：—△，···▲；Al-Ni→B：—○，···●

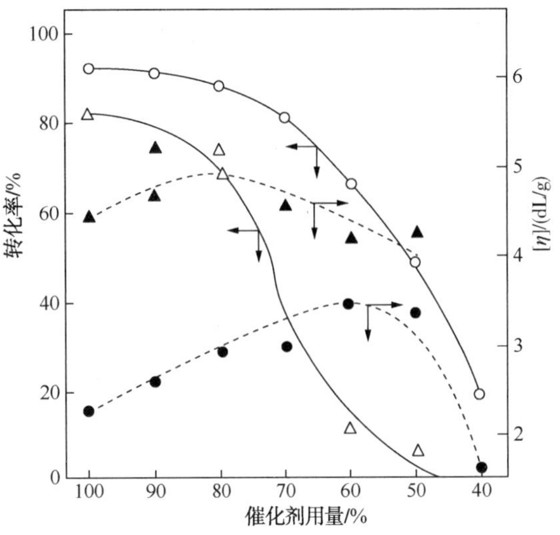

图 4-24 Ni-B-Al 与 B 单加方式的聚合活性比较

Al-B-Ni：—△，···▲；Al-Ni→B：—○，···●

当反应进行到（Ⅱ）步时，就大大降低了还原 Ni 的能力，使活性中心数目减少，而降低了催化活性，分子量升高。松木毅[98]在研究 Ni 系催化剂之间反应时指出，Al 与 B 反应到生成 $EtAlF_2$ 或 AlF_3 时，已失去了还原 Ni 的能力，Ni 溶液的颜色不变，催化聚合活性也非常低。

从图 4-24 可知，Ni-B-Al 顺序混合的三元陈化方式的聚合活性虽然好于 Al-B-Ni 方式，但仍不如 B 单加方式。用苯、甲苯或甲苯-庚烷为溶剂时，多采用此加料方式，可得到适中分子量。对脂肪烃如加氢汽油做溶剂，此种加料方式不仅活性低，分子量也较高。

PRIKYI 等人用直流电导的变化研究二乙酰基丙酮镍与 BF_3 的反应，研究结果表明，Ni 与 B 生成的产物有下列两种络合物：

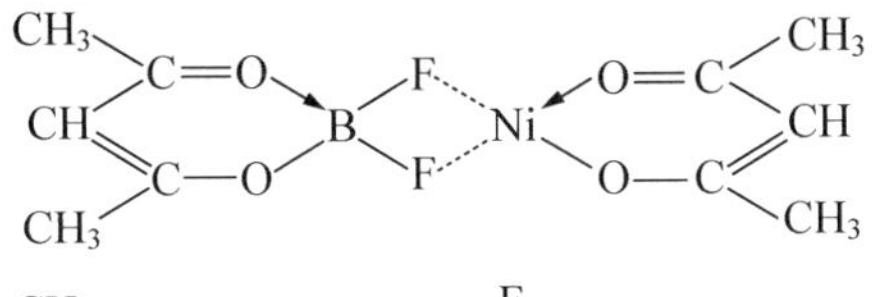

$$
\begin{array}{c}
CH_3-C=O \hspace{3.5cm} O=C-CH_3 \\
\hspace{0.3cm} \big| \hspace{3cm} F \hspace{3cm} \big| \\
CH \hspace{1.5cm} B \overset{}{\underset{}{\diagup}} \hspace{0.2cm} Ni \hspace{0.2cm} \underset{}{\overset{}{\diagup}} \hspace{0.5cm} CH \hspace{2cm} (\text{Ⅰ}) \\
\hspace{0.3cm} \big\| \hspace{3cm} F \hspace{3cm} \big\| \\
CH_3-C-O \hspace{3.5cm} O-C-CH_3
\end{array}
$$

$$
\begin{array}{c}
\hspace{2cm} F \\
CH_3-C=O \hspace{1cm} F \hspace{0.2cm} \big| \hspace{0.2cm} F \hspace{1cm} O=C-CH_3 \\
\hspace{0.3cm} \big| \hspace{1.2cm} \diagdown \hspace{0.1cm} \big| \hspace{0.1cm} \diagup \hspace{1.2cm} \big| \\
CH \hspace{0.8cm} B \hspace{1cm} Ni \hspace{1cm} B \hspace{0.8cm} CH \hspace{0.8cm} (\text{Ⅱ}) \\
\hspace{0.3cm} \big\| \hspace{1.2cm} \diagup \hspace{0.1cm} \big| \hspace{0.1cm} \diagdown \hspace{1.2cm} \big\| \\
CH_3-C-O \hspace{1cm} F \hspace{0.2cm} \big| \hspace{0.2cm} F \hspace{1cm} O-C-CH_3 \\
\hspace{2cm} F
\end{array}
$$

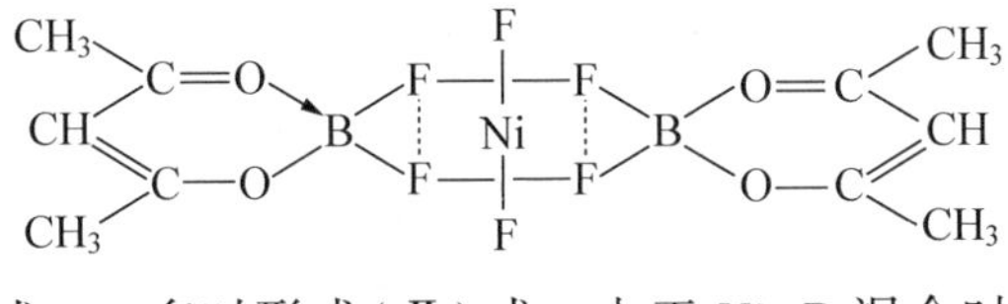

B 少时形成（Ⅰ）式，B 多时形成（Ⅱ）式。由于 Ni-B 混合时 Ni 与 F 形成化学键和络合键，妨碍了 Ni 的还原。与此同时，Al 与 B 也在反应，也导致部分烷基铝和 BF_3 的损失，使此种加料方式聚合活性低于 Ni-Al-B 或 Ni-Al 陈化、B 单加的加料方式。

Ni-Al-B 加料方式可分为（Ni+Al）-（Al+B）、Ni+Al→B 和 Ni-Al-B 三种方式。第一种方式也称双二元方式，此方式很好地解决了 $BF_3 \cdot OEt_2$ 络合物的溶解问题，但在聚合过程中易生成凝胶，不宜采用。第三种即为三元陈化方法，该方式虽然也解决了 $BF_3 \cdot$ 醚合物溶解问题，但易生成不溶性沉淀物，而堵塞管线，不利于正常生产。唯有第二种方式，亦称为 Al-Ni 二元陈化，稀 B 单加方式，是一种较为理想的加料方式，因为这样保证了聚合活性中心是在丁油溶剂中均匀形成，不存在因催化剂局部过浓而引起暴聚使生产不能正常运行的问题。实践已证明，中国采用 Al-Ni 二元陈化，稀 B 单加方式的 Ni 系胶的生产装置运转周期、设备生产能力、催化剂用量和胶的性能均达到世界先进水平。Al 与 Ni 两元加入少量丁二烯陈化，可生成棕色 π 络合物，催化活性较高且稳定，但有可见不溶物出现，而 Ni 与 Al 两元直接混合，立刻生成黑色低价态镍，均匀分散在加氢汽油中，无肉眼可见不溶物。低价态镍进入丁油溶剂中，与大量丁二烯相遇，便可立即形成 π 烯丙基镍络合物。保证了催化剂的高活性和稳定性。

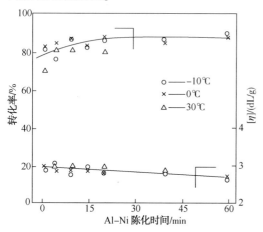

图 4-25　陈化温度、时间对活性的影响
Ni/Bd = 6.0×10⁻⁵，Al/Ni = 6，Al/B = 0.6，
Bd/Ni = 70，[Ni] = 9.25×10⁻⁶

2）Al-Ni 二元陈化条件对聚合活性的影响[99]

① 陈化温度和时间对聚合活性的影响。当配方和浓度固定时，在 -10℃、0℃ 和 30℃ 三个不同温度下陈化时间对聚合活性的影响见图 4-25。由图可知，在陈化初期即 20min 前，聚合活性随着陈化时间增加、活性略有增加，20min 后三种不同温度下陈化聚合活性无可见区别，分子量随着陈化时间增加略有降低。

② 陈化浓度及时间对聚合的影响。当配方相同而陈化液的浓度 [Ni] 在 1×10⁻⁶ ~ 15×10⁻⁶ mol/mL 范围内，对聚合活性的影响见图 4-26。从图可知，在陈化液浓度 [Ni] 低时，转化率均偏低，这可能与体系中杂质破坏或低浓度下反应速度慢有关。图 4-27 给出两种不同浓度的

陈化液陈化时间与转化率的关系，由图可知，较高浓度的陈化液很快就达到了较高的转化率。而 [Ni] = 1×10⁻⁶ mol/mL，低浓度陈化液虽然随着时间增长，转化率也逐渐增加，但终转化率仍然较低，说明陈化液浓度低需要较长的反应时间并易受杂质的影响而聚合活性低。

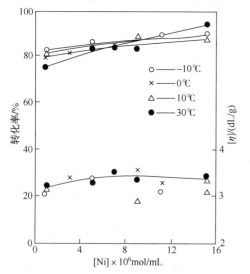

图 4-26　陈化浓度及温度的影响
Ni/Bd = 6.0×10⁻⁵，Al/Ni = 6，Al/B = 0.6，
Bd/Ni = 70，[Ni] = 9.25×10⁻⁶

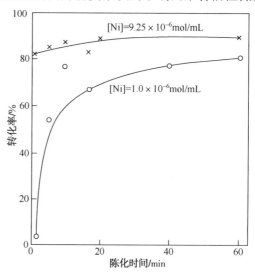

图 4-27　陈化时间对转化率的影响

③ Al-Ni 陈化添加少量丁二烯的影响。当 Al/Ni 比固定而改变陈化液中丁二烯的加入量对聚合的影响见表 4-22。由表可知，丁二烯的加入量对聚合转化率和分子量无明显的影响，但 Al-Ni 陈化液的颜色由深棕色逐渐变为淡茶色。在 Bd/Ni 摩尔比为 10~30 之间，会较快生成较多的沉淀物，而 Bd/Ni 摩尔比在 2~8 或 50~70 时则生成较少的沉淀物。不加丁二烯时经 4 天陈化未见沉淀生成，说明沉淀物是由加入丁二烯所产生的。

表 4-22　Bd/Ni 摩尔比对活性的影响

Bd/Ni(摩尔比)	转化率/%	$[\eta]/(\mathrm{dL/g})$
0	82	3.55
2	79	3.21
20	81	3.30
50	88	3.17
70	87	3.65

注：$Ni/Bd = 6.0 \times 10^{-5}$，$Al/Ni = 6$，$Al/B = 0.6$，$[Ni] = 15 \times 10^{-6} \mathrm{mol/mL}$，温度 10℃。

3）催化剂各组分配比对聚合的影响[100]

聚合活性与催化剂各组分之间的关系是工业生产上被极为关切的问题之一。从动力学的聚合速度表达式：

$$-\frac{\mathrm{d}[M]}{\mathrm{d}t} = k[C]_0[M] = k_p \alpha[C]_0[M] \tag{4-4}$$

式中，k 为表观速率常数，$[C]_0$ 为催化剂初期浓度，$[M]$ 为单体浓度，k_p 为链增长常数，α 为催化剂的利用率。可知聚合活性与催化剂总用量成正比，而每个组分对催化剂活性的贡献是各不相同的，这从测得的每个组分的反应速度常数的差异和不同分子量变化趋势得到证实（表 4-23）。

表 4-23　催化剂各组分浓度对速度常数及聚合物分子量的影响

聚合液中催化剂浓度/(mol/mL)			$k \times 10^2/$	$[\eta]/(\mathrm{dL/g})$	$\overline{M} \times 10^{-4}$	配　　方
$[Ni] \times 10^4$	$[Al] \times 10^3$	$[B] \times 10^3$	$(\min^{-1})$			
0.55	0.93	3.07	0.90	3.36	37.5	$Ni/Bd = 0.3 \sim 2.0 \times 10^{-4}$
0.93			2.10	3.56	40.5	$Al/Bd = 0.5 \times 10^{-3}$
1.85			3.00	2.88	30.3	$B/Bd = 1.67 \times 10^{-3}$
3.15			3.30	1.82	16.4	$Al/B = 0.3$
3.70			4.20	1.78	16.0	
1.85	3.99	3.07	0.40	1.7	15.0	
	2.76		1.40	2.3	22.5	$Ni/Bd = 1.0 \times 10^{-4}$
	1.53		2.60	2.7	27.8	$Al/Bd = 0.25 \sim 2.18 \times 10^{-3}$
	0.93		2.50	2.5	25.0	$B/Bd = 1.67 \times 10^{-3}$
	0.61		1.60	2.3	23.5	$Al/B = 0.15 \sim 1.3$
	0.46		1.30	2.3	22.5	
9.25	4.60	3.07	0.25	2.18	20.9	
6.76	3.38		0.30	2.21	21.3	$Ni/Bd = 0.5 \sim 5.0 \times 10^{-4}$
4.32	2.15		2.80	2.04	19.2	$Al/Bd = 0.25 \sim 2.5 \times 10^{-3}$
3.08	1.53		3.00	2.19	21.1	$B/Bd = 1.67 \times 10^{-3}$
1.54	0.77		1.40	2.64	27.0	$Al/B = 0.15 \sim 1.5$
1.24	0.61		1.26	2.47	24.0	
0.93	0.46		0.60	2.61	26.5	

聚合液中催化剂浓度/(mol/mL)			$k \times 10^2/$	$[\eta]/(dL/g)$	$\overline{M} \times 10^{-4}$	配　方
$[Ni] \times 10^4$	$[Al] \times 10^3$	$[B] \times 10^3$	(min^{-1})			
1.85	0.93	4.62	1.00	2.92	31.2	$Ni/Bd = 1.0 \times 10^{-4}$
		3.07	1.80	2.85	30.0	$Al/Bd = 0.5 \times 10^{-3}$
		2.31	2.70	—	—	$B/Bd = 0.56 \sim 2.5 \times 10^{-3}$
		1.85	2.20	2.97	31.6	$Al/B = 0.2 \sim 0.89$
		1.03	1.30	3.62	41.7	

① 环烷酸镍(Ni)用量变化的影响。当三异丁基铝和三氟化硼乙醚络合物用量固定不变时，改变环烷酸镍用量(在一个数量级范围内)，对聚合活性和分子量的影响见图4-28。由图可知，当环烷酸镍用量很低时，聚合活性与环烷酸镍用量之间近似地呈一级关系，随环烷酸镍用量继续增加，聚合活性偏离一级关系而趋于平衡，分子量则随镍用量增加而逐渐降低。

② 三异丁基铝(Al)用量变化的影响。固定环烷酸镍和三氟化硼乙醚络合物两个组分的浓度，在一个数量级范围内变化三异丁基铝的用量，聚合活性和分子量的变化见图4-29。由图可见，随着三异丁基铝用量的增加，聚合速度和分子量同时上升，越过峰值后又同时下降，聚合速度达到极大值时分子量最高。这是三异丁基铝用量变化独有的现象。

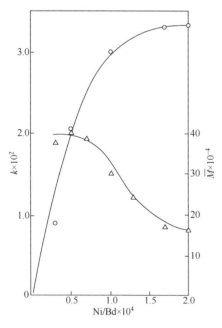

图4-28　环烷酸镍用量对
聚合速率及分子量的影响
$Al/Bd = 0.5 \times 10^{-3}$(摩尔比)；
$B/Bd = 1.67 \times 10^{-3}$(摩尔比)

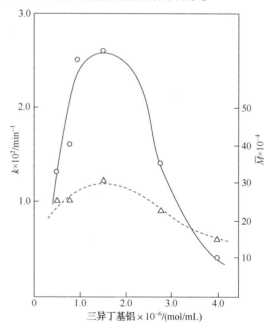

图4-29　三异丁基铝用量对
聚合速度及分子量的影响
○—聚合速度 $Ni/Bd = 1.0 \times 10^{-4}$(摩尔比)；
△—分子量 $B/Bd = 1.67 \times 10^{-3}$(摩尔比)

③ 三异丁基铝与环烷酸镍用量同步变化的影响。在固定三氟化硼乙醚络合物的用量和Al/Ni摩尔比时，同时变化 Al 及 Ni 的用量，则聚合活性和分子量的变化规律如图4-30所示，聚合活性出现峰值，分子量略有下降的趋势。

④ 三氟化硼乙醚络合物(B)用量变化的影响。当固定三异丁基铝和环烷酸镍用量，在

一个数量级范围内变化三氟化硼乙醚络合物的用量，则聚合活性和分子量的变化规律如图4-31所示。由图可知，聚合活性随着三氟化硼乙醚络合物用量的增加，聚合活性上升并越过一个峰值而又下降，分子量随B用量增加而降低。

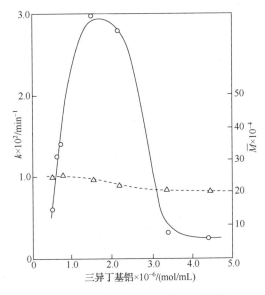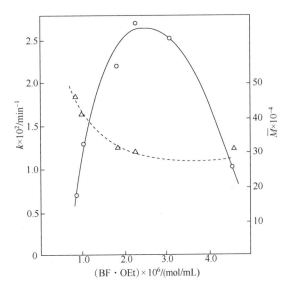

<table>
<tr><td>图4-30　三异丁基铝和环烷酸镍用量
同时变化对聚合速度及分子量的影响
○—聚合速度 Al/Ni＝5(摩尔比)；
△—分子量 B/Bd＝1.67×10⁻³(摩尔比)</td><td>图4-31　三氟化硼乙醚络合物用量对
聚合速度及分子量的影响
○—聚合速度 Ni/Bd＝1.0×10⁻⁴(摩尔比)；
△—分子量 Al/Bd＝0.5×10⁻³(摩尔比)</td></tr>
</table>

从上述催化剂各组分速度常数变化可知，聚合活性与催化剂各组分的函数关系相当复杂，目前还未有一个统一的聚合速度解析式。对于图4-28、图4-29、图4-30中的聚合活性可近似地用下述方程表达：

$$k = a[X] - b[X]^2 \tag{4-5}$$

式中，[X]代表三异丁基铝或者三氟化硼乙醚络合物或者铝镍陈化液的浓度。由于催化剂在聚合体系中的浓度远小于1mol/L(表4-23)，当三异丁基铝或三氟化硼乙醚络合物用量很低时，式中第二项可以忽略，聚合活性与催化剂浓度近似地呈一级关系。随着催化剂用量的增加，聚合活性逐渐偏离一级关系。而达到极大值后又逐渐降低。表明催化剂中的任意组分都不是越多越好，而是存在着最恰当的比例关系。其中三异丁基铝和三氟化硼乙醚络合物两组分既相互矛盾，又相互依赖。聚合活性与两者配比的内在关系可见图4-32、图4-33，该图是根据表4-23中数据绘制。由图4-32可知，不管改变三氟化硼乙醚络合物用量、或者三异丁基铝用量、或者铝镍陈化液用量，在 Al/B＝0.3～0.7之间，聚合有最高活性，峰值约在 Al/B＝0.5附近。这与植田贤一[77]等人报道的结果不同，他们得到活性最高的 Al/B 比范围在0.7～1.2之间，这可能是由于溶剂、进料工艺不同引起的。

3. π烯丙基镍催化剂[101]

π烯丙基过渡金属化合物是 Fischer 于1961年首先发现并合成的。后又发现此类化合物有两种异构体，并定名为对式(anti)和同式(syn)：

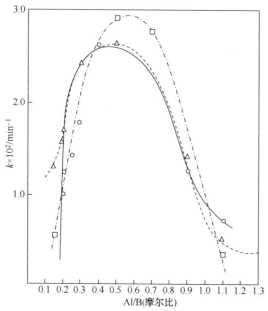

图 4-32　聚合速度与 Al/B 摩尔比的关系

○—固定 Ni/Bd = 1.0×10⁻⁴，Al/Ni = 5，改变硼用量；

△—固定 Ni/Bd = 1.0×10⁻⁴，

B/Bd = 1.67×10⁻³，改变铝用量；

□—固定 B/Bd = 1.67×10⁻³，

Al/Ni = 5，同时改变铝和硼用量

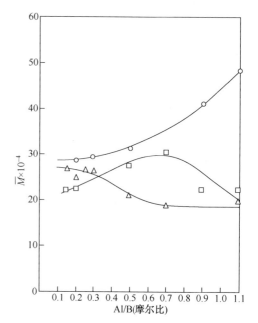

图 4-33　Al/B 摩尔比对分子量作图

○—固定 Ni/Bd = 1.0×10⁻⁴，Al/Ni = 5，改变硼用量；

△—固定 Ni/Bd = 1.0×10⁻⁴，

B/Bd = 1.67×10⁻³，改变铝用量；

□—固定 B/Bd = 1.67×10⁻³，

Al/Ni = 5，同时改变铝和硼用量

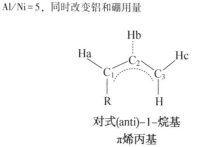

对式(anti)-1-烷基　　　　　　同式(syn)-1-烷基

π烯丙基　　　　　　　　　　π烯丙基

　　1963 年，Wilke 首先报道了(π-allyl)₂CoCl 为催化剂可以获得以顺式 1,4 为主的聚丁二烯。

　　由于 π 烯丙基过渡金属化合物容易制备，比较稳定，同时又是丁二烯增长链端最好的模型，对它的广泛深入的研究，不仅推进了聚合理论的发展，而且开发了一些高活性、高定向性的一类新型过渡金属配位催化剂。在这类新型诸多催化剂中，得到充分研究，并具有理论、实际重要性的主要是 π 烯丙基镍型催化剂和它对引发丁二烯聚合的研究。

　　(1) 催化剂的类型和合成[102]

　　在(π 烯丙基)₂Ni、(π 烯丙基 NiX)₂(X = Cl、Br、I)和 π 烯丙基 NiOOCCX₃(X = F、Cl) 三种类型的基础上，近年来更发展了阳离子烯丙基双配位[Ni(η³-C₃H₅)L₂]X、单配位[Ni(η³·η²-C₈H₁₃)L]X 和无配位[Ni(η³·η²·η²-C₁₂H₁₉)]X 等新型丁二烯有规聚合的典型的单组分催化剂(表 4-24)。阳离子烯丙基 Ni 络合物可在乙醚溶剂中由相应的双(烯丙基)化合物同一个等价的布朗斯特酸(Bronsted acid)经部分质子转移反应合成，必要时先加成合适的配体：

$$\text{△} - \text{Ni} - \text{V} + 2\text{L} + \text{HX} \xrightarrow[\text{2. CH}_2\text{Cl}_2/\text{Et}_2\text{O}]{\text{1. Et}_2\text{O}/-\text{C}_3\text{H}_6} \left[\text{△} - \text{Ni} \begin{matrix} \text{L} \\ \text{L} \end{matrix}\right]^+ \text{X}^-$$

L=P(OPh)$_3$, P(O-o-Tol)$_3$, P(O-Thym)$_3$, P(O-o-Biph)$_3$,
PPh$_3$, AsPh$_3$, SbPh$_3$; CH$_3$CN, 1/2COD
X$^-$=[PF$_6$]$^-$, [BF$_4$]$^-$, [B(O$_2$C$_6$H$_4$)$_2$]$^-$, [CF$_3$SO$_3$]$^-$

$$\text{Ni} + \text{HX} \xrightarrow[-40\text{℃}]{\text{Et}_2\text{O}/\text{THF}} \left[\text{Ni} \begin{matrix} \\ \text{L} \end{matrix}\right]^+ \text{X}^-$$

L=PCy$_3$, PPh$_3$, P(O-o-Tol)$_3$, P(OThym)$_3$, P(O-o-C$_6$H$_4$-t-Bu)$_3$
X$^-$=[PF$_6$]$^-$, [BF$_4$]$^-$

$$\text{Ni} + \text{HX} \xrightarrow[\text{2. CH}_2\text{Cl}_2/\text{Et}_2\text{O}]{\text{1. Et}_2\text{O}/-40\text{℃}} \left[\text{Ni} - \text{CH}_3\right]^+ \text{X}^-$$

X$^-$=[B(C$_6$H$_3$(CF$_3$)$_2$)$_4$]$^-$, [PF$_6$]$^-$, [SbF$_6$]$^-$, [BF$_4$]$^-$, [B(C$_6$F$_5$)$_3$F]$^-$,
[B(O$_2$C$_6$H$_4$)$_2$]$^-$, [CF$_3$SO$_3$]$^-$, [AlBr$_4$]$^-$, F$^-$

　　所有上述络合物均已很好地表征过。每个类型 Ni 的平面配体都是由 X 射线晶体结构分析确定。

表 4-24　η^3-烯丙基 Ni(Ⅱ) 络合催化剂引发丁二烯的有规聚合

络合物	[Bd]/[Ni]	T_p/℃	TON	微观结构/%		
				顺式 1,4	反式 1,4	1,2 结构
[Ni(C$_3$H$_5$)X]$_2$						
X =I	500	65	30		95	5
=Br	500	65	2.4	46	53	3
=Cl	80	65	0.1	92	6	2
=CF$_3$CO$_2$(甲苯)	960	25	50.0	59	40	1
=CF$_3$CO$_2$(庚烷)	1600	55	30.0	94	5	1
[Ni(C$_3$H$_5$)L$_2$]PF$_6$						
L=P(OPh)	800	50	200	4	96	
=P(O-o-Tol)$_3$	800	50	150	11	87	2
=P(OThym)$_3$	800	25	200	66	26	8
=P(O-o-BiPh)$_2$	800	25	200	71	7	17
=CH$_3$CN	800	25	60	75	23	2
=PPh$_3$	800	25	10	3	90	7
=AsPh$_3$	800	25	300	73	25	1
=SbPh$_3$	800	25	10^4	85	11	4
	10^4	25	10^4	91	8	1
[Ni(C$_8$H$_{13}$)L]PF$_6$						
L=Pcy$_3$(C$_6$H$_5$Cl)	10^3	50	90	52	39	9
=PPh$_3$	10^3	50	650	59	36	5
=P(O-o-Tol)$_2$	10^3	25	5400	90	8	2
=P(OThym)$_3$	10^3	25	5100	90	7	3
=P(O-o-t-BuPh)$_3$	10^3	25	6100	92	6	2

续表

络合物	[Bd]/[Ni]	T_p/℃	TON	微观结构/%		
				顺式 1,4	反式 1,4	1,2 结构
$[Ni(C_{12}H_{19})]X$						
$X=B[C_6H_3(CF_3)_2]_4$	10^4	25	12000	93	5	3
$=PF_6$	10^4	25	12000	91	8	1
$=SbF_6$	10^4	25	12000	91	7	2
$=B(C_6F_5)_3F$	10^4	25	2000	88	9	3
$=BF_4$	10^4	25	7500	75	13	2
$=B(O_2C_6H_4)_2$	10^3	25	20	19	79	2
$=CF_3SO_3$	10^3	25	10	17	80	3

注：[Bd]=2~5mol/L；溶剂：苯、甲苯；

　　TON：催化效率，molBd/molNi·h，Thym=2-isopropyl-5-merhyl-phenyl，BiPh=biphenyl；T_p：聚合温度；

　　Tol=Toluene；Cy=Cyclohexql。

（2）催化剂的性能

催化剂活性和顺-反结构取决于阴离子 X 和配体 L 的性质。阳离子烯丙基 Ni 络合物均具有较好的活性。其中无配位的 C_{12}-烯丙基 Ni(11) 络合物 $[Ni(C_{12}H_{19})]X$，当 X=PF_6、S_bF_6 和 $B[C_6H_3(CF_3)_2]_4$ 时有较高活性。二聚的烯丙基 Ni 络合物随着阴离子电负性的增加，反式随之减少。

在阳离子双配位烯丙基 Ni(11) 络合物中随着配体位阻增加和对 Ni(11) 亲和力的减少，反式结构下降而顺式增加。对无配体的 C_{12}-烯丙基 Ni(11) 络合物并与 PF_6^-、$S_6F_6^-$ 和 $B[C_6H_3(CF_3)_2]_4^-$ 等阴离子组成的催化剂有较高顺式选择性。在大多数情况下 1,2 结构含量均较低，仅带有较大芳香基磷，如 $P(OThym)_3$ 和 $P(O-o-BiPh)_3$ 的双配体络合物才出现较高的 1,2 结构。

（3）聚合动力学方程式及参数[12,101]

对几种 π 烯丙基 Ni 催化丁二烯聚合进行了动力学的研究，建立了如下的动力学方程：

π 烯丙基 NiX

$$-\frac{d[M]}{dt}=k[C]^{0.5}[M]$$

（π 烯丙基 NiX）$_2$

$$-\frac{d[M]}{dt}=k[C][M]$$

π 烯丙基 $NiOCOCCl_3$

$$-\frac{d[M]}{dt}=k[C][M]$$

（π 烯丙基 $NiOCOCX_3$）$_2$

$$-\frac{d[M]}{dt}=k[C]^2[M]$$

（$πC_4H_7NiCl$）$_2$+$SnCl_4$

$$-\frac{d[M]}{dt}=k[C]^2[M]$$

（$πC_4H_7NiX$）$_2$+对四氯醌

$$-\frac{d[M]}{dt}=k[C]^2[M]$$

对于（$π-C_3H_5NiX$）$_2$ 总活化能均介于 60.71~67.0kJ/mol 之间，与卤素的性质及烯丙基基团的大小无关，（π 烯丙基卤化乙酸 Ni）$_2$ 的活化能介于 41.9~54.4kJ/mol，但是根据所加受电子体性质不同，可由 54.4kJ/mol 降至 25.1kJ/mol。上述动力学方程表明，反应的表观活化能和 X 的性质及 π 烯丙基的大小无关，对催化剂的 1/2 级关系，说明活性种是解缔后的单量体，当 X＝OCOCCl₃ 时，由于反离子的体积较大，不再缔合为二聚体。所以反应级数提高为 1，E_a 下降为 46.0kJ/mol。至于在受电子体存在下催化剂的反应级数更高，曾认为这是由于受电子体与 X 作用提高了 Ni 的正电荷，或是受电子体促使二聚体解缔为单量体，这就解释了 [π-C₄H₇NiCl]₂/受电子体＝1∶1 时催化剂活性最高的实验现象。如果此时加入丁二烯，则在受电子体存在下就形成了包括单体在内的单核活性种。

$$(\pi\text{-}C_4H_7NiX)_2 + MtX_n \xrightarrow{+C_4H_6} 2[\pi\text{-}C_4H_7Ni(C_4H_6)^{\delta^+}(MtX_{n+1})^{\delta^-}]$$

$$\longrightarrow \begin{array}{c} CH_2 \\ HC \underset{\diagdown}{\overset{\diagup}{}} \!\!\! Ni(C_4H_6)MtX_{n+1} \\ CH \\ CH_2 \end{array}$$

式中，Mt 为Ⅲ～Ⅴ族金属。

根据动力学数据可以推测，π 烯丙基镍络合物催化丁二烯聚合引发是单体首先在 Ni 中心配位，促使配合物的二聚体解缔为单量体，然后配位的单体在 Ni—C 键插入增长。

（4）聚合反应历程

图 4-34 绘出烯丙基镍络合物催化丁二烯 1,4 聚合的反应机理模型[102]。具有平面结构的 η³-烯丙基 Ni(Ⅱ)络合物，可形成对式和同式两种结构不同的丁二烯络合物，由丁二烯替代原配体或阴离子，亦可含有阴离子 X，形成 η²-丁二烯单配位烯丙基 Ni(Ⅱ)络合物，及由 η⁴-顺式配位丁二烯形成无配体的双配位烯丙基 Ni(Ⅱ)络合物而成为聚合过程催化剂。这些络合物的浓度亦受增长链双键配位的限制，并且它们的反应能力决定催化活性。

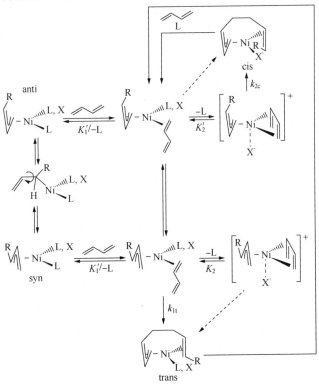

图 4-34　烯丙基 Ni 络合物催化丁二烯顺-反 1,4 聚合机理略图

X—阴离子；L—中性配体；R—聚丁二烯增长链

4.2.5　稀土(钕)系催化剂

中国有丰富的稀土资源。并于 1958 年成功分离出 14 种高纯度的稀土元素。1962 年开始探索研究稀土元素对二烯烃的催化活性。研究发现稀土元素具有较高的定向作用，并可制得较高分子量聚合物。沈之荃等[103]于 1964 年将部分实验结果首先以论文形式进行了公开报道。在国外，1963~1964 年间的专利文献中也提出了稀土元素铈化合物可制得高顺式聚丁二烯的报道[104,105]。1969 年 Throckmorton[106]公开发表了可溶性铈盐合成顺式聚丁二烯的研究论文，指出辛酸铈、三烷基铝及烷基卤代铝三种组分组成的催化剂具有较高催化活性，随 Al/Ce 摩尔比值由 18 增加到 200 时，顺式 1,4 结构含量由 99%下降至 91.5%，稀溶液黏度由大于 4 降至 1 以下，聚合物中不含凝胶，分子量易于控制，聚合物收率约为 4000g PBd/mmol 铈，低于钴、镍催化剂，高于钛系催化剂。变价的铈残存于聚合物中易引起聚合物老化变质。

1970 年，中科院长春应化所继续对稀土催化剂及其聚合物进行了广泛和深入的研究[107~112]，发现镧系中的镨、钕有最好的聚合活性，是合成高顺式 1,4-二烯烃最有实用价值的稀土元素。稀土催化剂制得的聚丁二烯具有 1,4 链节含量高、1,2 链节含量低、支化度少、无凝胶等特点，几乎是完美的线型聚合物。同时发现稀土催化剂也可合成高顺式聚异戊二烯和高顺式的丁二烯与异戊二烯共聚物。稀土催化剂是化学家们在 20 世纪发现并研发成功的、较为理想的制备有规二烯烃橡胶催化剂。

1. 稀土催化剂的类型和特点

按稀土元素化合物的不同可将稀土催化剂大致归为三种类型(表 4-25)[112~139]：①氯化稀土与含 N、O、S、P 等给电子试剂生成的配合物与烷基铝(或氢化二烷基铝)组成的二元稀土催化体系。②稀土羧酸盐、稀土磷(膦)酸盐与烷基铝(或氢化二烷基铝)、含卤化合物组成的三元稀土催化体系。③高分子载体稀土化合物，与烷基铝及含氯化合物组成的三元或高分子载体稀土氯化物与烷基铝(或氢化二烷基铝)组成的二元稀土催化体系。前两种类型的稀土催化剂已用于工业生产高顺式二烯烃橡胶。

表 4-25　稀土催化体系的类型及组成

主催化剂	助催化剂	卤化物	参考文献
氯化稀土复合物			
$NdCl_3 \cdot 3ROH$	$AlEt_3$	—	[112, 113]
$NdCl_3 \cdot 2THF$	$AlEt_3$	—	[114]
$NdCl_3 \cdot 4DMSO$	$AlH(iBu)_2$	—	[115]
$NdCl_3 \cdot 3EDA$	$AlEt_3$ 或 $Al(iBu)_3$	—	[116]
$NdCl_3 \cdot 2phen$	$AlH(iBu)_2$	—	[117]
$NdCl_3 \cdot 3TBP$	$AlEt_3$ 或 $Al(iBu)_3$	—	[118]
$NdCl_3 \cdot 3P_{350}$	$AlH(iBu)_2$ 或 $Al(iBu)_3$	—	[119]
羧酸稀土化合物			
$Ln(C_{5~9})_3$	$AlH(iBu)_2$	$AlCl_3$	[120]
$Ce(OCt)_3$	$AlH(iBu)_2$ 或 AlR_3	AlR_2X	[106, 121]
$Ln(naph)_3$	$AlH(iBu)_2$	$Al(iBu)_2Cl$	[122]
$Nd(naph)_3$	$AlH(iBu)_2$	Me_2SiCl_2	[123]
$Nd(OCt)_3$	$AlH(iBu)_2$ 或 $Al(iBu)_3$	$tBuCl$	[124]
$Nd(Verstate)_3$	$AlH(iBu)_2$	$Al_2Et_3Cl_3$	[125]
$Nd(Verstate)_3$	$AlH(iBu)_2$	$tBuCl$	[126]
$Nd(Verstate)_3$	$AlH(iBu)_2$	$AlEt_2Cl$	[127]
$Nd(Verstate)_3$	$AlEt_3$	$SiCl_4$	[128]

续表

主催化剂	助催化剂	卤化物	参考文献
高分子载体稀土络合物			
PSM·NdCl$_3$	Al(iBu)$_3$	—	[129]
SMC·NdCl$_3$	Al(iBu)$_3$	—	[129]
SAC·NdCl$_3$	Al(iBu)$_3$	—	[130]
SAAC·Nd	Al(iBu)$_3$	AlEt$_2$Cl	[131]
SAAC·Nd	Al(iBu)$_3$	Al$_2$Et$_3$Cl$_3$	[132]
EAA·Nd	Al(iBu)$_3$	AlEt$_2$Cl	[133]
其他类型稀土化合物			
Nd(OR)$_{3-n}$Cl$_n$	AlEt$_3$	—	[134]
Ph$_3$CLnCl$_2$	AlH(iBu)$_2$	—	[135]
Nd(CF$_3$COO)$_2$Cl	AlEt$_3$	—	[136]
Nd(OR)$_3$	AlH(iBu)$_2$	AlEt$_2$Cl	[137, 138]
Nd(P$_{507}$)$_3$	Al(iBu)$_3$	Al$_2$Et$_3$Cl$_3$	[139]

注：SMC：苯乙烯-甲基丙烯酸甲基亚硫酰基乙酯；SAC：苯乙烯-丙烯酰胺；SAAC：苯乙烯-丙烯酸；EAA：乙烯-丙烯酸；P$_{350}$：$\begin{matrix} RO \\ | \\ P-CH_3 \\ || \\ RO\ O \end{matrix}$，R＝CH$_3$(CH$_2$)$_3$CH—CH$_2$—；P$_{507}$：$\begin{matrix} RO \\ | \\ P-O- \\ || \\ RO\ O \end{matrix}$，R＝CH$_3$—(CH$_2$)$_3$—CH—CH$_2$—。

在钛、钴镍催化剂工业化 20 多年后，稀土催化剂仍能实现工业化生产，不仅仅是因为具有制得的聚合物顺式含量高，使用毒性低、易于脱除和回收的脂肪烃作溶剂，聚合反应平稳、易于控制、不挂胶、不堵管等优点外，稀土催化剂还具有如下一些特点：

① 镧系 14 个稀土元素对乙烯、双烯及炔烃催化聚合活性有相同的规律(图 4-35)。在轻稀土中铈、镨、钕有较高活性，而重稀土中仅钆有较高活性。稀土催化剂在制备、聚合过程中，稀土元素始终保持三价态不发生价态变化，仅有钐、铕可被还原二价态，却活性很低[140]。

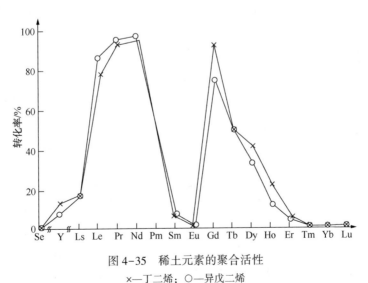

图 4-35　稀土元素的聚合活性
×—丁二烯；○—异戊二烯

② 稀土元素与电负性不同的卤素配体均可制得高顺式结构聚合物(表 4-26)，但聚合活性不同，氯元素活性较高，而氟元素则较低[106,111]。

表 4-26　不同 NdX_3 对双烯聚合的影响[①]

X	丁二烯					异戊二烯			
	转化率/%	$[\eta]/$ (dL/g)	微观结构/%			转化率/%	$[\eta]/$ (dL/g)	微观结构/%	
			顺式1,4	反式1,4	1,2			顺式1,4	3,4结构
F[②]	2	—	95.7	2.5	1.8	1	—	95.2	4.8
Cl	94	8.3	96.2	3.5	0.3	84	5.7	96.2	3.8
Br	80	11.0	96.8	2.0	1.2	42	6.6	93.7	6.3
I	24	14.8 (凝胶27.5%)	96.7	2.2	1.1	5	5.8 (凝胶30.8%)	90.5	9.5

① 实验条件：NdX_3/单体 = 2×10^{-6} mol/g，$Al(C_2H_5)_3/NdX_3$ = 20(摩尔比)，50℃，5h。NdF_3 在此条件下无活性。

② 系 NdF_3/单体 = 5×10^{-6} mol/g，$Al(C_2H_5)_3/NdF_3$ = 50(摩尔比)，50℃，5h，后再于室温下聚合64h。

③ 稀土催化剂对丁二烯、异戊二烯均具有较高的聚合活性和定向效应，可合成高顺式的均聚物和共聚物(表4-27)，这种定向效应不受稀土元素、组成、配比、温度等因素的影响[140]。

表 4-27　氯化稀土体系合成双烯聚合物结构

双烯单体	AlR_3	聚丁二烯链节/%			聚异戊二烯链节/%	
		顺式1,4	反式1,4	1,2	顺式1,4	3,4结构
丁二烯	$AlEt_3$	97.8	1.7	0.5	—	
	$Al(iBu)_3$	98.6	1.1	0.3	—	
异戊二烯	$AlEt_3$	—	—	—	96.6	3.4
	$Al(iBu)_3$	—	—	—	97.2	2.8
丁二烯/异戊二烯(80/20)	$AlEt_3$	97.7	1.6	0.7	99.5	0.5
	$Al(iBu)_3$	98.3	1.2	0.5	99.5	0.5

④ 稀土催化剂有准活性特征。在特定的加料方式下，稀土催化丁二烯或异戊二烯聚合，其分子量与转化率均呈直线关系(图4-36)。两种单体分批加入时，可制得两种单体的嵌段共聚物[141]。

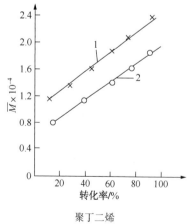

聚丁二烯
聚合条件：Al/Ln(摩尔比) = 17，Cl/Ln = 3.5(摩尔比)
　　　　　[Ln] = 7.0×10^{-4}(摩尔比)
1—1.48mol/L；2—0.93mol/L

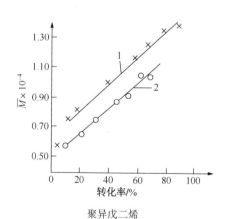

聚异戊二烯
聚合条件：Al/Ln(摩尔比) = 20
1—1.47mol/L；2—0.88mol/L

图 4-36　聚合物分子量与转化率的关系

⑤ 传统催化剂在高转化率时易生成凝胶，为防止生成凝胶必须限制单体的转化率，而 Nd 系催化剂不易产生支化和生成凝胶，可允许单体转化率高达 100%，也无须限制反应温度，当单体完全转化为聚合物时，聚合温度可达 120℃，成为完全的绝热聚合[142]。

⑥ Nd 系催化剂对丁二烯的狄尔斯-阿尔德(Diels-Alder)反应的催化能力很低，在聚合过程中乙烯基环己烯二聚物生成速率最低(Nd<Co<Ni~Ti)。Nd 催化剂有利于开发环境友好的生产技术[142]。

2. 稀土羧酸盐催化体系的加料方式对聚合活性的影响

稀土羧酸盐-烷基铝(或氢化二烷基铝)-含氯化物组成的三元催化体系，由于三个组分都溶于溶剂，而便于计量、输送、转移、配制，配方调节方便等，有利于生产过程中操作，是目前唯一用于工业生产上的一类催化剂。中国、德国、意大利等一些国家的学者均对三元组分催化剂的加料方式及制备条件进行了详细的研究考察。由于各国选用的羧酸稀土、含氯化物有所不同，加料方式的影响规律也各异。

(1) $Ln(naph)_3$-$AlH(iBu)_2$-$Al(iBu)_2Cl$ 催化体系[143]

三种不同的加料方式，在室温陈化时，陈化时间的影响见表 4-28，在 24h 内仅有 Ln+Cl+Al 的加料方式在陈化 1h 后便出现了沉淀形成非均相体系。加入少量丁二烯参与陈化未见影响。但近年的研究发现 Nd+丁+Al+Cl 的方式在高于室温陈化时可制得稳定的均相催化剂[144]。

表 4-28　加料方式及陈化时间对聚合的影响

加料方式	陈化时间/min	陈化液的相态	转化率/%	$[\eta]$/(dL/g)	微观结构/%		
					顺式 1,4	反式 1,4	1,2 结构
Al+Cl+Ln	0	均相	98	2.83			
	10	均相	98	2.77	96.0	0.8	3.2
	60	均相	98	2.70			
	300	均相	100	2.77			
	1440	均相	100	4.36	96.8	1.0	2.2
Ln+Cl+Al	0	均相	98	3.56			
	30	均相	98	4.30	97.1	0.9	2.0
	60	非均相	98	4.07			
	300	非均相	100	—	96.5	1.0	2.5
	1440	非均相	100	4.15			
Al+Ln+Cl	0	均相	98	2.97			
	30	均相	98	2.62			
	60	均相	98	3.15			
	300	均相	98	4.08			
	1440	均相	99	4.98			

注：$Ln/Bd=1.5\times10^{-4}$，$Al/Ln=30$，$Cl/Ln=3$，50℃，聚合 5h。

(2) $Nd(Versatate)_3$-$AlH(iBu)_2$-$tBuCl$ 催化体系

两组分混合 10min 后，再加入另一组分进行三元陈化时，(Al+Nd)+Cl 的方式，陈化 20h 仍为稳定的均相溶液；(Cl+Nd)+Al 的加料方式经 20h 陈化便出现沉淀形成非均相催化剂；(Cl+Al)+Nd 的加料方式几乎是立即形成沉淀变为非均相催化剂。三种加料方式的聚合活性见图 4-37，对分子量分布的影响见图 4-38[145]。

Al 与 Nd 二元陈化 1h 后，再加 $tBuCl$ 组分进行三元陈化时，陈化温度、时间对聚合的影响见表 4-29[146]。

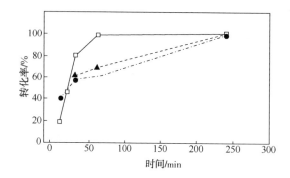

图 4-37　加料方式对聚合活性的影响
□—Al+Nd+Cl；　▲—Cl+Nd+Al；　●—Cl+Al+Nd

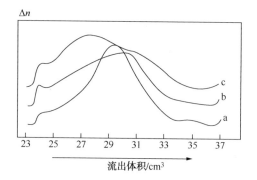

图 4-38　加料方式对分子量分布的影响
a—Al+Nd+Cl；　b—Cl+Nd+Al；　c—Cl+Al+Nd

表 4-29　陈化温度、时间对聚合的影响

聚合温度/℃	陈化温度/℃	陈化时间	$[\eta]$/(dL/g)	G·P·C $\overline{M}_w \times 10^{-3}$	G·P·C $\overline{M}_n \times 10^{-3}$	$\overline{M}_w/\overline{M}_n$
-30	-20	20h	1.37	207	77	2.68
-30	-20	7 天	1.98	311	101	3.07
20	20	20h	2.36	328	110	3.25
20	20	7 天	3.08	417	124	3.37
40	20	20h	2.64	389	103	3.78
40	20	7 天	2.40	415	138	3.01

（3）Nd(Versatate)$_3$-AlH(iBu)$_2$-AlEt$_3$Cl$_3$ 催化体系

由于陈化时的温度、时间、浓度等多种因素都会影响催化剂制得产品的性质，故最好采用单组分直接加入丁油溶液中引发聚合。单组分分别加入顺序的影响如表 4-30 及图 4-39[147]。

表 4-30　催化剂各组分单加方式对聚合的影响

加入顺序	转化率/%	$\overline{M}_w \times 10^{-3}$	$\overline{M}_w/\overline{M}_n$	顺式 1,4/%
丁油+Cl+Nd+Al	57	430	7.5	98
丁油+Al+Cl+Nd	76	390	5.7	97
丁油+Al+Nd+Cl	84	210	3.4	98

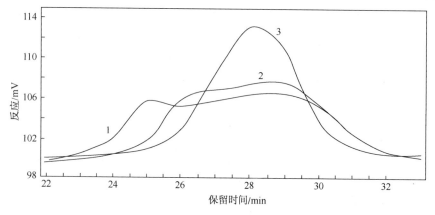

图 4-39　不同加料顺序的聚丁二烯的流出曲线
1—Cl+Nd+Al；　2—Al+Cl+Nd；　3—Al+Nd+Cl

3. 稀土催化体系的聚合规律

（1）稀土元素的用量变化对聚合活性的影响

1）氯化钕配合物催化体系[117]

当 Al/Nd 摩尔比固定时，随 Nd 用量增加，转化率增加，分子量降低（图4-40）。当 Al/Bd 摩尔比固定时，随 Nd 用量增加，转化率增加，而分子量几乎不变（图4-41）。

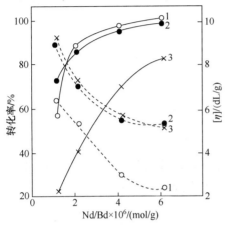

图 4-40　Nd 用量对不同氯化稀土体系聚合的影响

1—NdCl$_3$·2Phen 体系；2—NdCl$_3$·2THF 体系；

3—NdCl$_3$·3iPrOH 体系

聚合条件：HAl/Nd=30 摩尔比；[Bd]=10%；50℃；5h

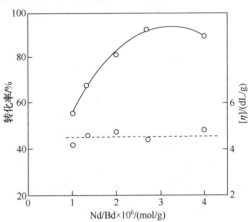

图 4-41　固定 HAl(iBu)$_2$ 用量下

Nd 用量对聚合的影响

聚合条件：HAl/Bd=8×10^{-5}mol/g；

[Bd]=10%；50℃；5h

2）环烷酸稀土[Ln(naph)$_3$]催化体系[122]

当 Al/Bd、Cl/Bd 摩尔比固定时，Ln 用量增加，转化率出现极大值，而分子量变化不大（见图4-42）。

当 Al/Bd、Cl/Ln 摩尔比固定时，随 Ln 用量增加，转化率增加，分子量也随之略有提高（见图4-43）。

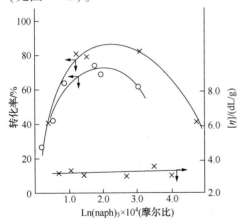

图 4-42　Ln(naph)$_3$ 用量对聚合的影响

×—Al/Bd（摩尔比）=1.5×10^{-3}；

○—Al/Bd（摩尔比）=1.0×10^{-3}；

Cl/Bd（摩尔比）=4.5×10^{-4}

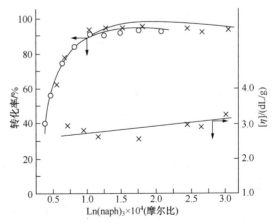

图 4-43　固定 Al(iBu)$_2$H 用量及 Cl/Ln 摩尔比下

Ln(naph)$_3$ 用量对聚合的影响

×—Al/Bd（摩尔比）=1.5×10^{-3}；

○—Al/Bd（摩尔比）=1.0×10^{-3}；

Cl/Ln（摩尔比）=3.0

以 tBuCl 为含氯组分时[124]，当 Al/Nd、Cl/Nd 摩尔比固定，Nd 用量的变化对聚合的影响见表 4-31。Nd 用量增加，即总用量增加，分子量降低，顺式含量降低，分子量分布有变宽的趋势。

表 4-31　Nd 用量变化对聚合的影响

Nd/Bd×10⁷/(mol/g)	转化率/%	$[\eta]$/(dL/g)	$\overline{M}_w/\overline{M}_n$	顺式 1,4/%
4.0	65	4.6	3.47	98.0
6.0	100	3.2	3.68	97.6
8.0	99.3	2.4	3.85	92.0
10.0	98.3	2.1	3.76	93.6

注：[Bd]=100g/L，Al/Nd=50(摩尔比)，Cl/Nd=1.8(摩尔比)，50℃，5h。

（2）烷基铝或烷基氢化铝用量的影响

1）氯化钕复合物催化体系[117]

当 NdCl₃ 用量固定，随 AlH(iBu)₂ 用量增加，在开始转化率随之增加，超过一定量后，转化率开始下降，而聚合物分子量则随 AlH(iBu)₂ 增加而降低(图 4-44)。

2）环烷酸稀土催化体系[122]

当 Ln(naph)₃、Al(iBu)₂Cl 的用量固定时，随 AlH(iBu)₂ 用量增加，转化率增加，分子量降低(图 4-45)。

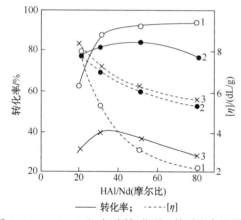

图 4-44　HAl/Nd 比对不同氯化稀土体系聚合的影响
1—NdCl₃·2Phen 体系；2—NdCl₃·2THF 体系；
3—NdCl₃·3iPrOH 体系
聚合条件：Nd/Bd=2×10⁻⁶mol/g；[Bd]=10%；50℃；5h

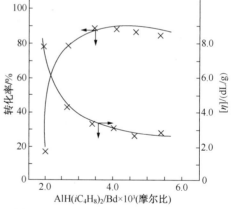

图 4-45　Al(iBu)₂H 用量对聚合的影响
Ln/Bd(摩尔比)=1.0×10⁻⁴；Al/Ln(摩尔比)=30

以 tBuCl 作含卤组分[124]，则随 AlH(iBu)₂ 用量增加，分子量降低，分子量分布变宽，顺式含量降低(表 4-32)。

表 4-32　AlH(iBu)₂ 用量变化的影响

Al/Bd×10⁵/(mol/g)	Al/Nd(摩尔比)	转化率/%	$[\eta]$/(dL/g)	$\overline{M}_w/\overline{M}_n$	顺式 1,4/%
1.8	30	95.5	5.7	—	98.6
2.4	40	98.0	3.9	3.62	96.5
3.0	50	100	3.2	3.68	97.6
3.6	60	94.1	2.7	3.93	94.6

注：Nd/Bd·10⁷=6mol/g，Cl/Nd=1.8(摩尔比)，(Al+Cl)+Nd 方式，50℃，5h。

（3）含卤化物用量的影响

1）环烷酸稀土[Ln(naph)₃]催化体系[122]

当 Ln、AlH(iBu)₂用量固定时，随 Al(iBu)₂Cl 用量增加，活性出现极大值，分子量增加（图 4-46）。

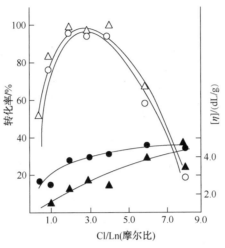

图 4-46　Cl/Ln 摩尔比对聚合的影响

Al/Ln = 30　△—转化率；▲—[η]

Al/Ln = 20　○—转化率；●—[η]

用 tBuCl 作为含卤组分[124]，在 Nd、AlH(iBu)₂用量固定时，随 tBuCl 用量增加，聚合活性同样有极值，分子量增加，分子量分布变宽，顺式 1,4 含量变化不大（表 4-33）。

表 4-33　tBuCl 用量变化对聚合的影响

Cl/Nd(摩尔比)	转化率/%	[η]/(dL/g)	$\overline{M}_w/\overline{M}_n$	顺式 1,4/%
1.5	93.3	3.0	3.30	97
1.8	100.0	3.2	3.68	97.6
2.5	98.8	3.6	4.40	97.5
3.0	83.6	4.6	6.30	98.0

注：[Bd] = 100g/L，Al/Nd = 50(摩尔比)，Nd/Bd = 6×10⁻⁷mol/g，50℃，5h。

2）新癸酸钕[Nd(Verasatate)₃]催化体系[147]

当 Nd、AlH(iBu)₂用量固定时，Al₂Et₃Cl₃用量增加，转化率出现极值，分子量有最低值，分子量分布变宽（表 4-34）。

表 4-34　Al₂Et₃Cl₃用量对聚合的影响

Al₂Et₃Cl₃/Nd(摩尔比)	转化率/%	$\overline{M}_w×10^{-4}$	$\overline{M}_w/\overline{M}_n$
0.5	64	41	5.8
1.0	86	23	3.6
1.5	84	22	3.9
2.0	73	30	4.7
4.0	58	56	8.2

注：Nd/Bd = 0.11mmol/100gBd，[Bd] = 14%，AlH/Nd = 25，环己烷，70℃，1h。

以 tBuCl 为含卤组分时，Cl/Nd 摩尔比由 1 到 3，聚合速度由慢到快，除 Cl/Nd = 1 时，活性较低，其余的最终转化率相同（图 4-47）。

分子量分布呈凹形变化，在 Cl/Nd = 2 时，分子量分布较窄，环烷酸钕体系在 Cl/Nd = 2.5 时，分布较窄；其余比例的分布均高于新癸酸钕体系(图 4-48)。

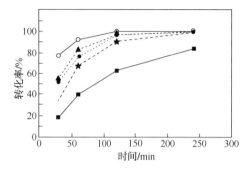

图 4-47　Cl/Ln 摩尔比对聚合活性的影响
□—Cl/Ln = 3.0；△—Cl/Ln = 2.5；
●—Cl/Ln = 2.0；★—Cl/Ln = 1.5；
■—Cl/Ln = 1.0

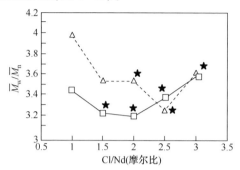

图 4-48　Cl/Ln 摩尔比对 MWD 的影响
□—Nd(versature)$_3$体系；△—Nd(nahp)$_3$体系；
★—最大转化率样品

(4) 单体浓度的影响

1) 氯化稀土复合物体系[117]

在催化剂浓度固定时，改变单体浓度，活性变化不明显，分子量有明显提高，顺式 1,4 含量略有增加。催化剂组分配比固定时，聚合活性随单体浓度增加略有提高。分子量变化不明显，微观结构无变化(表 4-35)。

2) 环烷酸稀土体系[122]

当催化剂浓度固定时，随单体浓度增加，聚合物分子量提高。若配方固定时，随单体浓度增加，转化率增加，分子量下降(表 4-36)。

表 4-35　单体浓度对聚合的影响

[Bd]/(g/100mL)	[Nd]×10^4/(mol/L)	Nd/Bd×10^6/(mol/g)	转化率/%	[η]/(dL/g)	顺式 1,4/%	1,2 结构/%
4	2.5	6.3	82	2.8	96.9	0.6
6	2.5	4.2	92	3.4		
8	2.5	3.1	89.5	4.2	97.5	0.8
10	2.5	2.5	88.8	5.6		
12	2.5	2.1	93.3	7.1	98.6	0.4
4	1.2	3.0	68.0	4.6	98.0	0.6
6	1.8	3.0	78.7	5.0		
8	2.4	3.0	84.5	4.6	97.6	0.7
10	3.0	3.0	92.4	4.0		
12	3.5	3.0	94.0	4.1	97.7	0.7

注：AlH(iBu)$_2$/NdCl$_3$·2Phen = 30(摩尔比)，50℃，5h。

表 4-36　单体浓度对聚合的影响

[Bd]/(g/100mL)	[Ln]×10^4/(mol/L)	Ln/Bd×10^4(摩尔比)	转化率/%	[η]/(dL/g)
8	2.79	1.89	98	2.64
10	2.79	1.52	100	2.59
12	2.79	1.26	100	2.83
14	2.79	1.08	100	3.22

续表

[Bd]/(g/100mL)	[Ln]×10⁴/(mol/L)	Ln/Bd×10⁴(摩尔比)	转化率/%	[η]/(dL/g)
16	2.79	0.94	100	3.29
8	1.48	1.0	44	6.09
10	1.85	1.0	75	4.12
12	2.22	1.0	84	—
14	2.59	1.0	90	3.84
18	3.33	1.0	93	3.78

注：Al+Cl+Ln 陈化方式，Al/Ln=30，Cl/Nd=3(摩尔比)。

（5）温度对聚合的影响

环烷酸稀土[Ln(naph)₃]体系[122]不同温度下的聚合速度见图4-49，分子量及结构见表4-37。

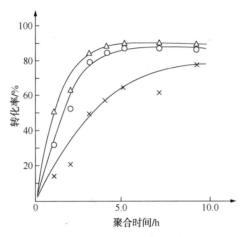

图4-49　不同温度下的聚合速率

×—30℃；○—50℃；△—70℃

聚合条件：Ln/Bd=1.0×10⁻⁴(摩尔比)；Al/Ln=30(摩尔比)

表4-37　聚合温度对聚合物分子量的影响

聚合温度/℃	转化率/%	[η]/(dL/g)	微观结构/%		
			顺式1,4	反式1,4	1,2结构
10	—	—	99.0	1.0	0
30	66	4.13	98.1	1.7	0.2
50	88	3.42	97.1	2.0	0.9
70	89	3.07	96.5	2.5	1.0

注：Ln/Bd=1.5×10⁻⁴(摩尔比)，Al/Ln=30(摩尔比)，Cl/Ln=3.0(摩尔比)。

加料方式：Al+Cl+Ln，Ln/Bd=1.0×10⁻⁴(摩尔比)。

（6）聚合时间的影响

1）氯化稀土体系[122]

随聚合时间的增加，转化率增加，分子量变化不大，微观结构无明显不同(表4-38)。

2）新癸酸钕[Nd(Versatate)₃]体系(见中科院长春应化所内部资料)

随聚合时间增加，转化率增加，分子量增加(表4-39)。

表4-38 聚合时间对聚合物分子量、结构的影响

聚合时间/h	转化率/%	$[\eta]$/(dL/g)	微观结构/%		
			顺式1,4	1,2结构	反式1,4
0.5	7.8	4.8			
1.0	15.6	3.9	98.6	0.2	1.2
2.0	58.8	3.7			
3.0	76.0	4.4	97.7	0.6	1.5
4.0	86.4	4.2			
5.0	88.0	4.4	98.1	0.5	1.4
6.0	88.8	4.6			

注：$NdCl_3 \cdot 2Phen/Bd = 2 \times 10^{-6}$(摩尔比)，$AlH(iBu)_2/Nd = 30$(摩尔比)，[Bd]=10%，50℃聚合。

表4-39 聚合时间对转化率与分子量的影响

聚合时间/min	转化率/%	$[\eta]$/(dL/g)	聚合时间/min	转化率/%	$[\eta]$/(dL/g)
20	3.0	—	150	77	3.25
40	15	2.40	180	81	3.29
60	37	2.41	210	85	3.43
90	50	2.55	240	89	3.50
120	67	3.00	300	92	3.64

注：加料方式：(Nd+Al)+Cl，$AlH(iBu)_2/Nd = 40$(摩尔比)。

$Me_3SiCl/Nd = 2.5$(摩尔比)，50℃聚合。

（7）原料杂质的影响

1）水分对聚合反应的影响[147]

聚合系统中总的含水量对转化率、分子量、微观结构的影响见表4-40。

表4-40 水分对聚合转化率、分子量、顺式1,4含量的影响

H_2O/Nd(摩尔比)	转化率/%	$\overline{M}_w \times 10^{-4}$	$\overline{M}_w/\overline{M}_n$	顺式1,4/%
0.008	55	56	6.7	99
0.030	69	47	5.5	98
0.051	84	21	3.8	98
0.110	86	23	3.5	99
0.760	77	25	4.7	98
1.510	68	30	4.2	98

注：单加顺序：NdV_3+EASC+DIBAH，Nd：Cl：Al=1：1：25。

[Nd]=0.11mmol/100g·Bd，[Bd]=14%，环己烷溶剂，70℃，1h。

2）游离酸含量对聚合的影响[147]

合成的新癸酸钕含有化学计量过剩的新癸酸称为游离酸，游离酸过多会使活性下降，分子量增加，但微观结构变化不大（见表4-41）。

表4-41 游离酸对聚合活性、分子量及结构的影响

[Versatic acid]/[Nd]（摩尔比）	转化率/%	$\overline{M}_w \times 10^{-4}$	$\overline{M}_w/\overline{M}_n$	顺式1,4/%
0.22	88	22	3.4	97
0.54	63	33	4.7	97
0.91	59	31	5.4	98
1.43	53	38	5.8	97
1.66	55	37	5.2	97

注：单加顺序：NdV_3+EASC+DIBAH，Nd：Cl：Al=1：1：25。

[Nd]=0.11mmol/100g·Bd，[Bd]=14%，环己烷溶剂，70℃，1h。

3）单体及溶剂中可能存在的有害物质对聚合的影响[148,149]

对环烷酸稀土体系考察了加入纯的化合物对聚合转化率的影响，如图4-50。

杂质中丙炔、乙腈和乙醛影响最严重，其次是丙酮、甲基乙烯基酮、丙醛、α-甲基丙烯醛、丁烯醛、环辛二烯和异丁醇，而4-乙烯基环己烯和呋喃的影响最小。

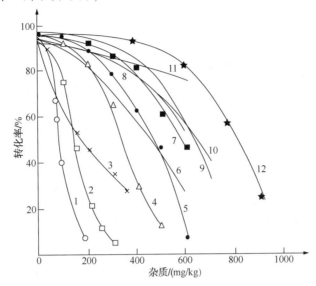

图4-50　杂质加入量对转化率的影响

加料顺序为 Cl+Ln+Al，Ln/Bd = 0.3×10⁻⁴（摩尔比）

1—乙腈；2—乙醛；3—丙炔；4—丙酮；5—甲乙酮；6—甲基乙烯基酮；7—丙烯醛；
8—α-甲基乙烯基醛；9—丁烯醛；10—丙醛；11—环辛二烯；12—异丁醇

4. 稀土催化剂与传统催化剂的比较

目前世界上以工业规模生产的高顺式 BR 仅有 Ti、Co、Ni 及 Nd 等四种催化剂技术，Nd 系技术是在前三种技术工业化 20 多年后实现的，表明 Nd 系技术较之前三种技术有着突出的特点和优越性，更能适应轮胎的发展对橡胶性能的要求。稀土催化剂与传统催化剂的比较见表4-42。

表4-42　工业生产高顺式 BR 应用的 Ziegler-Natta 催化剂[142]

催化体系（摩尔比）	金属 M 浓度/（mg/L）	BR 收率/（kgBR/gM）	微观结构/%			$\overline{M_w}/\overline{M_n}$	T_g/℃
			顺式 1,4	反式 1,4	1,2 结构		
TiCl₄/I₂/Al(iBu)₃ 1/1.5/8	50	4~10	93	3	4	中	-103
Co(OCOR)₂/H₂O/AlR₂Cl 1/10/200	1~2	40~160	96	2	2	中	-106
Ni(OCOR)₂/BF₃·OEt₂/AlEt₃ 1/7.5/8	5	30~90	97	2	1	宽	-107
Nd(OCOR)₃/Al₂R₃Cl₃/Al(iBu)₂H 1/1/8	10	7~15	98	1	1	很宽	-109

从表中数据可知，Nd 催化剂在用量、收率及顺式含量等方面均优于 Ti 系催化剂，故 Ti 系生产装置改为生产 Nd-BR 是必然的。目前虽然 Nd 系催化剂用量高于 Co、Ni 系催化剂，但在生产工艺方面（表4-43）和产品性能方面（表4-44）远优于 Co、Ni 系催化剂，某些公司

正在考虑 Ni 系装置改产或新建 Nd-BR 生产装置。

表 4-43　生产高顺式 BR 的工艺特点比较[150]

催化剂技术	Co	Ni	Ti	Nd
溶剂	苯、环己烷	脂烃、苯、甲苯	苯、甲苯	己烷、环己烷
总固物/%(质量)	14~22	15~16	11~12	18~22
转化率/%	55~80	<85	<95	~100
乙烯基环己烯(VCH)	低	高	高	很低
最高聚合温度/%	80	80	50	120
聚合热撤出	需要	需要	需要	不需要
	仅部分绝热	仅部分绝热	仅部分绝热	完全绝热
低限残余金属含量/(mg/kg)	10~50	50~100	200~250	100~200
Al/Mt(摩尔比)	70~80/1	40/1	50/1	(5)10~15/1
非金属分子量调节剂	有	有	无	无

从表中可知唯有 Nd 系的单体转化率可达到 100%，聚合温度可高达 120℃，不需要冷却撤热，属于完全绝热聚合。而生成乙烯基环己烯二聚物的速度又最低。Nd 系技术可降低生产能耗和减少二聚物对环境的污染，有利于生产技术的环境友好化。

表 4-44　不同技术生产的高顺式 BR 产品特点的比较[142]

催化剂技术	Co	Ni	Ti	Nd
顺式 1,4/%	96	97	93	98
T_g/℃	−106	−107	−103	−109
产品线型	可调节	支化	线型	高线型
分子量分布	中	宽	窄	宽
冷流性	可调节	低	高	高
凝胶含量	变化，可以很低	中	中	非常低
颜色	无色	无色	有色	无色
用于轮胎	有	有	有	有
用于 HIPS	有	无	无	有
用于 ABS	有	无	无	无

从表中可知，虽然四种技术均可制得顺式 1,4 含量较高的 BR，但 Nd 系顺式含量格外高，分子链有较高的线型，使其生胶及硫化胶更易于拉伸结晶。因此 Nd-BR 有较高的自黏性和拉伸强度，硫化胶具有高耐磨性、高的耐疲劳性，是制造轮胎的优秀胶料之一。

能满足 HIPS 和 ABS 生产要求的高顺式 BR 仅有钴系催化剂。从凝胶含量、胶颜色上看，Nd-BR 可满足 HIPS 和 ABS 的要求，从溶液黏度上看目前虽不能满足 ABS 要求，但已研制成功可满足 HIPS 要求的牌号胶。

4.2.6　茂金属催化剂[150~153]

Kaminsky 等[154]1980 年发现茂锆二氯化物与三甲基铝的部分水解产物，即甲基铝氧烷组成的二元均相催化体系，对乙烯聚合具有超高催化活性[4.4×10^5 g/(molZr·h)·95℃]。1985 年又发现茂金属催化剂也能制得高等规聚丙烯，同样具有很高的催化活性[7.7×10^6 g/(molZr·h)·60℃][154]。目前，已用茂金属催化剂制得一类新型乙烯共聚物弹性体[155]，聚丙烯弹性体[156]，乙烯、丙烯共聚橡胶[157~159]。茂金属催化剂出现使橡胶与塑料生产工艺差别也越加不明显。而茂金属催化剂催化二烯烃聚合仅见于少数文献，成效也远不如单烯烃显著，仅发现茂钒化合物对二烯烃有较高的催化聚合活性[160]。综观已有文献，催化丁二烯聚合的茂金属催化剂，可分为两类：一类是典型的茂金属催化剂，即过渡金属的双茂或单茂化合物（如 Cp_2Ni，$CpTiCl_3$ 等）与 MAO 组成的催化体系；另一个是过渡金属的非茂化合物[如 $Ni(ocac)_2$，$Nd(OCOR)_3$ 等]与 MAO 及硼酸酯组成有较高聚合活性的催化体系。

1. 茂过渡金属催化剂

Oliva 等[161]首先报道了用 $CpTiCl_3$-MAO 催化体系引发二烯烃聚合的研究结果。Ricci 等[160]又报道了用 Cp_2Ni-MAO、Cp_2VCl-MAO、$Cp'VCl_2 \cdot 2PEt_3$-MAO（Cp′为 η^5-C_5H_4Me）等催化体系引发二烯烃聚合的研究（表 4-45）。由表 4-45 可知，ⅣB 族（Ti）、ⅤB 族（V）和Ⅷ族过渡金属（Ni）茂金属催化剂对丁二烯聚合均有活性，与传统的 Ziegler-Natta 催化剂相比，茂金属化合物催化剂对二烯烃的聚合活性没有像单烯烃那样出现飞跃。已研究过的茂金属催化剂均可制得以顺式 1,4 结构为主的聚丁二烯，而且顺式 1,4 含量几乎与过渡金属元素的族属无关，催化活性聚合速度和聚丁二烯的顺式 1,4 含量均随 MAO/Mt 比的增大而提高。

表 4-45　茂过渡金属-MAO 催化体系引发 1,3-丁二烯聚合

过渡金属配合物（Mt）	Mt/Bd×10^4（摩尔比）	MAO/Mt（摩尔比）	温度/℃	时间/min	转化率/%	催化活性/[g/(mol·h)]	微观结构/%	
							顺式 1,4	1,2 结构
$CpTiCl_3$	1.08	1000	20	30	95	950	—	—
Cp_2VCl	1.24	1000	15	56	40	135	80.7	13.4
$Cp'VCl_2 \cdot 2PEt_3$	0.80	1000	15	5	81.5	6120	80.4	17.2
Cp_2Ni	6.67	100	30	300	63.3	10.2	85.0	0

表 4-46　茂钒化合物-MAO 催化体系引发丁二烯聚合①

茂化合物	V/Bd×10^4（摩尔比）	Al/V（摩尔比）	温度/℃	时间/min	转化率/%	微观结构/%		
						顺式 1,4	反式 1,4	1,2 结构
$Cp'VCl_2 \cdot 2PEt_3$	0.87	1000	15	5	81.5	80.4	2.4	17.2
$Cp'V Cl_2 \cdot 2PEt_3$	0.87	100	15	60	38.4	82.4	2.1	15.5
$Cp'VCl_2 \cdot 2PEt_3$	0.87	1000	-30	60	26.0	81.6		18.4
Cp_2VCl	1.76	1000	15	56	40.0	84.8	1.8	13.4
Cp_2VCl	1.76	1000	-30	310	6.0	88.9		11.1
Cp_2VCl	4.4	100	15	305	8.0	87.2	1.1	11.7
Cp_2VCl②	4.4	100	15	131	11.8	87.7	1.3	11.0
Cp_2VCl③	1.32	100	15	26	22	90	2	8
$V(acac)_3$	0.87	1000	15	15	47			100

① 聚合条件：甲苯 80mL，丁二烯 10mL。

② 催化剂预混陈化。

③ 催化条件有少量丁二烯，Bd/V = 10（摩尔比），在 15℃陈化 120min。

茂钒配合物是目前发现的唯一对二烯烃具有较高聚合活性的均相催化剂。

传统的钒化合物如 VCl_3、VCl_4 或 $VOCl_3$ 与烷基铝组成的非均相催化催化体系，以及 $V(acac)_3$、$VCl_3 \cdot 3THF$ 与 $AlEt_2Cl$ 组成的均相催化体系仅能制得共轭二烯烃反式 1,4 结构聚合物。$V(acac)_3$ 与 MAO 组成的均相催化剂，同样也只能制得反式 1,4 结构聚合物[162,163]。

Ricci 等[160]首先研究并发现三价茂钒化合物与 MAO 组成的均相催化体系，可将共轭二烯烃制得以顺式 1,4 结构为主的聚合物，而且结构又不受聚合温度和 Al/V 摩尔比的影响，并有较高的催化活性(表 4-46)。

研究结果得知，单茂钒 Cp′VCl$_2$·2PEt$_3$-MAO 体系催化活性高达 6.3×10^{6}gPBd/molV·h·15℃，远高于双茂钒 Cp$_2$VCl-MAO 体系。但 Cp$_2'$VCl$_2$ 单茂钒不稳定，在室温按下式分解为双茂钒和三氯化钒：

$$2Cp'VCl_2 \longrightarrow Cp_2'VCl + VCl_3$$

但单茂钒可与 PMe$_3$ 或 PEt$_3$ 生成常温下稳定的络合物。PEt$_3$ 的络合物较 PMe$_3$ 络合物有较好的溶解性，故 Cp′VCl$_2$·2PEt$_3$ 络合物更适于作为催化剂组分。

双茂钒 Cp$_2'$VCl-MAO 催化剂，若两组分先混合陈化然后再引发聚合，催化活性略有提高(表 4-46)。当有少量丁二烯存在时，并于 15℃陈化 2h，则聚合活性可显著提高(表 4-46)。这个事实表明活性种形成的很慢。催化剂在陈化时，若无单体存在只形成 V—Me 键。当有单体存在时，则转变成(η^3-allyl)—Vπ 键，此键比 V—Cδ 型键稳定。

像 Ti、Zr 茂催化剂一样，Cp′VCl$_2$·2PEt$_3$ 和 Cp$_2'$VCl 催化体系也可能是一种离子结构，推测含有[Cp′V—M]$^+$型阳离子结构。而 Cp$_2'$VCl-MAO 催化剂的引发聚合活性中心，可能经过如下反应过程形成：

$$Cp_2VCl + MAO \longrightarrow Cp_2VMe$$
$$Cp_2VMe + MAO \longrightarrow [Cp_2V]^+[MAOMe]^-$$

[Cp$_2$V]$^+$阳离子虽不会有 δ 型 V—C 键，它的活性推测是由于发生如下的歧化反应产生：

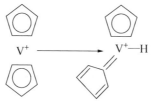

这种类型的反应已由 Cp$_2$Ti 催化剂得到证实，[Cp$_2$V]$^+$的聚合活性是通过单体与 V—H 键反应形成 V—C 键而发生。

Lgai Shigeru 等[164]研究 MeNHPhB(C$_6$F$_5$)$_4$ 或 Ph$_3$CB(C$_6$F$_5$)$_4$ 和 Al(iBu)$_3$ 共同作为助催化剂与 Cp′VCl$_2$·2PEt$_3$ 组成的均相催化体系，发现催化活性也高达 1.6×10^{6}gPBd/(molV·h·40℃)，顺式 1,4 结构含量在 81%~84%之间，1,2 含量在 13%~17%，分子量分布在 1.8~2.5，氢气可有效调节分子量。

日本宇部公司的学者对四价钒的茂化合物催化剂进行了深入研究，发现四价钒的单茂卤化物(CpVCl$_3$)与三价茂钒催化剂一样均能制得顺式 1,4 结构含量大于 85%，1,2 含量大于 10%的聚丁二烯，并有很高的催化活性。Tsujimato Nobuhiro 等[165]采用三烷基铝与硼酸酯类化合物[(CH$_3$)NH(C$_6$H$_5$)B(C$_6$F$_5$)$_4$ 或 Ph$_3$CB(C$_6$F$_5$)$_4$]混合作为助催化剂与单茂三氯化钒(CpVCl$_3$)组成的催化体系在甲苯溶剂中聚合丁二烯的活性高达 2.46×10^{7}gPBd/(molV·h·40℃)。若无溶剂而进行本体聚合，催化活性高达 6.7×10^{7}gPBd/(molV·h·40℃)以上。Ikai shigeru 等[166]对四价钒的单茂化合物(η^5-C$_5$H$_4$RVCl$_3$)中的不同取代基(R)与催化活性的关系进行了研究，发现 R 为 CH$_2$Ph、Et、nBu 时有较高的聚合活性，其中 η^{5}C$_5$H$_4$(CH$_2$Ph)VCl$_3$ 与 Ph$_3$CB(C$_6$F$_5$)$_4$ 和 Al(iBu)$_3$ 组成的催化体系活性可高达 1.54×10^{7}gPBd/(molV·h·30℃)，而 η^{5}C$_5$H$_4$(tBu)VCl$_3$ 的活性仅有 1.13×10^{7}gPBd/(molV·h·30℃)。后又发现先添加适量水并与 AlEt$_3$

反应后再加入钒化合物和硼酸酯等组分[167]，催化活性也可高达 $5.3×10^7$ gPBd/（molV·h·40℃）。氢气仍是有效的分子量调节剂。

　　茂钒催化剂制得的聚丁二烯由于具有高顺式含量和适量的1,2结构，反式结构很少，又有较高线型，因而有极好的性能，如高抗磨耗性、高抗生热性和高回弹性，由于凝胶含量极低，又非常适于聚苯乙烯改性用增韧胶种。

　　2. 非茂过渡金属-MAO 催化体系

　　过渡金属元素的羧酸盐、烷基化合物及 β-二酮络合物等过渡金属非茂化合物，由于易于合成、稳定及溶剂中可溶性而已被作为催化剂组分与烷基铝化合物组成的催化体系广泛用于合成橡胶工业，正在生产着上百万吨有规立构橡胶。当发现茂金属化合物的高效助催化剂甲氧基铝氧烷（MAO）及硼酸酯［$RB(C_6H_5)_3$］后，各国许多学者对 MAO 与过渡金属非茂化合物组成的新催化体系、对烯烃的聚合活性和对聚合物结构的影响进行了全面研究[164]。

　　Ricci 等[163]研究了 MAO 代替 AR_3 与过渡金属化合物组成的催化剂对二烯烃的聚合活性及结构的影响，研究结果见表4-47。

表 4-47　过渡金属-MAO 催化剂对丁二烯聚合的影响①

催化剂			聚合			微观结构/%		
Mt② 主催化剂	Al 助催化剂	Al/Mt （摩尔比）	时间/h	活性/ molPBd/molMt·h	$[\eta]$/ （dL/g）	顺式 1,4	1,2 结构	反式 1,4
$Ti(OBu)_4$	$AlEt_3$	100	60	122	—	21	79	—
	MAO	100	3	659	3.2	82.3	14	3.7
	MAO	1000	1	3270	1.9	93	3.7	3.3
$V(acac)_3$	$AlEt_3$	10	120	3	—	27.5	63.8	8.7
	MAO	100	0.25	22611	2.4	—	2.7	97.3
	MAO	1000	0.1	48431	3.2	—	3.8	96.2
$Co(acac)_3$	$AlEt_3$	10	120	<1	—	顺/1,2 混合结构		
$Nd(OCOC_7H_5)_3$	MAO	1000	2	2898	2.5	95.4	1.2	2.4
	$Al(iBu)_3$	50	120	≪1	—	—	—	100
	MAO	1000	20	638	1.3	94.6	1.8	3.6

　　①丁二烯 17.5g，甲苯 100mL，Mt $2.5×10^5$ mol，15℃。

　　② Mt 为过渡金属。

　　研究结果表明，用 MAO 作助催化剂，非茂过渡金属化合物仍显示出较高的催化活性。钒化合物尤其显著，$V(acac)_3$-MAO 体系活性比 $V(acac)_3$-$AlEt_3$ 体系提高万余倍。聚合活性发生如此高幅度的变化，显然是与活性中心数目的增加及聚合反应动力学常数的变化有关，聚合物结构以反式为主，而用 $AlEt_3$ 作助催化剂时，聚合物含有较多的 1,2 结构。当丁二烯与丙烯、1-己烯、苯乙烯等 α-烯烃共聚时，丁二烯则以顺式构型为主，Ti-$AlEt_3$ 催化剂以1,2 结构为主，而 Ti-MAO 体系则以顺式结构为主，并随 MAO 用量增加而提高。Co-$AlEt_3$ 体系制得的聚丁二烯是 1,2-或 1,2-/顺式 1,4 混合结构聚合物，而 Co-MAO 体系则同 Co-H_2O-$AlEt_2Cl$ 体系一样，均制得顺式构型聚合物，$Ni(acac)_2$-MAO 体系的催化活性和顺式含量接近 Ziegler-Natta 催化剂［$Ni(naph)_2$-$AlEt_3$-$BF_3·OEt_2$］水平。研究表明：MAO 与过渡金属非茂化合物同样可以组成对丁二烯聚合有高效的均相催化剂，并制得顺式结构的有规聚合物，MAO 仍是高效助催化剂。

　　Endo[168]对 $Ni(acac)_2$-MAO 体系在甲苯中催化丁二烯聚合的动力学研究，得到动力学

方程式 $R_p = K[Bd]^{1.7}[Ni(acac)_2-MAO]^{0.7}$（式中 Ni/MAO = 1/100，摩尔比），求得表观活化能 $E_a = 18.0kJ/mol(0\sim60℃)$，此体系的动力学方程明显不同于 $Ni(naph)_2-AlEt_3-BF_3OEt_2$、$\pi$ 烯丙基 $NiOCOCF_3$ 的 $R_p = K[Bd][催化剂]$ 方程式，表观活化能也低于这两个体系（环烷酸镍体系 $E_a = 52.3kJ/mol$、π 烯丙基 $NiOCOCF_3$　$E_a = 45.9kJ/mol$）。Endo 还对 $Ni(acac)_2-MAO$ 体系在甲苯中于 30℃ 催化丁二烯/苯乙烯的共聚进行研究[169]，得到苯乙烯结合量为 12.5%（摩尔），丁二烯单元顺式 1,4 含量为 89%、反式 1,4 含量为 11%、无 1,2 结构。共聚物的分子量分布为 $\dfrac{\overline{M}_w}{\overline{M}_n} = 1.64$。此催化剂可制得高顺式 1,4 含量、窄分子量分布的丁苯共聚橡胶，有别于目前工业生产上使用的自由基乳液聚合制得的丁苯橡胶（顺式 1,4 含量约为 13%，5℃，分子量分布 $\dfrac{\overline{M}_w}{\overline{M}_n} > 3\sim8$）以及锂系催化溶聚丁苯橡胶（顺式 1,4 含量 <40%），也是典型 Ziegler-Natta 催化剂难于实现的共聚合，但分子量较低。

3. 茂稀土催化剂

茂稀土催化剂是由稀土金属与环状不饱和结构，常指环戊二烯（包括茚环、芴环）及其衍生物与助催化剂所组成。茂稀土催化二烯烃聚合的研究，在近 20 年取得了另人瞩目的进展。茂稀土催化剂可以制得顺式 1,4 含量大于 98%、分子量分布小于 2、高分子量的新型聚丁二烯，这是Ⅳ族茂金属催化剂和 Ziegler-Natta 催化剂目前无法实现的。采用茂稀土催化剂在高温（80℃）下将丁二烯与乙烯、丁二烯与 α-烯烃共聚，制得了丁二烯含量高的丁二烯与乙烯共聚物，分子链中并含有约 50% 的环己烷环结构。这是茂稀土催化剂独有的特点，Ⅳ族茂金属催化剂制得的共聚物则含有环丙烷环及环戊烷环。茂稀土催化剂的研究有助于合成丁二烯新型顺式聚合物，进一步提高高分子材料性能以及合成可硫化交联的新型烯烃共聚物等新型高分子材料。特别受到关注的是稀土元素 Nd、Sm 及 Gd 等茂络合物催化剂。

（1）茂钕络合物催化剂

稀土钕化合物组成的 Ziegler-Natta 型催化剂对二烯烃聚合有着较高活性和顺式 1,4 的选择性，已用于工业生产。茂金属催化剂出现后，各种类型的茂钕络合物首先受到了关注。经研究发现，有些茂钕络合物如：$CpNdR_2$、Cp_2NdR、$CpNdCl_2$、Cp_2NdCl、Ind_2NdCl、$(C_5H_9Cp)_2NdCl$、$(Flu)_2NdCl$ 等钕络合物，虽然可在 AlR_3、MAO 等各种助催化剂下活化，并催化二烯烃聚合，但同传统的钕系配位催化剂相比较，未有出现质的飞跃变化[170~172]。加之此类络合物在非极性溶剂中溶解性低，又不稳定，极易分解[193]，研究工作报道较少，在茂钕催化剂中有特点的是茂钕烯丙基络合物催化剂可制得分子量分布窄（$M_w/M_n = 1.1$）的反式 1,4-聚丁二烯，较重要的是硅桥联茂钕络合物催化剂，可制得丁二烯含量高的乙烯与丁二烯共聚物。

1）茂钕烯丙基络合物催化剂。

Taube 等[174] 在研究不同的烯丙基钕络合物的催化活性时，发现茂钕烯丙基络合物与适当的路易氏酸可组成高活性的催化剂（表 4-48）。茂钕烯丙基络合物比烯丙基钕络合物聚合速度快，前者 3min 转化率达 93%，而后者 55min 仅有 46% 的收率。前者的催化效率较后者高出 3 倍多。但两者顺式含量均较低，后者 1,2 结构含量高。$Cp^*Nd(\eta^3-C_3H_5)_2/$MAO 具有活性聚合特征，每个 Nd 原子均参与聚合，可获得分子量分布（$M_w/M_n = 1.1$）很窄的聚合物。

表 4-48　钕烯丙基络合物催化剂引发丁二烯聚合

烯丙基络合物	路易氏酸助催化剂	$[Nd]/$ (mol/L)	Al/Nd (摩尔比)	BD/Nd (摩尔比)	时间/min	转化率/%	TON	微观结构/%		
								顺式 1,4	反式 1,4	1,2 结构
$Nd(\eta^3\text{-}C_3H_5)_3 \cdot C_4H_8O_2$	—	1×10^{-3}	—	2000	60	42	600	3	94	3
	MAO	1×10^{-3}	30	2000	5.5	46	10000	58	38	4
	MAO	4×10^{-4}	30	5000	6.5	30	14000	78	18	3
$Nd(\eta^3\text{-}C_3H_5)_3$	—	1×10^{-3}	—	2000	50	54	1300	7	89	4
	$Al(iBu)_3$	1×10^{-3}	5	2000	45	31	800	76	20	4
	$Al(iBu)_3$	2×10^{-4}	5	10000	240	29	680	85	13	2
$C_p^* Nd(\eta^3\text{-}C_3H_5)_2 \cdot 0.7C_4H_8O_2$	MAO	1×10^{-3}	30	2000	3	93	35000	34	58	8
	MAO	2×10^{-4}	30	10000	5	50	58000	66	25	9

注：甲苯溶剂，$C_p^* = C_5Me_5$，$BD = 2mol/L$；TON—催化效率：mol BD/molNd·h，50℃聚合。

2) 硅桥联茂钕氯络合物催化剂

① $Me_2Si(3\text{-}Me_3SiC_5H_3)_2NdCl$ 催化剂。Boisson 等[175]首先发现硅桥联茂钕络合物催化剂可以实现丁二烯以高比例与乙烯或 α-烯烃进行共聚合。其中催化活性较高的茂钕络合物是二甲基硅桥联二环戊二烯基钕络合物 $[Me_2Si(3\text{-}Me_3SiC_5H_3)_2NdCl]$[175,176]、二甲基硅桥联二芴基钕氯络合物 $[Me_2Si(C_{13}H_8)_2\text{-}NdCl]$[177] 和二甲基硅桥联环戊二烯基-芴基钕络合物 $[Me_2Si(C_5H_4)\text{-}C_{13}H_8]NaCl$[178]。这些茂络合物在烷基化试剂如 BnLi、MgR_2 或 BuLi 与 $AlH(iBu)_2$ 混合物作用下形成中性活性中心，并对乙烯的聚合有很高的活性 $[10^6 \sim 10^7 g/(mol \cdot h)]$，虽然低于Ⅳ族茂金属催化剂，但却不会像Ⅳ族茂金属催化剂因加入丁二烯而降低活性。这些催化剂可在80℃的高温下制得丁二烯与乙烯的共聚物(表 4-49)。用 $(Me_3SiC_5H_4)_2NdCl/[LiBu + AlH(iBu)_2]$ 催化体系，首先制得了丁二烯和乙烯的共聚物，但在聚合反应过程中同样出现Ⅳ族茂金属催化剂那样随着丁二烯单体的插入活性降低，但经二甲基硅桥联后的茂钕络合物 $[Me_2Si(3\text{-}Me_3SiC_5H_3)_2\text{-}NdCl]$(图 4-51)与 LiBu 和 $Al(iBu)_2H$ 混合物组成的催化剂可以高活性和高效率地制得丁二烯窄分布($M_w/M_n = 1.8$)的均聚物和乙烯的共聚物，丁二烯链节均为反式构型。从丁二烯含量不同的共聚物 DSC 温度曲线(图 4-52)可知，共聚物中不含乙烯均聚物，从测得的共聚反应速率($r_E = 0.25$ 和 $r_B = 0.08$)显示有较强的交替共聚特征。

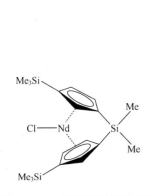

图 4-51　二甲基桥联钕络合物
$[Me_2Si(3\text{-}Me_3SiC_5H_3)_2NdCl]$

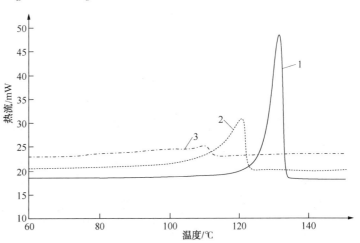

图 4-52　丁二烯与乙烯共聚物的 DSC 曲线

1—聚乙烯；2—5%(摩尔)的丁二烯；3—18%(摩尔)的丁二烯

表 4-49　茂钕催化剂催化丁二烯与乙烯共聚物

催化体系	[Nd]/	丁二烯/g		收率/(g/h)	微观结构/%		
	(μmol/L)	进料	聚合物		1,2 结构	反式 1,4	环化
1/Li/Al	235	3.9	3.5	3.7/1.3	4	96	—
2/Li/Al	202	5.4	6.6	13.5/0.5	2	98	—
2/Li/Al	196	41	42	4.8/2	2.5	97.5	—

注：300mL 甲苯，0.4MPa，80℃聚合，Nd/Li/Al=1/10/10。

Li/Al 分别为 BuLi、AlH(iBu)₂；1—(Me₃SiC₅H₄)₂NdCl；2—[Me₂Si(3-Me₃SiC₅H₃)₂]NdCl

②（Me₂SiC₁₃H₈）₂NdCl 催化剂。Monteil 等[177]用二甲基硅桥联二芴钕络合物催化剂[（Me₂SiC₁₃H₈）₂NdCl/MgBu(oct)]制得一类新型的丁二烯与乙烯的共聚物（表 4-50）。此共聚物含有近乎等量的 1,2 结构和反式 1,4 链节结构及约 50% 的环状结构。环状结构的存在改进了链的柔性，而且环己烷环是在聚合过程中由乙烯和丁二烯形成，而不需要外加较贵的共轭双烯或环烯烃。Ⅳ族茂金属催化剂仅能生成环戊烷或环丙烷环[179]。茂稀土催化剂能得到环己烷环，这与茂稀土催化剂对烯烃与双烯有较好的共聚能力有关。

表 4-50　芴钕催化剂催化丁二烯与乙烯共聚合

[Nd]/	BD 含量/	时间/h	聚合物中 BD/	微观结构/%			$\overline{M}_n \times 10^{-4}$	$\overline{M}_w/\overline{M}_n$	T_g/℃	T_m/℃
(μmol/L)	%(摩尔)		%(摩尔)	1,2	反式 1,4	环				
230	20	7	13.3	20.1	27.1	52.8	14.75	3.1	−31	40~75
200	25	3	15.0	22.9	25.8	51.3	12.77	3.0	−34	25~55
195	30	4	19.3	28.4	27.6	44.0	11.0	2.7	−37	—

注：甲苯溶剂 300ml，Mg/Nd=2(mol 比)，80℃聚合，压力=0.4MPa。

③[Me₂Si(C₅H₃)(C₁₃H₈)]NdCl 催化剂。硅桥联二茂钕或二芴钕络合物催化剂，虽然对乙烯与丁二烯有较高的共聚催化活性，却很难引发 α-烯烃与丁二烯共聚。Boisson 等[178]发现修改后的硅桥联茂-芴钕络合物[Me₂Si(C₅H₃)(C₁₃H₈)]NdCl 与烷基化试剂[LiBu+AlH(iBu)₂、MgBu(oct)]组成的新型催化剂可以高活性制得 α-烯烃与丁二烯的无规共聚物（见表 4-51）。共聚物中 α-烯烃含量约为 30%(摩尔)，共聚物中不含有烯烃-烯烃链段，丁二烯链为高反-1,4 结构，DSC 分析表明为无规共聚物，玻璃化转变温度(T_g)约为 −70℃。共聚物的分子量可利用助催化剂的链转移作用来控制。

表 4-51　[Me₃Si(C₅H₃)(C₁₃H₈)]NdCl 催化剂催化 α-烯烃与丁二烯共聚合

α-烯烃	烷基化试剂	收率/(g/h)	$\overline{M}_n \times 10^{-3}$	$\overline{M}_w/\overline{M}_n$	α-烯烃/%(摩尔)	微观结构/%			T_g/℃
						1,2 结构	顺式 1,4	反式 1,4	
丙烯①	LiBu+Al(iBu)₂H	7.3/1.5	9.1	2.0	35.8	6.1	2.4	91.5	−75.3
己烯②	LiBu+Al(iBu)₂H	18.3/17	17.5	1.9	29.8	7.5	4.6	87.9	−68.7
辛烯②	LiBu+Al(iBu)₂H	11.4/7	11.5	1.7	32.0	7.0	3.7	89.3	−71.5
辛烯③	MgBu(Oct)	13.3/15	8.9	1.8	29.4	16.3	2.1	81.6	−65.4
辛烯④	MgBu(Oct)	13.1/15	30.5	2.3	28.8	10.3	3.1	86.6	−69.0

注：Nd=0.56~0.62mmol/L，甲苯=10mL，α-烯烃=100mL，BD=25mL，80℃聚合。

① 甲苯=450ml，Nd/Li/Al=1/10/10，0.7MPa。

② Nd/Li/Al=1/10/10。

③ Nd/Mg=1/20。

④ Nd/Mg=1/5。

（2）茂钐络合物催化剂

茂钐络合物[（C_5Me_5）$_2$Sm（THF）$_2$]是乙烯[180]、甲基丙烯酸甲酯[181]等单体的有效单组分活性聚合催化剂，能以高收率制得单分散高分子量聚合物，且不能引发二烯烃单体聚合[182]。经研究后发现[183]，只要有MMAO或AlR_3与[B（C_6F_5）$_4$]混合物存在下，茂钐络合物同样是二烯烃高效催化剂，无论是二价或三价钐络合物，均能在甲苯溶剂中以高活性制得高分子量、窄分布、高顺式聚丁二烯。而异丙基取代的茂钐络合物[C_5Me_4iPr]$_2$Sm（THF）$_2$催化剂在环己烷溶剂中能以同样的活性制得高顺式聚丁二烯。

1）C^*P_2Sm（THF）$_2$催化剂

Kaita等[183]首先发现用MMAO或[Ph_3C][B（C_6F_5）$_4$]与AlR_3混合物作烷基化试剂则二价茂钐络合物[C^*P_2Sm（THF）$_2$]或三价茂钐络合物[C^*P_2SmMe（THF）$_2$]均可催化丁二烯聚合（表4-52）。在MMAO助催化剂存在下可制得高顺式（98.8%）、窄分子量分布（1.82）的高分子量顺式聚丁二烯，用MAO代替MMAO则顺式含量降低。用AlR_3与[Ph_3C][B（C_6H_5）$_4$]混合物作助催化剂，同样制得窄分布聚合物，但聚合物顺式含量与AlR_3的类型有关。其顺式含量顺序为：Al（iBu）$_3$>$AlEt_3$>$AlMe_3$。茂钐甲基络合物[C^*P_2SmMe（THF）$_2$]在MMAO助催化剂存在下同样具有较高的催化活性，制得高顺式（98.0%），窄分布（1.69）高分子量聚合物。而茂钐氯络合物[C^*PSmCl（THF）$_2$]与MMAO结合则无催化活性。显然与茂钕络合物不同。

表4-52　茂钐络合物催化剂引发丁二烯聚合

钐络合物	助催化剂	时间/min	收率/%	TON×10^{-4}	$\overline{M}_w$×10^{-4}	$\overline{M}_n$×10^{-3}	$\overline{M}_w/\overline{M}_n$	微观结构/%		
								顺式1,4	反式1,4	1,2结构
C^*P_2Sm·（THF）$_2$	MMAO	5	65	20.0	730.9	400.9	1.82	98.8	0.5	0.7
C^*P_2SmMe（THF）$_2$	MMAO	15	86	8.9	2125.5	1257.8	1.69	98.0	0.9	11.0
C^*P_2SmCl·THF	MMAO	24h	不聚							
C^*P_2Sm（THF）$_2$	$AlMe_3$+B	10	88	13.9	515.2	310.4	1.66	51.2	45.9	2.9
C^*P_2Sm（THF）$_2$	$AlEt_3$+B	10	65	10.0	173.8	123.0	1.41	70.0	27.1	2.9
C^*P_2Sm（THF）$_2$	Al（i-Bu）$_3$+B	10	78	12.2	352.5	263.0	1.34	95.0	2.2	2.8

注：[BD]=$2.5×10^{-2}$mol，[Sm]=$1.0×10^{-5}$mol，MMAO/Sm=200，B/Sm=1，$C^*P=C_5Me_5$，TON=BD·mol/（Sm·mol·h），B=[Ph_3C][B（C_6F_5）$_4$]，甲苯溶剂，50℃聚合。

2）（$iPrC_5Me_4$）$_2$Sm（THF）催化剂

C^*PSm（THF）$_2$/MMAO催化体系在催化活性、顺式选择性等均优于$tBuC_5H_4TiCl_3$/MAO[184]、CoBr/MAO[185]以及Nd（η^3-C_3H_5）$_2$Cl（THF）$_{1.5}$/MAO[186]等催化体系。然而这些催化体系必须以甲苯为溶剂。但从工业生产和环保的要求考虑，不宜用甲苯作溶剂。而C^*PSm（THF）$_2$/MMAO催化体系在脂烃溶剂中催化活性、顺式1,4含量均降低。Kaita等[187,188]对该催化剂进行了研究改进，发现环戊二烯基环上的取代基的性质与催化活性有关（表4-53），在环己烷溶剂中取代基对活性的影响顺序为iPr>TMS>nBu>Et>Me。只要将环戊二烯基环上的一个甲基换成异丙基形成新的络合物催化剂，即（$iPrC_5Me_4$）Sm（THF）/MMAO催化剂可在环己烷溶剂中同样以高活性制得高顺式1,4（>98%）、窄分子量分布（<2.0）、高分子量聚丁二烯。

表 4-53　茂钐络合物/MMAO 催化剂在环己烷中引发丁二烯聚合

编号	C_5Me_4RSm (THF)$_n$ 中 R	BD/Sm×10^{-4} (摩尔比)	时间/ min	转化率/ %	TON×10^{-4}	$\overline{M}_w$×10^{-4}	$\overline{M}_n$×10^{-4}	$\overline{M}_w/\overline{M}_n$	微观结构/%		
									顺式 1,4	反式 1,4	1,2 结构
1#	Me	0.15	10	21	0.187	37.7	21.26	1.77	96.2	1.5	2.3
2#	Et	0.15	10	67	0.596	57.11	30.9	1.85	97.1	1.0	1.9
3#	iPr	0.15	5	~100	1.78	65.12	35.4	1.84	98.6	0.6	0.8
4#	nBu	0.15	10	88	0.782	58.15	32.55	1.79	97.5	0.9	1.6
5#	TMS	0.15	10	91	0.809	48.1	25.63	1.88	98.6	0.6	0.8
6#	iPr	1.0	10	~100	6.0	127.98	64.39	1.99	98.8	0.4	0.8
7#	iPr	2.5	10	89	13.33	141.32	72.26	1.96	98.8	0.4	0.8
8#	iPr	15.0	60	78	11.56	63.31	32.3	1.96	99.1	0.2	0.7
9#	iPr	1.0	10	87	5.24	178.36	90.11	1.98	99.1	0.2	0.7
10#	Me	1.0	10	12	0.711	90.37	45.46	1.99	97.8	0.5	1.7

注：1~5# 环己烷 40mL，BD=2.0g，Sm=2.5×1^{-5}mol，MMAO/Sm=100，50℃聚合；

6# BD=6.75g，Sm=1.25×10^{-5}mol，MMAO/Sm=500 其余同前；

7# Sm=5.0×10^{-6}mol，MMAO/Sm=1250 其余同前；

8# 环己烷 360ml，BD=80g，Sm=1×10^{-5}mol，Al(iBu)$_3$/Sm=400，Al(iBu)$_2$H/Sm=15，MMAO/Sm=100，TMS=trimethylsilyl；

9#~10# 室温聚合，其余同 6#，TON=molBD/molSm·h。

3) C*PSm[(μ-Me)AlMe$_2$(μ-Me)]$_2$SmC*P 钐铝双金属催化剂

Evans 等[189] 由 C*P$_2$Sm(THF)$_2$ 与过量的 AlMe$_3$ 反应制得 Sm/Al 双金属二聚络合物 C*PSm[(μ-Me)AlMe$_2$(μ-Me)]$_2$SmC*P(A)，此络合物对双烯无聚合活性。Kaita 等[183] 发现络合物(A)与 AlR$_3$ 和[Ph$_3$C][B(C$_6$F$_5$)$_4$]混合后便对丁二烯有较高催化活性(TON=28400~29600)，但聚合物的微观结构受 AlR$_3$ 类型的影响(表 4-54)。烷基铝的类型对顺式影响顺序为：Al(iBu)$_3$>AlEt$_3$>AlMe$_3$，Al(iBu)$_3$ 是最适宜的助催化剂。与 C*P$_2$Sm(THF)$_2$/Al(iBu)$_3$/[Ph$_3$C][B(C$_6$F$_5$)$_4$]催化剂相比，(A)/Al(iBu)$_3$/[Ph$_3$C][B(C$_6$F$_5$)$_4$]催化剂活性要高出 1 倍，在-20℃下聚合可制得顺式 1,4 为 99.5%、分子量分布为 1.85 的高分子量高顺式聚丁二烯。

表 4-54　络合物(A)/Al(iBu)$_3$/[Ph$_3$C][B(C$_6$F$_5$)$_4$]催化丁二烯聚合

AlR$_3$	转化率/%	TON×10^{-3}	微观结构/%			$\overline{M}_w$×10^{-4}	$\overline{M}_n$×10^{-4}	$\overline{M}_w/\overline{M}_n$
			顺式 1,4	反式 1,4	1,2 结构			
AlMe$_3$	95	29.1	57.5	39.2	3.3	43.39	27.58	1.57
AlEt$_3$	98	29.6	83.8	12.9	3.3	67.03	37.81	1.77
Al(iBu)$_3$	94	28.4	90.0	6.8	3.2	67.00	42.95	1.56
Al(iBu)$_3$①	65	0.32	>99.5	0.1	0.4	130.09	70.29	1.85

注：BD=2.5×10^{-2}mol，Sm=1.0×10^{-5}mol，B/Sm=1，甲苯溶剂，TON=molBd/molSm·h，AlR$_3$/Sm=3，50℃聚合 10min。

① 在-20℃聚合 5h。

Kaita 等[190,191] 利用(A)/Al(iBu)$_3$/[Ph$_3$C][B(C$_6$F$_5$)$_4$]催化剂对丁二烯具有活性聚合特征，在-20℃的低温下制得了高顺式 1,4(99%)含量，窄分布(M_w/M_n=1.32)和高分子量(M_n=46000)的丁二烯与苯乙烯的嵌段共聚物。在 50℃于甲苯溶剂中则制得苯乙烯含量在 4.6%~33.2%，顺式 1,4 为 80.3%~95.1%，高分子量(M_n=23400~101000)、窄分布(M_w/M_n=

1.41~2.23)的丁二烯与苯乙烯的无规共聚物。

研究结果表明茂钐铝双金属络合物催化剂是制备丁二烯高顺式均聚物和含高顺式的丁二烯与苯乙烯共聚物的有效和优秀催化剂。

（3）茂钆络合物催化剂

1）茂钆铝双金属络合物催化剂

在茂钐铝双金属络合物催化剂研发后，Kaita 等[192]采用 $LnCl_3$、LiC_5Me_5 和 $AlMe_3$ 试剂直接合成了 Ce、Pr、Nd、Sm、Gd、Tb、Dy、Ho、Tm、Yb、Lu 等 11 个稀土元素的茂 Ln/Al 双金属二聚络合物 $C*PLn[(\mu-Me)AlMe_2(\mu-Me)]_2LnC*P$ 用 $Al(iBu)_3$ 与 $[Ph_3C][B(C_6F_5)_4]$ 混合物助催化剂活化，比较了这些稀土络合催化剂催化丁二烯的聚合活性（表4-55）。研究结果表明，在相同的实验条件下，除 Yb 未有催化活性外，其余 10 个稀土元素均可催化丁二烯聚合，并均能制得分子量分布（$M_w/M_n=1.24~1.66$）较窄的高分子量[$M_n=(1.28~10.89)\times10^4$]聚合物。但在转化率和聚合物顺式 1,4 结构上各稀土元素是有差别的。其中 Sm、Gd、Tb、Dy、Hb、Tm 等 6 个稀土络合催化剂转化率近乎百分之百，但仅有 Gd、Tb、Dy、Ho 四个元素可以制得95%以上顺式含量聚丁二烯，其顺序为 Gd（97.3%）>Ho（96.6%）~Tb（96.2%）>Dy（95.3%）。而 Sm、Tm 虽然有较高转化率，但顺式含量低于90%，而 Sm 有较高的反式，Tm 有较高 1,2 结构。余下的 Ce、Pr、Nd、Lu 四个元素转化率低于63%，活性顺序为 Nd（63%）> Lu（54%）> Pr（28%）> Ce（38.8%）。顺式选择性的顺序：Ln（87.7%）> Nd（65.9%）>Pr（55.3%）>Ce（38.8%），Lu 有最大的 1,2 含量（9.8%）。

表 4-55　$C*PLn[(\mu-Me)AlMe_2(\mu-Me)]_2LnC*P/Al(iBu)_3/[PhC][B(C_6F_5)_4]$
体系催化丁二烯聚合

编号	稀土元素 Ln	转化率/%	微观结构/%			$\overline{M}_n\times10^{-4}$	$\overline{M}_w/\overline{M}_n$
			顺式 1,4	反式 1,4	1,2 结构		
1#	Ce	15	38.8	59.8	1.4	1.28	1.24
2#	Pr	28	55.3	43.9	0.8	2.28	1.27
3#	Nd	63	65.9	32.5	1.6	4.01	1.24
4#	Sm	~100	86.0	13.2	0.8	5.98	1.36
5#	Gd	~100	97.3	2.0	0.7	8.25	1.32
6#	Tb	~100	96.2	3.0	0.8	9.64	1.39
7#	Dy	~100	95.3	2.9	1.8	9.46	1.53
8#	Ho	~100	96.6	1.6	1.8	10.89	1.32
9#	Tm	~100	87.5	4.7	7.8	9.87	1.58
10#	Yb	不聚	—	—	—	—	—
11#	Lu	54	87.7	2.5	9.8	9.58	1.66
12#	Gd	~100	>99.9	—	—	11.37	1.70
13#	Gd	~100	98.6	0.1	1.3	69.97	2.17
14#	Gd	88	98.6	0.2	1.2	81.82	2.00
15#	Gd	88	98.8	0.1	1.1	78.82	1.70

注：甲苯溶剂，B/Ln=1，B=$[PhC][B(C_6F_5)_4]$。

1#~11#BD=0.54g（1×10^{-2}mol），Ln=5×10^{-5}mol，$Al(iBu)_3$/Ln=5，总体积=20ml，25℃聚合 5h。

12#-40℃聚合 5h。

13#总体积 15mL，BD=2.7g（0.05mol），Gd=5.0×10^{-6}mol，Al/Gd=25，25℃聚合 5h。

14#总体积 45mL，BD=6.75g（0.125mol），Gd=1.25×10^{-6}mol，Al/Gd=250，25℃聚合 6h。

15#总体积 400mL，BD=67.5g（1.25mol），Gd=2.5×10^{-6}mol，Al/Gd=1200，25℃聚合 20h。

　　研究结果表明，茂钆铝双金属络合物 $C^*PGd[(\mu\text{-}Me)AlMe_2(\mu\text{-}Me)]_2GdC^*P$ 是比茂钐铝双金属络合物活性更高、顺式选择性更好、更为优秀的稀土催化剂。

　　对于茂钆络合物催化剂，聚合常用的碳氢溶剂如芳烃类或脂烃类，催化活性不受影响，但对催化剂的顺式选择性有较大影响，其顺序为：甲苯(97.3%)>环己烷(91.6%)>正己烷(88.7%)。用甲苯作为聚合溶剂时，助催化剂烷基铝的类型也影响顺式选择性，其大小顺序为：$Al(iBu)_3$(97.3%)>$AlH(iBu)_2$(96.1%)>$AlEt_3$(73.9%)>$AlMe_3$(60.2%)。$Al(iBu)_3$ 与 $[PhC][B(C_6F_5)_4]$ 混合物是茂钆铝双金属络合物最适宜的助催化剂。

　　2）茂钆阳离子络合催化剂

　　茂钆阳离子络合催化剂 $[C^*P_2Gd][B(C_6F_5)_4]/Al(iBu)_3$，是 Kaita 等[193,194]对 Sm/Al 双金属络合催化剂深入研究分析，并得到了中间体 $[C^*PSm][B(C_6F_5)_4]$ 离子络合物[195]，由此而发展的一类新型阳离子茂稀土络合物 $[C^*P_2Ln][B(C_6F_5)_4]$ 催化剂。

　　Kaita 等[193]用 $LnCl_3$($Ln=Pr$、Nd、Cd)、LiC^*P 和 $AlMe_3$ 先制得 Ln/Al 双金属二聚络合物 $C^*PLn[(\mu\text{-}Me)AlMe_2(\mu\text{-}Me)]_2LnC^*P$ 结晶体，将晶体和 $[Ph_3C][B(C_6F_5)_4]$ 溶解于甲苯中，在室温下反应而制得结晶的阳离子茂稀土络合物 $[C^*P_2Ln][B(C_6F_5)_4]$：

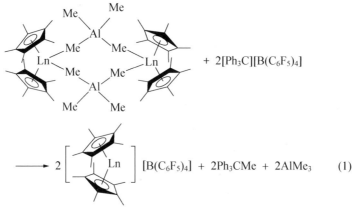

$$\longrightarrow 2\left[\begin{array}{c} Ln \end{array}\right][B(C_6F_5)_4] + 2Ph_3CMe + 2AlMe_3 \qquad (1)$$

　　阳离子茂稀土络合物 $[C^*P_2Ln][B(C_6F_5)_4]$ 本身无催化活性，但在少量烷基化试剂，如 $Al(iBu)_3$ 存在下，便可快速引发丁二烯聚合。Pr、Nd、Sm、Gd 四种元素络合物催化剂对丁二烯的聚合情况见表4-56。同茂稀土双金属络合物催化剂一样，均能引发丁二烯聚合，并制得分子量分布较窄($\overline{M}_w/\overline{M}_n=1.37\sim1.76$)的聚合物，但不同稀土元素之间的聚合速率顺式选择性有较大差异。聚合速率顺序为：Gd(97.3%)>Sm(95.6%)>Nd(91.3%)>Pr(90.2%)。在-20℃的低温下聚合，Gd 的活性高于 Sm，顺式含量仅高出 0.1%，但均制得顺式 1,4 含量大于 99%，而没有反式结构，近乎完美的规整的顺式聚合物。由此得知，阳离子茂钆络合物同样是丁二烯均聚优秀催化剂。

表4-56　$[C^*P_2Gd][B(C_6F_5)_4]/Al(iBu)_3$催化丁二烯聚合

编号	稀土元素 Ln	温度/℃	时间/min	转化率/%	$\overline{M}_w\times10^{-4}$	$\overline{M}_n\times10^{-4}$	$\overline{M}_w/\overline{M}_n$	微观结构/%		
								顺式 1,4	反式 1,4	1,2 结构
1#	Pr	50	300	95	12.51	7.57	1.65	90.2	6.8	3.0
2#	Nd	50	25	96	17.78	12.98	1.37	91.3	6.3	2.4
3#	Gd	50	3	~100	42.39	24.50	1.73	97.5	1.0	1.5
4#	Gd	-20	30	93	57.19	40.5	1.41	99.6	0.0	0.4

续表

编号	稀土元素 Ln	温度/℃	时间/min	转化率/%	$\overline{M}_w \times 10^{-4}$	$\overline{M}_n \times 10^{-4}$	$\overline{M}_w/\overline{M}_n$	微观结构/%		
								顺式 1,4	反式 1,4	1,2 结构
5#	Gd	−78	12h	54	43.53	30.05	1.45	>99.9	0.0	<0.1
6#	Sm	50	5	80		12.65	1.67	95.6		
7#	Sm	−20	5h	61		62.81	1.76	99.5		

注：1#~5# BD = 0.9M（1.0×10^{-2}mol），Ln = 1.80×10^{-3}M（2.0×10^{-5}mol），Al/Ln = 5。

6#~7# 为取之专利中数据 BD = 1.35g，Ln = 0.01mmol，Al(iBu)$_3$ = 0.05mmol，Al/Ln = 5。

4. 非茂稀土化合物-MAO 催化体系

从动力学实验得知，用 AlR$_3$ 或 AlHR$_2$ 作助催化剂，无论是由氯化钕组成的二元体系，还是由络合物或羧酸盐组成的可溶性三元体系，在引发丁二烯聚合时，Nd 的利用率均较低（催化效率为 6%~10%）。如何提高 Nd 的利用率一直是人们关心和研究的课题。Porri 等[196] 用 ClMgCH$_2$–CH＝CH$_2$ 与 NdCl$_3$ 在 THF 中于−30℃下反应制得的可自燃的粉末状活性 Nd 化合物（简称 I，为含有 Nd—C 键有机化合物）和传统 Nd 化合物与 MAO 和 AlR$_3$ 分别组成催化体系，引发丁二烯的聚合活性见表 4-57。研究结果表明，由 I 化合物组成的催化体系均有较高的催化活性。I-Al(iBu)$_3$ 体系较传统的 Nd(OCOR)$_3$–AlEt$_2$Cl–Al(iBu)$_3$ 三元催化体系的活性高出 4 倍，而 Nd(OCOR)$_2$Cl–MAO 体系几乎无催化活性，说明传统的 Nd 化合物不易被烷基化。MAO 对 Nd 化合物几乎无烷基化能力，或烷基化能力很弱，不能产生活性的 Nd—C。I-MAO 体系有最高的聚合活性，较之 I-Al(iBu)$_3$ 高出 7 倍，较之 Nd(COCR)$_3$–AlEt$_2$Cl–Al(iBu)$_3$ 传统催化体系高出 30 多倍。I-MAO 体系有如此高的活性变化，推测不仅是由于活性中心数目增加，有可能是反应动力学常数、活性中心性质发生改变。如同 Cp$_2$ZrMe$_2$–MAO 之间反应生成正离子活性中心那样，I 与 MAO 或 Al(iBu)$_3$ 之间反应亦有可能生成离子活性种。

用 MAO 代替传统 Nd(Versatate)$_3$–AlH(iBu)$_3$–tBuCl 催化体系中的 AlH(iBu)$_2$，催化活性降低，不加 tBuCl 的二元体系，活性略高些但仍不如原体系，而且顺式 1,4 结构降低，但发现三异丁基铝氧烷（TIBAO）代替 AlH(iBu)$_2$ 则有较高的聚合速率，聚合物的分子量、顺式含量有所提高，分子量分布变窄[197]。在传统催化体系中加入 MAO 组成四元体系，可提高催化活性，若再结合末端改性技术，可制得性能优异的顺丁橡胶，尤其是抗湿滑性能远高于 Ni 系顺丁橡胶[198]。

表 4-57　几种不同 Nd 系催化剂引发丁二烯聚合活性[①]

催化体系[②]	聚合时间/min	催化活性[molBd/(molNd·min)]	[η]/(dL/g)
Nd(OCOR)$_3$/AlEt$_2$Cl/Al(iBu)$_3$	15	80	10
I/Al(iBu)$_3$	10	330	9
I/AlMe$_3$	10	350	7.7
Nd(OCOR)$_2$Cl/MAO	600	2~3	6.2
I/TIBAO	5	1000	6.2
I/MAO	3	2.500	6.0

① 丁二烯 25mL，庚烷 100mL，0℃聚合，顺式 1,4 含量在 96%~98%。

② [Nd] = 0.02mmol/mL，Al/Nd = 30，甲苯，在−18℃陈化 24h。

4.3　聚合动力学与聚合机理

4.3.1　镍系催化剂合成顺式聚丁二烯的动力学及反应机理

1. 聚合动力学

镍系催化丁二烯聚合动力学的研究开始于 20 世纪的 60 年代，日本、前苏联多是有关 π 烯丙基金属络合物催化剂的聚合动力学的研究。中国也在同一时期开展了镍催化动力学的研究工作。王佛松等[197]曾用差热分析法研究了 Ni(acac)$_2$·2py–AlEt$_2$Cl 及 CoCl$_2$·4py–AlEt$_2$Cl 体系催化丁二烯聚合动力学的研究，发现该催化体系的聚合速率对单体浓度呈一级关系，表观活化能分别为 33.5kJ/mol 和 38.9kJ/mol。沈之荃等[204]用玻璃瓶和膨胀计研究了 Ni(acac)$_2$–AlR$_2$Cl 体系催化丁二烯聚合动力学，得到聚合速率方程式：

$$-\frac{d[M]}{dt}=K[M][Ni][Al]^n \tag{4-6}$$

式中，Al 为 Al(iBu)$_2$Cl 时，$n=2$，呈二级关系，表观活性能为 (33.5±0.5)kJ/mol。当 Al 为 AlEt$_2$Cl 时，$n=1/2$，表观活化能为 (37.2±0.5)kJ/mol，对单体链转移常数为 1.9×10^{-3}，链终止常数为 2.3×10^{-3}。

当发现可制得高分子量又有高活性的三组分镍催化剂后，日本首先对其聚合动力学进行了详细研究报道。中科院长春应化所、浙江大学、北京化工大学、胜利化工厂等单位对工业化的三元镍系催化体系均进行了动力学的研究[201]。原捷克 A. Txac 用红外光谱、顺磁共振仪、电导等方法，对乙酰基丙酮镍三元体系的聚合活性中心进行了详细研究[202]。

(1) 环烷酸镍–三氟化硼乙醚–三乙基铝–苯催化体系

吉本敏雄等[203]用玻璃高压釜按下述的配方和条件：

单体：1.18mol/L

环烷酸镍：2.56×10^{-3}mol/L

三氟化硼乙醚：18.6×10^{-3}mol/L

三乙基铝：16.6×10^{-3}mol/L

溶剂：苯

聚合温度：40℃

采用苯+Ni+B+Al+Bd 的顺序，各组分单独加入聚合釜中聚合，获得了高顺式 1,4-聚丁二烯，该催化体系被认为是可溶性的均相体系。吉本敏雄等研究了聚合时间、催化剂浓度、聚合温度等对聚合速率、分子量及聚合物微观结构的影响。认为该催化体系属于快引发、慢增长、无终止反应，仅有单体参与链转移反应的聚合历程，并根据这一历程来解释他所获得的主要实验结果。

1) 聚合反应时间的影响

用玻璃高压釜进行聚合时，由不同聚合时间取样，测得不同聚合时间的转化率，并绘出时间–转化率曲线（图4-53）。

根据 $-d[M]/dt=k[M]$ 方程式的积分式为：

$$-\ln(1-x)=k(t-t_o) \tag{4-7}$$

式中，[M] 为单体浓度，t 为聚合时间，k 为表观速率常

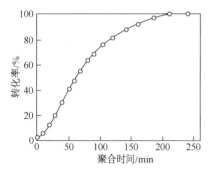

图4-53　时间与转化率关系

数，x 为转化率（$0 \leqslant x \leqslant 1$），$t_o$ 为诱导期。由 $-\ln(1-x)$ 对 t 作图得一直线，表明聚合反应速度与单体浓度呈一级关系，$x=0$ 时的时间 t_o 为诱导期。

该催化体系在不同温度下催化丁二烯聚合，其 $-\ln(1-x)$ 对聚合时间 t 作图均为直线（图 4-54）。可见不同温度下聚合反应速度与单体浓度均呈一级关系。将直线外推至转化率为 0 时，可求得不同温度下的聚合诱导期。从图可知聚合温度越低，诱导期越长。

测得不同聚合时间样品的分子量（图 4-55），可知聚合物分子量随反应时间增加，也即随转化率增加、分子量逐渐增大，转化率达到 50% 后，分子量达到一恒定值。表明后期发生了向单体的链转移反应。

不同聚合时间样品的微观结构测定结果见表 4-58，表明聚合物结构与反应时间无关。

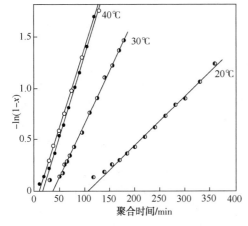

图 4-54　反应时间对聚合速率影响

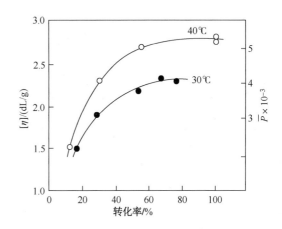

图 4-55　转化率对分子量影响

表 4-58　聚合反应时间对聚合物微观结构的影响

转化率/%	聚合温度/℃	微观结构/%		
		顺式 1,4	反式 1,4	1,2 结构
6.0	40	94.3	3.0	0.7
30.7	40	96.8	1.3	1.9
41.7	40	97.6	0.7	1.7
47.4	40	97.1	0.8	1.6
100.0	40	98.1	0.6	1.3
25.4	20	97.2	1.1	1.8
56.6	20	98.1	0.6	1.3
70.8	20	97.6	1.1	1.3

2）催化剂浓度、单体浓度、聚合温度的影响

催化剂、单体浓度及聚合温度的变化实验结果以及求得的表观速率常数等均列在表 4-59 中。

表 4-59　不同聚合条件下的聚合结果

$[M]_0/$ (mol/L)	$[C]_0 \times 10^3/$ (mol/L)	温度/℃	$k \times 10^2/\text{min}^{-1}$	t_o/min	转化率/%	$[\eta]/$ (dL/g)	$\bar{P} \times 10^{-2}$	顺式 1,4/%
1.18	2.56	40	3.4	1	80.8	1.99	33.8	97.4
1.18	2.56	40	3.4	2	86.3	2.00	34.0	96.5

续表

$[M]_0/$ (mol/L)	$[C]_0 \times 10^3/$ (mol/L)	温度/℃	$k \times 10^2/min^{-1}$	t_o/min	转化率/%	$[\eta]/$ (dL/g)	$\overline{P} \times 10^{-2}$	顺式 1,4/%
1.18	2.0	40	2.9	17	82.6	2.15	37.5	—
1.18	1.5	40	2.0	11	89.5	2.27	40.5	—
1.18	0.75	40	1.3	9	72.4	2.83	54.9	97.9
1.52	2.56	40	1.7	16	77.8	2.38	43.2	98.3
1.18	2.56	40	1.5	19	72.0	2.18	38.3	98.4
1.18	2.56	40	1.7	17	81.3	2.33	42.0	96.8
0.61	2.56	40	1.1	23	84.9	1.69	26.9	96.3
1.18	2.56	40	1.6	12	89.5	2.50	46.2	—
1.18	2.56	40	1.6	18	100	2.74	52.5	98.1
1.18	2.56	30	1.0	37	76.8	2.33	42.0	97.1
1.18	2.56	20	0.48	107	70.8	2.20	38.8	97.2

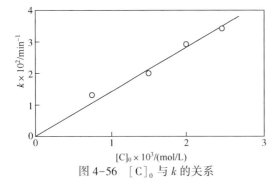

图 4-56 $[C]_0$ 与 k 的关系

当单体浓度 $[M]_0$ 固定不变时，随着催化剂浓度 $[C]_0$ 的降低，分子量增大，表观速率常数 k 降低。由 k 对 $[C]_0$ 作图得一直线(图 4-56)。表明催化剂浓度 $[C]_0$ 与反应速率为一级关系。当催化剂各组分比例一定时，催化剂浓度 $[C]_0$ 可用环烷酸镍的浓度表示。当催化剂浓度 $[C]_0$ 固定不变，随着单体浓度 $[M]_0$ 的增加，诱导期 t_o 下降，聚合物分子量增加。当单体浓度 $[M]_0$、催化剂浓度 $[C]_0$ 固定不变时，随着温度升高，速度常数 k 和分子量均增加，而诱导期 t_o 则降低，但对微观结构影响不大。

3）聚合活性中心 $[P^*]$ 的性质

从实验已得知，单体浓度 $[M]_0$、催化剂浓度 $[C]_0$ 均与聚合速度呈一级关系，在一定温度下，表观速度常数 $k = k_p[P^*]$，则：

$$-\frac{d[M]}{dt} = k[M] = k_p[P^*][M] = k_p \alpha [C]_0[M] \tag{4-8}$$

式中，k_p 为链增长常数，$[P^*] = \alpha[C]_0$ 为活性中心浓度，$[C]_0$ 为环烷酸镍的浓度，α 为催化剂的有效利用率(转化成活性中心的环烷酸镍的百分数)。

式中 $[P^*]$ 若为常数仅有两种可能：一种可能是符合稳态假设，即活性点的生成速度同其失活反应速度大致相等，或聚合反应体系活性点的数目非常少的时候；另一种可能是无终止反应。从图 4-55 的实验结果可看出链的增长不快，又与转化率有关，不宜用稳态法处理，应属于无终止历程。吉本敏雄为了确定是否为无终止反应而进行了如下的实验：

在聚合釜中使丁二烯在 40℃下进行反应，反应 150min 后，估计单体已耗尽，在密闭的情况下将反应器温度降至室温(10～20℃)以下，然后再加入丁二烯并升温至 40℃继续进行反应，发现聚合液黏度增大，实验结果列于表 4-60。

表 4-60　分批加入单体的实验结果[①]

	聚合时间/min	转化率/%	$[\eta]$/(dL/g)	聚合物产量×10³/mol
第一批	50	25.6	2.05	0.152
	70	46.4	2.21	0.246
	100	65.9	2.20	0.350
	150	87.3	2.24	0.430
第二批	10	9.3[②]	2.11[③]	0.503[③]
	20	43.8	2.48	0.517
	30	82.4	2.64	0.586

① 原聚合条件：$[M]_0 = 1.3$mol/L（153.7mL/-78℃）；$[C]_0 = 0.88.10^{-3}$ mol/L；甲苯，总体积 1600mL；冷至室温（10~20℃）下，加入 114mL/-78℃丁二烯（相当于第一批的 74%）。

② 第二批丁二烯的转化率。

③ 两批单体的混合聚合物。

实验结果有力地证明了镍系催化丁二烯聚合为无终止历程。

4）聚合动力学参数求解

实验得知，该催化体系属于快引发、慢增长、无终止的聚合反应，若假定单体及溶剂参与链转移反应时，则该体系的平均聚合度（$\overline{DP}$）可按键谷勤等提出的动力学公式加以描述：

$$\overline{DP} = \frac{\int R_\mathrm{P}\mathrm{d}t}{\alpha \cdot [C]_0 + \int R_\mathrm{tr}\mathrm{d}t} = \frac{[P]}{\alpha \cdot [C]_0 + \dfrac{k_\mathrm{trm}}{k_\mathrm{p}}[P] + \dfrac{k_\mathrm{trs}}{k_\mathrm{p}}[S]\ln\dfrac{[M]_0}{[M]_0-[P]}}$$

$$= \frac{[M]_0-[M]}{\alpha \cdot [C]_0 + \dfrac{k_\mathrm{trm}}{k_\mathrm{p}}([M]_0-[M]) + \dfrac{k_\mathrm{trs}}{k_\mathrm{p}}[S]\ln\dfrac{[M]_0}{[M]}} \tag{4-9}$$

式中，k_trm、k_trs 分别为对单体、溶剂的链转移常数，$[S]$ 为溶剂，其他同前。如溶剂参加链转移反应，则当转化率低时，随转化率增加 $\overline{DP}$ 增加，但当转化率很高时，式中分母第三项越来越大，则 $\overline{DP}$ 在达到最大值后又会下降，也即 $\overline{DP}$ 随着转化率增加会出现最大值，但实验未出现此现象（图 4-55）。这表明溶剂并不参与链转移反应，则上式简化为：

$$\overline{DP} = \frac{[M]_0-[M]}{\alpha \cdot [C]_0 + \dfrac{k_\mathrm{trm}}{k_\mathrm{p}}([M]_0-[M])}$$

$$\frac{1}{\overline{DP}} = \frac{k_\mathrm{trm}}{k_\mathrm{p}} + \frac{\alpha \cdot [C]_0}{[M]_0-[M]} \tag{4-10}$$

设 $x = 1 - \dfrac{[M]}{[M]_0}$ 代表转化率，则：

$$\frac{1}{\overline{DP}} = \frac{k_\mathrm{trm}}{k_\mathrm{p}} + \frac{\alpha \cdot [C]_0}{x \cdot [M]_0} \tag{4-11}$$

以 $1/\overline{DP}$ 对 $1/x$ 作图和以 $1/\overline{DP}$ 对 $\dfrac{[C]_0}{[M]_0}$ 作图，便可从直线的斜率和截距求得 k_trm、k_p、α 等动力学参数，即从已知的 $\overline{DP}$、$[C]_0$ 及 $[M]_0$ 数值可求得有关动力学参数。

① $1/\overline{DP}$ 对 $1/x$ 作图求得 k_{trm}/k_p 和 $\alpha[C]_0/[M]_0$ 值。

用于绘制图 4-55 的实验数据的倒数作图应得一直线(图 4-57),从直线的截距求得不同温度下的 k_{trm}/k_p 值,由直线的斜率求得 $\alpha[C]_0/[M]_0$ 值,当 $[C]_0$、$[M]_0$ 一定时可求得 α 值。

② $1/\overline{DP}$ 对 $[C]_0/x[M]_0$ 作图,由斜率求得 α 值。

用表 4-59 中的 $[C]_0$、$[M]_0$ 与相应的 $\overline{DP}$ 值作图($x = 0.7 \sim 0.9$),固定 $[C]_0$ 改变 $[M]_0$ 或固定 $[M]_0$ 改变 $[C]_0$,均可获得直线(图 4-58)。直线截距为 k_{trm}/k_p,斜率为 α。

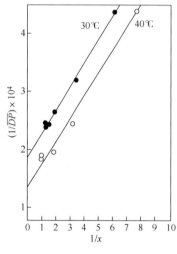

图 4-57　$1/\overline{DP}$ 与 $1/\overline{x}$ 的关系

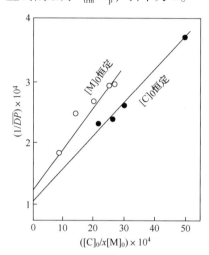

图 4-58　$1/\overline{DP}$ 与 $[C]_0/x[M]_0$ 的关系

由于 $k = k_p\alpha[C]_0$ 即 $k_p = k/\alpha[C]_0$,求得 α 值后便可求得 k_p 值、k_{trm} 值。计算结果见表 4-61,从表中数值可知有活性的催化剂链增长常数 k_p 约为 3L/mol·s,对单体的链转移常数 k_{trm} 则很小,约为 k_p 的万分之一。表观速率常数 k 值为近似值。在单体存在下三元混合的催化剂,则有较高的催化活性。

表 4-61　聚合动力学常数

作图数据	温度/℃	$\alpha \times 10^2$	$k_{trm}/k_p \times 10^4$	$k \times 10^4/s$	$k_p/(\text{L/mol·s})$	$k_{trm} \times 10^4/(\text{L/mol·s})$
$x \sim \overline{DP}$	40	1.8	1.3	2.7	6	8
$x \sim \overline{DP}$	30	1.9	1.8	1.6	3	5
$[C]_0 \sim \overline{DP}$	40	6.8	1.2	5.7[①]	3	4
$[M]_0 \sim \overline{DP}$	40	5.4	1.0	2.5[②]	2	2

① $[C]_0 = 2.56 \times 10^{-3}$ mol/L。

② 4 个实验数据平均值。

5)聚合反应活化能求解

根据阿累尼乌斯公式:$k = Ze^{-E_a/RT}$,取对数为 $\ln k = \ln Z - E_a/RT$,以 $\ln k$ 对 $1/T$ 作图得到一条准确直线,由直线斜率 $E_a/R[R = 8.3086\text{J}/(\text{℃·mol})]$ 便可求得活化能。在此实验中没有得到很好的线性关系,可能是由于在 20℃ 的聚合开始太慢,得到的常数 k,需要经校对。故未能得到活化能的具体数值。

从吉本敏雄的工作,可知求解反应级数和反应速率常数的实验步骤和数据处理方法:

① 测出聚合物生成量和时间的关系,从而求出单体消耗和时间的依赖关系,即对单体

的反应级数。

② 由转化率(聚合物的生成量)对聚合度作图, 了解链转移过程。

③ 试用 $\overline{DP} = \dfrac{\int R_p \mathrm{d}t}{\alpha[C]_0 + \int R_{tr}\mathrm{d}t - \int R_t\mathrm{d}t}$, 假定链终止不发生, 可得到一个能用实验验证的

方程式, 即:

$$\frac{1}{\overline{DP}} = \frac{k_{tr}}{k_P} + \frac{\alpha[C]_0}{x[M]_0} \tag{4-12}$$

④ 设计转化率及 $[C]_0$ 恒定时测出不同的 $[M]_0$ 的聚合速率和聚合度。然后再设计转化率及 $[M]_0$ 恒定时, 测出不同的 $[C]_0$ 的聚合速率和聚合度, 由 $1/\overline{DP}$ 对 $1/x$ 和对 $[C]_0/x[M]_0$ 作图, 求出 α 和 k_{trm}/k_p。由 $[C]_0$ 恒定对不同的 $[M]_0$ 和 $[M]_0$ 恒定对不同的 $[C]_0$ 求出起始聚合速率 (R_p)。

⑤ 由 $R_p = k_p \alpha[C][M]$ 通过计算求出 k_p、k_{tr}、α。

⑥ 求出不同温度下的单体消耗反应速率常数 k, 可求得活化能。

(2) 环烷酸镍(Ni)-AlR₃(Al)-BF₃·OEt₂(B)-脂烃溶剂催化体系

中国开发的镍体系是以三异丁基铝为助催化剂, 并以来源丰富、毒性低的加氢抽余油(下称脂烃)为溶剂。王德华等[204]对(Ni+Bd+Al)-B, 焦书科等[209]对(Ni+Al)-B 铝镍二元陈化稀硼单加方式; 浙江大学高分子化工教研组[206]对 Bd+Ni+B+Al 单加方式; 陈滇宝等[207]对(Ni+Bd+B)-Al 镍硼二元陈化和 Ni+B+Al 三元陈化等几种不同的加料方式的聚合动力学进行了研究。

以下主要介绍镍二元陈化稀硼单加的加料方式。

王德华[228]等用 17L 不锈钢聚合釜, 依次加入丁二烯的脂烃溶液、B 的稀溶液、(Ni+丁+Al)二元陈化液, 最后用加氢抽余油补足总体积 1.2L, 控制反应温度在 50℃±1℃进行聚合, 间断采取胶样。用 5 点法则测定特性黏数 $[\eta]$, 按 $[\eta] = 3.05×10^{-4}M^{0.725}$ 公式计算分子量, 由简易 GPC 装置测定重均及数均分子量及分子量分布, 为此获得了必要的动力学方面的基础数据。

1) 聚合反应速率

对 30℃、40℃及 50℃聚合实验所得的转化率和时间数据按一级关系式 $-\ln(1-x) = kt$, 以 $-\ln(1-x)$ 对聚合时间 t 作图, 均为直线(图 4-59), 可见在相当大的转化率范围内聚合速率与丁二烯浓度成正比。与吉本敏雄报道的苯溶剂有相同的聚合速率表达式。从测定 Al/B 比在三种不同的变化方式的表观速率常数 k, 与各组分的变化均出现极值(图 4-60)。而分子量则出现三种不同情况(图 4-61): 仅改变 B 用量时, 随着 B 用量增加分子量下降, k 值越过一个峰值; 仅改变 Al 用量时, 随着 Al 用量增加, 聚合速率和分子量同时上升, 越

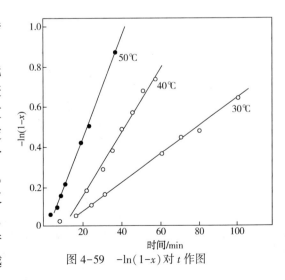

图 4-59　$-\ln(1-x)$ 对 t 作图

过峰值后又同时下降；当 B 用量及 Al/Ni 摩尔比固定时，同时变化 Al 与 Ni，随着用量增加，k 值出现峰值，但分子量略有下降，Al/B>0.5 后几乎无变化。由此可知，聚合活性、分子量与催化剂组分的函数较复杂，还未有一个统一的聚合速率解析式。从上述变化的三种情况得知 Al/B 比在 0.3~0.7 之间聚合有最高活性，峰值约在 Al/B=0.5 附近。当 Al、B 用量固定时，仅变化 Ni 用量，则 Ni 用量很低时，聚合活性与 Ni 用量近似地呈一级关系。随着 Ni 用量增加，聚合活性偏离一级关系。

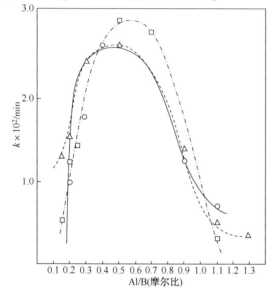

图 4-60　聚合速率与 Al/B(摩尔比)的关系
○—固定 Ni/丁=1.0×10⁻⁴，
Al/丁=0.5×10⁻³，改变硼用量；
△—固定 Ni/丁=1.0×10⁻⁴，
B/丁=1.67×10⁻³，改变铝用量；
□—固定 B/丁=1.67×10⁻³，
Al/Ni=5，同时改变铝和镍用量

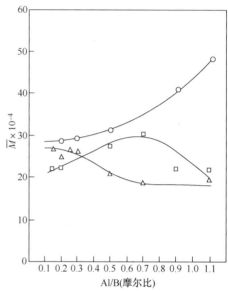

图 4-61　Al/B(摩尔比)与分子量关系
○—固定 Ni/丁=1.0×10⁻⁴，
Al/丁=0.5×10⁻³，改变硼用量；
△—固定 B/丁=1.67×10⁻³，
同时改变铝和镍的用量；
□—固定 Ni/丁=1.0×10⁻⁴，
B/丁=1.67×10⁻³，改变铝用量

2) 动力学参数

由图 4-62 的实验结果可知，(Ni+Bd+Al)二元陈化、稀 B 单加的方式，活性中心与单体有链转移反应，而与溶剂无显著的链转移作用。按键谷勤等[208] 提出的数据处理方法，经计算求得 50℃聚合的动力学参数(表 4-62)。

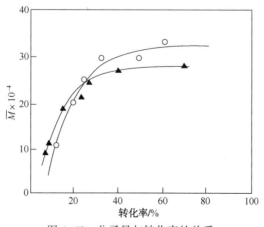

图 4-62　分子量与转化率的关系

表 4-62　镍系催化剂引发丁二烯聚合动力学参数

实例	聚合温度/℃	$[Ni] \times 10^4/(mol/L)$	$\alpha/\%$	$k \times 10^2/min^{-1}$	$(k_{trm}/k_p) \times 10^4$	$k_p/(L/mol \cdot min)$	$k_{trm}/(L/mol \cdot min)$
1	50	1.24	26	1.26	1.6	390.8	0.063
2	50	1.85	16	1.80	1.4	608.1	0.085
3	40	2.56	1.8	1.62	1.3	3515.6	0.457
4	30	2.56	1.9	0.96	1.8	1973.7	0.355

注：实例 1. $Ni/Bd = 0.67 \times 10^{-4}$，$Al/Bd = 0.334 \times 10^{-3}$，$B/Bd = 1.67 \times 10^{-3}$，$[M]_0 = 1.85 mol/L$。

实例 2. $Ni/Bd = 1.0 \times 10^{-4}$，$Al/Bd = 0.5 \times 10^{-3}$，$B/Bd = 1.67 \times 10^{-3}$，$[M]_0 = 1.85 mol/L$。

实例 3、4. 吉本敏雄数据，$[M] = 1.18 mol/L$，苯。

从表 4-62 可知，"硼单加"方式求得催化剂有效利用率在 10%~30% 之间，比苯溶剂高一个数量级，聚合速率低一个数量级，链转移速率约是链增长速率的 10 万分之一。也小于苯溶剂。

焦书科[205]等用聚合釜(2.8L 或 5L)研究了未有丁二烯参与的 Al-Ni 二元陈化稀硼单加方式的聚合动力学，同样证明聚合反应在一定时间内聚合速度和单体浓度呈一级关系，并求得表观反应速率常数 $k = 8.0 \times 10^{-3} min^{-1}$，诱导期 $t_0 = 3min$。在 50~80℃ 的聚合温度范围内，聚合速率和单体浓度均呈一级关系，求得的不同温度下的表观速率常数 k 分别为 $1.88 \times 10^{-2} min^{-1}$（57.6℃）；$2.75 \times 10^{-2} min^{-1}$（68.3℃）；$4.45 \times 10^{-2} min^{-1}$（80.3℃）。由此可见，聚合速率随温度的升高而加快，温度升高 10℃ 聚合速率约提高 1.2~2 倍。并求得活化能为 52.3kJ/mol。

聚合物分子量在聚合反应初期随聚合时间的延长而增大，但到反应后期，分子量达到最大值而恒定，表明发生以单体转移为主的终止反应，该体系属于慢增长反应历程。由不同温度下求得的分子量和转化率以平均聚合度的倒数 $(1/\overline{DP})$ 对 $1/x$ 作图得图 4-63，表明在三个聚合温度下，当转化率在 10%~70% 范围内，聚合度的倒数与转化率的倒数均成直线关系，这一规律和键谷勤等人[208]所提出的聚合度-转化率关系式 $1/\overline{DP} = k_{trm}/k_p + \alpha[C]_0/x[M]_0$ 相一致，式中 k_{trm} 为向单体转移的速率常数，k_p 是链增长常数，x 是单体转化率，$[C]_0$ 是以 $Ni(naph)_2$ 表示的催化剂浓度，α 是催化剂的利用率。由此求得此加料方式下的聚合动力学参数（表 4-63）。由表中看出，本加料方式催化剂利用率 α 为

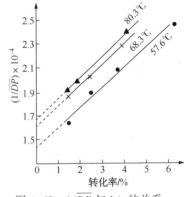

图 4-63　$1/\overline{DP}$ 与 $1/x$ 的关系

条件：$[C]_0 = 1.33 \times 10^{-4} mol/L$

$[M]_0 = 2.22 mol/L$

27%，且不随温度变化；链增长常数 k_p 和单体转移速度常数 k_{trm} 却随温度的提高而增大。k_{trm} 很小，约为 k_p 的万分之一。

表 4-63　镍系催化剂聚合动力学参数

聚合温度/℃	$\alpha/\%$	$(k_{trm}/k_p) \times 10^4$	$k \times 10^2/min^{-1}$	$k_p/[L/(mol \cdot min)]$	$k_{trm}/[L/(mol \cdot min)]$
57.6	27	1.45	1.88	521	0.075
68.3	27	1.62	2.75	762	0.123
80.3	27	1.69	4.45	1230	0.20

2. 聚合机理

（1）催化剂组分之间反应及活性中心结构

高活性的镍系催化剂较之 Ti 及 Co 系催化剂多了一个第三组分——三氟化硼醚合物。第

三组分在合成高顺式 1,4-聚丁二烯中的作用, 松本毅等[209]许多学者进行了详细研究。已知三个组分的混合次序和方式对聚合物的顺式 1,4 结构含量无关, 而 Al/B 摩尔比影响聚合速度和聚合物分子量, Al/Ni 比对活性影响较小。表明活性中心与三个组分的混合次序无关而与 Al/B 比例有关。

松本毅等[209]首先研究了不同 Al/B 摩尔比在 30℃下的三乙基铝与三氟化硼醚合物的反应, 发现在 Al/B>3 时, AlEt$_3$ 与 BF$_3$·OEt$_2$ 混合后, 经 24h 后仍为透明溶液, 而在 Al/B 比<3 时, 两者混合后开始为透明溶液, 在 30℃下继续加热便形成白色悬浮液。透明溶液与环烷酸镍可组成有活性催化剂, 而白色悬浮液再无活性, 经分析得知透明溶液生成了 AlEt$_2$F, 而在 Al/B<3 时, 最终生成了 AlEtF$_2$ 白色粉状固体。推测具有活性的透明溶液含有 AlEt$_2$F、B(C$_2$H$_5$)$_3$、(C$_2$H$_5$)$_2$O 和 BF$_3$·O(C$_2$H$_5$)$_2$。AlEt$_2$F 代替 AlEt$_3$ 同样可与环烷酸镍组成高活性催化体系。

阿特茨 (A. Tkác)[202] 等利用顺磁共振仪、红外光谱, 电导及反应动力学等方法对 Ni(acac)$_2$-AlEt$_3$-BF$_3$·OEt$_2$ 三元体系进行系统研究。

Ni(acac)$_2$ 与 AlEt$_3$ 在 Al/Ni>1 时发生还原反应:

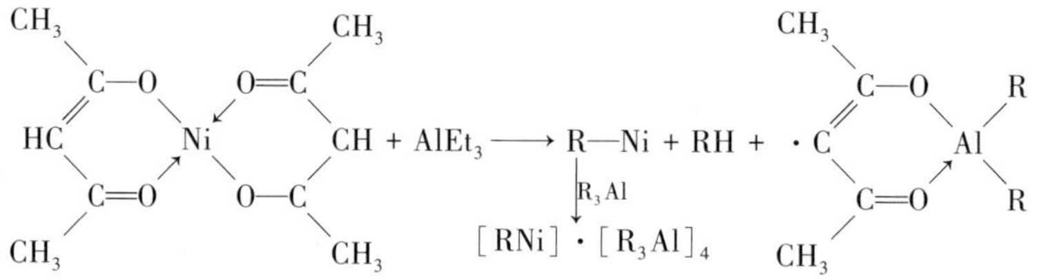

镍被还原成一价镍的烷基化合物以及胶体状的黑色零价镍, 在 BF$_3$·OEt$_2$ 存在下的还原反应导致生成胶态镍, 使镍三元系呈微观非均相的特点。

BF$_3$·OEt$_3$ 与 AlEt$_3$ 在 Al/B=3(摩尔比)时的交换反应[209]:

$$3AlEt_3+BF_3·OEt_2 \longrightarrow 3Et_2AlF+BEt_3+Et_2O$$

AlEt$_2$F 也可与 BF$_3$·OEt$_2$ 进行交换反应 (Al/B=3) 生成不溶性 AlEtF$_2$:

$$3AlEt_2F+BF_3·OEt_2 \longrightarrow 3EtAlF_2 \downarrow +BEt_3+Et_2O$$

反应产物 AlEtF$_2$ 和 BEt$_3$ 都不具还原能力, 也不发生卤素-烷基之间的交换反应。

BF$_3$·OEt$_2$ 与 Ni(acac)$_2$ 虽然不能发生镍的还原反应, 却能发生交换反应生成二氟化镍络合物[210]:

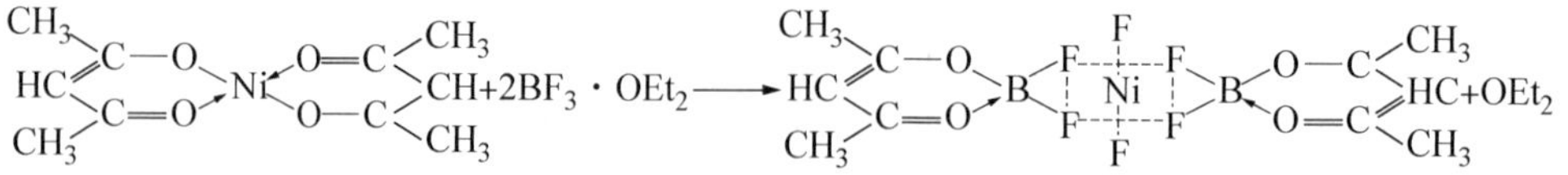

阿特茨(A. Tkác)根据催化剂组分间反应和观察到的三烷基铝与镍化合物作用时有一价和零价镍产生, 为此提出固定于零价胶态镍上的以一价镍为中心的镍硼铝三金属络合物的活性中心结构:

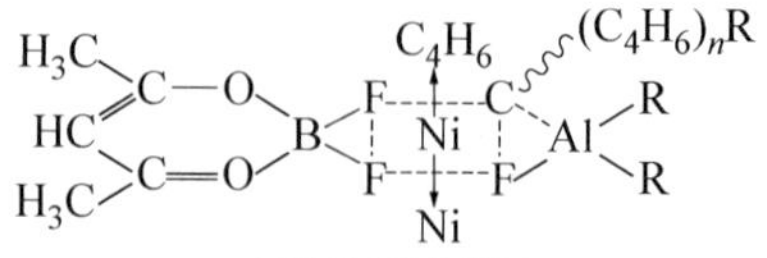

（肢体零价镍）

链增长反应是在镍和铝原子之间进行。胶体零价镍使络合物中心的一价镍和碳的键合力减弱, 使丁二烯单体得以插入到镍与碳之间, 使高分子量得以定向增长。在插入反应中铝原子对高分子生长链起着推进器作用，从而控制分子量。重均分子量取决于零价镍的尺寸。具有最大催化活性的三元系电导率极小，故活性中心没有离子特征。

后来研究工作证明，铝原子并非是必要的元素，烷基锂、二烷基锌和二烷基镉均可代替三烷基铝[211]，硼原子也可用 HF 及其他含氟化合物来代替三氟化硼乙醚络合物[212]。

由于发现大量卤化 π 烯丙基金属催化剂均能以较高的活性得到各种结构的聚丁二烯，便提出了 π 烯丙基型镍活性中心结构。Throckmorton[213]和古川[214]提出烷基铝的作用可能是使镍烷基化，进而与丁二烯形成 π 烯丙基型镍化合物。因此催化剂三元陈化反应可以归纳如下：

$$Ni(OOCR)_2 + AlEt_3 \longrightarrow EtNiOOCR + AlEtCO_2R$$

$$CH_2{=}CH{-}CH{=}CH_2 + EtNiCO_2R \longrightarrow \underset{\underset{\underset{CH_2-CH_2-CH_3}{|}}{CH_2}}{\overset{CH_2}{HC\!\!\diagup\!\!\diagdown}}\!\!\diagup\!\!\diagdown Ni{-}OOCR$$

当有 $BF_3 \cdot OEt_2$ 存在时，进一步反应将产生活性中心：

$$EtNiOOCR + BF_3 \longrightarrow EtNi^+BF_3^-OOCR$$

$$CH_2{=}CH{-}CH{=}CH_2 + EtNi^+BF_3{-}OOCR \longrightarrow \underset{\underset{\underset{CH_2-CH_2-CH_3}{|}}{CH_2}}{\overset{CH_2}{HC\!\!\diagup\!\!\diagdown}}\!\!\diagup\!\!\diagdown Ni^+BF_3{-}OOCR$$

或者

$$\underset{\underset{\underset{CH_2-CH_2-CH_3}{|}}{CH_2}}{\overset{CH_2}{HC\!\!\diagup\!\!\diagdown}}\!\!\diagup\!\!\diagdown NiOOCR + BF_3 \longrightarrow \underset{\underset{\underset{CH_2-CH_2-CH_3}{|}}{CH_2}}{\overset{CH_2}{HC\!\!\diagup\!\!\diagdown}}\!\!\diagup\!\!\diagdown Ni^+BF_3^-OOCR$$

除形成活性中心外还可能有镍被进一步还原成零价镍，以及三乙基铝与三氟化硼乙醚络合物之间的一系列交换反应等某些副反应。

中国工业生产采用加氢抽余油为溶剂，环烷酸镍先由烷基铝还原再与丁油中的三氟化硼乙醚络合物组分接触(即硼单加方式)引发丁二烯聚合的进料工艺，对催化剂组分间的反应、活性中心结构，刘国智等[215]于 1967 年曾提出如下机理：根据 Wilke[216]研究以镍盐、烷基铝使丁二烯环化聚合时，曾分离出二环辛二烯-[1、5]镍、环十二碳三烯-[1、5、9]镍，以及红棕色的中间体二烯丙基型的镍络合物

和双组分陈化实验结果，有理由认为活性中心应当是由镍的还原态的烯烃络合物所组成。但这种类型的镍烯烃络合物只能引起丁二烯的二聚和三聚，实验也表明铝、镍陈化溶液不能与 $Al(iBu)_nF_{3-n}(n=1、2、3)$ 组成有效的丁二烯聚合催化剂，只有在 $BF_3 \cdot OR_2$ 或 $(iBu)BF_2$ 存

在时才能形成活性中心。参考二烯丙基镍与某些金属卤化物之间的交换反应，发生以下反应是可能的：

$$CH_2 \overset{CH}{\diagdown} CH\sim \quad \underset{Ni}{\diagup\diagdown} \quad CH_2 \overset{CH}{\diagdown} CH\sim \quad + \ BF_3 \longrightarrow \quad CH_2 \overset{CH}{\diagdown} CH\sim \quad \underset{\underset{F}{|}}{Ni} \quad + \quad BF_2R$$

聚合活性中心应当是由上述一价镍的 π 络合物所组成，可能一价镍络合物本身就是聚合的活性中心，聚合增长是按下式进行的。

$$CH_2 \overset{CH}{\diagdown} CH\sim \underset{\underset{F}{|}}{Ni} \ + \ CH_2{=}CH{-}CH{=}CH_2 \longrightarrow$$

$$\left[CH_2 \overset{CH}{\diagdown} CH\sim \underset{Ni}{}{-}F \ \ CH_2 \overset{}{} CH_2 \ \overset{CH}{} CH \right] \longrightarrow CH_2 \overset{CH}{\diagdown} CH{-}CH{-}CH_2\sim \underset{\underset{F}{|}}{Ni}$$

在聚合过程中活性的一价镍络合物是不稳定的，在丁二烯存在下与烷基铝交换后即生成无活性的零价镍的 π 络合物。

$$CH_2 \overset{CH}{\diagdown} CH\sim \underset{\underset{F}{|}}{Ni} \ + \ Al(iBu)_3 \ \xrightarrow{C_4H_6} \ CH_2 \overset{CH}{\diagdown} CH\sim \ \underset{Ni}{} \ CH_2 \overset{}{} CH{-}CH_2{-}CH_2{-}CH_3 \overset{CH}{} \ + Al(iBu)_2F$$

而 BF$_3$ 又可使零价镍络合物重新变为一价镍络合物，此外一价镍络合物与 BF$_3$ 交换生成二价镍盐、烷基铝又可使其再生，烷基铝与三氟化硼通过烷基与氟交换的中间产物 R_nAlF_{3-n} 与 $BR_nF_{3-n}(n=1、2)$ 分别具有烷基铝及三氟化硼相似的功能，其活性顺序为：

$$AlR_3 > AlR_2F > AlRF_2$$
$$BF_3 > BRF_2 > BR_2F$$

在聚合体系中一价态 Ni 的含量是由以下复杂的化学平衡关系决定的：

$$Ni^{2+} \underset{R_{3-n}AlF_n}{\overset{R_nBF_{3-n}}{\rightleftharpoons}} Ni^+ \xrightarrow[R_nBF_{3-n}]{R_{3-n}AlF_n} Ni^0 \ (n=0、1、2)$$

在聚合过程中 Ni$^+$ 的量随烷基铝与氟化硼的量而变化。

（2）引发和链增长机理

对于共轭二烯烃的过渡金属配位聚合，曾提出两种可能的聚合机理模型，即过渡金属-碳键（Mt—C），或碱金属-碳键（Al—C）为活性中心。链的增长中心或是 δ 烯丙基结构或是 π 烯丙基结构，这与选择的过渡金属以及其他因素有关。被广泛接受的观点是单体预先配位于一定结构的催化剂络合物，这种络合物可能是过渡金属烷基络合物、双金属桥键络合物或是单金属 π 烯丙基络合物，然后配位的单体插入过渡金属与增长聚合物链金属-碳键

(Mt—C)中进行增长。对镍系催化剂的研究已有许多实验证据表明聚合物的活性链端具有 π 烯丙基结构，链增长反应发生在金属镍-碳键(Ni—C)上。

Ni 系催化剂与前过渡金属催化剂不同，Ti、V、Cr、Mo 等前过渡金属催化剂可催化 α-烯烃和二烯烃均聚或共聚合而 Ni 系催化剂只能催化双烯均聚而不能催化单烯均聚或共聚合，其原因是 Ni 系催化剂引发的聚二烯烃增长链端可通过 δ 烯丙基 Ni 转变为 π 烯丙基 Ni 而稳定：

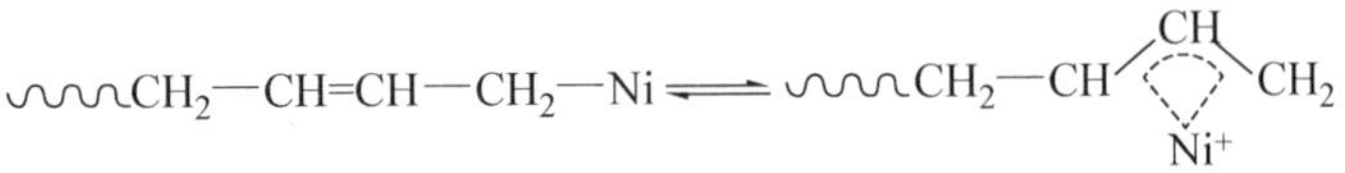

δ烯丙基 Ni　　　　　　　　　　π烯丙基 Ni

当加入 α-烯烃(如乙烯、丙烯)时，偶尔增长上一两个 α-烯烃分子，增长链端由 δ 烯丙基 Ni 转变为 δ 键，从而丧失 π 烯丙基的稳定作用，立即发生分解。利用 C—Ni δ 键和 π 烯丙基 Ni 键稳定性的差别，可用 α-烯烃来调节聚二烯烃的分子量，α-烯烃调节分子量的有效性[217]，也证明 Ni 催化聚二烯烃增长链端为 C—Ni 键。

(3) Ni 系催化剂立构控制机理

对二烯烃用配位催化剂聚合，一般认为，有规立构聚合物的形成是与单体的配位形式、增长链端的结构及其对进入单体的构型的控制能力有关。按照立构规整化(Stereo regulation)作用发生的过程，可以把增长反应划分为三个步骤：①二烯烃与过渡金属 Mt 配位时导致立构规整化，即二烯烃以两个双键和 Mt 配位，1,4 加成形成顺式 1,4 链节；而以一个双键和 Mt 配位有利于形成反式 1,4 和 1,2 链节。②在形成过渡状态的过程中导致立构规整化，即二烯烃虽是一个双键与 Mt 配位，若形成六元环过渡态 1,4 插入 Mt—C 键则得到反式 1,4；如形成四元环过渡态 1,2 插入 Mt—C 键则形成 1,2 链节。③二烯烃分子插入 Mt—C 后，链端双键或前末端双键与 Mt 配位，以及 Mt—C δ 键合的位置导致立构规整化。但不同的过渡金属催化剂对不同的二烯烃单体是不同的。对于 Ni 过渡金属它不仅能以多组分形成了高活性的 Zitgler-Natta 催化剂，更以单金属化合物形成了高活性的 π 烯丙基型催化剂。由于 π 烯丙基 Ni 化合物易于合成，又比较稳定，不仅是丁二烯聚合的一类重要催化剂，更是丁二烯增长链端最好的模型，对它的研究推动了聚合理论的发展。

Furukawa 等[218]用 IR、NMR 和磁化率研究了 π-$C_4H_\eta NiX$ 的结构和键型后得出结论，无论是 π 烯丁基镍氯化物，还是 π 烯丁基镍碘化物均呈同式(syn)存在：

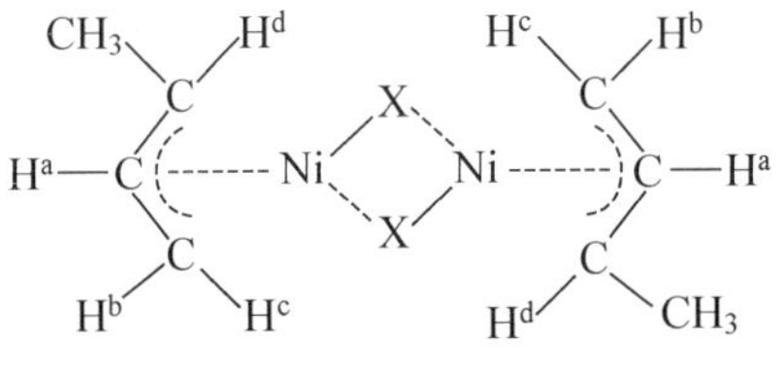

也即在氢化物和碘化物只有同式(syn)能以一个稳定的络合物而存在。并认为聚合是通过 δ 烯丙基增长聚合物末端进行的，至少在顺式 1,4 聚合中是如此，并且单体配位的形式将制约着立体定向性，

Kormer[219]用氘代丁二烯制备双[π 氘代丁烯基碘化镍]。氘代丁二烯为单体，研究了双[π 丁烯基碘化镍]与氘代丁二烯(Ⅰ)；双[π 氘代丁烯基碘化镍]与丁二烯(Ⅱ)；双[π 丁烯基碘化镍]与丁二烯(Ⅲ)三种不同试剂反应的核磁共振谱，确定了聚合物末端的真实结构，证明聚合物链的增长末端与金属形成 π 烯丙基络合物，聚合物链的增长末端保持开始

的络合物构型即同式，也即链端的 π 烯丙基在链增长的每一步都保持同式结构，金属-烯丙基配位键的性质没有任何变化。

$$\text{（Ⅰ）}$$

$$\text{（Ⅱ）}$$

$$\text{（Ⅲ）}$$

松本毅等[220]在确定了 π 烯丙基 NiX 结构后，又进一步证明了增长链端为 δ 烯丙基，并指出丁二烯不可能经由稳定的 π 烯丙基链端增长聚合，从而提出了单体在 Ni 上的配位方式决定聚丁二烯微观结构的论点。这种理论的基本点是：在聚合过程中，如果丁二烯的两个双键和 Ni 配位（称双座配位），则形成顺式 1,4-聚丁二烯；如单体以一个双键和 Ni 配位（称单座配位），则得反式 1,4 或 1,2 链节。建议的增长链端模型是：Ni 为正八面体构型，配位数为 6，丁二烯在 Ni 上可以双座配位，也可以单座配位。

双座配位　　　　　　　　　　单座配位

式中 L_1、L_2 和 L_3 为 Ni 配体，Pn～Ni 为增长链，X、Y、Z 为三个轴向，发生单座配位还是双座配位取决于如下因素：

① 配位座间距离　某些过渡金属正八面体配位座间距离（d）为：

M_t:	Ti	V	Cr	Mn	Fe	Co	Ni
d/pm:	315	301	290	294	288	287	284

S-顺式丁二烯分子两端距离为 287pm　S-反式丁二烯分子两端距离为 345pm，由此可见 Fe、Co、Ni 配位座间距离均在 287pm 左右，适合于 S-顺式丁二烯分子发生双配位。

② 过渡金属与单体轨道的能级[220]　金属轨道能级可用电离电位来估计（电离电位是从金属等轨道上移去电子时，克服原子核位能和核外电子的屏蔽效应所需的能量），某些过

渡金属如 Ti、V、Cr、Mo、Mn、Fe、Co 和 Ni 的 d 轨道能级大都在 6.5~8.0eV 之间，而丁二烯分子轨道的能级为：

$$\text{丁二烯：} \quad \text{最高被占轨道为} \quad 9.1\text{eV}$$
$$\text{最低空轨道为} \quad 3.4\text{eV}$$
$$\text{乙烯：} \quad \text{被占轨道为} \quad 10.5\text{eV}$$
$$\text{空轨道为} \quad 3.0\text{eV}$$

　　当双座配位时，Ni 的 d 轨道能级应和丁二烯分子轨道的能级接近。单座配位时，Ni 的 d 轨道能级应接近乙烯分子轨道的能级。从图 4-64 看二者仍有一定差距，因此需要强的电负性配体，以削弱电子屏蔽效应降低 d 轨道能量，以利于轨道交盖和电子接受。此时过渡金属将有选择地和丁二烯发生双座配位，1,4 插入得顺式 1,4 链节；当配位体的电负性较小时，过渡金属 d 轨道能级将远离丁二烯最高被占轨道的能级，此时将发生单座配位，若 1,4 插入得反式 1,4 链节，若在 C₂ 上进攻则形成 1,2 链节。

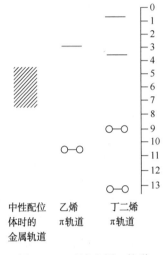

图 4-64　过渡金属 d 轨道和丁二烯 π 轨道的能级

　　根据如上理论可以预测，随着过渡金属中心原子和配体电负性的不同，可获得微观结构成规律性变化的聚丁二烯，即：对于含相同过渡金属的催化剂，配体的电负性由小到大，聚丁二烯的微观结构由反式 1,4(或 1,2)到顺式 1,4。例如：

$$(\pi\text{-}C_3H_5NiI)_2 \longrightarrow (\pi\text{-}C_3H_5NiCl)_2$$
$$\text{反式} 1,4\text{-PBd}(95\%) \qquad \text{顺式} 1,4\text{-PBd}(90\%)$$
$$Ni(OCOR)_2/AlEt_3/BCl_3 \longrightarrow Ni(OCOR)_2/AlEt_3/BF_3$$
$$\text{顺式} 1,4\text{-PBd}(80\%) \qquad \text{顺式} 1,4\text{-PBd}(98\%)$$

对于不同过渡金属的催化剂，则电负性强的金属需要电负性强的配体，才能获得顺式 1,4-聚丁二烯。

　　Porri[221,222] 等认为不仅单体的配位形式对聚丁二烯的微观结构起着重要作用，而且链端的 π-δ 键平衡也决定着聚合链的立构规整性。单体两个双键的配位是通过两个互相连接的步骤来实现的，即丁二烯先与过渡金属形成 π 络合物，π 络合物再异构化为 δ 烯丙基配合物。配位单体在金属碳(Mt—C)δ 键插入，由此得到类似于初始的配合物，如此反复进行，这就是链增长过程。若丁二烯和过渡金属发生顺式双座配位，经六元环过渡态形成顺式 1,4-聚丁二烯。加入强的受电子体(如路易氏酸或有机酸)，由于降低了 Mt 的电子云密度，提高了 Mt 的电负性，此时有利于形成六元环过渡态，从而能提高了聚合物的顺式 1,4 含量；如果加入给电子体 L[如 P(ph)₃]，由于 L 占据了一个配位点，丁二烯就只能以一个双键配位，此时如形成六元环过渡态就导致顺式 1,4 含量下降，反式 1,4 或 1,2 链节增多，也是同一道理；上述配位形成过渡态和插入都是在增长链端存在着 δ-π 平衡的条件下进行的，反应的总图式见图 4-65。

　　Cooper 认为[223]对于二烯烃的立构规整聚合来说，不管哪种聚合理论均需与下述实验事实相符合，即当丁二烯与过渡金属形成单(座)配位或双(座)配位配合物时，加入给电子体

[如 NR_3 或 $P(ph)_3$ 等] 均会改变 π 烯丙基络合物的存在形式，从而使聚丁二烯从顺式 1,4 变为反式 1,4 或 1,2 结构。

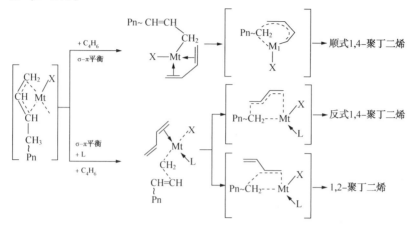

图 4-65　丁二烯配位聚合机理总图示

图中，Mt=Ni、Co 等过渡金属；Pn=增长链；L=给电子体。

4.3.2　稀土催化丁二烯聚合动力学及反应机理

1. 聚合动力学

稀土催化二烯烃聚合动力学及反应机理方面的研究，欧阳均[224]于 1991 年出版的《稀土催化剂与聚合》的专著中已有详细综述。1993 年 Pross 等[225]又发表了有关动力学方面的研究，并总结了 1988 年以前有关动力学的研究工作。Lars Friebe 等[226]对 2006 年以前有关稀土催化二烯烃聚合，包括聚合动力学和机理等研究工作进行了全面总结、分析及评述。由于稀土催化剂组成复杂、催化体系较多，在聚合动力学和机理方面的研究有许多结果相互矛盾，出现多种不同的反应模型，虽然已进行很多研究，但仍有待进一步做深层次的工作。

稀土催化丁二烯聚合速率主要依赖于主催化剂-钕化物、助催化剂-烷基铝及卤素给予体的用量和溶剂，除化学因素外，温度对聚合速率也有较强的影响。

Lars Friebe 等[226]根据 Pross 等提出的聚合速率与催化剂各组分浓度的动力学方程式：

$$r_p/k_p = C_{Bd}^W \cdot C_{Nd}^Y \cdot C_{Al}^Z \cdot C_x^U \tag{4-13}$$

对动力学文献进行分析和评述。式中 C 为催化剂组分和单体的浓度，W、Y、Z、U 分别为各组分的反应级数，x 为 Cl、Br、I。

通常的稀土催化体系，多数文献都给出丁二烯浓度呈一级反应（$r_p/k_p \sim C_{Bd}^W$，$W=1$）[226]。但 π 烯丙基钕催化体系，丁二烯呈二级反应（$r_p/k_p \sim C_{Bd}^W$，$W=2$）[227]。

由 $Nd(CH_2Ph)_3$、$NdCl_3$、$Nd(vers)_3$、$Nd(oct)_3$ 和 $Nd(naph)_3$ 等钕化合物组成的催化体系，对钕化合物浓度主要呈一级关系（$r_p/k_p \sim C_{Nd}^Y$，$Y=1$）[226]。但亦有反应级数 $Y=0.5$[228]和 $Y=0.83$[229]的文献报道。由烷氧基钕和磷酸钕盐分别构成的催化体系亦测得 Y 不等于 1 的反应级数[230]。

$Nd(vers)_3$、$Al_2Et_3Cl_3$ 同助催化剂组成的催化体系，聚合速率常数 k_p 不是常数，其值取决于助催化剂的性质和浓度。可把 k_p 看作表观速率常数 k_a。用 $Al(iBu)_3$ 作助催化剂时，k_a 与 n_{Al}/n_{Nd} 摩尔比的关系呈 S-形曲线，在 $n_{Al}/n_{Nd}=50$ 摩尔比时，k_a 有最大值 [$k_a=311L/(mol \cdot min)$]；用 $AlH(iBu)_2$ 作助催化剂时，k_a 与 n_{Al}/n_{Nd} 摩尔比的关系为反 U 形曲线，最大值出现在 $n_{Al}/n_{Nd}=$

30 摩尔比处 [$k_a \approx 220L/(mol \cdot min)$] [231]，见图 4-66。

按 $r_p/k_p \sim C_x^U$ 方程，卤素给予体组分对聚合速率应有如下的函数关系：

$$r_p/k_p = f(C_x) \qquad (4-14)$$

r_p 与卤素给予体浓度的依存关系非常复杂，而且不能用简单方程来描述。通常 r_p 对 n_X/n_{Nd} 摩尔比的依赖关系在文献中由图示法给出。在 $n_X/n_{Nd} \approx 2 \sim 3$ 摩尔比时 r_p 有最大值。最大值受许多参量的影响，如催化剂组分混合方式、连续配料顺序、催化剂配制时有否单体存在等诸多因素均影响聚合速率 r_p。

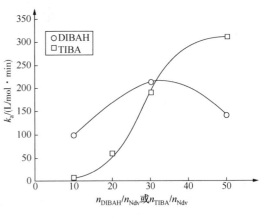

图 4-66　表观速率常数 k_a 与 n_{Al}/n_{Nd} 摩尔比的关系

(1) 氯化稀土二元催化体系——NdCl$_3$ · 3iPrOH/AlEt$_3$/庚烷体系 [232]

1) 聚合动力学曲线及速度方程式

扈晶余等 [232] 将 NdCl$_3$ · 3iPrOH 与 AlEt$_3$ 两组分先混合陈化，预先形成活性中心，再加入丁油中引发聚合。聚合很快，没有诱导期，得到如图 4-67 所示的一般聚合动力学曲线，对单体浓度呈一级反应 (图 4-68)。聚合开始的 60min 内，聚合速率是稳定的。随后由于单体浓度不断下降，体系黏度变大，单体扩散速度降低以及活性中心失活等原因，聚合速率逐渐减慢。

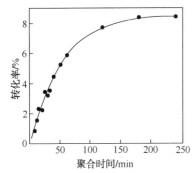

图 4-67　一般动力学曲线

聚合条件：[M] = 1.0mol/L，[Nd] = 1.62×10^{-4} mol/L，[Al] = 3.24×10^{-3} mol/L，30℃

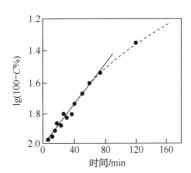

图 4-68　聚合的稳态速率

聚合条件：[M] = 1.0mol/L，[Nd]] = 1.62×10^{-4} mol/L，[Al] = 3.24×10^{-3} mol/L，30℃

当其他条件固定，单体浓度在 $0.56 \sim 1.67$ mol/L 范围内变化时其稳态聚合速率对单体浓度变化的对数关系为一直线，其斜率为 0.95，表明聚合反应对单体浓度为一级关系。

在固定三乙基铝的浓度，改变主催化剂浓度从 $3.0 \times 10^{-5} \sim 1.15 \times 10^{-5}$ mol/L 时 (即变化 n_{Al}/n_{Nd} 摩尔比)，其聚合速率与主催化剂浓度变化的对数关系仍为一条直线，直线斜率为 0.98，表明聚合速率对三氯化钕异丙醇配合物的浓度呈一级关系。

在固定主催化剂浓度，改变三乙基铝浓度时，聚合速率的变化如图 4-69 所示，起初，当三乙基铝浓度增加时，由于形成较多的活性中心，聚合速率随三乙基铝增加而上升。当三乙基铝浓度达到 5×10^{-3} mol/L (即 Al/Nd = 30 时)，速率达最大值，随三乙基铝浓度继续增加，由于过剩的三乙基铝同单体在催化剂表面上的吸附竞争，聚合速率越过峰值后而逐渐下降。聚合速率与三乙基铝浓度的对数关系如图4-70所示。斜率分别为+0.5与-0.5的直线。这表明三乙基铝在体系中以二聚体存在，吸附速率与溶液中的烷基铝浓度成正比，也表明三乙基铝在催化剂表面上的吸附作用是很快完成的。

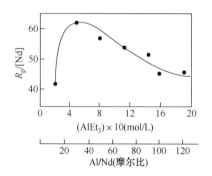

图4-69　聚合速率与三乙基铝的浓度

聚合条件：$[M]=1.0\,mol/L$，$[Nd]=1.62\times10^{-4}\,mol/L$，$[Al]=3.24\times10^{-3}\,mol/L$，30℃，60min

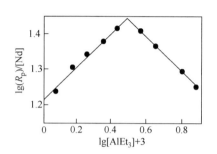

图4-70　聚合速率与三乙基铝浓度对数图

聚合条件：$[M]=0.56\,mol/L$，$[Nd]=9.0\times10^{-5}\,mol/L$，30℃

在10~40℃聚合温度范围内，聚合动力学曲线均通过原点（图4-71），聚合速率对单体浓度呈一级关系，没有诱导期，不同的聚合温度有不同的稳态期，由此求得不同温度下的表观速率常数k，并与相应温度作图（图4-72），即求得表观活化能为$(40.5\pm0.5)\,kJ/mol$。

从上述的动力学数据，聚合速率可表示为：

$$-\frac{dM}{dt}=k[M][Nd][Al]^{\frac{1}{2}} \quad 或 \quad R_p=k_p[C^*][M] \tag{4-15}$$

式中，R_p为聚合速率，k_p为链增长常数，$[C^*]$为活性中心浓度。

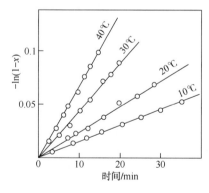

图4-71　不同温度下的聚合速率

聚合条件：$[M]=0.56\,mol/L$，$[Nd]=9.0\times10^{-4}\,mol/L$，$[Al]=1.8\times10^{-3}\,mol/L$

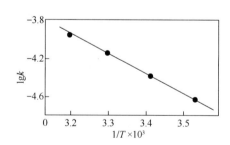

图4-72　聚合速率与温度的关系

聚合条件：$[M]=0.56\,mol/L$，$[Nd]=9.0\times10^{-4}\,mol/L$，$[Al]=1.8\times10^{-3}\,mol/L$

2）活性中心浓度及催化剂效率

选用二环己基18冠-6醚作阻聚剂，分别用聚合瓶和膨胀计方法测得稳态速率的变化见图4-73。由此求得表观速率常数k和催化剂的利用率α。根据$k=k_p\alpha[C]_0$和$[C^*]=\alpha[C]_0$（式中$[C]_0$为主催化剂起始浓度），便可求得活性中心浓度$[C^*]$和链增长速率常数k_p（表4-64）。从表中的数据可知，两种方法结果基本一致，催化剂的有效利用率在8.0%~11%（10~

30℃），随聚合温度升高略有增加。链增长速率常数 k_p 随温度升高而增加，而且变化较大。求得本催化体系链增长活化能为（29.3±0.5）kJ/mol。

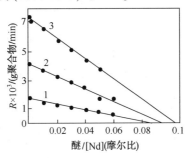

图 4-73　阻聚剂用量与聚合速率的关系

聚合条件：$[Bd] = 0.56 mol/L$，$[Nd] = 9.0 \times 10^{-4} mol/L$，$[Al] = 1.8 \times 10^{-3} mol/L$

1—10℃；2—20℃；3—30℃

表 4-64　活性中心浓度和聚合速率常数

	$[C]_0 \times 10^5 /(mol/L)$	温度/℃	$\alpha/\%$	$[C^*] \times 10^6/(mol/L)$	$k \times 10^5/s^{-1}$	$k_p/[1/(mol \cdot s)]$
I	9.0	10	8.7	7.83	2.52	3.22
		20	9.7	8.73	4.05	4.37
		30	10.5	9.45	7.33	7.40
II	16.2	10	8.1	13.1	4.33	3.07
		20	9.9	16.0	8.27	4.95
		30	10.8	17.5	12.70	7.13

注：I 膨胀计法，$[BD] = 0.56 mol/L$，$[Al] = 1.8 \times 10^{-3} mol/L$；

II 聚合瓶法，$[BD] = 1.0 mol/L$，$[Al] = 3.24 \times 10^{-3} mol/L$。

3）由动力学数据求解链转移常数[233]

从实验得知，聚合过程中存在对烷基铝与单体的链转移反应，而无终止反应，应用方程式（4-16）与式（4-17）可求得各速率常数：

$$\frac{1}{\overline{P}_n} = \frac{k_{trm}}{k_p} + \frac{k_{tra}[Al]^{\frac{1}{2}}}{k_p} \cdot \frac{1}{M} \tag{4-16}$$

$$\frac{[M]}{R_p} = \frac{1}{k_p C^*} + \frac{k_{trm}}{k_p k_i C^*} + \frac{k_{tra}[Al]^{\frac{1}{2}}}{k_p k_i C^*} \cdot \frac{1}{[M]} \tag{4-17}$$

以 $1/\overline{P}_n$ 与 $[M]/R_p$ 分别对 $1/[M]$ 作图（图 4-74、图 4-75）。以 $1/\overline{P}_n$ 对 $[Al]/[M]$ 作图（图 4-76）。由其相应的斜率与截距可求得 $k_i C^*$，k_{trm}/k_p、k_{tra}/k_p，已知 $R_P = k_p[C^x][M]$ 或 $k = k_p[C^x]$，故可求得 k_p。求得在 30℃ 下各速率常数值为：

$k_i = 2.4 L/mol \cdot s$，$k_p = 7.4 L/mol \cdot s$

$k_{tra} = 0.2 L/mol \cdot s$，$k_{trm} = 1.5 \times 10^{-3} L/mol \cdot s$

对烷基铝的链转移速率是对单体的 130 倍。

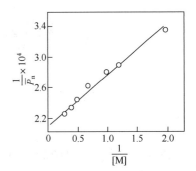

图 4-74　$1/\overline{P}_n$ 对 $1/[M]$ 作图

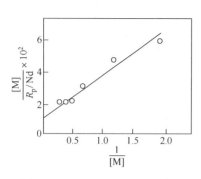

图 4-75　$[M]/R_p$ 对 $1/[M]$ 作图

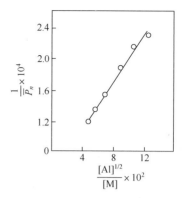

图 4-76　$1/\overline{P}_n$ 对 $[Al]^{1/2}/[M]$ 作图

（2）羧酸稀土三元催化体系

1）$Nd(naph)_3$-$Al(iBu)_3$-$Al(iBu)_2Cl$-庚烷体系

潘思黎等[234]应用氚醇淬灭法和动力学方法研究了丁二烯在 $Nd(naph)_3$ 三元稀土催化体系中的聚合动力学，催化剂三个组分采取 Nd+Cl+Al 的方法预混合，在室温陈化 24h，形成非均相催化剂。综合分析丁二烯在稀土催化体系中聚合的链增长、链转移及链终止过程，特别是应用氚醇淬灭法，通过金属聚合物链浓度的变化规律，直接观测聚合物链对烷基铝的链转移过程，从而对链转移反应获得较多的了解，并将应用氚醇淬灭法所测得的活性中心浓度 $[C^*]$ 代入动力学方法所确定的关系中，从而计算出各单元反应过程的速率常数。

① 聚合动力学曲线方程式　丁二烯在此三元体系下聚合动力学曲线见图 4-77。从动力学曲线可以看出，引发与增长反应基本上是同时进行的没有诱导期，开始时聚合速率很大，30min 后速率降至一常数值。在固定温度与催化剂用量，改变单体浓度（0.430～1.73mol/L）时，发现初始聚合速率（R_0）与初始单体浓度（$[M]_0$）的对数作图得斜率为 1.1 的直线（图 4-78），表明单体浓度对聚合反应呈一级关系。将测得的初始活性中心浓度 $\lg[C^*]$ 与聚合速率 $\lg R_0$ 作图，仍为直线（图 4-79），斜率为 1.03，证明聚合速率与活性中心浓度呈一级关系，由此得知聚合动力学方程式：

$$R_p = k_p[C^*][M] \tag{4-18}$$

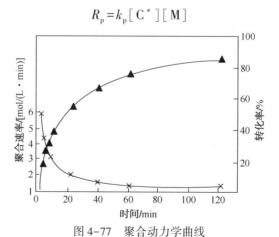

图 4-77　聚合动力学曲线

聚合条件：$[M] = 0.857 mol/L$，$[Nd(nahp)_3] = 8.3 \times 10^{-5} mol/L$，

$[Al(iBu)_2Cl] = 2.49 \times 10^{-4} mol/L$，$[Al(iBu)_3] = 2.49 \times 10^{-3} mol/L$，50℃

×—聚合速率；▲—转化率

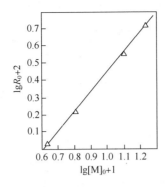

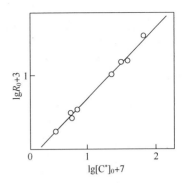

图 4-78　聚合初速率和初始单体浓度的对数图

聚合条件：$[Nd(nahp)_3] = 9.4 \times 10^{-5}$ mol/L，$[Al(iBu)_2Cl] =$

2.49×10^{-4} mol/L，$[Al(iBu)_3] = 2.49 \times 10^{-3}$ mol/L，30℃

图 4-79　聚合初速率和

初始活性中心浓度的对数图

聚合条件：$[M]_0 = 0.857$ mol/L

② 聚合反应单元分析

ⅰ．聚合活性中心浓度及氚醇淬灭法原理　潘思黎等[235]应用氚醇淬灭法测定了稀土催化剂的活性中心浓度。该法的原理主要基于 Ziegler-Natta 催化剂为络合阴离子型催化剂，单体插入 $Mt^{\delta+}—C^{\delta-}$ 极性键而增长，当用氚醇终止时，应发生下列反应：

$$Cat^{\delta+}-^{\delta-}CH_2P + ROT \longrightarrow Cat-OR + T-CH_2P$$

用 $^{14}CH_3OH$ 和 CH_3OT 两种标记的甲醇淬灭聚合反应，发现以 CH_3OT 淬灭的聚合物的比放射性要比 $^{14}CH_3OH$ 淬灭聚合物大 100 倍以上。说明 CH_3OT 的氚与聚合链发生作用，表明稀土定向催化剂和 Ti、V 等过渡金属组成的 Zieglet-Natta 催化剂一样是络合阴离子型催化剂。因此氚醇淬灭法完全适用于稀土定向催化剂。但由于氚醇也能和没有聚合活性的 Al—C 键作用，Al—C 键来源于聚合物链与烷基铝的链转移反应：

$$Cat-CH_2P + AlR_3 \longrightarrow R_2Al-CH_2P + Cat-R$$

$$R_2Al-CH_2P + ROT \longrightarrow R_2AlOR + T-CH_2P$$

因此，用氚醇测定的金属聚合物键数，即有活性中心数，也包括与烷基铝链转移后失活的含 Al—C 键的金属聚合物键数。金属聚合物键的浓度 $[MPB]_t$ 与活性中心数 $[C^*]_t$ 的关系式：

$$[MPB]_t = [C^*]_t + \int_0^t R_a dt = [C^*]_t + \frac{k_a}{k_p}[Al]^n \ln \frac{[M]_0}{[M]_t} \qquad (4-19)$$

式中，R_a 为聚合物链向烷基铝链转移速度，以 $[MPB]_t$ 对 $\ln \dfrac{[M]_0}{[M]_t}$ 作图，外推至 $\dfrac{[M]_0}{[M]_t} = 0$ 时，即为 $[C^*]_0$。用氚醇淬灭法已测得不同条件下的活性中心浓度（表 4-65）。测得结果表明，聚合温度升高，烷基铝浓度增加，均提高活性中心浓度。而 Cl/Nd 摩尔比在最佳值时有最大活性中心浓度。稀土元素的有效利用率约为 10%，不低于传统的 Ziegler-Natta 催化剂的利用率。

表 4-65　不同条件下的活性中心浓度

聚合温度/℃	$[Nd] \times 10^5/(mol/L)$	$[Al] \times 10^3/(mol/L)$	Al/Nd/(mol/L)	Cl/Nd/(mol/L)	$[C^*] \times 10^2/[mol/(mol \cdot Nd)]$
20	8.3	2.49	30	30	2.6
30	8.3	2.49	30	30	3.9
40	8.3	2.49	30	30	7.3
50	8.3	2.49	30	30	7.6

续表

聚合温度/℃	$[Nd] \times 10^5/(mol/L)$	$[Al] \times 10^3/(mol/L)$	Al/Nd/(mol/L)	Cl/Nd/(mol/L)	$[C^*] \times 10^2/[mol/(mol \cdot Nd)]$
30	8.3	0.83	10	30	1.1
30	8.3	1.66	20	30	2.9
30	8.3	2.49	30	30	3.9
30	8.3	4.98	60	30	7.7
30	9.4	9.43	100	30	6.8
30	8.3	2.49	30	1.5	1.5
30	8.3	2.49	30	3	3.9
30	8.3	2.49	30	7	0.43

注: $[M]_0 = 0.857mol/L$, $[Cl] = 2.49 \times 10^{-4}mol/L$。

将 $Al(iBu)_3$ 换成 $AlEt_3$，或改变钕化合物的配位基团，则稀土催化体系活性中心浓度变化见表4-66。从表中数据可知，改变钕化合物对聚合体系的活性中心浓度有较大影响，但 k_p 变化不大。当以 NdX_3 组成催化剂时，不论是改变配位络合物 $-NdCl_3 \cdot 3C_2H_5OH$ 或 $NdCl_3 \cdot (P_{350})_3$，还是改变卤素 $-NdCl_3 \cdot (P_{350})_3$ 或 $NdBr_3 \cdot (P_{350})_3$，活性中心浓度和 k_p 皆无明显差别。以 $AlEt_3$ 替换 $Al(iBu)_3$，活性中心浓度明显降低，但 k_p 变化不大。从配位基团和烷基铝的种类仅影响活性中心浓度，而不影响链增长常数 k_p，这又进一步确认链的增长是在烷基化稀土上，即在 $Nd^{\delta+}-C^{\delta-}$ 键上进行的。烷基铝可能与烷基化稀土以某种形式结合，而起着稳定活性中心的作用，但并不是反应的部位。

表4-66　烷基铝和配位基团对活性中心浓度的影响

催 化 剂	聚合温度/℃	聚合60min转化率/%	$[C^*] \times 10^2/(mol/molNd)$	$k_p/(L/mol \cdot s)$
$NdCl_3-3C_2H_5OH-Al(iBu)_3$	30	16.5	0.7	97
$NdCl_3 \cdot (P_{350})_3-Al(iBu)_3$	30	19.6	0.6	89
$NdBr_3 \cdot (P_{350})_3-Al(iBu)_3$	30	19.6	0.7	88
$Nd(C_7H_{15}CO_2)_3-Al(iBu)_3-Al(iBu)_2Cl$	30	42.7	2.4	94
$Nd(nahp)_3-Al(iBu)_3-Al(iBu)_2Cl$	30	65.9	3.9	99
$Nd(nahp)_3-Al(iBu)_3-Al(iBu)_2Cl$	50①	—	7.6	169
$Nd(nahp)_3-AlEt_3-Al(iBu)_2Cl$	30	—	0.4	95
$Nd(nahp)_3-AlEt_3-Al(iBu)_2Cl$	50	—	1.1	—

① $[Nd(nahp)_3] = 8.3 \times 10^{-5}mol/L$, $[M]_0 = 0.857mol/L$, $[Nd(nahp)_3] = [Nd] = 9.4 \times 10^{-5}mol/L$, $[Al(iBu)_2Cl] = 2.49 \times 10^{-4}mol/L$, $[Al(iBu)_3] = [AlEt_3] = 2.49 \times 10^{-3}mol/L$。

ⅱ. 链增长反应　将氯醇法直接测得的活性中心浓度，代入速率方程式(3)中，便可求得各种反应条件下的链增长速率常数 k_p 值(表4-67)，从求得的结果可知，在30℃聚合时，单体浓度在 $0.430 \sim 1.73mol/L$ 范围内变化，链增长常数 k_p 值在 $88 \sim 100L/(mol \cdot s)$ 范围内，变化不大。但聚合温度对 k_p 影响较大，聚合温度从20℃升到50℃，k_p 值从85提高到 $169L/(mol \cdot s)$。求得表观活化能为 $39.4kJ/mol$，链增长活化能为 $18.4kJ/mol$。

表4-67　不同条件下的聚合速率常数

聚合温度/℃	$[M]_0/(mol/L)$	$[Nd] \times 10^5/(mol/L)$	$R_{ao} \times 10^9/[mol/(L \cdot s)]$	$k_p/[L/(mol \cdot s)]$	$k_a/[L/(mol \cdot s)]$	$k_a'/[L/(mol \cdot s)]$
30	1.73	9.4	2.7	—	0.24	6.7
30	0.875	9.4	2.2	99	0.24	6.5
30	0.430	9.4	1.5	100	0.14	4.2

续表

聚合温度/℃	$[M]_0/$ (mol/L)	$[Nd]×10^5/$ (mol/L)	$R_{ao}×10^9/$ [mol/(L·s)]	$k_p/$ [L/(mol·s)]	$k_a/$ [L/(mol·s)]	$k'_a/$ [L/(mol·s)]
30	1.03	8.3	2.8	87	0.32	8.7
30	0.857	8.3	2.0	99	0.24	5.2
50	0.857	8.3	55	169	3.5	96
40	0.857	8.3	38	136	2.5	70
30	0.857	8.3	2.1	99	0.24	6.5
20	0.857	8.3	2.8	85	0.56	15.7

注：$[Cl]=2.49×10^{-4}$mol/L，$[Al]=2.49×10^{-3}$mol/L。

ⅲ. 链转移反应　在稀土催化聚合中，对烷基铝的链转移反应是一个很重要的过程。从图 4-80 可知，烷基铝浓度增加，聚合物分子量显著降低，表明链转移反应是控制聚合物分子量的重要过程。

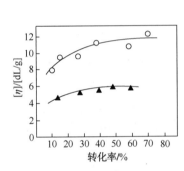

图 4-80　分子量与转化率的关系

聚合条件：$[M]_0=0.857$mol/L，30℃，$Nd(nahp)_3=$ $8.3×10^{-5}$mol/L，$[Al(iBu)_2Cl]=2.49×10^{-4}$mol/L，$[Al(iBu)_3]$：○—2.49mmol/L，▲—4.98mmol/L

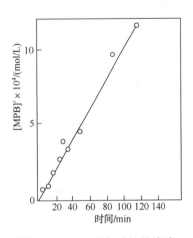

图 4-81　$[MPB]'_t$ 与时间的关系

聚合条件：$[M]_0=0.857$mol/L，$[Al(iBu)_2Cl]=2.49×$ 10^{-4}mol/L，$[AlEt_3]=2.49×10^{-5}$mol/L，$Nd(nahp)_3=$ $8.3×10^{-5}$mol/L，50℃

潘思黎等[234]用氚醇淬灭法测出总金属碳键浓度 $[MPB]$ 及活性中心浓度 $[C^*]_t$，根据 $[MPB]'_t=[MPB]_t-[C]$ 的关系式，求得链转移产生的金属碳键数 $[MPB]'_t$。从 $[MPB]'_t$ 与时间的关系（图 4-81 为一种条件下的 $[MPB]'_t-t$ 图）求得链转移速度 R_a：

$$R_a=d[MPB]'_t/dt \tag{4-20}$$

求得的不同条件下的初始链转移速度（R_{ao}）值见表 4-67、表 4-68。从表中数据可知，初始链转移速度（R_{ao}）受较多因素的影响，数值相差较大。对本三元体系仅改变 $Al(iBu)_3$ 浓度，其浓度变化与 R_{ao} 的关系见图 4-82，不能用同一关系式表征。在烷基铝浓度较低时，链转移速度较小；当烷基铝浓度超过一定数据值时，链转移速度大大加快。当处于仅能维持活性中心所需的低烷基铝浓度时，出现图 4-83 的实验现象：聚合开始形成活性中心后，由于烷基铝浓度低，在杂质作用下甚至不能维持活性中心浓度，活性中心数随聚合时间很快下降。表明在低烷基铝浓度下，体系中的 AlR_3 主要用于形成活性中心或维持活性中心，参与链转移反应是次要的。

表 4-68　不同催化剂组分对链转移常数的影响[1]

催 化 剂	$R_{ao} \times 10^9/(\text{mol/L} \cdot \text{s})$	$k_a/(\text{L/mol} \cdot \text{s})$	$k_a'/(\text{L/mol} \cdot \text{s})$	$k_t/(\text{L/mol} \cdot \text{s})$
$\text{Nd(nahp)}_3 - \text{AlEt}_3 - \text{Al}(i\text{Bu})_2\text{Cl}$[2]	1.7	0.95	—	—
$\text{Nd(nahp)}_3 - \text{Al}(i\text{Bu})_3 - \text{Al}(i\text{Bu})_2\text{Cl}$[2]	55.0	3.5	—	230
$\text{Nd(nahp)}_3 - \text{Al}(i\text{Bu})_3 - \text{Al}(i\text{Bu})_2\text{Cl}$	2.1	0.24	6.5	44
$\text{Nd(C}_7\text{H}_{15}\text{CO}_2)_3 - \text{Al}(i\text{Bu})_3 - \text{Al}(i\text{Bu})_2\text{Cl}$	7.5	1.3	36	—
$\text{NdCl}_3 \cdot 3\text{C}_2\text{H}_5\text{OH} - \text{Al}(i\text{Bu})_3$	0.2	0.42	14.5	220
$\text{NdCl}_3 \cdot (\text{P}_{350})_3 - \text{Al}(i\text{Bu})_3$	4.3	2.9	80.2	—
$\text{NdBr}_3 \cdot (\text{P}_{350})_3 - \text{Al}(i\text{Bu})_3$	8.0	4.6	127.0	—

① $[\text{M}]_0 = 0.857\text{mol/L}$，$[\text{Nd}] = 9.4 \times 10^{-5}\text{mol/L}$，$[\text{AlR}_3] = 2.49 \times 10^{-3}\text{mol/L}$，$[\text{Al}(i\text{Bu})_2\text{Cl}] = 2.49 \times 10^{-4}\text{mol/L}$，30℃。

② $[\text{Nd}] = 8.3 \times 10^{-5}\text{mol/L}$，50℃。

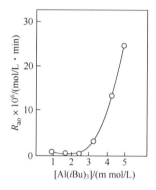

图 4-82　烷基铝浓度对
链转移初速度的影响

聚合条件：$[\text{M}]_0 = 0.857\text{mol/L}$，$[\text{Nd(nahp)}_3] = 8.3 \times 10^{-5}\text{mol/L}$，$[\text{Al}(i\text{Bu})_2\text{Cl}] = 2.49 \times 10^{-4}\text{mol/L}$，30℃

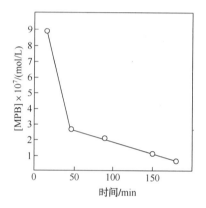

图 4-83　低烷基铝浓度下
金属聚合物键浓度随时间的变化

聚合条件：$[\text{M}]_0 = 0.857\text{mol/L}$，$[\text{Al}(i\text{Bu})_2\text{Cl}] = 2.49 \times 10^{-4}\text{mol/L}$，$[\text{AlEt}_3] = 2.49 \times 10^{-5}\text{mol/L}$，$[\text{Al}(i\text{Bu})_3] = 0.83\text{mmol/L}$，30℃

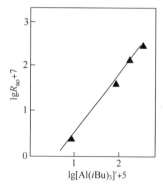

图 4-84　链转移初速度与
校正后烷基铝浓度的对数图

由于烷基铝在聚合过程中有形成稳定活性中心和链转移两种作用，需根据实验结果对烷基铝浓度作相应校正，然后则以链转移初速度的对数值与校正后的烷基铝浓度的对数值作图（见图 4-84），得直线其斜率为 1.1，由此得到对烷基铝的链转移速度方程式：

$$R_{tra} = k_{tra}[\text{C}]_0[\text{Al}(i\text{Bu})_3] \qquad (4-21)$$

将校正和未校正的烷基铝浓度分别代入式（4-21）中，便可求得校正的链转移常数 k_a' 和未校正的链转移常数 k_a（表 4-67、表 4-68），可以看出 k_a' 和 k_a 相差较大。从表 4-67 中的数据可知，单体浓度的变化对烷基铝的链转移反应无显著影响，但聚合温度有较大影响，链转移速度随聚合温度升高而大大加快。50℃时的活性链的平均转移次数约为 30℃时的 14 倍。从表 4-68 中数据可知 50℃时，$\text{Al}(i\text{Bu})_3$ 的初始链转移速度较 AlEt_3 快三十几倍。稀土化合物的配位基团有一定影响，与 P_{350} 络合的 NdX_3 比与 $\text{C}_2\text{H}_5\text{OH}$ 络合的有较大的链转移速度，这可能与配位基团的极性有关，而同样为 P_{350} 络合的 NdX_3，NdCl_3 比 NdBr_3 的链转移速度要快些。

烷基铝的浓度对活性中心平均链转移次数的影响可由下式估算：

$$\text{活性中心在时间 } t \text{ 内的平均链转移次数} = (\,[\,MPB\,]_t - [\,C^*\,]_t\,) \big/ \int_0^t [\,C^*\,] \mathrm{d}t/t \quad (4\text{-}22)$$

式中，$[\,C^*\,]\mathrm{d}t/t$ 为时间 $0\sim t$ 范围内平均活性中心数，可用图解法求出[236]。求得的不同浓度烷基铝的平均链转移次数见表 4-69。烷基铝浓度较大时，每个活性中心的链转移平均可达几十次。

假设聚合初始时下式成立：

$$P_n \approx (P_n)_{\mathrm{T}} = \int_0^t R_\mathrm{p} \mathrm{d}t \big/ (\,[\,C^*\,]_0 + \int_0^t R_\mathrm{p} \mathrm{d}t\,) \quad (4\text{-}23)$$

则可近似的用下式计算初始的活性链平均寿命 τ：

$$\tau = (P_n)_{\mathrm{T}} \cdot [\,C^*\,]_0 / R_0 \quad (4\text{-}24)$$

$(P_n)_{\mathrm{T}}$ 为由金属聚合物链浓度计算的数均聚合度，$[\,C^*\,]_0$ 为初始活性中心浓度（mol/L）；R_0 为初始聚合速度（mol/L·min），计算结果见表 4-69。可以看出，增加烷基铝用量，明显地减少活性链的平均寿命，因此对分子量影响较大。稀土催化剂活性链的寿命和典型 Ziegler-Natta 催化剂没有明显差别。

表 4-69　烷基铝浓度对活性中心平均链转移次数、分子量和活性链寿命的影响[①]

$[\,Al(iBu)_3\,]/$ (mmol/L)	活性中心平均链转移次数			初始聚合物的分子量			初始活性链平均寿命/min
	转化率/%	t/min	次数	转化率/%	$\eta/(\mathrm{dL/g})$	$[M_n]_\mathrm{T}\times10^{-4}$	
9.4[②]	98.9	90	48	12.3	5.8	16.3	0.6
5.0	87.2	60	57	12.8	4.8	8.1	0.3
2.5	65.9	60	1	9.0	8.0	64.8	2.6
1.7	56.0	80	1	5.3	6.6	76.6	2.3
0.87	5.7	180	—	3.4	10.0	176.0	18.0

① $[M]_0 = 0.857\mathrm{mol/L}$，$[Nd(naph)_3] = 8.3\times10^{-5}\mathrm{mol/L}$，$[Al(iBu)_2Cl] = 2.49\times10^{-4}\mathrm{mol/L}$，30℃。

② $[Nd] = 9.4\times10^{-5}\mathrm{mol/L}$。

ⅳ. 链终止反应　由活性中心浓度与时间关系图（即 $[\,C^*\,] - t$）可看出聚合链终止反应规律。图 4-85 是三种不同浓度的 $Al(iBu)_3$ 在聚合过程中活性中心浓度变化的比较。如图所示浓度虽然不同，但活性中心数的变化趋势相似开始随时间而增加，10min 后又逐渐下降，小峰出现时间十分相近。在 $[Al(iBu)_3] = 4.98\times10^{-3}\mathrm{mol/L}$ 时，反应 60min 后转化率达 87.2%，此时聚合体系中尚保留初始活性中心浓度的 1/2 左右。

图 4-86 给出 20℃和 50℃下，聚合过程中活性中心浓度随时间变化情况。在 20℃时，前 10min 与 30℃相似，活性中心数有所增，随后有一段稳定期，转化率大于 60% 后，活性中心浓度才缓慢下降，而 50℃下聚合小峰消失，活性中心数始终随聚合时间而下降，初期较快，后期渐缓。从两个图可见，丁二烯在本体系中聚合时，反应温度 ≥30℃ 即为非稳态聚合，有明显的链终止反应发生。

用 $AlEt_3$ 代替 $Al(iBu)_3$ 组成的催化剂在 30℃ 时，活性中心数是逐渐增加，而在 50℃ 下的失活速率也较慢。

用一级终止动力学方法处理实验结果时，不符合一级失活规律，若假定为双基终止，可列出下式：

$$\frac{1}{[\,C^*\,]_t} - \frac{1}{[\,C^*\,]_0} = k_t t \quad (4\text{-}25)$$

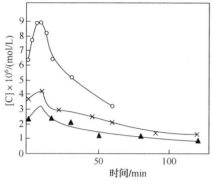

图 4-85　在不同烷基铝浓度下
活性中心浓度随聚合时间的变化

聚合条件：$[M]_0 = 0.857\text{mol/L}$，$[\text{Nd}(\text{nahp})_3] = 8.3 \times 10^{-5}\text{mol/L}$，$[\text{Al}(iBu)_2\text{Cl}] = 8.3 \times 10^{-4}\text{mol/L}$，30℃

$[\text{Al}(iBu)_3]$：○—4.98mmol/L；

▲—1.66mmol/L；×—2.49mmol/L

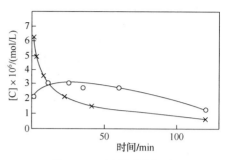

图 4-86　在不同温度下
活性中心浓度随聚合时间的变化

聚合条件：$[M]_0 = 0.857\text{mol/L}$，$[\text{Nd}(\text{nahp})_3] = 8.3 \times 10^{-5}\text{mol/L}$，$[\text{Al}(iBu)_2\text{Cl}] = 2.4 \times 10^{-4}\text{mol/L}$，$[\text{Al}(iBu)_3] = 2. \times 10^{-3}\text{mol/L}$

○—20℃；×—50℃

代入 $R_P = k_p[C^*][M]$ 速度式中，积分得：

$$\ln\frac{[M]_0}{[M]_t} = \frac{k_p}{k_t}\ln(1 + k_t[C]_0 t) \qquad (4-26)$$

式中，k_t 为链终止速度常数。

以 $[C^*]_t^{-1} - [C^*]_0^{-1}$ 对 t 作图（图 4-87），得一直线表明失活反应符合双基终止机理，求得 k_t 值（表 4-68）。

将求得的 k_p、k_t、$[C]_0$ 及 t 值代入式（4-26），并将计算的 $\ln\frac{[M]_0}{[M]_t}$ 值与实验结果比较（图 4-88），在转化率低于 75% 时，计算值与实验值基本吻合，进一步证实终止反应符合双基终止机理。

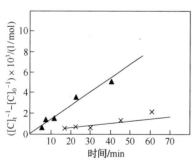

图 4-87　$[C^*]_t^{-1} - [C^*]_0^{-1}$ 对聚合时间 t 图

聚合条件：$[M]_0 = 0.857\text{mol/L}$，$[\text{Nd}(\text{nahp})_3] = 8.3 \times 10^{-5}\text{mol/L}$，$[\text{Al}(iBu)_2\text{Cl}] = 2.49 \times 10^{-4}\text{mol/L}$，$[\text{Al}(iBu)_3] = 2.49 \times 10^{-3}\text{mmol/L}$，▲—50℃；×—30℃

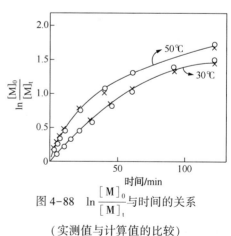

图 4-88　$\ln\frac{[M]_0}{[M]_t}$ 与时间的关系

（实测值与计算值的比较）

○—计算值；×—实验值

2）Nd(vers)$_3$-Al(iBu)$_3$-Al$_2$Et$_3$Cl$_3$-己烷体系

Pross 等[225]用图 4-89 所示的聚合装置研究了新癸酸钕三元稀土催化体系引发丁二烯聚

合动力学。该装置为 2L 恒温聚合釜，装有锚式搅拌器，在计算机控制下进行聚合实验，通过在线密度计测定不同时间的胶液密度 $\rho_{(t)}$，按式(4-27)计算转化率 $X_{(t)}$：

$$X_{(t)} = \frac{\rho_{(t)} - \rho_0}{\rho_{end} - \rho_0} \cdot \frac{\rho_{end}}{\rho_{(t)}} \cdot X_{end} \tag{4-27}$$

式中，ρ_0 为聚合液初始密度，ρ_{end} 为胶液最终密度，X_{end} 为最终转化率。胶液黏度由搅拌轴转距测定获得。

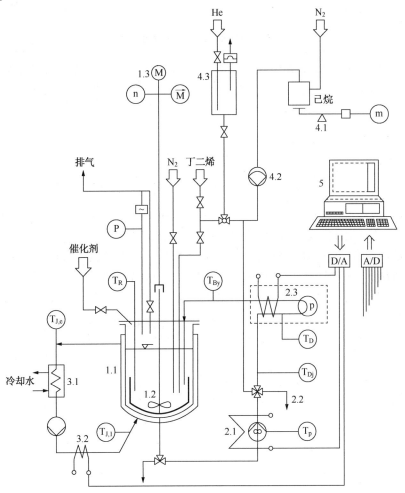

图 4-89　计算机控制的实验室聚合反应器装置图

1—反应器：1.1 夹套冷却的 2L 反应釜，1.2 带有小型螺旋浆的锚式搅拌器，1.3 具有转距测量的马达；

2—旁路：2.1 齿轮泵，2.2 取样阀，2.3 密度计；3—夹套回路：3.1 热交换器，3.2 电子热杆；

4—溶剂单元：4.1 电子称，4.2 计量泵，4.3 中间容器；5—微型计算机

聚合配方及条件：

己烷溶剂：1.07kg

1，3-丁二烯：0.15kg

$Nd(vers)_3$：1.2×10^{-4} mol/L

$Al(iBu)_3/Nd = 20 \sim 180$（摩尔比）

$Al_2Et_3Cl_3/Nd = 0.4 \sim 2.2$（摩尔比）

加料顺序：己烷-Al$(i$Bu$)_3$-丁二烯-Al$_2$Et$_3$Cl$_3$-Nd$($vers$)_3$

聚合温度：$T = 45℃$

搅拌速度：$n = 200$r/min

① Al$(i$Bu$)_3$用量对聚合速率的影响。

变化烷基铝用量，求得的相应转化率、最大聚合速率、表观黏度均列于表4-70，从黏度随烷基铝用量增加而减少，可知 Al$(i$Bu$)_3$ 同时是一种链转移剂，并由最大速率求得烷基铝浓度反应级数为 0.5。

表4-70   Al/Nd 摩尔比对聚合的影响

实验编号	1	2	3	4	5
$C_{Bd·0}$/(mol/L)	1.46	1.46	1.46	1.46	1.47
C_{Nd}/(mmol/L)	0.118	0.116	0.115	0.114	0.119
n_{Bd}/n_{Nd}(摩尔比)	12400	12600	12600	12800	12400
n_{Al}/n_{Nd}(摩尔比)	176	171	72	40	20
n_{Cl}/n_{Nd}(摩尔比)	1.7	2.2	2.5	2.1	2.0
X(1h)/%	79	80	62	49	29
X_{end}/%	92	100	95	88	82
$R_{p·max}$/(mmol/L·s)	0.525	0.507	0.327	0.284	0.146
$\eta_{app·end}$/Pa·s	0.4	0.4	1.0	2.6	2.5

② n_{Cl}/n_{Nd}(摩尔比)的变化对聚合速率的影响。

倍半烷基铝用量变化，求得的转化率、聚合速率、黏度见表4-71。n_{Cl}/n_{Nd}摩尔比的变化对聚合物的黏度无影响，对聚合速率的影响也与烷基铝不同。当 Al/Nd ≈ 170 时，n_{Cl}/n_{Nd} 摩尔比为2时有最大的速率，n_{Cl}/n_{Nd}摩尔比高于或低于2时，聚合速率均较低。

表4-71 n_{Cl}/n_{Nd}(摩尔比)对聚合速率的影响

实验编号	6	7	8	2	9
$C_{Bd·0}$/(mol/L)	1.39	1.44	1.45	1.46	1.39
C_{Nd}/(mmol/L)	0.112	0.115	0.115	0.116	0.108
n_{Bd}/n_{Nd}(摩尔比)	12500	12500	12600	12600	12800
n_{Al}/n_{Nd}(摩尔比)	177	165	178	171	176
n_{Cl}/n_{Nd}(摩尔比)	6.7	4.1	3.6	2.2	1.2
X(1h)/%	67	69	70	80	47
X_{end}/%	100	100	99	100	97
$R_{p·max}$/(mmol/L·s)	0.331	0.352	0.370	0.507	0.203
$\eta_{app·end}$/Pa·s	0.3	0.4	0.4	0.4	0.4

由此提出描述丁二烯聚合动力学方程式(4-28)：

$$R_{Pmax} = k_P · C_{Nd,0} · [1 - X_{Bd}(t_{max})] · C_{Nd} · C_{Al}^{0.5} \tag{4-28}$$

③ 描述 n_{Cl}/n_{Nd}摩尔比对聚合速率影响的数学模型。

根据 $k_p(n)$ 与 n_{Cl}/n_{Nd}(摩尔比)关系(图4-89)，Pross 等提出方程式(4-29)作为数学模型：

$$k_P(n) = k\left(1 + \frac{A}{n^{12}+D} + \frac{B}{n^9+D} + \frac{C}{n^6+D}\right) \tag{4-29}$$

式中 $k = 17.85$L$^{1.5}$/mol$^{1.5}$·s；

    $A = 23.2$；

$B = 114.8$；

$C = 104.9$；

$D = 74.5$；

$n = n_{Cl}/n_{Nd} = 1.2 \sim 6.7$。

从图 4-90 可看出，实验点与式（4-29）得到的曲线相符。仅有一个 Al/Nd 摩尔比为 20 的实验点偏离曲线，可能是由于 Al/Nd 摩尔比低引起的。

④ 聚合反应速率方程式。

由于反应速率对单体浓度为一级反应（图 4-91），许多聚合实验都达到高的转化率。这表明在给定的条件下可能不存在链终止反应。这与某些文献报道的结果一致[237,238]。

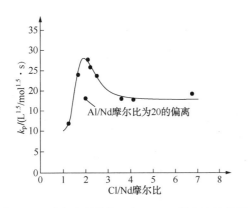

图 4-90　反应速率常数 k_p 与 Cl/Nd 摩尔比的关系

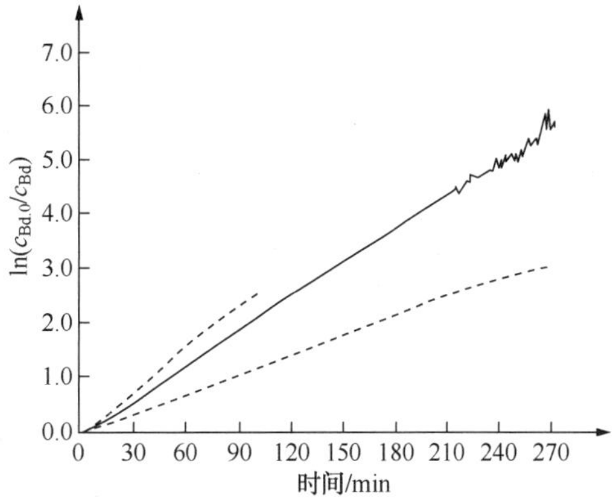

图 4-91　三种单体浓度一级反应关系

按丁二烯浓度为一级又无链终止反应，应有如下形式的动力学方程式（4-30）：

$$R_P = -\frac{dC_{Bd}}{dt} = k_p(n) \cdot C_{Bd}C_{Nd} \cdot C_{Al}^{0.5} \tag{4-30}$$

积分得：

$$C_{Bd}(t) = C_{Bd,0} \cdot e^{-k_{eff} \cdot (t-t_0)} \tag{4-31}$$

式中，$k_{eff} = k_p(n) \cdot C_{Nd} \cdot C_{Al}^{0.5}$，$t_0 = 180s$（$t_0$ 为诱导期）。

图 4-92 给出两个实验曲线与方程式（4-31）计算的点线比较，结果符合得很好。

表 4-71 中的 8 号样品经 GPC 测定分子量分布得到双峰曲线（图 4-93），说明聚合体系中可能存在着不同的活性种。

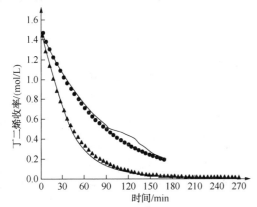

图 4-92　按式（4-31）计算值与 2 号和

4 号样品两实验曲线比较

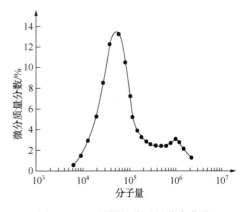

图 4-93　8 号样品分子量分布曲线

3）Nd(Vers)$_3$-AlH(iBu)$_2$-Al$_2$Et$_3$Cl$_3$-己烷体系

FriebeL 等[239]采用 200mL 耐压瓶和 2L 高压釜，对工业生产 Nd-BR 的催化体系：新癸酸钕（NdV）-二异丁基氢化铝（DIBAH）-倍半乙基氯化铝（EASC）催化体系（图 4-94）中的 DIBAH 和 EASC 两组分对聚合速率、分子量、分子量分布及聚合物结构的影响进行了定量的研究。

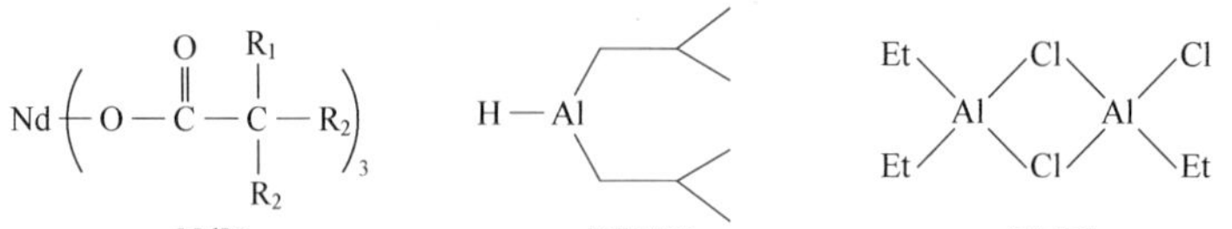

图 4-94　催化剂组分的化学结构式

主催化剂 NdV 用前经 160℃减压脱除水和游离酸再溶于己烷中，其浓度为 0.1mol/L，DIBAH 和 EASC 也分别用己烷稀释至 0.1mol/L 浓度。

聚合条件：

单体 Bd 浓度：[M]=3.55mol/L（瓶）或 1.85mol/L（釜）

主催化剂（NdV）浓度：[Nd]=0.2mmol/100gBd

聚合温度：T=60℃

催化剂组分采取单加方式：（瓶）：溶剂（环己烷）+Bd+NdV+DIBAH+EASC

（釜）：溶剂（己烷）+Bd+DIBAH+NdV+EASC

用 200mL 耐压瓶进行的 DIBAH、EASC 两组分变化实验结果及表观速率常数 k 汇于表 4-72 中。

表 4-72　DIBAH 和 EASC 两组分用量变化对丁二烯聚合的影响

n_{Cl}/n_{Nd}（摩尔比）	n_{DIBAH}/n_{Nd}（摩尔比）	[DIBAH]$_0$/（mmol/L）	[EASC]$_0$/（mmol/L）	t/min	转化率/%	k/（L/mol·min）	$\delta(K)$/（L/mol·min）	微观结构/%		
								顺式	反式	1,2 结构
0.50	20	0.8	0.06	68	49	25	3	92.5	6.6	0.9
0.67	20	0.8	0.08	43	59	56	15	93.1	5.8	1.1
1.00	20	0.8	0.13	40	70	76	2	94.5	4.7	0.8
1.33	20	0.8	0.17	33	76	110	1	95.0	3.9	1.1
2.00	20	0.8	0.26	29	69	104	12	96.1	3.1	0.8
3.00	20	0.8	0.38	38	75	96	19	97.1	2.1	0.8
4.00	20	0.8	0.51	40	53	43	2	96.2	2.7	1.1
2.00	2	0.78	0.26	189	0	0	0	—	—	—
2.00	5	1.95	0.26	193	7	1	0	97.6	1.6	0.8
2.00	10	3.80	0.26	59	34	18	6	97.3	1.9	0.8
2.00	15	5.85	0.26	61	47	24	2	97.2	2.0	0.8
2.00	30	11.70	0.26	47	81	93	15	94.5	4.3	1.2
2.00	50	19.80	0.26	59	92	110	11	92.4	6.3	1.3
2.00	100	39.00	0.26	58	91	118	6	88.2	9.7	2.1

注：环己烷 100mL，[NdV]$_0$=0.39mmol/L，[M]$_0$=3.55mol/L，T=60℃，$\delta(K)$为标准偏差。转化率为三次实验平均结果。

① EASC 变化（即 n_{Cl}/n_{Nd}）的影响。

当 M/Nd=9250，n_{DIBAH}/n_{Nd}=20，[M]$_0$=3.55mol/L 时固定不变，仅变化 EASC 的量

使 n_{Cl}/n_{Nd} 摩尔比在 0.5~4 之间变化，实验数据及求得的表观速率常数 k 见表 4-72，由表观速率常数 k 与 n_{Cl}/n_{Nd} 绘得图 4-95 所示曲线。$n_{Cl}/n_{Nd}=2$ 时有最大 k 值，与文献一致。$n_{Cl}/n_{Nd}>2$ 时 k 值降低。这可能是由于生成不溶性 $NdCl_3$，导致活性 Nd 降低，而使反应速率下降。

随着 EASC 用量的增加，聚合物的顺式 1,4 含量从 92.5% 增加到 96.2%，而反式 1,4 则从 6.6% 降到 2.1%，1,2 结构几乎不变（表 4-72），由此可以推测无氯体系制得 BR 一定会是高反式结构聚合物。

② DIBAH 变化（即 n_{DIBAH}/n_{Nd}）的影响。

DIBAH 在催化体系中担负着清除杂质、活化催化剂和调节分子量三重作用，为了使这些作用定量化，作者在低杂质下研究了 DIBAH 用量的变化对聚合速率、分子量、分子量分布的影响，n_{DIBAH}/n_{Nd} 与聚合速率的关系。

在其他条件不变，仅变化 DIBAH 用量，求得不同用量下聚合速率常数 k，并与 n_{DIBAH}/n_{Nd} 比值绘得图 4-96 所示曲线。由曲线可知，$n_{DIBAH}/n_{Nd}<10$ 几乎不发生聚合，大于 10 后 k 值迅速增加，到了 20 后，速率常数几乎不变。DIBAH 对聚合速率影响的用量在很窄的范围变化。

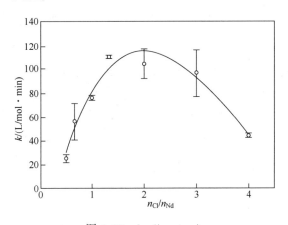

图 4-95　$k=f(n_{Cl}/n_{Nd})$

聚合条件：三次重复实验，200mL 耐压瓶、环己烷 100mL，$n_{DIBAH}/n_{Nd}=20$（摩尔比），$[M]_0=3.55$mmol/L，$[NdV]_0=0.38$mol/L，$[DIBAH]_0=7.60$mol/L，$[EASC]_0=0.06$、0.08、0.13、0.17、0.25、0.38、0.51mmol/L，$T=60$℃

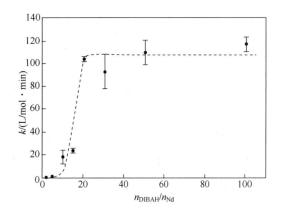

图 4-96　$k=f(n_{DIBAH}/n_{Nd})$

聚合条件：三次重复实验，200mL 耐压瓶、环己烷 100mL，$n_{DIBAH}/n_{Nd}=20$（摩尔比），$[M]_0=3.55$mmol/L，$[NdV]_0=0.39$mmol/L，$[DIBAH]_0=0.98$、1.95、3.90、5.85、9.80、11.70、19.50、39.00mmol/L，$[EASC]_0=0.26$mmol/L，$T=60$℃

$n_{DIBAH}/n_{Nd}>10$ 才能引发聚合，表明聚合开始之前，已有相当量的 DIBAH 被消耗。对于清除杂质和活化催化剂消耗的准确量，需要对分子量分布与转化率的关系进行更详细分析。

当固定 DIBAH 用量时，测定单体在 4.8%~82.5% 转化率的分子量分布，发现在低转化率时，聚合物呈双峰分布。低分子量处峰较高，随着转化率增加，低分子量处峰位逐渐升高并移向高分子量峰位，最后在高转化率下两峰重叠，形成单峰宽分子量分布聚合物（图 4-97）。测得不同 n_{DIBAH}/n_{Nd} 摩尔比的分子量分布有同样的结果，高转化率的分子量分布较低转化率要窄，DIBAH 用量高比用量低的分子量分布宽（图 4-98）。

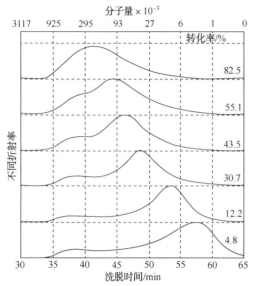

图 4-97　分子量分布随转化率的变化

聚合条件：$n_{DIBAH}/n_{Nd} = 20$，$n_{Cl}/n_{Nd} = 2$，$[M]_0 = 1.85mol/L$，$[NdV]_0 = 0.20^4 mol/L$，$[DIBAH]_0 = 4.0mol/L$，$[EASC]_0 = 0.13mol/L$，$T = 60℃$

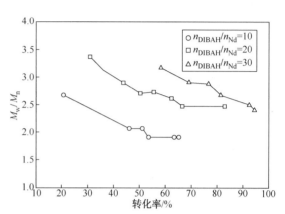

图 4-98　分子量分布与转化率的关系

聚合条件：$n_{DIBAH}/n_{Nd} = 20$，$n_{Cl}/n_{Nd} = 2$，$[M]_0 = 1.85mol/L$，$[NdV]_0 = 0.20^4 mol/L$，$[DIBAH]_0 = 4.0mol/L$，$[EASC]_0 = 0.13mol/L$，$T = 60℃$

　　n_{DIBAH}/n_{Nd} 摩尔比在 10~50 之间变化时，数均分子量($\overline{M}_n$)与转化率成线性关系(图 4-99)，表明稀土催化剂的引发聚合是一类可控或活性聚合。稀土催化剂对于极性和非极性单体的活性聚合在文献中已有评论[290]。图中直线斜率随着 n_{DIBAH}/n_{Nd} 比例增加而降低，这是 DIBAH 可有效控制分子量的证据。也可将 $\overline{M}_n$ 与 n_{DIBAH}/n_{Nd} 之间关系定量化，由图 4-99 的直线外推求得 100% 转化率时的 $\overline{M}_n$ 值，再与 n_{Nd}/n_{DIBAH} 比值作图(图 4-100)，由图中直线得到方程式(4-35)：

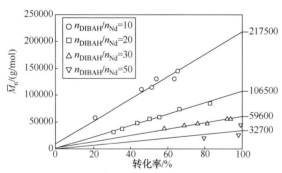

图 4-99　数均分子量与转化率的关系

聚合条件：$n_{DIBAH}/n_{Nd} = 10、20、30$ 和 50，$[M]_0 = 1.85mol/L$，$[NdV]_0 = 0.20^4 mol/L$，$[DIBAH]_0 = 4.0mol/L$，$[EASC]_0 = 0.13mol/L$，$T = 60℃$

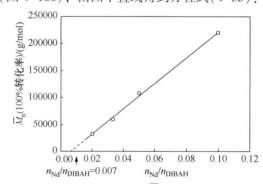

图 4-100　100% 转化率的 $\overline{M}_n$ 与 n_{DIBAH}/n_{Nd} 关系

$$\overline{M}_n = 2328300 \cdot n_{Nd}/n_{DIBAH} - 14300 \qquad (4-32)$$

式中，$\overline{M}_n$ 的单位为 g/mol。由式(4-32)和图均证明，$\overline{M}_n$ 的降低是由 DIBAH 增加引起的。直线外推 $\overline{M}_n \to 0$，便求得 $n_{Nd}/n_{DIBAH} = 0.007$ 或 $n_{DIBAH}/n_{Nd} = 143$。由此可断定，在此比例下不

会发生聚合反应。

③ 链转移反应。

由 LiBu 引发的典型活性聚合反应，平均聚合度($\overline{DP}_{n\,\text{theo}}$)可按方程式(4-33)计算：

$$\overline{DP}_{n\,\text{theo}} = (n_M/n_{Li}) \cdot x \tag{4-33}$$

式中，n_M/n_{Li} 为单体与引发剂的摩尔比，x 是单体转化率($x=0\cdots1$)。

对于每个活性种(如 Nd)可产生不同聚合物链数(ρ)的催化剂制得的聚合物则按方程式(4-34)计算平均聚合度：

$$\overline{DP}_{n\,\text{theo}} = \rho^{-1}(n_M/n_{Nd}) \cdot x \tag{4-34}$$

式中，ρ 可根据实验测得的平均聚合度($\overline{DP}_{n\,\text{exp}}$)按方程式(4-35)求得：

$$\rho_{\text{exp}} = \overline{DP}_{n\,\text{theo}}/\overline{DP}_{n\,\text{exp}} \tag{4-35}$$

应用方程式(4-35)对 n_{DIBAH}/n_{Nd} 摩尔比为 10～50 的实验数据的计算结果列于表 4-73。从表中可知，每个 Nd 的产生的聚合物链数均超过 1，在 $n_{DIBAH}/n_{Nd} = 50$ 时，链数达到 15.4，生成的聚合物链数强烈依赖于 DIBAH 用量。由表 4-73 中的 ρ_{exp} 与 n_{DIBAH}/n_{Nd} 作图仍得一直线(图4-101)由直线得到方程式(4-36)：

$$\rho_{\text{exp}} = 0.33 \cdot n_{DIBAH}/n_{Nd} - 1.43 \tag{4-36}$$

表 4-73　n_{DIBAH}/n_{Nd} 摩尔比与聚合物链数

n_{DIBAH}/n_{Nd}	10	20	30	50
$\overline{DP}_{n\,\text{theo}}$ [1]	9250	9250	9250	9250
$\overline{DP}_{n\,\text{exp}}$ [2]	4020	1970	1100	600
ρ_{exp} [3]	2.3	4.7	8.4	15.4

[1] $x=1$(100%转化率)和每个 Nd 产生一个链($\rho=1$)，式(4-34)。

[2] $x=1$(100%转化率)。

[3] 方程式(4-35)。

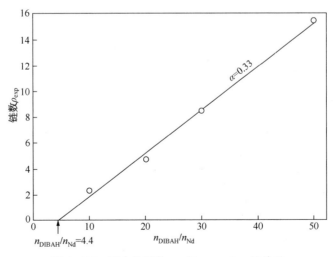

图 4-101　聚合物链数 ρ_{exp} 与 n_{DIBAH}/n_{Nd} 的关系

直线斜率为 0.33，说明 DIBAH 是以三聚体形式存在，也即一个聚丁二烯链需三个 DIBAH 分子。将图 4-101 中的直线外推 $\rho_{\text{exp}} \to 0$，求得 $n_{DIBAH}/n_{Nd} \geqslant 4.4$。这是清除体系中杂质和保持催化剂活化所要求的最低 DIBAH 用量。活化催化剂所要求的准确 DIBAH 用量仍无法测得。

2. 聚合反应机理

（1）稀土催化聚合的反应类型

潘恩黎等[235]用两种标记的甲醇-[14]CH[3]OH 和 CH[3]OT，对稀土催化剂制得的聚丁二烯进行淬灭聚合反应。先用普通甲醇终止反应后的胶液，再加入氚醇（CH[3]OT），聚合物经精制后测得比放射性为 1.8×10^4 dpm 左右。在聚合胶液中加入放射性甲醇（[14]CH[3]OH）终止聚合反应，聚合物经精制后也仅能检测出微弱的放射性，而用 CH[3]OT 加入聚合胶液中终止聚合反应，并对聚合物进行多次精制脱除聚合物中包含的微量 CH[3]OT，测其比放射性大于 10^6 dpm，发现用 CH[3]OT 淬灭的聚合物的比放射性比前者大 100 倍以上，这说明 CH[3]OT 的氚与聚合链发生作用：

$$Cat^+ —^- CH_2P + CH_3OT \longrightarrow Cat\text{-}OCH_3 + T\text{-}CH_2P$$

而聚合物用甲醇终止再加入氚醇或用放射甲醇（[14]CH[3]OH）终止测到的微弱放射性，可能是由污染造成的。这表明稀土催化剂和 Ti、V 等过渡金属组成的 Ziegler-Natta 催化剂一样是配位阴离子型催化剂，而不同于合成高顺 1,4-聚丁二烯的 Co、Ni 等催化剂，用氚醇淬灭活性链的聚合物，检测不出放射性。从氚醇使活性聚合物链节有放射性的事实，可以推断活性链的增长是在 M+t—C⁻极性键之间进行的，即稀土元素被烷基化而形成活性中心，故稀土催化聚合属于阴离子配位催化机理。

（2）氯化稀土二元催化体系

1）NdCl[3]·3[i]P[r]OH-AlR[3]-庚烷体系

欧阳均[224]根据多年对稀土催化剂的研究工作及 d-轨道过渡金属的定向聚合机理，对二元的氯化稀土体系的丁二烯聚合动力学模型与聚合机理作了如下的基本假定：

① 催化活性中心是烷基化的稀土金属即稀土金属-碳键（Ln—C）。用预先配制催化剂和陈化的方法，以保证在加入单体之前催化活性中心已经形成。

② 引发是第一个单体分子插入 Ln—C 键中，引发的机理和增长的机理相同。

③ 链增长分两个阶段进行，单体与过渡金属的配位形成 π 络合物和随后被络合的单体插入 δ 过渡金属-碳键之中。

④ 链转移是通过吸附在催化剂表面上的烷基铝和单体进行的。

⑤ 在无杂质存在和温度不高的情况下，本体系不存在链的终止反应。

⑥ 随着聚合的进行单体浓度降低，体系黏度增大或烷基铝浓度过剩可引起活性中心的暂时失活或休眠状态。

在此假定基础上，和大量的研究实验数据，欧阳均先生将聚合过程描述如下：

① 活性中心的形成：根据实验[241]，在该二元体系中，催化剂摩尔比需 $n_{Al}/n_{Nd} \geqslant 2$ 时才能引发聚合，R'OH 是容易脱去的配体，特别在 AlR[3] 存在下，故可能有：

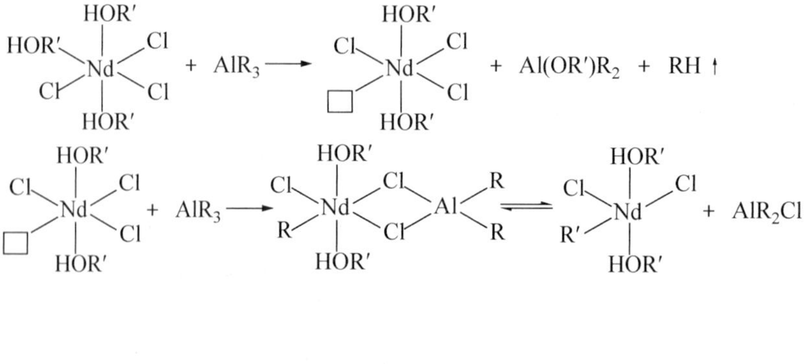

活性中心是烷基化的过渡金属，但结合的烷基铝可增加活性中心的稳定性和活性，由于催化组分的反应是在非均相体系中进行，所以烷基化是不会完全的，这由活性中心的百分数不高可以证实。

② 链引发：单体先以 π 键与稀土离子络合，这样削弱了 Nd—R 键的稳定性，从而使单体易于插入 Nd—C 键之间，形成新的金属-碳键。在本试验条件下，引发是迅速的，没有诱导期。

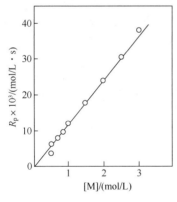

由于非均相体系的催化活性中心处于聚集状态，故引发反应不可能在聚合开始时所有活性中心会同时发生，这也是使聚合物的分子量分布变宽的原因之一。

③ 链增长：增长反应是按两个阶段进行：单体对过渡金属离子的络合和络合的单体插入到 Nd—C 键中。

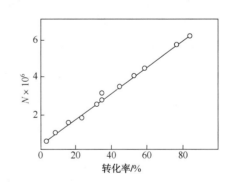

聚合速率随单体浓度而直线上升(图 4-102)，说明单体的络合不是速率决定步骤。从丁二烯在该催化体系中的聚合活化能为(40.5 ± 0.5) kJ/mol，也说明络合步骤不应成为决定速率的步骤。

④ 链转移：聚合物的分子数随转化率不断增长，表明有链转移存在(图 4-103)。

图 4-102　聚合速率与[M]的关系　　　　图 4-103　聚合物分子数与转化率关系

对烷基铝的链转移：由图 4-104 可见对烷基铝存在链转移反应。烷基铝先被吸附在增长中心上而后进行转移。由聚合速率与溶液中三乙基铝单个分子的浓度成正比，这说明烷基铝的吸附过程是迅速的。

对单体的链转移：由图 4-105 可见，对单体存在链转移反应。单体分子先被吸附在增长中心，而后进行转移。

聚合物的分子量开始随单体浓度增加而上升，这说明对单体的链转移反应不是主要的。

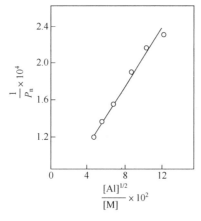

图 4-104 聚合速率与[M]的关系

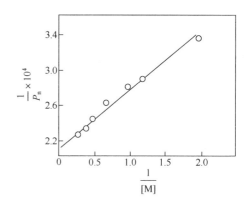

图 4-105 聚合物分子数与 1/[M]关系

⑤ 链终止反应：无杂质存在时，丁二烯在本体系中聚合时不存在终止反应。由于本催化体系的寿命特别长[242]，一般不易发生失活。推测在聚合后期增长中心由于单体的缺乏而处于"休眠"状态或者存在可逆失活，从反应后期加入单体继续发生聚合且分子量加大可以证实(表 4-74)。这表明活性中心没有死，而大分子数目也有增加，表明在这种情况下存在着对单体的链转移反应。

表 4-74 继续加单体对聚合的影响

	单体加入量/g	转化率/%	$[\eta]/(dL/g)$	$\overline{M}_n \times 10^{-5}$	$N \times 10^{①}$
第一批	1.5	95.9	8.9	2.23	2.13
	1.5	96.3	9.0	2.26	2.13
	1.6	95.5	8.9	2.23	2.14
第二批	1.5	91.3	10.3	2.74	3.33
	1.5	90.7	10.2	2.71	3.33
	1.5	91.8	10.3	2.74	3.37

注：聚合条件：$[M]=0.56mol/L$，$[Nd]=3\times10^{-4}mol/L$，$[Al]=6\times10^{-3}mol/L$，30℃，5h。

① 大分子数目 $N=\dfrac{聚合物产率}{\overline{M}_n}/mol \cdot Nd$。

② 加入第二批单体总量为 3g。

2) $NdCl_3 \cdot 3iPrOH-AlH(iBu)_2$-己烷体系

Skuratov 等[243]用 $AlH(iBu)_2$ 组成的二元稀土催化剂制得的聚丁二烯分成 2 份，并分别采用 H_2O 和 D_2O 进行终止，并用 ^{13}C-NMR 仪测定了它们的共振谱图，以烯碳(CH——)

和脂碳（—CH₂—）的峰值判断起始、末端及链内单元链节结构。发现不论是用 H_2O 或是用 D_2O 终止的聚合物都可见到起始链节的顺式和反式的甲基碳的峰值，以反式 1,4 结构为主（$trans/cis = 3/1$）。但用 D_2O 终止的聚合物的末端链节中的 CH_2D—烷基的反式共振峰已发生位移，在末端链节中不存在顺式 1,4 结构，主要是 1,2 结构（表 4-75）。根据此研究结果和发表的数据，提出如图示的反应机理（图 4-106）。根据欧阳均等[244]的研究工作，提出活性中心是由 DIBAL-H 与 $NdCl_3 \cdot 3(ROH)$ 互相反应形成的，可能具有如下结构的双金属络合物：

表 4-75　用 D_2O 终止的聚合物起始和末端链节结构

链节单元	微观结构[①]/%		
	顺式 1,4	反式 1,4	1,2 结构
起始链节	25	75	—
末端链节		12	88
末端链节		10	90[②]

① 平均误差±1%。

② 由 H-NMR 测得的数据。

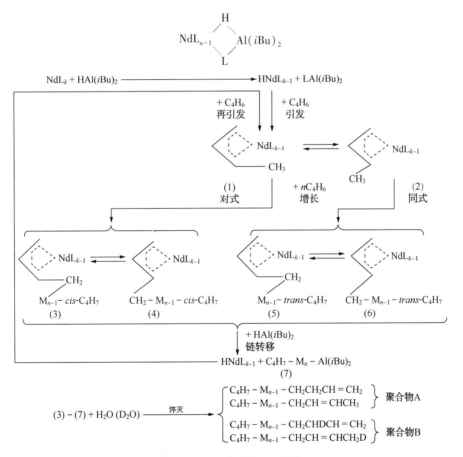

图 4-106　聚合反应过程图解

　　由于引发链节不与异丁基（iBu-）相连接，实际上金属-氢键是进行链转移反应的部位，单体通过插入形成对式 π 烯丙基末端链节进行链的增长反应，它又可异构为同式 π 烯丙基结构[245]。

　　这个聚合反应图解包括了用稀土催化剂合成聚丁二烯的主要阶段，即活性中心的形成、引发、链增长、链转移和金属-聚合物键的淬灭。

　　（3）羧酸稀土三元催化体系

　　1）新癸酸钕-Al(iBu)$_3$-AlEt$_2$Cl-环己烷体系

　　① 新癸酸钕分子结构　　Kwag 等[246,247]用多种近代仪器分析测定了合成新癸酸钕的化学结构。发现经新癸酸钠在水中与氯化钕反应制得的新癸酸钕是含有水配体的二聚体和四聚体混合新癸酸钕化合物（简写 ND）：

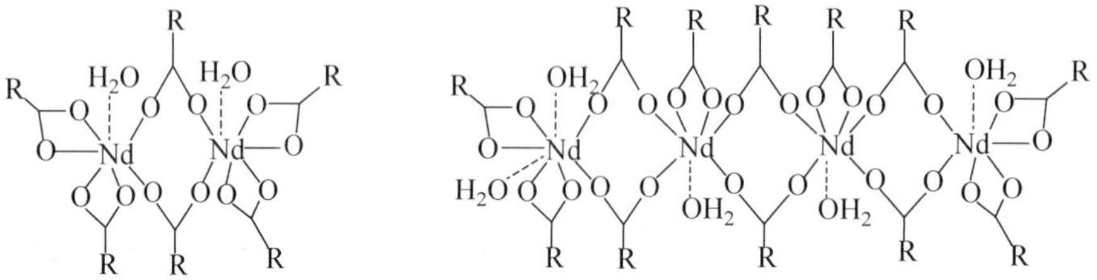

　　用新癸酸与乙酸钕在氯苯中反应制得的新癸酸钕是含有游离酸配体的单元新癸酸钕化合物（简写 NDH）：

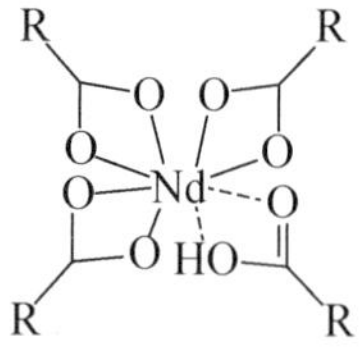

　　聚合实验证明，NDH 的催化活性高于 ND。NDH 的催化效率为 $(0.9\sim2.5)\times10^6$g/(molNd·h)，而 ND 为 $(1.7\sim3.4)\times10^5$g/(molNd·h)。顺式 1,4 含量 NDH 也略高于 ND，聚合物的分子量分布 NDH（$\overline{M}_w/\overline{M}_n<3.0$）比 ND（$\overline{M}_w/\overline{M}_n>4.0$）窄。

　　② 催化剂三组分混合陈化产物分析　　Kwag 等[248]首先应用同步加速器 X 射线吸收谱（XAS）和紫外-可见光谱（UV-VIS）相结合，成功地用于研究均相催化剂的结构和电子形貌。对三元稀土催化剂按新癸酸钕-Al(iBu)$_3$-AlEt$_2$Cl 加料顺序陈化制得的均相产物测试分析，得到如下特性：（a）Nd^{+3}—C 键长为 0.141nm（未修定相位值），稀土催化剂的准活性特征来源于钕碳键具有共价键和离子键双重特性。（b）主催化剂钕化合物在活化过程中不发生价态变化，仍保持三价态不变。有别于 Ti、Co、Ni 催化剂。（c）新癸酸钕没有合适的有序结构，Nd—O 键长为 0.185nm。（d）陈化生成的 Nd—Cl 键，键长为 0.249nm。

　　③ 新癸酸钕的催化活性和增长机理　　ND 由于是含有水、氢氧化物和羧酸盐等极性配体的多聚体，用作主催化剂时，助催化剂烷基铝除要进行烷基化外还要起到脱除水等极性杂质的作用。因消耗了烷基铝而减少了活性中心数。用 NDH 作主催化剂时，由于 NDH 是单元稀土化合物，易于烷基化而形成较多的活性中心。以 NDH 作主催化剂时，催化剂活性和增长机理见图 4-107。

　　钕化物首先被烷基化，然后被氯化，丁二烯不断地插入 Nd—C 键中继续链的增长。NDH 活性种展现出与 NdX$_3$ 活性种有同样的结构特征。NDH 与 ND 不同之处是 ND 中多余的一个新癸酸分子可将 ND 群族解离为单元新癸酸钕，使每个 Nd 原子都有可能被烷基化而成为活性种，这种活性种是由一个新癸酸基、氯原子和一个以 η^3-型键相结合的聚丁二烯基链与中心钕原子配位所组成，活性种中的聚丁二烯链中的倒数第二个双键稳定了活性中心钕。

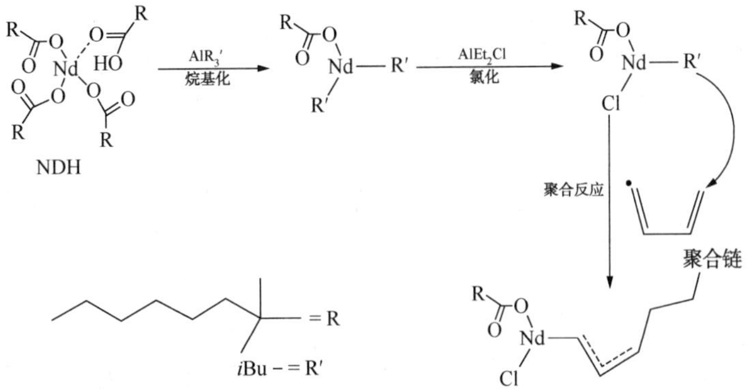

图 4-107　NDH 催化体系的链增长机理

2）新癸酸钕-AlH(iBu)$_2$-Al$_2$Et$_3$Cl$_3$-环己烷体系

Friebe L 等[239]对 NdV/DIBAH/EASC 三元体系引发丁二烯聚合的动力学研究过程中，观察到每个 Nd 原子产生的聚合物链数目远超过 1，并随着助催化剂 DIBAH 的用量增加而增大，当 $n_{DIBAH}/n_{Nd}=50$ 时，聚合链数目可达 15.4。根据动力学研究发现，提出活性链转移到助催化剂 DIBAH 上，助催化剂的 Al 原子被结合到生成的聚合物链中的机理模型（图 4-108）。

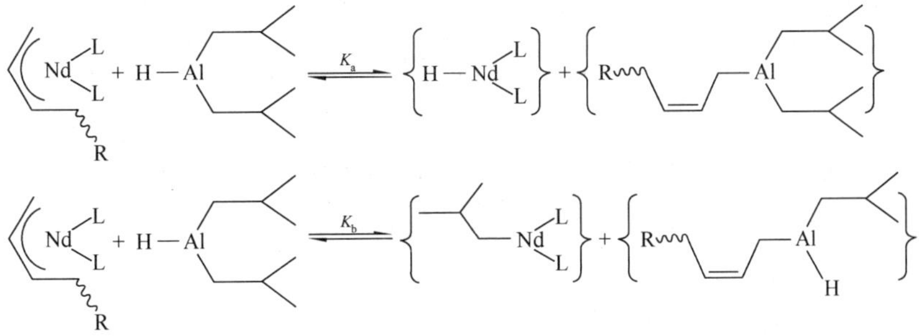

图 4-108　聚合链从 Nd 到 Al 的可逆性转移（$k_a < k_b$）

（括弧内化合物没有实验证明）

根据图 4-108 所示反应机理模型，活性聚合物链从 Nd 被转移到 Al，而同时又生成含有异丁基或氢的活性 Nd 种，又可引发聚合生成新的活性链，这样周而复始，使每个 Nd 原子生成多个聚合物链。而与聚合链结合的含氢或异丁基的铝种是没有聚合活性的。但聚合物链转移到 Al 上而转移出 Nd 而又可重新引发聚合，可将结合聚合物链的铝看作潜在活性种。由于 Nd 与 Al 聚合物链之间的可逆转移非常快，所以分子量分布没有随单体转化率增加而加宽。

Friebe L 等[239]从动力学研究还发现，生成一个聚丁二烯链需要 3 个 DIBAH 分子，并求得 $n_{DIBAH}/n_{Nd} \geqslant 4.4$ 才能引发聚合，这是催化体系要求清除杂质和催化剂活化所要求的助催化剂极限总量。为了说明在动力学研究中观察到的这些特征，假定了催化剂间化学反应顺序，并根据假定提出反应机理模型，见图 4-109。

按假定导出的反应图示，新癸酸钕先被 3~6 个等价的 DIBAH 还原成烷氧基钕[（RCH$_2$O）$_3$Nd]，烷氧基 Nd 再与 1 个等价的 DIBAH 进行交换反应才产生一个活性钕。DIBAH 可以将羧酸稀土盐还原为醇盐，而 TMA 则不能还原，这已由 NMR 的研究实验得到证实。按着这样模型形成一个 Nd—H 催化活性种，总的需要消耗 3~7 个等价的 DIBAH，Nd—H 活性种按图 4-110 的过程继续反应形成引发聚合的活性中心。

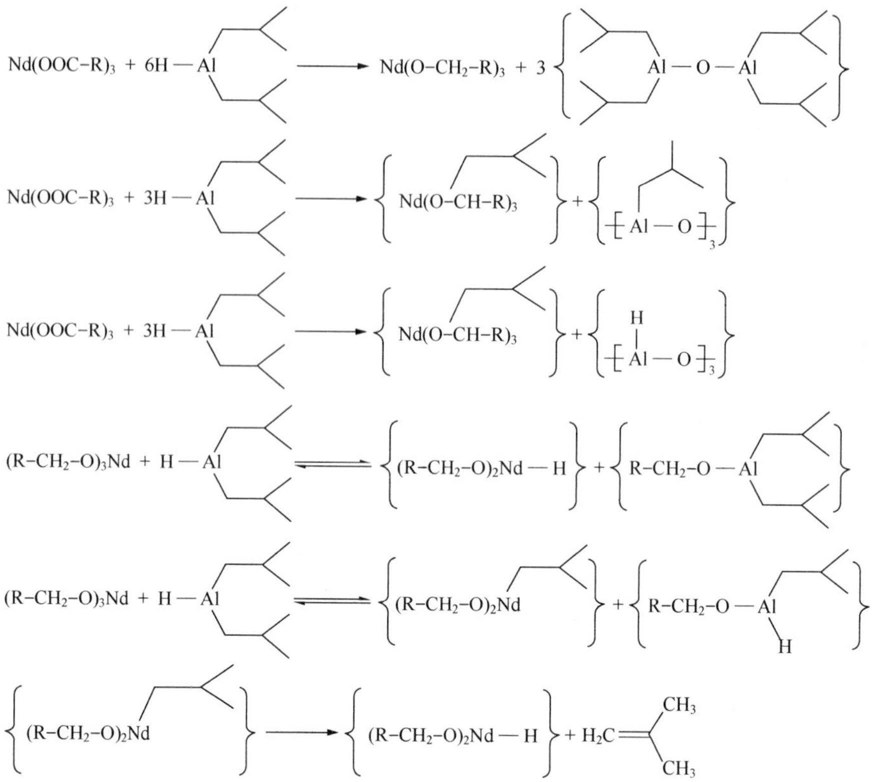

图 4-109 NdV 与 DIBAH 可能进行的反应(NdV 还原和 Nd—H 的形成)
（括弧内化合物没有实验证明）

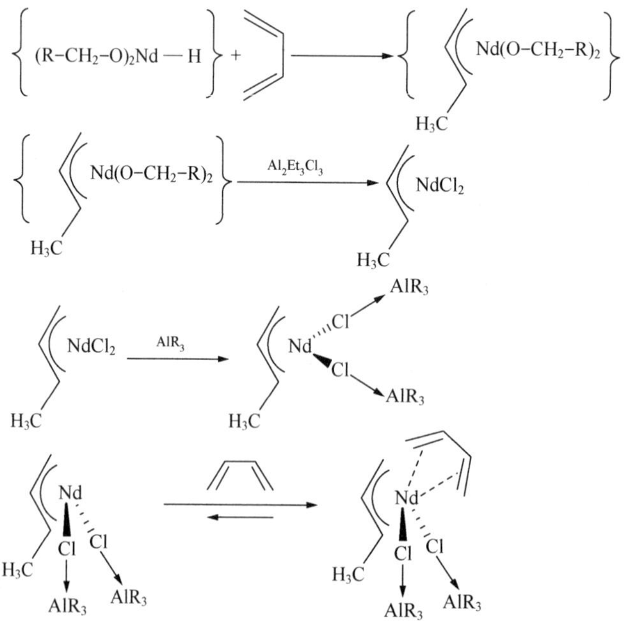

图 4-110 丁二烯与 Nd—H 反应和丁二烯的插入、烯丙基 Nd 的氯化作用、
π 烯丙基 Nd 同 Lewis 酸相互作用和丁二烯的配位
（括弧中的活性种无实验证明）

活性种 Nd—H 遇到丁二烯首先形成稀土 π 络合物，π 络合物与倍半乙基氯化铝反应生成氯化稀土 π 络合物，此 π 络合物再与三烷基铝结合而形成可引发丁二烯聚合的活性中心。

3) 稀土羧酸盐的烷基化，AlR_3 与 $AlH(iBu)_2$ 有不同的途径

在稀土催化剂中常用作配体的几种羧酸：

$$2-乙基己酸 \quad HOOC—\overset{\overset{H}{|}}{\underset{\underset{C_2H_5}{|}}{C}}—(CH_2)_3CH_3$$

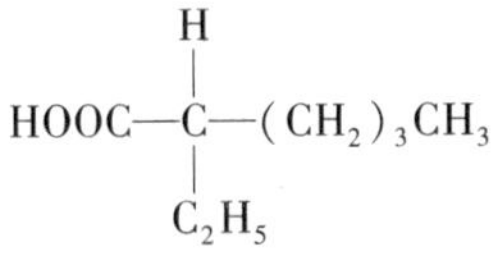

$$新癸酸 \quad HOOC—\overset{\overset{CH_3}{|}}{\underset{\underset{CH_3}{|}}{C}}—(CH)_5CH_3$$

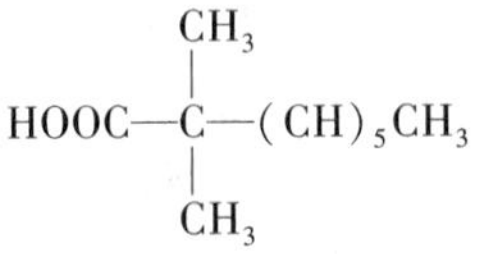

$$环烷酸 \quad HOOC-(CH_2)_2—\overset{R'''}{\underset{R}{\diagup}}\overset{R''}{\underset{R'}{\diagdown}}$$

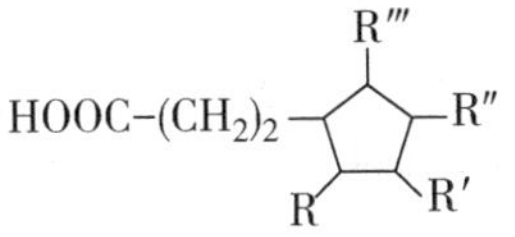

$$正辛酸 \quad HOOC—(CH_2)_6CH_3$$

它们与稀土元素可生成稀土羧酸盐 $[Nd(OOC-R)_3]$，在常温即可被烷基化，但由于羧基有被还原成醇基的可能性，$AlH(iBu)_2$ 又具有将羧基还原为醇基的能力。因此，稀土羧酸盐分别用 $AlH(iBu)_2$ 和 AlR_3 作助催化剂时，有不同的烷基化过程，可用下图来描述：

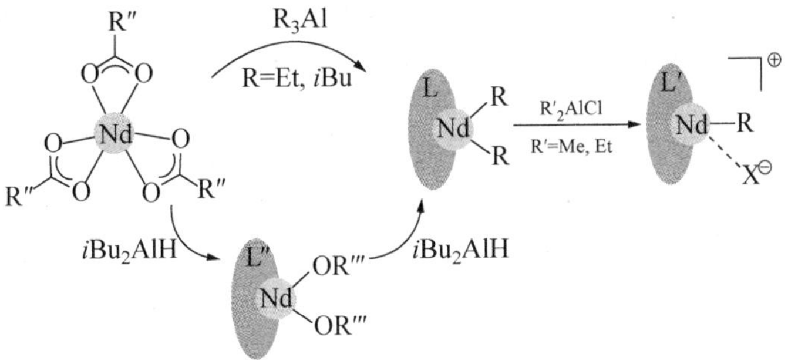

3. 稀土催化剂活性中心结构

Ziegler-Natta 催化剂是由主催化剂（过渡金属化合物）和助催化剂（有机金属化合物）或加第三组分等多组分组成，这些组分以某种特定的方式混合经过化学反应，形成具有催化能力的活性体结构或称活性中心结构。由于该类催化剂的复杂性、不稳定性及众多因素的敏感性以及在活性体分离、单晶的培养等实验方面的诸多困难，虽然 Ziegler-Natta 催化剂已出现半个世纪，发现的催化剂已有上千种，但对活性体结构的研究很少，迄今为止，仅有 Natta[248] 和 Porri[249] 分别得到了含 d-电子过渡金属和铝的两类双金属配合物单晶 $(C_5H_5)_2TiCl_2Al(C_2H_5)_2$ 和 $[2AlCl_2(C_6H_5) \cdot CoCl.0.5C_6H_6]_n$，并从均相催化剂中分离出并测得了活性体的结构。

对 Ziegler-Natta 催化剂活性体结构的研究，欧阳均[224] 总结文献曾采用过的有下述一些方法和途径：

① 从均相催化剂溶液中分离出活性的单晶，再用 X 射线技术分析它的结构。

② 测定催化剂反应产物的均相溶液的光谱图，分析推测其可能的结构。

③ 从非均相组分的反应产物中制得均相溶液，再培养单晶以便分离出结晶活性体。

④ 从催化组分的非均相反应产物直接测定在无溶剂时反应产物的组成。

⑤ 对催化剂组分的均相反应产物，用 H-NMR、ESR 和化学电离质谱研究反应产物的结构。

⑥ 合成模型催化剂。

⑦ 催化剂模型的计算。

在文献中用过的这些方法中，从均相催化体系中分离单晶是唯一有效的方法。但如不能分离出活性体的单晶仍得不到活性体结构；非均相催化组分的反应产物很难得到组成均一的化合物，而且生成的固体混合物又很难分离；用光谱去分析均相催化剂溶液，只是获得结构的局部数据，不能了解结构的全貌；合成的催化剂模型可能说明作者所假设的问题，但不能指定为某一催化剂的结构；催化剂模型的计算可能说明某些结构，但存在着所设计的模型是否合于实际的问题。从已经实验过的方法来看，还是 G. Natta 在 1957 年提出的从均相催化剂溶液中分离出活性的单晶，继而用 X 射线去测定它的结构，是迄今测定配位催化剂结构最直接而有效的方法[250,251]。目前研究遇到的主要困难是该类催化剂绝大部分是非均相，少部分均相催化剂也很难从中培养出单晶。

对稀土催化剂也曾尝试过多种方法对多种稀土催化体系的活性体进行研究，但仅有 $Nd(O-iPr)_3$-$AlEt_3$-$AlEt_2Cl$ 均相催化体系成功地分离出多核 Nd-Al 双金属配合物并得到单晶又测得其晶体结构，获得了活性体结构[252]。

（1）双金属络合物的合成及其单晶的培养

将异丙氧基钕、三乙基铝、一氯二乙基铝配成甲苯溶液，并按 Al/Nd = 10，Cl/Nd = 1.5（摩尔比）配成均相催化剂，在室温陈化过夜。取部分陈化液，在低于 30℃ 下减压浓缩，然后逐渐滴入正己烷至有灰色沉淀析出，静止过液，第二天，离心分离出沉淀，再经过正己烷洗涤 4 次后减压蒸干，经聚合实验证明有催化活性。余下部分母液在减压下沉淀到原体积的 1/3~2/3，滴加正己烷，当有沉淀析出时立即停止滴加正己烷，然后熔融封口。将这混浊的母液避光保存，在室温下数月内逐渐生长成 Nd-Al 配合物单晶。活性配合物沉淀是暗紫色无定形固体，没有明显的熔点，温度高于 150℃ 后逐渐分解变黑，活性单晶为粉红色长方形固体，在实验条件下最大晶粒体积为 0.2mm×0.2mm×0.3mm，亦无明显熔点，温度高于 200℃ 逐渐分解变黑，活性沉淀与活性单晶皆能和水及乙醇剧烈反应，放出氢气、乙烷及乙烯，同时产生异丙醇，二者皆微溶于甲苯而不溶于正己烷。

（2）沉淀物与单晶的组成元素分析及聚合活性

沉淀的活性配合物及活性单晶的组成元素分析结果见表 4-76，分析结果表明，两者组成一样，其实验式为 $AlNd_2Cl_3C_{10}H_{26}O_2$。

表4-76 沉淀物及单晶组成元素分析结果 %

络合物	Al	Nd	Cl	C	H	Al：Nd：Cl
活性沉淀	4.54	47.98	18.35	19.58	4.44	1：2：3
活性单晶	4.55	48.09	17.69	19.80	4.64	1：2：3
计算值①	4.57	47.73	17.63	19.87	4.97	1：2：3

① 按实验式 $AlNd_2Cl_3C_{10}H_{26}O_2$ 计算。

聚合实验证明，沉淀配合物与单晶在催化活性上也同样是一样，都能在没有烷基铝存在情况下单独引发丁二烯的顺式 1,4 聚合（表 4-77），从表可知单晶和沉淀对丁二烯的聚合活性及所得聚丁二烯的分子量及微观结构都是一样，并且和原来三元体系相同。三元体系所得分子量较低，可能是有游离的烷基铝存在的缘故。

表 4-77　沉淀物及单晶引发丁二烯聚合

催化剂	转化率/%	[η]/(dL/g)	微观结构/%		
			顺式 1,4	反式 1,4	1,2 结构
沉淀	89.4	8.29	90.5	8.6	0.9
单晶	89.5	8.33	91.1	7.9	1.0
三元体系①	90.0	4.35	89.7	8.9	1.4

注：配合物/丁二烯 $= 2 \times 10^{-5}$(mol/g)，50℃，1h，正己烷溶剂。

① $AlEt_3/Nd = 10$，$AlEt_2Cl/Nd = 1.5$(摩尔比)。

（3）单晶结构分析

选取约 0.3mm×0.2mm×0.2mm 的单晶在脱氧除水的氩气保护下，连同少量母液一起封入由特制玻璃拉成的毛细管中，在约 -65℃ 氮气流冷却下，于 Nicolet-R_3 四圆衍射仪上用 MoKα 射线，在 $3° < 2\theta < 48°$ 范围内收集 8602 个可观察独立衍射点，其中 $I > 3\theta(I)$ 的衍射点为 5992 个，晶体属三斜晶系；空间群为 $P_{\bar{1}}$，$Z = 1$，晶胞参数见表 4-78。

表 4-78　活性单晶的晶胞参数

晶轴长/nm			晶轴间夹角/(°)			晶胞体积/nm³
a	b	c	α	β	γ	
1.5196	1.5263	1.3749	90.01	95.12	82.65	3.1495

晶体结构用 SHELXTL 程序解出，由三维 Patterson 函数法解出 Nd 原子坐标参数；Al、O、Cl 和 C 原子坐标参数是用 Fourier 技术得到，最后偏离因子为 $R = 0.087$。结构分析的平均键长与键角部分列于表 4-79 和表 4-80。

表 4-79　键长　　　　　　　　　　　　　　　　　　nm

Nd(1)-Cl	0.2827	Nd(5)-Cl	0.2826	Al(2)-C	0.1996
Nd(2)-Cl	0.2831	Nd(6)-Cl	0.2823	Al(3)-C	0.2018
Nd(2)-C	0.2813	Nd(6)-C	0.2827	Al(6)-C	0.2036
Nd(2)-O	0.2899	Nd(6)-O	0.2886	Al(4)-C	0.2038
Nd(3)-Cl	0.2837	Nd(4)-Cl	0.2852	C-C	0.1536
Nd(3)-C	0.2706	Nd(4)-C	0.2742	O-C	0.1512

表 4-80　键角　　　　　　　　　　　　　　　　　　(°)

Cl-Nd(1)-Cl	84.7	Cl-Nd(5)-Cl	84.7	Nd(3)-C-Al(3)	71.7
C-Nd(3)-C	72.2	C-Nd(4)-C	73.6	Nd(3)-C-C	114.6
Cl-Nd(3)-Cl	80.4	Cl-Nd(4)-Cl	80.4	Al(3)-C-C	112.6
Cl-Nd(3)-C	92.8	Cl-Nd(4)-C	92.9	Nd(4)-C-Al(4)	71.3
C-Nd(2)-C	73.5	C-Nd(6)-C	70.2	Nd(4)-C-C	116.8
Cl-Nd(2)-Cl	80.1	Cl-Nd(6)-Cl	80.1	Nd(4)-C-C	108.6
Cl-Nd(2)-C	91.8	Cl-Nd(6)-C	92.8	Nd-Cl-Nd	95.0
O-C-C	125.2	C-C-C	85.9		

（4）晶体结构-即活性体结构

X 射线分析表明，这一晶体为一多核 Nd-Al 双金属配合物的二聚分子组成，可表示为 $[Al_3Nd_6(\mu_2\text{-}Cl)_6(\mu_3\text{-}Cl)_6(\mu_2\text{-}Et)_9Et_5OPr^i]_2$，Nd 原子间以三重氯桥（$\mu_3\text{-}Cl$）和二重氯桥（$\mu_2\text{-}Cl$）相连接，Nd-（$\mu_3\text{-}Cl$）键长为 0.2976~0.2845nm，Nd-（$\mu_2\text{-}Cl$）键长为 0.2789~0.2714nm，Nd 和 Al 原子通过（$\mu_3\text{-}Et$）桥相连接。在稀土配合物中，桥键如此之多是罕见

的，晶体结构示于图 4-111。

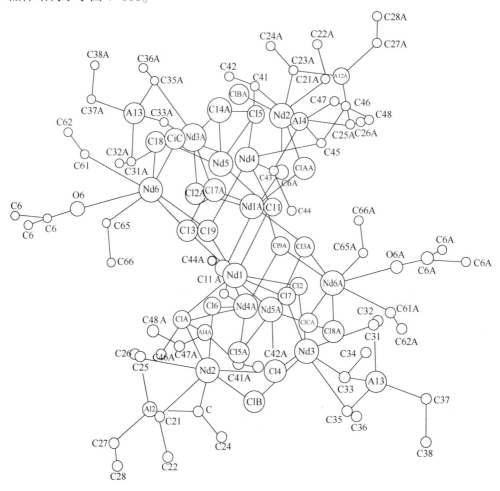

图 4-111　多核 Nd-Al 双金属配合物的单晶结构

1）Nd 原子配位数

传统的 Ziegler-Natta 型催化剂含 d 电子的过渡金属（如 Ti、Co、Ni 等），一般是六配位的八面体构型如图 4-112(a)，而含 f 电子的稀土 Ziegler-Natta 催化剂由于没有结构方面的直接实验证据，一般都是借用 Ti 等过渡金属的六配位正八面体构型来进行活性中心、聚合机理和动力学方面的讨论。但如图 4-111 所示，在所试验的催化剂中，所有 Nd 原子的配位数都是 7，并且这 7 个配位体构成图 4-112(b) 所示的单帽棱柱构型。

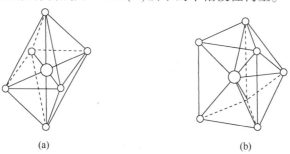

图 4-112　正八面体构型和单帽三棱柱构型

2）Al 原子的配位数

所有的 Al 原子都是分布在由 Cl 桥键与 Nd 原子所构成的分子骨架的周围。Al 原子的配位数 4。4 个配位体（Et）组成稍歪的四面体构型。这一结果和 Natta 等对 Ti 催化剂所测得的结果相同。

3）Nd 原子的配位环境

图 4-110 所示的测定结果表明，分子里的 Nd 原子并不完全等同，按照其周围的配位环境，可分为三类：

Nd(1) 与 Nd(5) 这类 Nd 原子的 7 个配位体都是用 Cl 桥与另一个 Nd 原子连接，即 Nd 原子是由 7 个氯桥构成的笼子中心，因此可以推论这类 Nd 原子在聚合中是不会有催化活性的。这可能是 Ziegler-Natta 催化剂中过渡金属的催化效率较低的原因之一。

Nd(3) 和 Nd(4) 这些 Nd 原子是通过 4 个 Cl 桥连到分子骨架上，通过 3 个乙基桥与 Al 原子相连。这样双金属配合物形成如式（Ⅰ）所示的结构。

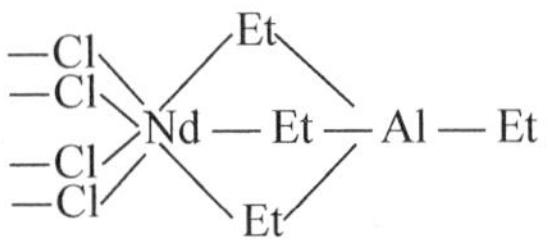

$$
\begin{array}{c}
-Cl \\
-Cl \\
-Cl \\
-Cl
\end{array}
\Big\rangle
Nd
\begin{array}{c}
Et \\
\\
\\
Et
\end{array}
Et\!-\!Al\!-\!Et
\qquad (\,Ⅰ\,)
$$

按 Natta 的早期双金属机理，这部分似乎应是活性中心，然而由于缺乏足够的实验数据，尚很难做出肯定或否定的最终结论，但已有很多作者放弃这部分是活性中心的说法。

Nd(2) 与 Nd(6) 与 Nd(3) 和 Nd(4) 相似，这类 Nd 原子也是以 4 个 Cl 桥连到分子骨架上，但不同之处是这类 Nd 原子有局部无序情况，即当 Nd(2) 通过乙基桥和 Al 原子相连时（几率 $P=0.45$），Nd(6) 就直接和 O 原子（属烷氧基）及端乙基相连（$P=0.45$）；反之当 Nd(6) 通过乙基桥和 Al 原子相连时，Nd(2) 就直接和 O 原子及端乙基相连（$P=0.55$），这就是说无论是 Nd(2) 还是 Nd(6)，两种情况的几率总和都为 1，（0.45+0.55=1）。

当 Nd 原子直接和端乙基相连时，就形成如式（Ⅱ）所示的"过渡金属-碳键"，按现代的一般观点，所示的 Nd—C 的键就是活性中心，这一结果符合 Cossee[253] 的单金属机理。表明稀土催化剂在结构上属于双金属类型，但在增长机理上仍属于单金属类型。

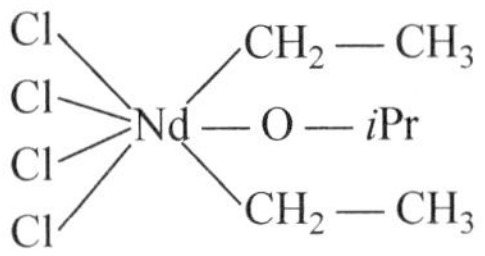

$$
\begin{array}{c}
Cl \\
Cl \\
Cl \\
Cl
\end{array}
\Big\rangle
Nd
\begin{array}{c}
CH_2\!-\!CH_3 \\
\\
O\!-\!iPr \\
\\
CH_2\!-\!CH_3
\end{array}
\qquad (\,Ⅱ\,)
$$

上述所测得的 Nd 催化剂结构，有两个端乙基因此在一个 Nd 原子上，文献上不曾见到，是否正确尚得研究，在 d-轨道过渡金属催化剂中常有—OR—基作为过渡金属与 Al 之间的桥键，而 Nd 催化剂中却不存在这种桥键。卤素虽是催化剂活性所必需的元素，但大量 Nd 原子却被包缠在 Cl 原子的笼中，而不能发挥作用。在动力学研究中常得出双基终止机理，但按两个独立的增长链很难会碰在一块。根据这个结构显示两个端乙基连在一个 Nd 原子上，这正好为双基终止机理提供了解决的途径；还有一点，曾测出均相催化剂和非均相催化剂在活性中心浓度上并不相差很大，这可能因为 Nd 催化剂在溶液中是二聚体，在非均相体系中不过是无数的二聚体聚集在一块，而这种聚集体并不牢固、紧密，单体的穿入完全可以行动自由，所以均相与非均相体系的活性中心浓度并不是显得有很大差别。

不同稀土元素、不同配位体，甚至在不同的催化剂配制条件下，得到的催化剂结构也可能是不尽相同的，这里所得的结构只能说是在这种具体条件下得到的结果，不能作为普遍的结论，还须有更多的单晶结构数据才能得到正确的结论。

4.4 顺丁橡胶的表征

在 20 世纪 60 年代研发顺丁橡胶过程中，同时研发和建立十几种表征橡胶结构和黏弹性能方法[254]。对中国自主研发的顺丁橡胶的表征研究发现，镍系顺丁橡胶在分子量分布、凝胶、支化等分子结构以及冷流指数、应力应变曲线、应力松弛行为等黏弹性能方面均有许多不同特点[255]。表征方法的建立和应用加速了顺丁橡胶研发进程。20 世纪 70 年代，中国又研发了稀土催化橡胶(包括稀土顺丁、稀土顺丁充油、稀土异戊及稀土丁-戊共聚橡胶)，对稀土催化合成的聚合物进行了更加深入的研究，表征方法更全面和完善[256]。对稀土催化橡胶的大量表征研究工作，揭示了稀土顺丁橡胶的本质和特点，促进了稀土顺丁橡胶的研发工作。

4.4.1 顺丁橡胶分子结构的表征

合成橡胶工业用锂、钛、钴、镍和稀土等五种催化剂生产多种顺丁橡胶。由于催化剂不同而有低顺式胶种和高顺式胶种。高顺式胶实质仍是顺式、反式和 1,2 三种构型单元混合加成均聚物。对于结构单元构型的分析，多采用红外光谱法。这是因为丁二烯在 1,4 或 1,2 加成时，每个链节单元都仍含有一个双键，根据这个双键的振动性质的变化，可方便地利用红外光谱法，对聚丁二烯微观结构进行定性和定量分析。红外光谱法是最早应用于合成橡胶方面的分析技术，它与核磁共振、X 射线、裂解色谱、气相色谱、质谱、电镜等分析技术相结合，可完成对合成橡胶的异构体、立体规整度、不饱和度、大分子链的序列分布及结晶度、环化度、支化度、分子量和势能转变等结构参数的分析表征。

1. 顺丁橡胶微观结构的红外光谱分析

(1) 聚丁二烯的红外谱图及特征吸收谱带[257]

1,3-丁二烯在自由基引发剂、阴离子、阳离子及配位络合催化剂作用下，以顺式 1,4、反式 1,4 和 1,2 三种构型链节单元(图 4-113)进行加成反应，形成不同构型的均聚物。

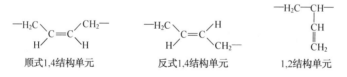

顺式1,4结构单元　　　　反式1,4结构单元　　　　1,2结构单元

图 4-113　聚丁二烯的三种不同构型链节单元

这些均聚物本质上可视为三种结构单元的共聚物，或者看作不同成分的共聚物。用配位催化剂(或称定向催化剂)已能制得高单一构型的聚合物，并测得了它们的红外谱图(图 4-114)，谱图的横坐标常用波长(λ)或波数(v)来表示，波数定义为波长的倒数：

$$v(\text{cm}^{-1}) = 1000/\lambda(\mu m)$$

其单位用 cm^{-1} 来表示，纵坐标为光的透过率。

谱图中的吸收谱带与分子振动类型的关系见表 4-81，顺式 1,4 构型的特征吸收谱带出现在 3005(3007)、1656(1653)、1406、1307(1308)、741(宽不对称，高顺式为 738)cm^{-1} 等波数处。无定形 1,2 构型的特征吸收谱带出现在 3075、2975、1825(1824)、1637(1640)、1415(1418)、996(993)、912(911) 和 677cm^{-1} 等波数处。695cm^{-1} 为全同立构 1,2-PBD 的特征吸收谱带，664(667)cm^{-1} 为间同立构 1,2-PBD 的特征吸收谱带，677cm^{-1} 为无规立构 1,2-PBD 的特征吸收谱带。若为高反式 PBD 则在 1340、1240、1127、1057、444、250cm^{-1} 等处

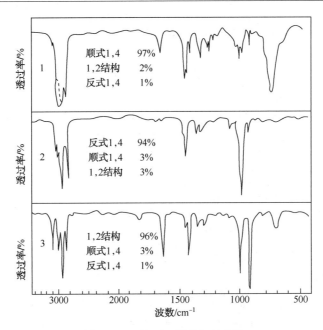

图 4-114　聚丁二烯的红外光谱

1—顺式 1,4-聚丁二烯；2—反式 1,4-聚丁二烯；3—1,2-无规立构聚丁二烯

会有结晶谱带峰出现。目前通常选用 738cm⁻¹ 为顺式 1,4、912cm⁻¹ 为 1,2 结构和 967cm⁻¹ 为反式 1,4 等三种不同构型成分的特征吸收谱带。但顺式 1,4 构型由于对周围环境敏感，吸收谱带在 720~740cm⁻¹ 范围内变化。吸收谱带的位置依赖于相邻单元的构型，随着顺式 1,4 含量的不同，吸收谱带最大值出现在不同位置。高顺式 PBD 的顺式 1,4 在 738cm⁻¹ 处的吸收带的峰形很稳定，容易确认，吸收强度也容易测量。但低顺式聚合物或高 1,2-聚合物中的顺式 1,4 构型的吸收谱带位置就不那么清楚，准确确定存在着困难，测量数据的准确度较差。

表 4-81　聚丁二烯的红外吸收带

吸收带[①]		振动类型
μ	cm⁻¹	
3.25*	3077	CH₂＝CH—的 CH 伸缩振动
3.32*	3012	顺式—CH ＝CH—的伸缩振动
3.45*	2900	CH₂ 的 CH 伸缩振动
3.40	2841	CH₂ 的 CH 伸缩振动
5.4*	1850	CH₂＝CH—泛频振动
6.05*	1660	顺式—CH ＝CH—的伸缩振动
6.10*	1640	CH₂＝CH—的 C ＝C 伸缩振动
6.8~6.9*	1470	CH₂ 变形振动
7.05*	1418	CH₂＝CH—中的 CH 面内变形
7.10*	1408	顺式—CH ＝CH—中的 CH 面内变形
7.38	1355	反式—CH ＝CH—的 CH；同样也在 1,2-无规立构、全同立构和间同立构的聚丁二烯中
7.55	1325	在 1,2-无规立构、全同立构和间同立构的聚丁二烯中
7.63	1311	顺式—CH ＝CH—中的 CH
7.65	1307	在 1,2-无规立构、全同立构和间同立构的聚丁二烯中
7.75	1290	在 1,2-无规立构、全同立构和间同立构的聚丁二烯中
8.1	1235	在所有的聚丁二烯中
8.3	1205	在 1,2-全同立构聚丁二烯中

续表

吸收带[①]		振动类型
μ	cm^{-1}	
8.8	1136	在 1,2-间同立构聚丁二烯中
9.0	1111	在 1,2-全同立构聚丁二烯中
9.25	1081	在乳胶和顺式及反式—CH=CH 中
9.3	1075	在 1,2-全同立构和间同立构聚丁二烯中
9.5	1053	高反式 1,4(结晶带)
10.0	1000	高顺式 1,4
10.05[*]	995	CH$_2$=CH—的面外弯曲振动
10.34[*]	967	反式—CH=CH—中的 CH 面外弯曲振动
10.98[*]	910	CH$_2$=CH—的 CH$_2$ 面外弯曲振动
11.4	877	在 1,2-全同立构聚丁二烯中
11.7	855	在 1,2-间同立构聚丁二烯中
12.4	806	在 1,2-全同立构聚丁二烯中
12.5	800	在某些高顺式 1,4 中
12.9	775	高反式 1,4(结晶带)
12.7	785	在 1,2-间同立构聚丁二烯中
13.5	740	顺式—CH=CH—、1,2-无规立构和间同立构聚丁二烯
14.1	709	1,2-全同立构聚丁二烯
14.4	695	1,2-全同立构聚丁二烯
14.8	675	1,2-无规立构和全同立构聚丁二烯
15.0	667	1,2-间同立构聚丁二烯

① 这些吸收带(*)是由烯烃的红外光谱确定的。

红外光谱法的定量计算是以朗泊-比耳定律为依据, 即在光路长为 L 的容器中, 仅加入溶剂时, 透过强度为 I_0, 当加入浓度 C 的溶液时, 透过光强度为 I, 则吸光度(D)可按下式(4-37)计算:

$$D = \lg I_0 / I = KCL \qquad (4-37)$$

式中, K 为吸光系数[或称吸光率, 单位为 L/(mol·cm)], 浓度 C 单位为 mol/L, L 单位为 cm。同一物质不同浓度在同波数处具有相同吸光系数。混合系统各成分的吸光度(D)表现为加和性。在有顺式 1,4, 反式 1,4 和 1,2-三种构型成分系统中。若各构型成分的特征光谱吸收带分别为 λ_1、λ_2 和 λ_3 时, 吸光度(D)可列成下面三元联立方程式(4-38):

$$\begin{cases} D_{\lambda_1} = K_{11}C_1L + K_{12}C_2L + K_{13}C_3L \\ D_{\lambda_2} = K_{21}C_1L + K_{22}C_2L + K_{23}C_3L \\ D_{\lambda_3} = K_{31}C_1L + K_{32}C_2L + K_{33}C_3L \end{cases} \qquad (4-38)$$

用已知光路长(L)的容器和高纯样品, 利用式(4-37)可求得各特征吸收谱带的吸光系数 K_{ij}, 由式(4-38)可求得样品各种构型的浓度 C_1、C_2 及 C_3。可见有三个特征谱带的吸光系数 K_{ij} 和吸光度 $D_{\lambda i}$ 就可以求得各组分的含量。对聚丁二烯的顺式 1,4, 反式 1,4 及 1,2 构型的特征吸收谱带的吸光系数(或称消光系数)文献已有许多研究报道[257]。

(2) 朱晋昌红外光谱定量分析计算方法

朱晋昌等[258]在分析对比 Silas 及 Kimmer 的分析计算方法, 认为 Kimmer 的方法比较简单可靠, 该法由于采用了基线法只需测出顺式 1,4(738cm^{-1})、反式 1,4(967cm^{-1})及 1,2 结构(912cm^{-1})三个吸收谱带的主吸光系数。标准样品也不需用高纯度单组分聚合物。测得的相应吸收谱带的主吸光系数:

$$K_{738}^{顺} = 31.4 \text{L/mol} \cdot \text{cm}$$

$$K_{967}^{反} = 117 \text{L/mol} \cdot \text{cm}$$

$$K_{912}^{1,2} = 151 \text{L/mol} \cdot \text{cm}$$

为了方便地测试大量样品的各组分相对含量，采用比较光密度法导出三种组分相对百分含量计算式[259]：

$$顺式 1,4(\%) = 17667D_{738}/17667D_{738} + 3674D_{911} + 4741D_{967}$$

$$反式 1,4(\%) = 4741D_{967}/17667D_{738} + 3674D_{911} + 4741D_{967}$$

$$1,2 结构(\%) = 3674D_{911}/17667D_{738} + 3674D_{911} + 4741D_{967}$$

式中，吸光度 D 根据比耳定律，仍由入射光强 I_0 与透射光强 I 的比值对数（$\lg I_0/I$）求得。

2. 顺丁橡胶分子链节序列结构的分析

顺丁橡胶分子链节是由顺式、反式和 1,2 结构三种不同的基本链节单元构成，胶的性能不仅与三种单元的相对含量有关，同时也与三种不同单元结构之间的连接方式，即序列结构有关。序列结构主要取决于合成时所采用的催化剂。因此，不同催化剂制备的顺丁橡胶的分子链序列结构有较大的差异。

赵芳儒等[260]利用[13]C-NMR 对 Li、Co、Ni及 Ln 等四种催化剂合成的顺丁橡胶样品测得了核磁共振谱图（图 4-115），并对谱带进行了详细分析研究，对脂碳谱峰作了明确归属（表 4-82）。从谱图上可知，几种催化剂制得的聚合物在链节结构和序列结构有明显的区别。Li 系催化剂制得的聚合物三种链节结构含量（顺式 1,4 30%，V30%，T40%）均在 30% 以上，链节单元有十多种连接方式。Co 与 Ni 催化剂制得聚合物均有较高的顺式含量（顺式 1,4 约 96%），由于顺式含量较高，乙烯基和反式 1,4 含量均较低，链节的连接方式相对较少，约 6~7 种方式。在 Co 系样品中，e 谱带低于 d 和 k 谱带，并出现 s 谱带，而 Ni 系样品中，e 谱带与 k 谱带几乎相同或略高些，同 d 峰相比，也相差较少，又未见 s 谱峰。表明 Co、Ni 两种催化剂合成的顺丁橡胶，链节结构序列分布和每种序列含量均有较大差异，使得两种高顺式胶在宏观性能上出现差别。两个催化剂的主峰，两侧均出现支化链的 $b_1b_2b_3$ 小峰。表明两催化剂聚合物均有支化结构。Ln 系胶仅有顺式的主峰，表明稀土顺丁橡胶分子链有高度规整性。

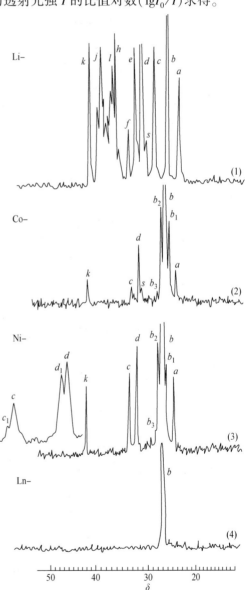

图 4-115　Li、Co、Ni 及 Ln 胶样[13]C-NMR 谱图

表 4-82　对图 4^{13}C 谱峰的归属与表征

谱峰	化学位移			序 列 分 布
	实验值		计算值	
	Ni/Co-BR	Ln/Li-BR		
a	24.6	24.6	24.9	—C=C—C—C—C—C—C=C—C— 顺式 1,4　(侧链 C=C)
b	27.1	27.1	27.1	—C=C—C=C—C—C—C=C—C— 顺式 1,4 长序列
c	29.6	—	30.1	—C=C—C—C—C—C—C=C—C— 反式 1,4　(侧链 C=C)
s	31.7	31.7	31.7	—C=C—C—C—C—C—C=C—C— 顺式 1,4　(侧链 C=C)
d	32.4	32.4	32.4	—C=C—C=C—C—C—C=C—C— 反式 1,4 长序列
e	34.0	34.0	34.7	—C=C—C—C—C—C—C=C—C—　(侧链 C=C)
k	43.2	43.2	42.6	—C=C—C—C—C—C—C=C—C—　(侧链 C=C)

3. 顺丁橡胶的分子量及分子量分布的测定

分子量及分子量分布是高聚物的主要单分子结构参数之一。聚合物在合成过程中，断链反应是一个随机过程，生成大小不等的分子链。因此，合成的高聚物分子量都是多分散的，一个高聚物分子量只能由平均分子量和分子量分布来表征。平均分子量由统计方法计算，不同的统计方法得到不同的平均分子量。按统计方法不同，可分为数均分子量($\overline{M}_n$)、重均分子量($\overline{M}_w$)、黏均分子量($\overline{M}_v$)、GPC 分子量($\overline{M}_{G.P.C}$)、Z 均分子量($\overline{M}_z$)和 Z+1 均分子量($\overline{M}_{z+1}$)。其中 $\overline{M}_n$、$\overline{M}_w$、$\overline{M}_z$、$\overline{M}_{z+1}$ 四种平均分子量可由式(4-39)表示：

$$M = \sum_i N_i M_i^{\alpha+1} \Big/ \sum_i N_i M_i^{\alpha} \tag{4-39}$$

式中，N_i、M_i 分别为第 i 种的物质的量和分子量。

当 $\alpha=0$ 时，$M = \sum_i N_i M_i \big/ \sum_i N_i = \overline{M}_n$，即为数均(或称线均)分子量；

当 $\alpha=1$ 时，$M = \sum_i N_i M_i^2 \big/ \sum_i N_i M_i = \overline{M}_w$，即为重均(或称面均)分子量；

当 $\alpha=2$ 时，$M = \sum_i N_i M_i^3 \big/ \sum_i N_i M_i^2 = \overline{M}_z$，即为 Z 均(或称体均)分子量；

当 $\alpha=3$ 时，$M = \sum_i N_i M_i^4 \big/ \sum_i N_i M_i^3 = \overline{M}_{z+1}$，即为 Z+1 均(或称多维均)分子量。

若高聚物分子量是单一分散，则有 $\overline{M}_n = \overline{M}_w = \overline{M}_z$。实际上是多分散的，一般是 $\overline{M}_n < \overline{M}_w < \overline{M}_z$。

黏均分子量($\overline{M}_v$)则用式(4-40)表示：

$$\overline{M}_v = \Big[\sum_i N_i M_i^{\alpha+1} \big/ \sum_i N_i M_i \Big]^{\frac{1}{\alpha}} \tag{4-40}$$

当 $\alpha=1$ 时，$\overline{M}_{\mathrm{v}}=\overline{M}_{\mathrm{w}}$；

当 $\alpha=0.5$ 时，$\overline{M}_{\mathrm{v}}>\overline{M}_{\mathrm{n}}$ 靠近 $\overline{M}_{\mathrm{w}}$；

一般情况下，$0.5<\alpha<1$，故 $\overline{M}_{\mathrm{n}}<\overline{M}_{\mathrm{v}}\approx\overline{M}_{\mathrm{w}}$。

G.P.C 分子量（$\overline{M}_{\mathrm{G.P.C}}$）可用式(4-41)表达：

$$\overline{M}_{\mathrm{G.P.C}}=\sum_i N_i M_i^{\alpha+2}\Big/\sum_i N_i M_i^2 \tag{4-41}$$

当 $\alpha=1$ 时，$\overline{M}_{\mathrm{G.P.C}}=\overline{M}_{\mathrm{z}}$；

当 $\alpha=0.5$ 时，$\overline{M}_{\mathrm{G.P.C}}>\overline{M}_{\mathrm{w}}$；

一般情况下，$0.5<\alpha<1$，故 $\overline{M}_{\mathrm{w}}<\overline{M}_{\mathrm{G.P.C}}<\overline{M}_{\mathrm{z}}$。

典型的高聚物分布曲线中平均分子量的相对数值如图 4-116 所示。

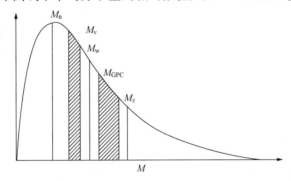

图 4-116　微分质量分布曲线与四种平均分子量的关系示意图

五种平均分子量中，分子量不同的分子对各种平均分子量的贡献所占的比重是不同的。$\overline{M}_{\mathrm{n}}$ 是按分子数来平均的，对低分子量级分敏感。$\overline{M}_{\mathrm{w}}$ 是按质量平均，对高分子量级分敏感，分子量大的分子对 $\overline{M}_{\mathrm{w}}$ 的贡献比对 $\overline{M}_{\mathrm{n}}$ 的大，而对 $\overline{M}_{\mathrm{z}}$ 贡献又比对 $\overline{M}_{\mathrm{w}}$ 的大。$\overline{M}_{\mathrm{w}}$ 着重于不同分子量级分的质量贡献，较接近实际情况。

（1）黏均分子量（$\overline{M}_{\mathrm{v}}$）及测定方法

在五种平均分子量中，仅有黏均分子量（$\overline{M}_{\mathrm{v}}$）测定方法的设备简单、操作便利，又有相当好的实验精度，已成为惯常测试分析方法。在合成橡胶的研究、生产及加工、应用中均采用黏均分子量来表征生胶的分子量。

黏均分子量（$\overline{M}_{\mathrm{v}}$）实际上是间接测得的，它不能从理论上计算得到。仅能用 $[\eta]\sim\overline{M}_{\mathrm{v}}$ 的经验方程式求出，需用其他绝对方法给予校对。严格地说，$\overline{M}_{\mathrm{v}}$ 没有确切的物理意义，它只是考虑高分子溶解之后所形成的线团大小及滚动阻力、黏度的影响。

稀溶液黏度可由 Mark-Houwink 经验公式计算求得：

$$[\eta]=KM^{\alpha} \tag{4-42}$$

式中，$[\eta]$ 为溶液的特性黏数，K、α 为与聚合物-溶剂体系和温度有关的常数。可由实验确定，方法是将高聚物样品先分级得到窄分布级分，并测得每个级分的特性黏数 $[\eta]$ 和绝对分子量，最好用光散射法测得重均分子量（$\overline{M}_{\mathrm{w}}$），因为黏均分子量 $\overline{M}_{\mathrm{v}}$ 与 $\overline{M}_{\mathrm{w}}$ 比较接近。然后根据 $\lg[\eta]=\lg K+\alpha\lg\overline{M}_{\mathrm{w}}$ 对数方程以 $\lg[\eta]\sim\lg\overline{M}_{\mathrm{w}}$ 作图，从直线的截距和斜率可分别求得 K 及 α 值。

测定高分子稀溶液黏度，常用玻璃毛细管流出式黏度计，如奥氏黏度计或乌式黏度计（包括普通型及多球黏度计）。高分子的稀溶液黏度 η 比溶剂的黏度 η_0 要大一些，从两者在毛细管中的流下时间 t 和 t_0，即可计算求得高聚物的特性黏数 $[\eta]$。

高分子稀溶液黏度常用下述几种黏度表示：

相对黏度 $\eta_r = \eta/\eta_0$，其中 η、η_0 分别为溶液和溶剂的黏度

增比黏度 $\eta_{SP} = (\eta-\eta_0)/\eta_0 = \eta_r - 1$

比浓黏度 $\eta_{SP}/C = (\eta_r-1)/C$

比浓对数黏度 $\eta_{inh} = \ln\eta_r/C$

特性黏数 $[\eta] = (\eta_{SP}/C)_{C\to0} = (\ln\eta_r/C)_{C\to0}$

η_r、η_{SP} 是无因次的量，η_{SP}/C、$[\eta]$ 是 $[浓度]^{-1}$，单位常用 mL/g 或 dL/g 表示。

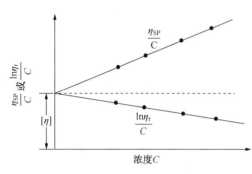

图 4-117　黏度与浓度关系图

按定义可采用作图法（图 4-117）求取 $[\eta]$，需对一个样品同时测定几个不同浓度下的黏度，比较费时。除非特殊要求外，一般采用迅速估算法，也称"一点法"，即只须测定一个极稀的高分子溶液的相对黏度 η_r，取它的 $\ln\eta_r/C$ 值就算作是特性黏数 $[\eta]$ 的近似值，因为 $\ln\eta_r/C$ 对 C 作图的直线斜率往往很小。

程容时[261] 将哈金斯（Huggins）和弗司（Fuoss）两个经验公式合并简化，得到用一个相对黏度 η_r 值即可计算特性黏数 $[\eta]$ 的公式：

$$\eta_{SP}/C = [\eta] + K_H[\eta]^2C$$
$$\underline{-\ln\eta_r/C = [\eta] - \ln\eta_r/C - K_P[\eta]^2C}$$
$$\eta_{SP}/C - \ln\eta_r/C = (K_H+K_P)[\eta]^2C$$

式中，$K_H+K_P = 0.5$，由此得到"一点法"公式：

$$[\eta] = \frac{1}{C}\sqrt{2(\eta_{SP}-\ln\eta_r)} \tag{4-43}$$

此一点法公式，仅适用于常数 K_H 在 0.180~0.1470 范围内。用乌式黏度计时，要选用溶剂流下时间超过 100s，可略去动能的改正。若高聚物的分子量太大可采用多球乌式黏度计。

钱锦文等[262] 提出一个适用于常数 K_H 在 0.472~0.825 范围内的"一点法"特性黏数计算公式：

$$[\eta] = \frac{\eta_{SP}}{C\cdot\sqrt{\eta_r}} \tag{4-44}$$

该公式适用于塑料、纤维、橡胶等高分子材料分子量的计算。

镍系顺丁橡胶采用 Danusso.F 以渗透压法建立的黏均分子量关系式[263]：

$$[\eta] = 3.05\times10^{-4}M^{0.725}（dL/g，甲苯，30℃） \tag{4-45}$$
$$[\eta] = 2.51\times10^{-4}M^{0.725}（dL/g，四氢呋喃，30℃）^{[264]} \tag{4-46}$$

阮梅娜等[265]用倒沉淀方法对稀土和镍系催化剂制备的顺丁橡胶样品进行分级，并测得每个级分特性黏数 $[\eta]$，用光散射实验求得重均分子量 $(\overline{M}_w)$、分子的均方回转半径 $<R^2>_z^{1/2}$ 和第二维利系数 A_2（表 4-83）。由表 4-83 中的数据得到的各级分的 $[\eta]$ 和 $\overline{M}_w$ 的双对数图

（图 4-118）。由图可知，稀土顺丁橡胶分级试样在 $\lg[\eta]\sim\lg\overline{M}_w$ 图中呈良好的直线关系，由此得到稀土顺丁胶黏均分子量关系式：

$$[\eta]=3.24\times10^{-4}M^{0.70}（\text{dL/g，甲苯，}30℃）\tag{4-47}$$

$$[\eta]=2.46\times10^{-4}M^{0.732}（\text{dL/g，四氢呋喃，}30℃）^{[264]}\tag{4-48}$$

表 4-83　稀土与镍系胶样的各级分的分子参数

试　样	级　分	$[\eta]/(\text{dL/g})$	$\overline{M}_w\times10^{-4}$	$A_2\times10^4(\text{mol}\cdot\text{cm}^3/\text{g}^2)$	$<R^2>_z^{1/2}/\text{nm}$
	P21	8.60	206	4.6	114
	P31	6.30	129	6.3	90.5
Ln-BR	P41	4.10	75.1	7.9	62.5
	P51	2.51	35.7	8.9	42.7
	P61	1.25	12.7	10.6	28.4
	P71	0.49	3.4	11.0	10.5
	P11	4.51	426	1.1	112.6
Ni-BR	P21	2.18	55.6	4.5	58
	S2	1.08	12.2	9.8	16
	S1	0.97	7.9	9.6	16.8

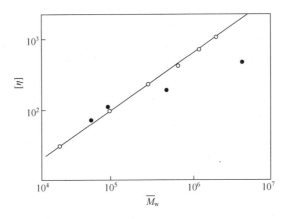

图 4-118　稀土顺丁橡胶与镍顺丁橡胶级分在 25℃甲苯中的 $\lg[\eta]\sim\lg\overline{M}_w$ 图

○—稀土顺丁橡胶；●—镍顺丁橡胶

　　此关系式与上述 Danusso.F 建立的关系式很接近。从图中可以观察到，稀土顺丁橡胶为典型的线型高分子，而镍系顺丁橡胶两个分子量较小级分实验数据与稀土顺丁胶很接近，显示低分子量镍系胶没有明显支化。但又稍高于稀土胶，这可能是与镍系胶的反式结构含量随分子量降低而增加有关。但两个高分子量级分的点在直线下面。在相同分子量时，$[\eta]$ 比稀土顺丁胶低得多，表明镍系胶在高分子量部分呈支化结构。从光散射实验测得的 $<R^2>_z^{1/2}$ 对 $\overline{M}_w$ 的对数图也有同样的结果。稀土顺丁胶样的 $\lg<R^2>_z^{1/2}$ 对 $\lg\overline{M}_w$ 也同样呈良好的直线关系，得到如下关系式：

$$<R^2>_z^{\frac{1}{2}}=0.24\overline{M}_w^{0.58}（0.1\text{nm，环己烷，}25℃）\tag{4-49}$$

　　进一步证明稀土顺丁胶为典型的线型高分子。而从光散射实验中测得镍系顺丁胶高分子量级分的回转半径则比相同分子量的稀土顺丁橡胶的回转半径要小些，也说明镍系胶高分子量部分具有显著的支化结构。这与镍系胶在研发时所作的表征结论是一致的[255]。

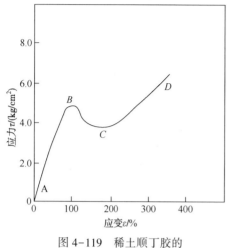

图 4-119　稀土顺丁胶的
典型应力-应变曲线

（2）稀土顺丁橡胶分子量的快速估算方法

1）用屈服强度估算分子量

余赋生等[266]首先将屈服强度的概念引入橡胶领域，从实验观察到稀土顺丁橡胶的应力-应变曲线（图 4-119）与塑料的应力-应变曲线相似，在 B 点有最大值，并且 $d\tau/d\varepsilon = 0$（τ 为应力强度，ε 为应变），都可近似认为在 B 点以前是虎克形变，这样可将该点（B 点）的强度称为橡胶的屈服强度（T_y）。并发现屈服强度 T_y 与特性黏数 $[\eta]$ 之间有良好的线性关系，求得关系式：

$$[\eta] = 1.2047T_y + 2.4355 \qquad (4-50)$$

只要测得样品的屈服强度 T_y，即可由此方程式求得特性黏数 $[\eta]$。

2）用可塑性估算分子量

张新惠等[267]在考察高门尼黏度稀土顺丁橡胶的素炼过程中的变化时，发现稀土顺丁橡胶的可塑性与特性黏数 $[\eta]$ 之间存在较好的线性关系（图 4-120）。无论是由改变条件制得的不同分子量的样品，还是由于素炼降解的不同分子量的样品，基本上落在同一直线上（图 4-121）。经回归分析法得到稀土顺丁橡胶的可塑性与特性黏数 $[\eta]$ 的直线方程式：

$$p_{70℃} = 0.468 - 0.0451[\eta]$$

$$[\eta] = 10.3769 - 22.1730p_{70℃} \qquad (4-51)$$

为此，可由威廉可塑仪测得 70℃下的可塑性即可求得稀土顺丁橡胶的特性黏数 $[\eta]$。

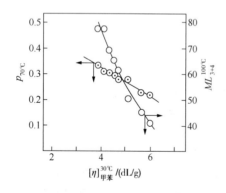

图 4-120　高门尼稀土顺丁橡胶素炼后
可塑性与 $[\eta]$ 的关系

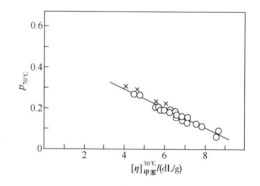

图 4-121　不同样品的 $p_{70℃}$ 与 $[\eta]$ 的关系

4. 顺丁橡胶的长链支化及表征

顺丁橡胶在合成时，由于催化剂和工艺条件的影响，往往会含有不同程度的支化分子，支化分子有长链支化及短链支化，支链仅有数个碳原子为短链支化，支链长度可与主链的长度相比的为长链支化，具有长链支化的分子与线性分子相比其构象和分子尺寸等发生了变化，直接影响聚合物的物理机械、加工等性能。聚丁二烯分子链若支化度较高时，对顺丁橡胶的加工行为、吃炭黑能力、可塑性、挤出行为、冷流、门尼黏度、硫化胶的强度、弹性等都会有显著的影响。

(1) 表征聚合物长链支化(LCB)的参数[268]

长链支化可分为无规支化、星型支化和梳型支化等不同类型。各种支化均可由支化分子(b)和线型分子(l)的均方半径之比 g、特性黏数之比 g' 和流体力学体积之比 h 等参数来表征:

$$g = (<R>_b / <R^2>_1)_M$$
$$g' = ([\eta]_b / [\eta]_1)_M \qquad (4-52)$$
$$h = (V_{hb} / V_{h1})_M$$

g、g' 和 h 均小于 1,其值越小支化度越高。三个参数之间的关系:

$$g' = g^v = h^3 \qquad (4-53)$$

对于星型支化,$v \approx 0.5$,梳型支化 $v \approx 1.5$,一般情况下 v 值在 $0.5 \sim 1.5$ 之间。

通常求 g 较困难,一般是由 g' 去求 g。但要注意 g 是对应于 θ 条件下的 g'_θ,在支化度较低时,多数情况下用良溶剂中的 g' 不会引起太大的误差。

由 g、g' 和 h 可以计算更直观的支化参数:分子链上支化点数目 n,支化频率 λ(每个链上单位分子量的支化点数目 $\lambda = n/M$)和支化官能度 f(一个支化点引出的支链数目)。当假定分子链为无排除体积效应的简单高斯链,对等臂长的星型支化分子有:

$$h = f^{1/2} / [2 - f + \sqrt{2}(f-1)] \qquad (4-54)$$
$$g = (3f - 2)f^2$$

对支链长度无规分布的星型支化分子则有:

$$g = 6f / (f+1)(f+2) \qquad (4-55)$$

对 $f = 3$ 或 4 的无规支化分子,则有:

$$g_3 = \frac{6}{\bar{n}_w} \left[\frac{1}{2} \frac{(2+\bar{n}_w)^{\frac{1}{2}}}{\bar{n}_w^{\frac{1}{2}}} \ln \frac{(2+\bar{n}_w)^{\frac{1}{2}} + \bar{n}_w^{\frac{1}{2}}}{(2+\bar{n}_w)^{\frac{1}{2}} - \bar{n}_w^{\frac{1}{2}}} - 1 \right] \qquad (4-56)$$

$$g_4 = \frac{1}{\bar{n}_w} \ln(1 + \bar{n}_w)$$

式中,$\bar{n}_w$ 为重均支化点数目,已知 n 后可由 $\lambda = n/M$ 计算支化频率 λ。

聚合物长链支化的测定[268]主要用 GPC-黏度法,GPC-光散射法,GPC-沉降法等溶液方法,基本出发点是基于在相同的分子量和条件下,支化高分子在溶液中的尺寸变小,支化度越高尺寸越小。此外,^{13}C-NMR、IR、氢化裂解色谱、热场流分级等方法也被用于研究聚合物的支化(主要是短链支化)问题。

(2) 顺丁橡胶长链支化的表征

① GPC-黏度法[255]　将样品淋洗分级测定各级分的特性黏数 $[\eta]$。用凝胶渗透色谱装置测定 GPC 谱图,并计算重均分子量 $\overline{M}_w$,作 $\lg[\eta]$-$\lg\overline{M}_w$ 图(图 4-122),从图中读出起始呈现支化的临界分子量 M^*;再与未分级的 GPC 谱图(求出 $\overline{M}_w$)对照,使可知样品中支化高分子的含量。对于三义型支化高分子,支化点间分子量 $M_{bp} = M^*/3$。

对本体样品中平均支化指数($\bar{\lambda}$)按 $\bar{\lambda} = \frac{1}{2} \left[\frac{1}{M_{bp}} - \frac{1}{\overline{M}_w} \right]$ 计算,$1/\lambda$ 意味着围绕每一支化点所

包络的分子量。对国产镍胶和国外样品测试结果见表4-84。

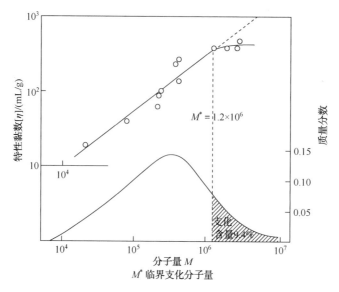

图4-122 顺丁生胶支化度测定示例

表4-84 国产镍胶与日本镍胶和法国钴胶的比较

项 目	国产 Ni-顺丁				日本(Ni)	法国(Co)
	F-A	F-B	F-C(1)	F-C(2)	BR01	1220
顺式1,4含量/%	96.4	96.6	96.2	96.2	96.4	96.8
凝胶含量/%	0.9	0.4	0.5	1.2	0.3	0.3
特性黏数$[\eta]$/(dL/g)	2.69	2.64	2.29	2.11	2.57	2.00
重均分子量$\overline{M}_w \times 10^{-5}$	17.3	7.65	4.50	12.1	6.41	5.12
分子量分布$\overline{M}_w/\overline{M}_n$	8.50	3.28	2.40	5.54	3.35	2.62
临界支化分子量$M^* \times 10^{-5}$	12.0	12.0	2.8	4.4	9.0	2.5
平均支化指数$\overline{\lambda} \times 10^5$	0.096	0.060	0.427	0.299	0.089	0.505
平均支链分子量$\dfrac{1}{\lambda} \times 10^{-5}$	10.4	10.7	2.34	3.34	11.3	1.98
支链含量/%	13.5	9.4	29.2	30.2	12.7	33.0

从测试结果表明国产镍顺丁橡胶同国外顺丁胶一样均存在着支化高分子，支化择优在分子量较高的高分子发生。有时导致分子量分布变宽。

金春山等[269,270]用NJ-792型与自动黏度计联用装置测定聚合配方和工艺条件的变化对聚合物长链支化的影响(表4-85)，比较几种不同催化剂合成聚合物的支化情况(表4-86)。测试结果表明，同一催化剂制备的胶样，由于配方及条件不同，支化度变化很大，有时镍催化剂制得的支化度大于钛和钴催化剂的胶样。顺丁胶产生支化的临界分子量为20万~30万，一般是Co>Ti>Ni胶，Ln胶几乎无支化。

表 4-85　聚合条件对合成生胶支化的影响

聚合配方 Ni/Al/B	釜温/℃		$\overline{M}_w \times 10^{-4}$	$\overline{M}_w/\overline{M}_n$	g	$\bar{n}$	$\bar{\lambda} \times 10^5$
	1#	2#					
1.5/4/2.0	64.9	65.3	87.8	4.40	0.64	3.3	0.37
1.5/4/2.0	60	80	45.8	2.56	0.86	0.89	0.19
1.5/0.5/1.65	72.1	80.8	62.2	4.70	0.74	1.90	0.31
1.5/0.6/1.55	91.2	91.3	50.5	2.80	0.83	0.97	0.19
2.0/10/2.0	66	65.5	46.4	2.61	0.82	1.20	0.26
2.0/10/2.0	74.5	73.5	78.1	5.79	0.76	1.80	0.23
2.0/10/2.0	79.6	80.4	48.7	2.36	0.65	3.20	0.65
	87.5	91.5	51.2	4.40	0.62	3.8	0.74
1/3/1.0	~60		37.1	3.27	0.96	0.19	0.40
1/3/1.2	~60		30.6	3.22	0.91	0.56	0.17
1/3/2.0	~60		37.9	3.34	0.86	0.99	0.56

表 4-86　几种不同催化剂聚合物支化比较

试样	$\overline{M}_w \times 10^{-4}$	$\overline{M}_n \times 10^{-4}$	$\overline{M}_w/\overline{M}_n$	g	$\bar{n}$	$\bar{\lambda} \times 10^5$	$M^* \times 10^{-4}$
国产镍胶 1	29.1	13.4	2.17	0.811	1.27	0.44	29.9
国产镍胶 2	27.1	12.8	2.11	0.853	0.92	0.33	20.5
国产镍胶 3	21.0	13.7	2.26	0.853	0.92	0.29	35.6
国产镍胶 4	28.5	12.3	2.32	0.877	0.75	0.26	28.9
日本钴胶	37.6	15.6	2.38	0.91	0.55	0.32	22.5
美国钛胶	42.2	16.8	2.57	0.752	1.86	4.4	32.0
稀土胶	25.3	10.5	2.41	1.00	0	0	—

　　② ^{13}C-NMR 谱图分析法　GPC-黏度法等方法虽能测定长链支化度，但还不能表征聚丁二烯支化点的位置和结构。赵芳儒等[260]对支化和无支化的顺丁橡胶样品（表 4-87），用 ^{13}C-NMR 测定了谱图，研究了支化点的位置和结构。从测得的 ^{13}C-NMR 谱图（图 4-123），可观察到不同的催化剂制备的胶样有完全不同的谱峰。具有高支化度的 Co、Ni 胶样的 ^{13}C-NMR 谱图，在分子链的主峰 b 的两侧均出现 b_1、b_2 及 b_3 等一些小峰。而低支化度的 Ni 胶样和 Li 系胶样的主峰 b 两侧则无小峰。Ln 催化胶样仅有一条主峰 b。当采取缩小谱宽，提高 8 倍分辨率，对高支化的 Ni 胶样可清楚地观察到 d 峰和 e 峰分辨出二重峰[图 4-123 (1)]，而用同样方法测 Li 系胶样，d 峰无裂分。从主峰 b 两侧出现的较明显的 b_1 和 b_2 小峰，可推断 Ni、Co 生产的顺丁橡胶，在主链双键的 α-次甲基生长出长支链应具有（Ⅰ）式结构：

$$-CH=CH-\overset{3}{CH_2}-CH-\overset{1}{CH}=CH-CH_2-\overset{2}{CH_2}{}_{b_2}- \tag{Ⅰ}$$
$$\overset{4}{CH_2}$$
$$CH$$
$$\|$$
$$CH$$
$$\overset{5}{CH}{}^{b_1}$$

表 4-87　支化和线型胶样

编号	催化体系	微观结构			$\overline{M}_w \times 10^{-4}$	$\overline{M}_n \times 10^{-4}$	$\overline{M}_w/\overline{M}_n$	临界支化 $M^* \times 10^{-4}$	$\overline{\lambda} \times 10^5$	支化/%	$[\eta]/(dL/g)$
		C	V	T							
1	Ni	96	2	2	57.47	12.42	4.62	7.74	0.129	65	2.71
2	Co	96.7	1.7	1.6	5.12		2.62	2.5	0.25	33	2.0
3	Ni	97	1.5	1.5	7.65	3.28	12.0	0.60	0.012	9	2.64
4	Li	30	30	40	50						
5	Ln	99									

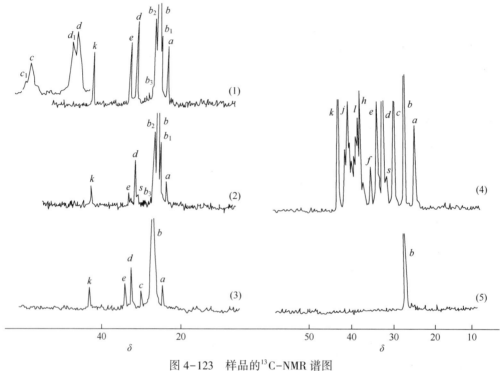

图 4-123　样品的 ^{13}C-NMR 谱图

由主链双键的 α-次甲基接出的聚丁二烯长支链中 C_1、C_2、C_3、C_4 和 C_5 等的化学位移，从经验公式计算值和实验值，得知 b_1 和 b_2 分别为 C_5 和 C_2 的谱峰。从较弱的 b_3 小峰的出现 Ni、Co 胶样中可能含有少量(Ⅱ)式支化结构：

$$-CH_2-CH=CH-CH_2-\overset{1}{CH}-\overset{2}{CH_2}-\overset{3}{CH_2}-\overset{4}{CH}=CH- \qquad (Ⅱ)$$
$$\underset{5}{|}$$
$$\overset{5}{CH_2}$$
$$\underset{b_3}{\overset{6}{CH_2}}-\overset{7}{CH_2}-CH=CH-\overset{8}{CH_2}$$

(Ⅱ)式结构是由侧乙烯基双键打开生成长链支化。从经验公式计算的化学位移(C_6：28.3)与实验值(28.3)相同，可知 b_3 小峰为 C_6 的谱峰。

5. 顺丁橡胶中凝胶的表征

顺丁橡胶在生产过程中，由于催化剂种类、催化剂组分配比以及聚合工艺条件不同，或后处理条件的影响，生胶往往含有少量的凝胶和微凝胶。凝胶具有三维空间网络结构，不溶于溶剂中。凝胶的存在将导致合成橡胶流动性变差，可塑性降低，严重影响橡胶的加工及物理机械性能。凝胶含量多采用吊网法或不同型号熔沙玻璃漏斗过滤法测定。用电镜可直接观察到各种凝胶形貌。

（1）凝胶的形貌

章婉君[271]用电子显微镜方法直接观察和研究了 Ni 系顺丁橡胶在室温下胶液中凝胶的分布、粒子的尺寸和形貌。用甲苯溶解的顺丁胶样品经铜网过滤后放在 H-500 型电子显微镜下进行透射观察，可看到分散的尺寸大小不等的球粒，小的为数百埃，有些小球粒重叠（或堆积）在一起[图 4-124（a）]，有些小球粒连成串[图 4-124（b）]，如此组成形状和大小差异较大的橡胶团，它们的尺寸要比分散的球粒大得多，可由几个微米到几千个埃。这些连在一起的球粒聚集体组成的就是凝胶和微凝胶。将甲苯胶液经 G₂ 漏斗过滤在室温下干燥，再经 O_SO_4 庚烷溶液处理后，放在扫描电子显微镜下观察。可在 G₂ 玻璃砂片看到没有固定形状、直径大小不一的凝胶团，有的出现在玻璃砂的夹缝中，有的在玻璃砂上[图 4-124（c）]。这些凝胶团尺寸大约在 10μm 以上。图 4-124（d）为干净的、过滤样品之前的 G₂ 玻璃砂片的电子显微镜照片，滤板是由表面光滑近似圆形的玻璃砂堆积而成。G₂ 漏斗过滤液在电镜下观察，同样看到是由球粒和球粒聚集体组成，球粒的尺寸较为均匀[图 4-124（e）]。

（2）微凝胶的形貌

将甲苯胶液经 G₅ 和 G₆ 过滤液稀释至浓度为 3×10^{-5} g/mL 并把溶液滴在带有支持膜的铜网上，并立即滴入 O_SO_4 正庚烷溶液固定。溶剂挥发后，在电镜下观察两种滤液，可看到分散球粒和球粒的聚集体[图 4-124（f）和图 4-124（g）]，这些球粒聚集体的尺寸处在微凝胶尺寸之列，表明 G₅ 漏斗可除掉凝胶而不能除掉微凝胶。微凝胶实际上是交联度达到凝胶点以前的大分子的聚集体。G₆ 过滤液除了有球粒外，仍有比球粒大数十倍的球粒聚集体，尺寸虽小，但属微凝胶。即使在极稀的溶液（1.26×10^{-7} 和 1.25×10^{-9}）仍然是以球粒聚集体状态存在[图 4-124（h）]，表明这是球粒聚集体本身所固有的形状，同时也说明 G₆ 漏斗不能除掉全部微凝胶。

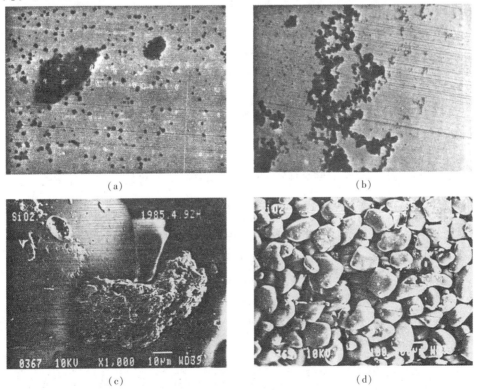

图 4-124　凝胶的形貌图

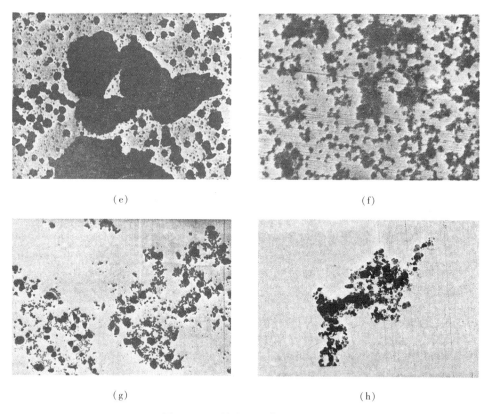

（e）　　　　　　　　　　　　　　　（f）

（g）　　　　　　　　　　　　　　　（h）

图 4-124　凝胶的形貌图（续图）

（3）化学交联网络结构特征

张延寿等[272]选用不含凝胶的原始样品，用辐射（Co^{60}）交联的方法，制得交联前分子量及分布一定、而交联程度不同的试样（表 4-88）。根据凝胶的溶胀比，一般将凝胶分为紧密凝胶和松散凝胶两种结构。张延寿等人根据 Flory 的溶胀理论，用溶胀度 $Q_m = V_g/W_g$（W_g、V_g分别为凝胶的质量和溶胀体积）和下面公式计算了化学网络交联点间的分子量 $\overline{M}_c$ 值：

$$-\left[\ln(1-V_{2m})+V_{2m}+X_1 V_{2m}^2\right]=\frac{V_1}{\gamma\,\overline{M}_c}(1-2\overline{M}_c/\overline{M}_n)\left(V_{2m}^{\frac{1}{2}}-\frac{V_{2m}}{2}\right) \tag{4-57}$$

式中，$V_{2m}=1/Q_m$，$V=\dfrac{1}{\rho}$，溶剂摩尔体积（甲苯）$V_1=106.85$，橡胶与溶剂分子的相互作用参数 $X_1=0.36$，$\overline{M}_n$ 是样品的起始数均分子量，计算结果列于表 4-89。

表 4-88　辐射交联顺丁橡胶样品

试　样	剂量/MRad	凝胶量/%	$[\eta]$/（dL/g）	溶胀比
2	0.232	0.048	2.47	—
3	0.348	0.100	3.18	—
4	0.464	0.390	3.04	179.2
5	0.697	3.149	3.09	74.3
6	0.928	22.01	2.67	62.5
1	1.180	64.99	—	22.9

表 4-89　顺丁橡胶交联/缠结网络结构特征

试　样	凝胶量	交联点间		交联/缠结点间	
		$\overline{M_c} \times 10^{-5}$	重复单元数 NC	$\overline{M_e}$	重复单元数 NE
2	0.048	—	—	7469	138
3	0.100	—	—	7632	141
4	0.390	1.778	3293	7823	149
5	3.149	1.525	2824	3185	133
6	22.01	1.433	2654	6324	117
1	64.99	0.672	1245	—	—

根据实验松弛谱 H_R 计算每个分子链上缠结链段数 m 值：

$$m = 3 + \frac{2}{3} \times 2.303 \int_{\min}^{\infty} H_R \mathrm{dlg}\tau \tag{4-58}$$

可求得物理网络中交联/缠结点间的分子量 $\overline{M_e}$ 值：

$$\overline{M_e} = \overline{M_n}/m \tag{4-59}$$

求得的 $\overline{M_c}$ 和 $\overline{M_e}$ 与凝胶含量的关系见表 4-89。化学网络交联点间分子量 M_c 其范围 $1.7 \times 10^5 \sim 6.7 \times 10^4$，即约在 1000~3000 个重复单元中有一个交联点。由此可见，顺丁橡胶的化学交联网络结构是属松散型。与物理缠结网络相比（后者在 100 多个重复单元中有一个缠结点）其密度要小得多，数量级之差，这说明含凝胶的顺丁橡胶，其物理缠结网络密度远远高于化学交联网络（密度），前者约为后者的 20 倍，即在 20 多个物理缠结点之间才有一个化学交联。

4.4.2　顺丁橡胶聚集态结构的表征

顺丁橡胶具有规整的链结构，较低的玻璃化转变温度（$T_g \approx -100℃$），在适当条件下极易结晶，其晶胞为单斜晶系，晶胞参数为：$a = 0.46\text{nm}$，$b = 0.95\text{nm}$，$c = 0.96\text{nm}$，$\beta = 109°$[273]，结晶熔点 $T_m = -4℃$。在常温下是无定形态，处于高弹态，为非晶态结构，但在电子显微镜下观察，可见非晶态的顺丁橡胶内部结构并不是均匀的，而是由具有一定规整度的区域所组成，从电镜照片上可清楚看到 2nm 直径的链球。链球（nodule）是聚集态的基本结构单元，链球包含的碳原子数（$C_{个数}$）可按下式求出[274]：

$$C_{个数} = \frac{4}{3}\pi R^3 \frac{\rho}{\delta} N \tag{4-60}$$

式中，$\rho = 0.91$ 为实测橡胶密度，δ 为摩尔量 $CH_{1.5}$（13.5），R 为链球半径（cm），N 为阿伏加德罗常数（6.02×10^{-3}）。从计算得知，链球约由 170 个碳原子的链段组成的直径为 2nm 的球形结构，一个大分子可包含几百个链球，链球间有分子链联系，由这些链球组成直径为 10~100nm 的链球（图 4-125），相当于几个或几十个大分子所组成。链球成为橡胶本体结构中的基本超分子结构单元，链球的大小与分子间的交联、缠结程度、凝胶含量以及聚合时所用溶剂有关，大小分布是不均匀的。在干胶中是由交联网或分子的物理缠结组成 1~10μm 大小的胶团结构，比链球大得多。

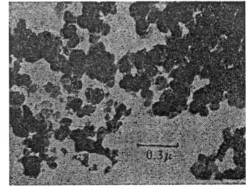

图 4-125　Ni-1 顺丁橡胶超薄切片，O_sO_4 固定电镜照片

顺丁橡胶在常温下为非晶态，而处在低温下极易结晶，结晶速率主要与高分子链的规整性，如顺式含量和线型度等因素有关。国外文献曾报道顺式含量为99%铀顺丁橡胶的结晶速率(-20℃)比顺式含量低的 Ni、Co、Ti 等合成的顺丁橡胶要快得多。国内也已用电镜、线膨胀、X 射线等方法对顺丁橡胶的聚集态结构，尤其在低温下晶态的形成和结构进行了详细研究报道。

1. 顺丁橡胶的结晶形态

贾连达[275]利用透射电镜观察了 Co、Ni、Ln 和 U 等催化剂合成的高顺式聚丁二烯(PB)在-25～-30℃的低温下结晶速度和结晶形态。图 4-126～图 4-128 是四种不同体系的 PB 在结晶过程中不同时间下所观察到的典型结晶形态。Ln-PB 和 U-PB 在结晶 1min 时，即出现发展完善的球晶[图 4-126(c)、图 4-127(b)]。而 Ni-PB 和 Co-PB 在结晶 3min 时仍是孤立球晶[图 4-128(a)、(b)]，结晶 5min 以后，孤立球晶才互相连成一片，形成有明晰边界的完善球晶。可见，结晶速度较前者低得多。这些照片表明结晶诱导期较短，如 U-PB 在5s 时即已形成较完善的孤立球晶[图 4-127(a)]。PB 结晶不仅有径向辐射状生长的球晶形态[如图 4-126(c)、图 4-127(b)、图 4-128(b)所示]，还有一种结构单元沿切向生长，从而形成环状结构形态[如图 4-126(b)和图 4-127(a)所示]，但 Ni-PB 除外。这种形态往往只出现在结晶的早期阶段，Ln-PB 和 U-PB 在结晶 5s 时便可得到[图 4-126(b)、图 4-127(a)、图 4-128(b)所示]。但 Ln-PB 直到 1min，结晶已趋完善时，仍有这种形态存在，并与球晶形态共存，这种球晶的中央部分为非晶区，然后是环状生长的结构单元，当其直径达10μm 后，便生长出通常的辐射状扭曲片晶。这样生长方式在高聚物球晶中是很少见到的。

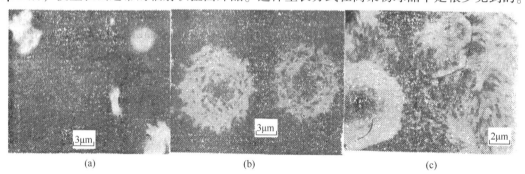

(a)　　　　　　　　　　　(b)　　　　　　　　　　　(c)

图 4-126　0.25%甲苯溶液成膜的 Ln-PB 在-25～-30℃结晶时不同时间下的结晶形态

(a)开始点；(b)5s；(c)1min

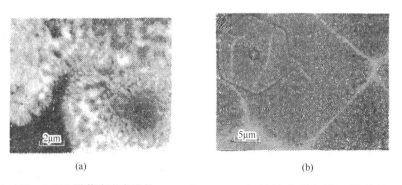

(a)　　　　　　　　　　　　　　(b)

图 4-127　0.25%甲苯溶液成膜的 U-PB 在-25～-30℃结晶时不同时间下的结晶形态

(a)5s；(b)1min

 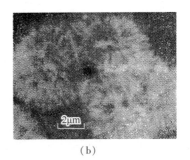

(a)　　　　　　　　　　　　　　　(b)

图4-128　0.25%甲苯溶液成膜的 Ni-PB 和 Co-PB 在-25～-30℃结晶 3min 时的结晶形态

(a)Ni-PB；(b)Co-PB

周恩乐等[276]用电子显微镜观察了 Ni-BR(BR01)及 Ln-BR 样品在-30℃低温下球晶结构的形态。图4-129 是-30℃下经 5min 结晶得到的 Ni 及 Ln 胶的电镜照片，图4-130(a)为 Ni 胶刚刚形成由几个片层组成的片层束，只形成了球晶的晶核。图4-136b 为 Ln 胶已经形成了球晶的雏形，具有向外发散的纤维状结构，表明 Ln 胶的结晶速率较 Ni 胶快。余赋生等用线膨胀系数仪测定的-26℃下 Ni 胶的半结晶期为 692s，而 Ln 胶为 160s，也完全证明这一结果。图4-130 为-30℃下经 30min 结晶得到的 Ni 胶及 Ln 胶的球晶，具有清晰的放射型扭曲排列的片层组成的完整的球晶，直径约为 5～30μm。对比 Ln 胶和 Ni 胶在相同条件下结晶形态，可以发现，由于 Ln 胶分子规整度好，易于结晶，片层厚而粗大，由于结晶速度快，来不及形成圈状，而形成放射型球晶，而 Ni 胶的球晶[图4-130(a)]是由非常绒细的纤维毛状结晶，有规则地排列而成。

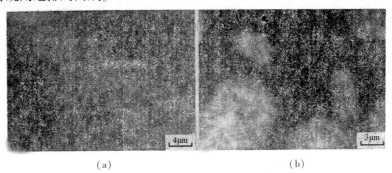

(a)　　　　　　　　　　　　　　　(b)

图4-129　顺式 1,4-聚丁二烯在-30℃下结晶 5min 的 TEM 照片(OsO$_4$ 固定)

(a)Ni 胶；(b)Ln 胶

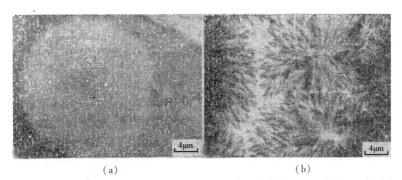

(a)　　　　　　　　　　　　　　　(b)

图4-130　顺式 1,4-聚丁二烯在-30℃下经 30min 结晶的 TEM 照片(OsO$_4$ 固定)

(a)Ni 胶；(b)Ln 胶

　　根据 Arrami 方程计算的 n 值(表示晶核生成及结晶体生长方式常数)，对 Ln 及 Ni 两胶有较显著的差异。Ln-BR 为 1.7 接近二维生长，是原纤维状和圆盘状的混合方式生长，而 Ni-BR 为 2.7 接近三维生长，是球状和圆盘状的混合方式生长。表明 Ni-BR 的晶核生成及晶体生长都有较 Ln-BR 为复杂的形式，因而影响结晶形态。

　　2. 影响结晶行为的因素

　　(1) 温度对结晶的影响

　　周恩乐等[276]用电镜同时观察-60℃结晶得到的球晶，同-30℃下结晶比较，-60℃具有更快的结晶速率，晶核多，球晶尺寸小，均为放射型球晶。若先使结晶在-30℃形成球晶，然后急剧降低结晶温度至-60℃，结晶速率明显增加，并改变结晶形态(图4-131)。对于 Ln 胶、U 胶可明显看出沿球晶半径方向的不同形态的界限，而 Ni 胶由于晶核生成速率慢，直接影响后一种形态。由变温结晶便可在同一球晶上得到不同的形态。

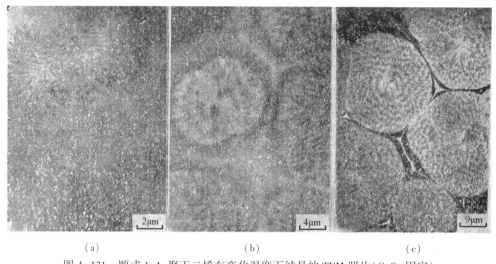

(a)　　　　　　　　　　(b)　　　　　　　　　　(c)

图4-131　顺式1,4-聚丁二烯在变化温度下结晶的 TEM 照片(OsO$_4$ 固定)

(a)Ni 胶；(b)Ln 胶；(c)U 胶

　　徐洋等[277,278]通过对 Ln 胶的分级得到单分散不同分子量样品，测定这些样品在不同温度下的结晶形态和结晶速率。发现 Ln 胶在-100~-15℃的温度范围内结晶，在大致六个温度区域中有六种形态不同的球晶。但在每个区域中，当温度相同时，随分子量增加，晶片的密度和完善程度下降，晶片变短变宽。而在分子量相同时，随温度升高，晶片的密度和完善程度下降，晶片变宽变长，因此结晶度下降。Ln 胶样在高于-20℃不能均相成核，只能以非均相成核引发结晶的生长，所以球晶很大，在电镜中可以观察到，只能生成图4-132所示的球晶。在-22~-33℃左右，同时存在着均相及非均相成核，均相成核比例及均相成核速率随温度下降速度变大。球晶亦随之变小。在-30℃结晶3min 在电镜下可观察到图4-133所示的球晶。在-35~-65℃基本以均相成核引发结晶生长，成核速率随温度下降变快，球晶亦随之变小。当温度低于-65℃时，均相成核速率随温度降低变慢，球晶则随之变大。

　　徐洋等[278]用线膨胀仪[279]和体膨胀仪测定了 Ln 胶分级样品在不同温度下的结晶速率(图4-134)，图中的 $\tau_{0.1}$ 为结晶度达到主级结晶值10%所需的时间($\tau_{0.1}$的单位为min)，可以看出，在各结晶温度下，Ln 胶的结晶速率在 $\overline{M}_v = 3.0 \times 10^8 \sim 3.8 \times 10^8$ 间有一极大值，而在

$\overline{M}_v = 4.6 \times 10^5 \sim 6.7 \times 10^5$ 间有一极小值。并且在 $-20 \sim -9.1$℃温度范围内，各试样的结晶速率都随温度的降低而加快。结晶温度越高，结晶速率随分子量变化起伏越大。Ln 胶结晶速率与温度的关系符合结晶成核理论：

$$\ln(\tau_{0.1})^{-1} = B - K \frac{T_m}{\Delta T T_c} \qquad (4-61)$$

式中，T_c 为结晶温度，T_m 是熔点，$\Delta T = T_c - T_m$。Ln 胶在 -20℃左右，结晶逐渐由单二维核生长转变为多二维核生长。

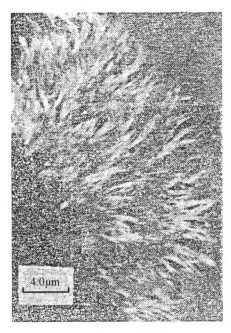

图 4-132　在 -15℃下结晶 69min

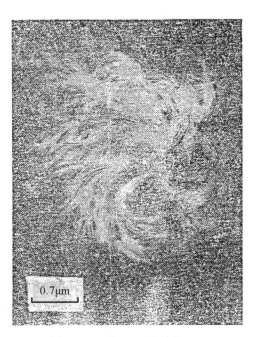

图 4-133　在 -30℃上结晶 3min

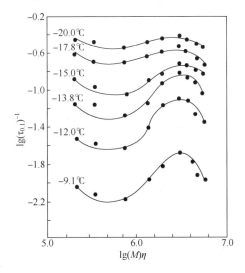

图 4-134　Ln-PB 的结晶速率与分子量及温度的关系

（2）分子量与分子量分布对结晶的影响

周恩乐等[280]用电镜观察了不同分子量的 Ln 胶样的结晶行为。图 4-135 是三个分子量不同的 Ln 胶样品在-30℃下结晶 5min 后的电镜照片。球晶随分子量增加而减小。晶核数目随分子量增加而增加，分子量较大（$[\eta]=5.68$）样品，其中存在着许多片层束组成的晶核。其晶核生长速率较快，但因其大分子运动比较困难，因而球晶生长速率慢，只形成了片层束，并未能形成球形排列。而分子量较低（$[\eta]=3.28$）样品，由于分子缠结少，能够形成晶核的片层聚集体的数目比较少，相对球晶尺寸比较大。但球晶大小分布不均匀。由于分子量较低，分子链易于运动，结晶生长速率快。在晶核两侧迅速分散，形成双扇形结构。球晶介面清晰，片层很少互相渗透。总之，分子量高对晶核生成有利，对晶体生长不利。分子量对结晶速率总体的影响，由成核和生长速率之积决定。

图 4-136 是分子量相近、分布不同的 Ln 胶样品的球晶结构电镜照片。低分子量含量较多的样品，在 5min 内，不仅球晶相碰完成主级结晶，同时，在球晶内片层间继续生长二次结晶，形成片层比较密集的球晶[图 4-136（a）]。高分子量含量较多的样品，在 5min 内，只形成了不完整的互不相碰的双扇形[见图 4-136（c）]，每个球晶分内外层，内层球晶生长片层密集，分枝较多，结晶度高，外层片层比较疏松，厚度大，分枝少，这是低分子量部分结晶的结果。分子量分布相对较窄的胶样，球晶生成比较均匀[图 4-135（b）]，其生长速率介于上述两者之间。晶核是由许多平行排列的片层束组成，片层结构清晰，球晶介面的片层间相互渗入比较多。介面不如含低分子量多的样品整齐。

高分子量部分的含量是影响其形态结构的关键因素。控制聚合物中分子量及分子量分布，可以控制其低温结晶行为，得到不同的聚集状态。

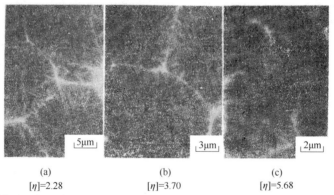

| (a) | (b) | (c) |
| $[\eta]=2.28$ | $[\eta]=3.70$ | $[\eta]=5.68$ |

图 4-135　不同分子量的顺式 1,4-PB，-30℃下 5min 结晶所生成的球晶的 TEM 照片（OsO_4 固定）

（a）样品 3；（b）样品 2；（c）样品 1

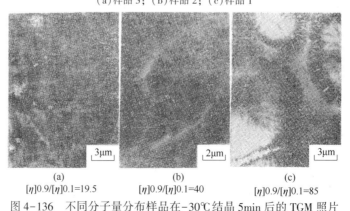

| (a) | (b) | (c) |
| $[\eta]0.9/[\eta]0.1=19.5$ | $[\eta]0.9/[\eta]0.1=40$ | $[\eta]0.9/[\eta]0.1=85$ |

图 4-136　不同分子量分布样品在-30℃结晶 5min 后的 TGM 照片

（3）凝胶、微凝胶对低温结晶的影响

周恩乐等[281]用电子显微镜观察了 Ni-BR 中凝胶和微凝胶对-30℃的低温下结晶的影响，图 4-137、图 4-138 是三个具有大致相同结构和门尼值的胶样电镜照片。其中图 4-137 为无凝胶样品，在-30℃下结晶 5min 仅在铜网的边缘出现少量片晶晶核[图 4-137(a)(b)]。结晶 30min 后，由铜网边缘生长的球晶向铜网中心发展，形成大球晶，直径约为 40μm，生长速率为 0.7μm/min。图 4-138 为含有大量尺寸约为 0.5~2μm 的凝胶块胶样，在-30℃下结晶 5min 时，在薄膜中心产生少量的球晶晶核[图 4-138(a)(b)]，结晶 30min 后形成圆形球晶[图 4-137(c)(d)]球晶数量少，尺寸小远未充满整个空间，球晶生长速率慢，仅为 0.2μm/min。表明凝胶的存在明显的影响结晶行为。图 4-139 为含有大量尺寸在 300Å 左右微凝胶粒子的胶样。该胶样在-30℃的低温下结晶 5min 便出现大量晶核[图 4-139(a)(b)]，并且很快长满全视野，球晶间相互碰撞，形成草把式的片层结构[图 4-139(c)(d)]。表明胶样中的微凝胶均为大分子链的缠结及聚集，成为大量晶核，使其橡胶极易结晶。

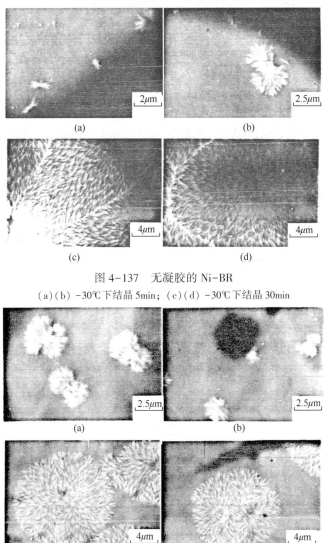

图 4-137　无凝胶的 Ni-BR
(a)(b) -30℃下结晶 5min；(c)(d) -30℃下结晶 30min

图 4-138　含有凝胶的 Ni-BR
(a)(b) -30℃下结晶 5min；(c)(d) -30℃下结晶 30min

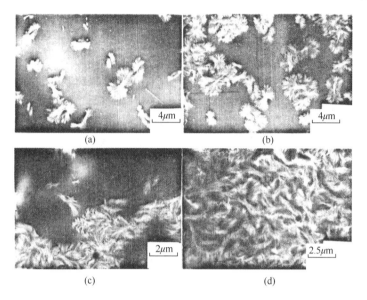

图 4-139　含有微凝胶的 Ni-BR

(a)(b) -30℃下结晶 5min；(c)(d) -30℃下结晶 30min

　　从上述电镜观察得知，若胶样中无凝胶或凝胶含量很低，则结晶诱导期很长，晶核为单个片层或片束。在片层生长过程中，首先形成宽约为 0.1~0.2μm 的界面不十分清楚的预结晶区。进一步结晶，排列为规整的，有清晰界面的片层；若胶样中凝胶含量较高，并存在大量尺寸为 0.1~10μm 的凝胶聚集区，这个区域一般不能形成结晶。交联密度疏松的部位间或夹杂有短而粗的单个片层或片层束结晶生成；若胶样中含有微凝胶，在低温下微凝胶粒子成为晶核，使橡胶极易结晶。

　　（4）分子链缠结对结晶速率的影响

　　张延寿等[282]增以松弛谱计算了 Ln-PB 的缠结网络参数，发现 Ln-PB 的缠结网络链段数 m 与分子量有如下的关系：

$$m = 1.96 \times 10^{-12} \overline{M}_v^{2.29} \qquad (4-62)$$

分子的缠结网络链段数 m 随分子量增大而增大，如果以 Ln-PB 的结晶速率$(\tau_{0.1})^{-1}$（结晶度达到主级结晶值的 10%所需的时间），对缠结链段 m 作图，可以看出：当 $\overline{M}_v = 5\times10^5 \sim 3\times10^6$ 时，结晶速率随缠结点的增多而加快，$\ln(\tau_{0.1})^{-1}$ 与 $\lg m$ 接近线性关系（图 4-140）。

　　徐洋等[283]根据结晶成核理论，在温度较高时，球晶生长速率(V)可用下式表示：

$$\ln V = \ln V_o + \frac{-C_1}{C_2 + T_{\bar{c}} - T_g} + \frac{-4b_o\delta\delta_e T_m^o}{\Delta h_f \rho_{\bar{c}} T_{\bar{c}} K(T_m^o - T_{\bar{c}})}$$

$$(4-63)$$

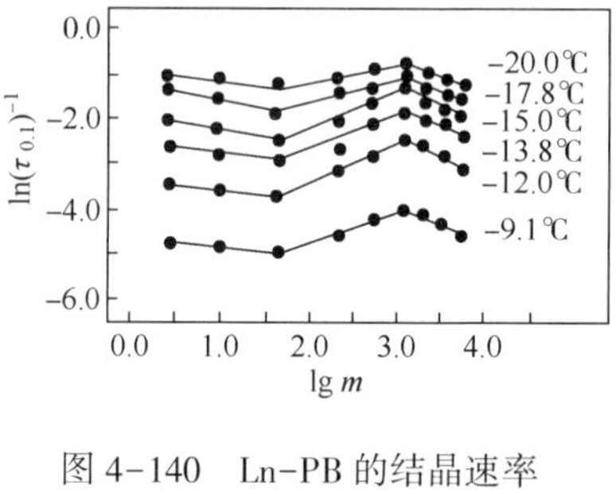

式中，C_1、C_2 是常数。b_o 是晶体的单层厚度，Δh_f 是单位质量晶体的熔融热，ρ_e 是晶体密度，K 是波兹曼常数。根据图 4-139，可设 Ln-PB 的球晶生长速率正比于缠结链段数 m。并采用 Magill 的经验公式 $\ln V_o = B \cdot \overline{M}_v^{-\frac{1}{2}}$ 则可导出：

图 4-140　Ln-PB 的结晶速率
与缠结链段数的关系

$$\ln V = C + B \cdot \overline{M}_v^{-\frac{1}{2}} + 2.29\ln \overline{M}_v + \frac{-C_1}{C_2 + T_c + T_g} + \frac{-4b_o\delta\delta_e T_m^o}{\Delta h_f \rho_c^- T_c^- K(T_m^- - T_c^-)} \qquad (4-64)$$

式中，C、B 为常数。

由于在结晶温度较高的情况下，二维成核不仅是决定球晶生长速率的关键步骤，也是决定整个结晶速率的关键步骤，所以：

$$\ln(\tau_{0.1})^{-1} = D + B \cdot \overline{M}_v^{-\frac{1}{2}} + 2.29\ln \overline{M}_v + \frac{-C_1}{C_2 + T_c^- - T_g} + \frac{-4b_o\delta\delta_e T_m^o}{\Delta h_f \rho_c^- T_c^- K(T_m^- - T_c^-)}$$

$$(4-65)$$

式中，D 为常数。取 C_1 和 C_2 分别为 750cal·℃/mol 和 130K，并将样品的分子量、$\tau_{0.1}$ 值及结晶温度分别代入上式中进行曲线拟合，则可求出：

$$\ln(\tau_{0.1})^{-1} = 27.09 + 3214\overline{M}_v^{-\frac{1}{2}} + 2.29\overline{M}_v + \frac{-750}{130 + T_c^- - T_g} + \frac{-5.972\delta_e T_m^o}{T_c^-(T_m^o - T_c^-)}$$

$$(4-66)$$

此式即为在原结晶成核理论基础上，考虑到分子链缠结的作用导出的 Ln-PB 本体结晶动力学方程。图 4-141 是由此方程求出的 $\ln(\tau_{0.1})^{-1} - \ln \overline{M}_v$ 曲线，其中黑点是实验值。在较高的结晶温度下，当 $\overline{M}_v > 1.27 \times 10^5$ 时，可比较圆满地解释分子量对 Ln-PB 本体结晶速率的影响。

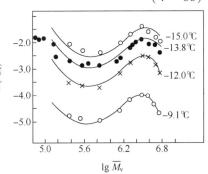

图 4-141　$\ln(\tau_{0.1})^{-1}$-$\lg\overline{M}_v$ 曲线

4.4.3　顺丁橡胶黏弹性能的表征

1. 应力松弛

张延寿等[256,282]用自记式的高低温应力松弛仪[284]测定了 Ni、Ln 和 U 催化剂合成的顺丁橡胶样品在25～150℃范围内、拉伸50%的形变下等温应力松弛曲线(图 4-142、图 4-143)，再利用时温叠加原理，组成以 25℃ 为参考温度的组合曲线，根据各温度的迁移因子对温度的倒数作图，求得稀土顺丁橡胶的松弛活化能为 21～33.5kJ/mol，与镍顺丁橡胶相同[285]。由应力松弛组合曲线求得松弛模量(E)和最长松弛时间(τ_m)列于表 4-90。

表 4-90　顺丁橡胶的分子特性和黏弹性参数

胶　样	$[\eta]/(\mathrm{dL/g})$	$M_v \times 10^{-5}$	$E_\tau(1'') \times 10^{-5}/(\mathrm{N/m}^2)$	$\tau_m \times 10^{-4}/\mathrm{s}$
LnCl₃-PB-1	10.0	25.92	11.4	8.23
LnCl₃-PB-2	8.12	19.25	9.7	6.65
LnCl₃-PB-3	7.00	15.57	7.6	4.90
LnCl₃-PB-5	5.68	11.55	5.7	3.37
Ln(naph)₃-PB-25	5.68	11.55	5.3	3.15
Ln(naph)₃-PB-31	5.00	9.62	3.5	2.13
Ln(naph)₃-PB-32	4.38	7.97	3.9	2.45
Ln(naph)₃-PB-3	3.60	6.02	1.7	0.91
Ln(naph)₃-PB-645	2.52	3.62	0.68	—
Ln(naph)₃-PB-639	2.39	3.35	0.62	—
Ni-PB(BR01)-7	5.84	8.06	12.4	36.4

续表

胶　　样	$[\eta]/(dL/g)$	$M_v \times 10^{-5}$	$E_\tau(1'') \times 10^{-5}/(N/m^2)$	$\tau_m \times 10^{-4}/s$
Ni-PB(BR01)-6	3.08	3.34	4.38	3.98
Ni-PB(BR01)-5	2.59	2.63	2.60	2.54
Ni-PB(BR01)-4	2.25	2.16	1.90	1.07
Ni-PB(BR01)-3	1.92	1.74	1.26	0.68
U-PB	3.24	5.18	2.1	0.61

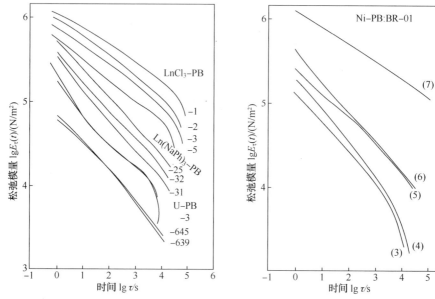

图 4-142　稀土顺丁橡胶的组合应力松弛曲线　　图 4-143　镍顺丁橡胶组合应力松弛曲线

（1）最长松弛时间对分子量的依赖性

将表 4-90 的松弛时间（τ_m）与特性黏数 $[\eta]$ 的双对数作图（图 4-143），由图可知，最长松弛时间均随分子量增加而成指数地增长，但不同催化体系的增长指数不同，铀顺丁橡胶与稀土橡胶相近。

从主曲线获得本体高聚物的最长松弛时间 τ_m 对分子量的依赖性是 $\tau_m = K\overline{M}_W^\beta$ 与高分子溶液的特性黏数 $[\eta]$ 与分子量的关系式 $[\eta] = K M_W^\alpha$ 两者相结合可得到 τ_m 与 $[\eta]$ 的关系式：

$$[\eta] = K_\gamma \tau_m^\gamma \qquad (4-67)$$

从双对数作图可获得 $\gamma = \alpha/\beta$、K_γ，如图 4-144，从图可知 Ln 与 Ni 胶有不同的斜率 γ。对于 Ni 胶，已知 $\alpha = 0.725$，从分级样品得到 $\gamma = 0.277 = \tan 15.5℃$，由此求得 $\beta = 2.6$。$\beta = 1$ 表明分子链不存在缠结现象，有缠结时，$\beta = 3.4$。从图 4-144 求得 β 值，Ni-PB 为 2.6，与上述相同。对于 Ln-PB，$\gamma = 0.415$，而已知 $\alpha = 0.7$，求得 $\beta = 1.7$，仅为缠结指数 3.4 的一半。表明镍顺丁橡胶比较接近一般的链缠结规律，而稀土顺丁橡胶则偏离较大，这是由于高分子量的非牛顿效应所致。

（2）松弛模量对分子量的依赖关系

将表 4-90 中 1s 时的松弛模量 $[E(1'')]$ 与特性黏数 $[\eta]$ 以双对数作图，Ln-PB 与 Ni-PB 是两条斜率几乎相同的平行线（图 4-145），由此得到下列方程：

$$E_\tau(1'') = 1.29 \times 10^4 [\eta]^{2.03} \quad (Ln-PB)$$

$$E_\tau(1'') = 3.70 \times 10^4 [\eta]^{2.03} \quad (\mathrm{Ni-PB}) \tag{4-68}$$

表明两种催化剂制得的胶样松弛模量对分子量的依赖性相似，但系数不同，当分子量相同时，稀土胶的松弛模量要低于镍顺丁橡胶。

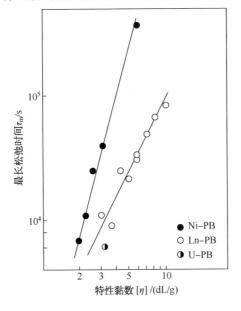

图 4-144　顺丁橡胶的最长松弛
时间与特性黏数关系

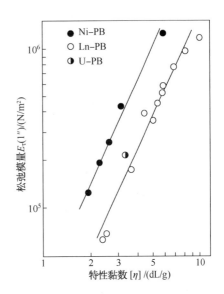

图 4-145　松弛模量与特性黏数的关系

（3）松弛谱与顺丁橡胶的分子链缠结

图 4-146~图 4-149 为各试样的折合实验松弛谱图。按照 Chompff 理论[286]，可从组合应力松弛曲线导出实验松弛谱图 $H(\tau)$，估计出高分子中缠结链段的数目 m

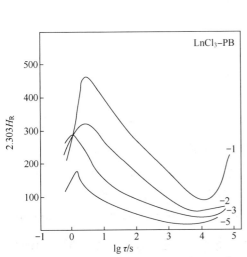

图 4-146　氯化稀土顺丁橡胶的折合松弛谱

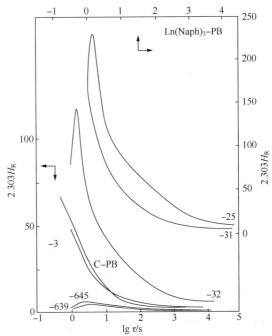

图 4-147　环烷酸稀土顺丁橡胶的折合松弛谱

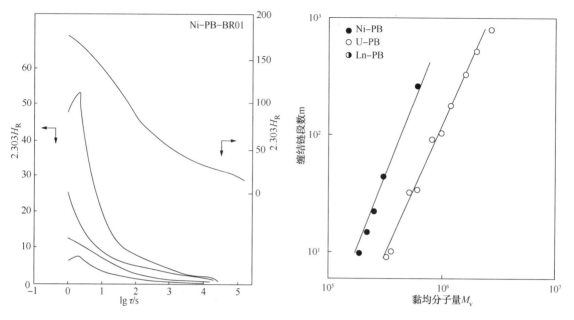

图 4-148　镍系顺丁橡胶的折合松弛谱　　　　　图 4-149　顺丁橡胶的缠结链段数
与黏均分子量的关系

$$m = 3 + \frac{2}{3} \times 2.303 \int_{min}^{\infty} H_R \mathrm{dlg}\tau \tag{4 - 69}$$

式中，H_R 为折合松弛谱与实验松弛谱，$H(\tau)$ 的关系：

$$H_R = \frac{\overline{M}_v}{\rho R T} H(\tau) \tag{4 - 70}$$

式中，$\overline{M}_v$ 为黏均分子量，ρ 为密度，R 为气体常数，T 为绝对温度，便可以从折合实验松弛谱 H_R 计算每个分子链上缠结链段数目 m 值，也可求得缠结链段的平均分子量 $\overline{M}_e = \overline{M}_v / m$，缠结链段的原子数 N_e，计算结果见表 4-91 和图 4-149。图 4-149 说明缠结网络链段数量随分子量的增大而增加，可用指数方程描述：

$$m = K_e \overline{M}_v^e \tag{4 - 71}$$

对不同的催化体系可分别表示为：

$$m_{Ln} = 1.96 \times 10^{-12} \overline{M}_v^{2.29} \quad (Ln - PB)$$

$$m_{Ni} = 3.76 \times 10^{-11} \overline{M}_v^{2.28} \quad (Ni - PB) \tag{4 - 72}$$

从该方程可求出开始产生链缠结的临界分子量 $M_{m=1}$ 的值：

Ln - PB　　　$M_{m=1} = 1.27 \times 10^5$　　（相当于 $[\eta]_{m=1} = 1.21$）

Ni - PB　　　$M_{m=1} = 6.13 \times 10^4$　　（相当于 $[\eta]_{m=1} = 0.90$）

比较 $M_{m=1}$ 值结果说明 Ln-PB 开始形成链缠结的临界分子量要高于 Ni-PB。或者说相同分子量时，Ni 胶的缠结链段数大于 Ln 胶。缠结链段分子量 $\overline{M}_e$ 是随生胶分子量的增大而减少，约在 $10^3 \sim 10^4$ 的数量级范围内，相当于每个缠结链段包含 60~700 个链节。稀土胶同镍胶相比，在分子量相同时，Ln 胶的 $\overline{M}_e$ 大于 Ni 胶的 $\overline{M}_e$。说明稀土橡胶的缠结网络密度较稀疏，镍胶的网络密度则较稠密些。

表 4-91　顺丁橡胶分子链的缠结网络结构参数

胶样	平均缠结 链段数 m	缠结链段 $\overline{M}_e \times 10^{-3}$	链段的 聚合度 X_e	缠结链段 原子数 N_e①
$LnCl_3$-PB-1	791	3.277	61	243
$LnCl_3$-PB-2	516	3.731	69	276
$LnCl_3$-PB-3	334	4.662	86	345
$LnCl_3$-PB-5	181	6.381	118	473
Ln(naph)$_3$-PB-25	178	6.489	120	481
Ln(naph)$_3$-PB-31	103	9.340	173	692
Ln(naph)$_3$-PB-32	90	8.856	164	656
Ln(naph)$_3$-PB-3	34	17.706	328	1312
Ln(naph)$_3$-PB-645	10	36.939	684	2736
Ln(naph)$_3$-PB-639	9	38.953	721	2885
Ni-PB(BR01)-7	269	2.996	55	222
Ni-PB(BR01)-6	44	7.591	140	563
Ni-PB(BR01)-5	22	11.955	221	886
Ni-PB(BR01)-4	15	14.595	270	1081
Ni-PB(BR01)-3	10	17.938	332	1329
U-PB	32	16.037	297	1188

① $N_e = M_e / M_a$，M_a = 链节分子量/链节碳原子数 = 54/4 = 13.5。

2. 流变性能

（1）顺丁橡胶浓溶液流变性质

王英等[287]用 Rheotest Z 型旋转黏度计和落球法测定了不同催化剂制备的顺丁橡胶浓溶液流变行为。落球法剪切速度的计算采用 $\gamma = 2V/(D-d)$ 公式。式中，V 为落球速度，d、D 为球、管的直径。

1）零剪切黏度与浓度的关系

由不同催化体系制得的顺丁橡胶，在正辛烷或十氢化萘溶剂中的零剪切黏度与溶液的质量分数 W_2 作双对数图（图 4-150），除 A、D 两样品的低浓度点向斜率减少的方向偏移外，基本上是直线关系。斜率均在 5.6~6.1 之间，而用良溶剂十氢萘的两个结果是 4.8、5.0，虽然略低些，但与通用的斜率基本一致，表明溶剂和浓度对斜率影响不大。但在相同浓度时，在十氢萘中的零剪切黏度要比在正辛烷中的将近大一个数量级。在相同浓度下稀土胶的零剪切黏度较其他催化剂顺丁橡胶高，这可能与稀土顺丁橡胶的支化度低分子量分布宽有关。

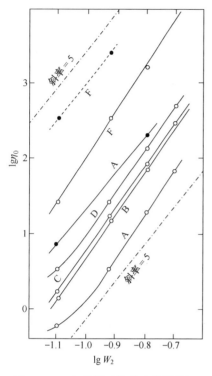

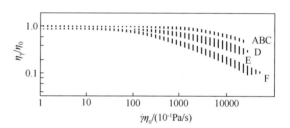

图 4-150　各种顺丁橡胶液的零剪切
黏度与浓度的依赖关系
○—溶剂正辛烷；●—溶剂十氢化萘；
A—Co-1220；B—Ti-Cis4；
C—Ti-1203；D—Ni-BR01；F—Ln-B$_{37-1}$

图 4-151　各种顺丁橡胶的黏度与
剪切速度依赖性的对比

2）顺丁橡胶浓溶液的非牛顿性

根据黏度与剪切速度的依赖性的分子理论，即在给定剪切速度下的黏度 $\eta_{\dot{\gamma}}$ 与零剪切黏度 η_0 的比值应为剪切速度与松弛时间 λ_y 乘积的函数，即：

$$\eta_{\dot{\gamma}}/\eta_0 = f(\dot{\gamma}\lambda y) \tag{4-73}$$

$$\lambda_y \propto \eta_0 M/\rho RT \tag{4-74}$$

式中，ρ、M 为聚合物的密度和分子量。

由于样品及温度相同时，M、ρ 和 T 都是常数，故对同一样品用 $\lg(\eta_{\dot{\gamma}}/\eta_0)$ 对 $\lg\dot{\gamma}\eta_0$ 作图，得到不同浓度的叠加成-窄带曲线，浓度大的曲线偏向右上方。良溶剂十氢萘与不良溶剂正辛烷的曲线也基本叠加在一起。但不同样品之间相差较大。将不同试样的曲线族都叠合在图 4-151 中可以看出在同一 $\dot{\gamma}\eta_0$ 时，稀土顺丁胶的剪切速度依赖性远大于其他顺丁橡胶。

由于稀土顺丁橡胶浓溶液的黏度与剪切速度的依赖性比镍顺丁橡胶大，在零剪切黏度相同时，高剪切下的黏度要低得多。稀土顺丁橡胶在低剪切速度下的黏度要比门尼值相同的镍系顺丁橡胶的大得多，而搅样时（较高剪切速度下）所需的动力却不一定按比例地增加。

（2）顺丁生胶流动曲线特征

秦汶等[280]用 lnstron3211 型毛细管流变仪测定和比较了 Ti、Co、Ni 及 Nd 等不同催化体系合成的顺丁橡胶样品的流变曲线，并拍摄了相应挤出物的外形相片（图 4-152~图 4-157）。所选用样品的性能数据列于表 4-92，四种催化剂的胶样的流动曲线均出现由连续变成不连续，但临界温度却不同。图 4-152 为 Ti 系顺丁橡胶的流出曲线。图 4-152 为 Ti 系胶样品挤出物照片。Ti 系胶在振荡区出现三段不同外形组成物［图 4-152（d）］。秦汶等认为，是在黏着阶段流速较低，毛细管内的物料在入口受到的扰动原本不严重，在管内又有足够松弛时间，但当压力高至"滑移"产生时，管内物料便迅速滑出；由于滑移本身并不造成破裂，同时出口处管壁的速度又不为零，不会造成表面破裂，因而挤出物表面是光滑的。而滑移发生后才迅速进入毛细管的物料，由于流速高产生了入口破裂，在排出后表现为无规破裂直至压力降低重新"黏着"后流速降低，入口破坏的原因消除，挤出物重新表现为表面光滑。50℃ 时，Ti-PB 在很低的剪切速度下（$2s^{-1}$）产生表面破裂，说明此时胶的抗撕裂能力很低。由图 4-152~图 4-157 可见，流动曲线在低温时是连续的，当温度升高后才变成不连续的，流动曲线开始变为不连续的临界温度随胶种而异。Ti-PB 的临界温度在 50℃ 以下，直到 100℃ 均为不连续。Co-PB 的临界温度在 50~70℃，Ni-PB 在 75~80℃，而 Ln-PB 的最高，在 80~90℃，与 U-PB 的临界温度相近。由于 Ln-PB 有较高的强度，在黏滑区仍能承受出口处的撕裂及入口出处的拉伸断裂，但在黏滑状态下流经入口的速度及在毛细管中停留时间不同，而使得入口膨胀效应不同，而出现图 4-157（c）中粗细相间的挤出物。

　　Ln-PB 产生无规破裂的入口破坏与其他胶相比发生在更高的剪切速度处，即使在振荡条件下，也不出现表面破裂，说明它经受剪切及拉伸破坏的能力最高。Co-PB、Ni-PB 的情况介于 Ti-PB 和 Ln-PB 之间，表面破裂产生在较高的剪切速度下（$10s^{-1}$）。

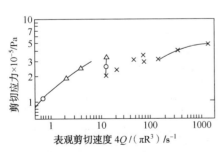

图 4-152　Ti-BR 在 50℃ 时的流动
曲线及挤出物的外形

○—挤出物光滑；×—挤出物呈无规破裂；
△—挤出物呈表面破裂

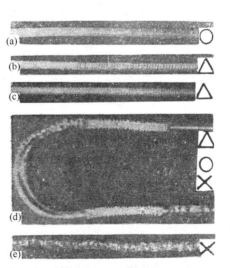

图 4-153　Ti-BR 在压力振荡前及振荡区内
挤出物外形示例，50℃

$4Q/\pi R^3$；（a）= 7.1×10^{-1}，（b）= 2.4×10^{0}，
（c）= 4.4×10^{0}，（d）= 1.47×10，（e）= 7.1×10

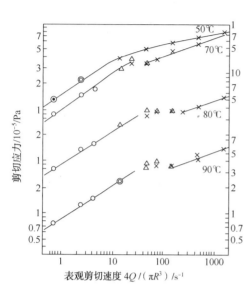

图 4-154 Co-BR 在不同温度下的
流动曲线及挤出物的外形
⊙—挤出物表面光滑但呈微小波浪；
◎—挤出物表面光滑但有较大波浪

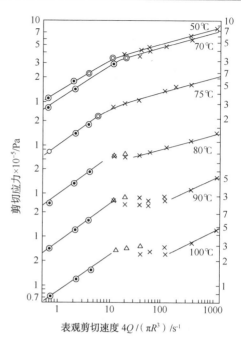

图 4-155 Ni-BR 在不同温度下的
流动曲线及挤出物外形
×—挤出物呈无规破裂

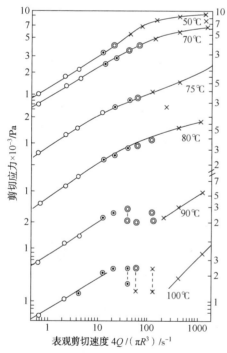

图 4-156 Ln-BR 在不同温度下的
流动曲线及挤出物外形
⊙—挤出物表面光滑但呈微小波浪；
◎—挤出物表面光滑但有较大波浪

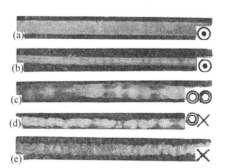

图 4-157 Ln-BR 在压力振荡前及
振荡区内挤出物外形示例，100℃
（c）-（e）为压力振荡区，$4Q/\pi R^3$，s^{-1}；
（a）= 1.47×10，（b）= 2.4×10，（c）= 4.4×
10，（d）= 7.1×10，（e）= 1.47×10^2

表 4-92　顺丁橡胶试样的表征数据

胶种 （牌号）	Ti-BR （Phillips Cis-41023）	Co-BR （Cariflex1220）	Ni-BR （北京 78 标）	Ln-BR （锦 B-37-1）
顺式 1,4/%	93.1	96.8	96.1	97.7
	92.7	97.2	95.9	97.7
	92.2	97.7	96.3	97.7
门尼黏度（$ML_{1+4}^{100℃}$）	49.5	47.1	50.6	42.5
$[\eta]$/(dL/g)	2.27	1.95	2.33	3.31
本体黏度 $\eta×10^{-3}/10^{-1}$Pa·s $\dot{\gamma}=0.013$	1.27	2.8	2.3	1.9
$\eta/[\eta]$	5.6	14.3	9.8	5.8
流动曲线出现不连续的临界温度/℃	< 50	50~70	75~80	80~90

（3）生胶的包辊性能

顺丁橡胶、乙丙橡胶等合成橡胶问世后，出现胶上辊性能差，有时几乎无法进行加工混炼。经研究观察发现，生胶在辊上的行为，随着辊温由低到高出现包辊、脱辊、再包辊的现象。在开炼机上的这种加工性能可用 Tokita-White 阶段来描述：第一阶段，弹性体艰难地进入辊隙并被破坏；第二阶段，包辊胶看上去较粗糙，有很多颗粒而且脱辊；第三阶段，通常在慢速辊上形成有弹性的平整的包辊胶；第四阶段，包辊胶变得均匀有光泽，基本上是黏性的。在用开炼机混炼时，弹性体最好在慢速辊上形成稳定的包辊胶，以便获得被混料为一均匀体系。

李素清等[289]研究了 Ti、Ni、Co 及 Nd 等催化剂合成的顺丁橡胶的包辊行为，并绘得辊距-辊温图（图 4-158），即 2-3 区转变曲线。Ti、Ni(Co)、Nd 不同顺丁胶的 2-3 区转变曲线依次由左向右排列。由图可知，Ti 系胶在最窄的辊距时，辊温不能超过 40℃，Nd 系胶在较宽的辊距时和较宽的辊温范围内都有较好的包辊性能。2-3 区转变温度比 Ni-PB 高 20~30℃。此工作发表 10 年后，意大利学者也发表了同样的辊距-辊温曲线图[290]，也证明稀土顺丁橡胶有较好的包辊行为。各胶 2-3

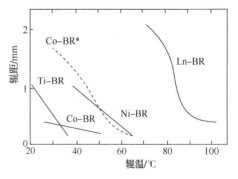

图 4-158　各种顺丁橡胶的 2-3 区转变曲线

区转变温度的序列与在毛细管所得到的流动曲线不连续的临界温度序列是一致的，表明用流动曲线不连续的临界温度来判断聚丁二烯生胶的包辊行为要比用结晶速率更为切合。

参 考 文 献

[1] 黄葆同，欧阳均等著. 络合催化聚合合成橡胶. 北京：科学出版社，1981
[2] 古川淳二. 合成ゴムハンドブック. 朝倉书店，1960：19
[3] 浅井治海. ゴムの合成の历史. ポリマータイジェスト，1999，(5)：17-27
[4] Linger R N, Goldstein H J. Chem Eng., 1966, 24：112
[5] 张旭之等. 碳四碳五烯烃工业，北京：化学工业出版社，1998：225
[6] G Natta, P Pino, P Corradini, et al. J. Am. Chem. Soc., 1955, 77：1708

［7］S L Horne，et al. Rubber world，1995. 133（1）：82

［8］E A Hauser，et al. Rubber Age，1956，78：713

［9］British pat 848. 065（to Phillips Petroleum Co. April 16. 1956）

［10］山东胜利石油化工总厂科学研究所. 胜利石油化工，1975，4（内部资料）

［11］C F Ruebensaal. Rubber World，1970，162（5）：56

［12］W M 索尔特曼编，张中岳等译. 立构橡胶，P4. 北京：化工工业出版社. 1987

［13］中国科学院长春应用化学研究所四室. 稀土催化合成橡胶文集. 北京：科学出版社，1980

［14］G Sylveste，B Stolltuss. 133rd meeting of the Rubber Division of ACS. 1988

［15］H Fires，B stolltuss. 133rd meeting of the Rubber Division of ACS. 1988

［16］L Colombo. et al. Kautschuk Gummi Kunststoffe，1993，（6）：458-461

［17］E Laurerri，et al. Tire Technology internataional，1993：72-78

［18］Stuchal F W. Elastomerics，1984，116（1）：13

［19］Marwede G W，et al. Kauts. Gum. Kunst.，1993. 46（5）：380

［20］吉冈明等. 分子末端改性ゴムの开发. 日本化学会志. 1990，（4）：341-351

［21］Natta G. Rubber and Plastics Age，1957，38：495

［22］田中康二，田所宏行. 日本ゴム协会志. 1963，36（10）：864-867

［23］Natta G，Corradini P. Angew Chem.，1956，68：615

［24］Natta G，Corradini P. Rubber Chem & Technol，1956，29：1458

［25］G Kraus，J T Gruver. J. Polym. Sci. A.，1965，3：105

［26］E F Eugel. IISRP 13th Annual Meeting，1972

［27］安东新午（日）等编. 石油化学工业手册. 下册. 北京：化学工业出版社，1970：740

［28］山下晋三. 日本ゴム协会志，1963，36：883

［29］V C Long，et al. Polymer，1964，5：517

［30］J L White. Rubber Chem. Technol.，1969，42：257

［31］G Kraus，et al. Rubber and Plastics Age，1957，38：880

［32］A D Dingle. Rubber World，1960，143：93-99

［33］庚晋，白衫. 橡胶参考资料，2003，33（12）

［34］Belgian pat. 543292（to Goodrich-Gulf December. 2. 1955）

［35］S E Horne Jr，et al. Ind. Eng. Chem.，1956，48：785

［36］K Ziegler，et al. Angew. Chem.，1955，67：541

［37］浅井沿海. 合成ユム概况. 东京：朝仓书店，1971：78

［38］欧阳均. 顺式聚丁二烯研究情况. 应化所档案，60-2-1，K_1-12

［39］W Cooper. in Progress in High Polymers l. Heywood London，1961：302

［40］British pat 824201（to Chem. Werke Hiils，1956）

［41］任守经，李斌才. 高分子通讯，1963，5（2）：65-71

［42］谢洪泉，闻久绵. 高分子通讯，1964，6（5）：377-381

［43］谢洪泉，李平生. 高分子通讯，1964，6（1）：48-54

［44］谢洪泉，秦建国，李平生. 科学通报，1964，3：246-248

［45］谢洪泉，闻久绵. 科学通报，1965，11：999-1001

［46］谢洪泉，李平生. 中国科学院应用化学研究所集刊，第六集60页，第九集59页

［47］谢洪泉，李平生. 高分子通讯，1963，5（1）：11-18

［48］黄继雅，陈启儒. 丁二烯定向聚合后处理的研究（手稿）. 1960年应化所档案，60-2-36，K_1-12：29

［49］李斌才，刘亚东，孙成芳，张玉民. 高分子通讯，1963，5（3）：110

［50］C C Loo，C C Hsu，Can. J. Chem. Eng，1974，32（374）：381

[51] 谢洪泉，李平生．科学通报，1964，4：36-37

[52] 谢洪泉，金鹰泰．中国科学院应用化学研究所集刊，第十二集 64 页

[53] Belgian pat. 573680(1957)；Brit. pat 849589(1958)；Belgian pat. 575671(to Goodrich. Gulf Chem. Inc.，1958)；Belgian pat. 579689(to Shell Int. Res.，1958).

[54] British pat. 948288(to Phillips petroleum Co.，December 5. 1960)

[55] S Sivaram. Ind. Eng. Chem. prod. Res. Develop.，1977，16：212

[56] M Gippin. Rub. Chem. Technol.，1965，35：508

[57] W M Saltman. in Encyclopedia of polymer Science and Technology. Vol. 2. New York：Wiley，1965：717-718.

[58] J G Balas，et al. J. polym Sci.，1965，A3：2243

[59] 上野治夫，牧野逸郎．工业化学杂志(日).1968，71：418

[60] 唐学明，莫志深，赵善康，等．中国科学院应用化学研究所集刊．第十二集.1964：74

[61] 唐学明，杨超雄，赵善康．高分子通讯，1965，5(2)：49-59

[62] 赵善康，唐学明，杨超雄．高分子通讯，1964，6(2)：87-94

[63] 赵善康，等．中国科学院应用化学研究所集刊，第十四集.1965：47

[64] 廖玉珍，王佛松，车吉泰．中国科学院应用化学研究所集刊专题报告，1965：52

[65] 陈启儒，欧阳均．丁二烯在钴催化体系中的定向聚合．中国科学院应用化学研究所集刊．第十一集.1964：38

[66] 莫志深，等．烷基铝水解反应的研究．中国科学院应用化学研究所集刊．第十二集.1964：55

[67] 沈之荃，姜连升，李兴亚，等．高分子通讯，1965，7(5)：322

[68] JP669483421(1961)

[69] US3471462(1969)

[70] 植田贤一，大西章，吉本敏雄，松本毅．工业化学杂志，1963，66(8)：1103

[71] 化学工业，1967，20(1)：39

[72] 郑奎峰．25000 吨/年 日本 JSR 公司顺丁橡胶装置技术．合成橡胶与石油添加剂，1979，7(4，6)；1980，8(2)

[73] Kormer V A，Babitsky B D，Lobach M，I，et al J. Polym. Sci.，1969. V. C16：4351-4360

[74] S H Morrell，et al. Europ. Rub. J.，157[4]，12(1975)

[75] Неьоиноэа Л А，Гренаовский В А，Коврижко Л Ф. и т. д.，Каучук и Резина，1974，6[4]

[76] 应化所档案 12-60-1 K_1

[77] 日本桥石轮胎公司，US 3170904(1965)

[78] 日本桥石轮胎公司，GP1310 640

[79] 日本桥石轮胎公司，昭 43-29627

[80] 日本桥石轮胎公司，昭 44-29664-5，昭 45-6276

[81] 固特异，US 3577396(1971)

[82] 日本桥石轮胎公司，US 3170905(1965)

[83] 日本桥石轮胎公司，GP 1276432

[84] 日本桥石轮胎公司，US 3170907(1965)

[85] 日本桥石轮胎公司，昭 49-29627

[86] 日本桥石轮胎公司，US 3528957(1970)

[87] JSR，日本特许(公开)昭 53-51286(1978)，日本特许(公开)平 3-91506

[88] EP 1417608(1975)　US 3928303(1975)

[89] 日本桥石轮胎公司，US 3528957(1970)

[90] 日本桥石轮胎公司，EP 93073

[91] 日本桥石轮胎公司，EP 1376027 US 3910869(1975)，US 4155880(1979)

[92] 固特异，US 3624000 (1971)

[93] 李德布纳 DD 278475(1990)

[94] (美)弗尔斯通，US 4522988(1985)，US 4501866(1985)

[95] (美)弗尔斯通，US 4522989(1985)

[96] 中国科学院应用化学研究所顺丁橡胶组．催化剂加料方式的初步评选．顺丁橡胶攻关会战科技成果选编，下册，聚合部分．石油化学工业部科学技术情报研究所，P102

[97] 唐学明等．镍催化体系合成顺式聚丁烯的研究Ⅲ．催化剂加料方式的评选．合成橡胶工业，1980，3(1)：134

[98] 松本毅等．工业化学杂志(日本).1968，71：2059

[99] 中国科学院应用化学研究所顺丁橡胶组．环烷酸镍–三异丁基铝陈化条件对聚合的影响．顺丁橡胶攻关会战科技成果选编，下册，聚合部分，石油化学工业部科学技术情报研究所，P90

[100] 中国科学院应用化学研究所顺丁橡胶组．丁二烯在镍催化体系中的聚合行为及聚合物的分子量分布．顺丁橡胶攻关会战科技成果选编，下册，聚合部分．石油化学工业部科学技术情报研究所，P108

[101] 焦书科编著．烯烃配位聚合理论与实践．北京：化学工业出版社，2004：237

[102] B cornils，W A Herrman Eds. Applied Homogeneous Catalysis With Organometallic Compounds，Vol.Ⅰ VCH. Weinheim，1996：280–318

[103] 沈之荃，龚仲元，仲崇祺，欧阳均．科学通报，1964，(4)：335

[104] W. Anderson，et al. Ger：1. 144. 924，1963，C. A. 59：1779

[105] Belgian Pat. 644，291(to Union Carbide Corp.，Lune 15. 1964)

[106] M C Throckmorton. Kaut. Gummi. Kunst，1969，22：293

[107] 中国科学院长春应用化学研究所第四研究室．稀土催化合成橡胶文集．北京：科学出版社，1980

[108] Characterization of cis–1，4–polybutadiene Raw Rubbers Ⅱ. Ln–Catalytically polymerized cis–1，4–poly-butadiene(Ln–PB). Qian Baogong，Yu Fusheng，Cheng Rongsh，Qin Wen，Zhou Enle (155) Qin Renyuan，et al. Proceedings of China–US. Bilateral symposium on Polymer chemistry and physics，1981. New York

[109] Studies on Coordination Catalysts Based on Rare–Earth Compounds in Stereospecifie polymeriztion. Ouyang Jun，Wang Fosong，shen Zhiquan(382). Qin Renyuan，et al. proceedings of China–US. Bilateral symposium on polymer chemistry and physics，1981. New York

[110] Some Aspects of Rare–Earth polymerization Cataly (265)，J. ouyang，F.–S，Wang and B.–T，Huang. Roderic P. Quirk et al.，MMI. Press. SYMP SER 1983. Volume 4. Transition Metal Catalyzed polymeriztion Alkenes and dienes. Pare A.

[111] 欧阳均编著．稀土催化剂与聚合．长春：吉林科学技术出版社，1991

[112] 杨继华，扈晶余，逄束芬，潘恩黎，谢德民，仲崇祺，欧阳均．中国科学，1980，(2)：127

[113] 逄束芬，扈晶余，杨继华，欧阳均．高分子通报，1981，(4)：316

[114] Ji-huaYang，M Tsutsui，Zonghan Chen，D E Bergbreiter. Macromolecules，1982，(15)：230

[115] 逄束芬，李玉良，丁伟平，薛建伟，欧阳均．应用化学，1984，1(3)：50

[116] 杨继华，逄束芬，李瑛，欧阳均．催化学报，1984，5，(3)：291

[117] 杨继华，逄束芬，孙涛，李瑛，欧阳均．应用化学，1984，1(4)：11

[118] 李玉良，张斌，于广谦．分子催化，1992，6(1)：76

[119] 孙涛，逄束芬，嵇显忠，单成基，杨继华．中国稀土学报，1990，8(2)：185

[120] 王德华，等．稀土催化合成橡胶文集．北京：科学出版社.1980：10

[121] 王佛松．稀土催化合成橡胶文集．北京：科学出版社，1980：83

[122] 廖玉珍，等．稀土催化合成橡胶文集．北京：科学出版社，1980：25

[123] 廖玉珍，张守信，柳希春. 应用化学，1987，4(1)：13

[124] 杨继华，逄束芬，孙涛，柳希春. 合成橡胶工业，1992，15(4)：220

[125] G Sylvester, B Stollfuss. at 133rd meeting of the Rubber Division of A. C. S. , Dallas, Texas, 1988, April 12-22

[126] D J Wilsom, D K Jenkins. Polymer Bulletin, 1995, 34：257D. J. Wilsom, J. Polym Sci . Part A, polym chem. . 1995, 33：2505

[127] Nickaf J B, Burford R P, chaplin R P. J. Polym. sci. Part A Polym Chem. , 1995, 33：1125

[128] Roderic P Quirk, Andrew M Kells. Polym Int, 2000, 49：751

[129] 朱永楷，李玉良，于广谦，李晓莉. 合成橡胶工业，1993，16(6)：340；1994，17(3)：146；1994，17(5)：280

[130] 李玉良，于广谦，朱永楷，宋宏升. 功能高分子学报，1993，(2)：139

[131] 李玉良，逄束芬，薛大伟. 高分子通讯，1985，(2)：111

[132] 刘光东，李玉良. 高分子学报，1990，(2)：136；1992，(5)：572

[133] 于广谦，李玉良. 催化学报，1988，9(2)：190

[134] 单成基，李玉良，逄束芬，欧阳均. 化学学报，1983，41，(6)：490-504

[135] И Н Маркевич, О К Мараев, Е Н Тиякова, Б А Долггск. ДАН СССР, 1983, 268(А)：892-896

[136] 金鹰泰，孙玉芳，欧阳均. 高分子通迅，1979，(6)：367

[137] Enoxy Chemica, S. P. A. Ep 92, 270A1, 1983：15

[138] A Mazzai. Macromol. Chem. Suppl. , 1981, 4：61-72

[139] 蒋芝兰，龚志. 合成橡胶工业，1994，17，(1)：23

[140] 杨继华，等. 稀土催化合成橡胶文集，1980：210

[141] 沈琪，等. 稀土催化合成橡胶文集，1980：238

[142] Lars Friebe, et al. Adv. Polym. Sci. , 2006, 204：9，132，133

[143] 廖玉珍，等. 稀土催化合成橡胶文集，1980：25

[144] 姜连升，等. CN1347923，2001

[145] Davld J Wilson, Derek K. Jenking. Polymer Bulletin, 1992, 27：407

[146] Enichem Elastomers ltd. U S P 5017539(1991)

[147] R P Quirk, A M Kells, K Yumlu, J P Cuif. Polymer, 2000, 41：5903

[148] 任守经，姜连升，高秀峰. 高分子通讯，1981，(2)：134

[149] 任守经，姜连升，高秀峰. 稀土催化合成橡胶文集，1980：55

[150] 姜连升，张学全. 茂金属催化体系及非茂金属催化剂引发丁二烯. 合成橡胶工业，2001，24(5)：310-315

[151] 杨光，贾刚治，王景政，等. 茂金属催化剂在弹性体合成中的应用. 橡胶工业，2005，52(9)：563-572

[152] 焦书科编著. 烯烃配位聚合理论与实践. 北京：化学工业出版社，2004：253

[153] 周秀中，王伯全，徐美生. 均相烯烃聚合催化剂进展. 化学通报，1996，(5)：1-4

[154] Kaminsky W, Külper H, Brintzinger H H, et al . Polymerization of propene and butene with a chiral zirconocene and methylalumoxane as cocatalyst. Angrew. Chem. Int. Ed. Engle. , 1985, 24：507

[155] Du Popnt Dow . Polylefin elastomer Engage[J]. Polytile, 1996, 33(8)：76

[156] 谢美然，伍青. 用茂金属催化体系合成聚丙烯弹性体研究进展. 高分子通报，1999，(3)：44-50

[157] Sylrest R T, Riedel J A, Pillon J R. Bessere gummiartikel durch insite-EPDM polymer. Gummi Fasem Kunstoffc, 1997, 50(6)：478

[158] Maier R D. Fortschrittebei metallocene-producter. Kunststoffe Plast Europe, 1999, 89(3)：120

[159] 王熙，段晓芳，邱波，等. 载体茂金属催化剂的乙烯和丙烯共聚. 石油化工，2001，31(2)：95-98

[160] Ricci, G, Panagia A, porri L. Polymerization of 1, 3-dienes with catalysts of vanaduium. Polymer, 1996,

37(2)：363—365

[161] Oliva L, Longo P, Grassi A, et al. Polymerization of 1, 3-alkadiene in the presence of Ni- and Ti-based catalystic systems containing methylaluminoxane. Makromol. Chem. Rapid. Commum. , 1990, 11: 519-524

[162] Dlive L, Longo P, Grassi A, et al. Polymerization of 1, 3-alkadienes in the presence of Ni-and Ti-based catalystic systems containing methylanminexane. Makromol. Chem. Rapid. Commum. , 1990, 11: 519-524

[163] Ricci C, ltalia S, Porri L. Polymerization of conjugatad diolkenes with transition metal catalysts: lnfluence of methylauminoxane on catalyst activity and stereospecificity. Polymer. Commum. , 1991, 32(17): 514

[164] Lgai Shigeru, Lmaoka Koji, Kai Yoshiyki, et al. Catalysts and manufacture of conjugated diene polymers using them. Jpn Tokai Tokkyo Koho, JP 09 286 811(1997)

[165] Tsujimato Nobuhiro, Suzuki Michinori. Manufacture of conjugated diene polymers using metallocene catalysts, JPn Tokai Tokkyo Koho. JP09 316 122(1997); JP10 139 808(1998)

[166] I Kai shigeru Kai Yoshiyuki, Murakam; Masato, et al. Vanadium metallocene compounds for polymerzation of conjugated dienes. JPn Tokai Tokkyo Koho, JP10 298 230(1998)

[167] Tsujimoto, Nobuhiro; suzuki, Michinorl; lwamoto, Yasumasa et al. Polymerization catalyst, process for the preparation of conjugated diene polymer in the present thereof polybutadiene thus prepared. EP 0919574 Al (1999); JP 11-322 850(1990).

[168] Endo K. Macromol. Chem. Phys. , 1996, 197: 3517

[169] 园藤纪代司. 日本ゴム协会志, 1997, 70(2): 29-75

[170] 于广谦, 陈文启, 王玉玲. 在新型环戊二烯基二氯化稀土催化体系中二烯烃定向聚合. 科学通报, 1983, 7: 408-411

[171] 陈文启, 肖淑秀, 王玉玲, 于广谦. 茚基稀土二氯化物的合成及对丁二烯聚合的催化活性. 科学通报, 1983, 22: 1370

[172] Cui L, Ba X, Teng H, Ying L, Li K, Jin Y. Polym. Bull, 1998, 40: 729

[173] Thiele S K H, Wilson D R. J. Macromol. Sci. Polym. Rev. , 2003, 43: 581

[174] Taube R, Maiwald S, Sieler J. J. Organomet Chem. 2001, 621: 729

[175] F Barbotin, V Monteil, M F Llauro, C Boisson, et al. Macromolecules, 2000, 33: 8521

[176] C Boisson, V Monteil, D Ribour, R Spitz, F Barbotin. Macromol. Chem. Phys. , 2003, 204: 1747

[177] V Monteil, R Spitz, F Barbotin, C Boisson. Macromol. Chem. Phys. , 2004, 205: 737

[178] J. Thulliez, V Monteil, R Spitz, C Boisoon. Angew. Chem. , 2005, 117: 2649; Angew. Chem. Int. Ed. , 2005, 44: 2593; C Boisson, V Monteil, J Thuillez, et al. Macromol. Symp. 2005, 226: 17-23

[179] P Longo, S Pragliola, G Milano, G Guerra. J. Am. Chem. Soc. , 2003, 125: 4799

[180] Jeske G, Lauke H, Mauermann H, et al. J. Am. Chem. Soc. , 1985, 107: 8091

[181] Yasuda H, Yamamoto H, Yokota. K, et al. J. Am. Chem. Soc. , 1990, 114: 4908

[182] Evans W J, Ulibarri T A, Ziller J W. J. Am. Chem. Soc. , 1992, 112: 2314

[183] Kaita S, Hou Z, Wakatsuki Y. Stereo specific Polymerization of 1, 3-Butadiene With Samarocene-Based Catalysts. Macromolecules, 1999, 32: 9078-9079

[184] Miyazawa A, Kase T, Soga K. Macromolecules, 2000, 33: 2796

[185] Nath D C D, Shiono T, Ikeda T. Macromol. Chem. Phys. , 2002, 203: 1171

[186] Maiwald S, Sommer C, Miller G, Taube R. Macromol. Chem. Phys, 2001, 202: 1446

[187] Kaita S, Takeguchi Y, Hou Z, et al. Macromolecules, 2003, 36: 7923

[188] Kaita S, et al. U S 2005/0170951Al; US 2006/0058179Al

[189] Evans W J. , Chamberlain. L. R. , Ulibarri T A, Ziller J W. J. Am. Chem. Soc. , 1988, 110: 6423

[190] Kaita S, Hou Z, Wakarsuki Y. Macromole cules, 2001 34: 1539

[191] Riken(JP), Shojiro Kaita, et al. U S 6596828B1. 2003

［192］Kaita S, Yamanaka M, Horiuchi A C, Wakatsuki Y. Macromolecules, 2006, 39：1359-1763

［193］Kaita S, Hou Z, Nishiura N, et al. Macromol. Rapid. Coummun．, 2003. 24：179-184

［194］Riken(JP), Shojiro Kaita, er al. U S 7148299B2 2006

［195］RIKEN Kaita S, Hou Z, Wakatsukl Y. US 2002/0119889Al

［196］Lido porri, Giarrusso A, Ricci G, et al. Recent Advances in the field of diolefin polymerization with transition metal catalysts. Macromol. Chem. Macromol. Symp．, 1993, 66：231-244

［197］David J Wilson. Polymerization of 1, 3-Butadiene using Aluminoxane-Based Nd-Carboxylate catalysts, polymer International, 1996, 36：235-242

［198］Sone Takuo, Nonaka Katsytoshi, Hattori lwakazu, et al. Method of producing conjugated diene polymers. Eur Pat Appl. Ep0863165A, 2008

［199］王佛松，江家奇，余赋生，廖玉珍．高分子通讯.1964, 6(4)：332-335

［200］沈之荃，姜连升，李兴亚，仲崇祺，欧阳均．丁二烯在乙酰基丙酮镍和一氯二烷基铝均相催化体系中的定向聚合．高分子通讯, 1965, 7(5)：322-335

［201］顺丁橡胶攻关会战科技资料汇编（聚合部分）．石油化学工业部科学技术情报研究所

［202］A Tkác, V Adameik. Collection Czechoslov, Chem. Commum．, 1973, 38：1346

［203］去本敏雄，小松公荣，阪田良三，等．Makromol. Chem．, 1970, 139：61

［204］王德华，等．丁二烯在镍催化体系中的聚合行为及聚合物的分子量分布．应化档案7604009-019, 1976 年 1 月(22)：108

［205］焦书科，戚银城，韩淑珍，陈殿中，姚萍，汪松泽，康佃英．顺式-1, 4-聚丁二烯的动力学研究．合成橡胶工业, 1980, 3(3)：155-161

［206］浙江大学高分子化教研组．丁二烯在镍催化体系油溶剂中聚合动力学．顺丁橡胶攻关会战科技成果选编(聚合部分)．石油化学工业部科学技术情报研究所, 167 页

［207］陈滇宝，张兴琢，王春，唐学明．镍体系催化丁二烯聚合动力学．合成橡胶工业, 1987, 10 (1)：13-16；合成橡胶工业, 1986, 9(4)：243

［208］T Kagiya, M Hatta, K Fukui. Chem. High Polymers[Tokio], 1963, 20：730

［209］松本毅，大西章．工业化学杂志(日文), 1968, 71：2059

［210］Collection Czechoslov Chem. Commun．, 1972, 37：523；1972, 37：1006

［211］Dixon, Duck E W, Grieve D P, Jenkiivs D K., Thornber M N. High cis-1, 4 Polybutadiene 1. The catalyst system Nickel diisopropylsalicylate, boron trifluoride etherate. butyl lithium, Eur. Polymer J．, 1970, 6：1359；1971, 7：55

［212］M C Throckmorton, F S Farson. HF-Nickal-R_3 Al catalyst system for producing High cis-1, 4-polybutadiene. Rubber Chem. Technol．, 1972, 45：268；Brit. 1147018(1969)

［213］M C Throckmoton, F S Farson. Rubber Chem. Technol．, 1972, 45：268

［214］小松公荣，田准，安永秀敏，古川醇二，工业化学杂志(日), 1971, 74：2377

［215］黄葆同，欧阳均，等．络合催化聚合合成橡胶．北京：科学出版社, 1981：58, 115

［216］G Wilke, et al. Angew Chem．, 1961, 73：753

［217］焦书科，胡力平，常鉴会，戚银城．化工学报, 1984, 4：357

［218］T Matsumoto, J Furukawa. J. Polym. Sci. 1967, B. 5：935

［219］M I Labach, V A Kormer, I Yu Tsereteli, et al. J. Polym Sci, 1971, B9. 71

［220］Mattsumoto T, Furukawa J. J. Macromol. Sci. Chem. 1972. A6(2)：281

［221］焦书科编著．烯烃配位聚合理论与实践．北京：化学工业出版社, 2004：248

［222］Porril, et al. Eur. Polym. J, 1969, 5：218

［223］Haward R N. Developments in polymerzation. Coaper. W．, Advances in the polymerization of conjugated Dienes, 1979：124, 128

[224] 欧阳均编著. 稀土催化剂与聚合. 长春：吉林科学技术出版社，1991：139

[225] Pross A，Marquardt P，Reichert K H，et al. Angew Makromol Chem，1993，211：89

[226] Lars Friebe，Ockar Nuyken，Werner Obsrecht，Neodymium-Based Ziegler/Nata Catalysts and their Application in Diene Polymerization. Adv. Polym. Sci，2006，204：99-126

[227] Maiwald S，Sommer C，Müller G，Taube R. Macromol. Chem. Phys.，2001，202：1446

[228] Chigir N N，Guzman Is，Sharaev O K，Tinyakova E I. Dolgoplosk BA，DOKI Akad Nauk SSSR，1982，263：375

[229] Niclaf J B，Burford R P，Chaplin R P. J. Polym. Sci. Part A Polym. Chem.，1995，33：1125

[230] Friebe L，Nuyken O，Obrecht W. J. Macromol. Sci. Pure Appl. Chem.，2005，42：839

[231] Friebe L，Nuyken O，Wiondisch H，Obrecht W. J. Macromol Sci. Pure Appl. Chem，2004，42：245

[232] 扈晶余，邹昌玉，欧阳均. 中科院长春应化所集刊，1982，第19集，63页

[233] 扈晶余，欧阳均. 中科院长春应化所集刊，1983，第20集，33页

[234] 潘恩黎，谢德民，仲宗旗，欧阳. 化学学报，1982，40(5)：395

[235] 潘恩黎，谢德民，仲宗旗，欧阳均. 化学学报，1982，40(4)：301

[236] D R Burfield，P J T. Tait. I. D. Mekenzie. Polymer，1972，13：321

[237] H L Hsich，G H C Yeh. Rubber Chem. Technol.，1984，58：117

[238] Z Shen，J Ouyang，F Wang，Z. Hu，F. Yu，B. Qiam. J. Polym Sci.，Polym. Chem. Ed.，1980，18：3345

[239] Friebe L，Nuyken O，et al. Macromol Chem Phys，2002，203：1055

[240] H Yasuda. Top Organomet. Chem，1999，2：255

[241] 逢束芬，欧阳均. 高分子通讯，1981，5：393

[242] 杨建华，扈晶余，逢束芬，潘恩黎，谢德民，仲宗旗，欧阳. 中国科学，1980，127

[243] Skuratov K D，et al. Polymer，199；33(24)：5202

[244] Sham C，Lin Y，Ouyang J，Fan Y，Yang G，Makromol Chem.，1987，188：629

[245] Bolognesi A，Destri S，Zhou-Zi-nan，Porri L. Makromol Chem. Rapid Commun.，1984，5：679

[246] Kway G. Macromolecules，2002，35：4875

[247] Kwag G，Lee H，Kim S. Macronmolecules，2001，34：5367

[248] Natta G，Pino P，Mazzanti G，Giannini U. J. Lnorg. Nucl. Chem.，1958，8：612

[249] Porri L，Carbonaro A. Makromol. Chem.，1963，60：236

[250] G Natta，P Pino. J. Am. Chem. Soc.，1957，(79)：2975

[251] G Natta，P Connadini，I W Bassi. J. Am. Chem. Soc.，1958，(80)：1958

[252] 单成基，林永华，金松春，欧阳均，樊玉国，杨光弟，于景生. 化学学报，1987，45：949-954；Makromol Chem，1987，188：628-635

[253] Cosse P. J Catal.，1964，3：80

[254] 中国科学院应用化学研究所. 顺丁生胶的表征. 顺丁橡胶攻关会战科技成果选编，下册. 石油化学工业部科学技术情报研究所，1976：225-292

[255] 中科院应化所高分子物理研究室. 顺丁生胶的表征. 化学通报，1977，(5)：268-279

[256] 钱保功，余赋生，程容时，秦汶，周恩乐. 稀土催聚的顺-14聚丁二烯的表征. 科学通报，1981，(20)：1244-1248；中国科学，B辑，1982，(4)：297-310

[257] 曾焕庭. 合成橡胶的红外光谱分析. 合成橡胶工业，1978，(2)：56-69

[258] 朱晋昌，席时全，吴雅南，等. 定向聚丁二烯不饱和度分布的红外吸收光谱测定. 中国科学院高分子学术会议会刊，1961年高分子化学和物理研究工作报告会；北京：科学出版社，1963：398

[259] 于宝善. 合成橡胶结构与组成红外分析的一些问题. 分析化学，1974，2(4)：311-21

[260] 赵芳儒，等. 高分子通讯，1982，(3)：225

[261] 程容时. 黏度数据的外推和从一个浓度的溶液黏度计算特性粘数. 高分子通讯，1960，4(3)：159-163

[262] 钱绵文，杜志强．高分子学报，1988，(2)：113-118

[263] F Danusso，G Morglic，G Gianoti．J. Polymer. Sci，1961，51：475

[264] 阮梅娜，程容时．稀土顺丁橡胶与镍顺丁橡胶的分子量．中科院长春应化所集刊，1981，第 18 集，P19

[265] 殷敬华，李斌才．顺丁橡胶在几种溶剂中的特性粘数-分子量关系式和无扰分子尺寸的估算．高分子通讯，1984，(3)：187-91

[266] 余赋生，杨毓华，徐桂英，李生田，周华荣．稀土催化合成橡胶文集．北京：科学出版社，1980：246

[267] 张新惠，徐敬梅．稀土催化合成橡胶文集，P308

[268] 杨荣杰，施良和．聚合物长链支化表征进展．石油化工，1988，17(3)：192-196

[269] 金春山，等．用 GPC-[η] 法研究高聚物的长链支化，合成橡胶工业，1979，2(1)：20-28

[270] 金春山，孙淑莲，闫承浩，薛晓伏．镍顺丁橡胶的长链支化．镍顺丁橡胶攻关会战工作报告(之三)，1986，4

[271] 章婉君．Ni-PB 中凝胶粒子的分布．镍顺丁橡胶攻关会战工作报告(之二)，1986，4

[272] 张延寿，罗云霞，章婉君，李生田，王丽霞．凝胶对镍顺丁橡胶力学性能的影响．镍顺丁橡胶攻关会战工作报告(之二)，1986，4

[273] Brandrup J.，Lnmergut E H. Polymer Handbook V1-41. New York：Interscience Pubishers

[274] 周恩乐，徐白玲，贾连达．顺丁橡胶的聚集态结构及其拉伸行为．高分子通讯，1980，1：27~33

[275] 贾连达，聚(顺-1，4-聚丁二烯)结晶过程中的形态观察．中科院长春应化所集刊，1981，18 集，151-154

[276] 周恩乐，徐白玲．高顺式-1，4-聚丁二烯的结晶形态研究．高分子通讯，1982，(3)：178-181

[277] 徐洋，金桂萍，周恩乐，余赋生，钱保功．稀土聚丁二烯的结晶形态．电子显微学报，1984，(2)：51-56

[278] 徐洋，余赋生，周恩乐，钱保功．稀土聚丁二烯的结晶行为与分子量及温度的关系．应用化学，1984，1，(4)：51-55

[279] 余赋生，徐桂英，张世林，宋香玉．应用化学，1983，(1)：58

[280] 周恩乐，金桂萍，廖玉珍，魏金柱．稀土顺-1，4-聚丁二烯的分子量及分子量分布对其低温结晶形态结构的影响．长春应化所集刊，19 集，1982，81-84 页

[281] 周恩乐，李虹．燕山 Ni 顺丁中试胶样的电镜剖析．"镍系顺丁胶攻关会战"之二，1986；金桂萍，李虹．电子显微学报，1982(2)：119-124

[282] 张延寿，钱保功．稀土顺丁橡胶的粘弹性及链缠结．应化集刊，17 集，36 页

[283] 徐洋，周恩乐，余赋生，钱保功．稀土顺-14-聚丁二烯的分子量及分子缠结对结晶行为的影响．应用化学，1987，4(1)：48-52

[284] 张延寿，冯之榴，田禾．高低温自控自记式橡胶应力松弛仪．应化集刊，16 集，83 页(1966)

[285] S D Hchg，D R Hansen，M Shen. J. Polymer. Sci.，Polym，Phys，Ed.，1977，15(11)：1869-1883

[286] Chompff A J &，Dutsier J A. J. Chem. Phys.，1966，45：1505；1968，48：235

[287] 王英，秦汶．顺丁橡胶浓溶液的黏度．合成橡胶工业，1984，7(4)：304-308

[288] 秦汶，李素清，张芃．顺式-14-聚丁二烯的流变性质，流动曲线的不连续性．高分子通讯，1984，2：120-124

[289] 李素清，秦汶．顺式-1，4-聚丁二烯的流变性质，Ⅱ生胶的包锟性能．高分子通讯，1984，2：125-128

[290] L Colombo，等．Kautschuk Gummi Kunststoffe，1993，46(b)：458-461

第 5 章　顺丁橡胶工业生产工艺

5.1　工业化生产高顺式丁二烯橡胶的催化剂体系

K. Ziegler 和 G. Natta 在共轭二烯烃定向聚合领域中的重大发现以及高顺式 1,4-丁二烯橡胶(即顺丁橡胶)呈现的优异性能,引发了人们对丁二烯配位聚合催化剂广泛的研究兴趣。到 20 世纪 60 年代末,人们已发现 60~70 种可制得高顺式 1,4-丁二烯橡胶的催化剂[1],其中以 TiI_4-$AlEt_3$ 为代表的钛系催化体系、以 $CoCl_2$ - $AlEt_2Cl$ - H_2O 为代表的钴系催化体系、以 $Ni(naph)_2$ - $AlEt_3$ - $BF_3 \cdot OEt$ 为代表的镍系催化体系及近年发展迅速以 $Ln(naph)_3$ - $AlH(iBu)_2$ - $Al(iBu)_2Cl$ 为代表的钕系催化体系先后实现了丁二烯橡胶工业化生产。其中工业化最早的钛系催化体系曾在 ANIC、Goodyear、Michelin、Bayer、American Synthetic、Воронеж(前苏联)等合成橡胶公司中得到应用。但由于该催化剂生产的顺丁橡胶的生产成本较高,在 20 世纪 80 年代钕系顺丁橡胶开发成功后,多个钛系胶生产装置已逐渐改为生产钕系顺丁橡胶。2013 年,4 个催化剂体系生产顺丁橡胶的工业化情况如表 5-1(1)~(4)所列。

表 5-1(1)　2013 年镍系催化体系丁二烯橡胶生产商

生产厂商	装置所在地	装置数	生产能力/(kt/a)	催化剂体系
Goodyear Tire & Rubber	美国	1	360(200)	
SINOPEC	中国	7	513	Ni, Li
Korea Kumho	韩国	3	397	Ni,Li,
PetroChina	中国	5	266	Ni, Li
Firestone Polymers LLC	美国	1	130	Ni, Nd
JSR Corporation	日本	1	72	Ni, Li,
Dow	美国	2	71	Ni
BST Elastomer	泰国	1	50	Ni, Li, Co,
Indian Petrochemicals	印度	1	50	Ni, Co,
Shandong Yuhuang(玉皇)	中国山东	1	80	Ni .
Fujian Fulu(福禄)	中国福建	1	50	Ni
Xinjiang Tianli(天利)	中国新疆	1	50	Ni
Shandong Wanda(万达)	中国山东	1	30	Ni
Shandong Huamao(华懋)	中国山东	1	100	Ni
Zhejiang Zhuanhua(传化)	中国浙江	1	100	Ni
Yangzhi Jinpu（金浦)	中国江苏	1	100	Ni
合计		29	1874	

表 5-1(2)　2013 年钴系催化剂体系的丁二烯橡胶生产商

生产厂商	装置所在地	装置数	生产能力/(kt/a)	催化剂体系
Lanxess	德国、法国	3	425	Co, U, Nd
UBE Industries Ltd.	日本、中国	2	182	Co
Zeon Corporation	日本	1	65	Co
Dow	美国	2	71	Co, Ni, Li
Thai Synthetic Rubber	泰国	1	72	Co
BST Elastomer	泰国	1	52	Co
TSRC	中国台湾	1	60	Co, Ni
Qenos Pty Ltd.	澳大利亚	1	10	Co,
合计		12	812	

表 5-1(3)　2013 年钛系催化剂体系丁二烯橡胶生产商

生产厂商	装置所在地	装置数	生产能力/(kt/a)	催化剂体系
Efremov	俄罗斯	1	120	Ti, Nd
Sibur	俄罗斯	1	80(120)	Ti
American Synthetic	美国	1	160	Ti
合计		3	400	

表 5-1(4)　2013 年钕系催化剂体系丁二烯橡胶生产商

生产厂商	装置所在地	装置数	生产能力/(kt/a)	催化剂体系
Lanxess	德国、美国	3	425	Nd, Co, U
SINOPEC	中国	1	30	Nd
PetroChina	中国	3	215	Nd, Ni
Efremov	俄罗斯	1	120	Nd Ti
Polimeri Europa	意大利	2	120	Nd, Li
Petroflex	巴西	1	95	Nd, Li
Chi Mei	中国台湾	1	50	Nd
Karborchem	南非	1	30	Nd
Kumho Petrochemical	韩国	1	36	Nd
Shandong Qixiang Tenda	中国山东	1	50	Nd
Shandong Huamao(华懋)	中国山东	1	80	Nd
合计		16	1013	

5.2　丁二烯的溶液聚合

由于丁二烯在常温、常压下是气体，为了使丁二烯和催化剂均匀接触，并有助于排出聚合热，配位聚合合成高顺式聚丁二烯橡胶，一般均采用溶液聚合方法。但与传统的自由基乳液聚合方法不同，丁二烯的溶液聚合不能采用水作为溶剂，因丁二烯在水中的溶解度很低。聚合所采用的 Ziegler-Natta 型催化剂遇水将分解失活；活性种与丁二烯是否容易配位，只取决于活性种与丁二烯的电子效应和空间阻碍，而与聚合方法无关[2]，所以丁二烯的聚合绝大部分均采用不含质子性化合物并经严格脱除不饱和烃、炔烃和 CO 等杂质的烃类溶剂进行溶液聚合.

5.2.1　溶剂的选择

丁二烯溶液聚合所用溶剂不仅要对丁二烯、催化剂和聚合物有较好的溶解性，而且它的性质对聚合速度、聚合物性质、反应器的选型选择、操作控制水平、装置投资、生产成本及环境保护都有重要影响。因此溶剂的选择，必须从以下方面综合考虑才能确定。

1. 溶剂的溶解性能

一般可作为丁二烯聚合的溶剂，对单体丁二烯都有较好的溶解性，但对不同的催化剂体系的溶解性是不同的。催化剂和聚合物均溶于烃类溶剂的聚合即是均相溶液聚合。催化剂（或催化剂的反应产物）不溶于溶剂而生成的聚合物溶于烃类溶剂者属于微非均相溶液聚合，但对催化剂的计量和输送要在设计上给予关注。溶剂的溶解性能可从以下方面考察。

（1）溶解过程自由能的变化

溶剂对聚合物的溶解性能可通过其在溶解过程中自由能变化进行考察。热力学分析表明[3]：聚合物在恒温恒压下如能溶于某种溶剂，其混合体系的自由能 ΔG_M 应呈减少趋势。

$$\Delta G_M = \Delta H_M - T\Delta S_M \tag{5-1}$$

式中，ΔG_M 为聚合物与溶剂分子混合时的混合自由能；ΔH_M 为聚合物与溶剂分子混合时的混合热；ΔS_M 为聚合物与溶剂分子混合时的混合熵；T 为溶解温度。所以只有当 $\Delta G_M < 0$ 才能溶解。因为在溶解过程中，分子的排列趋于混乱，混合过程熵的变化是增加的，即 $\Delta S_M > 0$，因此 ΔG_M 的正负取决于 ΔH_M 的正负及大小。

极性聚合物在极性溶剂中，由于聚合物与溶剂分子的强烈相互作用，溶解时放热（$\Delta H_M < 0$），使体系的自由能降低（$\Delta G_M < 0$），高聚物溶解。

对于非极性聚合物，若不存在氢键，其溶解过程一般是吸热的，即 $\Delta H_M > 0$，所以要使高聚物溶解 $\Delta G_M < 0$，必须满足 $|\Delta H_M| < -T|\Delta S_M|$。

（2）溶度参数的差值

ΔH_M 值可用液体混合时的计算公式。假定两种液体在混合过程没有体积变化（$\Delta V = 0$），则混合热可通过下式计算：

$$\Delta H_M = V_M [\varepsilon_1^{1/2} - \varepsilon_2^{1/2}]^2 V_1 V_2 \tag{5-2}$$

式中，ε_1、ε_2 分别为溶剂与高聚物的内聚能密度，V_1、V_2 分别为溶剂与高聚物的体积分数，V_M 为混合后的总体积。

定义内聚能密度的平方根为溶度参数 δ

$$\delta = \varepsilon^{1/2}$$

$$\Delta H_M = V_M [\delta_1 - \delta_2]^2 V_1 V_2 \tag{5-3}$$

由式（5-3）可见当 ΔH_M 是正值时，要使 $\Delta G_M < 0$，则 $|\Delta H_M| < -T|\Delta S_M|$。因此 ΔH_M 越小越好。也就是说 ε_1 与 ε_2 或 δ_1 与 δ_2 必须接近或相等。

聚合物的溶度参数，除了用实验方法直接测定外，也可从聚合物的结构式利用下式作近似估算。

$$\delta_2 = \frac{\rho \Sigma E}{M_0} \tag{5-4}$$

式中，E 为聚合物分子的结构单元中不同基团或原子的摩尔吸引常数（表5-2），ρ 为高聚物的密度，M_0 为结构单元的分子量。

例如聚氯乙烯的结构式为—[CH_2—$CHCl$]$_n$—，由表5-2中查到—CH_2—，>CH—，—Cl（仲）的摩尔吸引常数分别为131.5、86、208，结构单元的分子量为 $M_0 = 62.5$，聚氯乙烯的密度为 $\rho = 1.4g/cm^3$，则计算所得聚氯乙烯的溶度参数 δ 如下：

$$\delta = \frac{\rho \Sigma E}{M_o} = \frac{1.4(131.5 + 86 + 208)}{62.5} = 9.53$$

表 5-2　摩尔吸引常数 E

基　团	$E/(\mathrm{cal \cdot cm^3})^{1/2}$	基　团	$E/(\mathrm{cal \cdot cm^3})^{1/2}$
—CH$_3$	148	NH$_2$	226.5
—CH$_2$—	131.5	—NH—	180
$>$CH—	86	—N—	61
$>$C$<$	32	C$=$N	354.5
CH$_2$=	126.5	NCO	358.5
—CH=	121.5	—S—	209.5
$>$C=	84.51	Cl$_2$	342.5
—CH=(芳)	117	Cl(伯)	205
—C—(芳)	98	Cl(仲)	208
—O—(醚、缩醛)	115	Cl(芳)	161
—O—(环氧化物)	176	F	41
—COO—	326.5	共轭键	23
$>$C=0	263	顺	−7
—CHO	293	反	−13.5
(CO)$_2$O	567	六元环	−23.5
—OH→	226	邻	9.5
OH(芳)	171	间	6.5
—H(酸性二聚物)	−50.5	对	40

注：1cal = 4.1868J。

一般通用的溶剂和聚合物的溶解度参数 δ 列于表 5-3、表 5-4。

表 5-3　溶剂的溶解度参数

溶　剂	$\delta_1/(\mathrm{cal/cm^3})^{1/2}$	溶　剂	$\delta_1/(\mathrm{cal/cm^3})^{1/2}$
正己烷	7.24	硝基苯	9.58
环己烷	8.25	丙酮	9.71
四氯化碳	8.58	二甲基甲酰胺	12.1
甲乙酮	9.04	乙醇	12.8
苯	9.15	甲醇	14.5
氯仿	9.24	水	23.41

表 5-4　橡胶等聚合物的溶解度参数

聚合物	$\delta/$ $(cal/cm^3)^{1/2}$	聚合物	$\delta/$ $(cal/cm^3)^{1/2}$	聚合物	$\delta/$ $(cal/cm^3)^{1/2}$
聚四氯乙烯	6.2	聚硫橡胶	9.0~9.4	顺丁橡胶	8.1~8.6
聚甲基硅氧烷	7.3~7.6	聚甲基丙烯酸甲酯	9.0~9.5	氯丁橡胶	8.2~9.4
乙丙橡胶	7.9	聚乙酸乙烯	9.4	聚丁二烯/丙烯腈	
聚异丁烯	7.7~8.0	聚丁二烯/苯乙烯		82/18	8.7
聚乙烯	7.9~8.1	(85/15)~(87/13)	8.1~8.5	(75/25)~(70/30)	9.25~9.9
异戊橡胶(天然橡胶)	8.0	(75/25)~(72/28)	8.1~8.6	61/39	10.3
	7.9~8.3	60/40	8.7	聚氨酯	10.0

聚合物的溶解度参数与溶剂的溶解度参数越接近，溶剂对聚合物的溶解性越好。一般认为当聚合物的溶解度参数和溶剂的溶解度参数的差值 $\delta_P - \delta_s = 1 \sim 1.3$ 时，二者可以互溶。

在选择聚合溶剂时，除了使用单一溶剂外还经常使用混合溶剂。混合溶剂对聚合物的溶解能力往往比单一溶剂好，甚至两种非溶剂的混合物也会对某种高聚物有很好的溶解能力。

混合溶剂的溶度参数 $\delta_{混}$ 可由纯溶剂的溶度参数 δ_1、δ_2 与体积分数 V_1、V_2 线性加和计算：

$$\delta_{混} = \delta_1 V_1 + \delta_2 V_2 \qquad (5-5)$$

例如，聚苯乙烯的 $\delta = 8.6$，我们可以选用一定组成的丁酮($\delta = 9.04$)和正己烷($\delta = 7.24$)的混合溶剂，使其溶度参数接近聚苯乙烯的溶度参数，从而具有良好的溶解性能。

2. 溶剂对聚合体系的黏度的影响

同样的催化剂体系由于采用的溶剂不同，聚合体系的黏度也将有很大的不同，聚合体系的黏度过大，聚合釜的传热、传质将有更多困难，因此在聚合釜、搅拌浆型式和传热设施的设计及胶液的输送都将付出更大的努力。溶剂对聚合物的溶解性越好，大分子越伸展，聚合液的黏度也越大。因此单纯根据溶度参数 δ 进行选择是不完全的，还必须考虑体系的黏度。以甲苯为标准的比溶解度是选择溶剂的一项标准。

$$比溶解度 = 100 \times \frac{甲苯溶液的黏度}{试验溶液的黏度}$$

比溶解度越大，溶液的黏度越低。所谓比溶解度实质上是溶剂对溶液黏度降低的能力。顺丁橡胶在各种溶剂中的比溶解度见表 5-5。

表 5-5　顺丁橡胶在各种溶剂中的比溶解度

溶 剂	比溶解度	溶 剂	比溶解度
苯	93	甲基环戊烷	150
甲苯	100	正庚烷	250
环己烷	108	正己烷	280
甲基环己烷	130		

3. 溶剂对聚合反应的影响

溶剂对聚合反应、聚合物的质量、工艺过程都有影响，但在不同催化剂体系的聚合过程中它们的影响却有所不同。在以环烷酸镍-三氟化硼乙醚络合物-三乙基铝催化剂进行丁二烯聚合时，苯、甲苯、己烷、庚烷、环己烷等都可以作为聚合溶剂，而且都能得到高分子量、高顺式含量的丁二烯聚合物。但在脂肪族烃类溶剂中聚合所得聚合物的分子量较芳烃溶剂的高，这是不同于钛或钴催化体系的显著特点。对钛催化体系来说，丁二烯在芳烃溶剂中聚合比在脂肪族溶剂中聚合速度快，聚合物的顺式含量高。钴催化体系在脂肪族溶剂如正己烷和环己烷中引发丁二烯聚合时虽然可以获得高转化率，但顺式含量和分子量都比苯中得到的低。因此钛和钴催化体系一般选用苯或甲苯为溶剂，但考虑到苯的毒性和挥发性，工业上都采用甲苯为聚合溶剂。

4. 溶剂对分离和回收工序和流程的影响

由于溶剂的不同使溶剂分离和回收的工序有所不同，进而影响装置的建设投资和运转成本。因此选择溶剂还要考虑它和聚合物是否容易分离和回收，溶剂能否与杂质很好地分开，以免杂质循环积累影响聚合反应。溶剂的沸点低、汽化潜热低，有利于溶剂的回收，节约能源。然而沸点太低则易挥发、损耗大。以苯作溶剂，其沸点较低，溶解性能好，单一组分，便于产品的分离和溶剂的回收；回收流程短，基建投资少但胶液黏度大，对传质传热不利；其毒性大，污染环境。用甲苯作溶剂，其溶解性能好，但毒性大，沸点较高，胶液凝聚、溶剂回收能耗高，且胶液黏度大。甲苯（30%）-庚烷（70%）混合溶剂在胶液黏度和毒性等方面比苯、甲苯好，但凝聚、回收费用较高。中国顺丁橡胶生产在早期都采用抽余油作溶剂，抽余油来自炼油厂铂重整芳烃抽提装置，是抽取芳烃后的汽油馏分。从中切割出 60~90℃ 馏分作为丁二烯聚合溶剂，其组成是以己烷和庚烷为主的烷烃同分异构体的混合溶剂。毒性小，资源丰富，价格低廉，作聚合溶剂，除了对三氟化硼乙醚络合物的溶解能力稍差外，对丁二烯、聚丁二烯和催化剂其他组分都有良好的溶解性能，具有胶液黏度低、搅拌功率小、生产能力大、传质传热效果好等优点。但由于馏程范围较宽，要将其中对聚合反应不利的杂质排除出系统需要较多塔系，也造成溶剂损失较高。近年来为了更好分离回收，采用了己烷为溶剂。

5. 溶剂的种类

丁二烯聚合溶剂可分为脂肪烃、脂环烃、芳烃和混合溶剂四种。可以使用的溶剂脂肪烃有正丁烷、正戊烷、正己烷、正庚烷、正辛烷、异辛烷、丁烯、辛烯、抽余油和加氢汽油等；脂环烃有环己烯、环己烷、甲基环己烷、甲基环戊烷等；芳烃有苯、甲苯、二甲苯、均三甲苯、乙苯、异丙苯等；混合溶剂有庚烷-甲苯（7∶3）、丁烯-苯等。

不同溶解度参数及沸点的溶剂对丁二烯聚合体系的影响见表 5-6。

表 5-6　不同溶解度参数及沸点的溶剂对丁二烯聚合体系的影响

溶剂	溶解度参数（25℃）	沸点/℃	聚合体系状态	溶剂	溶解度参数（25℃）	沸点/℃	聚合体系状态
丙烷	6.0	-42.07		正己烷	7.30	68.74	均相
异丁烷	6.25	-11.73	悬浮	正庚烷	7.45	98.43	均相
季戊烷	6.25	9.5		正辛烷	7.55	125.67	均相
正丁烷	6.7	-0.60	悬浮	正壬烷	7.65	150.80	均相
异丁烷	6.7	-6.90	悬浮	甲基环己烷	7.85	100.93	均相
1-丁烯	6.7	-6.26	悬浮	环戊烷	8.10	49.26	
异戊烷	6.75	27.85	悬浮	环己烷	8.20	80.74	均相
异辛烷	6.85	99.24	悬浮	对二甲苯	8.75	138.95	均相
正戊烷	7.05	36.07	悬浮	甲苯	8.90	110.63	均相
1,3-丁二烯	7.10	-4.41	悬浮	苯	9.10	80.10	均相

经过实验研究和生产实践认为较好的溶剂有苯、甲苯、己烷、庚烷及其混合溶剂。

5.2.2 聚合基本生产工序

目前不论采用那一种催化体系，溶液聚合生产顺丁橡胶基本上都采用以下基本工序：催化剂、单体、溶剂的配制；聚合；合成胶液凝聚；溶剂和未反应单体的回收和精制；胶粒的脱水；干燥等后处理，如图 5-1 所示。

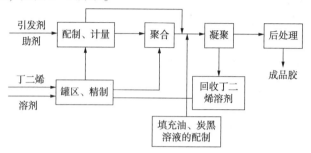

图 5-1　溶液聚合生产顺丁橡胶的基本工序

各工序的基本功能如下：

（1）活性种制备

在配制计量工序基本完成这一任务。镍引发体系包括多元催化剂组分，活性种制备工艺涉及催化剂陈化方式（催化剂组分间配比、加料方式和加料顺序）和陈化条件（陈化时间、陈化温度）等，它影响催化剂的利用效率和产品质量。

（2）聚合工艺

聚合工艺条件决定生产的顺丁橡胶的基本性能。这些条件包括单体浓度、聚合温度、聚合时间等。调节催化剂用量和组分间配比，改变聚合工艺条件，可以生产不同牌号不同性能的产品。

（3）凝聚工艺

采用溶液聚合法生产橡胶，产品与溶剂和未反应单体的分离一般采用水蒸气汽提法，即釜式凝聚法。顺丁橡胶凝聚采用三釜流程，水胶比一般控制在 4 ~ 6，凝聚温度和压力与所用溶剂的沸程有关，它们之间的互相匹配是凝聚过程节能降耗的关键。

（4）后处理工艺

后处理工艺包括洗胶、挤压脱水、膨胀干燥、热风箱干燥和压块包装等过程，膨胀干燥是影响产品质量的关键工序。由于膨胀干燥机夹套蒸汽和挤压摩擦生热，使膨胀干燥温度较高，即使有防老剂存在，在热和机械应力的作用下，部分聚丁二烯分子与氧发生氧化型交联，使生胶的凝胶含量增加、门尼黏度上升。

（5）溶剂和丁二烯回收工艺

这是溶液聚合生产工艺中有关能耗物耗、溶剂质量稳定、建设投资的最重要工序。有关回收塔数、流程布置、各塔的工艺条件均需根据所选择溶剂的物理性能、聚合对回收溶剂质量要求及总体技术经济水平，全面考虑。

（6）填充油、炭黑混合工艺

在生产充油或充油炭黑顺丁橡胶时所设置的工序，要求准确计量、完全混合、成品质量稳定。

5.3　镍催化体系顺丁橡胶生产工艺

镍系顺丁橡胶生产技术的特点是：

① 催化剂活性高、用量低，无需洗涤脱除。

② 对溶剂的选择具有广适性，既可用芳烃、芳烃脂肪烃混合物，又可用符合环保要求的纯脂肪烃。催化剂各组分均溶于溶剂中，有利于计量、输送、配制。

③ 单体浓度的变化对生成聚合物无不利影响，高单体浓度可提高装置生产能力，减少溶剂回收。而 Co-BR 生产时，单体浓度高、顺式含量降低，凝胶增加，对聚合有不利影响。

④ 聚合温度对聚合物顺式含量几乎无影响，高温聚合可节约冷冻费用、降低能耗。而 Co-BR 生产时聚合温度大于 50℃，顺式含量就会低于 94%，凝胶含量增加。

⑤ 聚合反应平稳，易于操作，聚合物分子量容易控制，分子量分布适中。产品外观无色。

⑥ 改变催化配制条件，即可生产充油高门尼基础胶。

正因镍系催化体系具有这些优点，所以在 JSR 公司采用 Bridgestone 的技术实现工业化后，先后转让给德国化学装置进出口有限公司(1967 年，柏林)、意大利联合树脂公司(1968 年，SPA)、美国 Goodyear 轮胎和橡胶公司(1971 年，阿克伦)、韩国锦湖公司(1979 年)和印度尼西亚(1991 年)等多个国家公司。

几乎与日本同时，中国科学院长春应用化学研究所发现由环烷酸镍、三异丁基铝和三氟化硼乙醚络合物组成的三元高活性催化剂[4]，并从 1965 年开始与原中国石油部、化工部有关工厂、设计院、研究院等联合进行顺丁橡胶工业化生产技术的研究开发，于 1971 年建成国内第一套万吨级丁二烯橡胶生产装置。至 2013 年，在中国大陆已建立了 14 套工业生产装置，总生产能力达到 1660kt/a。

镍系顺丁橡胶生产技术水平不断提高，目前比较典型的有：日本 Bridgestone 公司/JSR 公司开发的 Ni-B-Al 三元陈化、甲苯/庚烷混合溶剂技术；美国 Goodyear 公司引进 JSR 技术并改进的 Ni-B-Al 三元陈化、己烷溶剂技术；中国科学院长春应用化学研究所/锦州石化公司/燕山石化公司开发的 Al-Ni 二元陈化 B 单加，抽余油溶剂技术。

下面分别对国内外上述三种生产技术的特点进行介绍。

5.3.1　中国的生产工艺

1. 技术特点

以环烷酸镍(Ni)、三异丁基铝(Al)、三氟化硼醚络合物(B)和微量水(H_2O)四组分催化剂、脂肪烃溶剂、$30m^3$ 聚合反应器、Al-Ni 二元陈化及 B 单加的催化剂陈化等工艺，形成了具有鲜明中国技术特点的镍催化体系生产高顺式聚丁二烯橡胶技术。

① 聚合单线生产能力大。聚合反应速度快，反应器生产强度大，是国外大部分同类工艺的 2.5 倍，大幅度降低装置建设投资和生产成本。

② 采用了中国特有的铝-镍二元陈化、硼单加和加微量水的催化剂陈化工艺，具有活性高、反应速度快、催化剂利用率高、耐高温，聚合温度即使高至 95℃，聚合物顺式 1,4-聚丁二烯结构含量仍保持在 96% 左右。

③ 采用脂肪烃溶剂，低毒、价廉、沸点低，胶液黏度低，节能节电。

④ 较好地解决了聚合反应器严重挂胶问题，反应器运转周期长达 13 个月。

⑤ 产品质量较好，抗屈挠性好，分子量分布较宽，加工性能好。

⑥ 单位产品能耗物耗处于国际先进水平。

⑦ 开发和应用生胶结构性能表征技术，应力应变曲线和特征松弛时间 τ 值，可快速正

确判断成品胶质量不好的内在原因，及时采取改进措施。可提前预告聚合速度下降趋势，实现对反应状态控制，防止严重挂胶发生。

⑧ 研究开发了镍系 HIPS 改性顺丁橡胶 应用效果良好，与日本宇部 HIPS 专用胶使用效果相当。

⑨ 聚合系统可不用终止剂，回收溶剂及丁二烯中不再含有乙醇，聚合更加平稳。

2. 原材料及辅助材料的质量要求

（1）催化剂

1）环烷酸镍抽余油溶液

镍含量：≥4%（质量分数）或（40±0.5）g/L

水含量：≤0.2%

不皂化物：无

机械杂质：无

2）三异丁基铝

铝含量：≥80g/L（使用三异丁基铝时，必须预先将三异丁基铝用溶剂稀释到安全浓度以下，通常为 20g/L 左右）

活性铝含量：≥69.55g/L（占铝含量的 87% 以上）

悬浮铝：无

3）三氟化硼乙醚络合物

外观：无色或微黄色透明液体

三氟化硼含量：46.8%～47.8%（质量分数）

水含量：≤0.5%

醛、酮：微量

（2）溶剂

抽余油质量指标如下：

水值：≤20×10⁻⁶

馏程：60～90℃

碘值：≤0.4g/100g

二聚物：≤1×10⁻⁶

氧含量：≤10mg/L；

硫含量：无

C_5 含量：≤2.0%

C_8 含量：≤0.5%

（3）助剂

1）防老剂

为了防止顺丁橡胶生产过程和贮存过程的生胶老化，在聚合后期的胶液中必须加入防老剂。中国顺丁橡胶生产现在一般采用防老剂 1076〔学名 β-（3,5-二叔丁基-4-羟基苯基）丙酸正十八碳醇酯〕，或与防老剂 1520 并用。防老剂 1076 质量标准如下：

熔点：50～54

灰分：≤0.1%

挥发分：≤0.5%

透光率：425nm，≥93%；500nm，≥95%

2）分散剂

为了解决凝聚釜中胶粒相互黏结结块挂堵，必须使用分散剂，以降低水的表面张力，增加其对胶粒表面的润湿能力和对胶粒内部的渗透能力。目前采用无甲醇 SP169 分散剂（聚环氧乙烷-聚环氧丙烷醚）。其质量标准是：

外观：浅棕色中透明黏稠液体

羟值：≤56（mgKOH/g）

色度号：≤300

凝固点：30~50℃

（4）丁二烯

1）主要抽提工艺所产丁二烯用于顺丁橡胶的质量规格（表 5-7）

表 5-7　DMF、NMP、ACN 抽提工艺所产丁二烯规格

抽提工艺	DMF	NMP	ACN
1,3-丁二烯/%	99.5	99.5	99.5
1,2-丁二烯/$\times10^{-6}$		<20	<50
羰基化合物/$\times10^{-6}$		<10	
二聚物/$\times10^{-6}$	<100		<100
过氧化合物/$\times10^{-6}$	<1		
总炔烃/$\times10^{-6}$	<20	<20	<20
乙烯基乙炔/$\times10^{-6}$	<5	<5	<5
C_5烃类/$\times10^{-6}$		<100	<10000
水/$\times10^{-6}$	<20	<20	<20
DMF	无		
胺/$\times10^{-6}$	<1		<1
NMP/$\times10^{-6}$		<3	
ACN			检不出
总丁烯丁烷/%	<0.5	<0.5	
硫/$\times10^{-6}$	<2	<2	
TBC/$\times10^{-6}$	<50		

2）丁二烯中各种杂质对聚合的影响

① 氧　氧对丁二烯聚合绝对有害，当 O/Al 比达到 0.3，聚合转化率就急剧下降，但聚合物的顺式含量没有明显变化，见表 5-8。

表 5-8　氧对聚合的影响

[O/Al]	[H_2O] = 2.53×10^{-5} g/mL		[H_2O] = 2.3×10^{-5} g/mL		微观结构/%		
	转化率/%	$M\times10^{-4}$	转化率/%	$M\times10^{-4}$	顺式 1,4	反式 1,4	1,2 结构
0	100	33.0	86	38.0	96	2	2
0.3	100	50.0	72	56.0	97	2	1
0.6	96	57.0	70	54.0			
1.0	100	62.0	62	57.0	97	2	1

续表

[O/Al]	$[H_2O]=2.53\times10^{-5}$ g/mL		$[H_2O]=2.3\times10^{-5}$ g/mL		微观结构/%		
	转化率/%	$M\times10^{-4}$	转化率/%	$M\times10^{-4}$	顺式1,4	反式1,4	1,2结构
1.3	26	70.0	60	59.0			
1.6	26	77.0	6	19.0	98	1	1
2.0	0	—	0	—			

注：Ni/Bd=1.5×10^{-4}，Al/Bd=2×10^{-3}，30℃聚合5h，加料顺序：Bd+Ni+Al+B，[Bd]=13.5g/100mL。

② 含氧化合物　在同一配方和聚合条件下，醇、醚、酮、

醛化合物不同添加量对聚合的影响见表5-9，当加入量超过烷基铝用量后对聚合活性有明显的影响，分子量略有升高，而对结构无明显影响。

表5-9　含氧化合物对聚合的影响

名称	杂质/AlR₃ （摩尔比）	转化率/ %	$[\eta]/$ （dL/g）	凝胶/ %
乙醇	0	78	1.75	1
	1.0	93	3.52	2
	1.5	87	4.81	0
	2.0	30	6.50	17
乙醚	0	78	1.75	1
	1.0	52	1.99	1
	1.5	17	2.38	<1
丙酮	0	78	1.75	1
	1.0	52	1.99	1
	1.5	17	2.38	<2
乙醛	0	72	1.84	3
	1.5	93	3.12	1

3. 生产工艺

（1）工艺流程

采用环烷酸镍-三异丁基铝-三氟化硼乙醚络合物加微量水的催化剂体系、己烷为溶剂、3台30m³聚合反应器串联连续聚合工艺，工艺流程见图5-2。催化剂中的环烷酸镍和三异丁基铝先进行陈化，丁二烯在进入聚合釜前先进入一水罐，含饱和水，再和溶剂混合后进入聚合反应器，三氟化硼乙醚络合物的己烷溶液经大量稀释后单独进入聚合反应器，见图5-3。3台反应器均采用内外单螺带搅拌，2号、3号反应器搅拌器装有刮壁器，1号反应器依靠进料预冷和物料温升，以带走大部分聚合热。1~3号反应器出口温度分别为71℃、90℃、

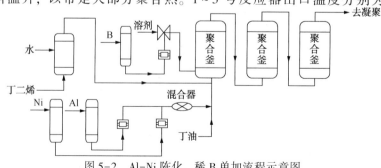

图5-2　Al-Ni陈化、稀B单加流程示意图

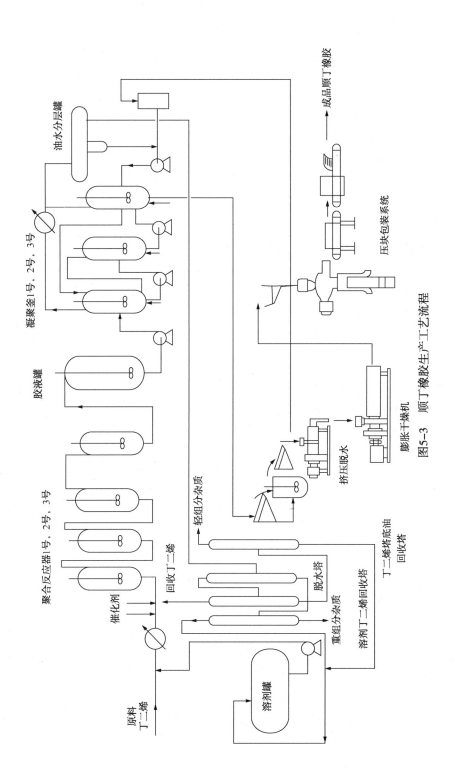

图5-3　顺丁橡胶生产工艺流程

95℃。聚合时间 1.5~2.0h，单体转化率 85%。聚合胶液从 3 号釜引出后进入胶液罐。均化后的胶液进入凝聚釜，采用三釜串联凝聚工艺。从凝聚釜顶出来的溶剂及丁二烯经冷凝器进入油水分层罐，分离出水，随后送往溶剂回收系统，进行单体—溶剂的分离及其精制。

混合脂肪烃作为聚合溶剂，虽然有价廉、低毒、胶液黏度低、节能、橡胶分子量高等优点，但同时有杂质易积累、溶剂质量波动的缺点，因此增设了丁二烯塔釜油回收塔。另外为了防止回收丁二烯对丁二烯抽提装置的影响，在聚合溶剂回收系统增设了丁二烯脱水塔和脱重塔，形成了独特的混合脂肪族烷烃溶剂回收工艺，见图 5-4。

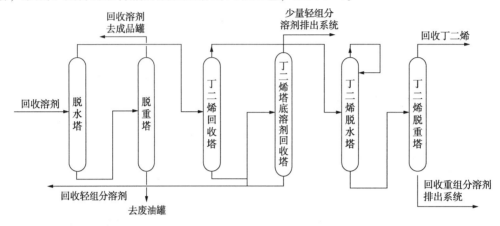

图 5-4　溶剂单体回收系统流程

经过脱水塔、丁二烯回收塔、丁二烯塔底油回收塔，脱重组分杂质塔，绝大部分溶剂回收循环使用。轻重组分杂质外排，含轻组分杂质的低沸点溶剂送回炼油厂作为汽油调合油。重组分杂质外排作为燃料。回收丁二烯经过脱水脱去二聚物等重烃后进入丁二烯抽提装置精制后重复使用。

国内有的顺丁橡胶生产装置对丁二烯塔底油处理采取碱洗工艺。丁二烯塔底油中含有的醛酮等杂质在碱的作用下发生醇醛缩合和酮醇缩合反应生成较大的分子以絮状析出。其中含有的乙醇、丙酮、乙腈等都溶于水，丙醛、丙烯醛、甲基丙烯醛等部分溶于水的杂质均可通过碱洗去除。其流程见图 5-5。碱洗工艺实施后效果很好，解决了回收系统中轻重杂质脱除难题，保证了聚合生产的稳定。

来自第三凝聚釜的悬浮胶粒水液经泵送至振动筛过滤，过滤的热水循环到凝聚釜；筛面上的湿胶粒进入挤压机脱水，再进入膨胀机干燥，通过金属检测器、过秤、压块、包装，由输送带运至成品库。

（2）生产过程须严格控制的项目

① 产品质量。包括门尼黏度值，产品的分子量及其分布、黏弹性能、挥发分含量、灰分含量。

② 装置的生产能力。即丁二烯进料量、丁二烯转化率。

③ 聚合反应器的运转周期，防止严重挂胶。

④ 公用工程和原材料及辅助材料的消耗定额。

⑤ 安全和环境保护。

（3）影响聚合的主要因素

1）催化剂陈化工艺[6]

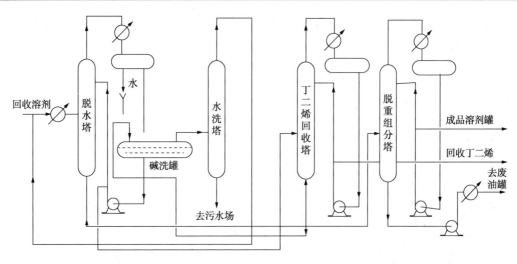

图 5-5　丁二烯塔底油碱洗流程

由环烷酸镍(Ni)、三异丁基铝(Al)和少量丁二烯、三氟化硼乙醚络合物(B)、微量水(H_2O)五组分组成的催化剂可有多种顺序预混合实现陈化过程。而催化剂陈化工艺涉及催化剂陈化方式(催化剂加入方式、加入顺序、组分间配比)和陈化条件(陈化温度、陈化时间)等，是聚合技术的核心。它关系着催化剂的利用效率、聚合速度和聚合物的结构和性能。

由于烷基铝可与环烷酸镍(Ni)和 $BF_3 \cdot OEt_2$(B)发生反应生成不同产物，从而影响聚合活性。研究发现，中国独有的 Ni 与 Al(有少量丁二烯存在)先混合陈化，B 组分经稀释后单独进入聚合釜的工艺(简称 B 单加工艺，见图 5-2)，其聚合活性远高于国外某些同类型合成橡胶公司所采用的 Ni+B+Al 加料顺序三元陈化工艺(简称 Ni+B+Al 陈化，见图 5-6)。在采用相同 Al/Ni、Al/B 值和相近转化率时，Ni-B-Al 陈化工艺的催化剂总用量约为 B 单加陈化工艺的 2 倍，在脂肪烃溶剂中，其活性更低。但它可以获得较高的分子量和较窄的分子量分布。两种陈化方式的比较见表 5-10 和图 5-7。

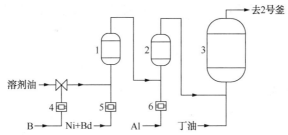

图 5-6　(Ni+Bd)-B－Al 三元陈化方式流程示意

1—(Ni+Bd)-B 陈化釜；2—(Ni+Bd)-B-Al 陈化釜；3—聚合釜；

4—B 计量泵；5—Ni 计量泵；6—Al 计量泵

表 5-10　两种陈化方式的橡胶门尼黏度值和分子量分布比较

ML 值		M_w/M_n	
B 单加陈化	Ni+B+Al 陈化	B 单加陈化	Ni+B+Al 陈化
46.4	47.5	5.1	4.6
54.4	53.3	6.1	4.4
68.3	69.6	5.4	4.6
72.1	72.2	5.4	5.0

研究工作进一步表明，在相同 Al/Ni、Al/B 值和相近 Al+B+Ni 加料顺序情况下，三元陈化工艺(简称 Al+B+Ni 陈化)及 Al+Ni、Al+B 的双二元陈化工艺(简称双二元，见图5-8)，其活性均远低于硼单加工艺。后两种陈化方式的聚合活性对比见表5-11。

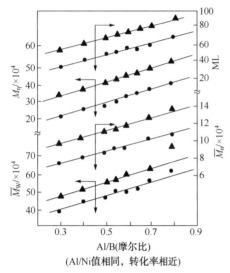

图 5-7　Ni+B+Al 陈化和 B 单加陈化两种
工艺的 ML 和分子量比较

▲—三元陈化；●—B 单加陈化

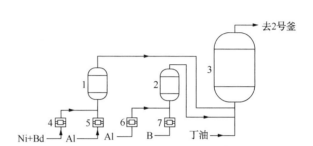

图 5-8　双二元陈化方式流程示意

1—Al-(Ni+Bd)陈化釜；2—Al-B 陈化釜；3—聚合釜；
4—Ni 计量泵；5，6—Al 计量泵；7—B 计量泵

表 5-11　B 单加陈化工艺和双二元陈化工艺的聚合活性对比

陈化方式	B 单加	双　　　　二　　　　元			
Al-B 陈化液中的[Al]/[B]	0	0.4	0.8	1.2	1.6
转化率/%	100	93.2	91.7	70.8	36.4

Al-Ni 二元陈化、稀 B 单加，是较为理想的加料方式，因为这样保证了聚合活性中心在丁油溶剂中均匀形成，不存在因催化剂局部过浓而引起暴聚使生产不能正常运行的问题。Al与 Ni 二元加入少量丁二烯陈化，可生成棕色 π 络合物，催化活性较高且稳定，但有可见不溶物出现，而 Ni 与 Al 二元直接混合，立刻生成黑色低价态镍，均匀分散在加氢汽油中，无肉眼可见不溶物。低价态镍进入丁油溶剂中，与大量丁二烯相遇，便可立即形成 π 烯丙基镍络合物，保证了催化剂的高活性和稳定性。

2) 催化剂配方[7]

催化剂配方指催化剂用量和组分配比。催化剂配比固定，增加催化剂用量可以提高聚合活性，对聚合物门尼黏度影响不大。选择合适的催化剂组分配比，不仅可以提高催化剂体系活性，而且可以控制聚合物门尼黏度。

① 催化剂总用量的影响。当固定 Al/Ni 摩尔比为 5，Al/B 摩尔比为 0.5，转化率随催化剂总用量的增加而提高，见图5-9。

② Al/B 摩尔比的影响。当 Ni、B 用量固定，改变 Al 用量即改变 Al/B 比，随 Al/B 摩尔比的提高，聚合物的平均分子量上升，而转化率缓慢下降，见图5-10。当 Ni、Al 用量固定，通过改变 B 用量，改变 Al/B 比时，得到上述同样结果，即 Al/B 比低，活性提高，分子量下降，见图5-11。

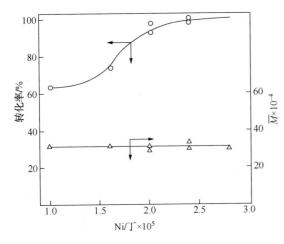

图 5-9　催化剂用量和聚合转化率及分子量关系

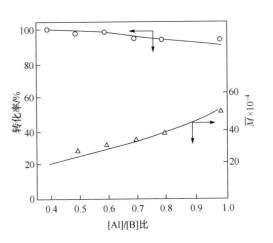

图 5-10　调节 Al 量改变[Al]/[B]比对
分子量和转化率的影响

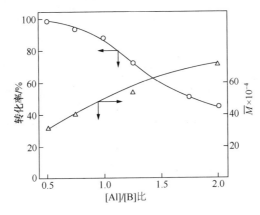

图 5-11　调节 B 量改变[Al]/[B]比对分子量和转化率的影响

3）微量水对聚合反应的影响[8,9]

在多组分镍催化体系中，中国学者曹湘洪的研究工作指出必须含有一定量的微量水，微量水的存在，加强了配位体的电负性作用，促使活性中心更好地形成，工业实践和实验室工作都证实了这一结论。在研究 Al/B 摩尔比对聚合反应的影响中，证实当其他原材料质量合格和稳定的前提下，聚合系统中微量水的含量对聚合反应影响很大，其最佳值为 11×10^{-6} ~ 13×10^{-6}，此时反应活性好，见表 5-12。

表 5-12　微量水值和聚合反应速率常数的关系

油中微量水/$\times 10^{-6}$	反应速率常数 k/min^{-1}	诱导期 t_o/min
7	0.0126	3.5
10	0.0262	1.0
13	0.0323	0
16	0.0204	1.0
20	0.0111	3.5
25	0.0098	

4）单体浓度

提高单体浓度能提高聚合反应速度，增加转化率，降低催化剂用量，提高聚合设备的生产能力，但聚合物分子量有下降趋势。另一方面是增加了聚合反应放热和胶液黏度，给反应温度控制、聚合釜搅拌和胶液输送带来困难。因此，生产中不能采用过高的单体浓度。胶液黏度除受单体浓度影响外，还和聚合物的分子量、聚合转化率有关，见图 5-12、图 5-13。

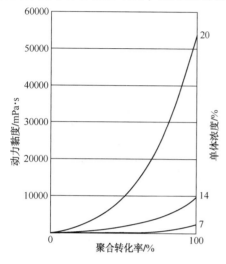

图 5-12　聚合转化率及单体浓度与黏度的关系

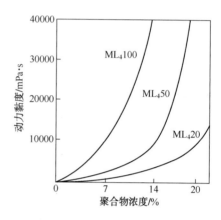

图 5-13　聚合物浓度、门尼黏度与胶液黏度的关系

以抽余油为溶剂的胶液黏度与胶液浓度、温度及分子量有如下关系：

$$\mu = K\,C^5 M^{3.5} \tag{5-6}$$

式中，μ 为胶液黏度；K 为与温度、溶剂有关的特性常数；C 为胶液含聚合物的量；M 为聚合物的分子量。

同样分子量的聚合物，支化度大的溶液黏度要低一些。

由于受胶液黏度的限制，国内顺丁橡胶工业生产中，单体浓度一般控制在 19%～22%。

5）聚合温度[10~12]

一般来说，随着聚合温度的升高，催化剂之间的反应及活性中心的生成速度加快，链增长速度增大。聚合温度对聚合物分子量的影响较为复杂，它取决于温度对链转移速率常数与链增长速率常数之比（k_{tm}/k_p）的影响。不同催化体系均有其相适宜的聚合反应温度。镍催化剂体系对聚合温度有一个比较宽（30～120℃）的适应范围，生产中，聚合反应温度首釜一般采用 60～70℃，末釜 90～100℃。聚合温度高，聚合反应速率快，链增长和链转移速率同时增加。聚合物的相对分子质量及其分布则受链增长速率常数 k_p 和链转移速率常数 k_t 比值的影响，聚合温度高，k_t/k_p 变大，聚合物的分子量降低，分布加宽，见表 5-13。

表 5-13　镍系硼单加陈化工艺反应动力学常数

研究者	聚合温度/℃	[Mo]/（mol/L）	[Ni]×10^4/（mol/L）	k×10^4/s^{-1}	a/%	$\dfrac{k_{tm}}{k_p}$×10^4	k_p/（L/mol·s）	k_{tm}×10^4/（L/mol·s）
北京化工大学等	80.3	2.22	1.33	2.67	27	1.69	20.5	33.33
	68.3	2.22	1.33	1.65	27	1.62	12.7	20.5
	57,6	2.22	1.33	1.128	27	1.45	8.68	12.5

当聚合温度由 60℃继续升高时，分子中大分子量部分减少，小分子量部分增加，分布

指数下降，数均分子量、重均分子量及门尼黏度均有所下降。顺式 1,4 含量也略有下降，见表5-14。

工业装置的第二、三釜的绝热试验同样表明，当首釜 60~76℃、二釜 106~114℃、末釜 114~124℃，聚合活性仍然较高。三釜累计转化率分别为 42%、58%、84.5%，产品门尼黏度、物理机械性能和正常聚合生产数据相当。

表 5-14　聚合温度对聚合物微观结构的影响

编　　　号	反应温度/℃		生胶性能		微观结构
	首　釜	末　釜	$ML_{1+4}^{100℃}$	凝胶/ %	顺式 1,4 含量/%
81-11-18	63.8	73.0	49	1.8	97.0
81-12-20	72.2	86.4	49	2.0	96.9
81-10-26	83.6	103.0	42	0.9	96.3
81-11-13	104.0	108.0	44	1.2	95.4
81-11-23	115.0	112.0	43	1.8	95.7

6) 聚合反应器连续运转周期

清理内部挂胶后的聚合反应器投入运转后至再次停工清理的时间为反应器的运转周期。防止发生严重挂胶，延长反应器运转周期，实际就是保持正常聚合、保证生产能力和产品质量的必然要求。

关于严重挂胶形成的原因，国内外文献有不少解释和报道。有的认为聚合釜结构有死角，胶液容易沉积、积累并形成挂胶；有的认为聚合反应速度太快，大分子间容易发生缠结，造成挂胶；有的认为 1,2 结构丁二烯中有一个质子氢非常活泼，当有质子接受体存在时，活泼氢就被取代，而与其他单体进行歧化和交联形成挂胶，所以必须加入甲苯，抑制 1,2 结构丁二烯中质子氢的活动；还有的认为挂胶和采用脂肪烃溶剂有关，必须改用芳烃溶剂。中国的科技人员通过生产实践和科学研究，已基本解决了以脂肪烃为溶剂的镍系顺丁橡胶生产中的严重挂胶问题，聚合釜连续运转周期可长达 13 个月。

发生严重挂胶的主要原因是：

ⅰ. 大量有害杂质(如表 5-8、表 5-9 所示)进入系统引起催化剂用量过大是造成严重挂胶的最直接的原因。这些对聚合有害的杂质随着溶剂或丁二烯进入聚合首釜，与部分催化剂反应，降低了系统催化剂活性而使其用量不断增加、破坏了原有的合理的催化剂配比，干扰了正常的陈化方式从而产生了沉淀。催化剂用量过大，分散不易均匀。由于聚合首釜胶液黏度低，催化剂微沉淀及其活性链与釜内设备壁碰撞几率远大于胶液黏度已很高的二釜、三釜，在釜壁和搅拌轴的表面形成的滞流层使黏附于器壁的物料长期在链增长的过程中与多余的催化剂局部反应、交联形成凝胶，黏附于器壁上，所以首釜挂胶远重于二釜、三釜。

分析表明所有挂胶均含大量凝胶，平均含量达 36%~37%。其所含催化剂的浓度都远大于体系的平均配方量，在胶团核心部分甚至高达数千倍，见表 5-15。

中国镍系顺丁橡胶生产初期发生的严重挂胶问题是因为设计溶剂回收工业装置时，未经严格的再验证过程就轻易地去除了原中试流程中的丁二烯塔底溶剂的精制工艺，造成轻质杂质不断在聚合系统积累，影响聚合活性，催化剂用量不断加大，形成了严重挂胶。

表 5-15　胶团核心部位挂胶金属含量的分析结果　　mol/100g 胶料

金属种类	选取的胶团形状		
	有核胶团(棕色)	空心胶团	无核胶团
Fe	4.24×10^{-3}	15.44×10^{-3}	21.3×10^{-3}
Ni	50×10^{-3}	5.02×10^{-3}	5.46×10^{-3}
Al	22.44×10^{-2}	1.56×10^{-2}	0.468×10^{-2}
B	17.04×10^{-2}	2.48×10^{-2}	0.204×10^{-2}

发现这一问题后，决定将丁二烯塔底溶剂切出系统、采用活性更高的催化剂陈化工艺，从而大幅度降低了催化剂用量，解决了严重挂胶问题，聚合反应器的运转周期从 7 天延长到 240 天[13]，见表 5-16。

表 5-16　聚合 12 周期工业试验数据

周期	催化剂陈化工艺	$(Ni/Bd) \times 10^{-5}$	$(Al/Bd) \times 10^{-4}$	$(B/Bd) \times 10^{-4}$	Al/B	首台反应器挂胶指数/$(kg/m^3 Bd)$	运转周期/天	停车原因
6	双二元	5.9	9.4	8.0	0.65	大	7.5	被迫
1	双二元	6.2	6.9	7..2	0.42	2.28	9	主动
5	双二元	6.6	3.8	6.1	0.50	1.36	22	被迫
12	B 单加	2.3	1.4	2.6	0	0.11	240	主动

ⅱ 催化剂的定向能力受到干扰引起挂胶[14]。生产实践显示有时在催化剂用量不多的情况下，也仍然发生挂胶现象。通过对挂胶发生前后生胶结构组成的长期分析观察统计，对生产中首台聚合反应器各运转周期内所生产的全部生胶的反式 1,4 和 1,2 结构含量计算出算术平均，再计算为反式 1,4/1,2 值。结果发现，随着反式 1,4/1,2 值的增大，聚合首釜的运转周期明显缩短：反式 1,4/1,2 值在 1.0 左右时，聚合首釜一般都能运转 3 个月以上；若在 1.5~2.0 之间，则仅能运转 10 天左右。对各运转周期的反式 1,4/1,2 值和挂胶指数 A（聚合首釜挂胶的总质量和原料丁二烯体积之比）进行回归分析，发现两者之间呈良好的线性关系，见图 5-14。这表明，挂胶的产生和聚合物微观结构的变化有着密切关系。

镍系催化丁二烯定向聚合机理的研究认为，配位体的电负性是影响定向能力的关键因素[15]。配位体电负性低聚合主要给出反式 1,4 结构；配位体电负性高，丁二烯和中心金属取双座配位，聚合给出顺式 1,4 结构；配位体电负性过高，丁二烯和中心金属取单座配位，聚合主要给出 1,2 和反式 1,4 结构。在 $Ni(naph)_2 - Al(iBu)_3 - BF_3 \cdot OEt_2$ 催化剂体系中，配位体是电负性很强的氟原子，其突出特点之一是生成聚合物的顺式含量高、反式 1,4/1,2 结构值低。所以当聚合物出现反式 1,4/1,2 值高的情况，表明氟向中心金属镍的配位受到了干扰。这是形成挂胶的重要原因。这种认识已为生产实践所验证。

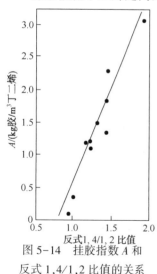

图 5-14　挂胶指数 A 和反式 1,4/1,2 比值的关系

挂胶导致首台聚合反应器的搅拌电流 I 上升。从表 5-17 和表 5-18 可以看出，首台聚合反应器在运转过程中 I 的变化和反式 1,4/1,2 值有关。反式 1,4/1,2 值在 1.0 左右，I 维持正常值基本不变；而在 1.5 左右时，I 就出现跳跃式上升的现象。生产

实践表明，只要反式 1,4/1,2 值连续一段时间出现大于 1.5 的情况，I 就迅速上升到首台聚合反应器不能继续运转的程度，表明挂胶程度迅速恶化。

生产实践还表明，挂胶在首台聚合反应器严重而后两台反应器较轻。聚合物微观结构也是初始阶段的反式 1,4/1,2 值高，而后向两反应器转移，该值随之减小，这和文献报道的引发阶段易产生反式结构的结果相一致。

表 5-17　运转周期内 I 和反式 1,4/1,2 值的关系

运转天数	周期 I			周期 II		
	I/A	ΔI/A	反式 1,4/1,2 比值	I/A	ΔI/A	反式 1,4/1,2 比值
1	15.5	—	0.70	13.0	—	0.79
2	15.0	-0.5	0.90	11.0	-2.0	0.76
4	16.5	1.5	1.16	20.0	7.0	1.76
6	17.0	0	0.86	16.0	-3.0	0.78
7	15.0	-2.0	0.94	17.0	1.0	1.29
12	19.5	3.0	1.60	19.0	0	1.15
13	20.5	1.0	1.28	21.0	2.0	1.67
14	23.0	2.5	1.67	26.0	5.0	1.28
15	22.5	-0.5	1.47	28.0	2.0	1.44

注：ΔI 为聚合首釜搅拌电流增加值。

表 5-18　ΔI 和聚合物反式 1,4/1,2 比值的关系

反式 1,4/1,2 比值	周期 I			周期 II		
	m/天	$\sum \Delta I$/A	$\dfrac{\Delta I}{m}$/(A/天)	m/天	$\sum \Delta I$/A	$\dfrac{\Delta I}{m}$/(A/天)
≤1.0	7	-1.5	-0.21	3	-6.0	-2.0
1.0<和≤1.3	4	43.5	0.88	5	6.0	1.2
>1.3	5	16.5	3.30	7	13.0	1.9

注：m 为反式 1,4/1,2 比值在某一范围内连续出现的天数。

釜壁挂胶和胶团的微观结构同样具有高反式 1,4/1,2 比值的特征，见表 5-18。这些都论证了挂胶的形成系因氟向中心镍的配位受到干扰、降低了引发剂的定向能力所致。

ⅲ. 聚合反应速度降低的状态未及时处理，造成严重挂胶。生产实践表明，严重挂胶经常是突然发生的，严重程度与聚合反应器运转时间长短没有直接关联。通过历年数据统计指出[16]，挂胶速度突然加快，使聚合反应器无法继续运转被迫停止的现象，常在下述情况下发生：即聚合反应速率突然出现显著下降趋势，聚合温度不易控制，而这样的不正常状态未能得到纠正，并保持较长时日。当聚合反应速率正常，聚合反应状态稳定时间越长，挂胶愈轻，反应器运转时间越长。在反应速率降低、聚合胶液黏度降低的状态下，聚合反应器出口的生胶样品分析结果显示：凝胶含量增多、反式 1,4 结构含量大幅度上升。对生成的挂胶进行分析也显示相同的结果，表示在反应速度减慢的同时也是氟向中心镍的配位受到了干扰，催化剂的定向聚合能力降低的时候，也是挂胶开始加快的时候。

促使反应速率变慢，干扰氟向中心镍配位的因素来自随原材料和回收溶剂带入系统的对聚合不利的杂质。它们最先进入聚合工序的首台反应器，和新进入系统的催化剂相遇，对活性中心的破坏、对催化剂合理配比的破坏也发生在首台反应器，因此生产中出现反应速率降低、胶液黏度降低的状态也都发生在首台反应器。生产实际显示首台反应器的挂胶程度远重

于 2 号、3 号反应器。

生产实践还发现聚合反应状态恶化，反应速率大幅度减慢，最终发展为严重挂胶是一个渐变过程。首先只表现在首台反应器的生胶微观结构发生变化，其反式 1，4 结构含量增多。这种渐变过程可能是系统中供生产周转储存的溶剂量，要比最新回收单位时间进入聚合系统的溶剂量或新单体量大近百倍的工况所造成的。任何原料杂质含量的变化，要积累长时间才能使全部溶剂中的杂质含量达到发生整体影响的临界值。所以及时采取措施，防止反应速率大幅度降低的聚合反应状态的整体出现，就有可能将刚发生的挂胶因素制止，防止严重挂胶。

② 聚合反应状态的预测预报技术。燕山石化研究开发用黏弹性能表征方法表征聚合反应状态变化趋势，从而能预测聚合状态即将发生的变化。由此可以判断发生这些变化的原因，及时采取调节措施，使聚合反应趋向正常。

③ 防止严重挂胶的措施

ⅰ. 提高原材料质量，严格控制体系中给电子试剂的种类和含量，降低引发剂用量。给电子杂质能剧烈降低聚合速率，易生成反式 1，4 结构。必须尽可能降低原材料中这一类杂质的含量。但适量水的存在能增强体系的 Lewis 酸性，提高催化剂活性，必须将其含量控制在最佳值范围内。

ⅱ. 采取合理的催化剂陈化方式，尽可能降低 Al/B 值。以脂肪烃为溶剂，采用铝镍陈化、硼单独加入的陈化工艺是最佳选择。尽可能降低 Al/B 值。但应关注原材料质量对 Al/B 值的影响。溶剂油中水值过低，体系活性差，即使 Al/B 值很低，反式 1，4/1，2 值也很高，很易挂胶。反之，聚合系统水值偏高（如系统大检修水洗后），即使 Al/B 值很高，反式 1，4/1，2 值也不高，实际上挂胶也不明显。

ⅲ. 改善釜内流体力学状况，使催化剂均匀分散，以使配位体氟和中心金属镍能有效地碰撞，进而发生配位。

ⅳ. 适当提高单体浓度。在确保反应热能有效地移除、反应温度能够控制、体系黏度虽增大但设备足以承受的前提下，提高单体浓度有利于降低催化剂用量，避免催化剂分散不均匀，能降低反式 1，4、提高顺式 1，4 结构含量。

ⅴ. 采用聚合反应状态的预测预报技术、及时排除干扰正常聚合的因素，力保聚合正常反应速率。

中国的顺丁橡胶生产技术由于采取了有效地防止严重挂胶的措施，目前聚合系统运转周期可经常达到 400 天的长周期记录。

8）门尼黏度的调节

在顺丁橡胶生产中，聚合物门尼黏度可通过调节聚合工艺条件控制。这些方法有：调节聚合反应速率、催化剂用量、进料温度、Al/B 比和水烯比（H_2O/Bd）比等。在调节聚合物门尼黏度同时必须兼顾聚合反应速率。值得注意的是，门尼黏度相同的聚合物，其分子结构可能存在较大差异，因此，采用提高 H_2O/Bd 比降低聚合物门尼黏度的方法可能造成产品质量下降，应当慎用。

（4）改进型镍系催化剂[18~24]

为了改善镍系催化剂中的硼在加氢汽油中的分散和溶解，提高催化体系的活性和稳定性，青岛科技大学先后开发了改进型镍系催化剂 Al(i Bu)$_2$OR-B 体系和 Ni-Al(i Bu)$_2$-B-醇类或酯类体系，其中 OR 基团是指 OC$_n$H$_{2n+1}$，n 分别为 3、4、5、6、8、9、10、16。研究表明这种镍系催化剂在提高 Al/B 比、提高聚合物分子量的同时仍保持高催化活性，因为该体系可改善 B 组分在催化体系中的溶解和分散，如图 5-15 所示，Ni-Al(iBu)$_2$-B-辛醇在特定条件下可拓宽 Al/B 值、上调分子量，在固定 B 改变 Al 的加醇体系中，Al/B = 0.5～2.0，单体最高转化率的 $[\eta]_{max}$ = 5.5dL/g；在固定 Al 改变 B 时，$[\eta]_{max}$ 更高些。

图 5-16 显示酯类添加剂可以调节 Al/B 值，获得 $[\eta]$ < 2.0dL/g 的低门尼黏度聚合物[14]。因此，使用适量醇、酯添加剂调节 A1/B 值，可灵活地制得 $ML_{1+4}^{100℃}$ = (20～85)±5 的聚合物，这为顺丁橡胶生产品种的多样化提供了科学依据。

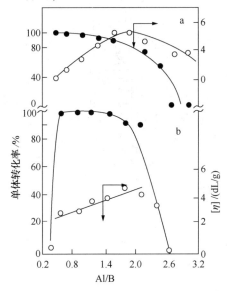

图 5-15　Al/B 值与转化率及
分子量[5]的关系曲线

曲线 a：Ni-A1-B 醇体系，Ni/Bd = 8×10^{-5}，
B/Bd = 8.4×10^{-4}，改变 Al，50℃，3h
曲线 b：Ni-Al-B 醇体系，Al/Ni = 7，Ni/Bd
= 8×10^{-5}，改变 B，50℃，3h

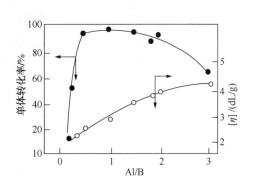

图 5-16　Al/B 值与催化活性和
分子量的关系

Ni-Al-B 酯体系，Al/Ni = 8，酯/B = 1.0，
Ni/Bd = 8×10^{-5}，改变 B，50℃，3h

4. 主要设备

（1）聚合釜

聚合釜是决定聚合工艺及生产能力的主要设备，它的传质、传热性能必须能满足聚合过程的要求。聚合釜的传质性能是通过搅拌器及釜内相关附件所形成的混合功能来实现的。传热性能一般是通过釜内夹套、内列管或内套筒的热传导，或通过聚合物料中的低沸点物料的蒸发吸热，或通过聚合物料的预冷及在过程中物料本身的温度升高。在溶液聚合中不论传质和传热，搅拌器型式的选择和设计都是至关重要的。

中国的顺丁橡胶生产曾采用两种搅拌器型式和夹套冷却的聚合釜。首釜黏度为 1～4kPa·s，第二、三釜为 5～70kPa·s。所以首釜常采用框式搅拌器如图 5-17 中的(a)或(b)，其中(b)是带有刮刀的框式搅拌器。第二釜、三釜采用内外单螺带搅拌器。框式搅拌主要产生切向流，对釜壁传热有利。因基本没有轴返混，轴向浓度梯度不变，保持活塞流可以体现顺丁橡胶聚合"连续快引发、连续慢增长"的设计思想。但在以后的工程研究和生产实践对首釜采用框式搅拌和内外单螺带搅拌器进行了混合性能的比较结果表明，内外单螺带搅拌器比框式搅拌更为适用[25]。中国顺丁橡胶生产用聚合釜见图 5-18。

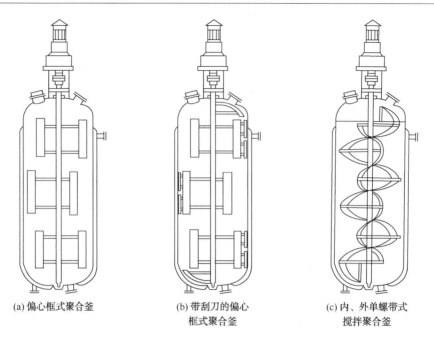

(a) 偏心框式聚合釜　　　　(b) 带刮刀的偏心　　　　(c) 内、外单螺带式
　　　　　　　　　　　　　框式聚合釜　　　　　　　搅拌聚合釜

图 5-17　用于首釜的几种不同搅拌器的聚合釜

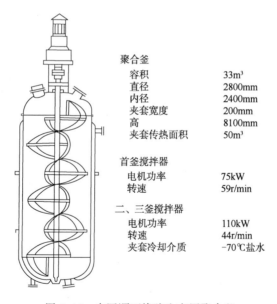

聚合釜	
容积	33m³
直径	2800mm
内径	2400mm
夹套宽度	200mm
高	8100mm
夹套传热面积	50m³
首釜搅拌器	
电机功率	75kW
转速	59r/min
二、三釜搅拌器	
电机功率	110kW
转速	44r/min
夹套冷却介质	-70℃盐水

图 5-18　中国顺丁橡胶生产用聚合釜

（2）凝聚釜

凝聚釜的结构影响凝聚效果。由于在凝聚釜中进行的是自浮颗粒的气、液、固三相混合，需要强烈的搅拌以促进传热传质和防止胶粒结块。又由于有大量气体从液面逸出，所以凝聚釜除要保持液高和釜径的比值等于或大于 1.6 外，还须保持一定的液高和釜内上部空高的比值，以保证胶粒不被气流带出釜外。凝聚釜结构示意见图 5-19。其内部构件的要求分述如下：

1）搅拌器

凝聚釜的搅拌器有螺旋推进桨叶式和涡轮式，分单层和多层，但必须以适当形式的搅拌

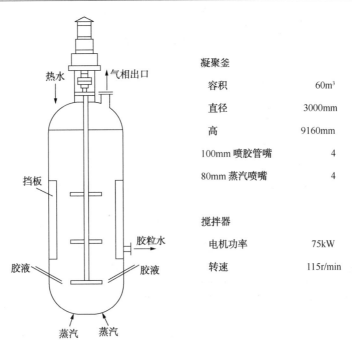

凝聚釜

容积	60m³
直径	3000mm
高	9160mm
100mm 喷胶管嘴	4
80mm 蒸汽喷嘴	4

搅拌器

电机功率	75kW
转速	115r/min

图 5-19　凝聚釜结构示意图

器与胶液喷嘴和蒸汽喷嘴配合使用。目前多用两层推进桨叶和一层涡轮混合使用，上层桨采用上推式轴流桨叶、中层桨下压式轴流桨叶、下层桨圆盘涡轮式，这样安排可使胶粒分布良好，避免胶粒在液面堆积形成挂胶。

2）挡板

在釜内设置挡板，以增加搅拌动力、搅拌强度和提高搅拌效果，并可控制物料流动方向，促进物料的上下循环混合和消除液面上的旋涡。挡板一般为 4 块，多于 4 块作用不大，挡板宽度为釜径的(1／12.5)~(1／10)。

3）胶液喷嘴

胶液喷嘴的形式很多，大致可分为单流体喷嘴和双流体喷嘴，见图 5-20。单流体喷嘴较简单，一般为缩口喷头装有多孔喷嘴。此种喷嘴不易堵胶，必须与蒸汽喷嘴和搅拌器配合使用，使喷入凝聚釜的胶液在蒸汽和搅拌器的作用下分散成颗粒。双流体喷嘴将胶液与热水或胶液与蒸汽在喷嘴内混合，直接喷入凝聚釜热水中。使用双流体喷嘴，胶液的颗粒度小，凝聚效果更好，凝聚蒸汽消耗少。

其他喷嘴型式还有伸缩套筒式喷嘴、圆周高速切割式喷嘴、锐孔式喷嘴、机械乳化喷嘴和静态混合器喷嘴。

4）蒸汽喷嘴

凝聚釜蒸汽喷嘴一般设计 4 个，可以同时开启，也可以两个对开。喷嘴按一定角度向斜下方插入，蒸汽喷嘴有缩口，以提高喷汽速度，增加搅拌效果。

（3）脱水干燥设备

脱水干燥设备主要有 Anderson 型、French 型和 Welding 型等。中国顺丁橡胶生产工艺采用的是 Anderson 型脱水干燥设备。

1）Anderson 型挤压脱水机

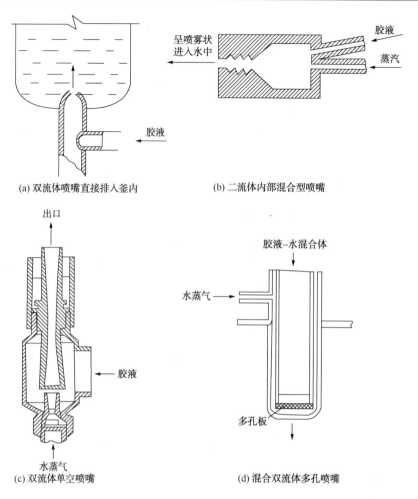

(a) 双流体喷嘴直接排入釜内　　　　　(b) 二流体内部混合型喷嘴

(c) 双流体单空喷嘴　　　　　　　(d) 混合双流体多孔喷嘴

图 5-20　胶液喷嘴

由机座、减速箱、机体、机头、辅助润滑系统和主电机及集水槽组成。挤压脱水机结构见图 5-21(a)，机体分筒体和螺杆两部分，筒体由两个带有笼骨架和笼条的半圆筒组成，这两个半圆用 24 个螺钉拧紧，笼条之间夹有垫片，缝隙为 0.127~0.254mm，筒体共有 4 段，各段笼条间隙依各段排列次，按序减小，螺杆由轴、螺套、键组成，见图 5-21(b)。

螺杆由若干节断开式螺旋叶构成，各节螺旋叶等深不等距，螺距从加料口到出料口依次减小，在进料区螺杆的螺纹连续，其余部分为断开拼和式，在螺旋断开部位插入六组固定刀具伸入轴环，用以改变物料方向和疏松橡胶。操作时含水 40%~60% 的橡胶颗粒在挤压过程中脱水。水从笼条缝隙中挤出，同时橡胶被推到机头。机头有调压装置，机头和切刀部分由模板和切刀组成，之间的间隙约为 0.5~1.0mm，调压装置由堵塞阀组成，液压进行调节，通过调节机头出口面积来调节挤压脱水机内的压力，使物料达到预期脱水效果。该机将橡胶中的水分由 50%~65% 降到 10%~15%。

2）膨胀干燥机

由机座、减速箱、机体、机头、辅助润滑系统和主电机及液力联轴变速器组成，并有蒸汽加热夹套。挤压膨胀干燥机示意图见图 5-22(a)。机体由筒体和螺杆二部分组成，筒体由前后两节组成，内有 8 级衬套，第一节和第二节衬套各有 12 条排水槽均布，筒体上共有上

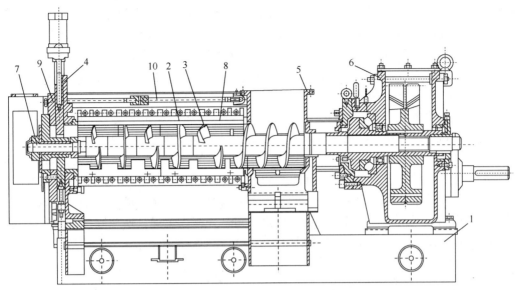

(a) 挤压脱水机结构

1—机座；2—机体；3—螺杆；4—调压装置；5—加料斗；6—减速箱；7—切刀；8—笼条；9—机头；10—挤杆

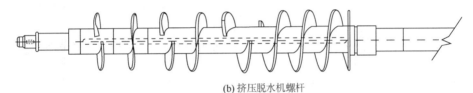

(b) 挤压脱水机螺杆

图 5-21　Anderson 型挤压脱水机示意图

下左右对称的 4 排剪刀螺钉插入断开式螺旋叶之间，每排 22 个，前筒 40 个，后筒 48 个，共 88 个，插入深度要考虑到螺杆的挠度，以不碰为准。膨胀干燥机螺杆示意图见图 5-22(b)。

膨胀干燥机的进料端是推力轴承，螺杆由轴、螺套、键组成，螺杆也是有若干节断开式

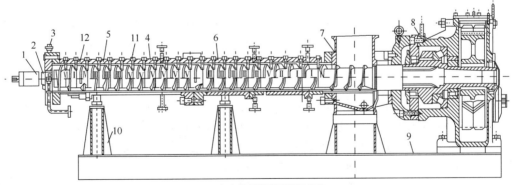

（a）挤压膨胀干燥机整体

1—切料装置；2—调节装置；3—机头；4—螺杆；5—后段筒体；6—前段筒体；
7—加料斗；8—减速箱；9—机座；10—支腿；11—剪切螺钉；12—衬套

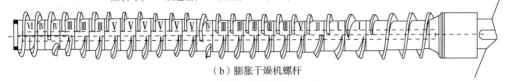

（b）膨胀干燥机螺杆

图 5-22　挤压膨胀干燥机示意图

螺旋叶，等深不等距，全机分三段：a. 加料段螺距 152mm；b. 压缩干燥段又分二段，第一段螺距由 126mm 逐渐减到 55mm，此段压缩比 $A = 4.4$；第二段从 68mm 减小到 55mm，此段压缩比 $= 1.7$；c. 闪蒸段由机头组成，机头分为机头模板部分和切刀部分，模板有 2 个模孔，可供安装模头和堵头，另外模板内有供加热和冷却用的环形通道，切刀架于模板上。

3）两机的功率消耗和操作曲线

从挤压脱水机来的含水量为 10%~15% 的胶片进入膨胀干燥机，受夹套加热和螺杆的推进挤压所产生机械能，使橡胶逐步升高压力和温度，至预定温度 180~200℃。其压力必须大于橡胶中的水分所产生的蒸汽压，使水分在膨胀干燥机的长度中始终保持液态，有利于机身和橡胶的热传导。胶料被推至膨胀干燥机出口处，200℃ 的胶料从多孔模头处挤出，压力突然降低，胶料中的水分迅速汽化使胶料膨胀为海绵状而脱去水分，靠热风切成短条状。利用后继设备干燥箱热风系统将胶粒表面的挥发物带走，并继续干燥，使橡胶挥发分降至 0.5% 以下。Anderson 型挤压脱水-膨胀干燥机组的干燥操作曲线见图 5-23、图 5-24。

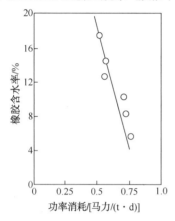

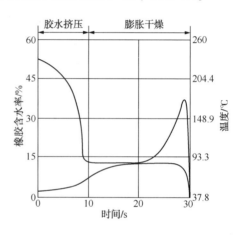

图 5-23 橡胶含水率和功率消耗的关系   图 5-24   Anderson 型挤压脱水-膨胀
（1 马力 = 735.499W）   干燥机组的干燥操作曲线

膨胀干燥机设备材质进料斗为 316 不锈钢，筒体表面为含有钨铬钴合金的 316 不锈钢。蒸汽夹套最大操作压力为 1.71MPa。主螺杆轴有 316 不锈钢叶轮和套，螺杆硬质覆盖层表面是硬的钨铬钴合金 12。

（4）AHT 热泵

AHT 热泵是用于回收顺丁橡胶胶液在凝聚过程所产生的低品位废热。过去由凝聚釜顶流出的水蒸气和有机溶剂蒸气的混合物（95℃）用空冷器进行冷凝，热量全部被空冷器排入大气。采用热泵后，95℃ 的废热被依次送入蒸发器和再生器作为驱动热源，从吸收器输出的热量用于加热循环热水，然后返回凝聚釜，以节省加热蒸汽。

AHT 热泵规模为：62 70kW/套。它由蒸发器、吸收器、再生器、换热器组成。AHT 的循环系统的循环流程见图 5-29。汽提气在蒸发器中冷却冷凝，提供热量产生工质水蒸气，出蒸发器的工质水蒸气进入吸收器被浓溴化锂溶液吸收，吸收过程放出的热量用来加热循环热水重新返回凝聚釜继续使用，出吸收器的稀溶液经液-液换热器与来自再生器的浓溴化锂溶液换热，降低温度并闪发后进入再生器，稀溶液在再生器中吸收来自蒸发器出口汽提气提供的热量后，溶液被浓缩，产生的蒸汽进入冷凝器放出热量冷凝为工质水，工质水依靠液位高度返回蒸发器，再行蒸发。再生器出口浓溶液经液-液换热器返回吸收器，再行吸收。

AHT 热泵原理见图 5-25。

　　燕山石化用 AHT 回收顺丁橡胶装置凝聚工段汽提气余热的流程示意见图 5-26。AHT 安装在凝聚釜顶汽提气的出口管线上,一台空冷器。汽提气串联通过热泵的蒸发器、再生器,冷却冷凝后进入空冷器、水冷器,将汽提气尾气进一步冷却、分离回收溶剂;来自热水罐的循环热水通过热泵吸收。

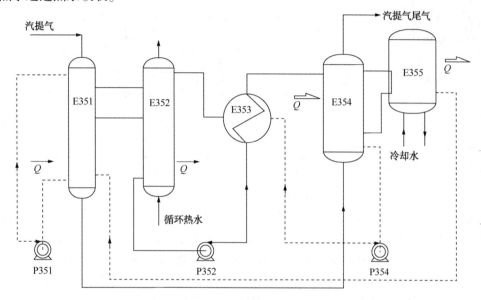

图 5-25　AHT 热泵原理

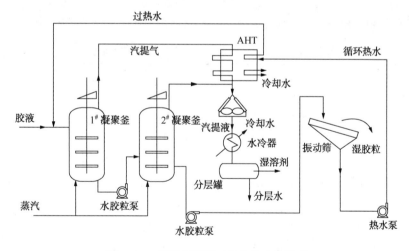

图 5-26　热泵在凝聚工序中的安装流程

5. 镍系顺丁橡胶产品

(1) 轮胎用胶

1) 镍系顺丁橡胶 BR9000

　　镍系顺丁橡胶分子链结构较规整,主链上无取代基,故分子链柔软,玻璃化转变温度低,使橡胶具有弹性、良好的耐磨性及耐寒性,滞后损失小,生热低,还具有优良的抗屈挠性,与其他橡胶相容性好。顺丁橡胶的缺点是抗撕裂性能、抗湿滑性能及加工性能较差,生胶冷流倾向较大。BR 9000 的性能指标见表 5-19。

表 5-19　顺丁橡胶 BR 9000 性能指标（GB/T 8659—2008）

项　目		指　标			试验方法
		优等品	一等品	合格品	
挥发分质量分数/%		≤0.50	≤0.80	≤1.10	附录 A　热辊法
灰分质量分数/%		≤0.20			GB/T 4498　方法 A
生胶门尼黏度 $ML_{1+4}^{100℃}$		45±4	45±5	45±7	GB/T 1232.1
混炼胶门尼黏度 $ML_{1+4}^{100℃}$		≤65	≤67	≤70	
300%定伸应力/MPa	25min	7.0~12.0			GB/T 8660 C2 法混炼 1 型裁刀
	35min	8.0~13.0			
	50min	8.0~13.0			
拉伸强度/MPa	35min	≥13.2			
扯断伸长率/%	35min	≥330			

注：混炼胶和硫化胶的性能指标均采用 ASTM IRB No.7 进行评价。

2）充油顺丁橡胶 BR 9071、BR 9072、BR 9073、BR 9053

充油顺丁橡胶的湿抓着性能远优于普通顺丁橡胶，在乘用车胎胎面使用可获得湿抓着性与耐磨性的综合平衡。充油顺丁橡胶与天然橡胶和丁苯橡胶并用后作为卡车胎、越野胎和乘用车胎的胎面胶，对改进耐切割、耐磨耗和克服崩花掉块均有利，可获得较好的综合性能。充油胶的物理机械性能虽较普通顺丁橡胶稍有降低，但和其他橡胶掺混后，可以得到弥补。中国的充油顺丁橡胶制备技术有两种：一种是燕山石化的调节催化剂配方（表 5-20），采用提高 Al/B 比的方法，制备了门尼黏度为 63.1±4 和 66±4 的基础胶。前者填充 15 份的芳烃油得到充油顺丁橡胶 BR 9071，后者填充 25 份芳烃油得到充油顺丁橡胶 BR 9072。

表 5-20　燕山石化的镍系顺丁充油橡胶的性能指标

指标名称	BR9071	BR9072	指标名称	BR9071	BR9072
充油量/（份/100 份胶）	15	25	拉伸强度/MPa	≥18	≥17
门尼黏度（$ML_{1+4}^{100℃}$）	40±5	40±5	300%定伸应力/MPa	≥6.5	≥7.0
挥发分/%	≤1.0	≤1.0	扯断伸长率/%	≥500	≥480
灰分/%	≤0.5	≤0.5			

另一充油顺丁橡胶制备技术是齐鲁石化采用青岛科技大学研究开发的改型镍系催化剂 Ni-Al(iBu)$_2$-B-辛醇，使 Al/B 比可在 0.5~2.0 的范围自由调节门尼黏度，合成出了高门尼黏度（85±5）基础胶，双方合作研制填充 37.5 份高芳烃油的充油顺丁橡胶 BR 9073、BR 9053，并通过提高聚合压力解决转化率过低问题。其性能指标见表 5-21。

表 5-21　齐鲁石化的镍系顺丁充油橡胶的性能指标

指标名称	BR9073	BR9053	指标名称	BR9073	BR9053
充油量/（份/100 份胶）	37.5	37.5	300%定伸应力/MPa		
生胶门尼黏度（$ML_{1+4}^{100℃}$）	32~42	30~40	25min	7.1~11.6	6.6~11.6
混炼胶门尼黏度（$ML_{1+4}^{100℃}$）	≤80	≤85	35min	7.7~11.5	7.0~12.0
挥发分/%	≤1.3	≤1.3	50min	7.2~11.4	6.6~11.6
灰分/%	≤0.3	≤0.3	伸长率/%	≥440	≥380
拉伸强度/MPa	≥14.7	≥13.0			

3）低凝胶含量顺丁橡胶

齐鲁石化在加氢汽油中以 $Ni(naph)_2$-$Al(iBu)_3$-BF_3-D（D 为辛醇）为催化体系研究开发出低凝胶含量顺丁橡胶。与原体系相比，由于改善了催化体系在溶剂中的溶解性，从而使顺丁橡胶中的凝胶含量由原来的 0.36% 左右降至 0.1% 左右。调节 B.D 络合物用量可合成出不同门尼黏度、凝胶含量低、胶液黏度适宜、设备挂胶轻的高顺式聚丁二烯橡胶。

（2）非轮胎用胶

燕山石化和中国科学院长春应用化学研究所合作开发了高抗冲聚苯乙烯改性顺丁橡胶生产技术。在严格控制聚合加水量的情况下，增加 Ni 用量，降低 Al/B 比，提高聚合温度，从而降低了凝胶生成量，提高了聚丁二烯分子链的支化度，控制顺丁橡胶具有较适宜的分子量分布和较低的门尼黏度。其性能见表 5-22。

表 5-22　燕化公司的高抗冲聚苯乙烯改性顺丁橡胶性能

项目	BR 9002	BR 9004A	BR 9004B	试验方法
顺式 1,4 含量/%	≥93	≥93	≥93	Q/SH 001-HJS03254—87
挥发分/%	≤0.35	≤0.75	≤0.75	GB/T6737 热辊法
总灰分/%	≤0.10	≤0.30	≤0.30	GB/T 4498—1996
5%苯乙烯溶液黏度(30℃)/(mm^2/s)	55~70	70~120	120~170	Q/SH 001-S05214—1997
凝胶含量/%	≤0.015	≤0.1	≤0.1	Q/SH 001-S05141—92
色度/号	≤15	≤25	≤25	Q/SH 001-S02AO49—93
生胶门尼黏度	37~42	37~42	40~45	GB/T1232—92
外观	无色或浅色块状物，不含焦化颗粒、机械杂质油污			

抚顺石化分别用燕山石化生产的镍系高抗冲聚苯乙烯改性顺丁橡胶 BR9004B 与中国台湾生产的钴系高抗冲聚苯乙烯改性顺丁橡胶 BR-15HB 作生产高抗冲聚苯乙烯对比。其产品质量测试结果如表 5-23 所示。

表 5-23　燕山石化镍系顺丁橡胶 BR 9004B 和台湾钴系顺丁橡胶 BR15HB 生产的 HIPS 性能对比

橡胶牌号	熔体流动速率/(g/10min)	软化温度/℃	屈服强度/MPa	伸长率/%	冲击强度/(J/m)
BR 9004B	3.45	94	37.8	48.4	80.4
BR 15HB	3.80	94	38.1	47.0	81.0

5.3.2　国外的生产工艺

1. 镍催化体系三元预陈化、庚烷/甲苯为混合溶剂的生产工艺

（1）技术特点

国外早期有采用 Ni→B→Al 三元预陈化、庚烷/苯为混合溶剂的生产工艺，以某公司（A）为例，其技术特点如下：

① 采取按 Ni→B→Al 的顺序的三元预陈化工艺，活性中心在进入聚合反应器前即已形成。体系活性稳定，高于 Al→B→Ni 三元预陈化工艺，但低于 Al-Ni 陈化、稀硼单加工艺。

② 聚合反应器 3 台不等容，1 号反应器 $20m^3$，2 号、3 号反应器 $30m^3$，反应器均采用螺带搅拌。

③ 反应器撤热能力强，夹套冷却采用液氨冷剂（可能已改用溶剂单体蒸发除热）。三釜聚合温度均可有效控制在 65℃。

④ 采用庚烷/甲苯为 7/3 混合溶剂。甲苯配制催化剂组分可得到均匀态溶液，庚烷作为聚合主溶剂，可调增分子量、提高单体浓度与聚合温度，在相同聚合情况下其黏度比甲苯纯溶剂要低，对聚合的传热传质有利。对庚烷、甲苯的质量要求见表 5-24。

表 5-24　A 公司用甲苯/庚烷溶剂规格

组分	甲苯	庚烷
外观	无色透明	无色透明
相对密度(15/4℃)	0.8690~0.8730	0.687~0.693
馏程	在 110.6℃±0.5℃蒸出体积>97%	初馏点>96℃，终沸点<105℃ 5%/95%温度差<1.5℃
颜色	<20(Harzen)	>30min(Saybolt No.)
硫化物/×10^{-6}	无	<5
不挥发物	<0.002g/100mL 甲苯	<0.001g/100mL
铜蚀性	铜条放入不退色	
酸洗色	不深于 No.2 标准色	<1
酸碱度	不出现酸碱性	不出现酸碱性
溴值	<1.0	
苯含量/×10^{-6}	<100	<60
水分/×10^{-6}	<650	<100
聚合试验	通过	通过
芳烃含量		<0.05
纯度/%(质量)		>95

⑤ 丁二烯转化率高，达到 90%。对原料丁二烯的质量要求如下：

外观	无色透明液体
1,3-丁二烯纯度	>99.0%
1,2-丁二烯	<50×10^{-6}
异丁烯+丁烯	<700×10^{-6}
2-丁烯	<1200×10^{-6}
1-丁炔	<3×10^{-6}
2-丁炔	<1×10^{-6}
乙烯基乙炔	<1×10^{-6}
丁二烯二聚物	<0.1%
H$_2$S	<10×10^{-6}
C$_5$	<20×10^{-6}
羰基化合物(乙醛计)	<30×10^{-6}
过氧化合物(H$_2$O$_2$)	<10×10^{-6}
抽提溶剂(乙腈)	<5×10^{-6}
胺	<0.5×10^{-6}
不挥发物	<0.1%
气相中氧含量	<0.3%(体积)
聚合试验	合格

⑥ 产品质量好，与 Al-Ni 陈化、稀硼单加工艺产品相比，分子量较高、微凝胶含量较低。

⑦ 较好解决了挂胶问题，聚合釜运转周期达 1 年。

⑧ 与 Al-Ni 陈化、稀硼单加工艺相比，聚合反应器生产强度和单条生产线生产能力较低。

⑨ 溶剂回收采取四塔流程。

⑩ 三釜凝聚工艺。

（2）生产工艺

采用 $Ni(naph)_2-AlEt_3-BF_3OEt_2$ 三元催化剂，甲苯-庚烷混合溶剂，三台不等容聚合反应器串联工艺见图 5-27。

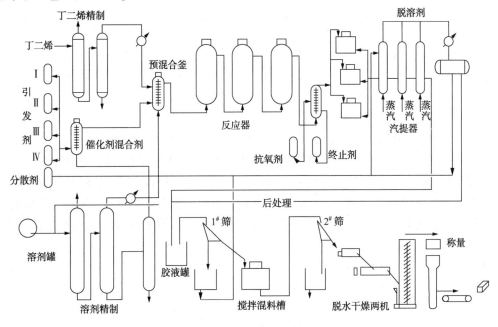

图 5-27　A 公司顺丁橡胶生产工艺流程

配制的催化剂三组分溶液分别计量后在陈化罐进行陈化。丁二烯单体、溶剂分别经液氨制冷冷却系统的预冷后和催化剂同时进入预混合器，催化剂三组分配成溶液分别经计量泵进入催化剂混合槽与来自回收精制甲苯混合，再送往单体-溶剂混合槽混合，迅速连续进入反应器系列聚合，末釜形成高黏度胶液。终止剂、防老剂与胶液在混合器混合，终止聚合，胶液进行批量掺混，达到生产控制指标。

批料掺混槽来的胶液送入第一汽提塔，在循环水及强力搅拌下，变成悬浮的胶粒水液，用泵送入第二及第三汽提塔，在同样条件下再汽提，最后把胶粒水液用泵送往淤浆槽。

从汽提塔顶出来的溶剂及丁二烯经冷凝器进入油水分层罐，分离水后送往溶剂回收系统，进行单体-溶剂的分离及精制。

来自第三汽提塔下的悬浮胶粒水液泵送至振动筛过滤，过滤的热水循环到凝聚塔；筛面上的湿胶粒进入挤压机脱水，再进入膨胀机干燥，由输送带把干燥好的成品胶运至成品库，通过金属检测、过秤、压块、包装。

从油水分离槽来的丁二烯、溶剂混合物进入溶剂回收第一塔，丁二烯、轻组分和水从塔顶逸出。塔釜出来的混合溶剂进入第二塔，塔顶馏出富庚烷溶剂与补充的新鲜溶剂进入丁二烯-溶剂-催化剂混合槽，塔釜出来的富甲苯混合物(如含二聚物、阻聚剂及化学助剂残留物)进入第三塔(脱重塔)分离重组分，塔顶馏出的甲苯用于配制催化剂及其他助剂。第三塔釜液定期排放，作燃料油用。

从第一塔顶出来的丁二烯和水，送往丁二烯回收精制第一塔，进行恒沸干燥，塔顶分离出水、醇等轻组分，塔釜粗回收丁二烯进入第二塔(脱重塔)。塔顶馏出精制回收丁二烯。塔釜废气液定期送往火炬燃烧处理。

工艺条件如下：

① 催化剂陈化。三种催化剂分别溶于甲苯中，按 Ni-B-Al 顺序经 150L 陈化釜进行三元陈化，同时加入第四组分丁二烯以提高催化剂活性和稳定性。陈化温度在生产 BR01 产品时为 40℃，生产 BR31 产品时为 80℃。陈化后进入预混釜和原料丁二烯/溶剂混合后进入聚合釜。

② 聚合。混合溶剂经液氨预冷至 0℃，溶剂与丁二烯之比为 4~5，聚合温度三釜均为 65℃。聚合时间 2~2.5h。首釜转化率约 60%，门尼黏度 46~50；第三釜转化率 90%，门尼黏度 41~45。反应器生产强度 217t/m³·a。吨胶耗丁二烯为 1012kg/t，吨胶耗蒸汽 4.6t/t，处于世界先进水平。聚合釜运转周期为一年。每年清理一次，挂胶厚约 10mm，三釜差别不大。停车后用溶剂洗 4h，再用水煮一天，然后用高压水冲洗切除。

从第三聚合釜出来的胶液在终止釜中和防老剂 BHT 终止剂混合后进入混胶罐。

③ 凝聚。采用三釜凝聚工艺第一釜 100m³，二釜、三釜 60m³。三釜同时分别通入蒸汽闪蒸脱除溶剂和未反应丁二烯。蒸汽不串联使用。釜内下部有 4 个对称的喷嘴。上部有喷冷水的环形管消除泡沫。釜内有两层搅拌器。胶粒水在一釜高位侧面出口溢流至二釜。再用泵送至三釜。

④ 后处理。挤压脱水使胶粒含水降至 15%，通过膨胀干燥机降至 10%，经提升机热风干燥达到合格标准后压块包装。

(3)产品质量

A 公司所产锂系顺丁橡胶，充油顺丁橡胶及高抗冲聚苯乙烯改性用顺丁橡胶的质量指标见表 5-25~表 5-27。

表 5-25　A 公司顺丁橡胶产品质量指标

项　　目	BR 01 供货 合同指标	BR 01 实测数据
灰分/%	≤0.5	0.02
挥发分/%	≤0.75	0.12
生胶门尼黏度	45±5	44
混炼胶门尼黏度	≤65	62.5
300%定伸强度/MPa　25min，145℃	7.3~11.3	7.7
35min，145℃	7.8~11.8	8.5
50min，145℃	17.6~11.6	8.4
拉伸强度/MPa	≥14.2	17.1
伸长率/%	≥400	536
凝胶/%	≤1.0	0.3
防老剂性质	非污染	非污染

表 5-26 A 公司充油顺丁橡胶典型性质

项 目		BR 31	BR 21
充油量及油的类别	每 100 份胶中充油份数	37.5 芳烃油	37.5 环烷油
门尼黏度值	$ML_{1+4}^{100℃}$	35	30
混炼胶门尼黏度值	$ML_{1+4}^{100℃}$	63	56
顺式 1,4 含量/%		96	96
拉伸强度/(kg/cm²)	145℃，35min	185	165
伸长率/%	145℃，35min	560	440
300% 定伸强度/(kg/cm²)	145℃，35min	97	110
硬度(邵尔 A)		61	59

表 5-27 A 公司的高抗冲聚苯乙烯改性用顺丁橡胶

	顺式 1,4 含量/%	门尼黏度	5%苯乙烯溶液黏度/mPa·s
BR 02	94	43	80
BR 02LA	94	36	65
BR 02LB	94	36	75
BR 02LL	94	29	52

2. 改进型镍系顺丁橡胶生产工艺

（1）技术特点

以 B 公司为例，其技术特点如下：

① 环烷酸镍改为辛酸镍。采取辛酸镍 Ni(Oct)₂-三乙基铝-三氟化硼乙醚络合物-丁二烯分别进入反应器的四元单进工艺。

② 甲苯-庚烷混合溶剂改为己烷溶剂

③ 反应器夹套液氨撤热工艺改为烃类蒸发撤热技术，聚合釜非满釜操作。气相烃类经丙烷蒸发冷凝后返回聚合反应器，以控制聚合温度。

④ 采用 1-丁烯为分子量调节剂。

⑤ 反应器生产强度达 638t/(m³·a)，单线生产能力达 57500t/a 的先进水平。

⑥ 丁二烯转化率高达 90%。

⑦ 开发了特有的支化型丁二烯橡胶。

⑧ 聚合反应器运转周期 4 个月，仍有一定的挂胶问题。

⑨ 采用双釜凝聚工艺。

⑩ 溶剂回收采取三塔流程。

（2）生产工艺

B 公司充油镍系顺丁橡胶生产工艺流程见图 5-28。

原料丁二烯和己烷溶剂均经干燥精制，进料丁二烯含水量要求 $< 5×10^{-6}$，最大不得超过 $10×10^{-6}$。系统含氧量 $< 5×10^{-6}$。催化剂镍、铝、硼单独进入首釜的己烷-丁二烯进料管线中。进料部位在聚合釜下部，聚合后物料从釜底出料。聚合釜上部保持一定液面，丁二烯和己烷在液面蒸发吸热。聚合温度和催化剂的计量都实现了计算机控制。凝聚采用双釜串联工艺，新鲜蒸汽由第二釜下部进入，釜顶出来的蒸汽作为第一釜的汽提用蒸汽。凝聚后的胶粒

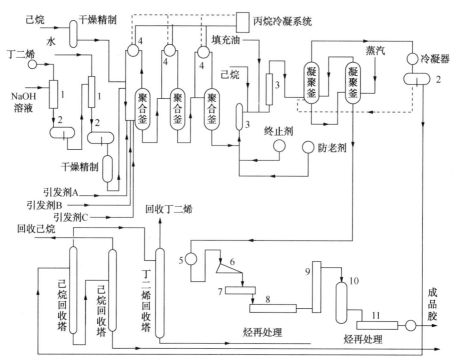

图 5-28　B 公司充油顺丁橡胶生产流程

1—文氏管混合器；2—烃水分层罐；3—静态混合器；4—冷凝器；5—胶液罐；6—分水筛；7—挤压脱水机
8—膨胀干燥机；9—提升干燥机；10—压块机；11—包装机

水进入后处理工序，利用电容原理的水分自动测定仪，对进出挤压膨胀干燥机的胶的含水量进行在线监视。通过模头孔数的改变，灵活调节干燥机内的压力。干燥机的进料情况可由操作室的荧光屏画面进行监视，膨胀干燥机后设热风冷风干燥箱。

主要生产工艺条件如下：

① 催化剂陈化。Al、Ni、B 分别单独进入反应器的己烷/丁二烯进料管线。进料丁二烯浓度 22%。催化剂进料质量比为 Ni/Bd＝0.006/100、Al/Ni＝27/1，HF/Ni＝5.8/1。

② 聚合。聚合温度首釜 71℃，末釜 80℃，聚合时间 1.5～2h，1-丁烯作为分子量调节剂。

③ 凝聚。双釜串联凝聚，第一釜釜温 88℃，压力 0.05MPa，二釜温度 104～110℃，压力 0.06MPa。

（3）产品性能

1）通用顺丁橡胶

用于轮胎橡胶制品的通用镍系顺丁橡胶有 4 个牌号：牌号为 1207 产品，门尼黏度值 50～60，顺式 1,4 含量 97%，玻璃化转变温度-104℃。牌号为 1208 产品，门尼黏度值 41～51，顺式 1,4 含量 97%，玻璃化转变温度-104℃。非污染产品牌号为 1207G，门尼黏度值 50～60，顺式 1,4 含量 97%；牌号为 1208G 产品，门尼黏度值 40～50，顺式 1,4 含量 97%，玻璃化转变温度-104℃，均采用特殊的非污染、非着色、能耐过氧化硫化的抗氧剂，具有耐高压缩、高弹性，是为生产软球开发的顺丁橡胶产品。

2）充油顺丁橡胶

填充油用高芳烃，顺式 1,4 含量 98%。其质量规格如表 5-28 所示。

表 5-28　B 公司充油顺丁橡胶的典型性质

项　目	额定值	试验方法
充油量及油的类别	25 份 高芳烃油	
挥发分/%	<0.75	ASTM D1416
灰分/%	<0.5	ASTM D1416
门尼黏度值（ $ML_{1+4}^{100℃}$ ）	40~50	ASTM D1416
油含量/%	18~22	QC3.2.1.25
硫化胶性质	150℃，1^0Arc，1.7Hz，30min	Monsanto Rheometer
ML/N·m（in·lb）	0.79~1.02（7.0~9.0）	
MH/N·m（in·lb）	3.18~4.52（28.25~31.25）	
t_s（1 dNm）/ min	2.75~4.0	
t'_c（50）/min	4.75~6.0	
t'_c（90）/min	7.75~10.0	
300%定伸强度/ MPa	4.8~7.1	

3）支化丁二烯橡胶

这是 B 公司特有的一个品种，在镍催化体系中加入烷基化二苯胺开发出支化丁二烯橡胶，门尼黏度40，玻璃化转变温度-104℃，顺式1,4含量98%。和普通镍系顺丁橡胶相比，其硫化胶具有如下优越性能：

① 有较高的拉伸强度，与钕系顺丁橡胶相当。300%定伸强度高于镍系顺丁橡胶，略低于钕系顺丁橡胶。

② 很高的抗撕裂强度。不但高于钴系顺丁橡胶，而且还比钕系顺丁橡胶高6%~33%，见表5-29、表5-30。

表 5-29　乘用车胎面胶 ESBR/BR 并用不同 BR 对硫化胶性能的影响

		支化镍系顺丁	钕系顺丁	支化钴系顺丁
流变仪 150℃（ t_S 1 min）		6.6	7.0	6.7
（ t_C 90 min）		14.8	15.5	15.3
应力应变	拉伸强度/ MPa	20.3	19.5	20.2
	300%定伸强度/ MPa	12.8	14.0	13.9
抗撕裂强度	冷撕裂 23℃/（kN/m）	46.6	44.0	40.6
B 型	热撕裂 100℃/（kN/m）	43.9	36.2	31.0
Goodyear-Healey	冷回弹/%			
回弹性	热回弹 100℃/ %	72.3	74.0	74.0
Goodrich 曲挠　 ΔT/℃		22.0	22.0	22.0

表 5-30　轮胎胎圈胶层布用胶 BR/NR 70/30 不同 BR 对性能的影响

		支化镍系顺丁	钕系顺丁	支化钴系顺丁
流变仪 150℃（ t_S 1 min）		3.6	3.5	3.5
（ t_C 90 min）		11.0	11.7	10.8
应力应变	拉伸强度/ MPa	20.4	24.4	21.0
	300%定伸强度/ MPa	5.5	5.8	6.0
抗撕裂强度	冷撕裂 23℃/（kN/m）	40.1	30.1	27.4
B 型	热撕裂 100℃/（kN/m）	18.6	15.8	14.1

续表

	支化镍系顺丁	钕系顺丁	支化钴系顺丁
Goodyear-Healey 回弹性　冷回弹/%	61.5	64.1	62.5
热回弹 100℃/%	75.2	75.2	75.2
Goodrich 曲挠（ΔT/℃）	24.0	25.0	27.0
Tel-Tak 黏性	19.0	17.1	12.6

③ 橡胶冷流值低，只有镍系顺丁橡胶的 1/4，低于钕系顺丁橡胶。与炭黑混合容易，混合时间少于钴系顺丁橡胶，更少于钕系顺丁橡胶。混合消耗功率比钕系顺丁橡胶节省 14%，见图 5-29、图 5-30。

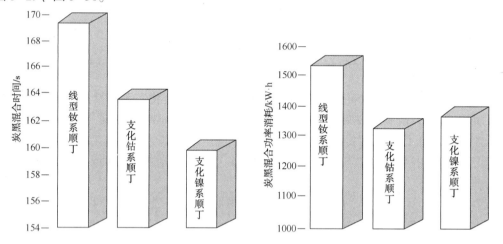

图 5-29　不同 BR 胎面胶配方混炼时间比较　　图 5-30　不同 BR 胎面胶配方混炼功率消耗比较

④ 具有很好的挤出性能，经 Garvey 口型挤出试验，其膨胀率远低于钕系顺丁橡胶，也低于钴系顺丁橡胶。因此特别适用制备要求尺寸规整制品，适用于自动控制的制造系统。

⑤ 胶液黏度低，只有钕系顺丁橡胶胶液黏度的 1/3，是普通镍系顺丁橡胶胶液黏度的 66%。B 公司生产的传统的普通顺丁橡胶的溶液黏度为 6770mPa·s，而支化丁二烯橡胶只有 1580mPa·s。见表 5-31。

⑥ 和天然胶并用时，支化镍系顺丁橡胶显示很高的黏性，比钴系顺丁橡胶高 50%，比钕系顺丁橡胶高 11%。

表 5-31　不同 BR 的胶液黏度冷流性能比较

	支化镍系顺丁	钕系顺丁	线型镍系顺丁	支化钴系顺丁
重均分子量 $M_w \times 10^{-4}$	37.1	55.8		
数均分子量 $M_n \times 10^{-4}$	5.5	14.2		
M_w / M_n	6.74	3.93		
门尼黏度 $ML_{1+4}^{100℃}$	40	42		
B 型黏度 10%甲苯液	1920	6210		
5%环己烷溶液	80.6		120.6	
冷流/(mg/min)	0.49	0.65	2.08	0.22

⑦ 具有较低的曲挠温升，其值和钕系顺丁橡胶处于同一水平或更低。表明它有较低的滚动阻力，见表 5-29 和表 5-30。

综上所述，支化镍系顺丁橡胶既具有和钕系顺丁橡胶相当的较高的顺式 1,4 含量，较高的机械物理性能，较高的黏性和较低的滚动阻力，而且有比钕系顺丁橡胶更好的加工性能，更高的抗撕裂性能和特别珍贵的低胶液黏度。这些都是钕系顺丁橡胶生产技术面对的难题。而镍系顺丁橡胶的生产成本又低于钕系顺丁橡胶。所以支化镍系顺丁橡胶是一种极有发展前景的高性能橡胶。

5.4　钴系催化剂顺丁橡胶生产工艺

钴系催化剂发现于 1957~1958 年间，略晚于钛系催化剂，对聚丁二烯来说乃是立体规整性很高的体系[26~29]。这个体系具有以下特点：

① 能形成均相烃溶剂溶液的钴化合物，是制备顺式 1,4 结构含量较高的高活性催化剂，常用的可溶性钴化物主要有羧酸钴，如辛酸钴或环烷酸钴、乙酰基丙酮钴。

② 氯化物是合成高顺式聚丁二烯中钴系催化剂的重要组成部分。氯化烷基铝可为 AlR_2Cl、$AlRCl_2$、$Al_2R_3Cl_3$ 等。常以 $AlEt_2Cl$ 作为可溶性钴化物的助催化剂形成的均相催化体系，具有聚合速度快、过渡金属用量低、易实现连续聚合过程、易制得宽范围的分子量及其聚合速度和结果的重复性好等优点，产率可高达 $3 \times 10^5 g$ 聚合物/g 钴[30]。

③ 烷基氯化物中 AlR_2Cl 比三烷基铝更有效。因为三烷基铝的还原能力很强，易于将大部分钴盐还原为金属钴，为此 Al/Co 比必须小于 1。而 AlR_2Cl 的还原能力适中，Al/Co 比在 1~1000 之间都可采用，而且聚合物的立体规整性不随 Al/Co 比变化。倍半物或二氯烷基铝也可作助催化剂，但会使凝胶含量提高。因此钴化合物–AlR_2Cl 是钴系中最佳的助催化剂。

④ 钴化合物/AlR_2Cl 体系可以加入第三组分作为活化剂，如氧、水、三氯化铝、氯化氢或其他路易氏酸。水作为第三组分，可将一部分二乙基氯化铝转化成为一种较强的路易斯酸 $[O(AlEt_2O)_2]$，此路易斯酸是高催化活性的关键因素。

⑤ 水的用量约在 0.1~0.5 mol/mol AlR_2X 范围内，用量过少，则聚合速率低、分子量也低；用量过多，则聚合速率降低，且有凝胶形成。水分对聚合速率的关系，呈现出 1 个具有极大值的钟形曲线。分子量及凝胶均随第三组分而增加，H_2O/Al 比对产物的顺式含量并无影响，但 Al/Co 比影响顺式含量和分子量。

⑥ 采用钴系催化剂在苯溶剂中进行丁二烯均相聚合时，聚丁二烯的分子量常常过高，难于加工。可以采用己烷或丁烯和苯的混合溶剂来降低分子量。

⑦ 配制引发剂时，若加入二烯烃，由于双键的 π 进入 Co 的 d 空轨道，形成 π 络合物，可使其稳定性大大提高。

⑧ 采用特殊分子量的支化度调节剂及凝胶防止剂，能生产不同分子量分布、支化度的产品。易生产高分子量产品，适合生产充油顺丁橡胶及耐高冲聚苯乙烯改性用顺丁橡胶。

1962 年，美国 B. F. Goodrich Chemical 公司首先实现以钴催化体系合成聚丁二烯橡胶的工业化后，加拿大 Polysar 公司、德国 Hüls、日本 Zeon 和宇部兴产公司、法国 Shell、印度 Indian Petrochemical、澳大利亚 ASR、土耳其 Petkim Kaucuk、中国台湾合成橡胶公司等采用此技术，至 2002 年总生产能力已达 450kt/a。

5.4.1　生产工艺

1. 基本情况

以国外某公司(C)为例，该公司于 20 世纪 70 年代初引进美国 Goodrich 公司技术建设了 25kt/a 的钴系顺丁橡胶生产装置，随后结合自己的技术，不断研究开发，已能生产多种特色产品，生产能力不断扩大，至 2013 年已达 110kt。

2. 聚合用溶剂的选择

C 公司采用含 8% 丁烯的苯为溶剂，具体规格参见表 5-32。

表 5-32 钴系顺丁橡胶的苯溶剂规格

项　　目	规　　格	项　　目	规　　格
相对密度	0. 882~0. 886	铜板腐蚀试验	看不见变色
蒸馏试验	80. 1℃±0. 1℃ 以内 97% 馏出	硫酸着色试验	比色标准液不暗
凝固点/℃	>5. 2	反应试验	中性
噻吩/(mg/L)	<10	颜色	比 300g/L 铬酸钾不暗
CS_2/(mg/L)	<5		

3. 工艺流程及其特点

采用辛酸钴/一氯二乙基铝/微量水 $[Co(oct)_2-AlEt_2Cl-H_2O]$ 三元催化剂体系，以含 8% 丁烯的苯为溶剂。60% 的原料丁二烯，40% 的回收丁二烯根据聚合的要求，与定量的溶剂苯（一般丁二烯浓度为 23%）通过在线搅拌器混合，送至脱水塔顶，使丁苯混合液含水量从 $300 \times 10^{-6} \sim 500 \times 10^{-6}$ 降至 $2 \times 10^{-6} \sim 3 \times 10^{-6}$（甚至为 0）。脱水塔为浮阀塔，塔顶压力 3.3kg/cm，水与碳氢化合物共沸蒸出，回流量为进料量的 10%。回流量过小，水除不掉，回流过大，能耗大。丁苯混合液水值由在线微量水分分析仪分析并记录。为防止丁二烯在脱水塔顶、塔顶冷凝器气相自聚，在塔顶加阻聚剂 TBC 约 3.0×10^{-6}。脱水塔每年检修一次，检修后用 NaOH 水溶液循环清洗，去除自聚物种子后投入使用。工艺流程见图 5-31。

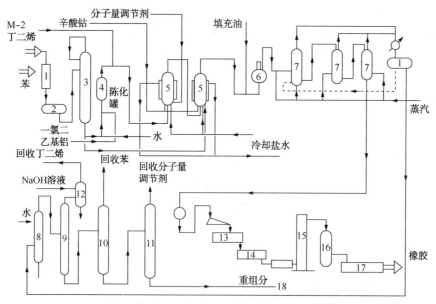

图 5-31　钴系顺丁橡胶工艺流程

1—在线混合器；2—贮罐；3—脱水塔；4—陈化罐；5—反应器；6—充油胶混合罐；7—凝聚釜；
8—水洗塔；9—丁烯回收塔；10—苯回收塔；11—分子量调节剂回收塔；12—碱洗塔；
13—挤压脱水机；14—膨胀干燥机；15—提升机；16—压块机；17—包装机；18—干燥箱

为了回收热量，塔底丁苯混合液和进料丁苯进行热交换。经过严格脱水的丁苯混合液加入定量的微量水，通过离心泵搅拌混合，经水冷器冷却至 0℃后，加入定量的 $AlEt_2Cl$ 后送去陈化。陈化后，加定量的凝胶防止剂 M-2，再经 4 台特殊型式的冷却器冷至 -10℃，从 1#

聚合釜底部进入聚合系统。当-10℃的丁苯混合液进入聚合系统，同时辛酸钴和分子量调节剂也从1#聚合釜底部进入聚合系统，丁二烯则进行聚合反应。为了提高生产能力，充分利用2#聚合釜控制釜温，引部分-10℃丁苯混合液进入2#聚合釜底部激冷，其量为丁苯混合液总进料的20%~30%。为了控制分子量分布，也可在2#釜底部加入分子量调节剂 M-1。

从末釜出来的聚丁二烯胶液，加入防老剂和大量的水终止聚合反应，并经强烈搅拌后送往凝聚工段混胶釜中，如需生产充油胶，可在凝聚前加入填充油。胶液进入水混合槽水洗后进三台串联的凝聚釜。溶剂及未反应单体经冷凝、分层油去回收工序，胶粒水经脱水、水洗后入后处理，在挤压脱水机将胶粒含水从40%降低至15%，经膨胀干燥机降至2%，经干燥箱降至1%，再经提升机降至0.5%，经压块、包装为成品。

从凝聚分出的溶剂、未反应单体和调节剂等先进行水洗除去水溶性杂质，再经丁二烯塔，塔顶回收的丁二烯经碱洗后循环使用。塔底料进苯塔，顶部回收苯，塔底进 M-1 塔，顶部回收 M-1，塔底重组分杂质外排。

该流程的技术特点：

① 丁二烯苯混合溶液先进行彻底脱水后再加入定量微量水。

② 采用两釜连续聚合流程。

③ 采用铝水陈化、钴单加加料方式。

④ 部分预冷丁苯溶液直接进 2#釜。

⑤ 采用 Craw-ford-Russell 刮壁式聚合釜。

⑥ 添加凝胶防止剂、分子量调节剂。

⑦ 采用丁烯-苯混合溶液。

⑧ 溶剂丁二烯回收系统有水洗碱洗过程。

4. 主要工艺条件

（1）聚合

① 丁二烯浓度：23%。

② 进料温度：-10℃。

③ 引发剂陈化时间：3.3min

④ 聚合温度：1#聚合反应器 40℃，2#聚合反应器 50℃（为了保证产品质量聚合温度，大部分时间控制在 20~25 ℃）。

⑤ 聚合总转化率：60%，其中 1#聚合反应器转化率占总转化率 60%，2#聚合反应器转化率占总转化率 40%。

⑥ 胶液黏度：生产普通轮胎用胶时，1#聚合反应器 4500mPa·s，2#聚合反应器 10000mPa·s；生产充油胶基础胶时，1#聚合反应器 12000mPa·s，2#聚合反应器37000mPa·s。

⑦ 聚合反应器搅拌转速：1#聚合反应器 45r/min，2#聚合反应器 30r/min。

（2）凝聚（表 5-33）

表 5-33　钴系催化凝聚生产工艺

项　　目	1#凝聚釜	2#凝聚釜	3#凝聚釜
容积/m³	37	25	25
搅拌器	三层二曲一平透平	四层三曲一平透平	四层三曲一平透平

项　目	1#凝聚釜	2#凝聚釜	3#凝聚釜
电机功率/(kW·h)	130	75	75
操作压力/(kg/cm²)	1.5	0.2~0.5	0.2~0.5
操作温度/℃	105	105~110	105~110
胶中含油/%	20~60	3	0.5~1
釜顶冷凝液烃/水比	33/17	16/84	7/93

（3）溶剂和丁二烯回收

① 丁二烯回收塔：塔顶压力 5kg/cm²，温度 53~57℃，塔底温度 150℃，回流比 0.6~0.8，塔顶 C₄ 中含苯<1.0%。

② 苯回收塔：塔顶压力 0.5kg/cm²，回流比 0.3，塔顶含 M-1<10×10⁻⁶。

③ M-1 回收塔：塔顶压力 33.3kPa，温度 100℃，塔底温度 145℃。

5. 影响聚合的主要因素

（1）溶剂　在钴化合物/AlR₂Cl 苯溶剂中聚合时，聚合物的分子量和顺式1，4含量都比在脂肪烃溶剂中要高。以芳烃为溶剂时聚合活性有如下次序：

$$苯 > 甲苯 > 二甲苯 > 1,3,5-三甲苯$$

在苯中聚合比在二甲苯中要快 3~4 倍。

由于溶剂的不同，丁二烯聚合的聚合转化率、聚合物的微观结构、特性黏数和凝胶含量有很大不同[32]。

在辛酸钴/AlR₂Cl/水体系中不同的极性溶剂对丁二烯聚合的影响见表5-34。

表5-34　极性溶剂对聚合的影响[33]

溶剂	介电常数 (ε)	单体转化率/%	聚丁二烯微观结构/%			特性黏数/(dL/g)	凝胶含量/%
			顺式1,4	反式1,4	1,2链节		
苯	2.3	96.5	98	1	2	5.5	0
甲苯	2.4	89.4	98	1	1	4.3	0
邻氯甲苯	4.7	49	98	1	2	2.4	0.7
间氯甲苯	5.5	31.6	97	1	3	3.1	0
氯苯	5.9	63.5	97	1	2	4	0
邻二氯苯	7.4	31.6	96	1	3	4.2	0
间二氯苯	10.2	26.1	95	2	3	1.4	0

① AlEt₂Cl-Co(oct)₂-H₂O = 20/0.04/2.0mmol；　单体100g；　溶剂11.52mmol。

用苯作溶剂虽然有很高的顺式1，4含量和较高的转化率，但由于聚合物的分子量很高，常难于加工。有时采用己烷和苯的混合溶剂来控制聚合物的分子量。

工业生产中辛酸钴/AlR₂Cl/水 催化体系采用苯和丁烯的混合溶剂。丁烯含量为8%，丁烯来源于原料丁二烯中的丁烯的积累，其数量由溶剂回收工序和聚合工序控制。

（2）水

在辛酸钴/AlR₂Cl 体系中必须要有水存在，如表5-35所示。水的用量约在 0.1~0.5mol/mol AlR₂Cl 范围内，用量过少，聚合速率和分子量降低；用量过多，聚合速率也降低，而且生成凝胶。水含量与聚合速率的关系，呈现一个具有极大值的钟形曲线。分子量和凝胶含量均随水的增加而增加。H₂O/Al 比对聚合物的顺式含量并无影响。

表 5-35　H_2O / Al 比对丁二烯聚合的影响[31]

H_2O /AlEt$_2$Cl/ %	H_2O /×10^{-6}	单体转化率/ %	聚丁二烯微观结构/%			特性黏数/ (dL/g)	凝胶含量/ %
			顺式 1,4	反式 1,4	1,2 链节		
0	0	0	—	—	—	—	—
0.5	1.8	9.9	92.4	1.8	5.8	0.9	0
1	3.6	52.5	94.5	1.5	4	1.5	0
2.5	9	92.7	96.5	1.7	1.8	3.2	0
5	18	93.8	97.5	1.2	1.3	4.9	0
10	36	92.8	97.8	0.9	1.2	6.2	0
25	90	85.3	97.7	0.8	1.5	7.6	0
50	180	60.2	97.8	1	1.2	8.4	5
100	360	7.3	94.4	4.2	1.4	4.9	28
110	396	2.6					

注：辛酸钴 / AlR$_2$Cl　0.04 / 120mmol，丁二烯 100g，聚合温度 5℃，聚合时间 19h。

（3）催化剂陈化时间

在辛酸钴 / AlR$_2$Cl 体系中，随着陈化时间的延长，聚合活性增加，见图 5-32，但引发剂沉淀也增加。

（4）聚合温度

在 AlEt$_2$Cl—CoCl$_2$—H_2O 催化体系中，聚合温度小于 10℃ 时对聚合物微观结构影响不大，但在 CoCl$_2$·2py-AlEt$_2$Cl 体系高于 20℃ 时，聚合温度提高顺式 1,4 含量下降的影响示于表 5-36。对产品而言，聚合温度愈低愈好，但生产能力要下降很多。过多提高温度虽能提高转化率，但却使凝胶大量生成。因此比较合适的聚合温度为 20℃。为了提高聚合温度，有的公司研究开发了凝胶防止剂 M-2，即 DLTDP，其分子式为

$$C_{12}H_{25}OOC—C_2H_4—S—C_2H_4—COOC_{12}H_{25}$$

加入 M-2 后可将聚合温度提高到 40℃。

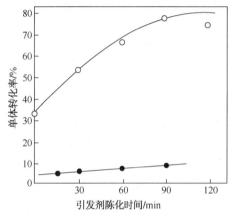

图 5-32　引发剂陈化时间对活性的影响[32]

配制条件：辛酸钴 / AlR$_2$Cl 体系 0.02/1.0mmol，
　　　　　苯 10mL，陈化温度 20℃
聚合条件：苯 100mL，丁二烯 0.087mol，聚合时间 30min
　　　　　○—全部引发剂；●—可溶部分引发剂

表 5-36　聚合温度对聚丁二烯微观结构的影响[34]

聚合温度/℃	聚丁二烯微观结构/%		
	顺式 1,4	反式 1,4	1,2 结构
80	74	9	17
60	83	7	10
40	95	2	3
20	97	1	1

（5）调节剂

在 AlEt$_2$Cl - CoCl$_2$ - 催化体系的丁二烯聚合中采用的分子量调节剂有环辛二烯、丙二烯、1,2-丁二烯和 1-丁烯等。其中以环辛二烯的效果最好。用作调节剂的还有 H_2、乙烯、

丙烯等。见表5-37、表5-38。

表5-37　AlEt₂Cl-CoCl₂·2py催化体系不同分子量调节剂对聚合物分子量的影响[35]

CoCl₂×10³/ mmol	分子量调节剂/ (mol/100mol 丁二烯)		聚合时间/ min	转化率/ %	聚　合　物	
					$[\eta]$/(dL/g)	分子量×10⁻³
92.5	乙烯	0	60	94	5.57	759
92.5		0.842	60	96	4.26	519.5
92.5		2.41	65	96	2.72	282
92.5		5.08	60	91	1.78	156.7
90.0	丙烯	0	60	100	5.7	776
90.0		72.2	60	99	3.43	389
90.0		137.5	70	99	2.8	292
77.0	1,2-丙二烯	0	75	94	6.6	968
77.0		0.0225	75	97	4.09	495
77.0		0.093	80	98	2.63	266
90.0	1,2-丁二烯	0	60	100	5.95	832
90.0		0.09	60	98	3.12	339
90.0		0.233	60	96	2.1	200

注：AlEt₂Cl 0.036mol；　苯1000ml；丁二烯100g；聚合温度15℃；聚合物顺式1,4含量>97%；$[\eta]=3.37\times10^{-4}M^{0.715[57]}$。

表5-38　AlEt₂Cl – Co(acac)₂催化体系中添加环辛二烯对丁二烯聚合的影响[36]

1,5-环辛二烯加入量/ %	单体转化率/ %	顺式1,4/ %	门尼黏度 (ML₁₊₄)	特性黏数$[\eta]$/ (dL/g)
0	78	97.6	100	4.3
0.5	73	97.3	83	3.1
1.0	75	97.9	55	2.7
1.66	75	97.6	26	2.2
5	55	96.9	2	1.2

注：AlEt₂Cl 0.3g，Co(acac)₂ 3.6×10⁻³g，丁二烯12g，甲苯120mL，聚合温度0℃，聚合时间2h。

（6）其他工艺条件的调节（表5-39）

表5-39　采用AlEt₂Cl – CoCl₂– H₂O催化体系时其他工艺条件对聚合的影响

序号	工艺条件		对聚合的影响倾向	备　注
1	丁二烯浓度提高		ML值上升 ΔML值下降 胶含量上升	丁二烯须低于一定浓度
2	水量提高		ΔML值下降 顺式1,4含量上升	水量宜在允许范围
3	水量	0	不聚合，无活性	
		30×10⁻⁶~40×10⁻⁶	活性最高	
		大于40×10⁻⁶	活性下降	
4	凝胶防止剂量增加		ΔML值上升 顺式1,4含量下降	加入量过大则影响聚合活性

续表

序号	工艺条件	对聚合的影响倾向	备　注
5	聚合温度提高	生产能力提高 聚合速度提高 顺式 1,4 含量下降 凝胶含量升高	
6	进料量增加	顺式 1,4 含量下降 ΔML 值上升 ML 值稍下降	
7	分子量调节剂增加	ML 值下降	
8	ΔML 值上升	胶液黏度下降 顺式 1,4 含量下降	
9	$CoCl_2$ 量增加	聚合转化率提高	
10	$AlEt_2Cl$ 量变化		影响复杂通常不对此调节

（7）丁二烯中的杂质对聚合的影响（表 5-40）

表 5-40　丁二烯中的杂质对 $AlEt_2Cl$-$CoCl_2$-H_2O 催化体系聚合的定性影响

类别	杂　质	转化率	顺式 1,4 含量	凝胶含量	支化度
炔烃	丙炔	下降	不变	不变	
	丁炔	稍下降	不变	不变	
	乙烯基乙炔	下降	不变	不变	
丙二烯	丙二烯	下降	不变	不变	
	甲丙二烯	下降	不变	不变	
DMF	DMF	下降	下降	不变	上升
	DMA（$>30×10^{-6}$）	下降	下降	不变	上升
	甲酸	下降	下降	不变	上升
醛、酮	丙酮	下降	下降	不变	上升
	乙醛	下降	下降	不变	上升
氯化物	HCl	上升	下降	上升	
	$AlCl_3$	上升	下降	上升	
	$FeCl_3$	上升	下降	上升	不变
羟基化合物	甲醇	下降	不变	不变	
	BHT	下降	下降	不变	
	TBC（$>50×10^{-6}$）	不变	下降	不变	
其他	氧	不变		下降	上升
	NaCl	上升	下降	上升	上升

5.4.2　橡胶品种

钴系催化顺丁橡胶是顺丁橡胶工业生产中品种最多的胶种。由于该催化体系适应性强，可调性大，易生产高顺式、高分子量、不同分子量分布及支化度以适合各种需要的产品品种。加之生产钴系顺丁橡胶的各国公司都有可互相使用各自技术与专利的技术协定，促进了钴系催化剂顺丁橡胶技术的发展。产品性能见表 5-41。

1. 通用产品

Bayer 公司的 1202、Dow 公司的 SEBR1202D、台湾合成橡胶公司的 150、宇部兴产的 UB150、ZEON 公司的 1220 等牌号均用于生产轮胎、运输带、鞋等通用橡胶制品，其产量几乎占这些装置总产量的 70%~80%。

表 5-41　钴系催化剂顺丁橡胶的性能[37]

商品名称	Tak tene	Buna CB	宇部兴产	ZEON
生产国家	加拿大	德国	日本	日本
生胶性能				
门尼黏度	43	47	42	40
顺式 1,4/%	97	97	97	97
重均分子量	51.6	43.8	48.6	41.7
数均分子量	14.5	15.5	16.7	14.2
分子量分布	中宽	中宽	中宽	中宽
支化度	0.8	0.8	0.5	1.2
玻璃化转变温度	−120	−120	−120	−120
硫化胶性能				
300%定伸应力/MPa	8.4	9.3	9.4	8.8
拉伸强度/MPa	16.5	17.6	17.6	18.7
扯断伸长率/%	480	460	460	510
邵尔 A 硬度	60	60	61	60
回弹性/%	64	68	67	66
古德里奇生热/℃	29	25	26	28
压缩永久变形/%	19	17	17	19

2. 充油顺丁橡胶

生产充油橡胶最关键的技术是提高基础胶的门尼黏度值和控制分子量分布。钴催化体系的特点是容易生产高门尼黏度和不同的分子量分布的橡胶。有的工厂充油橡胶占其总产量的 20%~25%。

3. 高抗冲聚苯乙烯改性胶

成功用作高抗冲聚苯乙烯(HIPS)的改性胶是钴催化剂体系聚丁二烯的一大特点。其耐冲击强度虽略低于 ABS 树脂，但已远能满足用户需求，而光泽性及低温耐冲击性比 ABS 树脂好，价格又低于后者，改性效果比低顺式锂胶要好。目前主要代替 ABS 树脂用于电视机、计算机、吸尘机等家用电器制品。

另外，钴催化剂体系聚丁二烯用作高抗冲聚苯乙烯改性胶的一个显著特点是能很好控制其支化度并可保持较高水平，而且其凝胶含量特别低。如 C 公司生产的 15HB 改性胶的产品规格见表 5-42。

表 5-42　C 公司的高抗冲聚苯乙烯改性胶 15HB 的产品规格

牌号	15HB	15H	15HL
微观结构/%			
顺式 1,4	95.8	97.5	98.3
反式 1,4	2.2	1.4	0.9
1,2 结构	2.0	1.1	0.8
$ML_{1+4}^{100℃}$	40	43	43

续表

牌号	15HB	15H	15HL
ΔML	12	9	6
挥发分/%	0.20	0.25	0.25
灰分/%	0.05	0.06	0.06
$M_w \times 10^4$	48.0	54.1	53.2
$M_n \times 10^4$	17.0	22.8	24.7
M_w / M_n	2.82	2.37	2.16
5%苯乙烯溶液			
溶液黏度/mPa·s	60	100	150
不溶物/%	0.002	0.002	0.003
色度(APHA)	10	10	10

从表 5-42 可以看出，改性胶 15HB 有很低的溶液黏度，其苯乙烯不溶物即凝胶含量非常低，只有镍系催化剂生产的高抗冲聚苯乙烯改性胶的 13%。

这得益于该公司掌握了支化度对橡胶性能影响的规律，研究开发了以下有关调控产品支化度的技术。

（1）ΔML 值和支化度的测定　实验室测定支化度的方法比较复杂，所花费时间很长，不适合生产控制，C 公司开发了用 ΔML 值衡量产品支化度的方法。ΔML 值的定义为

$$\Delta ML = ML_{1+1.5} - ML_{1+15}$$

即试样在门尼黏度机中预热 1min，从 1.5min 测定的门尼黏度值减去至第 15min 测定的门尼黏度值所得到的差数。ΔML 值大，支化度大；ΔML 值小，支化度小。通过下列 ΔML 值与支化度参数的关系式可计算得到支化度参数值 λ

$$\lg(\Delta ML) = 0.92\lg(ML_{1+4}) + \lg(M_w / M_n) + 0.92\lg(\lambda * 10^5 + 1) - 1.11 \quad (5-7)$$

此式是从凝胶含量<0.08 和 ML_{1+4} 为 35~55 的条件下所得到的大量实验数据回归分析得到的。因此对产品支化度的调整必须考虑上述各种因素综合平衡的结果。

C 公司利用 ΔML 值对影响产品支化度的因素进行研究，结果如表 5-43 所示。

表 5-43　对产品支化度（ΔML 值）的影响因素

变动因素		影响		变动因素		影响	
产品顺式 1,4 含量	↑	ΔML	↓	丁二烯中 DMF 量	↑	ΔML	↑
产品 1,2 结构含量	↑	ΔML	↑	丁二烯中二甲胺量	↑	ΔML	↑
单体浓度	↑	ΔML	↓	凝胶防止剂用量	↑	ΔML	↑
水量	↑	ΔML	↓	产品门尼黏度值	↑	ΔML	↓

（2）支化度调节剂

C 公司还采用特殊的支化度调节剂对产品支化度进行调节，以获得具有最适宜的支化度的产品，保证 5%苯乙烯溶液黏度为（60±15）mPa·s、ML40、ΔML 值 12~14。由于溶液黏度和溶液中橡胶浓度成线性关系，橡胶浓度保持在 5%~10% 为好，一般采用 7%。

（3）橡胶粒径的影响

C 公司还研究了改性胶和聚苯乙烯接枝共聚时，溶液黏度和搅拌转数对橡胶粒径以及橡胶粒径对耐冲击强度和光泽性的影响。在同一搅拌速度时，溶液黏度上升，橡胶粒径上升，耐冲击强度下降，光泽下降。在同一溶液黏度时，搅拌转数上升，橡胶粒径下降，光泽度上升。但如粒径太小，耐冲击强度和光泽性反而下降。研究表明，橡胶粒径应控制在 0.5~15μm 为好。

通过这些基础研究，C 公司所产钴系高抗冲聚苯乙烯改性胶 15HB 能和锂系催化剂低顺式丁二烯胶相竞争并为 Dow 公司所采用。表 5-44 为这两种胶的性能对比。

表 5-44　15HB 与低顺式 BR 制成的 HIPS 的性能比较

项　　目		15HB	低顺式 BR
搅拌速度/(r/min)　90℃×3h 为止		240	312
3h 以后		800	800
胶粒平均直径/μm		3	5
苯中不溶物 /%		22	25
溶胀比		13.3	12.8
MFI/(g/10min)		0.77	0.60
拉伸强度/MPa		0.256	0.255
伸长率/%		50	46
Ito 耐冲击/(kJ/m)		1010	870
加 Pont 耐冲击/(kg/m)		33.2	31.7
光泽		54	49

5.5　钛系催化剂顺丁橡胶生产工艺

钛系催化剂是最早实现合成顺式 1,4-丁二烯橡胶的 Ziegler-Natta 型催化体系，但当 $TiCl_4-AlEt_3$ 用于丁二烯聚合时，并不能得到高顺式聚丁二烯。采用不同的卤化钛进行丁二烯聚合，聚丁二烯的顺式 1,4 结构含量随着 Cl、Br、I 而递增。在 $AlEt_3/TiCl_4$ 体系中加入 I_2 或碘的化合物都能有效地提高顺式结构含量。$AlEt_3-TiCl_4-TiI_4$ 三元体系是合成高顺式聚丁二烯有效的催化剂。但 $TiCl_4$ 的电荷密度过大，对丁二烯的吸力过强，不易得到顺式配位。

1956 年，美国 Phillips Petroleum 公司首先以 TiI_4-AlR_3 催化体系合成聚丁二烯橡胶实现工业化[38]，以后相继在多国建成多套生产装置，到 1967 年，总生产能力达到 557kt/a。主要生产公司有美国 Goodyear 公司、General Tire & Rubber 公司和 Snythetic Rubber 公司、法国 Michelin 公司、意大利 Snam 公司和 Anic 公司、西班牙 Calatrava-Empressa Para 公司、墨西哥 Negromex Companbia 公司等，常用的催化体系有 $TiCl_4-I_2-AlR_3$、AlR_3-TiI_4、$AlEt_2I-TiCl_4$、$AlEt_3-TiCl_4-TiI_4$、$AlR_3-TiCl_4-CHI_3$ 等。

由于钛系催化剂是非均相体系，生产计量较困难，催化剂效率较低（50~120g 聚合物/$mmolTiI_4$），[39] 故催化剂用量较大，胶的生产成本较高，且有颜色，在 20 世纪 80 年代钕系顺丁橡胶开发成功后，多个钛系顺丁橡胶生产装置已逐渐改为生产钕系顺丁橡胶。

5.5.1　技术特点

钛系催化剂顺丁橡胶的生产技术特点如下：

① 以 TiI_4-AlR 制备顺式 1,4-聚丁二烯，能得到顺式含量为 90%~95%，基本不含凝胶，但耗用碘量较大。

② 主催化剂 TiX 中的卤素和配位体 OR 对聚丁二烯微观结构有明显的选择性。顺式 1,4 的含量随下列顺序而增加，$TiCl_4<TiBr_4<TiI_4$。如果在助引发剂中含有碘或加入碘，效果相同。以 $Ti(OR)_4$ 为主催化剂时，将选择性地生成高 1,2 结构的聚丁二烯。

③ 对钛系催化剂体系而言，助催化剂的结构、性质及 Al/Ti 比对聚丁二烯微观结构影响很大。采用 $TiCl_4-AlR_3$ 催化剂，Al/Ti<1 时，将得到高反式 1,4 结构的低分子量的聚丁二烯。当 Al/Ti>1 时，只有在助引发剂中含有碘才能获得高顺式 1,4-聚丁二烯。

④ 添加微量的给电子试剂如醚或胺，有助于提高催化剂的稳定性，且对微观结构影响不大。但添加量过大则使催化剂活性下降，聚合物的顺式1,4含量也有所下降。

⑤ 钛系催化剂所得聚丁二烯顺式1,4含量较镍、钴体系低，但仍可得到高顺式1,4-聚丁二烯。

⑥ 钛系催化剂是非均相体系，不利于计量、输送、配制。催化剂效率较低（$50\sim120$g 聚合物/$mmolTiI_4$）。

5.5.2　生产工艺

1. 工艺流程[40]

前苏联生产的顺丁橡胶 СКД 使用钛催化体系为$[TiCl_4-I_2-Al(iBu)_3]$，以甲苯为溶剂。甲苯经活性氧化铝进行干燥精制，聚合在 $4\sim60℃$、1.0MPa 压力下进行，聚合时间 $0.5\sim6$h，单体转化率达 90%，聚合物浓度$<25\%$，聚合釜容积 $16\sim20m^3$，由 6 台反应釜组成。反应结束的聚合液在强化混合器内用含有 0.5% KOH 的水溶液进行终止，并加入 5.0% 的苯基-β-萘胺甲苯溶液。在流程中利用了循环废汽，这样可以避免脱气工序中蒸汽冷凝液的损耗，并大大减少化学污水的排放量。在制取充油、充炭黑母炼胶时，将分子量较高的橡胶烃类溶液直接与油及炭黑的水或烃分散液混合即可。具体工艺流程见图 5-33~图 5-35。

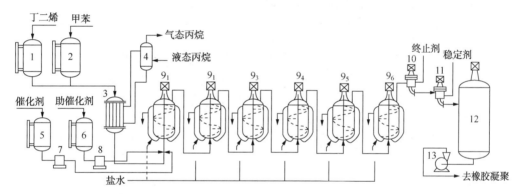

图 5-33　前苏联钛系顺丁橡胶聚合工艺流程

1、2、5、6—计量槽；3—冷却器；4—分离器；7、8—计量泵；
$9_{1\sim6}$—聚合釜；10、11—强化混合器；12—中和器；13—泵

2. 聚合规律[41]

① AlR_3/Ti 比大于 1 即呈现聚合活性，随 Al/Ti 比增高产率很快增加，越过最大值后下降。Al/Ti 比为 2/1 时，几乎没有聚合活性。聚合速率与 Al/Ti 的关系呈现具有最大值的钟形曲线，如图 5-36 所示。最大值在 $1.5\sim3$ 之间，也有报道在 5 附近。

② 聚合物的特性黏数随着 Al/Ti 比逐步增加，升高温度使聚合速率增大、分子量降低。

③ 聚合物顺式含量和引发剂用量有关，低催化剂浓度下顺式含量可达到 $94\%\sim95\%$。

④ 当 Al/Ti 比达到催化剂活性最高时，聚合物的顺式含量也最高，然后随着 Al/Ti 比增加，催化剂活性有所下降，伴随 1,2 结构含量增加。如 Al/Ti=5 时，1,2 结构含量为 4%；Al/Ti=10 时，1,2 结构含量为 10%。

⑤ 丁二烯浓度固定时，聚合物的分子量和催化剂用量成反比催化剂，各组分的比例对聚合速率和顺式含量均有影响。在 $TiCl_4/I_2/Al(iBu)_3$ 催化剂体系中，其影响程度如图 5-37 和图 5-38 所示。当这三种组分的比例为 $5\sim12$、$15\sim25$、$70\sim75$ 时，聚合活性高，丁二烯收率可达到 90%。当碘量一定时，Al/Ti 比为 $5\sim6$ 时聚合速率最快。

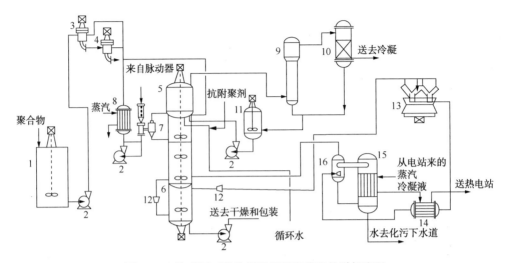

图 5-34　钛系顺丁橡胶利用循环废蒸汽的脱气流程

1—中和器；2—泵；3、4—强化混合器；5—脱气塔；6—脱气塔的分离部分；7—带脉动装置的浓缩器；

8—过热器；9—湿式旋风分离器；10—过滤器；11—带搅拌器的贮槽；12—节流装置；

13—空气冷凝器；14—余热换热器；15—蒸发器；16—分离器

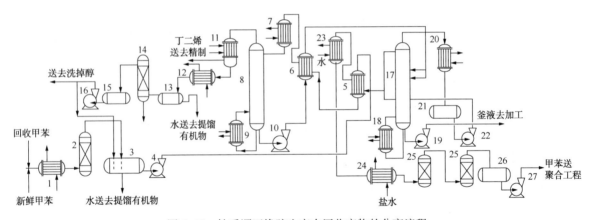

图 5-35　钛系顺丁橡胶生产中回收产物的分离流程

1、12、23、24—冷却器；2、14—过滤分离器；3、13—沉降槽；4、10、16、19、22、27—泵；5、6—余热换热器；

7—预热器；8—甲苯共沸干燥塔；9，18—再沸器；11、20—冷凝器；15、21、26—受槽；17—精馏塔；25—干燥器

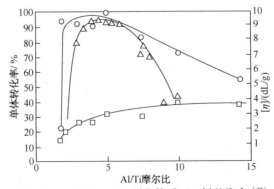

图 5-36　Al(iBu)-TiI 引发体系丁二烯的聚合[42]

○—30℃，2h，2.2g 催化剂/100g 单体，在苯溶剂中聚合的收率；△—50℃，1h，0.5g 催化剂/100g 单体，在苯溶剂中聚合的收率；□—○ 条件得到的聚合体的黏度 DSV(dilute solution viscosity)

⑥ 给电子试剂能降低催化剂的活性，有些给电子试剂如乙醚等还能降低聚合物的顺式1,4 含量。

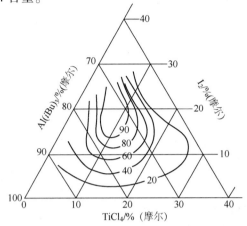

图 5-37　Al(iBu)₃/TiCl₄/I₂ 中
不同组成引发的丁二烯转化率

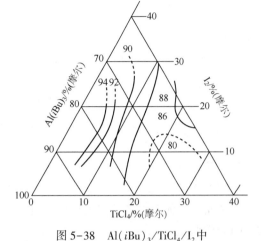

图 5-38　Al(iBu)₃/TiCl₄/I₂ 中
不同组成制得的丁二烯的顺式1,4 含量

⑦ 对钛催化剂体系，丁二烯聚合速度和丁二烯浓度、Ti 浓度均呈一级关系。

5.5.3　钛系催化剂顺丁橡胶性能

前苏联钛系催化剂体系丁二烯橡胶 СКД 的性能如下：

顺式1,4 含量	87%～93%
反式1,4 含量	3%～7%
1,2 含量	2%～6%
分子量 $M_n \times 10^{-5}$	0.7～2.8
分子量分布 M_w/M_n	1.3～4.2
玻璃化转变温度	−95～−110℃

其他国家钛系催化剂体系丁二烯橡胶的性能见表 5-45。

表 5-45　钛系催化剂聚丁二烯橡胶的性能[43]

生产商	美国 Goodyear	美国 Synthetic Rubber	意大利 Anic
牌号	Budene 501	Cisdene 100	Europrene Cis
生胶性能　顺式1,4 / %	90	84	91
$ML_{1+4}^{100℃}$	50	45	46
重均分子量 $M_w \times 10^{-4}$	43.8	38.5	42.8
数均分子量 $M_n \times 10^{-4}$	18.0	16.3	29.1
分子量分布	2.43	2.3	2.1
支化度(分歧指数 λ)	0.5	0.2	0.5
玻璃化转变温度 T_g/℃	−120	−120	−120
未硫化胶性能			
抱辊性　0	不抱辊	抱辊易掉	不抱辊
1′	不抱辊	抱辊有孔	不抱辊
2′	不抱辊	抱辊有孔	不抱辊

生产商	美国 Goodyear	美国 Synthetic Rubber	意大利 Anic
3′	不抱辊	抱辊有孔	不抱辊
硫化胶性能			
拉伸强度/MPa	18.27	16.63	16.73
300%定伸应力/MPa	8.98	7.65	9.28
伸长率/%	470	490	450
硬度(Jis-HS)	62	60	63
弹性/%	69	67	70
古德里奇生热/℃	25	25	23
压缩永久变形/%	20	27	24

钛系催化剂体系丁二烯橡胶性能的优缺点可概括如下：

（1）优点

① 滚动阻力小于镍系、钴系和锂系丁二烯橡胶。

② 抗湿滑性能稍好于镍系丁二烯橡胶。

③ 耐磨耗性能和镍系、钴系丁二烯橡胶相同。

④ 可充油和炭黑量较多。

（2）缺点

① 拉伸强度低于镍系、钴系和锂系丁二烯橡胶。

② 加工性能不如镍系、钴系丁二烯橡胶。

③ 顺式1,4含量低于镍系、钴系丁二烯橡胶。

5.6　钕系催化剂顺丁橡胶生产工艺

1962 年，中科院长春应化所首先将稀土元素组成的二元催化剂用于合成丁二烯橡胶。1963 年，Anderson 等发表了铈的卤化物与烷基铝组成的稀土催化剂引发丁二烯聚合的专利。1964 年，沈之荃等公开报道了稀土催化剂制备高顺式聚丁二烯的研究结果。1970 年，长春应化所开展稀土(钕系)三元催化剂合成顺丁橡胶的工业化试验。尔后，美国、意大利、德国相继开展稀土引发二烯烃橡胶的研究开发。1984 年意大利 Enichem Elastomeri.（Polimeri Europa 公司）、1987 年德国 BayerA-G 公司（Lanxess 公司）实现了钕系顺丁橡胶及其充油橡胶的工业化生产。1998 年，中国也实现了稀土顺丁橡胶工业化。20 世纪 90 年代，南非、中国台湾、巴西、韩国分别引进技术生产钕系顺丁橡胶。

Lanxess 公司于 1997 年投资 6.8 亿美元在美国 Texas 建立 300kt 溶液聚合装置，其中含有 50ktNd-BR，成为美国第一个生产 Nd-BR 的工厂。

2001 年，俄罗斯报道了商品名为 СКИ-6 Nd 系顺丁橡胶有关技术数据。为了取代有害环境的 Ti-BR，于 1998 年开发了 СКИ-6 和 СКИ I/I Nd 系顺丁橡胶，后者为含有异戊二烯的共聚顺丁橡胶。

钕系催化剂与前三种催化剂相比，不仅制得聚合物具有 1,4 链节含量高、1,2 链节含量极低、支化少、无凝胶、聚合易于控制、可用脂肪烃作溶剂、毒性低、易于脱除和回收等优越性外，还具有多种组成形式、较高的定向效应及准活性特征。

钕系催化剂典型组成系以环烷酸钕为主催化剂，氢化二异丁基铝或其与三异丁基铝的混合物为助催化剂，氯化二异丁基铝或一氯二乙基铝、二氯一乙基铝及 $Al_2Et_3Cl_3$ 为氯源[48]。

钕系催化剂聚合丁二烯反应与钛、钴、镍催化剂相比具有下述特点[54]：

① 以饱和烷烃己烷为溶剂，不用苯、甲苯，有益于环保。

② 单体转化率高达 100%，比钛(95%)、钴(80%)、镍(85%)系催化剂都高。

③ 不易发生分子间交联反应，几乎没有凝胶生成。

④ 与镍和钛系催化剂相比，丁二烯在聚合反应中几乎不生成二聚物乙烯基环己烯。

⑤ 聚合温度可高至 120℃，对聚合物结构与性能影响不大。聚合物顺式 1,4 链节含量摩尔分数可达 99%，1,2 链节含量不足 1%，少支化，无凝胶。

5.6.1　钕系催化剂的组成

按稀土化合物的不同，稀土催化剂已有氯化稀土复合物与三烷基铝组成的二元稀土催化体系、稀土羧酸盐与三烷基铝(或氢化二烷基铝)含卤化化合物组成的三元稀土催化体系、高分子载体稀土化合物、高分子载体稀土氯化物与烷基铝(或氢化二烷基铝)及含氯化合物组成的二元或三元稀土催化体系。但目前用于工业化的只有稀土羧酸盐-烷基铝（或氢化二烷基铝)含氯化物构成的三元催化体系，此体系的三个组分都溶于溶剂，易于计量、输送、转移、配制，配方的调节。中国、德国、意大利等国的学者均对此三元组分催化剂的加料方式及制备条件进行了详细的研究考察。在已经实现工业化生产的中国锦州石化、德国 Lanxess、意大利 Polimeri Europa 三家公司虽然都采用稀土羧酸盐-烷基铝（或氢化二烷基铝)含氯化物构成的三元催化体系，但所选用的羧酸稀土、含氯化物有所不同，因而其工艺条件对聚合的影响规律也各异。目前工业生产所采用的催化剂组分有：

① 环烷酸稀土-三异丁基铝+二异丁基氢化铝-氯铝

$$Ln(naph)_3-[Al(iBu)_3+AlH(iBu)_2]-氯铝$$

② 环烷酸稀土-二异丁基氢化铝-一氯二乙基铝

$$Ln(naph)_3-AlH(iBu)_2-AlEt_2Cl$$

③ 新癸酸钕-二异丁基氢化铝-氯化物

$$Nd(Versatate)_3-AlH(iBu)_2-iBuCl$$

④ 新癸酸钕-二异丁基氢化铝-倍半氯乙基铝

$$Nd(Versatate)_3-AlH(iBu)_2-Al_2Et_3Cl_3$$

5.6.2　中国的生产工艺

1. 催化剂和溶剂

中国早期曾采用环烷酸稀土-三异丁基铝-二异丁基氢化铝-氯铝催化体系，目前采用新癸酸钕-二异丁基氢化铝-倍半氯乙基铝[$Nd(Versatate)_3-AlH(iBu)_2-Al_2Et_3Cl_3$]三元催化体系。以己烷、庚烷为主的抽余油为溶剂。

2. 工艺流程

以 5 台 12m³ 聚合反应器为一条生产线，前三台反应器采用偏框式搅拌，后两台采用螺带搅拌。正常情况下 4 台反应器串联运作，1 台备用。其基本工艺流程(图 5-39)和镍系生产一致。

经独特的陈化工艺后，原料单体、溶剂油和催化剂进入聚合反应器，4 台聚合反应器均以绝热方式操作，保持较高的聚合温度。聚合温度由进料温度调节。在最后一台反应器出口线上注入终止剂乙醇和防老剂，单体浓度 120~150kg/m³，聚合总转化率可达 85%。由于稀

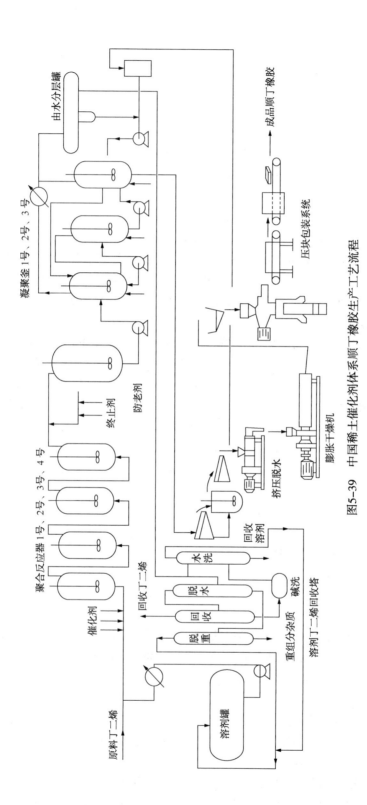

图5-39 中国稀土催化剂体系顺丁橡胶生产工艺流程

土顺丁胶液黏度较高，4 号反应器出口达到 20Pa·s 以上，输送胶液必须采用 XHB 型旋转活塞式黏稠物料输送泵。该泵可以输送 0.1~300Pa·s 的物料。采用双釜凝聚。后处理采用 Anderson 型挤压脱水和膨胀干燥机、四塔单体和溶剂回收系统，轻组分溶剂采用常规的碱洗水洗流程。

3. 聚合活性的影响因素

(1) 稀土羧酸盐催化体系的加料方式

由稀土羧酸盐–烷基铝(或氢化二烷基铝)–含氯化物组成的三元催化体系，三个组分都溶于溶剂，便于计量、输送、转移、配制，是目前唯一用于工业生产的一类催化剂。中国、德国、意大利等国的学者均对三元组分催化剂的加料方式及制备条件进行了详细的研究考察。

三种不同的加料方式，在室温陈化时，陈化时间对聚合的影响见表 5-46，可见仅有 Ln +Cl+Al 的加料方式在陈化 1h 后便出现了沉淀，形成非均相体系。加入少量丁二烯参与陈化未见影响。近年的研究发现 Nd+丁+Al+Cl 的加料方式在高于室温陈化可制得稳定的均相催化剂。

表 5-46　加料方式及陈化时间对聚合的影响

加料方式	陈化时间/ min	陈化液的相态	转化率/ %	$[\eta]$/ (dL/g)	微观结构/%		
					顺式 1,4	反式 1,4	1,2 结构
Al+Cl+Ln	0	均相	98	2.83			
	10	均相	98	2.77	96.0	0.8	3.2
	60	均相	98	2.70			
	300	均相	100	2.77			
	14400	均相	100	4.36	96.8	1.0	2.2
Ln+Cl+Al	0	均相	98	3.56			
	30	均相	98	4.30	97.1	0.9	2.0
	60	非均相	98	4.07			
	300	非均相	100	—	96.5	1.0	2.5
	14400	非均相	100	4.15			
Al+Ln+Cl	0	均相	98	2.97			
	30	均相	98	2.62			
	60	均相	98	3.15			
	300	均相	98	4.08			
	14400	均相	99	4.98			

注：Ln/丁=1.5×10⁻⁴，Al/Ln=30，Cl/Ln=3，50℃，聚合 5h。

(2) 稀土元素用量

当 Al/丁、Cl/丁摩尔比固定时，稀土元素 Ln 用量增加、Cl/Ln 摩尔比相对减少，转化率先随之上升，当 Ln/丁由 $0.2×10^{-4}$ 上升到 $2.0×10^{-4}$ 时，转化率由 20% 上升到极大值 90%，而分子量稍有上升。Ln/丁继续上升，转化率开始下降。Ln/丁达到 $5.0×10^{-4}$ 时，转化率下降到 40%。考察试验系在 Ln/丁(摩尔比)$=1.5×10^{-4}$ 和 Ln/丁(摩尔比)$=1.0×10^{-4}$，Cl/丁(摩尔比)$=4.5×10^{-4}$ 条件下进行。

当 Al/丁、Cl/Ln 摩尔比固定时，随 Ln 用量增加，Cl/丁摩尔比也增加。转化率增加，转化率不断上升，达到 95%。Ln 用量虽然再增加，但转化率仍一直保持在 95%。分子量也随之略有提高，$[\eta]$ 从 2.5 上升至 3.2。考察试验是在 Ln/丁(摩尔比)$=1.5×10^{-4}$ 和 Ln/丁

（摩尔比）= $1.0×10^{-4}$，Cl/Ln（摩尔比）= 3.0 条件下进行的。

以 tBuCl 为含氯组分时，当 Al/Nd、Cl/Nd 摩尔比固定，Nd 用量对聚合的影响见表 5-47。Nd 用量增加，分子量降低，顺式含量降低，分子量分布有变宽的趋势。

表 5-47 Nd 用量对聚合的影响

Nd/Bd×10^7/ （mol/g）	转化率/ %	$[\eta]$/ （dL/g）	M_w/M_n	顺式 1,4/ %
4.0	65	4.6	3.47	98.0
6.0	100	3.2	3.68	97.6
8.0	99.3	2.4	3.85	92.0
10.0	98.3	2.1	3.76	93.6

注：$[Bd]=100g/L$，Al/Nd=50（摩尔比），Cl/Nd=1.8（摩尔比），50℃，5h。

（3）烷基铝或烷基氢化铝用量

当 Ln(naph)$_3$、Al(iBu)$_2$Cl 的用量固定时，Ln/丁（摩尔比）= $1.0×10^{-4}$，Al/Ln（摩尔比）= 30。随 AlH(iBu)$_2$ 用量由 2.0mmol/mol 单体增加到 4.0mmol/mol（单体），转化率由 20% 增加到 90%。AlH(iBu)$_2$ 用量再增加，转化率保持不变。特性黏数由 $[\eta]=8$dL/g 降低到 $[\eta]=2.8$dL/g，AlH(iBu)$_2$ 用量再增加，分子量不再下降。考察试验是在 Ln/丁（摩尔比）= $1.0×10^{-4}$ 和 Al/Ln（摩尔比）= 30 条件下进行的。

以 tBuCl 作含卤组分，则随 AlH(iBu)$_2$ 用量增加，聚合物分子量降低，分子量分布变宽，见表 5-48。

表 5-48 AlH(iBu)$_2$ 用量变化的影响

Al/丁×10^5/ （mol/g）	Al/Nd/ （摩尔比）	转化率/ %	$[\eta]$/ （dL/g）	M_w/M_n	顺式 1,4/ %
1.8	30	95.5	5.7	—	98.6
2.4	40	98.0	3.9	3.62	96.5
3.0	50	100	3.2	3.68	97.6
3.6	60	94.1	2.7	3.93	94.6

注：Nd/丁×10^7=6mol/g，Cl/Nd=1.8（摩尔比），(Al+Cl)+Nd 方式，50℃，5h。

（4）含卤化物用量

当 Ln/Bd=$1.5×10^{-4}$，Al/Ln=30 时，随 Al(iBu)$_2$Cl 用量增加，Cl/Ln（摩尔比）由 0.5 增加到 3.0，活性出现极大值，转化率达到 100%。分子量增加，$[\eta]$ 由 3.0dL/g 增加到 4.0dL/g。Cl/Ln 摩尔比如继续增加，转化率开始下降。当 Cl/Ln 摩尔比达到 8.0 时，转化率降低到 20%，但分子量仍继续增加到 4.5。当 Al/Ln=20 时，转化率变化规律不变，变化绝对值稍有降低，但差距极小。而分子量变化规律相同，绝对值初期相差很大。$[\eta]$ 值要小，为 1.0dL/g，但到后期，差距迅速变小，绝对值基本相同。

用 tBuCl 作为含卤组分，在 Nd·AlH(iBu)$_2$ 用量固定时，随 tBuCl 用量增加，聚合活性同样有极大值，分子量增加，分子量分布变宽，顺式 1,4 含量变化不大，见表 5-49。

表 5-49　*t*BuCl 用量对聚合的影响

Cl/Nd (摩尔比)	转化率/ %	[η]/ (dL/g)	M_w/M_n	顺式 1,4/ %
1.5	93.3	3.0	3.30	97
1.8	100.0	3.2	3.68	97.6
2.5	98.8	3.6	4.40	97.5
3.0	83.6	4.6	6.30	98.0

注：[丁] = 100g/L，Al/Nd = 50(摩尔比)，Nd/丁 = 6×10^{-7} mol/g，50℃，5h。

（5）单体浓度

当催化剂浓度固定在 2.79×10^{-4} mol/L 时，随单体浓度从 8g/100mL 增加到 16g/100mL，Ln/丁摩尔比相应从 1.89×10^{-4} 降低到 1.08×10^{-4}，聚合物分子量提高，[η] 从 2.64dL/g 上升到 3.29dL/g，转化率立即从 98% 上升到 100%。考察试验是在按 Al + Cl + Ln 陈化方式、Al / Ln = 30、Cl / Nd = 3(摩尔比)条件下进行的。

若配方固定时，Ln/丁保持 1.0×10^{-4}(摩尔比)不变，随单体浓度增加，催化剂浓度也相应增加。转化率随之增加，从 44% 升到 93%。分子量随之下降，[η] 值从 6.09dL/g 降至 3.78dL/g。

（6）聚合温度

在 Ln / 丁 = 1.0×10^{-4}(摩尔比)、Al / Ln = 30(摩尔比)条件下，聚合温度愈高，聚合速度愈快。当聚合温度为 30℃ 时，转化率从引发开始达到 80% 用了 9h；而当聚合温度为 50℃，转化率达到 84% 用了 6h；当聚合温度升至 70℃，转化率达到 85% 仅用 5h。

聚合温度对聚合物分子量及微观结构的影响见表 5-50。

表 5-50　聚合温度对聚合物分子量及微观结构的影响

聚合温度/ ℃	转化率/ %	[η]/ (dL/g)	微观结构/%		
			顺式 1,4	反式 1,4	1,2 结构
*10	—	—	99.0	1.0	0
30	66	4.13	98.1	1.7	0.2
50	88	3.42	97.1	2.0	0.9
70	89	3.07	96.5	2.5	1.0

注：Ln/丁 = 1.5×10^{-4}(摩尔比)，Al/Ln = 30(摩尔比)，Cl/Ln = 3.0(摩尔比)。

加料方式：Al + Cl + Ln，Ln /丁 = 1.0×10^{-4}(摩尔比)

（7）聚合时间

随聚合时间增加，转化率升高，分子量变化不大，见表 5-51。

表 5-51　聚合时间对转化率和分子量的影响

聚合时间/h	转化率/%	[η]/(dL/g)
1	31	3.48
2	52	3.12
3	79	3.38
4	86	3.31
5	88	3.42
7	87	3.43

注：加料方式：Al + Cl + Ln，Ln/丁 = 1.0×10^{-4}(摩尔比)，Al(iBu)$_2$H/Ln = 30(摩尔比)。

（8）原料杂质

单体及溶剂中可能存在的有害物质对聚合的影响，如表 5-52 所示。

表 5-52　各种杂质损害催化活性的能力比较

杂质化合物	转化率从 90% 下降至 50% 时杂质的加入量/×10⁻⁶	
	90%	50%
丙炔	60	160
乙腈	70	100
乙醛	110	140
丙酮	280	350
甲基乙烯基酮	330	470
甲乙酮	350	460
丙烯醛	470	580
丙醛	480	630
α-甲基丙烯醛	480	590
丁烯醛	515	630
环辛二烯	500	1000
异丁醇	700	800
4-乙烯基环己烯	2150	4100
呋喃	20000 以上	20000 以上

注：加料顺序：Cl + Ln + Al，Ln／丁 = 0.3×10⁻⁴（摩尔比）。

杂质的影响可以分为三类，影响最严重的是丙炔、乙腈和乙醛，其次是丙酮、甲基乙烯基酮、甲乙酮、丙醛、α-甲基丙烯醛、丁烯醛、环辛二烯和异丁醇影响较轻，而 4-乙烯基环己烯和呋喃的影响最小。

4. 中国稀土催化体系顺丁橡胶性能及应用[44]

（1）产品质量指标（表 5-53）

表 5-53　中国锦州石化公司稀土系顺丁橡胶 **BR9100** 质量指标

项　目		指　　标			试验方法
		BR9100-41#	BR9100-47#	BR9100-53#	
生胶门尼黏度		41±3	47±3	53±3	GIW1232-9
挥发分/%		≤0.75	≤0.75	≤0.75	GB 6737—86
灰分/%		≤0.50	≤0.50	≤0.50	GB 6736—86
防老剂		非污染	非污染	非污染	
145℃，35min 硫化胶	拉伸强度/MPa	≥15.0	≥15.5	≥16.0	GB8660-88
	300%定伸应力/MPa	≥7.5	≥8.0	≥8 5	GB8660-88
	扯断伸长率/%	≥450	≥450	≥450	GB8660-88

（2）与中国镍系顺丁橡胶性能对比（表 5-54）

表 5-54　中国稀土顺丁橡胶和镍系顺丁橡胶性能对比

	BR9100-A（Nd 胶）	BR9100-B（Nd 胶）	Ni 胶
顺式 1,4 含量/%	98 5	98.2	95.7
反式 1,4 含量/%	1.1	1.4	2.3
1,2 结构含量/%	0.4	0.4	2.0
$[\eta]/(dL/g)$	3.67	3.38	2.50
$M_n \times 10^{-4}$	61.89	55.02	25.1
$ML_{1+4}^{100℃}$	47.8	47.8	43.9
分子量分布指数	4.78	3.70	3.45
GPC 谱图峰形	双峰	单峰	单峰

（3）加工性能及硫化胶性能

① 稀土系顺丁橡胶 BR9100 在开放式炼胶机上有良好的加工行为，生胶在滚筒上黏着性、包覆性、吃药速度优于镍胶。

② A 工艺钕胶由于分子量分布较宽、超高分子量级的存在，在高切变速率下有明显的弹性记忆效应，因此，加工时要适当增加其填充系数；B 工艺钕胶由于分子量有所降低，加工行为与镍胶相近。

③ 与镍胶相比，钕胶混炼胶具有较低的滞后损失及疲劳生热、优异的抗屈挠性、良好的抗湿滑性以及低滚动阻力等特点。

硫化胶性能对比见表 5-55～表 5-57。

表 5-55　硫化胶性能对比

项　　目	Nd 胶 BR9100	Ni 胶 BR9000
阿克隆磨耗量/cm³	0.037	0.043
回弹值/%	48	45
300%定伸应力/MPa	10.9	9 3
疲劳生热/℃	32.8	33
拉伸强度/MPa	17.1（-39）	15.0（-35）
扯断伸长率/%	457（-50）	419（-48）
邵尔 A 硬度	65（+8）	62（+6）
扯断永久变形/%	4.8（-66）	4.8（-71）

注：胶料基本配方为：NdBR（NiBR 等量互换）100；氧化锌 4；炭黑 N330 50；硬脂酸 2；硫黄 1.5；防老剂 A 1.0；促进剂 CZ 0.9。硫化条件为 137℃×35min，括号内为 90℃×72h 老化性能变化率的计算。

表 5-56　BR 基本配合硫化胶抗湿滑与滚动性

项　　目		41#	47#	53#	NiBR
干路面抗滑性	摩擦系数/%	84.8	83.8	83.8	83.5
	相对系数/%	101.6	100.4	100.4	100
湿路面抗滑性	摩擦系数/%	24.0	24.4	25.5	22.3
	相对系数/%	107.6	109.4	114.5	100

续表

项　　目		41#	47#	53#	NiBR
滚动性	滚动距离/cm	697	722	748	660
	相对系数/%	105.6	109.4	113.3	100

表 5-57　BR/NR 并用胶及配合硫化胶物性比较

项　　目		41#	47#	53#	NiBR
干路面抗滑性	摩擦系数/%	88 2	88.8	89 4	88.4
	相对系数/%	99.8	100.5	101.4	100
湿路面抗滑性	摩擦系数/%	34.0	34.2	34.0	32.0
	相对系数/%	106.3	106.9	106.3	100
滚动性	滚动距离/cm	624	654	678	609
	相对系数/%	102.5	107.4	113.3	100

（4）BR9100 在轮胎中的应用

BR9100 现已在辽宁轮胎集团公司全钢子午胎胎侧以及桦林轮胎股份有限公司引进的意大利皮皮里公司子午线的胎侧中得到应用，并获得满意效果。其中辽轮集团全钢子午胎生产线采用英国 Dunlop 公司技术，BR9100 在该生产线上的应用已正式取得了 Dunlop 公司的认可。

1）BR9100 在全钢子午胎胎侧胶中的应用

辽宁轮胎集团公司在全钢子午线轮胎生产线上，用 BR9100 等量代替 NiBR。

改用 Nd 胶后的胎侧胶的物理性能明显提高，其中热空气老化后的疲劳寿命有了很大改进，轮胎疲劳寿命提高达 50% 以上。试验结果见表 5-58、表 5-59。

轮胎胎侧区域很窄，却几乎承受着轮胎所有的变形，因而要求胎侧胶具有较好的耐龟裂增长性。试验结果也体现了 BR9100 极优异的耐龟裂性能。

表 5-58　成品轮胎耐久性实验结果

项目	41#NdBR/NR 50/50	NiBR/NR 50/50
总行驶时间/h	600	400
总行驶里程/km	30000	20000
实验结束时轮胎状况	完整无损	胎侧裂口

注：NiBR/NR 为原生产配方。

表 5-59　胎侧胶试验结果

项　　目	41#NdBR/NR 50/50	NiBR/NR 50/50
硫化仪数据（150℃）		
M/N·m	1.62	1.51
MH/N·m	6.3	5.23
t_{10}/min	7.2	7.6
t_{90}/min	18	18.9

续表

项 目	41#NdBR/NR 50/50	NiBR/NR 50/50
硫化胶物理性能(硫化条件:145℃×35min)		
拉伸强度/MPa	23.44	19.12
扯断伸长率/%	583	441
300%定伸应力/MPa	10.36	8.95
邵尔 A 硬度	57	55
200%拉伸疲劳寿命/次	16342	5824
回弹值/%	49	54
撕裂强度/(kN·m)	80	45
90℃×48h 热空气老化后		
拉伸强度/MPa	21.25	16.38
扯断伸长率/%	495	356
200%拉伸疲劳寿命/次	15980	3237

注:NiBR/NR 为原生产配方。

2) BR9100 在载重斜胶胎胎冠胶中的应用

辽宁轮胎集团在载重斜交胎胎冠胶中,用 BR9100(40 份)与 NR(50 份)、SBR(10 份)并用,生产 9.00-20 16PR 轮胎。成品的黏附强度比用镍胶时提高 28.75%,耐久性提高 32.9%,高速性能提高 54.2%,表面温度降低 20℃以上。

5.6.3 国外的生产工艺

根据文献报道分析推断,国外所采用的钕系顺丁橡胶催化体系可能是

Nd-versatate- $Al(iBu)_2H$- $Al_2Et_3Cl_3$-己烷体系

或 Nd-Versatate- $AlH(iBu)_2$-$tBuCl$-己烷体系

采用的溶剂可能是己烷或环己烷。

其工艺技术特点如下:

① 催化剂的配体有了较大改进。采用 Nd-versatate- $Al(iBu)_2H$- $Al_2Et_3Cl_3$ 代替 $Ln(naph)_3$-$[Al(iBu)_3+AlH(iBu)_2]$- 加水氯铝。钕催化剂配体改用由支链烷烃羧酸(Versatic acid)合成,在脂烃溶剂中有很好的溶解性,用 $Al(iBu)_2H$ 代替$[Al(iBu)_3+AlH(iBu)_2]$,用 $Al_2Et_3Cl_3$代替加水氯铝。各组分纯度更高,性能稳定性更好。

② 聚合反应器生产强度高。聚合单线生产能力为 45kt/a。3 台聚合反应器串联操作,每台反应器容积为 30m³,总容积为 90m³,生产强度为 500 t/(m³·a)。

③ 聚合为绝热反应。聚合反应器为透平搅拌式绝热反应器,无冷却控温系统,进料温度为 5℃,借聚合反应热升至聚合温度 70℃,因而节能。反应停留时间 2h,由于在压力下反应,反应器内无汽化现象发生。

④ 丁二烯转化率高,达到 99%~100%。胶液中聚合物质量分数为 16.5%,未设置丁二烯回收系统。

⑤ 聚合反应器运转周期长,达 8000h。

⑥ 回收溶剂经分子筛处理。部分回收溶剂可能含有对聚合不利的杂质,经过分子筛处理后返回聚合系统。

⑦ 无需脱除残留催化剂。钕系催化剂为非氧化型催化剂,其残留物不会引起聚合物降

解，故无需脱除，有利于简化生产工艺和节能。溶剂环己烷无毒，对保护生态环境有利。

⑧ 该工艺不存在苛刻的腐蚀条件，除泵和某些设备的构件需要合金钢(例如304号不锈钢)外，设备大多采用碳钢制造。

5.7 四种催化体系的优缺点比较

目前世界上工业化生产高顺式 BR 仅用 Ti、Co、Ni 及 Nd 等四种催化剂，其中 Nd 系技术是在前三种技术工业化20多年后实现的，具有突出的特点和优越性，更能适应轮胎发展对橡胶性能的要求。稀土催化剂与传统催化剂的比较见表5-60~表5-62。

表5-60 工业生产高顺式 BR 应用的 Ziegler-Natta 催化剂特性比较

催化体系 （摩尔比）	金属浓度/ （mg/L）	BR 收率/ kgBR/g	微观结构/%			$\overline{M}_w/\overline{M}_n$	$T_g/℃$
			顺式1,4	反式1,4	1,2 结构		
$TiCl_4/I_2/Al(iBu)_3$ 1/1.5/8	50	4~10	93	3	4	中	-103
$Co(OCOR)_2/H_2O/AlR_2Cl$ 1/10/200	1~2	40~160	96	2	2	中	-106
$Ni(OCOR)_2/BF_3 \cdot OEt_2/AlEt_3$ 1/7.5/8	5	30~90	97	2	1	宽	-107
$Nd(OCOR)_3/Al_2R_3Cl_3/Al(iBu)_2H$ 1/1/8	10	7~15	98	1	1	很宽	-109

从表5-60可知，Nd 催化剂在用量、聚合物收率及顺式含量等方面均优于 Ti 系催化剂。目前虽然 Nd 系催化剂用量高于 Co、Ni 系催化剂，但在生产工艺(表5-61)和产品性能方面(表5-62)远优于 Co、Ni 系催化剂。

表5-61 采用各种催化体系生产高顺式 BR 的工艺特点比较

催化剂	Co	Ni	Ti	Nd
溶剂	苯、环己烷	脂烃、苯、甲苯	苯、甲苯	己烷、环己烷
总固物/%	14~22	15~16	11~12	18~22
转化率/%	55~80	<85	<95	~100
乙烯基环己烯（VCH）	低	高	高	很低
最高聚合温度/℃	80	80	50	120
聚合热撤出方式	需要仅部分绝热	需要仅部分绝热	需要仅部分绝热	需要可完全绝热
低限残余金属含量/×10^{-6}	10~50	50~100	200~250	100~200
Al/Mt（摩尔比）	(70~80)∶1	40∶1	50∶1	[(5)10~15]∶1
非金属分子量调节剂	有	有	无	无

从表5-61可知，唯有 Nd 系的单体转化率可达100%，聚合温度可高达120℃，不需要冷却撤热，属于完全绝热聚合。而生成乙烯基环己烯二聚物的速度又最低。Nd 系技术可降低生产能耗和减少二聚物对环境的污染，有利于生产技术的环境保护。

表 5-62　不同催化体系生产的高顺式 BR 产品特性的比较

催化剂	Co	Ni	Ti	Nd
顺式 1,4/%	96	97	93	98
T_g/℃	-106	-107	-103	-109
产品线型	可调节	支化	线型	高线型
分子量分布	中	宽	窄	宽
冷流性	可调节	低	高	高
凝胶含量	变化, 可以很低	中	中	非常低
颜色	无色	无色	有色	无色
用于轮胎	有	有	有	有
用于 HIPS	有	无	无	有
用于 ABS	有	无	无	无

从表 5-62 可知, Nd 系胶顺式含量格外高, 分子链呈较高线型, 使其生胶及硫化胶更易于拉伸结晶。Nd-BR 有较高的自黏性和拉伸强度及硫化胶的高耐磨性、高的疲劳性, 是制造轮胎的优秀胶料之一。

能满足 HIPS 和 ABS 生产要求的高顺式 BR 仅有钴系催化剂。从凝胶含量、胶颜色上看, Nd-BR 可满足 HIPS 和 ABS 的要求, 从溶液黏度上看目前亦已研制成功可满足 HIPS 要求的牌号胶。

参 考 文 献

[1] 浅井沿海. 合成ゴム概况. 东京: 朝仓书店, 1971: 78

[2] 焦书科. 烯烃配位聚合理论与实践. 北京: 化学工业出版社, 2004

[3] 中国科技大学高分子物理教研室. 高聚物的结构与性能. 北京: 科学出版社, 1981: 388

[4] 黄葆同, 欧阳均, 等. 络合催化聚合合成橡胶. 北京: 科学出版社, 1981

[5] F W Billmeyer. Textbook of Polymer Science. John Wiley, 1971

[6] 唐学明, 等. 合成橡胶工业, 1980, 3(1): 15

[7] 唐学明等, 合成橡胶工业, 1979, 2(2): 118

[8] 曹湘洪, 全国合成橡胶行业第五次年会文集. 1983, 3: 68

[9] 黄健, 合成橡胶工业, 1999, 22(1): 1

[10] 黄健. 合成橡胶工业, 1994, 17(3)138

[11] 匡华平. 合成橡胶工业, 1999, 22(4): 193

[12] 阎铁良. 合成橡胶工业, 1989, 12(2): 134

[13] 北京石化总厂胜利化工厂, 中国科学研究院长春应化所. 石油化工, 1975, 5: 478

[14] 曹湘洪. 合成橡胶工业, 1985, 8(5): 313

[15] 黄葆同, 欧阳均, 等. 络合催化聚合合成橡胶. 北京: 科学出版社, 1981: 120

[16] 杨旭, 温贤昭. 顺丁橡胶聚合装置长周期运转技术. 燕化公司合成橡胶厂, 1987

[17] 黄健, 何连生. 镍系顺丁橡生产技术, 北京化学工业出版社 2008, 83

[18] 陈滇宝, 李迎, 唐学明, 等. 高分子学报, 1990, 5: 549

[19] 宗成中. 青岛化工学院硕士论文, 1991

[20] 陈滇宝, 连家学, 唐学明, 等. 高分子学报, 1991, 4: 483

[21] 陈滇宝, 李文义, 唐学明, 等. 高分子学报, 1990, 4: 463

[22] 李文义, 仲崇棋, 唐学明, 等. 青岛化工学院学报, 1990, 11(2): 20

[23] 戴赞明, 仲崇棋, 唐学明, 等. 青岛化工学院学报, 1990, 11(2): 20

[24] 连家学. 青岛化工学院硕士论文, 1990

［25］戴干策．合成橡胶工业，1990，13（5）：305

［26］Belgian pat：573680（1957）

［27］Brit. pat：849589（1958）

［28］Belgian pat. 575671（to Goodrich. Gulf Chem. Inc.，1958）

［29］Belgian pat. 579689（to Shell Int. Res.，1958）

［30］S Sivaram. Ind. Eng. Chem. prod. Res. Develop.，1977，16：212

［31］Longiav，Castelli R，Croce G F. Chim. Ind.，1961，43：625

［32］Veruovic B，Zachoval J，Marousek V，Nechleba J，Kalaj. Chem. Commun. 1967，32：2557

［33］Gippin M. Rubb. Chem. Technol.，1965，35：508

［34］［日］大西章．有机合成化学协会志：1967，25（7）：587

［35］Longiave C，Castelli R，Ferraris M. Chim. e. Ind.，1962，44：725

［36］Montecatini：（日）特公昭 41-5474

［37］日本ゴム 协会志，1971，44（9）：748

［38］C F Ruebensaal. Rubber World，1970，162（5）：56

［39］British pat 848. 065（to phillips petroleum Co. April 16. 1956）

［40］张旭之，马润宇．碳四碳五烯烃工学．北京：化学工业出版社，1998：123

［41］王乃昌，王庆元，等．定向聚合．北京：化学工业出版社，1991

［42］Saltman. W. M.，Link，T. H.，Ind. Eng. Chem. Prod. Res. Develop. 1964，3（3）：199

［43］日本ゴム 协会志．1971，44（9）：748

［44］锦州石化公司．稀土顺丁橡胶工业化进展．中国合成橡胶工业协会第 20 次年会文集，2011：228

［45］三岛守．化学工学，1992，56（2）：39

［46］赵玉中，朱景芬．BR 国内外现状及技术进展．2011 年中国合成橡胶协会第 20 次年会文集．2011：65

第6章 中国顺丁橡胶生产聚合装置及溶液聚合凝聚装置工程解析

6.1 聚合装置的工程解析

6.1.1 聚合反应动力学解析

聚合反应器的放大设计技术强烈依赖于对聚合反应动力学规律的认识。在顺丁橡胶生产技术开发的初期，由于对聚合工艺和聚合动力学缺乏全面的掌握，聚合反应器的开发基本上依靠逐级放大过程所积累的经验；随着对聚合机理理解的深入，后期对聚合反应器进行了不断的优化改造和完善。

1. 对催化体系的认识

我国顺丁橡胶生产主要采用 Ni(naph)$_2$-Al(iBu)$_3$-BF$_3$·OEt$_2$(简称 Ni-Al-B)催化体系[1]并以抽余油为溶剂，镍、铝陈化，稀硼单加的催化方式，具有很高的聚合活性。

镍、铝、硼三元催化体系反应机理复杂，组分间相互作用和制约不易厘清。已经证明，催化剂的陈化方式、各组分的配比(Al/Ni、Al/B)对聚合有明显的影响[2]。但是，活性中心模型、聚合反应机理的研究尚不充分，许多结果系基于实验现象，缺乏定论。

随着对催化体系和反应机理认知的深入，聚合工艺不断得到了优化，也陆续开发了一些新的技术，如镍催化剂体系中微量水的应用[3,4]，第四组分(醇类，醚类)的加入拓宽顺丁橡胶分子量的可调范围[5,6]、防止聚合过程严重挂胶的技术、生产 HIPS 改性用顺丁橡胶合成技术等。对催化体系的进一步优化研究，仍然在不断进行中[7]。

单体丁二烯在 Ni-Al-B 催化剂的作用下发生聚合反应，其反应过程为连锁反应，包括链引发、链增长和链终止三个阶段。中国科学院长春应用化学研究所、浙江大学、青岛科技大学、北京化工大学等研究单位对镍引发体系丁二烯的聚合反应动力学进行过不少的研究，比较一致的定性结论是属于快引发、逐步增长、无链终止的聚合历程，丁二烯聚合反应速率与单体浓度[M]和活性中心浓度[P*]呈一级动力学关系，即$-d[M]/dt = k_p[P^*][M]$，且聚合速率常数与温度的关系符合阿伦尼乌斯方程(Arrhenius $k = Ae^{-E/RT}$)。

2. 聚合反应表观活化能

焦书科[8]在以 Ni(naph)$_2$-Al(iBu)$_3$-BF$_3$·OEt$_2$ 为催化体系、抽余油为溶剂的丁二烯聚合反应动力学研究中，考察了单体浓度与反应速率的关系，求取了聚合反应表观活化能(64.5kJ/mol)、各催化剂组分的分反应级数和反应速率常数、活性中心浓度、链转移速率常数、链增长速率常数及催化剂的利用效率。

朴光哲等[9,10]也进行了类似的研究，获得了特定催化体系(BF$_3$·OEt$_2$ 与正辛醇预混)的聚合表观活化能为 49.2kJ/mol、链增长反应活化能为 32.9kJ/mol。

郑友群[11]研究了 Ni(naph)$_2$-Al(iBu)$_3$-BF$_3$-ROH 催化体系引发丁二烯聚合的动力学行为，得到不同条件下的各动力学参数、表观活化能和频率因子。张玲[12]进一步研究了

$Ni(naph)_2$-$Al(iBu)_3$-$BF_3 \cdot OEt_2$+ROH 新型镍系催化体系催化丁二烯的聚合动力学，考察了该体系的动力学曲线、速度方程、聚合度，测定了催化剂利用率、活性中心浓度等动力学参数。聚合速率对单体浓度呈一级关系，表观活化能为 40.4kJ/mol，催化剂利用率约为 10%。

田玉敏[13]研究了在 $Ni(naph)_2$- $Al(iBu)_3$- $BF_3 \cdot OEt_2$ 体系中添加亚磷酸酯类配体(P)对丁二烯聚合动力学的影响。结果表明，含 P 体系在聚合反应初期属快引发、逐步增长、无链终止的聚合反应体系；聚合速率对单体浓度呈一级动力学关系，表观活化能为$E_a = 36.66kJ/mol$。

综合上述研究结果可以看出，虽然聚合速率与活性中心浓度呈一级动力学关系，但不同催化体系、不同陈化方式下的聚合速率和表观活化能并不一致，呈现较大差异。实际上，在催化剂具备活性的浓度和配比范围内，[Ni]、[Al]、[B] 对聚合速率的反应级数是不同的，或者说不同催化体系聚合速率表达式中活性中心浓度$[P^*]$对聚合速率的贡献并不相同，这就难以对镍系顺丁建立统一的、定量的聚合动力学速率方程。

中国目前绝大部分装置采用的催化体系是 $Ni(naph)_2$-$Al(iBu)_3$-$BF_3 \cdot OEt_2$体系，另加配体的催化体系只限用于少数装置。在早期的聚合反应器设计，对于这些复杂的催化体系和反应特性，聚合动力学的认知只能是定性、而不是定量的。

3. 低转化率下的聚合动力学

史云龙[14]采用膨胀计法研究了采用 Bd-Ni-Al，B 单加的陈化方式下的聚合反应动力学，考察了 20~40℃下聚合反应转化率随聚合反应时间的变化，如图 6-1 所示。假设在 30℃开始反应，当起始时间为 10min，可以估算出丁二烯的转化率为 3% 左右。同时，测试了丁二烯转化率 1%~25% 时的一系列顺丁橡胶抽余油溶液的黏度，如图 6-2 所示，可以看出溶液黏度随着丁二烯转化率的增加而增加，但当丁二烯转化率小于 25% 时，溶液黏度不超过 3.5mPa·s。

因此，有理由认为现有工艺流程中的聚合首釜、特别是底部进料区是低黏度操作体系。但是，目前聚合釜及其搅拌的设计还没有顾及到这一点。

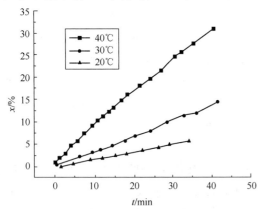

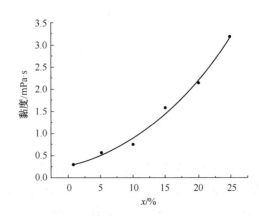

图 6-1　低温低转化率丁二烯聚合动力学　　　图 6-2　预聚过程转化率与溶液黏度的关系(30℃)
$Ni/Bd = 8×10^{-5}$，$Al/Ni = 8$，$Al/B = 0.35$

4. 高转化率下的聚合动力学

在顺丁橡胶工业生产过程中，第二、三釜丁二烯转化率超过 70%，聚合速率常数与温度的关系并不符合阿伦尼乌斯方程。聚合反应的温度虽然是三釜>二釜>首釜，但各釜的聚合速率排序却是三釜<二釜<首釜。而且，后聚合釜虽已达到很高的温度，但单体总转化率仍然达不到国际上的最高水平90%。

黄健[15]采用硼单加工艺的试验表明，在小瓶聚合、5L单釜聚合进行的反应动力学研究显示：只有在反应开始的一段时间内呈一级动力学关系，当聚合时间稍长，反应即偏离此关系，见图6-3。

现有聚合反应器的搅拌器与釜壁间均有一定间隙，夹套内壁生成薄胶层后大幅度降低了传热系数。在首釜可通过绝热温升吸收聚合热保持70℃；但在二釜三釜的入口温度已有70℃，由于夹套传热效率低，聚合温度可高达到92℃和96℃。现有硼单加催化体系不耐75℃以上的高温，而有"活性中心坏死"现象，降低了后釜中活性中心的数量。

另外，高转化率时发生动力学偏离的原因可能是物料黏度的增加，非牛顿性加强，微观混合效果下降，过程进入扩散控制。

根据混合与传质理论，决定微观混合速度是系统的分离强度（intensity of segregation），分离强度愈大传质愈困难。研究结果[16]表明，当混合系统黏度提高，系统微混的分离强度上升，特别当黏度大于300mPa·s之后分离强度迅速上升，使传质更为困难，见图6-4。

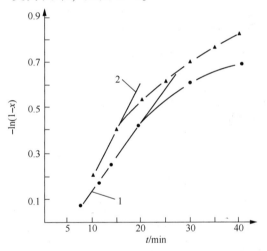

图6-3 ln (1-x) 与 t 的关系曲线
1—小瓶聚合温度50℃；2—5L单釜聚合温度50~60℃

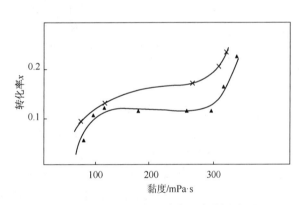

图6-4 系统黏度对分离强度的影响

聚合体系胶液黏度 η 与聚合物分子量 M、聚合物浓度 C 大致符合以下规律，即 $[\eta] = KC^5M^{3.4}$。第二釜的总转化率是首釜的1.27倍，末釜的总转化率是首釜转化率的1.33倍。由此可推算出二三釜的胶液黏度将分别比首釜提高4.1倍和5.5倍。当然，胶液实际黏度也随温度提高而下降，$[\eta] = B\exp(E_\eta/RT)$，大多数溶剂的黏流活化能 E_η 为 7~14kJ/mol。两者作用的结果，总体上黏度还是明显上升的。

当系统黏度增加，传质速度下降，以至当传质速度成为聚合反应速度控制因素时，聚合反应速度即不再遵循动力学一级关系，这时黏度上升是使聚合速率下降的原因之一。

因此，聚合后两釜的反应速度低于首釜有其动力学原因，也有反应工程问题未得到很好解决所带来的影响。要提高聚合后两釜的反应速率，提高总转化率，必须进一步开展研究工作：如提高催化剂的热稳定性；开发有效的刮壁器提高首、二、三釜夹套壁的传热系数；改盐水降温为液氨降温以增加温差、降低聚合温度；改进后两釜的搅拌型式提高微混效果等。

5. 陈化温度对催化体系热稳定性的影响

一般说来，聚合温度升高有利于反应进行。但对聚合反应而言，还涉及活性中心的稳定性。

青岛科技大学陈滇宝等[17]对反应动力学的研究发现(图6-5)，Bd－Al－Ni－B+ROH 预聚合陈化体系的催化活性，在低于30℃的预聚合体系(即陈化体系)中经24h陈化，催化活性保持不变，显示了催化聚合活性具有低温的依时稳定性。当陈化温度高于60℃，催化活性随陈化时间的延长而迅速下降，表现出依时不稳定性，同时温度越高，催化活性降低越显著。

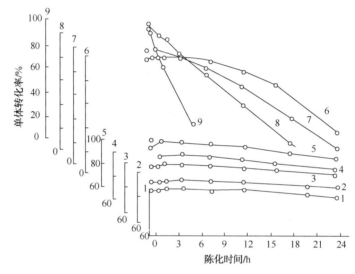

图6-5　Bd–Al–Ni–B+ROH 预聚合体系催化活性的依时性和依温性

1—0℃；2—20℃；3—30℃；4—40℃；5—50℃；6—60℃；7—70℃；8—80℃；9—90℃

6. 聚合温度对催化体系热稳定性的影响

崔恩州等的实验结果显示[18](图6-6)，聚合温度在 20~70℃ 内均可正常聚合，Ni 系催化活性中心呈现对温度的稳定性；聚合物分子量受聚合温度的影响较小。但是，当聚合温度高于70℃时，聚合活性才呈缓慢下降趋势，转化率也有降低。王成铭等[19]认为是当温度超过 85℃时，不仅催化剂活性降低，而且还造成聚合物分子量低、分布宽、支化多及微凝胶含量高等不良后果。

黄健的研究试验表明[20]，在高达 90℃、80℃、70℃的高温丁二烯 C_6 油溶剂中加入硼单加催化剂，聚合虽在开始时都能正常进行(图6-7)，反应速率随温度提高而加快。但是，聚合反应温度越高，聚合后期的聚合活性衰减越快。90℃加料的试验，反应 20min 后聚合体系已停止升温，随后反应温度急剧下降，表明部分催化剂开始丧失活性。反应温度越高，后期催化剂活性中心"失活现象"越明显。

工业生产装置中后两釜聚合温度升高，转化率的提高不明显；不加终止剂技术的应用，都证明后期活性中心有"失活"现象。

7. 高热稳定的组分配比

为了减轻活性中心的"失活"现象，青岛科技大学对镍、铝陈化，稀硼单加的催化体系的热稳定性问题进行了研究，认为合理调配催化剂配方以提高该体系的热稳定性是有可能的。

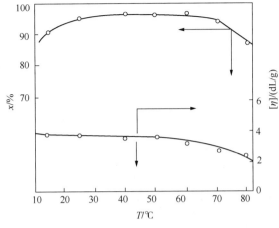

图 6-6　聚合温度对聚合活性及特性黏数的影响

Al/Ni=8；Al/B=0.8；Ni/Bd=8×10⁻⁵；t=3h；[Bd]₀=100g/L

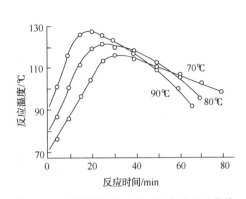

图 6-7　不同反应温度下的聚合动力学曲线

为改善硼丁的相互溶解性能，开发了多种镍铝陈化、稀硼单加的改性催化剂体系，如 Ni-Al(iBu)₂OR-B 体系、Ni-Al(iBu)₂OAr-B 体系、Ni-Al(iBu)₂-B-醇类或酯类体系[21] 等。它们虽然具有相同的聚合反应动力学特性和较高的活性，但反应速率常数和表观活化能数据还是有差别的。

表 6-1 中列出了聚合反应表观活化能。数据指出，Ni-Al(iBu)₂OR-B 或 Ni-Al(iBu)₂OAr-B 和添加醇、酯的体系的活化能 E_a 均高出普通 Ni-Al-B 体系 10~15kJ/mol。催化体系活性的高温稳定性以 Ni-Bd-Al(iBu)₂OPhCH₃-B 为最高[22]，其次为 Ni-Al(iBu)₂-B-醇(Ⅰ)体系，聚合温度为 80℃，仍保持高催化活性。这里存在着 E_a 值越大、温度稳定性越好的规律[23]。

表 6-1　几种催化剂体系的表观活化能比较

催化体系	活化能 E_a/ (kJ/mol)	指前因子/ min⁻¹
Ni-Al-B	37.1	—
Ni-Al(iBu)₂OC₈H₁₇-B	46.9	1.07×10⁶
Ni-Bd-Al(iBu)₂OC₈H₁₇-B	47.8	1.47×10⁶
Ni-Bd-Al(iBu)₂OPhCH₃-B	65.5	1.08×10⁶
Ni-Al-B-醇类（Ⅰ）	54.7	6.80×10⁷
Ni-Al-B-醇类（Ⅱ）	41.0	
Ni-Al-B-酯类（Ⅰ）	41.6	1.9×10⁵
Ni-Al-B-酯类（Ⅱ）	54.5	4.8×10⁷

表观活化能 E_a 值的差异与体系中 Ni(Ⅰ)和 Ni(0)的相对含量，即活性中心配合物上镍的价态密切相关[24,25]，Ni(Ⅰ)(0)含量适当减少，Ni(Ⅰ)量增加，Ni(Ⅰ)/Nl(0)值上升，E_a 值上升，温度稳定性提高。但催化活性又与 Ni(0)+Ni(Ⅰ)的总量有关，随 Ni(0)含量的降低，Ni(Ⅰ)含量不会等量增加，体系活性会降低，故工艺上必须两者兼顾，即在保证保持一定的催化活性的前提下，尽可能提高 Ni(Ⅰ)/Nl(0)比值，对提高催化剂体系的热稳定性有利。

夏少武等[26]研究了 Ni(naph)₂-Al(iBu)₃-BF₃-OEt₂ 催化体系的耐热性能。实验给出 n(Al)/n(Ni)比是影响催化剂耐热性的主要因素，n(Al)/n(B)比是影响催化剂活性与聚

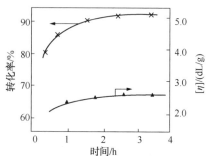

图 6-8 优化催化剂配比后
的聚合动力学曲线

聚合条件：$n(Ni)/n(Bd) = 9 \times 10^{-5}$；
$n(Al)/n(Ni) = 12$；$n(Al)/n(B) = 0.6$；
$c(Bd) = 2.78(mol)/L$；$90℃$；$4h$

合物分子量的关键因素。并得到了在聚合温度为 90℃ 时催化剂各组分的较佳配比（图 6-8），即 $n(Al)/n(Ni) = 12$、$n(Al)/n(B) = 0.6$、$n(Al)/n(Bd) = 9 \times 10^{-5}$。按此配比制备催化剂催化丁二烯聚合，在 1.5h 后转化率就可达 90% 以上，聚合物相对分子质量 30 万左右，凝胶含量几乎为零。说明催化剂并没有因高温而失活。也说明调整催化剂组分的配比，能提高催化剂的耐热性。

综合上述的实验现象，可以得到以下几点结论：

① 目前的 Ni-Al-B 催化体系，在 20~70℃ 的范围内保持平稳的高活性，聚合反应速率和聚合物分子量均比较正常。

② 温度升高初期反应速率明显增加，但是后期反应速度随时间的衰减也明显。也就是说，反应温度 >70℃ 时后期催化剂活性中心"失活"明显。工业界操作时，后期反应温度升高转化率的提高不明显、不加终止剂技术的应用等也证明了这一点。

③ 调整催化剂组分的配比，能提高催化剂的耐热性。

6.1.2 聚合物的分子量及其分布

镍系催化体系丁二烯聚合的"快引发、逐步增长、无终止"特征，表明链转移反应对于聚合物的分子量及其分布起关键的作用。当催化剂配方和聚合工艺条件确定后，聚合度的调控就缺乏手段了，这也是早期困扰国内顺丁橡胶技术的问题之一。实际上，影响聚合物链转移的因素有很多，包括聚合温度、催化剂组分与配比、催化剂用量等。这些因素的巧妙运用，也是可以调控分子量及其分布的。

中科院长春应化所的大量研究表明，改变催化体系中组分的摩尔比，是在较大范围内灵活调节聚合物分子量的最有效方法。图 6-9 和图 6-10 显示了 Al/B 摩尔比对聚合活性和聚合度的影响，表明在适宜的聚合活性范围内聚合物特性黏数 $[\eta]$ 值随 Al/B 摩尔比增大而线性升高。对于"Ni-Al 二元陈化、稀 B 单加"的方式，合理减少 B 的加入可以提高特性黏数，当然聚合活性有所下降了。

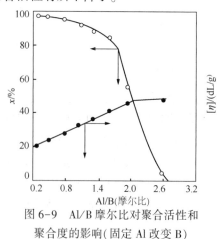

图 6-9 Al/B 摩尔比对聚合活性和
聚合度的影响（固定 Al 改变 B）

Al/Ni = 7；Ni/Bd = 8×10^{-5}；
$T = 50℃$；$t = 3h$；$[Bd] = 100g/L$

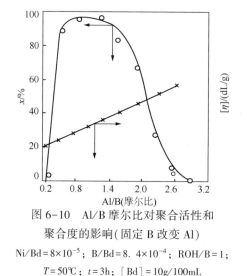

图 6-10 Al/B 摩尔比对聚合活性和
聚合度的影响（固定 B 改变 Al）

Ni/Bd = 8×10^{-5}；B/Bd = 8.4×10^{-4}；ROH/B = 1；
$T = 50℃$；$t = 3h$；$[Bd] = 10g/100mL$

阎铁良[27]指出，随聚合温度的升高，分子量下降；当聚合温度达到90℃时，支化反应对分子量及其分布构成显著影响。

崔恩州等[18]通过对影响镍系催化的顺丁橡胶分子量及其分布的主要因素的研究表明，采用Al-Ni二元陈化稀B单加方式时，改变进料丁二烯汽油溶液的温度，可在一定范围内有效地调节聚合物的分子量分布。这是因为链增长活化能较大，低温（例如0℃）陈化时，链增长反应被"冻结"，但催化剂各组分仍可充分反应产生活性中心，有利于活性链的"同步"增长，使分子量分布变窄。

黄健等在镍催化体系丁二烯溶液聚合过程中，增加镍催化体系用量、降低水用量、适当提高聚合温度，降低了聚合物分子量（门尼黏度37~43），能有效地降低聚合物的5%苯乙烯溶液黏度和凝胶含量，开发出HIPS用镍系顺丁橡胶（BR9002）的工业技术。

郑友群等[11]的研究认为活性链不仅向单体发生转移，同时也向B链转移，两者的比例分别为59.3%和40/7%。张洪林等[28]在加氢汽油中以$Ni(naph)_2$-$Al(iBu)_3$-$B·D$为引发体系代替$Ni(naph)_2$-$Al(iBu)_3$-$BF_3·OEt_2$体系，新型的$B·D$络合物改善了引发体系在溶剂中的溶解性，从而使聚丁二烯橡胶中的凝胶含量由原来的0.36%左右降至0.10%左右。调节$B·D$络合物用量可合成出不同门尼黏度、凝胶含量低、胶液黏度适宜、性能好的高顺式聚丁二烯橡胶，反映了硼络合物影响聚合物链转移。

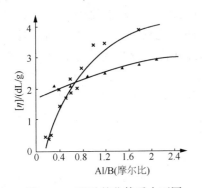

图6-11　两种催化体系中不同
Al/B摩尔比对[η]的影响
—▲— $Ni(naph)_2$-$Al(iBu)_3$-$BF_3·OEt_2$；
—×— $Ni(naph)_2$-$Al(iBu)_3$-$BF_3·OEt_2$+ROH

第四组分醇类的加入可以很灵敏地从低到高调节聚合物的分子量，如图6-11所示。对于醇类体系来说，通过Al/B比的改变，顺丁橡胶特性黏数可在0.5~5.0 dL/g之间很宽范围内调变，为顺丁橡胶的系列化创造了条件，并对聚合物微观结构无影响[29]。

6.1.3　催化体系的预分散技术

1. 催化剂预分散的重要性

尽管由于顺丁橡胶的镍、铝、硼三元催化体系机理复杂性，组分间相互作用机制还不明确，但是多年的研究和实践经验表明，催化剂在聚合体系中应具有良好分散性。

① 催化剂配制方式对活性的影响。镍、铝陈化，稀硼单加催化剂配制方式，聚合活性最高。

② 溶剂溶解性能的重要性。加氢汽油对于催化剂的溶解性比较好而一直被采用。

③ 催化剂的新配体提高了催化剂在溶剂中的分散性。第四组分（微量水、酚类、醇类、醚类）的加入可提高催化剂分散性和活性，也可拓宽顺丁橡胶分子量的可调范围，其中重要的原因是促进了催化体系在单体或溶剂中的溶解性。

④ 提高溶解性的作用。采用新型的硼络合物改善了硼在聚合体系中的溶解性，可降低顺丁橡胶的凝胶含量。

夏少武等[30]的研究证明，Ni-Al-B催化体系在溶有丁二烯的加氢汽油中以小颗粒分散，粒径在1~100nm之间，为胶体催化剂，属高度分散的多相催化体系。催化剂的活性中心位于胶粒表面，催化剂颗粒是无定形的。催化剂各组分配比影响胶粒形态，其中以较佳配比所得到的催化剂颗粒较小、分布均匀，催化丁二烯聚合反应活性高。

中国的顺丁橡胶聚合工艺流程中，催化剂都是直接进入首釜的底部，在釜内进行引发形成活性种。由于三氟化硼乙醚络合物在抽余油中溶解性较差，并且首釜内丁二烯转化率已经超过50%、聚合体系黏度比较大，催化剂各组分很难达到充分的接触并络合，因此必然存在催化剂利用率低且活性种分散不均、局部反应强弱不均的问题。而催化剂用量大、活性种分散不均则是导致凝胶含量高、支化度大的直接原因，进而影响顺丁橡胶产品的质量。因此，催化体系的预分散越来越被国内的研究者所重视。

2. 改进的陈化及预混流程

为了实现催化体系对单体或聚合物链的快速引发反应，不能不着眼于相应的微观混合效果[35]。若体系中相邻微观单元的浓度相差悬殊，即所谓"分隔强度"太大，势必出现催化剂量分配不均一的空间分布，致使实际反应点偏离最佳工艺条件，其结果将抑制主反应，助长副反应。解决这一问题的关键，一是要确保有效组分的量；二是要实现有效接触。前者涉及三元催化组分形成活性中心的陈化；后者可归结为改善预分散状态，即优化加料位置、加料方式及加入物料的体积比率等。两者都在于力求提高微观混合质量，降低"分隔强度"。为此，戴干策等[31]提出了增设陈化釜和预混釜的方案，其示意流程见图6-12。

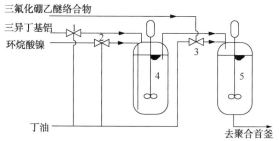

图6-12 改进的陈化及预混釜流程示意图

1、2、3—文氏管；4—陈化釜；5—预混釜

为确保工艺最佳，三异丁基铝-环烷酸镍（铝-镍）陈化充分是先决条件。根据低黏物系微观混合的研究结果，可借助高剪切叶轮，撞击射流与低浓度进料，即先将这两组分用丁二烯稀释，然后分别取液面喷淋和叶轮区射流方式加入。这不仅可减小二者"分隔"，而且可防止局部过浓而生成镍沉淀。丁油中的丁二烯可促使 Ni^{2+} 还原，提高催化体系的活性与利用率，阻止后加三氟化硼乙醚络合物（硼）对 Ni^0 的聚沉作用。

铝-镍-硼预混既是稀释单加的陈化，又是三元体系进入首釜的预分散。同样，可将铝-镍陈化液以喷淋方式加入，而经与丁油管线混合的稀硼则以射流进入叶轮高剪切区。增设陈化和预混两釜固然会增加设备投资，但舍此为维护正常反应则必须增加催化剂用量，况且也难避免反应波动和产品质量不稳定。

至于催化剂活性组分过早与丁油接触，可能导致管线堵塞，则可通过以下措施予以缓解或避免：①选取适当搅拌桨桨型，调整转速，强化搅拌混合，但应以不超过微观混合的临界转速为宜；②在保证物料充分混合的前提下，两釜的设计应使停留时间尽可能短；③控制较低的操作温度。

3. 增设催化剂预混流程

大庆石化[32]开发了镍系顺丁橡胶生产的催化剂预混工艺技术。预混工艺工业化试验流程见图6-13[33]，其特点系在聚合釜之前增加一台预混釜。预混釜的体积取决于聚合釜的生产能力、设定的两部分丁二烯（Bd-1和Bd-2）质量之比，以及物料在预混釜中的平均停留时间。丁二烯分为两部分进入聚合体系，一部分丁二烯（Bd-2）与催化剂镍、硼及铝三个组分先进入预混釜进行络合并引发，然后进入聚合首釜；另一部分丁二烯（Bd-1）则直接进入聚合首釜[34]。部分丁二烯在预混釜中被催化剂引发形成活性种，改善了活性种在溶剂油中的溶解性；由于预混釜中只形成了低分子量的预聚物，溶液的黏度不大，催化剂各组分可以更充分、均匀地混合和络合。

在预混釜的出料管上加一条丁油管线，除进预混釜的丁油，其他丁油（Bd-2）全部由这条管线进入。这样可以使从预混釜出来的具有一定黏度预聚物，在经过稀释之后进入聚合釜。它的作用是：不仅增加了物料进入下一单元的动力，使这种黏性物料不容易挂在管壁上造成积聚直至堵塞；而且稀释后的物料在聚合釜内更容易分散，使活性种在整个聚合釜中均匀地分布。

预混釜的体积由停留时间和进入预混釜物料量决定。根据目前大庆石化总厂顺丁橡胶装置的生产能力，总的丁油进料量为 54m³/h 左右，设计预混丁油量为 7.7~13.5m³/h［（Bd-2)/（Bd-1）= 1/3~1/6 时］，为满足停留时间在 12~18min 范围内，预混釜体积设计为 2.5 m³。

体积确定后，调整丁二烯进料量会改变物料在预混釜内的停留时间，同样在聚合釜的停留时间也改变了。当丁油进料量为 54 m³/h 时，（Bd-2)/（Bd-1）= 1/4.5，物料在预混釜内的停留时间为 13min；当丁油进料量调整为 36m³/h 时，物料在预混釜内停留时间为 20min。即丁油进料量可在 54~36m³/h 间调整。

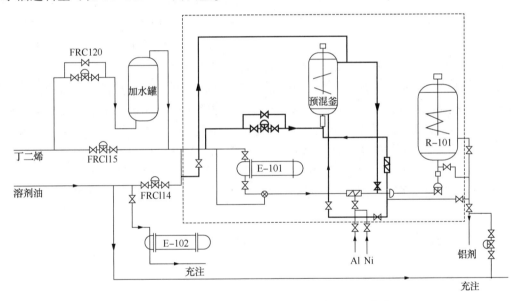

图 6-13　大庆顺丁橡胶装置增设的催化剂预混工艺流程

注：粗线部分为预混新工艺流程

工业试验结果表明：采用预混工艺生产的顺丁橡胶产品的各项指标与采用传统工艺生产的顺丁橡胶相比，物性有较大幅度的提高，同时橡胶中的凝胶含量也大大降低。

大庆的预混工艺工业试验采用了"Ni-B 陈化、Al 单加"的方式，即环烷酸镍与稀释后的三氟化硼乙醚络合物在一个静态混合器中先混合，再经过一定长度的管线与丁油在另一个静态混合器混合，形成 Ni-B-丁油的三元陈化液，然后进入预混釜，三异丁基铝通过另一条管线单独进入预混釜。预混釜中试示意见图 6-14。

在预混工艺的中试研究[14]中，曾采用了"Ni-Al 陈化、B 单加"的预混方式，并与"Ni-B 陈化、Al 单加"方式进行对比。发现此种陈化方式很容易造成预混釜进口堵塞，很难进行连续化试验。究其原因，应该是"Ni-Al 陈化、B 单加"预混方式的催化活性很高，"Ni-B 陈化、Al 单加"方式相对降低了催化剂活性。

4. 高效催化剂预分散装置

实际上，根据聚合反应动力学解析，Ni-Al-B 催化体系的丁二烯聚合是快引发、慢增长、无终止的过程。活性中心的产生很快，催化剂遇到单体丁二烯立即会发生反应；并且，在 20℃ 的低温条件下也能发生聚合反应，见图 6-15。

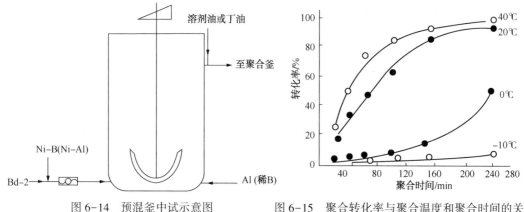

图 6-14　预混釜中试示意图

图 6-15　聚合转化率与聚合温度和聚合时间的关系
催化剂摩尔配比：Ln/Bd = 0.3×10⁻⁴；Al/Ln = 40；Cl/Ln = 1.8

乔三阳[35]采用 Ln(naph)₃-Al(iBu)₂H-Al(iBu)₂Cl(简称 Ln-Al-Cl)催化体系研究了丁二烯的本体聚合动力学，发现在 0℃ 条件下仍能发生聚合反应。

尽管上述催化体系、工艺配方等与前述的预混工艺不一致，但仍然具有参考的价值。在上述预混工艺流程和方案中，聚合物料在预混釜中的停留时间达 10~20min，胶液挂壁和堵管的现象就难以避免，预混装置的长周期运行就难于实现。

冯连芳依据丁二烯的初期聚合动力学特征，利用计算流体力学(CFD)模拟方法，特殊设计了管道混合器作为 Ni-Al-B 催化体系丁二烯聚合的预混装置(图 6-16)，高效混合与短停留时间的配合，解决了胶液挂壁和堵管的现象，并成功用于顺丁橡胶生产装置。

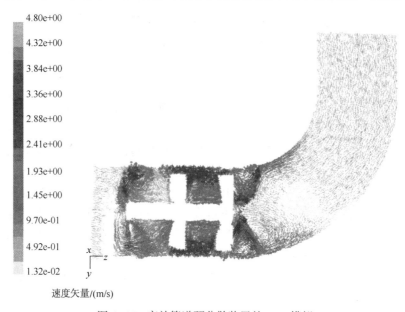

速度矢量/(m/s)

图 6-16　高效管道预分散装置的 CFD 模拟

工业试验结果表明:

① 在首釜聚合转化率不变条件下,首釜门尼黏度由 45 降为 23。说明凝胶减少了,催化剂得到了比较好的分散。

② 后釜的反应温度由 100℃ 升至 105℃,胶液罐压力也降低,丁二烯的回用量也减少。也就是总转化率提高了,催化剂的利用率提高了。

③ 后釜充油量由 3.5m³/h 降为 1.5m³/h。说明凝胶含量降低,体系黏度下降,流动容易。因此,催化剂的有效分散,能显著降低凝胶含量,提高了催化剂的有效利用率,提高了聚合转化率。

④ 在硼剂用量降低 33.3%、铝剂用量相应稍有降低情况下,门尼黏度却正常,反应强度也有提高。

6.1.4　聚合首釜的工程分析与设计优化

1. 物料混合特征

用于溶液聚合顺丁橡胶生产装置的首釜设计,必须同时满足宏观混合和微观混合的要求。宏观混合的作用是减小“分离尺度”(scale of segregation),也就是混合体系中未被分散的微团尺度;微观混合则在于降低“分离强度”(intensity of segregation),在达到分子级混合时认为“分离强度”为零,宏观混合是其必要条件。因此,可将混合过程概括为:首先是整体的宏观混合,物料被分散成一定大小的微团,“分离尺度”减小;其次是在此水平上的微观混合,“分离强度”减弱,其理想结果是最大程度的微观混合。

顺丁橡胶装置的首釜底部是催化剂陈化液、稀硼液、丁二烯、溶剂、胶液相等多组分混合并形成活性中心的区域,微观混合效果好可使活性中心的形成能按照催化剂组分的最佳配比在最适合的温度条件下形成。但是,按当前的首釜设计和操作状况,微观混合效果并不理想。

① 釜底进料区的混合和分散不理想。首釜采用螺带式搅拌,属层流区混合。在首釜底部,国内大部分装置采用转速和螺带搅拌器一样的锚式搅拌器,缺少有效的剪切能力,特别在釜底进料区,催化剂的混合和分散不够理想。

② 存在黏度、密度、温度、浓度差异的混合。进入反应器底部的物料间,除有组分和浓度差异外,还有黏度差异(丁二烯+溶剂 / 胶液 = 1:1000)、密度差异(0.65:0.95)、温度差异(5℃:65℃)。对于异黏度、异密度、异温度的微观混合,难度极大,混合时间比通常混合长 2 倍。如涉及非牛顿流体特性的聚合物胶液,其微观混合时间将长 10 倍,不同物料的界面破碎时间将占混合时间的 90%,已成为混合的关键控制步骤[31]。

③ 进料速度有影响。不同的釜底进料速度对微观混合的都将发生显著影响,进料量的大幅度变化,也将引起底部微混效果的变化。

④ 微观混合不好。釜底部不良的微观混合效果必将使部分活性中心的形成偏离最佳的 Al/B 比和 Al/Ni 比,催化剂的浓度分布、温度分布不良就有引起局部失调的可能,导致聚合物质量变差。

⑤ 聚合釜壁存在挂胶层。首釜底部不良的微观混合效果的后果是生成微凝胶和釜壁胶。我国的镍系顺丁橡胶产品的微凝胶生成量大于国外 A 公司的 BR。另外聚合釜釜壁的挂胶层不能杜绝,影响了夹套传热。

2. 内外单螺带桨

在开发早期,首釜采用偏框搅拌(用于 12m³ 釜)试图保证活塞流,符合聚合快引发、慢增长特性，偏框搅拌又具有良好的径向混合、有利于夹套传热。但工业实践中首釜聚合热的撤出并不依靠夹套，而是主要依靠物料温升带出。偏框搅拌在运行时存在首釜的上下温差过大、聚合反应不稳定现象。

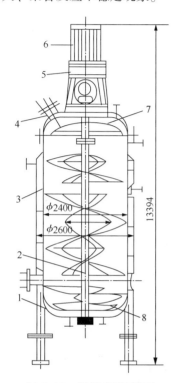

图 6-17　螺带式顺丁橡胶
聚合釜（30m³）

1—下凸缘；2—搅拌器；3—釜体；
4—上凸缘；5—减速机；6—电机；
7—上刮刀；8—下刮刀

为了提高宏观混合质量，应力求使首釜趋于全混流。基础研究与工业实践表明，用内外单螺带桨替代传统的偏框桨，加强了聚合反应器的轴向混合，上下温差由 16℃ 减少至 1℃ 以下，已取得减轻凝胶和挂胶、延长运转周期和提高产品物理机械性能的实效[36]。顺丁橡胶 30m³ 聚合釜[37] 的内外单螺带式搅拌结构如图 6-17 所示。

然而，黏稠物系的全混流终究难以造成，尤其难以满足釜底不同物料流股迅速混合均匀的要求。根据聚合首釜底部异黏度、异密度、异温度物料的微混必须要有强烈剪切力搅拌，聚合首釜又需要全釜温度均一的要求，必须改变现有等速的螺带和锚式组合桨，而应采取整体流体循环与流体局部强烈剪切相匹配的组合式桨叶。前述的催化剂预混方案也是比较好的解决措施。

3. 改进偏框桨

包雨云等[38] 研究了 7 种类型 3 层改进偏框桨（图 6-18）沿聚合釜轴向及径向的混合特性，并与内外螺带-锚式组合桨及框板式搅拌桨进行了对比，得到了改进的不同偏框桨组合方式及轴向返混的规律。

由图 6-19（左）可知，内外螺带-锚式组合桨沿轴向的混合时间 t_m 最短，说明使用该桨时聚合釜内的流体流动与全混流最接近。传统框板式桨及改进偏框式 Ⅳ 型及 Ⅵ 型组合桨 t_m 相近，沿聚合釜轴向的返混程度居中。改进偏框组合桨的其余 5 种均比内外螺带-锚式组合桨及框板式桨

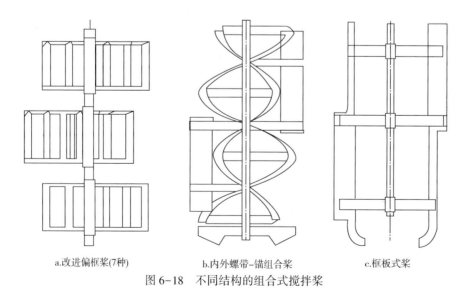

a.改进偏框桨(7种)　　　　b.内外螺带-锚组合桨　　　　c.框板式桨

图 6-18　不同结构的组合式搅拌桨

的轴向返混程度小。当反应机理需要聚合釜内的物料流动与全混流方式接近时，宜选用内外螺带-锚式组合桨；对于希望聚合釜内物料流动与平推流方式接近时，宜选用改进偏框式组合桨。

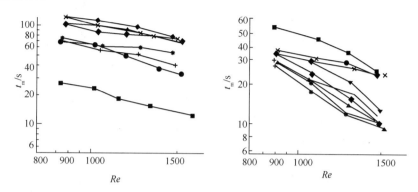

图6-19　不同结构搅拌桨的轴向混合时间(左)与径向混合时间(右)
■—螺带-锚式组合桨；●—传统偏框桨；其他标记—不同角度叶片改进偏框桨

如图6-19(右)所示，内外螺带-锚式组合桨沿径向混合时间 t_m 最长，并且可观察到此桨沿半径方向的混合存在死区。文献[36]利用改变物料颜色的方法，指出在使用螺带桨时，搅拌轴附近中上部及底部有"停滞区"。说明内外螺带-锚式组合桨尽管可使釜内的黏性物料达到轴向的良好混合，但径向混合不理想。

综合评价不同桨型的轴向混合及径向混合可以看出：内外螺带-锚式组合桨沿轴向的混合较好，在聚合过程中易使整个聚合釜内物料混合均匀，因此聚合釜的上下温差较小；但其沿径向的混合不理想，对聚合中胶液的混匀不利。传统框板式搅拌桨的轴向混合较内外螺带-锚式组合桨弱，但比改进偏框式桨强，其径向混合较后者弱。用改进偏框桨既可达到改善径向混合程度的目的，又可根据层间夹角的不同依聚合的具体要求选取不同的轴向返混程度。

4. 偏框与三叶后掠式的异速组合桨

顺丁橡胶聚合首釜的工艺要求底部进料部分的快速混合，而上部的轴向返混程度较弱、径向混合较强，并且聚合胶液易挂壁。因此，即使采用同速的组合桨也是很难满足工艺要求的。李涛[39]提出了聚合釜上部采用大直径的慢速搅拌桨、下部采用小直径的快速桨的异速组合方案。大直径的慢速搅拌桨选用了偏框型，以解决中高黏聚合液的混合与刮壁作用；小直径的快速桨选用三叶后掠式，以促使底部胶液与催化剂快速混合。

方案一(图6-20)是快、慢速搅拌轴都由顶部安装，上部减速机需要实现双转速输出，结构复杂，且密封设计困难。方案二(图6-21)是快速搅拌由底部导入，减速机和密封机构可以采用常规型号，机械上实现容易。

5. 螺带与透平的异速组合桨

张伟等[40]针对镍系顺丁橡胶首釜微混问题研究了螺带和透平桨的组合式的搅拌(如图6-22)，两桨叶分别驱动，透平桨安装在螺带桨下内部，两桨转速分别是螺带 60r/min、透平桨 500r/min。

研究表明：和单一螺带桨相比，螺带和透平组合桨可以显著缩短介质的微观混合时间，降低分离强度，混合时间仅 2.3s，并且无停滞区。而同样单独采用螺带桨转速 60r/min 时，混合时间长达 82.4s，近轴部下部尚有停滞区，见表 6-2。

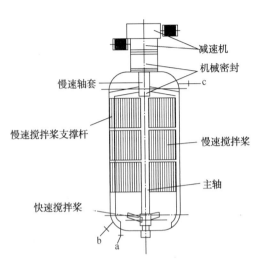

图 6-20 偏框与三叶后掠式的组合桨(方案一)

a—物料入口；b—硼剂入口；c—物料出口

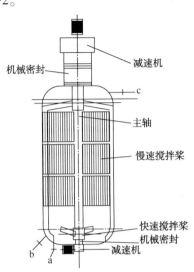

图 6-21 偏框与三叶后掠式的组合桨(方案二)

a—物料入口；b—硼剂入口；c—物料出口

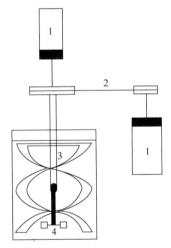

图 6-22 螺带桨和透平组合桨试验装置

1—电机；2—皮带变速机构；3—外套轴螺带桨；4—内轴小桨叶

表 6-2 组合桨和单一桨的混合时间比较

釜径/mm	桨型	转速/(r/min)	混合时间/s	停滞区分布
200	螺带桨	50	100.5	近轴部，下部
		60	82.4	
	组合桨 (螺带/透平)	60 / 300	32.3	无停滞区
		60 / 400	25	
		60 / 500	5.3	

组合桨的混合时间只是螺带桨的 66%，充分表现了组合桨的明显优势。组合桨的研究结果有可能使首釜的微观混合效果有很大改进，有可能达到既解决首釜底部的强剪切微混问

题、又可适用符合聚合快引发慢增长特性的活塞流的混合[41]，有助于微凝胶及釜壁挂胶问题的改善。

6. 螺带与高速分散头的异速组合桨

意大利某公司采用了"内外单螺带+底部高速分散头+刮壁板"的组合桨方案，如图6-23所示。低伸式高速分散头解决了催化剂快速分散到聚合体系的难题，同时避免了前置催化剂预混装置的堵管、挂壁；内外单螺带用于全釜内的整体混合；刮壁板清除挂壁的胶液、强化传热；双电机驱动避免了高速搅拌分散与低速刮壁式螺带搅拌的矛盾。因此，该组合式搅拌结构是非常适合镍系顺丁橡胶的首釜。

6.1.5　后聚合釜的工程分析与设计优化

理论上，丁二烯的聚合反应应满足一级动力学模型，即反应速率与单体浓度成一次方关系，反应速率随温度的升高而加快，分子量则随温度的升高而降低。但在实际工业装置上的聚合反应因受系统物性及工程条件的影响，往往出现偏离理想动力学的复杂情况，其主要原因有以下四个方面[42]：①反应物料属非牛顿型；②胶液始终处于增黏过程；③系统内丁油的黏度及密度同胶液相差悬殊，实际上是异黏度异密度的混合操作；④聚合反应放热效应较大。显然，上述这些因素削弱了系统的传热能力，影响了聚合反应动力学关系，从而影响了反应器行为和反应产物的分布，最终导致顺丁橡胶的凝胶含量偏高支化组分偏多、顺式1,4结构含量偏低、平均分子量较小且分布较宽以及产品质量波动等不良后果。

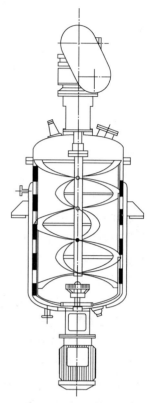

图6-23　螺带与高速分散头
的异速组合搅拌桨

1. 工艺特征与选型设计原则

依据"快引发、慢增长、无终止"的反应机理，后聚合釜的工艺目的是强化传热以控制工艺设定的聚合温度、强化混合促进釜内各组分物料的浓度均匀、维持平推流流动以保证聚合物分子量分布的均匀。

丁二烯聚合时，随着转化率的增加，胶液的黏度迅速上升。图6-24显示了顺丁胶液黏度和转化率及聚合物含量之间的关系[43]。可以看出，当转化率是100%时聚合物含量为

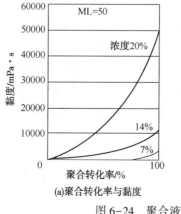

(a)聚合转化率与黏度

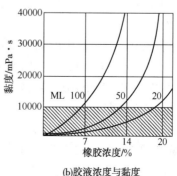

(b)胶液浓度与黏度

图6-24　聚合液黏度的变化规律

14%，溶液黏度为 10000mPa・s；聚合物含量为 7% 和 20% 时，黏度分别为 2500mPa・s 和 55000mPa・s。因此，聚合物含量对溶液黏度的影响极为显著。同时，胶液的黏度还与橡胶门尼黏度值、体系温度、凝胶含量等有关，门尼黏度值大、温度低、凝胶含量高的体系溶液黏度高。

由于丁二烯聚合反应的高放热（73.8kJ/mol）、聚合物体系的高黏度以及胶液的极易挂壁，后聚合釜的有效撤热一直是个问题。当聚合釜内壁挂胶后，聚合物的低导热系数导致夹套的传热系数急剧下降甚至失效。再则，聚合釜的体积和釜的直径平方成正比，而釜的夹套传热面积只和釜的直径一次方成正比，所以反应釜的体积越大、单位容量的传热面积越小。

聚合液高黏度对于后聚合釜内物料的混合均匀也带来不小的困难。聚合反应器开发初期，为了适应高黏度要求，后续两台聚合釜的螺带搅拌器设计搅拌转速低于首釜，首釜搅拌转速为 59r/min，后续聚合釜为 23r/min。曾将后续釜搅拌提高到 44r/min 进行试验，但是混合效果并未见改进，这是由于搅拌转速提高对于促进微观混合存在临界值。戴干策[36]的研究表明现有结构的螺带桨在中心部位存在"停滞区"，其微混效果并不理想。因此，现用的螺带搅拌结构还值得进一步的优化设计。

鉴于"慢增长、无终止"的反应机理，唯有保持平推流流动才能保证聚合物分子量分布的均匀。螺带式搅拌强化了反应釜内的上下循环，但使反应釜内的流动向全混流发展，这有可能导致聚合物的分子量分布变宽。

只有在顺丁橡胶聚合反应传热问题解决以后，三釜聚合温度具有可调节至合理的温度区间内的能力，例如 65℃、85℃、85℃。转化率在首、二、三釜中得到合理控制，橡胶产品的物理机械性能有可能大幅度提高。

2. 聚合釜撤热问题分析

由于第二釜入口胶液已有 65～70℃，使物料升温可带走的热量受到很大限制。目前夹套传导热系数远远满足不了反应工程控制所必需的水平。在不得已的情况下，后续聚合釜采用充冷油的方法控制聚合温度。加冷溶剂降温撤热幅度有限，只占总热量的 7%，降低物料温度 1～2℃。但是，冷油和高黏度胶液又属异黏度、异密度、异温度的混合，"分离强度"变得更大，微观混合更难实现。并且，冷油的加入增加了后续凝聚工艺、溶剂精制工序的能耗。因此，充冷油只能是安全应急方案。

30m³ 聚合釜的夹套传热面积为 50m²，要传出全部聚合热其传热系数要达到 670kJ/(m²・h・℃)以上，这是极难实现的，因为器壁一点不挂胶传热系数也只能到 779kJ/m²・h・℃。螺带搅拌加刮壁器是有效的方法[44]，可较大幅度提高夹套传热系数。俄罗斯叶非利莫夫合成橡胶厂顺丁橡胶生产能力 260kt/a，全部聚合反应器均加刮壁器，传热系数 419kJ/(m²・h・℃)，日本宇都兴产用的反应器有三层刮壁器，传热系可达到 502～712kJ/(m²・h・℃)。

燕山石化公司在 30m³ 反应器中增加刮壁器试验已使第二釜不加全部冷油，二釜温度降低 6℃，在首釜出口保持 60℃，可使二釜出口温度保持 88℃。但刮壁器的效果还应进一步提高，安装结构有待改进。目前刮壁器运转一段时间后常易脱落而失效。

3. 刮壁式搅拌实验研究

浙江大学曾对刮壁式搅拌进行了比较系统的实验室研究。于鲁强等研究了刮壁桨搅拌功耗机理[45]和流场[46]。对于图 6-25 所示的浮动固定式挂刀，刮壁搅拌功耗包括流体阻力损耗和刮壁摩擦损耗。流体阻力是搅拌功率在槽内消耗的原因，刮板对壁面的正压力的大小决定刮壁摩擦损耗。刮壁搅拌功耗可以采用通用的永田式关联，如式（6-1），可以作为设计的参考。

$$\frac{Np}{Leld} = \left[\frac{1660}{Re} + 2.22 \cdot \left(\frac{10^3 + 0.6Re}{10^3 + 1.6Re}\right)^{0.7}\right] \cdot \left(\frac{w}{d}\cos\alpha\right)^{0.353} \quad (6-1)$$

其中，Np 为功率准数，Re 为雷诺准数（1~1000），w 为刮板宽度，Le 为刮板长度，d 为釜内径，α 为刮壁角（30°~50°）。

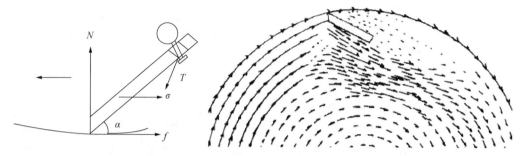

图 6-25　浮动固定式刮刀的受力分析与流场结构

通过数值计算可以获得比流型实验研究更多更全面的流场信息。对于 Craw-ford-Russell 刮壁式聚合釜环隙的二维流动和剪切分布数值模拟结果发现（图 6-26）：环隙结构容易产生旋涡，剪切分布均匀，有利于流体的混合；环隙结构的壁面切向速度对径向的速度梯度较刮壁槽式釜大，有利于壁面的传热。无间隙刮板的传热和混合效果较有间隙刮板好，当然前者的搅拌功耗较后者略大。

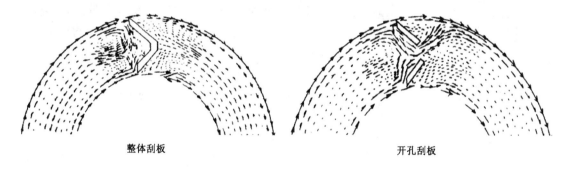

整体刮板　　　　　　　　　　　　　　　　开孔刮板

图 6-26　Craw-ford-Russell 刮壁式聚合釜环隙内的流场分析

因此，在镍系顺丁橡胶聚合反应器的首釜、二釜、三釜内安装高效、坚固耐用的刮壁器，可以改进目前存在的反应工程方面诸多问题。

4. 溶剂及丁二烯蒸发冷凝撤热技术

国外 30m³ 反应器，如 Goodyear、Zeon、Goodrich 公司，均采用溶剂及丁二烯蒸发冷凝撤热技术。采用此技术有可能解决二釜撤热问题，但必须解决聚合釜液面控制技术、冷凝器防止结胶技术、冷凝液体回入釜内的合理分布问题。美国 Goodyear 公司的专利[47]中披露，采用溶剂和单体的蒸发冷凝技术，可实现大于 50%超高固含量的二烯烃橡胶的聚合过程。

5. 釜间的刮壁式冷却器

宇都兴产在首釜、二釜间采用了 Votator 冷却器（图 6-27），其主体由一卧式带夹套圆管和一个转子组成。夹套中通入冷剂，转子上有两排刮壁器。转子直径约为圆管直径的 3/4，故流体通道很小，有较大的冷却面积和容积之比。从而加强传热效率和缩短停留时间和提高

管内流体的湍流强度，使进出口温差能达到 10℃，则二釜反应器夹套传热系数要求可降至
502kJ/（$m^2 \cdot h \cdot$℃）。根据国内研究工作的经验，这一技术的关键，仍是如何防止冷却器内
的结胶问题。

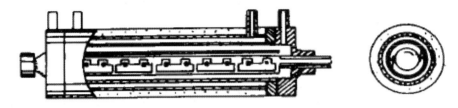

图 6-27　刮壁式热交换器（Votator）

6.1.6　国外新型搅拌式聚合釜

国外顺丁橡胶生产装置为了解决高黏度体系的传热与混合问题，开发出多种结构的新型
搅拌式聚合釜[48]，比较典型的有刮壁式搅拌聚合釜、无中心轴螺带式搅拌聚合釜、超级叶
片式聚合釜、多桨组合式搅拌聚合釜等。

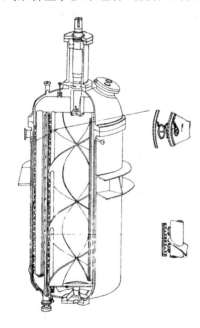

1. Craw-ford-Russell 刮壁式聚合釜

Craw-ford-Russell 刮壁式聚合釜（图 6-28）是用
于较高黏度体系仍能保持较高传热系数的聚合釜。聚
合釜直径 2130mm，容积 11.2m^3，其外部有传热夹
套，面积 16.9m^2，内部有冷却套筒传热面积 23.8m^2，
总传热面积 40.7m^2。内套筒内是双螺带搅拌器。这
种聚合釜已被成功用于日本宇部兴产公司的钴系顺丁
橡胶生产装置。当系统黏度达到 1000Pa·s 时，聚合
釜的夹套和内套筒的传热系数仍能保持在 502～
712kJ/（$m^2 \cdot h \cdot$℃）。聚合釜的生产强度达到 885～
1120t/（$m^3 \cdot a$），这是很高的生产强度。

2. 无轴内外单螺带带刮刀搅拌桨

为了防止搅拌器中轴形成胶团，去除"爬杆效应
"的发生，采用了无轴内外单螺带带刮刀搅拌桨
（图 6-29），可降低凝胶含量、提高产品质量。

3. 超级叶片式搅拌器

图 6-28　Craw-ford-Russell 刮壁式聚合釜

"超级叶片式搅拌器"是一种在各种黏度下均可
取得较螺带搅拌器更好的混合效果、更少的混合时间的搅拌机构（图 6-30），其内层安置了
能适应很宽黏度域的最大叶片式叶轮，外层配以低转速的螺带式叶轮，使之能在更高的黏度
下具有很好的混合和传热效果。在后两釜采用超级叶片式搅拌器以代替螺带搅拌器，有可能
极大改善其微混效果。但对这种搅拌器的特性、适用领域，需要进一步开展研究。

6.1.7　聚合工艺流程设计与分析

1. 各釜转化率的合理分配

戴干策等的计算表明[42]，顺丁装置首釜的最佳反应温度范围是 60～65℃、转化率 40%
左右，才能满足聚合首釜的热稳定操作要求。

依靠进出料温升撤热是首釜聚合温度控制的有效方法，具有撤热量大、调控灵敏的特

点。根据热平衡计算，当进料与物料出口温差达到 75℃，首釜转化率保持 60% 内就可以完全依靠物料温升撤出全部聚合热。按照目前的工艺，30m³ 聚合首釜夹套传热系数如能保持 419kJ/(m²·h·℃)，聚合温度就能控制在 65℃ 左右。

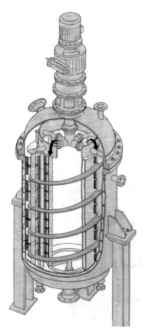

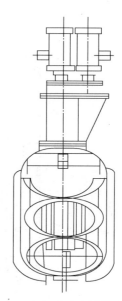

图 6-29　无轴内外单螺带带刮刀搅拌聚合釜　　　　图 6-30　超级叶片式搅拌聚合釜

我国顺丁橡胶硼单加催化体系比较耐高温，当首釜温度控制在 65℃ 以下，二釜也能利用聚合液温升带走一部分聚合热，有可能减轻二釜的撤热压力，可使转化率的分配更为合理，当然二釜的聚合热也有所增加。

现有聚合釜的撤热技术在首釜主要是依靠进料温升撤热，由于釜壁的挂胶使传热系数下降至 67~126kJ/(m²·h·℃)，甚至更低，因此只有极少部分聚合热是依靠夹套传热撤走的。而二、末釜只能依靠充冷溶剂以降低聚合温度，但其作用是有限的，并带来混合问题。

由于聚合釜的夹套传热能力差，为了强化生产能力，生产企业只能采取不断升高聚合温度的方法以通过物料升温带走更多的聚合热，因此各釜的反应温度只能控制在较高水平，例如，三釜流程的首釜 60 ~ 70℃、二釜 90 ~ 94℃、三釜 94 ~ 98℃。这样虽然可以满足现有聚合生产工艺的需要，但也带来转化率的分配不合理的问题，末釜的转化率在 5% 以下（表 6-3），后续聚合釜的空时效率低下。

表 6-3　顺丁橡胶工业反应器的聚合温度与转化率实例

项　　目	反应温度/℃	转化率/%	累计转化率/%
首釜	70	65.1	65.1
二釜	92	17.8	82.9
三釜	96	4.0	86.4

基于"无终止"反应机理的认识，试图采用增加反应釜数量、延长停留时间的方法提高总转化率，但是效果并不理想。例如，四釜流程的末釜转化率不超过 3%。反应时间延长、反应温度升高，但是末釜转化率无法提高、总转化率被限制在 85% 以下的主要原因应该是催化剂活性中心"失活"了。因此，工业装置流程设计、反应器设计、操作条件设计如何最

大限度体现顺丁橡胶聚合过程的反应特性，仍然还有很多有价值的研究开发工作。

2. 管式反应器流程

王定松分析了环管反应器的特征和国内镍系顺丁橡胶生产过程中存在的传热和混合问题，提出借鉴其他高聚物采用环管式聚合反应器的经验，首釜采用环管反应器进行顺丁橡胶的生产，认为具有工业应用前景[49]。日本专利[50]提出的环管式聚合反应器如图 6-31 所示。

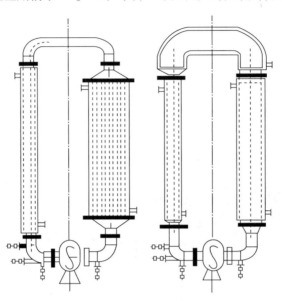

图 6-31 单环和多环管聚合反应器

在对我国镍系顺丁橡胶现行釜式丁二烯聚合工艺进行动力学分析和工程分析的基础上，崔凤魁提出了三级管式组合反应器聚合工艺的技术改进设想[51,52]，并对此作了初步的可行性论证。该方案分别选择环管反应器和带刮刀直管反应器作为第一聚合反应器和第二、三聚合反应器，聚合转化率分配分别为 22%、65%、90%，如图 6-32 和表 6-4 所示。经初步设计核算认为，管式聚合工艺过程可实现反应控制，反应器具有热稳态操作特性。但是，该方案的可行性尚待进一步的实验考核。

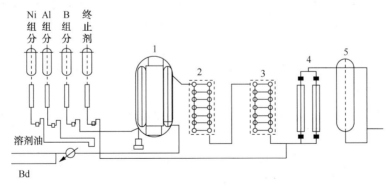

图 6-32 三级管式组合反应器镍系顺丁橡胶聚合工艺

1—环管式聚合反应器；2—第一直管聚合反应器；3—第二直管聚合反应器；4—静态混合终止反应器；5—胶液贮罐

3. 梯度升温反应流程设想

认识了镍系催化丁二烯烃的聚合反应特性，就能依据产品工程的思想设计出满足反应特性的梯度升温、直至绝热的反应工艺流程和聚合釜组合。

表6-4　三级管式组合反应器聚合工艺的操作参数计算

单线生产能力/(kt/a)	进料 Bd/(m³/h)	进料 溶剂/(m³/h)	进料 丁油浓度/(mg/L)	移热方式	一级 T_0	一级 T_c	一级 T	二级 绝热段	二级 换热段 T	二级 换热段 T_c	三级 绝热段	三级 换热段 T	三级 换热段 T_c	一级 X_1	二级 X'_2	二级 X_2	二级 X''_2	三级 X'_3	三级 X_3	三级 X''_3
25	6.09	20.9	0.14	绝热夹套	26 / 30	— / 41	52.5	52.5~67	67	22(K=416.8) / 28(K=489.9)	67~77	77	28	22	13.03	55.14	65	9.07	71.43	90
35	8.54	17.9	0.20	绝热夹套	12 / 20	20 / 30	52.5	52.5~67	67	7(K=427.1) / 28(K=674.1)	67~77	77	28	22	~9.05	55.12	65	6.23	71.45	90
25	5.82	14.1	0.18	夹套	27	28	50	50~60	60~67	28(K=448.0)	67~72	72~77	28	20	6.73	56.25	65	3.4	68.4	90

（温度单位均为℃）

注：一级、二级、三级分别为环管反应器、第一直管反应器、第二直管反应器；T_0、T_c、T分别为丁油进料温度、冷剂温度、聚合温度；K为总传热系统[kJ/(m²·h·℃)]；X_1、X_2、X_3分别为一级、二级、三级反应器的Bd转化率；X'_2、X'_3分别为基准的绝热段Bd转化率；X''_1、X''_2、X''_3为以原料为基准的累计Bd转化率（$X''_1=X_1$）。

绝热条件下的聚合转化率与聚合体系的温升计算：丁二烯聚合反应热为1394.4(kJ/kg)，丁二烯、顺丁橡胶、己烷、庚烷热容分别为2.18kJ/(kg·℃)、2.09kJ/(kg·℃)、2.27kJ/(kg·℃)、2.25kJ/(kg·℃)。当聚合反应为绝热反应且聚合进料配比固定时，聚合体系的温升与转化率有关，与聚合釜大小无关。参照生产实际情况，设丁二烯进料为1.0kg，那么聚合体系中含己烷3.06kg，庚烷0.77kg。可计算出在绝热反应条件下，丁二烯聚合转化率每增加1%，聚合体系温升约为1.2℃。若采用加氢汽油作溶剂，结果类似。

因此，如果总转化率在85%，估算出聚合体系总温升在100℃左右；也就是说假设末釜聚合液出口温度95℃，需要-5℃冷油冷单体进料，因此绝热操作是有可能的。这里未考虑首釜低黏操作中夹套撤热的有效性，搅拌功率的输入，以及环境温度的影响。

考虑到聚合釜操作的传热稳定性，聚合首釜的反应温度控制在60℃，聚合转化率在60%左右。催化剂预混合，预混合温度小于0℃。单体和溶剂0℃低温进入首釜，首釜夹套撤出部分聚合热。

二、三釜的总转化率25%，总温升约30℃，因此末釜聚合液出口的温度在95℃以上。调节催化剂的组分，使催化剂的耐热温度提高到90℃以上，温度超过95~100℃时催化剂"失活"。

首釜建议采用中低黏体系的桨叶式搅拌器，强化微观混合；二、三釜建议采用高黏体系用的改进型螺带式搅拌机构。

6.1.8　发展建议

1. 首釜聚合工艺和工程的优化

目前聚合首釜采用了螺带加底锚的搅拌机构，无论从催化剂分散、微观混合都存在不合理之处。根据对镍系顺丁聚合反应特性的认识，Ni-Al-B多组分催化剂的低温高效分散/预聚形成活性中心，聚合活性种在单体溶液中快速微观混合，对于聚合过程和聚合物产品质量（如提高催化剂效率、调控分子量分布、降低凝胶含量）是至关重要的。建议开展催化剂预混（管线预混或釜底高速分散）、首釜桨叶式高效搅拌混合的完善和推广应用的开发工作，该方面已经积累了一些成功的研发与应用经验。

2. 绝热溶液聚合工艺与流程的开发

顺丁橡胶溶液聚合过程的撤热一直困扰着产业部门，撤热能力低下、聚合温度失控、充冷溶剂等带来了一系列的问题。分析镍系顺丁橡胶当前的生产技术现状和催化剂耐温性方面的进步，绝热聚合工艺与流程开发已经可行。结合催化剂低温预混技术和耐高温催化剂技术，单体溶液 0℃ 及以下的首釜低温进料、95℃ 以上聚合液的末釜出料可带出转化率达 85% 左右的聚合热，聚合过程无需夹套撤热，高温聚合液直接进入凝胶过程将显著降低聚合过程的能耗。

3. 气相聚合技术的开发

顺丁橡胶的制造目前采用溶液聚合技术，生产过程使用大量的有机溶剂（抽余油，溶剂质量比超过 85%），后处理分离顺丁橡胶和溶剂的过程需要经凝聚、固液分离、残液洗出、干燥、溶剂精制回用等步骤，工艺复杂、能耗高、安全环保压力大，且产品呈块状，其加工应用还需切胶、高温混炼过程，也需要高能耗。无溶剂的气相聚合方法制备顺丁橡胶可能是对传统生产技术的一项重大革新，它可免去复杂的聚合物/溶剂分离系统和溶剂提纯回收系统。聚烯烃塑料工业中的气相聚合实践表明，从流程、投资、操作单耗和环保等方面综合衡量，气相聚合都是最先进、最高效的、污染排放最少的。建设投资将比传统的溶液聚合法减少 20%~25%，操作成本降低 15%~20%。此外，气相聚合有可能直接制备顺丁橡胶粒料，显著节省加工能耗。

目前世界一些大公司如拜耳、联合碳化物以及宇部兴产公司已经在这一领域取得了一系列的研究成果。国内浙江大学采用自主的稀土催化剂技术已经在实验室开发成功了气相法丁二烯橡胶技术。但是，这些研究成果尚未达到接近工业化的水平。

4. 聚合过程的机理建模与优化控制

就顺丁橡胶的生产运行而言，迫切需要解决产品质量指标在线估计、流程模拟与工艺参数优化、产品质量闭环控制、牌号切换动态优化等技术难题。这些技术的研发涉及装置设计、工艺条件和运行数据等多方面敏感问题，至今公开发表的文献非常少。而国内这方面的工作几乎还是一片空白。

由于顺丁橡胶的质量指标都不能在线测量，为实现在线闭环优化控制，必须建立包括聚合转化率、门尼黏度、分子量分布在内的质量指标的在线软测量技术。顺丁橡胶聚合反应器的优化控制问题主要集中在产品质量优化控制、产品产量最大化、牌号切换优化控制、新牌号产品的迅速研发、节能减排和安全问题等。

6.2 溶液聚合凝聚装置的工程解析

溶液聚合得到的聚合物溶液，其聚合物浓度为 5%~20%，其余主要为溶剂（包括未反应的单体）。凝聚过程就是将其中溶解的聚合物分离、干燥，同时分离出溶剂和未反应的单体去回收循环再用。

完成这一个过程有三种方法，即湿式凝聚法、干式凝聚法和相分离法。目前主要采用湿式凝聚法，即将胶液喷到热水中，聚合物被凝聚成胶粒，溶剂和未反应的单体被水蒸气汽提达到分离回收的目的。

6.2.1 溶液聚合凝聚过程的机理及动力学

1. 凝聚机理

在凝聚过程中聚合物溶液的大量游离溶剂及在形成固体聚合物颗粒后从其内部扩散出来的

溶剂被水蒸气蒸出，因此溶剂的脱除原理就是水蒸气蒸馏原理，更确切地说是夹带蒸馏原理。

但是在凝聚过程中溶剂的蒸出与一般的水蒸气蒸馏有所不同。在一般的水蒸气蒸馏中被蒸出的有机溶剂是连续相，通入的水蒸气是分散相，也就是用水蒸气来夹带溶剂。而在胶液凝聚过程中则相反，实质上是由汽化的溶剂作为分散相来夹带作为连续相的水。

这种凝聚分离方法是溶液聚合法分离聚合物(尤其是橡胶)的主要方法，是溶液聚合生产流程的重要组成部分。

由于凝聚过程与干燥过程在本质上是相似的，对于胶液中的聚合物而言，其凝聚过程在本质上可以认为就是其"干燥"过程，它尤其与从溶液直接得到干燥的固体颗粒的喷雾干燥过程很相象的。于是有人借助干燥过程的机理提出一个凝聚过程的机理，并用实验证实了这一机理[58]。

在凝聚过程的初期，是由溶剂汽化速率乃至传热速率控制的大量游离溶剂汽化的等速凝聚阶段，又可称为汽化阶段；在后期随着大量游离溶剂被汽化蒸出而逐渐浓缩以致形成固态颗粒，在其内部所包含的溶剂逐渐向表面扩散的溶剂扩散速率控制的减速凝聚阶段，又可称为扩散阶段。从而可分别考虑各个参数对这两个阶段的不同影响，进而确定最佳工艺流程和工艺条件乃至指导凝聚釜的设计与放大。

胶液中溶剂浓度 W 与凝聚时间 H 的关系示于图 6-33。可见在凝聚初期胶液中溶剂浓度 W 下降是迅速的，以后就变得缓慢了。将图中 曲线进行数学微分处理而得到相对凝聚速度 dW/dH，现将 dW/dH 与测定的气相组成 R(釜内气相中水蒸气与溶剂的质量比，可直接从冷凝气相蒸汽所得分层的冷凝液中水和溶剂的体积计算而得)对应着胶液中溶剂含量 W 和凝聚时间 H 分别示于图 6-34 和图 6-35。由此两图看出，BC 为一水平直线，CD 为一曲线。因此，凝聚过程从动力学角度可明显地分成两个阶段，即直线 BC 对应着等速凝聚阶段及 曲线 CD 对应着减速凝聚阶段。也就是说，在凝聚过程初期凝聚速度是保持不变的，所以 BC 为一水平直线，过了 C 点凝聚速度开始降低，以后的凝聚速度就变得缓慢了。

如果按照过程的特征来定义的话，等速凝聚阶段可称作汽化阶段，在此阶段聚合物溶液中95%以上的溶剂被汽化蒸出；减速凝聚阶段可称作扩散阶段，在此阶段包含在聚合物内部的溶剂扩散到聚合物表面被再汽化蒸出。两个阶段分界点对应的凝聚时间为临界时间 H_c，对应的聚合物溶剂浓度为临界浓度 W_c。

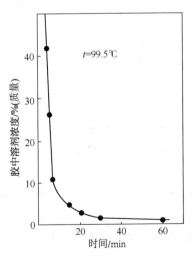

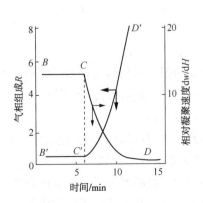

图 6-33　胶中溶剂(氯苯)浓度与凝聚时间的关系　　图 6-34　凝聚速度、气相组成与凝聚时间的关系

2. 等速(汽化)凝聚阶段

喷入热水中的聚合物溶液如果其温度 T_h 低于汽化温度 T_s 的话，则被预热到 T_s；如果其温度高于 T_s 的话，则会被冷却降至 T_s。当其温度达到汽化温度 T_s 即进入等速凝聚阶段，此时溶液中大量游离溶剂被汽化蒸出，聚合物颗粒表面能被溶剂所饱和，故其温度维持在 T_s 不变，其凝聚速度也不变，因此在图 6-34、图 6-35 和图 6-36 中对应的 BC 为一水平直线。在凝聚过程聚合物本身的温度变化可参见图 6-36。

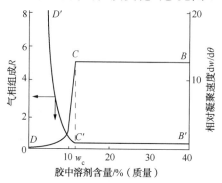
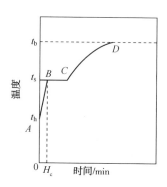

图 6-35 凝聚速度、气相组成与胶中时间的关系　　图 6-36 聚合物温度与凝聚溶剂浓度的关系

由上可知，在等速凝聚阶段，凝聚过程由溶剂的汽化速度控制，而汽化速度是由热水传递给聚合物颗粒表面的传热速度所决定，并可由式(6-2)表示：

$$Q_r = UF(T_1 - T_s) H_1 \tag{6-2}$$

式中，Q_r 为单位时间从热水传到聚合物表面的传热量，U 为热水对胶液(或胶粒)的传热系数，F 为聚合物颗粒表面积。由于 F 很难确定，可将 F 与 U 合并为 UF 就容易确定了。H_1 为等速凝聚阶段的凝聚时间，$(T_1 - T_s)$ 为传热的推动力即热水与聚合物表面的温度差。因此，在等速凝聚阶段的凝聚速度与凝聚釜温度 T_1 和溶剂的沸点(它决定着汽化温度 T_s)，搅拌状态(影响传热系数 U)，聚合物粒度(决定着传热面积 F)有关，而与溶剂的浓度无关。

由此可知，在凝聚釜中选用较强烈的搅拌，较高的凝聚(操作)温度和聚合时选用较低沸点的溶剂(加大传热推动力)和适宜的胶液喷入状态(适当结构的喷嘴及用喷射蒸汽作为第二流体的喷嘴以减少聚合物粒度)，则能加速等速凝聚过程的进行。

一般等速凝聚阶段从时间上看还是比较快的(大约几分钟)，以己烷为溶剂需 2min 左右，以氯苯为溶剂则要 5~6min。然而，在此阶段所蒸出的溶剂量却占总量的 95% 以上，因此可以说等速凝聚阶段担负着汽化蒸出溶剂的主要任务。

从图 6-34 和图 6-35 可知，在等速凝聚阶段所对应的气相组成是保持不变的，因为此时汽化的溶剂量可以满足在其温度和压力下按照溶剂与水的分压比例所需之汽化量，所以在图中为一水平直线(BC)，按照相律，其两个自由度被温度和压力占去以后，其气相组成是不能独自改变的。

因此，合理地选择等速凝聚阶段的工艺条件(主要是温度和压力)，对于凝聚过程的能耗(主要是水蒸气)具有极大的影响。

为便于等速凝聚阶段进行解析和优化，可从热平衡推导出其速度式和速度常数。

大量的溶剂和水汽化需要的热量，以 Q_g 表示：

$$Q_g = A[R_1(W_0 - W_c) \Delta H_w + (W_0 - W_c) \Delta H_h] \tag{6-3}$$

式中，ΔH_w 和 ΔH_h 分别为水和溶剂的汽化热（kJ/kg），A 为每小时干胶（聚合物）的进料量，W_0 为胶液的聚合物浓度（干基），W_c 为等速凝聚阶段进行完毕时的胶中溶剂浓度（干基）。

式（6-3）中括号内的第一项为水汽化所需热量，第二项为溶剂汽化所需热量。这两项热量是由凝聚釜内的热水传递给胶液（或胶粒）的，即式（6-2）表示的 Q_r。

等速凝聚阶段（在第一凝聚釜，用 W_1 替代 W_c 的凝聚速率 V_1 的积分式为：

$$V_1 = (W_0 - W_1) A / H_1 \tag{6-4}$$

当热平衡时，$Q_g = Q_r$，并将式（6-2）和式（6-3）代入式（6-4），则

$$
\begin{aligned}
V_1 &= [A(W_0 - W_1) UF(T_1 - T_s)] / [A(W_0 - W_1)(R_1 \Delta H_w + \Delta H_h)] \\
&= UF(T_1 - T_s) / (R \Delta H_w + \Delta H_g) \\
&= K_1 \tag{6-5}
\end{aligned}
$$

当第一凝聚釜的温度 T_1 和压力 p_1 确定后，式（6-4）中各参数皆为常数，因此 K_1 是一个常数，其定义为等速凝聚速率常数（h^{-1}），且与浓度无关。

因此，可用零级传质模型[由式（6-4）和式（6-5）得]予以描述：

$$W_1 = W_0 - K_1 H_1 \tag{6-6}$$

如果已知 T_1 和 p_1，则可由式（6-5）求得 K_1。因此，不同的 T_1 和 p_1，就有不同的 K_1 值。由 K_1 代入式（6-6）可求出等速凝聚所需时间 H_1。

第一凝聚釜的水蒸气消耗量 S_1（kg 水蒸气/kg 干胶）可由 Q_g 和胶液显热 Q_c 求得，其中

$$Q_c = (W_0 + 1)(T_1 - T_0) C_p \tag{6-7}$$

式中，T_0 为胶液凝聚前的温度，C_p 为胶的热容。于是，S_1 可由式（6-8）求得

$$S_1 = (Q_g + Q_c) / (\Delta H - T_1) \tag{6-8}$$

式中，ΔH 为水蒸气的热焓。

3. 减速（扩散）阶段

由于在等速凝聚阶段绝大部分的溶剂被蒸出，只有不到 5%的溶剂残留在聚合物颗粒中，致使其表面不能被溶剂所饱和。此时，整个凝聚过程开始从溶剂汽化速度控制变为溶剂从聚合物颗粒内部通过固体层扩散到表面的扩散速度所控制，而且随着固体层的加厚，其扩散速度逐渐减小，以致使凝聚速度减小，因此称此阶段为减速凝聚阶段。

在此阶段，凝聚速度由曲线 CD 表示（图 6-34、图 6-35），即凝聚速度逐渐减小，在后期变得十分缓慢了，因此欲得到含溶剂量很少的聚合物则要求有较长的停留时间。此阶段由于作为一个液相的胶液相已消失而且增加了一个自由度，故所对应的气相组成 R 亦逐渐升高，而且此时聚合物本身的温度不再是 T_s，开始逐渐升高直到接近或等于釜温 T_b 为止（图 6-36）。

根据扩散理论，在减速凝聚阶段速度与其外面（热水到聚合物颗粒表面）的传热速度乃至凝聚釜的搅拌状态无关，而与凝聚温度（能加快溶剂分子在聚合物颗粒内部扩散速度）、聚合物颗粒在凝聚釜中的停留时间（因为凝聚速度很小）、气相组成（与聚合物颗粒中的溶剂浓度具有相平衡关系）有关，也与聚合物颗粒的膨松状态（多微孔易于扩散）和粒度（扩散的行程）有直接关系。

由此可知，在减速凝聚阶段除了保证足够的凝聚时间外，可在较高的温度（对应的气相组成也高）以促进其凝聚的进行，这种做法在生产中得到较好地应用并取得明显的效果。

业已证明，减速凝聚阶段可用一级传质模型描述，即

$$W_2 = W_1 / (1 + K_2 H_2) \tag{6-9}$$

式中，K_2 为减速凝聚速度常数(h^{-1})，根据实验可由下式计算

$$K_2 = M + G(T_2 - 97) \tag{6-10}$$

式中，M 和 G 是由试验确定的常数，在异戊橡胶凝聚时分别为 17.92 和 0.269。

求得 K_2 后，则可由式(6-9)求得第二凝聚釜胶粒中的溶剂浓度由 W_1 降至 W_2 所需的凝聚时间 H_2。

求第二凝聚釜的水蒸气消耗量 S_2 与第一凝聚釜雷同，可由下式计算

$$S_2 = \left[(W_1 - W_2)(R_2 \Delta H_w + \Delta H_2) + (W_1 + 1)(T_2 - T_1)C_p\right] / (\Delta H - T_2) \tag{6-11}$$

式中，R_2 为第二凝聚釜气相组成，可根据相平衡数据由欲达到的 W_2 找出对应的 R_2(如 W_2 为 0.5%时，对应的 R_2 则为 3.26)。

第三凝聚釜的凝聚机理与第二凝聚釜相同，其计算方法也是相同的。

在建立上述数学关系后，则可利用计算机对凝聚过程进行广泛的模拟计算与优化[59]。

6.2.2　溶液聚合凝聚过程的相平衡

聚合物溶液在热水中进行的凝聚过程是一个三元三相平衡体系，即溶剂、水和聚合物三元组分。在凝聚过程初期，也就是等速(汽化)凝聚阶段存在着水和胶液(溶剂)两个液相和一个与它们呈平衡的含有水蒸气和溶剂蒸气的气相。在凝聚过程后期，也就是减速(扩散)凝聚阶段存在着一个液相(水)和一个与它呈平衡的气相。因此弄清这些相平衡问题并妥善控制是非常必要的。

1. 聚合物溶液(胶液)的蒸气压

聚合物溶液蒸气压不同于纯溶剂的蒸气压，分子量为 250000 的顺丁橡胶溶液中溶剂的蒸气压列于表6-5[54]。由于橡胶-溶剂系统可以有 2 个自由度，如果确定了胶中溶剂浓度 W(质量分数)和温度 T，其蒸气压 p 也就随着确定，并可用下式表示：

$$p = a \cdot W^b \cdot e^{nT} \tag{6-12}$$

式中，p 为胶液的蒸汽压(mmHg)，e 为自然对数底，而 a、b、n 为由溶剂决定的系数，其值列于表6-6。从表中给出的误差看，是可以满足工艺计算的要求的。

用各种顺丁橡胶和异戊橡胶(特性黏数 2.36~5.60，分子量 196000~1049000)所做实验表明，其蒸气压力与橡胶的种类无关。

表6-5　顺丁胶液的蒸气压[54]

溶　剂	溶液浓度/ %(质量)	各温度下的蒸气压/mmHg			
		40℃	60℃	80℃	100℃
正庚烷	7.5	40.3	90.3	179.8	323.1
	11.4	48.8	106.4	218	382.0
	18.6	63.7	142.5	275.2	516.7
	25.5	74.2	168.5	336.9	612.0
	34.8	83.6	189.6	371.6	682.6
	61.8	90.6	205.3	413.4	766.4

续表

溶　剂	溶液浓度/ %（质量）	各温度下的蒸气压/mmHg			
		40℃	60℃	80℃	100℃
甲　苯	5.2	10.9	23.9	53.2	103.6
	11.3	20.2	46.5	91.8	175.4
	21.3	33	74.2	149.8	267.3
	32.5	42	99.2	203.6	377.0
	61.8	59.3	134.6	275.3	525.4

注：1mmHg=133.3224Pa。

表 6-6　式（6-12）中的 a, b, n 系数[54]

溶　剂	系　数			应用范围		计算值与实验偏差	
	a	b	n	温度/℃	浓度/%（质量）	平均	最大
己烷	105	0.4186	0.0322	30~85	0~64	6.7	10
环己烷	74.7	0.588	0.0322	40~100	0~60	5.6	10
苯	65	0.5951	0.0344	40~100	0~65	4.9	10
庚烷	33.8	0.3848	0.0337	40~110	0~61	7	12
甲苯	25.3	0.6848	0.0346	40~110	0~62	7	12

聚合物溶液的蒸气压 p 与纯溶剂的蒸气压 p_h 的关系可由式（6-13）表示[56]：

$$p = p_h \gamma \qquad\qquad (6-13)$$

式中，γ 为聚合物溶液与纯溶剂蒸气压的偏离系数或"活度系数"，其值随聚合物的浓度不同而异，可参照 Flory 方程，由式（6-14）计算：

$$\gamma = (1 - v) \exp (v + xv^2) \qquad\qquad (6-14)$$

式中，v 为聚合物在溶液中的体积浓度，x 为 Flory 参数，其值为 0.29~0.55。

由表 6-7 可知，当 $v<30\%$ 时，γ 值近似等于 1，此时 p 等于或相当接近于 p_h。因此从相平衡来看，可把聚合物溶液近似作为纯溶剂处理。这一结论在实际上是很有意义的，因为用溶液法生产聚合物尤其是合成橡胶，所得到的聚合物溶液浓度一般都小于 20%，因此在进行胶液后处理（如闪蒸、水洗以及凝聚初期）的相平衡工艺计算时即可按纯溶剂处理。

表 6-7　偏离系数 γ 与聚合物在溶液中的体积浓度 v 的关系

v	0	5	10	20	30	40	50	70	90
γ	1.000	1.000	0.999	0.993	0.980	0.954	0.911	0.735	0.340

实验也证明了当橡胶中的溶剂含量达到 60%~65%，橡胶溶液的蒸气压与其纯的溶剂几乎相等。这表明当胶中溶剂含量等于或大于 60%~65% 时，橡胶溶液可以按其纯溶剂进行处理了。

2. 聚合物-溶剂-水的相平衡[55,56]

由于聚合物溶液是在水相中进行凝聚的，故存在着聚合物-溶剂-水的三元三相之相平衡问题。对于顺丁橡胶、乙丙橡胶和聚丙烯与溶剂和水的相平衡数据列于表 6-8[55]。顺丁橡胶-苯-水在总压 101.325kPa 时的平衡曲线示于图 6-37[56]。

从表 6-8 和图 6-37 看出，在凝聚过程中聚合物中的溶剂含量是与在同一温度（平衡温度）下的气相中溶剂浓度平衡的。

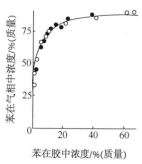

图 6-37　以苯为溶剂的顺丁
橡胶溶液平衡曲线

这种平衡关系告诉我们，凝聚器内在某一个温度下聚合物中溶剂被脱除是有一定限度的。例如从表 6-11 可知，以正庚烷为溶剂的乙丙橡胶溶液在水中凝聚时，在 92.3℃ 时其胶中溶剂含量最低只能达到 7.1%，而在 98℃ 时就可降到 0.6%。因此，这些数据对于确定凝聚温度、停留时间乃至凝聚器的级数都是很重要的。

如果我们把表 6-8 中不同的聚合物用相同溶剂的有关数据加以比较并列于表 6-9[56]。也可以认为聚合物的种类对于这种平衡关系是没有太大影响的。

从表 6-9 可看出，尽管橡胶的种类不同，只要使用同一溶剂，其平衡关系是非常接近的。甚至乙丙橡胶与聚丙烯(属塑料类)这两种结构差别很大的聚合物，其平衡关系也是很近似的。

因此，可以说表 6-8 中的数据对于其他橡胶或合成树脂(塑料)只要使用相同的溶剂也是可以使用的。

表 6-8　各种聚合物-溶剂-水的相平衡数据[56]

正己烷-水-乙丙橡胶			苯-水-乙丙橡胶			苯-水-聚丁二烯		
温度/℃	气相中溶剂/%	聚合物中溶剂/%	温度/℃	气相中溶剂/%	聚合物中溶剂/%	温度/℃	气相中溶剂/%	聚合物中溶剂/%
61.5	94.5	100	69.1	91.2	100	69.1	91.2	100
66.2	93	30.1	76.8	86	22.4	76	84.1	32.2
69.9	91.5	20.7	78	83.7	18	78	80.2	24.2
74	88.6	14.4	80.5	81.7	17	81.5	82.5	19.2
83.9	79.6	6	84	78	11.5	85.1	76.1	12.7
88.4	70.5	3.9	88.2	70.8	8.5	87.7	65.5	12.2
92.8	56.5	2.4	91.3	63.8	6.8	89.3	65.5	7.8
96.4	37	1	96.4	37	2	90.5	58.2	7.7
98.1	23.5	0.5	97.8	23	1.2	95.2	45.7	3.7

正庚烷-水-乙丙橡胶			正庚烷-水-无定形聚丙烯			正癸烷-水-乙丙橡胶		
温度/℃	气相中溶剂/%	聚合物中溶剂/%	温度/℃	气相中溶剂/%	聚合物中溶剂/%	温度/℃	气相中溶剂/%	聚合物中溶剂/%
79.3	87.1	100	79.3	87.1	100	97.57	43.7	100
83.2	80.5	25.7	81.5	84.9	42.1	98.2	35.4	33.5
86.1	77.4	17	84.3	81.2	25.4	98.51	32	25.6
89.2	72.7	11.2	86.7	77.8	17.4	98.71	27.6	19.6
92.3	62.6	7.1	89	70.2	13.3	99.01	23.9	12.2
95.3	49.6	4.1	92.9	62.6	7.1	99.25	18.9	9.1
97.2	36	3.3	96.1	48.2	3.7	99.46	14	5.8
98	29.6	0.6	97.5	34.9	2.9	99.6	10	4.2

表 6-9　聚合物对相平衡的影响[56]

平 衡 体 系	溶剂在气相的浓度/%	聚合物中溶剂浓度/%	平衡温度/℃
顺丁橡胶-苯-水	65.5	7.8	89.3
乙丙橡胶-苯-水	66.7	7.5	
聚丙烯-正庚烷-水	62.2	7.1	92.9
乙丙橡胶-正庚烷-水	61.5	6	

3. 凝聚釜内的气相组成

(1) 气相组成的计算与测定

在凝聚釜固定的压力和温度下，聚合物溶液中的溶剂和凝聚釜中的水是按照一定比例蒸出的，也就是按照它们蒸气分压的比例汽化，此关系可用下式表示：

$$G_h/G_w = (N_h M_h)/(N_w M_w) = (p_h M_h)/(p_w M_w)$$
$$= [(p_a - p_w)M_h]/(p_w M_w) \tag{6-15}$$

式中，G 表示汽化量(质量)，N 表示汽化的分子物质的量，p 表示蒸气压，p_a 表示凝聚的总压，下标 h 表示溶剂，w 表示水。

按照道尔顿分压定律，总压等于各分压之和，即

$$p_a = p_h + p_w \tag{6-16}$$

这样，在凝聚器内溶剂的分压除了用式(6-12)和式(6-13)计算外，还可以更简便地用式(6-16)来计算。因此，在凝聚器内的气相组成是很容易计算的。其气相组成除像表 6-11 用质量分数表示外，为了工艺计算方便常用下式表示：

$$R = 水 / 溶剂 (质量比) \tag{6-17}$$

根据公式(6-15)：

$$R = (p_w M_w)/[(p - p_w) M_h] \tag{6-18}$$

但在实际计算中由于下述原因有时会出现一些偏差：

① 往往由于汽化的溶剂与水相接触不十分完全，以致与水没有达到平衡而未被水汽饱和，即水汽的实际分压小于其饱和蒸气压。

② 聚合物颗粒在凝聚器内的停留时间不同，根据表 6-8 和图 6-33、图 6-35、图 6-37 可知，一部分处于凝聚后期的聚合物对应的气相组成 R 值是较高的。

③ 如果溶剂(包括其中的某些组分)与水存在着恒沸物的话，会对 R 有较大的影响。

(2) 影响气相组成的因素

对于溶剂已经选定的体系，影响气相组成的主要因素是系统压力和温度。图 6-38 给出了戊烷、苯和己烷的气相组成 R 值与温度的关系。图 6-39 给出了以庚烷为溶剂的凝聚系统压力(绝对压力)在固定温度(86℃和96℃)下与其气相组成 R 的关系。从图中可看出随着压力 p 的增高，其气相组成 R 急剧减小，尤其在系统的绝对压力由 0.1~0.2MPa 之间更为显著。

因此，从减少水蒸气蒸馏的蒸汽用量角度出发，在凝聚的初期(第一釜)采用高于常压(绝对压力大于1)的压力是极其有利的。

从图 6-38 看出，在固定的系统压力下，气相组成随着温度的升高而急剧加大。所以说，在凝聚系统中，压力和温度对于其气相组成影响是非常显著的。

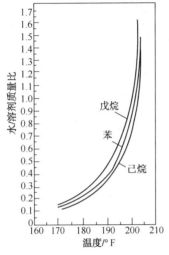

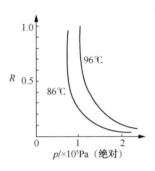

图6-38 凝聚釜气相组成与温度的关系   图6-39 凝聚釜气相组成与压力的关系

注：$t_F(°F) = \dfrac{9}{5} t(°C) + 32$

（3）有关气相组成的应用

由于气相组成与胶中溶剂含量存在着平衡关系（图6-37）以及它与系统的压力和温度密切相关，因此气相组成除反映出在水蒸气蒸馏中水蒸气的消耗量外，也是我们选定凝聚系统工艺条件的一个重要依据。

此外，由于它与系统温度有密切的对应关系，因此在实际的生产控制中通过凝聚器的气相组成 R 的测定用计算机由下式来控制凝聚器的温度[58]：

$$T = a - b\,(R) + c\,(\lg p) \tag{6-19}$$

式中，T 和 p 分别为系统的温度和压力，a、b、c 为系统决定的系数。

（4）溶剂对于凝聚的影响[57]

尽管在溶液聚合中溶剂的选择并非完全取决于凝聚系统，但不能忽视所选用的溶剂对凝聚工艺和效果的影响。

表6-10列举了乙丙橡胶所用的各种溶剂对在97.8℃凝聚时胶中溶剂含量和气相中溶剂浓度的影响。由该表看出，随着所用溶剂沸点的升高，其所对应的胶中溶剂含量亦升高，也就是说聚合时使用沸点较低的溶剂更容易凝聚，而且可节省水蒸气用量。

由于在相同的系统压力和温度下，气相组成直接由所用的溶剂来决定，因此在水蒸气蒸馏时的水蒸气消耗量也直接取决于所用的溶剂。还可看出，随着所有溶剂分子量（或沸点）的升高，其气相中的溶剂浓度亦增高（其气相组成 R 减小），这是由于水和溶剂是按分子比例汽化的缘故。因此，如果片面地仅从分子量的影响看，似乎选用沸点高（分子量大）的溶剂在夹带蒸馏时更节省水蒸气。

但是，凝聚的温度（主要是凝聚初期的第一釜）主要是根据溶剂的沸点确定的，由于气相组成随凝聚温度变化幅度（图6-38）远大于随溶剂沸点变化的幅度（表6-10），因此聚合时选用沸点较低的溶剂可以在凝聚时以较低的温度和较小的 R 值蒸出绝大部分溶剂而水蒸气总消耗量还是小的。

表 6-10　乙丙橡胶各种溶剂对凝聚的影响 [57,61]

溶 剂 名 称	己 烷	苯	庚 烷	葵 烷
分子量	86	78	110	142
沸点/℃	68.3	80.1	98.4	174.1
在 97.8℃ 凝聚时胶中溶剂浓度/%(质量)	0.68	1.2	1.3	57.5
在 97.8℃凝聚时气相中的溶剂浓度/%(质量)	25.4	23.5	31.3	40.6

6.2.3　溶液聚合凝聚过程的主要工艺参数

1. 影响溶液聚合的凝聚过程的诸因素

由前面可知,凝聚过程是一个比较复杂的物理过程。它不仅存在着气-液-固三相相平衡问题,而且还包括较为复杂的传质和传热问题。所以,对于影响凝聚过程的诸因素有必要加以分析和讨论。然而,研究影响溶液聚合凝聚过程的诸因素应紧密结合它们对凝聚过程的技术经济指标的影响。

(1) 凝聚过程技术经济问题

凝聚后的聚合物溶剂含量(直接涉及溶剂回收率)和水蒸气消耗量这两个指标大体反映出凝聚的技术经济问题。聚合物溶剂含量直接影响溶剂的回收率。对于一个年产 10kt 聚合物的生产装置来说其聚合物溶剂含量每下降 1%,每年就可以多回收 100t 溶剂(这些溶剂如不回收将在储存、运输、加工、应用时造成环境污染)。此外,从安全角度考虑,如果聚合物的溶剂含量偏高,会给凝聚以后的干燥和后处理过程带来爆炸和燃烧的危险。因此,对于凝聚过程来说,要求聚合物溶剂含量愈低愈好,一般要求在 1% 以下。

在凝聚过程中,大量溶剂的蒸出、物料和大量循环热水的显热以及热损失等消耗着大量的水蒸气,大约占整个聚合物生产中水蒸气耗费量的一半以上。由于蒸汽消耗的多,在其冷凝器中所消耗的冷却水增多、传热面积增大,系统排出的污水量亦大。所以,在凝聚过程中需要从流程和工艺条件上精打细算以尽量消耗较少的蒸汽。

(2) 影响凝聚过程诸因素之间的关系

直接影响凝聚过程的因素有温度、压力、聚合物颗粒中的溶剂浓度、溶剂性质、水胶比或停留时间 (或釜中聚合物浓度)、聚合物溶液性质(分子量、黏度和浓度)、聚合物颗粒的宏观和微观结构(膨松程度或孔隙率、比表面积和粒度等)、设备结构及搅拌状态、聚合物溶液和水蒸气喷入方法以及分散剂使用情况等。这些因素之间又有错综复杂的关系。

溶剂回收率和蒸汽用量直接关系到凝聚过程的技术经济指标。而气相组成、聚合物中溶剂含量及聚合物宏观结构(膨松度及粒度等)又直接影响着溶剂回收率技术指标和蒸汽用量。然而,它们又直接取决于工艺条件(压力、温度、停留时间、分散剂)及流程(凝聚釜的个数)和设备结构。

因此,在固定的流程和设备结构情况下,关键是选择和控制压力、温度、水较比和分散剂的使用。

2. 影响溶液聚合凝聚过程的主要工艺参数

(1) 压力

根据相律可知,在凝聚釜内有两个自由度,因此其压力和温度都是可以独立选定的。由于压力对凝聚工艺和效果有较大的影响,因此凝聚过程选择在多大压力下操作是值得重视的。

如图 6-39 所示,凝聚釜内水和溶剂的汽化比例 R,在固定温度下主要取决于压力。因此，在凝聚釜内，随着压力的升高，夹带剂（即溶剂）的浓度增大，也就是蒸出每千克溶剂所需要的水蒸气千克数减小（R 值减小）。所以它与把水当作夹带剂的一般水蒸气蒸馏相反，提高操作压力反而会节省水蒸气。

从图 6-39 还可看出，操作压力从 0.08MPa 到 0.2 MPa（绝对压力）其气相组成 R 急剧地降低。因此，从节省水蒸气角度考虑，凝聚釜在减压下操作是不利的，更确切地说，担负蒸出 95% 以上溶剂的第一凝聚釜应在高于大气压下操作。但从图可知，当压力高于 0.2MPa（绝对压力）后，R 的变化已经很缓慢了，因此，在略高于 0.1MPa（表压）的压力下较为合适。

但是，从图 6-37 和表 6-8 可知，加大压力使气相中溶剂浓度增大，不利于聚合物中残留溶剂的蒸出，从而导致延长了凝聚所需时间。因此，在第二凝聚釜（或多釜中的最后一、二釜）压力不要太高，即尽量接近常压为好。

因提高操作压力来节省水蒸气的收益与因提高压力能使聚合物溶剂含量提高导致凝聚时间延长的不利影响要权衡考虑，从而存在着对压力的优化问题，尤其是第一釜的压力 p_1[59]。

从图 6-40 和表 6-11 可看出，在较低首釜温度（$T_1 = 80℃$）下，由于 p_1 对 R_1 和 W_1 的影响，使 S_1 减小而 S_2 增加。因此，在 p_1 为 0.13MPa 时 S 出现最小值。

由于 p_1 乃至 p_H 增大，使汽化温度 T_s 升高，致使 K_1 减小，H_1 增加；又由于随着 W_1 的增加 H_2 也增加，故 H 随 p_1 的增加而急剧增大。由上述结果可知，在较低 T_1 时选用过高的 p_1 是不利的。

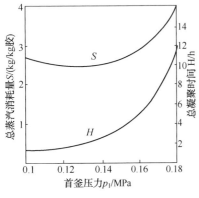

图 6-40　p_1 为 0.18MPa 下 T_1 对凝聚过程的影响

表 6-11　首釜压力 p_1 对凝聚过程的影响[59]

首釜压力 p_1/MPa	首釜温度 T_1/℃	首釜气相组成 R_1/ (kg/kg)	首釜胶中溶剂浓度/ W_1/%（质量）	蒸汽消耗量/（kg/kg胶）			凝聚时间/h			速率常数 k_1/h⁻¹
				S_1	S_2	S	H_1	H_2	H	
0.10	75	0.128	12.6	2.03	0.43	2.46	0.42	1.33	1.75	16.4
	79	0.169	8.8	2.36	0.30	2.66	0.36	0.91	1.27	19.3
	81	0.197	7.4	2.58	0.25	2.82	0.34	0.75	1.09	20.4
	85	0.275	5.1	3.16	0.17	3.33	0.32	0.50	0.83	21.4
	89	0.412	3.3	4.15	0.10	4.25	0.34	0.31	0.64	20.7
	93	0.704	1.9	6.22	0.05	6.27	0.39	0.15	0.55	17.7
	97	1.746	0.8	13.45	0.01	13.46	0.64	0.03	0.67	10.9
	99	4.985	0.3	35.84	0.00	35.84	1.37	0.00	1.35	5.10
0.18	79	0.069	2.06	1.28	6.92	8.20	39.43	22.6	62.01	0.1
	81	0.077	56.5	1.66	1.90	3.56	2.25	6.16	8.41	2.9
	85	0.097	28.1	1.90	0.94	2.84	0.85	3.04	3.89	7.9
	89	0.122	18.0	2.14	0.60	2.73	0.55	1.93	2.48	12.3
	91	0.138	14.9	2.28	0.49	2.77	0.48	1.58	2.06	14.3
	93	0.157	12.4	2.43	0.40	2.84	0.43	1.31	1.74	16.0
	99	0.240	7.3	3.09	0.23	3.31	0.35	0.75	1.10	19.7

注：S 表示水蒸气消耗量，H 表示凝聚时间，下标 1 和 2 分别表示第一和第二凝聚釜。本表中的凝聚时间 H 是指胶中溶剂浓度达到 0.5% 所需时间（表 6-12、表 6-16~表 6-18 皆同）。

从图 6-41 和表 6-10 可知，在较高首釜温度（T_1 = 95℃）下，p_1 对凝聚过程的影响趋势与在 T_1 较低时基本一致，但是随着 p_1 的增大，S 下降的趋势较大，而且出现最小值时的压力范围较宽（0.16～0.26MPa）；而 H 虽然也随 p_1 的增高而增大，但其增大的影响的幅度比在低温时要小得多。因此，在较高 T_1 时应采用较高的 p_1。

由表 6-11 可知，p_1 为 0.10MPa、T_1 为 99℃ 时，W_1 就已达到要求（≤0.5%）而无需第二釜。但是，此时的水蒸气消耗量比用两个釜高 10 余倍，这就是采用单釜凝聚的主要问题，并已在实验和生产中得到证实。

由于在凝聚釜内压力是独立变量，因此它可以自由调节。调节釜压主要靠如下两个措施：在凝聚釜到

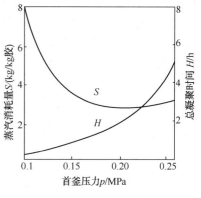

图 6-41　T_1 为 95℃ 下
p_1 对凝聚过程的影响

冷凝器之间的上升蒸汽管路上加调节阀和调节冷凝器的冷却水量，改变冷凝温度以达到改变釜压的目的。在这两种调节釜压的方法中前者效果明显（尤其在上升气量较大的第一釜）而且对冷凝系统影响不大；而后者在冷凝器后没有什么进一步冷却措施情况下会影响冷凝系统的冷凝效果。

（2）温度

温度是影响凝聚过程的最重要因素，它不仅直接影响凝聚效果（聚合物溶剂含量），还直接影响水蒸气的消耗量，因此温度直接关系到凝聚过程的技术经济指标[59]。

现以异戊二烯橡胶的双釜凝聚为例来说明温度对第一釜和第二釜的影响。图 6-42 给出了二釜温度固定在 95℃ 时，一釜温度对于一釜和二釜胶中溶剂含量（W_1 和 W_2）及水蒸气消耗量（S）的影响。从该图看出，一釜温度由 75℃ 逐渐提高到 95℃ 时，一釜的胶中溶剂含量（W_1）明显地下降，致使二釜胶中溶剂含量（W_2）稍许下降，但是随着一釜温度的升高，其水蒸气消耗量却明显升高。因此合理地确定一釜温度对双釜凝聚是非常重要的。

图 6-43 表示了在一釜温度固定为 87℃ 的条件下，二釜温度由 87℃ 提高到 95℃ 时对凝聚的影响。从该图看出，随着二釜温度的升高，二釜胶中溶剂含量有明显的下降，而相应其水蒸气消耗量亦有所增加，但幅度较小。由此可见，二釜的温度对于总的凝聚效果有明显的影响，但对水蒸气消耗量影响较小。

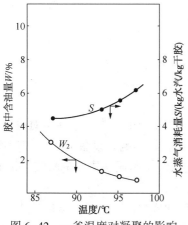

图 6-42　一釜温度对凝聚的影响

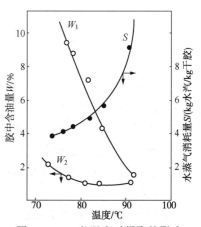

图 6-43　二釜温度对凝聚的影响

上述结果表明，在双釜凝聚中适当地降低一釜温度可以节省较多的水蒸气，同时适当地提高二釜温度可以达到较好的凝聚效果而对耗汽量影响不大。换言之，两个釜分别承担了降低耗汽量和提高凝聚效果的任务。

与压力对凝聚的影响一样，一釜的温度 T_1 对整个凝聚过程的影响也存在着优化问题[59]。

表 6-12　首釜温度 T_1 对凝聚过程的影响[2]

首釜温度 T_1/℃	首釜压力 p_1/MPa	首釜汽相组成 R_1/（kg/kg）	首釜胶中溶剂浓度 W_1/%（质量）	蒸汽消耗量/(kg/kg胶)			凝聚时间/h			速率常数 k_1/h⁻¹
				S_1	S_2	S	H_1	H_2	H	
80	0.10	0.182	8.0	2.47	0.27	2.74	0.35	0.83	1.18	19.9
	0.12	0.133	13.0	2.12	0.44	2.55	0.43	1.37	1.80	15.9
	0.14	o.104	20.4	1.91	0.68	2.59	0.61	2.19	2.97	11.2
	0.16	0.086	33.8	1.67	1.13	2.89	1.05	3.66	4.71	6.3
	0.18	0.073	79.0	1.58	2.65	4.23	4.13	8.64	12.71	1.5
95	0.10	1.022	1.30	8.43	0.03	8.46	0.47	0.09	0.56	14.9
	0.12	0.470	3.10	4.63	0.09	4.72	0.35	0.28	0.63	20.1
	0.14	0.305	5.10	3.49	0.16	3.65	0.33	0.50	0.84	20.3
	0.16	0.225	7.50	2.94	0.24	3.18	0.35	0.77	1.12	19.7
	0.18	0.180	10.4	2.62	0.34	2.95	0.39	1.09	1.48	17.5
	0.20	0.149	14.1	2.40	0.46	2.85	0.47	1.49	1.96	14.7
	0.22	0.127	18.9	2.24	0.62	2.86	0.58	2.03	2.61	11.7
	0.24	0.111	25.9	2.11	0.85	2.97	0.78	2.79	3.97	8.6
	0.26	0.098	37.2	2.00	1.23	3.24	1.22	4.03	5.25	5.4
	0.28	0.088	62.7	1.88	2.09	3.97	2.74	6.84	9.58	2.3

注：S 表示水蒸气消耗量，H 表示凝聚时间，下标 1 和 2 分别表示第一和第二凝聚釜。

从图 6-44 和表 6-12 看出，在较低的首釜压力（$p_1 = 0.10$ MPa）下，随着 T_1 的升高，总水蒸气消耗量 $S(= S_1 + S_2)$ 急剧增大，这主要是气中水的分压急剧增大使 S_1 增大所致。总凝聚时间 $H(= H_1 + H_2)$ 在 94~95℃ 出现最小值，这是由于 H_1 和 H_2 在 94℃ 以下都随 T_1 的增大而减小，但到 94℃ 以上，因 S_1 急剧增大使 H_1 亦增大的结果。

从图 6-45 和表 6-12 可知，当 p_1 增至 0.18 MPa 时，随着 T_1 的升高 S_1 也随之增大，但增加的幅度没有在较低 p_1 下的大，这是由于较高的 p_1 减缓了首釜气相组成 R_1 的增大。但是，由于 W_1 明显减小，致使 S_2 随 T_1 的增高而减小。因此，在 90℃ 左右 S 出现最小值。由于随着 T_1 的增高，首釜的速率常数 k_1 增大，使 H_1 减小，由于 W_1 的减小亦使 H_2 减小，因此在较高 p_1 下，随着 T_1 的增加其 H 减小。如果在多釜（两个釜以上）凝聚中其第一釜与双釜的第一釜是一样的，则第二釜及其以后各釜与双釜的第二釜也基本上是一样的。

（3）凝聚时间与水胶比[61]

聚合物在凝聚釜的停留时间称为凝聚时间，也是一个重要的因素。它除了对凝聚过程本身有影响外（影响聚合物溶剂含量和水蒸气消耗量），还直接影响到设备的大小和生产能力。它除了与凝聚釜的体积有关外，主要取决于水胶比（进入凝聚釜循环热水量与胶液量的比）。

1）停留时间

对于固定设备，停留时间的改变主要是靠改变水胶比实现的，由于在凝聚的进料中主要是循环水和胶液，聚合物的停留时间受其分散状态的影响，实际上它与水的停留时间是不等的。因此为更确切地了解凝聚过程的停留时间，有必要分别考虑水和聚合物的停留时间，由于聚合物分散的不好，它和水的停留时间往往是不相等的。

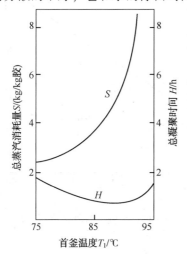 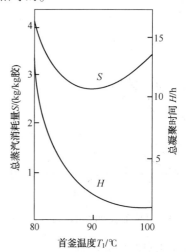

图 6-44　p_1 为 0.10MPa 下 T_1
对聚凝过程的影响

图 6-45　p_1 为 0.18MPa 下 T_1
对凝聚过程的影响

用 H_w 表示水的平均停留时间：

$$H_w = 釜的装料体积 / 循环水体积 \qquad (6-20)$$

用 H_p 表示聚合物的平均停留时间：

$$H_p = 胶在釜内滞留量 / 进胶量 \qquad (6-21)$$

为了确切了解胶的平均停留时间，必须确定凝聚釜的滞留量。所谓滞留量即在正常凝聚状态下，凝聚釜内所装的干胶量。滞留量可用如下三种方法测定：

① 实测法。即在凝聚正常进料和出料操作情况下，立即停止进料和出料，将釜内物料放出，称重所得湿胶量，再根据其含湿量得到干胶量。此法准确但操作麻烦，较小的设备较为适宜。

② 从启动的出料量分布曲线测定法。在开始凝聚时（此时釜内没有胶粒）固定进胶量下测定凝聚釜单位时间的出料量，当进出料量相等时累计的出料量与相应时间累计进料量之差为其滞留量，同时此时间亦为其平均停留时间。图 6-46 表示了异戊橡胶中试（凝聚釜体积为 1.6m³）用此法得到的启动时出料量分布曲线。到 A 点时出料量等于进料量，此时间为平均停留时间。图中分布曲线以上打虚线的面积表示其滞留量。用此法测得滞留量为 60.5kg 湿胶（干胶 34.8kg），平均停留时间约 5h，而用实测法则滞留量为 60.6kg 湿胶（干胶 36.7kg），平均停留时间为 4.7h。因此，此法还是可行的，尤其对于大生产装置是较为方便的[60]。

③ 利用所谓"示踪胶液"测定停留时间分布曲线法。可用能溶于溶剂而不溶于水的染料将胶液染色，以此将一部分胶加以标记，用所谓的"Step Change"法测定其分布函数，再从分布曲线上求平均停留时间和滞留量。

用此法除了可以测定胶的实际停留时间外，还可以了解在凝聚釜内胶粒的形成及运动碰撞规律，进而对改进釜的结构有所帮助[3]。

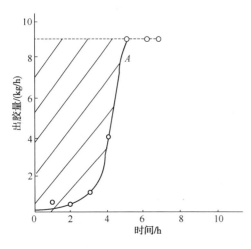

图 6-46　凝聚釜启动时出料量分布曲线

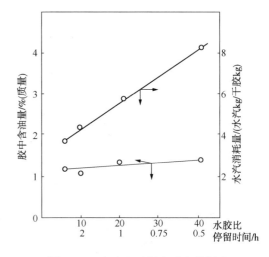

图 6-47　水胶比对凝聚过程的影响

2）水胶比对凝聚的影响

表 6-13 和图 6-47 给出了以泡点 71℃ 抽余油为溶剂的异戊二烯橡胶在双釜凝聚时改变水胶比对胶中含油量之水蒸气消耗量的影响。可以看出，在固定温度条件下，随着水胶比的增加，由于相应停留时间减小致使胶中含油量也稍有增加。但其水蒸气消耗量却随水胶比增加而直线上升，这是由于循环水的显热消耗了较多水蒸气的结果。

表 6-13　水胶比对凝聚过程的影响[61]

No.	水 胶 比	温度/ ℃		胶中溶剂含量/%（质量）		水蒸气消耗量/
		T_1	T_2	W_1	W_2	（kg/ kg 干胶）
1	6	80	95	6.71	1.19	3.75
2	10	80	95	5.62	1.1	4.35
3	20	80	95	7.06	1.38	5.66
4	40	80	95	6.63	1.4	8.3
5	10/5[①]	80	97	5.62	0.47	3.77
6	10	80	97		0.82	4.8

① 10/5 表示第一釜水胶比为 10，第二釜经过提浓为 5。

水胶比由 6 增至 40，其相应停留时间（以水计）即由 3.3h 减至 0.5h，其胶中含油量仅由 1.19% 增至 1.40%。这是由于采用了泡点为 71℃ 的抽余油为溶剂，其凝聚速度是非常快的，即使停留时间为 0.5h 也早进入扩散阶段，并且胶中含油量已接近在此温度下的平衡浓度（参考表 6-8 中正己烷-水-乙丙橡胶的平衡数据），因此其停留时间成倍地增加，其胶中含油量并非显著下降，而只是更靠近其平衡浓度而已。此时只有改变二釜温度才能有明显效果，如表 6-13 中 No.5 将二釜温度由 95℃ 提高到 97℃，其胶中含油量由 1.19%（停留时间 3.3h）降至 0.47%（停留时间 3h）。

表 6-13 中的 No.5 试验即所谓的"提浓"试验。它是将从一釜出来的 80℃ 循环水用提浓水泵从提浓器（即防止胶粒通过的多孔板）将一半的水量抽走直接短路进入热水罐（或一釜）。使两个釜是在不同的水胶比下操作，即一釜为 10，二釜为 5。这样减少了循环水从 80℃ 升至二釜温度 97℃ 所消耗热量的一半，因此其耗汽量指标最低。同时，由于水胶比在二釜降至 5，故停留时间延长 1 倍，其胶中含油量亦最低（比较 No.5 和 No.6）。

综上所述，在凝聚过程中水胶比不仅影响胶中溶剂含量而且还影响水蒸气消耗量，因此水胶比应选择低一些是有利的，在一般工业生产上不超过 10。

3）分散剂

在凝聚过程中聚合物往往呈软的黏结性很强的固体状态，合成橡胶的凝聚尤其如此。它们在釜内或管道中悬浮在水中运动，在互相碰撞时容易黏结成大块，甚至黏结在设备的器壁、搅拌器、喷嘴和挡板等上影响正常操作。这不仅妨碍溶剂从胶块内部向表面扩散，而且由于胶粒在水中，分散不良致使胶的停留时间难于控制。较大的胶块易使管道阀门等堵塞，严重时甚至把整个凝聚釜堵死，无法继续操作。

因此，在凝聚系统中有必要加入少量的分散剂，使聚合物在搅拌作用下成为小颗粒均匀地分散在水中，并在相互碰撞及其与搅拌器和釜壁等接触时不结成大块。这样不仅有利于凝聚和脱除溶剂，而且可使凝聚在较低的水胶比（较高的釜内聚合物浓度）下连续稳定操作，从而提高了设备的生产能力和降低水蒸气消耗量。因此说分散剂对凝聚来说也是一个非常重要的因素。

有关分散剂的种类、选择及其使用情况详见文献[4]。

3. 溶液聚合的凝聚过程的优化[2]

（1）以水蒸气消耗量 S 为优化目标函数

以双釜凝聚为例，凝聚过程水蒸气消量 S 为第一釜和第二釜的水蒸气消量 S_1 和 S_2 之和：

$$S = S_1 + S_2 \tag{6-22}$$

S_1 可由式(6-8)、式(6-7)、式(6-3)计算，S_2 可由式(6-11)计算。从上述 4 式可知，在两个凝聚釜的温度和压力固定后，除 W_1 外其余参数都随之固定，即第一釜的胶中溶剂浓度 W_1 是影响 S 的关键变量。

现将式(6-3)、式(6-7)、式(6-8)代入式(6-22)并对 W_1 求导数：

$$dS/dW_1 = [(R_2 \Delta H_{w_2} + \Delta H_2) / (\Delta H - T_2)] - [(R_1 \Delta H_{w_1} + \Delta H_1) / (\Delta H - T_1)]$$
$$= 常数 (> 0) \tag{6-23}$$

即 dS/dW_1 为一个大于零的常数，说明 S 与 W_1 是成正比的。因此，当式(6-22)中其他条件固定时，为使 S 最小，应使 W_1 尽量低，即达到或接近表 6-13、表 6-14 中的平衡浓度 W_1 值。为此，在设计首釜的凝聚时间时应尽量满足表中 H_1。

实际上，W_1 和 R_1 与 R_2 都是温度和压力的函数，在式(6-22)中都是隐函数，故难以用求出 S 对 T_1 或 p_1 的导数的解析式来计算最优的温度和压力，现采用数值微分法由计算机求出对应于各 T_1 下使 S 为最小的首釜最优压力 p_{opt}，结果列于表 6-14，其结果与用穷举法计算的表 6-14 结果是一致的。

为便于用计算机控制生产装置凝聚过程的工艺参数，建立了 T_1、p_1 和 R_1 的关联式：

$$T_1 = 78.9787 R_1 + 57.0924 \lg p_1 + 122.2409 \tag{6-24}$$

根据前面的有关结论，当然此式亦可用于使用己烷为溶剂的其他胶种。

（2）以凝聚时间 H 为目标函数

在生产能力确定后，H（即停留时间）主要代表凝聚设备费用。此外凝聚釜体积的大小也反映其搅拌功率的大小，因此在一定程度上也表示其操作电力费用。

由前面的式(6-6)、式(6-8)用 S 的上述优化方法也得到 H 随 W_1 减小而降低的结论。

同样，用数值微分法可求出使 H 为最小的首釜最优温度 T_{opt}，结果列于表 6-17。

表 6-15 中的结果与表 6-12 用穷举法的计算结果是一致的，如 p_1 为 0.10MPa、T_1 为

94℃时 H 为最小值。

表 6-14 水蒸气消耗量的最优条件[59]

首釜温度 $T_1/℃$	首釜最优压力 p_{opt}/MPa	最小蒸汽消耗量 $S_m/(kg/kg胶)$	总凝聚时间 H/h
75	0.11	2.46	2.24
80	0.13	2.55	2.23
85	0.16	2.66	2.55
90	0.18	2.75	2.26
95	0.21	2.85	2.26
100	0.25	2.95	2.4
105	0.29	3.05	2.37
110	0.29	3.5	2.37

表 6-15 凝聚时间的最优条件[59]

首釜压力 p_1/MPa	首釜最优温度 $T_1/℃$	最小凝聚时间 H_m/h	总蒸汽消耗量 $S/(kg/kg胶)$
0.10	94	0.55	7.19
0.14	104	0.56	8.07
0.18	112	0.57	9.04
0.26	116	0.61	6.19

（3）考虑 S 和 H 综合指标的优化

从表 6-14、表 6-15 可知，S 和 H 要同时获得最小值是有矛盾的。应将两者综合考虑，原则上应在保证操作费（即 S）较少的基础上使设备费（即 H）适宜。由图 6-42 和表 6-14 可知，在 p_1 为 0.10~0.16MPa 时，S 变化很小（2.54~2.84kg/kg 胶），而对应的 H 却由 1.18h 增至 4.71h。因此在 T_1 为 80℃ 时取 p_1 为 0.11MPa，其 S 为 2.61kg/kg 胶，仅比最小值 2.55kg/kg 胶高 2.35%，而其 H 由 2.23h 缩至 1.46h，减小 34.5%。

从上述分析结果可知，这种综合考虑是较为合理的。为了针对实际较为直观的 S 和进行综合定量优化处理，可定义一个总的综合目标函数 J：

$$J = SQ + H(1 - Q) \qquad (6-25)$$

式中，Q 为 S 在综合目标函数 J 中占的分数，其值可根据优化的具体条件和目标来确定。如取 Q 为 1，则完全以 S 为优化目标，若取 Q 为 0，则完全以 H 为优化目标。在侧重 S 的综合考虑中，$Q > 0.5$。表 6-16 给出 Q 为 0.7 的综合优化结果，将其与只考虑 S 的优化结果相比较可知，其 S 比最小值只平均多 1.1%，但 H 平均减少 33%。因此，这种以综合指标进行优化的方法是可取的。

针对表 6-16 的优化结果，可给出最优 p_1 与 T_1 的关系为：

$$p_1 = 0.00514 T_1 - 0.2986 \qquad (6-26)$$

从表 6-16 可知，H_2 比 H_1 大一倍多，因此采用 3 个釜，或从第一釜以后采用提浓的办法来延长在第二釜的停留时间的工艺流程是适宜的。

表 6-16　综合考虑蒸汽消耗和凝聚时间的优化数据[59]

首釜温度 T_1/℃	首釜压力 p_1/MPa	首釜气相组成 R_1/(kg/kg)	首釜胶中溶剂浓度 W_1/%(质量)	蒸汽消耗量/(kg/kg 胶)			凝聚时间/h			优化目标函数 J
				S_1	S_2	S	H_1	H_2	H	
75	0.1	0.128	12.6	2.03	0.43	2.46	0.42	1.33	1.75	2.23
80	0.11	0.154	10.3	2.27	0.35	2.61	0.38	1.08	1.46	2.26
85	0.13	0.163	10.3	2.38	0.34	2.72	0.39	1.08	1.46	2.34
90	0.16	0.158	11.6	2.41	0.38	2.79	0.41	1.23	1.64	2.44
95	0.18	0.18	10.4	2.62	0.34	2.95	0.39	1.09	1.48	2.51
100	0.22	0.175	11.8	3.64	0.38	3.02	0.42	1.24	1.66	2.61
105	0.25	0.194	10.8	2.84	0.34	3.17	0.41	1.13	1.54	2.58

6.2.4　溶液聚合凝聚釜的气相负荷

在双釜或多釜凝聚中了解各釜的上升气量或气相负荷可以更好地认识每个釜所起的作用, 同时对掌握各釜的能耗乃至选用各釜气相并联或是串联流程以及对气相冷凝系统设计也有所帮助。

1. 各釜上升气量确定方法[61]

各釜的上升气量可用如下两种方法测定和计算, 现以双釜为例予以说明。

(1) 从实测的总上升气量(两釜气相并联)和各釜的气相组成进行计算

设总上升气量中溶剂量为 X, 水为 Y

一釜上升气量中溶剂为 X_1, 水为 Y_1

二釜上升气量中溶剂为 X_2, 水为 Y_2

一釜和二釜气相组成为 R_1 和 R_2

可用如下四元一次联立方程式求出各釜的上升气量:

$$X_1 + X_2 = X \tag{6-27}$$

$$Y_1 + Y_2 = Y \tag{6-28}$$

$$Y_1/X_1 = R_1 \tag{6-29}$$

$$Y_2/X_2 = R_2 \tag{6-30}$$

此外, 可通过聚合物溶液干聚合物浓度 D 和 X_2 推算出一釜的聚合物中溶剂含量。若能准确计量聚合物溶液的进料量还可以推算出二釜的聚合物中溶剂含量。

(2) 从实测的各釜聚合物溶剂含量和气相组成对应聚合物溶液进料量及浓度进行计算

设一釜和二釜聚合物溶剂含量为 W_1、W_2(%干基), 一釜和二釜气相组成为 R_1 和 R_2, 原料干聚合物含量 D(%), 原料中以干基表示的溶剂浓度 W_0, 则各釜上升气量可用如下四式计算:

$$X_1 = D(W_0 - W_1) \tag{6-31}$$

$$X_2 = D(W_1 - W_2) \tag{6-32}$$

$$Y_1 = X_1 R_1 \tag{6-33}$$

$$Y_2 = X_2 R_2 \tag{6-34}$$

2. 各釜上升气量与温度关系

现将异戊二烯橡胶双釜凝聚的各釜上升气量数据和顺丁橡胶 $100m^3$ 凝聚釜的双釜凝聚和

氯磺化聚乙烯橡胶三釜凝聚生产数据列于表6-17~表6-19。

表6-17　各釜上升气量与温度的关系[63]

No.	温度/℃		上升气量/kg				各釜上升气量比例/%（质量）						溶剂
	T_1	T_2	一釜		二釜		总汽量		溶剂		水		
			溶剂	水	溶剂	水	一釜	二釜	一釜	二釜	一釜	二釜	
1	75	95	62.1	5.85	0.75	1.1	97.2	2.8	98.5	1.5	84.2	15.8	
2	80	95	62.5	10.3	0.58	0.85	98	2	99.1	0.9	92	8	
3	87	95	62.8	17.5	0.16	0.23	99.4	0.6	99.8	0.5	98.5	1.5	泡点71℃
4	95	95	63	92.5	0.03	0.44	99.9	0.1	99.9	0.2	99.5	0.5	
5	87	97	63	18.7	0.22	0.51	99.1	0.9	99.5	0.51	96.8	3.2	
6	80	97	62.5	10.3	0.63	0.42	95	5	99.8	1.2	87.9	12.1	
7	82	97	41.2	3.46	4.8	37.5	52	48	91.6	8.4	8.4	91.6	泡点77℃
8	82	94	52	4.36	3	4.26	70	30	94	6	50.7	49.3	

表6-18　顺丁橡胶100m³凝聚釜双釜凝聚各釜上升气量[63]

温度/℃		气相组成 溶剂/水 （质量比）		各釜上升气量/t				各釜上升气量比例/%					
				一釜		二釜		总汽量		溶剂		水	
T_1	T_2	R_1	R_2	溶剂	水	溶剂	水	一釜	二釜	一釜	二釜	一釜	二釜
89	102	0.078	9	17	1.3	0.21	1.89	90	10	99	1	41	59
89	101	0.078	6	17	1.3	0.21	1.26	92.5	7.5	99	1	51	49

注：喷胶量为30m³/h；胶液胶含量为100kg/m³；一釜胶中溶剂浓度为11%，二釜为2%。

表6-19　氯磺化聚乙烯三釜凝聚各釜上升气量[63]

项　目	一釜		二釜		三釜		溶　剂
	溶剂	水	溶剂	水	溶剂	水	
上升气量/kg	1490	349	5.15	39.2	0.52	9.2	四氯化碳
上升气量比例/%	99.5	88	0.3	9.9	0.2	2.1	
上升气量/kg	970	970	13.2	58.6	3.3	147	氯苯
上升气量比例/%	98.4	82.5	1.34	5	0.26	12.4	

注：凝聚釜体积为6m³，喷胶量为1000L/h；以四氯化碳为溶剂三釜温度依次为87℃、94℃、100℃；以氯苯为溶剂三釜温度依次为96℃、100℃、100℃。

　　从表中可看出：

　　① 在其他条件不变的情况下，各釜上升气量随着温度的改变而有明显的变化。

　　② 在各温度下，胶液中的99%的溶剂都是从一釜蒸出的，这说明一釜承担了蒸出溶剂的任务。

　　③ 随着一釜温度的升高，一釜内水的上升气量逐渐增加。T_1 75~95℃，其上升的水量占总上升水量84.2%~99.5%，因此耗费在溶剂水汽蒸馏上的水汽量主要是在一釜。

　　④ 在各温度试验中总的上升气量　（包括溶剂和水）中一釜占97%以上，当提高二釜温度到97℃时二釜所占的比例增大。

⑤ 溶剂对上升气量有很大影响，当溶剂抽余油的泡点从 71℃ 改用 77℃ 时，二釜占总上升气量的比例可达 50% 以上，尤其 T_2 较高时[60]。表 6-19 的三釜凝聚数据表明，采用沸点较低的四氯化碳就没有必要采用三釜凝聚流程，而用双釜就可以了。

由以上几点可认为，当使用较高沸点的溶剂而且二釜温度要求较高时（当要求 W_2 很低时），在双釜凝聚中二釜起的作用较明显（即二釜的上升气量较大），此时采用将二釜的上升蒸汽引入一釜的两釜气相串联流程可以节省一部分水蒸气（图 6-48）。但从表 6-17 可知，若使用的溶剂沸点低时，采用气相串联流程的必要性不大，因二釜的上升气量最高仅为总量的 5%。

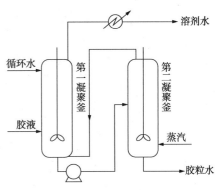

图 6-48　气相串联双釜凝聚流程

6.2.5　溶液聚合凝聚过程的能量消耗

在凝聚过程除了凝聚釜搅拌器、输送胶液和循环热水消耗一定电力外，其主要能耗是消耗大量的热量。下面仅就其热量消耗进行分析。

1. 凝聚过程的热量分析[61,63]

从胶液分离出溶剂是要消耗大量热量的（主要是水蒸气），为了降低凝聚过程的耗汽量必须对其过程的热平衡做简单的分析，以便选择适当的流程（单釜和多釜）和工艺条件。现以异戊二烯橡胶中试数据予以说明[61]。

表 6-20　凝聚过程水蒸气消耗的分析

| No. | 温度/℃ | | 水胶比 | 耗汽量/(kg/kg) | 耗汽比例/% | | | | 备　注 |
| | T_1 | T_2 | | | 夹带蒸馏 | 汽化热 | 显热 | | |
							溶剂	水	
1	75	95	10	3.78	22.8	29.8	12.1	35.3	一釜温度的影响
2	80	95	10	4.04	27.1	27.9	11.9	33.1	
3	95	95	10	14.7	78.7	7.7	4.2	9.1	单釜凝聚
4	87	87	10	5.26	43.7	21	10.3	25	二釜温度的影响
5	87	87	10	5	41.1	19.2	9.5	33.3	
6	80	95	6	3.79	36.1	29.7	13.1	21.1	水胶比的影响
7	80	95	20	5.66	24.3	19.9	8.8	47	
8	80	95	40	8.3	16.5	13.5	5.9	64	
9	80	97	10/5	3.77	39.2	29.2	13.2	17.7	提浓操作
10	75	97	5/2.5	2.9	33.3	38.9	17	10.8	

表 6-20 给出以 71℃ 泡点抽余油为溶剂的异戊二烯胶的单釜和双釜凝聚水汽消耗量的数据。从该表看出，在单釜凝聚时（No.3）其蒸汽蒸馏的耗汽量占总耗汽量的 78.7%，在改为双釜凝聚后（No.1）此项下降到 22.8%，因此总耗汽量由单釜的 14.7kg 水汽/kg 干胶降至 3.78 kg 水汽/kg 干胶。当提高二釜温度或加大水胶比时其耗汽量增加，是由于水的显热消耗蒸汽量增加的结果。而提浓操作其耗汽量降低是由于进一步减少了水的显热耗汽量的结果（No.9）。

2. 影响凝聚过程水蒸气消耗量因素

影响耗汽量的主要因素可归结为胶液温度、系统压力、水胶比、聚合物溶液中聚合物浓度（即聚合转化率）和溶剂性质。其中前三项在前面已经讨论过，这里无需重复，但是在此值得强调的是温度和压力对于凝聚过程水蒸气消耗的影响与一般的水蒸气蒸馏中相反。在一般的水蒸气蒸馏中为了节省水蒸气大都通过降低操作压力和提高温度的办法实现。然而，正如前面已经指出的那样，由于在凝聚过程蒸出溶剂的夹带剂不是水蒸气而是溶剂，因此，在溶液聚合凝聚过程为了节省水蒸气是采用提高压力和降低温度，即与普通水蒸气蒸馏相反的办法实现的。所以说在凝聚过程溶剂的蒸出和水蒸气的消耗用夹带蒸馏原理考虑是比较恰当的。

表6-21 聚合物溶液浓度对其凝聚耗汽量的影响[61]

温度/℃		水胶比	聚合物溶液浓度/%(质量)	相应的聚合转化率/%	水蒸气消耗量/(kg / kg)
T_1	T_2				
80	95	10	9	65	5.35
80	95	10	10	72	4.92
80	95	10	11	80	4.32
80	95	10	12	87	3.95

表6-21给出了在固定压力、温度和水胶比条件下，聚合物溶液中聚合物浓度对于耗汽量的影响。从表中看出，聚合物浓度由9%提高到12%，其耗汽量由5.35降至3.95。这表明如果聚合转化率太低会导致在凝聚过程消耗较多的水蒸气。

溶剂的影响在前面已经讨论，概括地说沸点高的溶剂(其气相组成 R 值大)消耗水汽量比沸点低的要高。例如，用沸点132℃氯苯为溶剂生产氯磺化聚乙烯橡胶在凝聚时大约每吨胶消耗数十吨水蒸气，而用沸点76℃的四氯化碳为溶剂则每吨胶只消耗几吨水蒸气。

6.2.6 溶液聚合凝聚过程的工艺流程

1. 单釜凝聚与双釜凝聚[6]

早期溶液聚合法合成橡胶生产过程中，其凝聚过程采用单个凝聚塔或釜。从1960年美国飞利浦公司首次在顺丁橡胶生产中应用了双釜凝聚技术后，在溶液法合成橡胶生产中多采用双釜或多釜凝聚，这是因为双釜比单釜有较大的优越性。双釜优越性主要表现在它能在达到较好的凝聚效果(即胶中溶剂含量低)同时比单釜要节省较多的水蒸气。异戊二烯橡胶中试数据表明，采用双釜凝聚达到胶中溶剂含量小于1%，凝聚每吨干胶仅消耗3~4t水蒸气，而单釜凝聚欲达到同样的胶中溶剂含量所消耗的水蒸气量比双釜多3倍以上(见表6-20 No.3)。

双釜(中)凝聚效果好主要是由于胶在第二釜可以在较高的温度下有较长的停留时间的结果。这里要着重讨论一下为什么增加了设备反而节省了水蒸气：

① 从各釜的上升气量(表)可知，胶液中绝大部分(大约99%)的溶剂都是从第一釜汽化蒸出的。

② 从第一釜蒸出的这些溶剂与夹带水蒸气的比例(即气相组成 R 值)主要取决于温度(图6-38，表6-8)。

③ 根据温度对凝聚效果的影响，从图6-42可知，要想达到较好的凝聚效果，如凝聚后的胶中溶剂含量1%时，其温度必须在95℃以上。而此时其气相组成 R 值很高($R=1.47$)。对于单釜来说就意味着要使胶中溶剂含量接近1%，其99%的溶剂是以每千克溶剂需要1.47kg水蒸气的比例汽化出去，这样耗汽量必然要高。因此，在单釜凝聚时其凝聚效果与水蒸气消耗量是矛盾的。

④ 在双釜凝聚中由于第一釜温度低(如80℃)或压力高则大约有99%的溶剂是以较低的

R 值($R_1 = 0.164$，仅为单釜 95℃ 的 1/9）汽化的，因此比单釜节省了较多的水蒸气。在第二釜为了使胶中溶剂含量低而提高了温度（如 97℃），此时尽管气相组成 R 值很大（$R_2 = 2.25$），但是由于胶中带入第二釜的溶剂绝对量已经很小（大约 1%），因此这 1% 的溶剂被蒸出所消耗的水蒸气量是不多的。所以说，在双釜凝聚中由于采用先低温后高温的办法解决了在单釜中凝聚效果与水蒸气消耗量的矛盾。

在凝聚过程的热量分析中已经指出了，在单釜凝聚中主要是在溶剂的水蒸气蒸馏中消耗了大量水蒸气。为了进一步说明这个问题，我们可用气相组成 R 与胶中溶剂含量 W 的关系图（图 6-49）予以说明。

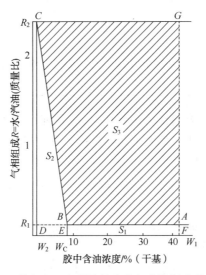

图 6-49　单釜和双釜凝聚的水蒸气蒸馏耗汽量示意图

为了作图方便，图 6-49 只比较胶中溶剂浓度 $W_1 = 40\%$（干基）的胶在第一釜凝聚至 W_c 再到第二釜凝聚到 W_2，而在单釜中直接从 W_1 直接凝聚到 W_2。应该指出，单釜和双釜比较的基础是两者凝聚后胶中溶剂含量即 W_2 相等。不难看出，图中的面积为水蒸气蒸馏的耗汽量。其中矩形 $ABEF$ 面积 $S_1 = R_1(W_1 - W_c)$ 为一釜的耗汽量。四边形 $CDEB$ 面积 $S_2 = 1/2[(W_c - W_2)(R_2 - R_1)] + R_1(W_c - W_2) = [(W_c - W_2)(R_2 + R_1)]/2$ 为二釜耗汽量。而矩形 $CDFG$ 面积 $S = (W_1 - W_2)R_1$ 为单釜凝聚的耗汽量。所以，单釜凝聚在水蒸气蒸馏上浪费的水蒸气量为 S_3（图中打斜线的面积），$S_3 = S - (S_1 + S_2)$。从此图能明显说明双釜比单釜节省大量水蒸气。

应该指出，单釜与双釜在过程机理上存在着上述很大的差异，然而双釜与多釜之间只是量上的差异了。双釜或多釜凝聚比单釜凝聚要多消耗一些搅拌动力，但是它所节省水蒸气的费用远大于多消耗的搅拌动力费用。由于双釜对单釜凝聚的明显优势，国内早期大多采用双釜，近期由于环保的要求开始重视三釜凝聚技术[3]。

2. 凝聚釜个数的确定

目前国内外在合成橡胶的生产中一般大多采用 2 个或 2 个以上的多个凝聚釜串联操作，有的甚至用 5 个釜（2 个以上统称多釜凝聚）。这主要取决于所用溶剂的沸点和对胶中溶剂含量的要求以及凝聚釜的效率。

如果将串联的每个凝聚釜近似看作是蒸馏塔提馏段的一块理论塔板，可用焓-浓图的图解法计算理论凝聚釜个数 N_t。表 6-22 给出了用此法求得的理论凝聚釜个数 N_t，与胶中溶剂含量及蒸汽消耗量的关系。从该表看出，要求胶中溶剂含量愈低，则所需理论凝聚釜的个数

N_t值愈大。达到同一凝聚效果，即胶中溶剂含量相同，理论凝聚釜的个数 N_t 值愈大，则水蒸气消耗量就愈小，也表明增加凝聚釜个数可以减少水蒸气消耗量。

表 6-22   理论凝聚釜个数 N_t 与胶中溶剂含量及蒸汽消耗量的关系

溶　　剂	水蒸气消耗量/ （kg 水蒸气/kg 干胶）	理论凝聚釜个数 N_t	
		胶中溶剂含量 0.1%	胶中溶剂含量 0.5%
苯	5	1.45	1.35
	8	1.23	1.19
正己烷	6	1.28	1.21
	10	1.15	1.06
甲苯	7	1.59	1.33
	12	1.29	1.2

此计算表明即使要求胶中溶剂含量达到 0.1%，在理论上用两个凝聚釜也是足够的。然而实际上使用的凝聚釜的个数往往都大于此理论值，有的多达 5 个凝聚釜。这就像精馏塔一样，由于存在塔板效率，使实际塔板数远大于理论塔板数。因此凝聚釜也存在着凝聚效率问题，它与温度、压力、胶的分散状态、搅拌强度及停留时间有关。

3. 多釜凝聚流程[63]

在凝聚釜串联操作中，它们在气相系统及液相系统的联结方式上有所不同。

（1）气相系统的联结方式

从各凝聚釜蒸出的汽体一般采取并联形式，即它们共用一个冷凝器或各自有一个冷凝器，如图 6-50 所示。此种流程在实际中应用的较多，其特点是各釜压力易于均衡便于操作。

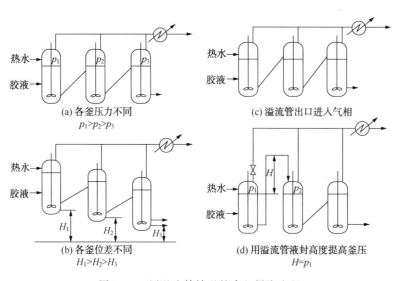

图 6-50   用溢流管输送的多釜凝聚流程

此外，也有将气相串联的，如美国菲利浦石油公司的双釜凝聚，将第二釜的蒸出气体引入第一釜的液相作为加热蒸汽，通过第一釜的温度来控制第二釜的加热蒸汽量（图 6-48）其主要目的是可以节省一部分加热蒸汽。从前面各釜上升气量数据可知(表 6-17，表 6-19)，如果溶剂的沸点较低而第二釜的温度不很高时，从第二釜蒸出的气量不大，只占总上升气量 2%～3%，此时采用这种串联操作节省的蒸汽量是不多的。但是，当使用沸点比较高的溶剂时(如甲苯等)及由于要求胶中溶剂含量很低而必须提高二釜温度时，采用气相串联操作，由于二釜上升气量加大而可以节省一定量的水蒸气。这种气相串联比并联操作要复杂些，因为此时二釜压力必须大于一釜压力及其液位压头之和才能把二釜的上升蒸汽引入到一釜底部。这样从一釜到二釜的循环水与胶粒必须用泵才能输送，而且在二釜与振动筛之间需采取适当措施来平衡二釜的压力，同时由于振动筛难以密闭，使从二釜来的循环水闪蒸而损失较多的热量。正由于这些问题，在两个以上的多釜凝聚流程中采用这种气相串联的形式是很少的。

值得注意的是，在气相并联流程中，冷凝器的个数与联结方式对操作稳定性的影响很大。从节省设备的角度来说，如图 6-50 中那样，三个凝聚釜可共用一个冷凝器，但由于第一釜的压力对喷胶量的变化是极其敏感的，然而喷胶量又很难控制稳定，加上第一釜的上升气量很大又对温度很敏感，因此第一釜的压力总处于波动之中。由于共用一个冷凝器，因此第二、三釜的液面也因釜压受到第一釜压力变化的影响而波动。显然，这对稳定操作是极为不利的。例如，在氯磺化聚乙烯三釜凝聚中，初期由于第二釜与第一釜共用一个冷凝器，使第二釜液面波动得很厉害，经常因液面难以控制而造成胶粒分布不均甚至结成大块。后来，经改装使第一釜单独使用一个冷凝器，而第二、三釜共用一个冷凝器以后，第二、三釜的液面就变得十分平稳，从而使生产顺利进行。

(2) 液相系统的联结方式

1) 一般流程

多釜凝聚中的胶粒悬浮在循环水中从一釜输送到另一釜。在工业上可采用特殊的离心泵输送和溢流管输送方式。采用泵输送要多消耗动力，在生产中此泵所消耗的动力几乎接近凝聚釜搅拌的动力。而且在凝聚不正常时，容易被胶粒堵塞而影响连续生产。采用溢流管方式靠位差或压差进行液相输送，国内早期多采用溢流管输送，节省动力，操作简便，液面容易控制。溢流管的安装方向，有从前一釜液相上部溢流到后一釜下部的，也有从下部向上部溢流的(见图 6-51)。在凝聚釜搅拌十分强烈、釜内混合良好的情况下，溢流管的方向和位置没有什么影响，主要取决于喷胶位置。但是，若釜内混合不好，往往上部飘浮的是凝聚不十分完全的胶粒，而在下部出去的胶粒则凝聚效果较好。此外，由于胶粒密度比水小(特别是胶粒表面有一层汽化的溶剂气泡使其假密度较小)，故在溢流管流速较小时借浮力输送胶粒要顺利些。

如图 6-50 中(a)所示，前一釜物料是通过溢流管进入后一釜液相的，这样整个两个釜的液相就如同一连通管。如果能控制住最后一釜的液面，则前面各釜液面也随之稳定。如果有一个釜液面波动，那么就会波及其他各釜的液面。倘若前一釜的溢流管不进入后一釜的液相，而是进入气相，这样，前一釜的液面就不会受到后一釜液面波动的影响，如图 6-50 中(d)所示。

如果釜间溢流输送的推动力是靠位差的话，那么各釜的液面高度相同，则各釜的标高应渐次递减，如图 6-51 中(b)所示。如果釜间溢流输送的推动力是靠压差的话，那么各釜在同一标高，但各釜压力应渐次递减，如图 6-50 中(a)、(d)所示。由于溢流管输送阻力不大(一般为几百毫米水柱)，因此，无论靠位差还是靠压差，其差值都不是很大的，不会对工艺条件带来什么影响。

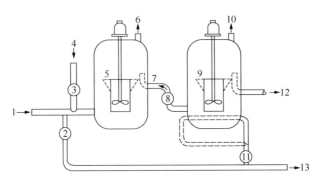

图 6-51　溢流管自上而下安装的双釜凝聚流程

1—胶液；2、3、8、11—阀门；4—热水；5、9—导流筒；6、10、13—蒸汽；7—溢流管；12—胶粒，水

若釜与釜的操作压力差别较大时，为了建立压力平衡，可在溢流管上加阀门来调节（图 6-51），但阀门选择不当甚至开度不当，都容易被胶堵塞。另一种方法则是提高溢流管出口高度，用液柱来平衡前一釜的压力，这样既简单又通畅。

2）提浓流程

图 6-52 是提浓操作流程。此流程是将第一釜出来的胶粒悬浮液中的一部分水，通过一个多孔过滤提浓器抽出并直接返回第一釜。这样，由于节省了此部分水由一釜温度升到二釜温度的显热而提高了整个流程的热效率，因此可减少热量的消耗。

在提浓操作中改变了第一釜以后各釜的水胶比，如果抽走一半水（即提浓一倍），那么后几釜的停留时间就增加了一倍，故胶中溶剂含量也就降低了。如果保证各釜停留时间相等，则后几釜的体积可以缩小一倍，这也是很有意义的。提浓操作的关键是设计能保证水和胶粒顺利分离的提浓器，采用悬浮分离可以解决早期用筛网易堵塞问题[35]。

一般来说，第一釜的水胶比控制大一些有利于刚喷入的胶液分散；后两釜的水胶比控制小些，可延长在后期扩散阶段的停留时间。第一釜中聚合物在水中的浓度可从 5%~7% 提浓到第二、三釜的 10%~15%（质量）。图 6-53 中直线 A 为没有提浓操作时的顺丁橡胶中溶剂含量和水蒸气耗量的关系，直线 B 则为提浓操作关系。可以看出，若使胶中溶剂含量达到 2% 时，提浓操作耗汽量可由原来的 20.5t/h 降低到 15.5t/h（相当于从 7.2t 蒸汽/t 胶降低到 5.4t 蒸汽/t 胶）。若两者都使用同样量的蒸汽（18t/h），那么提浓操作使胶中的溶剂含量从 2.6% 降至 1.4%（质量）。因此，提浓操作是可以考虑的一种形式，但其关键是设计有效的提浓器，确保胶粒和水的顺利分离。

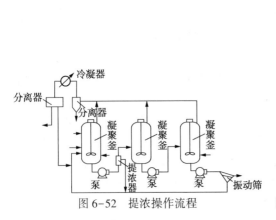

图 6-52　提浓操作流程

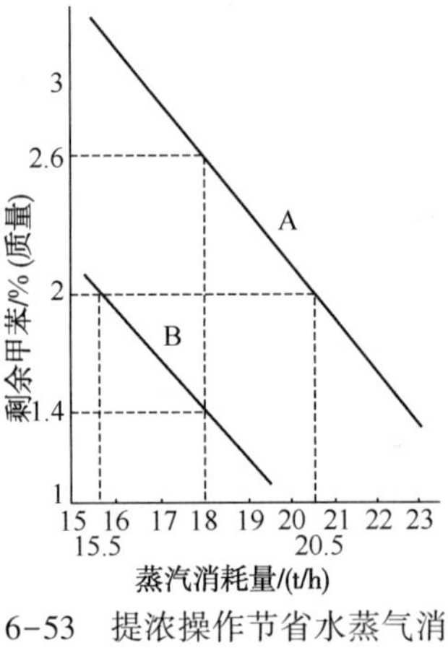

图 6-53　提浓操作节省水蒸气消耗

3）分段加水流程

为防止胶粒结块粘堵，首釜的水胶比要大，否则胶粒也将难以输送，为此专利文献[9]提出在双釜凝聚流程中采用分段加水的方法，即在首釜外胶液预分散阶段，先加入5%~10%的水，在首釜中再加入 30%~50%的水，二釜凝聚后，为了稀释胶液，使之便于输送，再加入40%~60%的水。由于水的分段加入，溶剂抽提是在胶粒浓度为8%~12%下进行的，故有利于减小热量损失。此外，经双釜凝聚后的热胶粒与部分冷水混合，可避免振动筛上因降压而被蒸发。采用此法对顺丁橡胶溶液凝聚，在提高产品质量、节能降耗、减小污染等方面有显著效果，如蒸汽耗量可降低 15%~20%。

6.2.7　溶液聚合凝聚过程凝聚釜的设计

凝聚釜是胶液凝聚过程的核心设备。一般采用带挡板和涡轮搅拌器的搅拌槽，同时备有为使胶液良好分散的胶液喷入装置。它们的设计及放大对凝聚过程的开发与生产是很重要的。

1. 凝聚器的设计[64]

为了促进凝聚过程的进行，在凝聚釜中需要设置搅拌器。设置机械搅拌除促进传热和传质以及防止胶粒结块外，还可产生较高的剪切力将喷入的胶液迅速切断，使其及时离开喷嘴均匀地分散在釜中。

（1）搅拌器的流动模型与作用

搅拌器的流动模型及其剪切力分布示于图 6-54、图 6-55。从图 6-54 可见，胶粒在搅拌作用下沿釜壁和挡板上升至液面，再从中心向下运动进行循环。图 6-55 表明，搅拌器对流体产生的剪切速度乃至剪切力，越靠近搅拌器越大。据此，也就确定了凝聚釜的喷胶位置。

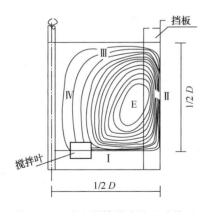

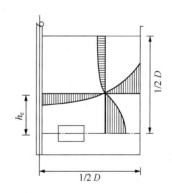

图 6-54　遄流搅拌槽内的流动模型　　　　图 6-55　搅拌器剪切力分布示意图

凝聚釜内物料混合的特点之一是在胶粒周围包着一层从其内部扩散出来并汽化的溶剂气泡，从而使其假密度变小，加之大釜内液位较高，釜内的从顶部到底部的轴向流动不足，使胶粒容易集中在釜的上部聚结。特别是在末釜由于气量较小，大量胶粒浮在液面上，分散不下来，在液面上形成一个厚厚的胶粒层，该层运动速度很慢，且比较稳定，只是间断地被不规律的气泡气升坍塌作用所破坏，以至出现在工业上的所谓"闷釜"现象。为此，一般采用多层搅拌器并设置适当的挡板，尤其在液面处设置一层搅拌器，用以防止胶液或胶粒在液面聚集甚至结块。

（2）多层搅拌

在凝聚釜中的这种混合属于自浮颗粒的气、液、固三相搅拌混合问题[67~74]。在液高与釜径比值等于和大与1.6左右时，三层桨的搅拌效果要优于两层桨的，其流型稳定，能兼顾表面和釜底两方面的要求。

① 上层桨　多层搅拌的研究表明最上一层的搅拌型式非常重要，采用上推式效果最好。这是因为气体的上升运动与下压式搅拌桨在搅拌轴附近所引起的颗粒向下的运动是反向的，如图6-56所示，而气升运动基本控制了颗粒的运动，使颗粒几乎不能被下拉（无论气量大或小），即只要通气，颗粒就几乎不能因搅拌而在中央轴处向下运动。若气量很大，则颗粒的运动就完全由气升所引起，在搅拌轴附近颗粒永远是向上运动的。而上推式搅拌桨在靠近易造成死区的釜壁引起向下的流动，下拉粒子，避免了死区，降低了表面产生浮层的机会。而且上推式桨型的气含率较大，功率较小。

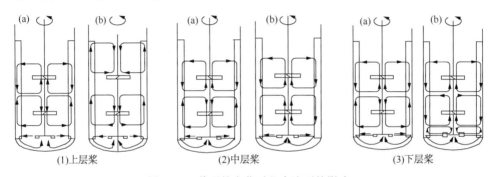

图6-56　桨型的变化对釜内流型的影响

↓—表示搅拌产生的流动方向；↑—表示气升方向；（a）—上推式；（b）—下压式

底部颗粒取样分析表明，上层为上推式轴流桨时釜底颗粒浓度大于上层为下压式轴流桨时的颗粒浓度。因此为避免、减小能量的无谓损失及液面的颗粒浮层，上层最好采用上推式搅拌桨。

② 中间桨　上层的轴向流把拉下的颗粒带到釜的中部，颗粒还需要进一步的下拉。实验发现中间桨采用下压式轴流桨时，流型非常稳定。中间桨采用下压式轴流桨时功耗低于上推式轴流桨的，而气含率则反之。这是由于下压式的中间桨产生的流型与上推式上层桨的流型在桨间能很好地连接的缘故。

③ 下层桨　经上下两层桨的下拉作用，自浮颗粒已经近达釜底，但由于气体分布器位于釜底，若是气液分散不好，自浮颗粒将短路并被大气泡重新带到釜的上部。因此，釜底部需设置能使气体得到很好分散的搅拌桨。实验发现，圆盘涡轮的分散性能好，气泡细小、泡径均匀，利于气-液-固三相的混合，釜底的粒子浓度较高。这说明圆盘涡轮对于气体分散场合是普遍有效的，可以作为优先考虑的桨型。

（3）其他新型式搅拌叶

近期国内开发出几种新型搅拌叶，在气-液-固相混合上取得满意效果。

① 三维三元流叶片[30]　按照空间三维原理加工的三维叶片在立式安装情况下，对轴流、径流和周流进行了有效的分配，能以最低转速和最低轴功率实现气-液-固相混合，相当于在达到同样混合效果的普通搅拌叶的1/3~1/2的搅拌功率，并且还可任意兼顾轴流、周流和径向流的分配，满足密度差特别大的物料的均匀分布问题。

② 左右平衡偏心螺带[87]　按照左右平衡、全容积、低剪切流的要求，设计了左右平衡

偏心螺带搅拌叶。能以最低转速和最低轴功率实现气-液-固相混合。

③ 非对称交叉锚[88]　在传统的锚式搅拌器层流搅拌的基础上，将锚式搅拌桨叶设计为几何形状非对称的交叉锚，以此打破搅拌时的层流状态，增加了轴流和涡流乃至传质和传热能力。

这些新型式搅拌叶都能在凝聚釜，特别是在多釜凝聚的第二釜和其后各釜的搅拌混合上取得良好的效果。

（4）搅拌叶片角度对搅拌功率的影响

采用带角度的涡轮搅拌器或桨式搅拌器，亦可增加轴向流动。从表6-23可知，随着搅拌叶片与流动方向间角度减小，搅拌叶所提供的搅拌动力亦减少。

表 6-23　搅拌叶片和挡板对搅拌功率的影响

搅拌叶片角度/(°)		90	45	30
搅拌功率/kW	无挡板	4.83	1.79	1.18
	有挡板	18.4	4.36	1.99

2. 挡板和导流筒的设计[64]

设置挡板和导流筒等内部构件，不仅可明显地增加搅拌动力、搅拌强度和提高搅拌效果（表6-23），而且还可控制物料流动方向，促进物料上下循环混合和消除液面上的旋涡（图6-54、图6-55）。

挡板数目一般为4块，实践表明，挡板数多于4块作用不大。标准挡板的宽度为釜直径的1/12，一般在1/12.5~1/10之间。挡板位置主要取决于釜内作为分散相的固体物料的重度，如大于水的重度，挡板应装在釜壁[图6-57(b)]，即所谓重分散相挡板；而小于水的重度，挡板应与釜壁有一定距离[图6-57(c)]，即所谓轻分散相挡板。合成橡胶的重度一般小于1，即使有的大于1（如氯横化聚乙烯橡胶），由于胶粒周围附有一层气泡，而使其假密度小于水的重度。因此，凝聚釜采用轻分散相挡板较为有利。图6-57(a)表明，釜内不设挡板，胶粒多集中在液体表面和搅拌轴附近，并且流体表面出现明显的旋涡。装入重分散相挡板后，情况大为好转[图6-57(b)]，不仅清除了旋涡，而且出现胶粒沿挡板上升到表面，再沿中心向下的循环流动。但液体表面还集聚着较多的胶粒，对稳定操作仍然不利。当改为轻分散相挡板时，集积的胶粒被均匀地分散在液体中。轻分散相挡板与搅拌轴的距离及其插入液面的深度，以取搅拌器直径的1/2为佳。

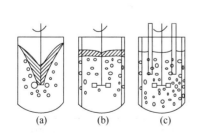

图 6-57　搅拌釜的挡板作用
(a) 无挡板；(b) 重分散相挡板；(c) 轻分散挡板

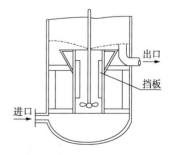

图 6-58　导流筒结构简图

导流筒可产生一种使胶粒自上向下作快速流动、再沿釜壁向上作循环流动的流动模型，从而促进了物料混合和延长了胶粒停留时间。采用涡轮搅拌器时，导流筒通常安装在搅拌器的上方；使用桨式搅拌器时，则将其安装在导流筒内。图 6-58 为壳牌公司釜结构示意图，为把飘浮在液面上的尤其是靠近釜壁处的胶粒抽入导流筒，如将导流筒上部改为喇叭型，并在筒内和釜壁设置挡板以强化其流动模型，则釜内混合效果更为良好。但是，设置导流筒将增加挂胶机会，而且对清胶和检修也不方便。从这点来看，以设置轻分散相挡板较为有利。

3. 喷嘴结构的设计

(1) 单流体和双流体喷嘴

胶液喷嘴类似于合成纤维纺丝的喷丝头，一般采用孔径为数毫米的多孔喷嘴。依据通入喷嘴的流体数目，大体分为单流体和双流体喷嘴。前者系指胶液为唯一的流体通过喷嘴喷入釜内，胶液靠本身的喷出速度和机械搅拌作用进行分散；后者除胶液外还有第二流体，一般是具有一定压力的水蒸气，它既可在喷嘴内（图 6-59），又可在喷嘴口处与胶液混合并使之雾化（图 6-60）。第二流体水蒸气的压力对胶液凝聚有很大的影响。胶液经与水蒸气混合雾化，使胶粒内部溶剂闪蒸汽化，即可得到疏松多孔的具有干燥性能良好的小胶粒。其水蒸气压力的选择取决于胶液浓度、喷嘴结构及溶剂性质，一般在 0.65～0.10MPa（表压）之间。若小于 0.6 MPa，则胶中溶剂含量和胶粒干燥性能则大大降低。如表 6-24 所示，蒸汽用量一般是 干胶∶蒸汽 = 1∶3（质量比），或者为溶剂汽化所需蒸汽量的 1.5 倍。

三种喷嘴对比实验的结果列于表 6-25，从表中数据看出，喷嘴 A 所得的胶粒粒度分布很宽，直径大于 10mm 的胶粒占 82%；而喷嘴 B 已经下降到 37%，喷嘴 C 所得结果最好，粒度分布窄，直径大于 10mm 的胶粒仅占 10%。采用此喷嘴时，生产能力可提高一倍以上，胶粒小而膨松，胶中溶剂含量由 2.0% 下降到 0.18%，蒸汽耗量也降低（如表 6-26 所示）。

值得注意的是，喷嘴 B、C 比 A 所得的小于 3mm 的胶粒，分别多 3 倍和 9 倍（表 6-25）。这不仅容易堵塞振动筛孔，而且有较多的细小的碎胶粒通过筛孔漏入热水罐系统。因此，如何控制和处理这些碎胶是值得考虑的。

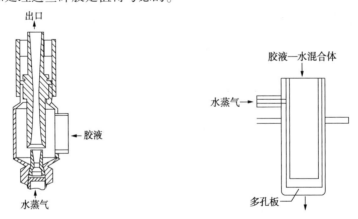

图 6-59　双流体单孔喷嘴　　　　图 6-60　混合双流体多孔喷嘴

表 6-24　喷嘴压力对凝聚的影响

蒸汽压力/MPa	釜内压力/MPa	胶中溶剂浓度/%（质量）	含水量/%（质量）
0.65	0.042	0.2	0.13
0.66	0.141	0.14	0.37
0.28	0.07	3.1	7.8
0.33	0.141	3	11.8

注：含水量是指在 80℃ 下干燥 1h 后的含水量。

表 6-25　喷嘴对胶粒粒度的影响

胶粒粒度/mm	胶粒粒度百分数/%		
	喷嘴 A	喷嘴 B	喷嘴 C
>15	65	10	—
15~10	17	27	10
10~7	10	35	30
7~5	5	20	43
5~3	2.5	6.5	12.5
<3	0.5	1.5	4.5

注：喷嘴 A—单流体喷嘴；喷嘴 B—双流体喷嘴；喷嘴 C—胶液与热后经过双体喷嘴。

表 6-26　三种喷嘴的技术经济指标

技术经济指标	喷 嘴 类 型		
	喷嘴 A	喷嘴 B	喷嘴 C
生产能力/%	100	116	211
胶中溶剂浓度/%(质量)	2.0	0.8	0.18
每吨胶蒸汽消耗量/(t/t)	12	9.2	8.3

就双流体或单流体喷嘴而言，胶液预先与水混合分散或乳化有如下好处：可得到粒度很小的胶粒；与过热水混合有利于溶剂闪蒸脱除；有利于脱除胶中的催化剂及灰分；可大大降低黏度，有利于输送等。

例如，异戊橡胶胶液浓度在 60℃时的黏度为 10Pa·s，而变为总固含量为 17% 的浆液（水悬浮液）时，在室温下的黏度仅 14mPa·s。实现高黏度胶液与水的充分混合比较困难，可采用静态混合器获得良好的混合和凝聚效果[65]。

也可将胶液（如 1，2-聚丁二烯的 10% 氯乙烯溶液）在 2MPa 压力和 160℃温度下通过喷嘴喷入凝聚釜热水中取得很好的凝聚效果。

（2）其他型式喷嘴[15,16]

1）伸缩套筒式喷嘴

喷嘴中间有一可自动或手动调节胶液喷出厚度的锥杆，使胶液喷出时呈中空状，环隙厚度为 0.1~5.0mm，胶液喷出后马上被近于音速喷出的蒸汽包围、切割。此外，还有防止蒸汽倒灌方面的考虑。为了提高凝聚效果，最好采用接近溶剂沸点的热胶液。

2）圆周高速切割式喷嘴

在凝聚釜的入口处安装了一个新型结构的喷嘴，如图 6-61 所示。

这可使胶液与高速蒸汽混合，形成细小的胶滴进入凝聚釜，蒸汽以约 1MPa 的压力从宽度为 0.3~4.0mm 的环隙中以 200~300m/s 的速度喷出，并切割从直径为 2~5mm 圆孔中喷出的胶液，可得粒度为 4~6mm 的胶粒，其特点是胶液处理量大，脱溶剂完全，蒸汽用量少。

3）锐孔式喷嘴

20 世纪 80 年代，JSR 发表了几篇专利，其工艺特点是喷胶前先用复合型高效分散剂，蒸汽和热水对胶液进行乳化。乳化前胶液最好预热，以便乳化后胶液喷出温度超过 100℃，见图 6-62 所示。乳化后胶液由釜内液相上方喷入，喷嘴高出液面 0.5~2.0m，以胶含量 20% 的 BR 甲苯溶液为例，胶液预热到 80℃，乳化后为 140℃，蒸汽压力为 1MPa，循环热水为90℃，分散剂按干胶量的0.2%(质量)加入，喷胶前后压力分别为1.0MPa和0.3MPa，喷嘴内径为11.4mm，距液面1m，脱溶剂后胶粒粒径为5~10mm，粒间不互粘。

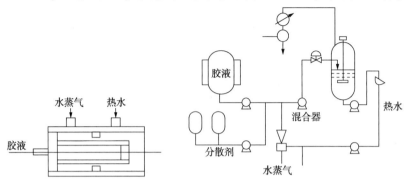

图6-61　圆周高速切割式喷嘴　　　图6-62　锐孔式喷嘴及其凝聚工艺

4）机械乳化式喷嘴

前苏联采用过让胶液和过热水(甚至分散剂)在管道搅拌器中进行预混合后(胶浆的温度约为110~130℃)再凝聚的工艺。后来提出将压力为1MPa的水蒸气与胶液在管道搅拌器中进行机械乳化，乳化胶液温度为140℃，并以50m/s的速度经旋风分离器分出水蒸气和溶剂后，进入凝聚装置，胶中溶剂含量降至0.1%。

5）静态混合器式喷嘴

静态混合器用于BR胶液的乳化，国内外均有报道[65]。如用Sulzer型静态混合器将胶液与水(或含一定分散剂的水溶液)进行混合，可使其表观黏度下降85%，再经喷嘴喷入釜内，胶液立即被分散成粒度适宜的胶粒。此外，还可先将胶液与水混合，然后再多次与水蒸气在蒸汽喷射器中混合，效果良好[66]。

4. 喷嘴位置

喷嘴位置对胶液的初期分散很重要。如果位置不当，釜内将产生大胶团，甚至将釜堵塞。图6-63给出了4种喷胶位置示意图[64]。

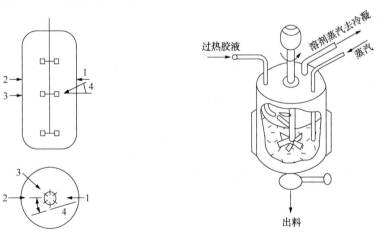

图6-63　4种喷胶位置示意图　　　图6-64　过热胶液雾化切线喷入气相示意图

根据图6-64、图6-65可知，位置1正处于搅拌剪切力最小处(在E点甚至为零)，因此胶液不能及时分散而抱团结成大块。用有色的"示踪胶液"也间接证明此位置效果最差[4]。

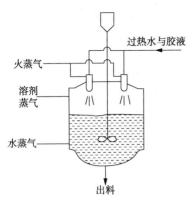

图 6-65　混合双流体多孔喷嘴喷入气相示意图

位置 2 亦无明显好转。位置 3 虽处于剪切力最大处，但喷嘴方向是向心的，恰与剪切力相对，加之喷头截面积较大，挡住了刚喷出的胶液，使其不能及时离开喷嘴附近而相互黏结。在位置 4 中，喷嘴方向自上而下，沿搅拌叶转动的切线方向且靠近搅拌叶，因此胶液受到的剪切力不仅最大又能及时离开喷嘴，效果最好。在异戊橡胶中试长期连续运转中，证明该位置是合理的[4]。

还有另一种喷嘴安装位置，即喷嘴不插入液面（如上所述），是装在液面上方气相空间，喷出的胶液待溶剂汽化后落入水中。图 6-64 的凝聚流程，胶液先过热至高于沸点 9~27℃，并维持足够的压力以使溶剂暂不汽化。在强烈搅拌的热水上方 0.9~1.8m 处，通过特制喷嘴沿切线方向喷出，同时绝大部分溶剂被闪蒸汽化，所得胶粒粒度为 1.3~5mm。图 6-65 流程与图 6-64 相似，胶液先与过热水直接混合，然后向下喷入气相空间。但这种喷入方式必须使落在液面表面的胶粒能均匀地及时分散到液相中以防止结块。

5. 塔式凝聚

如上所述，釜式凝聚过程中，由于物料的返混导致了汽耗等的增加，所以应该限制返混。从化学工程角度，解决此问题的办法是对设备进行纵向分级，如塔设备等，于是在胶液的凝聚中也就有了凝聚塔的想法。

早期的顺丁橡胶、异戊橡胶和乙丙橡胶等溶液法合成橡胶凝聚工业化开发时曾试过凝聚塔，但因其结构不合理，工艺不完善，存在停留时间太短、溶剂回收率低和汽耗高等问题，而放弃了这种方法。

前苏联在顺丁橡胶和异戊橡胶等胶液凝聚方面有许多独到的见解，除了工艺自动控制外，还对塔式凝聚作了深入的理论研究和工业实践。

设计了不带搅拌器的鼓泡凝聚塔，它不是通过机械搅拌来分散胶液和蒸汽，而是用独特设计的塔内构件和蒸汽鼓泡来促进塔内的物料混合、传热和传质，如图 6-66 所示[85]。

其塔内构件由横截的圆锥体连接而成，蒸汽鼓泡器装在圆锥体接头的最大断面处，与常用的凝聚相比，鼓泡凝聚塔最大的优点是能防止胶粒黏附在设备上，且脱汽后胶粒中溶剂含量较低。

前苏联叶菲列莫夫胶厂的钛系顺丁橡胶溶液凝聚，在 1976 年将常规的多釜凝聚改为多级塔式凝聚，取得了节汽 18%、胶中挥发分含量降至 0.1% 的效果。该凝聚塔内有数层塔板，每块塔板中间有一个泡罩，蒸汽及溶剂气体由下至上逐级通过泡罩与胶粒、水接触，每层还有机械搅拌，使胶粒在水中充分翻腾，加强与蒸汽的接触。在其申请的专利[74]中，提出了蒸汽串联式和并联式两种流程。

从发表的生产数据来看，在汽耗相同的情况下，传统的多釜凝聚溶剂消耗比塔式凝聚高一倍；此外蒸汽并联式的汽耗比串联式的低一些。

后来该厂对凝聚塔又进行了改造[75]，设计了更有效的成屑装置，如图 6-67 所示。安装了能利用二次蒸汽的蒸汽喷射压缩机，采用了新水封以保证蒸汽在水中的均匀分散，使蒸汽消耗定额降低了 2/7，塔出料胶粒中溶剂含量为 0.1%。

国内在氯磺化聚乙烯胶液脱溶剂时采用了旋流水析塔。先将胶液加压经喷嘴与水蒸气一起喷入子塔，析出的胶粒和脱出的溶剂气随热水以较高速度沿切线方向进入旋流母塔，溶剂气和水蒸气从塔顶中央管流向回流装置；胶粒和水流入母塔后，沿切线方向在蒸汽喷射加速作用下形成旋流，胶粒被离心力抛向外螺旋流往塔底，随着塔身锥度体积的变化，流速加快，最后以 $0.5 \sim 1 m/s$ 的速度从底部 U 形出料管流出，胶粒中残留的溶剂在母塔中进一步得到脱除，并从涡流中心上升流至塔顶。采用此工艺后溶剂消耗降低 40%，产量增加两倍[76]。

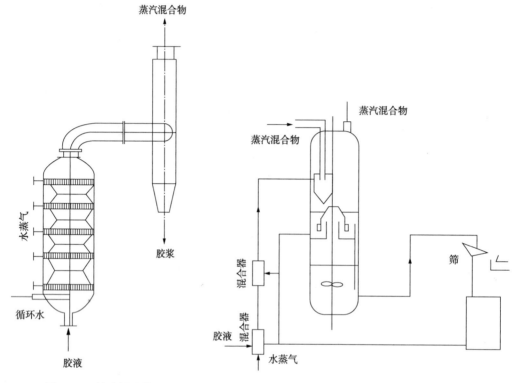

图 6-66　鼓泡凝聚塔　　　　　　　图 6-67　带乳化式喷嘴的搅拌凝聚塔

青岛伊科思新材料股份有限公司创新开发了具有自主知识产权的卧式凝聚技术[91]。该技术的核心是将传统的两个或多个串联的立式搅拌凝聚釜改为单个的卧式搅拌凝聚釜，中间用隔板分成两个凝聚区(釜)，在达到双釜或多釜凝聚效果的同时进一步节省设备投资和能耗及简化操作控制(详见本书第 9 章 9.4.4)。

6.2.8　溶液聚合凝聚过程存在的问题与发展方向

1. 溶液聚合凝聚过程存在的问题

将聚合物溶液喷入热水，利用水蒸气汽提以分离和回收聚合物和溶剂的凝聚技术——湿式凝聚法，在当前仍然是合成橡胶生产上被广泛采用的方法。但是，其本身还存在一些问题：

（1）能耗高

凝聚过程的能耗占橡胶整个生产过程能耗的一半以上。此法需要大量的热水作为传热介质和输送介质及用水蒸汽汽提溶剂，因此消耗较多的动力和热量，而且也消耗相当量的所谓"过程水"并排放相当量的污水。尽管采用了双釜或多釜凝聚技术，其凝聚每吨干聚合物至少需 3t 左右的水蒸气并排放至少 3t 左右的污水。

为此仍有必要选择更经济有效的分散剂，采用适当结构凝聚器和流程使凝聚在更低的水胶比下操作。目前一般釜内聚合物浓度不足5%，如果采取适当措施提高釜内聚合物浓度，这样不仅提高生产能力而且也降低能量消耗。

此外提高过程的热效率、回收利用冷凝器及循环水的热量、减少热损失，也可以节省能量。国内开始使用热泵技术可以节省一定的热量，但是热泵装置投资较高，操作严格(谨防被胶粒堵塞)，尚未广泛应用。

(2)凝聚物在热水中可能发生降解

例如，异戊橡胶用水蒸气凝聚，其特性黏数为4.56dL/g，Defo硬度为1000；而低于用乙醇凝聚的特性黏数5.13dL/g，Defo硬度2050。加入少量的胺类可以防止这种降解。如在凝聚前加入0.085%的1，2-二氨基乙烷，其特性黏数则为5.37dL/g，硬度为1700。若加入0.2%双(2-氨基乙基)胺和0.4%甲基硬脂酰胺后其凝聚时不发生降解，在70℃老化7天，其门尼黏度从94降至80，若不加胺类则降至63。

因此，为保证产品的质量采取措施防止某些聚合物在凝聚过程发生降解也是很重要的。

(3)回收单体和溶剂过程中带入等大量水和杂质

在凝聚过程未反应的单体和溶剂是被水蒸气汽提出来的，使其含水量至少达到饱和的程度，在循环使用时这些水必须被脱出。此外，由于聚合物溶液中尚有一些残存的催化剂等活性组分，在凝聚时与水接触而形成一种有害杂质混入回收单体和溶剂中而不利循环使用。例如，以烷基铝及其卤化衍生物为催化剂组分之一的顺丁橡胶和异戊二烯橡胶在其回收单体和溶剂中发现有异丁醇，这对于聚合催化剂是有害的杂质。

因此，必要时可将聚合物溶液在凝聚前用水洗等措施除掉残余催化剂，防止凝聚过程中产生有害杂质混入回收单体和溶剂中。

凝聚过程是个强烈的水蒸气蒸馏过程，有时会把凝聚之前加入到聚合物溶液中的防老剂之类添加剂蒸出。例如，在顺丁和异戊二烯橡胶溶液中加入的防老剂，有高达1/4的防老剂被蒸出进入回收溶剂中作为重组分被排掉。这样不仅因胶中实际防老剂含量低影响防老化性能，而且损失较多的昂贵防老剂并将回收溶剂污染。为此可利用回收溶剂脱重塔釜液配制防老剂以回收其中被蒸出的防老剂，不影响胶的性能。

2. 溶液聚合凝聚的发展方向

正因为湿法凝聚本身存在着这些问题，在国外曾先后出现所谓的"干式凝聚"(直接干燥)和"相分离法"企图代替目前这种凝聚方法[71,72]。例如，有"浓缩-挤压干燥法"、"双螺杆挤压法"，"滚筒干燥法"，及连续多段"薄膜蒸发法"等。

(1)浓缩-挤压干燥法

该法是在湿式凝聚工艺所采用的脱水机和干燥机的基础上，吸收合成树脂脱挥发分用的挤出机的设计思路而发展起来的。方法是让胶液先预热升压后闪蒸出部分溶剂，再进入螺杆挤压机挤压、排气，脱除剩余的溶剂。

日本JSR公司将闪蒸浓缩至含胶65%的镍系顺丁橡胶甲苯溶液预热至150℃，进入有2个排气口的挤压干燥机，脱气后加入10份水(以100份干胶计)，以防止胶液过热熟化，并可将其中的挥发分含量降至0.1%。

美国Firestone公司让120~160℃、0.5~2.0MPa下不沸腾的胶液先通过一小孔，然后进入断面为小孔面积250~10000倍的管中，由于膨胀降压的作用，溶剂被闪蒸生成尺寸适宜的胶粒；再让胶浆进入一下部为挤压机的设备，溶剂从设备上部闪蒸排出，胶粒浆液则进入有2个螺杆工作段的挤压机，并在第二工作段送入惰性气体或水蒸气与胶液混合，强化溶剂的脱除效果，所得胶中挥发分含量低于1%。

日立公司让含胶10%的胶液预热至200℃、2MPa后，先进入一个薄膜蒸发器，再进行挤压，膨胀干燥，产品胶中挥发分含量为0.25%[77]。

瑞士WE公司让胶液先通过一台特殊设计的双螺杆浓缩机，将胶液浓缩至含胶50%，再让胶料进入可变速调节的螺杆输送机，将胶料送到脱挥发分的双螺杆挤压机。该挤压机有1个后排汽孔和2个顺流排汽孔，由后排汽孔排出85%的溶剂，第一、第二顺流排汽孔各排出14%和1%的溶剂[78]。

据报道，将含胶5%~50%的胶液，先预热闪蒸，至含胶30%~80%后，再经由带外加热夹套的螺旋输送机加热后送入有多个排气口的挤压机，胶液先在后排气口中进一步脱除溶剂后向前推进，再经过汽提剂逆向汽提。该法能耗仅为一般螺旋挤压机能耗的20.0%[79]。

日本JSR公司采用三阶排气式螺杆挤压机新工艺。其新颖之处是，在浓缩后的胶液进入挤压机脱溶剂时，将水和表面活性剂或含水硅酸镁或者三者一起注入挤压机，以改善脱挥发分的效果。该工艺可显著降低胶中挥发分含量[80]。

（2）直接挤压干燥法

20世纪60年代，美国Goodyear公司采用瑞士WE公司制造的双螺杆挤压机-脱溶剂干燥机进行了中间试验。该机分为挤压、闪蒸、闪蒸和出料4个区，均采用在夹套中通过热油的方法来加热。将含胶16%~20%的顺丁橡胶苯溶液进行试验，夹套温度为230℃，第二区和第三区分别脱去80%和20%的溶剂，第四区温度降为100~130℃，成品胶中含苯小于1%。

日本住友公司将含胶10%的顺丁橡胶正己烷溶液预热至200℃、2MPa后，不经闪蒸浓缩，直接进入排气式挤压机挤压干燥，制得的胶中含挥发分仅0.2%[80]。

德国WP公司直接脱溶剂的ZSK系统采用中同向旋转的互相紧密啮合的双螺杆挤压机组[74]。它是在双螺杆塑料挤出机和混炼机基础上发展起来的，除具有一般双螺杆挤压机的优点外，还在排气口面积、数量和结构等方面有所创新。用于脱除胶液中的溶剂，可使胶液溶剂含量由40%~80%降至0.1%。

这些直接干燥法虽然工艺流程简单、克服了与水接触的凝聚法缺点，但存在生产能力低、设备结构复杂及安全等问题。

我国成都新都凯兴科技公司开发成功的差速螺杆捏合机[89]和往复旋转螺杆挤出机[90]用于直接挤压干燥是很有前景的。

（3）相分离法

在溶液聚合中，溶剂的分离回收是能耗很高的阶段。如顺丁橡胶溶液中的溶剂分离，若采用湿式凝聚，其能耗是最低理论能耗（相分离法）的1000倍。该能耗约占最终产品成本的10%[82]。直接干燥法是一种较理想的分离方法，但它对设备要求苛刻，能耗仍很高。为此，国外从20世纪70年代开始了新的分离方法的研究。

美国马萨诸塞理工学院Gutowski等利用临界溶液温度（LCST）原理，提出了用相分离法来分离顺丁橡胶溶液的工艺流程[83]，如图6-68所示。图6-68（a）是

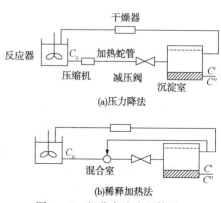

图6-68 相分离法流程简图

先将胶液在反应器稀释后由压缩机加压和加热蛇管加热、经减压阀减压再于沉淀室分解为两相，轻相经干燥器返回到反应器循环使用。图 6-68(b)是先将胶液加压加热、再减压、最后分解为两相，在进入沉淀室之前在混合室先与轻相混合稀释。两相分离是在螺旋线相分离区中进行的。还有一种流程是将上两种流程综合，把胶液稀释后加热加压、再减压，最后在螺旋线相分离区分为两相。

据报道，只要条件适当，初始反应温度足够高，沉淀釜温度足够低，无须加热、加压，经螺旋相分离后，富顺丁橡胶相含 30%的顺丁橡胶，富溶剂相含 1.5%的顺丁橡胶。胶液约有 30%分离为为富相，62%的稀释相可循环返回反应器继续使用。此法的能耗仅为传统釜式凝聚的 13.4%。

此外，由于临界溶液温度 LCST 一般高于溶剂的汽化温度，这时聚合物会有分解，有人提出加一种轻临界流体于溶液中，以便降低溶液的 LCST[84]。新提出的这种相分离法在理论上是非常节能的，有待进一步开发。

综上所述，采用湿法凝聚聚合物溶液的方法目前仍然是被生产广泛采用的现实有效的方法。

参 考 文 献

[1] 陈滇宝，王春，仲崇祺，唐学明．镍体系引发丁二烯聚合机理的研究．合成橡胶工业，1989，12(5)：337

[2] 郑友群，陈滇宝，仲崇祺，唐学明．镍系催化剂合成顺丁橡胶的开发研究．合成橡胶工业，1995，18(2)：72-78

[3] 黄健．镍催化剂体系丁二烯溶液聚合过程中水的作用及应用．石化技术，1995，2(4)：12-15

[4] 赵永兵．微量水对顺丁橡胶聚合反应的影响．炼油与化工，2006，(2)：33-35

[5] 张玲，廖海燕，仲崇祺，陈滇宝，唐学明．镍系新催化剂合成顺丁橡胶的研制．弹性体，1997(3)：7-13

[6] 高祯瑞．镍系催化剂各组分及聚合条件对丁二烯聚合影响的研究．青岛科技大学硕士学位论文，2005

[7] 徐春英．改性镍系催化剂催化丁二烯聚合的研究．青岛科技大学硕士学位论文，2007

[8] 焦书科，韩淑珍，孙玉凤．镍系催化剂存在下的丁二烯聚合动力学研究．北京化工大学学报(自然科学版)，1984(4)：61-69

[9] 朴光哲，丛悦鑫，唐学明．镍系催化丁二烯聚合动力学研究 Ⅰ聚合速率方程．青岛科技大学学报(自然科学版)，1991，(2)：1-5

[10] 朴光哲，丛悦鑫，唐学明．镍系催化丁二烯聚合动力学研究 Ⅱ聚合度与链转移．青岛科技大学学报(自然科学版)，1991，(3)：7-12

[11] 郑友群，邹君，张书华，仲崇祺，陈滇宝，唐学明．Ni(naph)₂-Al(iBu)₃-BF₃·ROH 体系催化丁二烯聚合 Ⅱ聚合动力学．弹性体，1994，(3)：5-12

[12] 张玲，仲崇祺，陈滇宝，徐玲，唐学明．新型镍体系催化丁二烯聚合动力学．弹性体，1997，(4)：5-9

[13] 田玉敏，华静，徐海兵，徐玲．亚磷酸酯类对镍系催化丁二烯聚合动力学的研究．弹性体，2010，20(3)：27-29

[14] 史云龙．镍催化体系合成高顺式聚丁二烯的研究．大连理工硕士学位论文，2005

[15] 黄健．镍催化体系丁二烯溶液聚合行为．燕山油化，1993，(4)：206-214

[16] 张伟, 董师孟, 戴干策. 非牛顿流体的微观混合. 华东理工大学学报, 1994. 5

[17] 陈滇宝, 仲崇祺, 朴光哲, 宗成中, 唐学明. 镍系催化丁二烯聚合. 化学反应工程与工艺, 1994, 10 (1)

[18] 崔恩州, 王春芙, 宗成中, 石桂菊, 唐学明. 镍系催化的顺丁橡胶分子量及其分布的调节. 青岛化工学院学报(自然科学版), 1995, (3): 258-261

[19] 王成铭, 单云凤. 我国顺丁橡胶技术发展及向外转让的关键. 燕山油化, 1992, 4: 193-197

[20] 黄健. BR 生产用镍催化体系的聚合活性和稳定性. 合成橡胶工业, 1994(3): 136-138

[21] 黄葆同, 沈之荃等著. 烯烃双烯烃配位聚合进展. 北京: 科学出版社, 1998: 174

[22] 王志勇, 仲崇祺, 李建廷, 陈滇宝, 唐学明. 镍体系预混丁二烯四元陈化体系聚合的研究, 青岛化工学院学报, 1989, 10(4): 17

[23] 黄葆同, 沈之荃等著. 烯烃双烯烃配位聚合进展. 北京: 科学出版社, 1998: 180

[24] 李文义, 仲崇祺, 陈滇宝, 唐学明. 新型镍系催化丁二烯聚合的活性研究. 青岛化工学院学报, 1989, 11(2): 20

[25] 陈滇宝, 梁玉华, 贺昭萍, 仲崇祺, 唐学明. 丁二烯聚合镍催化剂的磁性. 应用化学, 1992, 9 (5): 50

[26] 夏少武, 张华星, 陈涛. 镍系胶体催化剂耐热性能的研究, 青岛科技大学学报(自然科学版), 2003, 24(1): 12-15

[27] 阎铁良. 顺丁橡胶分子量及其分布与聚合温度的关系. 合成橡胶工业, 1989, 12(2): l34-135

[28] 张洪林, 丛悦鑫, 魏汝冰, 等. 低凝胶含量镍系顺丁橡胶的研究. 弹性体, 2008, 18(5): 11-14

[29] 张玲, 仲崇祺, 陈滇宝, 唐学明. 镍顺丁橡胶分子量控制. 弹性体, 1999, 9(3): 1-5

[30] 夏少武, 魏庆莉, 左银雪, 张书圣. 镍系胶体催化丁二烯聚合反应的研究——催化剂的相态. 化学学报, 1998(56): 1153-1158

[31] 戴干策, 董师孟, 张伟, 赵玲, 蔡志武. 顺丁橡胶聚合反应工程分析与生产装置技术改造探讨. 合成橡胶工业, 1993, (6): 327-330

[32] 邢震宇. 顺丁橡胶新生产工艺的研究. 炼油与化工, 2006, (2): 22-26

[33] 王文英. 顺丁橡胶催化剂预混工艺研究, 大庆石油学院硕士学位论文, 2006

[34] 刘炼, 赵永兵, 史云龙, 李树东, 廖明义, 张春庆, 张兴奎, 王文英, 王玉荣. 一种制备高顺 1,4- 聚丁二烯橡胶的预混工艺及制备方法, 中国专利 200510004882. X

[35] 戴干策, 董师孟, 张伟, 赵玲, 蔡志武. 顺丁橡胶聚合反应工程分析与生产装置技术改造探讨. 合成橡胶工业, 1993, (6): 327-330

[36] 乔三阳. 稀土催化丁二烯的本体聚合. 合成橡胶工业, 1993, 16(1): 11-15

[37] 苏纪才, 史庆和. 大型顺丁橡胶聚合釜关键部件的制造. 石油化工设备, 1993, 22(4): 45-46

[38] 包雨云, 刘新卫, 高正明, 施力田, 郑国军. 组合桨聚合釜内非牛顿流体的混合特性. 合成橡胶工业, 2004, 27(3): 142-145

[39] 李涛. 顺丁橡胶聚合首釜搅拌器的研究与开发. 北京化工大学硕士学位论文, 2000

[40] 张伟, 董师孟, 戴干策. 组合桨的混合性能研究, 合成橡胶工业, 1994, 17(5): 277-279

[41] 王良生, 戴干策. 双轴异桨组合搅拌器混合特性及传热性能研究. 合成橡胶工业, 1999, 22(1): 16 -22

[42] 戴干策, 董师孟, 张伟, 赵玲, 蔡志武. 顺丁橡胶聚合反应工程分析与生产装置技术改造探讨, 1993, 16(6): 327-330

[43] 大连工学院，北京化工学院，锦州石油六厂，北京胜利化工厂合编．顺丁橡胶生产．北京：石油化学工业出版社，1978

[44] 李维炯，冯连芳，王凯．用刮壁机构强化高粘流体的传热．合成橡胶工业，1992，15(2)：120-124

[45] 于鲁强，刘烨，冯连芳，王凯．刮壁桨搅拌功耗机理．化学反应工程与工艺，1996，12(4)：377-383

[46] 于鲁强，戴志潜，冯连芳，王凯，范西俊．刮壁搅拌桨的最优设计．化学工程，1997，25(4)：35-40

[47] USP4965327，1990

[48] 王凯，冯连芳著．混合设备设计．北京：机械工业出版社，2000

[49] 王定松．环管反应器在顺丁橡胶生产中的应用前景．合成橡胶工业，1995，18(4)：207-209

[50] 日本公开特许公报(日文)，昭54-155291

[51] 崔凤魁．我国镍系顺丁橡胶聚合过程的工程分析及其改进：I. 釜式反应器聚合工艺．合成橡胶工业，1992，15(3)：135-138

[52] 崔凤魁．我国镍系顺丁橡胶聚合过程的工程分析及其改进：II. 管式组合反应器聚合工艺，合成橡胶工业，1992，15(4)：200-204

[53] 虞乐舜．合成橡胶工业，1979，2(4)：289

[54] н н слуцман. жпх，1972，45 (9)：2058

[55] G Didrusco, et al. Chem. Ind. (Milan)，1968，50 (4)：407

[56] н н слуцман. жпх，1973，46 (6)：1375

[57] 虞乐舜．合成橡胶工业，1990，13(1)：9

[58] US 3250313，1962

[59] 虞乐舜．合成橡胶工业，1990，13(2)：88

[60] 陈力军．合成橡胶工业，2013，41 (1)：7

[61] 虞乐舜．吉化技术，1977，(2)26

[62] Lan White. I. E. C. Fundam，1976，15 (1)：53

[63] 虞乐舜．合成橡胶工业，1978，1(5)：1

[64] 虞乐舜．合成橡胶工业，1980，3(3)：145

[65] 虞乐舜．合成橡胶工业，1984.7(6)：416

[66] 张永玲．合成橡胶工业，1984，7(1)：1

[67] 徐世艾，王凯，等．化学工程，2000，28(2)：42

[68] 徐世艾，王凯，等．合成橡胶工业．2000，23(2)：88

[69] 徐世艾，冯连芳，顾雪萍，王凯．合成橡胶工业，1999，22(4)

[70] 徐世艾，冯连芳，顾雪萍，王凯．化工冶金，2000，21(4)：1

[71] 徐世艾，冯连芳，顾雪萍，王凯．合成橡胶工业，1997，20(6)：369

[72] 徐世艾，冯连芳，顾雪萍，王凯．齐鲁石化，1997，25(2)：142

[73] 徐世艾，冯连芳，顾雪萍，王凯．化学工业与工程，2000，17(5)：1

[74] 徐世艾，冯连芳，顾雪萍，王凯．高校化学工程，2000，14：1

[75] US 3933574

[76] 谢正良．湖南化工，1988，(3)：45

[77] 日立公司．日本公开特许公报(日文)，昭59—76，1984

[78] 袁永根，谢善航，张光明，等．合成橡胶工业，1993，16(1)：53

[79] US 3963558，1976

［80］住友化学工业公司. 日本公开特许公报（日文），平 1-53682，1989

［81］林代贵，李树菊. 合成橡胶工业，1993，16(6)：365

［82］Gutowski T G，Suh N P，Cangialose C，et al. Polym Engin Sci，1983，23(4)：230

［83］Gutowski T G，Suh N P. US 4444922，1984

［84］Mcclellan，A. K.，Mchugh，M. A. Polym. Engin. Sci.，1985，25 (17)：1088

［85］USSR 50960622；USSR 1085982

［86］成都新都凯兴科技公司. ZL02222943. 4

［87］成都新都凯兴科技公司. ZL03250106. 4

［88］成都新都凯兴科技公司. ZL0420034533. 3

［89］成都新都凯兴科技公司. ZL00244986. 2

［90］成都新都凯兴科技公司. ZL03249816. 0

［91］中国青岛伊科思新材料股份有限公司：虞旻，韩方煜. CN101054447，2007

［92］中国青岛伊科思新材料股份有限公司：虞乐舜，韩方煜. ZL200810138199. 9，2010

第7章　丁二烯橡胶的加工技术和应用

7.1　顺丁橡胶的加工技术

7.1.1　顺丁橡胶的性能特点

高顺式丁二烯橡胶统称为顺丁橡胶，顺丁橡胶的单元组成及空间结构决定了其物理机械性能和加工工艺性能。顺丁橡胶的顺式1,4结构含量高，分子结构比较规整，主链链节中双键含量多于丁苯橡胶(SBR)，与天然橡胶(NS)相似，但分子链上无取代基团，分子间作用力小，柔性好，因此具有如下性能特点：

① 易冷流。顺丁橡胶生胶或未硫化的混炼胶胶料在存放过程中较易流动变形，因此对生胶的包装、贮存和半成品的存放都需要有较高的要求。

② 加工性能差。顺丁橡胶的加工性能不如乳聚丁苯橡胶。与其他合成橡胶相似，顺丁橡胶不需要塑炼。在混炼时，顺丁橡胶对温度的敏感性强。用开炼机混炼，容易发生脱辊、破边等现象，且随温度升高，越容易脱辊。在密炼机中混炼，容易发生打滑、挂不上负荷、排胶结团性差等现象，因此在密炼机中炼胶时，填充量要比NR和SBR多10%~15%。

③ 抗机械降解性好。顺丁橡胶经过塑炼薄通，其门尼黏度下降幅度比天然橡胶小得多，也比丁苯橡胶小，因此在需要延长混炼时间时，对胶料的口型膨胀及压出速度几乎无影响。

④具有高填充性。与天然橡胶和丁苯橡胶相比，可填充更多的补强填充剂和操作油。顺丁橡胶具有较强的炭黑润湿能力，使炭黑在其中的分散度较高，混炼胶均匀性好，可保持较好的物理机械性能，同时也有利于降低产品的生产成本。

⑤ 流动性好。用顺丁橡胶制造的模压橡胶制品，其混炼胶柔性高，流动性好，很少出现缺胶现象。

⑥ 黏性差。顺丁橡胶的自黏性及与其他胶料的互黏性差，在配方中即使加入增黏树脂，其自黏性仍低于加入相同量增黏树脂的丁苯橡胶和天然橡胶，如图7-1所示[1]。

⑦ 生胶强度低。顺丁橡胶混炼胶应力——应变曲线与NR及SBR对比见图7-2，可知顺丁橡胶的屈服强度和断裂强度均较低。

⑧ 硫化速度中。在相同硫化体系下，顺丁橡胶的硫化速度快于丁苯橡胶，与天然橡胶接近。

⑨ 力学性能低。顺丁橡胶硫化胶的拉伸强度和撕裂强度均低于天然橡胶和丁苯橡胶，与二者的并用胶中随着顺丁橡胶用量的增加，硫化胶的物理机械性能逐渐下降。

⑩ 回弹性高。所有通用合成橡胶中顺丁橡胶的回弹性最高，而且能在很宽的温度范围内，甚至在-40℃时还能保持较高回弹性。

⑪ 生热低、滞后损失小。顺丁橡胶高分子的链段运动所需要克服的分子链阻力和分子间作用力小，当作用于高分子的外力消失后，分子链能较快恢复原状，有利于往复变形，因此内摩擦小。

⑫ 耐屈挠性能优异。顺丁橡胶具有优异的耐动态裂口生成性能，但出现裂口后的裂口

增长速度较快。

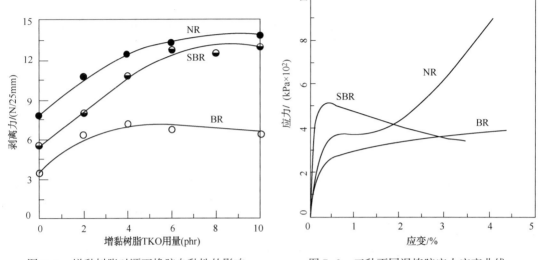

图7-1　增黏树脂对顺丁橡胶自黏性的影响　　　　　图7-2　三种不同混炼胶应力应变曲线

注：phr=100 份橡胶的含量

⑬ 耐磨性能优异。对耐磨性要求较高的橡胶制品（如轮胎、鞋底、鞋后跟等），并用一定量的顺丁橡胶，能够使橡胶制品的耐磨性明显提高，延长其使用寿命。

⑭ 抗湿滑性差。轮胎胎面胶中顺丁橡胶的并用比例较高时，易造成轮胎打滑，会降低汽车行驶的安全性。因此，顺丁橡胶在轮胎胎面胶中的最高并用量一般不超过 50 份。

⑮ 水吸附性低。顺丁橡胶的吸水性低于天然橡胶和丁苯橡胶，这一性能可使顺丁橡胶用于绝缘电线等需耐水的橡胶制品中。

⑯ 低温性能好。高顺式顺丁橡胶具有较低的玻璃化转变温度，T_g 约为-110℃，而天然橡胶约为-73℃，丁苯橡胶约为-60℃，轮胎胎面胶中并用高顺式顺丁橡胶在寒带地区仍可保持较好的使用性能。因此顺丁橡胶与其他胶种并用可以改善胶料的低温性能[2]。

⑰ 与其他橡胶的相容性好。顺丁橡胶与天然橡胶、丁苯橡胶以及氯丁橡胶等都有较好的相容性，但与丁腈橡胶的相容性不好。在丁腈橡胶中可以并用 25~30 份的顺丁橡胶，如并用量过高，胶料的耐油性下降。

顺丁橡胶可以应用于各种类型及各种规格的轮胎生产中，包括航空胎、力车胎、摩托车胎等，也适用于输送带、胶管、胶带、胶鞋以及其他各种橡胶制品中。顺丁橡胶在合成橡胶中的消耗量仅次于丁苯橡胶，其广泛的应用离不开配合技术和加工工艺技术的发展。

7.1.2　配合技术

顺丁橡胶的优缺点都很突出，耐低温性能、耐磨性以及低生热性能都很优异，但抗撕裂性能、抗湿滑性以及抗刺扎性却相对较弱，因此在制作橡胶制品的工业生产中很少单独使用，一般情况下都需要与丁苯橡胶或天然橡胶等胶种并用。顺丁橡胶的配合技术与 NR、SBR 类似，无炭黑补强的纯胶配合，其硫化胶的强度很低没有实用价值，因此一般情况下需要使用补强填充剂和硫化促进剂等作为基本配合。顺丁橡胶的标准评价方法是参照溶液聚合型丁二烯橡胶（BR）评价方法 ISO2476 或 GB/T8660 进行的[3]，其基本配方见表7-1。可以用此配方和相应的加工工艺，根据硫化仪试验数据和应力-应变性能评价顺丁橡胶的产品质量。

表 7-1　顺丁橡胶标准实验配方

原 材 料	用量/质量份	
	非充油胶	充油胶
丁二烯橡胶	100.00	100.00[①]
氧化锌	3.00	3.00
工业参比炭黑	60.00	60.00
硬脂酸	2.00	2.00
ASTM 标准油	15.00	—
硫黄	1.50	1.50
促进剂 TBBS[②]	0.90	0.90
总计	182.40	167.40

①指含填充油的橡胶为 100 份。以充油量(质量分数)为 37.5% 的充油 BR 为准。

②TBBS——N-叔丁基-2-苯并噻唑次磺酰胺。

与评价丁苯橡胶的标准实验配方相比[参照乳液和溶液聚合型苯乙烯-丁二烯橡胶(SBR)评价方法即 ISO2322 或 GB/T8656[4]，见表 7-2]，在非充油胶中，顺丁橡胶的炭黑填充量为 60 份(比丁苯橡胶多 10 份)，同时硫黄和促进剂的用量相对较少，这与顺丁橡胶高分子的结构特性相关。

表 7-2　丁苯橡胶标准实验配方

原 材 料	用量/质量份	
	非充油胶	充油胶[①]
SBR	100.00	137.50
氧化锌	3.00	3.00
工业参比炭黑	50.00	68.75
硬脂酸	1.00	1.00
硫黄	1.75	1.75
促进剂 TBBS	1.00	1.38
总计	156.75	167.40

①充油胶为 100 质量份基础胶中填充 37.5 质量份的油。

1. 硫化体系

顺丁橡胶的硫化一般采用硫黄硫化体系，也可采用无硫黄硫化的过氧化物硫化体系。顺丁橡胶含炭黑胶料的硫化速度介于 NR 和 SBR 之间。顺丁橡胶硫黄硫化体系中，硫黄用量一般为 0.5~1.5 份，最适宜的促进剂为次磺酰胺类，如促进剂 CZ(N-环己基-2-苯并噻唑基次磺酰胺)、NS(N-叔丁基-2-苯并噻唑基次磺酰胺)、NOBS(N-氧联二亚乙基-2-苯并噻唑基次磺酰胺)和 DIBS(N,N-二异丙基-2-苯并噻唑基次磺酰胺)、DZ(N,N-二环己基-2-苯并噻唑基次磺酰胺)及促进剂 M(2-疏基苯并噻唑)等，其中促进剂 CZ 的硫化速度较快，用量为 0.6~1.0 份，促进剂 NS、NOBS 硫化速度稍慢，用量要适当增加，以 0.8~1.2 份为宜。如果需要加快硫化速度，可加入 0.1~0.3 份的活性剂、促进剂 D(二苯胍)、促进剂 DOTG(二邻甲苯胍)或促进剂 TMTD(二硫化四甲基秋兰姆)等。常用促进剂的硫化速度由快到慢的顺序为：CZ>M>NS>NOBS>DIBS>DZ，焦烧时间由长到短的顺序为：DZ>DIBS>NS>

NOBS>CZ>M。采用不同促进剂的顺丁橡胶胶料及 BR/SBR 并用胶料的性能对比见表 7-3 和表 7-4[5]。可以看出，虽然同为次磺酰胺类促进剂，但对顺丁橡胶的硫化速度和焦烧时间影响不同，对硫化胶的力学性能也会产生一定影响。顺丁橡胶与 SBR 并用后，胶料的焦烧时间均相应延长，硫化速度也相应变慢。不同促进剂对并用胶的焦烧时间和硫化速度影响趋势相似，但对其硫化胶的力学性能影响较小。近年来，为适应环保要求，含有能产生亚硝胺类致癌性物质的仲胺类促进剂逐渐被淘汰，如 NS 取代了 NOBS，但在促进剂的替代过程中特别要注意对胶料各种物理性能的影响。

表 7-3 采用不同促进剂种类和用量的 BR 胶料性能对比

配 方 编 号	1	2	3	4	5
促进剂种类/用量/份	CZ/1.2	NOBS/1.2	NS/1.2	NS/0.6	NS/1.8
门尼焦烧(125℃)					
t_5/min	25.92	40.15	30.92	36.00	27.17
t_{35}/min	29.83	50.08	36.58	47.33	32.00
Δt_{30}/min	3.92	9.83	5.67	11.33	4.83
硫化仪(155℃)					
T_{10}/min	6.0	8.9	7.3	8.3	6.8
T_{90}/min	9.4	14.7	11.0	16.6	9.7
硫化速度指数	12.8	16.5	14.7	24.9	12.6
硫化胶性能					
硫化时间(150℃)/min	30	30	30	30	20
硬度(JIS)	64	64	66	61	68
100%定伸应力/MPa	2.74	2.45	3.14	2.45	3.43
200%定伸应力/MPa	5.89	5.59	7.06	5.19	8.23
拉伸强度/MPa	14.4	12.9	13.1	15.2	9.90
扯断伸长率/%	367	335	324	437	239

表 7-4 采用不同促进剂的 BR/SBR 胶料性能对比[①]

配 方 编 号	1	2	3	4
促进剂种类/用量/份	CZ/1.2	NOBS/1.2	NS/1.2	NS/D=1.0/0.2
门尼焦烧(125℃)				
t_5/min	29.83	49.33	34.92	41.25
t_{35}/min	33.17	55.67	39.50	45.83
Δt_{30}/min	3.34	6.33	4.58	4.58
硫化仪(150℃)				
T_{10}/min	7.6	11.7	9.2	7.6
T_{90}/min	14.2	18.6	14.3	13.1
硫化速度指数	20.8	25.5	19.4	18.6
硫化胶性能				
硫化时间(150℃)/min	30	30	30	30
硬度(JIS)	63	64	64	65

配 方 编 号	1	2	3	4
200%定伸应力/MPa	6. 27	6. 07	6. 37	6. 17
300%定伸应力/MPa	10. 58	10. 78	10. 88	10. 98
拉伸强度/MPa	15. 2	14. 7	14. 7	15. 0
扯断伸长率/%	409	405	391	405

①配方：BR9000 70，SBR1712 41.3，ZnO 3.0，硫黄 2.0，硬脂酸 2.0，HAF 炭黑 70，芳烃油 15.0，防老剂 D 1.0，促进剂变量。

顺丁橡胶也可以采用硫黄与硫黄给予体(如 DTDM、秋兰姆类等)相结合或低硫高促的半有效硫化体系，这种硫化体系既可以保证较好的物理机械性能，也可得到较好的耐老化性能。表 7-5 为采用低硫高促后提高了顺丁橡胶抗撕裂强度的配方和性能。

表 7-5 具有高抗撕裂强度的顺丁橡胶配方和性能

原 材 料	质 量 份	性 能	指 标
顺丁橡胶	100	硫化仪，150℃	
中超耐磨炉黑	50	T_{10}/min	1. 25
氧化锌	0. 35	T_{90}/min	2. 00
促进剂 DETU	0. 3	硬度/JIS	60
促进剂 CZ	1. 6	拉伸强度/MPa	19. 3
促进剂 TET	0. 2	扯断伸长率/%	650
防老剂	2. 0	撕裂强度(B 型)/(kN/m)	10. 3
硫黄	0. 6	硫化条件：150℃×15min	

注：DETU—N,N'-二乙基硫脲；CZ—N-环己基-2-苯并噻唑次磺酰胺；TET—二硫化四乙基秋兰姆。

顺丁橡胶采用无硫黄硫化体系进行硫化时，可用过氧化二异丙苯(DCP)或秋兰姆类作硫化剂。用过氧化二异丙苯作硫化剂，硫化速度慢，老化后其硫化胶的拉伸强度下降很大，因此，该硫化体系一般较少应用。秋兰姆类作硫化剂，硫化速度可以达到硫黄-促进剂体系的水平，且老化后性能保持较好。常用硫黄给与体有 DTDM(4，4'-二硫代二吗啉)、TMTD(二硫化四甲基秋兰姆)、MDB(2-吗啉二硫代-苯并噻唑)等。

2. 补强填充体系

顺丁橡胶的自补强性不高，实际应用时必须使用炭黑作补强剂，其补强系数为 1.8~3.1。炭黑是顺丁橡胶最好的补强剂。与丁苯橡胶和天然橡胶相比，顺丁橡胶对炭黑的润湿能力强，因此，可在顺丁橡胶中高比例填充炭黑。随着炭黑用量增加，混炼胶的门尼黏度增大，硫化胶的硬度、定伸应力增大，挤出收缩率、扯断伸长率、回弹性减小。炭黑的补强作用，与炭黑的粒径、表面活性、结构性有关。大量的试验表明：炭黑粒径越小，比表面积越大，表面活性越大，结构性越高，对顺丁橡胶的补强效果越好。根据我国多年试验结果，在所有炉法炭黑中，炭黑的粒子越细，耐磨性越好。如中超耐磨炉黑的耐磨性优于高耐磨炉黑，而超耐磨炉黑又优于中超耐磨炉黑。

顺丁橡胶也可以用白色填料如白炭黑、陶土、碳酸钙和碳酸镁等作为浅色橡胶制品的补强填充剂，但只有白炭黑、碳酸镁的补强作用较好，碳酸钙几乎没有补强作用。在白色填充剂的配方中，需要添加活性剂如二甘醇、聚乙二醇等降低白色填料对促进剂的吸附作用，用于缩短硫化时间，提高硫化速度。表 7-6 为顺丁橡胶采用各种填充剂后的性能比较，不同填充剂之间的补强效果差别较大。

表 7-6　采用各种不同填充剂顺丁橡胶的性能

填充剂	无填充剂	轻质碳酸钙	木质素改性碳酸钙	滑石粉	白艳华 O	碱式碳酸镁	白炭黑	HAF 炭黑
配合量/份	—	100	100	100	100	100	50	50
硫化时间（148℃）/min	50	15	15	15	15	15	15	15
300%定伸应力/MPa	—	—	3.9	4.9	4.2	4.7	5.2	—
拉伸强度/MPa	2.7	2.7	12.8	9.2	15.4	7.6	14.0	14.4
扯断伸长率/%	250	260	630	480	740	440	610	260
硬度（JIS）	46	61	64	64	65	64	62	71
撕裂强度（A 型）/(kN/m)	0.8	1.3	2.6	2.3	3.1	2.2	4.9	2.7
阿克隆磨耗/(mm^3/1.61km)	3	2.9	1.6	2.5	2.6	2.2	0.9	0.1
回弹性/%	78	55	47	52	47	45	47	53

　　配方：BR9000 100，硬脂酸 1，氧化锌 5，硫黄 2，促进剂 1，填充剂 见表中。

　　3. 防护体系

　　顺丁橡胶与天然橡胶相比双键碳原子上少一个甲基，因此，顺丁橡胶的耐热氧老化性能及抗硫化返原性能均优于 NR，但比 SBR 差。顺丁橡胶的静态抗臭氧老化性能比 NR、SBR 均差。

　　顺丁橡胶在受光氧或热氧老化时，开始以分子链断裂为主，随后分子链之间的 C—C 键进行交联。老化后胶料的物理性能表现为硬度和定伸应力逐渐提高，回弹性、拉伸强度、撕裂强度及扯断伸长率下降，最后导致胶料发脆，失去使用价值。为保证橡胶制品的使用寿命，在使用顺丁橡胶或者与天然橡胶及丁苯橡胶并用时，必须加入防老剂。

　　防老剂的种类应根据橡胶制品的不同要求而选择适当的防老剂。顺丁橡胶用于浅色制品时，应选用非污染型防老剂，在常用的非污染型防老剂中，酚类防老剂 264 及 SP（苯乙烯化苯酚）抗老化能力较差，多用于合成橡胶聚合时最终产品的稳定剂，或用于对老化性能要求不高的橡胶制品。对于老化防护要求较高的浅色制品，宜采用防老剂 2246、WSP（2，2′-亚甲基双[4-甲基-6-(α-甲基环己基)苯酚]）等抗老化能力强的防老剂。

　　顺丁橡胶用于深色制品包括轮胎部件中时，一般选用综合防护性能优异且价格低廉的污染型防老剂。对顺丁橡胶热氧老化的防护以防老剂 RD、EDTMQ 等效果最佳；防老剂 MB 与4020、IPPD 并用也可以获得优异的抗热氧老化性能。防老剂 4020 和 IPPD 等对顺丁橡胶的抗臭氧老化具有很好的防护作用；对苯二胺类防老剂对顺丁橡胶的抗动态疲劳性能有显著效果，可以明显降低胶料的龟裂生成和裂口增长。普通石蜡、微晶石蜡或二者的并用体，可改善胶料的静态防护性能以及抗臭氧老化性能。

　　在轮胎中顺丁橡胶用量较多的部件，如胎面胶和胎侧胶，一般需要进行综合防护，多用两种或两种以上防老剂并用体系，如防老剂 4020、RD 以及防护蜡等进行并用，这种防护体系能够在臭氧、热氧、屈挠三方面同时达到满意的防护效果。

　　4. 其他配合剂

　　由于顺丁橡胶塑炼效果较差，为使其与其他添加剂的混炼易于操作和加工，通常需要使用软化剂。加入软化剂不仅可改善胶料的加工性能，还可以降低生产成本。软化剂的种类很多，目前多采用的为石油系类的软化剂。在混炼过程中加入的软化剂又称操作油，大部分操作油都可与顺丁橡胶相溶，如芳烃油、环烷烃油和链烷烃油都可作顺丁橡胶的操作油，其中以芳烃油最佳。对于浅色橡胶制品的配合，最好使用污染性和变色性小的环烷烃和链烷烃油。

当顺丁橡胶中使用 50 份高耐磨炉黑时，加入操作油后，对胶料物理性能的影响如下：

① 焦烧时间延长，加工安全性提高。

② 门尼黏度下降，加工流动性能改善。

③ 硬度和定伸应力下降，扯断伸长率增大。

④ 随操作油用量增加，拉伸强度和回弹性下降。

⑤ 操作油用量较低时，撕裂强度比不加油时高；随操作油用量增加，胶料撕裂强度稍有下降。

各种操作油对顺丁橡胶混炼胶和硫化胶性能的影响如表 7-7 所示，从表中可以看出，各种操作油都可以明显降低混炼胶的门尼黏度，改善加工性能。对于高芳烃油，可延缓胶料的焦烧时间，提高硫化胶的抗撕裂性能和耐屈挠性，而锭子油则可增大硫化胶的 300% 定伸应力和硬度，含链烷烃油(石蜡油)的硫化胶耐热老化性较差。

表 7-7　各种操作油对顺丁橡胶物理性能的影响[①]

配 方 编 号	1	2	3	4	5
操作油种类	芳烃油	环烷油	石蜡油	锭子油	空白试验
混炼胶性能					
门尼黏度 $ML_{1+4}^{100℃}$	48	49	49	51	91
门尼黏度(125℃)	34	34	33	35	71
门尼焦烧					
t_5/min·s	41.37	34.70	30.97	31.25	20.43
t_{35}/min·s	45.77	38.83	34.85	34.73	23.82
Δt_{30}/min·s	4.04	4.13	3.88	3.48	3.38
硫化胶性能					
正硫化时间(145℃)/min	30	30	30	30	20
100% 定伸应力/MPa	1.3	1.3	1.2	1.4	2.5
300% 定伸应力/MPa	4.5	5.5	5.4	6.0	11.7
拉伸强度/MPa	17.2	17.4	18.1	16.9	21.4
扯断伸长率/%	620	620	640	640	620
永久变形/%	5	5	5	5	4
硬度(邵尔 A)	50	50	48	53	63
70℃×96h 老化					
100% 定伸应力变化率/%	23	50	41	73	33
300% 定伸应力变化率/%	32	51	50	18	42
拉伸强度变化率/%	−11	−8	−31	−15	−2
扯断伸长率变化率/%	−20	−27	−31	−14	−24
硬度变化(邵尔 A)	+8	+8	+9	+9	+5
70℃×22h 老化					
压缩永久变形/%	17	15	17	14	15

续表

配 方 编 号	1	2	3	4	5
撕裂强度/(kN/m)	39	37	37	37	54
回弹性/%	60	60	62	62	62
德墨西亚屈挠/次	1500	900	1200	800	2900
Goodrich 压缩生热[②]					
生热/℃	16	14	15	14	18
终动压缩率/%	2.21	1.97	2.82	1.87	1.97
永久变形/%	28.5	27.2	27.9	24.7	22.4

①胶料配方为(份)：BR9000 100，中超耐磨炉黑50，氧化锌3，硬脂酸2，硫黄2，促进剂CZ1，操作油25。
②试验条件：行程0.175in，载荷241b。

　　增黏剂也是顺丁橡胶中需要添加的橡胶助剂之一。顺丁橡胶本身的自黏性和与其他胶料的互黏性较低，因此在多层复合橡胶制品中，为了增加顺丁橡胶的黏性，可根据需要选择不同种类和不同用量的增黏剂。增黏剂虽然是胶料中非反应性添加剂，不参与橡胶的硫化反应，但是不同的增黏剂对顺丁橡胶的加工性能和物理性能也会产生不同的影响，因此在配方设计中需要根据性能要求进行适当选择。表7-8列出了不同的增黏剂(增黏树脂)对顺丁橡胶硫化特性、物理性能以及自黏性的影响。

表7-8　不同的增黏树脂对顺丁橡胶性能及自黏性的影响

性　　能		空白	烷基苯酚树脂	苯酚乙炔树脂	松香树脂	石油树脂	古马龙树脂
门尼焦烧时间/min·s		20.00	14.37	16.55	26.21	21.56	20.55
拉伸强度/MPa		14.7	17.7	16.0	17.1	14.7	15.4
300%定伸应力/MPa		10.8	6.6	7.7	7.5	7.1	8.1
扯断伸长率/%		360	570	490	540	470	450
硬度(JIS)		62	55	58	56	57	59
撕裂强度(A型)/(kN/m)		4.7	4.9	5.0	5.1	4.7	5.0
自黏性/ (g/cm) (胶片存 放时间)	0 小时	550	560	670	560	560	660
	1 天后	420	590	630	540	410	430
	4 天后	350	570	580	370	340	420
	7 天后	260	640	510	380	370	300

　　注：胶料配方：BR9000 100，炭黑50，操作油5，氧化锌3，硬脂酸3，硫黄1.5，促进剂CZ 1.5，防老剂1，增黏剂用量为3份。

7.1.3　加工工艺

1. 塑炼和混炼

　　常用的顺丁橡胶门尼黏度一般为40~55，通常使用时不需要塑炼，可以直接进行混炼。但是，对某些门尼黏度值较高的顺丁橡胶，通过机械塑炼可适当降低胶料的门尼黏度，改善加工性能，而对其物理机械性能影响不大。高门尼顺丁橡胶塑炼胶与初始门尼黏度低的顺丁橡胶相比，具有较好的物理机械性能。顺丁橡胶在塑炼初期，门尼黏度有一定的降低，随后变化则很小。塑炼虽然对顺丁橡胶的可塑度影响很小，但是适当塑炼能使橡胶质地均匀，易于混炼操作，并且在开炼机上进行塑炼时，温度变化不大。

顺丁橡胶与配合剂的混炼工艺与其他橡胶有一定的差别。生胶门尼黏度对辊筒混炼工艺影响较大。对于中等或稍高门尼黏度的顺丁橡胶，由于其生胶及混炼胶的内聚强度低，黏附性和自黏性弱，在混炼过程中，生胶易呈现破碎状，配合剂分散初期易发生脱辊，与炭黑混合时会形成较硬的片状，不易包辊，加入操作油，延长混炼时间，这些现象则会有所改善。

不同品种的丁二烯橡胶（BR）其混炼特性也有所不同。高顺式 BR 的混炼性能较好，有较好的包辊性和分散性。开炼时的辊温宜低于天然橡胶，以 40~50℃ 为宜。中顺式 BR 要求温度更低一些。低顺式 BR 因分子量分布窄故加工性能比高顺式 BR 差。不同催化体系合成的丁二烯橡胶在不同混炼温度下的混炼性能特点见表 7-9。

表 7-9　不同催化体系丁二烯类橡胶的混炼特性

催化体系	结构含量			混炼温度							
				25℃		40℃		60℃		75℃	
催化剂	顺式 1,4 含量/%	反式 1,4 含量/%	乙烯基含量/%	生胶	炭黑胶料	生胶	炭黑胶料	生胶	炭黑胶料	生胶	炭黑胶料
Ni	97.0	2.0	1.0	好	好	好	好	好	中等	中等	中等
Co	97.0	1.5	1.5	好	好	好	好	中等	中等	差	差
Ti	91.0	4.5	4.5	好	好	中等	中等	差	差	差	差
Li	32.6	55.4	12.0	差	差	差	差	差	差	中等	中等

（1）开炼机混炼

高顺式 BR 由于其结构比较规整，分子链支化度低，玻璃化转变温度（T_g）低，冷流性大，因此对温度的敏感性大。开炼机混炼时宜采用两段混炼，一般保持辊温在 40~50℃，前辊温度低于后辊 5~10℃，则可以得到光滑密实的胶料。当辊筒温度不适宜时，很容易产生胶料脱辊现象，造成操作上的困难和分散不均。除了控制辊筒温度外，同时可采用缩小辊距（一般为 3~5mm），减小速比或采用负速比，另外还可以在配方中加入有利于包辊的加工助剂，如增黏剂或软化剂等。

开炼机混炼时第一段先加生胶、氧化锌和防老剂，割刀混合并薄通，然后加入 1/3 炭黑、硬脂酸和操作油，放宽辊距再加入剩余的炭黑，割刀，翻炼均匀，最后下片，停放。第二段辊温宜在 40℃ 以下，先加一段母胶，包辊混匀后加促进剂和硫黄，待小料全部混入后割刀薄通下片，得到混合均匀的混炼胶。混炼后的胶料经过停放过夜后再进行翻炼薄通，可使胶料中的配合剂分散更加均匀。

（2）密炼机混炼

高顺式 BR 在密炼机中的混炼比用开炼机混炼更容易，但由于高顺式 BR 用密炼机混炼时，胶料在密炼机中易打滑。所以密炼时的填充系数一般要比天然橡胶或丁苯橡胶的胶料增加 10%~15%，混炼温度也可稍高，以利于配合剂的分散，100% 顺丁橡胶混炼胶排胶后的结团性较差。高顺式 BR 与其他胶种并用时，两种橡胶的门尼黏度基本相等时可以达到最佳混炼效果，两种橡胶的门尼黏度差距较大时，可先对高门尼黏度橡胶进行塑炼，再加入低门尼黏度橡胶进行混炼。

2. 压延和挤出

由于高顺式 BR 的热撕裂强度低，对温度敏感，压出时适应温度范围较窄，因此，在压延和挤出过程中要注意对温度和速度的控制调节。

低温压片时高顺式 BR 的压延收缩率较天然橡胶小，因此，二者并用时，并用胶胶料的压延温度应低于全天然橡胶胶料。当天然橡胶和丁苯橡胶与 20 份以下的高顺式 BR 并用时，可以较大地改善胶料的压延性能，并可以提高低温下的压延速度。帘布层胶中高顺式 BR 并用量 30 份以下时，可以保证压延顺利进行。

在并用高顺式 BR 胶料的挤出时，挤出速度不宜过快，一般需控制较低的挤出机头及口型温度，尤其是挤出口型板的温度要充分冷却，否则容易出现胶片的破边现象。在胶料中填充高结构炭黑并增加炭黑和操作油的填充量都有利于降低胶料的收缩率。

3. 成型

由于高顺式 BR 的黏性较差，当高顺式 BR 的并用量较高时，成型时需要注意制品的连接接头，对于多层复合制品，需要注意层与层之间的黏接。一般情况下，在制品的接头处或层与层之间需要涂刷胶浆或胶黏剂，或者在配方设计时加入增黏剂，以增加胶料的黏着性。

高顺式 BR 有较大的冷流性，易变形，因此，成型好的半成品宜单个停放，不能受压，否则易变形，影响后面工序的加工。

4. 硫化

高顺式 BR 在模型中易流动充满模腔，有利于模型硫化。硫化时可采用与天然橡胶和丁苯橡胶相似的硫化条件。因高顺式 BR 老化性能差，硫化不宜过度，过硫后会引起定伸应力、生热以及磨耗等性能的下降。

5. 并用

高顺式 BR 由于在拉断强度、抗湿滑性、抗崩花掉块以及加工性能方面存在着诸多缺陷，一般在工业生产中高顺式 BR 很少单独使用，而是与其他橡胶并用，充分发挥高顺式 BR 的回弹性高、生热低、耐磨性好、耐屈挠性好及耐低温性能好等特性，同时弥补和改善其性能上的不足，使高顺式 BR 在橡胶制品中得到广泛应用。

高顺式 BR 与通用橡胶如 NR、SBR 及 CR 均有很好的相容性，而与 NBR 的相容性较差。并用时，一般高含量的聚合物为连续相，低含量的聚合物为分散相。当并用胶的比例为 50/50 时，低门尼黏度的胶料会成为连续相。

高顺式 BR 与 NR 和 SBR 并用，可以改善胶料的加工性能，聚合物的相分散较好。高顺式 BR 与 NR 和 SBR 的硫化速度相差不大，并用时有较好的硫化同步性。由于橡胶结构的差异，不同的橡胶对补强体系的润湿能力有所不同。顺丁橡胶对工业中常用补强剂炭黑有较强的润湿能力，因此通过适当的调整加工工艺，提高顺丁橡胶中炭黑的含量，可以有效提高并用胶料的物理性能。

顺丁橡胶与 CR、NBR 并用可以改善它们的耐磨性、耐寒性及回弹性，并降低 CR 的压缩生热及永久变形，改善 CR 混炼时的黏辊现象，但顺丁橡胶并用量增加会降低 CR 及 NBR 的耐油性。

7.2　顺丁橡胶的应用

7.2.1　轮胎中的应用

随着轮胎技术的发展，汽车轮胎由斜交轮胎向子午化方向发展，轮胎的断面越来越宽，断面结构的高宽比越来越低，因此顺丁橡胶在轿车轮胎的使用也逐渐发生了变化。斜交轮胎的胎面、胎侧、胎体用胶基本上为 NR/BR/SBR 三胶并用，子午线轮胎用胶则完全不同，不同部件的用胶越来越精细化，这是由三种通用橡胶之间的性能差异决定。轮胎不同部件所用胶种不同，应用的比例也不相同。表 7-10 比较了顺丁橡胶与天然橡胶、丁苯橡胶硫化胶的物理性能之间的差别，根据其性能差别，在实际应用中可以适当选择胶种及其并用比进行配方设计。

表 7-10 顺丁橡胶与天然橡胶、丁苯橡胶硫化胶的物理性能比较

性能	NR	SBR1500	BR9000
拉伸强度/MPa	28.0	23.8	17.5
扯断伸长率/%	520	580	500
300%定伸应力/MPa	12.6	9.8	8.4
生热/℃	4.4	19.4	4.4
回弹性/%	72	62	75
硬度(邵尔 A)	62	60	63

注：配方中均加入 50 份 HAF 炭黑。

1. 子午胎胎面胶中应用

顺丁橡胶用于轿车子午线轮胎胎面胶中，不同地域、不同用途、不同规格的轮胎采用顺丁橡胶的比例不尽相同，顺丁橡胶在胎面中的应用比例一般不超过 50 份，需要与天然橡胶或丁苯橡胶并用。由于顺丁橡胶的抗湿滑性较低，因此对于小规格、速度级别不高的普通轿车子午线轮胎，性能要求侧重于具有良好的耐磨性和较低的滚动阻力，对湿滑性要求不高，顺丁橡胶的应用比例会相对高一些。但随着轮胎速度级别的提高，对湿滑性提出了更高的要求，胎面胶使用顺丁橡胶的比例逐渐减少，甚至一些胎面胶全部采用丁苯橡胶而不再并用顺丁橡胶。表 7-11 列出了普通规格轿车子午线轮胎胎面胶配方及性能，该配方中采用了部分白炭黑，相对于全炭黑配方而言，滚动阻力较低，符合绿色环保方向的发展要求。表 7-12 列出了随白炭黑用量增加，轿车子午线轮胎胎面胶性能的变化。该配方体系中采用并用 20 份顺丁橡胶，虽然增加了白炭黑用量，但对耐磨性影响较小，同时滚动阻力和压缩生热明显降低，胶料的综合性能得到提高。

表 7-11 普通规格轿车子午线轮胎胎面胶配方及性能

原材料	用量/质量份	性　　能		指标
BR9000	20	硬度(邵尔 A)		68
SBR1712	110	拉伸强度/MPa		17.8
N375	50	扯断伸长率/%		400
白炭黑	20	300%定伸应力/MPa		14.0
Si69 50%	4	永久变形/%		10.5
硬脂酸	1.5	回弹性/%		25
氧化锌	2.5	密度/(g/cm³)		1.16
硫黄	1.7	滚动阻力/N	90km/h	47.5
促进剂 NS	1.5		120km/h	48.3
促进剂 D	0.4		140km/h	53.6
防老剂 4020	1			

续表

原材料	用量/质量份	性　能	指标
防老剂 RD	1		
防护蜡	1		
分散剂	2		
增黏树脂	3		

表 7-12　白炭黑用量增加轿车胎胎面胶性能的变化

配方编号	1	2	3	4	性　能	1	2	3	4
ESBR1712	110	110	110	110	硬度(邵尔 A)	66	68	69	69
BR9000	20	20	20	20	100%定伸应力/MPa	2.68	2.55	2.64	2.88
白炭黑	—	20	40	60	300%定伸应力/MPa	12.0	11.5	11.4	12.2
Si69	—	2	4	6	拉伸强度/MPa	20.1	21.7	21.5	18.9
N375	80	60	40	20	扯断伸长率/%	497	534	519	446
芳烃油	3	3	3	3	永久变形/%	10	15	17	15
氧化锌	3	3	3	3	撕裂强度/(kN/m)	52	51	52	53
硬脂酸	2	2	2	2	回弹性/%	35	37	36	36
防护蜡	1	1	1	1	磨耗/(cm³/1.61km)	0.10	0.08	0.08	0.09
防老剂 RD	1.5	1.5	1.5	1.5	压缩生热/℃	43.45	40.25	38.65	34.95
防老剂 4020	1.5	1.5	1.5	1.5	割口增长/mm(1 万次)	12.22	8.83	11.55	13.35
硫黄	1.6	1.6	1.6	1.6	耐切割失重百分数/%	2.48	2.35	2.24	2.08
促进剂 NS	1.4	1.4	1.4	1.4	滚动阻力值/(J/rev)	2.2	2.12	1.96	1.92
促进剂 DPG	—	0.5	1	1.5					

全钢载重子午线轮胎胎面胶，以天然橡胶为主。对于各种路况条件下(综合路面)使用的载重子午线轮胎，胎面胶基本上采用100%天然橡胶。对于较好路面或高速路面行驶的客货车，为了提高轮胎的耐磨性，延长使用寿命，减少翻新次数，胎面胶多采用顺丁橡胶与天然橡胶并用的配方设计，顺丁橡胶的用量一般在40份之内，也有采用以天然橡胶为主，并用少量丁苯橡胶和顺丁橡胶三胶并用的配方设计，但合成橡胶的比例不超过50份。表7-13为顺丁橡胶在全钢载重子午线轮胎胎面胶中应用配方和性能，可以看出，该配方胶料的耐磨性较好。

表 7-13　顺丁橡胶在全钢载重轮胎胎面胶中应用配方和性能

原材料	用量/质量份	性　能	指　标
BR9000	30	硬度(邵尔 A)	60
NR	70	拉伸强度/MPa	23.6
炭黑	53	扯断伸长率/%	570
硬脂酸	2	300%定伸应力/MPa	9.7
氧化锌	5	永久变形/%	14
硫黄	1.2	撕裂强度/(kN/m)	75
促进剂 NS	1.0	回弹性/%	51
防老剂 4020	1.5	压缩温升/℃	28.7

续表

原材料	用量/质量份	性　能	指　标
防老剂 RD	1.5	阿克隆磨耗/(mm^3/1.61km)	0.052
防护蜡	1		

2. 在子午线轮胎胎侧中应用

顺丁橡胶在子午线轮胎胎侧胶中的应用基本成熟，胎侧胶中并用顺丁橡胶的主要目的是提高轮胎的耐屈挠龟裂性，一般需与天然橡胶并用。无论是轿车、轻卡还是载重子午线轮胎，也包括工程子午胎和巨型轮胎，胎侧胶中胶种的并用比和配方的变化都不太大，常用顺丁橡胶与天然橡胶的并用比范围为 40/60 至 60/40，也有少数厂家使用顺丁橡胶的比例在 70 份以上，此时胎侧胶的耐撕裂性能会明显下降。对于大型轮胎，对胎侧胶的强度要求较高，因此天然橡胶的并用比例会增大，顺丁橡胶的比例会适当降低。

H. J. Kim 和 G. H. Hamed[6] 充分论述了乘用车(轿车和客车)胎中胎侧胶需要使用天然橡胶和顺丁橡胶并用胶的原因。单独使用顺丁橡胶的胶料，其拉伸强度和撕裂强度均较低，横向裂口增长的速度较快。单独使用天然橡胶的胶料，在 20~100℃ 内比使用顺丁橡胶或 NR/BR 并用胶具有更好的耐裂口增长性能，并且随温度升高，天然橡胶的强度增加。而在较低的温度下，两胶并用(NR/BR)比单独使用 NR 则具有更好的耐裂口增长性能。另外还对低顺式丁二烯橡胶的性能进行了分析与评价。因此从轮胎实际使用条件和胶料并用比的性能进行综合分析，胎侧胶采用两胶并用最为适宜。轮胎胎侧胶中使用 NR 和 BR 并用胶在 40/60 至 60/40 范围时，裂纹形成和裂纹增长可以达到最佳平衡，见图 7-3，并且能够得到优异的实用性能。表 7-14 列出了顺丁橡胶在普通子午线轮胎胎侧胶中应用的配方实例和性能。

表 7-14　顺丁橡胶在子午线轮胎胎侧胶中应用配方和性能

原材料	用量/质量份	性能		指标
BR9000	50	硬度(邵尔 A)		56
NR	50	拉伸强度/MPa		21.0
炭黑	50	扯断伸长率/%		630
操作油	6	300%定伸应力/MPa		7.2
硬脂酸	1	永久变形/%		4
氧化锌	3	撕裂强度/(kN/m)		54
促进剂 NS	0.8	回弹性/%		55
防老剂 4020	3	曲挠割口增长/mm	1 万次	6.85
防老剂 RD	1		2 万次	9.42
防护蜡	1.5			
硫黄	1.5			

3. 在轮胎其他部件中应用

由于顺丁橡胶的黏性较差，与钢丝的黏合强度低，因此在子午线轮胎胎体中很少使用顺丁橡胶，但在斜交轮胎的胎体中，通常采用三胶并用(NR/SBR/BR)的方式并用少量顺丁橡胶，其目的可以降低生热，提高屈挠疲劳性能。顺丁橡胶在斜交轮胎胎体胶中应用配方和性能见表 7-15。

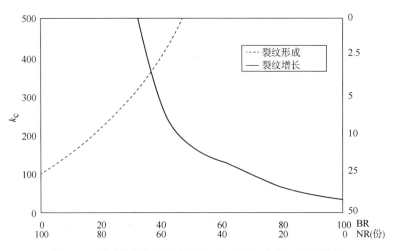

图 7-3　顺丁橡胶与天然橡胶不同并用比对疲劳性能影响

表 7-15　顺丁橡胶在轮胎胎体胶中应用配方和性能

原材料	用量/质量份	胶料性能	指标
BR9000	20	门尼黏度 $ML_{1+4}^{100℃}$	50
NR	60	门尼焦烧 t_3(132℃)/min	18
SBR1500	20	硫化条件：176℃×10min	
炭黑	50	硬度(邵尔 A)	55
芳烃油	15	拉伸强度/MPa	21.5
硬脂酸	1	300%定伸应力/MPa	8.5
氧化锌	5	扯断伸长率/%	550
间甲树脂	2	撕裂强度/(kN/m)	53
HMMM	2.2	曲挠龟裂/万次	52.7
增黏树脂	2		
促进剂 NS	1		
促进剂 D	0.25		
防老剂 RD	1		
IS-7020	3		

顺丁橡胶还用于全钢载重子午线轮胎的子口胶中，子口部位由于与轮辋接触需要优异的耐磨性能和较高硬度，子口填充胶中还需要具有较低的滞后损失和较低的压缩永久变形，低顺式和星型结构的丁二烯橡胶比普通顺丁橡胶更容易满足这样的性能要求。不同的生产企业根据自己的设备条件、工艺要求及性能要求，选用不同类型的丁二烯橡胶。对于子口胶的性能要求，提高胶料的耐磨性需要提高丁二烯橡胶的并用比，而增加胶料的硬度主要有两种途径，一是增加炭黑用量，二是加入补强树脂。对于普通顺丁橡胶来说，增加炭黑用量虽然能增加胶料的硬度，但对胶料的加工挤出性能极为不利，加工工艺出现困难，炭黑的用量也受到了限制；加入补强树脂也能增加胶料的硬度，但又会引起胶料的耐磨性差的缺点。采用低顺式或星型结构的丁二烯橡胶，其结合炭黑量可高达 70%以上，工艺性能仍然较好，不影响挤出工艺，并且胶料具有低的滞后损失和低的压缩永久变形以及良好的耐磨性。因此丁二

烯橡胶包括低顺式或星型结构胶在轮胎子口胶和填充胶部件中可以得到实际应用[7]。典型的子口胶的配方见表 7-16。

表 7-16　丁二烯橡胶用于轮胎子口胶部件的配方和性能

原材料	质量份	性能	指标
NR	20	门尼黏度 $ML_{1+4}^{100℃}$	82±5
BR	80	焦烧时间（127℃）/min	30±3
炭黑	80	100%定伸应力/MPa	4.0±0.4
增黏剂	8.0	300%定伸应力/MPa	15.5±0.2
硬脂酸	2.0	拉伸强度/MPa	16.0±1.5
氧化锌	5.0	扯断伸长率/%	330±30
防老剂	4.0	硬度（IRHD）	85±2
促进剂 NS	1.2		
硫黄	2.0		

7.2.2　在其他方面的应用

由于顺丁橡胶弹性高，耐低温性、耐磨性、耐曲挠性、抗龟裂性以及动态性能好等优点，可与天然、丁苯等非极性橡胶和丁腈、氯丁等极性橡胶并用，因此在轮胎、胶管、胶带、胶鞋等橡胶制品中得到广泛应用，也用于合成树脂的抗冲击增韧改性、建筑材料的减震、密封、黏合以及其他各种材料中，或者作为并用胶，或者作为改性剂或添加剂使用，充分发挥了顺丁橡胶的性能特点和实用性。

1. 合成树脂增韧改性剂

不是所有的顺丁橡胶都可以作为聚苯乙烯（PS）的增韧改性剂。目前国内外实现工业化生产的高抗冲聚苯乙烯（HIPS）专用橡胶，大部分都是锂系低顺式丁二烯橡胶（LCBR）和钴系高顺式丁二烯橡胶（HCBR），也有部分镍系高顺式丁二烯橡胶。国内以镍系顺丁橡胶的生产为主，也制备出了适合于聚苯乙烯改性的镍系顺丁橡胶。

采用无凝胶、分子量分布窄的 LCBR 增韧改性 PS，其结果具有较好的色泽和较高的挠屈性，低温下抗冲击性能尤为突出。低顺式丁二烯橡胶中乙烯基含量通常会影响改性效果，用低乙烯基含量的丁二烯橡胶合成的 HIPS，其冲击强度高于中乙烯基含量的试样。LCBR 的分子量及其分布对 HIPS 的冲击强度也会产生影响，当 LCBR 的数均分子量较低、分子量分布较宽时，合成的 HIPS 抗冲击性能均较低。随 LCBR 分子量的增加、HIPS 的冲击强度提高，但从溶解速度和溶液黏度考虑，分子量又不应超过某一极限值。对分子量分布宽的 LCBR 要求有较低的数均分子量值，以使溶液黏度适宜。对分子量分布窄的 LCBR，只限制其在溶液中的黏度，任意分子量的 LCBR 都可以使用。当分子量分布指数大于 2.5 时，需要有较大的数均分子量值，否则 HIPS 的抗冲击性能较低[8,9]。不同微观结构和不同技术参数的 LCBR 对 HIPS 冲击强度的影响见表 7-17。

表 7-17　不同结构 LCBR 对 HIPS 冲击强度的影响

结构	分子量分布	$M_n×10^{-3}$	M_w/M_n	冲击强度/（J/cm）
	窄分布	215.3	1.29	1.35
线型	宽分布	69.8	4.39	0.28
	双峰型宽分布	194.0	3.82	1.15

结构	分子量分布	$M_n \times 10^{-3}$	M_w/M_n	冲击强度/(J/cm)
星型	窄分布	158.5	1.30	1.62
	双峰型宽分布	75.5	4.84	0.33
无规支化	双峰型宽分布	215.0	4.74	1.45
	双峰型宽分布	83.8	4.40	0.26

李迎等[10]对国内外部分用于 PS 改性的专用高顺式丁二烯橡胶品种及其性能指标进行总结，认为用于生产 HIPS 的高顺式丁二烯橡胶应具有颜色浅、稳定性好、适当低的 SV 值（5% 苯乙烯-丁二烯橡胶溶液的黏度）以及较低的凝胶含量等。用于 PS 改性的高顺式丁二烯橡胶的部分生产商和主要牌号见表 7-18。在 HIPS 中高顺式丁二烯橡胶胶粒及粒径的分布比低顺式丁二烯橡胶均匀，内包含物也较低顺式丁二烯橡胶多，因此在增韧 PS 方面高顺式丁二烯橡胶比低顺式丁二烯橡胶具有一定优势。

表 7-18 用于 PS 改性的高顺式丁二烯橡胶部分生产商和主要牌号

牌号	顺式1,4含量/%	$ML_{1+4}^{100℃}$	溶液黏度/mPa·s	生产商/催化体系
UBE 15HB	95.8	40	60	日本宇部兴产公司/Co 系
UBE 15H	97.5	43	100	
UBE 15HL	98.3	43	150	
JSR BR02	94	43	80	JSR 公司/Ni 系
JSR BR02 LA	94	36	65	
JSR BR02 LB	94	36	75	
JSR BR02 LL	94	29	52	
BUDENE 1207	97	55		美国 Goodyear 公司/Ni 系
BUDENE 1208	97	45		
AMERIPOL CB 220	96	40		美国 Goodyear 公司/Co 系
AMERIPOL CB 221	96	55		
NIPOL BR 1220 S	98	34~44	45~70	日本瑞翁公司/Co 系
TAKTENE 1202	96.5	37		加拿大 Polysar 公司/Co 系
TAKTENE 1203	98	42		
TAKTENE 1220	98	45		
BUNA CB 14	97	47	135	德国 Lanxess 公司/Co 系
TAIPOL BR015 H	94	37~47	45~75	台湾合成橡胶公司/Co 系

2. 注压成型制品

顺丁橡胶的流动性非常好，常与其他胶种并用用于注压成型制品中。低门尼黏度产品对注压成型更有力，可降低注射成型机中的注射压力，增加注射速度，也容易填充模腔，制品不容易出现缺胶现象。顺丁橡胶、异戊橡胶（IR）及丁苯橡胶采用注压成型，不同硫化体系胶料的硫化时间和物理性能见表 7-19 和表 7-20，其耐热老化性能各不相同。

表 7-19 注压成型用 BR、IR、SBR 胶料配方及条件

配 方	用量/质量份	挤出机型号	Siedl-SPA5A
聚合物	100	挤出条件	注射压力 600kg/cm²

续表

配　方	用量/质量份	挤出机型号	Siedl-SPA5A
氧化锌	5.7		喷嘴 80℃
硬脂酸	2.3		模型 180℃
防老剂	1.1	模型	$2×150×150$ 5cm^3
软化剂	20	老化条件	100℃×48h
炭黑	70		

表 7-20　注压成型用 BR、IR、SBR 胶料硫化体系及性能

		BR		IR		SBR1507	
促进剂 CZ/份		1.1	5.7	1.1	5.7	1.1	5.7
硫黄/份		1.9	0.4	1.9	0.4	1.9	0.4
硫化时间/s		60	90	40	40	90	150
硬度/度		56	57	46	47	56	53
300%定伸应力/MPa		53	78	42	57	56	45
拉伸强度/MPa		110	128	164	180	152	150
扯断伸长率/%		490	430	700	620	610	850
老化后	硬度变化率/%	+12	+7	+10	+3	+9	+6
	300%定伸变化率/%	—	+32	+45	+16	—	+38
	拉伸强度变化率/%	−4	−5	−37	−19	−5	−6
	扯断伸长率变化率/%	−43	−16	−43	−5	−48	−24

3. 减震制品

通常情况下，天然橡胶与顺丁橡胶或丁苯橡胶并用用于减震或隔震制品中，如房屋建筑抗震技术中的橡胶隔震支座、桥梁用消能减震支座、铁路轨道用减震轨枕垫、发动机减震垫以及一些发泡海绵防震垫等。减震制品首先要求具有高阻尼性，还要求具有动态性能好、耐疲劳、生热低、永久变形小等性能特点。减震橡胶配方：BR/NR 或 BR/IR 50/50，氧化锌 5，硬脂酸 2，炭黑 55，防老剂 1.5，操作油 5，硫黄 2，促进剂 CZ 1；其性能见表 7-21。

表 7-21　BR/NR 或 BR/IR 并用的减震橡胶配方及性能

硫化胶性能(150℃×30min)	BR/NR	BR/IR
硬度/度	67	65
拉伸强度/MPa	22.1	22.4
100%定伸应力/MPa	4.7	4.5
300%定伸应力/MPa	17.2	16.8
扯断伸长率/%	400	420
压缩永久变形/%		
室温×7 天 压缩率20%	8.8	7.3

硫化胶性能（150℃×30min）	BR/NR	BR/IR
70℃×压缩率20%，压缩时间/97h	23.3	19.6
70℃×压缩率30%，压缩时间/97h	25.2	22.6
回弹性/%	63.5	66.5

4. 其他

顺丁橡胶还经常应用于传统的制鞋业中，通常采用 BR/SBR/NR 并用方式，根据胶鞋的用途或性能要求，调整三种橡胶的不同并用比例及配合，制造各种鞋底，如皮鞋、高耐磨鞋底、高弹性鞋底、运动鞋底、凉鞋及拖鞋用半硬质发泡海绵胶等；顺丁橡胶也经常用于传统的胶管、胶带和输送带中，在耐油性良好的丁腈胶中，并用部分顺丁橡胶，胶料的弹性、耐寒性及耐磨性得到改善。液体的丁二烯橡胶因其流动性好可以用作建筑物的涂料、黏合剂及密封剂，修补堵漏用的流动性胶泥，也可以用于修补容器涂层用的胶浆等，具有良好的耐水性和耐寒性、黏合性良好及固化速度快等特点。

7.2.3　充油顺丁橡胶的性能特点和应用

充油顺丁橡胶多为填充了 37.5 份填充油的橡胶，油品种类不同，命名的充油顺丁橡胶牌号不同，其性能也有差别。充油顺丁橡胶通常与天然橡胶或丁苯橡胶并用，大多用于乘用车轮胎胎面，也用于其他橡胶制品，其特点是改善胶料加工性能，减小能耗，同时可增加炭黑的用量，不仅保持原有较好的物理机械性能，改善抗湿滑性，而且还可以降低生产成本，提高轮胎成品质量。

表 7-22 对比了填充环烷油、芳烃油的顺丁橡胶与非充油胶的性能。因非充油胶并不等同于充油胶的基础胶，可以看出，与非充油胶相比，充油胶混炼胶的焦烧时间缩短，硫化速度加快，硫化胶的硬度、拉伸强度、定伸应力增加，由动态力学性能测试结果预测或评估的抗湿滑性有所增加。

充油顺丁橡胶的加工性能差于非充油胶，在开炼机上，初期不包辊并产生孔洞，中后期包辊性有所好转。与非充油胶相似，充油顺丁橡胶对温度也较为敏感，降低辊温、缩小辊距对包辊有利。相比较而言，BR9053 的包辊性更差一些，因此在加工中应注意选择适宜的加工条件，控制好加工温度和剪切速率，以获得满意的混炼结果。

表 7-22　充油与非充油顺丁橡胶的性能比较

项　目	BR9000	BR9053	BR9073
门尼黏度 $ML_{1+4}^{100℃}$	41	33	35
硫化仪试验（160℃）硫化速度指数	27.02	32.96	40.54
门尼焦烧（120℃）t_5/min	31	25	30
硬度（邵尔 A）	60	63	66
拉伸强度/MPa	12.89	13.53	18.06
300%定伸应力/MPa	10.47	13.16	11.83
扯断伸长率/%	346.4	310.4	439.2
永久变形/%	2	2	7

续表

项　　目	BR9000	BR9053	BR9073
撕裂强度/(kN/m)	46.07	36.78	40.25
裂口增长(1.5万转)/mm	16.5	19.6	17.3
回弹性/%	51	51	44
压缩生热温升/℃	43.2	35.7	42.6
75℃时的 $\tan\delta$	0.092	0.075	0.106
0℃时的 $\tan\delta$	0.111	0.116	0.137

注：BR9053 为填充 37.5 份环烷油的顺丁橡胶；BR9073 为填充 37.5 份芳烃油的顺丁橡胶。

　　充油胶的试验配方采用 ASTM D3484 中的标准试验配方 2，即 BR 100.0；氧化锌 3.0；硫黄 1.5；硬脂酸 2.0；工业参比炭黑(IRB No7) 60.0；TBBS 0.9。

　　非充油胶的试验配方采用 ASTM D3189 中的标准试验配方，即在上述配方的基础上增加环烷油 15.0 份。

　　与非充油胶相同，充油顺丁橡胶很少单独使用，通常与 SBR 和 NR 并用，表 7-23 和表 7-24 分别列出了充油顺丁橡胶在自行车胎和布面胶鞋黑色大底配方中的实际应用。

表 7-23　充油顺丁橡胶 BR9073 在自行车(黑色)胎面胶的配方及性能

原 材 料	用量/质量份	硫化胶物性(137℃×20min)	指　　标
NR(3 号烟片)	50	硬度(邵尔 A)	57
BR9073	55	拉伸强度/MPa	19.6
丁苯橡胶 1500	10	300%定伸应力/MPa	6.08
氧化锌	5	扯断伸长率/%	615
硬脂酸	2	扯断永久变形/%	19
石蜡	1	撕裂强度/(kN/m)	91.1
防老剂 D	1.3	阿克隆磨耗/cm³	0.36
防老剂 4010NA	1.2	弹性/%	45.3
高耐磨炉黑	15		
中超耐磨炉黑	33		
松焦油	3		
促进剂 CZ	1.5		
促进剂 TMTD	0.05		
硫黄	1.5		
合计	179.55		

表 7-24　充油顺丁橡胶 BR9073 在布面胶鞋黑色大底配方中的应用

原 材 料	用量/质量份	成品性能	指　　标
NR(SMR20)	30	硬度(邵尔 A)	64
BR9073	50	拉伸强度/MPa	10.39
丁苯橡胶 1500	20	300%定伸应力/MPa	5.39
黑底再生胶	50	扯断伸长率/%	513
氧化锌	5	扯断永久变形/%	24
硬脂酸	2	屈挠寿命/万次	3
防老剂 D	1	阿克隆磨耗/cm³	0.68

续表

原 材 料	用量/质量份	成品性能	指 标
高耐磨炉黑	70		
轻质碳酸钙	23.3		
古马隆树脂	13.3		
机 油	25		
促进剂 M	1.15		
促进剂 D	0.48		
促进剂 CZ	1		
硫 黄	1.75		
合 计	293.98		

7.3 稀土顺丁橡胶的加工技术

7.3.1 生胶性能

稀土顺丁橡胶与传统的钛、钴、镍系顺丁橡胶相比，具有链结构规整度高、顺式含量高、生胶强度大，硫化胶具有拉伸强度高、滞后损失小、生热低、耐疲劳性能优异等特点，因此用于轮胎胶料中可以提高并用胶的强度，增加半成品的挺性及尺寸稳定性，能够满足高性能子午线轮胎用胶方面更高的要求。

目前国内外不同的生产企业，其稀土顺丁橡胶产品在微观结构上有所不同，整体来讲，生胶门尼黏度在 40~60 范围之内，有窄分子量分布的，也有宽分子量分布的，有支化度高的，也有支化度低的稀土顺丁橡胶。表 7-25 列出了不同公司稀土顺丁橡胶产品的主要结构参数。

表 7-25 不同公司稀土顺丁橡胶产品主要牌号的结构参数

公司	牌号	$ML_{1+4}^{100℃}$	顺式 1,4/%	1,2 结构/%	M_w/M_n
Lanxess Buna CB 系列	CB22	63	98	<1%	7
	CB23	51	98	<1%	5
	CB24	44	98	<1%	13
Enichem Euoprene Neocis 系列	BR40	42	98	0.8	3.3
	BR60	60	98		3.6
Firestone	#910081	56	96	1.5	2.6
	#910069	48	96	1.3	2.5
锦州 BR9100 系列	41#	41	97	1.1	3.08
	47#	47	97	0.8	3.17
	53#	53	97	0.7	3.05

与镍系顺丁橡胶相比，稀土顺丁橡胶因其顺式含量高，分子结构比较规整，支化度低，其生胶的屈服强度大，见表 7-26[11]。稀土顺丁橡胶的内聚力较高，抗冷流性也稍好。

表 7-26 稀土顺丁与镍系顺丁生胶屈服强度比较

项　　目	NiBR	NdBR-41	NdBR-47	NdBR-53
屈服强度/kPa	110	113	134	156

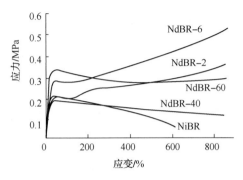

图 7-4 不同生产企业不同门尼黏度稀土顺丁橡胶未硫化橡胶应力-应变曲线
NiBR—镍系顺丁橡胶；NdBR-2—锦州石化门尼黏度为 43 的稀土顺丁橡胶；
NdBR-6—锦州石化门尼黏度为 62 的稀土顺丁橡胶；
NdBR-40—国外公司门尼黏度为 40 的稀土顺丁橡胶；
NdBR-60—国外公司门尼黏度为 60 的稀土顺丁橡胶

从图 7-4 中可知，稀土顺丁橡胶的生胶强度明显高于镍系顺丁橡胶，不同生产企业的产品又有所不同，高门尼黏度产品显示具有较高的拉伸强度。NiBR 与国外 NdBR 的净强度（拉伸强度减屈服强度）均呈负值，但拉伸强度仍高于 NiBR。而国产 NdBR 在达到屈服点之后，随应变的增加，强度继续增加，出现了类似应力诱导结晶现象。

钕系顺丁橡胶尚无统一标准，表 7-27 列出了中国石油锦州石化公司钕系顺丁橡胶技术指标和试验方法的企业内部标准。钕系顺丁橡胶物理性能的评价方法参照 GB/T8660 即溶液聚合型丁二烯橡胶（BR）的检验配方和评价方法进行，炭黑采用的是 IRB7# 炭黑。可以看出，其拉伸强度比镍系顺丁 BR9000 稍高。

表 7-27 锦州石化钕系顺丁橡胶的技术指标和试验方法

项　　目	技　术　指　标			试　验　方　法
	41#	47#	51#	
挥发分/%	≤0.75	≤0.75	≤0.75	GB/T 6737
总灰分/%	≤0.50	≤0.50	≤0.50	GB 6736
生胶门尼黏度 $ML_{1+4}^{100℃}$	41±3	47±3	53±3	GB/T 1232
防老剂类型	非污染	非污染	非污染	
145℃×35min 硫化胶				
300%定伸应力/MPa	≥7.5	≥8.0	≥8.5	GB 8660
拉伸强度/MPa	≥15.0	≥15.5	≥16.0	GB 8660
扯断伸长率/%	≥450	≥450	≥450	GB 8660

7.3.2　混炼胶性能

1. 加工性能

稀土顺丁橡胶加工性能的差异，主要与其分子量大小及分布有较大关系。分子量分布宽的顺丁橡胶，加工性能较好，但如果高分子量尤其是超高分子量级分较多的话，即使分子量分布加宽，其加工性能也不如镍系顺丁橡胶，因此，稀土顺丁橡胶平均分子量大小与分子量分布适宜或者它们之间具有良好的匹配，是其具有更好的加工工艺性能的主要影响因素。

2. 混炼行为

稀土顺丁橡胶的混炼行为与镍系顺丁橡胶相差不大，在密炼机中炼胶，温升高于镍系顺丁橡胶，排胶的结团性、胶片的外观与镍系顺丁橡胶相似。在开炼机上混炼，由于稀土顺丁橡胶的生胶强度较高，因此具有较好的包辊性，这有利于操作加工，使各种配合剂在胶料中得到良好分散。表 7-28 为稀土顺丁橡胶在密炼机中混炼性能比较。

表 7-28　100%稀土顺丁和镍系顺丁橡胶在密炼机中混炼性能比较

项　　目	NiBR	NdBR-41	NdBR-47	NdBR-53
密炼室温度/℃	75	92	90	89
排胶结团性[①]	良	优	良	良-中
胶片外观[②]	优	优	优-良	良
生胶门尼黏度 $ML_{1+4}^{100℃}$	44	40	47	53
混炼胶门尼黏度 $ML_{1+4}^{100℃}$	70	75	89	98
门尼黏度增长 ΔML	26	35	42	45
混炼胶强度/MPa				
屈服强度(T_y)	0.31	0.36	0.39	0.42
拉伸强度(T_b)	0.13	0.44	0.77	0.99

①按优、良、中、差、劣五等级分区。

②经开炼机压片后的外观，也按上五等级分区。

从丁二烯橡胶加入炭黑和其他配合剂后混炼胶的门尼黏度变化来看，稀土顺丁橡胶的门尼黏度增长较大，除了稀土顺丁橡胶本身生胶门尼黏度较高、内聚能较大的影响外，也与橡胶与炭黑的结合程度有关。门尼黏度高对加工工艺性能会带来不利影响，因此对于较高门尼黏度的稀土顺丁橡胶，需要适当调整加工工艺，增加混炼时间，使混炼胶门尼黏度达到适当值，才能满足挤出成型等后工序的需要。

稀土顺丁橡胶的生胶强度优于镍系顺丁橡胶，加入炭黑及配合剂后，混炼胶的应力-应变曲线显示了与镍系顺丁橡胶的差别。从本章节 7.3.1 的图 7-4 中的混炼胶强度性能可以看出，稀土顺丁混炼胶的屈服强度和拉伸强度均高于镍系顺丁橡胶，随着应变的增加，显示了稀土顺丁在大变形下的应力高于镍系顺丁，这可能是由于稀土顺丁橡胶具有相对高的分子量，尤其是超高分子量级分较多，在拉伸过程中易与炭黑相互缠结形成物理交联，或因其分子链的规整性较高，易于形成局部拉伸结晶有关。

3. 压出性能

稀土顺丁橡胶与镍系顺丁橡胶相比，压出速度较低，收缩性和出口膨胀性较高。压出物外观随门尼黏度下降有所改善，差异并不太大。表 7-29 为 100% 稀土顺丁橡胶的压出性能。

表 7-29　100%稀土顺丁和镍系顺丁橡胶的压出性能比较

项　　目	NiBR	NdBR-41	NdBR-47	NdBR-53
压出速度				

项　　目	NiBR	NdBR-41	NdBR-47	NdBR-53
长度/(cm/min)	425	306	345	363
质量/(g/min)	422	404	383	372
胶条收缩率/%	7.2	12.5	11.6	8.7
口型膨胀率/%	192	271	225	201
压出物外观				
A 评价方法①	(3, 3, 3, 4)13	(3, 4, 4, 4)15	(3, 4, 4, 4)15	(3, 4, 4, 4)15
B 评价方法②	B-7	A-10	A-9	A-8

①括号内四项数据分别代表胶条膨胀与孔隙型、刃边、表面、棱角的评分，(4, 4, 4, 4)16 为最佳。

②两项分别代表压出胶条的表面(由 A 至 E 5 个等级区分，A 最佳)，刃边(分 10 等级，10 最佳)。

7.3.3　硫化胶性能

橡胶的硫化特性主要由其本身的双键含量和微观结构决定，也与橡胶中的杂质含量及酸碱性有关。稀土顺丁橡胶的硫化特性与镍系顺丁橡胶基本相似，硫化速度和焦烧时间略有区别，见表 7-30。对于硫化胶的性能，稀土顺丁橡胶除了具有较高的耐磨性、高弹性、低生热等顺丁橡胶典型的特性外，与镍系顺丁橡胶相比，还具有较高的拉伸强度、更低的滞后损失与生热、更低的滚动阻力和较高的抗湿滑性，在耐热、耐臭氧老化性能上与镍胶相近，见表 7-31。

表 7-30　100%稀土顺丁与镍系顺丁橡胶的硫化特性比较

性　　能	NiBR	NdBR-41	NdBR-47	NdBR-53
门尼焦烧(120℃)/min				
t_5/min	43.4	50.2	49.3	49.6
t_{35}/min	50.8	57.7	56.2	56.0
Δt_{30}/min	7.4	7.5	6.9	6.4
硫化仪，145℃				
MH/N·m	3.42	3.13	3.21	3.29
ML/N·m	1.23	1.16	1.25	1.34
t_{10}/min	12.0	12.6	12.4	12.3
t_{90}/min	21.8	23.5	23.6	23.6
硫化速度指数	8.3	7.6	7.1	7.2

表 7-31　100%稀土顺丁与镍系顺丁橡胶的硫化胶性能比较

性　　能	NiBR	NdBR-41	NdBR-47	NdBR-53
硬度(邵尔 A)	61	60	59	61
拉伸强度/MPa	15.9	18.6	19.3	18.6
扯断伸长率/%	456	510	490	490
300%定伸应力/MPa	8.2	7.7	8.9	8.4

续表

性　　能	NiBR	NdBR-41	NdBR-47	NdBR-53
永久变形/%	6	8	6	5
撕裂强度/(kN/m)	51.3	49.3	50.1	51.6
回弹性/%	49	50	50	51
压缩疲劳温升/℃	34.7	33.0	32.8	32.6
阿克隆磨耗/(mm³/1.61km)	0.022	0.024	0.018	0.015
抗刺强度/(kN/m)	33	33	34	36
滞后损失/%	12.4	12.1	11.8	11.3
湿路面摩擦系数/%	22.3	24.0	24.4	25.5

注：硫化条件为145℃×35min。

7.4　稀土顺丁橡胶的应用

　　稀土顺丁橡胶可用于顺丁橡胶制品的各个领域。由于稀土顺丁橡胶比其他催化体系的顺丁橡胶在某些性能方面具有明显优势，因此常用于性能要求苛刻或更高性能的橡胶制品中，特别是用于要求越来越高的高性能轮胎中以满足实际生产需要。

7.4.1　在乘用车胎胎侧胶中的应用

　　在乘用胎胎侧胶配方中，通过与不同催化体系的高顺式丁二烯橡胶进行性能比较，可以发现稀土顺丁橡胶在胎侧胶中的应用特点。表7-32为使用不同系列丁二烯橡胶胶料的乘用胎胎侧配方硫化特性[12]。由表中可知，使用钕系顺丁橡胶的乘用胎胎侧配方的混炼胶性能有如下特点：①门尼黏度最高，这有利于保持轮胎硫化前的挺性，减少变形；②焦烧时间较长，保证了胶料加工过程中的安全性；③硫化仪最大转矩MH值高，保证了胶料的强度；④正硫化时间短，有利于提高生产效率。

表7-32　使用不同催化体系丁二烯橡胶的乘用胎胎侧胶硫变特性

性　　能		Ni-BR	Co-BR	Nd-BR
门尼黏度 $ML_{1+4}^{100℃}$		53.6	53.7	59.9
门尼焦烧(125℃)/min	t_3	16.12	16.52	16.45
	t_{10}	17.42	17.93	18.50
	t_{18}	17.97	18.52	19.30
硫变仪数据(150℃×30min)				
ML/dN·m		1.70	1.69	1.79
MH/dN·m		10.14	10.56	12.09
MH-ML/dN·m		8.44	8.87	10.30
t_{10}/min		3.18	3.32	3.37
t_{50}/min		4.77	4.87	4.67
t_{90}/min		9.28	9.22	8.80

硫化胶的物理性能见表 7-33。由表中可知，钕系顺丁橡胶应用于乘用胎胎侧配方中，具有硫化胶拉伸强度高、压缩生热低、回弹性能好、耐老化性能优异等特点。顺丁橡胶的顺式含量越高，结晶速度越快，所以在拉伸状态下钕系顺丁橡胶比镍系和钴系顺丁橡胶有更强烈的结晶倾向，即具有应变诱导取向结晶能力，从而使钕系顺丁橡胶具有高的自黏性、拉伸强度、回弹性，优异的耐疲劳、耐老化性能以及低生热等。另外，使用钕系顺丁橡胶的乘用胎胎侧配方中炭黑分散好，这可能与门尼黏度较高，密炼机对胶料的剪切力增大有关。另外，与使用镍系和钴系顺丁橡胶的胶料相比，在不同温度下 50~110℃的滞后损失 Tanδ 低 14%以上，弹性模量 G' 高 6%以上，这对降低轮胎的滚动阻力及提高胎侧胶料的强度都是有利的。

表 7-33　使用不同催化体系丁二烯橡胶的乘用胎胎侧胶物理性能

性　　能		Ni-BR	Co-BR	Nd-BR
拉伸强度/MPa		15.9	17.3	18.2
100%定伸应力/MPa		1.8	2.0	1.9
200%定伸应力/MPa		4.1	4.8	4.6
300%定伸应力/MPa		7.1	8.0	7.9
扯断伸长率/%		574	559	588
永久变形/%		10.8	11.0	10.0
硬度(邵尔 A)		53	55	56
撕裂强度/(kN/m)		34.1	36.3	35.4
压缩生热/℃		34.2	35.2	31.5
回弹性/%		54	55	57
屈挠(45 万次)/级		0	0	0
炭黑分散度(E 标准)[①]				
X 值		-1.4	-1.1	0.7
Y 值		2.7	2.8	4.9
100℃×48h 老化后				
300%定伸应力变化率/%		+34	+26	+29
拉伸强度变化率/%		-25	-24	-23
扯断伸长率变化率/%		-34	-31	-30
硬度变化(邵尔 A)		+6	+5	+5
撕裂强度变化率/%		-30	-24	-16
屈挠(45 万次)/级		4	2	0
Tanδ[②]	50℃	0.133	0.131	0.110
	60℃	0.129	0.135	0.111
	70℃	0.123	0.121	0.107
	80℃	0.124	0.117	0.098
	90℃	0.118	0.109	0.094
	100℃	0.107	0.099	0.092
	110℃	0.098	0.102	0.080

续表

性　能		Ni-BR	Co-BR	Nd-BR
G'②	50℃	970. 8	995. 2	1090. 4
	60℃	954. 9	979. 8	1080. 8
	70℃	939. 2	972. 5	1066. 6
	80℃	927. 4	988. 2	1051. 4
	90℃	917. 3	944. 0	1056. 1
	100℃	915. 5	941. 2	1058. 9
	110℃	910. 1	939. 8	1058. 1

① X 值表征炭黑的分散度，Y 值表征炭黑大粒子的分散度，X 和 Y 值越大，炭黑的分散性越好。

② Tanδ、G' 分别为 RPA2000 变温扫描的滞后损失和弹性模量。

7.4.2　在斜交载重轮胎中的应用

斜交载重轮胎各部件所用胶料多数采用 NR、SBR、BR 三胶并用或两胶并用的配方设计，因此稀土顺丁橡胶可以取代镍系顺丁橡胶用于轮胎的胎面、胎侧、缓冲层、帘布层内外层等各部件胶料中[13]。采用 NR/SBR/BR 并用比为 50/10/40 的胎面胶配方，用稀土顺丁橡胶 BR9100 等量取代镍系顺丁橡胶 BR9000，胎面胶的挤出工艺参数需要进行适当调整才能满足生产需要，见表 7-34。根据设备状况调整（主要是增大）混炼胶的填充因数，挤出机的螺杆转速保持不变，即可得到外观质量优良而密实的混炼胶。无论混炼工艺是否调整，并用BR9100 的胎面胶物理性能都得到了不同程度的提高，见表 7-35。

表 7-34　并用 BR9100 及 BR9000 胎面胶挤出工艺参数和性能比较

性　能	工艺调整前		工艺调整后	
	BR9100	BR9000	BR9100	BR9000
混炼胶塑性值	0. 21	0. 23	0. 25	0. 23
混炼胶填充因数	0. 738	0. 738	0. 753	0. 738
胎冠胶挤出温度/℃	128	120	124	122
挤出机螺杆转速/(r/min)	<50	<50	<50	<50
挤出胶料外观质量	劣	优	优	优
返炼后挤出胶料外观质量	优	—	密实	气孔少

注：配方：NR 50；BR9100(BR9000 等量互换) 40；SBR1500 10；硫黄 1.0；促进剂 NOBS 0.95；氧化锌 4.0；硬脂酸 2.5；防老剂 JOL 1.5；防老剂 4010NA 1.0；石蜡 1.0；分散剂 FS-200 1.0；胶易素 T-78 1.0；炭黑 53；芳烃油 5。

表 7-35　并用 BR9100 及 BR9000 的胎面胶物理性能比较

性　能	混炼工艺条件不同	混炼工艺条件相同	
	BR9100	BR9100	BR9000
拉伸强度/MPa	22. 1	22. 6	21. 7
扯断伸长率/%	625	618	617
300%定伸应力/MPa	8. 6	8. 4	8. 59
硬度(邵尔 A)	65	65	60
撕裂强度/(kN/m)	89	83	74

续表

性　能	混炼工艺条件不同	混炼工艺条件相同	
	BR9100	BR9100	BR9000
扯断永久变形/%	16.4	16.0	18.4
阿克隆磨耗量/cm³	0.091	0.098	0.110
回弹值/%	20	19	20
混炼胶填充因数	0.753	0.738	0.738

注：配方同表 7-34，硫化条件为 142℃×40min。

采用 NR/BR 并用比为 50/50 的胎侧胶配方，用稀土顺丁 BR9100 取代 BR9000，与胎面胶相似，在加工工艺方面需要增大填充因数，才能得到合格的混炼胶半成品，而物理性能同样得到了不同程度的提高，特别是在胎侧胶的抗疲劳性能方面比 BR9000 提高 50% 以上，见表 7-36。

表 7-36　并用 BR9100 及 BR9000 的胎侧胶工艺性能和物理性能比较

性　能	混炼工艺条件不同	混炼工艺条件相同	
	BR9100	BR9100	BR9000
混炼胶塑性值	0.25	0.24	0.26
混炼胶填充因数	0.767	0.749	0.749
胎侧胶挤出温度/℃	118	117	102
挤出机螺杆转速/(r/min)	<50	<50	<50
挤出外观质量	优	劣	优
拉伸强度/MPa	20.6	19.6	19.8
扯断伸长率/%	596	562	531
300%定伸应力/MPa	8.4	8.3	8.9
硬度(邵尔 A)	62	61	60
扯断永久变形/%	8.0	10.2	9.4
疲劳寿命(拉伸 200%)/次	11663	8933	7504
屈挠 12 万次裂口等级	无裂纹	无裂纹	无裂纹
混炼胶填充因数	0.767	0.749	0.749

注：配方：NR 50；BR9100(BR9000 等量互换)50；硫黄 1.2；促进剂 NOBS 1.1；氧化锌 4.0；硬脂酸 3.0；防老剂
　　JOL 1.0；防老剂 4010NA 1.5；塑解剂 0.2；分散剂 FS-97 1.5；石蜡 1.0；炭黑 53；芳烃油 5。硫化条件为
　　142℃×40min。

采用 NR/BR 并用比为 50/50 的缓冲层胶料，BR9100 的加工性能与 BR9000 基本一致，硫化特性和物理性能如表 7-37 所示。采用 BR9100 的试验配方，其硫化胶具有较好的抗疲劳性能和耐老化性能，特别是过硫化后表征胶料与帘线黏合性能的 H 抽出力大于 BR9000 硫化胶。

表 7-37　缓冲胶料的物理性能

性　能		BR9100	BR9000
硫化仪数据 （151℃）	t_{10}/min	3.1	3.2
	t_{90}/min	7.5	8.0
	ML/N·m	6.2	5.4
	MH/N·m	21.25	22.49

续表

性　　能	BR9100	BR9000
拉伸强度/MPa	27.0(−29%)	26.0(−25%)
扯断伸长率/%	585(−33%)	555(−30%)
300%定伸应力/MPa	10.6(+23%)	11.2(+25%)
扯断永久变形/%	21.2(−25%)	20.8(−17%)
硬度(邵尔 A)	61(+4)	61(+6)
撕裂强度/(kN/m)	53(−43%)	47(−40%)
过硫化后 H 抽出力/N	172	166
疲劳寿命(拉伸200%)/次	9686(−66%)	7693(−61%)
屈挠12万次裂口等级	无裂纹	无裂纹

注：基本试验配方为：NR 80；BR9100(BR9000 等量互换)20；硫黄 2.3；促进剂 NOBS 0.8；促进剂 TMTD 1.3；氧化锌 5.0；硬脂酸 2.5；防老剂 JOL 1.0；防老剂 4010NA 1.5；炭黑 45；软化剂 6.0。

硫化条件为 137℃×30min，过硫化条件为 150℃×120min，括号内数据为 90℃×72h 老化后性能变化率。

采用 BR9100 的帘布层内、外层胶料加工性能达到了与 BR9000 相同的压延水平。帘布层外层胶料的物理性能结果表明，BR9100 胶料优于 BR9000 胶料，见表 7-38。帘布层内层胶料物理性能见表 7-39。可以看出，与 BR9000 胶料相比，BR9100 胶料的 H 抽出力大，扯断永久变形小。

表 7-38　帘布层外层胶物理性能

性　　能		BR9100	BR9000
硫化仪数据 (151℃)	t_{10}/min	3.5	3.7
	t_{90}/min	6.8	7.4
	ML/N·m	4.8	4.2
	MH/N·m	19.98	21.01
拉伸强度/MPa		22.7(−16%)	23.4(−17%)
扯断伸长率/%		504(−13%)	482(−11%)
300%定伸应力/MPa		9.7(+18%)	9.5(+13%)
扯断永久变形/%		21.6(−22%)	22.8(−26%)
硬度(邵尔 A)		61(+4)	60(+3)
撕裂强度/(kN/m)		43(−16%)	44(−27%)
H 抽出力/N		163	131
疲劳寿命(拉伸200%)/次		6728(−51%)	4806(−55%)
回弹值/%		31(+6)	32(+9)

注：试验配方为：NR 80；SBR 10；BR9100(BR9000 等量互换)10；硫黄 2.2；促进剂 NOBS 0.95；促进剂 TMTD 0.05；氧化锌 5.0；硬脂酸 2.5；防老剂 JOL 1.0；防老剂 4010NA 1.5；炭黑 40；软化剂 8.0。

硫化条件为 137℃×30min，括号内数据为 90℃×72h 老化后性能变化率。

表 7-39　帘布层内层胶料的物理性能

性　　能		BR9100	BR9000
硫化仪数据 (151℃)	t_{10}/min	4.1	3.7
	t_{90}/min	5.9	6.1
	ML/N·m	4.54	4.44
	MH/N·m	19.70	19.33

续表

性　能	BR9100	BR9000
拉伸强度/MPa	24.8(−31%)	24.1(−36%)
扯断伸长率/%	606(−30%)	562(−29%)
300%定伸应力/MPa	8.59(+20%)	8.8(+15%)
扯断永久变形/%	17.6(−25%)	20.4(−31%)
硬度(邵尔A)	57(+3)	58(+1)
撕裂强度/(kN/m)	41(−17%)	43(−43%)
H抽出力/N	121.4	106.4
疲劳寿命(拉伸200%)/次	8685(−62%)	8003(−57%)
回弹值/%	32	32

注：基本配方为：NR 80；SBR 10；BR9100(BR9000 等量互换)10；硫黄 2.2；促进剂 NOBS 0.95；促进剂 TMTD 0.05；氧化锌 5.0；硬脂酸 2.5；防老剂 JOL 1.0；防老剂 4010NA 1.5；炭黑 35；软化剂 10.0。
硫化条件为：137℃×30min，括号内数据为 90℃×72h 老化后性能变化率。

7.4.3　在全钢载重子午线轮胎中的应用

在全钢载重子午线轮胎中，稀土顺丁橡胶主要应用于胎侧胶和胎冠胶。不同门尼黏度的稀土顺丁橡胶与 NR 以 50/50 的并用比应用于全钢载重胎胎侧胶种中，其性能如表 7-40 所示[14]。可以看出，NdBR 混炼胶的硫化特性与 NiBR 基本相同，而硫化胶的物理性能有较大差别，NdBR 的拉伸强度、扯断伸长率都优于 NiBR，热空气老化前后的疲劳寿命和抗撕裂性能明显优于 NiBR，这正是解决胎侧胶耐疲劳性能的关键，其他物理性能基本接近。同时实践证明，其工艺性能优于 BR9000，胎侧胶中使用 NdBR 试制的 10.00R20 成品轮胎，疲劳性能较 BR9000 胶料轮胎提高 50%。

表 7-40　不同门尼黏度 BR9100 在全钢胎胎侧胶中的应用性能

性　能	NR/NiBR	NR/41# NdBR	NR/47# NdBR	NR/51# NdBR
硫化仪数据(150℃)				
t_{10}/min	6.2	5.9	5.9	5.7
t_{90}/min	15.1	15.6	14.0	14.6
ML/N·m	1.53	1.52	1.62	1.72
MH/N·m	6.26	6.31	6.43	6.51
硫化胶物理性能				
(硫化条件：145℃×35min)				
拉伸强度/MPa	14.20	17.03	14.68	15.13
扯断伸长率/%	467	558	486	452
300%定伸应力/MPa	7.22	6.67	6.87	8.00
硬度(邵尔A)	57	59	59	58
疲劳寿命(拉伸200%)/次	2 595	9 211	8 371	7 195
回弹值/%	56	55	55	56
撕裂强度/(kN/m)	46	73	73	65
90℃×48h 热空气老化后				

性　　能	NR/NiBR	NR/41# NdBR	NR/47# NdBR	NR/51# NdBR
拉伸强度/MPa	12. 17	14. 28	14. 28	14. 04
扯断伸长率/%	355	392	392	380
疲劳寿命(拉伸200%)/次	1 630	3 384	3 384	3 056

与镍系顺丁橡胶相似,稀土顺丁橡胶在胎冠胶中的并用量一般不超过50份,以NR/BR为60/40的并用比,将稀土顺丁用于胎冠胶配方中[15],试验结果见表7-41。可以看出,采用BR9100的胶料与采用BR9000的胶料相比,最低转矩偏高、门尼焦烧时间缩短、硫化速度加快。硫化胶的拉伸强度和弹性有所提高、耐热老化性能及老化后撕裂强度稍有提高、老化前后磨耗量减小、压缩疲劳温升明显降低、压缩永久变形明显减小,其他物理性能与采用BR9000的胶料相似。这与稀土顺丁橡胶单用时的基本力学性能相似,只是与天然橡胶并用后,天然橡胶的性能得到了体现,掩盖了稀土顺丁橡胶的一些性能特点,但在并用胶中仍能表现出某些方面的性能优势。

表7-41　顺丁橡胶BR/NR并用比为40/60用于胎冠胶的性能比较

性　　能	BR9100/NR	BR9000/NR
门尼焦烧时间(120℃)/min	21. 6	24. 2
硫化仪数据(142℃)		
ML/N・m	1. 84	1. 61
MH/N・m	9. 96	9. 89
t_{s2}/min	8. 9	9. 4
t_{90}/min	16. 5	17. 3
拉伸强度/MPa	18. 3	17. 1
300%定伸应力/MPa	9. 3	9. 0
扯断伸长率/%	480	508
硬度(邵尔A)	65	64
撕裂强度/(kN/m)	119	118
阿克隆磨耗量/cm³	0. 09	0. 10
回弹值/%	37	34
压缩疲劳试验①		
永久变形/%	7. 14	9. 88
温升/℃	50. 5	57. 0
100℃×48h 热空气老化后		
拉伸强度变化率/%	−29	−26
扯断伸长率变化率/%	−34	−39
撕裂强度/(kN/m)	90	87
阿克隆磨耗量/cm³	0. 27	0. 34

　①负荷为1.0 MPa,冲程为5.71 mm,恒温室温度为50℃。
　　硫化时间:142℃×40min。

7.4.4　在高性能轮胎中的应用

载重子午线轮胎胎冠胶以天然橡胶为主，并用少量顺丁橡胶或丁苯橡胶，而高性能轿车子午线轮胎胎面用胶则以丁苯橡胶为主，或并用少量顺丁橡胶，或并用少量天然橡胶。不同规格的轮胎或不同性能要求的轮胎，不同胶种的并用比的变化较大，仅从耐磨性方面，顺丁橡胶与天然橡胶并用和与丁苯橡胶并用比对胶料磨耗的影响规律变化不同，见图 7-5。在与天然橡胶和丁苯橡胶并用中，稀土顺丁橡胶在磨耗性能方面明显优于其他催化体系的顺丁橡胶。

稀土顺丁橡胶与天然橡胶或丁苯橡胶并用，在耐疲劳性能方面也有明显优势，特别是稀土顺丁与丁苯橡胶并用，其优势更明显，见图 7-6，因此稀土顺丁橡胶常被用于提高轮胎胎面、胎侧等部件的各种性能。钕系顺丁橡胶与溶聚丁苯橡胶并用，在白炭黑补强体系中的配方新技术能够明显改善轮胎的生热，磨耗和疲劳性能，可用于高性能子午线轮胎中。

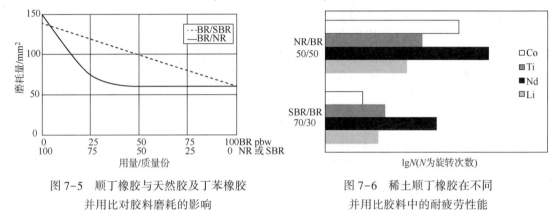

图 7-5　顺丁橡胶与天然胶及丁苯橡胶　　　　　　图 7-6　稀土顺丁橡胶在不同
　　　　并用比对胶料磨耗的影响　　　　　　　　　　　　　并用比胶料中的耐疲劳性能

7.5　高乙烯基丁二烯橡胶的加工应用技术

丁二烯橡胶按 1,2 结构含量不同，可分为中乙烯基丁二烯橡胶（MVBR）和高乙烯基丁二烯橡胶（HVBR），前者的 1,2 结构含量一般在 35%~55%，后者的 1,2 结构含量大于 65%。

中乙烯基丁二烯橡胶可作为一种通用胶种而单独用于汽车轮胎和各种橡胶制品中。它在耐磨性、滚动阻力和抗湿滑性之间具有较好的平衡，且兼具有 BR 和 SBR 的性能特点。国外文献报道，乙烯基质量分数为 35% 的 MVBR，其玻璃化转变温度（T_g）为 -70℃，撕裂强度和抗湿滑性能良好，并具有相当于 SBR/BR（并用比为 65/35）并用胶的 T_g，表明可以用仅由丁二烯一种单体聚合制备的 MVBR 来代替由苯乙烯和丁二烯共聚合而成的 SBR 来达到基本相近的物理性能。中乙烯基丁二烯橡胶用于胶鞋、自行车胎及橡胶杂品等方面的研究工作表明，MVBR 具有较好的抗湿滑性能、耐屈挠性以及耐热老化性，具有较好的透明性，适宜做成浅色制品和彩色制品，是综合性能较好的合成橡胶。中乙烯基丁二烯橡胶用于轮胎生产，它与 NR 和 SBR 以适宜的比例并用制作轮胎，可使胶料的耐磨性、抗湿滑性同时得到改善，驾驶操纵性好，与用高顺式丁二烯橡胶生产的轮胎相比，其抗湿滑能力提高 10% 左右，制动距离缩短约 17%[16]。

虽然中乙烯基含量的丁二烯橡胶抗湿滑性能和耐热氧老化性能优于高顺式丁二烯橡胶，但其加工工艺性能较差，黏合力低，强度和耐磨性都不如顺丁橡胶，综合性能并不令人满意，因此近些年已很少有企业开发生产。

近几年对高乙烯基丁二烯橡胶的开发研究较多，主要表现在催化体系的变化上，主要采用铁系和钼催化体系制备高乙烯基丁二烯橡胶。但总的来说，不同催化体系制备的高乙烯基丁二烯橡胶，其加工工艺性能基本相似，结构和性能之间的关系变化也基本一致。高乙烯基丁二烯橡胶生胶的塑化行为较差，降解比较明显，降解过程中的门尼黏度与分子量呈近似直线关系，但降解到一定程度存在一临界分子量。在混炼过程中高乙烯基丁二烯橡胶降解可以增加与炭黑的润湿性，提高炭黑与橡胶的结合胶含量，改善挤出性能，添加适当的操作油更有利于胶料的混炼，可得到较好的硫化胶性能。

高乙烯基丁二烯橡胶硫化胶的抗湿滑性好，在高温下（60℃）的弹性高，即滚动阻力仍然较低，具有滚动阻力和湿滑性之间较好的平衡，其末端改性产品可以增加炭黑与聚合物之间的相互作用，从而提高炭黑在硫化胶中的分散稳定性能。1,2 结构的增加，对老化"增硬（marching modulus）"效应有延迟或降低的作用，从而可改善轮胎胎面胶崩花裂口现象以及在苛刻使用条件下的耐高温降解作用[17,18]。

日本瑞翁公司开发的 BR 1240 和 BR 1245 产品的乙烯基含量为 71%[19]，BR 1245 为 BR 1240 的改性产品，即在聚合物的末端引入极性基团，增加了炭黑与聚合物之间的相互作用，提高了高温下聚合物的弹性，从而改善胶料的滚动阻力，同时保持了原有的抗湿滑性能，与天然橡胶并用具有良好的相容性，可用于制造节能轮胎。表 7-42 为两种牌号的高乙烯基聚丁二烯橡胶的基本性能。

表 7-42　两种牌号的高乙烯基聚丁二烯橡胶的基本性能

硫化胶性能	Nipol BR 1240	Nipol BR 1245
拉伸强度/MPa	17.2	17.0
300%定伸应力/MPa	11.8	14.5
扯断伸长率/%	380	340
硬度（邵尔 A）	63	64

国内锦州石化公司与长春应化所共同开发铁系催化体系生产的高乙烯基聚丁二烯橡胶，乙烯基含量达 80% 以上[20]，北京橡胶工业研究设计院对其进行了基本性能研究及不同配方体系的研究，结果表明：①与 BR9000、SSBR1204 相比较，铁系 HVBR 硫化胶具有生热低的特点，并且滚动损失较 SSBR1204 小。但铁系 HVBR 混炼胶门尼黏度较高，加工性能较差，其硫化特点为焦烧时间较短，硫化速度较慢，其硫化胶物理机械性能不理想。②在加工过程中，必须填加适量的操作油，才能得到理想的硫化胶性能。③不同补强体系的铁系 HVBR 胶料，其加工性能和硫化特性相近，而物理机械性能有所不同，但对动态性能影响不大。其中炭黑 N220/N330 并用份数分别为 35/30 及 45/15 的配方具有较好的强伸性能，耐磨性也较好。④铁系 HVBR 胶料的耐磨性、抗湿滑性、滚动损失均较 SSBR1204 优异；并用 60 份 NR，可以有效地改善铁系 HVBR 胶料的加工性能、硫化特性，提高物理机械性能，但动态性能略有下降。可考虑适当减少 NR 的并用量，以平衡铁系 HVBR 的物理性能与动态性能。表 7-43 为铁系 HVBR 与 BR9000 及 SSBR1204 的基本性能比较。表 7-44 为并用 NR 后的实用配方性能比较。

表 7-43　铁系 HVBR 与 BR9000 及 SSBR1204 的基本性能比较

项　　　目	铁系 HVBR	BR9000	SSBR1204
混炼胶门尼黏度 $ML_{1+4}^{100℃}$	90	65	70

续表

项　目		铁系 HVBR	BR9000	SSBR1204
门尼焦烧 120℃	T_5/min	23	28	41
	T_{35}/min	34	34	52
	ΔT_{30}/min	11	6	11
硫化仪 150℃	F_L/N·m	0.93	1.01	0.61
	F_{max}/N·m	2.36	2.70	2.56
	t_{10}/min	4.36	4.75	6.58
	t_{90}/min	24.71	8.83	13.53
	Vc1	4.8	22.7	13.3
硬度(邵尔 A)		70	68	75
100%定伸应力/MPa		4.18	3.00	3.88
300%定伸应力/MPa		—	14.1	16.1
拉伸强度/MPa		14.6	16.1	19.5
扯断伸长率/%		250	352	380
永久变形/%		4	4	10
撕裂强度/(kN/m)		34	48	49
回弹性/%		22	48	28
滚动损失/(J/rev)		1.77	1.62	1.92
Goodrich	终动压率/%	19.4	5.7	7.9
	生热/℃	32.9	37.1	41.2
	永久变形/%	3	3	4

表 7-44　铁系 HVBR 并用 NR 后的实用配方性能比较

项　目		SSBR1204	铁系 HVBR	SSBR1204/NR = 40/60	铁系 HVBR/NR = 40/60
混炼胶门尼黏度 $ML_{1+4}^{100℃}$		85	99	53	74
门尼焦烧 （120℃）	T_5/min	36	19	29	21
	T_{35}/min	46	29	35	25
	ΔT_{30}/min	10	10	6	4
硫化仪 150℃	F_L/N·m	0.71	1.11	0.56	0.90
	F_{max}/N·m	2.70	2.66	2.50	2.75
	t_{10}/min	5.75	4.47	3.97	3.20
	t_{90}/min	13.22	24.35	6.37	6.45
	Vc1	12.50	5.00	33.33	33.33
硬度(邵尔 A)		75	73	73	71
100%定伸应力/MPa		3.79	4.51	3.61	3.95
300%定伸应力/MPa		16.8	—	15.6	15.9
拉伸强度/MPa		23.8	15.8	23.6	18.2
扯断伸长率/%		441	239	475	374
永久变形/%		—	6	15	10
撕裂强度/(kN/m)		48	33	50	42

项　　目	SSBR1204	铁系 HVBR	SSBR1204/NR = 40/60	铁系 HVBR/NR = 40/60
回弹性/%	32	23	30	34
滚动损失/(J/rev)	1.80	1.77	2.20	1.83
抗湿滑性(20℃)	100.0	107.5	105.6	105.2

　　齐鲁石化公司与青岛科技大学以钼系为催化体系共同开发了高乙烯基聚丁二烯橡胶,乙烯基含量为80%,生胶门尼黏度为50~65。通过对混炼胶和硫化胶的动态力学性能研究,结果表明:①与 BR、SSBR 和 ESBR 混炼胶相比,钼系 HVBR 混炼胶的剪切储能模量 G' 具有较弱的频率敏感性,可以在较宽的频率范围(0.1~30Hz)内加工,且在高频区能量损耗小,更适合在高频条件下加工;②钼系 HVBR 混炼胶对温度的敏感性较弱,tanδ 值较小,在混炼过程中具有优异的低生热性;③钼系 HVBR 混炼胶 Payne 效应明显,配合剂更容易混入和均匀分散;④混炼胶在低应变区的 tanδ 值较小,在高应变区的 tanδ 值较大,因此其不适合在高应变条件下加工[21];⑤钼系 HVBR 硫化胶的剪切储能模量相对较小,且随频率的增大增幅较小,证明其具有较稳定的填料网络结构,有助于在不断变化的使用环境中保持性能的稳定;⑥钼系 HVBR 硫化胶损耗因子较小,有助于获得低滚动阻力、低生热和优良的高速操纵性[22]。

　　另外还有一些星型高乙烯基聚丁二烯橡胶(S-HVBR)的开发研究,因其采用多官能团有机锂引发剂合成,并引入了偶联剂,因此改善了胶料的物理性能和动态性能[23]。高乙烯基聚丁二烯橡胶及星型胶仍处于研究开发阶段,产品能够真正大量走向市场还需待时日。

参 考 文 献

[1] 李花婷. 增黏剂 TKO 和 TKB 对橡胶的增黏作用. 橡胶工业, 1994, 41(6): 338

[2] 谢遂志, 刘登祥, 周鸣峦主编. 橡胶工业手册, 第一分册, 修订版. 北京: 化学工业出版社, 1989: 178-188

[3] 中国石油和化学工业联合会等编. 化学工业标准汇编, 橡胶原材料(一). 北京: 中国质检出版社, 2011: 333-341

[4] 中国石油和化学工业联合会等编. 化学工业标准汇编, 橡胶原材料(一). 北京: 中国质检出版社, 2011: 304-306

[5] 河冈丰著. 橡胶配方手册. 化工部橡胶工业科技情报中心, 1989: 545-546

[6] H J Kim, G H Hamd. On the Reason that Passenger Tire Sidewalls are Based on Blends of NR and cis-Poly-butadiene. RCT, 2000, 73(4): 743

[7] 李花婷. BR 在汽车轮胎中的应用情况. 轮胎工业, 2002, 22(10): 582

[8] 姜连升, 等. 聚苯乙烯增韧用橡胶的发展. 合成橡胶工业, 1994, 17(5): 304-309

[9] 董兰国, 等. 国内外聚苯乙烯共混改性研究进展. 合成树脂及塑料, 2005, 22(6): 71

[10] 李迎, 王晓霞, 王凤菊等. 高抗冲聚苯乙烯专用橡胶的研究进展. 化工进展, 2002, 21(7): 471-474

[11] 傅彦杰, 赵振华, 曹振纲. 国产钕系 BR 的综合性能. 合成橡胶工业, 1999, 22(3): 140-145

[12] 聂继, 魏静勋, 方晓波. 钕系顺丁橡胶对乘用胎胎侧配方性能的影响研究. 中国橡胶, 2012, 27(22): 38-40

[13] 杨树田, 等. 钕系 BR 的基本性能与实用性能研究. 轮胎工业, 2001, 21(12): 713-719

[14] 傅中凯, 朱凤文, 欧阳立芳. 钕系 BR 在全钢载重子午线轮胎胎侧胶中的应用. 轮胎工业, 2000, 20(1): 22-24

[15] 邹明清，傅建华，李永炽. 钕系顺丁橡胶在轮胎胎冠胶中的应用. 轮胎工业，2001,21(1)：32

[16] 范汝良. 橡胶配合加工技术讲座. 橡胶工业，1997，44(12)：750

[17] Buckler E J. Elastomerics，1982，17(11)：114

[18] USP 4 192 366(1980)

[19] 于清溪主编. 橡胶原材料手册. 北京：化学工业出版社，1995：43

[20] 李柏林，张新惠，张学全，等. 铁系高乙烯基聚丁二烯橡胶的性能. 合成橡胶工业，2006，29(5)：344-34

[21] 郭丽云，邓志峰，徐玲，华静. 钼系 1,2 聚丁二烯橡胶混炼胶动态性能研究. 橡胶工业，2011，58(6)：334

[22] 邓志峰，郭丽云，徐玲，华静. 钼系高 1,2 聚丁二烯橡胶动态力学性能的研究. 橡胶工业，2011，58(4)：227

[23] 张兴英，辛波，鲁建民，等. 星型高乙烯基聚丁二烯橡胶合成研究. 北京：2004 年国际橡胶会议论文集，2004，109(A)：206

第8章 乙烯基聚丁二烯橡胶

8.1 概述

8.1.1 乙烯基聚丁二烯橡胶发展变化

乙烯基聚丁二烯橡胶(V-BR)是聚丁二烯橡胶(BR)类别中的重要胶种之一，它的工业化生产始于20世纪七八十年代，晚于顺丁橡胶(C-BR)，故当时曾被称为第二代溶聚橡胶。

V-BR是丁二烯1,2位双键加成较多的一种无规聚丁二烯。1,2位加成还可以生成有规立构聚合物：1,2-间同聚丁二烯(1,2-SPBd)和1,2-全同聚丁二烯(1,2-IPBd)。用锂系催化剂制得无规1,2-PBd，用Ziegler-Natta催化剂，可以制得无规和间同、全同等不同异构体的1,2-聚丁二烯，目前仅有无规1,2-PBd和低结晶1,2-SPBd(LC-1,2-SPBd)用作橡胶原料。高结晶1,2-SPBd(HC-1,2-SPBd)能以微粒或短纤维形态提高胶料性能，有成为橡胶重要填料的趋势，全同1,2-聚丁二烯至今未见有实用合成催化剂的报道。

由于乙烯基含量不同而性能迥异，按乙烯基含量V-BR分为高、中、低三类。乙烯基含量大于65%称为高乙烯基聚丁二烯橡胶(HV-BR)，乙烯基含量在30%~65%称为中乙烯基聚丁二烯橡胶(MV-BR)，乙烯基含量30%以下称为低乙烯基聚丁二烯橡胶(LV-BR)。用锂系催化剂合成的聚丁二烯属于LV-BR，因性能更接近顺丁橡胶，故称为低顺式聚丁二烯橡胶(LC-BR)。也有人将日本宇部公司研发的Ubepol-VCR聚丁二烯橡胶称为低乙烯基聚丁二烯橡胶，该胶种是用钴系催化剂采取原位聚合方法，制得含有10%高结晶间同1,2-聚丁二烯[1]，故亦称为改性顺丁橡胶。因此乙烯基聚丁二烯橡胶仅包括中乙烯基聚丁二烯橡胶和高乙烯基聚丁二烯橡胶。

1. 中乙烯基聚丁二烯橡胶(MV-BR)

原联邦德国许耳斯(Hüls)公司[2]早在1965年曾发现含有适量乙烯基的聚丁二烯橡胶可以取代丁苯橡胶用于制造轮胎，但未引起人们的重视。直到20世纪70年代，受到两次石油危机冲击，苯乙烯单体供应短缺，丁苯橡胶生产出现困难，因此在世界上又出现研究Li、Mo、V等催化剂合成MV-BR的高潮，MV-BR很快在一些国家实现了工业化生产。首先生产MV-BR的是英国。

1973年，英国国际合成橡胶(ISR)公司[3,4]在苏格兰格兰杰默斯(Grangemouth)的80kt/a LC-BR生产装置上，采用改性锂系引发剂生产充油MV-BR。商品牌号为Intolene-50，有42%、48%及63%等三个不同乙烯含量的牌号。美国Phillips石油公司[5]、费尔斯通(Firestone)公司[6]以及原联邦德国Hüls公司[7]等均对MV-BR进行了大量研发工作，也都证明含有30%~50%乙烯基的MV-BR有很好的综合性能，可以取代各种E-SBR或S-SBR在轮胎和其他橡胶制品中应用，是一种新型通用合成橡胶。

由于能源危机的影响，美国建立了"CAFÉ(Corporate Average Fuel Economy)法规"，要求汽车燃料油消耗标准为11.8km/L。汽车工业一方面要改进车型，减轻车重，减少空气阻力，改进发动机等做出努力外，另一方面更要求降低轮胎的滚动阻力和提高安全性。由于发现

MV-BR 不仅可代替 E-SBR，还具有滚动阻力低的特点，因此美国政府将 MV-BR 作为生产节能轮胎的首选胶种，取代 E-SBR-1712 制造低滚动阻力节能轮胎[8]。前苏联也研发了乙烯基含量为 50%~65% 的 MV-BR，牌号为 СКДСР-US 及 N-甲基吡咯烷酮改性胶 СКДСР-ЩМ，用来替换 БСК（丁苯橡胶）制作轮胎，降低了滞后损失[9]。Wider[10] 通过比较一系列轮胎的滚动损失发现，乙烯基含量为 42% 的 MV-BR 轮胎滚动损失性能最好，与 NR 或 SBR 并用能赋予轮胎良好性能[11,12]。美国 Goodyear 公司用此胶试制了包括飞机轮胎在内的各种轮胎，其耐磨性、生热性、滚动阻力和抗湿滑性能都较好[13]。由于发现 HV-BR 有更好的综合性能[14]，加之 MV-BR 力学性能偏低，使其在轮胎中的应用及发展受阻[15]。

2. 高乙烯基聚丁二烯橡胶（HV-BR）

在乙烯基聚丁二烯研发的初期，曾经认为乙烯基含量大于 60% 的聚丁二烯不能用作通用橡胶。HV-BR 的开发起步于一种异常现象的发现。V-BR 的玻璃化转变温度（T_g）随着乙烯基含量的增加而提高，在室温下的动态生热也随之增加，回弹性降低，与原有的概念有相同倾向。但在高温时，动态生热却随着乙烯基含量增加而减少，而其回弹性几乎不见下降，这种结果令人惊喜。因为车辆在行驶过程中轮胎温度一般在 60℃ 以上，胶料在高温下不生热，回弹性不下降，保持了轮胎的强度，增加了车辆行驶安全性。因此，在高温下回弹性不随乙烯基含量增加而降低，是胶料极其可贵的性能。同时还发现，当乙烯基含量达到 70% 时，湿滑阻力达最大值。HV-BR 首次解决了低油耗和安全性这一对矛盾。1981 年，日本瑞翁（Zeon）公司首先推出牌号为 Nipol BR-1240 及改性 NipolBR-1245 两种 HV-BR（乙烯基含量为 71%）[16]。俄罗斯叶弗列莫夫（Efremov）合成橡胶公司则研发了轮胎用 SKDSR-SH 和非轮胎用的 SKDSR 和 SKDLB 等 HV-BR（乙烯基 75%~85%），美国费尔斯通公司研发了牌号为 FCR-1261 的 HV-BR，意大利埃尼弹性体公司 Enichem 研发了牌号为 Intolene-80 的 HV-BR，此外德国、法国等[17] 均采用锂系催化剂研发和生产了 HV-BR。日本合成橡胶公司[18] 是目前世界唯一用钴络合催化剂合成有规 HV-BR（乙烯基含量在 80%~90%）的公司，1975 年投入工业化生产至今，生产牌号为 JSR-RB10、RB20、BR30 等系列产品。

V-BR 是现代轮胎工业较为理想的橡胶原料，中国与世界同步开展了研制工作。自 20 世纪 70 年代起，中科院长春应化所、兰州石化研究院、燕山石化研究院、大连理工大学、青岛科技大学等先后开展过 V-BR 的研发工作。燕山石化研究院与大连理工大学等单位合作，采用锂系催化剂合成 V-BR 共同进行小试，模试及全流程中试放大实验，完成了 V-BR 合成全套工艺技术的开发。同时开展了不同乙烯基 V-BR，在轮胎、制鞋等橡胶制品方面的应用研究工作，为工业化提供了较充分的实验依据和技术准备[17]。中科院长春应化所[19,20]、青岛科技大学[21] 等先后开展了 Mo、Fe 等络合催化剂合成 V-BR 的研制工作。钼催化体系可以制得无规 HV-BR。并在锦州石化公司 30L 模拟聚合装置上，进行连续聚合工艺技术考察及胶样物理机械性能和应用研究[22]。也曾与锦州石化公司共同进行 30L 模拟放大实验。铁系催化剂可以制得 1,2/顺式 1,4 等二元 MV-BR，并具有优异的物理机械性能[23]，拉伸强度最高可达到 26.4MPa，300% 定伸强度可达 9.1MPa，伸长率达 540%，永久变形为 8%。其抗湿滑指数达 138（NR 为 100），而镍系顺丁橡胶仅有 70，明显好于锂系 MV-BR。

8.1.2　乙烯基聚丁二烯合成催化剂

目前已发现多种类型催化剂可以制得各种不同乙烯基含量的聚丁二烯。按聚合反应机理的不同可分为两大类：一类是碱金属或其金属有机化合物，其中最重要的是烷基锂化合物，采用乙醚、三乙胺、乙二醇二甲醚、四氢呋喃等给电子试剂作为结构调节剂。此类催化剂是目前工业生产 V-BR 唯一使用的引发剂[17]。20 世纪 90 年代，俄罗斯学者[43~61]报道了用 2-乙基己钠(EHC)在己烷溶剂中以 100%的高转化率合成高分子量的 V-BR。钠催化剂可在低沸点脂肪烃溶剂中引发聚合，不用调节剂可以制得 V-BR，流程短，能耗低，钠元素在自然界中分布广、无毒性，有利于环境保护，是值得重视的新型引发剂。此类催化剂详见本套丛书第二分册《锂系合成橡胶及热塑弹性体》[17]。

另一类是 Ziegler-Natta 型配位催化剂[44]，大部分配位催化剂都是以有机铝化合物为基础与金属化合物(主要是 Ti、V、Cr、Fe、Co、Ni、Nb、Mo、Ru、Pd、W 等过渡金属的无机或有机化合物)组成，有时还需添加第三组分。此类催化剂可以制得无规、间同和全同等多种立构体，这是优于前类催化剂的最大特点。虽然目前已发现近百种可制得乙烯基含量高的聚丁二烯，但多数催化剂制得的为间同立构物，结晶度高、凝胶含量大、分子量低。具有实用价值的是由 Co、Mo、Fe 等金属化合物与烷基铝组成的少数催化体系。日本 JSR 公司用二价钴催化剂研了高乙烯基低结晶度间同聚丁二烯，Ube 公司则用三价钴催化剂研了高乙烯基、高结晶度、高熔点的间同聚丁二烯，这是目前唯一用于工业生产高乙烯基聚丁二烯的 Ziegler-Natta 型催化剂。法国石油研究所(IFP)首先报道了用 Mo 催化剂研制乙烯基含量为 96%的高分子量无规 V-BR，但未进行工业化研究。中国中科院长春应化所于 1979 年开展了 Mo、Fe 等元素组成的 Ziegler-Natta 催化剂合成 V-BR 的研制工作，20 世纪 80 年代曾与锦州石化公司合作进行了中试模拟连续聚合试验[22]。Mo 催化剂可以制得高分子量、无凝胶的 HV-BR。Fe 催化剂可以制得 1,2/顺式 1,4 等二元新型 MV-BR，其硫化胶具有较高强度和抗湿滑性能[23]。进入 21 世纪后，长春应化所继续开展铁系催化剂合成高乙烯基聚丁二烯的研发工作。

8.1.3　乙烯基聚丁二烯橡胶的应用

1. 在汽车轮胎方面的应用

MV-BR 在耐磨性、生热性、滚动损耗、抗湿滑性等方面有较好的综合性能，尤其乙烯基含量为 42%的 V-BR 有最低的滚动损耗，可以单独用于轮胎制造[10]。MV-BR 与 NR 或 SBR 并用能赋予轮胎良好的性能[11,12]。

HV-BR 可作为轮胎胎面胶中的并用组分，其最大特点是抗湿滑性能好，耐老化、生热低。HV-BR 与 C-BR 及 E-SBR 并用，抗湿滑性、生热等性能均优于 E-SBR 与 C-BR 并用胶[29,37,39]。

HV-BR 与 NR(或 IR)并用胶料用于胎体中，可提高胎体的抗老化性能和抗硫化返原性[45]。在胎体钢丝帘线黏合胶中用含有 80%乙烯基的 HV-BR 替代 10 份 NR 后其关键性能的优势可见图 8-1。可见，除回弹性能外，其余关键性能均有提高。

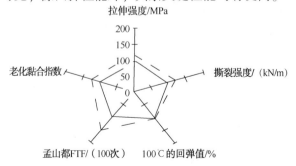

图 8-1　钢丝帘布胶中加入 10 份 VBR 的影响
——NR；---NR/BR(并用比为 90/10)

2. 航空轮胎胎面中的应用

在航空轮胎胎面胶中，以 IR/MV-BR＝（55～75）/（45～25）（质量比）配合的并用胶料可提高航空轮胎胎面的高温耐久性。MV-BR 最好是乙烯基含量为 35%～48%，顺式含量 10%～40%，反式含量 15%～50%[18]。乙烯基含量大于 70% 的低结晶度的聚丁二烯与 NR 并用胶的硫化胶，不仅具有高的摩擦系数，而且对湿滑路面有较大的黏着力，已用于 FAA Being727 飞机轮胎[46]。

3. 低结晶有规 1,2-聚丁二烯在其他橡胶制品方面的应用[38]

LC-HV-SBPd 可与多种橡胶混用，并且有生胶强度大、压出加工性能好、耐候、耐臭氧、挺性大、弹性高等特点，不仅可用于轮胎，还能用于制取各种异型压出硫化胶制品，以及胶管、实芯轮胎、缓冲器、胶带、胶布、高硬度橡胶制品等。当采用多于 3 份，特别是 6～7 份硫黄硫化的 LC-HV-SPBd 硫化胶，具有加工性能好、对温度依赖性小、质量轻、生热低、硫黄喷出小、弹性高等特点。可以制成微孔软质各种海绵体，比用液态 1,2-PBd 效果更佳，质量轻而坚固，已被广泛用于制鞋工业。

4. 高结晶高熔点间同 1,2-聚丁二烯的应用

HC-HV-SPBd 主要以微粒和短纤维形式均匀分散在胶料中，已用于改进顺丁橡胶的生胶强度、硬度和弹性；还适用于汽车轮胎，尤其是子午胎的制造；用于提高顺式异戊橡胶并用胶料的综合性能。含有 HC-HV-SPBd 的异戊橡胶并用胶料用作胎面底部胶层可省去覆盖层，降低劳动成本和材料成本[41]。以平均粒径小于 0.02μm 的针状体均匀分散在 NR 或 SBR 中，可替代炭黑成为新型橡胶补强材料。与炭黑相比，不仅具有相同的物理机械性能，还具有密度小、生热低的特点，适用于节能轮胎用胶料[47]。HC-HV-SPBd 经纺丝制成短纤维可不经任何预处理，即能很好与橡胶（NR、SBR、BR、IIR…）牢固黏着，提高橡胶弹性模量，防止橡胶发生蠕变。短纤维与橡胶相互复合后的胶料，用于轮胎子口包胶、胎侧胶、胎面基部胶、胶圈部的填充胶条和胎面胶，提高了轮胎的耐久性、耐切割性、低生热性、高速耐久性和抗崩花性，显著提高轮胎使用寿命[48]。

8.2 乙烯基聚丁二烯橡胶的基本性能

8.2.1 乙烯基聚丁二烯的玻璃化转变温度与链节结构的关系

聚丁二烯的分子链是由顺式 1,4、反式 1,4 及 1,2 三种链节单元组成。由于合成催化剂不同，分子链的链节结构及链节单元的分布也不同。研究发现，聚丁二烯的玻璃化转变温度（T_g）是顺式 1,4、反式 1,4 和 1,2 三种链节单元含量的函数。Bahary 等人[24]假定聚丁二烯是顺式 1,4、反式 1,4 和 1,2 异构体无规三元聚合物，并应用 Dimarzio 和 Gibbs[25]提出的共聚物的 T_g 与三种异构体均聚物 T_g 的关系式（8-1）：

$$C[T_g - T_g(顺)] + T[T_g - T_g(反)] + V[T_g - T_g(1,2)] = 0 \quad (8-1)$$

式中，C、T、V 分别为顺、反、1,2 链节单元的质量分数，$T_g(顺)$、$T_g(反)$、$T_g(1,2)$ 分别表示各均聚物的玻璃化转变温度。按测得的均聚物分别为 $T_g(顺) = -106℃$、$T_g(反) = -107℃$ 和 $T_g(1,2) = -15℃$，代入式（8-1）计算后，对无规 V-BR 的 T_g 与 1,2 链节提出如式（8-2）关系式：

$$T_g = 91V - 106 \quad (8-2)$$

由式(8-2)可知，V-BR 的 T_g 由乙基含量决定的，乙烯基含量增加，T_g 升高，是直线关系。T_g 是由分子内和分子间的影响共同决定的。1,2 链节含量增加，分子内相互作用增加，分子间作用减弱，故随着 1,2 链节增加 T_g 升高。

1,2 链节结构中，因存在着不对称碳原子，而有全同、间同和无规三种空间立构体。公式(8-2)没有考虑链节立体构型的影响，仅适用无规结构或 1,2 链节含量低的聚丁二烯。当1,2 链节含量高时以及因立体构型的影响，分子内的相互作用增强。在间同 1,2 链节中，由于 1,2 链节的空间排列对称链节结构规整，有利于分子链的有序排列。当间同 1,2 结构含量高于 30%时，分子内部便有微晶出现，分子间互相作用也随之增强。可见，有规立构聚丁二烯玻璃化转变温度 T_g 随 1,2 链节增加而升高，是分子内和分子间相互作用同时增加的共同效应。倪少儒等[26]根据对样品测试结果，对 1,2 链节含量较高(>50%)的聚丁二烯 T_g 与微观结构关系式(8-2)提出修正公式(8-3)：

$$T_g = 91V + 100S - 106 \tag{8-3}$$

式中，S 表示间同 1,2 链节的含量。

8.2.2 橡胶的玻璃化转变温度与橡胶的基本性质

德国 Hüls 公司[27,28]发现，按照橡胶的 T_g 下降次序排列作图(图 8-2)时，T_g 与各种橡胶的某些物理性质呈现一种有序的规律，如链的挠曲性、扩散速率，胶的耐磨性、耐低温性，均随着 T_g 降低而增加，反之亦然。说明橡胶的基本特性可以用单一的物理常数来表示。如顺丁橡胶有最低的 T_g (~110℃)，便呈现突出的耐磨性，但抗湿滑也是通用胶中最差的。试验证明，当橡胶 T_g 约为-70℃时，同时兼具有好的耐磨性和抗湿滑性。在图 8-2 中，T_g 为-70℃左右的橡胶是天然橡胶和含 19%苯乙烯的 S-SBR。这两种胶都有较好的综合性能。另一个发现是聚丁二烯的 T_g 与乙烯基含量呈线性关系，随乙烯基含量增加 T_g 升高(图 8-3)。乙烯基含量在 35%~55%时，V-BR 的 T_g 在-70~-50℃范围内。与图 8-2 相比较，此范围的 V-BR 应有最佳的综合性能，相当于 S-SBR 或 E-SBR(60 份)/C-BR(40 份)共混胶料、E-SBR150、E-SBR1712 等通用橡胶。试验证明，MV-BR 可以单独用于轮胎替代 E-SBR1712 或 SBR/C-BR 共混胶料。

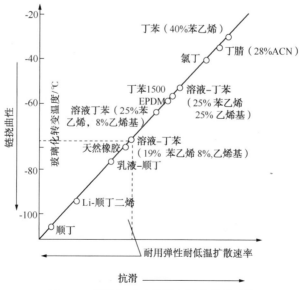

图 8-2 橡胶按玻璃化转变温度分类系统

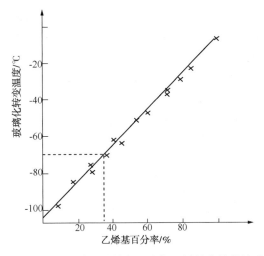

图 8-3　BR 的玻璃化转变温度与乙烯基含量的关系

8.2.3　乙烯基聚丁二烯橡胶的动态性能

1. 动态力学谱

倪少儒等[26]研究了乙烯基含量不同的 V-BR，动态剪切模量和力学内耗与温度的关系曲线(动态力学谱)。在乙烯基含量为 82% 的 V-BR 动态力学谱(图 8-4)，低温及高温处可见到两个内耗峰。高温处的内耗峰强度很大，而与内耗峰相对应的剪切模量约下降三个数量级。该峰即是玻璃化转变峰。约在 -90℃ 低温处还有一个强度很小的内耗峰，可能与 1,2 链节运动有关。

乙烯基含量不同的 V-BR，其力学内耗峰随着乙烯基含量增加峰位向高温方向转移，且峰宽度减少。在高弹态时，力学内耗随着乙烯基增加而降低，但力学内耗非常小，使得 V-BR 生热低耐热裂解性较好。V-BR 的玻璃态剪切模量与乙烯基含量几乎无关。而在高弹态时，当乙烯基含量小于 40% 时，乙烯基含量的变化对动态剪切模量的影响不明显。但乙烯基含量大于 40% 时，由于分子链内旋转势垒增高，柔顺性降低，动态剪切模量也随乙烯基含量增加而增大，松弛强度降低，弹性变差，难于单独用作橡胶材料使用。

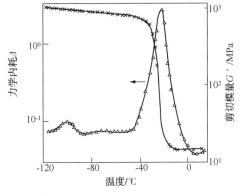

图 8-4　V-BR 的动态力学谱

2. 乙烯基与内生热

内生热是橡胶动态损耗，是与滚动阻力大小相关的性能。Yoshioka 等[29]在研究 100℃ 下、具有不同门尼黏度和乙烯基含量在 55%~80% 范围内的 V-BR 生热情况时，发现 V-BR 的异常特殊性能，尽管乙烯基含量增加，T_g 升高，但生热却出现降低的趋势(图 8-5)。而已有通用胶，一般情况是随 T_g 升高，内生热增加。如丁苯橡胶随着苯乙烯含量增加，T_g 和内生热随之升高(图 8-6)。而图 8-6 中 V-BR 则与之相反，随着乙烯基含量增加，内生热下降[16]。V-BR 的这种独特性能是目前已有其他橡胶品种不具有的，是高性能轮胎所需要的极好性能。

3. 乙烯基与回弹性能

橡胶的回弹性能同内生热性能一样，与橡胶的动态损耗有关，可作为轮胎滚动阻力和抗湿滑性的量度。Yoshioka 等[29]在研究 V-BR 的回弹性与乙烯基含量和门尼黏度的关系时，发现在室温(17℃)测得的曲线(图8-7)与在高温(82℃)测得的曲线(图8-8)有不同的变化趋势。在室温下 V-BR 的回弹性随乙烯基含量的增加而下降。而门尼黏度的增加对回弹性影响较小，略有变化(图8-7、图8-9)。在高温时，V-BR 的回弹性能高于室温回弹性，并主要依赖于门尼黏度，而乙烯基含量的变化影响很小(图8-8、图8-9)，即在相同乙烯基含量时，门尼黏度升高，回弹性增加，乙烯基含量增加时回弹性略有减少。V-BR 的回弹性在高、低温下有不同行为，是 V-BR 又一独有的特殊性能。在低温的回弹性越小，橡胶的抗湿滑性越好。在高温时的回弹性变化不大，表明橡胶滚动损耗很低，滚动阻力小。

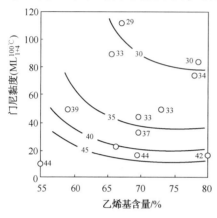

图 8-5　在100℃下测定的门尼黏度、乙烯基含量与生热的关系

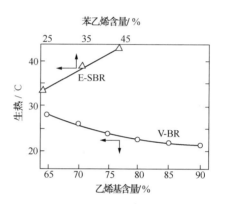

图 8-6　在100℃下测定的乙烯基与生热的关系

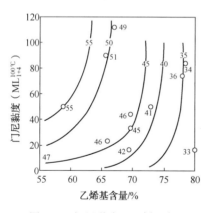

图 8-7　门尼黏度、乙烯基与回弹性在17℃下的关系

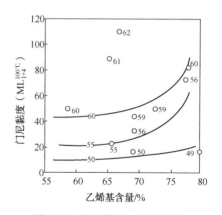

图 8-8　门尼黏度、乙烯基与回弹性在82℃下的关系

4. 乙烯基与抗湿滑性能

轮胎的抗湿滑性是现代轮胎的重要性能。从图8-2可知，选用 T_g 高的胶种作胎面胶，有利于提高轮胎的抗湿滑性，T_g 越高，抗湿滑越好，但滚动阻力、内生热也随之增加。Yoshioka 等[16]发现，V-BR 的抗湿滑性能随着 T_g 的升高，也即乙烯基含量增加而提高，当 T_g 升高至-30~-40℃时，也即乙烯基含量约为70%时出现极大值(图8-10)。高乙烯基含量的 V-BR 在湿路面上的牵引性能好于 C-BR、IR 及 E-SBR 等通用合成橡胶，高乙烯基含量的 V-BR 将低滚动阻力和高抗湿滑性两种对立性能有了较好的平衡。在此技术的启发下，相继出现不同乙烯基含量的 V-BR 及含有不同乙烯基的 S-SBR 等新胶种。

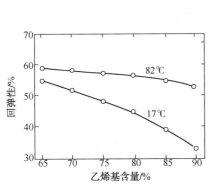

图8-9　回弹性与聚丁二烯中
乙烯基含量的关系

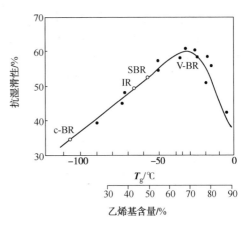

图8-10　抗湿滑性与T_g和
乙烯基含量的关系

8.2.4　乙烯基聚丁二烯橡胶并用共混胶料特点

1. 微观结构不同无规聚丁二烯之间的混溶性

Shan等[30]用光学显微镜、DSC和小角光散射法研究了一系列具有不同微观结构无规聚丁二烯间的混溶性，发现乙烯基含量高(80%和91%)的V-BR与乙烯基含量(1%和10%)低的聚丁二烯完全不能混溶，随着乙烯基含量降至71%时，当温度高于最高临界相容温度(UCST)时，V-BR与C-BR变得能够溶混。若乙烯基含量降至50%以下，在室温下V-BR与C-BR也能混溶。乙烯基含量为71%的V-BR与乙烯基含量为80%或91%的V-BR的共混也会出现UCST(表8-1)。

表8-1　微观结构不同聚丁二烯的混溶性

聚丁二烯	BR1	BR10	BR50	BR71	BR80	BR90
BR1	—	混溶	混溶	UCST	不混溶	不混溶
BR10	混溶	—	混溶	UCST	不混溶	不混溶
BR50	混溶	混溶	—			
BR71	UCST	UCST	—	—		UCST
BR80	不混溶	不混溶				
BR91	不混溶	不混溶		UCST		

注：BR后面的数字为乙烯基含量。

杨淑欣等[31]用透射电镜观察HV-BR/C-BR共混胶，发现共混胶存在微相分离结构，微区尺寸为0.2~1.5μm，较溶液共混区尺寸大1~2倍，且分布窄。当HV-BR含量为60%时，产生相逆转。C-BR在HV-BR中的分散性较HV-BR在C-BR中的分散性好。共混胶中加入炭黑后，微区分散相的尺寸减少，分布趋于均匀，两相界面变得模糊，增大了混合时的剪切力，提高了两相相互扩散的程度，增加了相容性。

2. 不同胶种的混溶性能

Yashioka等[29]对乙烯基含量不同的V-BR按50/50的质量比与C-BR、IR和V-BR共混胶，测定了DSC曲线(图8-11)。从DSC曲线可知，低乙烯基含量的V-BR与IR共混胶出现两个T_g，而乙烯基含量为58.6%的V-BR与IR共混胶则有一个T_g，表明低乙烯基V-BR与IR是不相溶混的，高乙烯基V-BR可与IR形成一个混溶体系，在高倍电镜下仍能看到明显的两相结构，绝非完全分子级混溶，属于相溶性不佳体系（图 8-12）。含乙烯基 58.6% 的 V-BR 与 C-BR 有 1 个 T_g，为混溶体系；乙烯基含量为 77.8% 的 V-BR 与 C-BR 有两个 T_g，为非混溶体系；乙烯基 45.7% 与 77.8% 的 V-BR 的共混胶出现两个 T_g，为非混溶体系。透射电镜可观察到共混胶存在微相分离结构，微区尺寸为 0.5μm 左右（图 8-13）。

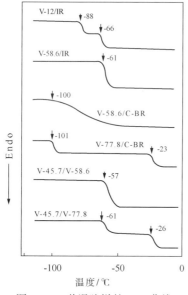

图 8-11　共混胶样的 DSC 曲线

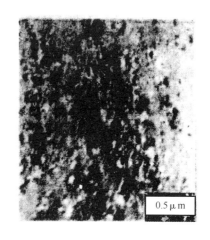

图 8-12　乙烯基含量为 70%V-BR 与
IR 共混胶电镜照片

杨毓华等[32]用动态力学法研究了高乙烯基（82.9%）含量的 V-BR 与 NR 共混时的相容性（图 8-14），由图可知，当 V-BR 在共混胶（B-1、B-2）中的组分在 30%（质量）以下时，呈现一个玻璃化转变区域，内耗和模量的转变峰叠加，两组分部分互容，共混胶的转变峰比 V-BR 和 NR 的峰宽。当 V-BR 在共混胶（B-3、B-4）中的组分高于 30% 时，则各自呈现两个玻璃化转变区域，而且随着 V-BR 组分的增加，转变峰高也增大，两组分明显分相，为不相容体系。

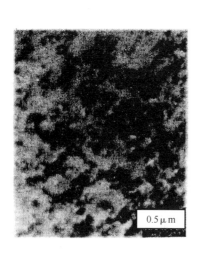

图 8-13　乙烯基含量为 70% 的 V-BR 与
C-BR 共混胶电镜照片

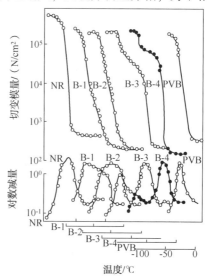

图 8-14　乙烯基含量为 82.9% 的
V-BR 与 NR 共混胶的动态力学温度谱

3. 并用胶料的回弹性及抗湿滑性能

Yoschioka 等[29]对 V-BR/C-BR、V-BR/IR(NR)并用胎面胶料的回弹性与抗湿滑性能进行了测试研究，并与常用胎面 SBR/C-BR 并用胶料进行对比。常温(23℃)测试结果见图 8-15。由图可知，常用胶料 SBR/C-BR 具有负斜率的直线关系，表明抗湿滑性增加，回弹性下降，即滚动阻力增加，而 V-BR 与 C-BR、IR 的共混胎面胶料则是向右上凸的曲线，较之 SBR 与 C-BR 共混胎面胶料有高的回弹性和高的抗湿滑性，明显地改进了胎面胶的性能。在高温时，V-BR 与 C-BR、IR 共混胶料较之 SBR 与 C-BR 共混胶料有更高的抗湿滑和回弹性(图 8-16)，尤其与 IR 的共混胶料回弹性显著提高。回弹性是滚动阻力的量度，表明 V-BR(Nipol BR-1240)的共混胶料在高温下，即在行驶过程中轮胎仍有低的滚动阻力和高的抗湿滑性。

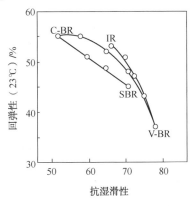

图 8-15　在 23℃下三种并用胶的
回弹性与抗湿滑性的关系

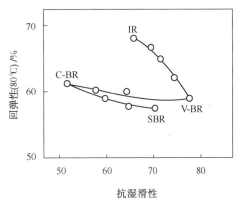

图 8-16　在 80℃下并用胶的
回弹性与抗湿滑性的关系

8.2.5　中乙烯基聚丁二烯橡胶的硫化胶性能

1. 乙烯基对 V-BR 硫化胶性能的影响

菲利浦石油公司[33]研究了不同乙烯基含量的 V-BR 硫化胶的物理机械性能(表 8-2)，并制备了各种乙烯基含量的 V-BR 作胎面胶料的乘用车轮胎进行里程试验。里程试验表明，随着乙烯基含量增加，耐磨耗性能下降，但抗湿滑性能增加。乙烯基含量低于 45% 时，耐磨耗性能没有明显变化；高于 50% 便出现急剧恶化的倾向。乙烯基含量在 10%～55% 范围内变化，对物料的配合和硫化胶性能影响不大；乙烯基含量在 40% 左右或 $T_g = -70$℃ 左右的 V-BR，为最适宜的 MV-BR。Wilder 等[10]通过大量对比实验研究，也证明含有 42% 乙烯基的不充油 V-BR 滚动阻力性能最好。由于乙烯基含量增加，分子流动性变小，回弹性变差，模数增加，而拉伸强度和生热又没有大的变化，因此，认为乙烯基含量大于 60% 不能作为通用合成橡胶使用。

表 8-2　不同乙烯基含量的 V-BR 硫化胶性能[1]

性　能	A	B	C	D	E
乙烯基含量/%	11	33	47	55	45
300%定伸强度/MPa	6.4	8.2	5.7	5.7	8.4
拉伸强度/MPa	15.9	16.1	15.4	15.7	17.6
伸长率/%	560	490	590	600	460

续表

性　　能	A	B	C	D	E
邵尔 A 硬度	57	61	58	57	59
磨耗指数[②]	130	100	91	77	88
抗湿滑指数[②]	85	96	100	103	102

①硫化条件：148.9℃×23min。

②C-BR/SBR(40/60)胶料为100。

2. 中乙烯基聚丁二烯橡胶硫化胶性能

英国 ISR 公司[34]用改性锂引发剂合成了乙烯基含量在 35%~55%，即玻璃化转变温度在 −50~−70℃ 的 MV-BR。其特性介于 S-SBR 和 E-SBR 之间，或相当于 SBR/BR(60/40) 并混胶的特性。当乙烯基含量小于 35% 时虽具有较好的耐磨性，但抗湿滑性下降，加工行为较差。乙烯基含量大于 55% 时则相反，抗湿滑性提高，耐磨性变差。表 8-3 为不同乙烯基含量的 MV-BR 与 E-SBR 和 S-SBR 在相同硫化配方和条件下的基本物理机械性能。由表可见，MV-BR 在许多方面类似于 E-SBR，具有优良的牵引力，拉伸强度、抗撕裂性和类似于丁苯橡胶的抗湿滑性，而耐磨性及其他物性相当于或优于丁苯和顺丁混用胶料。橡胶的加工性好，易硫化，并可完全采用丁苯橡胶加工的硫化方法。但较之丁苯橡胶有较高的混炼胶门尼黏度，较低的压出膨胀和稍差的加工特性。扯断力稍低，而耐爆破性很好，耐磨耗下降较快，但湿牵引力提高。由 MV-BR 制成的轮胎里程试验表明，保持了顺丁橡胶的优良特性，同时，在行驶过程中，生热低于对比胎 1~2℃，未出现胎面破裂，表明 MV-BR 可单独用于轮胎制造，取代乳聚和溶聚丁苯橡胶。

表 8-3　MV-BR(Intolene 50)与两种 SBR 基本物理机械性能比较

性　　能	MV-BR				SBR(St：23.5%)	
乙烯基含量/%	42	48	53.5	63	E-SBR	S-SBR
硫化条件(t_{90}，140℃)/min	20	24	24	30	30	20
300%定伸强度/MPa	8.2	10.7	10.1	8.6	13.1	11.2
拉伸强度/MPa	15.8	16.2	14.4	15.0	20.7	20.2
伸长率/%	480	410	410	460	450	520
邵尔 A 硬度(IHRD)	59	59	59	60	64	62
压缩形变/%	33.6	27.3	25	22.7	36.9	38.1
弹性(Dunlop 回弹试验机)						
20℃	45.8	47	44.2	42.9	38.6	42.9
50℃	51.0	53.2	45.8	50.4	48.2	48.8
70℃	55.2	55.2	51.6	53.9	54.4	53.2
抗湿滑性(湿沥青路面)	65	69	68	72	70	64
Goodrch 生热/℃	45	45	45	44	44	44
DIN 磨耗/(cm³/km)	0.1589	0.1666	0.1713	0.2486	0.1990	0.1465
门尼黏度($ML_{1+4}^{100℃}$)						
充油胶	43.5	51	—	43	45	46

性　　能	MV-BR				SBR(St：23.5%)	
混炼胶	61.5	62.5	—	74	51	67
玻璃化转变温度 T_g/℃	−48	−48	—	−31	−33.5	−43.5

注：硫化配方：充油胶(高芳烃油)137.5，炭黑 N339 75，高芳烃油 5，ZnO 4，硬脂酸 1.5，石蜡 2.0，IPPD 1.5，CBS 1.25，硫黄 2(S-SBR 1.75)。

8.2.6　高乙烯基聚丁二烯的独特性能

1. 异构体多样性

由于乙烯基叔碳的不对称性，1,2 加成聚合物可有全同、间同和无规三种立构体。乙烯基含量低时仅有无规构型，而乙烯基含量超过 60%时，就有可能是全同、间同、无规或三种构型共存的聚合物。全同和间同构型在常温下呈结晶态，结晶度低，具有橡胶和塑料性能，结晶度超过 40%为热塑性树脂。无规与低结晶的乙烯基聚丁二烯可直接用作胎面胶以改善轮胎性能，高结晶的乙烯基聚丁二烯常以短纤维形态用于轮胎制造。

2. 玻璃化转变温度偏离直线

Yoshioka 等[29]用 IR 和[13]C-NMR 两种方法研究测试聚丁二烯的微观结构，将乙烯基含量与 DSC 测得的 T_g 作图(图 8-17)，发现乙烯基含量小于 60%时，仍是直线关系，但乙烯基含量大于 60%时，偏离直线，形成弯向左方的

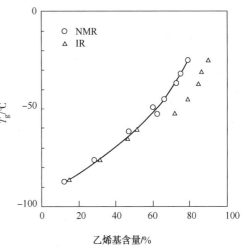

图 8-17　用 IR 和 NMR 两种方法测定的乙烯基含量-T_g 曲线

曲线。两种分析方法测试结果也有偏离，图中实线是根据 Gordon-Taylor 方程式计算的理论曲线，实线与 NMR 方法测试结果复合的较好。而 IR 法测试点偏离较大，由此可知 NMR 方法较准确。从乙烯基含量较高时，T_g-乙烯基关系偏离直线，说明橡胶的某些基本性质与 T_g 的关系被限定在较窄的范围内。T_g 虽被广泛用于表征聚合物分子链的动力学行为，却不能全面充分地描述聚合物的黏弹特性。异戊橡胶同丁基橡胶几乎有着相同的玻璃化转变温度，但它们的黏弹行为却显示出完全不同的特征(图 8-18)[35]。丁基橡胶的 T_g(−65℃)远低于高乙烯含量的 V-BR 的 T_g(−20℃)，但抗湿滑性却高于后者，说明 T_g 不是唯一起作用的因素。

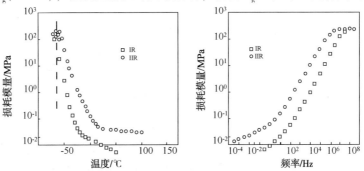

图 8-18　在不同温度和频率下的耗散行为

3. 黏弹性能特征

Gargani 等[35]通过计算频谱的松弛时间，求得不同乙烯基含量 V-BR 的链节摩擦系数。链节摩擦系数是目前公认最适宜表征聚合物黏弹行为的参数。不同乙烯基含量 V-BR 的链节摩擦系数与乙烯基含量呈现较好的相关性(图 8-19)，曲线在乙烯基约为 60%处，出现一个特殊拐点，在拐点右方斜率突然增大，表明乙烯基含量大于 60%以后，乙烯基的变化对链节摩擦系数的影响明显加强，也即 HV-BR 的链节摩擦系数大于 MV-BR。

Gargani 等[35]根据单一胶种制作的轮胎里程试验数据和实验室测得的黏弹性能数据，得到轮胎的抗湿滑性(WG)和滚动阻力(RR)与橡胶黏弹性参数公式：

$$RR = 53.8 + 7.81 \lg G''(30\text{Hz}) + 6.28 \lg J''(30\text{Hz}) \tag{8-4}$$

$$WG = 0.925 + 0.175 \lg G''(300\text{Hz}) + 0.266 \lg J''(300\text{Hz}) \tag{8-5}$$

式中，G'' 和 J'' 分别为损耗模量和损耗柔量。应用此公式计算推导出不同乙烯基 V-BR 的抗湿滑与滚动阻力的黏弹行为(图 8-20)，由图可知在滚动阻力和抗湿滑性方面含 72%乙烯基 V-BR 比中乙烯基和低乙烯基 V-BR 有更好平衡。

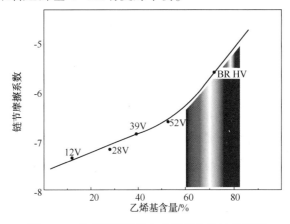

图 8-19　链节摩擦系数与乙烯基含量的关系图

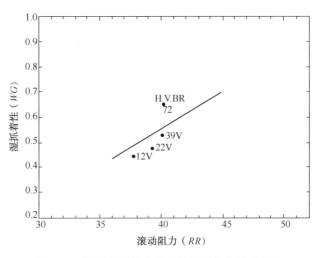

图 8-20　不同乙烯基含量的抗湿滑性和滚动阻力

Yoshioka 等[16]通过测量不同温度下的 HV-BR 和 E-SBR 两种橡胶的黏弹性参数(损耗因子 tanδ)，利用叠加原理(WLF 方程)，将其高频下橡胶的黏弹性(抗湿滑性)和低频下的黏弹性(滚动阻力)有机结合,得到图 8-21 及图 8-22。图中实线为实测的低频率(10^1 ~10^2Hz)下的 tanδ 与温度关系曲线,虚线是由低频下实测值按温度-时间换算法(WLF 方程)计算求得的高频率($10^{5~6}$Hz)曲线。A 区,即室温范围内对应的 tanδ 值表示抗湿滑性大小,值大则抗湿滑性好。B 区,即 60~100℃温度范围内的 tanδ 值对应的是滚动阻力的大小,tanδ 值小表示滚动阻力低,值大表示滚动阻力大。图 8-21 是 HV-BR 的黏弹谱图,在 A 区有较高的谱峰,在 B 区还有低的 tanδ 值,表明 HV-BR 有高的抗湿滑性和低的滚动阻力。图 8-22 是 E-SBR 的黏弹谱图,在 A 区有低于 HV-BR 的 tanδ 值,在 B 区有高于 HV-BR 的 tanδ 值。说明 HV-BR 的抗湿滑性和滚动阻力均优于 E-SBR,HV-BR 可用作节能轮胎材料。

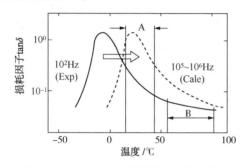

图 8-21　HV-BR 的损耗因子与温度曲线
A—抗湿滑区(室温,$10^{5~6}$Hz);
B—滚动阻力区(60~100℃,$10^{1~2}$Hz)

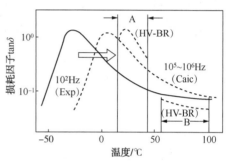

图 8-22　E-SBR 的损耗因子与温度曲线
A—抗湿滑区(室温,$10^{5~6}$Hz);
B—滚动阻力区(60~100℃,$10^{1~2}$Hz)

8.2.7　高乙烯基聚丁二烯橡胶硫化胶性能

在 V-BR 研发的早期,曾认为乙烯基含量大于 60%的聚丁二烯不能用作通用橡胶,但在 20 世纪 80 年代初,意外地发现高乙烯基聚丁二烯在 100℃时动态生热降低,回弹性升高,这是轮胎需要的极好性能。高乙烯基聚丁二烯这异乎寻常的性能,早在 1959 年就已有报道[36]。94%乙烯基聚丁二烯有低累积热,回弹性在室温下为 56%,但在 80℃则升至 74%,但并未引起人们的注意。日本瑞翁公司根据这个发现开发了牌号为 Nipol BR1240、BR1245 的 HV-BR 新型通用胶种。

1. 高乙烯基聚丁二烯的基本物理机械性能

Short 等[36]较早研究报道了高乙烯基聚丁二烯经硫化后的物理机械性能(表 8-4)。测试结果表明,含有 85%和 94%乙烯基无规聚丁二烯在无炭黑补强的硫化胶,300%定伸强度约 14kg/cm^2,而拉伸强度约 21~28kg/cm^2。而含有 70%乙烯基的间同聚丁二烯上述两项性能增至 3 倍。由于在试验温度仍存在的剩余结晶,无法测得准确门尼黏度值。无规与间同聚丁二烯在强伸性能上有着较大差异,这种差异显然与分子量的大小无关,而与聚合物的立规结构相关。有规聚丁二烯异乎寻常的性质不仅表现在纯胶的硫化胶中,还保留在炭黑补强的硫化胶中。从表 8-4 可见,无规高乙烯基 V-BR,具有一般的拉伸强度,低于顺式聚丁二烯。间同聚丁二烯的拉伸强度却是格外的好,但硬度与耐磨性相差不大。在动态性能方面,94%乙烯基 HV-BR 具有低生热和低回弹性的不同寻常的配合,生热值与 C-BR、NR 相近,而低于 SBR。回弹性在室温时为 56%,但在 80℃则上升至 74%。HV-BR 的这种异常性能直到 20 世纪 80 年代才引起人们的重视。

表 8-4　高乙烯基聚丁二烯硫化后的物理机械性能[36]

性　　能	94%V-PB 无规	85%V-PB 无规	70%V-PB 间同
纯胶硫化			
$ML_{1+4}^{100℃}$	65	36	高于测定上限
300%定伸强度/MPa	1.5	1.3	4.7
拉伸强度/MPa	2.7	2.2	7.9
伸长率/%	470	520	470
邵尔 A 硬度	32	32	51
加炭黑补强胶硫化			
300%定伸强度/MPa	15.2	13.4	18.9
拉伸强度/MPa	17.9	17.7	25.9
伸长率/%	340	380	420
邵尔 A 硬度	65	66	69
回弹性/%	56	62	69
累积热/℃	21	33	31
耐磨性(NBS)/(转数/mil[①])	10.5	7.7	9.2
在 100℃经 24h 老化后的性能			
300%定伸强度/MPa	17.2	17.6	23.3
拉伸强度/MPa	17.7	18.0	24.7
伸长率/%	290	310	320
回弹性/%	53	65	69
累积热/℃	21	32	29

①1mil=25.4×10^{-6}m。

2. 无规高乙烯基聚丁二烯橡胶对轮胎性能的影响

日本瑞翁公司[37]对锂系引发剂合成的 V-BR 在胎面配方中并用比例及乙烯基含量对轮胎性能的影响，进行了较全面研究。结果表明，V-BR 的乙烯基含量应高于70%，门尼黏度 $ML_{1+4}^{100℃}$ 应在 10~100 之间。若乙烯基含量低于70%时，虽然回弹性和生热性会得到改善，但抗湿滑性不会好于 C-BR 与 SBR 共混胶料，而且物理机械性能又降低较大。乙烯基含量最好为85%~95%。门尼黏度值若小于10，生热和磨耗增大。门尼黏度大于100时，胶料的混合和压出等工艺性能恶化，最佳的门尼黏度值范围应是 30~60，无规乙烯基聚丁二烯在胶料中的并用比例可占总胶量的20%~80%(质量)。其量若低于20%不能有效地改善湿滑性。其用量若超过80%，轮胎的磨耗将会增大，而失去实用性，最适宜用量是30%~60%。

3. 有规高乙烯基聚丁二烯对轮胎性能的影响

(1) 低结晶度有规高乙烯基聚丁二烯

低结晶高乙烯基聚丁二烯(LC-HVPBd)能否作为橡胶应用，取决于它的硫黄交联反应性，即可硫化性。经研究得知，LC-HVPBd 的硫化交联反应活化能为 592kJ/mol，在 151~180℃时的硫化温度系数为 2.0，表明 LC-HVPBd 的硫化特性与通用橡胶相似。LC-HVPBd 是一种容易硫化的高硬度橡胶材料，与高苯乙烯橡胶(现有高硬度橡胶材料)相比，LC-HVPBd 在伸长、永久变形、耐屈挠、耐磨耗、耐候、耐臭氧、耐热老化和挺性、弹性等诸多方面均较为优良。填充剂对 LC-HVPB 补强性能与通用橡胶相近，只是随着炭黑用量增加，结晶度有降低的倾向，但 T_g 却不受填料种类和用量的影响[38]。

日本 JSR 公司[39]以钴系催化剂制得的 LC-HVPBd 作为共混胶料组分，研究了乙烯基含量、结晶度、残余结晶、分子量、用量及温度等对硫化胶性能的影响。研究表明，乙烯基含量应大于 70%，合适的是 80% 或大于 80%。特性黏数 $[\eta]$ 在 1.0~3.0dL/g，结晶度应在 5%~40% 之间。若乙烯基含量低于 70%，则不具有热塑性能，并使胶料加工性能变差。若结晶度低于 5%，同样不具有热塑性，仍得不到满意的加工性能，更不可能获得高硬度。若结晶度高于 40%，在现有的橡胶加工机械上不能形成均匀分散的混合胶料。较为合适的结晶度应是 10%~30%。LC-HVPBd 可以同 NR、IR、BR、SBR 和 NBR 等橡胶并用，最好是同 NR 和 IR 并用，用量以 LC-HVPBd/IR(NR)=(15~50)/(85~50) 为适宜。若 LC-HVPBd 用量低于 15%，则共混胶料中由于未有足够的热塑组分，而对胶料的模量和硬度改进不大。若用量大于 50%，则共混胶料不具有好的橡胶弹性。硫的用量较高，每百份胶应在 3~10 份。硫化胶中残余结晶应不高 4%。残余结晶度 $x(\%)$ 可由式(8-7)求出：

$$x(\%) = x' \cdot \alpha \tag{8-6}$$

$$x'(\%) = \frac{A}{A_o} \times B \times \frac{a}{a_o} \div b = \frac{AB}{A_o} \times \frac{a}{a_o b} \tag{8-7}$$

式中 α 为 LC-HVPBd 在 100 份胶料中占有的质量分数；x' 为 LC-HVPB 相中残余结晶度；A_o、A 分别为硫化前后的熔融热，由 DSC 测得；a 为共混胶中 LC-HVPBd 的质量，g；a_o 为共混胶的质量，g；B 为密度管法测定的结晶度，%；b 为 LC-HVPBd 在共混胶中的质量分数，%。

（2）高结晶度间同 1,2 聚丁二烯

高结晶间同 1,2 聚丁二烯(HC-SPBD)虽然呈塑料性质，但有较高强伸性能和含有可供硫化的双键而以填料形式加入胶料中，可改善硫化胶性能。所用 HC-SPBD 应具有大于 75% 的间同度和高于 180℃ 的熔融温度，并以高度均匀的状态分散在共混胶料中。制备均匀分散胶料较有效的方法是原位聚合[40]、反相聚合或两种胶乳均匀混合后凝聚[41]等。

日本宇部公司研发的 Ubepol-VCR[40]，即是采用原位聚合法制得的含有 8%~12% 高熔点的 HC-SPBD 顺丁橡胶。在无补强剂情况下，同样门尼黏度值的 VCR 比传统顺丁橡胶的硬度和弹性均高出 2.5~3.0 倍，但加工性能相同。因硬度高，对钢丝和帘线有较好的结合力，混炼胶收缩性小，胶料强度及流动性均优于顺丁橡胶。美国固特异轮胎和橡胶公司[41]用含有 18% 高熔点 HC-SPBD 的异戊二烯橡胶与 NR 共混，制得了具有优异综合性能的并用共混胶料，使带束层胶料定伸强度、弯曲刚性提高 1 倍多，割口增长得到极大改进。

日本 JSR 公司[42]以天然胶乳或丁苯胶乳为反应介质，用钴催化剂制得极微细 HC-SPBD 针状体，均匀分散在天然橡胶或丁苯橡胶。HC-SPBD 针状体平均粒径小于 0.02μm，熔点均接近 200℃。含有约 20%HC-SPBD 的 NR 或 SBR 组合胶，与加有 40 份炭黑补强的并用共混胶的硫化胶相比，有同样好的物理机械性能，还有重量轻和生热低的特点，适用于节能轮胎用胶料。

8.3 中乙烯基聚丁二烯橡胶(MV-BR)

8.3.1 Ziegler-Natta 催化剂合成的 MV-BR 结构特征

Ti、Mo、Fe、Co 等多种过渡金属化合物同烷基铝组成的 Ziegler-Natta 配位催化剂，可以直接制得乙烯基含量不同的聚丁二烯[44]。同碱金属阴离子催化剂制得的 MV-BR 相比，在微观结构的组成和链节序列分布方面都有着显著的不同。用阴离子引发剂制得的 V-BR，其特征是反式 1,4 结构的含量高于顺式 1,4 结构[49]。

李杨等[50]用 13C-NMR 方法对 GDEE/LiR 引发剂制得的 V-BR 微观结构及链节序列分布进行了分析研究（表 8-5）。结果表明：随着乙烯基含量增加，总 1,4 结构减小，但反式 1,4 结构总是高于顺式 1,4 结构的含量，序列长度也大于顺式 1,4。随着乙烯基含量增加，无规序列含量降低，有规序列含量增加，全同立构高于间同立构的含量。全同立构的数均、重均序列长度随着乙烯基含量增加而增加，而间同立构则减小。随着乙烯基含量增加，VVV，VV-三元组增加，而-V-三元组减小。用 Ziegler-Natta 配位催化剂制得的 V-BR 其 1,4 结构链节中则是顺式 1,4 链节含量大于反式 1,4 链节。菲利普石油公司[51]用硬脂酸镍-三乙基铝-三氯化钼三元催化体系制得不同乙烯含量的 V-BR（表 8-6）。由表中可知，乙烯基含量变化时，1,4 结构中顺式 1,4 变化较大，顺式 1,4 结构含量远高于反式 1,4 结构。仅在乙烯基含量大于 80% 时，或反式 1,4 结构小于 10% 时，反式才略高于顺式结构。倪少儒等[52]用 $Ti(OEt)_nCl_{4-n}-Al(iBu)_3$ 体系催化丁二烯聚合时，也制得了乙烯基含量为 35%~70% 的 V-BR，1,4 结构中顺式 1,4 含量大于反式 1,4 结构（表 8-7）。对 13C-NMR 谱图的脂碳谱 1,2 链节的全同、无规和间同三元组共振峰的归属和计算得到相对含量，无规、间同含量均在 40%~44% 之间，全同在 12%~17% 之间。聚合物一半是无规立构，间同立构与无规大致相等，而全同立构很少，与 Li 系聚合物的立构结构的分布不同。

表 8-5　锂系 V-BR 的微观结构及序列分布

样　品　号	1	2	3	4	5
GDEE/Li（摩尔比）	0.5	0.8	1.6	3.0	10
微观结构（NMR）/%					
乙烯基（V）	39.3	51.5	59.0	67.2	78.3
顺式 1,4（C）	24.8	18.2	15.5	13.8	10.9
反式 1,4（T）	35.9	30.4	25.5	19.0	10.8
聚合链中不同结构单元序列长度					
LV	1.65	2.06	2.44	3.05	4.61
LT	1.67	1.44	1.34	1.23	1.12
LC	1.33	1.22	1.18	1.16	1.12
乙烯基为中心的三元组的分布情况					
［-V-］	0.440	0.313	0.143	0.166	0.117
［VV-］	0.274	0.300	0.361	0.322	0.406
［VVV］	0.286	0.386	0.496	0.502	0.476
不同立构体序列的质量分数/%					
P_i	14.5	23.2	27.3	31.0	32.8
P_a	70.6	61.5	53.6	47.9	46.3
P_s	14.9	15.3	19.1	21.1	20.9
全同、间同的数均、重均平均序列长度及分布指数					
［Mi］$_n$	1.61	1.92	2.08	2.27	2.34

续表

样　品　号	1	2	3	4	5
$[Mi]_w$	2.22	2.85	3.17	3.55	3.67
Hli	1.38	1.48	1.52	1.50	1.57
$[Ms]_n$	2.63	2.08	1.92	1.78	1.75
$[Ms]_w$	4.26	3.17	2.85	2.57	2.50
Hls	1.62	1.52	1.48	1.44	1.43

表 8-6　Ni-Al-Mo 催化剂合成 BR 的微观结构

样品号	1	2	3	4	5	6	7
$MoCl_5/Ni$（摩尔比）	0.5	1.0	2.0	3.0	4.0	5.0	6.0
微观结构（NMR）/%							
乙烯基	83.6	76.0	59.9	57.3	32.0	21.2	11.5
反式 1,4	8.5	9.4	7.8	7.1	5.5	4.6	3.5
顺式 1,4	7.9	14.3	32.3	35.6	62.5	74.2	84.9
转化率/%	65	84	80	76	69	63	53
$[\eta]/(dL/g)$	6.67	5.52	3.31	2.84	1.94	1.63	1.47

表 8-7　$Ti(OEt)_nCl_{4-n}$-$Al(iBu)_3$ 合成 BR 的微观结构

Cl/Ti	微观结构/%	反应温度/℃					
		30	40	50	60	65	70
0	乙烯基	68	—	61	64	50	60
	顺式 1,4	29	—	29	24	39	27
	反式 1,4	3	—	10	2	11	13
1	乙烯基	61	62	60	61	63	65
	顺式 1,4	37	35	37	35	29	29
	反式 1,4	2	3	3	4	8	6
2	乙烯基	55	56	51	48	57	51
	顺式 1,4	39	36	49	42	32	27
	反式 1,4	6	8	0	10	11	22

注：$Ti/Bd=8\times10^{-4}$，Al/Ti=30（摩尔比）。

由于用 Ziegler-Natta 催化剂可合成顺式 1,4 含量高的 MV-BR，并发现某些配位催化剂可直接合成 1,2/顺式 1,4 等二元聚丁二烯[52~54]，因此引起学者对配位催化剂合成 MV-BR 的极大兴趣。中国在 20 世纪 80 年代初就开展了铁系催化剂制备 MV-BR 的研发工作，虽然至今未工业化生产，但已有不少研究报道。

8.3.2　铁系催化剂及聚合规律[55]

1964 年，Noguchi H 等[56]首先用二甲基乙二肟铁[$Fe(dmg)_2$]与三乙基铝组成的催化体系，制得了高分子量和高收率的乙烯基聚丁二烯。次年 Hidai M 等[57]又发现在乙酰基丙酮铁-三乙基铝催化体系中，添加某些含 P、N 的给电子试剂也得到了高分子量聚合物，但未对聚合物的结构作进一步分析研究。1970 年，Swift 等[58]公开发表了 $Fe(acac)_3$-$AlEt_3$-氰基吡啶三元催化体系引发二烯烃聚合的研究结果，发现苯基-2-吡啶乙腈、2-氰基吡啶及2-吡啶肟可以制得二烯烃高聚物。其中2-氰基吡啶可以制得1,2/顺式1,4等二元聚丁二烯。1979年，章哲彦等[59]在Fe(acac)₃-Al(iBu)₃催化体系中添加氮杂环类配体时，发现催化活性显著提高，并制得了无凝胶高分子量聚丁二烯。分析其结构几乎是1,2和顺式1,4各为50%的等二元聚合物。为此，中科院长春应化所再次开展铁系催化剂合成新型橡胶的研发工作，为工业化生产提供了科学依据和可能性。但因配体不溶于脂肪烃溶剂，又加之价格过高，而未能继续进行工业化开发试验。

1. Fe(acac)₃-Al(iBu)₃-氮杂环催化体系[60]

经对含铁有机化合物，如庚酸铁、乙酰基丙酮铁、环烷酸铁、硬脂酸铁等与氮杂环化合物如吡啶、联吡啶(bpy)、邻菲罗啉(Phen)和三烷基铝组成的三元催化体系的广泛探索，发现Fe(acac)₃(Fe)-Al(iBu)₃(Al)-Phen(Ph)三元体系对丁二烯聚合有较好的催化活性，并能制得1,2结构与顺式1,4结构组成近乎相等的高分子量聚丁二烯。

（1）加料方法

在同一配方和相同条件，加料方式不同，聚合活性、聚合物的分子量、结构都出现差别（表8-8）。实验结果表明，该催化体系不宜采用三元先混合再加入单体中的方式，虽然可以有较高收率，但1,2结构降低。采用Fe与Al或Ph与Al先混合再加入另一组分的三元混合方式基本无活性。较好的加料方式是Al组分单加，而另两组分混合后加入。这样得到的聚合物反式1,4结构最低，而1,2结构与顺式1,4结构相近，可以得到1,2/顺式1,4等二元MV-BR，但分子量较高。

表8-8 加料方式对催化剂性能的影响

加料方式		转化率/%	[η]/(dL/g)	微观结构/%		
方法	顺序			1,2结构	顺式1,4	反式1,4
单加	Fe→Ph→Al	100	4.64	45.7	50.5	3.8
二元混合	(Fe+Ph)→Al	95.5	5.81	42.2	52.7	4.9
	Al→(Fe+Ph)	98.2	7.03	48.9	49.5	1.6
三元混合	(Fe+Ph+Al)	97.0	6.57	35.6	61.8	2.6
	[(Fe+Al)+Ph]	0	—			
	[(Ph+Al)+Fe]	3.7	凝胶			

注：聚合条件：Fe/Bd=2.2×10⁻⁴(摩尔比)，Ph/Fe=1(摩尔比)，Al/Fe=50(摩尔比)，聚合4h/18℃。

（2）催化剂组分配比

1）邻菲罗啉(Phen)用量及Ph/Fe摩尔比 在固定Fe、Al用量仅变化Phen用量时，随Phen用量增加催化活性升高，当Ph/Fe摩尔比达到0.2以后，转化率达到最大值而不再变化，而分子量却随着Phen用量增加而降低，但微观结构则基本保持不变(图8-23)。

2）三异丁基铝的用量及Al/Fe摩尔比 在固定Phen、Fe用量仅改变Al用量时，随着Al用量增加催化活性增加，Al/Fe摩尔比大于20后，聚合物收率接近100%，而聚合物微观结构及分子量几乎不随Al用量而变化(图8-24)。

3）乙酰基丙酮铁用量及Al/Fe摩尔比 当Al用量固定、Ph/Fe=1、仅变化Fe用量时，Al/Fe摩尔比在37~300范围内均具有较高活性。Al/Fe大于300无活性，显然是由于体系中主催化剂浓度过低所致。而Al/Fe小于37很快失去活性，可能是由于Phen的绝对含量消耗了烷基铝，降低了烷基铝烷基化能力，减少了活性中心，而使活性降低。随着 Fe 用量增加，分子量降低，微观结构基本不变，保持等二元比例（图 8-25）。

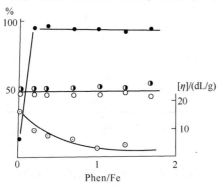

图 8-23　配位体量对活性和产物结构的影响

聚合条件：〔丁〕= 2.2mol/L；Fe/丁×10^4 = 4.7
（摩尔比）；Al/Fe = 30（摩尔比）；18℃
●—转化率；⊙—〔η〕；
◑—1,2 含量；○—顺式 1,4 含量

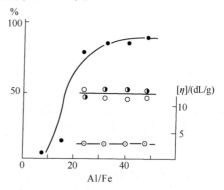

图 8-24　Al 量（Fe 量固定）对催化剂
活性和产物结构的影响

聚合条件：〔丁〕= 2.2mol/L；Fe/丁×10^4 = 4.7
（摩尔比）；Ph/Fe = 1（摩尔比）；18℃
●—转化率；⊙—〔η〕；
◑—1,2 含量；○—顺式 1,4 含量

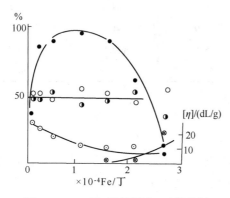

图 8-25　Fe 量（铝量固定）对催化剂
活性和产物结构的影响

聚合条件：〔丁〕= 2.2mol/L；Al/丁×10^2 = 0.74（摩尔比）；
Ph/Fe = 1（摩尔比）；18℃
●—转化率；⊙—〔η〕；
◑—1,2 含量；○—顺式 1,4 含量
⊗—反 1,4 含量

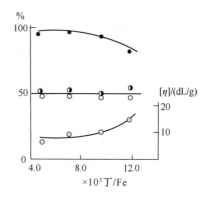

图 8-26　丁/Fe 比与活性的关系

聚合条件：〔丁〕= 14.5g/100mL；Fe = 0.5×10^{-5}mol；
Al/Fe = 60（摩尔比）；Ph/Fe = 1（摩尔比）；18℃
●—转化率；⊙—〔η〕；
◑—1,2 含量；○—顺式 1,4 含量

4）催化剂总用量的变化　当 Ph/Fe = 1（摩尔比）、Al/Fe = 60（摩尔比）、仅变化 Fe/丁摩尔比时，随着 Fe/丁摩尔比的降低，即总催化剂用量下降，转化率降低，分子量增加，而微观结构几乎无变化（图 8-26）。

（3）聚合工艺条件的影响

1）聚合温度

温度对该催化体系聚合的影响见表 8-9。由表可知，温度升高，转化率、分子量、1,2 结构含量均随之降低。而顺式、反式则随着温度升高而增加，仅在 30℃ 下才有可能制得 1,2/顺式 1,4 等二元结构聚丁二烯。

表 8-9　温度对聚合的影响

温度/ ℃	转化率/ %	[η]/ (dL/g)	微观结构/%		
			1,2 结构	顺式 1,4	反式 1,4
0	96.3	14.54	44.5	55.5	—
10	95.3	9.68	49.0	50.1	0.94
30	94.0	9.69	39.1	56.9	4.0
50	86.9	8.83	33.1	59.6	7.3

注：[Bd] = 2.2mol/L、Fe/Bd = 1.12×10^{-4}、Ph/Fe = 1、Al/Fe = 50（均为摩尔比），4h。

2）溶剂

在同一配方和条件下，苯、环己烷、正己烷、加氢汽油等四种溶剂都可得到较高的转化率（表 8-10），直链烃溶剂可制得相对低的分子量和略高的 1,2 结构含量，但对含氮配体溶解性较差。若用直链烃作溶剂，需用部分芳烃溶剂溶解含氮配体，有可能形成混合溶剂[20]。

表 8-10　溶剂对聚合的影响[①]

溶剂	转化率/ %	[η]/ (dL/g)	微观结构/%		
			1,2 结构	顺式 1,4	反式 1,4
苯[②]	96	7.66	48.6	48.3	2.94
环己烷	100	7.67	46.9	41.7	11.4
正己烷	98	5.28	55.6	37.8	6.5
加氢汽油	98	5.76	53.2	39.6	7.2

①[Bd] = 12.4g/100mol，Fe/Bd = 1.1×10^{-4}，bpy/Fe = 1，Al/Fe = 30。

②Fe/Bd = 1.3×10^{-4}，Al/Fe = 57（均为摩尔比）。

3）单体浓度

在催化剂用量和配比固定时，变化单体浓度也即增减溶剂的体系，在实验的浓度范围内，对转化率分子量几乎无影响，微观结构有所变化（表 8-11）。

表 8-11　单体浓度对聚合的影响

[丁]/ (g/100mL)	转化率/ %	[η]/ (dL/g)	微观结构/%		
			1,2 结构	顺式 1,4	反式 1,4
12.4	100	4.81	54.9	40.0	5.1
10.0	100	4.95	54.1	37.8	8.1
8.0	100	4.91	50.5	39.7	9.8

注：Fe/Bd = 2.2×10^{-4}，bpy/Fe = 1，Al/Fe = 30，溶剂：环己烷，室温/4h。

2. FeCl$_3$-Al(iBu)$_3$-Phen 催化体系

刘国智等[62]在 FeCl$_3$-Al(iBu)$_3$ 二元体系中添加不同含氮化合物，发现含有两个氮原子的化合物作配体时，能以高活性制得高分子量聚合物，尤以邻菲罗啉（Phen）为最佳。并按 Phen、FeCl$_3$、Al(iBu)$_3$ 顺序加入催化剂，催化活性显著提高，主催化剂用量可降低一个数量级（Fe/Bd = 3×10^{-5}，摩尔比），聚合物收率可高达 97%（图 8-27），接近顺丁橡胶合成催化剂用量水平。

（1）邻菲罗啉与 Fe 用量

当 Fe、Al 用量固定，变化 Phen 用量时，聚合转化率随着 Phen 用量的变化，出现极值，但极值的大小和范围与主催化剂用量有关。主催化剂用量低，极值下降，范围变窄；主催化剂用量高，极值大，范围宽。聚合物分子量随 Phen 用量增加而降低（图 8-28），但对 1,2 结构及顺式 1,4 结构影响不大，反式 1,4 结构略有增加的趋势（图 8-29）。无 Phen 时，丁二烯双配位机会占据了空轨道，不利于单体双配位而导致顺式 1,4 结构降低而 1,2 结构增加。

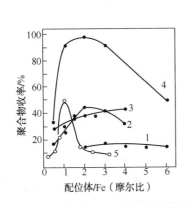

图 8-27　配位体对丁二烯聚合的影响

聚合条件：1、2、3 曲线为 Fe/丁＝5.0×10⁻⁴，

Al/丁＝7.0×10⁻³；

4、5 曲线为 Fe/丁＝3.0×10⁻³，Al/丁＝2.0×10⁻³；

30℃；5h

1—吡啶；2—乙二胺；3—四甲基乙二胺；

4—Phen；5—dipy

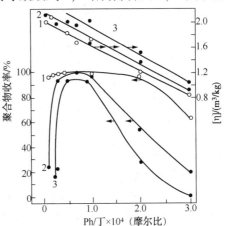

图 8-28　Phen 用量对聚合物
收率及特性黏数的影响

聚合条件：1—Fe/丁＝5.0×10⁻⁵，

2—Fe/丁＝3.0×10⁻⁵；3—Fe/丁＝2.0×10⁻⁵；

Al/丁＝2.0×10⁻³，0℃，5h

（2）三异丁基铝的用量

当 Fe、Phen 用量固定而变化 Al 用量时，聚合物收率仍与主催化剂用量有关。当主催化剂用量较高时，聚合物收率几乎不受 Al 用量的影响，随着主催化剂用量降低，聚合物收率下降，曲线出现峰值。聚合物分子量均随 Al 用量增加而下降（图 8-30），表明烷基铝在聚合过程中有链转移作用。1,2 结构随 Al 用量增加逐渐降低，顺式 1,4 逐渐增加而反式 1,4 结构基本不变（图 8-31）。

（3）聚合温度

温度对使用该催化体系进行丁二烯聚合的影响见表 8-12。由表可见，随着聚合温度升高，聚合转化率、聚合物分子量、1,2 结构含量均随之降低。而顺式 1,4 和反式 1,4 则随之增加，也仅能在低于 30℃ 的温度下，才有可能制得 1,2 链节与顺式 1,4 链节几乎相等的 MV-BR。

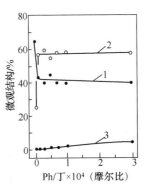

图 8-29　Phen 用量对聚丁二烯微观结构的影响

聚合条件：Fe/丁＝3.0×10⁻⁵，0℃，5h；

Al/丁＝2.0×10⁻³；不加配位体的：Fe/丁＝1.0×10⁻³；

Al/丁＝1.6×10⁻²；

1—顺式 1,4；2—1,2 结构；3—反式 1,4

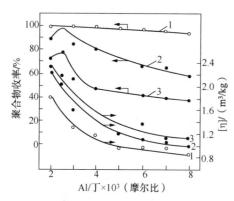

图 8-30 $(iC_4H_9)_3Al$ 用量对聚合物
收率及特性黏数的影响

聚合条件：Fe/丁为 1—5.0×10^{-3}；2—3.0×10^{-3}；3—2.0×10^{-3}；
Ph/丁 = 5.0×10^{-5}；0℃；5h

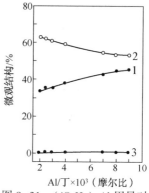

图 8-31 $(iC_4H_9)_3Al$ 用量对
聚合物微观结构的影响

聚合条件：Fe/丁 = 3.0×10^{-3}；
Ph/丁 = 5.0×10^{-3}；0℃；5h
1—顺式 1,4；2—1,2 结构；3—反式 1,4

（4）分子量调节剂

$FeCl_3$ 催化体系虽有较高催化活性，但聚合物分子量较高，产品难于加工应用。刘国智等[63]根据卤代烃能与某些过渡金属烯丙基络合物的烯丙基发生偶合反应，研究了卤代烃对分子量的调节作用。发现仅有氯丙烯、氯化苄、溴丙烯及碘丙烯可大幅度降低聚合物分子量，其中尤以氯丙烯效果最好（图 8-32）。在聚合配方中加入少量的氯丙烯即可将 $[\eta]$ 为 13.1dL/g 的聚合物明显下调到 4.0 dL/g，并仍有 80% 以上的转化率。加入量较高时，聚合物收率下降，但微观结构不变。测得的分子量分布曲线的峰值向低分子量方向移动，高分子量部分显著减少，低分子量部分基本不变。氯丙烯是该催化体系较为良好的分子量调节剂。

表 8-12   聚合温度的影响

温度/	转化率/	$[\eta]$/	微观结构/%		
℃	%	(dL/g)	1,2 结构	顺式 1,4	反式 1,4
0	90	2.15	56.3	42.9	0.8
30	89	1.60	48.5	46.7	4.8
50	40	1.23	41.9	50.6	7.5

注：Fe/Bd = 3.0×10^{-5}，Al/Bd = 2.0×10^{-3}，Ph/Bd = 5.0×10^{-5}，均为摩尔比，5h。

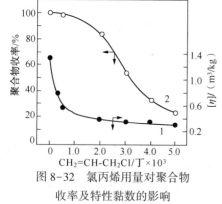

图 8-32 氯丙烯用量对聚合物
收率及特性黏数的影响

聚合条件：Fe/丁 = 3.0×10^{-5}；Al/丁 = 2.0×10^{-3}
Ph/丁 = 7.0×10^{-5}；30℃；5h

3. $Fe(naph)_2$-$Al(iBu)_3$-Phen-氯化物催化体系

郭小光等[64,65]在研究 $Fe(naph)_2$-$Al(iBu)_3$-Phen 催化体系时，发现加入卤化物可显著提高催化活性，并同样能制得 1,2/顺式 1,4 等二元聚丁二烯。

（1）氯化物对聚合活性的影响

$AlEt_2Cl$ 和 C_3H_5Cl 两种不同性质的氯化物添加到环烷酸亚铁三元体系中对丁二烯聚合活性的影响见图 8-33。从图可见，两种不同氯化物对聚合的影响十分相似，均可大幅度提高活性，最佳 Cl/Fe 摩尔比均为 5.0 左右。原三元体系仅有 30% 转化率，加入氯化物后转化率可高达 80% 以上，同时还有降低分子量的作用(图 8-34)。在 Fe/Bd = 3.0×10^{-5} 时，制得的聚合物 $[\eta] = 15.6dL/g$，当加入 C_3H_5Cl 后，在保持聚合活性基本不变的情况下，可使聚合物 $[\eta]$ 降至 $3.8dL/g$。氯丙烯在 $FeCl_3$ 体系中不仅是分子量调节剂同时也是活化剂。

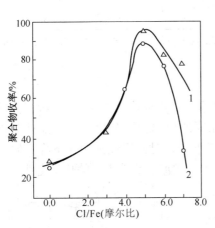

图 8-33　不同氯化物对催化活性的影响

聚合条件：$[Bd]$ - $1.85mol/dm$；Fe/Bd = 1.5×10^{-5}；

Al/Fe = 50；Ph/Fe = 1.0；

1—C_3H_3Cl；2—$AlEt_2Cl$

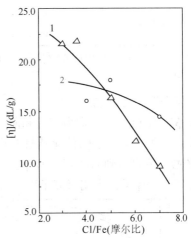

图 8-34　氯化物聚合物分子量的调节

1—C_3H_3Cl；2—$AlEt_2Cl$

(2) 加料方式对聚合的影响

铁系三元催化体系不宜采用预先混合陈化加料方法，仅能采用单组分按特定顺序分别加入方式[60]。四元体系加料方式对聚合的影响见表 8-13。从表中数据可知，Fe→Ph→Cl→Al；Fe→Ph→Al→Cl；Fe→Cl→Ph→Al 三种加入顺序均有较好的活性。这三种顺序的共同点是烷基铝加在邻菲罗啉后面，而烷基铝加在前面的三种方式几乎无催化活性，而且形成凝胶。表明 Fe 需先与 Ph 形成配位络合物，再与 Al 进行烷基化反应，方能形成稳定的活性中心。

表 8-13　加料方式对聚合的影响

加料方式	氯化物	转化率/%	$[\eta]/$(dL/g)	微观结构/%		
				1,2结构	顺式 1,4	反式 1,4
Fe→Ph→Cl→Al	A	87.7	17.8	55.5	40.5	4.4
	B	94.5	18.2	52.1	41.2	6.7
Fe→Ph→Al→Cl	A	90.1	12.2	50.0	43.5	6.7
	B	82.6	14.9	36.8	53.9	9.3
Fe→Cl→Ph→Al	A	85.9	15.5	47.6	43.8	8.7
	B	96.0	13.1	40.8	47.6	11.6
Fe→Cl→Al→Ph	A	~2	凝胶	—	—	—
	B	~5	—	45.0	52.8	2.2
Fe+Al+Cl+Ph	A	~5	—	53.5	42.0	4.5
	B	~2	凝胶	—	—	—

续表

加料方式	氯化物	转化率/%	[η]/(dL/g)	微观结构/%		
				1,2结构	顺式1,4	反式1,4
Fe+Al+Ph+Cl	A	~2	—	48.7	45.8	5.5
	B	~5	—	39.9	56.6	3.6

注：[Bd]=1.85mol/L，Fe/Bd=1.5×10⁻⁵，Al/Fe=50，Ph/Fe=1.0，Cl/Fe=5.0，均为摩尔比，A：AlEt₂Cl，B：C₃H₅Cl。

（3）聚合温度的影响

图8-35与图8-36分别为三元和四元催化体系，在不同温度下聚合物收率与时间曲线。两图比较，可知二个体系的催化活性与温度有相同的规律，二个活性中心都具有热不稳定性。在30℃以下可达到90%以上收率，在50℃以下聚合时，活性都明显下降，但四元体系的收率高于三元体系，表明氯离子引入活性中心后，增加了活性中心的热稳定性。

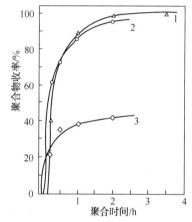

图8-35　温度对三元体系聚合的影响

聚合条件：[Bd]ₑ=1.85mol/dm³；Fe/Bd=5.0×10⁻⁵；

Al/Fe=20；Ph/Fe=0.75；

1—0℃；2—30℃；3—50℃

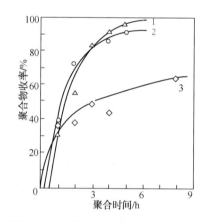

图8-36　温度对四元体系聚合的影响

聚合条件：[Bd]ₑ=1.85mol/dm³；Fe/Bd=5.0×10⁻⁵；

Al/Fe=50；Ph/Fe=1.0；Cl/Fe=5.0

1—0℃；2—30℃；3—50℃

8.3.3　铁系催化剂活性中心结构及聚合机理

根据主催化剂在溶剂中的溶解性能，铁系催化剂可分为均相和多相两类，Fe(acac)₃和Fe(naph)₂两种化合物构成的催化体系属于均相体系，而FeCl₃组成的体系则属于多相体系。

1. 均相催化体系

（1）催化剂组分之间反应

章哲彦等[66]用紫外、红外、可见光谱法，研究分析了乙酰丙酮铁和庚酸铁[Fe(enan)₃]两种均相体系各组分之间相互作用，两体系组分相互作用的紫外谱图见图8-37、图8-38。Fe(acac)₃在37×10³cm⁻¹处有一吸收峰，Fe(enan)₃只是一条斜线。但加入联二吡啶后，Fe(acac)₃原来峰与联二吡啶峰叠加，并在42×10³cm⁻¹处又出现一个新的吸收峰。而Fe(enan)₃体系在42×10³cm⁻¹和36×10³cm⁻¹处出现两个吸收峰，当加入三异丁基铝后，联二吡啶的两个吸收峰完全消失，形成一条与庚酸铁相似的倾斜线。这可能是烷基铝与庚酸铁发生交换反应，形成低价铁与联二吡啶络合，使42×10³cm⁻¹处吸收峰消失。而生成的庚酸铝与庚酸铁一样在36×10³cm⁻¹附近均无特征吸收峰。

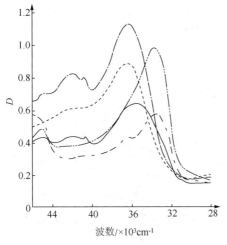

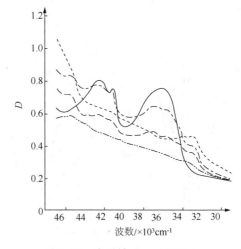

图 8-37　$Fe(acac)_3-bpy-Al(iBu)_3$
体系的紫外光谱图

Fe	bpy	Al
----1	0	0
-·-1	1	0
——1	1	3
——1	1	15
-- 1	1	30

图 8-38　庚酸铁-bpy-$Al(iBu)_3$
体系的紫外光谱图

Fe	bpy	Al
——1	0	0
——1	1	0
-- 1	1	6
----1	1	24
-·-1	1	3

在 $Fe(acac)_3-bpy$ 组分中加入少量 $Al(iBu)_3$ 后，$42\times10^3\,cm^{-1}$ 处吸收峰减弱，而 37×10^3 cm^{-1} 处峰移向 $35\times10^3\,cm^{-1}$ 附近。继续加入烷基铝，此峰继续下移至 $34\times10^3\,cm^{-1}$ 处，而且谱带变宽，这是 $Fe(acac)_3$ 中的部分 Fe 为 Al 所取代的结果。当吸收峰移至 $34\times10^3\,cm^{-1}$ 处时，表明 Fe 已被 Al 全部取代，并被还原成低价而与联二吡啶迅速络合形成中间络合物，使 $42\times$ $10^3\,cm^{-1}$ 处的吸收峰消失。反应过程如下：

$$Fe(acac)_3+Al(iBu)_3 \xrightarrow[-\frac{1}{2}C_4H_{10}]{-\frac{1}{2}C_4H_8} Fe(iBu)_2+Al(acac)_3$$

$$Fe(iBu)_2+L \longrightarrow (iBu)_2FeL$$

只有在反应体系中 $Al(iBu)_3$ 的量大大超过化学计量时，才可能完全取代 $Fe(acac)_3$ 中 Fe，生成的 $Al(acac)_3$ 还会继续与 $Al(iBu)_3$ 进行交换反应：

$$Al(acac)_3+2Al(iBu)_3 \longrightarrow 3(iBu)_2Al(acac)$$

以 Phen 为配体时，三元组分的紫外及可见光谱图，见图 8-39 和图 8-40。Phen 为配体的紫外谱图与 bpy 为配体有不同的曲线(图 8-39)，吸收峰出现在 $44\times10^3\,cm^{-1}$ 和 $38\times10^3\,cm^{-1}$ 处，但加入 $Al(iBu)_3$ 后，$44\times10^3\,cm^{-1}$ 处峰同样消失，$38\times10^3\,cm^{-1}$ 吸收峰也移至 $34\times10^3\,cm^{-1}$ 处，表明 $Fe(acac)_3$ 与 $Al(iBu)_3$ 发生同样的交换反应。对几种不同配体可见光谱的测定，仅有 Phen 配体在 $(19\sim21)\times10^3\,cm^{-1}$ 处出现吸收峰(图 8-40)，这与聚合实验时除 Phen 外，几乎无聚合活性是一致的。

从紫外和可见光谱测定得知，三价铁络合物的特征吸收峰($42\times10^3\,cm^{-1}$)在被还原成低价络合物时便消失，而在可见光区($19\times10^3\sim21\times10^3\,cm^{-1}$)出现新的吸收峰。

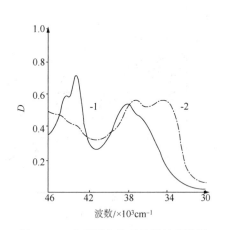

图 8-39 典型催化体系的紫外光谱图

$[Fe] = 8 \times 10^{-6} \, mol/L$；1—$Al/Fe = 0$；2—$Al/Fe = 30$

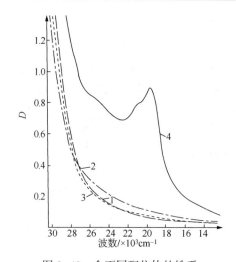

图 8-40 含不同配位体的铁系
催化剂的可见光谱图

$Fe = 5 \times 10^{-4} \, mol/L$；$Al/Fe = 60$

1—无配体；2—吡啶；3—3-N, N'—四甲基

乙基二胺；4—菲绕啉($Fe = 2.5 \times 10^{-4} \, mol/L$)

（2）聚合机理的推测

章哲彦等[67]根据光谱实验结果，对 $Fe(acac)_3$-$Al(iBu)_3$-Phen 体系引发丁二烯聚合，提出如下的反应过程：

$$Fe(acac)_3 + \frac{1}{3}Al(iBu)_3 \longrightarrow (iBu)Fe(acac)_2 + \frac{1}{3}Al(acac)_3 \tag{I}$$

$$(iBu)Fe(acac)_2 + \frac{2}{3}Al(iBu)_3 \xrightarrow[-\frac{1}{2}C_4H_{10}]{-\frac{1}{2}C_4H_8} (iBu)_2Fe + \frac{2}{3}Al(acac)_3 \tag{II}$$

$$Al(acac)_3 + 2(iBu)_3Al \longrightarrow 3(iBu)_2Al(acac) \tag{III}$$

当 Al/Fe 摩尔比大于 20 时，$Fe(acac)_3$ 首先被还原成低价态。在还原过程中 iBu 与 $acac$ 基团发生交换反应，生成 $Al(acac)_3$ 或 $(iBu)Al(acac)$。生成的低价铁烷基化合物是不稳定的，极易分解成零价铁沉淀：

$$(iBu)_2Fe \longrightarrow Fe^\circ \downarrow + C_4H_8 + C_4H_{10} \tag{IV}$$

当有适当的给电子配位体存在时，便迅速形成一种新的络合物：

$$(iBu)_2Fe + L \longrightarrow (iBu)_2FeL \xrightarrow{-2C_4H_8} H_2FeL \tag{V}$$

这种新的络合物为一中间体，能引发丁二烯聚合，若 L 为 Phen 配位体，此中间体可写成如下形式：

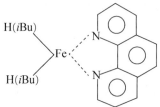

图 8-40 中的 $21 \times 10^3 \mathrm{cm}^{-1}$ 和 $19.5 \times 10^3 \mathrm{cm}^{-1}$ 出现的吸收峰得到印证。

丁二烯可以稳定新的络合物，并通过配位和插入按下面的方程式进行聚合反应：

$$
(i\mathrm{Bu})_2\mathrm{FeL} + 2\mathrm{C}_4\mathrm{H}_6 \rightarrow \qquad\qquad\qquad \rightarrow \mathrm{LFe}\!-\!(\mathrm{C}\!-\!\mathrm{C}\!=\!\mathrm{C})_2 \tag{VI}
$$

$$
\mathrm{H}_2\mathrm{FeL} + 2\mathrm{C}_4\mathrm{H}_6 \rightarrow \qquad\qquad\qquad \rightarrow \mathrm{LFe}\!-\!(\mathrm{C}\!-\!\mathrm{C}\!=\!\mathrm{C})_2 \tag{VII}
$$

根据这种反应机理，可解释配位体多活性下降的原因，是由于过量的配位体占据了丁二烯配位位置，不利于反应（VI）、（VII）进行所致。配位体不足，由于发生反应（IV）的情况，活性中心数减少，导致活性下降。聚合物中同时存在着等量的 1,2 结构和 1,4 结构，可根据反应（VI）、（VII）中丁二烯在 π 烯丙基 1,3 两个位置上插入的几率相等来解释，当丁二烯在 1 位置上插入形成 1,4 链节而在 3 位置上插入便形成 1,2 结构链节。

2. 多相催化体系

（1）铁系催化剂相态

FeCl_3-$\mathrm{Al}(i\mathrm{Bu})_3$-Phen 三元体系中 FeCl_3 和 Phen 均不溶于脂肪烃溶剂，只能配成甲苯溶液，其中 FeCl_3 还需加入少量络合剂如乙醚、乙酸乙酯等方能配成一定浓度的甲苯溶液。葛晓萍等[68]通过 Tyndall 效应、电镜观察、超过滤实验等方法，研究了此催化体系的相态。

对催化剂的单组分或混合组分 Tyndall 效应测定结果见表 8-14。结果表明：加氢汽油、丁二烯、邻菲罗啉，没有观察到 Tyndall 效应；三异丁基铝有微弱的 Tyndall 效应，三氯化铁有强的 Tyndall 效应；混合组分的 Tyndall 效应来自单组分，并有加和性。因此 Fe+Al、Phen+Fe+Al 混合后的 Tyndall 效应加强。

表 8-14　Tyndall 效应实验结果

样　品	浓度/(mol/dm)	配比(摩尔比)	Tyndall 效应
FeCl_3	5.55×10^{-5}	—	强
Phen	9.26×10^{-5}	—	无
$\mathrm{Al}(i\mathrm{Bu})_3$	3.73×10^{-3}	—	微弱
Bd	1.85	—	无
Phen+FeCl_3	$(9.26+5.55) \times 10^{-5}$	1 : 1.67	强
Phen+$\mathrm{Al}(i\mathrm{Bu})_3$	$(9.26+0.0373) \times 10^{-5}$	1 : 40	微弱
FeCl_3+$\mathrm{Al}(i\mathrm{Bu})_3$	$(5.55+0.0373) \times 10^{-5}$	1 : 66.7	强
Phen+FeCl_3+$\mathrm{Al}(i\mathrm{Bu})_3$	$(9.25+5.55+0.0373) \times 10^{-5}$	1 : 1.67 : 66.7	很强
加氢汽油	—	—	无

Tyndall 效应产生的实质，是入射光的波长大于分散相粒子的尺寸时发生光的散射现象。散射光的强度（I）可由 Reyleigh 公式计算：

$$
I = \frac{9\pi N V^2 L_0}{\lambda^4 \gamma^2}\left(\frac{n_2^2 - n_1^2}{n_2^2 + 2n_1^2}\right)\frac{1 + \cos^2\theta}{2} \tag{8-8}
$$

由于垂直入射光方向观察 $\theta=90°$，对于同一分散系，分散相、分散介质的折射率 n_1、n_2 为常数，观察距离 r 也为常数，这些常数可表示为常数 K：

$$K=\frac{9\pi L_o}{2\lambda^4\gamma^2}\frac{n_2^2-n_1^2}{n_2^2+2n_1^2} \qquad (8-9)$$

K 代入式(8-8)：

$$I=KNV^2 \qquad (8-10)$$

由式(8-10)可知，当数密度 N 一定时，散射光强度(I)与粒子体积 V 的平方成正比。已知无 Tyndall 效应或散射光非常微弱的体系是分子分散或接近分子分散，当出现 Tyndall 效应的溶液体系，表明分散相与分散介质之间有明显的相介面，且分散相粒子的尺寸明显小于入射光波长。本实验采用氦氖激光器输出波长为632.8nm的激光为入射光，说明本催化剂粒子小于630nm。

用电镜观察，单组分 $FeCl_3$ 的粒径约在200nm以上，质地疏松，$FeCl_3$ 与 Al(iBu)$_3$ 混合后的粒径变小，约在30nm；$FeCl_3$ 与 Phen 混合后颗粒也变小，约在60nm左右。虽然混合后变小，但仍在胶体范围内(1nm～1μm)，故有 Tyndall 现象。当 Fe/Phen/Al 按 1/1.67/66.7(摩尔比)混合时，有最佳催化活性。用电镜观测，发现颗粒多数在 30～100nm 之间，少数在150nm左右，仍属胶体范围。在非最佳配比时，颗粒多数在200nm以上。从最佳配比的催化剂颗粒放大25万倍的电镜照片中，可以看出它是由更小颗粒聚结而成，并是非晶型的。通过滤膜孔径为150nm的超过滤实验，证明活性中心位于胶粒表面上。

Tyndall 效应、电镜观察、超过滤实验均证明 $FeCl_3$ 催化体系是以胶体颗粒分散在溶剂中，属于多相催化剂。

（2）烷基铁络合物及反应机理

刘国智等[69]发现烷基铁络合物[$Et_2Fe\cdot L$(L 为 Phen 或 bpy)]，加入少量 $AlEt_3$ 可以催化丁二烯聚合，Al/Fe = 5～10(摩尔比)范围内转化率均在80%以上。$AlEt_3$ 用量增加，聚合物分子量降低，表明过量的 $AlEt_3$ 起链转移作用。聚合物没有凝胶，其顺式 1,4 结构为 41%～50%，1,2 结构为 42%～53%，制得的基本是 1,2/顺式 1,4 等二元聚丁二烯。

$Et_2Fe\cdot L$(L 为 Phen)是有效原子数(the effective atomic number，简写 EAN)[70]为18的配位饱和络合物，仅在加入少量 $AlEt_3$ 从络合物上夺下一个配位体[71]，然后形成配位不饱和的活性中心，按下述过程进行聚合：

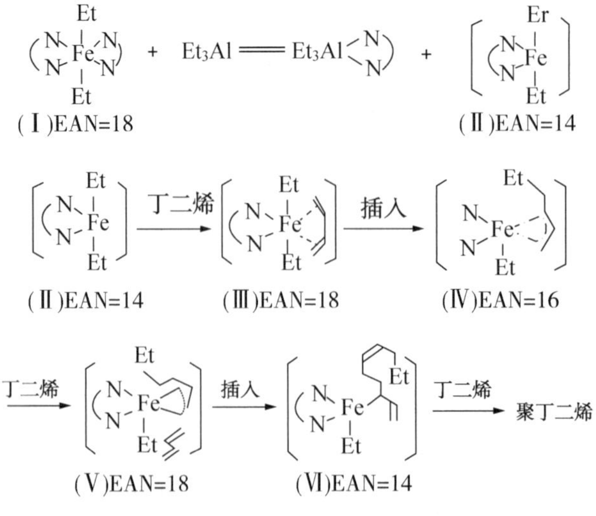

注：$\overset{N}{\underset{N}{(}}$ 表示 Phen 或 bpy

首先烷基铁络合物（Ⅰ）与 AlEt₃ 反应，形成可供丁二烯配位的空轨道活性中心（Ⅱ），留下的配位体可以稳定活性中心。丁二烯先配位在活性中心上（Ⅲ），然后插入到 Fe—C 键间形成 π 烯丙基络合物（Ⅳ），继续配位的丁二烯便以单配位形式形成络合物（Ⅴ），插入得到（Ⅵ），如此反复形成高聚物。当丁二烯形成双配位时，进行顺式 1,4 加成聚合，单配位时，则产生 1,2 链节或反式 1,4 链节，因而得到顺式 1,4/1,2 结构近乎相等的等二元聚丁二烯。

（3）氯化铁活性中心及反应机理

刘国智等[62]用 FeCl₂·（Phen）与 Al（iBu）₃ 组成的催化体系进行丁二烯聚合，发现催化活性聚合体系颜色、聚合物微观结构都与 FeCl₃-Al（iBu）₃-Phen 体系相近，因此推测两体系活性中心相同：

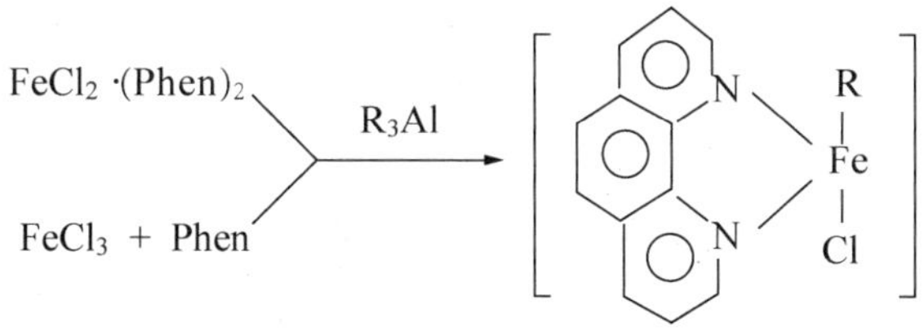

这同烷基铁络合物活性中心有相同的形式［见Ⅱ］，有效原子数同样为 14，是聚合中真正的活性中心。两者的差别在于（Ⅰ）的 Fe 原子连接一个吸电子的氯原子，有利于二烯烃的配位。也许这就是 FeCl₃ 体系的催化活性比 Et₂FeL₂ 高得多的原因，配位体对活性中心的稳定作用实质上相同。Phen 与铁络合能力最强，容易形成比较稳定的络合物（Ⅰ）。丁二烯单体对络合物（Ⅰ）不断地进行如下所示的配位、插入反应而实现链增长：

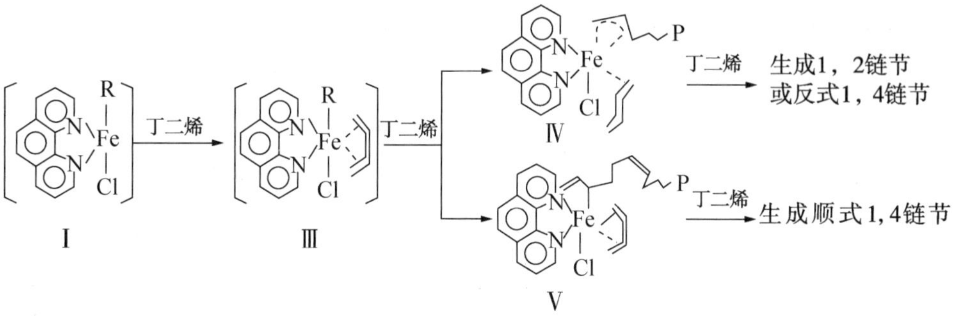

由于丁二烯配位方式不同，可以制得顺式 1,4 结构或 1,2 结构，当体系中不存在配位体时，活性中心只有靠丁二烯的络合来稳定：

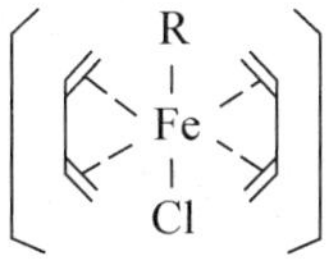

但丁二烯的络合能力很弱，温度升高活性中心便分解产生沉淀。因此聚合反应只能在较低温度下进行。由于活性中心上总有配位的丁二烯存在，因此产物中顺式 1,4 结构占优势。

（4）铁系催化剂活性中心结构及聚合机理

王凤江等[72]用 ESR、NMR 和 IR 等方法，研究了在有否丁二烯存在下，Fe（Phen）Cl₃ 和 Fe（Phen）Cl₂ 分别与 Al（iBu）₃ 反应的产物。图 8-41 是反应产物的 ESR 谱图，由谱图证明，烷基铝不仅和铁络合物进行烷基化反应，而且改变了铁的氧化态，即由 Fe（Ⅲ）变为 Fe（Ⅱ）。同时从 ESR 谱图上可以看出，无论有否丁二烯的存在，都有自由基信号。自由基（R·）可能是在下述反应过程中产生的：

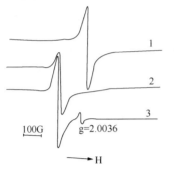

络合物（Ⅰ）首先在烷基铝作用下被烷基化，然后 Fe—C 键均裂，使其中一个烷基成为自由基（R·），而三价 Fe（Ⅲ）变为二价 Fe（Ⅱ）。生成铁-铝双金属络合物（Ⅲ），在室温下放置数日后，在 ESR 谱图上仍可以观察到自由基信号，表明形成的自由基具有相当的稳定性。

从络合物（Ⅰ）与烷基铝反应物的 ESR 谱图上可以看出，有否丁二烯单体存在有明显不同，表明在结构上有差异。在无丁二烯存在时，反应产物的结构可能是双金属络合物（Ⅲ），这种结构中 Fe 有未占轨道，很可能具有高自旋态而使 ESR 信号变得很宽。当加入丁二烯时，由于单体的配位及插入生成了单金属

图 8-41　Fe(Phen)Cl$_3$(1)、Fe(Phen)Cl$_2$(2)和

Fe(Phen)Cl$_3$-(iC$_4$H$_9$)$_3$Al-丁二烯

体系(3)的 ESR 谱图

曲线 1 和 2：(Fe)= 1.5×10^{-2} mol/L；

曲线 3：(Fe)= 1.5×10^{-2} mol/L，Al/Fe=25，丁/Fe=10

烯丙基型的聚合活性中心（Ⅴ）：

由于丁二烯和烯丙基的 π 轨道的能量比 Fe 的 d 轨道的高，当它们形成络合物的分子轨道时，能量较低，倾向形成低自旋态。同时，由于丁二烯和 π 烯丙基的配位，使其八面体的构型发生变化，故 ESR 信号为一窄峰。在丁二烯存在下，络合物(Ⅰ)与烷基铝反应产物的红外光谱，出现了烯丙基铁络合物的特征吸收峰，表明有烯丙基络合物形成。在聚合过程中，由于共轭二烯烃在双金属络合物上的配位和插入到金属与烯丙基末端以单金属形式存在，因此单体在活性中心上不断地配位和插入到金属与烯丙基之间的金属-碳键中而实现链增长。

8.3.4　乙烯基聚丁二烯微观结构分析表征

1. 聚丁二烯微观结构因素分析技术

聚丁二烯的微观结构，即顺式 1,4、反式 1,4 和 1,2 结构，常用红外光谱 $650 \sim 1000$ cm^{-1} 波数内的特征峰吸收谱带来定量[73]，如 738 cm^{-1}（顺式 1,4）、910 cm^{-1}（1,2 结构）和 967 cm^{-1}（反式 1,4）。但顺式 1,4 在 738 cm^{-1} 的吸收峰随着 1,2 结构含量增加，或顺式 1,4 结构含量

变化而移动，并且强度低、难以准确定量。章哲彦[74]根据"因素分析原理"，克服了谱带重叠的干扰，用计算机 BSAIC 语言的 FAP 程序对光谱特定的波长，自动取得数据进行因素分析处理，建立红外 2800~3100cm⁻¹ 波数谱区聚丁二烯定量分析方法，消除人为读数引起的误差，提高了分析精度，并奠定了计算机自动分析基础。

　　因素分析技术适用于溶液法，先将样品溶于二硫化碳，并放于样品池中测试，以二硫化碳作参比液。在 2800~3100cm⁻¹ 波谱区，每隔 10cm⁻¹ 波数取相应位置的消光值，组成数据矩阵，用 BASIC 语言的 FAP 程序和表 8-15 消光系数值进行处理，便可得到微观结构。

表 8-15　红外 3100~2800cm⁻¹ 谱区 PBd 微观结构的摩尔消光系数

波数/cm⁻¹	微观结构/(1/mol·cm)		
	反式 1,4	顺式 1,4	1,2 结构
3100	6.883	4.408	7.992
	7.168	4.683	9.979
3080	8.812	4.957	22.919
	9.096	6.064	36.687
3060	8.609	6.339	20.062
	9.299	5.779	10.683
3040	14.843	6.624	9.669
	22.477	8.771	10.476
3020	22.132	18.045	10.994
	21.909	58.086	14.079
3000	24.203	65.875	19.503
	29.584	22.133	28.923
2980	30.944	18.045	30.166
	28.365	21.368	39.420
2960	32.731	27.878	26.460
	45.036	47.727	22.567
2940	54.335	55.745	30.787
	71.391	49.589	57.930
2920	90.091	44.461	82.381
	82.355	45.203	72.795
2900	70.03	43.627	51.346
	50.355	37.974	31.429
2880	36.65	28.757	24.431
	28.975	24.520	19.503
2860	28.365	31.955	18.944
2840	39.35	34.879	26.460
	57.665	31.019	36.687
2820	33.36	19.495	18.385
	13.807	10.142	8.986

波数/cm⁻¹	微观结构/(1/mol·cm)		
	反式1,4	顺式1,4	1,2 结构
2800	9.299	6.064	7.019
	8.812	4.957	6.522

注：所有数据已按标定成分作了校正。

因素分析技术利用计算机对光谱以特定的波长，自动取得数据进行因素分析处理，消除了人为读数引起的误差，加之是大量数据的统计结果，提高了分析精度，见表8-16。由表中数据可知，传统方法与实际值相差较大，而因素分析法的结果较接近实际值。

表 8-16　因素分析法与传统方法结果比较

方法 \ 结构	微观结构/%		
	1,2 结构	顺式1,4	反式1,4
实际配制	10.6	62.9	26.5
传统方法	11.1	60.0	28.9
因素分析法			
1000~650 cm⁻¹	7.7	64.7	27.6
1100~2800cm⁻¹	9.7	64.0	26.2

2. 均相催化聚合物的序列结构

章哲彦[75]用 $Fe(acac)_3$-Phen-Al$(iBu)_3$-苯催化体系，在10℃下制得聚丁二烯样品，用^{13}C-NMR进行测试分析，通过改进 Furukawa 的经验参数，应用 Rondall 方法，确定该催化聚合物是双烯和单烯的无规共聚物，但偏离 Bernoulli 分布，趋向于一级 Markov 分布，偏向交替一侧。

（1）^{13}C-NMR 谱图

图8-42是样品的脂碳共振峰。若样品为高顺式聚丁二烯，只在化学位移27.3处出现一个特征峰，若为高1,2PBd则在39处附近有一组为数不多的共振峰。但该样品的谱图显示多个共振峰，表明该样品是由1,2链节与顺式1,4链节单元的交错键合，使碳原子具有各种不同的化学环境，共出现了 a.b.d.e.f.g.h.i.j.k.l 等十一个共振峰。

图8-43是样品的烯碳共振峰，化学位移114附近的共振峰为悬挂在主链上的乙烯基的一个碳原子的特征峰，140附近的共振峰为乙烯基的另一个碳原子的特征峰，130附近的共振峰为主链上顺式链节中烯碳特征峰。由于主链悬挂了乙烯基，使本来只有一个顺式共振峰增加到6个共振峰。

（2）微观结构

经对各共振峰的归属和对所有脂碳（或烯碳）讯号强度作归一化处理，由顺式1,4与1,2单元的脂碳（或烯碳）讯号强度所占的百分数，即可求得样品的微观结构（表8-17）。测试结果基本一致，接近等二元结构的聚合物。

表 8-17　不同方法测得的微观结构

微观结构	^{13}C-NMR/%		IR/%
	脂碳谱	烯碳谱	
1,2 结构	56.7	52.8	55.2
顺式1,4	43.3	47.2	44.7

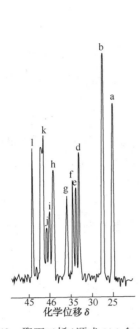

图 8-42　聚丁二烯(顺式 1,4 含 44.7%,
1,2 链节含 55.2%)的 ^{13}C-NMR 谱(脂碳部分)

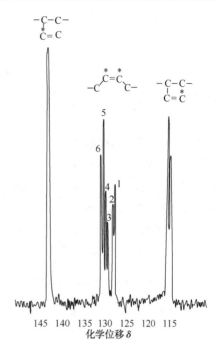

图 8-43　聚丁二烯的 ^{13}C-NMR 谱(烯碳部分)

(3) 链节单元的序列分布

丁二烯单体在催化剂作用下可以按顺式 1,4 或 1,2 加成进行反应。在多数情况下 1,2 单元多是头尾连接,如果链增长完全是一个随机过程,则序列排布就可能有多种形式。若考虑碳原子受邻近第五个碳以内所有碳原子的影响,脂碳谱的 11 个共振峰可以排列出 47 个序列。对这 47 个序列已按 Furukawa 使用的参数和结构校正参数,对各共振峰作了合理归属,得到了讯号强度和相应的数学表达式。对烯碳谱的 6 个共振峰按三元组序列,根据 Elgert 参数,用高顺式 1,4-聚丁二烯的烯碳讯号 129.40 进行校正,求得了讯号强度,得到合理归属。从对各共振峰的归属和求得的讯号强度,可得到该体系聚合物的序列结构特征(表 8-18):

表 8-18　聚合物序列分布(三元组)与平均数均序列长度

三元组序列	实验值	Bernoulli $P_v = 0.559$	Markov−1 $P_{vc} = 0.488$
VVV	0.308	0.313	0.262
VVC	0.411	0.493	0.500
CVC	0.280	0.194	0.250
$\bar{n}_v$	2.06	2.27	2.05

从表中的数据可知,聚合物的三元组序列分布都偏离了 Bernoulli 分布,实验值与两种理论值比较,尤其从数均序列长度 ($\bar{n}_v$) 的比较,偏离 Bernoulli 分布,而明显地接近一级 Markov 分布。

(4) 聚合链中 1,2 链节与顺式 1,4 链节结构交替程度

从脂碳谱的共振峰和对各共振峰的归属,可知 b 峰是高顺式聚丁二烯的特征峰,若完全为交替序列,共振峰 b 应消失,仅留下 a、d、f、l 诸峰,若为嵌段序列,b、h 与 k 峰应有显著高度,a、d、f、l 诸峰则应相对明显降低。实际谱图中十一个峰全都出现,而且强度相

当。分子链的交替程度可用下式定量表征：

$$A_v = I_f + I_l / \sum_r I_r \tag{8-11}$$

式中，r 代表对 f、g、h、i、j、k 和 l 求和。当为嵌段聚合物时，由于 f、l 峰消失，$A_v = 0$。当为交替聚合物时，由于仅留下 a、d、f、l 诸峰，$A_v = 1$。若为无规聚合物，A_v 之值将随组分而变化。

3. 多相催化聚合物的序列分布

王凤江等[76]对 $FeCl_3$-$Al(iBu)_3$-Phen-加氢汽油催化体系在 $-30 \sim 50℃$ 合成的等二元聚合物序列结构进行了测试分析，得知聚合物的 1,2 链节与顺式 1,4 链节的分布是属非交替的，聚合温度高接近 Bernoulli 无规分布，聚合温度低则偏离无规分布。

（1）臭氧解聚测定聚合物的序列结构

聚丁二烯中 1,4 单元和 1,4 单元连接的二元组，经臭氧解聚后，能够产生丁二醛：

$$—CH_2CH = CHCH_2CH_2CH = CHCH_2 \xrightarrow[Ph_3P]{O_3} OHCCH_2CH_2CHO$$

因此，聚合物中 1,4 单元和 1,4 单元连接的量，可以用所产生的丁二醛的量来确定。对于在分子链上呈 Bernoulli 无规分布的 1,4 单元和 1,2 单元的聚丁二烯，其 1,4 单元二元组浓度可以表示为：

$$\langle 1.4{-}1.4 \rangle = P_{1.4}^2 \tag{8-12}$$

$P_{1.4}$ 为在分子链上 1,4 单元排布的几率，所以聚合物所产生的丁二醛的量应是 1,4 结构含量的平方。式（8-8）是一条曲线关系（图 8-44）。对稀土、Li 以及 Mo 体系，聚丁二烯臭氧解聚的丁二醛量，基本上落在曲线上，而在不同聚合温度下的铁系聚丁二烯，其序列分布是有所不同的。当聚合温度较高时，聚合物的序列接近 Bernoulli 无规分布（1,2 样品），而聚合温度越低，其聚合物的序列偏离无规分布越多，但这些样品的臭氧解聚产物均有一定量的丁二醛，说明它们的 1,2 单元和顺式 1,4 单元为非交替排列。

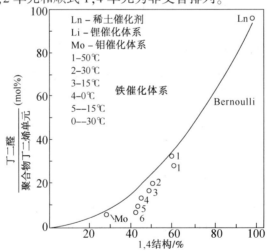

图 8-44 聚丁二烯样品臭氧解所产生的丁二醛量

稀土：$Nd(naph)_3$-$Al(iC_4H_9)_3$-$Al(iC_4H_9)_2Cl_9$

Mo：$Mo(OC_6H_5)_2Cl_3$-$Al(iC_4H_9)_3$

Li：C_4H_9Li，样品为燕山石化研究院提供

臭氧分解时间 65min，氧气流量 35mL/min，Ph_3P 还原 16h

（2）^{13}C-NMR 谱图

-30~30℃聚合样品^{13}C-NMR 谱图脂碳部分共振峰的化学位移和强度列于表 8-19 中。

王凤江等根据文献[77,78]方法对-30~30℃聚合样品的^{13}C-NMR 谱图作了归属和解析。若 1,2 单元与顺式 1,4 单元完全交替排列，其脂碳部分只能出现 1、3、5 及 12 四个共振峰，但测试谱图上出现多个相当强度的共振峰，表明序列结构复杂。

由各共振峰的强度，可得到各样品以 1,2 结构单元为中心的三元组分布及 1,2 结构单元的数均序列长度 $\bar{n}_v$ 列于表 8-20 中。

表 8-19　聚丁二烯脂碳部分^{13}C-NMR 的化学位移

峰	化学位移[①]				
	1(30℃)[②]	2(15℃)	3(0℃)	4(-15℃)	5(-30℃)
1	24.8(0.119)	24.9(0.115)	24.9(0.120)	24.9(0.125)	24.9(0.130)
2	27.3(0.161)	27.2(0.195)	27.2(0.188)	27.2(0.168)	27.2(0.152)
3	32.6(0.116)	36.6(0.096)	32.6(0.079)	32.6(0.083)	32.6(0.074)
4	33.4(0.054)	33.4(0.053)	33.4(0.054)	33.3(0.059)	33.3(0.61)
5	34.1(0.095)	34.1(0.072)	34.1(0.076)	34.0(0.073)	34.1(0.075)
6	35.7(0.050)	35.6(0.052)	35.6(0.050)	35.6(0.052)	35.5(0.054)
7	38.9(0.057)	38.8(0.066)	38.8(0.042)	38.7(0.0770)	38.8(0.083)
8	39.6(0.055)	39.6(0.045)	39.6(0.050)	39.6(0.051)	39.6(0.050)
9	40.1(0.046)	40.2(0.041)	40.1(0.048)	40.1(0.048)	40.2(0.055)
10	41.0(0.096)	41.0(0.094)	41.0(0.103)	40.9(0.102)	40.9(0.110)
11	41.5(0.070)	41.5(0.081)	41.5(0.081)	41.5(0.086)	41.5(0.091)
12	43.6(0.081)	43.6(0.081)	43.6(0.079)	43.5(0.077)	43.5(0.070)

①括号中为共振峰的相对强度。

②括号中为聚合温度。

表 8-20　以 1,2 结构单元为中心的三元组分和数均序列长度

样品号 聚合温度	1,2 结构/%		三元组分布和数均序列长度			
	IR	^{13}C-NMR	三元组	实验值	计算值	
					Bernoulli	一级 Markuv
1 (30℃)	45.1	49.7			$P_v=0.49$	$P_{\bar{c}v}=0.49 P_{v\bar{c}}=0.51$
			(VVV)	0.281	0.241	0.241
			(VVC)	0.410	0.500	0.499
			(CVC)	0.309	0.259	0.260
			$\bar{n}_v$	1.95	1.96	1.96
2 (15℃)	47.6	51.9			$P_v=0.51$	$P_{\bar{c}v}=0.48 P_{v\bar{c}}=0.49$
			(VVV)	0.299	0.261	0.261
			(VVC)	0.415	0.500	0.498
			(CVC)	0.286	0.239	0.241
			$\bar{n}_v$	2.03	2.05	2.04

样品号 聚合温度	1,2 结构/%		三元组分布和数均序列长度			
	IR	^{13}C-NMR	三元组	实验值	计算值	
					Bernoulli	一级 Markuv
3 (0℃)	54.1	55.1			$P_v = 0.55$	$P_{\bar{c}v} = 0.46 P_{v\bar{c}} = 0.48$
			(VVV)	0.313	0.302	0.271
			(VVC)	0.410	0.495	0.298
			(CVC)	0.277	0.203	0.231
			$\bar{n}_v$	2.07	2.22	2.08
4 (-15℃)	54.8	56.5			$P_v = 0.56$	$P_{\bar{c}v} = 0.45 P_{v\bar{c}} = 0.47$
			(VVV)	0.316	0.314	0.281
			(VVC)	0.419	0.493	0.498
			(CVC)	0.265	0.192	0.221
			$\bar{n}_v$	2.11	2.28	2.12
5 (-30℃)	57.4	58.8			$P_v = 0.58$	$P_{\bar{c}v} = 0.44 P_{v\bar{c}} = 0.46$
			(VVV)	0.327	0.336	0.292
			(VVC)	0.426	0.488	0.496
			(CVC)	0.247	0.176	0.212
			$\bar{n}_v$	2.17	2.38	2.17

用 Randll 方法按 Bernoulli 无规统计和一级 Markov 统计，计算出三元组分布及数均序列长度，发现聚合温度为 30℃和 15℃的样品，其序列排列接近无规分布，而聚合温度越低，偏离无规分布越多，较接近一级 Markov 统计，与臭氧解聚的试验结果一致。

上述结果进一步证明，FeCl$_3$ 多相催化剂的活性中心受温度的影响，聚合温度越低，聚合物 1,2 结构越多，序列结构偏离无规分布较多，而接近一级 Markov 分布。另外，以 δ 烯丙基形式存在的活性中心，有利于丁二烯的双配位而生成顺式 1,4 单元，以 π 烯丙基络合物存在的活性中心，则有利于丁二烯的单配位而生成 1,2 单元。在聚合体系中，δ 烯丙基络合物与 π 烯丙基络合物平衡存在，在低的聚合温度下，π 烯丙基络合物的比例增大，故聚合物的 1,2 结构增加。同时，在低温聚合的情况下，单体的配位插入方式受活性中心的控制，使聚合物序列结构偏离无规分布较多。

8.3.5　铁系中乙烯基聚丁二烯橡胶的性能

1. 生胶及混炼胶性能

陈启儒等[79]对 Fe(acac)$_3$ 催化体系在实验室制备的放大胶样生产进行了加工和物理机械性能测试。生胶及混炼胶性能见表 8-21。

表 8-21　铁系生胶及混炼胶的性能

项　　目		MV-BR					C-BR	SBR-1500
		30-2	D-1	303-2	303-0	K-7		
生胶	[η]/(dL/g)	7.80	3.35	4.25	5.09	7.35	—	—
	凝胶/%	<1	<1	0.7	4.7	<1		
	ML$_{1+4}^{100℃}$	35	50	60	85	—		

续表

项 目		MV-BR					C-BR	SBR-1500
		30-2	D-1	303-2	303-0	K-7		
混炼胶	混炼行为	良	良	中	次	次	中	良
	可塑度 P	0.32	—	0.19	0.20	0.02	0.16	0.31
	挤出行为	良	中	次	劣	劣	良	优

该催化剂无论在芳烃还是脂肪烃溶剂中制得的胶样,其门尼黏度值(ML)与特性黏数($[\eta]$)值均是直线关系。当$[\eta]$值相同时,以苯为溶剂的聚合物的 ML 值比用环己烷为溶剂的聚合物的 ML 值高。将$[\eta]$值较高的生胶进行素炼后,ML 与$[\eta]$的关系呈直线下降(图 8-45)。高分子量胶样可通过素炼降解改善加工性能。

铁系 MV-BR 在辊温低于 50℃时混炼性能属于中等,辊温高于 60℃,加炭黑时则脱辊,分子量过高不易混炼(表 8-21),且混炼胶的塑性降低。挤出行为劣化,当可塑度相近时,铁系 MV-BR 的挤出性能远次于 C-BR 和 SBR-1500。

2. 硫化胶性能

按正交设计法确定如下实验配方(质量份)和硫化条件:

生胶	100	CZ	0.7
操作油	5	硫黄	2.0
硬脂酸	2	高耐磨炭黑	50
氧化锌	5	硫化条件	140℃×20min

在此配方和硫化条件下,铁系 MV-BR 的硫化胶性能见表 8-22。

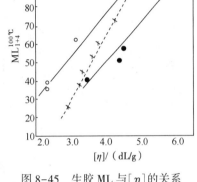

图 8-45　生胶 ML 与$[\eta]$的关系
○—苯溶剂中聚合；●—环己烷溶剂中聚合；
✕—苯溶剂中聚合；经塑炼降解

表 8-22　MV-BR 硫化胶的物理机械性能

性能	302	D-1	D-2	303-2	K-2	K-7	C-BR[①]	SBR-1500[①]
300%定伸强度/MPa	7.6	11.2	6.7	7.6	13.9	98.1	12.3	10.7
拉伸强度/MPa	16.8	18.6	18.5	17.8	17.8	21.4	20.2	28.8
伸长率/%	515	448	540	534	372	507	450	420
永久变形/%	10	10	14	10	6	9	10	9
硬度(邵尔 A)	57	—	68	58	71	60	60	70
抗撕强度/(kN/m)	40	39	38	36	36	38	39	46
弹性(Yerziey)/%	75	62	70	78	—	—	71	—
拉伸强度老化系数	0.81	—	—	0.89	—	—	0.83	—
生热/℃	46	—	—	48	—	—	—	—
疲劳/次	—	—	+	33250	—	—	47500	—
磨耗/(cm²/1.61km)	0.327	0.434	—	0.455	—	—	0.077	0.243

性能	302	D-1	D-2	303-2	K-2	K-7	C-BR[①]	SBR-1500[①]
湿滑指数[②]	230	—	153	170	188	—	79	175
气透量(mL/m²·min·mm)	1.76	—	—	—	1.81	—	3.07	1.05

①C-BR、SBR 硫化配方见《橡胶工业手册》(6 分册)。

②NR 为 100 计。

　　MV-BR 硫化胶的拉伸强度、耐磨性能及疲劳性能都次于顺丁橡胶及丁苯橡胶,而气密性优于后者,抗湿滑性明显优于 C-BR,接近或好于 SBR。

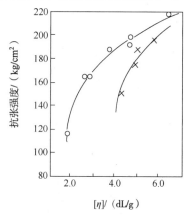

图 8-46　硫化胶强度与生胶结构的关系
○—顺式 1,4 为 45.1%~49.8%;
✕—顺式 1,4 为 37.8%~41.3%

　　MV-BR 硫化胶的强度随聚合物的分子量和顺式 1,4 链节含量的提高而增大(图 8-46),但硫化胶的湿滑指数降低。

　　实验表明,铁系 MV-BR 的顺式 1,4 链节含量为 45%~50%,[η]值在 3.0~4.0dL/g 之间较为合适。

　　王凤江[80]采用 $FeCl_3$-$Al(iBu)_3$-Ph 催化体系,并用氯丙烯作分子量调节剂,制得[η]在 3.3~7.1dL/g,顺式 1,4 结构 40.7%~48.7%、1,2 结构 32.4%~34.4%、反式 1,4 结构为 18.9%~24.9% 的 MV-BR。[η]在 3.3~4.3dL/g 之间,硫化胶有较好的性能:定伸强度为 70~127kg/cm²,拉伸强度为 203~205kg/cm²,伸长率为 453%~573%。但[η]大于 4.5dL/g 时,拉伸强度下降到 150kg/cm²,伸长率为 360% 左右,可能是由于分子量大,混炼性能差所致。曾有样品拉伸强度达到 264kg/cm²,300% 定伸强度为 91kg/cm²,伸长率 540%,永久形变为 8%。抗湿滑性良好,湿滑指数为 138(天然胶为 100),顺丁橡胶为 70。铁系 MV-BR 的性能优于锂系 MV-BR[17]。

　　3. 铁系胶的耐热和抗氧化性能

　　铁元素是氧化型催化剂,它残存于聚合物中会促进胶的物理性能劣化。但章哲彦等[81]通过差热和热失重分析,发现铁系胶具有相对高的耐热分解性和耐热老化性能。与镍系顺丁橡胶相比,在氮气氛下(图 8-47)二者有相似的放热峰,峰极大值分别在 361℃ 和 344℃。从热重线 TG 可看到,镍胶有两个分解温度 320℃ 和 380℃,而铁胶只有一个,在 380℃ 才开始分解。失重二分之一的温度,镍胶为 434℃,铁胶为 448℃。可见铁胶的耐热行为优于镍胶。在空气下的差热线(DT)上均有两个放热峰(图 8-48),为吸氧氧化放热峰,镍胶的 T^1 明显大于铁胶的 T^1,显示出镍胶较铁胶吸氧量大。热失重二分之一的温度,镍胶为 406℃,铁胶为 428℃,表明铁胶在空气下的热稳定性好于镍胶。

　　刘振海等[82]对不同催化剂制得的不同乙烯基含量 V-BR 的热氧化性能进行了研究,结果表明:热交联与热裂解反应的温度范围和随 1,2 结构含量的变化并无重大差别。在空气中的热氧化交联放热峰约出现在~200℃,由 TG 曲线得知热氧化导致少量增重。而在氮气下,在大约 340℃ 呈现热交联放热峰,在 400℃ 以上发生聚合物的热(氧化)裂解。由 DSC 曲线峰的升温速率依赖性,可计算出热氧化表观活化能,铁系胶为 88~93kJ/mol,锂(或钼)系胶为 99~105kJ/mol,钴系胶由于含有结晶其值较高,约为 150kJ/mol,热交联活化能均在 164~

185kJ/mol。由此可知不同催化体系合成的乙烯基聚丁二烯，热(氧化)交联反应活化能及其变化规律是大致相同的。

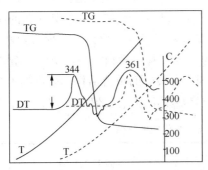

图 8-47 铁胶(—)和镍胶(···)的 TG、DT 图

N_2 气氛，氮流速 50mL/min，升温速度 10℃/min

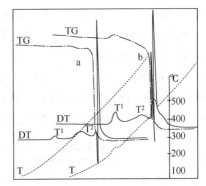

图 8-48 铁胶(a)和镍胶(b)的 TG、DT 图

空气气氛，空气流速 50mL/min，升温速度 10℃/min

8.4 高乙烯基聚丁二烯橡胶(HV-BR)

Ti、V、Nb、Cr、Mo、W、Fe、Co 等多种元素组成的 Ziegler-Natta 催化剂均可制得高乙烯基聚丁二烯，其中 Mo、Fe 等元素组成的催化剂特别受到关注，文献上有相对较多的研究报道。

8.4.1 钼系高乙烯基聚丁二烯橡胶

1. 钼系催化剂的研发过程

美国杜邦公司于 1954 年首先发现钼的卤化物与有机金属化合物组成的催化体系可合成 1,2-聚丁二烯[83]。美国标准石油公司于 1956 年又申请了 MoO_3-CaH_2-γ-Al_2O_3 催化体系合成 1,2-聚丁二烯专利[84]。Natta[85]于 1958 年，用 $MoO_2(OR)_2$-AlR_3 催化体系，合成了 1,2-链节含量高达 90% 的高分子量聚丁二烯。美国菲利普石油公司，首先用 $MoCl_5$-$Al(iBu)_3$ 体系合成 1,2-聚丁二烯，并用碘调节分子量[86]。Dawans[87]用 R_2AlOR' 代替 AlR_3 与 $MoCl_5$ 组成的催化体系，改进了 $MoCl_5$ 的分散性，提高催化活性。菲利普石油公司发现将 $MoCl_5$ 先溶于乙酸乙酯中再加入聚合体系中同样有较好的催化活性[88]。后又发现 $MoCl_5$ 与有机酸反应生成物[$MoCl_3(RCOO)_2$]可完全溶于苯、甲苯等溶剂中，并提高了催化活性[89]。日本合成橡胶公司对 $MoCl_3(OEt)_2$-$AlOEt(iBu)_2$ 体系引发丁二烯聚合进行了详细研发，使得每克钼可制得 2000g1,2 聚丁二烯[90]。

中国自 1979 年起，中科院长春应化所、锦州石化公司及青岛科技大学先后也开展了钼系催化剂合成 V-BR 的研发工作。中国采用加氢抽余油为溶剂，对钼系催化剂进行全面系统的研发，发现助催化剂含有芳氧基可显著提高催化活性[91]，每克钼可制得 5000g1,2-聚丁二烯。同时也发现，烯丙基卤化物[92]、聚合温度[93]是调节分子量及分子量分布有效手段，在 30L 连续聚合装置上连续运转 1500h 未发生堵管和挂胶现象，也无凝胶生成。胶的抗湿滑性能是 C-BR 的 2～4 倍，是 NR 的 1.3～2.5 倍[22]。齐鲁石化正在进行工业化实验。

2. 钼系催化剂类型

钼化合物，如 $MoCl_3$、$MoO_2(acac)$ 及 $MoO_2(OR)_2$ 等，与烷基铝、烷基镓或氢化铝锂等

组成的催化剂，均可引发丁二烯聚合制得无规或间同结构的聚合物[94,95]，但对这些体系的反应变量未有详细研究报道，报道较多的是钼的各种氯化物。文献上可见到的典型的钼系催化体系列于表 8-23 中。钼的氯化物在溶剂中不溶，聚合活性较低，用乙酸乙酯溶解钼的氯化物活性有所提高，但仍不理想。进一步研究发现含有羧酸基或烷氧基配体的某些钼的氯化物，可较好地溶解在脂肪烃溶剂中，与含有烷氧基的二烷基铝组成的催化体系，聚合活性显著提高。从对三种常用烷基铝 AlMe₃、AlEt₃、Al(iBu)₃ 的聚合实验比较(图 8-49)[102]，得知由 Al(iBu)₃ 制得的 iBu₂AlO₂CR 或 Al(iBu)₂OR 作助催化剂，有最好的聚合活性和较高的 1,2-链节含量。与羧酸基氯化钼组成的体系聚合活性高于与烷氧基氯化钼组成的体系(图 8-50)[102]。

表 8-23　合成高乙烯基聚丁二烯的氯化钼催化体系

催化体系	溶剂	微观结构/%			文献
		1,2 结构	顺式 1,4	反式 1,4	
$MoCl_5-Al(iBu)_3$	甲苯				[86]
$MoCl_5-R_2AlOR'$	甲苯				[87]
$MoCl_3(RCO_2)-EtOAlEt_2$	甲苯				[88]
$MoCl_5+$乙酸乙酯$-EtOAlEt_2$	甲苯				[89]
$MoCl_3OEt-(iBu)_2AlOEt$	甲苯				[90]
$MoCl_2(RCO_2)_2-(iBu)_2AlOPh$ $R=H,\ CH_3,\ C_2H_5$	加氢汽油	80~90		10~20	[93]
$[(C_4H_7)Mo]_2-MoCl_5-[(C_4H_7)_2Mo]_2$	甲苯	81	15	4	[96]
$MoCl_4-Et_2AlOEt$	加氢汽油	93.4	1.0	6.6	[97]
$MoCl_4-(iBu)_2AlOEt$	加氢汽油	93.7	1.0	6.3	[97]
$MoCl_4-AlH(iBu)_2$	加氢汽油	91.8	—	8.2	[97]
$MoCl_5-R_2AlOEt\ R=Et,\ iBu$	加氢汽油	91~92.4	—	7.6~9.0	[98]、[99]
$MoCl_3(EtCO_2)_2-R'-CO_2AlR_2\ R'=MeEt,$ $R=iBu,\ Et$	加氢汽油	74~80	10~12	12~13	[102]、[100]
$MoCl_3[CH_3(CH_2)_{3-7}CO_2]_2-AlOEt(iBu)_2$	加氢汽油	80~90	4~11	7~15	[101]
$MoCl_3(Oph)_2-(iBu)_2AlOEt$	加氢汽油	79~87	2~8	9~17	[103]
$MoCl_4OC_8H_{17}-(iBu)_2AlOPh$	加氢汽油	82~88	5~8	5~11	[104]
$MoCl_2(C_7H_{15}CO_2)_2-(iBu)_2AlOR\ R=Ph,$ $MePh,$	加氢汽油	80~90		10~20	[105]、[109]

3. 醇、羧酸基配体对主、助催化剂活性的影响

(1) 主催化剂中 $MoCl_3(OR)_2$ 烷基配体对聚合的影响

倪少儒等[103]对 $MoCl_3(OR)_2$ 主催化剂中的烷基 R 对催化剂的溶解性、聚合活性，聚合物的分子量及微观结构的影响作了全面考察。发现当 R 为碳数少于 5 的烷基时，不溶于脂肪烃溶剂，活性很低或无活性。仅当 C_{8-18} 烷基做配体才有较好的溶解性，正辛基的溶解性好于异辛基，壬辛基虽然碳数比辛基多一个，但溶解性反不如辛基，可能与奇数碳有关。

$C_{16\sim18}$的烷基需加热到40℃以上才能溶解。当 R 为甲基环己基和苯基时，在脂肪烃中溶解性很差，可配成甲苯溶液使用。R 基对催化活性的影响见表 8-24 和图 8-51。当 R 为烷基时，$MoCl_3(OR)_2$的活性随 R 的增大而增加。但 R 含奇数碳时，活性低于碳数少一个的偶数碳烷基。较为特殊的是 R 为芳基(Ph)时，$MoCl_3(OPh)_2$的活性远高于其他 $MoCl_3(OR)_2$，这显然与苯基的大共轭体系有关。R 基对聚合物分子量影响不大，相对地看，R 为苯基略高于烷基。各种烷基均可制得80%以上的 1,2 结构聚丁二烯。在 1,4 链节中反式 1,4 大于顺式 1,4 链节。

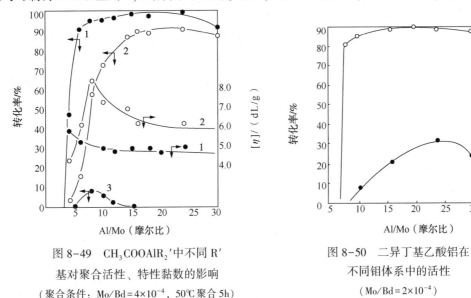

图 8-49　$CH_3COOAlR_2'$中不同 R'

基对聚合活性、特性黏数的影响

（聚合条件：Mo/Bd=4×10^{-4}，50℃聚合 5h）

1—R'=iBu；2—R'=Et；3—R'=Me

图 8-50　二异丁基乙酸铝在

不同钼体系中的活性

（Mo/Bd=2×10^{-4}）

1—$(C_2H_5COO)_2MoCl_3$；2—$(C_8H_{17}O)_2MoCl_3$

表 8-24　$MoCl_3(OR)_2$的催化活性与 R 基的关系

R 基	转化率/%					
	Al/Mo(摩尔比)					
	20	30	40	50	70	90
C_5H_{11}	0	0	少量	3	4	4
s-C_6H_{13}	4	14	18	13	12	17
C_7H_{15}	0	少量	少量	12	14	16
C_8H_{17}	4	28	38	27	12	14
i-C_8H_{17}	4	24	39	36	14	14
C_9H_{19}	3	10	12	20	19	20
$C_{10}H_{21}$	3	30	42	37	30	31
$C_{16}H_{32}$	5	32	57	40	28	46
$C_{18}H_{37}$	10	30	36	68	43	58
C_6H_5	95	100	92	80	46	50
⬡—CH_3	0	0	少量	3	5	6

注：[Bd]=14g/100mL，Mo/Bd=3×10^{-4}（摩尔比），50℃/9h。

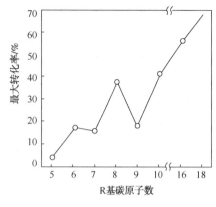

图 8-51 $MoCl_3(OR)_2$ 的
催化活性与 R 基的关系

（2）主催化剂 $MoCl_2(RCOO)_2$ 中羧酸基配体对聚合的影响

杨玉伟等[93]对 $MoCl_2(RCOO)_2$ 主催化剂羧酸基配体中 R 对催化活性的影响作了全面研究，结果见图 8-52 和图 8-53。除 R 为 ⌬—$PhNO_2$ 和 $C_{15}H_{31}$ 外，发现 R 基团的种类（正烷基、异烷基及苯基等）及所含碳原子数，对活性并无明显的影响，这与氯化钼中烷氧基的影响不同[103]。随着助催化剂用量增加，催化活性增加，转化率出现峰值，峰值的位置随助催化剂用量的增加而升高，对产物的微观结构几乎无影响，1,2 链节含量均在 80% 以上，几乎无顺式 1,4 链节。

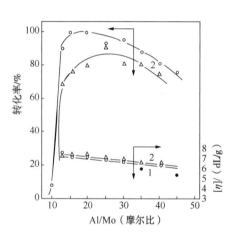

图 8-52   R 基对聚合活性及特性黏数 $[\eta]$ 的影响
1—$MoCl_2(HCOO)_2$-Al 体系；2—$MoCl_2(CH_2COO)_2$-Al 体系
聚合条件：$Mo/Bd = 2.0 \times 10^{-4}$（摩尔比，下同）；
50℃；7h；单体浓度 14g/100mL

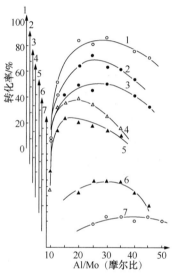

图 8-53   R 基对聚合活性的影响
1—$MoCl_2(C_3H_7COO)_2$-Al 体系；
2—$MoCl_2(i\text{-}C_3H_7COO)_2$-Al 体系；
3—$MoCl_2(C_6H_{13}COO)_2$-Al 体系；
4—$MoCl_2(C_{17}H_{30}COO)_2$-Al 体系；
5—$MoCl_2(\bigcirc\!\!-COO)_2$-Al 体系；
6—$MoCl_2(C_{15}H_{31}COO)_2$-Al 体系；
7—$MoCl_2(O_2N\!-\!\bigcirc\!\!-COO)_2$-Al 体系

（3）助催化剂 $ROAl(iBu)_2$ 中 R 基的影响

倪少儒[104]对助催化剂 $ROAl(iBu)_2$ 中几种不同烷基（基团 R）对催化活性、聚合物分子量、结构的影响进行了研究（表 8-25 和图 8-54）。结果发现，$iBuAlOR$ 中取代基 R 对催化活性的影响与 $MoCl_3(OR)_2$ 中的 R 基相似[103]，即无论是烷基还是芳基，都是 R 基大者催化活性高；R 基偶数碳的催化活性比奇数碳高；R 基为正烷基时的催化活性比仲、叔烷基高；

R 基为季碳原子烷基时则根本没有催化活性，这可能与季碳原子烷基的位阻效应太大有关。其活性顺序为：芳基>烷芳基>烷基>>环烷基。

表 8-25　$(iBu)_2CAl\,OR$ 中的 R 基对催化活性的影响

R 基	转化率/%						
	Al/Mo(摩尔比)						
	10	20	30	40	50	70	90
C_5H_{11}	0	44	40	56	48	4	2
i-C_5H_{11}	0	46	36	52	48	3	0
s-C_5H_{11}	0	0	6	9	0	0	0
s-C_6H_{13}	12	24	37	40	43	48	33
C_7H_{15}	10	12	52	43	45	48	28
C_8H_{17}	11	33	40	52	43	36	61
i-C_8H_{17}	0	8	16	8	18	50	60
C_9H_{19}	0	9	21	33	9	23	48
$C_{10}H_{21}$	16	35	52	62	9	33	37
$C_{16}H_{33}$	30	43	54	68	3	2	0
$C_{18}H_{37}$	33	42	76	67	9	2	0
呋喃甲基	28	—	46	60	40	60	52
苄基	40	52	60	83	90	96	76
环己基甲基	0	0	0	8	6	0	0
二甲基亚甲基环己基	0	0	0	0	0	0	0
苯基	98	100	99	92	53	—	—

注：[Bd]=14g/100mL，Mo/Bd=3×10^{-4}(摩尔比)，50℃/9h。

R 基对聚合物分子量影响不大，R 为苯基时分子量略高些。聚合物中 1,2 链节含量随 R 基的增大而增大，但 R 基多于 8 个碳时，变化趋势有所减少，与主催化剂上取代基的影响相似[103]。表明在钼催化体系中，相同的基团连接到主、助催化剂上有相似的效果，也说明助催化剂在还原钼金属的同时形成双金属活性络合物。

（4）助催化剂 RCO_2AlEt_2 中的烷基 R 的影响

王松波等[102]考察了助催化剂 RCO_2AlEt_2 中，烷基 R 对催化活性和聚合物结构的影响（图 8-55 和表 8-26）。R 为不同碳原子数的直链烷基，从图 8-55 的曲线可知，R=CH_3 有最高活性，随着碳数的增加活性降低。当 R 有支链时，其活性比相同碳原子数的直链烷基低。$CH_3COOAlEt_2$ 的活性好于 $EtOAl(iBu)_2$。R 基对聚合物结构的影响见表 8-26。

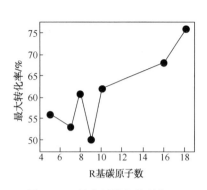

图 8-54　催化活性与烷基铝上
的取代基 R 的关系

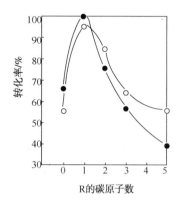

图 8-55　RCOOAlEt$_2$ 中直链
R 碳原子数对聚合活性的影响

（聚合条件：Mo/Bd=4×10^{-4} 50℃，聚合 5h）

○—Al/Mo=15；　●—Al/Mo=20

表 8-26　RCO$_2$AlEt$_2$ 中 R 基对聚合物微观结构的影响

R 基	二乙基羧酸铝	微观结构/%		
		1,2 结构	顺式 1,4	反式 1,4
H—	二乙基甲酸铝	77.0	10.6	12.4
CH$_3$—	二乙基乙酸铝	74.0	12.9	13.1
C$_2$H$_5$—	二乙基丙酸铝	77.0	10.1	12.9
C$_3$H$_7$—	二乙基丁酸铝	74.0	12.4	13.6
(CH$_3$)$_2$CH—	二乙基异丁酸铝	68.6	11.7	19.7
C$_5$H$_{11}$—	二乙基己酸铝	77.1	13.9	9.0
⬡	二乙基环己烷酸铝	78.6	9.0	12.4
C$_{17}$H$_{36}$—	二乙基硬酯酸铝	69.0	12.7	18.3

　　测试结构表明，R 对聚合物微观结构影响不大，变化无规律性。四价钼则不同，杨玉伟等[105]用甲酸、乙酸、正丙酸、正丁酸、正辛酸和苯甲酸等有机酸，同 Al(iBu)$_3$ 反应制得羧酸基配体助催化剂 RCOOAl(iBu)$_2$，与 MoCl$_2$(C$_7$H$_{15}$CO$_2$)$_2$ 组成催化体系则不能引发丁二烯聚合或活性很低。

　　4. 钼系催化剂引发丁二烯聚合规律

　　（1）加料方式的影响

　　钼系催化剂由主催化剂、助催化剂(二元)组成，可使用三种不同的加料方式。对不同主、助催化剂的研究结果表明，采用单加方式活性好于二组(或加少量单体)混合陈化方式。单加方式以助催化剂先加、主催化剂后加为好。可能与形成的活性种对氧、水敏感有关。二元陈化活性很低，甚至无活性。

　　（2）催化剂配比与用量

　　对不同的主、助催化剂组成的催化体系，最高活性的 Al/Mo 摩尔比最佳范围稍有差别，但一般是 Al/Mo 摩尔比高时比 Al/Mo 摩尔比低时催化活性高。通常情况下是 Al/Mo 摩尔比在 10~50 之间转化率均有峰值，由于催化体系不同，峰值的位置和峰高也有所不同[103,104]。

（3）聚合温度的影响

五价钼催化体系在 30℃以上才有活性，随温度升高转化率达最大值，温度再升高，转化率反而下降，聚合物分子量也有相同变化趋势。四价钼催化体系在温度达 20℃以上便可引发聚合，最佳反应温度约在 40~50℃范围内，温度过高会导致活性中心分解而失活。聚合物的分子量也有同样的变化趋势，先增加后又降低。

（4）聚合时间的影响

初期聚合由于单体浓度较高，速度很快。转化率达 60%~70%以后，由于单体浓度降低，体系黏度增大，聚合速度逐渐降低。聚合初期产物分子量随时间增加而增大，但很快又随时间增加而下降。

5. 钼系聚合物微观结构及序列分布

钼系催化剂易制得高 1,2 链节含量聚丁二烯，1,2 链节可高达 80%以上。主、助催化剂的用量、配比以及配体的变化，对聚合物微观结构均无明显的影响。聚合温度略有影响，在 70℃下聚合，产物仍有 70%以上的 1,2 链节含量。

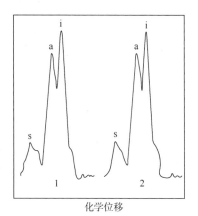

图 8-56　聚合物侧基端碳
$=CH_2$ 的 ^{13}C-NMR 谱图
1—R 基为 C_2H_5；2—R 基为 C_6H_5

倪少儒等[104]对使用乙氧基（$C_2H_5O—$）和苯氧基（C_6H_5O-）的五价钼催化体系合成样品进行了分析，^{13}C-NMR 谱图见图 8-56。根据文献[106,107]可知化学位移为 113.5（i 峰）、114.2（a 峰）和 114.7（s 峰）PP_m 的共振峰，分别归属于全同、无规和间同 1,2 链节。利用这三个共振峰求得 1,2 链节各异构体的相对含量：

R 基	全同	无规	间同
C_2H_5	48.0	40.8	11.2
C_6H_5	47.8	41.6	10.6

数据表明，R 基不论是烷基还是芳基，所得聚合物中 1,2 链节的立体构型是基本相同，说明 R 基的结构对 1,2 链节构型的影响很小。钼系催化聚合物中 1,2 链节近 50%是全同构型，间同很少仅有 10%左右，无规约为 40%左右。用核磁共振波谱仪，进一步研究 1,2 链节各立体异构体的平均序列长度和分布，结果见表 8-27[108]。不同配体的助催化剂有相近的序列长度和分布，但含有两种配体的助催化剂使全同立构链节增加，但分布仍较均一。四价钼催化体系几种因素的变化对产物异构体的含量和序列分布情况的影响见表 8-28。结果表明：主、助催化剂配体的变化、配比的变化，均得到含量相近的异构体；全同立构体含量大于 50%，高于五价钼催化体系；间同立构体很少，与五价钼相近；无规异构体含量大于 30%，低于五价钼催化体系。全同链节的序列长度远大于间同立构体，也大于五价钼体系的全同立构体，但各立构体的序列长度较均一。

表 8-27　1,2 链节异构体的序列分布

平均序列长度	PhOAlEt$_2$	$C_8H_{17}OAlEt_2$	$C_8H_{17}OM_2OAlEt$
$<M_i>n$	3.04	3.41	4.20
$<M_s>n$	1.49	1.41	1.31
$<M_i>w$	5.08	5.83	7.40

续表

平均序列长度	PhOAlEt$_2$	C$_8$H$_{17}$OAlEt$_2$	C$_8$H$_{17}$OM$_2$OAlEt
$<M_s>w$	1.84	1.83	1.62
$<M_i>w/<M_i>n$	1.67	1.71	1.76
$<M_s>w/<M_s>n$	1.23	1.30	1.24

注：i—全同立构，s—间同立构。

表 8-28　1,2 链节异构体及序列分布[93,105,109]

催 化 剂	立构体含量/%			立构体数均、重均序列长度			立构体的序列分布		
	P_i	P_a	P_s	$<M_i>n$	$<M_s>n$	$<M_i>w$	$<M_s>w$	D_i	D_s
MoCl$_2$(HCOO)$_2$	61	36	3	4.5	1.3	8.1	1.6	1.8	1.2
MoCl$_2$(CH$_3$COO)$_2$	58	37	5	4.2	1.3	7.3	1.6	1.7	1.2
MoCl$_2$(C$_3$H$_7$COO)$_2$	60	35	5	4.5	1.3	8.0	1.6	1.8	1.2
MePhOAl(iBu)$_2$	52	37	11	3.6	1.4	6.2	1.8	1.7	1.3
OAl(iBu)$_2$	51	41	8	3.5	1.4	6.0	1.8	1.7	1.3
PhOAl(iBu)$_2$ 1#	59	34	7	4.3	1.3	7.7	1.6	1.8	1.2
PhOAl(iBu)$_2$ 2#	58	31	11	4.1	1.3	7.3	1.6	1.8	1.2

注：P_i—全同，P_a—无规，P_s—间同，1#—Al/Mo=25，2#—Al/Mo=35，Me 甲基，Ph 苯基。

6. 聚合动力学及活性中心结构

(1) MoCl$_4$OC$_8$H$_{17}$-PhOAl(iBu)$_2$体系催化丁二烯聚合动力学

倪少儒等[110]用安剖瓶聚合，不同时间终止聚合，取得聚合过程样品，从样品的质量求得不同聚合时间转化率。从转化率进而求得单体浓度、催化剂各组分浓度、温度等条件变化的聚合速率-d[M]/dt。

用不同温度的聚合速率-d[Bd]/dt 与时间作图（图 8-57），从图中可见不同温度下的曲线有相似的形式，聚合初期速率不随时间变化，是等速聚合阶段，也就是稳定阶段。稳态阶段随聚合温度升高而缩短，超过稳定阶段后，聚合速率下降，表明有部分活性中心失活。本催化剂体系属于快引发类型。

从物料浓度变化，求得聚合速率与[Bd]、[Mo]均为一级反应，故得速率方程：

$$-d[M]/dt = k_p\alpha[Mo]_0[Bd] \qquad (8-13)$$

从温度的变化求得不同浓度下的表观速率常数 $k_p \times 10^{-4}$（min^{-1}）：3.3（30℃）、8.0（40℃）、22.1（50℃）、42.1（60℃）和 100（70℃）。根据 Arrhenius 公式求得表观活化能为 71.5kJ/mol，频率因子为 5.5×10^{8}min^{-1}。

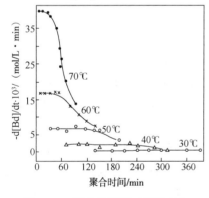

图 8-57　聚合速度随时间的变化

[Bd]$_0$ = 2.59mol/L;

[Mo]$_0$ = 2.07×10^{-4}mol/L; Al/Mo=16

(2) MoCl$_4$-MePhOAl(iBu)$_2$体系催化丁二烯聚合动力学

杨玉伟等[111]同样采用安剖瓶法，取得不同聚合时间的转化率，由转化率数据得知，单体浓度、主催化剂浓度与反应速率呈一级关系，由此得到四价钼的速率方程式：

$$-d[M]/dt = k_p \alpha[Mo]_0[Bd] \qquad (8-14)$$

求得不同聚合温度下的表观速率常数 $k_p \times 10^{-3}$（$\min^{-1}$）：1.42（30℃）、5.19（40℃）、11.46（50℃）、34.53（60℃）、54.71（70℃）。根据 Arrhenius 关系式求得表观活化能为 71.5kJ/mol，频率因子为 $6.55 \times 10^9 \min^{-1}$。

实验结果表明两体系有相同速率方程式和表观活化能，但频率因子却相差一数量级。

（3）活性中心结构

对钼系催化剂活性中心结构及聚合机理的研究，文献报道很少。对钼系催化剂，由于主、助催化剂的配体不同，文献中可见到有三种双金属活性中心结构：

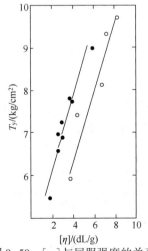

1982[102]　　　　1985[104]　　　　1986[111]

三种结构共同点是都有氧桥键，其中有两种有氯桥键，一种为碳桥键，对提出的结构作者均未阐明理由。但从实验得知，同一含氧基团分别连在主、助催化剂中，聚合效果相同，说明活性中心是含有氧桥，活性中心的钼元素为三价，高于或低于三价均无催化活性[112]。

7. 钼系 HV-BR 的性能特点

（1）生胶性能

1）特性黏数与屈服强度

钼系 1,2 聚丁二烯的特性黏数 $[\eta]$ 与屈服强度成直线关系。但加调节剂与未加调节剂为两条平行线，在同一 $[\eta]$ 值下加调节剂的屈服强度高于未加调节剂（图 8-58）[113]。

2）门尼黏度与特性黏数

用转速为 2r/min 的一般门尼计测定特性黏数 $[\eta]$ 大于 5dL/g 的样品，出现明显的脱层打滑现象，分子量越大，打滑现象越严重，从而得到门尼黏度随 $[\eta]$ 增加而降低的反常结果。而采用转速为 0.06r/min 的低速门尼计测试时，其门尼黏度值与特性黏数 $[\eta]$ 有良好的线性关系（图 8-59）[114]。

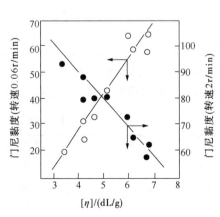

图 8-58　$[\eta]$ 与屈服强度的关系

●—含溴体系；○—不含溴体系；◐—混合胶

图 8-59　$[\eta]$ 与门尼黏度的关系

3）应力-应变曲线

加调节剂制得的样品具有较高的强度，在拉伸过程中，当超过屈服强度后，斜率由逐渐减小变为逐渐增大，应力衰退后又产生了一种新的应力（图8-60）[114]。由于样品无凝胶，且[η]越小新的应力越强，因此，拉伸后产生新的应力只能是聚合物拉伸时产生结晶所导致。

静态下不结晶而拉伸时结晶，这是典型的天然橡胶的应力-应变性质，是合成橡胶难得的极好性能。

4）机械降解性能

钼系1,2PB在塑炼时，[η]随塑炼时间的增加而下降，且初始值越大下降越明显（图8-61），具有明显的机械降解性[114]。

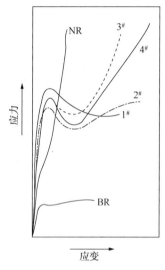

图8-60　应力-应变曲线

NR—天然橡胶；BR—顺丁橡胶

1#~4#对应表8-30的胶样编号

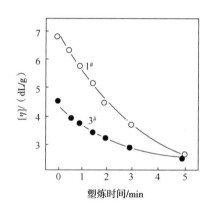

图8-61　塑炼时间与[η]的关系

1#、3#对应表8-30的胶样编号

5）物理机械性能[91]

生胶的物理机械性能见表8-29。

钼系生胶的强伸性能和伸长率超过NR。生胶有如此高的强度和伸长率，显然是与聚合物的结构特点有关，该钼系HV-PB中有规部分（全同和间同立构体）占50%～60%，这些立体规整链节在拉伸时可形成微晶区，起着交联点的作用，使聚合物呈现出很高的强度，同时聚合物又有40%的无规1,2链节和少量1,4链节，又使该聚合物在静态下不能结晶。在拉伸时由于无规链节内聚力很低，赋予聚合物以很高的伸长率（表8-29）。

表8-29　HV-BR的一些基本物理机械性能

烯丙基碘/Mo（摩尔比）	[η]/(dL/g)	屈服强度/MPa	断裂强度/MPa	断裂伸长率/%	塑性/ρ
0	6.24	0.81	0	>2800	0.19
0.2	5.10	0.80	0	>2600	0.19
2	4.03	0.82	1.20	>2500	0.30
4	3.29	0.78	2.09	>2900	0.51

续表

烯丙基碘/Mo(摩尔比)	[η]/(dL/g)	屈服强度/MPa	断裂强度/MPa	断裂伸长率/%	塑性/ρ
8	2.43	0.64	2.17	2680	0.62
10	1.79	0.84	2.48	1700	0.68
NR	6.93	0.52	1.77	800	
	3.74	0.33	0.52	760	

6）生胶的挤出行为

任守经等[113]考察了相同切变速率对不同分子量和分子量分布的钼系 HV-PB 样品的挤出破裂情况。结果表明，样品的挤出破裂程度，随着[η]从 1.92dL/g 增加到 6.72dL/g 而逐渐增大，说明分子量大挤出破裂严重。分子量是影响挤出破裂的重要因素，样品只要有少量长链分子存在就会给流变行为带来严重后果。为了避免样品的挤出破裂，必须考虑适宜的分子量和分子量分布。

（2）硫化胶性能特点

1）加工行为

王松波等[115]对 MoCl$_3$(C$_2$H$_5$COO)$_2$-CH$_3$COOAl(iBu)$_2$-调节剂制备的 1,2-聚丁二烯样品的吃药和挤出行为进行了考察（表 8-30）。在开炼机上进行混炼，在正常操作下大部分都能很快包辊，吃药状态非常好。实验表明，在低剪切速率下，分子量分布对聚合物加工行为影响较大。分子量分布宽的高分子量样品，因有低分子量的内增塑作用，仍有好的吃药状态。分子量低但分子量分布窄，仍不能很好地包辊吃药。在高剪切速率下的挤出行为，不如 NR、SBR、C-BR。影响挤出行为的因素主要是分子量和分子量分布。分子量不能太高又要有适当的分布。

2）硫化特性

钼系 HV-BR 的硫化仪转矩值随硫化时间的延长而不断增大，硫化曲线呈喇叭状。虽然难于确定胶料的正硫化点，但有利于与其他胶种并用，不存在硫化不同步的问题，这是 V-BR 胶种一大特点，是其他合成胶种没有的，无硫化反原现象[114,115]。

表 8-30　胶样结构参数及加工行为

胶样编号	1#	2#	3#	4#
1,2 链节/%	71	83	93	84
全同/%	51	49	35	45
间同/%	10	11	27	16
无规/%	39	40	38	38
[η]/(dL/g)	4.74	2.34	1.14	2.26
$\overline{M}_w/\overline{M}_n$	2.5	1.8	1.7	2.4
吃药状况	优	优	差	优
挤出力/kg	85~95	45	45	60~65
膨胀率/%	36.5	16.3	20.5	31.2
挤出行为	差	优	优	优

3）硫化胶性能

任守经等[113]对采用 $MoCl_3(OC_7H_{17})_2$-(RO)$Al(iBu)_2$ 催化体系制得的分子量分布相同而分子量不同及分子量和分子量分布均不同的两组样品的硫化胶进行了性能比较（见表 8-31）。从配炼过程中观察到，随着 $[\eta]$ 下降，辊筒行为吃药情况逐渐好转，表明分子量小较易加工。分子量对硫化胶性能的影响见表 8-31。$[\eta]$ 在 1.92~6.72dL/g 的范围内，分子量影响不大。硫化胶性能比较好，300%定伸强度在 90~100kg/cm^2，拉伸强度为 180~190kg/cm^2，伸长率可达 500%。对不同分子量分布的硫化胶考察实验表明，分子量分布宽，其包辊行为和吃药情况都比分子量分布窄的好。300%定伸强度100kg/cm^2，断裂强度为 190~200kg/cm^2，伸长率可达 500%。

表 8-31　$MoCl_3(OR)_2$-$ROAl(iBu)_2$ 体系合成胶的性能

$[\eta]$/ (dL/g)	$\overline{M_w}/\overline{M_n}$	300%定伸强度/ MPa	拉伸强度/ MPa	伸长率/ %	永久变形/ %	邵尔 A 硬度
6.72	2.0	7.8	18.6	500	18	60
5.78	2.0	8.8	16.7	500	16	64
5.05	2.2	8.8	18.6	530	16	70
3.75	2.0	7.8	17.7	580	19	70
2.91	2.1	9.8	18.6	500	15	76
2.60	2.6	9.8	19.6	540	18	78
1.92	2.0	10.8	17.7	400	20	85
4.5	4.0	10.8	20.6	520	16	67
4.0	3.8	9.8	19.6	570	20	75
3.0	2.9	10.8	18.9	490	16	76
2.5	2.7	10.8	18.6	520	24	73

王松波[115]对 $MoCl_3(CH_3CH_2COO)_2$-$CH_3COOAl(iBu)_2$ 催化体系合成胶样硫化胶测试结果列于表 8-32。羧酸钼体系合成的 V-BR，大部分物理机械性能接近天然橡胶、顺丁橡胶及丁苯橡胶，与烷氧基钼体系合成的 V-BR 相近。而生热值较低，仅为上述四种胶的 2/3。这样低的生热值有利于解决飞机在高速起飞、高速降落及重负荷情况下轮胎的生热问题。

表 8-32　硫化胶的一些基本物理机械性能

性　　能	羧酸钼 HV-BR				烷氧基钼	通用胶		
	1	2	3	4	1,2-BR	SBR	BR	NR
拉伸强度/MPa	22.4	16.1	18.7	17.0	20.8	30.0	20.3	29.9
伸长率/%	535	608	545	460	474	666	450	437
300%定伸强度/MPa	8.7	5.8	7.8	9.5	9.3	9.0	20.6	20.6
邵尔 A 硬度	52	52	62	62	64	63	64	71
永久变形/%	11.6	18.1	16.8	13.2	9.6	16.8	8.0	28.4
生热/℃	24	24	24	24	70	64	68	72
弹性/%	58.0	50.6	38.9	51.4	42.6	64.6	76.9	74.1
磨耗/（cm^3/1.61km）	0.25	0.23	0.45	0.56	—	—	—	—
压缩变形/%	2.6	4.5	5.8	4.8	—	—	—	—

注：硫化条件：烷氧基钼系 HV-BR，150℃×30min；NR 和 C-BR，143℃×25min；SBR 150℃×30min。

8.4.2　铁系高乙烯基聚丁二烯橡胶(HV-BR)

用铁系催化剂合成 HV-BR 的研究晚于钼系催化剂,是 21 世纪刚开展的研究工作,主要是中国。

1. 铁系合成高乙烯基聚丁二烯催化剂的研究进展

铁元素是地球上储备丰富、应用广泛、人类社会生活离不开的过渡金属元素。当 Ziegler-Natta 催化剂出现后,学者们便对这个来源方便、价廉的铁元素组成的催化剂进行了广泛的探索研究。经长期的研究,首先发现铁化合物与烷基铝组成的二元催化体系易制得不同结构的齐聚物。仅发现二甲基乙二肟铁[Fe(dmg)]和三乙基铝(AlEt$_3$)二元体系可以制得高分子量([η]=15.2dL/g)、1,2 结构含量为 63.0%的聚丁二烯[117]。对乙酰基丙酮铁[Fe(acac)$_3$]和 AlEt$_3$ 二元体系的添加剂实验,则发现添加某些给电子试剂可以制得高聚物[118],尤其是添加 tri(o-tolyl)-phosphite、2(2-pyridl)imidazoline 试剂,得到了不含三聚体的高聚物,但作者未给出高聚物的分子量和结构。1970 年以后,出现了铁系催化剂制备高 1,2-聚丁二烯的专利。日本专利提出了 FeCl$_3$-P(OR)$_3$-有机铝化合物三元体系[119],及 Fe(acac)$_3$-P(Ph)$_3$-AlEt$_3$ 三元体系制备高 1,2-聚丁二烯[120],并给出高 1,2 结构含量的红外光谱图。Throckmorton[121] 在 1979 年的专利中,提出 FeCl$_3$、Fe(CO)$_5$、Fe(acac)$_3$ 及 Fe(Oct)$_3$ 化合物与烷基铝(或 BuLi)组成的二元体系,添加 TCNE、BuSCN、AlBN 和 AlEt$_2$CN 等含 N 化合物均可制得高乙烯聚丁二烯,但绝大部分是结晶间同 1,2-PBD。20 世纪末,Steven Luo 等[122] 先后发现,Fe、Cr、Mo 等过渡金属元素化合物,与烷基铝(或烷基镁)等组成的二元体系添加亚磷酸二烷基酯类化合物,便可在脂烃溶剂中制得高分子量的高乙烯基聚丁二烯,几乎无凝胶,但制得的多为高结晶的间同 1,2-聚丁二烯,也可制得无规 1,2-聚丁二烯[123,124]。中科院长春应化所在 20 世纪末,再次开展了铁系催化剂合成 HV-BR 的研发工作,并发现亚磷酸二烷基酯类可以制得 HV-BR[125,126],同时发现铁系催化剂添加亚磷酸芳酯也可以制得高乙烯基聚丁二烯[127]。还开展了铁系催化剂合成低结晶和高结晶间同 1,2-聚丁二烯的研发工作。

2. 铁系催化剂的种类

铁系合成无规高 1,2-聚丁二烯的催化体系,在文献上已报道的见表 8-33。

表 8-33　合成无规高 1,2-聚丁二烯的铁系催化体系

催化体系	溶剂	微观结构/%			T_g/℃	文献
		1,2 结构	反式 1,4	顺式 1,4		
Fe(dmg)$_2$-AlEt$_3$	正庚烷	63	13	24		[117]
FeCl$_3$-P(OR)$_3$-AlEt$_3$	苯	66				[119]
Fe(AeAc)$_3$-P(Ph)$_3$-AlEt$_3$	甲苯	给出 1,2 结构红外谱图				[120]
Fe(CO)$_5$-BuSCN-AlEt$_3$	苯	86	2	12		[121]
Fe(AcAc)$_3$-BuSCN-EtOAlEt$_2$	苯	66	3	31	-27	[121]
Fe(AcAc)$_3$-BuSCN-AlEt$_2$Cl	苯	61	6	33		[121]
Fe(AcAc)$_3$-BuSCN-LiBu	苯	68	8	24		[121]
Fe(AcAc)$_3$-AlBN-Al(iBu)$_3$	二氯甲烷	87	1	12	-24	[121]
FeOct-EACN-AlEt$_3$	己烷	84	1	15	-13	[121]

续表

催化体系	溶剂	微观结构/%			T_g/℃	文献
		1,2 结构	反式 1,4	顺式 1,4		
$Fe(2\text{-}EHA)_3\text{-}HP(O)[OCH_2CH(Et)(CH_2)_3CH_3]_2\text{-}Al(iBu)_3$	己烷	66.2~74.5	4.8~3.2	29~22.3	-32~-23	[123]
$Fe(2\text{-}EHA)_3\text{-}CH_3C(O)P(O)(OEt)_2\text{-}MgBu_2$	己烷	66.0~72.0	2.3~0.7	31.7~26.4	-30~-27	[124]
$Fe(AcAc)_3\text{-}CH_3C(O)P(O)(OEt)_2\text{-}MgBu_2$	己烷	70.3~73	2.0~1.8	27.6~25.2	-25	[124]
$Fe(DEHPA)_3\text{-}CH_3C(O)P(O)(OEt)_2\text{-}MgBu_2$	己烷	66.6~63.8	4.2~1.9	29.2~34.3	-33~-29	[124]
$Fe(2\text{-}EHA)_3\text{-}HP(O)(OEt)_2\text{-}Al(iBu)_3$	己烷	83.8~88.4	11.6~16.2	—	-23~-38	[125]

表中所列催化体系虽然可以制得高 1,2 聚丁二烯，但制得的聚合物大都含有凝胶或有部分结晶物，不能用作橡胶原料。唯有亚磷酸酯类组成的三元催化体系，既能用脂肪烃作溶剂，凝胶含量又较低，催化活性较高，有待进一步研发，使之成为生产 HV-BR 的新型催化体系。

3. $Fe(2\text{-}EHA)_3(Fe)\text{-}HP(O)(OR)_2(P)\text{-}AlR_3(Al)$ 三元体系聚合规律[128]

（1）加料方式对催化活性的影响

铁系催化剂三个组分的加料顺序对聚合活性影响较大（表 8-34），不加单体的三元陈化几乎无活性。在表中所示的诸多方式中，以 Fe+Al→P 及 Fe+P→Al 单加方式和（Fe+丁+Al）→P 及（Fe+丁+P）→Al 二元陈化方式活性较高，陈化温度在 40℃ 以下，时间在 60min 内催化活性变化不大。

表 8-34　催化剂的加料方式对聚合的影响

加料方式		转化率/%	P/Fe（摩尔比）	Al/Fe（摩尔比）
单加	Fe+P→Al	68	4	15
	Fe+Al→P	90	6	15
	P+Al→Fe	68	6	15
陈化 20℃/10min	Al→（Fe+P）	62	6	15
	Fe→（P+Al）	50	6	15
	P→（Fe+Al）	10	6	15
二元陈化（加单体）50℃/15 分	（Fe+丁+P）→Al	100	2	13
	（Fe+丁+Al）→P	87	1	15
	（P+丁+Al）→Fe	9	3	15
三元陈化（加单体）	（Fe+丁+P+Al）	70	6	15
	（Fe+丁+Al+P）	20	6	15
	（P+丁+Al+Fe）	17	6	15

注：Fe/丁 $=8\times10^{-5}$（摩尔比）。

（2）催化剂[$Fe(2\text{-}EHA)_3$]用量的变化

当 Al、P 用量不变、仅变化 Fe 用量时，对活性、分子量和结构的影响见表 8-35。

表 8-35　主催化剂用量变化的影响

	Fe/丁·10⁵(摩尔比)	P/Fe(摩尔比)	Al/Fe(摩尔比)	转化率/%	[η]/(dL/g)	G/%	1,2结构/%	反式1,4/%
I	5	3.2	20.5	88	7.90	4.5	86.9	13.3
	6.5	2.5	15.8	95	6.54	1.4	88.4	11.6
	8.0	2.0	12.9	88	8.22	5.1	86.0	14.0
	10.0	1.6	10.3	52				
II	5	3.2	20.5	65	9.10	6.6	88.2	11.8
	6.5	2.5	15.8	95	8.50	5.0	83.8	16.2
	8.0	2.0	12.9	87	7.06	4.4	81.7	18.3
	10.0	1.59	10.3	63				

注：Ⅰ.Fe+Al→P 单组分加料方式，Ⅱ.(Fe+丁+Al)→P 二元陈化方式，50℃陈化15min。

实验结果表明，两种不同加料方式，在最高转化率时，用量相同。单加方式制得聚合物，分子量和凝胶含量均低于二元陈化方式。而 1,2 结构的含量也稍高于二元陈化方式。二元陈化方式制得的聚合物，分子量和 1,2 结构含量均随主催化剂用量增加而有下降的趋势。从两种加料方式的实验结果不同，进一步说明单加方式好于二元陈化方式。

（3）助催化剂用量的影响

从 Al(iBu)₃、AlEt₃ 及 AlH(iBu)₂ 三种烷基铝作助催化剂的比较实验得知，AlH(iBu)₂ 不能作助催化剂，Al(iBu)₃ 好于 AlEt₃。Al(iBu)₃ 用量的变化对聚合的影响见表 8-36。

表 8-36　助催化剂用量变化的影响

	Al/丁·10³(摩尔比)	Al/Fe(摩尔比)	P/Fe(摩尔比)	转化率/%	[η]/(dL/g)	凝胶/%	1,2结构/%	反式1,4/%
I	0.72	9	2	85	5.03		84.8	15.2
	0.88	11	2	88	4.70		85.0	15.0
	1.04	13	2	68	2.04			
	1.20	15	2	55				
II	0.80	10	2	67	8.63	4.8	82.7	17.3
	1.04	13	2	87			84.1	15.9
	1.20	15	2	75	7.28	4.8	86.8	13.2
	1.60	20	2	47				
III	0.64	8	4	85	8.34	7.1	90.1	9.9
	0.80	10	4	87	7.48	0.9	88.0	12.0
	0.96	12	4	93	6.79	6.7	87.9	12.1
	1.20	15	4	100	5.11	1.4	87.3	12.7

注：Fe/丁=8×10⁻⁵(摩尔比)。

Ⅰ.Fe+Al→P 单加方式；Ⅱ.(Fe+丁+Al)→P 二元陈化方式，50℃陈化15min；Ⅲ.Fe+P→Al 单加方式。

在 P 组分后加的两种不同加料方式中，Al 用量增加，活性变化趋势是一致的，单加方式分子量低于陈化方式。而 Al 后加的单加方式（Ⅲ）则不同，随着 Al 用量增加，活性增加分子量降低，1,2 结构含量虽有些下降，但仍高于前两种方式。从助催化剂的实验结果表明，单加方式好于陈化方式，而且助催化剂后加更有利于聚合活性提高。

（4）第三组分亚磷酸酯对催化活性的影响

对亚磷酸二甲酯、二乙酯、二丁酯的聚合实验表明，三种亚磷酸酯在聚合活性上无明显差别，只是亚磷酸甲酯、乙酯易于制得间同 1,2 聚丁二烯，而亚磷酸丁酯则可得到无规 1,2 聚丁二烯。亚磷酸酯用量的影响见表 8-37。

表 8-37 亚磷酸酯用量变化对聚合的影响

	P/丁·10⁴ （摩尔比）	P/Fe （摩尔比）	凝胶/ %	[η]/ (dL/g)	G/ %	1,2 结构/ %	反式 1,4/ %	T_g/ ℃
I	2.4	3.0	96					$T_m = 176.7$
	4.0	5.0	95	5.20		83.9	16.1	−36.3
	4.8	6.0	100	4.70		88.7	11.3	−37.7
	5.6	7.0	96	5.08		83.2	16.8	−36.8
II	0.8	1	84					−42.9
	1.6	2	95	4.03	0.9	78.3	21.8	−39.2
	2.4	3	98					
	3.2	4	100	5.14	5.1	80.7	19.3	−38.7
	4.0	5	88					
	4.8	6	94	6.69	0.9	86.3	13.7	

注：Fe/丁 = 8×10⁻⁵（摩尔比），Al/Fe = 15（摩尔比），I. Fe+P→Al，II. Fe+Al→P。

两种单组分的加入方式，活性、分子量、结构及 T_g 均无明显差别，但 Al 后加的方式无凝胶。P/Fe 摩尔比小于 3，得到的是 $T_g = 176$℃ 的结晶间同 1,2 聚丁二烯。P/Fe 摩尔比大于 4 时，才能制得橡胶态聚合物，而 P 后加的方式均得到无规 1,2 聚丁二烯，并含有少量凝胶。

（5）聚合温度的影响

在 P/Fe 摩尔比不同的配方下，聚合温度对聚合的影响见表 8-38。从表中可见聚合转化率随聚合温度升高而增加；两种分子量和凝胶相近，聚合温度的变化对聚合物的玻璃化转变温度（T_g）几乎无影响。Al 后加方式聚合物的 T_g 低于 P 后加的方式，这可能是由于配方影响了聚合物中 1,2 结构含量不同所致。

表 8-38 聚合温度对聚合产物的影响

	聚合温度/ ℃	P/Fe （摩尔比）	转化率/ %	[η]/ (dL/g)	凝胶/ %	T_g/ ℃	T_m/ ℃
I	40	5	58	4.56	8.1	−39	
	50	5	75	4.12	6.1	−39.7	
	60	5	78	4.38	11.8	−34.3	12.03
	68	5	92	4.62	8.4	−35.9	
II	40	2	68	4.92	7.6	−22.3	190.2
	50	2	94	4.03	9.5	−24.0	
	60	2	95	3.69	9.9	−22.2	
	68	2	94	6.42	7.1	−38.1	

注：Fe/丁 = 8×10⁻⁵（摩尔比），Al/Fe = 15（摩尔比），I. Fe+P→Al 单加，II. Fe+P→Al 单加，4h。

4. 聚合动力学[129]

在不同温度下，铁系催化剂引发丁二烯的聚合速率曲线如图 8-62 所示，由图可知，温度升高，反应速率增加。其不同温度下的动力学曲线见图 8-63。在不同温度下，$-\ln(1-x)$ 对 t 作图均为直线，表明聚合反应速率 R_p 对初始单体浓度成一级关系，聚合速率方程式如下：

$$R_\mathrm{p} = -\frac{\mathrm{d}[M]}{\mathrm{d}t} = k[M]$$

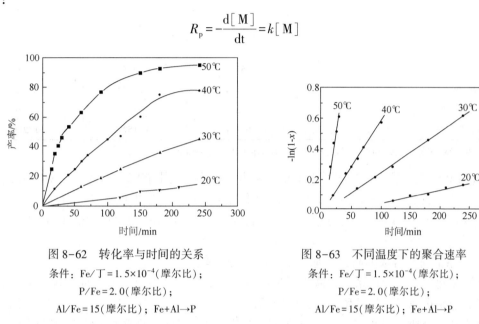

图 8-62　转化率与时间的关系
条件：Fe/丁 = 1.5×10⁻⁴（摩尔比）；
P/Fe = 2.0（摩尔比）；
Al/Fe = 15（摩尔比）；Fe+Al→P

图 8-63　不同温度下的聚合速率
条件：Fe/丁 = 1.5×10⁻⁴（摩尔比）；
P/Fe = 2.0（摩尔比）；
Al/Fe = 15（摩尔比）；Fe+Al→P

由图 8-63 中直线的斜率，求得不同温度下的表观速率常数 k：$0.80×10^3\,\mathrm{min}^{-1}$（20℃），$2.68×10^3\,\mathrm{min}^{-1}$（30℃），$6.04×10^3\,\mathrm{min}^{-1}$（40℃），$22.0×10^3\,\mathrm{min}^{-1}$（50℃）。并由 Arrhenius 公式求得表观活化能 $E = 82.2\,\mathrm{kJ/mol}$，频率因子 $A = 35.5\,\mathrm{min}^{-1}$，高于钼系催化剂（71.6kJ/mol）[110]。由于表观活化能较高，有利于在高温下反应。

5. 铁系胶的物理机械性能[130,131]

铁系胶有良好的混炼行为，吃炭黑快，无脱辊现象，混炼胶表面较光滑平整。铁系胶的焦烧时间和正硫化时间比溶聚丁苯橡胶短，故硫化速度稍快，最小转矩和最大转矩都高于溶聚丁苯。铁系胶与溶聚丁苯橡胶的一些物理性能对比见表 8-39。

表 8-39　铁系 HV-BR 硫化胶性能与 S-SBR 的比较

项　目	HV-BR	SL553K	VSL5525
1,2 结构含量/%	81.4	39.0	39.0
苯乙烯含量/%	0	24	24
T_g/℃	−29	−50	−11
生胶门尼黏度	81.5	70.4	51.6
混炼胶门尼黏度	66.4	120.1	67.3
300% 定伸应力/MPa	14.7	8.82	8.66
拉伸强度/MPa	19.7	18.26	17.45
伸长率/%	376	466	555
永久变形/%	11.2	15.6	22.4

续表

项　　目	HV-BR	SL553K	VSL5525
邵尔 A 硬度	61.0	68.0	66
撕裂强度/(kN/m)	38.5	39.2	35.8
磨耗/(cm³/1.6m)	0.35	0.34	0.36
密度/(g/cm³)	1.126	1.139	1.168
压缩永久变形/%	1.4	2.3	3.6
生热/℃	28	76	46
湿滑指数/%	151.7	115.5	146.6
干滑指数/%	158.3	136.2	188.0
tanδ(0℃期望值高)	0.234	0.142	0.480
tanδ(40℃期望值低)	0.114	0.152	0.209

注：SL553K(未充油)和 VSL5525(充 37.5 份油)为日本 JSR 公司 S-SBR。

HV-BR 的混炼胶门尼黏度低于生胶，表明在混炼过程中有降解行为(与 NR 相似)。定伸应力、拉伸强度优于 S-SBR，拉伸永久变形和压缩永久变形也优于 S-SBR。其他物理性能好于或相当于 S-SBR。在动态性能和生热行为方面，HV-BR 的生热远低于 S-SBR，表明滚动阻力低。抗湿滑性优于 S-SBR 而与充油 S-SBR 相当。

6. 铁系催化剂合成的高乙烯基聚丁二烯微观结构特点

铁系催化剂为三元体系，主催化剂为普通的羧酸铁盐，原料来源方便价廉、易于合成。另两组分也是市场易购的常用试剂，较钼系催化剂多了一个组分，但钼系的二个组分均需用专有技术特殊合成，同时需要外加分子量调节剂，铁系催化剂的成本应低于钼系催化剂。铁系催化剂合成的 HV-BR 在微观结构上与钼系 HV-BR 有较大差异，反映在红外谱图上出现较强的 721cm⁻¹ 谱峰(图 8-64)，而钼系 HV-BR(图 8-65)及锂系 HV-BR 均无此峰。两种胶的红外光谱图中均无 738 cm⁻¹ 吸收谱峰，仅有 1,2 及反式 1,4 链节结构，按 911cm⁻¹ 和 967cm⁻¹ 两特征峰求得铁系 HV-BR 含有 82.3%1,2 结构和 17.7%反式 1,4 结构，钼系 HV-BR 含有 87.3%的 1,2 结构和 12.7%的反式 1,4 结构。若 721cm⁻¹ 谱峰看成顺式 1,4 结构，则铁系催化剂合成的 V-BR，其 1,2 结构含量低于 60%。文献曾将 721cm⁻¹ 谱峰归属为 ╉CH₂╂₄峰，是聚乙烯的特征峰，但丁二烯的 1,4 加成或 1,2 加成均不会生成╉CH₂╂₄分子链，除铁催化剂外其他催化剂合成的聚丁二烯均未见到有 721cm⁻¹ 谱峰红外谱图。¹H-NMR 谱图也同样出现一些未知峰(图 8-66)，与钼系聚合物不同(图 8-67)，用来计算 1,2 结构含量的化学位移 1,2 处的谱峰出现多个谱峰，同时化学位移在 2.8 和 6.2 处，又出现新的未知谱峰，因此按氢谱计算铁系 1,2 结构含量低于钼系胶。¹H-NMR 谱也表明两种胶有不同的碳链结构。比较铁系胶(图 8-68)和钼系胶(图 8-69)的 ¹³C-NMR 谱图，铁系胶出现了较多的未知谱峰和甲基峰(13)。在烯烃谱中，除反映主链顺反结构的双键峰外，化学位移在 118 到 126 处又出现三组烯碳未知峰，这在钼、锂系 HV-BR 胶中的 ¹³C-NMR 谱图从未出现过。从 ¹³C-NMR 谱的—CH=CH₂与乙烯基碳谱的比较(图 8-70)可知，1,2 结构中铁系胶间同和无规立构含量较高而全同含量很少，而钼系胶是全同与无规含量较高，而间同含量相对较少。由此可推知铁系与钼系是两类不同的乙烯基聚丁二烯橡胶。由于铁系胶间同含量较高，可能有较好的力学性能。

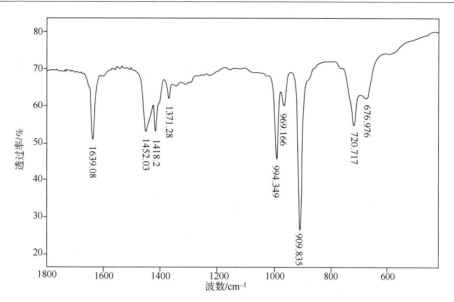

图 8-64　铁系 HV-BR 红外谱图

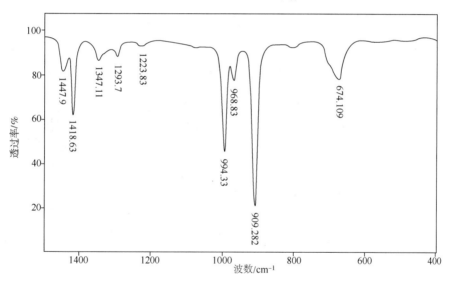

图 8-65　钼系 HV-BR 红外谱图

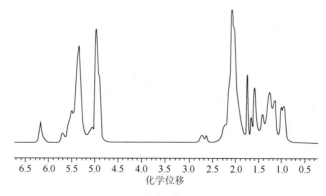

图 8-66　铁系胶 ^{1}H-NMR 谱图

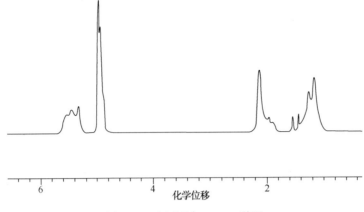

图 8-67　钼系胶¹H-NMR 谱图

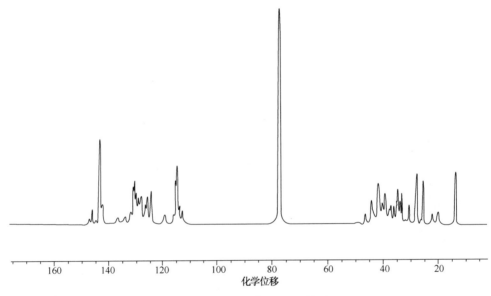

图 8-68　铁系胶¹³C-NMR 谱图

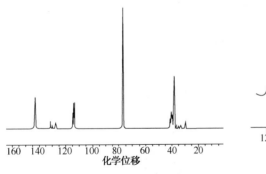

图 8-69　钼系胶¹³C-NMR 谱图

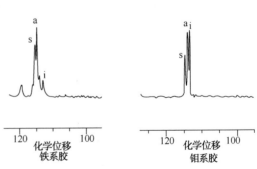

图 8-70　乙烯基碳谱的比较

全同(i 峰)：113.5

无规(a 峰)：114.2

间同(s 峰)：114.7

7. 铁系 HV-BR 链结构分析

从红外光谱、^{1}H-NMR 及 ^{13}C-NMR 对铁和钼系催化剂合成的 HV-BR 样品的测试谱图，可以证明两种高乙烯基胶有不同的链结构。铁系 HV-BR 的测试谱图较钼系 HV-BR 出现一些未知新峰。如红外谱图在 721cm^{-1} 波数处有较强的吸收峰，若将此峰看成顺式 1,4 结构峰的位移，计算的微观结构数值（1,2 结构，42.5%；1,4 结构，57.5%）与 ^{1}H-NMR 计算值（1,2 结构，67%；1,4 结构，33%）相差较大。另外还有明显的甲基峰（1372cm^{-1}）。在 ^{1}H-NMR、^{13}C-NMR 谱图上均出现一些新的未知峰，表明铁系 HV-BR 和钼系 HV-BR 是两种有不同分子结构的高乙烯基聚丁二烯橡胶。

龚狄荣等[132]用红外、核磁等分析手段，对铁系 HV-BR 的链结构进行了初步分析和推测。首先对铁系 HV-BR 的加氢样品，应用无畸变极化转移增强技术（DEPT），用 ^{13}C-NMR 测得了 CH$_n$ 彼此分离的偶合谱图（图 8-71）。其中 DEPT90° 谱图为 CH 吸收谱峰，不出现 CH$_2$、CH$_3$ 谱峰。DEPT135° 谱图为 CH、CH$_2$ 和 CH$_3$ 三种碳的吸收峰，但 CH$_2$ 谱峰的相位反转，而 CH、CH$_3$ 谱峰相位不变。用 DEPT 技术由碳谱便可求得样品中的伯碳 CH$_3$、仲碳 CH$_2$ 和叔碳 CH 的含量分别为 12.5%、75% 和 12.5%。而伯碳与叔碳含量相同，表明样品的分子链存在一定量的支化结构，无环状结构。仲碳含量为 35%，刚好是丁二烯单体按 1,4 与 1,2 的等量加成的线型聚合链加氢后的质量分数。

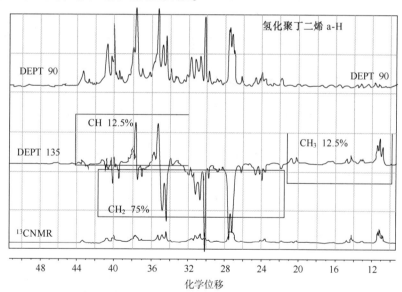

图 8-71　铁系 HV-BR 氢化样品的 ^{13}C-NMR 谱图

用 ^{1}H-NMR 对样品测得 ^{1}H-^{1}H-NMR 联谱图见图 8-72。

初步推测，氢谱中的几个未知峰，可能来自—CH$_2$CH$_3$ 及—CH(CH$_3$)—结构中的甲基氢和—CH=CH—CH=CH$_2$ 共轭链内侧氢。由 ^{1}H-^{13}C-NMR 联谱图（图 8-73）初步确定 ^{1}H-NMR 谱图中化学位移 1.0 处吸收峰为—CH$_2$CH$_3$ 中甲基氢吸收峰，1.5~1.6 处的谱峰则为 =CH—CH(CH$_3$)—中的甲基氢吸收峰，2.8 处的谱峰则为 =CHCH(CH$_3$)CH= 和 =CH—CH$_2$—CH= 结构中的叔碳和仲碳氢吸收峰，6.2 处的谱峰则为—CH=CH—CH=CH$_2$ 共轭双键内侧叔碳氢吸收峰。

由于铁系 HV-BR 样品，可能存在着较为复杂的不同结构的支化链，并影响其他正常结构单元的峰位，使得碳谱变得复杂。新出现的吸收峰与原有的吸收峰发生重叠，使得核磁谱图中仍有很多小峰无法作出准确的归宿。因此，目前对铁系 HV-BR 还很难得到确切的链结构，有待于进一步研究确定。

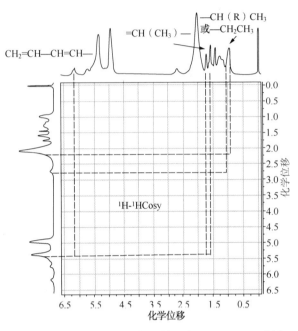

图 8-72　铁系 HV-BR 样品的^{1}H-^{1}H-NMR Cosy 谱图

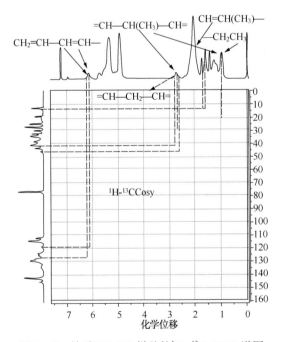

图 8-73　铁系 HV-BR 样品的^{1}H-^{13}C-NMR 谱图

8.5 间同1,2-聚丁二烯热塑弹性体

间同立构1,2-聚丁二烯是由Natta首先发现的,并用不同的Ziegler-Natta催化剂制得了这类聚合物。20世纪60年代,曾相继发现了许多Ziegler-Natta催化剂可以制得间同1,2-聚丁二烯[133],但除钴催化剂外。大部分催化剂制得的间同立构体都是结晶度较高,凝胶含量大,分子量低([η]<1dL/g)。加之当时立构1,2-聚丁二烯与顺式1,4-聚丁二烯相比,在工业上的意义不那么重要,人们也未能对其最佳的制备条件进行研究,对聚合速度或分子量的控制也知之甚少。直到20世纪70年代,受两次石油危机的影响,人们对1,2-结构聚丁二烯的研究产生了兴趣。在研究开发锂系催化剂生产中乙烯基聚丁二烯新型通用橡胶的同时,也对间同1,2-聚丁二烯的合成催化剂及应用开展了深入的研究开发。研究发现,间同1,2-聚丁二烯随着结晶度的变化呈现橡胶、热塑弹性体、热塑性树脂三种形态。大致分类如图8-74所示。随着结晶度的增加,熔融温度和流淌温度均升高,当结晶度达到40%以上时,特别是熔融温度超过150℃以上时,由于成型加工温度要比熔点高出30~50℃,很难不发生热老化,增加了加工的困难。虽然高结晶间同1,2-PBD的熔点过高应用受到限制,但对高结晶度间同1,2-PBD的研究并未停止。目前已研发出多种合成高间同1,2-PBD催化剂(表8-40)。日本合成橡胶公司对低结晶的间同1,2-聚丁二烯进行了多年的研发,开发成功某些性能优于SBS的新型热塑弹性体-聚丁二烯热塑弹性体-JSR RB系列产品[164]。日本宇部公司研发的高结晶间同1,2-PBD,研发成功聚丁二烯纤维和碳纤维,成为橡胶新型补强材料。自2003年起,中科院长春应化所、锦州石化公司研究院、独山子石化公司先后开展了铁系催化剂合成聚丁二烯热塑弹性体的研发工作。

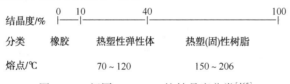

图8-74 间同1,2-PBD按结晶度分类[165]

表8-40 合成1,2-聚丁二烯的催化体系

催 化 体 系	1,2结构	文献
$Ti(OR)_4-AlR_3$	100~90	[134]
$Ti(NEt)_4-AlR_3$	85	[135]
$Ti(NEt)_4-AlHCl_2 \cdot NMe_2$	81~84	[135]
$Ti(C_4H_7)_3$	83(100)	[136]
$V(acac)_3-AlEt_3$	75~80	[137]
$Cr(acac)_3-AlEt_3$	70	[138]
$Cr(C_6H_5CN)_3-AlEt_3$	70~80	[139]
$Cr(C_4H_7)_3$	81~90	[140]
$Cr(C_4H_7)_3-CrCl_3$	75	[141]
$CoCl_2 \cdot 2Py-AlR_3$	>98	[142]、[143]
$Co(SCN)_2(Ph_3P)_2-(Et_2Al)_2SO_4$	95	[144]

催化体系	1,2 结构	文献
Co(acac)$_3$-AlEt$_3$-胺	98	[143]、[145]
Nb(C$_4$H$_7$)$_3$	>97	[146]、[147]
Nb(C$_4$H$_7$)$_3$	100	[148]
[Mo(C$_4$H$_7$)$_2$]$_2$-MoCl$_5$	81	[145]
Pd(NH$_4$)$_2$Cl$_4$	98	[149]
PdBr$_2$	91	[150]
Cr(Oct)$_3$-AlR$_3$-OHP(OCH$_3$)OCH$_2$C(CH$_3$)$_3$	92.7	[151]
Cr(2-EHA)$_3$-AlH(iBu)$_2$-HP(O)[OCH$_2$CH(Et)(CH$_2$)$_3$CH$_3$]$_2$	81.1	[152]
Cr(2-EHA)$_3$-MgBu$_2$-亚磷酸环酯	80.1	[153]
Mo(2-EHA)-AlR$_3$-HP(O)[OCH$_2$CH(Et)(CH$_2$)$_3$CH$_3$]$_2$	87	[154]
Mo(2-EHA)-AlH(iBu)$_2$-HP(O)(OSiMe$_3$)$_2$	89.4	[155]
FeCl$_3$-AlEt$_3$-TCNE		[156]
FeOct-AlEt$_3$-AlEt$_2$CN		[156]
Fe(acac)$_3$-Al(iBu)$_3$-亚磷酸环酯	84.7	[157]
Fe(2-EHA)$_3$-异丁基铝氧烷-P(O)[OCH$_2$CH(Et)(CH$_2$)$_3$CH$_3$]$_2$	89	[158]
Fe(acac)$_3$-MgBu$_2$-亚磷酸环辛酯	80.3	[159]
Fe(2-EHA)$_2$-MgBu$_2$-HP(O)(OSiMe$_3$)$_2$	81.1	[160]
Fe(2-EHA)$_3$-Al(iBu)$_3$-亚磷酸异辛酯	90.5	[161]
Fe(2-EHA)$_2$-Al(nBu)$_3$-CH$_3$C(O)P(O)(OEt)$_2$	85.2	[162]
CoCl$_2$-2(MePh)$_3$P-甲基铝氧烷	93.0	[163]

8.5.1　低结晶度间同 1,2-聚丁二烯(LC-1,2-SPB)的合成及结构特征

1. 钴系低结晶度间同 1,2-聚丁二烯

日本合成橡胶公司自 1966 年起,经多年的研究发现[166],钴卤化物与 PEt$_3$、PPh$_3$、P(MePh)$_3$ 等有机膦化物形成的配合物同烷基铝组成的新催化体系:

$$CoX_2 \cdot L_2 - AlR_3 - H_2O$$

以卤代烷烃(CH$_2$Cl$_2$)为溶剂,H$_2$O/Al 摩尔比在 0.5~1.5 之间,可制得低结晶度的高间同 1,2-聚丁二烯。H$_2$O 是重要的组分,无水则无活性。H$_2$O/Al 摩尔比为 1 时有最高活性,1,2 结构含量、分子量有最大值。

日本合成橡胶公司经过近七年的时间,在基础、加工、应用及市场等多方面的研究开发,申请了有关合成、加工及应用等方面的专利 107 篇。在世界上首先研制成功 1,2 聚丁二烯热塑弹性体,并解决了工业生产问题,于 1974 年,建成年生产能力为 10kt 生产装置。生产商品名为 JSR RB805、JSR RB810、JSR RB820、JSR RB830 及 JSR RB840 五个牌号[164,167]。由于熔融温度较低(80~120℃),可用通常塑料加工机械生产制品。

20 世纪 90 年代初,JSR 公司又研制成功在碳氢溶剂,如甲苯、己烷、环己烷中也有高活性的五元催化体系[168]:

$$Co(Oct)_2 - AlR_3 - H_2O - BX_3OR_2 - P(PhR)_3$$

可制得乙烯基含量在 70% 以上的间同 1,2-PBD,其熔融温度 40~150℃,是一种熔点可

调节控制的结晶性聚合物，数均分子量 5000~1000000，分子量分布指数为 1.5~5.0。解决了原催化剂只能在二氯甲烷等卤代烃溶剂中才有高活性，而且得到的聚合物的熔点、分子量又十分不理想的问题。

21 世纪初，又发现了由铝氧烷（MAO）与卤化钴膦配合物组成的新催化体系[163]：

$$CoCl_2 \cdot [P(PhR)_3]_2 \text{-MAO}$$

该催化体系可在碳氢溶剂或混合溶剂，如环己烷与庚烷的混合溶剂中制得性能更优良的 LC-PBD 热塑性弹性体，解决了二氯甲烷作溶剂使产品残留大量卤素，在高温加工成型时由于生成氯化氢造成对模具锈蚀、制品的热劣化的问题。保证了产品物理性能的稳定性。

钴催化剂制得的聚合物经红外光谱、核磁（^{13}C-NMR）共振谱测得的微观结构以及由 X 射线和密度梯度法测得的结晶度见表 8-41。该聚合物不含反式 1,4 链节，结晶度大于 18% 时，无全同异构体，间同构型随结晶度增加而提高。结晶是由呈放射状的小纤维构成的，并不是球晶结构。结晶度可由密度法测定，以 G. Natta 用 X 射线法解析求得的 0.963 作为 100% 结晶时的密度，以无规 1,2-PBD 的密度 0.889 作为结晶为零时的密度。

表 8-41　LC-1,2-SPB 的结晶度及微观结构

x/%	^{13}C-NMR			IR/%	
	全同	间同	无规	1,2 结构	顺式 1,4
0	36	23	41	82	18
18	0	51	49	90	10
25	0	66	74	92	8
32	0	77	23	89	3

结晶度（x）为 25% 样品的 DSC 曲线见图 8-75[169]。第一次升温曲线有两个吸收峰，吸收峰宽而平坦，也即有两个熔融温度，由降温曲线 II，可求得结晶温度。第二次升温曲线只有一个吸收峰，熔点为 90℃，玻璃化温度为 -24.7℃。

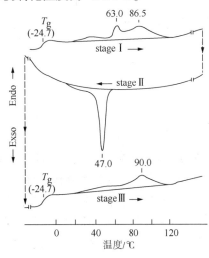

图 8-75　钴系 LC-SPB（x=25%）的 DSC 曲线

LC-1,2-SPB 的黏均分子量（M_V）按式（8-15）、式（8-16）求得：

$$[\eta] = 9.10 \times 10^{-5} \times M_n^{0.8}（甲苯，30℃）\tag{8-15}$$

$$[\eta] = 2.94 \times 10^{-4} \times M_w^{0.7}(\text{甲苯，30℃}) \tag{8-16}$$

由 Waters200 型 GPC 测得的分子量分布曲线呈单峰且较窄。分子量分布有关参数及其他一些特性归纳于表 8-42 中。

表 8-42　LC-1,2-SPB 的分子特性

项　目	RB820	RB810	无规 BR
结晶度/%	24.5	17.8	—
1,2 结构/%	94.5	90.8	82.0
$[\eta]$（甲苯，30℃）/(dL/g)	1.26	1.22	2.26
$M_n \times 10^{-4}$	7.1	7.1	23.9
$M_w \times 10^{-4}$	18.9	17.8	62.5
M_w/M_n	2.7	2.5	2.6
溶解度参数 $\delta_P(\text{cal/mL})^{1/2}$	8.4~8.5	8.4~8.5	8.4~8.5
溶剂-高分子的相互作用系数			
μ（37℃，甲苯）-渗透压法	0.3577	0.3587	0.4254
μ（30℃，环己烷）-光散射法	0.4264	0.4199	0.4618
玻璃化转变温度 T_g/℃	−25	−30	−38
熔点 T_m/℃	80	75	—
熔体流动速率（150℃，2160g）/(g/10min)	2.7	2.8	—
密度/(g/cm³)	0.907	—	0.889
导热率（cal/cm·℃）	4.4×10^{-4}	4.2×10^{-4}	—

注：1cal = 4.1868J。

2. 铁系低结晶间同 1,2-聚丁二烯的合成

20 世纪末，Steven Lu 等人先后发现 Cr、Mo、Fe 等金属化合物，用亚磷酸二烷基酯类化合物作第三组分组成的三元催化体系，可在脂肪烃溶剂中制得高分子量、无凝胶的高间同 1,2-聚丁二烯。其中 Cr(2-EHA)$_2$/HP(O)(OR)$_2$/AlH(iBu)$_2$ 催化体系可以制得熔融温度低于 120℃、间同度在 70% 左右、1,2-结构含量大于 80% 的间同 1,2-聚丁二烯[152]。Mo 与 Fe 等化合物组成的催化体系制得的间同 1,2-聚丁二烯都具有较高的结晶熔融温度[25~30]。中科院长春应化所在铁系 HV-BR 研发过程中，开发了亚磷酸酯作配体的铁系三元催化体系[170]：

$$\text{Fe}(\text{R}'\text{CO}_2)_3 - \text{HP}(\text{O})(\text{OR}^2)_2 - \text{AlR}_3^3$$

上式中的 R^1、R^2、R^3 是相同或不同的烷基。该三元催化体系在脂肪烃溶剂中，可制得间同度和结晶度不同的间同 1,2-PBD，并有较高的催化活性。

以异辛酸铁为主催化剂，亚磷酸二乙酯为配体，三烷基铝为助催化剂，可以制得熔融温度低于 150℃ 的间同 1,2-PBD。表 8-43 给出在不同配方及不同条件下制得样品，由示差扫描量热仪（DSC）测得的相关参数[171]。铁系催化剂制得的聚合物，熔融温度和结晶温度均略高于钴系 JSR RB 产品。铁系样品的 DSC 扫描曲线（图 8-76）与钴系 JSR RB 产品相近。在第一次升温曲线中出现防老剂 2、6、4 的熔融峰。T_m 为 126.4℃，降温求得聚合物的结晶温度 T_c，由第二次升温获得玻璃化转变温度 T_g 和熔融温度 T_m 及热熔 ΔH_m，从热熔值的大小可估测结晶度的高低。

表 8-43　铁系聚合物的 DSC 测试参数

样品号	转化率/%	T_g/℃	ΔC_p/(J/g·℃)	T_m/℃	ΔH_m/(J/g)	T_c/℃	ΔH_c/(J/g)
22	56	-10.9	0.373	118	12.8	97	-17.9
25	47	-5.3	0.495	122	18.4	113	-18.8
31	90	4.3	0.539	117	19.8	112	-17.3

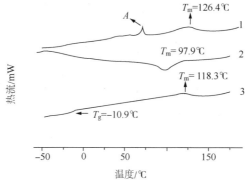

图 8-76　铁系间同 1,2-PBD 的 DSC 曲线

1—第一次升温曲线；2—降温曲线；3—第二次升温曲线；A 峰值为 70℃，为防老剂-264 的熔融峰

铁系样品经 400M 高温核磁测得 ^{1}H-NMR 谱图（图 8-77）和 ^{13}C-NMR 谱图（图 8-78）。由 ^{1}H-NMR 谱图求得样品 1,2 结构含量为 83.4%，1,4 结构含量为 16.6%。由 ^{13}C-NMR 谱图的化学位移 114.7 处的谱峰强度求得样品的间同度为 78.8%。

用 10L 釜制备的铁系样品，基本物理性能测试结果见表 8-44[172]。铁系聚合物的熔融温度高于钴系 RB 产品，但玻璃化转变温度较高；1,2 结构含量虽然低于钴系，但间同度较高。由此导致密度较大，物理机械性能、硬度均较高及熔体流动速率较低等特点。

表 8-44　铁系聚合物的基本物理性能与 JSR RB 产品的比较

样品号	T_m/℃	T_g/℃	1,2结构/%	间同度/%	密度/(g/cm³)	拉伸强度/MPa	300%定伸应力/MPa	伸长率/%	邵尔 A 硬度	熔体流动速率/(g/10min)
F11	125	-2	85	81	0.919	21	15	420	92	0.003
F9	126	-2	83	77	0.920	24	17	410	92	0.002
F10	127	-3	83	76	0.920	23	17	410	92	0.002
F8	128	-1	84	81	0.921	24	21	380	95	0.002
F7	130	0	85	82	0.921	25	21	380	96	0.002
RB830	90	-35	93	68	0.909	13	8	670	47(D)	0.30
RB840	11	-32	96		0.913	17	10	630	53(D)	0.30

8.5.2　LC-1,2-SPB 的基本化学性质

1. 化学反应性

如结构式（Ⅰ）所示，LC-1,2-SPB 的每个单元上的叔碳原子都相连一个氢原子和乙烯基，它们较易被热、光及其他能源活化，易于发生降解、交联、聚合以及与其他试剂进行反应。

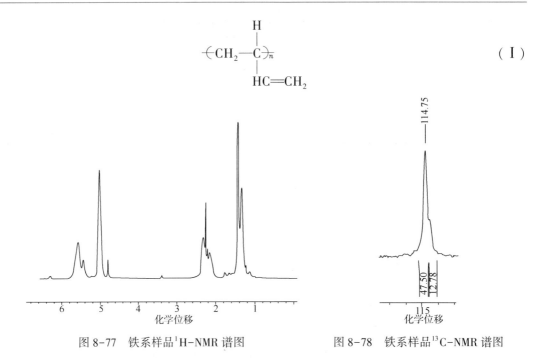

图 8-77　铁系样品 ^{1}H-NMR 谱图　　　图 8-78　铁系样品 ^{13}C-NMR 谱图

工业上常应用的一些化学反应：①叔碳脱氢反应；②双键聚合反应；③双键加成反应；④双键氧化断链反应；⑤交联反应。

其中，以交联反应在工业上最常用，交联方法也多种多样，包括用过氧化物、紫外线、加热以及硫黄硫化等。用硫黄硫化后，有优良的耐候性、耐臭氧性能。

1,2 链节有易于发生环化的特点，间同 1,2-PBD 尤为突出，在紫外线照射下能使链中出现双自由基并形成六元环：

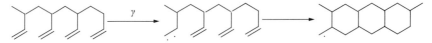

形成的环化聚合物易碎裂而化为粉尘。间同 1,2-PBD 是一种较好的光降解材料，使用寿命可由加入稳定剂调节控制。

2. 耐溶剂性

LC-1,2-SPB 的耐化学试剂性，因结晶度不同而有些不同。可溶于芳香烃、卤代烃，不溶于丙酮、甲醇(见表 8-45)。在盐酸、硫酸、氢氧化钠的稀溶液中稳定，但在高浓度下，会产生像硫酸那样促进硬化现象。

表 8-45　低结晶 1,2-PBD 的耐溶剂性能

溶　　剂	25℃	35℃	60℃
四氯化碳	VS	VS	VS
氯仿	VS	VS	—
二硫化碳	VS	VS	—
苯	VS	VS	VS
甲苯	VS	VS	VS

溶　剂	25℃	35℃	60℃
环己烷	S	VS	VS
正庚烷	△SS	△SS	—
氯苯	S	VS	VS
乙醚	△S	—	—
石油醚	△SS	△SS	—
异丙醚	△SS	△SS	—
甲乙酮	△1S	△1S	△SS
丙酮	1S	1S	—
正丁醇	1S	1S	1S
甲醇	1S	1S	1S

注: 符号说明: VS—易溶(不溶部分 1% 以下), S—溶解(不溶部分 10% ~ 60% 以下), SS—难溶(不溶部分 90% ~ 95%), 1S—不溶(不溶部分 99% 以上), △—溶胀。以上均为质量分数。

试验方法: 在 25℃ 下, 浸渍 24h, 静止 30min, 再摇荡 30min, 然后以 200 目金属网过滤, 测定不溶性部分的含量。

3. 无毒性[164,173]

日本 JSR 公司根据日本卫生部门有关规定, 对 1,2-PBD 进行相关的毒性试验。试验项目包括抽出试验、重金属分析、敏感毒性试验、溶血试验以及生育试验, 都达到了有关规定的要求。在老鼠的毒性试验中, 死亡数是 0, 充分证明 1,2-PBD 是无毒的。对进入市场的 LC-1,2-SPB 产品与食品卫生安全性的各种试验都有详细报道, 已取得德国 BGA(德意志贸易局)认可。因此 LC-1,2-SPB 完全可以用于食品包装材料、食品用器具(垫片、管)及医用器材等各种领域。

8.5.3 LC-1,2-SPB 的基本物理性能

日本 JSR 公司开发了熔融温度在 90 ~ 110℃ 之间的低结晶间同 1,2-PBD 系列商品(JSR RB)。这些商品的典型物理性能见表 8-46。由于结晶度不同, 在热性能、力学性能、耐磨性能等方面都有区别。但熔体流动速率、抗冲击性、透光性等则基本相同。

表 8-46　JSB RB 系列商品的典型加工性能[174]

项　目	RB805	RB810	RB820	RB830	RB840	测试方法
密度/(g/cm³)	0.899	0.901	0.906	0.909	0.913	密度-梯度管法
1,2 结构/%	90	90	92	93	96	红外光谱
Vicat 软化温度/℃	36	39	52	68	90	ASTM D1514
熔点 T_m(20℃/min)/℃	70	75	80	90	110	DSC 法
玻璃化转变温度 T_g/℃	-42	-40	-37	-35	-32	JIS K6301
拉伸强度/MPa	5	6	10	13	17	JIS K6301
300% 定伸强度/MPa	3	4	6	8	10	JIS K6301
伸长率/%	780	750	700	670	630	JIS K6301
硬度　JISA	69	79	91	95	98	JIS K6301
邵尔 D	19	32	40	47	53	ASTM D1706
抗撕裂强度(B 型)/(kN/m)	26	39	58	76	93	JIS K6301

续表

项　　目	RB805	RB810	RB820	RB830	RB840	测试方法
回弹性/%	56	52	48	45	42	JIS K6301
永久变形/%	22	32	72	80	107	JIS K6301
压缩永久变形(30℃×22h)/%	35	34	39	39	41	JIS K6301
弯曲弹性率/MPa	10	20	49	78	118	ASTM D790
威廉氏磨损/(cm³/kW·h)	980	370	190	110	80	ASTM D394
成型收缩率/%	2.3~3.3	0.7~0.9	0.3~0.5	0.3~0.6	0.4~0.6	JSR 法
熔体流动速率/(g/10min)(150℃/2160g)	3	3	3	3	3	ASTM D1238
Izod 缺口冲击强度(室温)	未断裂	未断裂	未断裂	未断裂	未断裂	ASTM D256B
平行光透过率/%	—	91	91	91	—	JISK6714

1. 拉伸性能

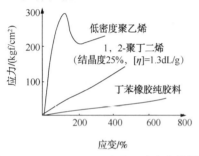

图 8-79　LC-1,2-SPB 应力—应变曲线[164]

LC-1,2-SPB 的典型应力-应变曲线，介于低密度聚乙烯(LDPE)和丁苯橡胶(SBR)之间(图 8-79)。JSR RB 商品是一种兼塑料和橡胶性能的新型热塑弹性体。

2. 动态弹性模量

JSR RB 商品的动态弹性模量和温度之间的关系见图 8-80，JSR RB 的弹性模量与 EVA 相近而小于 LDPE，但脆性温度较 EVA、LDPE 低，使得 JSR RB 的弹性模量在低温时高于 EVA、LDPE。

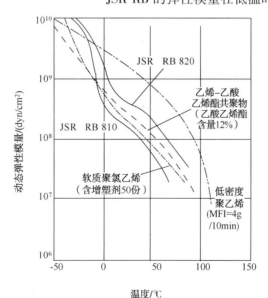

图 8-80　JSR RB 的弹性模量与温度的关系

(1dyn/cm² = 0.1Pa)

3. 流变性能

JSR RB 商品的流变行为曲线见图 8-81 和图 8-82。JSR RB 的黏度(η)和剪切速率(γ)的关系曲线(图 8-81)和 LDPE 曲线很相近；剪切应力(τ)和剪切速率(γ)关系曲线(图 8-82)亦与 LDPE 相似。由于 JSR RB 的熔融指数(~3)略大于 LPDE(~1)，可将 JSR RB 看作高流动树脂，JSR RB 与 LPDE 有几乎相同的加工工艺条件，也可用相同的加工设备。但要注意 JSR-RB 的热不稳定性，为防止发生交联，加工温度应控制在 140℃以下，不能超过 150℃。

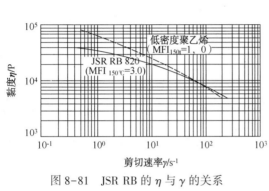

图 8-81　JSR RB 的 η 与 γ 的关系

（1P = 10^{-1}Pa·s）

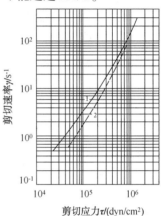

图 8-82　JSR RB 的 γ 与 τ 的关系

（1dyn/cm^2 = 0.1Pa）

4. 温度对流变性能的影响

剪切应力为 10^6dny/cm^2，JSR RB 的流动性与温度的关系见图 8-83，JSR RB 的流动性随温度的变化比 LDPE(MFI$_{150℃}$ = 1g/10min)小。在低于 130℃时，流动性的变化是相近的，而温度升高，LDPE 更易流动。

8.5.4　JSR RB 系列商品的加工及成型制品的特性[174]

1. 加工性能

JSR RB 是一类新型热塑弹性体，由于熔点低，可采用普通树脂的加工设备进行注压或压出成型。JSR RB 由于吸水率低，同 PE、PP 一样，加工前不需预干燥处理。注压成型时，可在汽缸温度低于 170℃下、金属模温度 10~30℃条件下成型。压出成型时，把模型出口处的树脂温度确定为 140~160℃。由于 JSR RB 遇光、热等易于活化交联，加工温度不能超过 170℃，否则易发生凝胶化。

由于冷却速度影响制品的透明度，若制作高透明度的成品，同样对熔融的 JSR RB 须采用骤冷的方法。

制备有色制品，可采用有机或无机颜料任意着色，可用 0.5 份 DOP 增塑剂，使颜色预先分散在增塑剂中，可改善颜料的分散性。若采用丙烯酸类涂料着色，可直接喷涂，无须底涂。

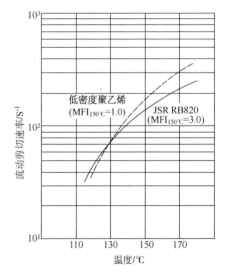

图 8-83　JSR RB 的流动性与温度关系

2. 成型制品的特点

① 物理性能：JSR RB 是一类具有一定橡胶性质的热塑性弹性体，又同 PE、PP 一样具有延伸效果，可以制作薄膜。JSR RB 与 EVA 有相同的弹性率，但比 LDPE 小，而在低温条件下，由于 RB 玻璃化转变温度较低，则弹性率又高于上述树脂。

② 耐热性能：耐热性能是由 Vicat 软化温度表示，JSR RB 有不同的软化温度系列牌号，RB820 与 EVA、RB840 与 LDPE 大体相同，但 RB820 的 $T_g = -37℃$，要比软质的 PVC、LDPE 低，使用时需选择合适温度的 RB 产品。

③ 电性能：JSR RB 的介质损耗因素比聚乙烯大，其他电特性相当，可以用于击穿电压要求不高的用途方面。绝缘性比软质聚氯乙烯优良，见表 8-47。

表 8-47　JSR RB 的电性能

性　能	JSR RB820	软质 PVC	PE	测试方法
体积电阻(20℃)/Ω·cm	$2×10^{17}$	$10^{11} \sim 10^{14}$	$>10^{16}$	JIS K6911
绝缘破坏强度(25℃)/(kV/mm)	46	$10 \sim 30$	$18 \sim 28$	JIS C2111
介电常数(ε)(20℃)				
60Hz	2.6	$5.0 \sim 9.0$	$2.2 \sim 2.4$	JISK6911
10^6Hz	2.6	$3.3 \sim 4.5$	$2.2 \sim 2.4$	
电介质正切(tanδ)(20℃)				
60Hz($×10^{-3}$)	2.5	$80 \sim 150$	<0.5	
10^6Hz($×10^{-3}$)	4.5	$40 \sim 140$		

8.5.5　LC-1,2-SPB 的应用[165]

日本 JSR 公司开发的 LC-1,2-SPB JSR RB 系列产品，具有热可塑性，可以应用于热塑性树脂各个领域。由于具有化学反应性能，可以用于交联的热塑性弹性体各个领域，其用途十分广泛，典型用途及其特点见表 8-48。

表 8-48　低结晶度 1,2-PBD 的典型用途

分类		用　途	特　点
用作热塑性树脂	薄膜	延伸薄膜 层压薄膜 收缩性薄膜	食品应用中具有安全性、透明性、自黏性、柔软性、低温收缩性、刺破强度、低温热封性、气体透过性
	各种鞋底	用注压成型法制成大底、中底等	质轻而硬，有橡胶感，无松弛现象，挺性好，模型花纹的复现性好，可以涂装和黏合，不易被切割
	管材	食品输送管	卫生安全，透明，柔软
	其他	医用导管 吹塑成型品 注压成型品 树脂改性材料	柔软，可安全用于食品方面

续表

分　类		用　途	特　点
用作橡胶	各种海绵制品	微空海绵 硬质海绵 软质海绵 半硬质海绵 绉胶样海绵	一段硫化，硫化条件范围宽，可高填充，弹性、挺性好，无松弛现象，耐候、耐臭氧、耐热、抗撕裂，易涂装和黏合，耐蠕变、耐磨耗
	各种高硬度	鞋类	伸长率、拉伸强度大，硬度高，挺性好
	橡胶制品	工业制品 实芯轮胎	滚动性、硫化性能、耐候性、耐臭氧性、耐热性、耐蠕变性、耐磨性等均佳
	注压硫化品	护眩支承 杂品 鞋类 实芯轮胎 工业制品 手套	流动性、可注压性、可硫化性、耐候性、耐臭氧性、耐热性、耐蠕变性、耐磨性、挺性好，可用塑料注压机成型
	各种橡胶改性	各种橡胶制品	生胶强度、流动性、可压出性、可注压性、耐候、耐臭氧、耐热、挺性好
	其他	透明硫化胶制品	透明性、对食品安全性、耐候性、耐热性
其他用途	胶黏剂(热熔性)	各种织物，无纺织物、纸、皮革、木版等的黏合	熔点低，流动性好
	反应助剂	聚烯烃交联助剂	提高交联速度，降低交联剂用量
	感光材料	印刷材料 涂料 刻蚀保护剂	感光性(光交联)，流动性，溶液黏度低
	热固性树脂制品	绝缘材料	耐化学药品等，耐热、电性能好
	其他	纤维，复合树脂改性，光降解型高分子材料	

1. LC-1,2-SPB 作为热塑性树脂的应用

LC-1,2-SPB 是制作高抗冲性薄膜、收缩薄膜、层压薄膜的理想材料。制造薄膜是热塑性能应用的代表实列。LC-1,2-SPB 薄膜有如下特点：

①好的透明性；②高的透气性；③好的伸长率和强度；④高的抗撕裂强度；⑤好的柔韧性和柔软性(曲挠性)；⑥高的摩擦系数；⑦低的热封温度和高的焊接效率。

LC-1,2-SPB 薄膜与市售软质膜的比较见表 8-49。

表 8-49　LC-1,2-SPB 薄膜与其他商品薄膜物理性能比较

项　目		JSR RB		LDPE	EVA	软 PVC	实验方法
		挤出型	吹塑型				
密度/(g/cm³)		0.91	0.91	0.92	0.93	1.26	
薄膜厚度/μm		50	50	53	47	47	
拉伸强度/MPa	纵向	17.7	19.6	16.7	17.2	24.5	JIS 21702
	横向	16.7	19.6	13.7	17.7	24.5	

续表

项 目		JSR RB		LDPE	EVA	软PVC	实验方法
		挤出型	吹塑型				
扯断伸长率/%	纵向		500	290	400	240	
	横向	710	570	410	560	240	
撕裂强度/(kN/m)	纵向	95	77	13	15	57	
	横向	147	75	32	19	66	
摩擦角/度		>70	>70	10	45	>70	
透光率/%		91	91	80	88	91	ASTM D100
浊度/%		1.0	1.0	14	6	1	
气体透过率/($cm^3 \cdot 0.1mm/ m^2 \cdot 24h \cdot atm$)	CO_2	31000	28000	7900	1400	3000	ASTM D1434
	O_2	7100	6000	1500	1800	9300	
	EO	320000	—	20900	—	—	
透湿性/($g \cdot 0.1mm/m^2 \cdot 24h$)		110	98	25	45	100	JIS 20208
光泽/%		—	130	15	70	130	JIS 28741
最佳热封温度/℃($2kg/cm^2 \cdot 2s$)		75~80	75~80	100	80~85	85~90	

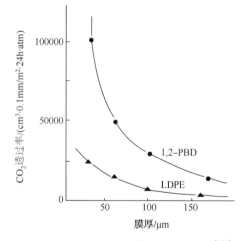

图8-84 膜的厚度对气体透过性的影响[170]

膜的透气性能与厚度有关(图8-84),到几百微米厚时,透气性能接近LDPE膜。LC-1,2-SPB膜有良好透气性,可能与CO_2、O_2、ED气体在膜表面有好的溶解性能有关。

(1)食品、医药及工业用薄膜

LC-1,2-SPB无毒,可安全地用做食品包装材料、餐具配件(垫圈、软管)、医药包装和医疗机械等。LC-1,2-SPB膜由于有好的透气性、伸缩性和自黏性,非常适合于食品包装材料,可对新鲜蔬菜、水果和其他食品采取卷缠等形式包装。食品包装用拉伸薄膜的典型性能见表8-50。从表中可见LC-1,2-SPB膜的强度、伸长率、透气性能均好于聚氯乙烯膜。LC-1,2-SPB可替代PVC用于医用薄膜和软管,由于自身的固有柔软性不需另加增塑剂。高的气体渗透性有利于用环氧乙烷快速杀菌消毒。

LC-1,2-SPB可采用吹塑成型。LC-1,2-SPB易在橡胶混炼温度下熔融且有效地利用硫黄硫化。故可用作炭黑、橡胶配合剂、液体橡胶等熔融包装袋。在橡胶混炼时,炭黑及配合剂可不开袋直接投入密炼机或捏合机中,可防止炭黑及助剂飞扬、损失,并保护了环境[175]。也可用于背衬薄膜,而不需用黏合剂[176]。

双轴向延伸薄膜具有高温收缩性,故适宜作生肉之类在高温下容易变质食品的收缩性包装膜[177]。

表 8-50　LC-1,2-SPB 延伸薄膜的典型性能[165]

项　目		JSR RB820	JSR RB830	PVC 延伸膜	方　法
薄膜厚度/μm		18	19	18	
密度/(g/cm³)		0.91	0.91	1.23~1.31	
100%拉伸强度/MPa	纵向	8.9	9.6	17.1~25.5	JIS 21702
	横向	6.1	8.2	8.6~12.6	
拉伸强度/MPa	纵向	22.6	25.0	23.8~32.0	JIS 21702
	横向	27.0	23.5	17.7~21.9	
扯断伸长率/%	纵向	400	390	154~200	JIS 21702
	横向	390	350	241~317	
透湿度/(g·0.1mm/m²·24h)		96	—	79~129	JIS 20208
气体透过率/(cm³·0.1mm/m²·24h·atm)	CO_2	$4.4×10^4$	$3.8×10^4$	$(1.4~2.4)×10^4$	ASTM D1434
	O_2	$6.9×10^4$	$5.1×10^4$	$(1.9~3.6)×10^4$	
平行光透过率/%		92	92	89~91	JIS 26714
浊度值/%		1.0	1.0	0.3~2.8	JIS 26714
光泽度/%		130	130	118~150	

（2）LC-1,2-SPB 用于聚丙烯改性膜[178]

由于 LC-1,2-SPB 与其他聚烯烃和弹性体有很高的相容性，在聚丙烯中加入 10%~15% 的 LC-1,2-SPB，可明显增加膜的撕裂强度。而且不破坏透明性，完全可以同高价双向拉伸 PP 膜竞争。

把 LC-1,2-SPB 层压在聚丙烯膜上而形成的 OFP 薄膜，充分利用了 LC-1,2-SPB 热封温度低和透明的特点，是受市场欢迎的新型薄膜。

（3）LC-1,2-SPB 光降解膜[164]

间同-1,2-PBD 的模塑制品，在波长大于 350μm 光照或在普通照明灯光下是稳定的。但暴露在太阳光下尤其在炎热的夏季，间同 1,2-PBD 的模塑制品（包括薄膜制品）由于紫外线的辐照作用而变质、硬化而易于破碎，利用此性质可制成光降解的农田用覆盖膜。LC-1,2-SPB 光降解膜与其他光降解膜相比有如下特点：

① LC-1,2-SPB 膜光降解后，呈破碎的片状而不是粉末，不会对环境出现二次污染。

② 光降解后的碎片混进入土壤中，可改进土壤的排水和透气性，不仅对植物不会产生有害的影响，反而能加速植物的生长。

③ 土壤中的大量细菌不能分解 LC-1,2-SPB 膜碎片，自然不会产生更大污染的危险性。

④ LC-1,2-SPB 光降解膜的使用寿命，可通过加入各种稳定剂进行调节控制（图 8-85）。

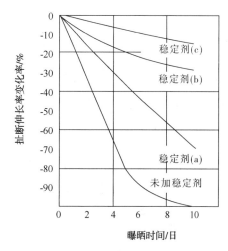

图 8-85　稳定剂对 LC-1,2-SPB 膜使用寿命影响

2. LC-1,2-SPB 作为热塑性弹性体的应用

LC-1,2-SPB 作为热塑性弹性体已在鞋底
材料方面获得大量应用。在制造整体鞋底方面,已被公认为是一种包括成本在内的各种性能
都达到均衡的原材料(表 8-51)。

表 8-51　JSR RB、EVA 和 SB-TPE 作为鞋底材料的比较[1]

性　能	JSR RB	EVA	SB-TPE
轻盈	○	△	×
类橡胶性	△	×	○
硬度	△	○	×
伸长永久变形	△	×	○
压缩永久变形	○	×	×
抗撕性	○	○	×
耐屈挠性	○	×	△
耐候性	△	○	×
耐臭氧性	○	○	×
耐磨耗性	○	○	△
耐油性	○	○	×
流动性	○	○	×

①以 EVA 为标准对比。○—良好,△—普通,×—有问题。

表 8-52 给出 LC-1,2-SPB 热塑弹性体与 EVA 和 SB 热塑弹性体的性能比较。LC-1,2-
SPB 有异常好的耐磨和屈挠性能。

表 8-52　LC-1,2-SPB、(JSR RB)与 EVA 和 SB-TPE 性能比较

项　目	JSR RB	EVA	SB-TPE
密度/(g/cm³)	0.91	0.94	0.96
100%定伸强度/MPa	5.5	6.2	2.3
300%定伸强度/MPa	8.1	8.3	3.1
拉伸强度/MPa	11.2	13.3	15.3
伸长率/%	710	780	1030
硬度(JIS-A)	88	94	85
抗撕强度/(kN/m)	60	74	40
威廉姆磨耗/(cm³/kW·h)	29	42	115
阿克隆磨耗/(mm/1000 次)	0.040	0.027	0.064
罗斯屈挠(120000 次,裂口增长)	9.5mm	2200 次时断裂	68000 次时断裂
德里西亚屈挠(A-1,发生龟裂次数)/次	$1×10^5$	3000	15000
伸长永久变形(200%伸长)/%	57	156	19
压缩永久变形(30℃×22h)/%	37	51	60
耐油(ΔV)/%	3.7	3.8	35.5
2#油 40℃×22h(ΔW)/%	3.7	3.9	35.5

LC-1,2-SPB 在成型温度下,流动性好,可添加发泡剂,注压成型可制得性能良好的低

发泡鞋底。制得鞋底有重量轻的优点，且有一定的硬度和橡胶弹性，并无弹力减弱现象，缓冲性好，模型图案再现性好，涂饰黏接性好，不易破裂。

聚烯烃热塑弹性体(三元乙丙橡胶与聚丙烯并用)加入LC-1,2-SPB，可以获得加工性能良好、压出表面光滑的组成物。

利用LC-1,2-SPB的化学反应活性，通过它与其他橡胶并用，不仅能促进橡胶工业向节能、省力、降低成本以及工艺流程合理化的方向发展，而且有极大的可能用塑料工业所特有的注射成型法加工制造新型产品。

3. LC-1,2-SPB作为橡胶的应用[165]

LC-1,2-SPB能否作为橡胶应用，决定于它的硫黄交联反应性，即可硫化性。研究结果得知，LC-1,2-SPB的硫化交联反应活化能为103.8kJ/mol，在151~180℃时硫化温度系数为2.0。表明LC-1,2-SPB的硫化特性与普通橡胶相似。LC-1,2-SPB实际上是一种容易硫化的高硬度橡胶材料，同高苯乙烯橡胶(HSR)(现有高硬度橡胶材料)相比，LC-1,2-SPB在伸长、永久变形、耐屈挠、耐磨耗、耐候、耐臭氧、耐热老化和挺性、弹性等方面较为优良。填充剂对LC-1,2-SPB补强性能与通常橡胶差不多。只是随着HAF炭黑用量的增加，结晶度有降低的倾向，但玻璃化转变温度 T_g 却不受填料种类及用量(50份左右)影响。用于LC-1,2-SPB的典型的硫化系统及硫化胶性能见表8-53。

表8-53　LC-1,2-SPB的典型的硫化系统及硫化胶性能

编　　号	1	2	3
配合剂			
RB820[①]	100	100	100
ZnO	3	—	—
硬脂酸	1	1	1
促DM	1.5	—	—
促TT	0.55	—	—
S	1.6	1.5	0.04
TEPA[②]	—	1.5	—
MgO	—	—	0.6
ペーケミルD-40[③]	—	—	0.25
硫化物性能			
硫化时间	20	30	40
100%定伸强度/MPa	4.9	4.7	5.5
300%定伸强度/MPa	9.0	8.1	12.2
拉伸强度(TB)/MPa	13.8	13.5	15.6
扯断伸长率(EB)/%	390	400	350
硬度(JIS-A)(H_S)	81	82	85
压缩永久变形(C.S)/%　70℃×22h	59.2	62.3	71.2
伸长永久变形(P.S)/%　200%伸长	56	49	61
抗撕强度(T.R)/(kN/m)　室温	36	36	39

编　号		1	2	3
回弹率(R)/%	JIS	21	21	28
阿克隆磨耗/(mm/1000次)		0.18	0.25	0.07
罗斯屈挠/全裂次数		2.5×10⁴	2.5×10⁴	3.0×10⁴
100℃×48h 老化后				
拉伸强度变化/%		−16	−12	−14
伸长率变化/%		−15	−20	−10
硬度变化/度		+3	+3	+1

①RB820 结晶度=25%。

②TEPA：Tetrethylenepentamine。

③过氧化二异丙苯。

LC-1,2-SPB 单用时，硫化促进剂宜以噻唑类与秋兰姆类并用。与天然胶、异戊胶并用以次磺酰胺为主；与三元乙丙橡胶并用，则应以次磺酰胺/秋兰姆并用系统为主来进行配方的优选设计。

用 LC-1,2-SPB 制造橡胶制品时，也可采用其他交联方法，已知采用过氧化物交联效率非常高(表 8-54)。用量极少，但均匀分散是关键。在交联反应中，同时发生环化反应。过氧化物硫化胶的耐热空气老化性能优于硫黄硫化胶。

表 8-54　过氧化二异丙苯(DCP)对各种橡胶交联效率[165]

橡　胶	E①
NR	1.0
SBR	12.5
NBR	1.0
CR	0.5
BR	
C-BR　C—97.6%	10~30
LC-BR　C—35%, T—55%, 1, 2—10%	4~60
HV-BR　1,2—99.1%	100~300
EPM	0.4
EPDM(E—70%, P—28%, D—2%, 摩尔分数)	1.0~2.5

①$E=v/[RO.]$，v 生成的交联键浓度(mol/cm³)，$[RO·]$是 DCP 分解生成的自由基浓度(mol/cm³)。

在橡胶制品中使用 LC-1,2-SPB 会有如下特点：

加工性能方面：

①生胶强度大；②流动性好；③压出表面光滑；④压延表面平整；⑤出片收缩小。

硫化胶性能方面：

①硬度提高容易；②容易实现轻盈化；③常温下的抗撕强度高；④耐候性好；⑤耐臭氧性优良；⑥耐热老化性好；⑦防滑性好；⑧挺性好；⑨回弹性好；⑩透明度好；⑪涂装性好。

其他性能方面：

①易于制造优良的发泡制品；②促进注压硫化；③容易采用压出法和递模法成型；④促进工艺的合理化和轻便化。

用 LC-1,2-SPB 可制得微孔到软质的各种海绵制品，比液态 1,2PBD 效果更佳[179,180]。由 LC-1,2-SPB 制成的海绵质地轻而坚固，被广泛地用于制鞋工业。不加填充剂的透明型皱胶海绵，具有与天然皱片胶相似手感，因其耐热和耐磨性能优良受到制鞋业的欢迎。

LC-1,2-SPB 可与多种橡胶并用，并用胶具有生胶强度大，压出加工性能好，耐候、耐臭氧、挺性大、弹性高等特点[181,182]。并用胶可用于制取各种异型压出硫化胶制品[183]，以及胶管、实芯轮胎、缓冲器、胶带、胶布、高硬度橡胶制品等。当采用 3 份以上，特别是 6~7 份硫黄硫化的 LC-1,2-SPB 硫化胶，与通常橡胶有相同水平，成为加工性能好，对温度依赖性小的高硬度橡胶，并具有重量轻、生热低、硫黄喷出小、弹性高等特点。

参 考 文 献

[1] H. Ashitaka, et al. J. Polym. Sci., Polym. Chem Ed 21. 1853-1860(1983)

[2] Karl-Heinz, NORDSIEK, Entwicklung und Bedeutung spezieller Homoplymerisate des Butadiens Kaut Gum Kunst, 1972, 25(3): 87

[3] E. C. N 24(606), (1973. 10. 19)

[4] E. C. N 25 639, 10(1974. 6. 3)

[5] Plastics Print Rub, 1975. 1. 1. P35

[6] 卢炳森. 塑料工业, 1980, 5: 51

[7] DE 1958650(1971), 2158574(1973) DE 2158575(1973)

[8] G. W. Marwede, B. Stollfub, A. J. M. Sumner. Current Status of Tyre Elastomers in Europe. Kaut Gum Kunst, 1993, 46(5): 380

[9] 毕莲英编译. 轮胎橡胶研究现状和前景. 世界橡胶工业, 1998, 26(6): 47-57

[10] C. R. Wilder, J. R. Haws, T. C. Middlebrook. Rolling Loss of Tires Using Tread Polymors of Variable Chara-creristics With Compounding Variations. Kaut. Gum. Kunst, 1984, 37(8): 683

[11] US 4530 959, EP74326

[12] K. H. Nordsiek, Spezialkaustschuke auf Busis Von 1, 2 und 3, 4 Polydiene, Kaut. Gum. Kunst. 1982, 35 (12): 1032

[13] Richard M S, Wayne H S, US P 4522970, 1985

[14] 上田明男, 秋田修一. 特开昭 55-12133(1980), 特开昭 55-104343(1980)

[15] Marwede G W, et al. Kaut Gum Kunst, 1993, 46(5): 380

[16] 吉冈明, 上田明男, 渡边浩志, 永田仲夫. 分子末端变性ゴムの开发. 日本化学会志, 1990(4): 341-351

[17] 王德充, 梁爱民, 韩丙勇, 等, 编著. 锂系合成橡胶及热塑性弹性体. 北京: 中国石化出版社. 2008: 110-133

[18] Takeuchi Y, Senimoto A, Abe M. A C S Sympsium Series 4. New industrial polymer symposium, 15(1974)

[19] 闫春珍, 郭玉刚, 唐学明. 合成无定形 1,2-聚丁二烯的研究, Ⅱ. MoCl$_5$-R$_2$AlOEt 催化体系. 合成橡胶工业, 1982, 5(1): 19

[20] 章哲彦, 陈启儒, 张洪杰, 等. 中乙烯基聚丁二烯橡胶-铁胶的合成. 合成橡胶工业, 1982. 5 (5): 378

[21] 徐铃, 赵森昆, 唐学明. 四价钼体系催化丁二烯聚合. 合成橡胶工业, 1986, 9(4): 258

[22] 邢作人, 杨思毅, 王松波, 任守经. 钼系 1,2-聚丁二烯橡胶扩大实验. 合成橡胶工业, 1989, 12 (1): 21-24

[23] 王凤江. 中国科学院长春应用化学研究所硕士学位论文, 1981

[24] W S Bahary，D I Sapper，J H Lans. Structure of polybutadienes，Rubber Chem. Technol.，1967. 40：1529

[25] E A DiMarzio，J H Gibbs. Glass Temperature of copolymers. J. Polymer Sci. 1959，40：121

[26] 倪少儒，余赋生，沈联芳，钱保功. 1,2-聚丁二烯的动力学性能. 合成橡胶工业，1987，10(1)：41

[27] E F Eugel. IISRP 13th Annual Meeting，1972

[28] Duck E W. 11SRP 15th Annual Meeting Proceedings，1974

[29] A Yoschioka，et al.，Structure and physical properties of high vinyl polybutadiene rubber and their blends. Pur & Appl. Chem，1986，58(12)：1697-1706

[30] Shan K. White J L. Polym. Eng. Sci.，1988，28(20)：1277

[31] 杨淑欣，等. 高乙烯基聚丁二烯与顺丁橡胶共混胶的形态分析. 合成橡胶工业，1991，14(5)：357

[32] 杨毓华，张杰，王松波. 1,2-聚丁二烯与天然橡胶共混物的力学性能及生热的研究. 合成橡胶工业，1987，10(6)：396-400

[33] 北京石油化工总厂实验厂情报室. 中乙烯基聚丁二烯石油化工实验技术参考资料，1979，6：1-30

[34] Duck E W. The Next tyre Rubber，Eu. Rub. J，1973，(11)：25

[35] L Gargani，P Deponti，M Bruzzone. High Vinyl Polybutadiene Dynamic Properties，Kaut. Gum. Kunst.，1987，40：935

[36] J N. Short，G Kraus，R P Zelinski，F E Naylor. Polybutadienes of controlled cis. trans and vinyl structures. Rubber Chem. Technology，1959，32：614

[37] Nippon Zeon Co. Ltd.，Akio Ueda，Shuichi Akita. GB 2029839A，1980

[38] 竹内安正. 新型高分子材料-1,2-聚丁二烯及其应用. 日本橡胶协会志，1979，52(8)：481-492

[39] JSR Co，Tsutomu Tanimoto，Mutsuo Nagasawa，et al. G B 2011917A

[40] 渡边浩志. 合成ゴム协会志，1983，56，(7)：415-421

[41] 固特异轮胎和橡胶公司. 理查德·马丁·斯克里伟等，CN 1018256B，1992

[42] JSR Co. Hisao Ono，et al. US 4742137，1988

[43] A A Arest-Yakubovich，I V Zolotareva，N I Pakuro，et al. Synthesis of High-Vinyl Polymers and Copolymers of Butadiene on the Basis of a new soluble organosodium catalyst. Chem. Eng. Sci，1996，51(11)：2775

[44] щаЛгтαнов αBr，等. 各种乙烯基含量的聚丁二烯. 合成橡胶译丛，1980，1(2)：131

[45] Surnner A J M，等. 刘丽等摘译. 聚丁二烯橡胶在轮胎中的应用趋势. 轮胎工业，1997，17(9)：520

[46] Yager. T. J. Rubber World，1974，33

[47] 日本合成橡胶公司. US 4742137，1988

[48] 日本宇部兴产公司. 日本公开特许，昭 54-132903-07

[49] Uraneck C A. J. Polymer Sci.，Part A-1，1971，9：2273

[50] 李杨，刘惠明，顾明初. 改进型中乙烯基聚丁二烯橡胶的研制. Ⅰ微观结构和序列分布. 合成橡胶工业，1996，19(4)：206-209

[51] 美国菲利浦石油公司. US 3480608

[52] 倪少儒，李卫东，唐学明. 钛催化体系合成1,2-聚丁二烯的研究. 合成橡胶工业，1984，7(2)：112-116

[53] J Furukawa，et al. Polym J(Japan)，1971，2：371

[54] J Furukawa，et al. Makromol Chem，1974，175：237

[55] 姜连升. 铁系配位催化剂引发丁二烯聚合的研究中国合成橡胶工业协会第十六次年会文集，2003：1-18

[56] H Naguchi，S Kamkava. J. Polym. Sci.，Part B，1964，2：593

[57] M Hidai，Y Uchichicla，A Miscno. Bull. Chem. Soc. Japan，1965，23：1243

[58] H E Swifti，J E Bozik，C V Wu. J. Catal，1970，17：331

[59] 章哲彦，等. 催化学报，1980，1(3)：221

[60] 章哲彦，张洪杰，马惠敏，吴越. 丁二烯在乙酰基丙酮铁-三异丁基铝-邻菲咯啉催化剂上聚合的研究. 催化导报，1982，3(1)：1-6

[61] Alexander A, Arest-Yakubovich, et al. Polymer Lnternational, 1995, 37: 165-169

[62] 刘国智, 王凤江. 铁系催化丁二烯聚合的研究. Ⅱ FeCl₃-Al(iBu)₃-含氮配位体系聚合丁二烯高分子通讯, 1985, (4): 252-257

[63] 刘国智, 王凤江. Ⅲ聚丁二烯的分子量调节及性能. 高分子通讯, 1984, (5): 389-391

[64] 郭小光, 沈祺, 刘国智. 对丁二烯聚合有高活性的四元铁系催化剂 Fe(naph)₂-Al(iBu)₃-Phen-AlEt₃Cl. 应用化学, 1987, 4: 66-68

[65] 郭小光, 沈祺, 刘国智. 环烷酸亚铁-烷基铝-邻菲咯啉-卤化物铁系催化丁二烯聚合的研究. 高分子学报, 1989, (2): 152-156

[66] 章哲彦, 曲淑华, 吴越. 铁系丁二烯聚合催化剂的光谱研究. 中国科学 B 辑, 1985, 9: 785-790

[67] Z Y ZHANG, H J ZHANG, H M MA, Y WU. A Novel Iron Catalyst for the Polymerization of Butadiene. J. Molecular Catalysis, 1982, 17: 65-67

[68] 葛晓萍, 夏少武, 李凯. 铁体系催化丁二烯聚合反应、催化剂相态. 青岛化工学院学报, 1997, 18 (3): 216-220

[69] 刘国智, 王凤江. 铁体系催化丁二烯聚合的研究-烷基铁络合物聚合丁二烯. 高分子通讯, 1984, 2: 149-152

[70] Tolman C A. Chem. Soc. Rev., 1972, 1: 337

[71] Thiele K H, Brüser W, Z Anory. Allgem. Chem, 1967, 349: 33

[72] 王凤江, 詹瑞云, 刘国智, 钱保功. 铁体系催化丁二烯聚合的研究. V. ESR、NMR、IR, 1987. 4(4): 1-5

[73] 朱晋昌, 等. 中国科学院高分子学术会会刊, 1961 年高分子化学和物理研究工作报告会. 北京: 科学出版社, 1963: 398

[74] 章哲彦, 曲淑华, 张宏放. 以红外 3100-2800cm⁻¹ 谱分析聚丁二烯. 应用化学, 1985, 2(2): 33-38

[75] 张哲彦, 周子南, 马惠敏. ¹³C-NMR 研究铁系聚丁二烯(顺1,41,2)的链结构. 高分子通讯, 1982, 3: 195-201

[76] 王凤江, 刘国智, 钱保功. 铁体系催化丁二烯聚合的研究. Ⅳ. 聚丁二烯的序列结构, 应用化学, 1986. 3(4): 6-12

[77] 周子南, 谢德民, 张建国, 吴钦义, 冯之榴. 高分子通讯. 1983, (6): 438

[78] J C Randall. Polymer Sequence Determination: ¹³C-NMR Merhod. NewYork: Academic Press, Chapt. 4. 1977

[79] 陈启儒, 刘亚东. 铁催化体系中乙烯基聚丁二烯橡胶的性能. 合成橡胶工业, 1983, 6(6): 473-475

[80] 王凤江. 铁体系催化丁二烯聚合的研究. 理学硕士学位论文, 应化所档案室

[81] 张哲彦, 周贵林. 铁催化剂制得的中乙烯基聚丁二烯胶的热分析. 中科院应化集刊, 19 集, 1982: 121-124

[82] 刘振海, 汪冬梅, 王凤江, 金海珠. 双烯类聚合物的热分析. 高分子通讯, 1986, 6: 463-465

[83] 杜邦公司. US 3118864, 1964

[84] 标准石油公司. US 2762790, 1956

[85] Natta G J. Polymer Sci. 1960, 48: 219-228

[86] 美国 Phillips 石油公司. US 3116273, 1963; US 3232920, 1966

[87] 法国 Dauans Fr: 1493422, 1967

[88] 美国 Phillips 石油公司. US 3594360, 1971; US 3560405, 1971; US 3663480, 1972

[89] 美国 Phillips 石油公司. Ger 2157004, 1972

[90] 日本合成橡胶公司. 特许公报昭 48-781

[91] 倪少儒, 唐学明. 化工学报, 1983, 1: 84-89

[92] 倪少儒, 唐学明. 高分子通讯, 1982, 5: 362

[93] 杨玉伟, 张洪民, 唐学明. 合成橡胶工业, 1986, 9(1): 34-38

［94］G Natta. Nuleus(Paris). 1963, 4(97)：211

［95］Phillps Petroleum Co. German Pat. 1144925；1124699, 1958.

［96］V A Yakovlev, et al. Vysokomol Soedie, A11. 1645(1969)

［97］闫春珍, 唐学明. 应化集刊, 1982, 18：24-32

［98］闫春珍, 郭玉刚, 唐学明. 合成橡胶工业, 1982, 1：19-23

［99］BP 1312750, Fr 7042059

［100］王松波, 唐学明. 应化集刊, 1982, 20：1-6

［101］倪少儒, 唐学明. 合成橡胶工业, 1982, 5(2)：105-109

［102］王松波, 唐学明. 应化集刊, 1982, 19：69-73

［103］倪少儒, 唐学明. 合成橡胶工业, 1982, 5(6)：444-450

［104］倪少儒, 唐学明. 合成橡胶工业, 1985, 8(2)：88-91

［105］杨玉伟, 鞠远波, 唐学明. 合成橡胶工业, 1985, 5：330

［106］松平信孝, 大西章. 化学与工业(日文), 1967, 20(1)：39

［107］Mochel V D. J. Polym. Sci., A-1, 1972, 10：1009

［108］王松波, 宋宏, 尤一平, 唐学明. 合成橡胶工业, 1986, 9(6)：393-396

［109］杨玉伟, 刘建平, 唐学明. 高分子材料科学与工程, 1986, 2：56-62

［110］倪少儒, 高绪国, 唐学明. 高分子通讯, 1983, 4：241

［111］杨玉伟, 李迎, 辛浩波, 唐学明. 合成橡胶工业, 1986, 9(3)：179-183

［112］王松波, 唐学明. 高分子通讯, 1984, (4)：292

［113］任守经, 李磊, 唐学明. 高分子通讯, 1983, 5：368-373

［114］刘亚东, 张新惠, 唐学明, 宋宏, 等. 合成橡胶工业, 1983, 6(5)：369-373

［115］王松波, 张新惠, 赵东明. 合成橡胶工业, 1984, 3：215-218

［116］杨玉伟, 唐学明. 高分子通讯, 1986, (4)：312

［117］H Noguchi, S Kamkava. J. Polym. Sci. Part B, 1964, (2)：593

［118］M Hidal, Y Vchichicla, A Miscono. Bull. Chem. Soc. Japan, 1965, (23)：1243

［119］高桥大, 山口宗明, 椎原庸. 特许公报 昭45-11154, 1970

［120］岩本昌夫. 东L株式会社. 特许公报 昭45-15743, 1970

［121］Morford C, Throckmorton. The Goodyear Tire & Rubber. US 4168244, 1979

［122］Luo Steven, Bridgestone Co. EP0994128A1, 2000

［123］Luo Steven, Bridgestone Co. WO 01/49753A1, 2001

［124］Steven Luo, Michael W Hayes, Dennis R Brumbaugh, David E Zak. Bridgestone Co. US 6576725B1,2003

［125］Liansheng Jlang, Xuequan Zhang. 中科院长春应化所. US 7186785B2, 2007

［126］毕吉福, 张学全, 姜连升, 蔡洪光, 王蓓, 柳希春. 中科院长春应化所. CN 101434671A

［127］姜连升, 张学全, 毕吉福, 王蓓, 张永清, 胡雁鸣. CN 1260259C, 2006

［128］长春应化所. 铁系高乙烯基聚丁二烯橡胶研究. 2002, 12

［129］胡雁鸣. 中国科学院研究生院. 硕士学位论文, 2003

［130］陆彪. 高乙烯基丁二烯橡胶研究与开发, 锦州橡胶基地, 2007

［131］李柏林, 张新惠, 张学全, 等. 合成橡胶工业, 2006, 25(5)：344-346

［132］龚狄荣. 铁、钴催化剂催化1,3-丁二烯聚合的研究. 中国科学院研究生院博士学位论文. B0680037097, 2010. 1

［133］李宗群译. 各种乙烯基含量的聚丁二烯. 合成橡胶译丛, 1980, 1(2)：131-144

［134］W Cooper. Rubber and plastic Age, 1963, 44(1)：44

［135］A Mazzei, D Cucinella, W Marcooni, M De Malde. Chim e lnd., 1963, 45：528

［136］E I Tinyakovaetal. J. Polym. Sci., 1967：C16：2625

［137］ G Natta. J. Poly. Sci, 1960, 48：219；Montecatini. Belg P. 549544, 1955

［138］ G Natta, L porri, G zanini, L Fiore. Chim. e lnd. , 1959, 41：526

［139］ G Natta, L porri, G Zanini, A Palvarini. Chim e lnd. , 1959, 41：12

［140］ C Longiave, R Castelli. J. Polym. Sci. , 1963, C4：387

［141］ V A Yakovlev, et al, Vysokomol. soedin, 1969, All：1645 and references cited therein

［142］ Belgian pat 597 165(to Montecatini S. P. A. November 18, 1959)

［143］ E Susa. J. Poly. Sci. , 1963, C4：399

［144］ M Lwamoto, S Yuguchi. , J. Polym. Sci. , 1967, 135：1007

［145］ W R Meclellan, H H Hoehn, H N Cripps, E L Muetterries, B W Howk. J. Am. Chem. Soc, 1962, 83：1601

［146］ B A Dolgoplosk, E I Tinyakova, IZO Akad. Nauk SSSR. Ser. khim. , 1970, 344 and references cited therein

［147］ E I Tinyakova, et al. International Symposium on Macromolecular Chemistry. Budapest, 1969, preprint 4/03

［148］ F Dawans, Ph Teyssie. Ind. Eng. Chem. prod. Res Develop, 1971, 10：261

［149］ A J Canale, W A Hewitt, T M Shryne, E F Youngman. Chemie Ind. , 1962, 1054

［150］ A J Canale, W A Hewitt. J. Poly Sci, BZ 1964, 1041

［151］ Joset Wine, et al. US 47512751988, Ger Bayer

［152］ Steven Luo et al, US 59198751999, Bridgestone(JP)

［153］ Steven Luo, US 6117956, 2000, Bridgestone(JP)
Steven Luo, et al. US 6201080B1, 2001, Bridgestone(JP)
Steven Luo, US 6465585B2, 2002, Bridgestone(JP)

［154］ Steven Luo, US 6348550B1, 2002, Bridgestone(JP)

［155］ Steven Luo, et al, US 6545107B2, 2003, Bridgestone(JP)

［156］ The Gpoolyear Tire & Rubber Co. US 4168244, 1979

［157］ Steven Luo. US 6180734B1, 2001, Bridgestone(JP)

［158］ Steven Luo. US 6211313B1, 2001, Bridgestone(JP)

［159］ Steven Luo. US 6284702B1, 2001, Bridgestone(JP)

［160］ Steven Luo. US 6320004B1, 2001, Bridgestone(JP)

［161］ Steven Luo. US 6277779B1, 2001, Bridgestone(JP)

［162］ Steven Luo, et al. US 6610804B2, 2003, Bridgestone(JP)

［163］ 冈田公二等. JSR 株式会社. CN1454221, 2003

［164］ Takeuchi Y, Senimoto A, Abe M. ACS Symposium series 4(New industrial polymer symposium), 15 (1974)

［165］ 竹内安正. 日本橡胶协会志, 1979, 52(8)：481-492

［166］ Mitsuo lehikawa, 等. JSR Co. US 3498963(1970)

［167］ US 3778424, JP74-17666, JP74-17667, JP75-59480

［168］ 日本合成橡胶公司. 特开平 6-298867(1994)

［169］ Yutaka Obata, Chikara Homma, Chikao Tosakl. Polymer Journal, 1975, 7(3)：312-319

［170］ 中科院长春应化所, 张学全, 姜连升, 柳希春. CN 1343730A 2002；中科院长春应化所, 毕吉福, 张学全, 姜连升, 等. CN101434672A 2009.

［171］ 张学全, 董为民, 毕吉福, 姜连升. 铁系催化剂合成间同 1,2-聚丁二烯的研究.

［172］ 张林, 宋玉萍, 潭振明, 毕吉福. 间同 1,2-聚丁二烯的合成与性能. 合成橡胶工业, 2009, 32(4)：264-268

［173］ 关本昭. 化学经济, 1976, 23(4)：79

［174］ 奥谷 荣太郎. 日本ゴム协会志, 1984, 57(11)：717-722

［175］特开昭 51-37965

［176］特开昭 51-70089

［177］特开昭 49-47452

［178］特开昭 49-89775，89776；51-69574，69585

［179］特开昭 41-8153

［180］特开昭 49-90761

［181］特开昭 48-749

［182］特开昭 49-48743

［183］特开昭 51-47944

第9章 顺式异戊二烯橡胶

9.1 概述

9.1.1 发展概况[1,2,3]

1826 年，Faraday 分析确定了天然橡胶的基本化学单元组分为 C_5H_8。1860 年，Williams 由天然橡胶分馏物中分离出异戊二烯。此后，许多科学家致力于用异戊二烯合成结构类似天然橡胶的异戊二烯橡胶(简称异戊橡胶)的研究。Bouchardat 于 1879 年首先报道了将裂解蒸馏天然橡胶得到的异戊二烯用盐酸处理制得了异戊橡胶[4]。

第二次世界大战期间，天然橡胶供不应求，促进了合成异戊橡胶的开发。1960 年，美国 Shell Chemical 公司首先建成以金属锂为催化剂的异戊橡胶生产装置，1962 年又改用丁基锂为催化剂生产异戊橡胶。1963 年，美国 Goodyear 公司用铝钛催化剂生产异戊橡胶实现工业化。随后，由于异戊二烯来源的多样化，前苏联新建的几套异戊橡胶生产装置和日本、意大利、法国的异戊橡胶生产装置相继投产，产量成倍增加，售价大幅下降，致使异戊橡胶不仅成为合成橡胶领域中的一个重要品种，而且也成为天然橡胶的一个主要竞争对手。

20 世纪 70 年代，世界范围的两次石油危机以及天然橡胶生产技术的改进和种植面积的扩大，使异戊橡胶生产受到很大冲击，许多装置停产或减产。到 2013 年只有俄罗斯、美国、日本和中国生产异戊橡胶，年产量合计只有 668kt。

前苏联和东欧不生产天然橡胶又远离其产地，曾在战略上采取优先发展异戊橡胶的政策。前苏联在 1964 年实现 СКИ-3 工业化后，合成单体(包括烯-醛合成法、异丁烷和异戊烷脱氢工艺)及合成橡胶生产技术均有比较长足的发展。1998 年，俄罗斯异戊橡胶年产量达到历史最高值的 1130kt，占当时世界总产量的 80%以上。

2000 年，世界异戊橡胶总生产能力达到历史最高峰的 1409kt/a，仅次于顺丁和丁苯橡胶。近期世界异戊橡胶生产能力增长情况见表 9-1，世界异戊橡胶生产装置见表 9-2，2013 年世界异戊橡胶生产能力分布情况见表 9-3。

表 9-1 世界异戊橡胶生产能力增长情况[1,2,5,197]　　　　　　　　　　kt

	1982 年	1983 年	1986 年	1988 年	1990 年	1998 年	2000 年	2001 年	2008 年	2013 年
美国	115	60	68	61	68	90	90	90	90	105
巴西		12	12							
法国	35	35	35							
意大利	30	30								
荷兰	75	40	45	45	42	25	25	25	25	
南非	45	45	45	45						
罗马尼亚					91	91	91			
俄罗斯	715	935	935	1045	1130	1130	502	415	426	484
日本	97	97	97	72	73	73	73	78	78	85.5
中国									45	135
世界总计	1112	1254	1237	1268	1405	1409	781	608	668	809.5

表 9-2　世界异戊橡胶生产装置一览表[1,2,3,6,7,8,5,196]

国家或地区	公司名称	地址	商品名称	生产能力/（kt/a）	技术及其来源（单体；聚合催化剂）	投产年份
美国	Goodyear Tire & Rubber Co.	Beaumont, Texas	Natsyn	105	早期丙烯二聚，后期乙腈 C₅ 抽提；Zeigler 催化剂	1963
日本	クラレ（Kurary）株式会社	鹿岛	Kuraprene 异戊橡胶-10；异戊橡胶-301	30 200t	烯醛法；Ziegler 催化剂；Goodrich 公司技术；反式聚异戊二烯	1973
	日本合成ゴム（JSR）株式会社	鹿岛	JSR 异戊橡胶	30	乙腈抽提；Ziegler 催化剂；Goodyear 公司技术	1972
	ゼオン（Zeon）株式会社	水岛	Nipol 异戊橡胶	33	DMF 抽提；Ziegler 催化剂；Goodyear 公司技术	1971
俄罗斯	Нижнекамский Ярославский Толъятти Башкирия Волжский Куйбыщев Юиковский		СКИ-3 СКИ-5	270 120 270 200 120 120 120 （550）	烯醛法、脱氢法、Ziegler 催化剂；无单体生产 烯醛法、脱氢法 脱氢法 烯醛法 脱氢法（不生产橡胶） 烯醛法	1964~1970
中国	青岛伊科思新材料股份有限公司 青岛伊科思抚顺分公司	青岛莱西 抚顺	IR60~IR90 IR60F~IR90F	30 40	国内自主开发，稀土催化剂 ACN 抽提，稀土催化剂	2010 2013
	茂名鲁华化工有限责任公司	茂名	LHIR60~90Y	15	抽提法，俄罗斯技术，稀土催化剂	2010
	青岛第派新材料有限公司	青岛莱西	TPI-I~TPI-VI	30	反式异戊橡胶，自主开发	2013
	山东神驰化工有限公司	山东东营		30		2012
	淄博鲁华鸿锦化工有限公司	山东淄博	LHIR60~90Y	50	抽提法，俄罗斯技术，稀土催化剂	2013
	中国石化燕山石油化工公司	北京燕山		30	抽提法，国内开发稀土催化剂	2013
	濮阳林氏化学新材料股份有限公司	河南濮阳	IR-550	5	自主开发，锂系异戊橡胶乳和液体异戊橡胶	2012

表 9-3　2013 年世界异戊橡胶厂家或公司生产能力及分布

地区	国家	生产厂家或公司	生产能力/ （kt/a）	合计/ （kt/a）	占世界生产 能力比例/%	催化体系
欧洲	俄罗斯	Нижнекамский	250	484	63.8	钛系
		Стерлитамак	144			钛系和稀土
		Тольятти	90			钛系
北美	美国	Goodyear 轮胎与橡胶公司	90	135		钛系
		Kraton 聚合物公司	15	105		
亚洲	日本	日本合成橡胶公司（JSR）	41	85.5	11.7	钛系
		瑞翁公司（Zeon）	40			钛系
		Kuraray	4.5			
	中国	青岛伊科思新材料公司（抚顺）	4.0	45	6.7	稀土
		青岛伊科思新材料公司（青岛）	30			
		茂名鲁华化工有限公司	15			稀土
		青岛第派新材料公司	30			
		燕山石化公司	30			
世界合计				668	100	

目前，异戊橡胶主要用于制造轮胎。在俄罗斯和日本，此比例均达 80% 以上；在美国，用于轮胎制造业的比例为 58%，机械橡胶制品占 22%，其他用于胶管、胶带、胶垫、密封和体育用品。在西欧，最大的异戊橡胶消费国是德国，其次是意大利和法国。某些国家和地区的异戊橡胶消费结构见表 9-4。

表 9-4　某些国家和地区异戊橡胶消费结构[197]　　　　　%

应 用 领 域	俄罗斯	美国	西欧	日本
轮胎	80.0	58.0	60.0	80.9
机械橡胶制品	—	22.0	19.5	2.1
其他	20.0	20.0	20.5	17.0

我国于 20 世纪 60 年代开始开发异戊橡胶合成技术，70 年代由吉林化学工业公司研究院、中科院长春应用化学研究所、化工部北京橡胶工业研究设计院、北京化工学院和广州老化所等单位共同开发了技术先进的稀土催化剂合成异戊橡胶技术，并完成大型工业装置的基础设计。

进入 21 世纪以来，我国经济快速发展，由汽车工业带动的轮胎工业对橡胶的需求量迅速增加，而天然橡胶资源严重不足，进口量从 2000 年的 850kt 上升到 2007 年的 1600kt，对外依存度上升到 75.6%。因此，提高合成橡胶使用比例，大力发展异戊橡胶，已经成为解决天然橡胶供不应求问题的一种必然选择[196,197]。

与此同时，我国石油化工的快速发展，大量 C_4、C_5 资源也为生产异戊橡胶提供了原料保证。

2010 年，茂名鲁华化工公司 15kt/a 和青岛伊科思新材料公司 30kt/a 的两套异戊橡胶生产装置相继投产，结束了我国长期无生产异戊橡胶的历史。随后，山东神驰化工公司、濮阳林氏化学新材料公司、淄博鲁华鸿锦化工公司、中国石化燕山石油化工公司 4 套生产装置相继建成，目前已经形成 160kt/a 的异戊橡胶生产能力。此外还有一些企业也相继着手建设异戊橡胶生产装置，一度出现了异戊橡胶的投资热潮。

但是，国内外的异戊橡胶生产的发展主要取决于天然橡胶的发展，特别是天然橡胶的售价！由于 2012 年以来天然橡胶售价大幅度下跌，致使国内的异戊橡胶生产基本处于停滞状态。

表 9-5 给出我国 2011 年异戊橡胶的消费结构。

表 9-5　2011 年我国异戊橡胶消费结构[197]

消费领域	轮胎和其他黑色橡胶制品(主要是轮胎)	医用	鞋材和其他	合计
消费量/kt	31	8	11	50
所占比例/%	62	16	22	100

值得指出的是，我国异戊橡胶市场虽然前景广阔，但应重视开拓和培育新的应用领域，例如医用级和食品级橡胶制品、浅色橡胶制品等。

9.1.2　异戊橡胶结构与品种

1. 微观结构[1,13~16]

异戊二烯分子含有两个双键，在不同条件下聚合时，可产生不同结构的聚合物。如果只考虑 1,4、1,2 或 3,4 头尾加成，则有以下 4 种构型：

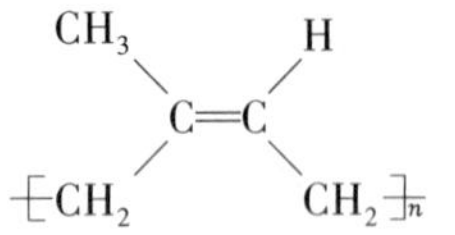

顺式 1,4-聚异戊二烯　　反式 1,4-聚异戊二烯
(cis-1,4-polyisoprene)　　(trans-1,4-polyisoprene)

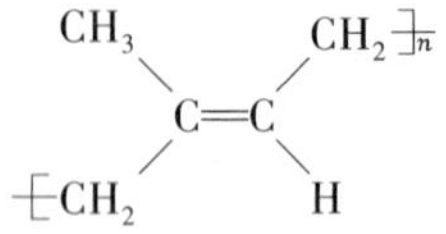

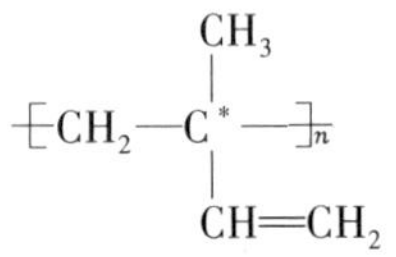

1,2-聚异戊二烯 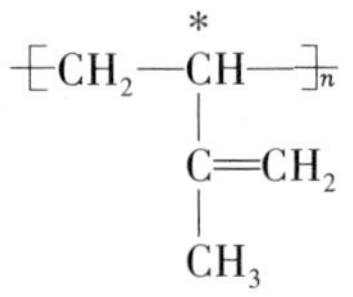　　3,4-聚异戊二烯

其中 1,2 和 3,4 加成时由于它们具有不对称碳原子(加 * 者)，又可产生全同立构、间同立构和无规立构 3 种构型。据此，依不同排列组合，聚异戊二烯可有 8 种异构体。其中全同和间同 3,4-聚异戊二烯的构型示意如下：

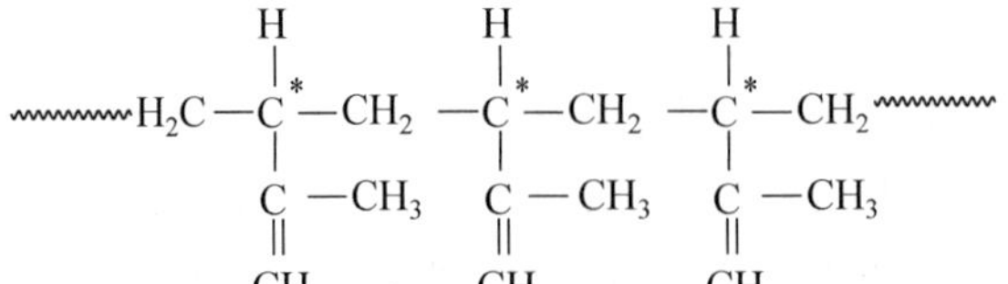

全同 3,4-聚异戊二烯

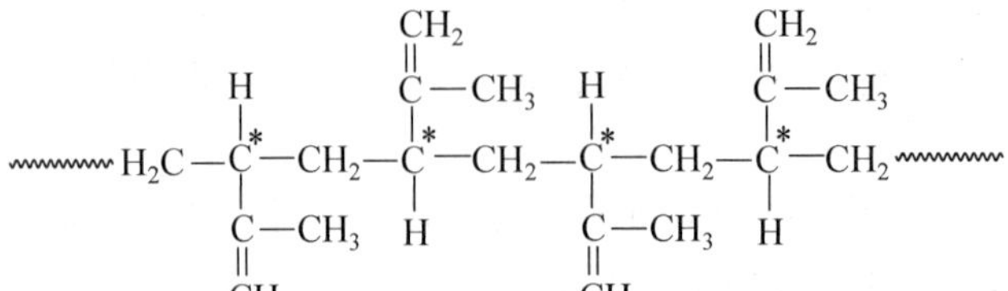

间同 3,4-聚异戊二烯

由于异戊二烯还能以头-头和尾-尾加成，于是又有：

$$\overset{\underset{尾}{}}{-CH_2-CH=}\overset{\overset{CH_3}{|}}{C}\overset{\underset{头}{}}{-CH_2-}$$

1,4-聚异戊二烯单元

$$\cancel{|}CH_2-CH=\overset{\overset{CH_3}{|}}{C}-CH_2\cancel{|}CH_2-CH=\overset{\overset{CH_3}{|}}{C}-CH_2\cancel{|}CH_2-CH=\overset{\overset{CH_3}{|}}{C}-CH_2\cancel{|}$$

头—尾　　　　　　　头—尾

$$\cancel{|}CH_2-CH\overset{\overset{CH_3}{|}}{C}-CH_2\cancel{|}CH_2-\overset{\overset{CH_3}{|}}{C}=CH-CH_2\cancel{|}CH_2-CH=\overset{\overset{CH_3}{|}}{C}-CH_2\cancel{|}CH_2-\overset{\overset{CH_3}{|}}{C}=CH-CH_2\cancel{|}$$

头—头　　　　尾—尾　　　　　头—头

由此不难看出，聚异戊二烯的构型是十分复杂的。然而，目前已知的包括天然橡胶和异戊二烯橡胶却只有 4 种：顺式 1,4 异戊二烯橡胶(包括三叶胶、银菊胶等天然橡胶)；反式 1,4 异戊二烯橡胶(包括巴拉塔胶、古塔波胶等天然橡胶)；3,4 异戊二烯橡胶；1,2 聚异戊二烯。其中，前三种构型的聚异戊二烯均已实现商品化。

橡胶分子的微观结构可用红外光谱(Infrared)测定，高分辨核磁共振谱(NMR)则能精确测定顺式、反式构型含量、单体链节的交替分布以及全同和间同序列结构的含量。

2. 品种

(1) 按合成用催化体系类别划分

异戊橡胶的品种习惯上往往按其合成用催化体系类别划分，即：

锂系异戊橡胶：采用以锂为基础的聚合催化剂，其顺式 1,4 构型含量一般为 92% 左右(经改进也可达 98% 左右)。

钛系异戊橡胶：采用以钛为基础的聚合催化剂，其顺式 1,4 构型含量一般为 98% 左右。

稀土异戊橡胶：采用以稀土元素为基础的聚合催化剂，其顺式 1,4 构型含量一般为 95% 左右(经改进也可达 98% 以上)。

不同催化体系所得异戊橡胶的微观结构及分子结构参数见表 9-6 及表 9-7。

表 9-6　异戊二烯橡胶的微观结构及分子结构参数[1,13,14]

胶　　种		天然橡胶	异戊橡胶		
			锂系	钛系	稀土系
催化剂体系			RLi	Ti-Al	Nd-Al
微观结构	顺式 1,4 构型含量/%	98	91~92	96~98	94~99.5
	3,4 构型含量/%	—	8~9	2~4	0.5~6
	加成方式				
	头-尾链节/%	98	89	95	
	头-头链节/%		1	1	
	尾-尾链节/%		2	1	
分子结构参数	凝胶含量/%	15~30	0~1	4~30	0~3
	特性黏度$[\eta]/(dL/g)$	6~9	~6.5	~3.5	6~8
	$M_w \times 10^{-4}$	100~1000	122	70~130	130~250
	$M_n \times 10^{-4}$		62	19~40	26~110
	M_w/M_n	>3	2	2.4~4	2.2~5.6
	门尼黏度 $ML_{1+4}^{100℃}$	90~100	55~65	80	60~100
	支化指数$/g^{1/2}$	0.55	1.0	0.9~1.0	—

续表

胶　　　种		天然橡胶	异戊橡胶		
			锂系	钛系	稀土系
其他	挥发分/%	1.0	0.1	0.1	0.12~0.13
	灰分/%	0.5~1.5	0.1	0.2~0.6	0~0.2
	相对密度	0.92	0.91	0.91	~0.91
	玻璃化转变温度 T_g/℃	−72	−70~−68	−72~−70	−59
	结晶融化温度 T_m/℃	4~11	−7~2	−7~2	
	结晶半衰期/h	1~3	>30	11~30	

表9-7　聚异戊二烯微观结构与催化剂体系的关系[1]

催化剂类型	引发剂体系	微观结构/%			
		顺式1,4	反式1,4	1,2链节	3,4链节
钛系	TiCl$_4$-AlEt$_3$	96	—	—	4
	TiCl$_4$-AlEt$_3$	—	95	—	5
	TiCl$_4$-RMgX	—	100	—	—
钒系	VCl$_3$-AlEt$_3$	—	99	—	1
钴系	CoCl$_2$-Al(iBu)$_2$Cl	—	67	2	31
碱金属	Li	94.4	—	—	5.6
	Na	—	43	6	51
	K	—	52	8	40
	Rb	5	47	8	39
	Cs	4	51	8	37
有机锂	BuLi	92.6	—	—	7.4
稀土系	Ln(naph)$_3$-Al(iBu)$_3$	95	—	—	5
	NdCl$_3$·nL[①]-Al(iBu)$_3$	98	—	—	2
其他	MgR$_2$，RMgX	—	—	—	99
	α催化剂[②]	27	52	5	16
	乳液聚合催化剂[③]	22	65	6	7
	AlCl$_3$(阳离子聚合)	—	98.1	3.2	3.7
	BF$_3$，SnCl$_4$	—	90	—	10

①L 表示乙醇、丁醇或长链醇，$n=1$~4。

②见9.1.4。

③见9.1.4。

（2）按微观结构划分

聚异戊二烯按其微观结构可分为顺式1,4-聚异戊二烯、反式1,4-聚异戊二烯、3,4-聚异戊二烯和1,2-聚异戊二烯4种异构体。前三种可得到高纯度制品，均已实现工业化。在顺式1,4-聚异戊二烯中，又可分为高顺式聚异戊二烯和中顺式聚异戊二烯。

已商品化的聚异戊二烯的品种牌号及其特性参数列于表9-8。

表 9-8　聚异戊二烯品种牌号及其特性参数[1,17,18]

牌号名称		顺式 1,4 结构含量/%	防老剂 类型	门尼黏度 $ML_{1+4}^{100℃}$	充油 种类	用量/(份/ 100 份橡胶)	生产 厂家[12]	备注[11]
Natsyn	2200	98	非污染	82			GT	一般用途，适用作白绉片
	2200	98	非污染	82			JSR	软胎及橡胶制品 2200
	2200	98	非污染	83			NECO	
	2200L	98	非污染	70			NECO	
	2201	98	非污染	82			GT	医用级
	2205[1]	98	非污染	80			GT	胶丝级
	2210	98	非污染	60			GT	
	200	98	非污染				GT	一般用途
	205	98	非污染				GT	无凝胶，胶丝级
Cariflex	305	92	非污染		环烷烃	4	KRA	
	307	92	非污染				KRA	锂系异戊橡胶，易加工
	309	91.5	非污染	45	环烷烃	4	KRA	2210
	310	91.5	非污染	45			KRA	食品用和浅色橡胶制品
	500	92	非污染		环烷烃	25	KRA	
3,4 异戊橡胶[2]		3,4 结构 含量，60%	非污染				KC	
Kuraprene TP-301		反式 1,4 结构含量，99%	非污染	30			KR	反式 1,4-聚异戊二烯
SKI3D[3]		>96	污染	65			RUV	СКИ-3Д　2210
SKI3P[4]		>96	非污染				RUJ	СКИ-3П
SKI3S[4]		96	非污染				RUT	СКИ-3С
SKI3Group I[5]		>96	污染	75~85			NKNH	
SKI3 Group II[6]		>96	污染	65~74			NKNH	
SKI3(a)[5]		>96	污染	80			RUB	
SKI3(b)[6]		>96	污染	69			RUB	
SKI3(c)[7]		>96	污染	59			RUV	
SKI3-01(a)[8]		>96	污染				RUV	СКИ-3-01
SKI3-01(b)[9]		>96	污染	70			RUV	
SKI-5[10]		99	非污染	70			RUB	СКИ-5　2212
IR60~IR90 IR60F~IR90F		95~97	非污染	60~90 60~90			QDYKS	稀土异戊橡胶 稀土异戊橡胶浅色胶
LHIR60~90			非污染	60~90			MMLH	稀土异戊橡胶
TPII~TPIVI		>98	非污染				QDDP	反式异戊橡胶

①可控凝胶级。

②微观结构：3,4 结构 60%，1,4 结构 30%，1,2 结构 10%。

③卡列尔可塑度(Karrer Plasticity)0.37~0.43。

④次级卡列尔可塑度 0.30~0.40；0.41~0.48。

⑤卡列尔可塑度 0.30~0.35。

⑥卡列尔可塑度 0.36~0.41。

⑦卡列尔可塑度 0.42~0.48。

⑧次级卡列尔可塑度 0.36~0.42；0.32~0.72。

⑨次级卡列尔可塑度 0.32~0.72；0.43~0.52。

⑩稀土异戊橡胶。

⑪备注中的数字为 IISRP 牌号。

⑫GT(Goodyear Tire and Rubber Co.)；JSR(Japan Synthetic Rubber Co.，Ltd.)；NECO(Nippon Zeon Co.，Ltd.)；KR(Kuraray Co.，Ltd.)；KC(Karbochem，Div. of Sentrachen.，Ltd.)；KRA(Kraton Polymers)；RUB(Русский Каулчк Co.)；RUV(РусскийВолжский)；RUJ(Русский СК Иремыер)；RUT(Русский Толъятти)；NKNH(Нижнекамский)；QDYKS(青岛伊科思新材料公司)；MMLH(茂名鲁华化工公司)；QDDP(青岛第派新材料公司)。

俄罗斯生产的异戊橡胶的微观结构和分子参数见表9-9。

表 9-9　俄罗斯生产异戊橡胶的微观结构和分子参数[19]

分 子 参 数	天然橡胶	合成异戊橡胶		
		锂系 СКИ-1	钛系 СКИ-3	稀土系 СКИ-5
1,4 结构含量/%				
顺式	98.5~99	89	90~93	95~97
反式	0	<3	1	0
顺-反式:				
（头-头）	0	1~3	1~1.5	0
（尾-尾）	0	2	1~1.5	0
3,4 结构含量/%	<1.5	<7	<3	<2
数均分子量 $M_n \times 10^{-6}$	1~5	10~20	0.7~1.1	0.9~1.1
分子量分布指数 M_w/M_n	2.2~6.1	1.05	2.5~4.0	5.3~6.5
分子量级分/%				
$<10^5$	—	—	13~15	15~20
$10^5 \sim 10^6$	—	—	67~71	42~58
$>10^6$	—	—	20	27~38

俄罗斯异戊橡胶产品牌号见表9-10。

表 9-10　俄罗斯异戊橡胶产品牌号

牌　　号	说　　明	牌　　号	说　　明
СКИ-1	锂系，千吨规模	СКИ-3-01	СКИ-3 用对亚硝基二苯胺(p-NDA)改性
СКИ-2	锂系，工业产品	СКИ-3-01КГШ	大规格轮胎用胶
СКИ-Л	锂系，工业产品	СКИ-3С-01	СКИ-3С 用对亚硝基二苯胺(p-NDA)改性
		СКИ-3ОК	用含端亚硝基的异戊橡胶低聚物改性
СКИ-3	钛系，一般用途	СКИ-3 МА	СКИ-3 用马来酸酐改性
СКИ-3А	钛系，凝胶<5%	СКИ-3 К	СКИ-3 用羰基化物改性
СКИ-3Щ	钛系，轮胎用胶	СКИ-3 М	СКИ-3 用羟基化物改性
СКИ-3П	钛系，食品工业用胶	СКИ-3Э	СКИ-3 环氧化改性
СКИ-3С	钛系，非污染橡胶	СКИ-3БЦ	СКИ-3 环羰基改性
СКИ-3М	钛系，医用胶	СКИ-3НТП	СКИ-3 低温聚合的浅色胶
СКИ-3Д	钛系，电缆用胶	СКИ-ВМ	多项性能超过天然橡胶的最出色的改性 СКИ-3
СКИ-5СКИ-5ПМ	稀土异戊橡胶　稀土，食品和医用胶	СКИ-5НТП	СКИ-5 低温聚合的浅色胶

我国伊科思新材料公司生产的异戊橡胶技术指标见表9-11及表9-12。

表 9-11　伊科思公司生产异戊橡胶技术指标(Q/0285YKB001—2010)

项　　目		指　　标			
		IR90	IR80	IR70	IR60
生胶门尼黏度 $ML_{1+4}^{100℃}$		85~95	75~84	65~74	55~64
批内门尼偏差	≤	8	8	8	8
挥发分/%	≤	0.70	0.70	0.70	0.70

项　　目		指　　标			
		IR90	IR80	IR70	IR60
灰分/%	≤	0.50	0.50	0.50	0.50
硫化胶拉伸强度/MPa	≥	26.0	26.0	26.0	25.0
硫化胶扯断伸长率/%	≥	450	450	450	450

表 9-12　伊科思公司浅色制品用异戊橡胶技术指标（Q/0285YKB001—2010）

项　　目		IR90F	IR80F	IR70F	IR60F
生胶门尼黏度 $ML_{1+4}^{100℃}$		85~95	75~84	65~74	55~64
挥发分/%	≤	0.60	0.60	0.60	0.60
灰分/%	≤	0.50	0.50	0.50	0.50
防老剂含量/%		0.2~1.0	0.2~1.0	0.2~1.0	0.2~1.0
Fe 含量/%	≤	0.003	0.003	0.003	0.003
Cu 含量/%	≤	0.0001	0.0001	0.0001	0.0001
丙酮抽出物/%	≤	3.0	3.0	3.0	3.0

9.1.3　聚异戊二烯结构与性能

1. 微观结构与性能的关系

（1）微观结构与生胶性能的关系

聚异戊二烯的性能与其微观结构有着密切关系，其玻璃化转变温度 T_g 随 1,2 结构和 3,4 结构含量的增加而升高，二者的关系可用如下经验式[15]表示：

$$T_g = -0.74(100-c) \qquad (9-1)$$

式中，c 为 1,2 和 3,4 结构的质量分数。天然橡胶和巴拉塔胶的 T_g 为 $-72 \sim -70℃$，钛系异戊橡胶的 T_g 为 $-70 \sim -68℃$，锂系异戊橡胶的 T_g 为 $-69 \sim -66℃$，反式 1,4-聚异戊二烯的 T_g 为 $-60 \sim -53℃$。

聚异戊二烯的结晶性能也显著地受其微观结构的影响。仅头-尾加成的顺式、反式 1,4-聚异戊二烯具有结晶行为，而 3,4 聚异戊二烯则呈无定形。顺式 1,4 构型含量降低可使结晶速度和结晶度明显下降；当顺式 1,4 构型含量在 30%~70% 时，聚合物就不结晶。天然橡胶在室温或室温以下就会结晶，但在 $-35 \sim -11℃$ 之间，尤以 $-26 \sim -25℃$ 的结晶速度最快。顺式 1,4-聚异戊二烯的相对结晶度 A（以天然橡胶为 100）与顺式 1,4 构型质量分数 c 的关系可用如下经验式[15]表示：

$$A = 27\ln\left(\frac{c}{100-c}\right) \qquad (9-2)$$

拉伸可加快结晶速度。天然橡胶和钛系异戊橡胶在高拉伸下，几秒钟内就能完成结晶过程。锂系异戊橡胶只有在拉伸状态下才显示结晶性。

聚异戊二烯的结晶熔融温度 T_m 亦可作为表征结构规整性和性能的指标。

就异戊橡胶的加工性能而言，其反式 1,4 结构含量增加（3,4 和 1,2 结构含量保持不变）会使塑炼过程中的降解速度明显下降；当反式 1,4 结构含量达 50% 时，则塑炼时几乎不降解（图 9-1）[7]。

异戊二烯橡胶的生胶强度比天然橡胶低（图 9-2）。锂系和钛系异戊橡胶的生胶强度分别为天然橡胶的 19% 和 24%[17]。

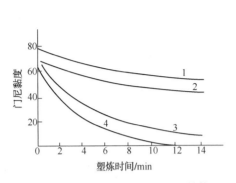

图 9-1　聚异戊二烯中反式 1,4 结构
含量对塑炼降解的影响

反式 1,4 结构含量：1—50%；2—35%；
3—7%；4—0（天然橡胶）

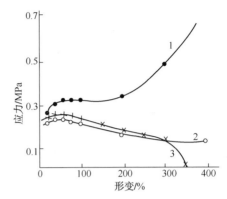

图 9-2　未硫化胎面胶的
生胶应力与形变的关系

1—天然橡胶；2—钛系异戊橡胶；3—锂系异戊橡胶

（2）微观结构与硫化胶性能的关系

　　顺式 1,4 构型含量下降时，异戊橡胶在高温下的热稳定性也随之下降（图 9-3）。各种结构或构型含量对硫化胶性能的影响见表 9-13～表 9-15。1,2 结构和 3,4 结构含量增加，可使未填充硫化胶的回弹性明显下降（图 9-4）。反式 1,4 结构含量增加时，硫化胶的强度、耐磨性及抗切口增长等性能均变坏，仅屈挠性能有所改善。

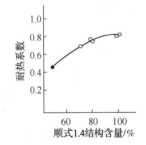

图 9-3　顺式 1,4 结构含量与
硫化胶耐热系数的关系

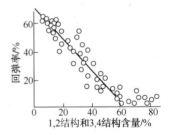

图 9-4　微观结构对
未填充硫化胶回弹率的影响

表 9-13　3,4 结构含量对聚异戊二烯性能的影响

3,4 结构含量/%	3	5	10	30
稀溶液特性黏度/(dL/g)	3.27	3.20	6.98	7.86
凝胶含量/%	0	37	0	32
玻璃化转变温度/℃	-75	-75	-68	-57
600% 定伸应力/MPa	8.00	9.16	4.32	0.96
拉伸强度/MPa	24.3	17.83	9.56	2.82
扯断伸长率/%	730	690	700	850
古德里奇生热 ΔT/℃	4	4	5	3

表 9-14　顺式 1,4 结构含量在不同温度时对硫化胶性能的影响

拉伸性能	温度/℃	1 号烟片胶	СКИ-3（顺式 1,4 含量 97%）	СКИЛ—86（顺式 1,4 含量 86%）	СКИЛ—77（顺式 1,4 含量 77%）
拉伸强度/MPa	20	20.6	19.6	23.5	23.5
	40	22.6	25.5	19.6	21.6
	60	21.6	19.6	11.8	7.8
	80	17.7	15.7	5.9	3.9
	100	15.7	11.8	5.9	2.0
	130	12.7	7.8	3.9	1.5
扯断伸长率/%	20	750	810	1120	1210
	40	820	910	1100	1220
	60	900	910	1075	950
	80	960	920	800	750
	100	1000	900	700	600
	130	975	800	650	550

表 9-15　反式 1,4 结构含量对硫化胶的影响

反式 1,4 结构含量/%	300%定伸应力/MPa	拉伸强度/MPa	扯断伸长率/%	相对耐磨系数[1]	屈挠寿命/千次
0(天然胶)	15.9	26.5	440	100	83
3	13.2	25.1	490	69	120
8	12.7	22.6	495	69	270
12	11.5	18.6	440	46	550
32	10.4	11.9	325	33	2800
60	10.9	12.2	320	40	2800

①相对耐磨系数——以天然橡胶的耐磨系数为 100 比较。

2. 分子量及其分布对性能的影响

聚异戊二烯的分子量一般为 $10^5 \sim 10^6$ 数量级。可方便地用 Mark-Houwink 方程计算：

$$[\eta] = KM^\alpha \tag{9-3}$$

式中　$[\eta]$——特性黏数，dL/g;

　　　M——分子量。

聚异戊二烯的 K 值和 α 值列于表 9-16[15]。

表 9-16　在不同溶剂中聚异戊二烯的 K 值和 α 值

橡胶种类	溶剂	温度/℃	$K \times 10^{-4}$	α
天然橡胶	甲苯	25	5.02	0.67
高顺式聚异戊二烯	甲苯	30	1.90	0.745
中顺式聚异戊二烯	苯	25	2.14	0.78
	甲苯	30	2.00	0.728
古塔波橡胶	苯	25	3.55	0.71
反式聚异戊二烯	甲苯	25	3.64	0.705

采用凝胶渗透色谱法（GPC）、沉淀分级法、淋洗分级法和超速离心沉淀法等可测得聚异戊二烯的数均分子量 M_n 和重均分子量 M_w，进而得到其分子量分布指数等分子结构参数。

测定聚异戊二烯分散指数（M_w/M_n）的方法有沉淀分级法、淋洗分级法、超速离心沉降法和凝胶渗透色谱法等。

当分子量 M 超过某一临界值 M_{cr} 时，一般线型高分子溶液的特性黏数 η_0 与 M 有如下关系：

$$\eta_0 = KM^\alpha \tag{9-4}$$

式中，K 和 α 为常数。对聚异戊二烯，$M_{cr} = 5.74 \times 10^3$，$\alpha = 3.95$。

对于钛系异戊橡胶，其门尼黏度、塑性 P 与特性黏数 $[\eta]$ 有如下关系[1]：

$$ML_{1+2}^{100℃} = 6.14[\eta]^{1.5} \tag{9-5}$$

$$1/P = 0.83[\eta]^{0.65} \tag{9-6}$$

对稀土异戊橡胶则有如下关系：

$$ML_{1+2}^{100℃} = 2.23[\eta]^{1.71} \tag{9-7}$$

$$1/P = 0.105[\eta]^{1.99} \tag{9-8}$$

即特性黏数 $[\eta]$ 的对数与门尼黏度和塑性的对数均呈线性关系。

异戊二烯橡胶的加工性能以分子量分布宽者为好。

异戊二烯橡胶的分子量和分子量分布对生胶强度有影响。其特性黏数与拉伸强度的关系见图 9-5[15]。

不同分子量和分子量分布的稀土异戊橡胶硫化胶性能参见表 9-17[20]。

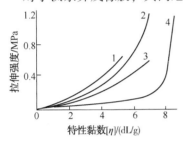

图 9-5　异戊二烯橡胶特性黏数与拉伸强度的关系

1—天然橡胶；

2—钛系异戊橡胶（分子量分布窄）；

3—锂系异戊橡胶（分子量分布窄）；

4—钛系异戊橡胶（分子量分布宽）

表 9-17　不同分子量和分子量分布的稀土异戊橡胶硫化胶性能

特性黏数 $[\eta]/(dL/g)$	分子量分布指数 M_w/M_n	生胶门尼黏度 $ML_{1+4}^{100℃}$	300%定伸应力/MPa	拉伸强度/MPa	扯断伸长率/%	永久变形/%	邵尔A硬度
5.10	5.68	39.0	9.16	24.01	524	51.2	58
5.04	3.45	55.0	10.97	29.89	545	48.8	62
4.76	4.23	49.5	11.68	27.54	501	50.0	62
4.67	5.25	40.5	9.21	27.44	590	55.2	60

3. 支化和凝胶对橡胶性能的影响

（1）支化和凝胶

聚异戊二烯随生产工艺的不同，在不同程度上存在支化和含有凝胶的现象。如取完全线型聚合物的支化指数为1，则当每个聚合物分子中如含有5个三官能支化点时，该值即降为0.7。天然橡胶、钛系异戊橡胶和锂系异戊橡胶的支化指数分别为0.55、0.9~1.0和1.0。另外，尽管古塔波胶和巴拉塔胶的分子完全呈线型结构，但合成的反式1,4异戊二烯橡胶仍含有支化分子链组分。

钛系异戊橡胶含有5%~30%凝胶，其中大多数呈疏松结构（溶胀指数>20），是个别大分子的聚集体。这种聚集体在物理交联时形成假稳定网络，但在加工（塑炼）过程迅速被破坏，解聚为线型高分子。用光散射法测定的微凝胶-聚合物-催化剂粒子的尺寸及催化剂残渣和残核尺寸示于图9-6。异戊橡胶的凝胶含量和结构与催化体系有关，不同催化体系下制

得的 СКИ-3 微凝胶粒子的特性和结构见表 9-18 和图 9-7[16]。

表 9-18　不同催化剂体系 СКИ-3 微凝胶粒子的结构参数①

试样	凝胶级分②	微凝胶含量/%	$(R/C)_{氯苯}/(R/C)_{己烷}$③$\times 10^2$	$\overline{M}_w \times 10^{-6}$	微凝胶粒子的平均尺寸 $(\overline{R_K^2})^{1/2}/nm$	微凝胶粒子残留催化剂的平均尺寸 $(\overline{R_{ЯK}^2})^{1/2}/nm$
TiCl-$(i$Bu$)_3$Al 二元体系						
工业样品	I	13	—	—	—	—
	II	14	0.03	43000	960	210
工业样品	I	18	—	—	—	—
	II	12	0.001	170000	12500	210
TiCl-$(i$Bu$)_3$Al 给电子添加剂三元体系						
中试样品	I	4	—	—	—	—
	II	9	0.07	10000	660	310
	III	9	—	130	320	—
TiCl-$(i$Bu$)_3$Al 给电子添加剂不饱和化合物						
中试样品	I	1.3	500	5000	570	510
	II	0.5	20	440	190	180
工业样品	I	1	14	1400	530	550
	II	1	1.20	1000	360	220
	III	4	0.04	350	180	47
工业样品	I	1	30	1300	460	490
	II	1	4	2100	420	300
	III	4	—	350	32	57

①光散射法测定。

②橡胶的己烷溶液在离心机上以不同转速分离出的凝胶级分：Ⅰ—5000r/min；Ⅱ—15000r/min；Ⅲ—40000r/min。

③$(R/C)_{氯苯}/(R/C)_{己烷}$是氯苯-己烷溶液的光散射值。

（2）凝胶含量对性能的影响

天然橡胶和异戊橡胶均含有大量凝胶。凝胶含量及其结构对异戊橡胶加工性的影响见图 9-8[1]。含 20%~30%凝胶的异戊橡胶在加工中需进行塑炼，其中，疏松性凝胶（溶胀指数>20）在塑炼中会降解，但紧密性凝胶（溶胀指数<10）则不会降解，残留在聚合物中起填料作用。随着凝胶含量的增加，橡胶的结晶半衰期在起始增长阶段缩短，尔后就延长。紧密凝胶会使异戊橡胶硫化胶的拉伸强度下降（图 9-9）。

新一代无凝胶钛系异戊橡胶，具有较好的加工性能，在加工过程中不降解，从而改善了硫化胶的物理机械性能。

9.1.4　聚合催化剂

按不同聚合反应机理区分的聚合催化剂有以下几类：

1. 配位聚合体系

钛系、稀土系、钒系和钴系属于 Ziegler-Natta 配位聚合体系，其中钛系和稀土系在生产顺式异戊二烯橡胶中已得到应用。

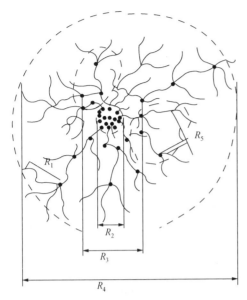

图 9-6　СКИ-3 微凝胶粒子的结构

$R_1 = (h)^{1/2} = 1\text{nm}$, $R_2 = 2(R_{як}^2)^{1/2} = 1.5\text{nm}$,

$R_3 = 2(R_K^2)^{1/2} = 2.2\text{nm}$, $R_4 = 10\text{nm}$

（凝胶粒子中线型大分子数目约为 10^4；h^2 为大分子末端均方；

虚线内为凝胶粒子在机械降解中分离出了的碎块）

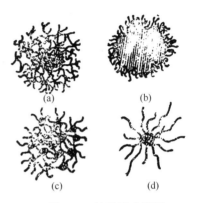

图 9-7　钛系异戊橡胶
СКИ-3 微凝胶粒子的结构

（a）二元催化体系的微凝胶组分 Ⅱ；
（b）、（c）、（d）分别为四元催化
体系的微凝胶组分 Ⅰ、Ⅱ、Ⅲ

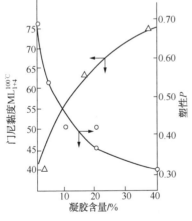

图 9-8　凝胶含量与门尼
黏度和塑性的关系

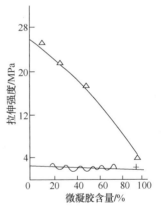

图 9-9　未填充硫化胶的拉伸
强度与微凝胶的关系

　　使用 $(C_2H_5)_3Al—Ti(O-nC_3H_7)_4$ 钛系催化剂可得到含 3,4 结构 94%~100% 的无定形聚异戊二烯（绝大部分是无规的）。使用由乙酰丙酮酸铁（ferric acetyle acetonate）、三烷基铝和胺衍生的催化剂并以苯为聚合溶剂时，可得到含有 70% 3,4 结构和 30% 顺式 1,4 结构的结晶形聚异戊二烯，但这种聚异戊二烯含有凝胶并且收率较低。含有 70%~85% 3,4 结构（余为顺式 1,4 结构）基本无凝胶的结晶型聚异戊二烯可由以水改性的乙酰丙酮酸铁、三烷基铝和 1,10-二氮杂菲（1,10-Phenanthroline）制备的催化剂以 95% 以上的收率获得。这种 3,4-聚异戊二烯呈现间同立构或等规立构。

2. 阴离子聚合

早在 1911 年就有以金属钠为催化剂进行异戊二烯聚合的报道。在以一般烃溶剂或本体聚合时，用碱金属只能进行非均相聚合，在高极性溶剂中方可进行均相聚合。碱金属中，只有锂可得到顺式 1,4 构型含量超过 90% 的聚异戊二烯（表 9-7）。高度分散在己烷或庚烷中的金属锂也能得到高顺式 1,4-聚异戊二烯，然而金属锂分散在极性溶剂如四氢呋喃、二乙醚和二噁烷只能得到基本不含顺式 1,4 型的聚异戊二烯。

直到 20 世纪 50 年代后期，用有机锂化合物取代分散的金属锂，才实现了均相聚合，使聚合变得较易控制，并且消除了用金属锂时难以重复的诱导期。

采用有机锂作催化剂可使异戊二烯进行活性阴离子聚合，得到可设计分子量和链长均匀的聚异戊二烯。有机锂中，丁基锂最广泛用于异戊二烯聚合，因为它可溶于极性和非极性溶剂中。

3. 阳离子聚合

采用三氟化硼作催化剂进行异戊二烯阳离子聚合可得到环化产物并失去不饱和性。以 BF_3、$SnCl_4$ 或 $AlCl_3$ 为催化剂在戊烷、氯仿或乙苯中引发异戊二烯阳离子聚合，在 $-78 \sim 30℃$ 和转化率 50% 左右，可得到反式 1,4 构型含量达 90% 的聚异戊二烯。异戊二烯用四氯化钛/格利雅试剂（Grignard reagent）或二氯乙基铝进行环聚得到不溶的固体粉末。

4. 自由基聚合

异戊二烯可进行自由基乳液聚合，以过硫酸钾为催化剂在 50℃ 聚合 15h 可获得 75% 的转化率。典型的异戊二烯乳液聚合配方示于表 9-19。采用两种催化剂的聚合结果示于表 9-20。

由于异戊二烯乳液聚合得到的聚合物顺式 1,4 构型含量低，物理性能差，故未实现工业化。

表 9-19　典型的异戊二烯乳液聚合配方

组　分	水	异戊二烯	脂肪酸钾皂	氯化钾	过硫酸钾	叔十二烷基硫醇盐
用量/质量份	180	100	5	1	0.15~0.6	0.1~0.8

表 9-20　异戊二烯乳液聚合产物的微观结构含量　　　　　　　　%

引　发　剂	顺式 1,4	反式 1,4	3,4 结构	1,2 结构
异丙苯过氧化氢（5℃聚合）	1.7	86.2	5.4	6.7
过硫酸钾（50℃聚合）	17.6	71.9	5.3	5.2

9.1.5　异戊橡胶与天然橡胶的差异

异戊橡胶本是作为天然橡胶的替代物开发的，虽在主要物理机械性能方面接近天然橡胶，但在结构及组成方面与天然橡胶存在明显差异，导致二者的物理机械性能和化学行为存在显著差别。

1. 结构差异

聚异戊二烯的顺式 1,4 构型含量一般不超过 97%，而 1,2 结构和 3,4 结构的存在则影响聚合物链段的紧密排列及其均匀性（锂系异戊橡胶尤甚）。如图 9-10 所示，当连续头-尾顺式 1,4 排列中出现 3,4 结构时，则会形成尾-尾结构进而逆转成尾-头排列，这种连锁式平行排列结构是难以生成结晶的。

天然橡胶的 3,4 结构含量极少，有的研究人员用核磁共振测定方法也未发现 3,4 结

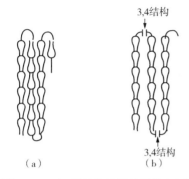

图 9-10　头-尾结构的天然橡胶(a)和
含有 3,4 结构由头-尾逆转为
尾-头结构的异戊橡胶结构(b)示意

构[25,26]。天然橡胶顺式 1,4 构型链节 100%呈头-尾排列，因而极易结晶化。而钛系异戊橡胶则有 1%~2%是头-头排列，2%是尾-尾排列。

反式 1,4 结构对结晶速度有很大的影响，天然橡胶不含反式 1,4 结构。将天然橡胶用二氧化硫高温处理使之异构化生成一定量的反式 1,4 结构，随着反式 1,4 结构含量增加，其 α-细丝生长速度急剧下降，当反式 1,4 结构达到 10%时，其 α-细丝生长速度下降了三位数[27]。锂系和钛系异戊橡胶都含有一定量的反式 1,4 结构，因此它们的结晶速度受到影响。

这些微观结构的差异导致异戊橡胶的结晶速度比天然橡胶低几倍到几十倍，结晶度也较小，熔点 T_m 则低 10℃左右。

从分子量及胶中所含组分看，异戊橡胶和天然橡胶的分子量和组成也有明显差别。天然橡胶的分子量较高，分子量分布也较宽，且无低分子量级分。特别是天然橡胶中还含有羰基、羧基和羟基等极性基团以及约 6%的非橡胶组分。异戊橡胶则不含这些非橡胶组分。

天然橡胶中的非橡胶组分包括可溶于弱溶剂的可溶成分(SF)及不溶于有机溶剂的不溶成分(IF)，后者约占非橡胶组分的 3%~4%。分别测定天然橡胶、异戊橡胶和脱除这些非橡胶组分的天然橡胶(天然橡胶-SF，天然橡胶-SF-IF)以及将这些非橡胶组分加入异戊橡胶的异戊橡胶(异戊橡胶+SF，异戊橡胶+SF+IF)的物理机械性能，结果如表 9-21[22,24]所示。

表 9-21　天然橡胶中的非橡胶组分对天然橡胶和异戊橡胶混炼胶和硫化胶性能的影响

性能　　　　　　　样品	门尼黏度 ML_{1+4}^{100}	生胶强度[3]/MPa	门尼焦烧时间/min	硫化时间/min	300%定伸应力/MPa	拉伸强度/MPa	扯断伸长率/%	古德里奇生热 ΔT/℃	撕裂强度(100℃)/(kN/m)	切口于 70 多次形变下增长 5 倍的时间/h
塑炼天然橡胶(天然橡胶)	53	0.245	6	17	9.99	25.19	520	28	10.6	126
异戊二烯橡胶(异戊橡胶)	74	-0.082	8	20	9.22	30.28	575	21	4.6	66
天然橡胶(除去 SF[1])	46	0.457	6	18	9.51	27.93	595	—	8.8	101
天然橡胶(除去 SF 和 IF[2])	52	0.206	8	20	8.43	29.42	595	22	7.5	43
异戊橡胶(添加 SF)	66	-0.098	7	20.5	8.83	28.91	555	25.5	4.5	—
异戊橡胶(添加 IF)	77	—	6	18	11.27;12.35	36.16;43.12	550;540	25	11.3	85
异戊橡胶(添加 SF 和 IF)	67	-0.075	6	18	9.99	26.85	535	28	15.7	106
异戊橡胶(添加 2 倍 IF)	80	—	6.5	17	12.64	37.26	560	27	11.1	82

①SF 为天然橡胶中非橡胶物的可溶性组分。
②IF 为天然橡胶中非橡胶物的不溶性组分。
③未硫化胶应力-应变曲线上扯断应力减去屈服应力的值。负值时表示扯断应力小于屈服应力。

上述不溶性物质主要是变性蛋白，在电子显微镜下观测为 0.1~1μm 的粒子，将其氧化分解得到的残渣用乙醚或苯提取，发现有相当部分是低分子量的橡胶分子链，因此可以推断这种变形蛋白是以化学方式附着在橡胶分子链上的。

将天然橡胶的臭氧分解产物用红外吸收光谱测定，表明在橡胶分子链上存在羰基和羟基等阴离子基团。表 9-26 的数据表明，氧化锌对异戊橡胶的生胶强度并无影响，然而对天然橡胶却有明显的影响，这是天然橡胶分子链中的上述阴离子基团和二价金属结合的结果，从而使天然橡胶具有较高的生胶强度。

因此，各种极性基团和变形蛋白质的存在，是天然橡胶生胶强度较高的重要原因。甚至有人提出一个模型产物，将天然橡胶视作异戊二烯与这些蛋白质的共聚体[23]。天然橡胶与异戊橡胶各种性能的对比见表 9-22~表 9-27。

此外，天然橡胶和异戊橡胶所含凝胶虽然均可增高其生胶强度，但凝胶的结构形式有所不同。钛系异戊橡胶和天然橡胶都含有大量凝胶，其生胶强度高于锂系和稀土系异戊橡胶。异戊橡胶中的凝胶中存在着星型的分子链，它们互相构成很强的网状结构，可形成二次凝集体；而天然橡胶的凝胶作用有人归结于其含有的氮化物所致。

2. 性能差异

异戊橡胶与天然橡胶结构及组成的差异导致其性能的差异。异戊橡胶的生胶强度低于天然橡胶，其硫化胶的拉伸强度、定伸应力、撕裂强度、高温强度、耐磨性及疲劳寿命等也均低于天然橡胶。

其生胶及硫化胶的性能见表 9-6 和表 9-22~表 9-29 及图 9-11、图 9-12。

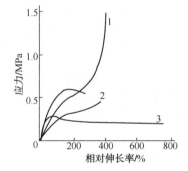

图 9-11　充炭黑混炼胶的
应力-相对伸长率曲线
1—天然橡胶；2—脱蛋白天然橡胶；3—СКИ-3

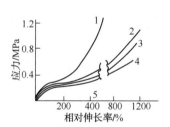

图 9-12　未硫化炭黑混
炼胶的应力-相对伸长率曲线
1—天然橡胶；2—СКИ-3 М；
3—СКИ-3М 和 СКИ-3 并用胶料；
4—СКИЛ М ；5—СКИ-3

异戊橡胶的生胶强度显著低于天然橡胶，多数研究结果认为[22]，除微观结构和凝胶含量不同外，还有以下两个原因：

(1) 两者结晶速度不同

生胶强度与橡胶的结晶状态密切相关，天然橡胶的生胶强度较高，是由于在拉伸状态下容易结晶的缘故。从热力学上分析，天然橡胶拉伸时的焓变(等于此时所做的功和吸收的热量之和)在伸长率达 350% 时急剧下降，乃是橡胶内部结构由于结晶发生很大变化，致使拉伸应力急剧增大的结果。在 -25℃ 结晶速度测定结果表明，天然橡胶较早就出现结晶，其结晶速度与加入的炭黑量无关；而异戊橡胶的结晶出现时间则比天然橡胶晚得多，而且其结晶速度随着炭黑加入量的增加而加快。因此，异戊橡胶的结晶速度远比天然橡胶慢，而且在结晶开始时需要一段较长的诱导期。这是异戊橡胶生胶强度比天然橡胶低的主要原因之一。

（2）两者片型结晶生成时间不同

采用溶剂蒸发法获得的 0.1μm 的橡胶薄膜，在电子显微镜下观测橡胶的结晶状态时，发现用氧化铈处理的未受到拉伸的天然橡胶中含有分散的球形结晶，这些球形结晶是由向外放射状延伸的纤维状结晶和无定形成分组成；当它受到拉伸时（200%），则出现这些纤维状结晶沿着与拉伸方向垂直方向呈并列的现象。这种纤维状结晶称作 α-细丝，它是由片型结晶形成的，在结晶的初期主要是生成片型结晶，它能与炭黑凝胶（bound rubber）构成三维网状结构。而异戊橡胶生成片状结晶的时间要比天然橡胶晚，这也是异戊橡胶生胶强度较天然橡胶低的原因之一。

表 9-22 异戊橡胶与天然橡胶硫化胶性能[15,24]

项　目	未加炭黑			加 30 份 AГ-100 炭黑		
	Ti-异戊橡胶 СКИ-3	Li-异戊橡胶 СКИ-Л	天然橡胶	Ti-异戊橡胶 СКИ-3	Li-异戊橡胶 СКИ-Л	天然橡胶
拉伸强度/MPa						
20℃	28~32	20~33	28~36	30~39	26~33	34~39
100℃	18~22	6.0~19	20~30	17~26	11~19	19~26
100℃老化72h	16~24	9~14	18~25	19~25	12~22	12~16
300%定伸应力/MPa	1.0~2.5	0.7~1.5	1.0~2.8	3.2~4.0	2.0~3.5	3.0~5.5
扯断伸长率/%	700~1000	800~1200	850~1100	720~850	750~1100	700~850
永久变形/%	5~15	7~16	8~16	25~35	30~55	25~35
撕裂强度/(kN/m)	37.2~44.1	19.6~39.2	34.3~53.9	79~121	39~73	98~162
-45℃耐寒系数	0.5~0.98	0.5~0.98	0.4~0.9	0.45~0.55	0.5~0.55	0.4~0.55
邵尔A硬度(TM-2)	30~40	25~35	35~40	45~60	45~60	50~60
回弹性/%						
20℃	67~70	62~68	65~75			
100℃	72~82	72~81	72~82			
动力模量/MPa	1.4~1.7	0.98~1.61	1.4~1.7			

表 9-23 异戊橡胶与天然橡胶结构及物理常数的比较[13]

性　质	天然橡胶	异戊橡胶
顺式1,4含量/%	98.2	96.9
反式1,4含量/%	—	—
1,2结构含量/%	—	—
3,4结构含量/%	1.8	3.1
灰分含量/%	0.5~1.0	0.05~2
颜色	白色~褐色	浅琥珀色,白色
相对密度	0.92	0.91
折射率(20℃)	1.52	1.52
体积膨胀系数/℃$^{-1}$	0.00062	—
导热系数/(W/m·℃)[cal/(s·cm·℃)]	0.13(0.00032)	—
玻璃化温度/℃	-73	-70

性　　质	天 然 橡 胶	异 戊 橡 胶
比热容/(kJ/kg·℃)[cal/(g·℃)]	1.9~2.1(0.45~0.50)	—
熔点/℃	15~40	0~25
溶解度参数/(J/cm³)¹/²[(cal/cm³)¹/²]	16.6(8.13)	16.6(8.09)
内聚能密度/(J/cm³)(cal/cm³)	267(63.7)	—
体积电阻率/Ω·cm	10^{15}	10^{15}
介电常数	2.37	—
燃烧值/(kJ/kg)	44.799	—

表 9-24　异戊橡胶与天然橡胶纯胶硫化胶性能比较[13]

配　　方	1	2	3
异戊橡胶	100①	100②	—
天然橡胶	—	—	100③
氧化锌	3.0	6.0	5.0
硬脂酸	3.0	4.0	2.0
防老剂	1.0	1.0	1.0
硫黄	1.5	3.0	2.75
促进剂 MBTZ	—	0.8~1.2	—
促进剂	0.2~0.4	—	—
促进剂	0.05~0.15	—	—
促进剂 CZ	0.2~0.4	—	—
促进剂 BTDS	—	—	0.8~1.2
促进剂 TMTD	—	—	0.05~0.15
合计	114.8~115.2	108.95~109.45	111.60~110.75
硫化胶性能			
硫化条件	121℃×60min	145℃×15min	142℃×15min
拉伸强度/MPa	27.9	26.5	30.7
伸长率/%	735	910	730
300%定伸应力/MPa	—	1.2	2.1
500%定伸应力/MPa	5.4	—	—
邵氏 A 硬度	42	35	41

①顺式 1,4 含量为 91%~93%。

②顺式 1,4 含量为 96%~97%。

③顺式 1,4 含量为 99%~100%。

表 9-25　含炭黑异戊橡胶与天然橡胶纯胶硫化胶性能比较[13]

配方和性能 ＼ 橡胶种类	异戊橡胶	充油异戊橡胶	天然橡胶
聚合物	100	100	100
高耐磨炉黑	50	50	50
操作油	5	—	5
硫黄	2.5~3	2.5~3	2.5~3

配方和性能　　　橡胶种类	异戊橡胶	充油异戊橡胶	天然橡胶
拉伸强度/MPa	25.5	22.0	28.3
300%定伸应力/MPa	11.6	9.5	14.2
伸长率/%	520	530	550
邵氏 A 硬度	56	—	63
直角撕裂强度/(kN/m)	65.1	73.7	103
Yerzley 回弹率/%	71	73	72
古德里奇屈挠升温/℃	19	22	18.5

表 9-26　氧化锌对天然橡胶和异戊橡胶生胶强度的影响

有无加入氧化锌	天然橡胶		异戊橡胶	
	无	有	无	有
300%定伸应力/MPa	0.32	0.43	0.24	0.23
拉伸强度/MPa	0.47	1.51	0.25	0.21
伸长率/%	480	690	1100	1280

表 9-27　日本产异戊橡胶与天然橡胶性能比较[13]

橡胶种类	日本异戊橡胶-10 异戊橡胶	天然橡胶	橡胶种类	日本异戊橡胶-10 异戊橡胶	天然橡胶
聚合物	100	100	硫黄	1.5	2.6
氧化锌	5	5	合计	165	167
硬脂酸	4	3	硫化胶性能		
石蜡	1	1.5	143℃×min	40	40
三线油	4	—	邵氏 A 硬度	58	61
松焦油	—	4.5	拉伸强度/MPa	30.4	30.6
防老剂 D	1.5	1	300%定伸/MPa	8.1	9.5
防老剂 4010NA	1	1.2	伸长率/%	656	646
防老剂 H	0.3	0.3	撕裂强度/(kN/m)	137.2	156.8
中超耐磨炉黑	45	—	古德里奇升热/℃	50	51
混气槽黑	—	27	回弹率/%	30	12
瓦斯槽黑	—	20	曲挠/裂口等级	5, 6, 6/240	6/510
促进剂 DM	—	0.4	100℃×24h 老化系数	0.72	—
促进剂 M	—	0.5			
促进剂 CZ	1.7	—			

3. 异戊橡胶与天然橡胶的优缺点对比

（1）异戊橡胶相对于天然橡胶的优点

① 质量均一、纯度高、颜色浅、臭味小。适用于制取浅色和医药橡胶制品。由于非胶组分和杂质少，便于化学改性。

② 加工性能较好。易于软化和混合，塑炼时间短，混炼加工简便，无需进行预炼。加

工时膨胀和收缩小，有较好的压出和压延性，低滞后。流动性好，注压或模压成型过程有极好流动性，尤其是低顺式含量的异戊橡胶。

（2）异戊二烯橡胶相对于天然橡胶的缺点

生胶强度、屈服强度和拉伸强度均较低，挺性较差、易变形，给加工工艺带来一定困难。另外硫化胶的拉伸强度、定伸应力、撕裂强度、高温强度、耐磨性及疲劳寿命等都低于天然橡胶。

9.1.6　用途

异戊橡胶是继丁苯橡胶、顺丁橡胶之后的第三个大品种的通用合成橡胶，是天然橡胶的主要替代物，大量地用于制造轮胎和其他橡胶制品。异戊橡胶未硫化的撕裂强度、滞后现象和拉伸强度，尤其是高温下的拉伸强度及自黏性等均优于丁苯橡胶和顺丁橡胶。

异戊橡胶可单独使用，也可与天然橡胶和其他通用合成橡胶并用。目前大约60%的异戊橡胶用于制造轮胎，在制造载重型轮胎和越野型轮胎方面可以部分替代天然橡胶。优先发展异戊橡胶的前苏联的大多数载重轮胎采用异戊橡胶：顺丁橡胶：丁苯橡胶 = 50：30：20，轻便轮胎采用20：30：50的并用比例。这类轮胎的综合性能与纯天然橡胶或大部分为天然橡胶的轮胎性能相当，而且生热小，耐寒性、耐磨性均超过天然橡胶。

由于世界各国的轮胎工业都在向节能型的子午胎过渡，因而扩大了对异戊橡胶的需求。但由于其未硫化胶的拉伸强度和撕裂强度均不及天然橡胶，故在航空轮胎和大型轮胎中仍不能完全替代天然橡胶。

约40%的异戊橡胶用于制做帘布胶、输送带、密封垫、胶管（包括空调制冷剂软管防渗漏橡胶内衬[28]）、胶板、胶带（包括压敏胶带[29]、双面胶带[30]和可无损剥离胶带[31]）、胶丝、海绵[32]、胶黏剂[33]（包括压敏胶黏剂[34]和一次性卫生用品的热熔胶黏剂[35]）、电线电缆和可提高电池贮电、充电和放电性能的电池电极材料[36]以及导电橡胶[37,38]、运动器材、医疗用具[39]和胶鞋等。

异戊橡胶与丁苯橡胶并用可改善丁苯橡胶的撕裂强度、滞后性能，并增加其回弹性和拉伸强度及流动性。丁苯橡胶和顺丁橡胶可改善异戊橡胶的硫化返原性和减小过炼软化。异戊橡胶与乙丙橡胶并用具有优良的耐臭氧老化性。

稀土异戊橡胶和锂系异戊橡胶还可用于浅色制品、医药和食用级橡胶制品。在中国已用于生产负型光刻胶等精细高分子化学品。

9.2　锂系异戊橡胶

9.2.1　发展概况

美国 Shell 公司于1960年首先实现锂系异戊橡胶的工业化，1962年建成36kt/a的生产装置。荷兰 Shell 公司于1962年也开始生产锂系异戊橡胶，到1976年生产能力已扩大到75kt/a。在20世纪70年代，前苏联亦已批量生产锂系异戊橡胶。

目前国际上已有的锂系异戊橡胶生产装置，有美国科滕（Kraton）聚合物公司、日本可乐丽公司及俄罗斯 RUV 公司等。美国科滕聚合物公司的 IR307、IR310 系列年产量为24kt，IR401 系列为锂系异戊橡胶胶乳，其年产量约100kt，由于质地纯净，可代替天然橡胶用于医用乳胶手套、避孕套等，具有较高的附加价值[167]。

国内早期对合成锂系异戊橡胶的研究较少，而且主要集中在以液体异戊橡胶作为橡胶增塑剂的应用方面。濮阳林氏化学新材料公司开发的 5kt 锂系异戊橡胶于 2012 年在河南濮阳投产，主要生产聚异戊二烯乳液和液体异戊橡胶，用于化工、医疗、建筑、汽车、国防等军工和民用领域。

相对于钛系高顺式异戊橡胶，锂系异戊橡胶发展缓慢的主要原因是顺式 1,4 构型含量较低，一般在 92% 左右，难于替代天然橡胶。此外，生产所用原料中的杂质对催化剂制备和聚合反应过程的影响很大，因而对原料的纯度要求很高。各种异戊橡胶用异戊二烯单体规格见表 9-28。

表 9-28　异戊橡胶用异戊二烯单体规格[①]

组　分	含量/%				组　分	含量/%			
	Ⅰ	Ⅱ	Ⅲ	Ⅳ		Ⅰ	Ⅱ	Ⅲ	Ⅳ
异戊二烯	>97.0	>99.1	>99.0	>99.6	羰基化合物/$\times 10^{-6}$	<10	<10	<9	<5
异戊二烯二聚体	<0.1	<0.1			硫/$\times 10^{-6}$	<5			
间戊二烯/$\times 10^{-6}$	<80	<80	<0.4	<80	硫醇/$\times 10^{-6}$		<5	<5	
戊烯和异戊烷			<0.6		水/$\times 10^{-6}$			<10	<10
α-烯烃	<1.0	} <0.8		} <0.4	环戊二烯/$\times 10^{-6}$	<1		<5	<1
β-烯烃	<2.8				乙腈/$\times 10^{-6}$	<8			
炔烃/$\times 10^{-6}$	<50	<5	<4	<3	胺类/$\times 10^{-6}$			<10	
丙二烯/$\times 10^{-6}$	<50	<5			过氧化物/$\times 10^{-6}$	<5	<1		

①　Ⅰ、Ⅱ、Ⅲ 分别为 Natsyn、Europrene 和 СКИ-3 钛系异戊橡胶的单体规格；Ⅳ 为锂系异戊橡胶的单体规格。

但是，锂系异戊橡胶也有许多优点，例如其催化剂呈均相体系，活性高，用量小；分子量分布窄而且聚合物分子量易控制，在较理想的反应条件下其分子量分布指数可小于或等于1.10；聚合反应速度快，单体转化率很高，可接近 100%；聚合物无凝胶，灰分含量很低；催化剂残留量少，而且不影响橡胶性能，生产中无需对胶液进行水洗脱灰工序，废水和废渣很少。锂系异戊橡胶也有许多特殊应用性能，如制品色浅、质地较为纯净、流动性好，可改善产品加工性能，在许多场合可代替天然胶用作食品及制药行业的包装和密封材料、婴儿用品、计生用品、黏合剂、浅色或透明物品的添加剂和光刻胶等。另外，用锂系催化剂合成的3,4-异戊橡胶可用于轮胎等行业，提高轮胎的抗湿滑性，降低轮胎生热；合成的液体异戊橡胶则可用作橡胶加工增塑剂等[167]。

9.2.2　聚合工艺

1. 聚合反应特点

以烷基锂为催化剂在烃类溶剂中进行异戊二烯阴离子聚合，具有活性聚合的特征[40]。可制取设计分子量和链长均匀的聚异戊二烯。聚合物的数均分子量可由反应消耗的单体量除以催化剂的物质的量直接计算[6]。按 Mark-Houwink 式计算所得特性黏数 $[\eta]$ 为 6 ~ 10dL/g[41]。

在大多数情况下，链引发和增长反应速率均与单体浓度呈一级关系，与催化剂浓度和烷基锂的链增长反应则呈分数(<1)级关系。在各种条件下的聚合反应动力学数据见表 9-29 ~ 表 9-32[1,6,7]。

表 9-29　异戊二烯聚合对烷基锂的引发反应级数

催 化 剂	溶 剂	温度/℃	反 应 级 数
n, sec, tBuLi	甲苯	30；50	~1
iBuLi	环己烷	30；50	~1
	正己烷	30；50	~1
BuLi	环己烷	30	1/6~1/7
nBuLi	环己烷	30	0.5~1.0
secBuLi	环己烷	30	0.75
	苯	30	0.25
	正己烷	30	0.75
	环己烷	25	0.66
tBuLi	环己烷	25	0.2~0.7

表 9-30　不同催化剂浓度及溶剂下异戊二烯聚合对烷基锂的链增长反应级数

催 化 剂	溶 剂	催化剂浓度/(mmol/L)	反应级数
secBuLi	环己烷	0.4~20	1/3
	苯	0.7~10	0.5
	环己烷	0.06~16	0.25
n, sec, t, iBuLi	环己烷	0.6~6.5	0.17
	苯	1~10	0
nBuLi	正庚烷	<5	0.25
	苯—正己烷	2~16	0
	正己烷	0.001~10	0.17~0.25
nBuLi	环己烷	0.24~3.7	0.5
	苯	3~35	0.2~0.4
tBuLi	苯	0.1~1	0.2~0.4
EtLi	环己烷	0.6~4.1	0.5
1,1-二苯基己基锂	苯	0.1~5	0.25

表 9-31　以 nBuLi 为催化剂在不同条件时的异戊二烯聚合反应速率常数

nBuLi 浓度/(mol/L)	溶 剂	温度/℃	速率常数/(L/mol·min)
0.001	环己烷	30	0.002
0.001	环己烷	50	0.189
0.001	己烷	50	0.0148
0.002~0.04	甲苯	50	0.118

表 9-32　不同聚合条件下异戊二烯聚合反应的链增长速率常数及活化能

烷基锂	溶 剂	温度/℃	链增长速率常数/(L/mol·min)	活化能/(kJ/mol)
EtLi	甲苯	30	0.5	59.8
	环己烷	15	1.93	79.5
nBuLi	庚烷	20	0.67	
	己烷	50	2.5×10^{-4}	
	环己烷	50	3.1×10^{-4}	
	甲苯	50	1.93×10^{-4}	

烷基锂	溶 剂	温度/℃	链增长速率常数/(L/mol·min)	活化能/(kJ/mol)
secBuLi	环己烷	30	2.58.×10⁻³	
聚异戊二烯锂	己烷	30	4.7	92
	己烷	50	7.2	
	庚烷	20	0.65	80.3
	苯	30	1.28×10⁻³	55.6
	苯	30		77.4

　　基于合成锂系异戊橡胶时呈现的活性聚合反应机理,如果与偶联剂(如甲基三氯硅烷等)进行反应可使其分子量倍增;而用多功能偶联剂则可形成星型聚合物。采用适当的共聚单体(如苯乙烯),还可制备嵌段聚合物。如果使用反应性终止剂终止聚合,还可得到用于聚合物改性的端基聚合物[41]。

　　2. 催化剂

　　在碱金属类催化剂中只有锂具有工业化价值。最初,Stavely 用分散的金属锂为催化剂制得含有相当量凝胶和顺式 1,4 构型约 94% 的异戊橡胶[42]。

　　采用金属锂为催化剂时,聚合反应异常激烈,难以控制,目前已广泛使用丁基锂催化剂,在烷烃或苯溶剂中进行溶液聚合,反应较易于控制。

　　烷基锂是用相应的卤化烷烃在氩气保护下(也可用高纯度氮),在 35℃ 以石油醚或精制的饱和烃为溶剂与过量的金属锂反应制备。其浓度可用常规的双重滴定法测定。

　　在各种溶剂中不同类型烷基锂对异戊二烯聚合引发反应速率依如下顺序递减:

$$secBuLi>iBuLi>tBuLi>nBuLi$$

　　烷基锂种类则按下列顺序使聚合物分子量分布由宽变窄(表 9-33):

$$nBuLi>tBuLi>secBuLi$$

　　随着引发速率常数与链增长速率常数之比 k_i/k_p 的增大,分子量分布变窄[43]。

表 9-33　烷基锂类型对聚异戊二烯分子量影响

参　　数	nBuLi	secBuLi	tBuLi
k_i/k_0	0.03	1.2	0.7
$\overline{M_w}/\overline{M_n}$	1.35	1.13	1.18
$M_k×10^{-4}$①	3.6	4.1	3.3
$M_n×10^{-4}$			3.12

①M_k 为动力学分子量。

　　降低催化剂浓度可使橡胶的顺式 1,4 构型增加(表 9-34)和分子量增大(图 9-13)。此外,通过调节单体异戊二烯和催化剂的浓度比 $[M]/[BuLi]^{1/2}$ 可以调节聚合物的分子量[44]。

表 9-34　烷基锂浓度对聚异戊二烯微观结构的影响

nBuLi 浓度/ (mmol/L)	微观结构/%		
	顺式 1,4	反式 1,4	3,4 链节
61.2	74	18	8
1.0	78	17	5
0.1	84	11	5
0.008	97	0	3

在一般的贮存容器中烷基锂会与扩散进入的空气中的氧气和水分反应而使活性下降，形成白色沉淀物。在密封中保存，其活性可保持数月不变[40]。

丁基锂是非常危险的化学品，其商品一般溶解在烃类溶剂中，易燃程度依所用溶剂而定。各种溶剂的易燃性见表9-35。

3. 聚合工艺条件及影响因素

（1）原料

烷基锂聚合体系对单体异戊二烯、聚合溶剂及保护性氮气等的纯度要求很高，供电性的物质即使含量甚微，也会降低聚合物的立构规整性。聚合所用溶剂不仅影响聚合反应速率，还影响聚合物的微观结构。给定的烷基锂催化剂在不同溶剂中的聚合引发速率按以下顺序递减：

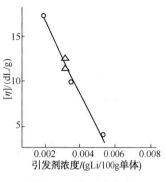

图9-13　特性黏数与催化剂浓度的关系

表9-35　丁基锂在各种溶剂中的易燃性

	闪点/℃	燃点/℃	爆炸极限/%	
			下限	上限
戊烷	<-40	260	1.5	7.8
己烷	-27	225	1.1	7.5
庚烷	-3.9	216	1.05	6.7

四氢呋喃>甲苯>苯>正己烷>环己烷

不同溶剂对聚合物分子结构的影响见表9-36和表9-37。一般情况下，本体聚合或用脂族烃为溶剂时，聚合物的顺式结构含量高于以芳烃为溶剂者。

表9-36　溶剂对聚异戊二烯微观结构的影响[7]

溶剂	微观结构/%				溶剂	微观结构/%			
	顺式1,4	反式1,4	1,2链节	3,4链节		顺式1,4	反式1,4	1,2链节	3,4链节
正庚烷	93	0	0	7	四氢呋喃	0	30	16	54
环己烷	94	0	0	6	丁硫醚	62	0	0	38
苯	93	0	0	7	三丁胺	0	55	1	44
己醚	0	49	4	47	二苯醚	82	0	0	18
二氧六环	0	35	16	49	苯甲醚	66	0	0	34

表9-37　聚合溶剂和催化剂对聚异戊二烯微观结构的影响[21]

催化剂	溶剂	温度/℃	微观结构/%（摩尔）		
			顺式1,4	反式1,4	3,4链节
正丁基锂	环己烷	30	80	15	5
仲丁基锂	苯	20	71	23	6
仲丁基锂	四氢呋喃	30	0	69	31

注：300MHz ^{1}H NMR测定精度：顺式1,4结构或反式1,4结构=±2%；3,4结构和1,2结构=±1%，在三种溶剂中1,2结构检测均为0。

（2）催化剂

在各种溶剂中不同类型烷基锂对异戊二烯聚合引发反应速率依如下顺序递减：

$$secBuLi>iBuLi>tBuLi>nBuLi$$

烷基锂种类则按下列顺序使聚合物分子量分布由宽变窄：

$$nBuLi>tBuLi>secBuLi$$

随着引发速率常数与增长速率常数之比 k_i/k_p 的增大，分子量分布变窄。

（3）温度

聚合反应速度随温度升高而加快，符合 Arrhenius 方程。在四氢呋喃和己烷中聚合反应的活化能分别为 29.4 kJ/mol 和 17.6 kJ/mol[45]。

采用锂系催化剂时的另一显著特点是聚合反应温度对锂系异戊橡胶分子量和微观结构的影响都不大。因此可在较高温度下进行聚合反应，借以提高聚合反应速度和聚合转化率乃至生产能力，也有利于聚合反应釜的撤热。此外，在较高温度下引发聚合还可使聚合物分子量分布变窄。

（4）单体转化率

锂系异戊橡胶的分子量随单体异戊二烯的转化率的升高呈线性关系增大，但是聚合物的微观结构不受其影响。在实际生产中，单体异戊二烯的转化率都控制得很高，几乎接近100%，从而省去了回收单体的处理问题。

9.2.3　生产工艺及特点

1. 生产工艺及特点

锂系异戊橡胶的生产流程与锂系聚丁二烯橡胶的溶液聚合工艺相似，其示意见图9-14[43]。

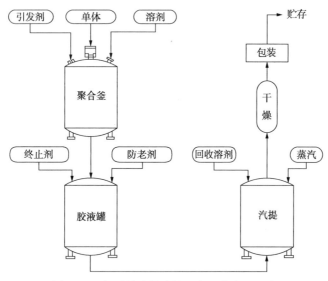

图9-14　锂系异戊橡胶的生产工艺流程示意

为了获得分子量较高、分子量分布较窄的聚合物，常采用间歇操作式的聚合反应釜。由于聚合反应温度较高(55~65℃)，聚合反应釜较易撤热，聚合温度亦较易控制；由于单体转化率甚高，甚至可以省去较为复杂的单体回收工序。

锂系催化剂与齐格勒型过渡金属催化剂不同，在生产过程中即使残留在橡胶中，对橡胶质量亦无多大影响。因此，在生产过程中可省略胶液水洗脱灰工序，减少废水和废渣的处理量。锂系异戊橡胶生产的后处理工序可以采用同时进行脱溶剂、干燥和分离的转筒干燥机或减压挤出机型干燥机等直接干燥工艺，从而缩短生产流程和降低能耗。

　　2. 聚合工艺的改进

　　针对锂系异戊橡胶顺式结构含量偏低的问题，已有多方面的改进研究报道。例如在锂催化剂中加入其他活性组分如乙腈、二硫化碳、酯类、卤化苯和叔胺或芳基醚等，借以提高顺式结构含量[7]。

　　日本旭化成公司在丁基锂中添加含磷化合物，使锂系异戊橡胶的性能有了明显的改进（表9-38）[46]。

表 9-38　添加含磷化合物对锂系异戊橡胶性能的影响

项　　目	丁基锂	丁基锂+含磷化合物	项　　目	丁基锂	丁基锂+含磷化合物
生胶性能			硫化胶性能		
顺式 1,4 含量/%	91.2	95.4	拉伸强度/MPa	20.5	25.5
拉伸强度/MPa	0.35	0.58	300%定伸应力/MPa	5.5	7.0
扯断伸长率/%	430	590	扯断伸长率/%	610	695

　　Shell 公司在仲丁基锂的烃溶液中加入少量水，使顺式结构含量提高到96%，并改善了硫化胶的性能[47]。添加间二溴苯和三苯基胺的 nBuLi 则可使顺式结构含量高达98%[48]。

　　锂系催化剂对系统内的杂质极为敏感。如采用烷基锂−二茂钴或二茂镍络合物作为催化剂，可增强其对杂质的抗干扰能力[49]。

　　近期有报道利用阴离子活性聚合的特点开发并工业化了多种新型的锂系异戊橡胶[50]，如荷兰 Kraton 聚合物公司开发并生产了两种新品种，一种是呈透明状、基本是纯聚异戊二烯用于医疗制品；另一种为黄色的充油品种用于工业制品。用 Kraton 异戊橡胶替代高尔夫球中的顺丁橡胶，可使其性能稳定、回弹性增高。透明 Kraton 异戊橡胶的主要优点是性能与天然橡胶相似，但滞后损失较低，无胶臭味，其加工和使用性能重复性好，可提供全透明品级。其潜在应用领域包括汽车驾驶内仓及汽车悬挂减振件和手套等[51]。

　　国内对锂系异戊橡胶研究则主要集中在液体异戊橡胶和 3,4-异戊二烯橡胶方面[167]。

9.3　钛系高顺式异戊橡胶

9.3.1　催化体系

　　虽然有多种 Ziegler-Natta 型催化剂可用于合成顺式 1,4-聚异戊二烯，但工业生产中仅采用 $TiCl_4$-AlR_3 和 $TiCl_4$-聚亚胺基铝烷两种类型催化剂。

　　1. $TiCl_4$-AlR_3 催化体系

　　异戊橡胶的主要生产国如俄罗斯、美国、日本等均采用 $TiCl_4$-AlR_3 催化体系，其中的 AlR_3 可为 $(C_2H_5)_3Al$、$(C_3H_7)_3Al$、$(iC_4H_9)_3Al$ 和 $(C_6H_5)_3Al$ 等，但在工业上大多采用 $(iC_4H_9)_3Al$。

　　常用的 Al/Ti 摩尔比为 0.9~1.0，此时催化剂活性最高，聚合物顺式 1,4 构型含量可达最大值。为提高 $TiCl_4$-AlR_3 催化体系的聚合反应活性和改善聚合物性能，多在催化体系中加入作为给电子体的第三组分，如醚类（脂肪醚、芳香醚），胺类（脂肪胺、芳香胺等）或二者的混合物。加入第三组分后可产生协同效应，例如，采用 $TiCl_4$-AlR_3-CS_2 体系，不仅提高了聚合物的产率，还可大大降低齐聚物的生成；采用 $TiCl_4$-AlR_3-二苯醚体系，则既可提高聚合反应温度，又可改善催化体系对作为杂质的微量水的适应性。第三组分的添加量随着其种类的不同而异，例如，醚对钛的最佳摩尔比为 0.7~0.9。

在 $TiCl_4$-$(iC_4H_9)_3Al$-给电子添加剂（1:1:0.3）三元体系的基础上，前苏联又开发了 $TiCl_4$-$(iC_4H_9)_3Al$-给电子添加剂-不饱和化合物（1:1:0.3:0.5）四元体系。此时，于 25℃ 的异戊烷溶剂中引发聚合反应的速度约比三元体系快 70%，而且聚合物的分子量高（$[\eta]=5.0dL/g$），凝胶含量低（1%~4%），顺式 1,4 构型含量可达 98.3%。

通常，$TiCl_4$ 和 AlR_3 两组分用惰性溶剂（如己烷、甲苯）稀释，可在单体存在下就地混合配制，也可在无单体存在下预先配制。后者的活性比前者高（图 9-15），因而在工业生产中一般均采用预先配制法。

催化剂配制中除需严格控制溶液中的有害杂质含量和采用合适的 Al/Ti 摩尔比外，配制温度、加料方式以及陈化时间对催化剂活性都有所影响。在 -70~-20℃ 下配制的催化剂活性最好。反应生成基本上由 β-$TiCl_3$ 组成的棕色络合物沉淀，正是异戊二烯顺式 1,4 定向聚合反应的活性中心。

上述催化剂二组分加料方式，可将 R_3Al 加入 $TiCl_4$ 中或与之相反。其中以前一种方式为好，在催化剂配制温度从零下直到 50℃ 均可得到最佳 Al/Ti 摩尔比。而反序加料时则在催化剂配制温度 0℃ 以上即开始偏离最佳 Al/Ti 摩尔比。催化剂配制温度和加料方式对催化剂性能的影响见表 9-39[7] 和图 9-16。

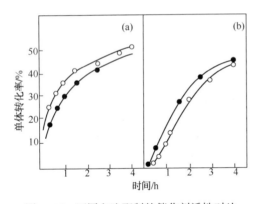

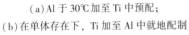

图 9-15　不同方法配制的催化剂活性对比
（a）Al 于 30℃ 加至 Ti 中预配；
（b）在单体存在下，Ti 加至 Al 中就地配制

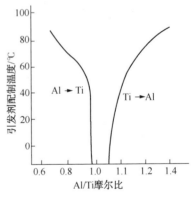

图 9-16　Al/Ti 摩尔比与
加料顺序和制备温度的关系

此外，反应物料的浓度、加料速度和搅拌速度都会影响催化剂的活性。

对催化剂陈化时间与其活性的关系，一般认为，陈化的 $TiCl_4$-AlR_3 催化剂有利于提高其活性和立体定向能力，并可减少聚合物中的低分子量级分。

表 9-39　催化剂制备方法对其活性的影响①

催化剂钛用量/ （mol/g 单体）	聚合物产率/%			特性黏数 $[\eta]$/(dL/g)			凝胶含量/%		
	a	b	c	a	b	c	a	b	c
0.9	46	4	27	5.7	—	5.2	13	—	27
1.35	69	7	43	5.5	—	5.2	18	—	12
1.80	76	10	57	4.8	—	4.7	12	—	7

续表

| 催化剂钛用量/ | 聚合物产率/% | | | 特性黏数 $[\eta]/(dL/g)$ | | | 凝胶含量/% | | |
(mol/g 单体)	a	b	c	a	b	c	a	b	c
4.90	87	71	74	3.9	3.7	4.0	19	7	10
9.00	77	50	—	3.4	2.9	—	10	8	—

①a—无单体存在时将 R_3Al 加入 $TiCl_4$；b—有单体存在时将 R_3Al 加入 $TiCl_4$；c—有单体存在时将 $TiCl_4$ 加入 R_3Al。

钛系异戊橡胶 CKИ-3 生产中催化剂的配制流程如图 9-17 所示。

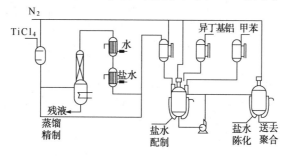

图 9-17　CKИ-3 生产中催化剂络合物的配制流程

$TiCl_4$-AlR_3 是非均相体系，其活性组分主要集中于棕褐色的固体部分。因此，在配制过程中要有适当搅拌。在使用过程则须保证催化剂浓度的均一性，防止沉淀，以免堵塞输送管线和计量泵。

2. 改良型催化体系

为提高 $TiCl_4$-AlR_3 催化剂的活性和立构定向能力以及改善聚合物的性能，除开发了不少三元 $TiCl_4$-$Al R_3$ 催化体系外，还进行了以其他有机金属衍生物、过渡金属（锆、铬、镍）的 π 烯丙基络合物作为催化剂组分的探索，但至今仅意大利 SNAM 公司开发的改良型 $TiCl_4$-聚亚胺基铝烷催化体系获得成功[44]。

聚亚胺基铝烷系氯化铝在乙醚中与氢氧化铝和异丙胺反应制得，不含 Al—C 键。其通式为：

$$\underset{\substack{| \\ H}}{\overset{\substack{}}{}}\!\!\left(Al\!\!-\!\!\underset{\substack{| \\ R}}{N}\right)_n\quad (n = 4\sim10)$$

这种催化剂的最佳 Ti/Al 摩尔比为 0.65。低温下配制才能得到高活性。它在空气中不自燃，遇水不爆炸，使用比较安全。用该催化剂可制得分子量高（$[\eta] = 5.08\sim6.14dL/g$）、凝胶含量低于 1%、顺式结构含量高于 96% 的异戊橡胶。

9.3.2　聚合反应

1. 工艺条件

异戊二烯采用钛系催化剂的典型聚合配方列于表 9-40[1]。

表 9-40　钛系异戊二烯溶液聚合典型配方

组　分	配方 I /%	配方 II /%
溶剂	900（己烷）	异戊烷
异戊二烯	100	12~15（以溶剂中单体含量计）
$(iC_4H_9)_3Al$	2.11	1.0~1.5（以单体计）
$TiCl_4$	0.8~1.1/1（Al/Ti 摩尔比）	

续表

组　分	配方 I /%	配方 II /%
聚合温度/℃	0~50	20~40
聚合时间(单体转化率90%)/h	2~4	2~6

典型的聚合工艺和聚合物性能列于表9-41[1][52]。

表9-41　各国异戊二烯橡胶生产工艺及性能

项　目 ＼ 公司名称	美国 Goodyear 公司	美国 Ameripol 公司	意大利 ANIC 公司	日本 クラレ 公司	日本 ゼオニ 公司	日本合成 橡胶公司	俄罗斯	荷兰 Shell 公司
催化体系	$TiCl_4$-$(iC_4H_9)_3Al$-第三组分	$TiCl_4$-$(iC_4H_9)_3Al$-第三组分	$TiCl_4$-聚亚胺基铝烷	$TiCl_4$-$(iC_4H_9)_3Al$-第三组分	$TiCl_4$-$(iC_4H_9)_3Al$-第三组分	$TiCl_4$-$(iC_4H_9)_3Al$-第三组分	$TiCl_4$-$(iC_4H_9)_3Al$-第三组分(或第四组分)	$TiCl_4$-$(iC_4H_9)_3Al$-
聚合溶剂	己烷	丁烷	己烷	丁烷(+苯)	丁烷	己烷	异戊烷	戊烷
聚合釜	数台串联	数台串联，溶剂蒸发导出反应热	4台串联，首釜为80m³、其他为50m³的不锈钢釜，有螺带式带刮壁的搅拌器，用丙烯冷却	3台45m³玻璃钢釜串联，溶剂蒸发导出反应热	3台40m³衬玻璃碳钢釜串联，溶剂蒸发导出反应热	4台20m³不锈钢釜串联，用丙烷冷却	2~6台20m³釜串联，带刮壁式搅拌装置，盐水冷却	10台聚合釜间歇操作，溶剂与单体蒸发导出反应热
单体浓度/%	15~25	16	20	21	20	—	12~15	21
聚合温度/℃	0~50	1~2	5~40	32~33	25~35	30~40	20~40	50~70
聚合时间/h	3~5	3~4	3~6	2.5	3		2~3	2~3
单体转化率/%	70~80	~80	90~95	60~70	75		90~95	>95
干胶含量/%	15	15~17	~18	13~15	15		11~14	~19
凝胶含量/%	5~20	~10	0~4	9.5	3.7	19	20~30 (0~5)	0~1
特性黏数[η]/(dL/g)	~4	~4	5~6	4.4	4.6	4.7	3.5~4.4	~6
门尼黏度	70~90	80~90	>80	>80	~80	>80	55~85	55~65
终止剂	甲醇(或不使用)					胺类	甲醇(或不使用)	甲醇
催化剂残渣脱除工艺		水洗(3次)	水洗(3次)	水洗	特殊方法		水洗	水洗

续表

项目＼公司名称	美国 Goodyear 公司	美国 Ameripol 公司	意大利 ANIC 公司	日本 クラレ 公司	日本 ゼオニ 公司	日本合成橡胶公司	俄罗斯	荷兰 Shell 公司
凝聚釜;脱溶剂工艺		数台;汽提法	2 台;汽提法	4 台;汽提法	4 台;汽提法	3 台;汽提法	2 台;汽提法	汽提法
干燥工艺	挤压脱水,膨胀干燥	挤压脱水,挤压干燥	挤压脱水(一级),挤压干燥(二级),热风干燥	挤压脱水,膨胀干燥	挤压脱水,膨胀干燥带式干燥	挤压脱水,膨胀干燥	挤压脱水,膨胀干燥或热风干燥	挤压干燥

2. 影响因素

（1）催化剂

$TiCl_4$-AlR_3 催化剂中的 Al/Ti 摩尔比对聚合活性有很大影响。当该比值在 1.0 左右时，引发活性最佳，聚合产率最高（图 9-18）。如偏离此值，催化剂活性和分子量下降，聚合物的微观结构也会有极大的改变。低于此值时，反式 1,4 结构含量急剧增加，甚至得到全部是反式 1,4 结构的产物。当该比值低于 0.4 时，发生环化反应生成树脂。如该比值从 1.25 减至 0.5 时，虽仍能维持以顺式 1,4 构型为主，但分子量减小，甚至只能得到油状低分子量产物。当 Al/Ti 摩尔比为 0.9 时，聚合物的顺式 1,4 构型含量达到极限值，以后即不再随比值的增大而变化；低于该比值时，则反式 1,4 构型含量急剧增加，当 Al/Ti 摩尔比为 0.4 时，只能得到粉状聚合物。Al/Ti 摩尔比对聚合物微观结构的影响示于图 9-19。

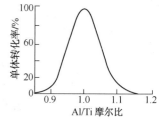

图 9-18　Al/Ti 摩尔比与单体转化率的关系

催化剂用量（一般为单体量的 1%~2%）加大，可提高聚合反应速度，但聚合物分子量随之下降，如图 9-20 所示。催化剂的配制方法对聚合反应也有一定影响（表 9-39）。

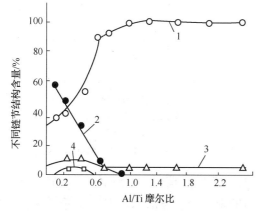

图 9-19　Al/Ti 摩尔比与聚异戊二烯微观结构的关系
1—顺式 1,4 构型；2—反式 1,4 构型；
3—3,4 链节；4—1,2 链节

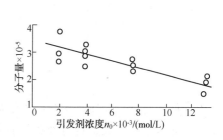

图 9-20　聚异戊二烯平均分子量与催化剂浓度的关系

（2）单体浓度

单体浓度增大，聚合速度变快，顺式 1,4 构型含量随之下降。单体浓度的变化，对聚合胶液的黏度有明显影响。若单体浓度超过 15%，胶液动力黏度可达 100Pa·s 以上，给聚合釜传热、搅拌和胶液输送造成困难。产物的平均分子量与单体浓度的关系见图 9-21。

（3）单体及溶剂中的杂质

单体和溶剂中各种有害杂质对异戊二烯聚合反应的影响列于表 9-42。

表 9-42　杂质对异戊二烯聚合的影响[53]

杂　　　质	作用机理及影响
环戊二烯	与聚合活性中心反应，降低聚合物分子量
炔烃和丙二烯	吸附在催化剂表面，降低聚合物顺式 1,4 构型含量，分子量亦稍有下降
二甲基甲酰胺、丁基硫醇	与二异丁基氯化铝反应，吸附在氯化钛表面上，并和引发活性中心反应，降低聚合物顺式 1,4 构型含量
二乙硫醚、乙腈、二乙胺、CO、乙醚、乙烯基醚、水、噻吩、CS_2、CO_2、COS	与二异丁基氯化铝和催化剂络合物反应
乙醇、丙酮、甲乙酮、H_2S、O_2	与二异丁基氯化铝反应，反应产物又与聚合活性中心反应
烯烃和二烯烃	吸附在催化剂表面上

在各种有害杂质中，由于环戊二烯可与聚合反应的活性中心反应而成为最有害的杂质（图 9-22），必须加以严格控制。含氮、氧和硫的化合物超过一定含量可使聚合过程出现诱导期，明显降低聚合速度及聚合物的顺式 1,4 构型含量。炔烃和丙二烯则会使聚合诱导期显著延长，降低聚合物分子量。

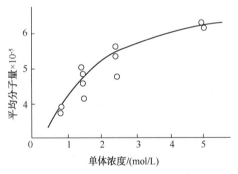

图 9-21　异戊橡胶平均分子量
与单体浓度的关系

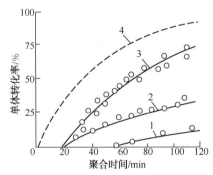

图 9-22　环戊二烯对异戊二烯聚合的影响
1—新蒸馏的单体（含环戊二烯）；
2—存放 24h 的反应物料（含环戊二烯）；
3—存放 48h 的反应物料（含环戊二烯）；
4—不含环戊二烯的单体

不同溶剂对聚合反应和聚合物性能都有一定的影响。聚合物在溶剂中的溶解速度与聚合速度和单体转化率有关，这可作为选择溶剂的准则之一。一般采用 $C_4 \sim C_7$ 烷烃和苯、甲苯等芳烃作为异戊二烯聚合用溶剂，工业上则多采用分子量较低的饱和烃（如丁烷、戊烷、异戊烷和己烷）作为溶剂。此类溶剂对聚合物的溶解能力差，所得聚合物溶液黏度较低，有利于聚合釜的传热和搅拌混合，也有利于胶液的输送。使用单组分纯溶剂，其各种物性常数恒定，有利于生产系统的稳定和自动化。

（4）聚合温度的影响

聚合反应温度一般控制在 0~50℃ 范围内。温度升高，聚合反应速度加快，但聚合物分子量明显下降（图9-23），分子量分布变宽。

因此，为调节聚合物的分子量，采用改变聚合反应温度的方法比采用改变催化剂用量的方法更为有效。

聚合温度一般并不影响聚合物的微观结构，但随着聚合温度的升高，分子量分布变宽。

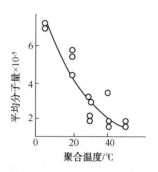

图 9-23　异戊橡胶的平均
分子量与聚合温度的关系

3. 原材料及其规格

高顺式异戊二烯橡胶生产的主要原材料为异戊二烯单体和溶剂，辅助原材料包括催化剂、终止剂、分散剂和防老剂等。

不同工艺制备的单体，其杂质含量自有差异。不同聚合催化体系对单体和溶剂质量的要求也不尽相同，但均须除去有害杂质。单体异戊二烯的规格见表9-28。

溶剂种类及其性质对橡胶的结构有一定影响。聚合物在溶剂中的溶解速度与聚合速度和单体转化率有关，这可作为选择溶剂的准则之一。一般可采用 C_4~C_7 烷烃和苯、甲苯等芳烃作为异戊二烯的聚合介质。

工业上多采用分子量较低的饱和烃（如丁烷、戊烷、异戊烷、己烷）作溶剂。这类溶剂的沸点低、蒸气压高，有利于在聚合过程靠自身的蒸发潜热吸收聚合热量，调节和控制聚合温度。这类溶剂对聚合物的溶解能力差，所得聚合物溶液黏度较低，有利于降低搅拌功率和胶液输送。

少量终止剂（如甲醇、胺类）能终止聚合反应，也有利于残留催化剂的脱除。此外，使用纯溶剂，各种物理常数恒定，有利于生产过程自动化。

溶剂中的有害杂质，如含氧化合物、硫化物、不饱和化合物和水分等必须严格控制。前苏联采用的异戊烷和其他公司采用的己烷的规格分别列于表9-43和表9-44。

表 9-43　异戊烷技术规格

组　　分	含量/%	组　　分	含量/%
异戊烷	>97	硫醇	<0.0005
C_3~C_4烃	<0.7	水	<0.00075
正戊烷	<2.0	胺类	<0.001
炔烃	<0.0001		

表 9-44　己烷技术规格

组　　分	指　　标	项　　目	指　　标
芳烃	<0.3%	赛波特黏度	+30min
硫	<2×10⁻⁶	溴值	0.15
羰基（丙酮）	<100×10⁻⁶	沸程	66.5~69.9℃

催化剂中的 $TiCl_4$，不允许存在微量 HCl、$TiOCl_2$、CCl_4、$SiCl_4$、$VOCl_3$ 等杂质，而且只

能用新蒸馏的、未与空气接触的 $TiCl_4$，其规格列于表 9-45。

表 9-45　$TiCl_4$技术规格

组　　分	指　　标	项　　目	指　　标
Ti	>25%	相对密度(d_{20})	1.72～1.73
Cl	>74%	熔点	$-28～-25℃$
Fe	$<10×10^{-6}$	沸程	135.8～136.4℃
Cu	$<2×10^{-6}$		
蒸馏残渣	<0.02%		

9.3.3　聚合反应动力学及机理

在 Ziegler-Natta 催化体系中，过渡金属起着决定性作用。而聚合物的立构规整性则是由与过渡金属相连的配位体的性质和该金属的价态所决定[54]。

对 Ziegler-Natta 催化剂活性中心机构有两种假说：Natta 的双金属机理[55]和 Cossee-Arlman 的单金属机理[56]。根据双金属机理，异戊二烯聚合的反应历程如下：

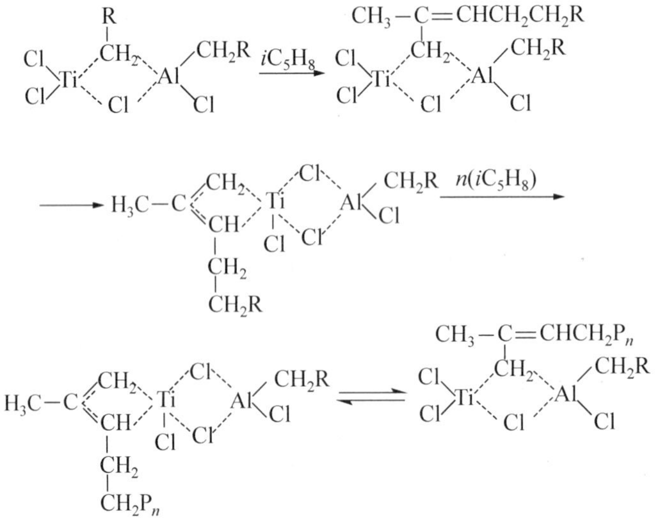

式中，P_n 为增长大分子链。第一个异戊二烯分子插入(引发阶段)会生成 π 烯丙基型加成物。在这种情况下，大分子的链增长即沿着 π 烯丙基钛不断进行。

20 世纪末期，俄罗斯学者对异戊二烯立体定向聚合的催化剂活性中心进行了较深入地研究，提出了存在三种活性中心，并从量子力学理论研究了这些活性中心的形成过程[19]。

合成异戊橡胶时，其立构规整度与均质催化体系的化学结构、金属(金属 Me 为 V，Ti，Cr，Nd)的结构和分子参数以及其他因素有关。其中形成活性中心的温度起着决定性作用。

1,3-二烯烃聚合形成的链结构是由活性中心的本质决定的。如果二烯烃聚合时按照 π 烯丙基络合物中 Me—CH₂ 键加成，则得到顺式 1,4 键。如果聚合按照 CH—Me 键加成，则得到 3,4-(1,2)键。在链节上第 1,4 个碳原子即 1,4 位上占优势条件下，单体和催化体系的配位阶段发生在单体进入链节之前。其他形式的活性中心则形成 3,4 结构高分子。

聚合反应是具有二烯烃的 π 络合体形成阶段的转换，π 络合体转变成 α 络合体，进入 σ 状态，同时形成新的 π 络合体。大多数情况下，二烯烃的发生是利用双键与过渡金属调配好的双座配位。二烯烃第一次结合产生对式-络合体(анти-Комплекс)，而对式-络合体继续被异构成同式-络合体(син-Комплекс)。在 π 烯丙基络合物中，对式-同式异构体的反应需经过 π-α 转变阶段(下式 2)才能进行：

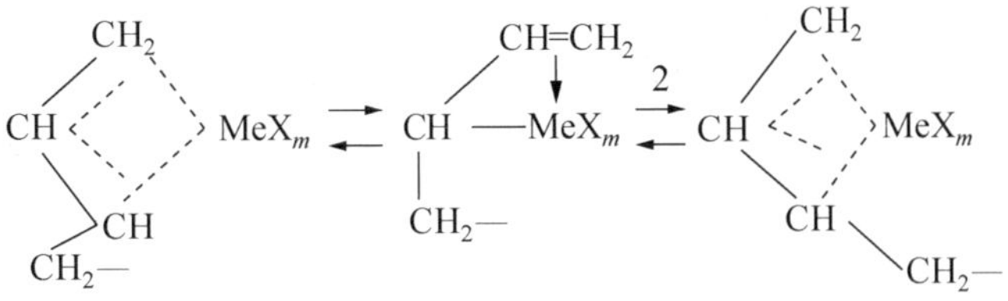

其中对式-络合体负责得到顺式 1,4 结构，在分子链上顺式和反式结构的含量是由活性中心的对式-同式(顺式-反式)异构体和链的增长速度比值来决定。当经过 σ 状态发生对式-同式异构化时，就形成了 3,4 结构，这显然与聚合物的配位结构有关，处于 σ 状态时 σ 键是与双键 $\diagdown\!\!\!\!\!\!\begin{array}{c}C\!\!=\!\!C\end{array}\!\!\!\!\!\!\diagup$ 相连的：

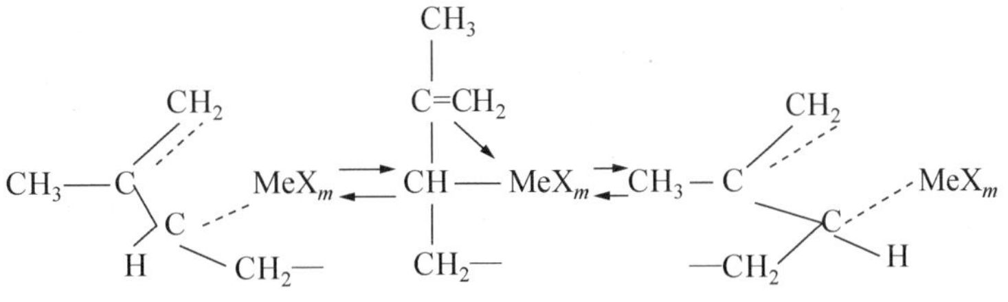

上式中间的(a)是在 π 丙烯基和 σ 络合物中间状态形式形成的，在 σ 络合物中末端链的双键处于具有过渡金属的 π 配位处。

用 Ziegler-Natta 催化剂的 1,3-二烯烃立体定向聚合条件下，考虑了络合体的真实结构，用量子化学理论研究了活性中心的形成过程。聚合反应是在引发络合体 MeXm 的薄弱处的金属 Me 表面上进行的。

在 MeXm 和均质金属有机络合物 RnM 的相互作用下，形成了如图 9-24 所式的三种类型的活性中心 AЦ-1，AЦ-2 和 AЦ-3。这三种活性中心的几何结构、能量构型和相对位置是不同的。

同样用 Ziegler-Natta 多相催化剂考察其一般规律，AЦ-1 形成 1,4 结构，AЦ-2 形成高分子量的顺式 1,4 结构，而 AЦ-3 则形成 1,2(3,4)结构。因此，用 Ziegler-Natta 催化剂合成聚异戊二烯时，其立体异构体的比值特别是顺式 1,4 结构和 3,4 结构的比值，是由活性中心结构 AЦ-2 和 AЦ-3 的比值来决定的。

对于 AЦ-2 来说，Me 和两个 R 基的相互作用下形成两个键桥是有代表性的。因此活性中心 AЦ-2 的结构无论是单座配位还是双座配位都是可能的。对于催化体系多相络合物表面上的任意位置都能发生双键 $\diagdown\!\!\!\!\!\!\begin{array}{c}C\!\!=\!\!C\end{array}\!\!\!\!\!\!\diagup$ 边上的 R 基的取代。

形成顺式 1,4-聚二烯烃是由于 1,3-二烯烃的双座配位、π 丙烯基体系形成对式-络合体的可能性和具有顺式 1,4 结构的聚合链立体定向形成物的动力学特点等因素所决定的。与活性中心 AЦ-2 不同的是，在金属原子 Me 和单体原子 M 之间只形成一个桥键是合成反式 1,4-聚二烯烃的活性中心 AЦ-1 的结构特点。由于 Me，M，Cl，C，H 等原子在活性中心的特出排列形成立体结构，这就决定了活性中心 AЦ-1 中的单体的单座配位的确定位置——在 R 基多组元朝向一方时，乙烯基 CH$_2$=CH—R 朝向金属原子 Me。在单座配位条件下，由于 1,3-二烯烃 π 键的活化导致单体 M 按照 Me—C 键接入。

活性中心 AЦ-3 与活性中心 AЦ-2 和 AЦ-1 不同，其特点是 MeX$_m$ 和 R$_n$M 结合条件下，原子之间具有很弱的相互作用。在形成活性中心 AЦ-3 时，分子 R$_n$M 易于接近多相络合体的表面，其结构允许和单体单座配位，因此得到较多的 3,4(1,2)聚二烯烃，而且得到顺式和反式聚二烯烃也是可能的。用 Ziegler-Natta 催化剂合成异戊二稀橡胶 CKИ-3 也是具有这种特性。

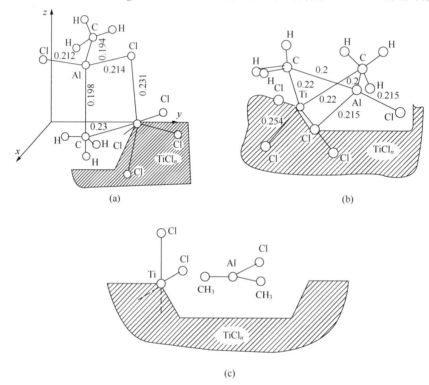

图 9-24　用 Ziegler-Natta 催化剂合成聚二烯烃橡胶的活性中心结构

(a)活性中心 AЦ-1；(b)活性中心 AЦ-2；(c)活性中心 AЦ-3

有关用 Ziegler-Natta 催化剂合成聚异戊二烯动力学数据列于表 9-46[57]。

表 9-46　Ziegler-Natta 催化剂合成聚异戊二烯动力学数

催 化 体 系	动 力 学 方 程	活化能/(kJ/mol)
TiCl$_4$-iBu$_3$Al	$-\mathrm{d}M/\mathrm{d}t=K[\mathrm{M}][\mathrm{R}_3\mathrm{Al}][\mathrm{TiCl}_4]$	60.26
	Al/Ti=1.0 时	
	$-\mathrm{d}M/\mathrm{d}t=K[\mathrm{M}][\mathrm{TiCl}_4]^2$	40.19(苯)
	$-\mathrm{d}M/\mathrm{d}t=K[\mathrm{M}][\mathrm{C}*]$（转化率>35%~40%）	
	$-\mathrm{d}M/\mathrm{d}t=K[\mathrm{M}]^{\alpha}[\mathrm{C}*]$（转化率>35%~40%）$\alpha<1$	48.39
TiCl$_4$-Bu$_3$Al	$-\mathrm{d}M/\mathrm{d}t=K[\mathrm{M}][\mathrm{Ti}]^2$	92.11
TiCl$_4$-iBu$_3$Al-醚	$-\mathrm{d}M/\mathrm{d}t=K[\mathrm{M}]^{0.55}[\mathrm{C}*]$	21.77~30.98

9.3.4　生产工艺及主要设备

1. 生产工艺

目前，采用 Ziegler-Natta 催化剂的异戊二烯聚合都采用连续溶液聚合流程。前苏联

CKИ-3 的工艺流程见图 9-25，意大利 SNAM 工艺流程见图 9-26。工艺流程包括催化剂配制、原料精制、聚合、终止、加入防老剂和脱除残留催化剂、胶液分离、溶剂和单体回收和精制、橡胶脱水干燥及成型包装等工序。

（1）原料精制

聚合级单体经脱除阻聚剂后配制成反应物料，一般采用活性氧化铝精制和脱水干燥后送往聚合工序。在 CKИ-3 生产中系将异戊二烯用丙烷制冷系统冷却至 10~15℃，用氧化铝干燥脱水，进一步冷却至 3~10℃，计量后加入催化剂再送入聚合釜[69]。

（2）聚合

聚合级物料经冷却与催化剂混合后，送入聚合装置（一般由 2~6 台聚合釜串联组成）。随着聚合反应的进行，聚合物溶液的黏度随聚合反应转化率的增加逐渐升高，由此产生如何除去反应热和搅拌热、强化搅拌混合以及物料输送方面的问题。也存在聚合釜、管路和输送泵可能被凝胶堵塞和沾污的问题。此外，催化剂脱活和稳定过程的速度和完全程度、橡胶颗粒大小和形状以及湿式凝聚汽提的生产能力都在很大程度上与胶液的黏度有关。

如何保证聚合反应过程中必要的热交换，是制取性能均一的优质聚合物的重要条件。考虑到聚异戊二烯溶液是一种高黏度的液体，而非牛顿液体的流变特性又使得在这种溶液中的传质和传热变得更为复杂时，溶液聚合工艺特别是聚合釜的设备结构更具有重要意义。

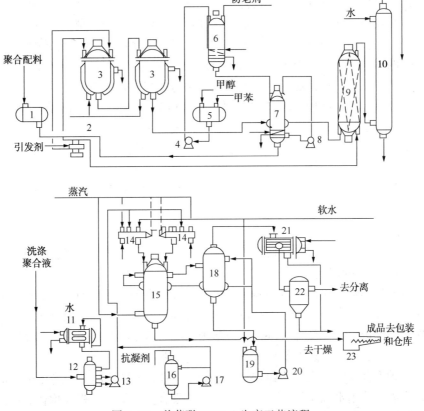

图 9-25　前苏联 CKИ-3 生产工艺流程

1—聚合配料贮槽；2—定量泵；3—聚合釜；4、8、13、17、20—输送泵；5—甲醇、甲苯混合液贮槽；
6、7—防老剂溶液配制设备；9—终止混合器；10—洗涤塔；11、21—冷凝器；12—掺合釜；
14—胶粒生成器；15—脱气釜；16—胶粒抗凝剂贮槽；18—蒸出塔；19—胶粒贮槽；
22—捕液器；23—干燥装置

　　为使异戊二烯的聚合转化率达到85%~90%，应在聚合过程逐步提高聚合温度。在СКИ-3生产中由两个聚合釜串联为一组，首釜物料温度升至40~50℃，第二釜温度升至65℃。利用物料的显热可以吸收大量的反应热。

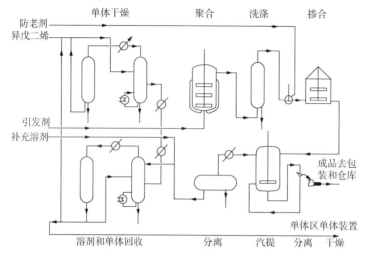

图9-26　意大利SNAM公司异戊橡胶生产工艺流程

　　聚合釜内装有螺带桨叶和刮板式搅拌器，以保证聚合釜内全部空间都能得到强烈而均匀的搅拌混合，并使换热面也得到连续的清理从而保证其传热效果。刮板式搅拌器与框式和涡轮式搅拌器相比，传热系数可提高1~2倍，并能防止聚合物在换热面上沉积。

　　异戊二烯的聚合反应热为1050kJ/kg，一般用低温盐水或丙烷、丙烯通过聚合釜的冷却夹套和内冷却装置导出。选择这些冷剂的温度必须考虑聚合釜的热稳定性。

　　也可以靠部分溶剂(含单体)蒸发的汽化潜热导出反应热。但在高黏度聚合物溶液中，溶剂蒸发会引起发泡问题。此外，蒸发的溶剂经冷凝后须再返回聚合釜，两种黏度差别极大的物料混合问题也是必须考虑的。这种传热方式使聚合釜的装料系数降低(通常只能半釜操作)，生产能力降低。

　　也可在釜外设置板式换热器，将釜内物料用泵抽出经换热器再循环回釜内，达到撤热控温的目的[58]。

　　有文献报道采用湍流管式聚合反应器的工艺。据称在高度湍流状态下进行聚合反应，可形成具有均一活性催化中心的催化剂细分散的悬浮液，可提高异戊橡胶立构规整结构2%~4%，并能降低催化剂的用量[19]。

　　整个生产过程均可实现计算机控制。在生产改性异戊橡胶中，通过控制改性剂的加料量实现改性异戊橡胶的生产控制。因为在恒定的聚合物温度和浓度下，改性剂的消耗量可用聚合釜的搅拌功率度量。用这种方法可将聚合釜内的某一重要参数保持恒定不变[59]。

　　(3)聚合反应的终止、防老剂加入及残留催化剂脱除

　　当异戊二烯聚合反应转化率达到85%~90%时，即加入终止剂，在终止聚合的同时使残留催化剂转化成易于用水洗涤脱除的化合物，防止聚合物在加工过程异构化和降解倾向。

　　最常用的终止剂为甲醇，也可用能与催化剂组分反应形成水溶性络合物的胺类化合物。终止过程一般在带搅拌的设备中进行，也可采用将胶液和等量脱氧水在离心泵中接触直接终止或二段水洗直接终止并脱除残留催化剂的方法。

　　可在加入终止剂的同时加入防老剂，适用的防老剂有胺类和酚类化合物。工业生产中采

用的污染性防老剂有防老剂丁和 N, N-二苯基对苯二胺(DPPD)或两者的混合物、N-苯基-N'-异丙基对苯二胺(4010NA);低毒和轻微污染型防老剂有 4, 4'-双(2, 6-二叔丁基苯酚);非污染型防老剂有 2, 2'-亚甲基-双(4-甲基-6-叔丁基苯酚)和双(3, 5-二叔丁基-4-羟苯基硫化物)等。

用对亚硝基二苯胺改性的异戊橡胶 СКИ-3-01,由于改性剂的转化产物具有很高的抗氧能力,故不需要再补加防老剂。胺类和酚类防老剂可以烃溶剂或水乳液的形式加入聚合物中,也可将其溶解在甲苯和甲醇的混合液,再与胶液在混合器中混合。

为防止防老剂在水洗脱除催化剂残渣过程中损失,可采用先水洗脱除催化剂残渣、后加防老剂的流程。

高分子类防老剂具有许多优点。采用与聚合物混溶性良好的高分子类防老剂如以亚硝基胺基封端的异戊二烯齐聚物、芳伯胺类 β-萘胺和对胺基二苯胺改性的环氧化丁二烯和异戊二烯均聚物或其共聚物、二硫代磷酸异丙酯和二硫代磷酸芳酰胺改性的聚异戊二烯等,可以避免防老剂在水洗、凝聚和聚合物加工、贮存及使用过程中的损失。

催化剂中的变价金属钛离子以及由其他途径混入聚合物中的铁、铜离子等,会使聚合物带色,加速聚合物的氧化降解,影响橡胶的耐老化性能。另外,铝、钛化合物残留在橡胶中,会增加橡胶的灰分,影响产品质量。工业上一般采取拥有专用设备的水洗法脱除。洗涤用水一般均需脱除盐分和溶解氧气后使用。

(4) 橡胶分离

一般采用通用的热水凝聚法(也称湿式凝聚法)从胶液中分离橡胶。有关理论及工艺技术可参见本书第 6 章的相关内容。为降低蒸汽消耗及胶粒中残留溶剂和单体含量,多数都采用双釜或多釜凝聚工艺[60,61]。

在凝聚过程为了防止凝聚出的胶粒相互黏结而堵塞设备、管线及管件,可经常向系统加入各种类型的分散剂。

根据凝聚过程的机理,凝聚前期是由传热控制的大量溶剂汽化阶段,后期是由残余溶剂在胶粒内部扩散控制阶段。两个阶段要求不同的工艺条件,因此采用双釜或多釜可以获得更好的凝聚效果。

根据溶剂性质的不同,可采用不同数量的汽提釜串联,直到溶剂几乎全部蒸除为止。汽提时的温度压力因溶剂性质而异,双釜凝聚脱气工艺的操作条件见表 9-47[62]。

表 9-47 胶液双釜凝聚工艺条件

项 目	第一凝聚釜	第二凝聚釜	项 目	第一凝聚釜	第二凝聚釜
塔顶温度/℃	98~100	130~132	塔釜温度/℃	130~132	138~140
塔顶压力/MPa	0.245	0.294	塔釜压力/MPa	0.294	0.343

图 9-27 为在菲利普石油公司专利中的凝聚工艺及其控制方法[63]。第一凝聚釜的加热蒸汽是利用第二凝聚釜蒸出的二次蒸汽,该蒸汽中含有部分残留溶剂。蒸汽由第二凝聚釜下部进入,汽提残留溶剂后从上部出来,用作第一凝聚釜的加热蒸汽。除去溶剂后的淤浆从釜下部放出经过滤使橡胶与温水分开,橡胶去干燥工序,温水可循环使用,与胶液一起进入第一凝聚釜。

该工艺充分考虑了热量的有效利用。为了以最小的蒸汽量达到最大的凝聚汽提效果,在第一凝聚釜中有必要使气相的溶剂与蒸汽的比值保持在恒定条件下进行操作。而汽提温度 t,气相压力 p、以及气相的溶剂与蒸汽的比 R 之间具有如下关系式:

$$t = a - b(R) + c(\lg p) \tag{9-9}$$

式中，a，b，c 为实验测定的常数。

可根据脱除溶剂的条件设定 R，测定气相的压力 p，再用小型模拟计算机，按上式调节第二凝聚釜的蒸汽量，即可在 R 一定的条件下控制第一凝聚釜的汽提温度。

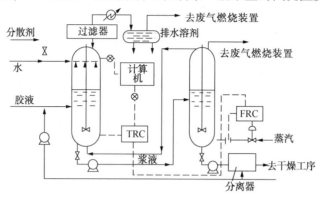

图 9-27　用气相组成控制凝聚操作的双釜气相串联凝聚工艺

在这种连续凝聚汽提的情况下，停留时间就成为脱溶剂的重要因素，特别是处于凝聚后期由扩散控制的降速凝聚阶段更是如此。如需加长停留时间，可将多个凝聚釜串联起来，但设备费就要增大，因此有人提出一种特殊结构的凝聚汽提器，即在其内部加挡板，增加在一台凝聚釜内的停留时间[64]。还有从第一凝聚釜取一部水使其胶粒浓缩到 10% ~ 15% 的浓度，再打回第二汽提釜进行循环，以加长胶粒平均的停留时间的方法[65]。

另外，也曾多方探讨了胶液和热水预混后再凝聚的工艺，但橡胶凝聚物有可能把喷嘴堵死，这不仅影响连续操作，也影响胶粒大小和脱溶剂的效果。故喷嘴的结构很重要[66]，在专利中介绍了许多喷嘴结构和喷入方法[67]。

还可借助静态混合器用含有分散剂的水将胶液预乳化后再通过喷嘴喷入釜内，据称可获得良好的分散和凝聚效果[68]。

在凝聚汽提过程中使用分散剂可获得比较均匀的小胶粒，防止胶粒相互黏结。

燕山石化公司利用吸收式热泵技术实现了凝聚下段余热的回收，使装置能耗降低。

除上述热水凝胶（湿式凝聚）工艺外，还有采用转子-螺旋型设备、转子-薄膜蒸发设备和高温液-液萃取分离法从胶液中分离橡胶的干式凝聚法，但在工业生产上尚少采用。正在开发的采用单级或多级螺杆挤压直接浓缩脱出挥发分和干燥造粒技术是溶液聚合后处理工艺的发展方向之一，可比传统湿式凝聚法节能 50% ~ 60%。

（5）溶剂和单体回收

溶剂和单体回收工艺随聚合溶剂及催化剂配制溶剂的不同而异，但大致相同。以钛系异戊橡胶为例，由凝聚脱出的溶剂和单体冷凝液经碱洗后，在第一蒸馏塔中进行共沸蒸馏脱水，由塔顶采出异戊烷和异戊二烯馏分蒸气和水蒸气。经冷凝分层，水相送去汽提蒸出烃类，上层烃相送入第二蒸馏塔蒸出 C_5 馏分。第二蒸馏塔塔釜液返回第一蒸馏塔。蒸馏脱水干燥后的异戊烷-异戊二烯馏分送入第三蒸馏塔，精馏除去甲苯和高沸点烃，由塔顶采出 C_5 馏分供配制聚合配料使用。含异戊烷、异戊二烯、甲苯和重质烃塔釜馏分送入第四蒸馏塔。该塔顶馏分返回第三蒸馏塔。塔釜液送去分离甲苯。甲苯返回催化剂配制工序。如果配制催化剂与聚合溶剂是同一溶剂，则用三个塔即可。

还有采用一塔流程，即在塔顶分出异戊二烯和水，在提馏段以气相侧线采出回收溶剂。从塔釜采出重组分。青岛伊科思公司的异戊橡胶生产采用一塔回收流程[69]。

（6）脱水和干燥

凝聚的胶粒经振动筛脱水后，含水量 40% 左右，送入螺杆挤压机脱水，脱水后的胶粒含水量可达 8%~18%，接着可在挤压膨胀干燥机或多程（或单程）输送式热风干燥机中干燥，也可采用特制的流化床以热风干燥。在挤压膨胀干燥机升温至 200℃ 以上，在出口膨胀降压闪蒸，胶粒含水量降至 0.3%~0.5%。干燥后胶粒经压块、成型、包装即得成品。

挤压脱水-膨胀干燥法与其他干燥法相比具有能耗低、设备结构紧凑等优点，但橡胶在短时间须经受高温、高压和机械挤压，故热机械降解较严重。

传统的挤压脱水-热风干燥法仍在采用，但已提出改用烟道气代替热风干燥的干燥方法。新法干燥费用可降低 70%，且可简化干燥机结构和减少金属材料用量[70]。

早在 20 世纪 70 年代，吉化研究院即采用将挤压脱水和膨胀干燥功能合一的挤压脱水膨胀干燥机完成稀土异戊橡胶的干燥过程，取得挥发分小于 1% 的效果。2010 年投产的茂名鲁华公司的 15kt 级异戊橡胶生产装置，采用了大连天晟通用机械公司生产的此类两机合一的装置，取得良好的干燥效果，还降低了能耗，但该设备的大型化尚需努力。

此外，前苏联沃龙涅什工学院以过热蒸汽作为流化气体，开发了过热蒸汽流化床干燥技术。胶屑在 170℃ 热区停留 3min，溶剂含量可降至 0.007%，生产成本下降 0.8%[153]。

2. 主要设备

异戊橡胶的生产技术与顺丁橡胶极其相似，其主要设备结构相近，甚至可通用。

（1）聚合反应釜

异戊二烯聚合反应物料系高黏度非牛顿型流体，而且含有一定量的凝胶。为保证良好的传质传热，聚合反应釜一般都设有外冷却夹套和内冷却装置及带刮壁装置的搅拌器。例如，美国 Crawford-Rusell 公司的刮壁式反应器，外有冷却夹套，内有冷却套筒，套筒内装有螺带式搅拌器[80]。前苏联采用的聚合反应釜具有螺带桨叶和刮板搅拌器，可连续清理传热表面，其传热系数可比框式和透平搅拌器大 1~2 倍。这种聚合反应釜可有效运转 1~2 年。聚合反应釜的材质一般采用不锈钢。为防止釜壁结垢挂胶，也可用碳钢衬玻璃或衬玻璃钢。聚合反应釜的体积一般为 20~50m³。

异戊橡胶的动力黏度较大，导致聚合釜夹套的传热系数较小。对于较大的聚合釜来说，单位体积具有的夹套传热面积相对变小，以致夹套的传热作用在总的传热中所占的比例亦减小，为此不得不采用其他方式传热。

利用单体和溶剂汽化带出反应热的方法，为防止因物料汽化产生的大量泡沫逸出，必须留有较大的汽化空间，为此聚合釜只能半釜操作从而降低了釜的生产能力。此外还必须解决汽化物料冷凝后返回聚合釜与黏稠物料的混合问题。日本瑞翁公司即采用此种换热方式。

采用釜外换热方式系将聚合釜内的物料用高黏度泵抽出，经板式换热器冷却后再返回釜内。此时，可通过调节抽出物料循环量、板式换热器的面积以及冷剂的温度有效解决聚合釜的传热问题。早期意大利斯纳姆公司即采用这种换热方式生产异戊橡胶。

在传统的聚合工艺中，聚合物料混合效果欠佳，直接影响聚合反应速度、催化剂用量甚至聚合物顺式 1,4 结构含量。据报道[19]，俄罗斯已采用带有扩散-收缩段的管式湍流预反应器（由六段组成，体积小于 0.5m³），使反应混合物的湍流扩散系数提高 5~10 倍，形成高效催化剂体系-高度湍流的的微分散悬浮液，使引发活性中心增加，顺式 1,4 结构含量提高 3%~5%，低聚物含量减少 8%，催化剂消耗量下降 2~4 倍，生产能力从 34t/h 提高到 40t/h，而且明显降低了设备内表面结皮速度。这种新工艺对于生产钛系 CKИ-3 和稀土系 CKИ-5 都是非常有效的。

可用于高黏度物料聚合反应的新型聚合釜——带夹套的球形聚合釜由成都凯兴科技公司开发成功[155]。由于球形釜内壳形成 360 度万向对称的约束空间，使釜内物料在搅拌状态下能在全容积中获得更加均匀的轴、径、周三向流动场，从而达到无死角、高效、均匀的反应效果。球形反应釜非常适合对传质和传热要求高的高黏度物料——异戊橡胶的聚合反应，有很好的发展前景。

（2）挤压脱水机

凝聚后含水 40% 左右的胶粒进入螺杆挤压脱水机，使胶的含水量降至 10% 左右后进一步干燥。螺杆挤压脱水机主要由螺杆、圆筒形笼形外壳和锥体三部分组成。由挠性联轴节将螺杆与减速机的输出轴向联接[81,82]。

成都凯兴科技公司开发成功差速螺杆捏合机[156]，巧妙地集粉碎、剪切、搅拌、捏合自清理和输送为一体。克服了采用原双螺杆挤出机时必须充填有效容积后物料才能推进以及处理易结块物料时易被"堵死"的缺点。

凯兴公司开发的 CN 系列差速螺杆捏合机的主要技术参数示于表 9-48。

表 9-48　CN 系列差速螺杆捏合机的主要技术参数

型　　号	螺旋直径/ mm	两轴中心距/ mm	主电机功率/ kW	公称捏合 长度/mm	夹套容积/ m³	夹套工作 压力/MPa	物料处理量/ （m³/h）
CN280	280	200	4~7.5	1250		≤0.6	≥1
CN280R	280	200	4~7.5	1750	<0.03	≤0.6	≥1
CN460R	460	335	15~22	2500	<0.03	≤0.6	≥2
CN620R	620	445	30~45	3450	<0.03	≤0.6	≥4

（3）其他设备

前苏联在聚合单体和溶剂与催化剂混合、聚合物料与终止剂混合、水洗脱灰胶液与循环水和抗凝剂(分散剂)混合乳化以及防老剂悬浮液的配制中，采用一种在线机械强化混合器(图 9-28)[83]。这种混合器的效率很高，可取代 10m³ 装有螺带搅拌器的终止设备。

采用静态混合器消耗的动力只相当于完成同样混合任务的搅拌釜消耗动力的约 1/50，而且可大大节省设备投资[68]。

胶液的黏度很高，输送泵一般采用螺杆泵、齿轮泵(图 9-29)[38] 和旋转活塞泵。

3. 三废治理

异戊橡胶生产的污染程度远低于其单体异戊二烯。以烯-醛法合成异戊二烯单体和异戊橡胶生产为例[74]，在全厂排放污水总 COD 中，单体系统占 88%，聚合系统仅占 8.4%，其他工艺系统占 2.7%。

为了减小对人体的危害，生产中多选用烷烃类聚合溶剂。

废水主要来源于从胶液中脱除催化剂残留物的洗涤水、凝聚用水以及洗涤回收单体和溶剂的废水。其中主要有害物为终止剂（一般为甲醇或乙醇）、催化剂分解物、分散剂及残余溶剂、单体等。这部分污水一般均与单体生产的污水合并处理。

前苏联采用蒸馏法回收废水中的醇。一个废水排放量为 90m³/h 的异戊橡胶生产装置，经蒸馏可使废水中醇含量由 10g/L 降至 1~1.5g/L，回收甲醇或乙醇达 6500t/a。

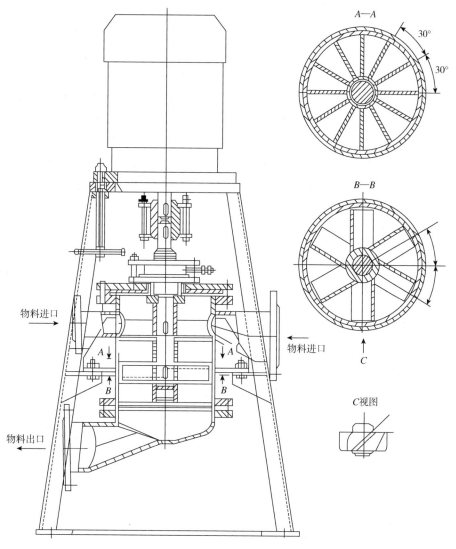

图 9-28　在线机械强化混合器结构

为了提高异戊橡胶生产废水中烃的回收率和降低能耗，有将烃与甲醇的回收再生同时进行流程简化的报道[75]。

凝聚废水如含表面活性剂类分散剂，不宜用生化法处理，可改用蛋白质类和高分子类分散剂或用易于简单沉降分离的固体粉末类分散剂如氧化锌、氧化钛和碳酸钙等。

凝聚废水也可用汽提法处理。处理前先将废水酸化到 pH 值为 5~7，借以提高水的净化度和水的循环利用率[76]。

对于使用苯为溶剂的废水，可将其曝晒并用活性炭吸附回收，能使废水中苯含量由（200 ~ 300）×10^{-6}降至零。经吸附后的曝晒气中苯含量为 0~3×10$^{-6[77]}$。

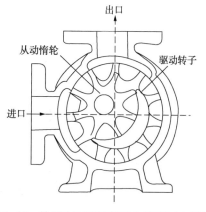

图 9-29　输送高黏度胶液用齿轮泵示意结构

废水中的聚合物采用简单沉降法即可除去 95%~97%，处理后的废水中聚合物含量小于 30~50mg/L[74]。

生产中的废料可进一步加工利用，如用来生产钻井流体[78]。

为了不影响橡胶性能，须脱除钛催化剂残留物。聚合后如加入醇类终止剂，可与催化剂残留物形成可溶性络合物，从而易于水洗脱除。水洗脱除的催化剂残渣一般须掩埋处理。

如采用稀土或锂系催化剂，则无须脱除催化剂残留物。在稀土异戊橡胶生产中，防老剂可取代醇类终止剂，兼起终止作用，从而可减轻污染，简化废水处理工艺[79]。

现代化的合成橡胶生产厂如美国 Goodyear 公司，在现场建有热电站，能更有效地利用高压蒸汽并提供生产所需的绝大部分电力。95%以上的废水可循环再用[21]。

9.4　稀土异戊橡胶

采用稀土(特别是钕系)催化剂可使丁二烯或异戊二烯聚合，得到较高顺式 1,4 结构含量及聚合物收率的橡胶。

中国科学院长春应用化学研究所沈之荃等于 1964 年率先用稀土催化剂合成了顺式结构含量为 93%~95%的稀土异戊橡胶，引起全世界的关注。1970 年，吉林化学工业公司化工研究院等单位进行了工业化开发研究，试生产的异戊橡胶质量达到钛系异戊橡胶水平，制成的轮胎通过了里程试验。

此后在国际上稀土催化剂的开发受到广泛重视。20 世纪 80 年代，俄罗斯性能优异的稀土异戊橡胶 СКИ-5 开始批量生产。

2010 年我国开始生产异戊橡胶，2013 年已形成 160kt/a 的生产能力，目前我国已成为世界稀土异戊橡胶第一大生产国。

9.4.1　催化剂的特点

稀土元素在元素周期表内的序号为 57~71，特别是第Ⅲ族副族镧系元素，其原子结构属于 f 轨道金属，与 d 轨道过渡金属(Ti 系)不同，具有高立构化学性质(表 9-49)。

异戊二烯聚合用的稀土催化剂一般为稀土化合物与烷基铝组成的二元体系或加入第三组分卤化物组成的三元体系。

作为主催化剂的稀土化合物有：环烷酸稀土金属盐 Ln(naph)$_3$、氯化稀土金属 NdCl$_3$·nL(L 为乙醇、丁醇或长链醇 n=1~4)、脂族酸稀土金属盐 Ln(RCOO)$_3$(脂族酸包括硬脂酸、辛酸、异辛酸及 C$_5$~C$_9$混合酸)及磷酸酯稀土金属化合物等。

如图 9-30 所示，在稀土元素中以 Nd、Pr、Ce 活性最高，Gd、Tb、Dy、La 次之，Ho、Sm、Er、Eu 最低[7]。

表 9-49　稀土元素离子与过渡金属离子比较

金属离子	稀土元素离子	过渡金属离子
原子轨道	4f	3d
正常氧化价态	+3	+2，+3，+4，+5
离子半径/pm	85~106	60~75
配位	有 6，7，8，9，10，11，12 等	有 4，6

续表

金 属 离 子	稀土元素离子	过渡金属离子
配位几何体	三角棱柱体 正方反棱柱体 十二面体	正方平面 四面体 八面体

第二组分烷基铝有三甲基铝、三乙基铝、三异丁基铝及其氢化物等。

第三组分卤化物有 $Et_3Al_2Cl_3$、Et_2AlX（X 为 F、Cl、Br、I）及 $SnCl_4$、$SbCl_5$ 及 PCl_3 等。第三组分对异戊二烯聚合活性有较大的影响（表9-50）。

主催化剂环烷酸稀土金属盐可采用固体法或萃取法制备[20]。氯化稀土金属 $NdCl_3 \cdot nL$ 是由无水 $NdCl_3$ 与乙醇、丁醇或其他长链醇在干燥氮气下加热制备的[84]。

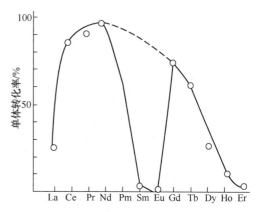

图9-30 不同环烷酸稀土盐的引发聚合活性比较

必须注意配制好的催化剂须在脱除水和氧的纯净 N_2 保护下贮存和陈化。稀土催化剂虽系非均相，但其沉淀颗粒结构较疏松，呈悬浮状液体，在聚合反应初期易分裂而增高活性，因此具有比一般典型非均相催化剂更高的效率[85]。

表9-50 烷基卤化铝对异戊二烯聚合的影响[7]

卤化物[①]	单体转化率/%	特性黏数/(dL/g)	微观结构/%	
			顺式1,4	3,4链节
无	~0	—	—	—
Et_2AlF[②]	84	4.36	95.1	4.9
Et_2AlCl	84	4.36	94.7	5.3
Et_2AlBr	95	3.21	94.9	5.1
Et_2AlI	51	3.54	91.8	8.2
$Nd(naph)Cl_2$[③]	60	—	—	—

① 催化剂的另外两组分为 $La(naph)_3$ 和 iBu_3Al。

② 氟化物用量约比其他卤化物大10倍。

③ 催化剂另一组分为 iBu_3Al。

9.4.2 聚合反应工艺及影响因素

采用 $Ln(naph)_3$-iBu_3Al-$Et_3Al_2Cl_3$ 催化剂体系时，Al/Ln 为 20~30，催化剂浓度<1%，单体浓度>120kg/m³，聚合反应温度30~60℃，反应时间3~4h，转化率>70%，反应速率常数>0.47h⁻¹[86]。

聚合反应的影响因素：

1. 催化剂

在上述三元催化体系中，主催化剂稀土 Ln 的用量对异戊二烯聚合有很大影响。当固定 Al 组分和 Cl 组分的用量时，催化剂活性在 Cl/Ln 摩尔比为 2~4 时最高，而聚合物分子量则与 Ln 用量关系不大；当固定 Al 组分用量和 Cl/Ln 摩尔比时，随稀土 Ln 用量的增加其活性出现一个峰值，而且聚合物分子量增大[7]。

稀土催化体系是否需要含卤素的第三组分完全取决于稀土化合物卤素基团的存在与否。在 Ln(naph)₃-iBu₃A1-Et₃A1₂Cl₃ 三元催化体系中，第三组分卤化物是形成催化活性中心必要条件之一，其主要作用是提供与稀土环烷酸盐的羧基进行交换的卤离子(表9-50)。

改变催化剂各组分的配比及用量对聚合物分子量及其分布有很大的影响(表9-51 和表9-52)。此外，表观上均相的稀土催化剂比非均相体系催化剂更易于控制聚合物的分子量[84]。

2. 单体

聚合反应速度与单体异戊二烯的浓度成一级反应关系。催化剂效率也随单体浓度的增大而增加(表9-53)。聚合物的分子量加大，分布变窄，但微观结构基本不变。

表9-51　稀土催化剂的配比及用量对聚异戊二烯分子量及其分布的影响[20]

Al/Ln 摩尔比	Cl/Ln 摩尔比	Ln(naph)₂×10⁶/ (mol/g 单体)	特性黏数 $[\eta]/(dL/g)$	分子量分布指数 $\overline{M}_w/\overline{M}_n$
15	3.0	2.5	8.82	2.64
15	3.0	3.0	7.00	2.55
15	3.0	4.0	6.15	2.79
20	3.0	2.0	7.34	2.94
20	3.0	2.5	5.52	3.00
20	3.0	3.0	5.32	3.13
15	3.0	2.5	8.82	2.64
20	3.0	2.5	5.52	3.00
30	3.0	2.5	6.96	5.70
40	3.0	2.5	3.28	11.10
30	2.0	2.5	4.97	7.50
30	3.0	2.5	6.97	5.70
30	4.0	2.5	3.72	7.10

表9-52　在聚合连续阶段测得的 Tibal 和 Dibal-H 对应的聚异戊二烯的分子参数[91]

实验号	[Al]/[Nd] 摩尔比	聚合物收率/%	$M_n×10^{-3}$	$M_w×10^{-3}$	M_n/M_w	N 链/Nd(摩尔比)
1		11	240	870	3.6	0.22
		21	320	1100	3.4	0.32
		59	430	1400	3.3	0.66
		83	530	1400	2.6	0.75
2	30	9	200	800	4.0	0.21
	Tibal	27	310	1200	3.9	0.42
		61	265	1200	4.5	1.10
		81	140	1100	7.9	2.80
3	50	4	100	500	5.0	0.21
	Tibal	12	180	710	3.9	0.31
		61	150	1000	6.7	1.90
		100	100	810	8.1	4.80

实验号	[Al]/[Nd] 摩尔比	聚合物收率/%	$M_n \times 10^{-3}$	$M_w \times 10^{-3}$	M_n/M_w	N 链/Nd（摩尔比）
	7	8	130	550	4.2	0.30
4		12	170	810	4.8	0.34
	Dibal-H	30	180	860	4.8	0.79
		91	160	880	5.5	2.70
	70	10	67	480	7.2	0.69
5		23	68	520	7.6	1.6
	Dibal-H	73	46	510	11.0	7.5
		100	32	450	14.4	15.0

注：聚合条件：溶剂为异戊烷，20℃，[C_5H_8]/[Nd]＝7000（摩尔比）。

3. 溶剂

异戊二烯聚合用溶剂对催化剂的活性及聚合物结构均有影响。溶剂种类对聚合反应活性的影响程度依如下顺序递减：

烷烃＞芳烃＞卤代烷烃

以氯丙烷为聚合溶剂时，所得聚合物呈粉末状，其反式 1,4 结构含量达 90%，1,2 结构和 3,4 结构含量分别为 1% 和 9%；而以烷烃或芳烃为聚合溶剂时，所得聚合物为弹性体，其顺式 1,4 结构达 94%[20]。

4. 聚合温度

采用稀土催化剂的异戊二烯聚合反应遵循 Arrhenius 方程，其表观活化能为 38.5kJ/mol（9.2kcal/mol）。随着聚合反应温度升高，反应速度加快。在较低聚合反应温度下，聚合物的顺式 1,4 结构含量稍有增加。表 9-54 给出了聚合反应温度对催化剂使用不同第二组分——烷基铝对异戊橡胶顺式结构的影响。如果聚合反应温度过高，则聚合物分子量有所减小，分布变宽（表 9-55）。与钛系异戊橡胶不同的是，在一定聚合温度范围，稀土异戊橡胶的分子量和微观结构变化很小；例如由 30℃ 升到 50℃，其特性黏数和顺式 1,4 结构含量仅由 7.77dL/g 和 94.95% 变为 7.58dL/g 和 94.10%[87]。然而在这 20℃ 的温升中，仅由聚合物料的显热就吸收了近 1/3 的反应热，这显然有利于解决聚合釜的撤热问题。

表 9-53　单体浓度对稀土异戊橡胶聚合的影响[7]

单体浓度/ （g/L）	聚合终止时胶液中 干胶含量/（g/L）	催化剂效率/ （g 聚合物/g 催化剂）	特性黏数 [η]/（dL/g）	微观结构/%	
				顺式 1,4	3,4 链节
100	78	48	10.0	95.1	4.9
200	114	93	12.1	94.3	5.7
300	101	97	13.4	95.2	4.8
500	69	112	—	94.6	5.4
600	94	152	—	—	—
600	101	246	13.9	—	—

表 9-54　聚合温度与稀土异戊橡胶顺式结构的关系[20]

聚合温度/	顺式 1,4 构型含量/%		
℃	Et₃Al₂Cl₃	Et₂AlBr	Et₂AlI
0	95.6	93.8	91.5
50	94.6	92.7	86.7
100	93.2	91.2	86.1

表 9-55　聚合温度对稀土异戊橡胶分子量及其分布的影响[20]

聚合温度/℃	特性黏数 $[\eta]$/(dL/g)	分子量分散指数 $\overline{M}_w/\overline{M}_n$
40	12.9	3.02
60	9.8	3.13
70	9.4	3.27

5. 聚合物溶液的黏度与传热特性

随着单体转化率的提高，胶液的黏度增大，当单体转化率达 70% 时，聚合物溶液的表观黏度可达数十万厘泊。此时，聚合釜的搅拌功率转变成的搅拌热相当大，在聚合后期甚至超过聚合反应的放热量。更为严重的是，随着物料黏度的增加，其传热系数明显下降，给聚合釜的撤热和温度控制带来极大的困难。表 9-56 给出了聚合物料浓度、传热系数和搅拌热随转化率变化的关系[85]。

表 9-56　稀土异戊橡胶聚合物料浓度、传热系数和搅拌热与单体转化率的关系

项　目	单体转化率/%				
	10	20	40	70	80
聚合物浓度 C_R/%（质量）	1.79	3.58	7.16	12.5	14.3
传热系数 U/(W/m²·K)	71.9	64.3	48.9	26.0	18.3
搅拌热 Q_a/(MJ/h)	2.15	3.80	11.9	65.5	181.7

聚合反应物料的高黏度也使聚合釜的传热稳定性很差，导致其传热稳定性与一般搅拌釜有很大的差异(图 9-31，图 9-32)。

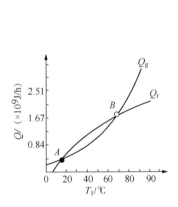

图 9-31　稀土异戊橡胶用聚合釜
（第一釜）的热稳定性分析图

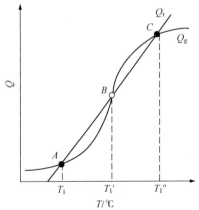

图 9-32　一般搅拌釜的热稳定性分析图

在两图中 Q_g 和 Q_r 分别为放热曲线和传热曲线。在一般搅拌釜 Q_r 为一条直线, Q_g 为一条 S 形曲线, 两条线交点 A、B、C 为三个动态热平衡点, 其中 A 和 C 是稳定点; 而在稀土异戊橡胶聚合釜中, Q_r 和 Q_g 分别是两条斜率递减和斜率递增的曲线, A 和 B 两个动态热平衡点中只有 A 是稳定点。

因此, 在稀土异戊橡胶生产中, 聚合釜的传热和温度控制难度很大, 为此可采取适当提高传热冷剂温度、增加釜外循环换热量以及提高控制温度仪表的动态响应能力等措施, 以保证大型聚合釜的热稳定性。

随着聚合釜体积的增大, 其单位体积具有的夹套换热面积明显减小; 例如 $0.17m^3$ 聚合釜放大到 $20m^3$, 其单位体积的夹套换热面积由 $11m^2/m^3$ 减小到 $1.9m^2/m^3$。另外, 稀土胶液黏度大, 传热系数小, $20\ m^3$ 聚合釜的夹套传热量仅占总传热量的 20% 以下, 这就更增加了换热的困难。

鉴于稀土胶液稳定, 凝胶少, 不易挂胶, 故可采取抽出釜内物料经板式换热器冷却后再返回釜内的"外循环冷却法"以代替夹套换热。

表 9-57 表明, 聚合后期用传热面积较小的釜外板式换热器(换热效率>50%)代替釜夹套换热, 其冷剂费用可减少 50% 以上。如适当增加聚合釜外板式换热器的传热面积, 用廉价的循环水作冷剂, 则可进一步节省操作费用。

表 9-57 $20m^3$ 聚合釜传热方式对比

冷剂温度/℃	夹套传热		板式换热器传热	
	夹套传热面积/m^2	相对冷剂费用	板式换热器传热面积/m^2	相对冷剂费用
-20	38	418	15	184
-10	38	335	18	147
0	38	251	22	110
10	38	167	29	74
20	38	84	43	37

6. 单体转化率

稀土异戊橡胶分子量与单体转化率的关系见图 9-33。

随着聚合反应的进行, 单体浓度逐渐降低, 聚合反应速度亦随之减小。如转化率过高则导致反应时间过长, 从而降低聚合釜单位时间和单位体积的生产能力, 即串联釜的容积效率 η(容积效率 η 越低表示该反应系统的物料返混越大, 反应器利用率越低)降低。

在保持最终聚合物浓度为 12% 的前提下, 如将原单体投料浓度 $100kg/m^3$、最终转化率为 80% 分别改为 $120kg/m^3$ 和 70%, 则反应速度可提高到 1.71 倍, 同时能使聚合釜具有较高的容积效率[86]。由图 9-34 和图

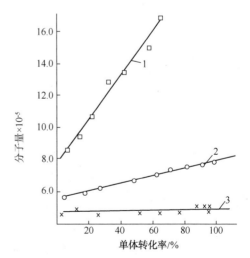

图 9-33 稀土异戊橡胶分子量与单体转化率的关系
1—Al/Ln = 17.5; 2—Al/Ln = 30; 3—Al/Ln = 50

9-35可知，当最终转化率为70%时，采用三个串联聚合釜可保证聚合釜的容积效率η大于80%[58]。

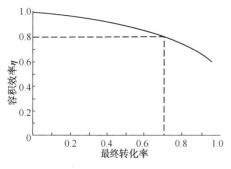

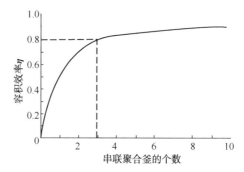

图9-34 三个串联釜的容积效率
η与最终转化率的关系

图9-35 最终转化率为70%的串联釜容积效率
η与聚合釜个数的关系

9.4.3 聚合反应机理及动力学

1. 聚合反应机理及特点

异戊二烯在稀土催化剂存在下进行溶液聚合的反应机理，初步研究表明，稀土类催化异戊二烯聚合机理既有类似于锂系异戊橡胶的一面，也有类似于钛系异戊橡胶的一面。在稀土引发异戊二烯聚合的过程中，分批加入单体则聚合物链继续增长，表现出"活性聚合"的特征，基本上不存在动力学的链终止和链转移。但所得橡胶的分子量分布稍宽（$M_w/M_n=3$），介于锂系异戊橡胶与钛系异戊橡胶之间，这又与典型的"活性聚合"制得的几乎是单分散的聚合物有别。这种催化剂的活性中心可以看作是含有烷基化的稀土化合物的双金属络合物[21]：

$$\begin{array}{c} R \\ Ln \diagup \diagdown Al \\ \diagdown \diagup \\ Cl \end{array}$$

应当指出，作为催化剂重要组分烷基铝中的氢化物乃是较强的链转移剂，它可使分子量降低、分子量分布变宽。在聚合连续阶段测得的与Tibal（三异丁基铝）和Dibal-H（二异丁基铝氢化物）浓度对应的聚异戊二烯的分子参数见表9-52。

由溶于异丙醇的氯化钕制得的催化剂制取聚异戊二烯的分子量分布的研究可知，如果体系中不含特意加入的链转移剂（Tibal为三正丁基铝、三异丁基铝和Dibal-H为二异丁基氢化物），随着转化率的增加，分子量分布的极大值移向较高的分子量。M_w/M_n值随转化率变小，但每个钕原子生成的聚合物分子链数也明显增加。这说明系统中存在着"活性"聚合物链，其增长被链转移所打断。当加入链转移剂时分子量随转化率明显地改变。与Tibal相比，Dibal-H是更强的链转移剂[91]。

如前所述，合成稀土异戊橡胶的历程明显地受聚合条件尤其是烷基铝与主催化剂摩尔比的影响。采用Ln(naph)$_3$-iBu$_3$Al-Et$_3$Al$_2$Cl$_3$催化剂时，当Al/Ln摩尔比稍低时，聚合物分子量随单体转化率增加而增大；当Al/Ln摩尔比加大到50时，则聚合物分子量随单体转化率增加而增大的程度就很小了。在12m³聚合釜中的工业化放大试验结果证实了这一点（表9-58）。

表9-58 稀土异戊橡胶特性黏数和门尼黏度与单体转化率的关系[79]

聚合时间/h	0.55	1.05	3.05	5.05
单体转化率/%	34	51	76	87

续表

聚合时间/h	0.55	1.05	3.05	5.05
特性黏数/(dL/g)	8.53	8.77	9.71	9.87
门尼黏度 $ML_{1+4}^{100℃}$	98.5	99.0	96.5	101.5

中科院长春应化所崔冬梅等发表的专利提及一双组分催化体系[173,174]，其中之一为NCN-亚胺钳型三价稀土配合物(代表性分子式为[2,6-(CH=N-R^1)$_2$-4-R^2-1-C$_6$H$_2$]LnX$_2$(THF)$_n$(n=0~2)，另一组分为烷基铝、烷基氢化铝、烷基氯化铝或铝氧烷。烷基化试剂与稀土配合物的摩尔比为(2∶1)~(1000∶1)。稀土配合物中的Ln选自元素周期表中原子数为57~71的稀土金属；R^{1}是氢或脂族烃基或芳族烃基；R^{2}为氢或直链或支链烷基；X为相同或不同的卤族元素或能与稀土金属配位的有机基团。

NCN-亚胺钳型稀土配合物的结构式为：

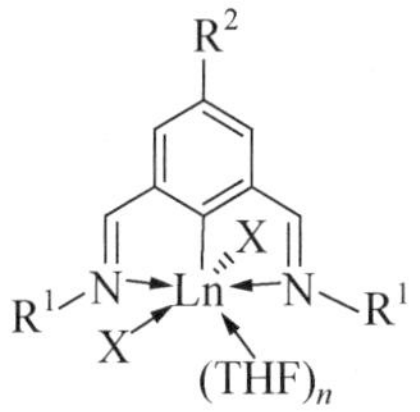

其中，稀土金属离子Ln结合在苯环上R^{2}的对位，并与亚胺的N原子、X基团或THF配位，从而构成该NCN-亚胺钳型稀土配合物的活性中心。其中THF(四氢呋喃)溶剂分子的配位与否决定于X的大小和极性，不影响配合物的催化性能。当X为卤族元素时，一般有两个THF(四氢呋喃)分子参与配位，而当X为可与稀土金属离子配位的有机基团时，THF可参与或不参与配位。THF的配位与否并非必要，也不影响配合物的催化性能。

该发明提及的双组分催化体系，可在-20~120℃范围内，催化异戊二烯或丁二烯高活性聚合，得到高顺式1,4结构含量(95%~99%)、数均分子量5万~300万、分子量分布小于3.0的聚合物。该催化体系的特点是在高温聚合条件下保持高顺式1,4选择性。

通过核磁共振分析技术原位跟踪活性种的生成过程，证明其稀土金属—铝双核阳离子的结构，并提出了由配体几何构型控制聚合物结构的机理。

2. 聚合反应动力学及其应用

(1) 聚合反应动力学

有关动力学的研究表明[84,89]，聚合反应速度 r 可由下式表示：

$$r=k_p[Ln]^n[M] \tag{9-10}$$

式中，k_p 为链增长速率常数；[Ln]和[M]分别为主催化剂和单体浓度。

聚合反应速度对单体为一级反应关系，对主催化剂为 n 级反应(n>1)关系。根据实验方法、催化剂配比及其陈化时间等因素，n 值在1.0~2.0之间。

由于在固定的反应条件下催化剂的浓度是不变的，因此[Ln]^{n}是个常数，可将其与链增长速率常数 k_p 合并成一个表观聚合反应速率常数 k，由下式表示：

$$-r_A=kC_M$$

式中，$-r_A$ 为表观聚合反应速率，C_M 为单体浓度。该式表明，可用一级全混釜反应模型对稀土异戊橡胶聚合反应进行描述和理论分析。

（2）聚合反应动力学的应用

根据上述动力学方程，在实际生产中可用催化剂浓度及其加入量有效地控制聚合反应速率和强化聚合釜生产能力[79,86]。

由于稀土异戊橡胶胶液的动力黏度高达几十万厘泊，为了克服在混合、传热和输送中的困难，最终胶液的干胶浓度一般限制在12%（重量），这相当于投料单体浓度为100kg/m³、转化率为80%时的结果。采用多级串联釜，最终转化率达80%需反应时间7h，这种反应速率是很低的（表9-59）。而随着反应的进行，胶液黏度不断增大，导致聚合釜传热系数由反应初期的334kJ/（m²·h·℃）降至84kJ/（m²·h·℃）以下。在反应热为1108kJ/kg单体的情况下，这种低传热能力自然也限制了聚合釜的生产能力，例如在中试和12m³聚合釜中，单位聚合釜的橡胶生产能力仅为80t/m³·a，大大低于国际生产水平。

为了提高稀土异戊橡胶生产中聚合釜的生产能力，可采取以下措施，即在保持最终聚合物浓度不变（12%质量）的前提下，除将单体投料浓度由100kg/m³提高至120kg/m³，最终转化率由80%降至70%外，在保持最终胶液的干胶浓度不变的前提下，局部提高串联釜的第1釜的单体浓度至160kg/m³，即将第1釜进料中溶剂的1/3抽出直接预冷后进入第2釜。

从上述动力学方程式可知，聚合反应速度与单体和催化剂的浓度成$1+n$次方关系。在配方确定后催化剂的量与投料中单体的量即呈固定比例，从而使第1釜中的单体浓度和催化剂浓度均相应提高到1.6倍。此时由于单体浓度和催化剂浓度的综合效应，可使聚合反应速度增加两倍多。只用两个串联釜（体积不等）反应3.4h，单体转化率即达70%。最终使聚合釜的生产能力提高到212t/（m³·a），为前述80t/（m³·a）的2.65倍，达到国外异戊橡胶聚合釜生产能力的水平。

上述强化反应措施较大地提高了第1釜的反应速率常数k_1，各釜的速率常数有所不同，须用如下两式描述串联全混釜一级反应过程各釜转化率X和反应时间t的关系：

$$X_i = K_i t_i / (1 + k_i t_i) \qquad i = 1 \qquad (9-11)$$

$$X_i = [k_1 t_1 / (1 + k_1 t_1) + k_i (t_i - t_1)] / [1 + k_i (t_i - t_1)] \qquad i = 2, 3, 4 \qquad (9-12)$$

可利用动力学优化聚合釜的设计。稀土胶聚合反应过程采用三个串联聚合釜，其体积V可由下三式表示：

$$V_t = F_1 [X / k_1 (1 - X_1)] \qquad (9-13)$$

$$V_2 = F_2 [(X_2 - X_1) k_2 / (1 - X_2)] \qquad (9-14)$$

$$V_3 = F_3 [(X_3 - X_2) / k_3 (1 - X_3)] \qquad (9-15)$$

式中，X、k和F分别表示转化率、速率常数和体积流量，下标1、2、3分别表示串联的第一、二、三聚合釜。

表9-59 聚合反应强化前后对比

项 目		串联聚合釜序号			单体初始浓度/（kg/m³）	速率常数/h⁻¹	聚合釜生产能力/[t/（m³·a）]
		1	2	3			
强化前	转化率/%	23	62	80	100	0.310	80
	反应时间/h	1.08	4.27	7.0			
	单体浓度/（kg/m³）	77.3	38.0	20.0			
	反应温度/℃	50	50	50			
	速率常数/h⁻¹	0.272	0.324	0.330			

续表

项　　目		串联聚合釜序号			单体初始浓度/ (kg/m^3)	速率常数/ h^{-1}	聚合釜生产能力/ $[t/(m^3 \cdot a)]$
		1	2	3			
强化后	转化率/%	37	70		160	0.526	212
	反应时间/h	1.02	3.36				
	单体浓度/ (kg/m^3)	100.8	36.0				
	反应温度/℃	47	51				
	速率常数/ h^{-1}	0.576	0.470				

为使设备费用降到最小，则建立目标函数 J：

$$J = \sum V = V_1 + V_2 + V_3 \qquad (9-16)$$

由于最终转化率 X_3 已规定为70%，故只需求 X_1 和 X_2 的最佳值，使总体积为最小。可求 J 对 X_1 和 X_2 的偏导数，并使之等于零，可得最佳值：$X_1 = 33\%$，$X_2 = 55\%$。图9-36表明，X_1 和 X_3 值确定后，X_2 的分布对 J 的影响。当 X_2 取最佳值55%时，三个聚合釜的体积相等（三条线交于0点），而且三个釜体积之和为最小。

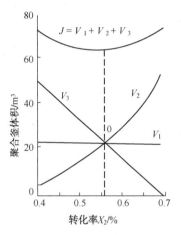

图9-36　第二聚合釜单体转化率对三个聚合釜体积的影响

9.4.4　稀土异戊橡胶合成技术的改进

1. 催化剂体系

美国Goodyear公司采用三元催化体系如辛酸铈-二氯乙基铝-三异丁基铝和辛酸铈—氟二乙基铝—三异丁基铝用于丁二烯和异戊二烯聚合，顺式1,4构型含量达92%~97%[90]。另外提出用新癸酸钕、辛基铝和氯气制备的均相催化剂制取高立构规整性聚异戊二烯，其顺式1,4结构含量可达98%以上，分子量分布指数低于2.0。据称这种异戊橡胶的性能优于钛系异戊橡胶，接近天然橡胶。但氯气的腐蚀性大，显然对环境有较大污染[161]。

Phillips公司用 $NdCl_3 \cdot nL$（L为乙醇、丁醇或长链醇，$n = 1 \sim 4$）和烷基铝制成一种新型稀土催化剂用于异戊二烯聚合及异戊二烯/丁二烯共聚。该催化剂活性较高（100g单体需0.1~0.6mmol稀土盐），聚合物顺式结构高达95%~98%，并可在 $10^4 \sim 10^7$ 较宽范围有效控制分子量。所得稀土异戊橡胶的物理机械性能与Goodyear公司的钛系异戊橡胶Natsyn 2200相当。

近年来陆续开发了一些四组分催化体系，如JSR公司开发的抗湿滑和低滚动阻力橡胶采用与Lewis碱反应的稀土化合物、铝氧烷、烷基铝以及金属氯化物与路易斯碱反应的产物组成的催化剂[175~179]。法国Mechelin公司提出的用特殊配制方法制成的稀土磷酸盐/烷基化试剂/卤素给予体/共轭单体催化体系，具体配制方法为：首先将环己烷或甲基环己烷与钕盐接触形成凝胶，在30℃反应0.5h，然后加入丁二烯烷基化，15min后，加入1mol/L的氯化二乙基铝，调节温度至60℃，反应24h。此催化体系用于异戊二烯聚合，可得到分子量分布指数低于2.5、顺式1,4结构含量98%以上的聚合物；如若得到顺式1,4含量大于99%的聚合物，则需降低聚合温度至-55℃。据称这种橡胶100℃的门尼黏度值不超过80[180~183]。但其制备工艺复杂，催化剂组分呈多相悬浮状，而且需低温配制[161]。

Riken研究人员申请的稀土茂金属/烷基铝/有机硼盐阳离子催化体系对共轭二烯烃均聚及其与含卤烯烃的共聚具有很高催化活性，并有活性聚合的特点[184~187]，但如欲获得高于95%顺式1,4选择性，则须在低于-20℃的温度下进行聚合。

　　日本理化所[162]采用茂稀土催化剂合成了顺式质量分数高达100%、分子量分布指数低于2.5的聚异戊二烯。该聚合物具有弹性高、耐磨性好的特点，预期可作为下一代高性能轮胎用合成橡胶。使用的催化剂为稀土钆元素，聚合反应需在甲苯溶剂及0℃以下进行，但茂及其助催化剂价格较为昂贵。

　　Fischbach 等研究了 $M(OArtBu)_3(AlMe_3)_n$（M 为 La 或 Nd）/Et_2AlCl 催化体系聚合异戊二烯的规律。当 $n=1$ 时，该催化体系没有催化活性；当 $n=2$，$n(Cl)/n(Nd)=2.0$ 时，该催化体系则具有最高的催化活性，所得聚合物具有较高的分子量，顺式 1,4 结构含量达99%；当 $n=3$ 时，可得到分子量分布更窄的产物[163]。

　　近期，国内对稀土催化剂的研究开发也异常活跃。如浙江大学许晓鸣等采用新型稀土催化剂，制得有较高分子量、高顺式结构的聚异戊二烯[161,164]，聚合反应单体转化率可达97%，聚合物的顺式结构含量95%左右。吉林石化公司研究院白晨曦等开发了一种新的催化剂 Lanthanocene 的配体，使用该催化体系在无需铝添加剂的条件下能得到顺式结构含量高达98%的聚异戊二烯。另外，该催化体系即使在低温（-20℃）下仍具有良好的催化活性[161,165]。

　　吉林石化公司研究院与长春应化所于 2006 年开始合作开发新型稀土异戊橡胶，提出了均相稀土催化剂的配制方法。采用芳香双亚胺钳型有机化合物（其结构如前所述）为配体，合成了一系列结构表征完整的新型稀土氯配合物。该配合物在烷基铝及有机硼盐的活化下，可生成一均相的齐格勒-纳塔催化体系，对丁二烯和异戊二烯聚合有非常高的催化活性，并能得到98%~100%的顺式 1,4 立构选择性，突破了传统体系97%的极限。采用这种均相催化体系，可在较高温度（40~50℃）合成与天然橡胶结晶拉伸性能相似、分子量分布指数低于3.0、门尼黏度介于 70~90 的新型高品质稀土异戊橡胶。这种催化体系还对聚合温度表现出很高的耐受性，即顺式 1,4 选择性在80℃聚合温度下仍能保持在97%以上。另外，他们还通过核磁共振分析技术原位跟踪活性种的生成过程，证明了其稀土金属-铝双核阳离子的结构，并提出聚合物顺式 1,4 选择性由配体几何构型控制的机理[164,173,174]。

　　2. 工程技术的开发

　　俄罗斯在生产中采用一种带有扩散-收缩段的管式湍流预反应器新工艺，从而使稀土异戊橡胶的性能得到明显的提高。该管式湍流预反应器可使反应混合物的湍流扩散系数提高5~10倍，形成一种高效催化剂体系-高度湍流的微分散悬浮液，使引发活性中心增加，顺式 1,4 结构含量提高3%~5%，低聚物含量减少8%，催化剂消耗量下降50%以上，生产能力从 34t/h 提高到 40t/h，同时明显降低了设备内表面橡胶结皮速度。这种新工艺对于钛系 СКИ-3 和稀土系 СКИ-5 的生产都是非常有效的（表9-60）[19]。

表9-60　管式湍流预反应器对异戊橡胶性能的影响[19]

指　　标	天然橡胶	合成顺式 1,4-异戊二烯橡胶			
		钛系 СКИ-3		稀土系 СКИ-5	
		原工艺	新工艺	原工艺	新工艺
重均分子量 $M_w \times 10^{-6}$	1~5	0.7~1.1	—	0.9~1.1	—
顺式 1,4 结构含量/%	98.5~99	90~93	96~97	95~97	98~99.5
分子量分布指数 M_w/M_n	2.2~6.1	2.5~4.0	—	5.3~6.5	3.0~4.5
催化剂相对消耗量	—	1	0.5	1	0.3
橡胶中低聚物含量/%	0	13±1	5±1	0	0

青岛伊科思公司除开发了国内容积最大的48m³聚合釜外，还开发了无返混的高效聚合反应器[192]。采用长/径比较大的卧式圆筒形反应器代替传统的立式搅拌釜，用无返混的平推流型代替完全返混的全混流型。由此较大地增加了单位容积聚合釜拥有的传热面积，同时在螺旋推进式刮壁搅拌器内通入冷剂，强化了聚合反应过程和传热过程，使反应器体积和能耗显著减小。这种聚合反应工艺更加符合聚合反应动力学、化学反应工程学和传热学原理，生产成本较低，生产效率较高。

这种内通冷剂的螺旋搅拌反应器可用于高聚合物浓度的溶液或本体法聚合工艺，物料在反应器中的流型是基本无返混的平推流型。

该公司还开发了一系列新的凝聚技术[159,190,191]。长期以来困扰传统的立式搅拌凝聚釜正常运行的问题是在高/径比较大的凝聚釜内的胶粒上下混合不均，其中重度相对小的胶粒集中漂浮在凝聚釜液面上部。易于结成大的胶团或胶块，不仅影响凝聚效果，甚至使凝聚釜无法正常操作。

该公司开发的卧式凝聚新技术是将传统的两个或多个串联的立式搅拌凝聚釜改为单一的卧式搅拌凝聚釜，而在釜的中间用隔板分为两个或多个凝聚区，在达到双釜或多釜凝聚效果的同时可节省设备投资和能耗，简化工艺操作控制，如图9-37所示。

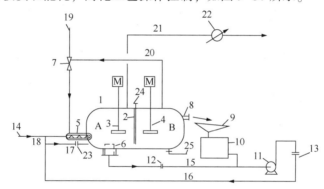

图9-37　卧式凝聚器及示意流程

1—卧式凝聚器；2—隔板；3，4—搅拌器；5—三流体喷嘴；6—提浓器；7—文秋里混合器；8—聚合物颗粒水出口；9—分离器；10—热水罐；11—热水泵；12—提浓水流量计；13—循环热水流量计；14—聚合物溶液管线；15—提浓水管线；16—循环热水管线；17—直接进凝聚器热水管线；18—与聚合物溶液混合的热水管线；19—加热蒸汽管线；20—B区上升气体；21—A区上升气体；22—冷凝器；23—直接进凝聚器热水流量计；24—隔板开孔的可移动闸板；25—加热蒸汽管

该公司还开发了多釜凝聚新流程，即在首釜与第二釜之间设置一个以靠水的提升为主要分离手段的提浓分离器，进一步提高聚合物颗粒在水中的浓度，成倍地延长凝聚后期的时间，可明显地提高凝聚效果，降低能耗，节省设备投资并减少环境污染[190]。

这种提浓分离器还可用作聚合物颗粒水的直接混合换热分离器，利用循环热水与去后处理的高温聚合物颗粒水直接混合换热，回收大量热量，减少后处理闪蒸过程的热损失。

此外，目前在凝聚首釜与第二釜之间的聚合物颗粒-水管线多采用联通管形式，两釜液位波动较大，影响正常操作。该公司将联通管改为平衡管，稳定了两个釜的液位，简化了操作控制[191]。

该公司还开发了精制和回收—塔流程技术[160]。将原有二塔流程中的单体脱水脱重塔和回收塔合并为一个塔（图9-38中的1，简称精制回收塔）。在精制回收塔中不进行回收单体和溶剂的分离，补充的新鲜单体加到该塔的塔顶，在该塔提馏段侧线气相采出脱水和脱重的单体和溶剂混合物(其浓度符合聚合反应要求的配比),根据需要再去吸附精制。一塔工艺流程见图9-39。

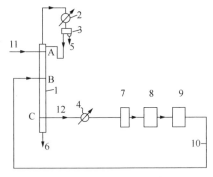

图9-38　异戊橡胶溶剂和
单体回收脱水脱重一塔流程

如图9-38所示,从凝聚工序回收的凝聚油相(10)(根据聚合投料浓度和聚合转化率的不同,其未反应单体浓度为2%~30%,并含有饱和溶解水及少量重组分)进入精制回收塔(1)的中部(B),补充的新鲜单体(11)从精馏段的上部(A)进入回收塔塔顶,单体经塔顶冷凝器(2)进行全回流,其回流量为进料量的0.2~2.0倍,从回流罐(3)可分出游离水(5)。溶剂和单体经过提馏段的脱水段在C处以气相形式侧线采出(12)(含水量5×10^{-6}~20×10^{-6})经侧线冷凝器(4)冷凝后去精制工序(7)吸附精制。提馏段侧线采出C处距塔釜有5~15块理论板,此段为脱重段。脱重段的作用是维持塔釜重组分(低聚物和防老剂等,浓度可达20%~50%)较高浓度以减少釜液(6)的排放量。

由于单体中的非活性组分(主要是单烯烃)初期在塔顶全回流的单体中积累,可从塔顶根据物料平衡定期或连续地采出少量单体返回单体车间处理。

一塔流程可减少相应的设备和能耗,只用一个蒸馏塔即精制回收塔就完成单体和溶剂的脱水脱重及回收任务。

9.4.5　稀土异戊橡胶的特性与生产工艺特点

1. 特性

稀土异戊橡胶与锂系和钛系异戊橡胶的性能基本相当,见表9-61和表9-6~表9-9。

稀土异戊橡胶顺式结构含量一般略低于钛系异戊橡胶,在用作轮胎胶料时可部分替代天然橡胶。由于稀土异戊橡胶的灰分含量和凝胶少、无齐聚物,不仅适合制作浅色橡胶制品,更适合于生物医用制品和食品工业。由于分子量分布较窄,国内已将稀土异戊橡胶用于负型光刻胶。

俄罗斯采用新工艺生产的稀土异戊橡胶 СКИ-5 的微观结构和分子参数见表9-9和表9-60,其顺式1,4结构含量最高达99.5%,超过了天然橡胶,分子量分布也进一步变窄,并且和天然橡胶一样不含低聚物。其中 СКИ-5 ПМ 生胶及其硫化胶在水相(水和 NaCl 溶液)和生物活性介质(血清)中的稳定性比天然橡胶高数倍,并有良好的耐热氧化性。业已开发了具有良好生物稳定性和血液相容性的高弹性生物医用制品,如外科手术和检查用手套、计划生育用品和各种导管等[91]。

表 9-61　稀土异戊橡胶与钛系异戊橡胶硫化胶性能对比[85]

性能[①]	稀土异戊橡胶	钛系异戊橡胶[②]
300%定伸应力/MPa(kgf/cm²)	17.0(172)	16.0(163)
拉伸强度/MPa(kgf/cm²)	30.2(305)	28.9(291)
扯断伸长率/%	485	485
永久变形/%	26	27
邵尔 A 硬度	63	64

①硫化条件:143℃×20min。

②Kuraprene 异戊橡胶-10。

2. 生产工艺和工程上的特点

虞乐舜曾系统总结了稀土异戊橡胶在生产工艺方面的特点[79]，并成功地将其应用于 30kt/a 异戊橡胶生产装置的开发。这些特点主要是：

① 催化剂活性高，用量低。催化剂总用量仅为单体的 0.27%~0.5%，于 50℃ 下聚合 3h，转化率可达 70%~80%，每吨异戊橡胶仅消耗 3.6~7.0kg 催化剂，其中稀土金属仅为 0.2~0.3kg。

② 催化剂配制和使用较为简便。由表 9-62 可看出，常温下配制催化剂对单体转化率和聚合物性能均无明显影响，这对工业生产极为有利。

表 9-62　稀土催化剂配制条件对聚合反应和聚合物性能的影响

催化剂配制温度/℃	转化率/%	特性黏数/(dL/g)	凝胶含量/%
0	98	5.28	0
20	98	6.12	0
35	88	4.87	1
50	68	8.83	1

③ 催化剂量和聚合配方对聚合物质量的影响较小，因而可通过改变催化剂加料量较灵敏地调控聚合反应速率，为生产工艺提供有效的控制和调节手段。

④ 聚合反应对温度不敏感，有利于温度和热传递的控制。由表 9-63、表 9-64 可知，聚合温度对反应速率有较明显影响，而对聚合物性能则影响不大，仅特性黏数稍有变化。选择先低温后高温的聚合温度分布，既可保证一定的反应速率，又使聚合物具有较好的性能，同时可充分利用物料本身的显热吸收相当的反应热。

表 9-63　聚合温度对四釜连续聚合的影响

釜号	各釜温度/℃				转化率/%	特性黏数/(dL/g)	门尼黏度
	1	2	3	4			
温度	30	30	30	30	63	9.3	73
	30	30	50	50	82	8.5	72
	50	50	50	50	85	7.9	71

表 9-64　聚合温度对聚合物的微观结构的影响

温度/℃	0	50	100
顺式1,4结构含量/%	95.5	94.5	93.4

⑤ 稀土体系对聚合物料停留时间分布不敏感，有利于聚合釜的设计和操作。聚合物的分子量及其分布主要取决于催化剂配方，而受聚合停留时间分布的影响不大。

⑥ 凝胶含量低，设备及管线不易挂胶。这对保证聚合釜等设备的热传递效率和连续运转都是很重要的。

⑦ 对原料规格的适应性较强。由于稀土催化剂配方中烷基铝与 Ln 的摩尔比较高（9~15），而且对聚合物性能的影响相对要小，因此可从经济角度适当调节催化剂配方与单体、溶剂等原料精制水平之间的关系，使之较灵活地适应多种规格的原料，进而简化原料的精制流程。

⑧ 聚合工艺后处理流程较为简单，废水、废渣排放量少。由于催化剂用量少，产品中

灰分含量低，而且残留的稀土金属无害，胶液不需经水洗脱除灰分。其次，使用的防老剂264可兼作终止剂，从而可减少大量污水。再则，稀土催化剂被水破坏后，其pH值为6~9，对碳钢设备基本无腐蚀性，不仅不需用碱中和，而且可采用一般材质制造的设备。

⑨ 稀土异戊橡胶胶液动力黏度很大，不利于传热、混合和输送。与顺丁橡胶和钛系异戊橡胶相比，此乃稀土异戊橡胶工程放大中最为困扰的问题之一。为此必须研究稀土异戊橡胶胶液的流变性能及其与温度的关系。

对于门尼黏度95~100、干胶浓度10%的稀土异戊橡胶己烷溶液，用R-2型旋转黏度计在30℃的测定结果列于表9-65；固定剪切速率（5.3s^{-1}）时，温度对表观黏度的影响列于表9-66。10%的稀土异戊橡胶己烷溶液在管内不同流速下的表观黏度列于表9-67。

表 9-65　稀土异戊橡胶己烷溶液的表观黏度　　　　　　　　　　mPa·s

剪切速率/s^{-1}		0.33	0.6	1.0	1.8	3.0	5.4	9.0
干胶浓度/%（质量）	7.0	73994	54542	41580	26736	18648	12263	
	9.1	176576	130667	96600	67667	48533	31111	
	10.0	216364	151667	114800	80111	58333	39407	15642

表 9-66　温度对表观黏度的影响[①]　　　　　　　　　　mPa·s

温度/℃	20	30	40	50
干胶浓度9.1%	26859	22556	19185	12703
干胶浓度10.0%	43296	39407	36815	19703

①固定剪切速率为5.3s^{-1}。

表 9-67　在管内不同流速下的表观黏度[①②]

流速/(m/s)	剪切速率/s^{-1}	表观黏度/mPa·s
0.0764	24.4	7742
0.0637	20.4	8781
0.0382	12.2	12622
0.0191	6.1	20580

①稀土异戊橡胶10%己烷溶液。

②表9-65~表9-67中的数据均为未发表的实验数据。

由此可见，在稀土异戊橡胶的工程设计上，只要考虑到较为适宜的温度和剪切速率，可以较大地减小其表观黏度，但必须注意胶液在静止或初始状态的表观黏度仍然是很大的。

此外，基于稀土异戊橡胶固有的特点，或可进行本体聚合工艺的探索。近期国内开发的差速螺杆捏合机[156,158]和往复螺杆旋转机[157]也为本体聚合技术提供了一定的设备基础。

9.4.6　国内稀土异戊橡胶的技术发展方向

1. 工艺技术的发展方向

随着国内异戊橡胶生产装置陆续投产，同步开拓其应用市场和增加适销对路的新品种自然十分重要。在工艺技术方面，笔者认为除致力开发活性高、性能好、使用方便和成本低的新催化剂外，最现实的是下述两个方法：

（1）提高聚合反应转化率

20世纪国外有人曾提出最佳聚合反应转化率为73%，当时日本和欧美均为70%左右。

适当提高聚合反应转化率，固然能提高生产能力，但一味提高聚合釜的生产能力又往往会降低整个生产线的技术经济水平，产生适得其反的结果。

由表 9-68 可知，在维持 30kt/a 生产能力不变的前提下，随着单体转化率的提高，物料处理量相应减少，设备投资和总能耗也会相应减少。

如保持 30kt/a 生产能力下的进料量不变，通过增加聚合釜的个数以提高单体转化率，则在实际生产能力进一步增加的同时，回收单体和回收溶剂的量相应减少！而且所节省的能耗比增加聚合釜的能耗多约 30 倍！相当于每小时节省 3t 多蒸汽，或每吨橡胶蒸汽消耗量降低近 1t！虽然增加了聚合釜的设备投资，但增产橡胶的效益完全可以补偿它。

表 9-68　提高聚合单体转化率对生产技术经济指标的影响[1]

单体转化率/%		70	80	90
处理物料量/(t/h)		30	27	24
减少回收单体量/(t/h)		0	0.55	1.1
减少回收溶剂量/(t/h)		0	3.07	6.14
聚合釜相对设备费		1.0	1.3	1.7
相对总设备投资和总能耗		1.0	0.88	0.77
聚合系统增加的能耗/(MJ/h)	热量	0	270	540
	冷量	0	190	380
减少回收单体和溶剂量所节省的能耗/(MJ/h)	热量	0	7810	15630
	冷量	0	7810	15630
每年增产橡胶量/t		0	4290	8580

①表中数据是以聚合反应转化率为 70% 的数据为基准进行相对比较的模拟计算数据。

当然，在此必须同时解决提高转化率带来的工程问题。

（2）适当提高聚合反应的单体浓度

随着单体异戊二烯浓度的增加，不仅反应速度增大，催化剂的效率也有所提高（表 9-55），同时，聚合物的分子量加大，分子量分布变窄，顺式 1,4 结构含量增加（表 9-69）。

另外，在单体转化率不变的情况下，随着单体浓度的增加，生成的橡胶量呈线性增加，这不仅提高了装置的生产能力，而且溶剂循环处理量亦随之下降，又可节省能耗。实际上，提高单体浓度也是提高聚合反应转化率的一个重要方法，如在相对高的 120kg/m³ 单体浓度下获得 70% 的转化率，相当于在较低的 100kg/m³ 单体浓度获得 80% 转化率时的生产能力。

表 9-69　提高单体浓度对聚合物性能的影响[1]

序号	单体浓度/(kg/m³)	特性黏数/(dL/g)	顺式 1,4 结构含量/%	分子量分布指数
1	100	7.2	94.2	5.12
2	140	7.5	94.9	4.98
3	180	7.9	95.3	3.44
4	200	8.6	95.6	3.00
5	300	8.8	95.7	2.97

①表中的数据为未发表的实验数据。

但是，提高聚合反应的单体浓度必然使胶液的干胶浓度增加，导致其黏度大幅度增高。这个问题在目前常规的串联聚合釜流程可采用下述方法解决，即局部提高聚合反应初期的单体浓度，将串联聚合釜首釜进料中余下的部分溶剂补加到后釜中。这样不仅可强化聚合反应，也缓解了后釜的传热问题[79,86]。当然，这种方法的效果是有限的，从理论上讲，聚合反应的单体浓度可高达百分之百，采用新的聚合工艺和设备包括本体聚合应进行探索[192]。1983年，意大利Enoxy公司即进行过100kg/d规模的稀土异戊橡胶本体聚合中间试验，值得我们借鉴。

2. 降低产品成本的技术发展方向

（1）催化剂

在稀土异戊橡胶生产成本中，催化剂的成本一般占10%以上，其中稀土盐占有相当大的比例。特别是在早期技术开发中，为了追求更先进的技术指标，合成稀土异戊橡胶用的主催化剂往往由混合稀土过渡到单一纯组分，目前国内均采用纯钕盐。

作为稀土合成材料催化剂的主催化剂——稀土盐中的稀土元素均具有不同程度的催化聚合活性；国内曾在相当一段时间采用混合稀土，常用的是镁钕富集物等。

混合稀土的催化活性比纯钕低，其用量较高，导致生胶的灰分含量较高。然而试验结果表明，稀土催化体系产生的灰分对橡胶性能一般无不利影响，只要≤1%即可（有的天然橡胶灰分高达1.5%，有的异戊橡胶灰分高达2%）。而现在我们生产的异戊橡胶的灰分含量远低于上述数值。

为此，似可选用几种来源稳定而又廉价的不同催化活性的（混合）稀土制备不同活性的稀土盐，根据市场需要生产不同灰分含量、不同牌号产品的稀土橡胶。纯稀土盐催化剂则可用来生产高档医用和食品级等特殊用途的异戊橡胶。

（2）防老剂。

在稀土异戊橡胶生产成本中，防老剂也占有相当比例。由于橡胶防老剂品种繁多，价格差异也很大，可根据不同用途和储存时间的要求选用不同品种的防老剂，包括使用混合防老剂。

国内早期开发稀土异戊橡胶采用防老剂264，其用量为2%（一般生胶的防老剂264含量为1.5%左右），设计的生胶储存期为2年。因此，可根据实际情况适当减少防老剂加入量，直接供给下游工序单位使用者，尚可适当减少胶中防老剂的加入量。

根据催化剂体系特点和聚合机理，防老剂尚可兼作聚合反应的终止剂。减少防老剂用量、不必担心稀土异戊橡胶正常生产中的热解，在凝聚系统停留时间稍长，但温度最高也只有100℃左右，挤压干燥时虽然温度较高，但停留时间短，热降解并不明显，发生的机械降解虽然不可避免，但其对分子量和分子量分布的改变往往是有利的。

另一值得重视的问题是，根据笔者的实践经验，约有1/4（根据凝聚工艺条件）的防老剂通过凝聚釜进入回收系统脱重塔的塔釜，这些防老剂可以回收再用。

（3）降低能耗

溶液聚合法生产合成橡胶的能量消耗较高。例如钛系异戊橡胶生产的蒸汽单耗一般为7~13t/t，电耗为400~100kW·h/t。国内开发的稀土异戊橡胶生产流程较简短，特别是在一定的经济规模下，其能耗低于钛系异戊橡胶。尽管如此，国内异戊橡胶生产的能耗通过下述途径仍有相当的降低空间。

① 生产装置大型化。目前，世界最大的异戊橡胶厂家俄罗斯Нижнекамский，其生产

能力达到 20kt/a。但是，生产规模大不等于其生产装置大型化，就目前异戊橡胶串联聚合釜工艺而言，12m³ 聚合釜的搅拌能耗是目前国内溶液聚合最大的 48m³ 聚合釜的 3 倍。回收、凝聚及后处理系统都存在设备大型化问题。生产装置大型化不仅节省能耗，也节省设备投资，并有利于生产管理。

② 简化流程。简化流程不仅节省设备投资，也能明显节省能耗，如国内开发的溶剂单体回收技术用一个精馏塔完成回收单体和回收溶剂的分离、溶剂脱水和脱重三项分离任务，由此可节省近一半的能耗和三分之二的设备投资。如果采用将前述两个塔合为一个塔的真正一塔流程，将进一步节省能耗和设备[192]。

在异戊橡胶生产过程中有许多物料混合过程，如催化剂的配制、催化剂和聚合反应物料的混合、溶剂和胶液的混合、防老剂和胶液的混合以及胶液和水的混合等等。20 世纪 80 年代曾开发了使用高效静态混合器完成这些混合过程的技术[68]，其中防老剂和胶液的混合是最困难的，从表 9-70 可知两个混合物料不仅其黏度差高达 15700 倍而且流量也相差 20 倍。在异戊橡胶生产中一般均采用体积与聚合釜相当的搅拌釜进行胶液与防老剂溶液的混合，其能耗很高，与串联聚合釜的末釜相当。而通过测试，采用 Kenics 型静态混合器的混合效果良好。

表 9-70　胶液加防老剂的混合效果[68]

混合设备名称	流量比	黏度比	胶液中防老剂平均浓度/%(质量)	能耗比	标准偏差	混合均匀度系数
混合搅拌釜	20	15700	1.497	55	0.169	0.113
静态混合器			1.582	1	0.166	0.105

(4) 开发新技术

改进异戊橡胶生产的核心设备——聚合釜，逐渐摆脱传统的串联聚合釜，使用高浓度卧式螺旋推进式聚合反应器[192]乃至本体聚合反应器，不仅可大大节省设备投资，也能大幅度降低能耗。这种高浓度反应器得到的胶液黏度很大，必须与凝聚釜毗邻而且胶液需与大比例的水混合通过带有机械分散装置的喷嘴进行凝聚。

凝聚过程耗能大，其消耗的水蒸气约占橡胶生产总水蒸气消耗量的一半，一般为每吨橡胶 4t 左右。如进行系统地优化，采用双釜(或多釜)的液相胶粒水提浓技术，进一步降低水胶比和釜间气相串联回收利用后釜的气相蒸汽，以及利用特殊的胶粒水混合分离器回收振动筛损失的热量等，可将凝聚过程的水蒸气单耗量降到 3t 左右[61,190,60,62]。如将传统的立式凝聚釜改为卧式凝聚釜，可进一步节省设备投资和能耗[159]。

9.5　顺式异戊二烯橡胶的加工

9.5.1　异戊橡胶的加工特点

异戊二烯橡胶的物理机械性能接近天然橡胶，其配合技术及加工工艺与天然橡胶相近；但两者在微观结构、分子参数及所含极性基团等方面与天然橡胶仍存在一定差异，从而导致两者在加工应用方面出现一些差别。

异戊橡胶质量均一、纯度高、颜色浅、臭味小，适用于浅色和医药橡胶制品。由于非胶组分和杂质少，亦便于化学加工改性。异戊橡胶易软化和混合，塑炼时间短，无需进行预炼因而节能。由于膨胀和收缩小，有较好的压出和压延性和低滞后性能。异戊橡胶尤其是低顺式含量者在注压或传递模压成型过程有极好的流动性。

　　然而，异戊橡胶的加工必须克服其生胶强度、屈服强度、拉伸强度均低于天然橡胶，从而使使其挺性较差和易变形等给加工工艺带来的困难。

　　异戊橡胶加工工艺性能与其他通用合成橡胶相似，但混炼时对温度的敏感性较强，故在加工过程中要注意适当调节辊温和辊距。与天然橡胶相比，异戊橡胶可直接加工，不需塑炼并且混炼时间短，吃料快，负荷小，可以节省能耗和时间。另外，在混炼时的生热小，排胶温度低，不易造成胶料的焦烧和出现喷霜现象。但是，异戊橡胶也有其明显缺点，混炼胶的挺性不如天然橡胶，胶料的生胶强度过低时，易造成工艺上的麻烦。胶料挤出时，受温度的影响较大，挤出物的表面随温度升高变差，胶料变软变黏，因此对工艺控制要求严格。

　　傅彦杰等对稀土橡胶、钛系异戊橡胶及天然橡胶作了性能试验[188]，发现它们的混炼胶黏度值均有不同程度降低，说明异戊橡胶在混炼过程中与天然橡胶一样，分子链呈降解趋势。实测结果表明，钛胶的下降幅度显著小于稀土橡胶，接近于天然橡胶。说明它具有与天然橡胶相近的抗机械降解能力。实验结果表明，两种异戊橡胶的拉伸性能相近，与天然橡胶相比，虽然扯断伸长率较高，但拉伸强度较低，即异戊橡胶在拉伸过程中，分子链缺乏像天然橡胶那样强烈的取向或结晶能力。表9-71列出了异戊橡胶与天然橡胶相比的加工性能特点。

　　天然橡胶综合性能优于异戊橡胶的原因已如前述。但就综合性能而言，仍可把异戊橡胶看成是一种很有价值的天然橡胶代用品。在制造汽车轮胎时，可用锂系聚异戊二烯取代20%～50%的天然橡胶。使用钛系和稀土系异戊橡胶时，在轮胎中取代天然橡胶的比例可以更大些，而在许多场合特别是橡胶制品中甚至可完全代替天然橡胶。

表 9-71　异戊橡胶与天然橡胶加工性能比较

性　　能	异 戊 橡 胶	天 然 橡 胶
加工特点	可直接加工，不需要塑炼或塑炼时间短；负荷小，吃料快，可节省能耗和时间；混炼时升热小，不易焦烧、喷霜	一般都需要塑炼，恒黏胶可以不塑炼，但价格高
混炼胶性能	自黏性好，挺性稍差，可适当提高门尼黏度	自黏性好，挺性好
生胶强度	低	高
出口膨胀	较小	一般
挤出物表面	光滑	光滑
流动性	好	
硬度	稍低	高
拉伸强度	稍低	高
扯断伸长率	高	
撕裂强度	低	高
回弹性	相同	
生热	低	高
老化性	差	好
耐疲劳性	一般	好
耐磨性	差	好
撕裂强度	低	高

9.5.2　配合技术

异戊橡胶的配合原则和天然橡胶基本一致，各种配合剂的影响也相同。但由于异戊橡胶无天然橡胶所含的非橡胶烃组分和微观结构上的差别，配方设计上略有不同。

1. 硫化体系

（1）通用硫化体系

天然橡胶含有蛋白质的分解产物具有促进硫化作用，而且脂肪酸又可作为硫化活性剂，然而合成的异戊橡胶不含这些天然组分，因而其硫化速度较天然橡胶慢。在使用 100% 的异戊橡胶时，硬脂酸的用量要稍高些，也可以用硬脂酸锌作为活化剂。异戊橡胶促进剂的用量比天然橡胶约高 10%。如使用碱性促进剂和炉法炭黑，能缩小两者硫化速度的差别；反之，如使用酸性填料（如陶土），则可能增大这种差别。

在纯胶或矿物填料配方中，使用噻唑类促进剂时异戊橡胶与天然橡胶硫化速度的差别更加明显。要获得平坦的硫化曲线，必须同时使用两种以上的促进剂。以胍类促进剂（如 DPG）作为第二促进剂，有助于提高异戊橡胶的硫化速度，使之接近天然橡胶，见表 9-72[92]。

在炭黑补强配方中，通常使用次磺酰胺类促进剂，此时异戊橡胶的焦烧时间较长，其硫化速度较慢，在硫化试验中呈现转矩较小（与之相应的 300% 定伸应力也较低）。如加入 0.1~0.2 份秋兰姆类促进剂（如 TMTD）作为第二促进剂，有助于提高异戊橡胶的硫化速度。硫黄和促进剂用量提高 5%~15%，可以提高异戊橡胶硫化胶的定伸应力。

硫黄用量在纯胶和炭黑配方中约为 2 份，在高填充的矿物填料配方中约为 3 份[93]。不同牌号的异戊橡胶硫化速度略有差异，使用时须予以注意[93]。

异戊橡胶和天然橡胶一样，也可用硫黄给予体硫化，所得硫化胶的老化性能优良。异戊橡胶用有机过氧化物硫化时，虽然能制得透明状的异戊橡胶，但其性能较差，而且还有气味。

表 9-72　促进剂 DPG 对噻唑-硫黄体系硫化的影响①

项　　　目	天然橡胶	Natsyn 2200	天然橡胶	Natsyn 2200	天然橡胶	Natsyn 2200
DPG 用量/份	0	0	0.25	0.25	1.0	1.0
硫化仪数据						
t_{02}/min	22	34	13	15	5	6
t_{90}/min	43	70	23	27	12	11.5
最大转矩						
lb·in	38	36	46	49	51	51
N·m	4.3	4.1	5.2	5.5	5.8	5.8

①基本配方：生胶 100 份；硬脂酸 2 份；氧化锌 3 份；硫黄 2 份；防老剂 1 份；促进剂 M1 份。

并用胶中异戊橡胶用量比例大的配方适宜采用 CZ、NOBS、TMTM、TMTD、MZ、EZ、M、DM 等促进剂，并注意硫化剂和促进剂的分散，为此应使用液体或熔点低、分散性好的促进剂或硫化剂。当天然橡胶并用的异戊橡胶低于 50%，几乎没有必要去调整硫化体系[13]。

（2）辐射硫化体系

20 世纪 50 年代放射线开始用于橡胶的硫化，与用硫黄硫化相比具有硫化速度快、节省能量和没有污染等优点[96]。初期用钴-60（Co-60）作放射源。由于放射强度低需要的硫化时间很长，而且成本也较高，被认为是一种只能在特殊方面（如某些类型轮胎的预硫化）才能使用的一种硫化方法。

1977 年美国 Firestone 公司和日本的轮胎制造业开始利用电子加速器进行橡胶的硫化[94,95]。最近，由于辐射加工技术的进展和环境保护的要求，促进了辐射硫化技术的发展。当用高剂量辐射时异戊橡胶发生交联，然而伴随着严重的降解反应，致使硫化的橡胶拉伸强度较低，约为用硫黄硫化者的 1/3。

大量的研究发现[97~99]，多官能团不饱和单体对辐射硫化是有效的，可作为辐射硫化的致敏剂，其致敏效率受如下两个因素影响：

① 反应度或官能度（指每个单体分子中的双键数）或特定不饱和度（指每 100 克单体具有的摩尔双键数）。

② 这种多官能团不饱和单体在被辐射硫化的聚合物中的溶解度。

由于多官能团不饱和单体的分子量都大于 200，很难用普通方法进行测定。当用混炼机将这种单体混入聚合物时，其捏合扭矩可半定量地用以表征多官能团不饱和单体的溶解度。当溶解度不是很高时，这种多官能团不饱和单体包裹在聚合物颗粒周围就像润滑剂一样，难以将多官能团不饱和单体分散好，其捏合扭矩不会提高。经过选择，多官能团不饱和单体 2G（二甘醇二甲基丙烯酸酯）是异戊橡胶较理想的辐射致敏剂，其分子量为 242，官能度为 2，特定不饱和度为 0.83。

按照 ASTM D3184（异戊橡胶 100 份，氧化锌 5 份，炭黑 35 份，硬脂酸 2 份，在 80℃ 捏合 8min）制得的胶样，与多官能团不饱和单体 2G 在塑炼机上 80℃ 混合后，夹在两层厚度为 0.1mm 的聚酯薄膜中，在 15MPa 和 100℃ 热压成 0.5mm 的薄片，用 Cockroft-Walson 型加速器以 1.00mA 的工作射线流和 1.00 MeV 的电子射线能进行辐射硫化。

图 9-39 和图 9-40 给出了用电子射线硫化的异戊橡胶的拉伸强度与射线剂量以及多官能团不饱和单体 2G 添加量的关系。当多官能团不饱和单体 2G 为 14 phr、辐射硫化剂量为 150 千戈瑞（Kgy）时，具有最大的拉伸强度。

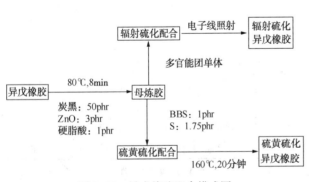

图 9-39　异戊橡胶配合模式图

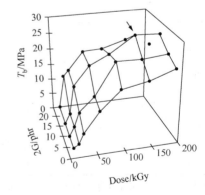

图 9-40　异戊橡胶辐射硫化时拉伸强度（T_b）与放射线剂量（Dose）和多官能团单体（2G）用量的关系

与用硫黄硫化的物理性能对比示于表 9-73。可见，用电子射线硫化的异戊橡胶的拉伸强度、断裂伸长率和 100% 模量均高于硫黄硫化的胶样，仅撕裂强度低于硫黄硫化者，这可能是由于在硫化胶中形成的交联键的不同所致。

图 9-41 给出了用辐射硫化和用硫黄硫化的异戊橡胶的应力应变曲线，图 9-42 给出了两者的动态模量和阻尼系数的关系对比。可以看出，两者基本一致。

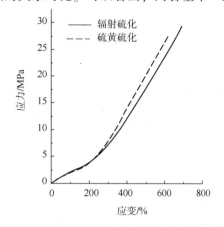

图 9-41　用辐射硫化和用硫黄硫化的异戊橡胶的应力应变曲线

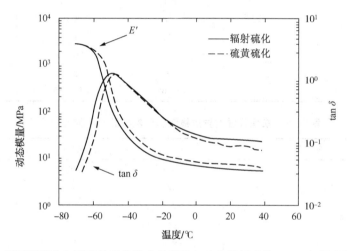

图 9-42　用辐射硫化和用硫黄硫化的动态模量(E')和阻尼系数($\tan\delta$)与温度的关系对比

能量损失或阻尼是弹性聚合物的基本性能之一，具有较高阻尼系数($\tan\delta$)的弹性体具有较好的减震性能和降噪音性能，但这是以损失尺寸稳定性为代价的。阻尼系数是工程材料使用的一个重要因素。

动态模量或杨氏模量直接反映硫化橡胶的强度，图 9-43 表明用辐射硫化和用硫黄硫化的硫化胶的阻尼系数($\tan\delta$)与动态模量随温度的变化规律是一致的。因此，表 9-73 和图 9-41、图 9-42 的结果证明，用辐射硫化与用硫黄硫化的硫化橡胶的性能基本一致。

表 9-73　异戊橡胶用辐射硫化和用硫黄硫化的性能对比

物 理 性 能	辐 射 硫 化	硫 黄 硫 化
硬度(JIS A)	55	50
拉伸强度/MPa	29.6	28
伸长率/%	690	620
100%模量/MPa	7.4	7.6
撕裂强度/(kN/m)	36	49

2. 补强填充体系

炭黑作为补强填充体系对异戊橡胶性能的影响与天然橡胶类似。使用炉法炭黑可加快硫化速度并且减少与天然橡胶硫化速度的差别。当采用相同的炭黑配方时，异戊橡胶的拉伸强度、定伸应力和硬度均比天然橡胶低些[122]。采用细粒子高结构炭黑或降低软化剂用量均有助于提高硫化胶的定伸应力和硬度。增加约 10%的炭黑用量也能达到同样的效果。

典型的异戊橡胶和天然橡胶用炭黑补强胶料的配方和性能示于表 9-74 和表 9-75[21]。

表 9-74　炭黑补强的异戊橡胶和天然橡胶胶料的典型配方[21]　　　　　　　质量份

组　　成	配方 1	配方 2	配方 3
Natsyn 2200	100.00		50.00
天然橡胶		100.00	50.00
氧化锌	3.00	3.00	3.00
硬脂酸	2.00	1.00	1.50
抗氧剂	1.25	0.25	0.75
炭黑	40.00	40.00	40.00
石脑油	5.00	5.00	5.00
促进剂	1.20	1.20	1.20
四甲基秋兰姆	0.20	0.10	0.15
硫黄	2.00	2.00	2.00
合计	154.65	152.55	153.60

表 9-75　炭黑补强的异戊橡胶和天然橡胶胶料的性能[21]

性　　能	配方 1	配方 2	配方 3
拉伸强度/MPa	23.1	25.9	26.2
伸长率/%	460	480	490
300%定伸/MPa	12.6	12.4	12.8
邵尔 A 硬度	68	65	66
撕裂强度/(kN/m)	58.1	72.3	60.6
压缩变形(22h 70℃)/%	10.9	16.6	10.9
回弹性			
冷回弹/%	74.6	79.8	78.6
热回弹/%	85.9	87.7	87.1
MST 抗磨损	119	168	165
生胶强度			
屈服强度/MPa	0.28	0.38	0.33
断裂强度/MPa	0.43	2.35	1.41
扯断伸长率/%	1950	630	760

3. 防护体系

合成的异戊二烯橡胶几乎是纯粹的二烯烃聚合物，而天然橡胶则含有百分之几的非橡胶烃物质，这些物质的存在也具有一定的防老化作用，因此，异戊橡胶老化性能比天然橡胶差。一般天然橡胶中使用的防老剂、防臭氧剂都适用于异戊橡胶。要求抗光亮、不变色或浅色的橡胶制品时，防老剂 TNP、防老剂 425、防老剂 MB 单独或并用，可以得到良好的效果。对于深色橡胶制品，胺类防老剂优于酚类防老剂。

4. 其他配合剂

异戊橡胶与天然橡胶使用同样的软化剂。由于异戊橡胶的塑炼效果和混炼性能较好，使用软化剂时其表观黏度值下降比较明显，特别是过炼时成型性能差，还可能产生冷流，所以其软化剂用量以少些为好。

适用于天然橡胶的增黏剂同样适用于异戊橡胶，但由于异戊橡胶过炼后会产生黏辊现象，所以其用量需控制在必要的最小量。异戊橡胶在混炼时生热小，不易焦烧，一般不需要加防焦剂。

表 9-76 列出异戊橡胶的纯胶、炭黑和矿物填料的参考配方[92]。纯胶配方可供胶带、胶丝和奶嘴等白色或浅色制品的胶料选用；炭黑配方可供轮胎、减震垫和工业制品等胶料选用；矿物填料配方可供胶鞋和海绵等制品的胶料选用。这些配方是根据异戊橡胶 Natsyn 400 设计的。对其他牌号异戊橡胶，应根据其硫化速度的不同作适当调整。

表 9-76　异戊橡胶硫化胶的参考配方

组分/质量份	纯胶配方	炭黑配方	矿物填料配方	组分/质量份	纯胶配方	炭黑配方	矿物填料配方
Natsyn 400	100	100	100	促进剂 CZ	—	—	1.25
氧化锌	5	3	5	促进剂 BIK①	—	—	0.75
硬脂酸	2	2	2	硫化条件	145℃×10min	145℃×20min	145℃×15min
防老剂	0.5	0.5	0.5	拉伸强度/MPa	2.82	—	24.4
硫黄	2	2	2	扯断伸长率/%	735	510	595
高耐磨炉黑	—	50	—	300%定伸应力/MPa	—	16.8	5.9
硬质陶土	—	—	75				
促进剂 DM	0.4	—	—	邵尔 A 硬度	38	65	63
促进剂 DOTG	0.6	—	—				
促进剂 NOBS	—	1.1	—				

①促进剂 BIK 为经表面处理的脲，表面层不溶于溶剂但溶于橡胶。系美国 Uniroyal 公司产品。

有关载重轮胎各部件、护舷、电线（包皮）、全胶靴、透明胶底、胶丝、导尿管、医用瓶塞、血浆瓶塞、与食品接触的橡胶制品和奶嘴的加工配方可参见文献[13]。

固体顺式异戊二烯橡胶的技术规格示于表 9-77[21]。用下述标准配方制备的硫化胶样可用 Monsanto 流变仪测试性能：生胶 100 份，高耐磨炉黑 35 份，硬脂酸 2 份，氧化锌 5 份，促进剂 NS 0.7 份，硫黄 2.25 份。此胶料按 ASTM D3403 或 ISO 2303 在密炼机（除了硫黄和促进剂第一次混合）和开炼机进行两次混炼。

表 9-77　顺式异戊二烯橡胶技术规格

性　能	Natsyn 2200	Natsyn 2205	Natsyn 2210	ASTM 标准
生胶				
挥发分/%	0.5	0.5	0.5	D1416
可萃取物量/%	3.0	3.0	3.0	D1416
灰分/%	0.6	0.6	0.6	D1416
门尼黏度	70~90	70~90	50~65	D1646
硫化扭矩/N·m				

性　能	Natsyn 2200	Natsyn 2205	Natsyn 2210	ASTM 标准
最小值	0.61~0.90	0.61~0.90	0.51~0.85	
最大值	3.78~4.30	3.78~4.30	3.38~4.17	
t'	5.8~8.2	5.8~8.2	5.8~8.8	
t'_{50}	8.7~12.3	8.7~12.3	8.2~12.7	
t'_{90}	12.8~16.8	12.8~16.8	12.4~16.9	

9.5.3　加工工艺

1. 混炼

与天然橡胶相比，由于异戊橡胶的分子量和门尼黏度较低，因此一般不需塑炼而采取直接混炼的方法。混炼前也不需要烘胶。异戊橡胶和天然橡胶一样，混炼时门尼黏度下降较快。异戊橡胶混炼时消耗能量低而且生热小，所需剪切力小，因而使小料分散不易均匀，纯胶和低填充量的胶料尤其如此。异戊橡胶采用开炼机混炼时配方中宜使用低熔点或液体促进剂，以达到良好的分散。此外，将硫化体系先配制成母胶，然后按配方需要使用，也有助于配合剂良好的分散。

异戊橡胶在密炼机中混炼时，其容量要比天然橡胶的容量大 5%~10%。当填料容量较小时，可在投入生胶后将填料一次加入；在填料容量高时，要分批加入。异戊橡胶的混炼时间比天然橡胶短，排胶温度比天然橡胶低 20℃[122]。早期加入硬脂酸有助于减少黏辊现象。

异戊橡胶过炼时，生胶强度会降低，且胶料发黏，不利于加工。要避免过炼，并要求其门尼黏度等于或稍高于天然橡胶。

表 9-78 列出了异戊橡胶在密炼机中进行两段混炼的基本操作程序[122]。

表 9-78　异戊橡胶在密炼机中两段混炼的基本程序

混炼分段	累计时间/min	加料顺序
第一段	0	加入异戊橡胶
	1.5	加氧化锌、硬脂酸、防老剂、炭黑
	3	加软化剂
	4	清除上顶栓余料
	5	排胶
第二段	0	投入一段混炼的母炼胶和硫化剂
	2~3	排胶（胶温约 105~110℃）

异戊橡胶在开炼机上混炼的加料顺序与天然橡胶相同，但混炼时容易包辊，配合剂混入较快，与天然橡胶相比可缩短混炼时间 40%，辊筒温度也低 10~15℃。开炼机混炼时的参考加料顺序如下[122]：①加入异戊橡胶，包辊后呈光滑胶片；②硬脂酸；③防老剂、促进剂；④氧化锌、填料和软化剂；⑤硫黄；⑥下片。

异戊橡胶的混炼方法与天然橡胶非常相近，但必须注意到高顺式与低顺式异戊橡胶混炼效果的不同。

开炼机混炼高顺式异戊橡胶可沿用天然橡胶的方法，辊温在 50~70℃ 范围时，操作性能最好。温度低时塑炼效果明显，从而使黏度大大下降。而在高温下操作时，由于胶料含有配合剂，故有发生焦烧的危险。为使硫黄分散得好，一般提倡在混炼初期，即趁橡胶尚未充分变软时加入。此外异戊橡胶配合剂比天然橡胶易混入，因此混炼时间可稍有缩短。而当过炼时，随着胶料的黏性增加，其挺性下降，容易黏辊，特别是在大量填充白色填料时更为明显。为避免此类现象，可在缩短混炼时间的同时稍稍提高辊温。以低顺式异戊橡胶为主体的配方进行混炼时，要使配合剂分散均匀，后辊温度至少要比前辊高 5~15℃；非炭黑及纯胶配方的混炼辊温差要更大些。

异戊橡胶在开炼机上混炼时要注意如下几点[13]：

① 塑炼及混炼均不要过度。过度炼胶不仅会造成胶料的性能下降，还会使胶料的加工性能变坏。特别是含有白色填充剂的配方，要注意防止黏辊。

② 对于低顺式异戊橡胶来说，要保持其后辊温高于前辊温。这样有利于橡胶包前辊，而且可以避免胶料黏辊。

③ 为避免胶料脱辊，当填充剂在堆积胶上滞留时不得割刀。混炼透明制品配方时，若填充剂不能充分混合，则其分散性不好，制品也不会透明。

④ 为获得良好的透明性，应设法在混炼初期加硫黄。在条件允许的情况下，尽可能使用分散性好的低熔点或以锌盐为主的促进剂体系。必要时可预制成促进剂母炼胶，以提高分散效果。

若采用密炼机混炼，可将整包异戊橡胶投入。与天然橡胶相比，高顺式异戊橡胶在密炼时负荷较小，转矩达到稳定状态的时间较短。由于异戊橡胶胶料易分散，全部混炼时间可缩短。低顺式异戊橡胶密炼时，每批装料量要比天然橡胶大 5%~15%，以便更有效地发挥上顶栓压力的作用，保证混炼胶的质量，减少动力消耗。

2. 压出、压延和成型

异戊橡胶的流变行为有别于天然橡胶，填充炭黑的异戊橡胶胶料即使门尼黏度高于天然橡胶，其流动性也比天然橡胶好，另外，压出、压延和注模都比天然橡胶容易。在压出时，可以不经热炼直接冷喂料；如采用热炼时，要尽量缩短时间以免胶料太软，难以进入进料口。在相同条件下，异戊橡胶比天然橡胶压出速度快、膨胀小，压出温度也较低。由于热炼和压出温度低，胶料也较少喷霜。

由于异戊橡胶压延时容易成片而且收缩小，在擦胶时容易渗入纤维或钢丝帘线，这都有利于胶料与纤维或钢丝的黏合而有利于轮胎加工。异戊橡胶的压延辊筒温度约比天然橡胶低10~15℃。

压延前热喂料时，异戊橡胶胶料的热炼与天然橡胶一样，辊温约为 50~60℃，一般比压延机的中辊温度低10℃为宜。异戊橡胶包辊快，因此其热炼时间应短一些。异戊橡胶压延温度一般为：上辊 90~100℃，中辊 80~90℃，下辊 60~70℃。

异戊橡胶和天然橡胶的压出速度大体相同，焦烧性能相当。但异戊橡胶的口型膨胀较小。对于白色配方，由于异戊橡胶的胶料强度低于天然橡胶，在牵引压出物时，有可能造成压出物变形或塌瘪，须予以注意。

异戊橡胶因生胶强度较低，当返回胶比率大时，可能会产生挺性下降的现象，故必须注意胶条的供给情况。为使胶料压出物表面光滑，其最适宜的压出温度应比天然橡胶低 10~20℃，或使其胶料门尼黏度比天然橡胶稍高一些，机筒温度也应低于天然橡胶。但应注意，当温度过低时，会造成胶料黏度的上升，从而导致压出物表面粗糙。压出时，可以选用比天然橡胶更大的螺杆转速[13]。

异戊橡胶的生胶强度很低，用于胎体帘布胶料时，帘布筒容易发生变形，子口包布容易脱开，给轮胎成型带来困难。为了提高胶料强度，可采用与天然橡胶并用、提高异戊橡胶初始门尼黏度以及对异戊橡胶进行改性等方法。

3. 异戊橡胶与其他聚合物材料的并用

（1）异戊橡胶与天然橡胶并用

异戊橡胶与天然橡胶具有良好的并用效果，并用胶的性能介于两者之间。并用硫化胶的配方如表9-79所示[123]，其物理机械性能见表9-80[123]。

（2）异戊橡胶与丁苯橡胶并用

异戊橡胶与丁苯橡胶采用硫黄体系硫化的并用胶，其物理机械性能随并用比的变化如表9-81[124]所示。并用胶中填充50份高耐磨炉法炭黑（HAF）时，具有较高的拉伸强度和撕裂强度。

异戊橡胶/丁苯橡胶(75/25)并用胶中采用烷基苯酚二硫化甲醛树脂（AΦCΦC）及硫黄为硫化剂（AΦCΦC用量为6%）时，硫黄用量对硫化胶的物理机械性能产生较大影响[124]。硫含量增加，并用硫化胶的撕裂强度明显增大，而多次拉伸疲劳次数明显下降。并用胶的拉伸强度及回弹性随硫黄变量无太大变化。

表9-79　异戊橡胶/天然橡胶并用胶配方　　　　　　　　　　　　　　　质量份

组分 \ 配方编号	1	2	3
天然橡胶(白绉片)	100.0	50.0	–
异戊橡胶	–	50.0	100
活性氧化锌	1.8	1.8	2.0
硬脂酸锌	1.2	1.2	1.2
二氧化硅	5.0	5.0	7.0
硫黄	2.3	2.3	2.1
促进剂 CZ	0.3	0.3	0.7
促进剂 MAS	0.5	0.5	0.5
石蜡	0.5	0.5	0.5
油酸二丁胺	1.0	1.0	1.2

表9-80　异戊橡胶/天然橡胶并用硫化胶的物理机械性能

性能指标 \ 配方编号	1		2		3	
门尼黏度 $ML_{1+4}^{100℃}$	26.0		30.0		32.0	
t_5(145℃)/min	12.2		19.4		28.8	
t_{95}(145℃)/min	21.3		29.6		40.4	
最大扭矩/N·m	24.0		24.0		24.0	
混炼收缩率/%	60		54		52	
硫化时间/min	20	30	20	30	20	30
100%定伸应力/MPa	7	7	7	8	6	6
300%定伸应力/MPa	19	18	20	18	16	18
500%定伸应力/MPa	50	44	46	41	36	35

续表

配方编号 性能指标	1		2		3	
拉伸强度/MPa	27	24.7	30	27.7	30	29
扯断伸长率/%	770	790	770	790	810	810
硬度(JIS)	36~38	34~36	37	32~36	34~36	34~36
撕裂强度/(kN/m)	34	32	36	33	36	34
扯断永久变形/%	2.5	—	2.0	—	2.8	—

表9-81　异戊橡胶/丁苯橡胶并用硫化胶物理机械性能

性　能	异戊橡胶/丁苯橡胶并用比					
	100/0	90/10	75/25	50/50	25/75	0/100
门尼黏度 $ML_{1+4}^{100℃}$	40	42	43	43	45	47
t_{90}(143℃)/min	14	17	16	17	20	22
300%定伸应力/MPa	7.0	7.8	7.9	8.5	8.4	6.8
拉伸强度/MPa	28.0	26.1	25.6	21.7	18.9	18.7
扯断伸长率/%	622	603	570	564	570	652
扯断永久变形/%	16	16	16	20	16	16
撕裂强度/(kN/m)	105	95	90	50	4l	43
热老化系数						
按拉伸强度计(70℃×120h)	0.94	0.96	0.94	0.88	0.84	0.86
按伸长率计(70℃×120h)	0.94	0.98	0.97	0.95	0.86	0.80
按拉伸强度计(100℃×72h)	0.71	0.76	0.74	0.70	0.63	0.60
按伸长率计(100℃×72h)	0.76	0.77	0.69	0.77	0.53	0.45
回弹性/%	43	43	39	35	36	37
硬度(TM-2)	52	52	54	54	54	55

（3）异戊橡胶与顺丁橡胶并用

并用胶配方如表9-82所示[100]。

表9-82　异戊橡胶/顺丁橡胶并用胶配方　　　　　　　质量份

配方编号 组分	1	2	2
异戊橡胶	30	70	50
顺丁橡胶	70	30	50
高耐磨炉黑(HAF)	49	49	49
硫黄	1.5	1.5	1.8
N-叔丁基-2-苯并噻唑亚磺酰胺	0.8	0.8	—
N-氧二亚乙基苯并噻唑-2-亚磺酰胺	—	—	1.2
氧化锌	3.0	3.0	5.0
硬脂酸	2.0	2.0	2.0
N-苯基-N-(1,3-二甲基丁基)-p-亚苯基二胺	0.5	0.5	0.5

可采用三种混炼方法，Ⅰ为：（异戊橡胶+顺丁橡胶）+炭黑；Ⅱ为：（异戊橡胶+炭黑）+

（顺丁橡胶+炭黑）；Ⅲ为：（异戊橡胶+炭黑）+顺丁橡胶或（顺丁橡胶+炭黑）+异戊橡胶。不同混炼方法制备者（表9-82中配方1和配方2），其硫化速度 V_r 基本相同，但硫化胶的物理机械性能有所变化，见表9-83[100]。可见，以两种橡胶并用后再加入炭黑制备的硫化胶性能最好，而两种橡胶分别加入炭黑后再进行混合所制备的硫化胶性能最差。

异戊橡胶/顺丁橡胶并用比为50/50时，含30份炭黑（HAF）并用硫化胶的物理机械性能如表9-84所示[100]。

含炭黑的顺丁橡胶/异戊橡胶并用胶中顺丁橡胶的炭黑凝胶含量随炼胶时间的延长而稍有增大[101]。顺丁橡胶/异戊橡胶并用橡胶经40min炼胶，含高耐磨炉黑（HAF）时，在顺丁橡胶组分的炭黑凝胶达到16%；而含槽法炭黑（EPC）的并用橡胶，在顺丁橡胶组分的炭黑凝胶只有12%。此外，在顺丁橡胶/异戊橡胶并用橡胶中顺丁橡胶的炭黑凝胶含量随顺丁橡胶含量的增加而增大，异戊橡胶的炭黑凝胶含量随异戊橡胶含量的降低而减小。

表9-83　不同混炼方法对异戊橡胶/顺丁橡胶并用胶物理机械性能影响

混炼方法	硫化时间/min	撕裂强度/（kJ/m²）	拉伸强度/MPa	扯断伸长率/%	100%定伸应力/MPa	V_r
100%BR	60	2.60	1.5	270	0.62	—
100%BR+炭黑	7.5	5.70	11.7	220	2.60	—
100%IR	27	9.05	17.5	750	0.38	—
100%IR+炭黑	7	14.32	19.2	270	2.64	—
（70%IR+炭黑）+（30%BR+炭黑）	8.5	9.47	15.8	250	2.64	0.31
（70%IR+炭黑）+30%BR	8.75	9.46	18.8	710	1.48	0.29
（70%IR+30%BR）+炭黑	8.5	9.36	19.2	630	1.74	0.31
（70%BR+炭黑）+（30%IR+炭黑）	9.5	6.30	13.3	230	2.42	0.32
（70%BR+炭黑）+30%IR	9.75	6.10	18.0	380	1.56	0.33
（70%BR+30%IR）+炭黑	9.25	6.68	17.1	350	1.70	0.34

表9-84　不同混炼方法对异戊橡胶/顺丁橡胶（50/50）并用橡胶物理机械性能影响

混炼方法	硫化时间/min	撕裂强度/（kJ/m²）	拉伸强度/MPa	扯断伸长率/%	100%定伸应力/MPa
（50%异戊橡胶+炭黑）+50%BR	14.25	6.40	10.0	310	5.0
（50%BR+炭黑）+50%异戊橡胶	13.25	6.40	11.0	320	5.5
（50%异戊橡胶+50%BR）+炭黑	14.50	6.40	13.0	370	7.0

（4）异戊橡胶与低顺式聚丁二烯橡胶并用

异戊橡胶与低顺式聚丁二烯橡胶并用也可制得性能良好的并用胶。所用的低顺式聚丁二烯橡胶中含有45%~50%的顺式1,4、40%~46%的反式1,4和9%~10%的1,2结构。并用胶的配方如表9-85所示[102]。

表9-85　异戊橡胶/低顺式聚丁二烯橡胶并用胶配方

异戊橡胶/低顺式聚丁二烯并用胶配方			
异戊橡胶	100~0	炭黑	40.0
低顺式聚丁二烯橡胶	0~100	高岭土	5.0
硫黄	1.6	防老剂4010NA	1.0

续表

异戊橡胶/低顺式聚丁二烯并用胶配方			
亚磺酰胺类硫化促进剂	0.8	防老剂 D	1.0
氧化锌	5.0	微晶蜡	1.5
硬脂酸	1.0	茚-氧茚树脂	4.1
链烯烃油	5.0	亚硝基二苯胺	0.5

　　并用硫化胶的拉伸强度随其中低顺式聚丁二烯橡胶含量增加而降低，撕裂强度也随溶聚顺丁橡胶并用量增加而有所降低。异戊橡胶/低顺式聚丁二烯橡胶并用硫化胶的物理机械性能如表 9-86 所示[102]。

表 9-86　异戊橡胶/低顺式聚丁二烯橡胶并用硫化胶的物理机械性能

性　　能 ＼ 并用比	100/0	80/20	60/40	40/60
并用胶性质				
可塑性	0.59	0.48	0.46	0.45
弹性恢复/mm	0.2	0.07	0.08	0.16
并用胶收缩率/%	44	42	4l	40
硫化：143℃×20min				
300%定伸应力/MPa	8.1	6.6	5.3	5.5
拉伸强度/MPa				
20℃	24.6	22.4	19.7	17.2
100℃	20.6	21.8	21.3	15.3
热老化：100℃×72h	17.9	16.6	16.9	15.8
扯断伸长率/%				
20℃	696	628	614	610
100℃	586	510	513	520
热老化：100℃×72h	467	462	428	360
扯断永久变形/%				
20℃	20	16	12	8
100℃	14	10	8	8
热老化：100℃×72h	16	12	8	6
撕裂强度/(kN/m)				
20℃	112	99	93	90
100℃	106	86	88	76
硬度(TM-2)	52	60	62	64
回弹性/%	40	44	48	48
多次裂口疲劳次数/千周	20.8	26.0	27.5	28.8
耐寒系数(-45℃)	0.65	0.80	0.82	0.83

（5）异戊橡胶与乙丙橡胶 EPDM 及氯化乙丙橡胶并用

异戊橡胶与三元乙丙橡胶有良好的并用效果[103]，其并用硫化胶的拉伸强度及扯断伸长率均随三元乙丙橡胶含量的增加而下降。异戊橡胶/EPDM（80/20）并用硫化胶的拉伸强度为14.6MPa，扯断伸长率为 635%；而异戊橡胶/EPDM（50/50）并用硫化胶的拉伸强度降至4.7MPa，扯断伸长率降至 425%。

异戊橡胶与氯化乙丙橡胶（C-EPDM）并用胶可采用不同的硫黄硫化体系，异戊橡胶/C-EPDM（60/40）并用，可采用硫黄及亚磺酰胺类硫化促进剂硫化体系，并用胶的拉伸强度可达 24MPa，多次拉伸疲劳次数可达 11×10^5 次；而异戊橡胶/EPDM（60/40）并用胶，采用相同的硫化体系，其硫化胶的拉伸强度只有 16MPa，多次拉伸疲劳次数仅 3×10^5 次，说明前者的强伸性能优于后者[104]。

（6）异戊橡胶与氯丁橡胶并用

为了改善氯丁橡胶（CR）与异戊橡胶的相容性，可填加起增容作用的第三组分—异戊二烯与苯乙烯共聚的热塑性弹性体（NCT-30），从而提高并用硫化胶的拉伸强度[105]。

9.5.4　锂系与稀土异戊橡胶的加工性能

1. 锂系异戊橡胶

锂系中顺式异戊橡胶的加工方法与高顺式异戊橡胶的加工方法基本一致，但其生胶强度比稀土异戊橡胶更低，胶料很软，混炼时硫化剂和促进剂的分散更为困难。除使用低熔点或液体配合剂外，混炼时温度要低一些，以 55~70℃为宜[97]。

锂系异戊橡胶加工时的硫黄用量在 1.5 份左右时，能得到最高的拉伸强度；超过 1.5份，拉伸强度下降[106]。

锂系异戊橡胶压出时，供胶条容易断裂，压出的胶片容易破边。压延帘布贮存后黏性降低，轮胎成型时子口反包困难[107]。

锂系异戊橡胶的拉伸强度、撕裂强度和定伸应力均低于高顺式异戊橡胶和天然橡胶。通常在轮胎中只能并用 15~20 份用以改善天然橡胶的操作性能，如用量超过 20 份，会大大降低胶料的耐磨性、撕裂强度及拉伸强度等物理机械性能[92]。

锂系异戊橡胶的流动性很好，特别适用于注压橡胶制品。

2. 稀土系异戊橡胶

稀土异戊橡胶加工时的硫黄用量宜低，在 1.5 份时硫化胶拉伸强度较高，而且其硫化曲线平坦，老化性能也好。如果硫黄用量超过 2 份，硫化曲线变得不平坦，老化性能下降。当用量达 3 份时，拉伸强度明显下降。

用 100%的稀土异戊橡胶在密炼机中混炼时，结团性不好，排胶容易散团，而且胎面压出有破边现象。然而用于帘布稀土异戊橡胶的压延工艺正常，胶料和帘布黏合良好，压延厚度也易于控制。由于稀土异戊橡胶的生胶强度比天然橡胶和钛系异戊橡胶低，用作帘布胶时，帘布筒变形大，子口包布易脱开，轮胎成型困难。但高门尼值稀土异戊橡胶胶料的轮胎成型工艺优于低门尼值胶料。稀土异戊橡胶与其他聚合物并用时，能克服上述某些工艺上的缺点。稀土异戊橡胶与天然橡胶并用后的流动性好，轮胎硫化后棱角分明，外观质量好。

经改进的稀土异戊橡胶的加工性能有所改善。特性黏数较高者，其生胶强度，挺性和硫化胶的拉伸强度均有明显提高；而特性黏数较低的异戊橡胶的压出工艺也可得到改善，压出物外观较好，且膨胀率较小[79]。

适用于稀土异戊橡胶的基本配方推荐如下：橡胶 100 份，硬脂酸 4 份，氧化锌 5 份，促进剂 CZ 0.9 份，高耐磨炉黑 45 份，硫黄 2.0 份。

9.6 顺式异戊橡胶的改性

异戊橡胶与天然橡胶最主要的性能差异是前者的生胶强度低，对织物帘线和金属的黏合强度低。

对异戊橡胶的改性已进行了大量研究开发工作。改性技术的方向，一是改进生胶、混炼胶和硫化胶的性能，以便在轮胎、橡胶制品和电缆工业中替代天然橡胶；二是类似于天然橡胶通过卤化、氢化、环化等化学改性制造新型材料（如卤化橡胶、树脂、胶黏剂、薄膜、涂料等），扩大应用范围[109,110]。然而，异戊橡胶的化学改性优于天然橡胶，因为其纯度高；而天然橡胶中含有一定量的非橡胶组分则会干扰化学改性。首批成功改性的工业产品是通过氢氯化、氯化和环化的产物，以后则有环氧化橡胶及液体橡胶。它们可作为反应性增塑剂，使橡胶具有可调控的减震性、减少透气性和提高耐油性。这些改性产品也可用作黏合剂和密封剂。

异戊橡胶的改性可在合成阶段或加工阶段进行。

9.6.1 合成阶段的改性

1. 添加剂改性

（1）对亚硝基二苯胺改性

在钛系异戊橡胶 CKИ-3 生产中，前苏联曾用对亚硝基二苯胺（p-NDA）在橡胶合成阶段进行改性，制得牌号为 CKИ-3-01 改性异戊橡胶。这是第一个工业规模生产的改性高顺式异戊橡胶。

对亚硝基二苯胺既是改性剂，又能起防老剂作用，并且还能起到破坏残留在胶中未发生聚合反应的铝—钛络合物的引发作用。它可于 50~100℃ 在胶液与聚合物反应，亦可在橡胶的凝聚汽提过程中进行改性，这样就可不另加防老剂[111~113]。对亚硝基二苯胺加入量会影响生胶和混炼胶的性能（图9-43~图9-45），加入量过少或过多，生胶强度和混炼胶门尼黏度偏低，混炼胶的焦烧稳定性降低[113,114]。CKИ-3-01 的分子结构特性见表9-87。

表9-87 CKИ-3 和改性产品 CKИ-3-01 的分子量及其分布指数

异戊橡胶品种	$[\eta]/(\mathrm{dL/g})$	p-NDA 含量/%	$\overline{M}_v \times 10^{-2}$	DPG 测定数据		
				$\overline{M}_w \times 10^{-3}$	$\overline{M}_n \times 10^{-3}$	$\overline{M}_w/\overline{M}_n$
CKИ-3	4.75		810	1049	373	2.8
CKИ-3-01	3.95	0.25	550	780	322	2.4
CKИ-3c[①]	3.62		562	795	301	2.6
CKИ-3c-01[②]	2.97	0.23	429	612	245	2.5

①添加防老剂 Ionol 的非污染型 CKИ-3。

②CKИ-3C 与 0.25% p-NDA 的反应产物。

生产 CKИ-3-01 时，改性剂对亚硝基二苯胺的加入量为 0.2%~0.3%[113]。CKИ-3-01 的微观结构为：顺式 1,4 构型约 98%，3,4 结构 1.5%~2.0%，反式 1,4 结构 0~0.5%。它含有大量疏松结构的凝胶，很容易在短时间的机械加工中破坏。CKИ-3-01 的门尼黏度（ML）与塑性（P）有下述关系[115]：

$$ML = 165 - 222P$$

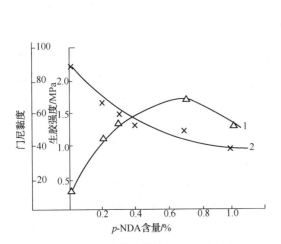

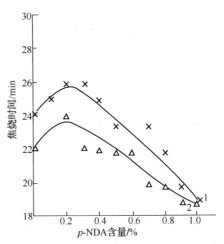

图9-43 对亚硝基二苯胺(p-NDA)加入量
对异戊橡胶生胶强度(1)和混炼胶门尼黏度(2)的影响

图9-44 对亚硝基二苯胺(p-NDA)加入量
对混炼胶焦烧稳定性的影响

СКИ-3-01的生胶强度接近天然橡胶,硫化胶具有较好的弹性滞后和耐疲劳性能。由于СКИ-3-01的分子链上含有0.2%~0.3%的活性氨基官能团,能生成在拉伸情况下稳定的交联键,有利于橡胶分子的定向及其在拉伸时的结晶化,因而产生较高的内聚强度。这使得СКИ-3-01的黏合性超过СКИ-3和天然橡胶(图9-46)。СКИ-3-01是目前综合性能最好的工业合成高顺式异戊橡胶,可用于制取运输带和模压制品。工业的典型缓冲层混炼胶和硫化胶的性能对比见表9-88[111]。

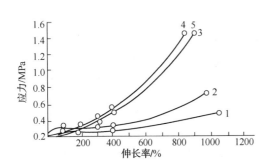

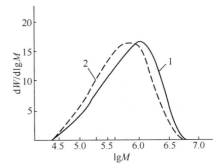

图9-45 不同对亚硝基二苯胺(p-NDA)
加入量下异戊橡胶的应力-应变曲线
1—0.1%;2—0.2%;3—0.3%;4—0.4%;5—0.5%

图9-46 СКИ-3(1)和
СКИ-3-01(2)分子量分布微分曲线

表9-88 СКИ-3-01生胶和混炼胶性能对比[111]

指　　标	胶　种 СКИ-3	塑炼 RSS No.1	СКИ-3с-01[①] A	B
生　胶				
塑性	0.36~0.45	0.33~0.38	0.40~0.53	—
塑性保持指数(PRI)	66~79	—	61~81	68~78
弹性恢复/mm	1.13~1.52	1.25~1.46	1.11~1.44	—

续表

指　标　＼　胶　种	СКИ-3	塑炼 RSS No. 1	СКИ-3c-01① A	B
-26℃ 的结晶性能				
结晶半周期/min	580~620	230~310	590~680	—
结晶度/%	1.9~2.1	2.2~2.1	1.9~2.1	—
甲苯中的溶解度/%	97~100	100	98~100	98~100
混　炼　胶				
相对密度	0.45	0.41	0.41	0.42
弹性恢复/mm	0.54	0.63	0.69	0.72
硬度/10^{-4}kN				
20℃	3550	5000	4100	—
80℃	1230	1350	4100	—
收缩率/%	9	11	12	13
黏合力(δ_{ep})/10^{-3}kN	3410	3560	3720	—
120℃门尼焦烧时间/min	20	17	21	22
300%定伸应力/MPa				
拉伸强度/MPa	0.16②	1.89	1.41	1.29
相对伸长率/%	1600	540	950	1100
永久伸长/相对伸长	0.5	0.32	0.31	0.32
凝胶含量/%	40	45	43	42

①СКИ-3-01A 不含防老剂；СКИ-3-01B 含防老剂丁和对苯基二苯胺混合防老剂。

②伸长 1600%时的拉伸强度(试样在测试中不断裂)。

СКИ-3-01КГШ 是用对亚硝基二苯胺改性的能长期存放而塑性不变的新型弹性体。以它为基料制作的大型筑路机轮胎具有较高的强度、耐老化性、撕裂强度及多次拉伸下的疲劳强度，能保证轮胎的使用寿命[116~118]。

在钛系异戊橡胶 СКИ-3 的合成阶段，用 15%~17% 的对亚硝基二苯胺于 70℃下与异戊橡胶反应，使之深度降解，可制得含端亚硝基的顺式 1,4 异戊二烯低聚物(СКИ-3-НА)。将其与 СКИ-3 胶液混合，然后按传统凝聚、干燥工艺可制得改性胶料 СКИ-3-ОК[119]。该聚合物的耐疲劳性能、撕裂强度、对织物和金属的黏接力以及弹性滞后等性能都超过其他改性聚异戊二烯。用这种胶料制成的胎面硫化胶的性能见表 9-89[112]。

低温下聚合的 СКИ-3НТП 在异戊橡胶中占有特别的位置，其非橡胶杂质含量很少，可制取高质量的橡胶制品，在俄罗斯得到广泛的应用[120]。

获得俄罗斯改性异戊橡胶"明星"桂冠的 СКИ-BM 则是在聚合后和凝聚前加入改性剂生产的改性 СКИ-3 橡胶。在此阶段加入改性剂可保证聚合物的均质性，残余物则可在随后的工艺过程完全清除出去。

СКИ-BM 的性能，特别是在弹性恢复、可塑性及机械加工稳定性方面超过 СКИ-3 和天然橡胶，胶料的内聚强度接近天然橡胶，硫化胶的物理机械性能可与天然橡胶媲美。在橡胶-钢丝帘线系统中的黏接强度良好，可成功替代天然橡胶[121]。

表 9-89　СКИ-3-ОК 胎面硫化胶物理机械性能

指　　标	СКИ-3	СКИ-3-01	СКИ-3-ОК 的官能团含量		
			2.2%	1.1%	0.55%
300%定伸应力/MPa	14.1	14.7	13.6	14.6	13.4
拉伸强度/MPa	21.7	22.2	23.1	24.7	24.8
相对伸长率/%	429	403	488	494	524
永久伸长率/%	22	22	28	27	23
撕裂强度/(kN/m)	73	76	80	93	82
耐疲劳性能(200%多次拉伸)/千次	7.3	20.4	21.9	23.7	21.5
耐老化系数(100℃，72h)					
拉伸强度/MPa	0.56	0.63	0.62	0.61	0.60
相对伸长率/%	0.48	0.50	0.50	0.50	0.49

表 9-90　钛系异戊橡胶 СКИ-3 及其改性品种与天然橡胶的性能对比[108]

指　　标　　胶　　种	天然橡胶	СКИ-3	СКИ-3К	СКИ-3М	СКИ-3МА	СКИ-3Э	СКИ-3А
混　炼　胶							
100%定伸应力/MPa	0.33	0.21	0.49	0.37	0.32	—	0.28
300%定伸应力/MPa	0.71	0.20	1.22	0.95	0.32	0.29	0.36
拉伸强度/MPa	1.58	0.19	3.5	2.63	1.49	0.92	1.82
相对伸长率/%	630	1600	750	870	1230	1370	960
永久伸长率/%	0.32	0.55	0.23	0.21	0.32	0.4	0.26
收缩率/%	17	14	13	19	15	—	—
硫　化　胶							
300%定伸应力/MPa	19.0	13.5	15.8	17.3	17.0	18.4	13.6
拉伸强度/MPa							
20℃	33.0	32.5	30.0	34.0	31.0	29.8	29.9
100℃	22.0	21.0	21.0	22.6	20.6	20.8	20.8
相对伸长率/%	440	490	400	470	455	450	530
永久伸长率/%	2	22	21	16	18		—
撕裂强度/(kN/m)							
20℃	122	89	—	72	92	102	74
100℃	60	51	—	55	52	68	42
回弹性/%							
20℃	52	53	56	58	75	47	52
100℃	70	72	66	78	75	55	63
疲劳性能/千次	720	720	—	365	720	370	—
古德里奇生热/℃	57	56	62	53	52		
耐寒系数	0.38	0.37	—	0.60	0.57	—	—
与钢铁的黏接强度/MPa	0.95	0.03	0.73	2.5	—	—	—

（2）二胺和六氯-对二甲苯改性

二胺和六氯-对二甲苯可作为相互作用的硫化剂和橡胶与聚酰胺帘布黏接促进剂，可使改性后的 СКИ-3 与浸渍的聚酰胺帘布的黏接强度增加91%，与未浸渍的聚酰胺帘布的黏接强度可增加42%[125]。

2. 端基改性与官能化改性

（1）马来酸酐改性

马来酸酐或其衍生物与异戊橡胶在溶液中可进行接枝反应，在聚合物分子链段引入极性基团。接枝共聚有自由基引发和热引发两类，前者可在100~150℃以过氧化氢苯甲酰等为催化剂引发，后者则需在180~240℃下进行引发。改性聚合物中的酐基可转化为羧基、酰胺基、酯基或氨基甲酸酯，同时还可用多官能醇和胺进行交联，也可用氧化钙、氧化锌及二价金属盐、饱和或不饱和羧酸盐进行无硫硫化体系或硫-盐复合硫化体系进行硫化。

经马来酸酐改性的聚异戊二烯（СКИ-3МА）具有对金属黏接强度大、生胶强度高、硫化胶生热低、弹性滞后性能较好的特点[108]，见表9-90。

（2）羧基改性

在160~170℃和25MPa采用羰基合成法，以羰基钴-吡啶作为催化剂，向聚异戊二烯分子链段中的少量双键引入羧基或酯基，可制得羧基或酯基聚异戊二烯。例如，模型试验产品 СКИ-3К 就是含0.15%~0.25%羧基的改性聚异戊二烯。这种改性产品的微观结构、玻璃化转变温度和在甲苯中的溶解度可保持不变，但特性黏数可由改性前的3.4dL/g降到2.0~2.8dL/g。

СКИ-3К 的生胶强度及其硫化胶对钢铁的黏接力都有显著提高[126]。但羧基改性混炼胶易焦烧，与缓冲胶的黏接强度不大，因而在轮胎生产中应用。接枝甲基丙烯酸的异戊橡胶，可制得用紫外线交联的光敏弹性体，用于涂料和清漆工业。也可用来控制生物活性物质的释放速度，如改进麻醉剂、除草剂、农药和植物生长剂的有效时间[109]。

（3）羟基改性

在聚合物胶液中进行亲电子加成反应，即可向聚异戊二烯分子链段引进羟基，同时也可引进部分卤素[127]。模型试验产品 СКИ-3М 就是含0.2%（摩尔）羟基或环羰基和0.1%~0.15%（摩尔）卤素的改性的异戊橡胶。

羟基聚异戊二烯的生胶强度接近天然橡胶，其硫化胶具有较高的拉伸强度及较优的耐寒性和弹性滞后性能，而且对钢铁的黏接强度大，但其撕裂强度较小，耐疲劳性能差[126]（表9-91）。

（4）环羰基改性

在 СКИ-3 的聚合物溶液中加入0.17%~0.22%（摩尔）环羰基及0.7%~1.5%（摩尔）氯原子制成的 СКИ-3БЦ，其胶料的内聚力接近天然橡胶的水平，并可改善硫化胶的弹性、定伸应力、附着力和耐寒性。其物理机械性能见表9-91。硫化胶除伸长和疲劳性能不及天然橡胶外，其他性能与天然橡胶相当，СКИ-3БЦ 混炼胶的拉伸强度远大于 СКИ-3，这有利于改善异戊橡胶的加工工艺性能。

表9-91　不同胶型胶料及其硫化胶物理机械性能对比①

指　　标	СКИ-3	天然橡胶	СКИ-3БЦ
混炼胶性能			
拉伸强度/MPa	0.15	0.99	1.85
伸长率/%	1600	630	1035

续表

指　标	СКИ-3	天然橡胶	СКИ-3БЦ
永久变形/%	0.45	0.27	0.22
硫化胶性能			
300%定伸应力/MPa	8.3	10.7	–
拉伸强度/MPa			
20℃	33.5	35.0	31.8
100℃	23.5	22.2	18.1
伸长率/%	620	590	470
撕裂强度/(kN/m)			
20℃	89	122	74
100℃	51	60	58
回弹率/%			
20℃	41	42	49
100℃	56	56	65
硬度(邵尔A)	58	58	62
压缩升热(古德里奇)/℃	68	69	
耐寒系数	0.37	0.37	0.54
胶与钢丝附着力/MPa	—	0.81	0.85
耐疲劳性/千次	>720	>720	221

①胶料配方(质量份)：生胶100，硫黄2，促进剂CZ 0.8，硬脂酸2，氧化锌5，促进剂D 1，槽黑(ДТ-100)40。此外，在СКИ-3БЦ胶料中另配有3份苯胺。

(5) 官能化改性

近年来，天然橡胶和异戊橡胶特别是其液体橡胶通过多种官能化途径进一步合成具有特殊用途的高附加值产品备受关注。这是因为它们的化学结构提供了多种多样化学重排的可能性，如图9-47所示。聚异戊二烯经硼氢化、环氧化、马来化、碳化、氯磷化、磷化、甲硅烷基化或金属化，可制得相应有价值的新产品，包括用于生产印刷板、集成电路的感光树脂和各种黏接剂、复合材料用的快干树脂[109]。

1) 环氧化

聚异戊二烯可在溶液介质中进行环氧化改性，较好的环氧化剂有如叔丁基过氧化氢等。环氧化异戊橡胶具有耐溶剂、耐酸碱、耐老化及黏接性较好等特点。环氧化聚异戊二烯СКИ-3Э的性能见表9-91。它可用于制造电气绝缘材料、胶黏剂、增强塑料、涂料和模压胶料等。其胶乳用于浸渍轮胎帘线，可提高两者的黏接强度[112]。用含磷试剂或单体对异戊橡胶进行化学改性可制得阻燃橡胶。用二(烷基或芳基)磷酸酯对液体环氧化聚异戊二烯进行化学改性，可使环氧基团打开。如与二烷基磷酸酯按下式反应生成的改性产物(含有2-oxo-1,3,2-dioxphospholane struture)具有良好的耐火性[109]。

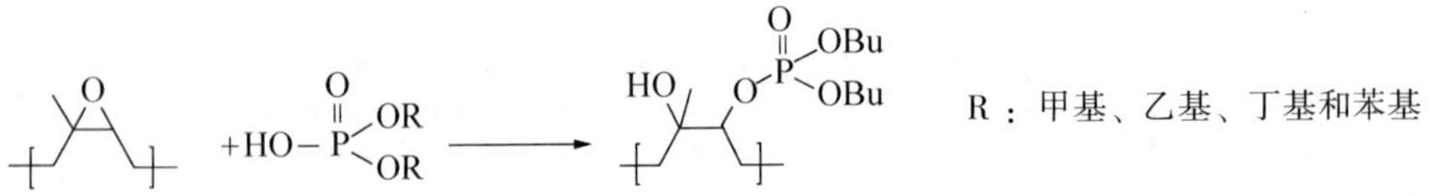

R：甲基、乙基、丁基和苯基

另如图9-48所示，环氧化聚异戊二烯进一步化学改性可得到许多高附加值的产品。如用醇的衍生物将环氧化聚异戊二烯开环醇解，在特定催化剂如硝酸铵铈(CAN)和适当条件下可以满意的收率(50%~70%)得到β-烷氧基醇，而不发生任何交联或环化副反应。

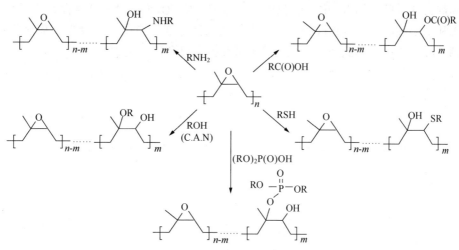

图 9-47 1,4-聚异戊二烯化学改性途径示例

图 9-48 环氧化聚异戊二烯化学改性途径示例

2）氢化 聚异戊二烯氢化是传统的改性方法。可通过催化加氢或以酰胺和硼氢化合物作为氢化剂的无催化氢化改性。氢化橡胶的残余不饱和度不低于 5%~20%。氢化异戊橡胶的玻璃化转变温度上升，如氢化度达 45%时，其 T_g 由-70℃升至-63℃。氢化橡胶的主要特点是其未硫化混炼胶具有较高的生胶强度[136]。

可用水合肼和过氧化氢在乳液聚合得到的异戊二烯乳液中直接加氢。1,4 加成的聚异戊二烯在其双键饱和后的分子结构类似于乙烯-丙烯共聚物，可作为有实用价值的增容剂。加氢后，其玻璃化转变温度由-63℃升至-56.7℃，聚丙烯与氢化聚异戊二烯共混物的冲击强度比与未氢化者的共混物要高出 1 倍[137]。

3）卤化和卤氢化

可在橡胶溶液中，于含氯溶剂存在下直接通入氯气制得氯化聚异戊二烯。其含氯量将近65%，每个异戊二烯链节约有 3~5 个氯原子。也可用亲核试剂如甲醇与分子溴的化合物直接与聚合物反应，制得溴甲氧基聚异戊二烯。若在聚合物胶液加入防老剂后直接用氯化氢进行氯氢化，随后用空气排除多余的氯化氢，则可制得氯氢化聚异戊二烯。经卤化或卤氢化改性的聚异戊二烯，具有优异的化学稳定性和耐热性。例如，顺式 1,4-聚异戊二烯在 300℃ 下已完全降解，而改性聚异戊二烯在 500℃ 下失重仅约 60%[136]。

也可用水相悬浮工艺制取氯化异戊橡胶，即先将异戊橡胶在溶液中降解，然后悬浮于水中氯化，所得氯化异戊橡胶含氯量可达 50% 以上[138]。

也可在专门设计的挤出反应器中进行氯化反应。该挤出反应器由 5 段组成，分别为进料段、反应段、中和段、冲洗段和出料段。在进料段之后装有节流阀，用于向反应段注入卤化剂。在反应段和中和段之间装有第二节流阀，用于提供中和剂，螺杆贯穿其中。来自生产线的橡胶需要粉碎并干燥至含水量不大于 15%，最好不大于 1%。整个操作宜在低剪切和适当温度与压力下进行。进料段螺纹较深，长度较短。

为降低黏度，进料段的橡胶需加 5%~10% 的溶剂稀释。溶剂为挥发性的饱和烃、卤代烃、四卤化碳等，如戊烷、己烷、氯甲烷、氯仿、CCl_4 等。通过控制卤化剂和橡胶的进料速度，使卤化反应达到每个双键含一个卤原子。设计的中和段需能迅速而完全地发生中和反应，防止脱氯化氢反应的产生及设备腐蚀。卤化剂可为氯、磺酰氯、N-氯化琥珀酰亚胺等。

中和剂为各种碱，如 NaOH、$Ca(OH)_2$、KOH、K_2CO_3 等。设置冲洗段是为了以大量水除去液态和水溶性的非聚合物成分，然后尚须加入稳定剂。稳定剂一般为丁基化羟基甲苯、硬脂酸钙、硬脂酸钠等。此外，氯化反应也可在捏合机和挤出机中进行[139]。

橡胶氯化比树脂氯化复杂得多，它同时存在着取代、加成、环化和交联。异戊橡胶和天然橡胶的氯化机理如下：

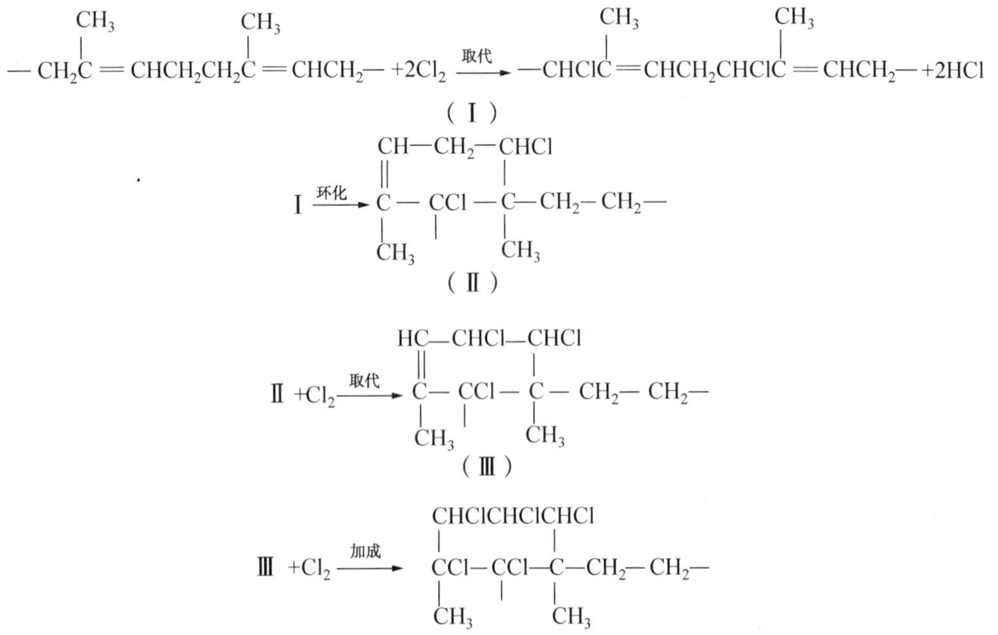

$$—CH_2C\!=\!CHCH_2CH_2C\!=\!CHCH_2— +2Cl_2 \xrightarrow{\text{取代}} —CHClC\!=\!CHCH_2CHClC\!=\!CHCH_2— +2HCl$$
（Ⅰ）

$$I \xrightarrow{\text{环化}} C—CCl—C—CH_2—CH_2—$$
（Ⅱ）

$$II +Cl_2 \xrightarrow{\text{取代}} C—CCl—C—CH_2—CH_2—$$
（Ⅲ）

$$III +Cl_2 \xrightarrow{\text{加成}} CCl—CCl—C—CH_2—CH_2—$$

上述分子中的氯原子非常活泼，易脱除形成活性中心，导致分子链之间发生复杂的交联反应。反应条件对产物结构有很大的影响，选用的溶剂还会影响产物的交联度。在含铝化合物存在下进行反应，可大幅度降低产物的交联度[154]。

橡胶氯化后，分子链极性增加，加之受双键加成和链的环化反应的影响，产品的黏结性、阻燃性、耐油性和弹性模量提高。氯化产物可用作防腐涂料、油墨、印刷着色剂和黏合剂等，可浇注、挤出或注射成各种形状的制品。还能与颜料、增塑剂或其他常用助剂共混，制成各种成品。

4）环化

聚异戊二烯的环化可在固体橡胶、橡胶溶液中进行，也可在合成阶段的聚合物胶液中进行。可用强酸、Lewis酸、有机酸及其衍生物或其他酸性催化剂进行阳离子环化，制得树脂状的环化橡胶。环化过程包括长链大分子转变成非常短的、一般为三环的结构。还可采用辐射诱发环化，以及光和热环化法。环化异戊橡胶具有较高的密度、折射率和软化点以及较低的特性黏数和不饱和度[136]。异戊橡胶降解环化可制得光致抗蚀剂用于光刻胶。有人还提出由单体直接合成环化橡胶的新路线[140]。

9.6.2 配合加工阶段的改性

在配合加工阶段向胶料加入各种化学活性剂（含氮、氧、卤的极性化合物等）或结晶性及含极性基团的聚合物以及各种硫化促进剂，是另一类有工业价值的改性异戊橡胶的方法。

1. 混炼时添加各种化学活性剂

在工业化改性上常用的极性添加剂有双官能团亚硝基化合物 N-（2-甲基-2-硝基丙基）-4-亚硝基苯胺（硝脑）和 N,4-二亚硝基-N-甲基苯胺（NNMA）。添加 0.2~1.0 份硝脑改性的聚异戊二烯未硫化胶，具有优异的拉伸强度和黏性，硫化胶的弹性滞后、动态力学性能和耐疲劳性能亦有所改善。硝脑改性异戊橡胶硫化胶的性能见表 9-92[141]。

表 9-92　硝脑改性异戊橡胶硫化胶的性能

指　　数 \ 胶　　种	天然橡胶	钛系异戊橡胶	锂系异戊橡胶	改性钛系异戊橡胶	改性锂系异戊橡胶
拉伸强度/MPa	28.24	25.99	20.50	25.50	21.08
扯断伸长率/%	540	600	520	430	490
300%定伸应力/MPa	12.95	10.96	10.20	14.42	12.26

目前在轮胎和橡胶制品工业中广泛应用间苯二酚（改性剂 PY-1）或 5-甲基间苯酚与六亚甲基四胺（乌洛托品）的络合物（改性剂 APY）作为改性体系，改善混炼胶和硫化胶的强度、黏合性与加工性能。其中用 APY-甲醛缩苯胺-六亚甲基四胺（8∶1∶1）三元改性体系的效果尤好，工艺操作中系以 3 份改性剂在混炼的第二阶段与硫化胶一起加入，混炼胶在 155℃ 硫化。三元改性体系与改性剂 PY-1 相比，其在混炼胶料中的分散性较好，硫化胶的耐热性和对帘线的黏合强度较高[142]。

在混炼胶中加入对亚硝基化合物如对亚硝基二苯胺、对亚硝基-N-二甲基苯胺盐酸盐、对亚硝基苯酚、对亚硝基苯、对亚硝基溴代苯等可显著提高混炼胶的加工稳定性，提高生胶强度和弹性，降低生热[143]。如果在 СКИ-3 混炼胶中加入 0.5 份对亚硝基二苯胺和 4.0 份改性剂 PY-1，则可进一步提高其改性效果，特别是在以 ДГ-100 炭黑填充时，其生胶强度以及硫化胶的强度、耐热老化和耐疲劳性能等都有显著的提高[144]。

在钛系异戊橡胶 СКИ-3 混炼胶中，与炭黑同时加入 3 份液相不饱和化合物 2-氧-3-氯

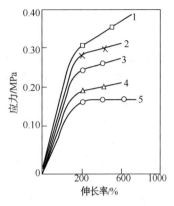

图 9-49　2-氧-3-氯丙基丙烯酸酯
（ОХПА）改性混炼胶料的应力-应变曲线
1—天然橡胶；2，3，4—在 СКИ-3 中分别
加入 3 份、5 份和 1 份 ОХПА 的钛系异戊橡胶
СКИ-3；5—СКИ-3

丙基丙烯酸酯（ОХПА），可以提高其生胶强度和硫化胶的撕裂强度以及耐疲劳性能，但弹性滞后损失稍有下降。改性的混炼胶料的应力-应变曲线见图 9-49。

混炼时加入适量马来酸酐和马来酸及其衍生物也可提高异戊橡胶的生胶强度。马来酸酐改性聚异戊二烯的性能见表 9-93[142]。Shell 公司用马来酸酐在混炼时对中顺式聚异戊二烯进行改性。改性异戊橡胶 Cariflex ICP-703 的生胶强度较高，硫化胶的滞后性能亦有所改善。填充中超耐磨炉黑胶料制得的胎面胶性能则接近天然橡胶胎面胶（表 9-94）[145]。

N，N'-间苯基双马来酰亚胺（МФБМ）是一种多功能轮胎料的化学改性剂。这种化学改性剂可以显著提高橡胶对织物帘线的黏合力，提高混炼胶焦烧稳定性以及对热氧和热的机械稳定性。用 1.5~2.0 份间亚苯基双马来酰亚胺改性的夹层硫化胶具有较好的耐疲劳性能（热老化后尤为突出）。其结果列于表 9-95。以改性胶料制成的试验轮胎行驶里程达 7300km，而对照轮胎的行驶里程仅为 4300km[146]。

表 9-93　马来酸酐改性聚异戊二烯的性能

指　　标	马来酸酐加入份数			
	0	0.25	0.5	1.0
混　炼　胶				
门尼黏度 $ML_{1+4}^{100℃}$	60	55	56	59
屈服应力/MPa	0.25	0.25	0.25	0.25
扯断应力/MPa	0.04	0.34	0.87	3.14
扯断伸长率/%	3000	2000	1400	750
硫　化　胶				
300%定伸应力/MPa	14.61	14.12	13.63	13.34
拉伸强度/MPa	29.42	29.22	28.64	28.73
扯断伸长率/%	550	550	550	540
撕裂强度/(kN/m)	85.63	71.59	69.63	67.67
压缩永久变形/%	43	53	53	52

表 9-94　Cariflex ICP-703 与 Cariflex 异戊橡胶-305 和天然橡胶胎面硫化胶性能对比

指　　标	胶　　种 Cariflex ICP-703	天然橡胶	Cariflex 异戊橡胶-305
拉伸强度/MPa	26	29.42	26.0
300%定伸应力/MPa	12.75	13.24	12.26
相对伸长率/%	600	600	600
邵尔 A 硬度	60	60	60
生热（在80℃以上）/℃	14	18	16

　　另一类化学改性剂是带端基官能团的二烯烃低聚物，如分子量 3000~4000、含 2.4%端异氰酸酯基的丁二烯/异戊二烯(80∶20)嵌段共聚物及分子量 3000、含 3.8%端酰肼基的聚异戊二烯等。使用这类低聚物或能与官能团及橡胶大分子反应的改性剂(如改性剂 PY)，可提高 CKИ-3 胎面硫化胶的耐疲劳性能、动态模量(E)和抗切口增长，常温下的撕裂强度亦稍有提高，但内摩擦系数(K)和 100℃下滞后损失(K/E)升高，生热较高，致使某些操作性能劣化。但若在上述改性胶料中再加入 0.3 份对亚硝基二苯胺，则可改善混炼胶的黏弹性能和生胶强度，并降低硫化胶的滞后损失[147]。

　　用含对亚硝基二苯胺或对亚硝基二乙胺端基的异戊二烯低聚物与间亚苯基双马来酰亚胺二元体系改性的 CKИ-3 胎面胶，具有较高的撕裂强度、耐热老化性能，屈挠寿命和切口增长性能亦可改善。使用上述二元改性体系的天然橡胶/CKИ-3(70∶30)并用料的胎面胶，适于生产大型斜交胎和子午胎[148]。

　　掺用低聚丙烯酸酯作为异戊橡胶的暂时增塑剂，可改善胶料的工艺性能和提高硫化胶的物理机械性能，显著提高硫化胶的疲劳性能，其用量在 10 份以下；它也可作为异戊橡胶的改性剂使用，其最佳用量为 0.5%~2%。

　　各种改性剂的类型及性能见表 9-96。

表 9-95　间亚苯基双马来酰亚胺改性夹层硫化胶的性能[①]

指　标	CKИ-3 缓冲层		CKИ/丁苯橡胶/再生胶布层	
	添加改性剂胶料	对照胶料	添加改性剂胶料	对照胶料
300%定伸应力/MPa	1.0	9.5	9.0	8.7
拉伸强度/MPa				
23℃	24.6	22.8	18.5	17.6
100℃	14.6	12.2	9.6	8.3
100℃老化 72h	19.0	14.4	11.9	9.1
扯断伸长率/%	585	600	566	583
生热(MPC-2)(23℃)/℃	83	88	95	99
弹性/%				
23℃	53	49	46	43
100℃	65	62	56	55
耐疲劳性能(S=100%，100℃老化 72h)/千次	50.8	34.3	37.0	28.4
相对滞后损失(K/E)	0.12	0.14	0.19	0.23

　①对照混炼胶料含改性剂 PY、БС-120，防焦剂 N-亚硝基二苯胺，防老剂 4010NA 和防老剂丁。

表 9-96　改性剂的类型、组成及性能[13]

序号	缩写	类　型	组　成	用量/份	性　能
1	PY-1	氨基亚甲基给予体	间苯二酚与六亚甲基四胺络合物	~3	
2	AФA	氨基亚甲基给予体	甲醛缩苯胺	~3	在胶料中易分散
3	DNMA	亚硝基化合物	N,4-二亚硝基-N-甲基苯胺	0.25~0.75	改善炭黑混炼胶拉伸强度，显著提高弹性

续表

序号	缩写	类型	组成	用量/份	性能
4	低聚物	低聚物	低聚丙烯酸酯	0.5~0.12	改善胶料工艺性能和硫化胶物理机械性能
5	ОДДИ	低聚物	官能化低聚物，端异氰酸酯异戊二烯与丁二烯(20∶80)共聚物	~10	改善胶料的工艺性能，提高轮胎使用性能

2. 用其他聚合物改性

异戊橡胶与其他合成橡胶并用，或添加各种结晶性聚合物，是富有技术经济意义的一类改性方法。前苏联生产的重型和中型轮胎，使用的多为异戊橡胶、顺丁橡胶和丁苯橡胶的并用胶料，其综合性能不亚于100%或含大量天然橡胶的轮胎，而且生热小，耐磨性和耐寒性均超过天然橡胶。异戊橡胶与卤化丁基橡胶、氯磺化聚乙烯、丁苯吡共聚物等并用，均能达到改性效果。

另外，异戊橡胶中加入适量反式1,4-聚异戊二烯、反式聚戊烯、低压聚乙烯或等规聚丁烯等，也能改善其某些性能。

将异戊橡胶与热塑性材料掺混或复合使用，除兼有二者的性能外，而且这种热塑性材料在加工过程无需硫化。此技术的关键是要解决两种聚合物的相容性，通常需加入增容剂[109]。

3. 添加促进剂

异戊橡胶硫化时添加适当促进剂可提高其硫化胶的性能。使用N-间或对羧基苯基马来酰亚胺，不但不影响混炼胶的焦烧性能(可克服用羧基改性的异戊橡胶易焦烧的不足)，尚可提高硫化胶的撕裂强度和耐疲劳性能。使用这种促进剂的胶料，当硫化温度由143℃提高到165℃时，更有利于提高硫化胶的综合性能，可以用作大型轮胎的胎面胶[149]。使用亚硝基保护的二异氰酸酯作促进剂，可以提高硫化胶的热稳定性和动态性能[150]。N-取代2-硫醇基苯并噻唑衍生物，如1,4-双(苯并噻唑烷-2-硫-1-亚甲基)哌嗪是一种新型硫化促进剂，其最佳用量为1.5~2.0份。使用后硫化胶的主要物理机械性能保持不变，而动态疲劳和热稳定性则有所改善。这种新型硫化促进剂更适用于浅色钛系异戊橡胶(СКИ-3НТП)的硫化，其最佳硫化时间可缩短1/4~1/2，但胶料易焦烧。若加入0.8份抗焦剂(Santogard PVJ)，则可提高焦烧稳定性[151]。在胶料中添加ε-己内酰胺和歧化松香，可提高填料表面活性，改进橡胶的交联效果[152]。

参 考 文 献

[1] 徐其芬，虞乐舜，王声乔．见刘大华主编．合成橡胶工业手册．北京：化学工业出版社，1991：521

[2] 林巍．弹性体．1990，2(1)：45

[3] 赵万恒．化工技术经济，2000，(3)：23

[4] Bouchardat G. Compt. Rend. , 1879, 89: 1117

[5] Rubb. Stat. Bull. , 1984, 38(11); 1986, 40(11)

[6] Schoenbery E, Marsh, H A, et al. Rubb. Chem. Technol. , 1979, 52(3): 526

[7] 黄葆同，等．络合催化聚合合成橡胶．北京：科学出版社，1981：165

[8] SRI International. Chemical Economics Handbook, Elastomers-Synthetic, (525, 5622), May, 1984

[9] 罗志河．合成橡胶工业，1990，13(2)：79

［10］赵振民. 弹性体, 1996, 6(2)：38-40

［11］陆强敏. 化工新型材料, 1991, (7)：1

［12］朱行浩, 等. 合成橡胶工业, 1984, 7(4)：269

［13］林裔珍主编. 橡胶工业手册. 修订版. 北京：化学工业出版社, 2001：213

［14］洪山虎, 朱行浩. 见张旭之等主编. 碳四碳五工艺学. 北京：化学工业出版社, 1998：653

［15］Гармонов И В. Синтетический Каучук, 2-е изд. Ленинград Химия, 1983：12~83, 154-179

［16］Пискарева Е. П. Каучук и резина, 1981, (1)：16

［17］笹田照夫. 别册化学工业(日), 1972, 16(3)：20

［18］IISRP. Rubber Statistical Bulletin, 1993~2000, 2001, 2002

［19］Минскер К С, и др. Журнал приклаяной химии, 1999, 72(6)：996

［20］中国科学院长春应化所四室. 稀土催化合成橡胶文集. 北京：科学出版社, 1980

［21］k‑Othmer. Encyclopedia of Chemical Technology. 1994. 4rd Ed., New York：John Wiley & Sons Inc., Vol. 9, pp. 1

［22］占部诚亮. ポリマーダイジエスト, 1994. 46(1)：116

［23］Воэияковский, А. П., и др. Каучук и резина, 1999, (4)：15

［24］Gregg E C Jr, Macey J H. Rubb. Chem. Technol., 1973, 46(1), 47

［25］Cameron A, McGill W J. J. Polym. Sci., Part A, 1989. 27, No. 3. 1071

［26］Amiya S, Fujiwara Y. Polym. J., 1980, 12：287

［27］Andrews E H, et al. Rubber Chem. Technol, 1972, 45：1315

［28］Daikai E, et al. (Tokai Rubber Industries, Ltd.). US 6534578, 2003

［29］Kawashima T. (Sony Chemicals Corp.). US 6534172, 2003

［30］Dietz B, et al. (tesa AG). US 6527899, 2003

［31］Kreckel K W, et al. (3M Innovative Properties Company). US 6527900, 2003

［32］Bambara J D, et al. (Sentinel Products Corporation). US 6531520, 2003

［33］Thomas M. Adhesives Age, 1998, 41(7)：23

［34］Komatsuzaki S, et al. (Zeon Corporation). US 6534593, 2003

［35］Ahmed S U, et al. (H. B. Fuller Licensing & Financing, Inc.). US 6534572, 2003

［36］Okada M, et al. (Japan Storage Battery Co., Ltd.). US 6534218, 2003

［37］Корнев А. Е., и др, Каучук и резина, 2000, (6)：28

［38］Шкапов Д. В., и др, Каучук и резина, 2000, (6)：29

［39］Sudo M. (Daikyo Seiko, Ltd.). US 6528007, 2003

［40］Diem H L, et al. Rubb Chem Technol, 1961, 34(1)：191

［41］k‑Othmer. Encyclopedia of Chemical Technology. 3rd Ed., 1979, 8：582

［42］Stavely F M, et al. Ind Eng Chem., 1956, 48(4)：778

［43］Hsieh H L. J Polym Sci. A, 1965, 3(1)：163

［44］BP 852627, 1958

［45］Morton M, et al. J Polym Sci. C, 1963, (1)：311

［46］日本特许, 昭 46-36519, 1971

［47］US 3454546, 1969

［48］US 3699055, 1972

［49］US 3409603, 1968

［50］Nishikawa M, et al. ACS Symp Ser 1998, 696：186

［51］European Rubber Journal, 2002, 184(1)：16

［52］虞乐舜. 异戊二烯橡胶. 见陈冠荣主编. 化工百科全书. 第十七卷. 北京：化学工业出版社,

1999：575

[53] Гармонов В А，и др. Каучук и резина，1973，(5)，6

[54] Долгоплоск Б А，Тинякова Е И. Высокомолекулярные соединения，серця А，1994，36(10)：1653

[55] Natta G，Mazzanti G. Tetrahedron，1960，(8)：36

[56] Cossee P. Tetrahedron Letters，1960，(12)：17；J Catalysis，1960，(3)：80

[57] 李克友，张菊华，向福如。高分子合成原理及工艺学. 北京：科学出版社，1999：377

[58] 虞乐舜. 吉林工学院学报，1989，10(3)：21

[59] RUSS. RU 2070557，1996

[60] 虞乐舜. 合成橡胶工业，1978，1(5)：1

[61] 虞乐舜. 合成橡胶工业，1990，13(2)：88

[62] Кирпичников П А，и др. 合成橡胶工业编辑部译. 合成橡胶工业主要生产工艺和流程. 合成橡胶工业. 特辑. 1978：58

[63] Phillips. US 3190868，1965；US 3250313，1965

[64] Shell. US 3464967，1969

[65] 日本合成ゴム. BP 1172797，1969

[66] Bayer. 昭 43-16754，1968

[67] 東洋レーヨン. 昭 43-17987，1968；三井石油化学工業. 昭 43-9750，1968；ダンロップ. 昭 43-26177，1968；Shell，US 3202647，1965

[68] 虞乐舜. 合成橡胶工业，1984，7(6)：416

[69] Bruzzone M，Marconi W，Noe S. hydroc arbon Process，1968，47(11)：179

[70] Скулъский А С，и др. Пром Энерзешщка，1983，4：50

[71] 石油化学工业部科技情报研究所. 石油化工科技资料(有机化工)，1976，(1)：1

[72] 化学工业部科学技术情报研究所. 世界合成橡胶工业. 1981：95

[73] Никандов А П. ЖВХО. 1981,26(3)：262

[74] Иванов В И，Иванова О И. Ж Ввес Хим О-Ва им. Д. И. Менделеева，1972，17(2)：189

[75] USSR. SU 1820893，1993

[76] USSR. SU 947086，1982

[77] 山 本等. 化学装置(日)，1966，8(10)：38

[78] USSR. SU 1788959，1993

[79] 虞乐舜. 合成橡胶工业，1983，6(3)：165

[80] Smith W M. Manufacture of Plastics. 1964，1，Reinhold

[81] US 3683921. 1972；US 3814563，1974

[82] 刘德春. 合成橡胶工业，1982，6(6)：135

[83] Мамелов У А，и др. Пром СК，1977，9：11

[84] Hsieh H L，et al. Rubb Chem Technol，1985，58(1)：117

[85] 虞乐舜. 合成橡胶工业，1988，11(1)：15

[86] 虞乐舜. 合成橡胶工业，1986，9(4)：239

[87] 徐其芬等. 合成橡胶工业(副刊)，1984，7(2)：4

[88] Kormer V A，et al. Kautschuk und Gummi-Kunststoff，1991，44(6)：522

[89] 朱行浩等. 高分子通讯，1984，(3)：207

[90] Ger. Offen. 2011543，1970

[91] Khodzhaeva I D，Kislinovskaja N V. Intern J Polymeric Mater. 1994，(25)：107

[92] Whelan A，Lee K S. Developments in Rubber Technology-2 Synthetic Rubbers. London：Applied Science Publishers LTD. 1981：233

[93] Winspear George G. Vanderbilt Rubber Handbook. New York：R. T. Vanderbilt Company，Inc. 1968：81

[94] 幕内惠三. ポルマーグィジェスト，1999，(4)：44

[95] 古川，上下，冈村，大石. 日本ゲム协会志，1960，33：340

[96] Xu Yunshu, He i Siswono, F. Yoshii, K. makuuchi. J. Appl. Polym. Sci.，1997，66：113

[97] Xu Yunshu, F Yoshii, K. makuuchi, et al. Proccedings of the 7th Japannese Meeting on Elastomer, Tokyo, Japan Rubber Society, 1993：58

[98] Xu Yunshu, et al. J. Macromol. Sci.，Pure Appl. Chem. 1995. A32：1801

[99] Xu Yunshu, et al. 辐射研究与辐射工艺学报，1994，12：155

[100] Fouche P M, McGill W J. Plastics Rubb. and Composites Processing and Application，1997，18(5)：317

[101] 占部诚亮. ポリマーダイジエスト，1994，41(11)：91

[102] Hassan H H, Abdel-Bary E M. J Appl Polym Sci，1990，39(9)：1903

[103] Ray I, Knastg D. Plastics Rubb and Composites Processing and Application，1994，22(5)：305-309

[104] Gnosh M K, Tripathy A R, Das C K. Intl J Polymeric Materials，1992，17(1/2)：17-21

[105] Шершкев В А. Каучук и резина，1993，(3)：6

[106] 邓本诚. 橡胶并用与橡塑共混技术. 北京：化学工业出版社，1998

[107] Diamond J E. International Symposium on Isoprene Rubber. Moscow：USSR，1972，Abstract，Rubb. Chem. Technol，1973，46(2)：577

[108] Гармонов И В. Синтетический Каучук. 2-е и3д. И3д. Химия Лененград，1983：180-192

[109] Brosse J C, Campistron I et al. J Appl Polym Sci，2000，78(8)：1461

[110] Shvarts A G, Russ Polym News，1997，2(1)：25

[111] Коган Л М, и др. Каучук и резина，1978(9)：7

[112] Коган Л М, Кролъ В А. ЖВХО，1981，26(3)：272

[113] Белгородский И М, и др. Пром СК，1982，(9)：2

[114] Юруих Т Е, и др. Пром СК，1982，(12)：12

[115] Сире Е М, и др. Каучук и резина，1982，(3)：5

[116] 赵志正. 弹性体，1997，7(1)：61

[117] Сире Е М, и др. Каучук и резина，1995，(6)：2

[118] Голвапев А М, и др. Каучук и резина，1995，(6)：3

[119] Валуев В И, и др. Каучук и резина，1983，(3)：3

[120] Аофнасъев С Ф, и др. Каучук и резина，1994，(5)：2

[121] Гупюева Н А, и др. Каучук и резина，1995，(2)：48

[122] Morton M. Rubber Technology. 2nd ed. New York：Van Nostrand Reinhold Co，1973：274

[123] Zhu S H, Chan C M, Zhang Y X. J Appl Polym Sci，1995，58(3)：621

[124] Чаваил Т А. Каучук и резина，1995，(8)：24

[125] Канэырин К Л, Помапов Е Э. Каучук и резина，1996，(6)：21

[126] Смирнов В П, и др. Каучук и резина，1971，(6)：4

[127] US 3402136，1968

[128] Reyx D, Campistron I. Angrew Makromol. Chem. 1997，247：197

[129] Nor H M, Ebdon J R. Prog. Polym. Sci，1998，23：143

[130] Dix L R, et al. Polymer，1993，34：406

[131] Ebdon J R, et al. Macromolecules，1994. 27：6704

[132] Ebdon J R, et al. Macromol. Rep，1995. A32(Suppls. 5 and 6)：603

[133] Mauler R S, et al. Eur Polym J，1995，31：51

[134] El Hamdaoui, et al. Bull. Soc. Chim. Fr，1995：406

[135] Reyx D, et al. International Rubber Conference, Paris, May 12—14, 1998

[136] Schulz D N, et al. Rubb. Chem. Technol, 1982, 55(3): 804

[137] 韦春, 等. 高分子材料科学与工程, 1999, 15(2): 24

[138] 解洪梅, 等. 合成橡胶工业, 1997, 20(2): 124

[139] US 4486575, 1984

[140] 王朝阳, 黄学. 橡胶工业, 2000, 47(8): 464

[141] 小松公荣, 柴田堤. 石油学会志(日), 1977, 20(8): 707

[142] Чистяков В Н, и др. Каучук и резина, 1978, (10): 25

[143] Токарева М Ю, и др. Каучук и резина, 1980, (11): 13

[144] Харламов В М, и др. Каучук и резина, 1978, (4): 15

[145] Luijik P, Rellage J M. Kautschuk und Gummi-Kunststoff, 1973, 26(10): 446

[146] Богуславский Д Б, и др. Каучук и резина, 1982, (3): 17

[147] Зюзин А П, и др. Каучук и резина, 1983, (10): 11

[148] Богуславский Д Б, и др. Каучук и резина, 1978, (4): 11

[149] Чавчич Т А, и др. Каучук и резина, 1974, (12): 8

[150] Шапкин А Н, и др. Каучук и резина, 1979, (6): 7

[151] Симакенква Л Б, и др. Каучук и резина, 1982, (3): 22

[152] Южакова Н А, и др. Каучук и резина, 1983, (3): 7

[153] 化工科技动态, 1981

[154] US 4 405 759, 1983

[155] 中国成都新都凯兴科技有限公司: 实用新型专利(申请号): 200420033251.1; 发明专利(申请号): 200410040048.1, 中国化工报, 2005 年 1 月 18 日

[156] 周风举. 有机氟工业, 2000, (4): 11

[157] 中国成都新都凯兴科技有限公司. ZL03249816.0

[158] 中国成都新都凯兴科技有限公司. ZL00244986.2

[159] 中国青岛伊科思新材料股份有限公司. 虞旻, 韩方煜. 发明专利 ZL 200710014318.5, 2009

[160] 中国青岛伊科思新材料股份有限公司. 虞旻, 韩方煜. 发明专利 ZL 200710014320.2, 2009

[161] 吕红梅, 白晨曦, 蔡小平. 弹性体, 2009, 19(1): 61-64

[162] Shoj Kaita, Yoshiharu Doi. Macromolecules, 2004, 16(37): 5860-5862

[163] Fischbach A, Meermann C. Macromolecules, 2006, 20(39): 6811-6816

[164] 中国化工报, 2009.7.21

[165] 许晓鸣, 沈之荃. 浙江大学, 2004

[166] 杨春雨, 白晨曦. 中国石油报, 2008, (3)

[167] 孙欲晓, 李江利, 郭滨诗, 费家明, 魏井江, 董武. 弹性体, 2009, 19(6): 60-64

[168] 贺小进, 石建文. 化工新型材料, 2009, 37(8): 31

[169] 尹国杰, 杨阳, 王小萍, 贾德民. 橡胶工业, 2006, 53: 325-330

[170] 杨阳, 尹国杰, 王小萍, 朱立新, 贾德民. 弹性体, 2005, 15(5): 47-50

[171] 董为民, 姜连升, 张学全(中国科学院长春应用化学研究所). 新型稀土异戊橡胶的开发, 2006 年 12 月(会议资料)

[172] 曹建明, 任美红, 赵玉中, 等. 化工新型材料, 2007, 35(5): 84-86

[173] 孙欲晓, 李江利, 郭滨诗, 费家明, 魏井江, 董武. 弹性体, 2009, 19(6): 60-64

[174] Wei Gao, Dongmei Cui, *J. Am. Chem. Soc*, 2008, 130: 4984-4991

[175] 中国专利, 200710056309.2

[176] US 4468496, 1985

［177］US 6391990 B1，2002

［178］US 6838526 B1，2005

［179］US 0065083 A1，2003

［180］US 0009979 A1，2005

［181］US 6838534 B2，2005

［182］US 6858686 B2，2005

［183］US 6949489 B1，2005

［184］US 6992157 B2，2006

［185］US 0119889，2002

［186］US 6596828，2003

［187］US 6960631B2

［188］US 6683140B2

［189］付颜杰，等. 橡胶工业，1995，42(3)：140

［190］李花婷，曹振刚(北京橡胶工业研究设计院). 异戊橡胶在轮胎和橡胶制品中的应用技术及发展前景
　　　分析，2006 年 12 月(会议资料)

［191］中国青岛伊科思新材料股份有限公司. 虞乐舜，韩方煜. 发明专利 ZL200810138199.9，2010

［192］中国青岛伊科思新材料股份有限公司. 虞乐舜，韩方煜. 发明专利 200810138198.4，2008

［193］中国青岛伊科思新材料股份有限公司. 虞旻，韩方煜. 发明专利 ZL200710014319X，2008

［194］中国化工信息网，2009 年 4 月 28 日

［195］李金玲，李树丰，董长河，万晓军. 弹性体，2012，22(5)：80

［196］Emanuel Ormondel Masahiro Yoneyama. Polyisoprene elastomers［R］. US：SRI Consalting，2011

［197］李 贺. 2013 中国(宁波)C$_5$/C$_9$综合利用研讨会论文集，96-105

［198］马建江，齐琳. 橡胶科技市场，2012，(11)：5

［199］International Rubber Study Group(IRSG). Rubber Statistical Bulletin，2012，67(1-3)：53

第10章 反式1,4-聚异戊二烯橡胶

10.1 概述

10.1.1 发展史

反式1,4-聚异戊二烯(*trans*-1,4-polyisoprene,简称TPI)的天然产品是古塔波胶(Gutta-percha rubber)、巴拉塔胶(Balata rubber)或杜仲胶(Eucommia ulmoides rubber),它们分别是东南亚和南美洲产赤铁科属植物和我国产杜仲树的提取物,其主要成分为反式1,4-聚异戊二烯,并视产地和制法不同含有份量不同的树脂成分。杜仲树是我国特有的一种经济林木,自然分布于川、陕、鄂、湘、黔交界及其延伸的山区和丘陵地带,其树皮、叶果可以入药,也可以用于提取橡胶。20世纪50年代,由于国家急需作为战略物资的橡胶材料,在海南岛和云南西双版纳发展天然三叶橡胶的同时,也在四川梁平、贵州遵义、湖北郧西、湖南慈利等地进行过规模化杜仲林场的建设,并开展了提取杜仲胶的研究[1],但由于一些历史的原因,这些工作后来大多停止了。80年代后,中国科学院北京化学研究所严瑞芳在德国访问期间发表了将反式1,4-聚异戊二烯硫化成弹性体的专利[2],回国后又提出了杜仲胶硫化过程受交联度控制的三阶段特征,以及三阶段的不同微观结构对应着不同用途的三大类材料:热塑性材料、热弹性材料和橡胶弹性材料的观点[3],并将其归纳为杜仲胶材料工程学(表10-1)。同时在贵州平坝、陕西略阳等地建设了小型杜仲胶提炼厂,开展了杜仲胶在医用材料、形状记忆功能材料和橡胶轮胎材料中的应用研究[4~8],为我国开发杜仲胶或反式异戊橡胶作出了开创性的工作。

表 10-1 杜仲胶材料工程学[3]

杜仲胶或反式-聚异戊二烯					
单一组分			共混		
A 阶段 (零交联度)	B 阶段 (低交联度)	C 阶段 (临界交联度)	与塑料共混		与橡胶共混
			不硫化	控制硫化	控制硫化
热塑性材料	热弹性材料	橡胶型材料	改性塑料	热塑性弹性体	弹性材料

进入21世纪,我国橡胶工业持续快速发展,轮胎、胶鞋、输送带、胶管等橡胶制品的产量都达到世界第一,同时每年的耗胶量也是世界第一,国产橡胶远远满足不了需求,特别是天然橡胶(NR)的需求80%以上靠进口。在这种形势下,中国橡胶工业协会和有关部门及人士再度提出发展杜仲橡胶的议题[9],并于2010年7月在北京召开了"2010中国杜仲产业化论坛"[10],提出将杜仲橡胶作为"战略性新兴产业"和"第二天然橡胶"加速发展。据专家分析[10],作为我国特有经济林木的杜仲树,在黄河流域、长江流域广大平原、丘陵、山区贫瘠土壤等都能生长,我国在生的杜仲林木占世界90%以上,杜仲树叶、果、皮可加工成中药材、保健品和饲料,木材可做家具,可谓浑身是宝,是发展山区农村经济的优良经济林木。更重要的是,杜仲树叶、果、皮均含有杜仲胶,单从提胶而言,我国完全有条件开发

300 万公顷杜仲林，以每公顷每年可产胶 400kg 计，总产量可达 1200kt/a 以上，是海南和西双版纳产 NR 的两倍。这样就可以使我国天然橡胶资源匮乏的问题得到根本缓解。但就目前而言，杜仲橡胶的提取成本是主要问题，因为杜仲胶是以胶丝的形式存在于杜仲树叶脉（约含 3%左右）、果荚皮（含 10%左右）和树皮（可含 10%以上）中，由于杜仲树结果少，树皮剥了会殃及树木生长，因此从树叶中提胶便是主要途径。提胶方法一般有两种[11]，一是发酵碱洗法，二是溶剂萃取法。前者费时长，效率低，大量废水污染环境，现已少用；后者需要大量有机溶剂（如石油醚），回收精制能耗大，损耗也高。因此，不论哪种方法，成本都不低。不考虑杜仲原料价，仅提取成本就不下于 6 万元人民币/t，其售价就更高了，达到 NR 的十余倍，难以被轮胎等橡胶制品行业所接受。因此，目前只能从杜仲树的综合利用，如从生产树叶保健茶、饲料、果仁树皮中草药和木材加工过程中附带提取胶，以提高经济效益；也寄希望于将来杜仲树的改良（如多产果等）和开发新的廉价提取法。相对而言，合成杜仲胶即合成反式 1,4-聚异戊二烯（TPI），由于实施快、效率高、成本低，可以作为杜仲胶发展的先行军。

合成 TPI 与巴拉塔胶的典型物性比较见表 10-2，从中可以看出，它们的物理及力学性能基本一致，属于同一类材料。人工合成 TPI 的专利最早见于 1955 年[12]，60 年代初，英国 Dunlop 公司和加拿大 Polysar 公司相继实现工业化，规模均为年产几百吨的小型装置。1974 年，日本可乐丽（Kurary）公司也建成一套 200t/a 的生产装置。这些装置均采用了钒体系或钒-钛混合体系催化的溶液聚合工艺合成 TPI。由于生产成本较高，售价在通用橡胶的 10 倍以上，这在一定程度上限制了它的推广应用，主要是作为医用材料等有高附加值的产品使用，市场有限。因此英国和加拿大的装置已先后停产，据称目前只有日本可乐丽公司仍在生产，产量约 400t/a，牌号为 TP-301[13,14]，2010 年最高价格达到 60 美元/kg 以上。TP-301 性能指标如表 10-3 所示。

表 10-2　合成 TPI 与巴拉塔胶的典型物性[15]

物　性	TPI	巴拉塔胶
形态	硬质片状或粒状	硬质粒状
颜色	白色或浅奶黄色	浅灰色至深棕色
相对密度	0.96	0.95
稳定剂	非污染型	非污染型
$ML_{1+4}^{100℃}$	25~35	23~37
拉伸强度/MPa	35.2	35.2
扯断伸长率/%	400~500	460~500
撕裂强度/(kN/m)	20.5	21.0
硬度（邵尔 C）	70~76	74~79

表 10-3　日本可乐丽公司 TP-301 的性能指标[13,14]

性能	指标	测试方法
$ML_{1+4}^{100℃}$	30	ASTM1646-68
重均分子量/(g/mol)	$1.4×10^5$	[16]
数均分子量/(g/mol)	$7.0×10^4$	[16]
熔体流动速率/(g/10min)	0.70	125℃，10kg

续表

性能	指标	测试方法
结晶度/%	36	密度法(80℃熔融后急冷0℃)
结晶速度/min	13.7	差热法(45℃的$t_{1/2}$)
玻璃化温度/℃	-68	差热法
熔点/℃	67	差热法
密度/(g/cm^3)	0.96	—
丙酮抽出率/%	1.8	JISK6352
灰分/%	0.15	JISK6352
凝胶含量/%	0	100g苯中溶1g样品,24h后离心分离
挥发分/%	0.3	JISK6352
拉伸强度/MPa	29	ASTM1646-68
扯断伸长率/%	450	ASTM1646-68
硬度(邵尔C)	78	JISK6301
硬度(邵尔D)	50	JISK6301

我国合成TPI的研究始于20世纪80年代初,吉林化学工业公司研究院采用钒/钛混合体系溶液聚合法合成TPI,并在中试装置上进行了试生产,所得产品加工成医用夹板作了临床试用[17]。青岛化工学院(现青岛科技大学)从80年代末开始研究合成TPI,开发了一种采用负载钛催化异戊二烯本体沉淀聚合合成TPI的新方法[18]。由于该法合成TPI不使用溶剂,工艺简单、能耗低、效率高,因此合成成本大幅下降,同等规模下不仅比国外的合成TPI低得多,还可能低于当前溶液聚合法生产的顺式异戊橡胶(IR)。这为TPI的推广应用,特别是在橡胶轮胎中的应用创造了良好条件[19]。项目经最初的实验室发现、几百毫升玻璃瓶聚合,到10L反应釜扩试,1997年放大到100L聚合釜模试,2006年推向4500L聚合釜工业试验[20~22],2013年建成37m^{3}聚合釜的万吨级工业装置并于同年9月投入生产。至此,实现了反式异戊橡胶的工业化。

10.1.2 结构特征

TPI与IR的化学组成完全相同,只是分子链中碳-碳双键的构型相反,因而在宏观性能上表现出很大差异[15](表10-4)。

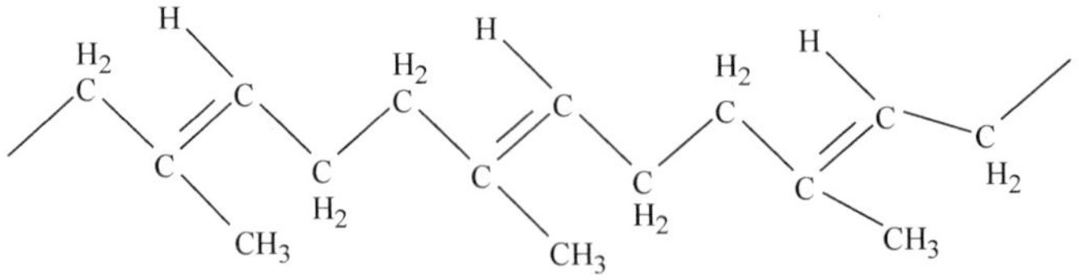

反式1,4-聚异戊二烯

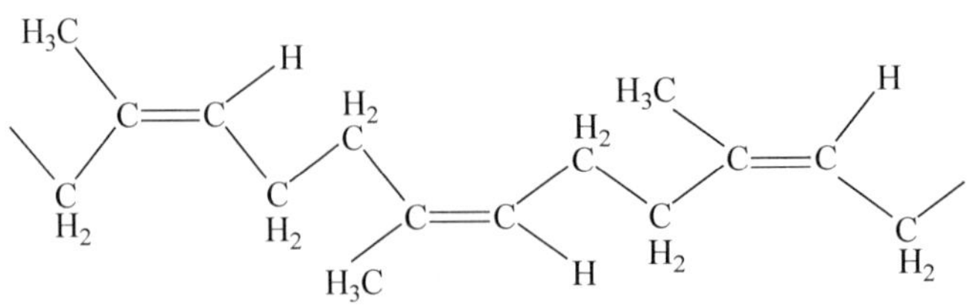

顺式1,4-聚异戊二烯

表 10-4　TPI 与 IR 生胶性能对比[15]

性能	IR	TPI
玻璃化转变温度 T_g/℃	−75	−60
结晶熔点 T_m/℃	无定形	约 60
熔融焓/(kJ/mol)	—	8.6[23]
硬度(邵尔 A)	30~35	95
拉伸强度/MPa	2.1	35.2
扯断伸长率/%	1200	475

　　图 10-1 给出了典型 TPI 的红外谱图。在顺式 1,4 结构很少可忽略时,TPI 的微观结构含量可以通过红外谱图并根据下面公式进行计算[24]:

$$C_{trans} = 23.1 \times D_{trans}$$
$$C_{3,4} = 0.57 \times D_{3,4} - 0.56 \times D_{trans}$$
$$C_{trans}(\%) = C_{trans}/(C_{trans} + C_{3,4}) \times 100\%$$
$$C_{3,4}(\%) = C_{3,4}/(C_{trans} + C_{3,4}) \times 100\%$$

　　式中,C_{trans},$C_{3,4}$ 分别表示反式结构和 3,4 结构的含量,D 表示吸光度。分别采用波数为 890cm^{-1} 和 1152cm^{-1} 处的峰作为 3,4 结构和反式 1,4 结构的特征峰。

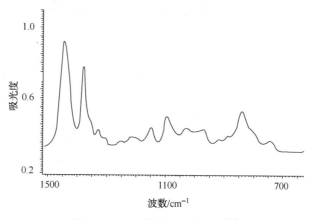

图 10-1　TPI 的典型红外谱图[25]

　　由于红外谱图中,顺式和反式 1,4 结构的峰很难区分,因此要对 TPI 的 1,4 结构进行解析,还须通过核磁共振法(图 10-2)。在 TPI 的 ^{13}C-NMR 谱图中,分别采用化学位移为 23.25 和 15.75 处的峰作为顺式 1,4 结构和反式 1,4 结构的特征峰,通过峰面积积分的方法进行定量计算[26,27]。

　　TPI 与 IR 性能的差异主要归因于前者在室温下容易结晶(结晶熔点约 60℃),是具有高硬度和高拉伸强度的结晶型聚合物,表现出热塑性塑料性质;而后者常温下是无定形的非晶聚合物,具有低硬度和低模量,表现典型弹性体的性质。TPI 的性质与其结晶度密切相关,而结晶度又与其微观结构规整度(即反式 1,4 结构含量)有关[29](表 10-5)。随着分子链中反式 1,4 结构含量的降低,结晶度降低,当反式 1,4 结构含量低于 90% 时,聚合物在常温下难以结晶,表现出与 IR 类似的弹性体性质。所以通常称谓的 TPI,是指反式 1,4 结构含量大于 96% 的聚异戊二烯。TPI 的结晶度还与分子量以及结晶温度有关,在一定的范围内,结晶

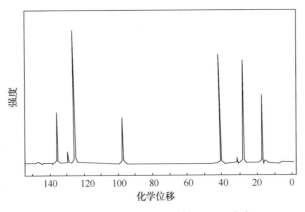

图 10-2　TPI 的典型[13]C-NMR 谱图[28]

度随着分子量的增大而提高[30]；随着结晶温度的降低，TPI 中无定形部分的含量是逐渐降低的[31]。这里应该指出，即使是高反式结构含量（如 98%）的 TPI，其结晶度也不过 30% 左右，与高密度聚乙烯、全同聚丙烯等聚烯烃塑料（结晶度通常在 50%~60% 或更高）相比，仍然是较低的。因此，TPI 表现出优异的韧性或抗冲击性能，可用于制造高尔夫球的外壳等抗冲击强度要求很高的制品。

表 10-5　TPI 微观结构对结晶度和硬度的影响[29]

微观结构/%			结晶度/%	硬度（邵尔 C）
反式 1,4	顺式 1,4	3,4 结构		
100	—	—	35	78
97	—	3	28	73
93	3	4	20	68
91	4	5	—	62

图 10-3　TPI 的典型偏光显微镜照片[35]

　　TPI 结晶时生成一种大的球形超晶结构，在偏光显微镜下可观察到明显的黑十字消光现象（图 10-3）。TPI 的结晶能以 α、β 和 γ 三种晶型存在，其熔点分别为 55℃、65℃ 和 74℃，其中 γ 晶型只存在于受力状态的聚合物中，是热力学不稳定的，可通过热处理转变成 β 晶型。所以 TPI 通常是 α 和 β 两种结晶共存，在 DSC 谱图中的 50~55℃ 和 60~65℃ 附近可看到两个明显的 α 和 β 结晶熔融峰[32]，只是根据聚合物立构整度或结晶度的不同，位置和大小可能会有所不同。TPI 不同晶型的晶胞参数见表 10-6。研究发现[33]，在 TPI 的数均分子量小于 150000 时，形成球晶的速度与分子量成反比，也就是说，TPI 的 $\overline{M}_n$ 越大，其结晶时形成球晶的速度也就越小；而 $\overline{M}_n$ 大于 150000 时，球晶形成速度基本上与 $\overline{M}_n$ 无关。随着温度升高，当超过其结晶熔点时，聚合物迅速软化，转变成高弹态（分子量较高时）或黏流态（分子量较低时）。因此，结晶熔点是 TPI 加工的最低温度。

在 65℃ 以上，TPI 有着与 NR 或 IR 同样良好的混炼、压出及成型工艺性能[34]。

表 10-6　TPI 不同晶型的晶胞参数[32]

	晶格	单体数/晶胞⁻¹	晶胞参数/nm		
			a	b	c
α	单斜，P2₁/c	4	0.798	0.629	0.877
β	正交，P2₁2₁2₁	4	0.778	1.178	0.472

10.1.3　一般理化性能

TPI 的一般物性列于表 10-7。由于分子链中含大量不饱和碳-碳双键，纯 TPI 容易受空气中氧气氧化，氧化按断链机理进行[36]，可使用 NR 等不饱和橡胶的防护体系防止其老化。TPI 具有极好的耐臭氧性，在特定条件下可优于 IR 30 余倍[15]；除浓硫酸和浓硝酸外，对浓氢氟酸、浓盐酸及强碱都非常稳定；而且对水的吸收以及水在其中的扩散速度极低(仅为 NR 的 1/40)，故适于制作各种耐臭氧、耐水和耐酸碱制品。纯 TPI 在室温下可溶于大多数芳烃、氯代烃和二硫化碳，难溶于一般的直链烷烃、醚类、醇类及酯类等溶剂[37]。

表 10-7　TPI 生胶的一般物性[15]

物性	数值	物性	数值
分子量/×10⁴	3~5	300% 定伸应力/MPa	17.6
熔体流动速率(100℃，10kg)/(g/10min)	1.2	弯曲应力/MPa	196.8
相对密度	0.95	比热容/(kJ/kg·K)	2.81
结晶度/%	30	膨胀系数/℃⁻¹	0.008
硬度(邵尔 C)	74	脆性温度/℃	−62
拉伸强度/MPa	35.2	介电常数/(F/m)	2.6
扯断伸长率/%	500	折射率(20℃)	1.55

室温下纯 TPI 为坚硬的树脂，当温度升至 65℃ 以上时可使其结晶熔融，变为弹性体。弹性体性质与其分子量或门尼黏度值有关。

从表 10-8 数据可以看出，当 TPI 的门尼黏度较小时，分子链间的滑移相对容易，因而在外力作用下容易发生不可恢复的塑性形变，损耗的能量较多，tanδ 较高。反之，塑性变形少，可恢复的高弹形变较多，储存的能量较大，tanδ 较低。低的 tanδ 预示着橡胶有低的滚动阻力和低的生热，因此 TPI 作为橡胶使用时，在满足加工性能的条件下，门尼黏度较高的 TPI(如 80~100) 较为适宜作为高性能轮胎材料使用。

表 10-8　不同门尼黏度 TPI 的力学损耗角[34]

$ML_{3+4}^{100℃}$	18	26	37	66	74	85
力学损耗角 δ/(°)	37	36	32	22	20	15
Tanδ	0.753	0.727	0.625	0.404	0.394	0.268

测试条件：台湾育肯公司 EK-2000P 硫化仪，频率 1s⁻¹，温度 120℃。

10.1.4　加工及流变性能

1. 加工

（1）开炼

由于 TPI 的结晶性（结晶熔点 60℃左右），因此在加工时要先把双辊开炼机升温至辊温约 80℃±10℃，把粉末状的 TPI 先进行塑化约 6~10min，塑化后 TPI 由白色粉末变为近乎透明的熔体，并具有一定的黏弹性和塑性。在门尼黏度 20~100，塑化后的 TPI 都易包辊，具有良好的开炼性能。下片后置于室温下冷却，试样由于结晶而重新变为乳白色不透明树脂片。

片状的 TPI 用作硫化胶或与别的胶种配合使用时需进行混炼。混炼或塑炼过程中由于大分子受到强的剪切作用而发生断链，TPI 门尼黏度会降低。开炼时 TPI 的门尼黏度随薄通次数增加的变化情况见表 10-9，薄通方式为连续薄通，可见 TPI 的塑炼降解还是比较明显的，可将其作为调节可塑度的一种辅助手段。

表 10-9　薄通次数对 TPI 门尼黏度的影响[34]

薄通次数	0	2	4	6	8	10
$ML_{3+4}^{100℃}$	114.0	101.2	91.5	80.1	75.4	69.7

（2）密炼

从表 10-10 可以看出，随 TPI 门尼黏度增高，密炼机的转矩明显增大，胶料温度提高，密炼后 TPI 的门尼黏度降低。门尼黏度为 20~120 的 TPI 均可采用密炼工艺进行加工。

表 10-10　TPI 的密炼特性[34]

$ML_{3+4}^{100℃}$	TPI			
	28.5	58.0	80.0	114.0
最大转矩/N·m	17.5	30.0	39.0	40.0
最终转矩/N·m	15.4	22.0	28.5	34.0
最高温度/℃	85.7	91.2	97.7	104.0
$ML_{3+4}^{100℃}$（炼胶后）	29.9	56.4	70.5	104.1

条件：80℃，40r/min，密炼 5min。

（3）挤出

由于 TPI 的结晶性，只有在加工温度高于熔点以上才能具有较好的流动性，故在采用挤出加工时温度选择为 130℃左右。这个温度要比一般塑料（如 PE、PP、PVC 等）的挤出温度低，可以防止 TPI 的热降解老化。由表 10-11 可以看出，130℃下门尼黏度为 30~80 的试样较适合于挤出，其中门尼黏度为 72.0 的 TPI 挤出性能最好。针对不同门尼黏度的试样可选择适合的挤出速度，以达到较好的表面光洁度。如果门尼黏度过低（小于 20），则熔体黏度很低，流道口处容易出现不稳定的湍流，导致表面光洁度变差。同时门尼黏度过低时挤出速度过快，制品在未充分冷却时容易发生塑性形变，影响尺寸的稳定性。如果门尼黏度过高（大于 100），则熔体黏度过大，弹性增大，聚合物由于受到较强的剪切作用而容易发生熔体破裂现象，挤出物边缘呈锯齿状。

表 10-11　TPI 的挤出特性[34]

$ML_{3+4}^{100℃}$	28.5			58.0			72.0			114.0
转速/(r/min)	13	19	26	13	19	26	13	19	22	8
转矩/N·m	126	122	126	117	144	150	144	149	153	160
挤出速度/(g/min)	5.7	8.2	14.3	5.9	8.8	12.0	5.6	8.2	9.4	—
表面光洁度	中	中	中	中	中	良	良	优	优	差

条件：德国 Brabender PLE-331 型塑化仪，130℃，口模 2mm×20mm。

2. 流变性能

陈宏等对 TPI 的加工流变性能进行了研究[38]。结果表明，TPI 的非牛顿指数小于 1，属于假塑性流体。TPI 的表观黏度随剪切速率的增大而减小，表现为切力变稀。这是因为高分子在剪切力的作用下发生构象变化，开始解缠结并沿着流动方向取向，随着剪切速率的增大，缠结结构被破坏的速率越来越大于其形成的速率，因此表观黏度便随着剪切速率的增大而减小，表现出假塑性流体的流动行为。随着温度的升高，TPI 链段的活动能力增加，分子间的相互作用力减弱，从而导致其表观黏度减小。随着 TPI 相对分子质量的增大，TPI 熔体的非牛顿性增大，计算得到 TPI 的黏流活化能为 20~27kJ/mol[34]。见图 10-4、图 10-5。

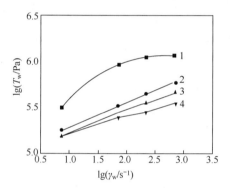

图 10-4　TPI 剪切应力与剪切速率的关系[38]

测试温度：1—80℃；2—100℃；3—120℃；4—140℃

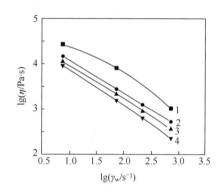

图 10-5　TPI 表观黏度与剪切速率的关系[38]

（测试温度同图 10-4）

与其他通用橡胶，如 NR、BR 和 SBR 等相比较，TPI 的表观黏度随剪切速率下降的趋势是一样的。但总体来说，TPI 的表观黏度要大于相同剪切速率下其他胶种的表观黏度，这主要是由于 TPI 的分子间作用力较大的缘故。

10.1.5　硫化

TPI 与 NR(或 IR)的元素组成及化学结构相似，分子链中具有相同密度的双键，区别在于双键的几何构型不同，但对硫化过程不产生影响。因此可以采用 NR 常用的硫黄硫化体系对 TPI 进行硫化。

1. 硫黄用量对硫化胶性能的影响

TPI 硫化选取后效性促进剂 CZ 和 NOBS 等有着较为理想的硫化曲线[39,40]。硫化 TPI 的力学性能变化如图 10-6 所示。由图可见，TPI 硫化胶的力学性能随着硫黄用量即交联密度增大显现阶段性变化：当硫黄用量低于 2 份时，交联不足以阻碍结晶，硫化胶仍呈结晶型硬质材料，各项力学性能变化不大；当硫黄用量高于 2 份时，硫化胶的结晶度随交联度上升而下降，材料的硬度、拉伸强度和扯断伸长率等急剧下降；当交联密度达到一定程度(硫黄用量为 4~5 份)时，聚合物再难以结晶，TPI 分子链呈柔性链性质，因此从硬质材料转变为软质弹性材料[41,42]。这个突变点称为临界转变点或临界交联密度。经测定，TPI 发生临界转变时交联点的平均链段长度 M_c 为 4800~5600[43]。按一般硫化橡胶的概念，这个交联密度已属过硫橡胶范围，将造成材料力学性能的劣化。因此，TPI 单独硫化制备的弹性体，使用性能并不理想，需要与其他橡胶并用。

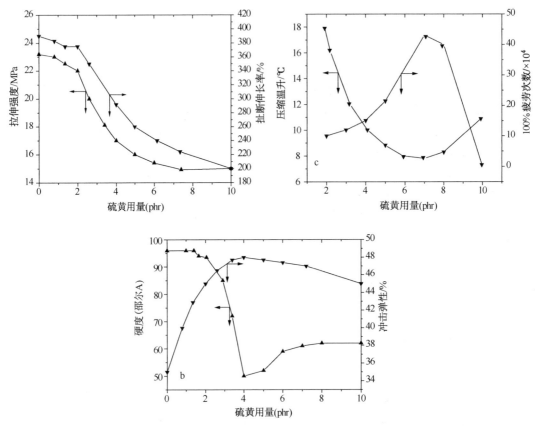

图 10-6　硫黄用量对 TPI 硫化性能的影响[41]

硫化胶配方(质量份)：TPI 100；氧化锌 5；硬脂酸 2；防老剂 2；高耐磨炭黑 50；芳烃油 8；促进剂 CZ 1

　　不同交联密度 TPI 的硬度对温度的相依性如图 10-7 所示。从图可见，当温度低于 TPI 的结晶熔点(50~60℃)时，硫化 TPI 的硬度随硫黄用量即交联密度的提高而降低；但当温度高于其熔点后，硬度却是随硫黄用量的提高而提高。当硫黄用量提高到 4~5 份时，硫化 TPI 的硬度不再受温度影响，基本保持一恒定值。其原因很明显：在熔点以下，TPI 的硬度主要受其结晶度影响，随硫黄用量的提高，TPI 的结晶度降低从而引起硬度下降；而在熔点以上，TPI 的硬度主要由其交联密度决定，硫黄用量或交联密度越高，其硬度也就越大。当硫黄用量达到 4~5 份时，硫化 TPI 中的结晶已很少或基本消除，其硬度主要由交联密度决定，因此硫黄用量 5 份时的硬度高于 4 份时的，且基本不受温度影响。由图 10-7 还可看出，当交联密度较低(硫黄用量 1~2 份时)，在熔点附近硬度有一个陡然变化，熔点之前是高硬度、高模量、因此有特定形态的硬质材料；而熔点之后是低模量、因此易于发生形变的软质弹性材料，这就是 TPI 作为形状记忆功能材料的应用基础。

　　图 10-8 显示，随着硫黄用量的增加，交联 TPI 的结晶速度变慢，结晶度降低。这是因为 TPI 交联后，分子链热运动受到限制，随着交联点间相对分子质量的减小，交联点对分子

链的热运动束缚程度增加，结晶速度和结晶度也相应降低。

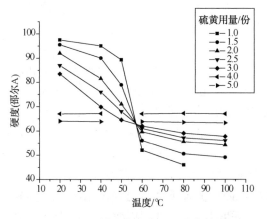

图 10-7 不同硫化程度 TPI 硫化胶的
硬度与温度相关性[41]

（硫化胶配方同图 10-6）

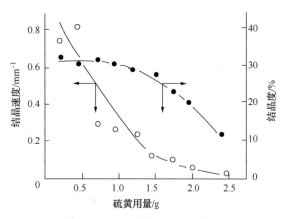

图 10-8 硫黄用量对 TPI 硫化胶 15℃时
结晶速度和结晶度的影响[44]

2. 门尼黏度对硫化胶性能的影响[45]

适当的门尼黏度是保证胶料正常混炼、压出和压延等加工的重要条件，同时在很大程度上决定着硫化胶的性能。表 10-12 是不同门尼黏度 TPI 混炼胶的硫化特性。TPI 混炼胶的正硫化时间 t_{c90} 和焦烧时间 t_{s1} 主要与硫化体系和 TPI 的不饱和度即双键含量有关，门尼黏度不影响双键含量，所以 t_{90} 和 t_s 变化不大。混炼胶的最低扭矩 M_L 与生胶的分子量有关，门尼黏度或分子量越大，混炼胶的 M_L 越大。最高扭矩与最低扭矩的差值 (M_H-M_L) 的大小与交联密度有关，TPI 硫化胶的交联密度主要取决于硫黄用量，受分子量的影响极小，因此 (M_H-M_L) 值变化不大。

表 10-13 是不同门尼黏度 TPI 硫化胶经过老化后性能的变化率，从表中可以看出，随着门尼黏度的升高，TPI 硫化胶的邵尔 A 硬度、扯断伸长率和拉伸强度下降的幅度都变大，说明在 TPI 硫化胶中分子量高的链更易发生老化反应。推断这是因为门尼黏度大的 TPI 其分子链相应要长，与氧原子发生反应断链的几率就相应变大。

表 10-12 不同门尼黏度 TPI 混炼胶的硫化特性[45]

$ML_{3+4}^{100℃}$	15	46	60	92	200
t_s/min	2.55	2.55	2.43	2.36	2.33
t_{90}/min	4.87	4.78	4.62	4.57	4.15
M_L/dN·m	4.23	6.31	4.95	7.33	7.06
M_H/dN·m	32.94	35.29	35.35	34.94	35.27
(M_H-M_L)/dN·m	28.71	28.98	30.40	27.61	28.21

表 10-13 不同门尼黏度 TPI 硫化胶老化性能[45]

$ML_{3+4}^{100℃}$	15	46	60	92	200
硬度变化值（邵尔 A）	-5	-0	-11	-12	-12
拉伸强度变化率/%	-24.3	-26.5	-29.6	-32.2	-35.4
扯断伸长变化率/%	-15.6	-25.3	-26.3	-29.1	-29.2

老化条件：100℃×24 h。

3. 硫化胶动态力学性能特征

TPI 与各种轮胎常用橡胶的动态力学性能分析(DMA)曲线对比如图 10-9 所示。橡胶界常用 0℃、60℃ 和 80℃ 的 tanδ 值来表征胶料的抗湿滑性、滚动阻力和动态生热三个指标。从图 10-9 可见,在所列各胶种中,包括 NR、乳聚丁苯橡胶 E-SBR、溶聚丁苯橡胶 S-SBR、高顺式聚丁二烯橡胶 BR、低顺式聚丁二烯橡胶 LCBR、中乙烯基聚丁二烯橡胶 MVBR 和高乙烯基聚丁二烯橡胶 HVBR,TPI 的滚动阻力和动态生热(30℃ 以上的 tanδ 值)是最低的,其 60℃ tanδ 值只有 E-SBR 的 50% 左右,比公认的低生热橡胶 BR 还要低。但是也可看到,TPI 的 0℃ tanδ 值也较低,仅稍高于 BR 和 LCBR 而大大低于 SBR 及 NR 等。从结构分析,TPI 的分子链结构和 NR 接近,都是每个链节带有一个侧甲基,玻璃化温度($T_g = -60℃$)比 NR 还高,抗湿滑性不应低于 NR。究其原因,可能是硫化 TPI 弹性体中仍存在少量结晶(低于 10%),影响了玻璃化转变峰的高度,也引起了 0℃ tanδ 值的降低。这可从图 10-10 不同硫化程度 TPI 的 DMA 曲线得到证实,随着硫黄用量即交联度提高,-40℃ 附近的玻璃化转变峰升高,带动 0℃ tanδ 值也提高,同时 60℃ tanδ 值(正好是 TPI 的结晶转变峰)还得以降低。由此可见,尽量消除硫化 TPI 胶料中的残存结晶,是改善其抗湿滑性能和滚动阻力的重要措施。

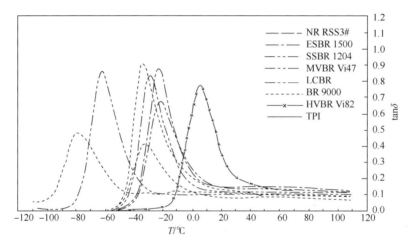

图 10-9　TPI 与各种轮胎常用橡胶的 DMA 曲线对比[46]

硫化配方:各胶种的鉴定配方。TPI:自产,ML=72.0,采用 NR 鉴定配方,硫黄用量 6 份

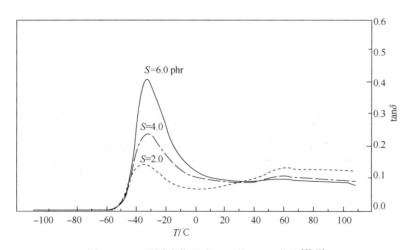

图 10-10　不同硫化程度 TPI 的 DMA 曲线[39,40]

10.1.6　炭黑对 TPI 的补强作用

炭黑补强填料对 TPI 的影响也有别于其他通用橡胶，如图 10-11 所示，未硫化的 TPI 生胶或硫化程度较低的 TPI 硫化胶添加炭黑后，其拉伸强度反而比未加炭黑补强的更低；但在超过临界转变点之后，经炭黑补强的 TPI 硫化胶的拉伸强度就比未加炭黑补强的高很多[39,40]。炭黑对 TPI 的这种影响，在于它在 TPI 中同时起着两种不同的作用：一方面起到了分子链阻隔剂的作用，使聚合物的结晶度减小，降低了拉伸强度；另一方面，炭黑又对胶料起着通常增强剂的作用，使硫化胶的强度提高。当硫黄用量较少，或者说交联密度不大时，结晶是贡献强度的主要因素，前者的作用大于后者，总的效果是使硫化胶的强度降低。当硫黄用量超过临界转变点后，此时的硫化胶已变为弹性体，残存的结晶很少，虽然加入炭黑还会进一步降低其结晶度，但对拉伸强度的影响已不大；相反，由于炭黑的补强作用，使试样的拉伸强度明显提高。

不同结构炭黑对 TPI 硫化胶性能的影响[47]见表 10-14。从表 10-14 中可以看出，N115 的硫化速度最快而 N660 最慢。焦烧时间 t_{s1} 的变化规律与正硫化时间 t_{90} 是相同的。N115 和 N220 的最低扭矩 M_L 最高，因为这两种炭黑能生成更多炭黑凝胶。$M_H - M_L$ 变化不大，说明炭黑结构的变化对交联密度影响不大。从表 10-14 还可以看出，N115、N220、N330、N550 四种炭黑的拉伸强度较高，N660 的拉伸强度最低，而且 N660 的硬度、定伸应力、扯断伸长率都是最低的，但其回弹性则是所用炭黑中最高的，压缩生热也是

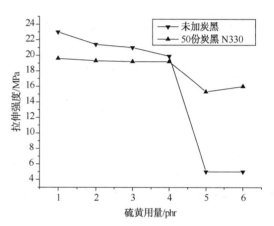

图 10-11　炭黑对 TPI 硫化胶拉伸强度的影响[39,40]

最低的，说明粒径小可以提高硫化胶的力学性能，但动态性能较差。从表中还可以看出，TPI 硫化胶的硬度和定伸应力比其他通用胶种高许多，这是由于在 TPI 硫化胶中仍然有部分结晶，结晶部分可以起到物理交联点的作用，从而使 TPI 硫化胶的总交联密度增高，导致硫化胶的高硬度和定伸应力。若从力学性能考虑，N115、N220、N330、N550 都处在较高的水平，但 N115 和 N220 的回弹性较差，生热也较大，如果用于高速汽车胎面胶，将会使胶料生热增大。N550 虽然也有较好的综合性能，但耐磨性不好，这对于胎面胶来说是至关重要的。从力学性能和动态性能两方面考虑，在胎面胶中可以选用 N330。如果用于胎侧胶，则可以选用强度稍差、但动态性能较好的 N550 或 N660。

表 10-14　不同结构炭黑对 TPI 硫化胶性能的影响[47]

炭黑品种	N115	N220	N330	N550	N660
硫化特性(143℃)					
T_{s1}/min	3.62	3.10	3.27	3.38	3.53
T_{90}/min	6.58	6.20	6.52	6.63	6.93
M_L/dN·m	6.99	6.85	4.61	4.16	4.47
M_H/dN·m	34.86	34.89	31.90	29.42	33.00
$M_H - M_L$/dN·m	27.87	28.04	27.29	25.26	28.53

续表

炭黑品种	N115	N220	N330	N550	N660
硬度(邵尔 A)	94	92	92	91	74
100%定伸应力/MPa	5.28	9.35	5.27	5.92	3.11
300%定伸应力/MPa	15.95	18.1	19.88	19.35	–
拉伸强度/MPa	21.42	20.42	21.07	21.03	10.89
扯断伸长率/%	391	302	327	346	218
Goodrich 压缩生热/℃	6.5	4.5	3	3.5	3
永久形变/%	25	20	15	10	10
23℃回弹率/%	37	39.5	52	51	57
70℃回弹率/%	48	49.5	59	58	63
DIN 磨耗/cm³	0.149	0.157	0.211	0.226	0.226

配方(质量份)：TPI 100；炭黑 50(变品种)；氧化锌 5；硬脂酸 2；环烷油 5；促进剂 NS 1；防老剂 4010NA 2；硫黄 5。

10.1.7　充油 TPI(OTPI)[48~50]

充油橡胶在橡胶工业中，特别是在轮胎工业中得到了广泛应用[51~53]。充油的首要条件是基础橡胶具有较大的分子量或较高的门尼黏度，以使充油后的胶料仍具有一定的门尼黏度值，满足混炼、加工和使用要求。采用负载钛催化体系本体沉淀聚合合成的 TPI，如果不加氢气进行分子量调节，具有较高的门尼黏度，可以达到 200 以上，给大量充油创造了有利条件。如前所述，TPI 具有动态生热低、滚动阻力小、耐磨性好以及动态疲劳性能优异等特点，但是其抗湿滑性能相对较差，与其他非结晶橡胶的混溶性也不好。

TPI 的充油通常采用干法充油。表 10-15 和表 10-16 分别是门尼黏度为 260 的 TPI 填充不同份数的芳烃油以及不同门尼黏度 TPI 填充 37.5 份标准油后门尼黏度和主要性能的变化。

表 10-15　充油 TPI 生胶性能(基础胶门尼黏度 260，填充油为芳烃油)[54]

性能	充油量/份数					
	20	30	37.5	45	52.5	60
门尼黏度$_{3+4}^{100℃}$	141.2	117.4	93.7	81.6	68.9	57.2
100%定伸应力/MPa	7.26	6.41	5.99	5.93	5.55	5.28
拉伸强度/MPa	25.58	20.24	18.00	15.93	11.77	9.05
扯断伸长率/%	299	288	259	245	209	178

表 10-16　填充 37.5 份标准油后 TPI 生胶门尼黏度的变化[54]

	$ML_{3+4}^{100℃}$							
充油前	260.0	120.5	108.0	94.0	84.8	83.1	52.5	39.4
充油后	93.5	70.0	51.1	48.5	39.4	40.5	24.3	19.7
变化率/%	-64	-42	-53	-48	-54	-51	-54	-50

表 10-15 数据表明，门尼黏度为 260 的 TPI 基础胶，随着填充油份数的增加，其门尼黏度逐渐降低，当填充量达到 55 份时，其门尼黏度仍在 60 以上，是作为通用橡胶使用的适合的门尼黏度。但从其力学性能看，充油过多后拉伸强度降低较大，这可以视使用要求或通过

后期并用来解决。通过表 10-16 可以看出，不同门尼黏度的 TPI 在填充了 37.5 份标准油后，其门尼黏度均下降，且其变化率基本相当，约降低一半左右。即是说，可以通过控制基础胶的门尼黏度值，得到适当门尼黏度的充油产品。如控制基础胶的门尼黏度值为 100~120，就可得到通用型门尼黏度为 50~70 的充油产品。

表 10-17　TPI 和 OTPI 生胶的基本物理力学性能对比[48]

性能	TPI	OTPI[①]	性能变化率/%
门尼黏度$_{3+4}^{100℃}$	121	70	−42.15
100%定伸应力/MPa	7.44	4.53	−39.11
300%定伸应力/MPa	19.4	13.96	−28.04
拉伸强度/MPa	31.42	22.63	−27.98
扯断伸长率/%	453	422	−6.84
硬度(邵尔 A)	100	92	−8
硬度(邵尔 D)	45	34	−24.44

① 充 37.5 份芳烃油。

在充油橡胶中，填充油在橡胶分子链中起着稀释隔离作用，使分子链间的作用力减小。从表 10-17 可以看出，充油 TPI 的各项性能均比未充油 TPI 的小，其中门尼黏度变化最为显著，下降幅度达到 42.15%，这大大改善了 TPI 的加工性能。

充油后，OTPI 的硫化速率显著增加，交联密度增大。在混炼过程中促进剂、硫黄在 OTPI 中更容易混入和分散，使其在混炼胶中的分散均匀性提高，硫化后交联密度增大[48]。见表 10-18。

表 10-18　TPI 和 OTPI 硫化胶的物理力学性能[48]

	TPI 硫化胶	OTPI[①] 硫化胶	性能变化率/%
硬度(邵尔 A)	98	91	−7.14
100%定伸应力/MPa	8.61	3.48	−59.58
300%定伸应力/MPa	19.76	8.41	−57.44
拉伸强度/MPa	22.19	16.16	−27.17
扯断伸长率/%	341	576	+68.91
撕裂强度/(kN/m)	71.96	48.32	−32.85
回弹率/%(23℃)	53	40	−24.53
回弹率/%(70℃)	60	53	−11.67
DIN 磨耗/cm³	0.129	0.194	+50.39
生热/℃	18.2	20.3	+11.54
压缩永久形变/%	4.8	8.7	+81.25

① 充 37.5 份芳烃油。

通过 TPI 与 OTPI 硫化胶的物理性能对比可以看出，充油后的大部分性能均呈现降低，如强度降低、磨耗增加和压缩生热提高等。但 23℃回弹值降低，表明其抗湿滑性有所改善[48]。由图 10-12 可见，OTPI 的抗湿滑性随着填充油份数的增加，逐渐升高，但超过 40 份后有所回落；0℃的回弹值也随着填充油份数增加而降低，但超过 30 份后趋于平缓。这两个数据表明，填充了不同份数芳烃油后的 TPI，抗湿滑性得到了改善，弥补了 TPI 基础胶原有的抗湿滑性较差的劣势[54]。

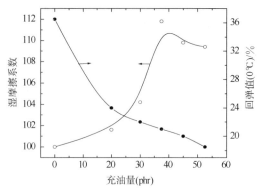

图 10-12   充油量对 OTPI 湿摩擦系数和回弹值的影响[54]

综上所述，充油 TPI 不仅降低了成本，还可以提高硫化速度，改善 TPI 与其他橡胶及填充剂的混合，并提高抗湿滑性能，是 TPI 应用中值得考虑的手段之一。

10.2   合成

10.2.1   引发体系

高纯度反式结构的聚异戊二烯均采用 Ziegler-Natta 催化剂配位聚合合成，已发现许多能催化异戊二烯聚合生成反式聚合物的催化剂[55]。

1. 钒引发体系

过渡金属钒的卤化物如 VCl_3、VCl_4 和 $VOCl_3$ 等与三烷基铝的组合对二烯烃聚合是只形成反式 1,4 结构的特效催化剂[56]，其反式 1,4 结构定向能力依以下次序降低：$VCl_3 > VCl_4 > VOCl_3$。采用 VCl_3 为主催化剂与 AlR_3 配合，引发异戊二烯聚合可生成反式 1,4 结构含量高达 99% 的 TPI，而且所得产物的微观结构受催化剂配比、温度、溶剂和外加给电子体等条件的影响都不敏感。问题是聚合速率非常缓慢，聚合物收率相当低，通常只有 $50 \sim 100g$ 聚合物/g VCl_3 左右[57]。主要原因在于 VCl_3 是晶体，非均相体系产生的活性中心数目非常少。在体系中加入醚类化合物或将氯化钒沉积在细微载体上时，聚合物的收率可得到显著增加。例如，添加二异丙醚，取醚:V:Al = 5:1:2 时，聚合物收率可提高 4 倍多[58]；将 VCl_3 沉积在非活性载体如陶土或二氧化钛上，收率也可提高 $4 \sim 8$ 倍，达到 $400g$ 聚合物/g VCl_3 以上[59]。日本可乐丽公司生产的 TPI 就是采用了改性的 VCl_3 体系。

VCl_4 与 VCl_3 的化学行为在许多方面都颇为相似，但是所制得的聚合物中含有不能在混炼中分解的凝胶，所以其结晶度和熔点较低，而且聚合物的收率也比 VCl_3 更低，因此少被采用。由 $VOCl_3/AlR_3$ 所制得的聚合物在分子量和有规立构性上均比其他卤化钒低，其反式 1,4 结构含量只有 90% 左右，难以制备高结晶的 TPI。

2. 钒/钛混合引发体系[60]

这是一类能制得高反式结构 TPI 的改良催化剂，并且就聚合速度、聚合物收率和反式含量而言也都是较高的。它们可分为两种类型：一种是非均相体系，包括三氯化钒/三氯化钛/三烷基铝三者相混，或者是三氯化钒与三烷基铝一起沉积在三氯化钛上的体系；另一种是可溶性体系，是由烷氧基钛、三烷基铝和负载于一种惰性介质上的三氯化钒所组成的。

（1）VCl$_3$/β-TiCl$_3$/AlEt$_3$[61]

这种催化剂是通过烷基铝还原四氯化钛及四氯化钒的混合物，并以过量的 AlEt$_3$ 活化还原了的过渡金属卤化物，使 Al/(V+Ti) = 5 而成，制备温度为 80~170℃。制得的催化剂用于合成 TPI 的平均聚合反应速率可比单独使用 VCl$_3$ 时快 50 倍。一个典型例子是：将四氯化钛 20mmol 及三乙基铝 8mmol 在 20mL 液体石蜡中于室温下反应 30min，然后在 170℃ 下作用 1h。经冷却后，加入 10mmol 的四氯化钒及 5mmol 的三乙基铝。然后将混合物加热至 120~134℃ 保持 1h，以苯洗涤沉淀以清除其中的液体石蜡后，再向含 0.3g VCl$_3$（1.9mmol）的深紫红沉淀部分中加入净化过的汽油（沸点 90~105℃）1000mL、三乙基铝 15mmol、异戊醚 0.75mL 及异戊二烯 250mL。在室温下经过 1h 聚合反应后，聚合物转化率为 80%，其中的反式 1,4 结构含量为 98%。此法所得聚合物具有较高的分子量，其特性黏数 $[\eta]$ = 4~5dL/g。

（2）Ti(OR)$_4$/VCl$_3$-TiO$_2$/AlR$_3$[62]

这种催化剂是将烷氧基钛[或 PhTi(OR)$_3$]及烷基铝加到负载于陶土上的三氯化钒中而成的。不同 Al/V 值时最佳的 V/Ti 值如下：Al/V = 5 时，V/Ti 为 (2~4):1；Al/V = 10 时，V/Ti 为 (1~2):1；Al/V = 20 时，V/Ti 为 (0.5~1):1。可举一典型例子：先将 0.45mmol 的三氯化钒沉积在高岭土上，使陶土上约含有 5%~6% 的 VCl$_3$，然后使其与四(2-乙基丁氧基)钛酸酯(0.22mmol)、三异丁基铝(4.5mmol) 在 170mL 苯中反应，再继之加入异戊二烯 150mL，于 50℃ 下聚合 6h。所得聚合物的转化率为 90%，反式结构含量 98%，$[\eta]$ = 3~5dL/g。其催化活性约为载体型三氯化钒的 50 倍和 VCl$_3$/β-TiCl$_3$/AlEt$_3$ 催化剂的两倍。加拿大 Polysar 公司和我国吉林化工研究院就是采用的这一体系。

3. 钛引发体系

尽管在早期的一些文献中就报道了利用 TiCl$_4$/Al(iBu)$_3$ 合成异戊橡胶体系，在 Al/Ti<1 的情况下也能生成高反式聚异戊二烯，其反式 1,4 结构含量可达 91%[63]。然而这种聚合物性能却很差，因为它们通常都是高度支化的，还含有不少凝胶和环化结构，似乎催化剂具有某些阳离子聚合性质，而且收率也很低。因此，一般并不认为这是一种合成 TPI 的有效体系。

α-TiCl$_3$ 和 γ-TiCl$_3$ 都能与某种烷基铝组合形成反式 1,4 结构在 90% 以上、结晶型 TPI 的合成催化剂[64]。然而可能是非均相体系或有不溶性聚合物沉积在催化剂上包埋的原因，聚合速率非常之慢，其收率仅为 0.03~0.05g 聚合物/(gTiCl$_3$·h)。将 γ-TiCl$_3$ 沉积在二氧化钛或高岭土上并加入醚后，可使聚合速率提高 10~30 倍，在 Al/Ti/异丙醚 = 12:1:1 于 50℃ 下苯中聚合时，最高收率可达 1.26g 聚合物/g TiCl$_3$·h[12]，但是与钒或钒/钛混合体系相比，这仍然是很慢的。另有报道[65]，TiCl$_4$ 和 Mg(C$_4$H$_9$)I + Mg(C$_4$H$_9$)$_2$ 配合组成的体系，可以合成反式 1,4 结构含量高达 98% 的 TPI；用 TiI$_4$-LiAlH$_4$ 体系催化异戊二烯聚合，也可得到高反式 1,4 聚合物。然而以上这些催化体系，均活性太低，对工业合成 TPI 不具吸引力。

以镁化合物负载过渡金属钛作为主催化剂与烷基铝组合是 20 世纪 70 年代后开发的一种 α-烯烃聚合高效催化剂，已广泛在聚丙烯、聚乙烯等工业应用，然而却很少见用于共轭二烯烃聚合的报道。其原因之一是它对二烯烃聚合活性并不高，二是难以获得性能良好的弹性体。1992 年，国内青岛化工学院首先报道了[66]采用负载型钛催化剂（TiCl$_4$/Mg 的卤化物）与三异丁基铝组合，加氢汽油为溶剂，引发异戊二烯聚合，获得了反式 1,4 结构含量高达 99%

的 TPI，而且催化活性也比钒体系或钒/钛混合体系高。在适宜的聚合条件下，该体系的收率可达 3500g 聚合物/g 钛以上[28,67]。在通常聚合温度下，由于 TPI 在汽油和单体自身中难溶，往往在体系中产生凝胶或挂胶，给工艺操作带来困难。为了解决这个困难，该课题组经过大量摸索，根据 TPI 的结晶特点(结晶度只有 30% 左右，熔点仅为 60℃ 上下，在汽油或单体中虽难溶解，但易溶胀发黏)，通过控制聚合条件及温度，如 10℃ 以下预聚成粒，30℃ 以下聚合增长，控制聚合速率低于结晶速率等，成功实现了溶液淤浆聚合(有溶剂)或本体沉淀聚合(无溶剂，单体自身作为稀释剂)[18]。由于本体沉淀聚合不使用溶剂，工艺简单，而且催化活性更高，因此颇有工业价值。负载钛催化异戊二烯本体沉淀聚合动力学的研究表明[68]，聚合速率方程 $R_p = dP/dt = k_p f[Ti]_0[Al]_0[M]_0$，在一定的聚合条件下，方程右边均为恒量，即当温度一定，Ti 和 Al 加料量一定时，聚合将以恒速进行直至单体相消失。这意味着，聚合收率与时间成正比，可以通过延长聚合时间提高聚合物产量。测得负载钛催化异戊二烯本体沉淀聚合反应的表观活化能为 29.7kJ/mol，催化剂利用率 f 在 20%~30% 之间，显然是因为负载提高了催化剂的利用率。该体系本体沉淀聚合合成 TPI 的分子量很高，门尼黏度 $ML_{3+4}^{100℃}$ 可达 200 以上，聚合物变得难以加工；氢气可作为该体系有效的分子量调节剂，通入 0.01~0.03MPa 的氢气，即可将门尼黏度降至 100~30 的适用范围[68]。在聚合终止时加入适量防老剂，可有效防止粉料产品在贮存和加工过程中的老化降解[69]。

4. 镧系引发剂[70,71]

采用三价硼氢化钕和二烷基镁引发体系可以引发异戊二烯聚合。研究发现这种引发体系具有较好的定向性能，聚合物的反式结构含量可以达到 98% 以上，并且具有较高的催化活性，2h 的单体转化率可以达到 95% 以上，催化剂活性约为 150kg 聚合物/mol 催化剂·h。通过单体/催化剂的比例可以有效地控制分子量，并且所得 TPI 的分子量分布指数小于 1.6。

10.2.2 合成工艺

1. 溶液聚合

国内外早期报道的 TPI 合成均采取溶液聚合法。异戊二烯在烃类溶剂中采用 $VCl_3 - Al(iBu)_3 - Ti(OR)_4$ 三元引发体系时聚合反应工艺条件示于表 10-19。

表 10-19 TPI 的合成工艺条件[17]

溶剂	主引发剂用量/%	Al/V/Ti/(摩尔比)	单体浓度/(g/dL)	聚合温度/℃	聚合时间/h	单体转化率/%	反式 1,4 含量/%	$[\eta]/(dL/g)$
甲苯	0.20	5:1:0.5	14	60	22	93.6	97.6	6.11
	0.10	10:1:0.5	14	60	22	96.5	96.8	6.03
	0.20	10:1:0.5	14	60	6	92.9	96.4	6.92
环己烷	0.20	10:1:0.5	14	60	6	85.7	97.1	—
	0.20	5:1:0.5	14	60	6	77.0	97.1	—
	0.20	10:1:0.5	8	60	22	69.5	97.1	—
己烷	0.15	10:1:0.5	14	65	6.5	79.0	96.1	6.24
	0.20	10:1:0.5	10	65	6.5	67.7	96.5	5.68

溶液聚合法生产反式聚异戊二烯的工艺方法从未见公开报道，估计其工艺过程与合成顺式异戊橡胶或顺丁橡胶基本相似。两者的明显差别之一是 TPI 聚合胶液的动力黏度很大，还

带有一些凝胶状缔合物，会给聚合釜的搅拌混合、传热、传质及后处理过程带来困难。解决的办法主要是降低釜内聚合物的浓度(一般仅 5%~6%)，然而这将降低生产能力，而且加大溶剂回收精制的负担。也有报道采取添加齐聚物[72]、在氢压下聚合[73]以及使用混合溶剂和通过机械剪切力破坏缔合大分子的办法[74]，但均非十分理想。另一个差别是钒催化体系活性较低，因此在聚合后须有繁杂的脱灰工序，以洗除催化剂残留的过渡金属，否则将影响产品的色泽和老化性能。这样一来，必然引起工艺设备的复杂化和能耗的增高，加之生产装置的规模均较小，所以生产成本很高，这也在一定程度上限制了它的应用和发展，通常是作为特种橡胶或医用夹板材料等使用，难以被橡胶轮胎行业所接受。

2. 本体沉淀聚合

所谓本体沉淀聚合，是指聚合反应中不使用溶剂，在纯单体中加入催化剂体系引发聚合，生成的聚合物因不溶于单体而沉淀出来的聚合过程。本体沉淀聚合在塑料的合成中并不少见，例如聚丙烯(PP)、聚氯乙烯(PVC)等，但在合成橡胶领域还从未实施过。因为合成橡胶一般都易溶于其单体中，而且聚合物分子量很高，在聚合过程中易形成超高黏度体系而无法进行本体聚合，一般采用溶液聚合或乳液聚合。青岛科技大学[18]采用负载型 $TiCl_4/MgCl_2$-$Al(iBu)_3$ 体系催化合成的 TPI 反式含量高(>98%)，易结晶而难溶于其单体，使其成为粉末状沉析出来而实施了本体沉淀聚合，其工艺类似于本体法聚丙烯(PP)。所不同的是，TPI 的结晶度、结晶速度及结晶熔点都比 PP 低很多(分别是 30%、$t_{1/2}$>10min、60℃ 和 50%~60%、$t_{1/2}$<1min、170℃)，而且生成的聚合物粒子虽难溶于其单体，但极易溶胀，导致粘连或结块。因此，解决聚合物的成粒和分散问题，是实施其本体沉淀聚合的关键。采取的方法有：①采用粒状的催化剂；②低温预聚，形成以 TPI 包裹的、催化剂为核心的、分散的引发颗粒；③采用螺带式满釜搅拌，防止颗粒堆积粘连；④控制聚合温度低于 30℃ 防止聚合物颗粒发黏；⑤控制聚合速率低于结晶速率。

应该提及的是，聚合时间选定长达 2~3 天，主要出于两点考虑：①根据动力学方程 $R_p = k_p f [Ti]_0 [Al]_0 [M]_0$，一定温度下聚合速率恒定，而活性中心寿命实验证明长达一周以上，因此延长聚合时间有利于提高催化剂活性和降低灰分；②能充分结晶形成分散好的聚合物颗粒。实际上，与溶液聚合相比，由于本体聚合单体浓度高出近 10 倍，聚合釜的容积效率并未降低。

负载钛催化异戊二烯本体沉淀聚合技术合成 TPI 的特点是：①工艺流程简单，投资少；②催化活性高，目前已达 5×10^4g/gTi 以上，比钒或钒/钛体系提高了 30 多倍，无须后处理脱灰工序(残 Ti<20μg/g)；③产品反式 1,4 结构含量可达 98% 以上，质量性能达到或接近国外同类产品水平；④无溶剂，因而省除了大量溶剂及溶剂回收精制等问题；⑤聚合体系仅为聚合物颗粒在其单体中的悬浮液，黏度低，避免了溶液聚合体系因高黏度带来的传热、传动、传质等困难；⑥生产能耗物耗低；⑦产品为粉粒状，可直接使用(粉末橡胶)；⑧基本上无三废排放污染环境问题。本体沉淀聚合与溶液聚合的技术比较归纳于表 10-20。

表 10-20　本体沉淀聚合与溶液聚合合成异戊橡胶技术比较[46]

	反式异戊胶		顺式异戊胶
聚合方法	溶液聚合	本体沉淀聚合	溶液聚合
催化体系	VCl_3 或 $VCl_3/Ti(OR)_4$	负载型 $TiCl_4/MgCl_2$	Ti 或稀土体系
催化活性	1000~2000gTPI/gV	>50000gTPI/gTi	几千~几万倍

	反式异戊胶		顺式异戊胶
溶剂	直链烷烃、环烷烃或芳烃	异戊二烯自身	直链烷烃
单体浓度	<10%	100%	<15%
体系黏度	很高	很低	很高
传热，传质	困难	容易	困难
后处理脱灰	需要	不需要(残 Ti<20μg/g)	Ti 系需要；稀土不需要但也需凝聚和汽提
溶剂处理	大量溶剂需回收处理	不需要	大量溶剂需回收处理
工艺流程	复杂	简单	复杂
能耗	很高	可降低 1/2～2/3	很高
三废处理	大量污水需处理	无	大量污水需处理
装置投资	大	减少 50% 以上	大
生产成本	很高(价格是 NR 的十余倍)	低(约为单体价格+2500 元)	较高(约为单体价格+3500 元)
加工性能	按塑料加工方法	只能在 60℃ 以上加工，高温加工性能似 NR，混炼胶陈放较硬，影响成型	常温下很软，加工性差
应用	医用夹板等	轮胎及各种橡胶制品及医用夹板、形状记忆材料等	性能接近 NR，可部分替代 NR
推广	市场小	市场大但需推广过程	熟悉，可直接应用

10.2.3　合成 TPI 的工业化

1. 500t/a 工业试验装置

（1）工艺流程

为将负载钛催化异戊二烯本体沉淀聚合合成反式异戊橡胶技术推向工业化，必须先建设一套工业试验装置。工业试验装置建设的主要目的有两个：第一，考核实验室的技术发明能否工业放大？如何放大？摸索积累放大设计的资料；第二，能得到一定产量的 TPI 开发应用市场，特别是轮胎市场，因其试验用胶量较大。青岛科技大学于 2005 年 11 月成立青岛科大方泰材料工程有限公司，筹建 500t/a 合成 TPI 工业试验装置。经过一年多的设计和施工，于 2006 年年末建成，并于 12 月 16 日一次投料开车成功，生产出合格的 TPI 产品，质量达到国外同类产品水平。

如图 10-13 所示工艺流程图，装置主要由 1 台 2000L 预聚釜，4 台 4500L 聚合釜（较模试放大 40 倍）和 1 台 5000L 真空耙式干燥器组成。工艺流程描述如下：外购异戊二烯(Ip)单体经蒸馏和干燥除去阻聚剂和微量水（达到含水 30μg/g 以下），进入预聚釜降温至 5℃ 以下，加入助催化剂三异丁基铝（Al 剂）和主催化剂负载钛（Ti 剂），搅拌下引发聚合，形成以催化剂粒子为核的预聚颗粒；然后放入聚合釜，补加 Ip，同时定量加入作为链转移剂的氢气，在螺带式强力搅拌下，维持聚合温度 20℃±5℃，聚合 2～3 天，使单体转化率达到 40%～50%。这时，液态形式存在的未聚合单体 Ip 已经很少了，搅拌功率急剧增加，传热变得困难，加定量水或醇终止聚合。终止后的聚合物浆液放入真空耙式干燥器，加入稳定剂，在真空条件下将未聚合单体挥发蒸出，经冷凝器和冷阱冷凝回收返回聚合循环使用。干燥的 TPI 粉末(粒径绝大部分 0.1~1.0mm)即可包装入库。

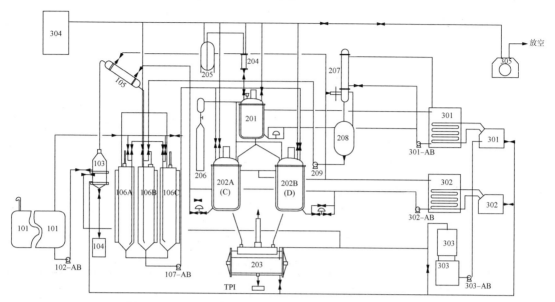

图 10-13　500t/a 合成 TPI 工业试验装置工艺流程示意图[22]

101—单体储罐；102AB—单体输送泵；103—蒸发器；104—残液桶；105—冷凝器；106ABC—单体计量罐；107AB—单体加料泵；201—预聚釜；202ABCD—聚合釜；203—真空耙式干燥器；204—活化剂计量罐；205—活化剂储罐；206—氢气钢瓶；207—冷凝器；208—回收单体储罐；209—回收单体泵；301—冷冻水(-7℃)机组；301AB—冷冻水泵；302—冷水(7℃)机组；302AB—冷水泵；303—凉水塔；303AB—循环水泵；304—制氮气机组；305—干式螺杆真空泵

（2）产品质量及规格

合成 TPI 的质量指标及产品牌号分别见表 10-21~表 10-23。

表 10-21　合成 TPI 的质量指标比较[46]

催化体系	VCl$_3$(日本)[75]	V/Ti(加拿大)[76]	V/Ti(吉化)[17]	负载钛(科大方泰)[18]
聚合工艺	溶液聚合	溶液聚合	溶液聚合	本体沉淀聚合
催化活性/(g/g)	<1000	1000~2000	1000~2000	>50000
反式1,4结构/%	99	98	>96	≥98
ML$_{1+4}^{100℃}$	30	30	30	20~90(按需调节)①
结晶度/%	36	~30	~30	~30
T_m/℃	67	~60	~60	~60
密度/(g/cm^3)	0.96	0.96	0.96	0.96
灰分/%	0.15(脱灰后)	<0.4(脱灰后)	<0.4(脱灰后)	<0.3(无须处理)
残留 V(Ti)/(μg/g)	5(脱灰后)		50(脱灰后)	<20(无须处理)
凝胶/%	0	少量微凝胶	少量微凝胶	少量微凝胶
拉伸强度/MPa	29	≥34	≥34	≥34
扯断伸长率/%	450	400~500	500	~400
硬度(邵尔 A)		94~96	93~95	94~96
硬度(邵尔 D)	50			45

① ML=30±10 用于医用材料或注塑产品；ML=50±10 用于一般橡胶制品和形状记忆材料；ML=70±10 作轮胎用(动态性能好)。

表 10-22　TPI 的质量标准(企业标准)[76]

项目	指标	测试方法
外观	白色粉末, 0.1~1mm 粒>95%	目测及筛分
反式 1,4 结构含量/%	>97	红外光谱
挥发分/%	≤0.50	失重法
灰分/%	≤0.45	GB/T 4498—1997
密度/(g/cm³)	≥0.940	毛发法
门尼黏度 $ML_{3+4}^{100℃}$	20~100	门尼测试仪
拉伸强度/MPa	≥25	GB/T 528—1998
100%定伸应力/MPa	≥5	GB/T 528—1998
扯断伸长率/%	≥400	GB/T 528—1998
硬度(邵尔 D)	≥40	GB/T 531—1999
凝胶含量/%	≤5	甲苯溶剂中

表 10-23　TPI 产品的牌号[76]

牌号	门尼黏度 $ML_{3+4}^{100℃}$	特点	建议应用范围
TPI-Ⅰ 型	<20	分子量低, 流动性好	加工改善剂, 橡胶助剂造粒等
TPI-Ⅱ 型	20~40	可塑性好	医用夹板、注射制品等
TPI-Ⅲ 型	40~60	兼具加工性好, 结晶速度快	形状记忆材料, 一般橡塑制品
TPI-Ⅳ 型	60~80	动态性能好, 加工性也可	轮胎胶料和一般动态使用的橡胶制品
TPI-Ⅴ 型	80~100	动态性能好, 但单独加工可塑性差	与其他橡胶并用, 用于轮胎胎面胶等
TPI-Ⅵ 型	>100	韧性好, 但加工困难	充油橡胶, 特殊要求的材料

(3) 消耗和成本

消耗定额是由工艺路线和条件以及生产配方决定的。采用负载型 $TiCl_4/MgCl_2$ 催化剂与三异丁基铝体系引发异戊二烯本体沉淀聚合的吨消耗定额如表 10-24 所示。

表 10-24　本体沉淀合成 TPI 的吨消耗定额[76]

物品	规格	单价①	耗量	计价(人民币)/元
异戊二烯(Ip)	纯度>99.5%	11000 元/t	1.05t	11550
催化剂(Ti)	含钛质量2%	200 元/kg	1.0kg	200
活化剂(Al)	90gAl/L	100 元/kg	8.0kg	800
防老剂 264	工业品	20 元/kg	5kg	100
氢气	纯度>99.99%	5 元/m³	1m³	5
能耗(水、电、气)	汽	140 元/t	0.5t	70
	电	0.75 元/kW·h	1000 kW·h	750
吨消耗成本②				13475

① 本表以 2006 年时价格计算, 价格会随时有变化。

② 吨消耗成本约为单体吨单价+2500 元。

　　500t/a 工业试验装置在正常运行时基本上执行了表 10-24 的消耗定额。虽因无水蒸气改用电热水装置蒸馏单体，能耗增加也不多，因此总体上能体现出本体沉淀聚合法的工艺简单、能耗物耗低的特点。但是产品仍处于市场开发阶段，由于销售原因，试验装置并没有长时间连续运转，最长运转期不超过 3 个月，因此在一定程度上导致消耗定额的超标。

　　生产成本(或称实际成本)除了消耗成本外，还包括人员工资、公司运转费用、税金以及厂房租金、设备折旧费用等管理成本，非常复杂。由于各种原因，500t/a 试验装置远未达到满负荷、长周期生产的目标，因此引起管理成本的增高，甚至超过了消耗成本。但是为了开发应用市场，又不能一味靠提高销售价格来取得效益，因此试验装置并未获得直接利润。但是这并没有妨碍中试装置建设目的的达到。

　　值得一提的是，合成橡胶在三大合成材料中属于高能耗工业，用溶液聚合法合成的如 BR、IR、SSBR、SBS 等一般每吨产品需耗蒸汽 6 ~ 9t，电 500 ~ 800kW·h，即 1t 标煤或 600kg 标油左右，主要消耗于胶液的汽提、胶块的干燥、溶剂的回收及精制等工序。而用本体沉淀聚合法合成 TPI，只消耗不到 0.5t 蒸汽(主要用于原料单体的精制)和 1000kW·h 电能(主要用于搅拌和循环水制冷)左右，能耗不及溶液聚合法的一半。且随着工业化规模的扩大，还可进一步降低，节能优势十分明显。

　　2. 万吨级工业装置

　　TPI 可以部分代替 NR 使用，而且凡含 TPI 的混炼胶，都具有滚动阻力小、生热低、耐磨和耐疲劳性好的特点，是制造节能、长寿命轮胎和一些高性能橡胶制品的好材料，预示 TPI 有广阔的发展前景。另一方面，500t/a 工业试验装置的建立并经过数年运行，也为进一步放大到工业化规模装置积累了经验并奠定了基础。可以说，TPI 工业化的时机成熟了。2010 年 9 月，青岛第派新材料有限公司注册 10000 万元人民币成立，并开始在青岛莱西市筹建第一套 30kt/a TPI 工业生产装置。经过两年多的论证、设计、基建和安装，2012 年底基本建成 I 期的 15kt/a 的两条生产线(图 10-14)，2013 年 9 月正式投料生产反式异戊橡胶。

图 10-14　15kt/a 合成 TPI 生产装置

　　15kt/a 合成 TPI 工业装置基本采用了 500t/a 工业试验装置的工艺路线即负载钛催化本体沉淀聚合，只是将 4.5m³ 聚合釜放大到 37.0m³，个数也由 4 台增加到 6 台。其他主要改进是：①原料单体精制采用单台浮阀塔从塔顶以共沸物形式除去微量水，从塔底除去阻聚剂及高沸点物，塔中取聚合用单体；②聚合悬浮液增加一道离心分离工序，以回收液相中过量的三异丁基铝重复使用(降低成本)和减少后续干燥器的未聚合单体蒸发脱挥量；③将试验装置一台间歇式真空耙式干燥器改造成三台串联的连续真空耙式干燥器，以提高脱挥干燥效率；④产品 TPI 粉末采用氮气气流输送、自动包装，并设计有物料掺混系统，可防止 TPI 粉末老化和提高产品合格率。

10.3 混炼胶及应用

10.3.1 加工工艺

1. 炼胶

由于 TPI 是一种结晶性的材料，加工温度必须在其熔点以上。同时前已提及 TPI 作为弹性体使用时其硫黄用量要达到 6 份，已属过硫橡胶，性能不好，不宜单独使用。因此 TPI 通常作为并用胶，通过与其他胶种分子链隔离和穿插部分破坏结晶，以达到减少硫黄用量的目的。这样就使得 TPI 在作为弹性体材料使用时对加工工艺要求严格，必须达到细分散要求。

在实验室或工厂试验中多采用开放式炼胶机进行混炼，这就要求首先要把辊温升高到 80℃以上，先加入 TPI 特别是粉末状的 TPI 使其完全塑化，变成透明胶料包辊，然后加入 NR 或其他待并用胶种，进行充分混炼，甚至需要进行薄通，使 TPI 与其他胶种达到细分散均匀混合，然后再加入其他加工助剂或小料，按常规混匀后下片待用。

对于大中型企业生产，一般采用密炼机炼胶。但是其原则还是与上述开放式炼胶相似，首先是使 TPI 与其他待并用胶种达到充分混匀，可采用以下两种方法进行[77]。

（1）母胶法

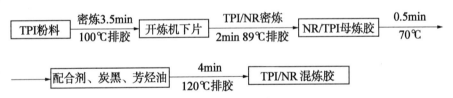

（2）烘胶法

母胶法是预先塑化好的 TPI 与 NR 或待并用胶种在密炼机中密炼混合，制成母炼胶，然后再添加配合剂或加工助剂进行密炼制成混炼胶，但这种工艺在工厂生产中需要增加一次密炼，会增加能耗和成本；烘胶法是先将 TPI 粉末在烘胶房中 80℃烘胶 15min 令其塑化，然后再与 NR 等待并用胶种和配合剂或加工助剂在密炼机中进行混炼，这种方法只需要增加烘胶房，和原有的炼胶工艺相仿。加工工艺对 TPI/NR 混炼胶的硫化特性的影响见表 10-25。

表 10-25 加工工艺对 TPI/NR 混炼胶硫化特性的影响[77]

硫化特性	母胶法	烘胶法
$ML_{1+4}^{100℃}$	71.5	58.6
t_{s1}/s	117	218
t_{c90}/s	504	588
M_L	2.1	1.6
M_H	14.8	11.3
M_H-M_L	12.7	9.7

对比可以看出,烘胶法的焦烧时间相对增加很多,正硫化时间也略有增大。M_H-M_L 越大,表明交联密度越大,说明母胶法的硫化胶的交联密度要比烘胶法大。表 10-26 表明,母胶法生产的胶料的炭黑分散度较高,同时炭黑平均粒径和最大粒径比烘胶方法要小。

表 10-26 不同加工工艺方法对 NR/TPI 混炼胶炭黑分散的影响[77]

	分散度/%	平均粒径/μm	最大粒径/μm
母胶法	99.8	10.2	27.9
烘胶法	98.0	11.6	40.0

从硫化胶性能比较(表 10-27)可以看出,两种方法的基本力学性能相差并不大,烘胶法除了 DIN 磨耗要比母胶法大外,其他性能均略优于后者。烘胶法的屈挠六级裂口为 19 万次,要远优于母胶法的 12 万次。

表 10-27 不同加工工艺方法对 NR/TPI 硫化胶性能的比较[77]

性能	母胶法	烘胶法
100%定伸应力/MPa	1.9	1.9
300%定伸应力/MPa	7.8	8.8
拉伸强度/MPa	24.7	25.0
扯断伸长率/%	734	647
撕裂强度/(kN/m)	85	88.8
硬度(邵氏 A)	65	63
23℃回弹率/%	45	43
70℃回弹率/%	50	50
DIN 磨耗/cm³	0.100	0.173
压缩形变/%	10.2	7.2
生热/℃	21	19
屈挠次数/×10⁴		
1 级裂口	2.7	2.8
6 级裂口	12	19

刘付永等[78]考察了混炼工艺对炭黑补强 TPI/SBR 并用胶硫化特性和物理性能的影响,结果表明总体影响不大;采用先制备 TPI 炭黑母炼胶再与 SBR 及其他配合剂混炼的工艺,硫化胶的动态疲劳性能较好,滚动阻力较低。

2. 硫化体系

自 1839 年固特异发明了硫黄硫化后,橡胶才由一种黏、软、易流动的材料变成具有高弹性的用途广泛的硫化胶,硫化这一词一直沿用至今。常用的硫化体系可以分为普通硫黄硫化体系(CV)、有效硫化体系(EV)及半有效硫化体系(SEV)等。硫黄用量对 TPI 力学性能的影响前面已经叙述了,在轮胎工业中不同的硫化体系对并用硫化胶的力学和动态性能也有一定的影响。

(1) 力学性能

图 10-15 考察了不同硫化体系中硫黄用量对 TPI/NR/BR 硫化胶性能影响。随硫黄用量的增加,CV、SEV 硫化体系下 TPI/NR/BR 并用胶的 300%定伸应力、拉伸强度、撕裂强度

均增大，而扯断伸长率变化不大。可能是随着硫黄用量增加，胶料的交联密度增大，其物理力学性能提高。CV 硫化体系的 300%定伸应力、拉伸强度较 SEV 硫化体系大，但撕裂强度、扯断伸长率较 SEV 硫化体系小。

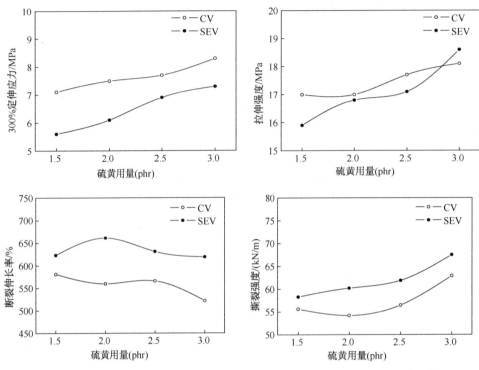

图 10-15　CV、SEV 中不同硫黄用量对 TPI/NR/BR 硫化胶性能影响[79,80]

（2）动态性能

由图 10-16 可知，随着硫黄用量的增加，在 CV、SEV 硫化体系下，屈挠割口增长速度均增大，这表明硫黄用量增大会降低胶料的耐屈挠割口增长性能。SEV 体系的硫化胶裂口增长速度要明显高于 CV 体系，这是由于 CV 体系的交联网络多硫键含量较多，具有高度的主链改性，故硫化胶具有良好的初始疲劳性能和动态性能；而 SEV 体系中含有一定的单硫键和双硫键，故其动态性能和疲劳性能不如 CV 体系。

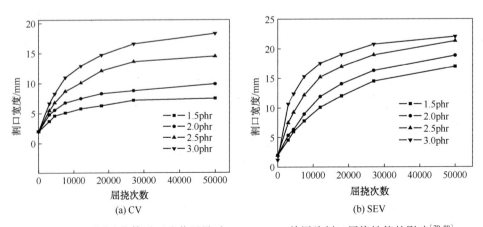

图 10-16　不同硫化体系下硫黄用量对 TPI/NR/BR 并用胶割口屈挠性能的影响[79,80]

10.3.2　混炼胶

1. TPI/NR

TPI 和 NR 都是聚异戊二烯橡胶，分子链化学组成相同，TPI 在静态下结晶，NR 在拉伸时结晶，两者适当配合可以获得优异的综合力学性能。当 TPI/NR 共混比小于 40/60 时，共混硫化胶的定伸应力、拉伸强度、硬度和扯断伸长率与 NR 硫化胶相近，这意味着 TPI 的加入对 NR 的优良力学性能几乎没有不良影响；当 TPI/NR 共混比大于 40/60 时，共混硫化胶拉伸强度和扯断伸长率下降，硬度增大，显示出硬质胶甚至是塑料的性质。最重要的是，TPI 不仅使 NR 的压缩生热略有降低，从 8.6℃ 降低到 8.2℃，而且使拉伸疲劳寿命大大延长（从不到 40 万次增加到 120 多万次）。见表 10-28。

表 10-28　TPI/NR 共混的基本性能[41]

性能	TPI/NR RSS3#共混比					
	100/0	80/20	60/40	40/60	20/80	0/100
100%定伸应力/MPa	9.71	6.04	3.21	1.77	1.51	1.59
200%定伸应力/MPa	12.2	8.11	6.09	4.65	4.13	5.89
300%定伸应力/MPa	17.7	14.4	10.9	9.98	8.37	11.9
拉伸强度/MPa	20.6	20.0	20.5	23.8	23.6	23.8
扯断伸长率/%	468	470	510	550	600	530
拉断永久形变/%	16	12	16	20	24	30
撕裂强度/(kN/m)	92.9	60.3	52.1	49.1	47.1	65.4
硬度(邵尔 A)	90	91	81	61	60	63
拉伸疲劳寿命(拉伸 100%)/万次	28	15	127	125	129	35
压缩生热/℃	17.0	12.2	10.2	8.2	8.2	8.6

配方(质量份)：生胶 100，氧化锌 5，硬脂酸 2，防老剂 2，高耐磨炭黑 50，芳烃油 8，促进剂 CZ 1，硫黄 2；硫化条件：150℃×15min。

从图 10-17 的动态力学性能分析可以看出，经过与 TPI 共混后，NR/TPI 共混硫化胶的表征滚动阻力和生热的 60~80℃ 的 $\tan\delta$ 值均比纯 NR 硫化胶低，表明共混硫化胶的滚动阻力

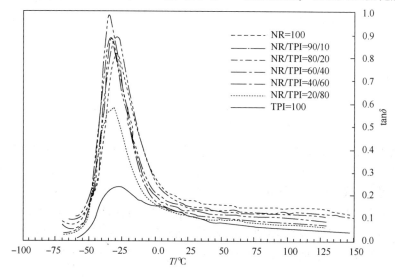

图 10-17　TPI/NR(RSS3#)共混的 T-$\tan\delta$ 曲线[46]

和动态生热降低，但是抗湿滑性能（0℃的tanδ值）表现的要差。这与图10-9结果一致。

从图10-17还可以看出，随着TPI用量的增加，TPI/NR共混在60~80℃的tanδ值逐渐降低，但是有实际使用价值的TPI份数应该在20份以内。

从表10-29的数据可见，20质量份以内的TPI与NR并用，其硫化特性和一般力学性能如拉伸强度、扯断伸长率、撕裂强度等基本保持与纯NR持平，而硬度、室温回弹值随TPI用量增加而上升。室温回弹值升高表明其抗湿滑性变差，说明TPI硫化后可能还存在少量未被破坏的结晶，这部分结晶导致了其抗湿滑性的降低，但压缩生热、阿克隆磨耗下降。60℃下的tanδ值也表明了滚动阻力随着配方中TPI用量的增加而逐渐减小。

表10-29　TPI用量对TPI/NR并用性能的影响[77]

配方编号		2-1	2-2	2-3	2-4	2-5
NR RSS3#		100	95	90	85	80
TPI		0	5	10	15	20
S		1.4	1.4	1.6	1.8	1.8
NOBS		1.4	1.4	1.4	1.4	1.4
硫化特性	t_{10}/min	6.93	7.22	6.70	7.12	6.33
	t_{c90}/min	21.08	22.02	20.55	20.33	20.65
硫化条件				145℃×t_{90}		
硬度（邵尔A）		70	71	73	74	74
拉伸强度/MPa		19.74	19.93	19.11	19.71	19.30
扯断伸长率/%		508	521	500	496	541
定伸应力100%/MPa		2.48	2.06	2.83	3.02	2.58
定伸应力300%/MPa		11.10	11.32	11.26	12.00	10.32
拉断永久形变/%		27	26.5	24.9	25.1	27.1
撕裂强度/(kN/m)		88.08	86.58	85.97	80.97	83.42
回弹率（23℃）/%		35.5	36.3	38	40.5	39.8
密度/(kg/m³)		1.145	1.150	1.149	1.150	1.153
阿克隆磨耗/cm³		0.35	0.35	0.34	0.31	0.32
压缩生热/℃		21.3	20.4	18.45	18.45	19.6
Tanδ(60℃，10Hz)		0.216		0.212	0.207	0.207
G'(60℃，10Hz)/kPa		1555		1690	1685	1710

注：其他小料同目前通用的全钢子午胎和工程胎胎面胶配方。

在NR胎面胶配方中，常使用DTDM半有效硫化体系，因为胶料储存稳定性好，硫化胶耐磨性能、动态性能、耐老化性能、抗返原性能和屈挠性能都明显提高[81,82]。表10-30的数据说明，采用半有效硫化体系（用DTDM为硫给予体）控制用量得当，可在增加拉伸强度、撕裂强度等基本力学性能基础上，进一步降低压缩生热，其压缩生热值比有效硫化体系的值要进一步降低约20%左右。从室温回弹值来看，采用半有效硫化体系的胶料比有效硫化体系的胶料的回弹值要高，表明抗湿滑性略有降低。综合比较，以2-9号配方DTDM用量0.3份最好。

表 10-30　DTDM 用量对 TPI/NR 并用硫化胶性能的影响[77]

配方编号		2-6	2-7	2-8	2-9	2-10
NR RSS3#		90	90	90	90	90
TPI		10	10	10	10	10
S		2.4	2.4	2.4	2.4	2.4
NOBS		0.8	0.8	0.8	0.8	0.8
DTDM		0	0.1	0.2	0.3	0.4
硫化特性	t_{10}/min	9'26"	8'46"	9'43"	9'46"	8'36"
	t_{90}/min	33'25"	30'50"	31'31"	30'41"	29'08"
硫化条件		145℃×t_{90}				
拉伸强度/MPa		23.25	24.02	24.35	25.60	23.61
扯断伸长率/%		641	634	632	644	563
100%定伸应力/MPa		2.29	2.30	2.31	2.38	3.05
300%定伸应力/MPa		9.46	9.95	9.94	10.09	12.24
拉断永久形变/%		31.6	32	29.7	35.2	32.7
撕裂强度/(kN/m)		85.08	92.41	90.37	95.19	87.81
回弹值(23℃)/%		41	42	41	43	41.5
压缩生热/℃		17.7	16.8	16.2	14.9	17.0

炭黑对 NR/TPI 的影响

NR 是一种自补强橡胶,当受到拉伸时,大分子链沿应力方向取向结晶,晶粒分散在无定形大分子中起到补强作用,加入炭黑以后,会使 NR 拉伸取向结晶受到影响,强度下降。TPI 在常温下结晶度较高,炭黑的加入兼有破坏结晶和补强的双重作用,因此炭黑对 NR/TPI 并用胶性能的影响比较复杂。炭黑品种对 NR/TPI 并用胶硫化特性和硫化胶性能的影响见表 10-31[47]。

从表 10-31 可以看出,使用 N115 和 N220 补强的 NR/TPI 并用胶焦烧时间较长,M_L 和 M_H 较大;随着炭黑粒径的增大,NR/TPI 并用胶的 M_H-M_L 变化不大,说明粒径对总体交联密度影响不大;使用 N115 和 N220 补强的 NR/TPI 并用胶各项力学性能都较好,但回弹性较差,生热较高;使用 N550 补强的胶料性能也较好,但耐磨性较差;使用 N660 补强的胶料回弹性好、生热低,但力学性能较差。综合各项性能,使用 N330 补强的 NR/TPI 并用胶综合性能好,能够满足高速低滚动阻力轮胎胎面胶的性能要求。

表 10-31　炭黑品种对 NR/TPI 并用胶硫化特性和硫化胶性能的影响[47]

炭黑	N115	N220	N330	N550	N660
硫化特性					
t_{s1}/min	3.20	3.13	2.77	2.95	2.95
t_{90}/min	8.47	7.38	7.20	7.43	7.45
M_L/dN·m	6.13	6.40	3.92	3.18	2.78
M_H/dN·m	34.95	34.79	33.76	31.34	30.83
M_H-M_L/dN·m	28.82	28.39	29.84	28.16	28.05

炭黑	N115	N220	N330	N550	N660
硬度(邵尔 A)	74	74	73	70	69
100%定伸应力/MPa	2.68	2.84	3.13	2.81	2.26
300%定伸应力/MPa	12.81	13.80	14.81	13.21	10.35
拉伸强度/MPa	19.66	19.98	17.39	18.83	16.30
扯断伸长率/%	400	400	350	425	440
永久形变/%	10	15	10	10	10
回弹率/%					
23℃	42	43	56	57	58
70℃	51	51	62	63	62
DIN 磨耗/cm³	0.173	0.168	0.183	0.198	0.193
压缩温升/℃	6.0	6.0	3.0	3.0	3.0

注：配方(质量份)：NR RSS 3# 75，TPI 25，炭黑(变品种)50，氧化锌 5，硬脂酸 2，环烷油 5，促进剂 NS 1，防老剂 4010NA 2，硫黄 3.5。

2. TPI/SBR

丁苯橡胶(SBR)主要有乳聚丁苯胶(ESBR)和溶聚丁苯胶(SSBR)两种，是最常用、也是产量最大的合成橡胶，具有较高的抗湿滑性和较好的力学性能，特别是在半钢子午线轮胎和小尺寸轮胎胎面胶中的应用很广，但其缺点是分子链中有苯环而带来的高生热。图 10-18 显示，TPI 具有相比其他合成及天然橡胶都要明显低的生热。表 10-32 是不同质量配方的 TPI/ESBR 共混的基本性能比较。

表 10-32 TPI/ESBR 共混的基本性能[41]

性能	TPI/ESBR(1500)共混比					
	100/0	80/20	60/40	40/60	20/80	0/100
100%定伸应力/MPa	9.17	4.15	2.27	1.74	1.58	1.49
200%定伸应力/MPa	12.2	6.77	4.61	3.48	4.02	4.83
300%定伸应力/MPa	17.7	12.9	9.66	7.66	8.88	9.76
拉伸强度/MPa	20.6	22.3	21.3	20.3	24.4	23.6
扯断伸长率/%	486	530	560	580	570	530
拉断永久形变/%	16	26	24	20	18	16
撕裂强度/(kN/m)	92.9	—	47.9	49.1	39.9	44.9
硬度(邵尔 A)	90	86	75	59	62	64
拉伸疲劳寿命(拉伸100%)/万次	28	18	117	150	160	18
压缩生热/℃	17	19	15	14	11	15

注：基础配方同表 10-28。

TPI/ESBR 共混硫化胶的定伸应力、拉伸强度、撕裂强度和扯断伸长率较 ESBR 硫化胶有不同程度的提高；TPI/ESBR 共混比小于 60/40 时，共混硫化胶压缩生热降低，同时拉伸疲劳寿命大大延长(约 9 倍)，这说明 TPI 可以明显改善 ESBR 的动态力学性能和生热。只是当 TPI 用量偏高时，因 TPI 结晶，共混硫化胶的动态力学性能才又有所降低。

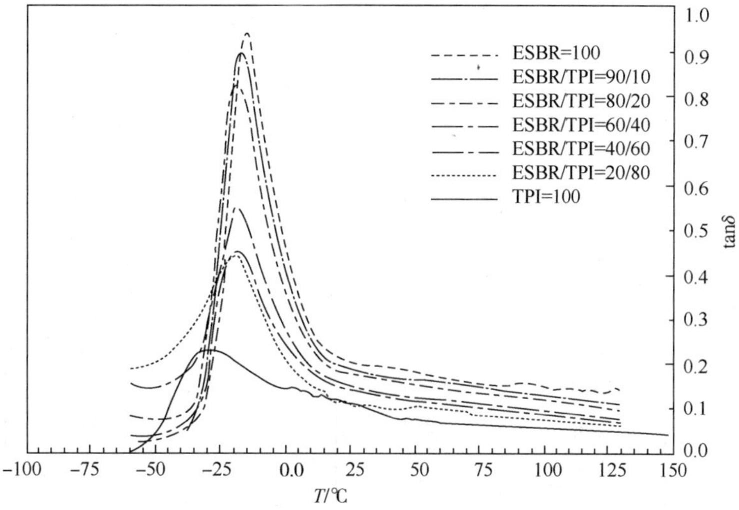

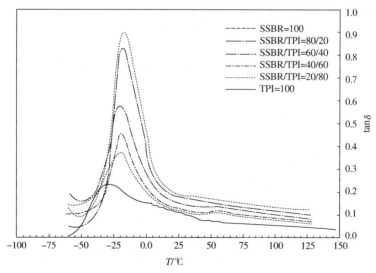

图 10-18　TPI 与 ESBR(1500)共混的 T-tanδ 曲线[46]

从动态黏弹谱中可以看出，由于 TPI 自身的 tanδ 值非常低，从而使其与 ESBR 共混硫化胶的 tanδ 均低于纯 ESBR 硫化胶，并且随着 TPI 用量的逐渐增加，tanδ 随之降低，但均比 TPI 高。可是，0℃下 tanδ 也比较低，说明 TPI/ESBR 共混硫化胶的抗湿滑性也不如 ESBR。这也好理解，ESBR 由于分子链本身带有一个苯环侧基，所以其抗湿滑性能要优于 TPI。

阴离子聚合的溶聚丁苯橡胶(SSBR)由于其分子链线性及分子链中苯环的分散性均好于 ESBR，在保持了 SBR 本身具有较高抗湿滑性的同时生热有所降低。SSBR 在国外已经成为绿色或节能轮胎中最常用的 SBR 胶种。通过图 10-19 可以看出，TPI 的滚动阻力和生热比 SSBR 还要低，通过 TPI 与 SSBR 并用可以进一步降低 SSBR 的滚动阻力和生热。

图 10-19　TPI 与 SSBR 共混的 T-tanδ 曲线[46]

炭黑对 SBR/TPI 的影响

SBR/TPI 并用胶主要用于乘用车轮胎胎面胶，对物理性能和动态性能要求较高。炭黑品种对 SBR/TPI 并用胶硫化特性和硫化胶性能的影响见表 10-33[47]。

表 10-33 炭黑品种对 SBR1500/TPI 并用胶硫化特性和硫化胶性能的影响[47]

炭黑	N115	N220	N330	N550	N660
硫化特性					
t_{s1}/min	3.90	3.72	3.70	4.05	2.28
t_{90}/min	11.28	9.92	8.10	9.37	4.72
M_L/dN·m	9.25	8.54	7.17	6.97	6.60
M_H/dN·m	34.38	33.07	29.42	26.93	27.30
M_H-M_L/dN·m	25.13	24.53	22.25	19.96	20.70
硬度(邵尔 A)	76	76	75	74	71
100%定伸应力/MPa	2.56	3.60	4.09	3.52	3.47
300%定伸应力/MPa	10.74	11.37	12.78	8.48	10.77
拉伸强度/MPa	19.70	18.05	16.61	14.30	14.04
扯断伸长率/%	480	370	365	300	317
永久形变/%	15	15	5	10	10
回弹率/%					
23℃	36.5	38.5	47	49	51
70℃	47.5	48.0	57.0	58.5	59.5
DIN 磨耗/cm³	0.140	0.146	0.159	0.166	0.171
压缩温升/℃	7.0	4.5	4.0	4.5	4.0

注：配方(质量份)：SBR 75，TPI 25，炭黑(变品种)50，氧化锌 5，硬脂酸 2，环烷油 5，促进剂 NS 1，防老剂 4010NA 2，硫黄 3。

从表 10-33 可以看出，使用较大粒径炭黑 N550 和 N660 补强的 SBR/TPI 并用胶的焦烧时间较长，M_H-M_L 最小，而 N115 的最大，说明交联密度总体随炭黑粒径的增大而减小，这与 NR/TPI 并用胶规律不同；使用 N115 和 N220 补强的 SBR/TPI 并用胶力学性能很好，但回弹性不好，生热也较高，N550 和 N660 补强的 SBR/TPI 并用胶的回弹性好，但力学性能较差。就综合性能而言，炭黑 N330 对 SBR/TPI 的补强效果是最合适的。表 10-34 考察了白炭黑部分替代炭黑对 SBR/TPI 并用胶性能的影响。

表 10-34 白炭黑/炭黑并用比对 SBR/TPI 性能的影响[83]

性能	白炭黑/炭黑并用比						
	0/50	8/42	16/34	24/26	32/18	40/10	50/0
硬度(邵尔 A)	76	77	77	78	79	79	79
100%定伸应力/MPa	2.88	2.90	2.85	3.04	3.47	2.99	2.68
300%定伸应力/MPa	11.42	12.06	10.36	9.01	9.26	8.33	7.68
拉伸强度/MPa	19.23	18.21	17.87	19.70	20.83	18.70	21.46
扯断伸长率/%	460	470	500	620	550	650	680
拉断永久形变/%	20	20	20	20	25	35	35
回弹率/%							
23℃	44	43	43	43	43	47	45
70℃	54	58	58	59	60	61	61
压缩疲劳温升/℃	6.0	6.0	5.5	5.5	5.5	5.5	5.0
撕裂强度/(kN/m)	49.26	45.92	38.66	42.55	51.85	59.43	60.19

注：配方(质量份)：SBR1500 75，TPI 25，氧化锌 5，硬脂酸 2，促进剂 NS 1，防老剂 4010NA 2，硫黄 3，芳烃油 5，白炭黑/炭黑 50，硅烷偶联剂/白炭黑=1:8。

从表 10-34 可以看出，与未添加白炭黑的硫化胶相比，添加白炭黑的硫化胶硬度增大；总体来说，硫化胶的 100% 定伸应力提高，300% 定伸应力下降。这是由于在 100% 定伸应力测试中，胶料中白炭黑聚集体间还存在聚集作用，而在 300% 定伸应力测试中，白炭黑聚集体间距离较大，聚集作用不明显，橡胶分子在白炭黑表面产生滑动或脱离润湿作用，使应力降低。随着白炭黑/炭黑并用比的增大，硫化胶的硬度、拉伸强度和拉断永久形变变化不大，扯断伸长率增大，撕裂强度先减小后增大。扯断伸长率增大是由于白炭黑吸附小分子助剂，使胶料硫化程度降低。撕裂强度先减小后增大是由于白炭黑/炭黑网络的形成破坏了原有炭黑网络，但白炭黑网络对提高胶料的抗撕裂性能和耐割口增长性能效果明显。硫化胶的滚动阻力降低（表现为 70℃ 回弹值有所提高及压缩疲劳温升降低），且对抗湿滑性能影响不大（表现为 23℃ 回弹值基本不变）。但并用比大于 32/18 以后，硫化胶滚动阻力降低幅度不大，抗湿滑性能有所下降，且胶料混炼困难。

3. TPI/BR

顺式聚丁二烯橡胶（顺丁橡胶，BR）主要的特点是耐疲劳性、耐磨性好，生热也很低，缺点是抗湿滑性差，同时 BR 的生胶及硫化胶强度低，加工性能较差。通过与 TPI 并用，可以提高 BR 的生胶和硫化胶强度，同时保持了 BR 低生热和好的耐磨性，并进一步提高耐疲劳性能。但是由于 TPI 的生胶强度与 BR 相差很大，不易共混，因此对加工工艺的要求更高。通过表 10-35 实验数据表明，采用第一种方法即 TPI 先塑化，然后加 BR 混炼均匀，最后加配合剂的加料顺序可以得到力学性能最为理想的混炼胶，其定伸应力和拉伸强度都比较高，并且生热比另两种加工方法要低很多。

表 10-35　加料顺序对 TPI/BR9000 共混硫化胶性能的影响[41]

胶料加料顺序	TPI→BR→配合剂	TPI→配合剂→BR	BR→TPI→配合剂
100% 定伸应力/MPa	4.11	3.45	3.98
200% 定伸应力/MPa	7.02	6.57	5.42
300% 定伸应力/MPa	12.42	12.29	7.92
拉伸强度/MPa	18.42	18.51	9.30
扯断伸长率/%	460	490	380
拉断永久形变/%	12	10	24
硬度（邵尔 A）	82	82	78
压缩生热/℃	12.0	14.4	14.8

表 10-36 数据表明，随着 TPI/BR 共混比的增大，共混硫化胶的拉伸强度、定伸应力、撕裂强度和硬度提高，拉断永久形变增大。BR 的优点是耐疲劳性能好、生热低。TPI/BR 共混比为 (20/80)～(40/60) 时，共混硫化胶的拉伸疲劳寿命甚至比纯 BR 更长；压缩生热虽有所提高，但仍低于 TPI/SBR 以及 TPI/NR 共混共硫化胶的。

表 10-36　TPI/BR 共混的基本性能[41]

性能	TPI/BR9000 共混比					
	100/0	80/20	60/40	40/60	20/80	0/100
100% 定伸应力/MPa	9.71	7.00	4.11	3.11	2.07	1.55
200% 定伸应力/MPa	12.2	9.37	7.02	5.69	4.82	3.49

性能	TPI/BR9000 共混比					
	100/0	80/20	60/40	40/60	20/80	0/100
300%定伸应力/MPa	17.7	15.6	12.4	9.97	9.05	7.15
拉伸强度/MPa	20.6	19.8	18.4	11.7	12.5	14.2
扯断伸长率/%	468	465	460	370	410	455
拉断永久形变/%	16	13	12	8	6.6	4
撕裂强度/(kN/m)	92.9	58.7	48.6	38.6	38.1	37.7
硬度(邵尔 A)	90	91	82	76	67	60
拉伸疲劳寿命(拉伸100%)/万次	28	13	123	432	475	123
压缩生热/℃	17.0	14.4	12.2	13.2	11.5	8.4

4. TPI/HVBR

对于高性能轮胎，不仅要求滚动阻力小，而且要求抗湿滑性能不得降低甚至需要提高，这对于单纯并用 TPI 的胶料来说，还难以同时达到。高乙烯基聚丁二烯(HVBR)由于具有较高的乙烯基侧基含量，因此其抗湿滑性要比 BR 优异，同时其侧基造成的生热又比 SBR 要小。但其力学性能较差，不能单独使用，通过与 TPI 并用可望形成优势互补[84~86]。

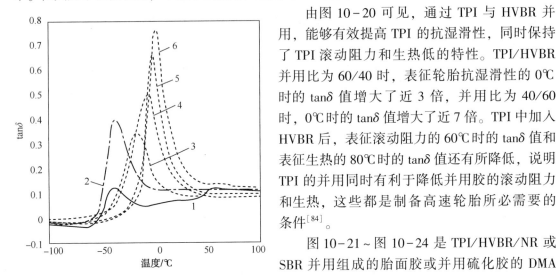

图 10-20　TPI/HVBR 共混物的 T-tanδ 曲线[84]

TPI/HVBRVi82 的并用比：1：100/0；2：80/20；
3：60/40；4：40/60；5：20/80；6：0/100
配方(质量份)：TPI/HVBR 100；氧化锌 5；硬脂酸 2；
炭黑 N220 50；芳烃油 8；硫黄 2.5；促进剂 CZ 1；
防老剂 4010NA 1

由图 10-20 可见，通过 TPI 与 HVBR 并用，能够有效提高 TPI 的抗湿滑性，同时保持了 TPI 滚动阻力和生热低的特性。TPI/HVBR 并用比为 60/40 时，表征轮胎抗湿滑性的 0℃ 时的 tanδ 值增大了近 3 倍，并用比为 40/60 时，0℃ 时的 tanδ 值增大了近 7 倍。TPI 中加入 HVBR 后，表征滚动阻力的 60℃ 时的 tanδ 值和表征生热的 80℃ 时的 tanδ 值还有所降低，说明 TPI 的并用同时有利于降低并用胶的滚动阻力和生热，这些都是制备高速轮胎所必需要的条件[84]。

图 10-21～图 10-24 是 TPI/HVBR/NR 或 SBR 并用组成的胎面胶或并用硫化胶的 DMA 谱。图中可见，与传统 NR/SBR 或充油 SBR/SBR 胎面胶相比，同时并用了 TPI/HVBR 的胶料，不仅抗湿滑性能(0～30℃ 的 tanδ 值)没有降低甚至局部有所升高，而且滚动阻力和生热(30℃ 以上的 tanδ 值)比单纯并用 TPI 的胶料更低，很好解决了滚动阻力和抗湿滑性这一对矛盾，是发展高速节能轮胎的一种较好选择。

在 TPI/HVBR/NR 共混物中(图 10-23)，NR 用量为 70 份，HVBR 用量为 10～20 份，可使胶料具有较低的滚动阻力和生热，且胶料的抗湿滑性明显改善。当 HVBR 用量为 20 份时，表征胶料抗湿滑性能的 0℃ 时的 tanδ 值提高 42.2%，而表征滚动阻力和生热的 60

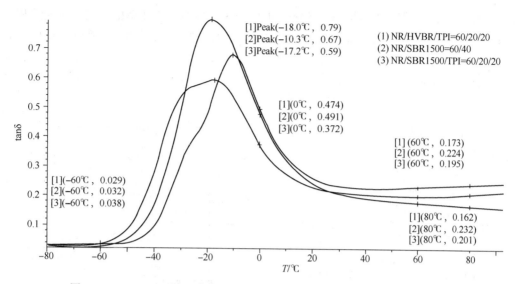

图 10-21　NR/SBR 胎面胶与 TPI/HVBRVi82 并用硫化胶的 T-tanδ 曲线[87]

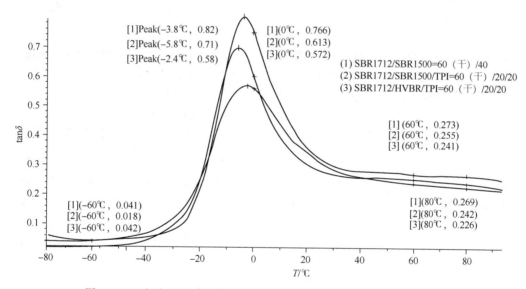

图 10-22　充油 SBR 胎面胶与 TPI/HVBR 并用硫化胶的 T-tanδ 曲线[87]

和 80℃时的 tanδ 值进一步降低。NR 用量为 70~50 份、TPI 用量为 10~25 份和 HVBR 用量为 20~35 份的 TPI/HVBR/NR 共混物，不仅具有较好的综合物理性能，而且具有较低滚动阻力和较高抗湿滑性能，是一种较为理想的胎面胶配合。

TPI/HVBR/SBR 共混物中（图 10-24），TPI/HVBR/SBR 并用比为 10/20/70 时，共混物具有较低的滚动阻力和动态生热及优异的耐屈挠疲劳性和耐磨性，与 TPI/SBR（并用比为 30/70）比较，其抗湿滑性提高（0℃时的 tanδ 值增大 76.3%）。在 SBR 用量为 70~50 份、TPI 用量为 10~15 份和 HVBR 用量为 20~35 份范围内，共混物有着良好的综合性能，可获得滚动阻力和抗湿滑性的良好平衡，同时具有优异的耐磨性和耐屈挠疲劳性，是高性能胎面胶料的较理想配合。

表 10-37 是 NR 及 SBR 用量分别对 NR/TPI/HVBR 和 SBR/TPI/HVBR 并用硫化胶性能的影响。当 NR 用量为 50~70 份时，共混物的强度、耐磨性、回弹性和抗屈挠疲劳性等均较

好，综合性能优良。但 NR 用量小于 50 份(如仅为 30 份)时，由于 NR 难以形成连续相，胶料的硬度增大(TPI 的质量分数较大)，力学性能大幅度降低，回弹性、耐磨性和抗屈挠疲劳性劣化，因此不宜采用。进行实际配方设计时，可根据胎面胶对胶料力学性能的要求，并综合考虑胶料的滚动阻力、抗湿滑性和耐磨性，确定配方中 NR 用量为 70~50 份、TPI 用量为 10~25 份和 HVBR 用量为 20~35 份为宜[86]。

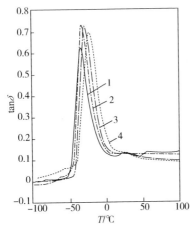
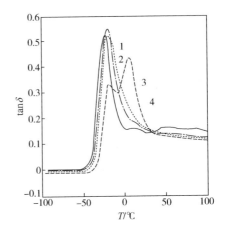

图 10-23　TPI/HVBR/NR 共混物的 T-tanδ 曲线[86]　图 10-24　TPI/HVBR/SBR 共混物的 T-tanδ 曲线[85]
　　TPI/HVBR/NR 并用比：1 : 30/0/70；2 : 20/10/70；　　　TPI/HVBR/SBR 并用比：1 : 30/0/70；2 : 15/15/70；
　　　　3 : 10/20/70；4 : 0/30/70　　　　　　　　　　　　　　3 : 10/20/70；4 : 0/30/70

表 10-37　NR、SBR 用量对共混物性能的影响[85,86]

性　　能	NR 用量/份			SBR 用量/份		
	30	50	70	50	60	70
100%定伸应力/MPa	3.17	2.22	2.07	2.06	1.96	2.08
300%定伸应力/MPa	10.34	9.79	9.02	10.67	10.61	10.41
拉伸强度/MPa	15.61	20.02	21.96	20.16	19.46	22.57
扯断伸长率/%	520	530	560	470	460	520
拉断永久形变/%	20	25	30	14	15	13
硬度(邵尔 A)	74	69	66	69	67	65
撕裂强度/(kN/m)	47.68	51.87	52.17	43.18	46.51	45.45
阿克隆磨耗/cm³	0.1137	0.0910	0.0810	0.0496	0.0510	0.0379
回弹率/%						
23℃	31.5	32.0	35.0	23	24	27
70℃	50.0	50.5	53.5	48.5	49.0	49.0
屈挠疲劳次数/万次						
1级裂口	6.3	68.4	25.2	19.8	38.7	323.1
6级裂口	9.9	78.3	48.6	23.4	42.3	326.7

注：其余用胶为 TPI 和 HVBR，且 TPI/HVBRVi82 相对用量比例为 1:2。

当 SBR 用量为 70~50 份、TPI 用量为 10~25 份和 HVBR 用量为 15~35 份时，共混物均有着良好的综合性能，可满足胎面胶的要求。如果需要提高胶料的定伸应力和硬度，降低滚动阻力和生热,可适当增大 TPI 和 HVBR 的用量(在上述范围内);如果希望胶料有更好的耐屈挠疲劳性和耐磨性,可适当增大 SBR 的用量。TPI/HVBR/SBR 并用比为 20/20/60 或 15/25/60 时,胶料有较高的综合性能[85]。

5. TPI/IR

TPI 和 IR 都是合成聚异戊二烯橡胶,顺式 1,4-聚异戊二烯(IR,又称合成天然胶)与 NR 的结构相同,各项性能也类似于天然胶,其缺点是拉伸不能结晶,表现为生胶强度低,有冷流现象。反式聚异戊橡胶 TPI 由于室温下结晶,生胶强度高,硬似塑料。通过 TPI 与 IR 并用,可以综合两者的优缺点,制备出从结构上、软硬程度、生胶混炼胶强度及性能上更接近于 NR 的混炼胶。表 10-38 通过改变并用比制备 TPI/IR 共混硫化胶并与纯 NR 的力学性能进行比较。

表 10-38　TPI/IR 共混硫化胶性能[77,88]

TPI/IR	15/85	20/80	25/75	50/50	75/25	NR
100%定伸应力/MPa	2.3	2.3	2.5	3.5	5.9	2.5
300%定伸应力/MPa	9.1	9.3	9.6	11.8	16.2	11.6
拉伸强度/MPa	26.7	26.3	24.5	21.7	22.5	26.5
扯断伸长率/%	642	624	601	536	495	592
撕裂强度/(kN/m)	100.1	75.1	59.6	46.6	72.5	114.6
硬度(邵尔 A)	65	66	69	81	90	66
23℃回弹率/%	43	45	46	46	42	43
70℃回弹率/%	52	53	55	54	55	49
DIN 磨耗/cm³	0.148	0.152	0.148	0.135	0.130	0.162
生热/℃	17.7	17.4	—	—	—	19.9
压缩变形/%	4.3	4.1	—	—	—	8.8
屈挠裂口/万次						
一级裂口	2	2	2.6	3.2	3.5	2
六级裂口	7.2	11.5	11	18	16.5	7

从表 10-38 可知,TPI 份数较低的时候,TPI/IR 并用胶的拉伸强度、硬度和回弹值相差不大,并用胶的定伸应力和撕裂强度低于 NR 硫化胶,TPI/IR 并用胶的 DIN 磨耗体积较小。NR 是一种自结晶性橡胶,在拉伸过程中取向结晶,因此 NR 硫化胶的定伸应力和撕裂强度较高。从硫化胶的疲劳性能来看,TPI/IR 共混硫化胶的压缩疲劳温升和压缩变形较低,出现六级裂口屈挠次数较高,特别是 20/80 的并用胶六级屈挠次数是 NR 的 1.5 倍以上。但当 TPI 用量较高时,TPI/IR 并用胶拉伸强度和撕裂强度下降的比较厉害。并用胶的压缩疲劳性能和屈挠疲劳性能都优于 NR 硫化胶,综合来讲,在工业上 TPI/IR 并用胶替代 NR 是存在可能性的。

6. TPI/CR[89,90]

氯丁橡胶(CR)由于有极性较大的碳-氯键,所以其黏合性、耐油性、耐热性和阻燃性好,还有好的力学性能,被广泛应用于耐油胶管、运输带、减震材料等制品。表 10-39 的数据表明在 CR 中并用少量的非极性橡胶 TPI,可以在保持上述性能的基础上,提高耐疲劳性能(这对减震材料非常重要),此外通过添加非极性的 TPI 还可以改善 CR 的加工性能。

表 10-39　TPI/CR 以及 TPI/NR/CR 并用胶性能[90]

性能	TPI/CR				TPI/NR/CR	
	0/100	10/90	20/80	30/70	0/30/70	10/20/70
硫化特性						
M_L/dN·m	5.9	6.3	5.85	4.60	12.24	7.21
M_H/dN·m	25.11	25.73	23.58	19.78	28.67	22.64
M_H-M_L/dN·m	19.21	19.6	17.73	15.18	16.43	15.43
t_{s1}/min	5.88	3.33	3.02	3.13	2.55	2.68
t_{c90}/min	25.70	15.82	12.67	10.42	19.12	26.65
$ML_{1+4}^{100℃}$	22.12	21.97	20.01	15.82		
力学性能						
硬度(邵尔 A)	60	58	55	58	60	58
300%定伸应力/MPa	7.1	6.7	6.3	6.6	10.9	9.3
拉伸强度/MPa	17.5	16.8	16.6	15.3	18.5	19.6
扯断伸长率/%	574	628	614	581	490	574
尼龙 66 帘线 H 抽出力/N	109	135	141			
1 级裂口屈挠次数/万次	10.4	11.2	16.5	15.7	12.0	56.0
6 级裂口屈挠次数/万次	56.7	98.2	>140	98.2	79.0	>230

注: 配方(质量份): 生胶 100, 氧化锌 5, 氧化镁 4, 硬脂酸 0.5, 防老剂 ODA/4010NA 7, 石蜡 1.5, 硫黄 0.8, 促进剂 DM 0.5, 炭黑 40, 软化剂 10, 防焦剂 0.5。

与 TPI 并用后, 并用胶的耐屈挠性能明显提高。耐屈挠性能提高的主要原因可能是 TPI 的反式结构使其分子链柔顺性好, 内摩擦小, 因此生热较低; TPI 玻璃化转变温度高, 分子链在低应变疲劳条件下容易松弛, 因此耐屈挠性能好; TPI 有较强的结晶性, 可有效地阻止屈挠过程中裂纹的增长。当 TPI/CR 并用比为 20/80 时, 硫化胶的耐屈挠性能最好。这是由于 TPI 与 CR 的相容性较差, TPI 用量过大, 硫化胶交联网络中弱交联点增多, 在屈挠试验时容易形成应力集中导致疲劳破坏。从加工性能的角度, 氯丁橡胶在采用双辊开炼加工的过程中比较容易粘辊, 而通过与 TPI 并用后, 其加工性能得到大大改善。

炭黑对 CR/TPI 的影响

炭黑和白炭黑对 CR/TPI 并用胶性能也有一定影响[91]。白炭黑和 Si-69 的用量对 CR/TPI 并用胶的影响结果表明, 白炭黑能加速 CR/TPI 并用胶的焦烧性能, 同时降低了胶料的硫化速度。它对于 CR/TPI 并用胶的力学性能有显著的补强作用, 但略微降低了硫化胶的耐老化性能。在白炭黑补强的 CR/TPI 并用胶中加入少量硅烷偶联剂 Si-69 后可以改善并用胶的硫化特性和物理力学性能, 但过高的偶联剂用量对硫化胶性能无明显提高。当 $n(Si-69):n(白炭黑)$ 为 1:12 时, 硫化胶的综合性能最好。

表 10-40 考察了炭黑种类对 CR/TPI 力学性能的影响[92]。CR/TPI 并用胶中随着炭黑粒径的增大, 混炼胶焦烧时间有增大的趋势, 正硫化时间也随之延长; 硫化胶交联程度降低; 硫化胶的拉伸强度、扯断伸长率、压缩生热温升、屈挠性能和炭黑分散度随之降低; 常温下回弹性能、磨耗性能提高; 硫化胶的老化性能略有提高。添加炭黑 N330 硫化胶的综合性能最好。随着炭黑 N330 用量的增加, 硫化胶拉伸强度先增大后减少, 炭黑 40 份左右达

到最大值，扯断伸长率减少，磨耗性能和屈挠性能降低，压缩生热温升、邵尔 A 硬度增大，常温下回弹性能提高。总体而言，炭黑 N330 的 CR/TPI 并用硫化胶体系的综合性能最好。

表 10-40　炭黑品种对 CR/TPI 并用胶硫化特性和硫化胶性能的影响[92]

炭黑	N115	N220	N330	N550	N660
硫化特性					
t_{s1}/min	2.48	2.17	2.35	2.73	2.77
t_{90}/min	21.82	19.73	19.77	22.98	24.45
M_L/dN·m	1.35	1.20	1.10	1.05	1.03
M_H/dN·m	10.67	10.49	10.10	9.63	9.17
M_H-M_L/dN·m	9.32	9.29	9.00	8.58	8.14
力学性能					
硬度(邵尔 A)	62	63	62	60	59
300%定伸应力/MPa	11.08	11.26	9.92	7.46	7.06
拉伸强度/MPa	21.18	19.61	19.09	17.67	17.43
扯断伸长率/%	627	578	542	630	617
23℃回弹率/%	33	35	40	44	45
DIN 磨耗/cm³	0.110	0.115	0.123	0.143	0.144
压缩温升/℃	24.0	25.0	22.3	21.9	21.6

注：配方(质量份)：CR 90，TPI 10，炭黑 40，MgO 4，ZnO 5，HVA-2 1，硬脂酸 0.5，DOP。

NR/CR 并用胶也常用作减震材料使用，采用一定量的 TPI 替代 NR 组成 TPI/NR/CR 并用胶，并对性能进行了考察。表 10-39 表明，与 NR/CR 并用胶相比，TPI/NR/CR 并用胶硬度和 300% 定伸应力略有减小，拉伸强度和扯断伸长率略有增大，耐屈挠性能明显提高。分析原因认为，TPI 的加入降低了硫化胶的交联密度，从而使硫化胶扯断伸长率提高，同时 TPI 的高结晶性弥补了交联密度降低对硫化胶拉伸强度的影响。由此可见，在 NR/CR 并用胶中并用少量 TPI 对 NR/CR 并用胶原有物理性能无不良影响，且能够大幅度提高耐屈挠性能。从尼龙帘布抽出实验可以看出，并用 TPI 的配方的尼龙帘布抽出力从 109N 增加到 141N，提高了近 30%。

7. TPI/NR/SBR

NR 和 SBR 是目前通用胎面胶配方中最常用也是用量最大的两个胶种。NR 弹性好，综合力学性能优异，但缺点是耐热性和耐老化性略差；SBR 具有耐磨、耐热、抗湿滑性好等优点，一直是轿车轮胎，特别是高速轿车轮胎胎面胶的主要胶种，但其生热和滚动阻力大的缺点明显有悖于当前低碳经济而提出的节油、降低能耗的趋势。TPI 具有优异的耐磨性、滚动阻力和生热低及耐疲劳性好，可以将其作为胎面胶中的一个并用胶种来使用，提高轮胎的行驶性能和起到节油的目的。

TPI/NR/SBR 三元共混硫化胶的 DMA 谱及共混硫化胶的力学性能示于图 10-25 和表 10-41。

作为轮胎用胶特别是胎面胶料，最重要的性能指标是滚动阻力、牵引力(抗滑移性)和耐磨性，即三大行驶性能的综合平衡，以满足汽车在高速行驶下对安全、节能、耐用、舒适和环保的要求。根据国外科学家们借助数理统计方法分析轮胎及其胶料的大量室内外实验结

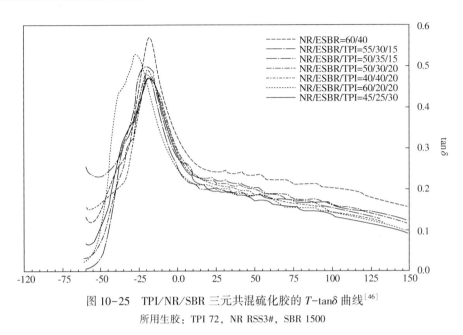

图 10-25　TPI/NR/SBR 三元共混硫化胶的 T-tanδ 曲线[46]

所用生胶：TPI 72，NR RSS3#，SBR 1500

果发现，轮胎的三大行驶性能与弹性体材料在不同变形频率下大分子链段的运动性，即不同温度下动态黏弹谱(DMA)的损耗角正切 tanδ 值有关[93]。通过与 TPI 并用，可以明显降低共混硫化胶的滚动阻力和生热(30℃ 以上的 tanδ 值)。无论是 TPI 部分取代 NR 还是 SBR，其共混硫化胶在室温以上的 tanδ 值均比原有 NR/SBR 的相对值要低很多，表明滚动阻力和生热均下降。虽然 0℃ 左右的 tanδ 值相比 NR/SBR 并用胶降低，但当并用 TPI 量不大(如不超过生胶的 30%)时，可在明显降低滚动阻力的同时，基本保持其牵引力(0℃ 和 0℃ 以下的 tanδ 值，即抗湿滑和抗冰雪滑性能)下降不太明显。

表 10-41　NR/SBR/TPI 并用硫化胶物理力学性能[46]

配方	NR/SBR1500 60/40	NR/SBR1500/TPI 60/20/20
100%定伸应力/MPa	2.08	2.24
300%定伸应力/MPa	10.54	12.91
拉伸强度/MPa	21.45	21.09
扯断伸长率/%	460	440
永久形变/%	18	18
硬度(邵尔 A)	58	61
撕裂强度/(kN/m)	43.43	45.19
23℃回弹率/%	35.5	36
70℃回弹率/%	48.5	51.5
阿克隆磨耗/cm³	0.1260	0.1245
一级屈挠/万次	3.6	6.3
六级屈挠/万次	5.4	11.7

从表 10-41 可以看出，采用部分 TPI 代替 SBR 与 NR 并用，其共混硫化胶的基本力学性

能变化不大，定伸应力略有升高，拉伸强度稍有降低，撕裂强度有所提高。从回弹值看，室温回弹基本不变，说明抗湿滑性变化不大，70℃回弹值增加，表明滚动阻力和生热降低，同时阿克隆磨耗有所降低，屈挠疲劳性能明显增加约 1 倍，其中六级屈挠裂口次数超过 10 万次。

8. TPI/NR/BR[79,80]

正如前所述，NR 具有最优异的综合力学性能，而 BR 的耐疲劳性优异并且生热低，作为胎侧胶使用，除了对基本力学性能要求，其承受的屈挠疲劳是最大的。目前在轮胎胎侧胶中，主要采用 NR 与 BR 并用(大致 NR/BR＝50/50)，以满足力学强度、耐刺扎、生热低以及耐屈挠等性能要求。当 TPI 取代一部分 NR 用于胎侧胶配方中时，不仅能保持或提高原胶的各项力学性能，而且动态性能特别是滚动阻力、生热性、耐疲劳性以及耐屈挠性能等有显著的改善，有望在高性能轮胎中得到应用。

(1) 力学性能

图 10-26 是 TPI 部分取代 NR 对 NR/BR 并用胶性能的影响。由图 10-26 可知，随着 TPI 用量的增加，拉伸强度、扯断伸长率、撕裂强度有下降趋势，但下降幅度不大，这可能是由于 TPI 结晶特性的影响，造成交联网络局部应力集中，不利于链运动和应力传递。300%定伸应力呈上升趋势，这是由于在 TPI/NR/BR 并用体系中，胶料硫化后，存在少量残余结晶，故胶料 300%定伸应力增大。

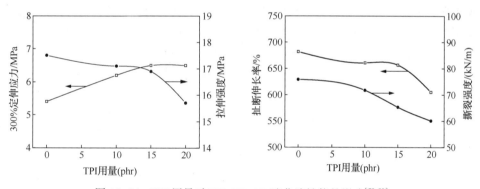

图 10-26　TPI 用量对 TPI/NR/BR 硫化胶性能的影响[79,80]

(2) 动态性能

由图 10-27 可知，随着 TPI 用量的增加，胶料的耐屈挠性能、压缩生热性能有较为明显的改善。这可能是 TPI 交联达到一定值后，由硬质材料变为软质弹性材料，较低交联程度的 TPI/NR/BR 并用胶中 TPI 仍存在部分微晶，TPI 结晶点能阻碍微破坏的发展。

(3) 回归分析

杜爱华[94]等采用了混料回归设计的方法对 TPI/NR/BR 的共混胎侧胶配方进行了试验并建立了数据模型，为轮胎胎侧胶配方的确定提供了一种设计思路。见表 10-42、表 10-43。

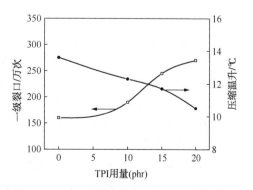

图 10-27　TPI 用量对 TPI/NR/BR 硫化胶
动态性能的影响[79,80]

表 10-42 共混料性能试验[94]

样品	8-1	8-2	8-3	8-4	8-5	8-6
TPI 72(phr)	20	20	10	40	10	40
NR RSS3#(phr)	60	20	30	40	60	20
BR 9000(phr)	20	60	60	20	30	40
100%定伸应力/MPa	1.80	1.86	1.62	1.90	1.64	2.59
拉伸强度/MPa	19.01	7.16	12.12	9.95	18.75	6.97
永久形变/%	20	11	12	16	20	13
硬度(邵尔A)	58	57	56	62	56	66
扯断伸长率/%	553	314	401	318	523	283
撕裂强度/(kN/m)	38.68	24.69	33.84	27.27	37.61	24.89
屈挠次数/万次	590.4	234.0	604.8	599.4	604.8	3.6

注：配方(质量份)：氧化锌 5，硬脂酸 3，促进剂 CZ 0.8，石蜡 1.5，防老剂 4010 1.5，防老剂 RD 1.0，炭黑 N330 40，芳烃油 10，硫黄 2。

表 10-43 共混料性能回归方程[94]

性能	回归方程
100%定伸应力/MPa	$y = -4.58x_1 - 4.62x_2 - 2.91x_3 + 25.23x_1x_2 + 13.84x_1x_3 + 21.04x_2x_3$
拉伸强度/MPa	$y = -51.32x_1 - 17.55x_2 + 12.01x_3 + 112.86x_1x_2 + 91.04x_1x_3 + 77.15x_2x_3$
永久形变/%	$y = 12.2x_1 - 0.5x_2 + 29.5x_3 + 20x_1x_2 - 19x_1x_3 + 10x_2x_3$
硬度(邵尔A)	$y = 111.52x_1 + 52.43x_2 + 63.76x_3 - 28.57x_1x_2 - 93.21x_1x_3 - 11.43x_2x_3$
扯断伸长率/%	$y = -716.96x_1 + 139.82x_2 + 759.96x_3 + 1657.14x_1x_2 + 944.16x_1x_3 + 67.854x_2x_3$
撕裂强度/(kN/m)	$y = -9.98x_1 + 11.0x_2 + 34.66x_3 + 42.86x_1x_2 + 48.8x_1x_3 + 67.14x_2x_3$
屈挠次数/万次	$y = 2719.85x_1 + 1486.29x_2 + 442.26x_3 - 9628.57x_1x_2 + 274.74x_1x_3 - 351.427x_2x_3$

通过对 6 种不同配比的胎侧胶配方的性能进行回归分析，并通过计算机优选，最终得到胎侧胶最佳配方为：TPI/BR/NR = 20/20/60。同时，通过误差可信度分析可知，各项性能回归分析指标均通过显著性校验，其中屈挠性能回归方程的显著性高度明显，可信度高，说明该模型实用性最好。

10.3.3 应用

1. 医用材料[30,95~97]

TPI 的熔点仅 60℃左右，这个温度不会烫伤皮肤，因此作为一种低软化点塑料，可以直接在身体上模型，代替医用石膏绷带或其他固定器材用于医用夹板、矫形器件和假肢材料等。由于 TPI 医用夹板具有随体性好、卫生、轻便、美观、舒适，还可随时调整形状，打开清洗换药，反复使用，并能透 X 光照射等一系列优点，因此，医用材料一直是国外 TPI 的主要用途。TPI 还可用于安全和运动防护用品及牙科模印材料等。

2. 形状记忆功能材料[4~8,13,14,98~103]

早在 1988 年的时候，日本可乐丽公司就已经成功地开发了结晶度为 40%左右，用硫黄和过氧化物实施部分交联的 TPI 形状记忆功能材料，其具有形变速度快、回复力大和回复精度高等特点[99]。TPI 经轻度硫化交联，便成为热致弹性体。这种材料在室温下具有较高的硬度和强度及特定形状，当加热到 TPI 的结晶熔点(50~60℃)以上时，则软化表现出硫化橡胶的弹性体性质,可稍加施力任意改变形状;若在应力作用情况下令其冷却,就会很快结晶硬化,释放应力后仍能保持住其形变状态;使用时再给以热刺激,它就会因熵弹性自动恢复其原来形状,这就是形状记忆功能。

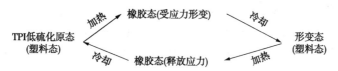

与辐射交联聚乙烯等形状记忆材料比,硫化 TPI 形状记忆材料的特点是:无须复杂昂贵的放射性辐射装置,可用普通不饱和橡胶的硫化方法交联,适度的交联后,破坏部分结晶,通过加热-冷却-加热,可实现无定形-结晶-无定形的可逆变化,剩余的部分结晶可以充当可逆相,交联键可以充当固定相。结晶性和交联度合理匹配,可制成对不同温度响应值的热致型形状记忆材料,其形变量可达 400%以上,形变恢复量可达 100%。因此,TPI 被认为是最理想的形状记忆材料之一。研究表明,TPI 硫化胶的形变热刺激温度随硫黄用量的增加而降低,当硫黄用量大于 2.5 份时,热刺激温度将降至 40℃以下,难以用于形状记忆功能材料;一定量炭黑和防老剂的加入可以适当提高 TPI 硫化胶的热刺激温度以及 60℃下的形变回复率。TPI 的门尼黏度对其形状记忆材料性能也有一定影响[104],结果表明,随着门尼黏度的增大,材料的拉伸强度、扯断伸长率、100%定伸应力和 300%定伸应力先增大后减小,在门尼黏度为 70 时出现最大值;材料的热刺激温度随着门尼黏度的增大先增大后减小,大约在门尼黏度为 60 时出现最大值;材料的形状固定率先增高后降低,回复率不变,保持在 100%。

作为形状记忆材料,TPI 可期望应用在以下领域:①土木建筑,如固定铆钉、空隙密封、异径管连接等;②机械制造,如自动启闭阀门、热收缩管、防音辊、防震器、连接装置、衬里材料、缓冲器等;③电子通信,如电子集束管、电磁屏蔽材料、光记录媒体、电缆防水接头等;④印刷包装,如热收缩薄膜、夹层覆盖、商标等;⑤医疗卫生,如人工假肢套、绷带、夹板、矫形材料、扩张血管、四肢模型材料等;⑥日常用品,如便携式餐具、头套、人造花、领带、衬衣领、包装材料等;⑦文体娱乐,如文具、教具、玩具、体育保护器材等。将TPI 的形状记忆功能与导电性结合起来,还可以开发出一类电流过载保护功能开关[105,106]。

随着 TPI 合成技术的成熟、价格的下降,TPI 作为形状记忆材料的优势更加明显,可取代交联 PE 的部分市场。

3. 轮胎胶料

一种橡胶材料要成为通用橡胶,主要考虑两方面的因素:第一,应用领域和市场容量,应像 NR、SBR、BR 等那样,应用于橡胶制品各领域,特别是轮胎制造(因轮胎工业用胶是全部橡胶的一半以上),因而有很大的市场;第二,能大规模生产,生产成本和价格相近于NR、SBR、BR。当然,性能仍然是很重要的一个因素。通过前面介绍可以知道,TPI 以及TPI 并用胶或共混硫化胶均具有这样的特征:滚动阻力和生热低、耐磨性好、耐疲劳性好、定伸强度和硬度均有很大提高,这是许多橡胶制品尤其是高性能轮胎需要具有的宝贵性能。

(1)TPI 并用胶典型轮胎配方

早期的古塔波胶、杜仲胶等及合成 TPI 都作为低熔点塑料或硬质橡胶使用[107],20 世纪 80 年代初,我国学者严瑞芳在德国发表了将合成 TPI 制成弹性橡胶的专利[2],回中国科学院北京化学研究所后又报道了将杜仲胶硫化成橡胶弹性体[4],并首次将杜仲胶与顺丁胶共混(1:1)作胎面胶制成了 3.25-16 型摩托车胎,经过了一年多的行驶试验,开创了这类材料作为橡胶弹性体材料应用的历史。90年代，日本横滨橡胶公司也曾将TPI与天然、顺丁或丁苯橡胶并用应用于轮胎中[108,109]。但是，当时市场价格TPI高于NR十倍以上，难以为橡胶轮胎行业所接受。因此，关于TPI橡胶制品的应用研究报道甚少。如前所述，当TPI硫化交联到一定程度(临界交联密度)，或与其他橡胶共混共硫化，则可变为弹性体。TPI硫化胶的最突出特点是滚动阻力小，生热低，耐疲劳和耐磨性能好，是制造高速节能轮胎的好材料。TPI与NR、SBR、BR并用于胎面胶、胎侧胶的典型配方和性能如表10-44所示。

表 10-44　TPI 用于轮胎胎面胶的典型配方和主要性能[110]

	1	2	3	4	5
配方/质量份					
NR	70	50	70	50	50
SBR	30	30	0	0	15
BR	0	0	30	30	15
TPI	0	20	0	20	20
防老剂 4020	0	1	1	1	1
炭黑 N234	25	25	25	25	25
炭黑 N339	25	25	25	25	25
硫化特性					
t_{10}/min	6.72	6.97	6.60	6.33	6.63
t_{c90}/min	15.10	16.15	12.58	13.02	13.83
$t_{c90}-t_{10}$/min	8.38	9.18	5.98	6.68	7.18
物理性能(22℃)					
拉伸强度/MPa	26.7	24.0	26.2	22.0	23.5
100%定伸应力/MPa	2.3	2.6	2.0	2.4	2.8
300%定伸应力/MPa	11.4	13.0	9.2	11.9	13.2
扯断伸长率/%	571	481	600	494	472
拉断永久形变/%	21	12	17	12	12
撕裂强度/(kN/m)	57.1	52.2	62.0	52.3	52.3
硬度(邵尔 A)	65	65	62	64	64
回弹率/%					
22℃	34	38	46	45	42
70℃	46	49	55	53	49
100℃	50	53	57	55	54
阿克隆磨耗/cm³	0.156	0.168	0.090	0.070	0.110
耐屈挠龟裂次数/万次					
一级裂口	5	36	22	225	36
六级裂口	36	75	95	>225	75
邓禄普旋转功率损耗					
滚动损失(相对数)	2.75	2.35	2.10	1.95	2.25
动态变形/mm	0.9525	0.9144	1.0287	0.9017	0.9271
温升/℃	18	14	12	10	10
摩擦系数(22℃)					
干柏油路	0.763	0.755	0.787	0.815	0.789
湿柏油路	0.346	0.336	0.320	0.326	0.324

　　注：其他配方(质量份)：硬脂酸 2.5，氧化锌 2，胶易素 T-78 2，防老剂 4010NA 2，防老剂 RD 1，微晶蜡 1，芳烃油 7，硫黄 2，促进剂 CZ 0.9。

表 10-44 的试验数据表明，TPI 与 NR、SBR、BR 等有着很好的共混共硫化性能，并用 TPI 的共混硫化胶综合性能良好，最突出的是动态性能。如拉伸强度和撕裂强度相对没有并用 TPI 的胶料虽有降低，但定伸应力高，动态形变和滚动损失小，压缩生热低，耐疲劳性能优异，NR/BR/TPI＝50/30/20 时，屈挠六级裂口次数可以超过 225 万次，而且磨耗和干湿路面摩擦系数也保持了较高水平，即轮胎三大行驶性能间取得了较好的综合平衡。

（2）半钢子午线轮胎

半钢子午线轮胎是目前轿车和轻卡车的主要轮胎品种，是轮胎企业产销量最大的轮胎品种。其主要性能指标是要求抗湿滑性、刹车性好，安全性高，因此胎面胶多用 SBR（抗湿滑性好）。但是 SBR 其滚动阻力大、生热高的特点除了导致燃油消耗大外，也给高速行驶轮胎带来潜在的爆胎威胁。前面 TPI 与其他胶种的并用硫化胶力学性能和动态力学性能研究表明，TPI 的并用可以达到降低生热和滚动阻力的作用，生热和滚动阻力的降低就代表着节省汽车燃油；同时耐磨性也提高，相当于延长轮胎的使用寿命，节约成本。表 10-45 是在现有半钢子午线轮胎胎面胶配方中并用一定量 TPI，并对其制备的轮胎进行机床和里程试验。

表 10-45　TPI 用于胎面胶小批量轮胎试制及成品试验结果[46]

轮胎型号		175/70RT13		165/70R14-81T			6.50R16C	
试验车型		捷达轿车		富康轿车			依维柯小客车	
胎面胶配方(生胶质量份):		1	2	3	4	5	6	7
SBR1712①		60	60	50	25	25	70	45
SBR1500		40	20	30	30	30		
BR9000		—	—	20	20	—	30	30
HVBR Vi82						20		
TPI		—	20	—	25	25	—	25
机床高速试验	190km/h	合格	合格					
	200km/h			合格	合格	合格		
机床耐久性试验	120h	合格	合格	合格	合格	合格		
	100h						合格	合格
百公里燃油消耗试验/(L/100km)	车速 95km/h	6.247	6.108				12.55	12.25
	车速 100km/h②			6.12	5.96	5.97		
	节油率/%	0	-2.23	0	-2.6	-2.5	0	-2.39
制动性能试验②(初速度 50km/h 制动距离)	干柏油路面/m			12.1	12.3	12.2		
	湿柏油路面/m			48.1	50.5	46.1		
	制动相对值			1.00	0.98	1.02		
行驶里程试验(城市路和高速路)/×10⁴km		>15	>15	>15	>15	>15	12.5	15.0

① 充油胶，折合干胶计量。

② 中国汽车工业总公司北方汽车质量监督检验鉴定试验所的测试报告。

表 10-45 的半钢子午线轮胎测试结果表明：TPI 作为并用胶用于轮胎胎面胶，其机床实验结果均为合格，可以达到使用要求。仅在轿车和轻载半钢子胎胎面胶中使用 20~25 份 TPI 替代 SBR 即可节省燃油 2.5%左右。以轮胎使用寿命为 10×10⁴km 计（实际已超出），平

均每条轮胎可节省燃油35L(轿车胎)~50L(轻载胎),而在制造这些轮胎时,每条胎仅用了300~500g 的 TPI。以此计算,1t TPI 用于轮胎,共可节省燃油 $10×10^4$L(70~80t),减少汽车尾气二氧化碳排放量 200t 左右[111]。由此看来,TPI 在轮胎中的应用将节约大量的能源,具有重要的社会意义和经济效益。制动性能测试结果表明,加入 TPI 后轮胎在干的柏油路上的制动性能基本无影响,在湿柏油路上,虽然制动性能较 SBR 胎面稍为降低(2%),但仍在安全范围内。

从表 10-45 的半钢子午线轮胎里程试验还可以看出,如在胎面胶配方中(配方5)并用少量高乙烯基聚丁二烯橡胶(HVBR),可以提高抗湿滑性能,其在湿柏油路面的制动距离可以从 50.5m 降低到 46.1m,甚至优于没有加 TPI 的生产配方,这样就弥补了由于 TPI 的加入造成抗湿滑性的下降,即在降低滚动阻力的同时提高了抗湿滑性能,从而综合地平衡了抗湿滑性、滚动阻力以及生热这个轮胎的魔鬼三角。

(3)全钢子午线轮胎

全钢子午胎和工程胎是目前国内许多企业的发展重点,主要使用综合性能好、耐撕裂性能较佳的 NR 作为轮胎胎面用胶,TPI 与 NR 并用胶的性能是 TPI 能否部分替代 NR 用于全钢子午胎和工程胎的关键。相关资料已在 10.3.2 节混炼胶 TPI/NR 部分阐述,文献[112]也有报道。

上海轮胎橡胶(集团)股份有限公司轮胎研究所根据全钢子午线轮胎中并用 TPI 的基础实验结果,用 20 质量份 TPI 替代生产配方中的 NR 制造了 30 条 11.00R20-18PR 的全钢子午胎,并进行了里程试验,中期试验结果见表 10-46。

表 10-46　TPI 并用胶轮胎中期里程试验报告[113]

胎号	胎位	行驶里程/km	气压/kg	原花纹深度/mm	剩余花纹深度/mm	平均磨耗/(km/mm)	使用情况
S08051001	左前外档	110000	11	16.50	5	9565	正常
C81543305	左前内档	110000	11	16.50	5	9565	正常
S08051014	左中外档	110000	11	16.50	12	24444	正常
S08051011	左中内档	110000	11	16.50	12	24444	正常
C81543317	左后外档	110000	11	16.50	8	12941	正常
C81543318	左后内档	110000	11	16.50	9	14666	正常
C81544567	右前外档	110000	11	16.50	8	12941	正常
C81507343	右前内档	110000	11	16.50	5	9565	正常
S08051002	右中外档	110000	11	16.50	12.5	27500	正常
S08051013	右中内档	110000	11	16.50	12	24444	正常
C81543306	右后外档	110000	11	16.50	7	11579	正常
C81504344	右后内档	110000	11	16.50	6	10476	正常

注:轮胎规格:11.00R20-18PR;花纹型号:RR2002G;试验车号:赣 E13303;行驶路线:金华-广州;路况:高速公路;载重:不固定货物(30~40t)基本不超载;测试时间:2008.11.12。

胎号 S 字头表示:胎面胶中含 20 份反式异戊橡胶(TPI),80 份天然橡胶(NR);胎号 C 字头表示:胎面胶为三段集成,其中一段含 20 份 TPI,另两段为原配方 TQ387 和 TQ797。

轮胎经过换位后,又使用了 5 个月,可以肯定使用寿命应该在 $15×10^4$km 以上。通过表10-46 可以看出,实验轮胎的平均磨耗基本在 10000km/mm 以上,特别是全部采用 20 份

TPI 替代 NR 的 S 号轮胎的耐磨性(平均磨耗)要明显好于 C 号三段集成的轮胎。众所周知，目前全部采用 NR 生产的全钢子午线轮胎一般寿命在 8×10^4 km 左右，最好不超过 10×10^4 km(平均磨耗 5500~7000km/mm)。就是说含 TPI 的胎面胶的使用寿命可以提高 50% 以上。应该指出上述 S 号轮胎仅是在胎面胶中使用 20 份 TPI 取代 NR，每条轮胎实际才使用了 2kg 左右的 TPI，即使 TPI 成本和价格比 NR 要稍高，但是性价比得到了很大的提高。由此可见，在全钢子午线轮胎胎面胶配方中，TPI 不仅能部分取代 NR，而且可以明显提高轮胎的使用寿命，经济和社会效益也是巨大的。

(4) 胎侧胶

作为胎侧胶使用，除要求基本物理性能外，主要考虑到动态疲劳性能和温升。目前胎侧胶的主要用胶是 NR 和 BR。BR 虽然抗湿滑性差，不宜做胎面胶使用，但由于具有良好的耐屈挠性和低生热，几乎在所有的胎侧胶中都有应用，而且通常与 NR 并用以改善 BR 加工性和生胶强度。10.3.2 节混炼胶部分已经对 TPI/BR、TPI/NR/BR 并用胶性能进行了讨论，TPI 可以部分替代 NR 或 BR 用于胎侧胶，提高力学性能和耐屈挠性。

表 10-47 是采用工厂胎侧胶配方进行的实验。可以看出，TPI 并用硫化胶作为胎侧胶配方，虽然拉伸强度下降较多(不排除测试误差)，但仍然处于可用范围；其他基本物理性能变化不太大。由于 NR/BR 并用硫化胶的屈挠性和生热本身就很优异，并用 TPI 后，硫化胶的温升没有变化，耐屈挠裂口都大于 225 万次(这是由于实验仪器极限所致)，超出了标准。表 10-47 中邓禄普旋转功率损耗数据还可以看出，并用 TPI 的硫化胶滚动损失和动态变形均降低，这对于胎侧来讲是至关重要的，因为高速轮胎的胎侧部分由于不断承受周期性变化的应力，对胶料的耐疲劳性能有很高的要求，能耗也占到整胎的 1/7 左右。

表 10-47 TPI 用于轮胎胎侧胶的典型配方和主要性能[110]

项目	胎侧胶	
	1	2
配方		
NR RSS3#	50	40
BR 9000	50	40
TPI 72	0	20
硫化特性		
t_{10}/min	6.88	6.88
t_{90}/min	12.87	13.47
物理性能(22℃)		
硬度(邵尔 A)	61	62
100%定伸应力/MPa	2.1	2.4
300%定伸应力/MPa	10.6	11.7
拉伸强度/MPa	21.6	17.3
扯断伸长率/%	525	421
拉断永久形变/%	11	8
撕裂强度/(kN/m)	51.7	49.6
回弹率/%		
22℃	52	51

项目	胎侧胶	
	1	2
70℃	59	58
100℃	60	59
耐屈挠龟裂次数/万次		
一级裂口	>225	>225
六级裂口	>225	>225
邓禄普旋转功率损耗		
滚动损失（相对数）	1.70	1.65
动态变形/mm	0.9144	0.8763
温升/℃	8	8

注：配方（质量份）：硬脂酸 2.5，氧化锌 2，胶易素 T-78 2，防老剂 4020 1，防老剂 RD 1，微晶蜡 1，炭黑 N539 25，芳烃油 7，硫黄 2，促进剂 CZ 0.9。

4. 轮胎外橡胶制品及其他应用

从前面 10.3.2 部分可见，TPI 混炼胶都具有定伸强度高、耐疲劳性能优异、生热低、弹性好等特点，在高速传动带、V 带、橡胶弹簧、减震器等领域也将会有好的应用前景。随着我国铁路提速和高速铁路的立项，对和机车配套的减震系统的要求越来越高。在常用的橡胶减震部件，如空气弹簧中，一般使用天然橡胶或氯丁橡胶，耐疲劳性能直接关系到其使用寿命、检修时间和安全性。初步的研究结果显示，配方中加入少量 TPI 可以提高其耐疲劳性能几倍甚至十几倍，意味着大大延长了制品使用寿命和设备更换检修时间。对于以氯丁橡胶为基础的制品还可降低加工黏性，改善加工性能[90,114]。

鞋类（胶鞋和鞋底等）是橡胶的一个较大的应用市场。尽管鞋用频率不高，但要求舒适、耐折、耐磨，有点相似于轮胎，因而 TPI 部分替代 NR、SBR、BR 等用于鞋类制品是完全可能的，只要 TPI 价格达到制鞋成本的要求。青岛星旺橡塑有限公司（青岛双星集团属下）在旅游及运动鞋化学片中用 TPI 代替进口的高苯乙烯丁苯胶，取得较好效果。

作为一种既具有橡胶性能、又具有塑料性能、特色鲜明的新材料，TPI 可开发应用的领域是很广的。如：作为塑料改性剂，TPI 与聚丙烯（PP）等塑料共混，可大大降低加工温度，并改善其低温脆性[115]，有文献报道 15% 的中等硫化程度的 TPI 加入到 PP 中，可以使其冲击强度提高 2 倍，同时对 PP 起到诱导成核，使 PP 结晶更均匀、细化[116]；将 TPI 与反式聚丁二烯（TPB）共混，可以使 TPB 由脆性材料变成韧性材料[117]；用于制作电器绝缘材料、海底电缆包皮、对热敏感的包装材料[118]、热敏性或压敏性胶黏剂、低温垫片和槽罐衬里[119,120]等。

TPI 可以作为聚合物载体，对各种橡胶的粉状助剂如硫黄、氧化锌、硫化促进剂、防老剂等，先行预分散造粒，再于橡胶混炼时加入，不仅可以提高混炼效率，改善操作条件，还能同时作为橡胶组分起到上述改善加工和使用性能的效果，是一种比较理想的母粒原材料。采用 TPI 作为预分散体造粒后的助剂，不影响橡胶的物理力学性能，但大大改善了操作工艺条件。从成本上来说，TPI 比现在常用的聚合物载体如乙烯-乙酸乙烯酯橡胶（EVA）、三元乙丙橡胶（EPDM）等在价格上也具有优势。橡胶助剂造粒是助剂发展的趋势，目前大多数助剂都是以粒状的形式销售。随着 TPI 的工业化生产，在助剂造粒方面也会占据一定的市场。

10.4　反式异戊橡胶的改性和新材料

从本章 10.1～10.3 部分介绍可知，TPI 作为通用橡胶使用具有一系列优良特点，如低滚动阻力、低生热、耐磨和耐疲劳等，但也存在硬度高、黏合性能差、现有橡胶加工工艺难适应以及抗湿滑性能较差等问题。聚合物通过物理和化学改性是发展新材料的一种有效手段。同样以 TPI 为基础，通过化学改性或改变合成条件可以得到一系列反式异戊橡胶的新材料，如环氧化反式聚异戊二烯（ETPI）[121]、氯化反式聚异戊二烯（CTPI）[122~124]、低分子量反式聚异戊二烯蜡（LMTPIW）[125]、反式丁-戊共聚和复合橡胶（TBIRR）[126]、TPI/3,4-PI 复合橡胶（TPI/3,4-PIRR）[127]等。

10.4.1　环氧化反式聚异戊二烯（ETPI）

环氧化聚二烯烃是聚二烯烃橡胶的改性产品。环氧化改性后的聚二烯烃既部分保持原来橡胶的结构和性能，又因为分子链中引入环氧基团而增加了许多新的功能，如提高胶料的黏合性、耐油性、气密性和抗湿滑性等。人们几乎对所有聚二烯烃的环氧化都做过研究，然而最成功并实现了商业化的只有环氧化天然橡胶（ENR）[128~130]，马来西亚和中国的海南热带植物研究院已有商业化产品问世。日本住友轮胎公司使用 ENR 制作轮胎，发现轮胎滚动阻力降低 8%，湿路面的抓着力明显提高[131]。ENR 是采用天然胶乳加入过氧甲酸或乙酸进行环氧化的，然后经凝固、干燥、压制而得，但在环氧化之前要先将天然胶乳经降解处理，以获得合适的加工性，合成工艺较为繁杂；而其他胶种如 BR、IR 等因需采用溶剂配成溶液再进行环氧化，成本较高，环境污染大，难以实现商业化。

关于环氧化反式聚异戊二烯，国外也有过几篇采用溶液法合成的研究报道[132~135]，由于 TPI 本身价格就很高，再使用大量有机溶剂，其合成成本不太可能被应用市场所接受。国内青岛科技大学以自主开发的负载钛催化异戊二烯本体沉淀聚合合成的粉粒状 TPI[18]为原料、过氧乙酸水溶液为介质进行水相悬浮反应，直接制得了环氧度 10%～30% 的 ETPI 粉料[121]。该法不存在有机溶剂的使用和回收问题，环氧化程度容易控制，副反应少，工艺简单，成本低廉，有较好的工业价值。

1. 合成

（1）溶液法

溶液法是将 5%（质量）的 TPI 首先溶解在氯仿中形成均一稳定的溶液，然后在 20～70℃反应温度下，向体系内滴加环氧化试剂间氯过苯甲酸[136]或过氧乙酸[137]，反应 3～7h 后，可得到环氧度 10%～90%（摩尔）的 ETPI，反应几乎定量完成。也有在苯溶液中，加入过甲酸来进行环氧化反应[135]。反应后先用稀碱液和水分别洗至中性，然后采用汽提的方法蒸出溶剂。采用溶液法可以获得较高环氧度、环氧基团无规分布的 ETPI。

（2）水相悬浮法

水相悬浮法[121]是将 TPI（或溶胀预处理过的 TPI）粉粒悬浮在预先用无水碳酸钠调好 pH 值的过氧乙酸水溶液中，控温在 20～40℃，反应 2～5h；产物经过滤后，水洗并加碱洗至中性，干燥后得到仍为粉粒状的 ETPI 产品。水相悬浮法合成 ETPI 适宜的反应条件为：体系 pH 值为 4.5，过氧乙酸与 TPI 双键的摩尔比为 0.1～0.5（视所要求环氧度而定），20℃反应 1～3h，可获得环氧度 10%～30% 的 ETPI。

2. 结构与性能

(1) 环氧度的表征及定量计算

FTIR 谱图中(图 10-28)，1250cm^{-1}处为环氧基的特征吸收峰，可见 ETPI 的 1250cm^{-1}峰比 TPI 明显增高，说明环氧基团的存在。

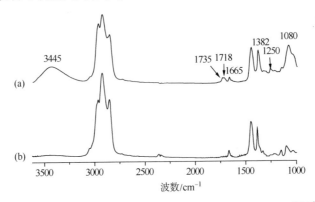

图 10-28　(a)水相悬浮法合成 ETPI-25 和(b)TPI 的 FTIR 谱图[138]

从 ^{1}H-NMR 谱图(图 10-29)中，化学位移 2.68 处为连接环氧基的 C—H 特征峰(a)，5.08 处为 TPI 的 C=C—H 特征峰(b)，因此环氧度(E%)可按式(10-1)计算：

$$E\%(\mathrm{mol}) = [A_{2.68}/(A_{2.68} + A_{5.08})] \times 100 \qquad (10-1)$$

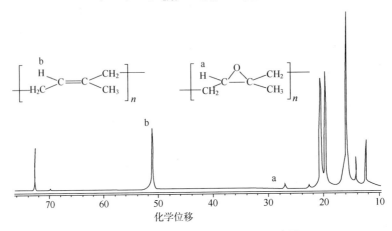

图 10-29　ETPI-15 的 ^{1}H-NMR 谱图[139]

将不同环氧度 ETPI 分别用 ^{1}H-NMR 和 FTIR 测试，以 ^{1}H-NMR 定量计算出的 E%作纵坐标，FTIR 谱图环氧基特征峰 1250cm^{-1}与甲基 1382cm^{-1}内标峰峰面积的比值 A_{1250}/A_{1382}作为环氧基相对值为横坐标作图 10-30，并获得如下经验关系式[137]：

$$E\%(\mathrm{mol}) = 123.6A_{1250}/A_{1382} - 2.79 \qquad (10-2)$$

这样，通过该式就可以利用 FTIR 测定的(A_{1250}/A_{1382})方便准确地计算出 ETPI 的 E%。

(2) 生胶的物性

1) 结晶性

与溶液反应法合成 ETPI[132]相比，水相悬浮法合成 ETPI 的环氧基分布是不均匀的；前者当环氧度超过 25%时就几乎不结晶，而后者偏光照片显示在环氧度达到 50%仍存在部分晶须(图 10-31)。

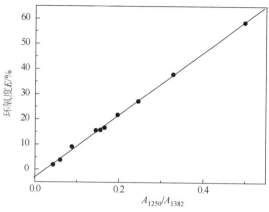

图 10-30 ETPI 的 FTIR 谱图 A_{1250}/A_{1382}-E% 的关系曲线[137]

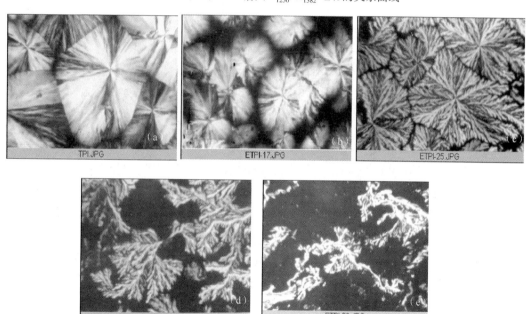

图 10-31 水相悬浮法合成不同环氧度 ETPI 的偏光显微照片[35]
E%：(a)0；(b)17%；(c)25%；(d)35%；(e)50%

表 10-48 可见，随着环氧度的升高，熔点 T_m 和熔融焓(ΔH_m)以及结晶温度 T_c 和结晶焓(ΔH_c)都逐渐降低，表明环氧化后 ETPI 的残余结晶度降低，但直到环氧度为 25% 仍有部分结晶，这是因为水相悬浮法为固-液非均相反应，环氧化反应主要发生在 TPI 颗粒的表面及其无定形区，因此造成了环氧基团分布的不均匀性，一些较长未被环氧化的 TPI 分子链段仍能结晶。因此，水相悬浮法合成的 ETPI 是一种兼有结晶性 TPI 和环氧化反式异戊胶的混合橡胶。

表 10-48 水相悬浮法合成不同环氧度 ETPI 的 DSC 数据[138]

样品	TPI	ETPI-11	ETPI-19	ETPI-25
$T_m/℃$	59.7	48.3	40.9	32.9
$\Delta H_m/(J/g)$	59.2	43.8	14.4	8.8
$T_c/℃$	21.9	11.9	6.2	7.5
$\Delta H_c/(J/g)$	51.1	37.5	14.9	12.0

溶液法合成的 ETPI 的 DSC 研究表明，环氧度大于 25% 的 ETPI 在 -10℃ 不发生结晶，无规分布 ETPI 的结晶度与摩尔分数的环氧度（$E\%$）符合下列关系[133]：

$$\lg(\Delta H_{\mathrm{m}}) = \lg k + n\lg(1 - E\%) \tag{10-3}$$

式中，ΔH_{m} 为熔融热，k 为常数，n 为临界结晶重复单元序列长度。在 -10℃ 结晶时反式聚异戊二烯嵌段的临界结晶重复单元序列长度为 $n = 6 \sim 7$。

2）玻璃化转变温度 T_{g}

溶液法合成的不同环氧度的 ETPI 经 DSC 测试如图 10-32 所示。

可见 T_{g} 随环氧度的增加而提高，并呈线性关系（图 10-33）。

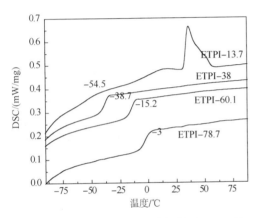

图 10-32　溶液法合成不同环氧度 ETPI 的 DSC 曲线[137]

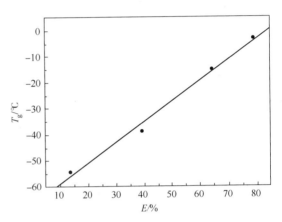

图 10-33　溶液法合成 ETPI 的环氧度-T_{g} 关系曲线[137]

经线性回归得到溶液法合成 ETPI 的环氧度与 T_{g} 关系式为：

$$T_{\mathrm{g}}(℃) = 1.23E\% - 83.2 \tag{10-4}$$

ENR 也存在类似线性关系式（$T_{\mathrm{g}} = 0.63E\% - 93.8$）[140]，但 ETPI 关系式中的斜率比 ENR 高，说明 ETPI 的 T_{g} 随环氧度的变化比 ENR 的更明显。

DSC 测试表明，水相悬浮法合成的 ETPI 的 T_{g} 转变台阶随环氧度提高逐渐不明显（图 10-34），但是从 DMA 的 $\tan\delta$-T 曲线图 10-39 可以清楚地看出 T_{g} 为宽峰，并随环氧度增加有规律变化。

3）生胶的力学性能

图 10-35 可见，TPI 的应力-应变曲线显示出结晶塑料的特征，出现了屈服点以及拉伸结晶，拉伸强度较高；而经环氧化后的 ETPI 没有明显的屈服点，由于少量结晶存在起到物理交联点作用，因此显示出橡胶弹性体应力-应变曲线特征，但拉伸强度比一般橡胶生胶的要高。

TPI 塑炼温度一般为 80℃ 左右，但 ETPI 的塑炼温度明显高于 TPI，且随着环氧度的增加，塑炼温度提高。这是因为 ETPI 分子链极性增加，分子间作用力增大，所以塑炼温度也需升高。但加工温度高于 110℃ 橡胶易老化，因此应尽量控制提高温度的幅度不宜过大。见表 10-49。

ETPI 随着环氧度的升高，硬度、拉伸断裂强度、拉伸扯断伸长率及撕裂强度降低，且明显低于 TPI，原因是 ETPI 中残余结晶减少所致。

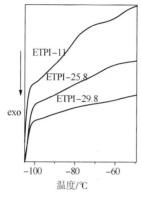

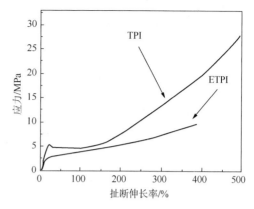

图 10-34　水相悬浮法合成不同环氧度
ETPI 的 DSC 曲线[138]

图 10-35　水相悬浮法合成 ETPI-18 和 TPI 的
应力-应变曲线[138]

表 10-49　水相悬浮法合成不同环氧度 ETPI 生胶的力学性能[138]

不同环氧度 ETPI	TPI	ETPI-7	ETPI-12	ETPI-15	ETPI-19	ETPI-24
$ML_{3+4}^{100℃}$	62	57	78	77	100	76
塑炼加工温度	80	110	110	125	130	140
密度/(g/cm³)	0.941	0.950	0.955	0.971	0.972	0.980
100%定伸应力/MPa	8.5	4.8	3.9	4.3	6.0	2.4
200%定伸应力/MPa	10.4	5.9	4.8	5.5	7.1	3.7
300%定伸应力/MPa	14.6	8.9	6.5	8.0	8.5	4.9
拉伸断裂强度/MPa	31.6	19.0	13.5	10.4	11.9	5.6
扯断伸长率/%	490	518	557	449	467	486
撕裂强度/MPa	106	73	63	56	57	40
硬度(邵尔 A)	90	89	85	85	83	75

（3）硫化胶性能[141]

水相悬浮法合成 ETPI 中因保留部分双键也可以像 TPI 一样进行硫化交联。ETPI 硫化胶采用配方(质量份)：不同环氧度 ETPI 100，ZnO 5，硬脂酸、防老剂 RD 和防老剂 4020　各 1.5，硫黄 2，促进剂 NOBS 1.5，微晶蜡 1，在不加炭黑补强配方下测定了不同环氧度 ETPI 硫化胶性能。

1）DSC 分析

如图 10-36 所示，DSC 测试结果表明，在 2 份硫黄下，ETPI 硫化胶仍有明显结晶。

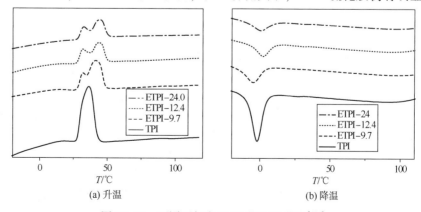

(a) 升温　　　　　　　　　　　　(b) 降温

图 10-36　不同环氧度 ETPI 的 DSC 曲线[141]

表 10-50　不同环氧度 ETPI 硫化胶的 DSC 数据[141]

	TPI	ETPI-9.7	ETPI-12.4	ETPI-24
环氧度/%	0	9.7	12.4	24.0
$M_w/\times10^4$	32.0	23.4	21.9	11.5
$M_\eta/\times10^4$	27.3	20.1	18.7	10.1
M_w/M_n	5.2	4.3	4.9	3.1
$ML_{3+4}^{100℃}$	62	57	78	76
$T_m/℃$	36.2	41.3	43.6	44.3
$\Delta H_m/(J/g)$	33.1	22.9	16.9	15.4
$T_c/℃$	-2.1	-4.8	2.2	0.7
$\Delta H_c/(J/g)$	-32.1	-15.7	-10.9	-10.5

从表 10-50 可见，随着环氧度的升高，ETPI 硫化胶的熔点略有升高，但熔融焓（ΔH_m）和结晶焓（ΔH_c）逐渐减少，表明结晶度逐渐降低。

2）硫化特性

图 10-37 所示，随着 ETPI 环氧度的增加，硫化曲线明显左移，表现出硫化交联反应的诱导期逐渐缩短，原因是环氧基的增加使橡胶极性逐渐增大，有利于硫化促进剂的分散，因此提前了硫化交链反应，焦烧时间、正硫化时间随之缩短。也可能是环氧基团催化了硫化反应。环氧度高于 12.4%，最高转矩后曲线下降表明发生硫化返原现象。

3）力学性能

在 2 份硫黄下因 TPI 结晶没有完全破坏[40,142,143]，所以 TPI 硫化胶在小应变时出现屈服，而 ETPI 更显示出橡胶特点，没有屈服点，模量降低，显然是 ETPI 硫化胶结晶减少所致；伸长率高于 300% 后应力增加显示出拉伸诱导结晶。见图 10-38。

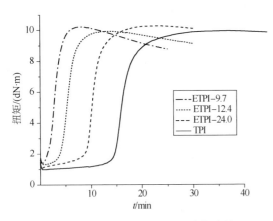

图 10-37　不同环氧度 ETPI 硫化胶的
硫化曲线[141]

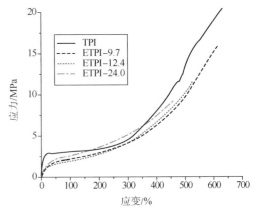

图 10-38　不同环氧度的 ETPI 硫化胶
应力-应变曲线[141]

表 10-51 可见，TPI 经环氧化后并随环氧度上升的最大特点是抗湿滑性提高（23℃回弹值降低）和耐磨性提高，但压缩生热也有所提高（70℃回弹值降低），且力学强度下降。

4）动态性能

图 10-39 tanδ-T 曲线中，TPI 硫化胶的 -35℃峰对应 TPI 的 T_g，40℃的肩峰是硫化胶中

残余结晶熔融滞后损失。溶液法合成的 ETPI 为窄而高的 tanδ 峰，且随环氧度提高向高温方向移动，因为该法 ETPI 组成均匀一致；而水相悬浮法合成 ETPI 的为宽而低的峰，这是因为水相悬浮法合成 ETPI 只有部分分子链被环氧化，还有很大一部分未反应的 TPI 及其结晶存在，只是随着环氧度的提高而减少，所以相应 T_g 峰右移并增强。

表 10-51　不同环氧度 ETPI 硫化胶的力学性能[141]

	TPI	ETPI-9.7	ETPI-12.4	ETPI-24.0
硬度(邵尔 A)	82	75	74	69
100%定伸应力/MPa	3.3	2.3	2.1	2.3
300%定伸应力/MPa	4.9	4.9	4.2	4.2
拉伸断裂强度/MPa	21.5	15.1	11.8	6.5
扯断伸长率/%	640	599	533	342
撕裂强度/(kN/m)	61.7	50.6	47.7	42.2
回弹率/%				
23℃	64	59	54	44
70℃	80	74	64	63
DIN 磨耗/cm³	0.807	0.346	0.091	0.036
压缩生热/℃	—	5.8	8.5	8.9
压缩永久形变/%	—	2.9	1.1	3.8

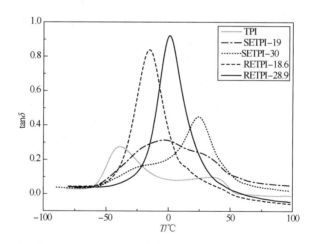

图 10-39　TPI 及不同方法合成 ETPI 的 tanδ-T 曲线[138]
SETPI—水相悬浮法合成的 ETPI；RETPI—溶液法合成的 ETPI
配方(质量份)：ETPI 100，促进剂 NOBS 1.5，防老剂 RD 1.5，
防老剂 4020 1.5，硬脂酸 1.5，ZnO 5，微晶蜡 1，硫黄 2

3. 应用

由表 10-52 可以看出，ETPI 硫化胶的密度随环氧度增加有规律地增大，相同环氧度的 ETPI 比 ENR 大，这与 ETPI 的反式结构使其分子链排列更紧凑有关。

随着环氧度的增加，ETPI 较 TPI 硫化胶的硬度、定伸应力、拉伸强度和永久形变增加，撕裂强度、扯断伸长率变小，说明 ETPI 的弹性随环氧度增加而变差，环氧度超过 30% 时，不宜作弹性体使用。

表 10-52　ETPI、TPI 和 ENR-50 硫化胶的物性对比[144]

	TPI	ETPI-17	ETPI-25	ETPI-35	ETPI-50	ENR-50
密度/(g/cm³)	1.105	1.131	1.147	1.166	1.188	1.151
硬度(邵尔 A)	76	81	89	92	97	66
100%定伸应力/MPa	3.3	4.7	5.5	10.2	15.6	2.2
300%定伸应力/MPa	9.8	—	—	—	—	8.0
拉伸强度/MPa	13.5	13.1	13.6	14.9	16.5	28.2
撕裂强度/(kN/m)	41.4	36.6	40.7	32.5	53.9	37.9
扯断伸长率/%	400	240	250	250	110	600
拉断永久形变/%	12	12	20	20	28	20
阿克隆磨耗/cm³	0.243	0.072	0.120	0.131	0.193	0.251
耐屈挠疲劳/千次	45.0	15.0	3.0	1.5	0.2	30.0
尼龙帘线抽出力/N	36.3	55.2	50.4	34.8	18.3	50.4
20℃回弹率/%	40.0	22.7	21.4	23.7	27.7	20.1
70℃回弹率/%	67.5	60.0	40.5	26.8	21.9	54.7

注：配方(质量份)：生胶 100，炭黑 N330 35，氧化锌 5，硬脂酸 2，防老剂 264 1，促进剂 CZ 1，硫黄用量：对 ETPI 和 TPI 为 5，对 ENR 为 2。

ETPI-50 与 ENR-50 在拉伸性能和扯断伸长率上的较大差异可能源于二点，一是 ETPI 由 TPI 粉粒经环氧化制备，环氧化反应主要发生在 TPI 颗粒表面，当环氧度很高时颗粒表面形成硬壳，组成的不均匀性显得尤为突出，导致加工温度高、硫化不均匀而使材料的力学性能下降；ENR 是由天然胶乳经环氧化制备，环氧基无规分布，组成均一；再者，ETPI 硫黄用量为 5 份比 ENR(2 份)大得多，交联点密度大，呈过硫状态，所以力学性能下降。

ETPI 的耐磨性能比 TPI 提高，但抗疲劳性不如 TPI；环氧度较低的 ETPI-17、ETPI-25 与尼龙帘线的粘接性能比 TPI 显著提高，分别优于和接近于 ENR-50。

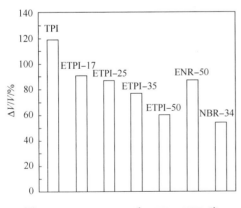

图 10-40　ETPI、TPI 和 ENR、NBR 硫化胶耐汽油溶胀性比较[144]
(配方同表 10-52)

(1) 耐油橡胶

图 10-40 表明，随着环氧度的增加，ETPI 的极性增大，在加氢汽油中体积膨胀率降低。总体来说，环氧度为 50% 的 ETPI 耐油性比 TPI 有了明显的提高，优于 ENR-50，但仍不如 NBR-34。ETPI-50 的耐油性优于 ENR-50，主要与二者交联密度的差异有关，ETPI 硫化胶比 ENR 硫黄用量多，交联密度大，另外还保留有部分结晶，所以耐油性相对较好。

(2) 轮胎中应用

ETPI 一般不单独使用，通常与其他通用橡胶并用。ETPI 的结构与性能类似于 ENR，因此可认为适用于所有 ENR 的应用领域。带束层胶料最重要的性能要求之一是与帘线(尤其是钢丝帘线)间良好的黏合力，否则轮胎高速行驶下易发生帘线的脱层以致轮胎的破坏，因此带束层胶都 100%用黏合性能优良的 NR。采用 ETPI-25 部分代替 NR 在钢丝带束层胶中使用，其性能见表 10-53。

表 10-53　ETPI-25 用量对 NR/ETPI 并用硫化胶性能的影响[145]

性能	NR/ETPI-25 并用比						
	100/0	95/5	90/10	85/15	80/20	75/25	70/30
硬度(邵尔 A)	72	71	73	80	76	82	78
100%定伸应力/MPa	4.62	4.50	3.97	6.39	5.51	5.87	6.07
300%定伸应力/MPa	16.27	16.37	14.30	18.45	17.57	—	—
拉伸强度/MPa	21.62	22.16	21.40	19.68	20.49	18.02	17.64
扯断伸长率/%	416	406	438	308	370	299	286
撕裂强度/(kN/m)	99	87	62	57	79	46	49
回弹率/%							
25℃	46	41	38	36	34	33	32
70℃	59	54	50	49	47	44	43
阿克隆磨耗/cm³	0.236	0.197	0.193	0.239	0.191	0.196	0.227
附胶情况	差	很好	好	好	较好	较好	差

可见，在 NR 中加入适量的 ETPI，硫化胶的硬度和定伸应力提高，这对钢丝带束层的成型和稳固有利。

对抽出力试验的分析得出这样的结论(图 10-41)：随着 ETPI-25 用量的增大，NR/ETPI 并用硫化胶钢丝帘线 H 抽出力先增大后减小，当 ETPI-25 用量为 5~15 份时，硫化胶钢丝帘线 H 抽出力最大。分析原因认为，硫化胶与钢丝的黏合是由于胶料在硫化过程中硫黄与钢丝表面的镀层铜反应生成硫化铜，ETPI 中的环氧基团可参与和催化硫化铜的生成，当生成硫化铜的厚度在一定范围内时，硫化胶与钢丝的黏

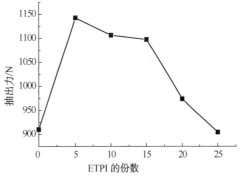

图 10-41　ETPI-25 用量对钢丝帘线
抽出力的影响[145]

合强度最大，而当 EPTI-25 的用量为 5~15 份时，生成硫化铜的厚度刚好在这个范围内。

从表 10-54 可以看出，使用 ETPI 部分代替 NR 在锦纶帘布层胶中并用，胶料的硬度和 100%定伸应力增大，拉伸强度略有下降，撕裂强度变化不大。23℃回弹值数据表明，并用 ETPI 后，胶料的抗湿滑性有所提高，且阿克隆磨耗降低比较明显，也适合用作胎面胶。

表 10-54　ETPI-15 用量对 NR/SBR/ETPI 并用硫化胶性能的影响[145]

项目	NR/SBR/ETPI-15 并用比					
	80/20/0	70/20/10	65/20/15	60/20/20	55/20/25	50/20/30
硬度(邵尔 A)	67	69	71	72	71	72
100%定伸应力/MPa	2.49	2.68	3.08	2.98	3.35	3.67
300%定伸应力/MPa	11.23	11.74	13.01	11.77	13.70	14.69
拉伸强度/MPa	23.54	22.23	21.30	21.20	21.15	20.02
扯断伸长率/%	567	490	443	501	455	415

续表

项目	NR/SBR/ETPI-15 并用比					
撕裂强度/(kN/m)	56	63	58	62	57	62
回弹率/%						
25℃	44	39	37	36	35	33
70℃	53	50	44	43	43	42
阿克隆磨耗/cm³	0.236	0.182	0.209	0.205	0.150	0.114

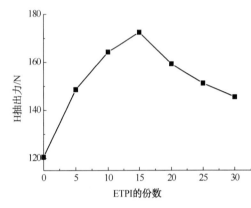

图 10-42　ETPI-15 用量对尼龙帘线抽
出力的影响[145]

尼龙线抽出力试验中可以看出（图 10-42），随着 ETPI-15 用量的增大，NR/SBR/ETPI 并用硫化胶锦纶帘线 H 抽出力先增大后减小，ETPI-15 用量为 15 份时，硫化胶锦纶帘线 H 抽出力最大。分析原因认为，ETPI-15 分子链上带有的极性环氧基团可与锦纶表面的极性分子反应，加强两者的界面作用，当锦纶帘线从胶料中抽出时，锦纶表面的柔性高分子链段可以通过松弛和变形来调整界面上的应力分布，缓解了界面的破坏，表现为硫化胶锦纶帘线 H 抽出力提高[146]；当 ETPI-15 用量超过一定值后，过多的极性官能团使分子链刚性增大，降低了分子链间接触的紧密程度，硫化胶锦纶帘线 H 抽出力减小，但仍比未使用 ETPI-15 的硫化胶大。

从上述 ETPI 硫化胶性能的研究中发现，环氧度低于 25% 的 ETPI 综合性能较好，与 TPI 相比，有两大突出特点，一是具有优良的抗湿滑性能，二是具有优良的与轮胎帘线的粘接性能，另外其耐油性、耐磨性都优于 TPI，因此适用于轮胎的胎面胶和带束层胶料，试验结果列于表 10-55 和图 10-43。

表 10-55　ETPI 在胎面胶和带束层胶中应用的性能[144]

配方和性能	胎面胶				带束层胶			
	1	2	3	4	5	6	7	8
SBR1712	96	62	62	62	0	0	0	0
BR9000	30	30	30	30	0	0	0	0
NR	0	0	0	0	100	75	75	75
TPI	0	25	0	0	0	25	0	0
ETPI-17	0	0	25	0	0	0	25	0
ETPI-25	0	0	0	25	0	0	0	25
密度/(g/cm³)	1.157	1.162	1.183	1.186	1.114	1.128	1.131	1.134
硬度(邵尔 A)	62	73	76	78	62	63	66	67
100%定伸应力/MPa	1.1	1.4	1.6	1.7	1.1	1.3	1.3	1.5
300%定伸应力/MPa	2.9	3.6	4.9	4.8	4.6	5.2	4.1	4.9

续表

配方和性能	胎面胶				带束层胶			
	1	2	3	4	5	6	7	8
拉伸强度/MPa	17.5	14.5	14.4	13.1	25.9	22.3	21.3	17.1
撕裂强度/(kN/m)	45.4	43.3	41.9	41.8	103.6	75.3	101.0	57.2
扯断伸长率/%	1100	920	800	700	950	860	990	840
拉断永久形变/%	36	32	32	36	72	48	52	40
阿克隆磨耗/cm³	0.222	0.198	0.152	0.184	0.324	0.358	0.304	0.338
耐屈挠疲劳/万次	24	41	27	12	23	33	21	18
20℃回弹率/%	26	28	20	19	40	40	25	25
70℃回弹率/%	36	37	32	29	61	62	50	45
0℃的 tanδ 值	—	—	—	—	0.431	0.404	0.586	0.523
60℃的 tanδ 值	—	—	—	—	0.193	0.155	0.249	0.261
80℃的 tanδ 值	—	—	—	—	0.151	0.121	0.215	0.214
钢丝帘线的抽出力/N	—	—	—	—	41	35.5	52	60.5
尼龙帘线的抽出力/N	—	—	—	—	33	30	60	51
在汽油中的溶胀率/%	107	105	99	96	145	144	114	120

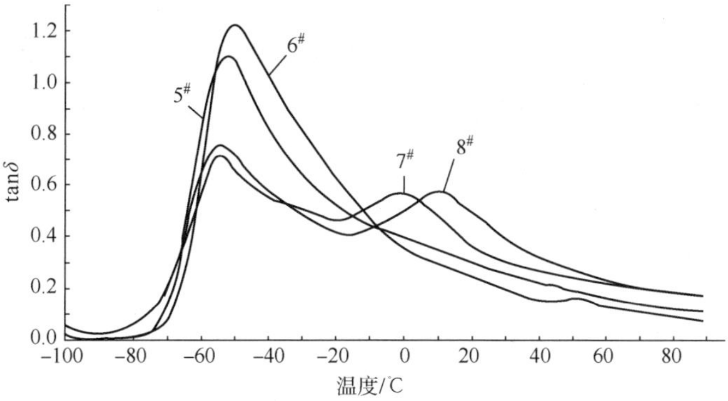

图 10-43　NR、ETPI/NR、TPI/NR 的 DMA 谱对比[144]

5#—NR 100；6#—TPI/NR=25/75；7#—ETPI-17/NR=25/75；8#—ETPI-25/NR=25/75

　　由图 10-43 和表 10-55 可以看出，并用了 ETPI 的胶料的抗湿滑性能和帘线抽出力提高显著，但也伴随某些性能如滚动生热和耐疲劳性能等的降低，具体应用要根据轮胎的要求选择适宜环氧度的 ETPI 及配方。并用了 ETPI 的胶料（7#、8#）在 0~20℃间又现一个高 tanδ峰，说明抗湿滑性能较 TPI 和 NR 有了很大改善。耐磨性测试也表明，ETPI 的磨耗低于 TPI和 NR。即并用 ETPI 的胶料具有低滚动阻力（生热）、抗滑移、耐磨三大行驶性能的良好综合平衡。这些，都是高性能胎面胶料所需要的宝贵性能。作为胎面胶使用时还有一个好处，即在加用白炭黑的情况下，由于 ETPI 中极性环氧基团的存在，可以减少价格昂贵的硅烷偶联剂的用量。

10.4.2　低分子反式聚异戊二烯蜡（LMTPIW）

　　采用负载钛催化合成 TPI 时，氢气可作为调节聚合物分子量的链转移剂[147]。而且随着所用氢气压力的升高，聚合物的分子量持续降低。当氢气压力升高到一定值后，所得聚合物将失去 TPI 固有的韧性和机械强度，变成一种脆性的或半固态的蜡状物，称之为低分子反式聚异戊二烯蜡(LMTPIW)。

LMTPIW 的分子量与通常液体天然橡胶或液体异戊橡胶相当，只是因为前者仍具有一定的结晶性而呈固体蜡状。当温度升至 TPI 的结晶熔点(60℃)以上时，LMTPIW 即变成可流动性的液体橡胶。因此，LMTPIW 与液体异戊橡胶应属同一类物质，具有相同或相似的物理化学性质和用途。但 LMTPIW 在室温下呈固体蜡状，因此对储运和使用来说更为方便。

1. 合成、结构与性能

聚合在耐一定压力的不锈钢搅拌反应釜中进行，采用 MgCl$_2$ 负载的 TiCl$_4$ 为催化剂，Al(iBu)$_3$ 为活化剂，H$_2$ 为相对分子质量调节剂，既可以通过溶液聚合[148](以加氢汽油或芳烃、环烷烃等作溶剂)，也可以通过本体聚合(以单体异戊二烯自身作稀释剂)，使异戊二烯聚合生成 LMTPIW。在同等条件下，溶液聚合法所得产品分子量稍低、分布也较窄；而本体聚合法由于省除了溶剂，工艺较简单，产率也更高[125]。

(1) 氢气分压对相对分子质量的影响

由图 10-44 可以看出，随着聚合反应中氢气压力的增加，LMTPIW 的特性黏数逐渐减低，可得到[η]与 p_{H_2} 的关联方程式：

$$[\eta] = 0.5897/p_{H_2} + 0.0588 \tag{10-5}$$

相关系数 $r = 0.953$。由上述公式可以方便地计算出合成特定分子量聚合物所需的氢气分压。

低聚物常用本体黏度 η 来间接表征分子量和流动性，LMTPIW 的本体黏度 η 与特性黏数[η]的关系如图 10-45 所示。由图 10-45 可见，η 与[η]之间也存在良好的线性关系，因此测定 LMTPIW 的 η 与[η]是一致的。

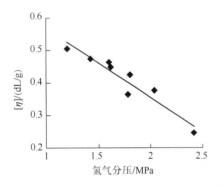
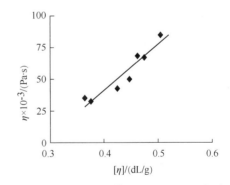

图 10-44 氢气分压对聚合物[η]的影响[149]　　图 10-45 聚合物[η]与本体黏度 η(150℃)的关系[149]

聚合条件：n(Ti)/n(Ip)$= 8×10^{-5}$，　　　　　　　　(聚合条件同图 10-44)

n(Al)/n(Ti)$= 100$，20℃，24h

(2) 聚合温度对分子量、产率和微观结构的影响

由图 10-46 可见，聚合物的特性黏数[η]随着聚合温度的升高而上升，这与一般配位聚合反应规律(通常是聚合温度上升，聚合物的分子量下降)不同。估计是温度升高致使氢气在体系中的溶解度(浓度)下降造成的；当温度超过 50℃后，聚合物分子量又下降。这是由于达到一定温度后体系内溶解的氢气含量随温度变化较小；而温度升高，链转移速率常数的增大超过链增长速率常数的增加，并占据主导地位，因此聚合物分子量下降。

由图 10-47 可见，随聚合温度的升高，催化剂效率先升高后降低，在 30~50℃聚合时催化效率最高。超过 50℃ 催化效率下降可能是催化剂活性中心在高温下不稳定引起的。由于本体系采用沉淀聚合以降低体系黏度,考虑到温度稍低有利于聚合物边生成边结晶沉淀,所以选择聚合温度 20~30℃。聚合温度和氢气压力对聚合物微观结构也有一定影响,随着氢气压力和聚合温度的升高,聚合物的反式 1,4 结构含量下降(表 10-56),但仍保持在 90% 以上。

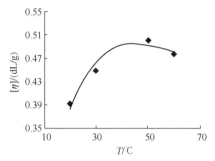

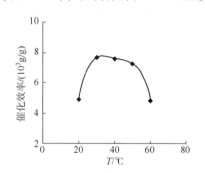

图 10-46 聚合温度对聚合物特性黏数的影响[149]

聚合条件: $n(Ti)/n(Ip) = 8×10^{-5}$, $n(Al)/n(Ti) = 75$,

$p_{H_2} = 1.6$ MPa, $t = 24$h

图 10-47 聚合温度对催化效率的影响[149]

(聚合条件同图 10-46)

表 10-56 LMTPIW 和 TPI 的微观结构比较[149]

样品	聚合温度/℃	H₂ 压力/MPa	微观结构/%		
			3,4 结构	顺式 1,4	反式 1,4
TPI	20	<0.02	0.3	<1.7	>98
LMTPIW	20	1.62	2.9	2.0	95.1
LMTPIW	40	1.62	4.0	2.1	93.9
LMTPIW	60	1.62	5.3	2.3	92.4

(3) 特性黏数与分子量、分子量分布及结晶度

从表 10-57 看出,所有样品的分子量分布都很宽,其分布指数 $\overline{M}_w/\overline{M}_n$(即 I_D)达 50~80,远高于同体系合成高分子量 TPI 的 I_D 数值 2~3[147]。其原因可能是非均相本体沉淀聚合时,溶解于单体的 H_2 需通过扩散,才能与活性中心接触并参与链转移反应。有些活性中心被聚合物链包覆并结晶沉淀析出,就难以与 H_2 接触发生链转移反应,而有些难结晶的低分子活性中心存在于溶液或溶胶中,就比较容易与 H_2 发生链转移反应,这样使聚合物的分子量分布大为加宽。VPO 和 GPC 测定的 $\overline{M}_n$ 比较接近,大多在 600~1200 之间,确实属于液体橡胶范畴。DSC 测得 LMTPIW 的结晶度都为 30% 左右,T_m 在 50~55℃ 附近,与高分子量 TPI 的结晶度和熔点[150]相差不多,但谱图中熔融峰的宽度却大得多,主要是由于聚合物的分子量分布很宽,从而形成完善程度不同的晶区造成的。

表 10-57 不同[η]LMTPIW 的分子参数[149]

样品	测试方法	1(s)①	2	3	4	5
[η]/(dL/g)		0.299	0.247	0.486	0.513	0.609
$M_n×10^{-3}$	VPO	0.65	0.92		1.17	—
$M_w×10^{-3}$	GPC	51.7	—	—	75.1	86.3

样品	测试方法	1(s)①	2	3	4	5
$M_n \times 10^{-3}$	GPC	1.06	—	—	1.55	1.08
$M_w/M_n(I_D)$	GPC	49	—	—	49	80
结晶度/%	DSC	28.7	30.9	—	—	—
熔点/℃	DSC	53.0	55.4	—	—	—

① (S)：聚合物在异戊二烯中可溶部分。

（4）LMTPIW 的物性[151]

根据不同分子量 LMTPIW 溶解性的差异，分别以汽油、甲苯为溶剂，乙醇为沉淀剂，采用溶解-沉淀法，将本体聚合法合成的 LMTPIW 分级，得到 1#~5# 五个级分，其结构与性能列于表 10-58。可见，由级分 1#~5#，随着分子量的降低，聚合物的反式 1,4 结构含量降低，结晶度和熔点下降，流动性增加。压片后 3# 和 4# 级分均为半透明蜡状片，强度很低，极易折断，呈脆性物；级分 2# 已经有了一定的强度，韧性增加，弯曲成环不断裂，但对折时可断裂；而级分 1# 即使对折 180℃ 也不发生断裂，性能类似 TPI。据此可认为聚合物在数均分子量为 1800 左右时出现性质上的转折，由脆性蜡开始向有一定强度的韧性材料转变；而在分子量低于 1000 时，例如级分 5#，只是一种黏稠性蜡状物。

表 10-58　不同级分 LMTPIW 的结构与物性[151]

级分	质量分数/%	性状	微观结构/%			结晶度/%	熔点/℃	熔体流动速率/(g/30s)	[η]/(dL/g)	$\overline{M}_n$ (VPO)
			反式 1,4	顺式 1,4	3,4 结构					
1#	13.2	强韧固体	98.9	—	1.1	—	—	—	—	—
2#	61.0	硬脆蜡	94.4	4.7	0.9	59.1	61.4	1.2	0.693	1809
3#	10.3	脆性蜡	92.4	6.6	1.0	47.2	58.9	2.1	0.359	1436
4#	8.3	脆性蜡	97.9	1.1	1.0	—	—	>3.0	0.231	1099
5#	7.2	粘性蜡	89.8	8.7	1.5	11.7	20.3	—	0.182	859

2. LMTPIW 的应用

（1）作为橡胶组分直接在橡胶配方中应用

LMTPIW 分子量低，流动性好，与其他橡胶共混可起到增塑软化剂作用，代替芳烃油等操作油改善加工性能；同时，又可作为橡胶组分之一参与共硫化，防止像其他低分子操作油那样使用中从制品中析出。对于医用或食品用橡胶，或者浅色橡胶制品作为加工助剂是非常适宜的。随着环境保护要求的加强，芳烃油等逐渐被限用，LMTPIW 等液体橡胶将发挥它越来越重要的作用。LMTPIW 作为加工助剂代替芳烃油对胶料性能的影响见表 10-59。除了同样可作为胶料的增塑软化剂外[152]，还延长了焦烧时间和正硫化时间（老化后强度提高，说明在继续硫化），胶料的硬度和回弹性提高，最突出的是耐屈挠疲劳性能比用芳烃油时提高了数十倍。

表 10-59　LMTPIW 与芳烃油对 SBR 硫化特性和硫化胶性能影响比较[152]

编号	1	2	3	4	5	6
配方						
SBR 1500	100	100	100	100	100	100

续表

编号	1	2	3	4	5	6
LMTPIW	10	20	30	0	0	0
芳烃油	0	0	0	10	20	30
物性						
焦烧时间(150℃)/min	5.65	6.45	7.60	5.08	5.05	6.10
t_{90}(150℃)/min	21.12	21.83	18.73	12.67	17.47	20.23
拉伸强度/MPa	23.0	17.9	13.8	23.2	21.9	19.2
硬度(邵尔A)	59	55	54	64	58	54
回弹率/%	46	44	44	42	41	41
屈挠龟裂/万次	90.0	604.8	604.8	12.6	19.8	21.6
150℃×24h 老化后						
拉伸强度/MPa	21.6	18.4	16.2	21.6	19.0	7.2

注：基本配方(质量份)：氧化锌 5；硬脂酸 3；促进剂 CZ 0.8；切片石蜡 1.5；防老剂 4010NA 1.5；防老剂 RD 1；炭黑 N330 40；硫黄 2。

将 LMTPIW 代替芳烃油用于 NR 和 TPI 并用胶中，研究其对并用胶性能的影响[153]。结果(表 10-60)表明，用 LMTPIW 代替芳烃油用于 NR/TPI 并用胶中，操作方便，可改善混炼胶的加工性能，混炼胶的焦烧时间延长；提高了硫化胶的扯断伸长率、撕裂强度、屈挠性能；改善了炭黑的分散性；热空气老化性能相近。LMTPIW 用量在 10~15 份时，与加入 5 份芳烃油后的增塑效果相当，屈挠性能可提高 2~4 倍，胶料的综合性能最佳。

表 10-60 LMTPIW 用量对 NR/TPI 硫化胶性能的影响[153]

编号	1	2	3	4	5
芳烃油	5	0	0	0	0
LMTPIW	0	5	10	15	20
拉伸强度/MPa	22.33	22.78	22.79	21.93	20.10
300%定伸应力/MPa	12.32	12.39	9.99	8.84	7.89
扯断伸长率/%	509	514	604	637	656
撕裂强度/(kN/m)	45.92	46.01	48.00	47.97	43.94
硬度(邵尔A)	65	68	67	65	64
23℃回弹率/%	44	45	42	42	40
屈挠次数/万次					
一级裂口	9.8	13.0	16.5	19.3	15.8
六级裂口	13.0	24.7	37.3	56.7	49.7
热空气老化，100℃×24h					
拉伸强度变化率/%	−11.1	−8.0	−10.4	−10.8	−7.2
扯断伸长率变化率/%	−19.1	−19.6	−20.7	−21.4	−18.3
硬度变化(邵尔A)	+3.1	+1.5	+1.4	+2.9	+4.1

注：基本配方(质量份)：NR 75，TPI 25，防 4010NA 2.0，防 RD 1.0，炭黑 N330 50，硬脂酸 2.0，ZnO 5.0，硫黄 2.0，促进剂 DZ 0.5，促进剂 DTDM 0.8。

由表 10-61 炭黑分散性实验可以看出，加入 LMTPIW 后，炭黑的平均粒径、最大粒径均减小，炭黑分散更均匀。这可能是由于 LMTPIW 分子链上有双键，与芳烃油相比，其反应活性更高，因此提高了和炭黑的相互作用，阻止了炭黑的凝聚，从而使混炼胶中炭黑的平均粒径和最大粒径减小，分散均匀程度提高。

表 10-61 NR/TPI 硫化胶的炭黑分散性能[153]

编号	1	2	3	4	5
分散度/%	88.2	91.4	97.4	98.7	98.2
平均粒径/μm	12.5	11.7	11.1	10.5	12.3
最大粒径/μm	46.9	36.7	31.6	34.7	34.0

注：基本配方同表 10-60。

（2）作为助剂载体

由于 LMTPIW 常温下呈固体蜡状，以其作为预分散体对各种橡胶的粉状助剂如硫黄、氧化锌、各种硫化促进剂、各种填料等，先行预分散造粒，再于橡胶混炼时加入。不仅可以提高混炼效率，改善劳动条件，还能同时起到上述改善加工性能的效果[154]。以 LMTPIW 作为载体，分别对促进剂 NA222 和氧化锌进行造粒，研究助剂造粒对 CR 胶料性能的影响。结果表明，促进剂 NA222 和氧化锌造粒均可增大 CR 胶料的门尼黏度，缩短胶料的 t_{10} 和 t_{90}，其中促进剂 NA222 造粒对硫化胶的物理性能影响不大，而氧化锌造粒可显著提高硫化胶的扯断伸长率和撕裂强度，而且在氧化锌造粒过程中加入表面活性剂，可提高胶料的混炼速度，改善胶料表面的光洁度，加入硬脂酸或亚磷酸酯的硫化胶撕裂强度增幅较大[155]。

以 LMTPIW 为载体对硫黄进行造粒用于 NR 硫化胶中，对硫化胶的定伸应力略有提高，耐磨性得到改善，其他的物理力学性能几乎没有变化。通过与莱茵公司造粒硫黄进行对比后发现，性能差异不大，基本上能达到国外产品要求。见表 10-62。

表 10-62 不同类型的硫黄对 NR 物理力学性能的影响[154]

性能	1#	2#	3#
硬度（邵尔 A）	72	73	68
100%定伸应力/MPa	2.14	3.20	2.48
300%定伸应力/MPa	10.33	13.38	11.71
拉伸强度/MPa	20.86	21.90	19.89
扯断伸长率/%	504	459	477
撕裂强度/(kN/m)	42.61	42.80	46.43
阿克隆磨耗/cm³	0.3014	0.2647	0.3068
热空气老化后性能(150℃×48h)			
硬度变化	+6	+6	+8
拉伸强度变化率/%	−3.24	−5.34	−1.91
扯断伸长率变化率/%	−33.4	−27.9	−28.5

注：基本配方（质量份）：NR 100；ZnO 5；硬脂酸 3；促进剂 DM 1.0；防老剂 4010NA 2.0；炭黑 N330 40；硫黄 2。
表中：1#为粉末硫黄；2#以 LMTPIW 为载体造粒的硫黄；3#为莱茵公司的造粒硫黄。

（3）合成各种带官能团低聚物

与液体聚异戊二烯、液体聚丁二烯橡胶一样，LMTPIW分子中含有大量不饱和双键，容易进行环氧化、卤化、马来酸酐接枝等多种反应，得到相应的改性产物，广泛用于涂料、黏合剂等领域[156]。

10.4.3　反式丁二烯-异戊二烯共聚及复合橡胶（TBIRR）

1. 反式丁-戊共聚橡胶（TBIR）

反式1,4-丁二烯-异戊二烯共聚橡胶（TBIR）是指反式结构摩尔含量大于70%的Bd-Ip共聚物。国外研究报道早在20世纪60年代末就已开始，主要集中于前苏联、美国、日本等国[157~171]。从20世纪90年代后期起，国内青岛科技大学也对TBIR的合成及性能进行了研究[172~186]。TBIR的结构和性能很大程度上取决于合成时所采用的催化体系、聚合工艺条件、共聚单体的配比和共聚物的序列分布等。

日本合成橡胶株式会社1985年于专利[162]中报道了用$MgCl_2$负载的$TiCl_4$-AlR_3（R为烷基）催化体系，在甲苯或庚烷溶剂中催化Bd-Ip共聚合，得到了反式结构摩尔含量大于90%的共聚物。聚合条件为：Al/Ti摩尔比2~50，Mg/Ti摩尔比1~50，聚合温度20~100℃。共聚物玻璃化转变温度低于-60℃，特性黏数1.0~6.0dL/g，分子量1.0×10^5~1.5×10^6，分子量分布为2.0~2.5。共聚合结果及共聚物性能见表10-63。共聚物本身为热塑性弹性体，可在非交联状态下使用，也可与天然胶等其他胶种共混，配合以炭黑等硫化交联，适用于生产轮胎、鞋底等各种橡胶制品。

表10-63　TBIR平均组成及其生胶物理力学性能[162]

项目	试样1	试样2	试样3	试样4	试样5	试样6
Ip初始投料/g	13.1	14.7	15.5	11.5	8.2	0
Bd初始投料/g	2.9	1.2	0.8	4.6	8.0	13.2
H_2初始投料/mL	10	10	10	10	10	
转化率/%	32	25	28	41	46	57
聚合物中Ip/Bd质量比	50/50	74/26	89/11	35/65	21/79	0/100
Ip链节反式1,4摩尔含量/%	97	97	97	97	97	
Bd链节反式1,4摩尔含量/%	98	98	98	98	98	
$[\eta]$/（dL/g）	5.6	4.4	4.9	5.5	—	—
T_g/℃	-72	-68	-69	-70	-69	
T_m/℃	41	42	46.5			72
硬度（邵尔A）	62	74	78	71	80	
100%定伸应力/MPa	0.59	3.45	3.80	1.22	3.58	
300%定伸应力/MPa	0.97	4.99	5.34	2.23	4.83	
拉伸强度/MPa	3.57	15.48	16.86	7.06	15.78	
扯断伸长率/%	1720	980	850	1310	850	

注：聚合条件：50℃，30min，[Ti]=0.125mmol。

日本合成橡胶株式会社还于1991年的专利[169]中报道了TBIR硫化胶用于轮胎的研究。结果表明：采用$TiCl_4$/$MgCl_2$-AlR_mX_{3-m}催化合成的TBIR硫化胶由于具有良好的耐裂口增长性，因而适于作轮胎胎侧胶料，并将相关技术指标与NR、IR、BR胶进行了比较，如表 10-64 所示。

表 10-64　轮胎用 TBIR 硫化胶和其他通用胶力学性能比较[169]

项目	IBR-Ⅰ	IBR-Ⅱ	IBR-Ⅲ	IBR-Ⅳ①	IR②	BR③	NR④
聚合物中 Ip/Bd 质量比	58/42	89/11	21/79	58/42	—	—	—
Ip 链节反式 1,4 结构摩尔含量/%	97	93	95	45	—	—	—
Bd 链节反式 1,4 结构摩尔含量/%	98	93	95	55	—	—	—
$ML_{1+4}^{100℃}$	60	30	90	60	82	44	80
聚合物/质量份	100	100	100	100	100	100	100
碳黑 N339/质量份	50	50	50	50	50	50	50
芳烃油/质量份	10	10	10	10	10	10	10
硬脂酸/质量份	2	2	2	2	2	2	2
防老剂 810NA/质量份	1	1	1	1	1	1	1
促进剂 NS/质量份	3	3	3	3	3	3	3
促进剂 CZ/质量份	—	—	—	—	1.5	1.5	1.3
促进剂 D/质量份	—	—	—	—	0.5	0.5	0.5
硫黄/质量份	2.5	2.5	2.5	2.5	2	1.5	2
硫化时间(145℃)/min	14	17	15	15	17	16	12
200%定伸应力/MPa	9.4	8.1	10.0	8.4	7.3	6.0	8.0
拉伸强度/MPa	18.8	17.6	17.2	17.1	27.6	16.4	28.4
耐龟裂成长性(相对值)	173	128	150	73	45	100	86

① IBR-Ⅳ由锂体系催化合成。

② 日本合成橡胶株式会社 JSR IR2200(顺式 1,4 结构摩尔含量为 98%)。

③ 日本合成橡胶株式会社 JSR BR2200(顺式 1,4 结构摩尔含量为 96%)。

④ NR RSS#3。

国内青岛科技大学采用负载型 $TiCl_4/MgCl_2-Al(iBu)_3$ 催化体系在常温下经溶液聚合或本体聚合工艺制得了高反式 1,4 结构的 Bd-Ip 共聚物[172,176~183]。聚合条件对 TBIR 平均组成、玻璃化转变温度、结晶熔点和微观结构的影响见表 10-65[179]。从表 10-65 可见,当初始投料中 Bd 的摩尔分数 f_1^0 不超过 20% 时,低转化率下可得到比较均一的共聚物,其 T_g 约为 -75℃,T_m 约为 35℃[183],与天然橡胶非常接近。当共聚物中 Bd 摩尔含量 F_1 在 40%~60% 范围时,丁二烯和异戊二烯链节反式结构的摩尔含量均大于 98%;当投料比 f_1^0 较低,F_1 在 30% 以下时,丁二烯链节的反式结构含量有所降低,但也能达到 90% 以上;当初始投料中 Bd 的摩尔分数 f_1^0 超过 20% 时,共聚物中将产生少量高熔点的反式 1,4 聚丁二烯(TPB)长嵌段或均聚物的结晶,但从熔融焓 ΔH 判断,其量是很少的。^{13}C-NMR 测定序列分布表明,在投料比 f_1^0=5%~20% 时,所得共聚物为无序共聚物,其序列分布服从一级 Markov 统计模型[181]。采用 TUDOS 改进的线性图解法,测得 Bd 的竞聚率 r_1 为 5.7,Ip 的竞聚率 r_2 为 0.17,$r_1 \cdot r_2 \approx 1$[177],可见共聚时丁二烯的活性较高,消耗较快,随着单体转化率的提高,共聚物的 F_1 将下降。因此,如想获得组成比较均匀的共聚物,必须控制初始投料比 f_1^0 不大于 20%,并在聚合过程中不断补加丁二烯,以维持体系中的两单体比例基本不变。

表 10-65 投料比对 TBIR 平均组成、玻璃化转变温度、结晶熔点和微观结构的影响[179]

$f_1^0/\%$ （摩尔）	$C/\%$ （质量）	$F_1/\%$ （摩尔）	$T_g/$ ℃	共聚物的 $T_m/$ ℃ 和 $\Delta H/$ (J/g)		均聚物的 $T_m/$ ℃ 和 $\Delta H/$ (J/g)		Ip 链节的微观结构/%（摩尔）		Bd 链节的微观结构/%（摩尔）		
				TPI	TPB	反式 1,4	3,4 结构	反式 1,4	顺式 1,4	1,2 结构
0	38.5	0	−70.1			52.4(25.6)						
5.5	3.8	26.3	−75.2	36.0(1.5)				99.1	0.9	90.2	9.6	0.2
11.5	4.2	40.9	−74.4	32.2(1.0)				99.0	1.0	95.7	4.0	0.3
14.8	5.1	49.4	−78.8	36.6(0.3)				98.8	1.2	97.4	2.2	0.4
20.0	4.6	57.5	−77.7	39.1(0.1)		132.3(0.2)		98.9	1.1	99.4	0.2	0.4
27.0	6.3		−79.9	31.3(1.4)		135.0(1.7)						
35.4	6.5		−85.9	33.8(6.0)		138.3(2.2)						
46.0	8.9		−74.8	35.7(1.3)		139.6(3.3)						
100	21.8					150.3(55.6)						

注：聚合条件：[M] = 3.0mol/L，Ti/M = 5×10⁻⁴（摩尔比），Al/Ti = 100(摩尔比)，50℃，90min。

符号说明：f_1^0—初始投料中 Bd 的摩尔分数；F_1—共聚物中结合 Bd 的摩尔分数；C—单体转化成聚合物的质量分数；T_g—玻璃化转变温度；T_m—结晶熔点；ΔH—结晶熔融熔。

取初始投料摩尔比 $f_1^0 = 20\%$，不同转化率下所得 TBIR 生胶性能如表 10-66 所示，可见随着转化率的增大，共聚物中丁二烯的平均组成减小，拉伸强度、永久形变逐渐增大，在高转化率下，拉伸强度甚至可达 20MPa 左右，超过了其硫化胶的强度。这是因为，聚合中随着丁二烯的较快消耗，不断生成长嵌段或均聚型的高反式 1,4-聚异戊二烯(TPI)的结晶，形成物理交联点；另一原因是，该体系如不加以分子量调节，所得聚合物分子量很高，门尼黏度可达 200 以上，强度虽高，但难以加工。研究表明[182]，氢气可作为该体系调节共聚物分子量的有效手段，如控制 $ML_{1+4}^{100℃}$ 在 30~60 范围，共聚物具有良好的加工性能、力学性能和硫化性能，并且随共聚物中丁二烯含量的增加，硫化胶的回弹性、定伸应力、抗撕裂强度增大，磨耗量降低。

表 10-66 不同转化率下 TBIR 生胶的基本力学性能[187]

转化率/%	20	26	42	51	63	65	80
共聚物中 Bd 摩尔分数/%	40	36	29	26	25	22	20
拉伸强度/MPa	5.60	9.68	14.65	17.26	17.68	17.55	21.28
扯断伸长率/%	188	557	504	476	476	551	468
永久形变/%	14	26	23	33	34	38	53
硬度（邵尔 A）	85	72	75	83	84	82	89

注：聚合条件：初始投料摩尔比 $f_1^0 = 20\%$，[M]₀ = 2.0mol/L，Ti/[M]₀ = 6×10⁻⁴，Al/Ti = 100，40℃。

TBIR 也可以用通常 NR 或 BR 同样的硫化体系进行硫化交联，其硫化胶性能与 NR、BR 和胎侧常用的 NR/BR 并用胶对比如表 10-67 所示。TBIR 硫化胶具有较高的定伸应力和硬度，拉伸强度和压缩生热稍差于 NR/BR 并用胶，其余性能介于 NR 和 BR 之间，与 NR/BR 并用胶较为接近。TBIR 硫化胶最为突出的特点是具有优异的耐裂口产生和耐裂口增长性能，其耐屈挠龟裂次数可达 680 万次以上，分别为 NR 和 BR 的 100 倍和 10 倍以上，也比目前常用的 NR/BR 并用胎侧胶胶料高十余倍。可以预料，经进一步研究改善后的 TBIR，可能成为高速轮胎胎侧胶的优良胶料。

表 10-67 TBIR 硫化胶与一般胎侧用胶性能比较[162]

项目	TBIR-1	TBIR-2	NR-RSS3	BR-9000	NR/BR(50/50)
Bd 初始投料摩尔分数/%	10	20			
转化率/%	22	38			
共聚物中 Bd 摩尔分数/%	30.0	42.7			
$ML_{1+4}^{100℃}$	64.7	28.0	88.3	44.6	
生胶拉伸强度/MPa	10.4	3.47		0.4	
硫化时间(150℃)/min	12	15	10	13	13
100%定伸应力/MPa	2.5	1.7	1.7	1.6	1.6
200%定伸应力/MPa	6.4	4.7	6.3	5.6	5.2
拉伸强度/MPa	14.9	12.5	22.2	18.1	19.4
扯断伸长率/%	560	690	720	627	770
硬度(邵尔 A)	68	62	61	63	59
撕裂强度/(kN/m)	47.8	39.3	70.0	39.2	54.0
23℃回弹率/%	42.0	31.5	33.0	49.5	39.0
70℃回弹率/%	48.0	34.0	40.5	53.0	44.0
生热/℃	8.0	9.0	7.0	5.5	7.0
屈挠龟裂/万次 1 级裂口	689	689	5.3	60.5	33.6
6 级裂口	>689	>689	18	164	240

注：配方(质量份)：生胶 100，炭黑 N330 50，ZnO 5，硬脂酸 2，硫黄 2，促进剂 CZ 1，防老剂 264 1，芳烃油 7。

共聚物的分子量(以门尼黏度表示)对 TBIR 的加工性能和物理性能有明显的影响，如表 10-68 和表 10-69 所示。综合加工和使用性能，门尼黏度控制在 50~60 较为适宜[188]。

表 10-68 门尼黏度对 TBIR 加工性能的影响[188]

门尼黏度①	塑炼温度/℃	混炼现象
<30	65~70	生胶入辊易；包辊性好；自黏性好；吃料易；薄通成片
30~45	70~90	生胶入辊易；包辊性好；自黏性好；吃料易；收缩率大
45~60	90~105	自黏性较差；收缩率大；薄通不易成片
60~70	105~115	自黏性差；吃料一般；薄通不易成片
200	165	生胶打滑；吃料困难；薄通不成片；收缩率大；易热氧老化

① 测试条件为：100℃，(1+4)min。

表 10-69 门尼黏度对 TBIR 生胶力学性能的影响[188]

项目	门尼黏度①					
	22.1	42.7	54.4	66.2	175.0	196.0
硬度(邵尔 A)	79.0	86.5	85.3	82.5	89.0	84.0
100%定伸应力/MPa	3.6	3.0	3.4	4.0	5.0	4.0

续表

项目	门尼黏度[①]					
	22.1	42.7	54.4	66.2	175.0	196.0
300%定伸应力/MPa	2.0	4.8	5.0	6.1	8.0	7.7
拉伸强度/MPa	4.9	11.6	11.5	11.3	17.7	17.6
扯断伸长率/%	294	600	633	553	570	620
拉断永久形变/%	48	45	52	52	53	34
撕裂强度/(kN/m)	26	47	47	46	—	44

① 测试条件为: 100℃, (1+4)min。

影响共聚物分子量的因素很多, 如聚合条件中随初始单体浓度[M]$_0$的降低、Ti/M$_0$和 Al/Ti 的升高、聚合温度的提高, 所得 TBIR 的分子量都有所降低, 但调节幅度非常有限, 难以达到使用要求(如门尼黏度 80 以下)。外加氢气作为链转移剂调节聚合物的分子量有明显效果(图 10-48), 因此通过调节氢气分压或是加入量可实现对 TBIR 分子量的有效控制[189,190]。但是加氢调节分子量的同时, 也会引起聚合速率的降低(图 10-49)[190]。

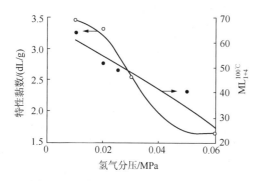

图 10-48 氢气压力对 TBIR 特性黏数和
门尼黏度的影响[189]

聚合条件: Ti/M$_0$(摩尔比)=10×10^{-5}, Al/Ti(摩尔比)=100,
[M]$_0$=2.0mol/L, f_1^0=0.2, 40℃, 加氢次数为 1 次

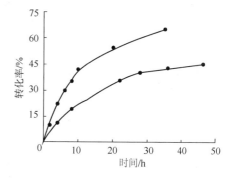

图 10-49 聚合时间对单体转化率的影响[190]
●—不加氢; ■—氢气压力 0.01MPa

聚合条件: Ti/M$_0$(摩尔比)=3×10^{-4}, Al/Ti(摩尔比)=100,
[M]$_0$=2.0mol/L, f_1^0=0.2, 40℃, 加氢次数为 1 次

其他见诸于报道的合成 TBIR 的催化体系还有醇(钠)烯体系[166~169]、阴离子聚合体系[163~165,170,171]、π 烯丙基过渡金属体系[157~159]和稀土金属体系[161,191]等, 各有优缺点, 但均未达工业化要求。

2. 反式丁二烯-异戊二烯共聚和复合橡胶(TBIRR)

(1) TBIRR 的合成

丁二烯与异戊二烯反式共聚, 根据聚合条件变化, 会有三种聚合物产生。一种是反式丁二烯的均聚物或长嵌段共聚物 TPB, TPB 极易结晶且熔点高达 140℃, 很难转变成弹性体, 因而对弹性无贡献; 第二种是丁二烯与异戊二烯的无规共聚物(TBIR), 是无定型非晶弹性体材料; 第三种是反式异戊二烯的均聚物或长嵌段共聚物, 即前面介绍的 TPI, 易结晶, 熔点 60℃左右, 可以通过硫化或共混共硫化的方法转变成弹性体。表 10-65 表明, 只要聚合体系初始投料比 Bd/Ip 中 Bd 的含量不超过 20%, 就可以免除第一种聚合物——结晶型 TPB, 而第二种聚合物 TBIR 和第三种聚合物 TPI 都是各有特色的弹性体材料, 它们的复合可以预期也将是一种综合性能优良的橡胶材料。

采用负载型 $TiCl_4/MgCl_2$ 催化剂引发丁二烯与异戊二烯反式共聚时，两种单体的相对活性差距甚远。据前期工作报道[175,178,180]，在溶液聚合中，异戊二烯和丁二烯的竞聚率分别为 $r_2 = 0.17$ 和 $r_1 = 5.7$；研究结果同时也表明，氢气的加入对两共聚单体的相对活性并不产生影响，故利用数量链段序列分布函数可求出某一瞬时形成 xBd 链节（$[-(-Bd-)_x-Ip-]$）的几率 $(p_{Bd})_x$ 为

$$(p_{Bd})_x = p_{11}^{x-1}(1 - p_{11}) \tag{10-6}$$

$$p_{11} = \frac{r_1[Bd]}{r_1[Bd] + [Ip]} \tag{10-7}$$

式中，[Bd] 和 [Ip] 分别表示某一瞬间聚合体系内 Bd 和 Ip 的单体浓度。再由 xBd 链节的数均长度（$_{Bd}$）公式可推导出某一瞬间 xBd 链节中 Bd 单元数占 Bd 总单元数的百分数：

$$\overline{N}_{Bd} = \sum_{x=1}^{x} x(p_{Bd})_x = \frac{1}{1 - p_{11}} \tag{10-8}$$

$$\frac{x(p_{Bd})_x}{\sum x(p_{Bd})_x} = xp_{11}^{x-1}(1 - p_{11})^2 \tag{10-9}$$

同理，也可求出瞬时 xIp 链节所包含的 Ip 单元的分布情况。

转化率不同时瞬时生成的 TBIR 中 Bd 和 Ip 单元理论序列的分布见图 10-50。

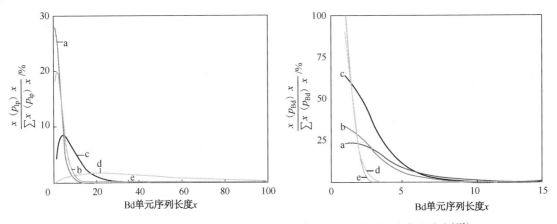

图 10-50 转化率不同时瞬时生成的 TBIR 中 Bd 和 Ip 单元理论序列分布[192]
图中转化率(%)：a—10；b—20；c—40；d—60；e—80

由图 10-50 可见，聚合反应初期生成的 TBIR 中存在较长序列 Bd 单元结构，如转化率为 10% 时瞬时生成的 $(Bd)_5$ 链节中，Bd 单元数占 Bd 单元总数的 10%；随转化率的增加，TBIR 中生成长序列 Bd 结构的几率逐渐减小，当转化率大于 60% 时生成的 TBIR 中 Bd 链段以 $(Bd)_1$、$(Bd)_2$、$(Bd)_3$ 为主。当转化率小于 20% 时，TBIR 中 Ip 链段以 $(Ip)_1$、$(Ip)_2$、…、$(Ip)_{10}$ 为主；随转化率的增加，TBIR 中 Ip 链节长度逐渐增大，当转化率大于 60% 时，TBIR 中以长嵌段 Ip 为主。

转化率不同时生成的 TBIR 和纯 TPI 的 PLM 照片见图 10-51。与纯 TPI 结晶生成的较完善球晶相比，转化率较高时生成的 TBIR 中存在长嵌段，Ip 链节生成的球晶较为明显，而转化率较低时生成的 TBIR 中则不存在明显的长嵌段 Ip 结晶。这与以上理论计算结果相符合，同时长嵌段 Ip 结晶的存在对 TBIR 的性能势必会造成较大影响[192]。

因此，除非不断补充消耗较快的丁二烯单体，保持体系中单体配比 Bd/Ip 的恒定，否则

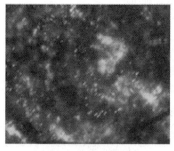  

(a) TBIR(转化率28.6%)　　　　(b) TBIR(转化率69.1%)　　　　(c) 纯TPI

图 10-51　转化率不同时生成的 TBIR 和纯 TPI 的 PLM 照片[192]

共聚物组成是不断随着共聚合的进行变化的。总的趋势是代表共聚物中丁二烯链节含量的 F_1 不断下降，直至初始投料中 Bd 的摩尔分数 f_1^0(表 10-66)。

由图 10-52 的 DMA 谱图可以清楚地看到，代表 TPI 结晶熔融的 40~60℃ 特征峰随着转化率的升高不断增大并向高温方向移动。表明高转化率下，产物是 TBIR(-40℃ 左右表示其玻璃化转变温度转变峰)和 TPI(40~60℃ 表示其结晶熔融峰)的复合橡胶(TBIRR，trans butadiene-isoprene recombination rubber)。

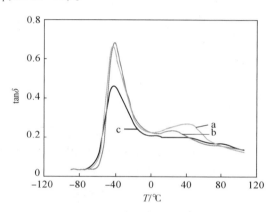

图 10-52　转化率不同时合成的 TBIR 硫化胶的 DMA 谱图[192]

图中转化率(%)：a—69.1；b—47.1；c—28.2

对比低转化率下产物(主要是反式丁二烯-异戊二烯共聚胶 TBIR，DMA 呈单峰)和高转化率下产物(为 TBIR 与 TPI 的复合胶 TBIRR，DMA 呈双峰)生胶的物理性能(表 10-70)可见，前者硬度较低，呈典型弹性体特征；而后者较硬，表现出热塑性塑料性能。表 10-71 是其硫化胶的物理性能对比，可以看出，前者的最大特点是耐疲劳龟裂性好，出现裂口的屈挠次数达到 100 万次以上，远较后者及一般橡胶高，但其压缩疲劳温升、耐磨性、力学强度不如后者。这说明，TBIRR 中有长嵌段和均聚的 TPI 存在，其性能更接近于纯 TPI[188]。总之，两种产物各有特点，都是很好的橡胶材料。使用中，可以根据对使用性能的要求不同，调节复合胶中丁二烯的含量和共聚物的比例来满足。

表 10-70　TBIR 与 TBIRR 生胶物理性能的差别[188]

项目	TBIR	TBIRR
分子量分布指数	3.0	1.9/2.0
门尼黏度	42.7	49.1
硬度(邵尔 A)	87.4	90.2
100%定伸应力/MPa	3.0	7.3
300%定伸应力/MPa	4.8	10.9
拉伸强度/MPa	15.0	17.8
扯断伸长率/%	662	633
拉断永久形变/%	138	45
撕裂强度/(kN/m)	47	70

表 10-71　TBIR 与 TBIRR 硫化胶物理性能的差别[188]

项目		TBIR	TBIRR
分子量分布指数		3.0	1.9/2.0
门尼黏度		42.7	49.1
硬度(邵尔 A)		80.0	79.5
100%定伸应力/MPa		2.2	3.8
300%定伸应力/MPa		8.5	12.1
拉伸强度/MPa		17.6	19.7
扯断伸长率/%		543	471
拉断永久形变/%		16	12
撕裂强度/(kN/m)		38	49
阿克隆磨耗/cm³		0.21	0.14
压缩疲劳温升/℃		16.7	15.3
回弹率/%	23℃	46.5	51.9
	70℃	50.1	55.2
屈挠次数/万次	1级裂口	104.89	4.75
	6级裂口	108.67	6.50

　　中国发明专利 ZL200910174494.4[126] 报道了一种反式 1,4 结构的聚二烯烃复合橡胶及其制备方法。该复合橡胶由质量分数为 10%~80% 的反式 1,4-聚异戊二烯和 20%~90% 的反式 1,4-丁二烯-异戊二烯共聚物组成，复合橡胶中所有二烯烃的结构单元 90% 以上为反式 1,4 结构。其制备方法之一是，采用二氯化镁负载钛和有机铝化合物组成的 Ziegler-Natta 催化体系，先使异戊二烯均聚制得反式 1,4-聚异戊二烯，然后加入丁二烯合成反式丁二烯-异戊二烯共聚物；其制备方法之二是同时向聚合装置加入丁二烯与异戊二烯混合单体，先进行共聚合，制得反式 1,4 结构的丁二烯-异戊二烯共聚物，待聚合速度快的丁二烯消耗尽以后，异戊二烯继续聚合得到反式 1,4 聚异戊二烯。所用的聚合装置为搅拌反应釜或螺杆挤出机。该复合橡胶具有滚动阻力小、生热低、耐磨、特别耐疲劳裂口增长等优异性能，适用于轮胎、减震材料等动态使用橡胶制品。

　　不管用哪种方法，有一点是肯定的，就是反式 1,4-丁二烯-异戊二烯无序共聚物为无定形聚合物，可溶于其单体中，引起体系的高黏度，因此不能用前述 TPI 的本体沉淀聚合法合成。解决的办法之一是通常采用溶剂稀释即溶液聚合的方法，但会造成工艺流程的加长和能耗的提高；办法之二是采用强制搅拌或螺杆挤出反应和输送的方法，但技术难度较大。具体用哪种方法，应视具体情况而定。根据专利[126] 报道的方法合成反式丁-戊共聚复合橡胶(TBIRR)，已在青岛科技大学完成 100L 聚合釜模试，并正在山东省东营市建设千吨级工业试验装置。

　　（2）性能及应用

　　张志强等[193] 对反式丁-戊共聚与复合胶在全钢子午线轮胎胎面胶中的应用进行了研究。使用了 100L 聚合釜模试合成的 TBIRR(含丁二烯 8.6%，即高转化率复合型橡胶)，结果如下：

　　1）硫化特性与门尼焦烧

　　表 10-72 的数据说明，TBIRR 的硫化特性与 NR 类似，因此 TBIRR/NR 并用胶各项硫化

参数与 NR 非常接近；代表加工安全性的门尼焦烧时间 t_5 也几乎不变，说明基本无影响。只是代表硫化速度的 $V_{c1} = 100/(t_{90}-t_{10})$ 值有所减少或 $\Delta t_{30} = t_{35}-t_5$ 值有所增加，说明硫化速度有所降低，可以稍微增加硫化时间来解决。

表 10-72　TBIRR 用量对 TBIRR/NR 硫化特性和焦烧的影响[193]

硫化特性	TBIRR/NR			
	0/100	10/90	15/85	20/80
$M_L/\text{dN}\cdot\text{m}$	2.88	2.92	2.98	3.24
$M_H/\text{dN}\cdot\text{m}$	16.20	16.92	17.05	17.46
t_{s1}	3.34	4.01	2.31	4.03
t_{10}/min	3.55	4.26	3.29	4.28
t_{90}/min	12.43	14.04	13.55	14.58
t_{100}/min	37.54	43.03	50.10	53.15
V_{c1}	11.00	9.97	8.90	9.48
焦烧时间				
t_5	17.29	17.55	16.48	17.31
t_{35}	20.52	22.16	21.08	22.14
Δt_{30}	3.23	4.61	4.60	4.83

注：配方(质量份)：TBIRR(丁二烯含量为 8.6(摩尔)%，门尼黏度为 84)+NR 100，氧化锌 3.5，硬脂酸 2，微晶蜡 1，炭黑 N115 42，白炭黑 15，防老剂 4020 2，防老剂 RD 1，促进剂 NS 1.35，硫黄 S-200 1，其他助剂 6。

2) 硫化胶的物理力学性能

表 10-73 为 TBIRR 用量对 TBIRR/NR 硫化胶力学性能的影响。由表 10-73 可知，随着 TBIRR 用量的增加，并用胶 100%定伸应力、300%定伸应力增大，抗拉伸形变能力提高，表明滚动阻力相应减小，生热降低。耐磨性明显提高(DIN 磨耗大幅降低)，预示着以其为胎面胶的轮胎有着更长的使用寿命。

表 10-73　TBIRR 用量对 TBIRR/NR 硫化胶力学性能的影响[193]

力学性能	TBIRR/NR			
	0/100	10/90	15/85	20/80
100%定伸应力/MPa	2.48	2.72	2.54	2.81
300%定伸应力/MPa	11.37	12.25	11.76	12.39
拉伸强度/MPa	27.1	27.3	26.2	24.9
扯断伸长率/%	575	561	581	519
撕裂强度/(kN/m)	94.9	94.5	97.1	97.1
硬度(邵尔 A)	66	66	67	68
DIN 磨耗/cm³	0.143	0.112	0.111	0.108
交联密度/(mol/cm³)	11.72	12.09	12.56	12.96
AMc/%	84.83	83.45	81.58	80.36

注：AMc 为弛豫函数中高斯部分即网链部分的摩尔分数。

配方同表 10-72。

由表 10-73 看出，随着 TBIRR 用量的增多，并用胶网链部分含量逐渐下降，但总交联密度呈递增趋势，这是因为并用胶中随着 TBIRR 用量的增多，微晶部分含量升高而起到物理交联点的作用，使总的交联密度增大，这也合理地解释了其拉伸强度和撕裂强度与 NR 接近的原因。不过随着微晶部分含量升高到一定程度阻碍了 NR 的拉伸结晶，拉伸强度有下降的趋势。

3) 动态力学性能

图 10-53 为不同 TBIRR 用量的 TBIRR/NR 硫化胶的 DMA 谱图。

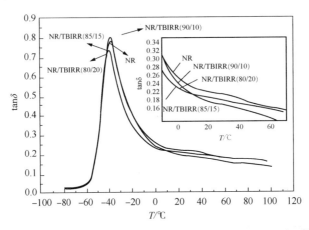

图 10-53　不同 TBIRR 用量的 TBIRR/NR 硫化胶的 DMA 谱图[193]

(配方同表 10-72)

由图 10-53 可见，随着 TBIRR 质量份的增加，硫化胶的 T_g 稍微向低温方向移动，说明并用胶耐寒性略有提高。理想的胎面胶料在 0℃左右具有较高的 tanδ 值，可使轮胎具有较高的抗湿滑性；在 60℃左右具有较低的 tanδ 值，可使轮胎具有较低的滚动阻力[194]。TBIRR/NR 并用硫化胶在 60℃左右的 tanδ 值小于 NR，滚动阻力降低；但 0℃左右的 tanδ 值也小于 NR，抗湿滑性稍差。TBIRR/NR = 10~15/90 时并用胶能较好地平衡滚动阻力和抗湿滑性之间的关系，符合理想轮胎胎面胶料要求。

4) TBIRR 在全钢胎胎面胶中的应用

青岛某轮胎企业在其全钢工程胎胎面胶配方中用 10~20 份 100L 聚合釜合成的 2 批次 TBIRR(分别含丁二烯 8.9% 和 8.6%)替代等量 NR 进行实验，测试结果如表 10-74 所示。

表 10-74　TBIRR 在全钢子午线轮胎胎面胶中的应用

	1	2	3	4	5	6	7
NR①	100						
NR/TBIRR03②		90/10	85/15	80/20			
NR/TBIRR05③					90/10	85/15	80/20
硫化特性④							
ML	2.88	3.33	2.58	3.22	2.92	2.78	3.24
MH	16.20	16.82	16.52	16.76	16.92	17.05	17.46
t_{10}/min	3.55	4.07	3.44	4.19	4.26	3.29	4.28
t_{90}/min	12.43	13.36	13.07	14.20	14.04	13.55	14.58

续表

	1	2	3	4	5	6	7
100%定伸应力/MPa	2.48	2.61	2.36	2.52	2.72	2.44	2.81
300%定伸应力/MPa	11.37	11.38	11.27	11.15	12.25	10.76	12.39
拉伸强度/MPa	27.10	27.72	24.58	25.68	27.26	26.24	24.89
扯断伸长率/%	575	664	606	548	561	581	519
撕裂强度/(kN/m)	94.9	95.5	96.2	93.0	94.5	97.1	97.1
硬度(邵尔 A)	66	66	66	67	66	67	68
DIN 磨耗/cm³	0.143	0.128	0.118	0.111	0.112	0.120	0.108
23℃回弹率/%	43	40	41	42	42	41	42
压缩生热/℃	24.4	24.4	23.5	25.9	24.6	24.8	25.0
老化性能[5]							
100%定伸应力/MPa	2.68	2.37	2.23	3.16	2.49	2.46	3.15
300%定伸应力/MPa	7.01	6.24	5.37	6.12	5.73	6.15	6.30
拉伸强度/MPa	10.16	8.51	7.30	7.37	6.87	8.00	7.45
老化系数	0.37	0.31	0.30	0.29	0.25	0.30	0.30
扯断伸长率/%	406	390	398	358	364	390	334
撕裂强度/(kN/m)	29.70	30.54	26.22	26.31	24.68	26.67	27.96
硬度(邵尔 A)	68	69	69	70	70	70	72
DIN 磨耗/cm³	0.238	0.213	0.204	0.201	0.206	0.201	0.188
23℃回弹率/%	34	34	35	35	35	35	36

① 其余配方同目前企业生产配方。

② TBIRR03：含丁二烯 8.9%，门尼黏度：74。

③ TBIRR05：含丁二烯 8.6%，门尼黏度：84。

④ 硫化条件：151℃，30min。

⑤ 老化条件：140℃，24h。

从表 10-74 可见，采用 TBIRR 的胎面胶配方，其硫化特性均与纯 NR 配方相当；综合性能指标也与纯 NR 配方相当。值得注意的是，所有采用 TBIRR 配方的耐磨性、抗湿滑性均优于纯 NR 配方。由此预言，TBIRR 可以少量替代 NR 用于全钢子午胎，同时提高胎面的耐磨性和抗湿滑性。

参　考　文　献

[1] 周政贤. 中国杜仲. 贵阳：贵州出版社，1993

[2] R F Yan(中国科学院). DE 3227757，1984

[3] 严瑞芳. 化学通报，1991，(1)：1

[4] 严瑞芳，薛兆弘，刘必前，等(中国科学院). ZL 88103742，1988

[5] 严瑞芳，林傅玲，许桂玲，等(中国科学院). ZL 90101267，1990

[6] 严瑞芳，卢绪奎，杨道安，等(中国科学院). ZL92114761，1992

[7] 严瑞芳，林传玲，杨道安，等(中国科学院). ZL 93118760，1993

[8] 严瑞芳，薛兆弘，陈廷勇，等(中国科学院). ZL 88103978，1988

[9] 橡胶 91 商讯，第 36 期. 2010.04 下期版

［10］2010 中国杜仲产业化论坛．北京，2010

［11］张继川，薛兆弘，严瑞芳，等(中国科学院)．CN 102807678A，2011

［12］英国专利，GB 834544；意大利专利，IT 553904，1955

［13］石井正雄．プラスチッケス，1987，38(9)：127

［14］石井正雄．プラスチッケス，1987，38(12)：112

［15］E G Kent，F B Swinnay．Ind. Eng. Chem. Pros. Develop.，1966，5(2)：134

［16］E J Mark. Polymer Data Handbook. London：Oxford University Press，1999

［17］朱行浩，乔玉芹，杨莉，等．合成橡胶工业，1984，7(4)：269

［18］黄宝琛，贺继东，宋景社，等(青岛科技大学)．ZL 95110352.0，1995

［19］J S Song，B C Huang，D S Yu. J. Appl. Polymer Sci.，2001，82(1)：81

［20］黄宝琛，赵志超，姚薇，等(青岛科大方泰材料工程有限公司)．US 7718742B2，2010

［21］黄宝琛，赵志超，姚薇，等(青岛科大方泰材料工程有限公司)．俄罗斯专利 2395528，2010

［22］黄宝琛，赵志超，姚薇，等(青岛科大方泰材料工程有限公司)．ZL 200610043556.4，2006

［23］K Anandakumaran，C C Kuo，A E Woodward，et al. Journal of Polymer Science：Polymer Physics Edition，2003，20(9)：1669

［24］沈德言．红外光谱法在高分子研究中的应用．北京：科学出版社，1982

［25］邵华锋．青岛科技大学硕士学位论文，2002

［26］李海霞．青岛科技大学硕士学位论文，2004

［27］Липатов Ю. С 编．闫家宾，张玉崑译．聚合物物理化学手册．北京：中国石化出版社，1995

［28］冯莺，赵季若，黄宝琛，等．弹性体，1995，5(1)：6

［29］R H Jones，Y K Wei. Journal of Biomedical Materials Research，2004，5(2)：19

［30］姚薇，黄宝琛，孙云芳，等．弹性体，1997，7(1)：10

［31］M Gavish，A E Woodward. Polymer，1989，30(5)：905

［32］D J Patterson，J L Koenig. Polymer，1988，29：240

［33］E G Lovering. Journal of Polymer Science，Part C：Polymer Symposia，2007，30(1)：329

［34］马祖伟，宋景社，黄宝琛，等．合成橡胶工业，2001，24(3)：159

［35］丛海林，黄宝琛，姚薇，等．合成橡胶工业，2003，25(1)：17

［36］姚薇，黄宝琛，韩明哲，等．合成橡胶工业，1998，21(5)：296

［37］傅玉成．高分子材料科学与工程，1992，(4)：123

［38］陈宏，周伊云，王名东，等．轮胎工业，2002，22(11)：643

［39］马祖伟，黄宝琛，宋景社，等．合成橡胶工业，2001，24(2)：82

［40］姚薇，宋景社，黄宝琛，等．弹性体，1995，5(4)：1

［41］宋景社，黄宝琛，范汝良，等．橡胶工业，1997，44(4)：209

［42］陈宏，周伊云，王名东，等．轮胎工业，2000，20(6)：345

［43］马祖伟，姚薇，黄宝琛，等．合成橡胶工业，2001，24(1)：25

［44］姚薇，贺爱华，黄宝琛，等．合成橡胶工业，1996，19(5)：287

［45］孟凡良，黄宝琛，姚薇，等．合成橡胶工业，2005，28(1)：33

［46］黄宝琛，王名东，姚薇．全国合成橡胶生产应用及市场研讨会，论文集 C-3，2001

［47］孟凡良，黄宝琛，姚薇，等．橡胶工业，2004，51(5)：267

［48］刘付永，杜爱华，黄宝琛，等．合成橡胶工业，2009，32(2)：135

［49］刘付永，杜爱华，黄宝琛，等．橡胶工业，2009，56(7)：417

［50］宋红梅，刘付永，黄宝琛，等．特种橡胶制品，2009，30(3)：48

［51］王钧周，范涛．合成橡胶工业，2000，23(5)：267

［52］王雪，刘天鹤，徐炜．弹性体，2005，15(2)：44

[53] 王真琴, 吴福生. 橡胶工业, 2003, 50(4)：218

[54] 王付胜, 李旭东, 黄宝琛, 等. 特种橡胶制品, 2005, 26(1)：5

[55] 林尚安. 配位聚合. 上海：上海科技出版社, 1988

[56] G Natta, L Porri, A Mazzer. Chim. Ind., 1959, 41：398

[57] G Natta, L Porri, A Mazzer. Chim. Ind., 1959, 41：116

[58] W e a Cooper. J. Polym. Sci., 1964, C4：211

[59] US Rubber Co. ltd. BP 877371, 1959

[60] W M 索尔特曼. 立构橡胶. 北京：化学工业出版社, 1987

[61] Dunlop Rubber Co. BP 1024174, 1959

[62] J Lasky. Ind. Eng. Chem., Prod. Res. Deu, 1962, 1：82

[63] E Schoenberg. Vdv. Chem. Sci., 1966, 52：6

[64] G Natta. Gazz. Chim. Ital., 1959, 89：761

[65] G Natta. J. Polymer Sci., 1960, 48：219

[66] 黄宝琛, 贺继东, 唐学明, 等. 高分子学报, 1992, 6：116

[67] 贺继东, 黄宝琛, 唐学明, 等. 合成橡胶工业, 1996, 19(1)：37

[68] 宋景社, 黄宝琛, 姚薇, 等. 合成橡胶工业, 1998, 5：292

[69] 宋景社, 马祖伟, 黄宝琛. 合成橡胶工业, 2002, 25(3)：154

[70] M Terrier, M Visseaux, T Chenal, et al. Journal of Polymer Science, Part A：Polymer Chemistry, 2007, 45(12)：2400

[71] F Bonnet, M Visseaux, A Pereira, et al. Macromolecules, 2005, 38(8)：3162

[72] 日本公开特许公报, 昭 56-42608, 1981

[73] G Sylvester, J Witte, G Marwede. US 4260707, 1981

[74] Пантух Б И. Пром. С К., 1984, 8：10

[75] 詹茂盛, 方义, 王瑛. 合成橡胶工业, 2000, 23(1)：53

[76] 黄宝琛. 裂解碳五综合利用暨发展异戊橡胶国际技术研讨会, 论文集 L, 2007

[77] 宋红梅. 青岛科技大学硕士学位论文, 2008

[78] 刘付永, 杜爱华, 黄宝琛, 等. 橡胶工业, 2008, 55(8)：472

[79] 齐立杰, 杜爱华, 黄宝琛, 等. 橡胶工业, 2009, (6)：346

[80] 向普及, 齐立杰, 黄宝琛, 等. 弹性体, 2010, 20(3)：44

[81] 谢遂志, 刘登祥, 周鸣峦. 橡胶工业手册, 第一分册. 北京：化学工业出版社, 1989

[82] T Masuda, T Matsumoto, T Yoshimura, et al. Macromolecules, 1990, 23(23)：4902

[83] 孟凡良, 黄宝琛, 姚薇, 等. 橡胶工业, 2004, 51(7)：407

[84] 张文禹, 黄宝琛, 杜爱华, 等. 橡胶工业, 2001. 48(12)：709

[85] 张文禹, 黄宝琛, 杜爱华, 等. 橡胶工业, 2002. 49(2)：69

[86] 张文禹, 黄宝琛, 杜爱华, 等. 橡胶工业, 2002, 49(1)：5

[87] 黄宝琛, 张文禹, 杜爱华, 等. 橡胶工业, 2002, 49(3)：133

[88] 宋红梅, 杜爱华, 黄宝琛, 等. 橡胶工业, 2010, 57(3)：159

[89] 王付胜, 李旭东, 黄宝琛, 等. 特种橡胶制品, 2006, 27(3)：1

[90] 黄良平, 杨军, 王名东, 等. 橡胶工业, 2006, 53(5)：294

[91] 刘玉鹏, 杜爱华, 黄宝琛, 等. 河南化工, 2006, 23(10)：15

[92] 刘玉鹏, 杜爱华, 黄宝琛, 等. 弹性体, 2006, 16(6)：10

[93] S Futtamura. Rubber Chemistry and Technology, 1991, 64(1)：57

[94] 杜爱华, 黄宝琛, 王炎, 等. 合成橡胶工业, 2002, 25(3)：158

[95] 曹莲忆. 特种橡胶制品, 1987, 8(4)：20

[96] 贺继东, 宋景社, 黄宝琛. 青岛化工学院学报, 1995, 17(3): 288

[97] 刘付永, 赵志超, 黄宝琛. 青岛科技大学学报(自然科学版), 2008, 29(3): 231

[98] 包全中. 合成树脂及塑料, 1991, 18(1): 59

[99] 姜敏, 彭少贤, 郦华兴. 现代塑料加工应用, 2005, 17(2): 53

[100] 倪秀元, 孙孝辉, 董嶒(复旦大学). ZL 02136921.6, 2002

[101] 宋景社, 黄宝琛. 弹性体, 1998, 8(1): 1

[102] 宋景社, 黄宝琛, 姚薇, 等. 塑料科技, 1998, 5: 6

[103] 王景振, 姚薇, 黄宝琛, 等. 青岛科技大学学报(自然科学版), 2004, 25(4): 323

[104] 刘付永, 赵志超, 黄宝琛. 特种橡胶制品, 2008, 29(3): 28

[105] 徐福勇, 姚薇, 黄宝琛, 等. 特种橡胶制品, 2010, 31(1): 1

[106] 姚薇, 徐福勇, 黄宝琛, 等. 青岛科技大学学报(自然科学版), 2010, 31(1): 67

[107] 于清溪. 橡胶原材料手册. 北京: 化学工业出版社. 1996

[108] A Shimada, M Sakurai, K Nakakita. JP 9309973, 1997

[109] A Shimada, M Sakurai, K Nakakita. JP 9309974, 1997

[110] 宋景社, 范汝良, 黄宝琛. 轮胎工业, 1999, 19(1): 9

[111] 黄宝琛. 863 项目鉴定报告, 1999

[112] 齐立杰, 赵志超, 黄宝琛. 弹性体, 2010, 20(1): 61

[113] 上海轮胎橡胶集团股份有限公司轮胎研究所使用报告, 2008

[114] 黄良平, 杨军(株洲时代新材料科技股份有限公司). ZL 200510032202.5, 2005

[115] 宋景社, 黄宝琛. 塑料工业, 1998, 26(2): 119

[116] 彭少贤, 李学锋, 闻晗, 等. 中国塑料, 2002, 16(4): 30

[117] 姚薇, 黄宝琛, 王日国, 等. 弹性体, 1999, 9(1): 7

[118] H Okuno. JP 59102907, 1984

[119] S Futami, S Terauchi. BE 905422, 1986

[120] M Nakanishi. JP 63196504, 1988

[121] 黄宝琛, 丛海林, 姚薇, 等(青岛科技大学). ZL 00123985.6, 2000

[122] 刘争男, 李旭东, 黄宝琛, 等. 合成橡胶工业, 2006, 29(1): 64

[123] 刘争男, 宋红梅, 黄宝琛, 等. 弹性体, 2006, 16(6): 6

[124] 刘玉鹏, 杜爱华, 黄宝琛, 等. 橡胶工业, 2008, 55(4): 222

[125] 黄宝琛, 姚薇, 邵华锋, 等(青岛科技大学). ZL 01140287.3, 2001

[126] 黄宝琛, 姚薇, 邵华锋, 等(青岛科技大学). ZL 200910249950.7, 2009

[127] 黄宝琛, 贺爱华, 姚薇, 等(青岛科技大学). ZL 200910174494.4, 2009

[128] L H Gan, S C Ng. Eur. Polym., 1986, 22(7): 573

[129] 郝立新. 合成橡胶工业, 1987, 10(6): 448

[130] 李学岱, 杨清芝, 张殿荣. 弹性体, 1992, 2(4): 45

[131] 八木则子等(住友橡胶工业株式会社). ZL 200510053946.5, 2005

[132] N Vasanthan. Polym. J, 1994, 26(11): 1291

[133] D R Burfield, A H Eng. Polymer, 1989, 30(11): 2019

[134] J R Xu, A E Woodward. Macromolecules, 1988, 21(10): 2994

[135] R V Gemmer, M A Golub. Journal of Polymer Science: Polymer Chemistry Edition, 1978, 16: 2985

[136] N Vasanthan, J Corrigan, A E Woodward. Macromol. Chem. Phys., 1994, 195: 2435

[137] 胡婧, 肖鹏, 黄宝琛等. 合成橡胶工业, 2011, 34(1): 55

[138] H F Shao, W Yao, B C Huang, et al. Polymer Engineering & Science, 2014, 5(6): 1260

[139] H F Shao, W Yao, B C Huang, et al. Polymer Bulletin, 2013, accepted

［140］H P Yang, S D Li, Z Peng. Journal of Thermal Analysis and Calorimetry, 1999, 58：293

［141］姚薇, 邵华锋, 孙静, 等. Polymer Bulletin, 2014, 71

［142］张志广, 张俊乎, 杜爱华. 弹性体, 2011,21（3）：1

［143］P Boochathum, S Chiewnawin. European Polymer Journal, 2001, 37（3）：429

［144］丛海林, 黄宝琛, 姚薇, 等. 合成橡胶工业, 2002, 25（5）：293

［145］李锴, 姚薇, 黄宝琛, 等. 橡胶工业, 2005, 52（2）：82

［146］李志君, 汪志芬, 张安花. 功能高分子学报, 2002, 3：49

［147］宋景社, 马祖伟, 黄宝琛. 合成橡胶工业, 2002, 25（1）：24

［148］李海霞, 黄宝琛, 姚薇, 等. 弹性体, 2004, 14（2）：1

［149］邵华锋, 黄宝琛, 姚薇, 等. 应用化学, 2003, 20（5）：447

［150］R H Jones, Y K Wei. J. Biomed. Mater. Res. Symposium, 1977, 13：19

［151］李海霞, 黄宝琛, 姚薇, 等. 合成橡胶工业, 2004, 27（6）：356

［152］刘方彦, 黄宝琛, 姚薇, 等. 橡胶工业, 2003, 50（6）：336

［153］刘玉鹏, 杜爱华, 黄宝琛, 等. 特种橡胶制品, 2006, 27（6）：5

［154］刘方彦, 杜爱华, 黄宝琛, 等. 橡胶工业, 2005, 52（6）：347

［155］杜爱华, 陈红, 黄宝琛, 等. 橡胶工业, 2007, 54（6）：348

［156］张庆余, 韩孝族, 纪奎江. 低聚物. 北京：科学出版社. 1994

［157］T Soboleva, V A Yakovlev, E I Tinyakova. Dokl Akad Nauk SSSR, 1976, 228（3）：419

［158］B D Babitsky, V N Beresnev, T G Bolshakova, et al. DE 2331921, 1975

［159］V L Shmonius, N N Stefanovskaya, E I Tinyakova. Dokl Akad Nauk SSSR, 1973, 209（2）：369

［160］R K Kudashev, N M Vlasova, Y B Monakov. Prom-st Sint Kauch, 1982, 8：4

［161］池松武司, 宫本浩一. JP 0260907, 1990

［162］小也寿男, 大沼浩, 牧野健哉, 等. JP 6042412, 1985

［163］I G Hargis, R A Livigni, S L Aggarwal. US 4020115, 1977

［164］Y Hattori, T Ikematu, T Ibaragi, et al. GB 2029426, 1980

［165］Y Hattori, T Ikematu, T Ibaragi, et al. DE 2932871, 1980

［166］R G Newberg, H Greenberg, T Sato. Rubber Chem Tech. , 1970, 43（2）：333

［167］A A Morton, E J Lanpher. US 4028484, 1975

［168］梅野昌, 杉原喜四郎. 丁苯橡胶加工技术. 北京：化学工业出版社, 1983

［169］I Sugita, O Kondo, F Tsutsumi, et al. JP 3210344, 1991

［170］I G Hargis, H J Fabris, R A Livigni, et al. US 4616065, 1986

［171］W L Hsu, A F Halasa. US 5100965, 1992

［172］冯玉红, 宋景社, 黄宝琛, 等. 合成橡胶工业, 2000, 23（4）：222

［173］彭杰, 姚薇, 黄宝琛, 等. 橡胶工业, 2005, 52（9）：527

［174］杜凯, 彭杰, 黄宝琛, 等. 橡胶工业, 2005, 52（12）：716

［175］杜凯, 姚薇, 黄宝琛, 等. 特种橡胶制品, 2004, 25（6）：49

［176］彭杰, 姚薇, 黄宝琛, 等. 弹性体, 2003, 13（2）：1

［177］贺爱华, 姚薇, 黄宝琛, 等. 合成橡胶工业, 2002, 25（2）：75

［178］贺爱华, 姚薇, 黄宝琛, 等. 弹性体, 2002, 12（1）：1

［179］贺爱华, 姚薇, 黄宝琛, 等. 高分子学报, 2002, 1：19

［180］贺爱华, 王日国, 黄宝琛, 等. 合成橡胶工业, 2002, 25（5）：321

［181］贺爱华, 姚薇, 黄宝琛, 等. 化学学报, 2001, 59（10）：1793

［182］贺爱华, 姚薇, 黄宝琛, 等. 合成橡胶工业, 2001,24（3）：174

［183］贺爱华, 姚薇, 黄宝琛, 等. 合成橡胶工业, 2001,24（2）：114

[184] 梁玉华, 华静, 陈滇宝, 等. 合成橡胶工业, 2003, 26(6): 347

[185] A H He, W Yao, B C Huang, et al. Journal of Applied Polymer Science, 2004, 92: 2941

[186] A H He, B C Huang, D S Yu, et al. Journal of Applied Polymer Science, 2003, 89: 1800

[187] 彭杰. 青岛科技大学硕士学位论文, 2003

[188] 杜凯, 姚薇, 黄宝琛, 等. 橡胶工业, 2010, 57(12): 723

[189] 杜凯, 姚薇, 黄宝琛, 等. 合成橡胶工业, 2011, 34(1): 29

[190] 杜凯, 姚薇, 黄宝琛, 等. 合成橡胶工业, 2011, 34(3): 186

[191] 张宪国, 倪旭峰, 李俊菲, 等. 合成橡胶工业, 2004, 27(2): 107

[192] 杜凯, 姚薇, 黄宝琛, 等. 石油化工, 2010, 39(3): 269

[193] 张志强, 姚薇, 贺爱华, 等. 青岛科技大学学报(自然科学版), 2012, 33(4): 396

[194] 杨清芝. 实用橡胶工艺学. 北京: 化学工业出版社, 2005